カラーアトラス
動物発生学
ESSENTIALS OF DOMESTIC ANIMAL EMBRYOLOGY

編 著　Poul Hyttel・Fred Sinowatz・Morten Vejlsted
編集協力　Keith Betteridge
監 訳　山本雅子・谷口和美

緑書房

Essentials of Domestic Animal Embryology

ISBN 978-0-7020-2899-1

First published 2010, © Elsevier Limited. All rights reserved.

No part of this publication may be reproduced or transmitted in any form or by any means, electronic or mechanical, including photocopying, recording, or any information storage and retrieval system, without permission in writing from the publisher. Permissions may be sought directly from Elsevier's Rights Department: phone: (+1) 215 239 3804 (US) or (+44) 1865 843830 (UK); fax: (+44) 1865 853333; e-mail: healthpermissions@elsevier.com. You may also complete your request online via the Elsevier website at http://www.elsevier.com/permissions.

Notice
Neither the Publisher nor the Editors nor Elsevier Ltd. assume any responsibility for any loss or injury and/or damage to persons or property arising out of or related to any use of the material contained in this book. It is the responsibility of the treating practitioner, relying on independent expertise and knowledge of the patient, to determine the best treatment and method of application for the patient.

The Publisher

This edition of **Essentials of Domestic Animal Embryology 1e** by **Poul Hyttel, DVM, PhD, DVSc, Fred Sinowatz, Dr.med vet., Dr.med, Dr.habil, Morten Vejlsted, DVM, PhD and Keith Betteridge, BVSc, MVSc, PhD, FRCVS** is published by arrangement with Elsevier Limited through Elsevier Japan KK.

この **Poul Hyttel、Fred Sinowatz、Morten Vejlsted** 著、**Keith Betteridge** 編集協力の **Essentials of Domestic Animal Embryology 1e** の日本語版は、エルゼビア・ジャパンを通じ、Elsevier Limited との契約により刊行されました。

Japanese translation ©2014 copyright by Midori-Shobo Co., Ltd.

Elsevier Ltd.発行の Essentials of Domestic Animal Embryology 1e の日本語に関する翻訳・出版権は株式会社緑書房が独占的にその権利を保有します。

> ご　注　意
>
> 本書の内容は、最新の知見をもとに細心の注意をもって記載されています。しかし、科学の著しい進歩からみて、記載された内容がすべての点において完全であると保証するものではありません。本書記載の内容による不測の事故や損失に対して、著者、監訳者、翻訳者、編集者ならびに出版社は、その責を負いかねます。（株式会社　緑書房）

ESSENTIALS OF DOMESTIC ANIMAL EMBRYOLOGY

By

Poul Hyttel
University of Copenhagen, Denmark

Fred Sinowatz
LMU Munich, Germany

Morten Vejlsted
University of Copenhagen, Denmark

With the Editorial Assistance of

Keith Betteridge
Ontario Veterinary College, University of Guelph, Canada

Foreword by
Eric W. Overström, Ph.D.
Professor and Head
Department of Biology & Biotechnology
Director, Life Sciences & Bioengineering Center
Worcester Polytechnic Institute
Worcester, Massachusetts

Edinburgh London New York Oxford Philadelphia St Louis Sydney Toronto 2010

まえがき

　家畜動物の肉眼解剖学を教える時、最もわくわくし、すばらしい瞬間は、解剖室内で妊娠子宮と胎子を満載した鋼鉄製テーブルに囲まれて、無心の学生たちと分かち合う日々の中にある。胎子の標本を調べることは、すなわち解剖学の教科書を開くことなのだ。この「本」の中には各々の器官と構造が完璧に定義づけられており、それらの発生の歴史が完璧に記録されている。胎子を解剖するとき、すなわちこの「本」を紐解くとき、忘れ得ぬ解剖学的に"わかった！"と胸躍る瞬間、それが学生にも教師にも訪れるのだ。

　発生学は、肉眼解剖学の真の理解のためにも、また誤って発生してしまった結果である先天異常の理解のためにも、必須である。しかし今日では、発生学はもはやそれ以上のものでさえある。すなわち近代的な生物医学的研究の発展には、発生学（あるいは、むしろ発生生物学）が中心的な役割が果たすことが不可欠であり、重要な社会的関連性を伴う。例えば生殖補助技術は、ヒトに対するのと同じくらい家畜動物に対しても応用されている。体外受精は人類のひとつの世代を次の世代に橋渡しする一般的な体外ステップであり、家畜動物では、体細胞核移植によるクローニング技術は、遺伝子改変を可能なものにし、改変された動物は将来価値あるタンパク質を産生し、ヒトの疾患のモデルとなり、あるいは異種間移植に必要な器官を供給するようになるだろう。これら全ては発生学の深い知識に基づくものであり、議論が多く分かれるところでもある。これらの議論は発生学という学問分野を、倫理学的なスポットライトの中に置いた。その倫理的なスポットライトは、現代の発生学者たちに科学的な基礎を有した社会の議論へ参加することを余儀なくさせるものである。

　これまで以上に洗練されてきた生殖補助技術は、発生学的研究の"最前線"を体外へ、そして試験管内の環境へと移動させた。しかしながら、胚性幹細胞を包む分野へと技術が拡大したことは、我々に胚子自体を再度見直させることになった。体外での幹細胞分化の制御は、体内での発生過程に関する分子レベルの制御についての基礎的知識に完全に依存するからである。胚子自身が成功の鍵となり、つまり胚子から始まった研究は、周り巡って胚子の研究に戻ってきて、その環は閉じられるのである！

　研究の"最前線"は、今日、発生生物学の分子機構研究に応用される古典的発生学、ゲノム解析、トランスクリプトミクス（網羅的な遺伝子発現解析の研究）、そしてエピジェ

ノミクス（生後の染色体機能変化の研究）の混成物である。情報は指数関数的に増大しているため、詳細な分子レベルの理解を全体論的な発生学と結びつけることは挑戦である。この挑戦は、家畜動物発生学の主要な事柄に関する教科書を書くと、鏡のように明白になる！　今世紀初めまで、発生学を教えることは、分子レベルと総体としての生物を繋ぐ教科書が無かったために難しいことであり、医学の発生学の教科書が不幸な妥協として使用されていた。2006年にMcGaedyらが彼らの歓迎すべき獣医発生学の教科書を出版した時、我々はすでに本書を企画していた。そして、数十年にわたって集められ、学生たちに受け入れられ、学生たちを刺激する、そういう我々自身の研究材料をつくろうという目標を持っていた。この目標に向けて働くことは我々にとって大いなる経験となった。我々が意図したことの少なくとも一部は成し遂げられたと、読者が思ってくれることを祈っている。もちろん、将来の発展は読者諸氏からのフィードバックに大きく依存するので、建設的な批判は歓迎である。

　この本を読んで、読者諸氏が発生学の不思議な世界で、少なくとも一度は「わかった！」と膝打つ瞬間のあることが、私の偽らざる願いである。

2009年6月3日

著者を代表して Poul Hyttel
Vidiekjaer, Valby, Denmark

デンマーク、Skagenの地平線を描いた私の絵（2003年）。この地で私は育ち、"刷り込み"（インプリンティング）された。私は光の中に発生学を見る——。解明されることを待ちかまえている無限の可能性を秘めた光景である。

推薦のことば

　ここ20年間で、近代ライフサイエンスの研究成果は、家畜動物発生学の正常過程と異常過程に関する我々の知識を急速に進歩させてきた。細胞学的ならびに分子学的メカニズムに対する理解が深くなるにつれて、動物由来の食料および線維の生産を増強するためにはこの知識が必要であるという認識が深まり、応用も成功するようになった。分子遺伝的な操作と生殖補助技術の力強い進歩は、有能な配偶子の形成から分娩までの胚子発達と胎子発達の期間で利用され、これらの成果は動物生産の世界に多大な影響を与えた。この進歩の結果、現代の獣医師、動物科学者、発生生物学者の教育と訓練を支えるための時代に見合った教科書が必要であるにもかかわらず、存在しないという事実が浮き彫りになってきた。本書『Essentials of Domestic Animals Embryology』は、学生や教師、開業獣医師に向け、配偶子の発生から出生前後の期間までの機能的な胚子構造の形成過程を、時系列で詳細に提供することにより、動物発生学の教科書としての機能を果たしている。正確に体系づけられた動物の発生に関する我々の理解が進み、動物のゲノム解析がなされてその秘密がさらに明らかになることによって、動物発生学は動物の成長の理解や健康の維持、病気の根本的な原因解明のための中心的役割を担う学問として、その重要性はさらに高まるだろう。

　質の高い人体発生学の教科書（たとえば『ラングマン人体発生学　Langman's Medical Embryology』）は読まれ続けているが、獣医師や動物科学者の読者にとっては用途が限られており、特に胚盤胞形成や着床、そして胎盤形成などにおいては、多様性のある家畜動物種の視点には及ばない。また、1927年にBradley Pattenによって書かれた『ブタの発生学　Embryology of the Pig』は、すばらしい図と客観的な記載で、しばしば哺乳類の発生学の教科書としても用いられた。この後、1971年にA. W. Marrableによって、簡潔な内容の『ブタの発生学―時系列的記述　The Embryonic Pig: A Chronological Account』が書かれた。1984年には、Drew NodenとAlexander de Lahuntaが『家畜発生学―発生のメカニズムと異常　The Embryology of Domestic Animals: Developmental Mechanisms and Malformations』を出版している。この本もまた、獣医学の学生に必須である家畜動物種の発生に関する記載が不足しているが、その後長年にわたって獣医学教育に大きく貢献してきた。記載されているのは、トリを含む家畜動物の発生学的解剖学に関する伝統的な

データの羅列だが、それぞれに関連する多数の臨床的なケースも引用されている。不幸にも再版されず、現在は入手困難となっている。1991 年には本書の共著者である Imogen Russe と Fred Sinowatz によって、ドイツ語で非常に詳細な内容の『*Lehrbuch der Embryologie der Haustiere*』が書かれた。家畜動物種の包括的な発生学の参考書であるこの本は、すばらしい図と写真が特徴的である。ドイツでのみ発行され、広く世界で教科書に採用されているとはいえない。さらに、2006 年に McGaedy とその同僚が、『獣医発生学 *Veterinary Embryology*』を出版した。獣医専攻の学生の専門的なニーズに応えた教科書である。したがって、本書『*Essentials of Domestic Animal Embryology*』の出版は実にタイムリーである。つまり動物発生学の基礎的なプロセスを学び理解したいと望んでいるそれらの学生や教師、研究者あるいは開業獣医師にとって隙間となっていた情報を埋めることができるのだから。

　思い起こせば、本書は 2000 年のある科学的な会合のあいだに、Poul と私のディスカッションの後に計画された。我々は、動物発生学と動物解剖学を学生に教える技術を分かち合い比較し合ったとき、21 世紀の獣医学と動物科学のカリキュラムにとって、アカデミックな土台を与えるような概説的な家畜動物発生学に関する近代的な教科書がなんとしても必要であるとの共通認識を持った。そして、グローバルな読者にアピールするため、原稿はその分野のエキスパートとして国際的に認められた研究者に依頼し、共著者になっていただいた。また、読みやすく有益な教科書となるよう、順を追って継ぎ目なく構成した。特に第 1 ～ 2 章、そして第 20 ～ 21 章の内容はそれぞれ話題となっているテーマを採用し、動物発生学の研究についての歴史的な記載や、現在解明されている重要な発生過程を統括する細胞と分子レベルの調節メカニズムに関する考察、家禽とマウスの比較発生学、そして受精、発生ならびに家畜動物の生産を促進するための広汎な生殖補助技術（ARTs）についての簡潔な要約をそれぞれ含んでいる。

　筆頭著者である Poul Hyttel 教授は、以前は Royal Veterinary and Agricultural University に、最近では University of Copenhagen に所属する名高い研究者として国際的に認められており、動物生殖生物学と細胞生物学の情熱ある教育者であるとともに学生の良き指導者でもある。彼は長年、コペンハーゲンで獣医解剖学と組織学・細胞生物学の両方

を指導していた。そして、彼の教育に対する情熱と献身は、学生のみならず社会からも称賛を受け、認められている。Poul は、本書のために世界的に著名な執筆者たちを集め、その中には Fred Sinowatz 教授（Munich）と Morten Vejlsted 博士（Copenhagen）も含まれている。University of Guelph の有名な動物生殖学の教授である Keith Betteridge は本書全般にわたる語学的編集を担当した。この第 1 版は、この分野における現状の知識について、論理的、同時代的かつ包括的な観点を提供している。そして良質な図や写真や電子顕微鏡写真と、情報が簡潔に書かれた本文で構成した。本書が家畜動物発生学の分野における教育と知識の双方にとって、より一層価値ある情報源となることをわかっていただければ、学生や教師ならびに開業医たちは皆、この教科書を取り入れるであろうと私は信じる。

2009 年 5 月

Eric W. Overström, Ph.D.
Worcester, Massachusetts, USA

執筆者一覧

本書作成のために意欲的に協力してくれたのは、高い能力を有した以下の科学者たちである。

Keith J. Betteridge BVSc MVSc PhD FRCVS
University Professor Emeritus
Department of Biomedical Sciences
Ontario Veterinary College
University of Guelph, Ontario
Canada

Gry Boe-Hansen DVM Phd
Lecturer
School of Veterinary Science
University of Queensland, Australia

Henrik Callesen DVM PhD DVSc
Research Professor
Department of Genetics and Biotechnology
Faculty of Agricultural Sciences, Aarhus University,
Denmark

Ernst-Martin Füchtbauer PhD Dr.habil
Associate Professor
Department of Molecular Biology
Aarhus University
Denmark

Vanessa Hall PhD
Post Doc
Department of Basic Animal and Veterinary Sciences
Faculty of Life Sciences, University of Copenhagen
Denmark

Poul Hyttel DVM Phd DVSc
Professor
Department of Basic Animal and Veterinary Sciences
Faculty of Life Sciences, University of Copenhagen
Denmark

Palle Serup Phd
Director of Research
Department of Developmental Biology
Hagedorn Research Institute
Denmark

Fred Sinowatz Dr.med vet. Dr.med Dr.habil
Professor
Institute of Veterinary Anatomy, Histology and
Embryology
LMU Munich,
Germany

Gábor Vajta MD PhD DVSc
Scientific Director
Cairns Fertility Centre
Australia
Adjunct Professor, University of Copenhagen,
Denmark
Adjunct Professor, James Cook University, Australia

Morten Vejlsted DVM Phd
Assistant Professor
Department of Large Animal Sciences
Faculty of Life Sciences, University of Copenhagen,
Denmark

謝　辞

　本書の執筆を依頼することによって、著者たちを長く曲がりくねった道に追いやることになった。本書の刊行計画は、当初 2000 年に Eric Overström によって提案された。そのとき Eric は、米国ボストンの Tufts University で発生生物学の課程を教えていた。そしてフルブライト奨学金を獲得し、デンマークのコペンハーゲンに留学していた。私は本書の計画を開始したときの Eric の熱意に感謝している。結果として、コペンハーゲンで多くの幸福な時間をともに過ごすこととなった。

　学究的な大学生活に対する情熱を分かち合う科学者たちと一緒に本書の計画に着手できたことを、非常に光栄に感じている。共著者である Fred Sinowatz と Morten Vejlsted は、多くの章を執筆するために並外れた労力を要した。特に、分子レベルから解剖学的レベルまで驚くほど幅広い発生学の知識を持つ Fred は、本書の到達点を設定するために不可欠であった。そして彼が Imogen Rüsse とともにつくり上げ、ドイツで出版した先述の発生学の教科書に掲載された質の高い図表を使用できたことにも深く感謝している。他の優秀な共著者たち、Gry Boe-Hansen、Henrik Callesen、Ernst-Martin Füchtbauer、Vanessa Hall、Palle Serup そして Gábor Vajta は、本書に可能な限り最新の情報を盛り込むため、各々の専門知識を他の章にもたらしてくれた。いつも気前よく時間を割きアイデアを私に分けてくれたすべての共著者たちに対し、非常にありがたいと思っている。

　英語を母国語としない著者たちは、Keith Betteridge の意欲に対して大変感謝している。彼女は胚移植の開発における第一人者であり、完璧な教科書をつくるため、語学の編集を担当した。Keith の広い科学的視点のお陰で、言語に関する作業が、発生学の概念的な対象物についての議論に発展した。Keith が本書へ取り組む際に見せた並外れた正確さから学ぶことは、喜びであった。

　能力ある人々が本書のために時間を捧げ、そして非常に価値ある助言をしてくれた。高く評価されるべき Marie Louise Grøndahl、Vibeke Dantzer そして Kjeld Christensen の多大な労力に感謝したい。

　また、図表は本書をつくり出す上で非常に重要な部分であった。何年にもわたって、熟練した貢献をもって、光学顕微鏡および電子顕微鏡のために何千枚もの標本を作成し、また写真をデジタル化した Jytte Nielsen と Hanne Marie Moelbak Holm に感謝する。

最後に、数年にわたって何千頭ものブタ胎子の収集を可能にしてくれた、オランダ豚生産所 Danish Pig Production の多大なる協力に対しても謝意を表したい。これらから得られたデータを本書は有効に使用し、多くの写真がこの胎子をもとに撮影されている。

2009 年 6 月 3 日

Poul Hyttel
Vidiekjaer, Valby, Denmark

監訳をおえて

　原著『*Essential of Domestic Animal Embryology*』を手にしたのは、2011年11月のことでした。獣医（動物）発生学の教育に携わるようになってから、インターネットを通じて良い教科書を探すことが習慣となっておりました。原著のまえがきにも触れられていますが、哺乳類の発生学の本はごくわずかしか存在せず、海外では30年ほど前に出版されて以来、2006年にマクギーディらが『*Veterinary Embryology*』を出版するまで皆無でした。日本においても、動物（獣医）発生学の良い教科書はあるものの、内容はいくぶん古典的であり、基本的にはパッテンの『ブタの発生学』と『ラングマンの人体発生学』が基本となっていました。だからこそ、この本を手にした際、動物の胚の写真が掲載されていて、また、多くの種類の動物についての発生が記載されているのみならず、カラー写真や図版が豊富であること、さらに分子生物学的な分野についても記載されていることに大変興奮しました。早速、本書を取り入れることで、発生学の講義内容を一新することができました。

　そもそも私が発生学を専攻することとなったきっかけは、恩師である江口保暢先生（麻布大学名誉教授）との出会いです。右も左もわからない私に、懇切丁寧にラット胎子の内分泌腺に関する研究を手ほどきしてくださいました。また、私が発生学の講義を担当するようになったのも、江口先生の後任としてでした。江口先生の発生学の講義は古典的ではあるものの、威厳に満ち、大変アカデミックでした。私も追いつき追い越したいと自分なりに勉強しましたが、いかんせん国内外の動物発生学に関する成書が多くないことが悩みであり、困ったときは人体発生学を参考にしていました。そんな状態が長く続きましたが、これを見事に打破してくれたのが本書です。

　本書を読み進めるちに、ぜひ日本の学生や教育者に読んでほしいという思いが強くなってまいりました。しかし、つてもなく、どうしたものかと思い悩んでいるとき、北里大学の谷口和美先生に背中を押され、緑書房をご紹介いただきました。その後、谷口先生に共同監訳をお引き受けいただき、本書の出版がとんとん拍子に決まっていきました。そして、原著の良さがそのまま生かされるよう、多くの研究者の方々のご協力を得て翻訳し、谷口先生という強い味方を得て、監訳を成し遂げることができました。

　ご協力いただきました翻訳者の方々、谷口和美先生、緑書房の皆様、ありがとうございました。最後に、私がこの道を歩むきっかけとなり、先導くださいました江口保暢先生に心より感謝いたします。本書が今後の日本の動物発生学の教育・研究にいくらかでも寄与できればと、切に願っております。

2014年3月

麻布大学 獣医学部 獣医学科 解剖学第二研究室　山本 雅子

本書の最大の特徴は、バランスのとれた構成、ポイントを強調した本文、説得力のある多数の模式図、そして美しいカラー写真によるわかりやすさです。とりわけ哺乳類に力点が置かれている点も本書の特徴のひとつです。一番知りたいところの図が、とつぜん鳥類やイモリになったりするというストレスを感じることなく、納得しながら読み続けることができます。今まで医学分野では、人（ホモ・サピエンス）だけを対象とした発生学の教科書が各種出版されていましたが、哺乳類の比較解剖、比較発生学という視点で書かれた本は見あたりませんでした。本書が出版されたことにより、日本でもようやくそのような教科書が利用できるようになったと思います。

　本書の訳出にあたって、北は帯広畜産大学から南は宮崎大学まで、各大学の専門家が集結し、力を出し合って、出版にこぎつけることができました。関係者の皆様には心から感謝しています。力を出し合うといえば、原著者はデンマーク人2名と、ドイツ人1名の計3名で、編集者はカナダ人です。原著者たちもうまくタッグを組んでいて、チームワークのよさが原著のそこここに感じられます。訳本である本書も、翻訳者や監訳者たちの息が合ってよい本になっていると思っていただければと祈念しています。チームワークといえば、本書が日本で翻訳出版されるにあたり、緑書房の皆様にもお世話になりました。心から感謝申し上げます。

　この訳書の監訳者は2人おり、山本雅子先生は第1～3、5～6、10、18、20～21章を、谷口は第9、11～17、19章を、第4、7～8章を共同で担当しました。もし何かご質問や疑問点があれば、それぞれの章の担当者にご連絡をいただければと思います。

　谷口は、翻訳者として第9章の胎盤形成を担当しました。胎盤は難しい器官で、動物種により、またその時期により、短期間に著しく変化します。原著者たちは、そこをうまくまとめていると思います。谷口はまた監訳者として、妊娠中期以降の器官発生を中心とした第11～17章と、先天異常学を扱った第19章も担当しました。諸器官がうまく発達したときは第11～17章を、その過程で何らかのトラブルが起こったときは第19章をと、両者を組み合わせて器官系の発生を深く学ぶ機会を得ることができ、ドラマチックな体の成り立ちがよくわかりました。読者の方々にも、正常発生について述べた章と、先天異常学の章を相互に参照しながら、本書を存分に活用していただけたらと願っています。

　本書は教科書に向いていると思いますが、解剖学の基礎知識を備えている人なら通読しておもしろい本であるでしょうし、必要に応じて参照する参考書としても使えると思います。ぜひ座右に置いて活用していただければと願っています。

2014年3月

北里大学 獣医学部 獣医解剖学研究室　谷口 和美

監訳者・翻訳者一覧 (所属は2014年2月現在)

監訳者

山本 雅子　麻布大学 獣医学部 獣医学科 解剖学第二研究室
第1〜3章、第5〜6章、第10章、第18章、第20〜21章、索引／第4章、第7〜8章

谷口 和美　北里大学 獣医学部 獣医学科 獣医解剖学研究室
第9章、第11〜17章、第19章／第4章、第7〜8章

翻訳者（五十音順）

市原 伸恒　麻布大学 獣医学部 獣医学科 解剖学第一研究室
第20章

伊藤 潤哉　麻布大学 獣医学部 動物応用科学科 動物繁殖学研究室
第5章

岡田 利也　大阪府立大学 大学院生命環境科学研究科 獣医学専攻 統合生体学領域 実験動物学教室
第15章（pp.282〜307：生殖器系）

柏崎 直巳　麻布大学 獣医学部 動物応用科学科 動物繁殖学研究室
第21章

加納　聖　山口大学 共同獣医学部 獣医学科 生体機能学講座 獣医発生学分野
第7章

九郎丸正道　東京大学 大学院農学生命科学研究科 獣医解剖学教室
第4章（pp.51〜60）

五味 浩司　日本大学 生物資源科学部 獣医学科 獣医解剖学研究室
第8章、第13章

昆　泰寛　北海道大学 大学院獣医学研究科 比較形態機能学講座 解剖学教室
第4章（pp.37〜51）

近藤 友宏　大阪府立大学 大学院生命環境科学研究科 獣医学専攻 統合生体学領域 実験動物学教室
第15章（pp.273〜282、302〜305：泌尿器系）

坂上 元栄　麻布大学 獣医学部 獣医学科 解剖学第二研究室
第10章（pp.133〜146、163〜177）

佐々木基樹	帯広畜産大学 基礎獣医学研究部門 形態機能学分野 解剖学教室	
	第2〜3章	
柴田秀史	東京農工大学 大学院農学研究院 動物生命科学部門 獣医解剖学研究室	
	第11章	
杉山真言	北里大学 獣医学部 獣医学科 獣医解剖学研究室	
	第6章	
谷口和美	上掲	
	第9章、まえがき	
種村健太郎	東北大学 大学院農学研究科 動物生殖科学分野	
	第19章（pp.365〜383）	
中島崇行	大阪府立大学 大学院生命環境科学研究科 獣医学専攻 統合生体学領域 獣医解剖教室	
	第10章（pp.146〜163）	
中牟田祥子	岐阜大学 大学院連合獣医学研究科 特別協力研究員	
	第14章（pp.262〜271）	
中牟田信明	岩手大学 農学部 共同獣医学科 獣医解剖学教室	
	第14章（pp.237〜262）	
那須哲夫	宮崎大学 農学部 獣医学科 解剖学研究室	
	第12章（pp.211〜225）	
西野光一郎	宮崎大学 農学部 獣医学科 機能生化学研究室	
	第12章（pp.199〜211）	
平賀武夫	酪農学園大学 獣医学群 獣医学類 獣医解剖学ユニット	
	第19章（pp.383〜415）	
保坂善真	鳥取大学 農学部 共同獣医学科 基礎獣医学講座 獣医解剖学教室	
	第17章	
本道栄一	名古屋大学 大学院生命農学研究科 生物機構形態科学 動物形態情報学	
	第16章	
山本雅子	上掲	
	第1章、第18章、推薦のことば、謝辞	

目次

まえがき　iv
推薦のことば　vi
執筆者一覧　ix
謝辞　x
監訳をおえて　xii
監訳者・翻訳者一覧　xiv

第1章
発生学の歴史 History of embryology …… 1

第2章
胚子発生における細胞および分子機構
Cellular and molecular mechanisms in embryonic development …… 15

初期胚子発生と妊娠期間
Initial embryonic development and gestational periods　15

分化 Differentiation　18

パターン形成 Patterning　22

形態形成 Morphogenesis　24

エピジェネティック修飾と生活環
Epigenetic modifications and life cycles　25

第3章
比較繁殖 Comparative reproduction …… 29

春機発動期と発情周期
Puberty and the oestrous cycle　29

妊娠維持のホルモン
Hormonal maintenance of pregnancy　33

第4章
生殖子発生 Gametogenesis ……… 37

原始生殖細胞 Primordial germ cell　37
染色体、有糸分裂および減数分裂
The chromosomes, mitosis and meiosis　39
生殖子の細胞分化
Cytodifferentiation of the gametes　45

第5章
受精 Fertilization ……… 63

雌の生殖道内における精子の輸送
Sperm transport in the female genital tract　63
受精能獲得 Capacitation　65
精子と透明帯の相互作用
Interactions between spermatozoa and the zona pellucida　66
精子と卵母細胞の接着と融合
Adhesion and fusion of the spermatozoon and oocyte　68
卵活性化 Oocyte activation　69

第6章
卵割と胞胚形成
Embryo cleavage and blastulation ……… 77

卵割と遺伝子の活性化
Cleavages and genome activation　77
コンパクション（緊密化）Compaction　78
胞胚形成 Blastulation　81
胚盤胞の伸張 Blastocyst elongation　83

第 7 章
原腸胚形成、胚子の屈曲および体腔形成
Gastrulation, body folding and coelom formation......89

- 羊膜の発生 Development of the amnion　89
- 初期原腸胚形成 Early phases of gastrulation　90
- 中胚葉と内胚葉の初期形成
　Initial formation of the mesoderm and endoderm　92
- 外胚葉とその初期派生物 The ectoderm and its early derivatives　96
- 中胚葉とその初期派生物 The mesoderm and its early derivatives　98
- 内胚葉とその初期派生物 The endoderm and its early derivatives　100
- 原始生殖細胞 The primordial germ cells　102

第 8 章
神経胚形成 Neurulation......105

- 神経管の形成：一次および二次神経胚形成
　Formation of the neural tube: primary and secondary neurulation　105
- 神経堤 Neural crest　107

第 9 章
胎盤形成の比較 Comparative placentation......115

- 着床前後の受胎産物の発達
　Peri-implantation conceptus development　115
- 子宮内膜の変化と母体の妊娠認識
　Changes in the endometrium and maternal recognition of pregnancy　117
- 胎盤の分類 Classification of placenta　118
- 種差 Species differences　120
- 異所性妊娠（子宮外妊娠）Ectopic pregnancy　129

第 10 章
中枢神経系と末梢神経系の発生
Development of the central and peripheral nervous system ······ 133

神経板 Neural plate　133

神経管 Neural tube　133

中枢神経系の細胞系譜 Cell lineages of the central nervous system　135

中枢神経系の組織学的分化
　Histological differentiation of the central nervous system　139

脊髄の発生 Development of the spinal cord　140

脳の発達 Development of the brain　146

末梢神経系 Peripheral nervous system　163

第 11 章
眼と耳 Eye and ear ······ 179

眼の発生 Development of the eye　179

耳 Ear　189

第 12 章
血液細胞、心臓および脈管系の発生
Development of the blood cells, heart and vascular system ······ 199

血液細胞の形成 Formation of blood cells　200

心臓 The heart　202

動脈系 The arterial system　211

静脈系 The venous system　216

出生前後の血管循環
　Circulation before and after birth　218

第 13 章
免疫系の発生 Development of the immune system ·········· 227

リンパ球 The lymphocytes　227

リンパ器官およびリンパ組織 Lymphoid organs and tissues　231

第 14 章
消化-呼吸器系の発生
Development of the gastro-pulmonary system ·········· 237

口腔、鼻腔、口蓋 The oral and nasal cavity and palate　238

前腸 The foregut　247

中腸 The midgut　262

後腸 Hindgut　266

第 15 章
尿生殖器系の発生
Development of the urogenital system ·········· 273

泌尿器系の発生 Development of the urinary system　273

雄性生殖器および雌性生殖器の発生
Development of the male and female genital organs　282

第 16 章
筋骨格系 Musculo-skeletal system ·········· 309

骨の発達（骨形成）The development of bones (osteogenesis)　309

軸性骨格 Axial skeleton　313

付属骨格 Appendicular skeleton　316

頭蓋 Skull　322

筋系 Muscular system　329

第 17 章
外皮系 The integumentary system ……… 343

    表皮 Epidermis　343

    真皮 Dermis (corium)　346

    皮下組織 Subcutis　346

    表皮付属器 Epidermal appendages　346

第 18 章
発生段階の比較表
Comparative listing of developmental chronology ……… 357

第 19 章
先天異常学 Teratology ……… 365

    先天異常学の歴史 History of teratology　365

    一般原理 General principles　365

    異常発生に対して感受性のある臨界期
        Critical periods of susceptibility to abnormal development　366

    先天異常の原因 Causes of malformations　367

    先天異常の分類 Classification of malformations　372

    臓器の先天異常 Organ malformations　376

    心臓血管系の先天異常
        Congenital malformations of the cardiovascular system　376

    神経系の先天異常
        Congenital malformations of the nervous system　383

    泌尿器系の先天異常
        Congenital malformations of the urinary system　393

    生殖器系の先天異常
        Congenital malformations of the genital system　394

消化器系の先天異常
　　Congenital malformations of the digestive system　**400**

筋骨格系の先天異常
　　Congenital abnormalities of the musculoskeletal system　**404**

第20章
発生学モデルとしてのニワトリとマウス
The chicken and mouse as models of embryology　**417**

　ニワトリ胚子の初期発生 Early development of the chick embryo　**417**

　発生学モデルとしてのマウス The mouse as a model in embryology　**429**

第21章
生殖補助技術 Assisted reproduction technologies　**437**

　人工授精 Artificial insemination　**437**

　多排卵と胚移植
　　Multiple ovulation and embryo transfer　**443**

　胚の体外生産 In vitro production of embryos　**449**

　卵母細胞および胚の超低温保存
　　Cryopreservation of oocytes and embryos　**453**

　体細胞核移植による胚のクローニングと遺伝子改変
　　Cloning and genetic modifications of embryos by somatic cell nuclear transfer　**455**

　幹細胞 Stem cell　**462**

　ヒトにおける生殖補助技術 Assisted reptoduction technologies in man　**469**

索引　475
監訳者プロフィール　504

CHAPTER 1

Poul Hyttel and Gábor Vajta

発生学の歴史
History of embryology

受精から出生までの発達に関する学問である**発生学** embryology は、つねに哲学者や科学者の興味を引きつけてきた。どのような方法によって生命が展開するかということは普遍的な魅力があり、長年にわたって発生学者たちのあいだで活発に議論されていた。1899年、**エルンスト・ヘッケル**（1834-1919年）は、「個体発生は系統発生を短く反復したものである」と考えた。言い換えると、数時間あるいは数日の単位で進行する**個体発生** ontogeny（受精卵が成熟した形になるまでの生物の発生）は、数百万年を単位とする連続的な過程を意味する種の起源と進化（**系統発生** phylogeny）を反映しているといえよう。

この説が本当の意味で真実ではないにしろ、胎齢19日目のヒツジの胚子を見るだけでヘッケルの考えを理解できる。たとえば、鰓に似た形の咽頭嚢と体節（**図1-1**）はすべての脊椎動物の胚子に共通している。Haeckel は生理学を学んだが、**チャールズ・ロバート・ダーウィン**（1809-1882年）によって1859年に出版された**種の起源** Orign of Species（当時たった55シリングで入手できた）を読んだあとに彼自身の仕事を放棄した。ヘッケルは、生命に関するつねに怪しい哲学的目的論や神秘的な記述であるダーウィンの理論を、宗教的な考えを攻撃するために使用する一方、彼自身の説を補強する目的でも用いた。しかしながら、系統発生を個体発生の過程に当てはめるときに、ヘッケルは1つのミスを犯した。新しい種と判断する手がかりとなる特質を形成するときに起こる変化のメカニズムは、基礎的な発生の体系にそれらを付け加えることを通じて起きる。たとえば、ほとんどの後生動物は原腸胚（のちに腸を形成するヒダを持つ一塊の細胞集団）といわれる発生段階を経るので、ヘッケルは個体発生の原腸胚の段階にとても類似した**腸祖動物** gastraea と言う生物が存在し、この先祖の後生動物が、すべての多細胞動物を生み出すと考えた。このような系統発生において、すべての生物が1つの軌道上をたどるという"単純な直線的"概念は、現代では否定されており、系統発生は多くの線に分かれていくことが知られている。

多くの古代ギリシャの哲学者らは発生学に興味を示していた。デモクリトス（およそ紀元前455-370年）は、右の精巣からの精子は雄、左の精巣からは雌というように、個体の性は精子の起源によって決定されると考えた。この仮説はピタゴラス、ヒポクラテスおよびガレンによって否定されている。しかし、科学は男性の特権だったので、性的な偏見はつねに存在した。哲学者は、女性は男性と動物のあいだに位置するとし、そのため男性は右の精巣からの強い精子を起源とすることが仮定された（章末の訳者注を参照）。

私たちが知っている最初の真の発生学者は、ギリシャの哲学者アリストテレス（紀元前384-322年）である。**動物の世代**（The Generation of Animals,

History of embryology

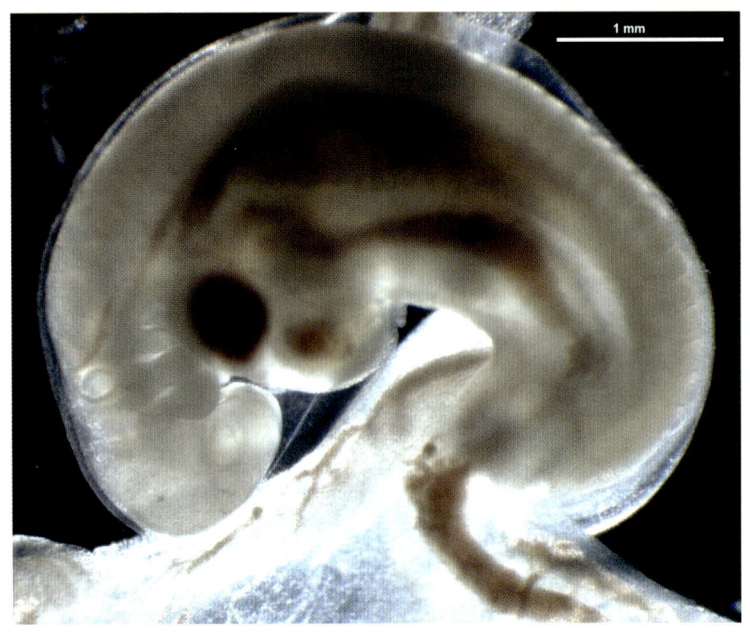
図 1-1：胎齢 19 日目のヒツジの胚子。

およそ紀元前 350 年）の中で、彼は動物の生まれ方には異なった方法があると述べている。この方法とは、卵生（鳥類、カエル、ほとんどの無脊椎動物）胎生（胎盤性の動物といくつかの魚類）、卵が体内で孵化する卵胎生（ある種のハ虫類やサメ）である。また、アリストテレスは初期発生における細胞分裂には 2 つの主要な様式があることを記録した。1 つは卵全体が次々に 2 分割して、次第に小さな細胞になる全卵割（カエルやほ乳類）である。もう 1 つは、将来胚子になると決まっている卵の一部しか分裂しない不等卵割であり（鳥類）、卵の残りの部分は栄養を供給するための部位である。ウシの胎膜と臍帯についてもアリストテレスは記述しており、彼は胎子への栄養供給が重要であることを理解していた。アリストテレスは、受精した鶏卵についての計測的な研究によって、胚子はその器官系をゆっくりと発生させるが、それらはあらかじめ形成されていないという重要な結果を得た。胚子の構造が新たに形成されるとする後成説 epigenesis という概念が十分に受け入れられるまで、2000 年以上も論争が続いた。つまり、アリストテレスはその時代の最先端であった。有性生殖の謎にもアリストテレスは関心を持った。彼は、両性が受精には必要で、雄の精液は物質的には受精に関与してはいないが、胚子を形成するために、雌の子宮内の月経血と相互作用する未知の力を持つと考えていた。この点で、アリストテレスは間違っていた。皮肉にも、後成説に関する彼の正しい見解が受け入れられないのに対して、彼の受精に関する誤った考えは約 2000 年にわたって広く受け入れられていた。この誤りを訂正するためにほぼ 100 年の論争を必要としたのだ！

この 2000 年のあいだ、科学としての発生学は解剖学的な見地による記述に沿って非常にゆっくり進歩していった。コッフォ（生年および没年は不明）によるブタの妊娠子宮についての最初の解剖学的記述の 1 つが、13 世紀初頭の彼の著作である Anatomio Porci の中にある。コッフォは有名なサレルノ医学校で働いており、そこではヒトの死体は宗教的

な理由から解剖できなかったことからモデルとしてブタを使用していた。初期ルネッサンス時代、**レオナルド・ダ・ヴィンチ**（1452-1519年）による有名なほかに類を見ない程の芸術的解剖学的スケッチには、ウシの妊娠した子宮が含まれていた。彼が描いた妊娠した双角子宮、胎子および胎膜のスケッチは、**図1-2**に復元されている。レオナルドは切り開かれたヒトの子宮や、多胎で絨毛がある反芻類の胎盤（第9章参照）を描いた。彼は、ヒトの妊娠を実際に研究することはできなかった。これらの構造はほとんどフィレンツェで仕事をしていたレオナルドの特徴的な鏡像描写によって記載された。

13世紀から15世紀のルネッサンス時代は、解剖学的研究にはすばらしい時代であった。また、幸運にもヨハン・グーテンベルグによって本の印刷技術が同時期に発見された。比較発生学に関する最初の主要な出版物は、イタリアの解剖学者である**ヒエロニムス・ファブリキウス・アクアペンデンテ**（1533-1619年）による1600年の De Formato Foetu であった。ファブリキウスは、その本の中で胎子と胎膜を肉眼解剖学的に記載し図示したが、このようなことを最初にした人物ではなかった。別のイタリアの解剖学者である**バルトロメオ・エウスタキウス**（1514-1574年）がすでに1552年にイヌとヒツジの胎子の図を出版していたのだ。現在、ファブリキウスの名はファブリキウス嚢（鳥の消化管の免疫担当部位）、エウスタキウスの名はエウスタキオ管という用語で知られている。

エウスタキウス、ファブリキウス、そして他の学者らの仕事は、どのように器官が未熟な状態から成熟状態へと発達するかを明らかにしたが、ほ乳類の胚子がどのように、どこから発生するかといった基本的な謎には回答を出さないままとなっていた。しかしながら、1590年にオランダの眼鏡（片眼鏡）職人だったサハリアス・ヤンセンは顕微鏡を発達させ、発生学を2000年にわたる疑問に取り組むことが可能な新しい時代へと導いた。当時、光学系においてオランダが優れていたのは、単なる偶然ではないかもしれない。彼らの新しい帝国の海軍は優秀な望遠鏡とレンズを必要とした。しかし、ヤンセンの顕微鏡は、実際の細胞や組織の研究には適していなかった。なぜなら長さが約2mもあり、たった10〜20倍にしか拡大できず、そしてその主な用途とは、国の見本市で聴衆を魅了することだったのだ！1672年、イタリアの医者である**マルチェロ・マルピーギ**（1628-1694年）はニワトリの発生に関する最初の顕微鏡の解説書を出版し、そこで神経溝や体節、そして卵黄とのあいだの動脈と静脈による血液循環を示した。またマルピーギは、孵卵していない鶏卵がそれなりに形づくられていることも観察した。その結果、卵の中にはすでにできあがった形（成体と同じ形）をしたニワトリが存在しているという考えに至った。後の1722年、眼科医の**アントニ・メートル＝ジャン**（1650-1730年）は、マルピーギによって観察された卵は"孵卵していない"が、太陽の下に放置されていたので、正確には"孵卵していない"とは言い切れないことを指摘した。にもかかわらず、このマルピーギの考えは、17世紀から18世紀にわたって続いた発生学における偉大な論争の1つを開始させた。その疑問とは、胚子の器官は新たにつくられるのか？　この考えは**後成説** epigenesis と言われている。あるいはそれら器官は卵（あるいは精子）の中にミニチュアの形で存在しているのか？　この考えは**前成説** preformation と言われている。しばしこの論争について考えてみよう。

新しい顕微鏡技術は、**ほ乳類の配偶子** mammalian gametes についての研究を強く促進した。鶏胚とそれがニワトリへ形態的に変化するのは、アリストテレスが記述したように明白であるが、ほ乳類において胚子形成は何が仲介するのか、ほ乳類の卵はどこで見つけられるのかという疑問が残る。

History of embryology

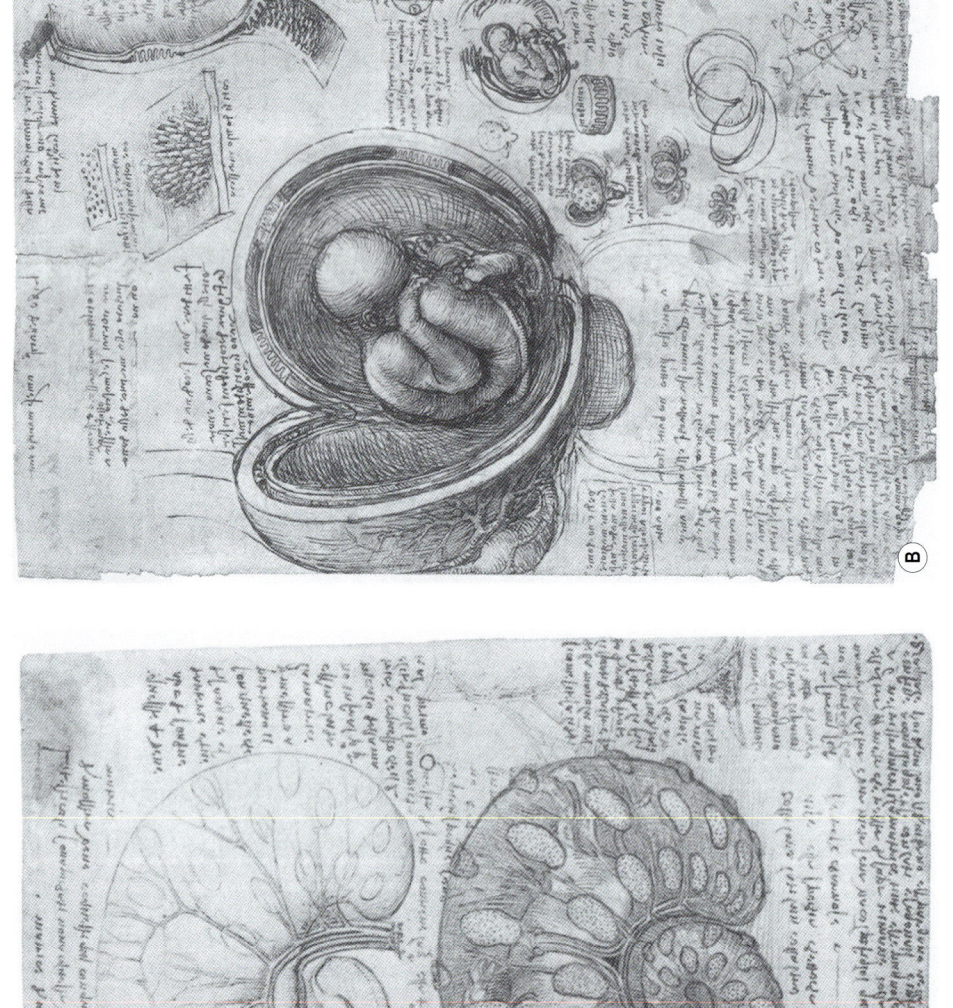

図1-2：レオナルド・ダ・ヴィンチのスケッチ。**A**：上：ウシの妊娠した双角子宮。下：胎子と胎盤の絨毛叢を持つ胎膜（第9章参照）。**B**：ヒトの単角子宮を切り開いた図。胎子と臍帯が見られる。子宮壁を取り除いた状態で描かれた、いくつかの胎盤節を持つ反芻類の多胎盤型の胎盤に注目。右上には絨毛表面を高倍率で描かれた1つの絨毛叢がある。

発生学の歴史 第1章

ほ乳類の卵の発見にまつわる魅力的な話題の中で、初期に最も影響を与えた人物は**ウイリアム・ハーヴェイ**（1578-1657年）である。彼はイギリス王ジェームズ一世とチャールズ一世の個人的な医者であり、血液の循環に関する著述でも有名である。1651年、ハーヴェイは De Generatione Animalium（動物の発生についての学問的論争）を出版した。その有名な口絵ではゼウスが Ex ovo omnia（すべての生物は卵から生じる）と刻印された卵からすべての生物を解放している。しかしながら、ハーヴェイの観察は、17世紀の繁殖発生学の知識から遠くかけ離れており、ある面では発展を妨げたといえる。ハーヴェイはファブリキウスと研究したことによって、アリストテレスの考えを吹き込まれた。その考えとは、精子が月経血と相互作用し、胚を形成する力を有するというものである。ハーヴェイはこの過程を理解するために、12年間にわたって王立の森や公園でチャールズ一世が狩猟で殺した繁殖期の雌シカを用いて、受精直後の産物を観察した。彼が研究したアカシカとダマジカの雄の発情は9月中旬に始まるので、9月から12月にかけて子宮を解剖し続けた。交尾は発情の開始と一致すると誤って信じていたので、彼は交尾の2カ月後の11月中旬まで、胚子として確認できるものを何も見つけられなかった。このことは彼を過ちへと導いた。しかし完全な理論的帰結は、「交尾後何日間も子宮に何も見つからない」であった。彼は受胎産物を見つけたが、これを卵と思い込み、これこそがアリストテレスが言うところの卵であり、卵が動物の体となると考えた。

次の3つの要因が、ハーヴェイに道を踏み外させた。第一に、彼は雌が10月初旬まで発情期にならないことを理解していなかったので、繁殖日時の計算が誤っていた。第二に、発情期に卵巣が膨張しなかったため、受精に関係していないと考え、卵巣を無視した。第三に、彼は卵形の受胎産物を期待していたが、交配直後の観察では「化膿した物質で、もろく黄色っぽい物質」しか確認できなかった。しかし、それは反芻類の特性である線維状の胚盤胞であった。ハーヴェイはレンズを使用していたので、球形の初期の受胎産物を持つ動物種（ウサギやウマなど）に関する研究をしていたなら、卵の発見はかなり早まっていたかもしれない。

しかし、ハーヴェイが発生学に重要な貢献をしたことには違いない。初期の発生に関する彼の記載は非の打ち所がない。彼は、鶏胚の胚盤（いずれ胚へと成長する卵黄を含まない細胞質で、卵のきわめて小さな領域）を初めて観察し、心臓が形成される前に血島が形成されることを示した。したがって、彼は胚が順次発生していくことに気付いており、アリストテレスと同様に、彼は後成説の学派にその名を刻んだ。

ハーヴェイによる観察とほ乳類の卵の研究は、雌の生殖器官、特に卵巣の詳細な研究を行った**ライネル・デ・グラーフ**（1641-1673年）によって発展した。彼の友人のレーウェンフックと同じように、グラーフはデルフトで研究していた。ほ乳類の卵巣とニワトリの卵巣の比較から、グラーフはほ乳類では腔所を持った卵巣の濾胞（卵胞）が卵になると考えた。彼は実際に卵を食べてみることによってこの仮説を確かめたのだった！ 彼の科学への貢献は、「グラーフ卵胞」という言葉を紹介したドイツの医師**テオドル・ルードウィッヒ・ウィルヘルム・ビショフ**（1807-1882年）によって認知された。また、グラーフは卵胞の成熟と卵の発達につながりがあることに気付いたが、顕微鏡で観察しなかったので立証することができず、この観察は長いあいだ忘れられていた。彼がもう少し長生きしていたら（不幸にも32歳で早逝している）、ほ乳類の卵に関する発見が約150年も遅れることはなかったであろう！

ほ乳類の卵を実際に見た（誰もがその存在を信じていたが、未だ誰ひとりとして見たことがなかった）

History of embryology

最初の科学者は、エストニアの医者である**カール・エルンスト・フォン・ベア**（1792-1876年）だった。当時、卵胞は知られていたので、彼は「グラフ卵胞」を開き、裸眼で小さな黄色い点を見つけてそれを取り出し、顕微鏡下で観察した（Baer、1827年）。一目見てフォン・ベアはとても驚いた。ハーヴェイ、グラーフ、プルキンエおよび多数の有名な科学者らが発見し損なっていたものを見つけたことが信じられなかったのだ。その重大な発見に圧倒され、2度目に顕微鏡をのぞき込むのに勇気をかき立てなくてはならなかった。こうしてほ乳類の卵は確認された。

精子 spermatozoa はどのようにして発見されたのであろうか？　オランダの輸入業者であり、デルフト出身の科学者である**アントン・ファン・レーウェンフック**（1632-1723年）は、初めて動く精子を見たとされる人物だ。彼は300倍以上に拡大できるレンズ1枚の顕微鏡をつくった。この顕微鏡は、技術的に驚くべき業績であった。小さな切手程の大きさもなく、初期のマイクロマニピュレータに類似していて、虫眼鏡のように眼に近づけて使用された。これを使って、レーウェンフックは異なった種の精子を描いた。レーウェンフックはしぶしぶ精子を研究していたので、精液と性交について記載することに疑問を感じていた。彼が顕微鏡の焦点を精液に合わせたときに、血球のようなものを発見したが、彼自身の発見を考察することについて将来性を見い出せなかったので、研究の対象を変更した。しかしながら3〜4年後の1677年、ライデンの医学科校の学生が彼に精液の標本を持ってきた。その学生は尾を持った新しい小さな動物を発見し、レーウェンフックもそれを観察した。そこで、レーウェンフックは精液の観察を再開した。彼自身の精液（彼は罪深い不潔な成り行きによるものでなく、夫婦の性交によって入手したことを強調した）中に、あらい砂の粒子の100万分の1よりも小さく、細く波状に動く透明な尾を持った多くの"微小生物"を発見した。1カ月後、レーウェンフックはロンドンにある英国学士院（王立協会）の理事長であるブラウンカー閣下あての短信にこれらの観察について記載した。そのテーマに対してまだ確信が持てなかったので、たとえブラウンカーが感情を害することになろうとも、彼に短信を出版しないように懇願した。レーウェンフックの観察は、この微小生物の重要性に関する激しい議論と論争を引き起こした。最初、オタマジャクシのような生物は寄生虫であるという考えが一般的だった。レーウェンフックは、同時進行的に寄生虫の研究にも没頭していて、消化管に感染するプロトゾアの寄生虫である *Giardia*（ランブル鞭毛虫）を見ていたので先入観があったのかもしれない。*Giardia* は鞭毛を持ち、解像度の低い顕微鏡では精子に類似していたかもしれない。他の研究者たちは、その生物の旋回運動は精液の凝固を防ぐためであると考えた。生物前成説学では、レーウェンフックの観察は精子の頭部にすでにできあがった小さな胎児、子ウマ、子ウシなどが入っているという説を助長し、これらの科学者たちは精子論者（spermist）として知られるようになった。

これら2種類の配偶子が識別されると、この知識は将来の研究のための一般的な基礎となる代わりに、胚子が卵と精子のどちらからできているのかという痛烈な論争を起こした！

ほ乳類の配偶子に関する研究と平行して、後成説と前成説の両学派の戦いは、より一層激しくなっていた。後者の説は根拠として18世紀の科学的、宗教的および哲学的背景を持っていた。第一に、もし体がすでにできており、広がることだけを必要としているのなら、特別に神秘的な力は胚子の発生の開始に必要ではない。この点は神の創造物である人間へ適切な敬意を払っているため、宗教的に便利な観点であった。第二に、もし、体が生殖細胞の中にあらかじめつくられているとするならば、その次の世

発生学の歴史　第1章

代の体もまた次世代の生殖細胞の中につくられていることになり、まるでロシアのマトリョーシカのようである。この考えもまた、種による動物の形がいつも確実に維持されることを説明するには便利であった。マトリョーシカ人形がどこまでも小さくなることはできないという事実は、今日の概念に明らかに反すると思われる。しかし、**テオドール・シュワン**（1810-1882年）の細胞学説は1847年まで提唱されていなかったので、これらが議論された時代には生物学的な大きさの定規がなかった。このため、前成説学派の学者たちは、スイスの博物学者で哲学者である著述家**シャルル・ボネ**（1720-1793年）によって1764年に系統立てられたように、「自然はそれが望んでいるのと同じ大きさで作用する」と主張することができた。基本的に前成説は保守的な説であり、その当時の遺伝的多様性に関する限られた知識によって生じたいくつかの疑問に答えることはできなかった。たとえば、黒色と白色の親の交配では、中間色の子ができることは知られており、この結果はいずれかの配偶子内にあらかじめつくられた子がいるという前成説と矛盾した。

18世紀後半、サンクトペテルブルグで働くドイツの発生学者である**カスパー・フリードリヒ・ウォルフ**（1734-1794年）は、後成説に関して最初に後押しする事例となった鶏胚について詳しい観察を行った。彼は消化管が平らな組織のヒダからどのように形成されるかについて実証し、1767年に「この様式で小腸が形成されることが正しく評価されたときに、ほとんどの後成説に関する疑問はなくなる」と記した。彼の発見は後成説の証拠と解釈された。ウォルフの名前は中腎管を意味するウォルフ管（Wolffian duct）という用語で現存している。

ウォルフの貢献にもかかわらず、前成説は、組織染色と顕微鏡に関する新しい技術が発生学の科学をさらに前進させた1820年代まで存在した。バルト地方出身でドイツに学んだ彼の3名の友人、**クリスティアン・パンダー**（1794-1865年）、**カール・エルンスト・フォン・ベア**、**マルティン・ハインリヒ・ラトケ**（1793-1860年）は、現代の発生学に強く関連する概念を生み出した。パンダーはウォルフによる観察結果を発展させ、古生物学者になる以前にたった15カ月間鶏胚を研究したにもかかわらず、胚葉 germ layer を発見した（Pander、1817年）。総合的な用語である"germ layer"はラテン語の germen（芽あるいは出芽）に由来する。一方、三胚葉はギリシャ語に由来し、外胚葉 ectoderm は外側 ectos と皮膚 derma に、中胚葉 mesoderm は中間 mesos に、内胚葉 endoderm は内側 endon に由来する。パンダーはまた器官は単一の胚葉からは形成されないことにも気付いた。1817年にパンダーが著作した本の注目すべき特徴は、ドイツの解剖学者であり芸術家であった**エドゥアルト・ジョセフ・ダルトン**（1772-1840年）によって描かれた質の高い図が掲載されていたことである。それらは美しく、かつてこれほど描写されたことがないといえるくらい精密に描写されていた（**図1-3**）。この古典的な仕事は、発生学において確かな観察技術が必要だということを示した。

ラトケは、カエルやサンショウウオ、魚類や鳥類、そしてほ乳類の比較発生学を研究し、これらの脊椎動物すべての発生における類似性を指摘した。彼は咽頭弓（鰓弓）がこれらの動物に共通していることを最初に記述した。"ラトケ囊 Rathke's pouch"（下垂体となる外胚葉）は、彼の名を後世に伝えている。

ほ乳類の卵の発見に加えて、フォン・ベアはパンダーの鶏胚に関する観察を発展させ、そして最初に脊索について記述した。さらに、フォン・ベアは種を問わない初期胚の発生を方向づける普遍的な原理を再度評価した。1828年、彼は「私はラベルするのを忘れてしまったアルコールに漬けた2つの小さな胚子を持っている。現在、私はそれらがどの種で

あるか判断できない。それらはトカゲ、小さな鳥あるいはほ乳類であるかもしれない」と記述している。

染色と顕微鏡技術は19世紀中進歩し続け、初期の卵割段階をさらに詳しく観察することができるようになった。ウサギはドイツの生物学者であるビショフによって、ヒトとさまざまな家畜はスイスの解剖学者で生理学者である**ルドルフ・アルベルト・フォン・ケリカー**（1817-1905年）によって詳しく観察された。ケリカーは1861年にヒトと高等動物の発生学の最初の教科書を上梓した。

パンダー、フォン・ベアおよびラトケの貢献により、過激な前成説学派は1820年代に終止した。しかしながら、科学者のあるグループが、初期卵割期の細胞はそれぞれ体の左半分と右半分になり、これらが一緒になって体となると考えたため、さらに80年間この概念は生き延びた。これは、体を構築するための情報は、卵の中の部位ごとに分離されていることを意味する。1893年、**アウグスト・ヴァイスマン**（1834-1914年）は、この考えを発展させて生殖細胞質説（germ cell plasm theory）を提唱した。当時の受精に関する乏しい知識をもとにしていたが、彼は卵と精子が均等に染色体を質的・量的に新しい生命に分配することを推測した。さらに、彼は染色体が新しい生命体に遺伝的形質を運ぶという仮説を立てた。染色体はまだ遺伝物質を運搬するものとして認識されていなかったことを考慮すると、この仮説は注目すべきものであった。しかしながら、ヴァイスマンは染色体上のすべての情報が胚のどの細胞にも遺伝するわけではないと考えた。むしろ、異なった情報が異なる細胞へ伝わり、これが細胞の**分化** differentiation を説明できると考えた。ヴァイスマンは形質が受精を通じてどのように遺伝するかを明らかに理解していたが、分化のメカニズムについては間違っていた。ドイツの発生学者である**ウィルヘルム・ルー**（1850-1924年）は1888年に2細胞期胚と4細胞期胚のカエルの個々の細胞を焼いた針で破壊する実験結果を発表していたが、ヴァイスマンの分化説はこの実験を実質的に説明した。ヴァイスマンの分化説によって予想されたように、ルーは片方だけの細胞が正常に発生して胚子を形成するのを観察した。これらの結果は、ドイツ人の発生学者ハンス・アドルフ・エドゥアルト・ドリーシュ（1867-1941年）を刺激し、彼はルーの細胞破壊実験の代わりに、分離した細胞を用いた実験を行った。ドリーシュはルーの実験結果とまったく異なる

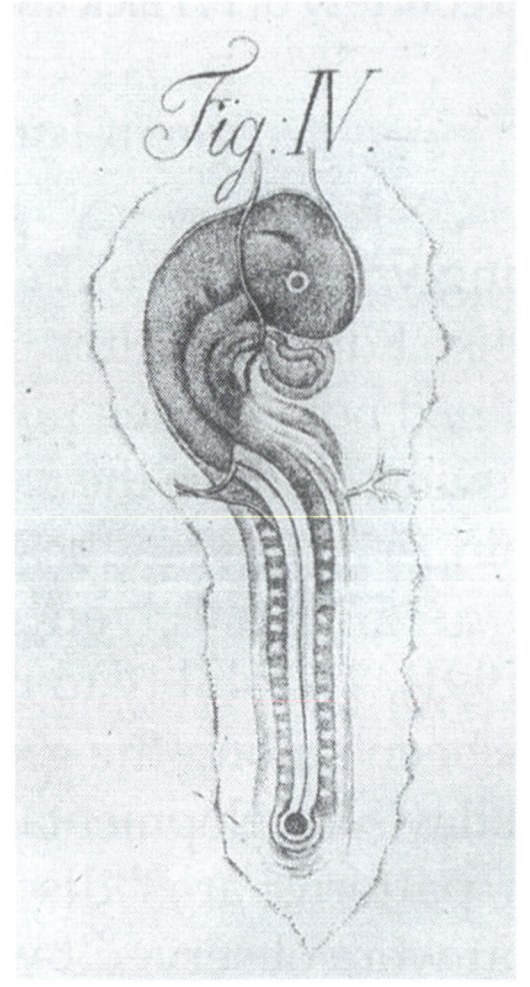

図1-3：パンダーによって掲載されたエドゥアルト・ジョセフ・ダルトンによる孵卵2日目の鶏胚のスケッチ。

結果を得て、大変驚いた。彼はウニの初期卵割胚から分離した細胞を用いて、それぞれの細胞が小さいながら完全な胚と幼生になり得ることを実証した。また、彼は4細胞期の胚を使って同じ実験を行い、同様の結果を得た。幼生は小さかったものの完全に正常な個体であった。

　ルー説やヴァイスマン説に対する最終的な反証は、ドイツ人の発生学者である**ハンス・シュペーマン**（1869-1941年）によって発表された"洗練された実験（fantastic experiment）"であった。彼はドリーシュのように彼らの説を支持するために、独自にサンショウウオを使った実験に着手した。しかし、結紮（彼の生まれたばかりの息子の髪の毛で）することで初期卵割胚の細胞を分離すると、彼はすぐに分離した細胞は小さな胚子を形成する能力を持っていることを発見した。すなわち、それらは**分化全能性** totipotent を有していた。1928年、シュペーマンは最初の核移植実験を行った。オオサンショウウオの胚細胞から核を取り出し、核を持たない細胞に移植したのである。1902年にオオサンショウウオの胚を分離したときと同様に、毛髪を紐（糸）として用いて、シュペーマンは受精直後の卵細胞を縛り、一方に核が移動し、反対側は細胞質だけになるようにした。次に、核がある側が細胞分裂して16細胞になるまで待った。その後、紐を緩め、胚子の細胞のうちの1つから核を反対側の細胞質へ移動させた。シュペーマンは緩めた紐を再度しっかり結び、16細胞からできている胚から切り離した。この単一の細胞から正常なサンショウウオ胚子が成長し、初期胚細胞の核は完全なオオサンショウウオの成長へと方向付ける可能性を持っていることが明らかとなった。シュペーマンは核移植によって最初にクローンを作出した。シュペーマンは1938年にこの結果を「Embryonic Development and Induction（胚の発育と誘導）」という本に発表した。この本のなかで分化した細胞あるいは成体の細胞からのクローニングを奇想天外な実験（fantastical experiment）と称し、理論的に今日私たちが知っている体細胞の核移植によるクローニングへの道を開いた。不幸にも、シュペーマンは当時そのような実験を実現できる実用的な方法を知らなかった。シュペーマンは、**胚の誘導** embryonic induction すなわち「胚の多様な部位が及ぼす影響が細胞集団の発生を特定の器官や組織へと方向付ける」という発見によって1935年にノーベル生理学・医学賞を受賞した。ドリーシュとシュペーマンの研究は、遺伝情報は発生している胚の細胞内に割り当てられているという考えを終止させた。

　アメリカの発生学者のあるグループは、19世紀後半から20世紀初頭にかけて遺伝物質は受精卵の細胞質あるいは核のどちらかに存在していると公表したが、遺伝物質がどこに存在するのかは、まだ決定されていなかった。**エドマンド・ビーチャー・ウィルソン**（1856-1939年）は核が遺伝物質を運ぶと主張し、一方**トーマス・ハント・モーガン**（1866-1945年）は細胞質が運ぶと考えていた。ウィルソンは、ナポリ動物園（Naples Zoological Station）で働いていたドイツ人の生物学者**テオドール・ハインリッヒ・ボヴェリ**（1862-1915年）と盟友であった。ボヴェリはウニ卵と2個の精子細胞と受精させることによって、染色体仮説にとって強力な支持を生み出した。最初の卵割のとき、この卵は4個の極体を放出し、2個ではなく4個の細胞に分裂した。また、ボヴェリは細胞を分離しそれらが異なった染色体を有しているため、各々独自の方法で異常に発達することを実証した。このようにボヴェリは、各染色体は別個のものであり、生命維持に必要な異なった過程を調節していることを主張した。ウィルソンとボヴェリの科学への貢献を認識させた最初のアメリカ女性の1人である**ネッティ・マリア・スティーブンス**（1861-1912年）は、ボヴェリの研究を発展させ、染色体と性の関係を実証した。つま

り、XO あるいは XY の胚子は雄として発生し、XX の胚子は雌へと発生するというものである（Wilson、1905 年；Stevens、1905 年 ab）。初めて特定の表現型の特質が、核の性質と明瞭に関連した。実際にモーガンは性と X 染色体に関係する突然変異を発見した。これにより、遺伝的性質が細胞質を通して起こるという彼の初期の考えは間違っており、遺伝子は染色体上で互いに物理的に結合していることを明らかにした。その結果、発生学者のグループは細胞の核内にある染色体が遺伝する特質の発生に大きく関与しているという発見に対する礎を築いた。

20 世紀の初期、発生学と遺伝学は別々の学問ではなかった。これらは 1920 年代に分岐し、このときモーガンは遺伝学を遺伝的性質の伝達を研究する科学としてとらえ、遺伝した特質の発現を研究する発生学と区別した。この分岐は互いに敵対することとなった。遺伝学者たちは発生学者を時代遅れと考え、一方発生学者たちは遺伝学者たちを生物がどのように実際に発生するかについて無知であると見なした。幸運にも現代の私たちは、遺伝学者と発生学者が和解し、大変実りの多い共存関係にあることを知っている。サロメ・グルックソン・ショエンハイマー（現在は Gluecksohn-Waelsch；1907-2007 年）とコンラッドハル・ワディントン（1905-1975 年）は、早くから遺伝学者と発生学者の協力を提唱していた。グルックソン・ショエンハイマーはシュペーマンの研究室で博士を取得し、ヒトラーがいたドイツからアメリカ合衆国へ逃げてきていた。彼女はマウスの *Brachyury* 遺伝子の突然変異は胚尾部の常軌を逸した発生を引き起こすことを実証し、そして脊索の欠損をも発見した（Gluecksohn-Schoenheimer、1938 年、1940 年）。これは遺伝学と発生学の密接な結び付きの 1 つの例となった。興味深いことに、この結果が *Brachyury* 遺伝子をクローニングし、DNA ハイブリダイゼーションによって実証される（Wilkinson et al.、1990 年）までに 50 年かかった。一方、ワディントンは、ショウジョウバエの翅の先天異常を引き起こす数種類の遺伝子を単離することによって発生学と遺伝学の因果関係に取り組んだ。さらに胚子の最初の細胞分化に影響する"後成説地形"を示したが、彼の解釈と視覚的な着想は、胚幹細胞およびその分化を説明するにはまだ不十分なものだった（Waddington、1957 年、図 1-4）。

初期の頃にドリーシュとシュペーマンが取り組んでいた全能性の問題は、より優れた基準で後に再検討された。ドリーシュとシュペーマンは初期卵割時の胚の細胞の全能性を発展させたが、ロバート・ブリッグス（1911-1983 年）とトーマス・キング（1921-2000 年）による 1950 年代の研究では、核あるいはゲノムの全能性を試していた。彼らの核移植モデルは、たとえ彼らがシュペーマンの示唆に耳を貸さなかったとしても、シュペーマンによって提唱された"洗練された実験"を実際に具体化したものであった。彼らは、卵を破壊せずにそのゲノムを取り除き（除核）、別の細胞から核を取り出し、そしてあらかじめ除核した細胞へ核移植する方法を行わなければならなかった。彼らのアプローチはきわめて異端で、最初に国立ガン研究所に研究費を申請したときには、無謀なアイデアだと断られた。しかしその後、彼らはいくつもの援助を獲得した。実験を開始して数カ月後に短命ではあったが、核移植から最初の胚盤胞を生み出した。その熱狂の最中、胚盤胞を見せるために研究所のスタッフ全員を集め、多くの人間が顕微鏡をのぞいた後、拍手と祝福が続いた。彼らは培養皿を再検査し、完全に壊れた胚子だけを見つけた。最初の胚子は死んだものの、幸運にも核移植の仕組みは機能していた。1952 年、ブリッグスとキングはカエルの胞胚期の核が除核した卵に移植されると、完全なオタマジャクシの発生へと方向付けることを実証した。この研究は、現在、

第1章 発生学の歴史

ほ乳類のクローニングに使用されている体細胞の核移植への道を切り開いた。ブリッグスとキングは、さらに後期の発生段階（たとえば、尾芽期のカエル）の細胞の核を使用しても、生殖細胞の核でない限り、正常な発生は起こらないことを発見した。このように体細胞は分化が進めば進むほど、発生の方向を決定する能力を失う。ブリッグスとキングが研究にアカガエルを使用していたのに対し、ジョン・B・ガードンはカエルの一種であるアフリカツメガエルを研究に使用した。ガードンらは1975年、成体のカエルの皮膚の培養細胞の核を除核した卵に移植すると、そのクローンの発生は神経管形成以降へは進まないことを発見した。しかし、クローン胚の核を除核した卵に引き続き移植（継代核移植）すると、多数のオタマジャクシをつくり出すことができた。これにより、体細胞のゲノム全能性が証明された。他の成体から取り出した体細胞の核を移植して成体を作出する、カエルを用いた実験は、卵が受精することによって成体となり、その成体からの卵と精子が受精して成体となる、という発生の周期性が停止したわけではないことに留意すべきである。

核移植技術が1980年代にケンブリッジで研究していたデンマークの獣医**スティーン・マルタ・ウィラードセン**によってほ乳類に導入されるまで、発生の周期性は停止しなかった。ウィラードセンは1986年、核だけでなくヒツジの桑実胚の細胞すべてを、除核した卵と電気刺激による細胞融合によって移植することに成功した。彼の研究は核移植によるクローニング後、ほ乳類が初めて誕生することとなった。1996年に、この技術は**イアン・ウィルマット**が率いる研究集団の中でスコットランドにあるロスリン研究所で働く**キース・H・キャンベル**によってさらに進められた。キャンベルらは、内細胞塊の細胞を培養し、その核を除核した卵に移植することによって子ヒツジを産出することに成功した。この成功の鍵は、キャンベルの綿密な細胞周期の実験であった。この実験では、ドナーの核とレシピエントの細胞質の細胞周期に一定の同調が必要なことを実証した。培養細胞からクローン動物を作出する能力は、生物医科学において大きな発展を意味する。核移植よりも細胞の遺伝子操作を容易にし、トランスジェニック動物（遺伝形質を転換した未知の遺伝子を導入された動物）作出の道を開いた。同じ研究グ

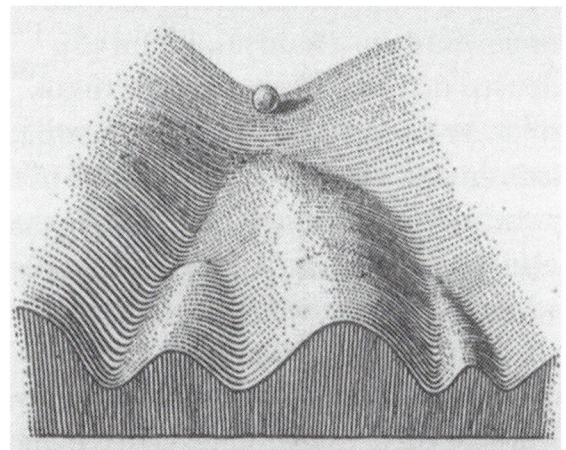
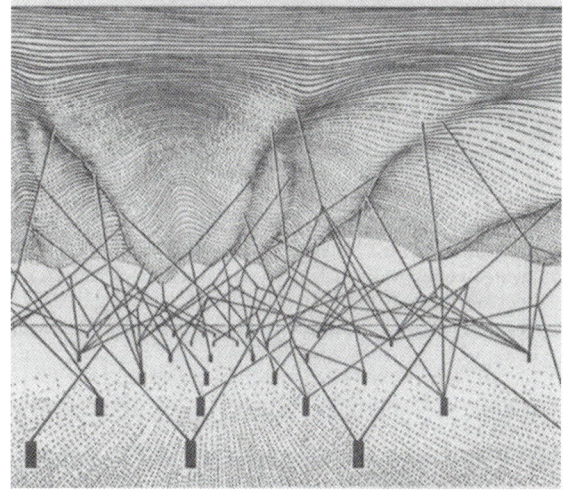

図1-4：上：ワディントンによって描かれた後成説地形。ボールが細胞を、谷は異なった分化の道筋を意味する。下：あまり一般的ではないが、後ろに後成説地形があり、異なった遺伝子の張力がボールの運命をどのように調節するかを示した図。

History of embryology

ループの一員であった**アンジェリカ・シュニーケ**は、トランスジェニック・ヒツジであるポリー（Polly）の誕生を公表した（Schnieke et al、1997年）。ポリーはヒト凝固因子IXを乳腺細胞に導入された遺伝子の発現を可能にするプロモーターとともに組み込まれた培養ヒツジ線維芽細胞からのクローンである。これによって、"biopharming"（トランスジェニック動物での有用なタンパク質の産生）という概念が出現した。しかし、ポリーの報告は、ロスリン研究所のほかのグループよって先を越された。その論文とは、クローンヒツジ、ドリーの誕生の報告であり、科学者の集団のみならず世界中を驚かせた（Wilmut et al、1997年）。ドリーはウィルマットと彼のグループによって除核した卵に、6歳のヒツジから採取し乳腺細胞を培養し形質導入して作出された。その成功も、細胞周期の調節にかかっていた。乳腺細胞への核ドナー細胞は細胞分裂活性を抑制され、細胞の老化状態を誘発し、細胞周期のG1あるいはG0状態に固定した培養状況下で維持されていた。これ以降の研究は、結果として多種類の動物（ウシ、マウス、ヤギ、ネコ、ウサギ、ウマ、イヌ、ラット）のクローニングの研究を招き、さらに核ドナー細胞を静止状態にすることが不可欠ではないことを証明した。

遺伝学と共同して、発生学は急成長する科学となった。発生学がいかに発展するは、時間のみぞ知る。発生学は解剖学の教科内容に取り込まれつつある19世紀中頃に、獣医学のカリキュラムに導入することが認められた。その後の1924年、ツァイツシュマンらによって出版された最初の教科書である獣医発生学が発行された。**ブラッドリー・M・パッテン**による『ブタの発生学 Embryology of the Pig』は、この著者の賞賛すべき資質と発想ゆえに注目に値する著作である。同様に比較発生学の聖書である**スコット・F・ギルバート**による『発生生物学 Developmental Biology』は、取り扱う範囲の広さと比類無きスタイルゆえに賞賛すべき著作である。

発生学は基本的には解剖学的な記述を基礎としており、また医学や獣医学では解剖学の一部の科目としてカリキュラムに位置付けられている。学名はラテン語とギリシャ語を基本としているが、読みやすさの観点から、本書ではラテン語あるいはギリシャ語の形式に厳密に従うよりむしろ、いくつかの用語を英語風に記述した。

参考文献 Further reading

Aristotle (ca. 350 BC): The generation of animals. A.L. Peck (trans.). eBooks@Adelaide, 2004 (see http://etext.library.adelaide.edu.au/a/aristotle/generation/).

Baer, K.E.V. (1827): De ovi mammalium et hominis genesi. Voss, Leipzig.

Bonnet, C. (1764): Contemplation de la Nature. Marc-Michel Ray, Amsterdam.

Briggs, R. and King, T.J. (1952): Transplantation of living nuclei from blastula cells into enucleated frogs' eggs. Proc. Natl. Acad. Sci. USA 38:455–464.

Campbell, K.H., McWhir, J., Ritchie, W.A. and Wilmut I. (1996): Sheep cloned by nuclear transfer from a cultured cell line. Nature 380:64–66.

Darwin, C. (1859): On the Origin of Species by Means of Natural Selection, or the Preservation of Favoured Races in the Struggle for Life. John Murray, London.

Fabricius, H. of Aquapendente (1600): De formato foetu. Pasquala, Padova.

Gilbert, S.F. (2003): Developmental biology. 7th edn. Sinauer Associates, Sunderland, Massachusetts.

Gluecksohn-Schoenheimer, S. (1938): The development of two tailless mutants in the house mouse. Genetics 23:573–584.

Gluecksohn-Schoenheimer, S. (1940): The effect of an early lethal (t^0) in the house mouse. Genetics 25:391–400.

Gurdon, J.B., Laskey, R.A. and Reeves, O.R. (1975): The developmental capacity of nuclei transplanted from keratinized cells of adult frogs. J. Embryol. Exp. Morphol. 34:93–112.

Harvey, W. (1651): Excitationes de generatione animalium. Elzevier, Amsterdam.

Kölliker, A. (1881): Entwiklungsgeschichte des Menschen und der höhere Thiere. Engelmann, Leipzig.

Maître-Jan, A. (1722): Observations sur la formation du poulet. L. d'Houdry, Paris.

Malpighi, M. (1672): De formatione pulli in ovo (London). Reprinted in HB Adelmann 'Marcello Malpighi and the evolution of embryology'. Cornell University Press, Ithaca, NY, 1966.

Pander, H.C. (1817/18): Beitrage zur Entwiklungsgeschichte des Hühnchens in Eye. Brönner, Wüzburg.

Patten, B.M. (1948): Embryology of the pig. 3rd edn. Blakiston Company, New York, Toronto.

Roux, W. (1888): Contributions to the developmental mechanisms of the embryo. On the artificial production of half embryos by destruction of one of the first two blastomeres and the later development (postgeneration) of the missing half of the body. In B.H. Willier and J.M. Oppenheimer (eds.) 1974 'Foundations of experimental embryology', Hafner, New York, pp. 2-37.

Schnieke, A., Schnieke, A.E., Kind, A.J., Ritchie, W.A., Mycock, K., Scott, A.R., Ritchie, M., Wilmut, I., Colman, A. and Campbell, K.H. (1997): Human factor IX transgenic sheep produced by transfer of nuclei from transfected fetal fibroblasts. Science 278:2130–2134.

Schwann, T. and Schleyden, M.J. (1847): Microscopical researches into the accordance in the structure and growth of animals and plants. London: Printed for the Sydenham Society.

Stevens, N.M. (1905a): Studies in spermatogenesis with special reference to the 'accessory chromosome'. Carnegie Institute of Washington, Washington. D.C.

Stevens, N.M. (1905b): A study of the germ cells of Aphis rosae and Aphis oenotherae. J. Exp. Zool. 2:371–405, 507–545.

Waddington, C.H. (1957): The strategy of the genes. Geo Allen & Unwin, London.

Weismann, A. (1893): The germ-plasm: A theory of heredity. Translated by W. Newton Parker and H. Ronnfeld. Walter Scott Ltd., London.

Wilkinson, D.G., Bhatt, S. and Herrmann, B.G. (1990): Expression pattern of the mouse T-gene and its role in mesoderm formation. Nature 343:657–659.

Willadsen, S.M. (1986): Nuclear transplantation in sheep embryos. Nature 320:63–65.

Wilmut, I., Schnieke, A.E., McWhir, J., Kind, A.J. and Campbell, K. (1997): Viable offspring from fetal and adult mammalian cells. Nature 385:810–814.

Wilson, E.B. (1905): The chromosome in relation to the determination of sex in insects. Science 22:500–502.

Wolf, K.F. (1767): De formatione intestorum praecipue. Novi Commentarii Academine Scientarum Imperialis Petropolitanae 12:403–507.

訳者注：右側が男性で左側が女性という点では、すべての神話で一致していた。神が両性具有の場合には、つねにこの配置が守られていた。その典型はヒンズー教の両性具有の神バヴァ（存在）である。バヴァは、身体の左半分が女性で右半分が男性という「自然（女性）と合体した男性」を表しており、それと同時に「あらゆる存在が男女両性から成り立っている」ことも示していた。

CHAPTER 2

Morten Vejlsted

胚子発生における細胞および分子機構
Cellular and molecular mechanisms in embryonic development

初期胚子発生と妊娠期間
Initial embryonic development and gestational periods

　胚発生は、**接合子** zygote（または受精卵 fertilized egg）と呼ばれるたった1つの細胞が初め胚子となり、その後、出生後の生活に適応する能力を持った胎子となるそのすべての過程を含んでいる。これらの過程は連続的に起きるが、便宜上、連続するいくつかの段階に分けられる。そのため、子宮内での発生は、しばしば、すべての主要な器官系が確立する**胚子期** embryonic period と、主として成長し器官が精緻になる**胎子期** fetal period に区分される（第18章参照）。生物の発生は出生によって止まることはなく、器官は成長し、そして少なくとも思春期まで成熟し続け、多くの組織が一生を通じて継続的に補充を必要とする。それゆえ、老化と死もまた、生物の自然な発生過程に含まれる。

　胚子期は、透明帯に覆われた**卵母細胞** oocyte に精子が入り込み、結果として、**雌性前核** maternal pronucleus（卵母細胞由来）と**雄性前核** paternal pronucleus（精子由来）が現れる単細胞の**受精卵** zygote が形成される**受精** fertilization によってはじまる（図2-1、第5章参照）。受精後、最初の有糸分裂で、受精卵は2細胞**胚** embryo へと発生する。これら2つの細胞、そしてその後の初期胚の細胞は、一時的に**割球** blastomere と呼ばれる。初期の割球の有糸分裂では細胞の数は増えるが、体積は増加しない。すなわち、分裂ごとに割球の大きさは半分になるので、胚全体の体積は一定のままである。このような独特な細胞分裂は、**卵割** cleavage と呼ばれる（第6章参照）。その後、卵割を通じて細胞がある一定の最少の大きさに達すると同時に、細胞の成長段階が細胞周期に導入され、娘細胞はおおむね母細胞と同じ大きさに成長するようになる。一定の大きさになった細胞は、多くの細胞増殖と細胞外物質の付着により、結果として胚子全体の大きさが増加する。細胞増殖と細胞成長の両者は、細胞生物学の一般的な原理なので、本書ではこれ以上詳細には取り扱わない。

　割球は最終的に**桑実胚** morula と呼ばれる小さな桑の実のような細胞集団を形成する（**図2-1**、第6章参照）。最初、桑実胚の割球はそれぞれ膨らんでいるが、そのうち桑実胚の表面は滑らかになる。この過程はコンパクション（緊密化）と呼ばれる。外側の細胞は、**栄養外胚葉** trophectoderm へと発達する。続いて、**胞胚形成** blastulation の過程において、液で満たされた**胚盤胞腔** blastocyst cavity が栄養外胚葉の内側に発達し、そして内側の細胞が胚の一極に集合し、**内細胞塊** inner cell mass（ICM）を形成する。この胚は**胚盤胞** blastocyst と呼ばれている。栄養外胚葉は胎盤形成に関係し、内細胞塊からは胚本体を生じる（第9章参照）。胚盤胞は膨

Cellular and molecular mechanisms in embryonic development

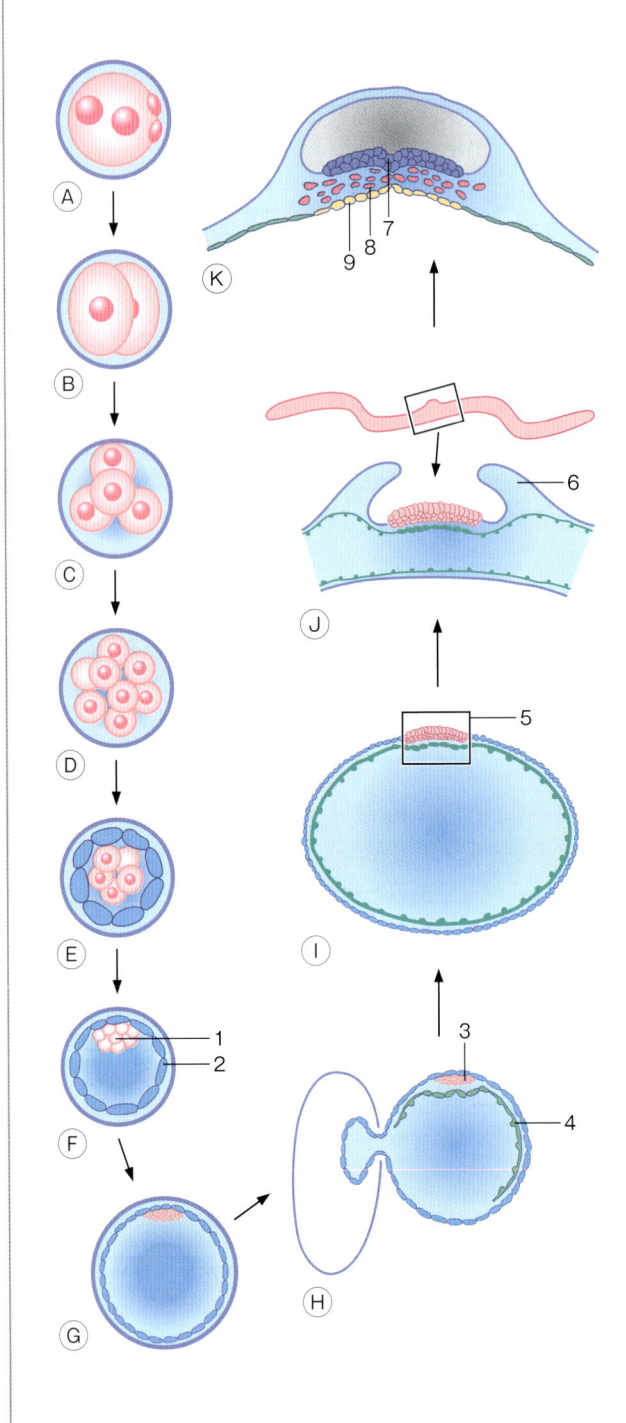

図2-1: 哺乳類の胚子の初期発生。**A:** 受精卵、**B:** 2細胞胚、**C:** 4細胞胚、**D:** 初期桑実胚、**E:** 緊密化した桑実胚、**F:** 胚盤胞、**G:** 拡張した胚盤胞、**H:** 透明帯からの脱出（孵化）の過程にある胚盤胞、**I:** 胚盤を持つ卵形の胚盤胞、**J:** 伸長した胚盤胞、**K:** 原腸胚形成の過程にある胚盤。
1: 内細胞塊、2: 栄養外胚葉、3: 上胚盤葉、4: 下胚盤葉、5: 胚盤、6: 羊膜ヒダ、7: 外胚葉、8: 中胚葉、9: 内胚葉。

らみ透明帯から脱出（孵化）し、その後、胞胚形成の終わり頃までに、内細胞塊はそれぞれ**下胚盤葉** hypoblast、**上胚盤葉** epiblast と呼ばれる内側と外側の細胞層を形成し、**二層性胚盤** bilaminar embryonic disc を確立する。家畜動物での胚盤の形成では、上胚盤葉を覆う栄養外胚葉は除去される（第6章参照）。ウマ以外では、同時に胚子全体の形が球形から卵形に、さらに管状そして糸状へと変化する。受精から胞胚形成の完了までの期間は、ブタ、ヤギ、ヒツジおよびネコでは約10〜12日間、ウシとウマでは14日間、イヌでは16日間である。

次の胚子期の段階で、二層性胚盤は、**原腸胚形成** gastrulation を経て**三層性胚盤** trilaminar embryonic disc となる（**図2-1**、第7章参照）。原腸胚形成は、**外胚葉** ectoderm、**中胚葉** mesoderm、**内胚葉** endoderm の3種の胚葉形成と生殖細胞系の前駆細胞である**原始生殖細胞** primordial germ cell を誘導する。原腸胚形成の初期に、三層性胚盤の周囲の栄養外胚葉の一部は、その下にある胚外中胚葉と共に羊膜ヒダを形成し、これらは最終的に融合し、胚盤を**羊膜腔** amniotic cavity 内に囲い込む。

原腸胚形成に続いて、この3種の胚葉はさらにさまざまな細胞系に分化し、最終的にはほとんどの器官系の輪郭を形成し、胚子期が終了する（**図2-2**）。原腸胚形成の過程で増加した細胞のタイプは、この3種の体細胞系からもたらされたものである。これらは相互に依存する多くの組織や器官を持つ完全な生物をつくり出すために、細胞の動きと組織化に関して複雑な調節を必要とする。胚子発生を

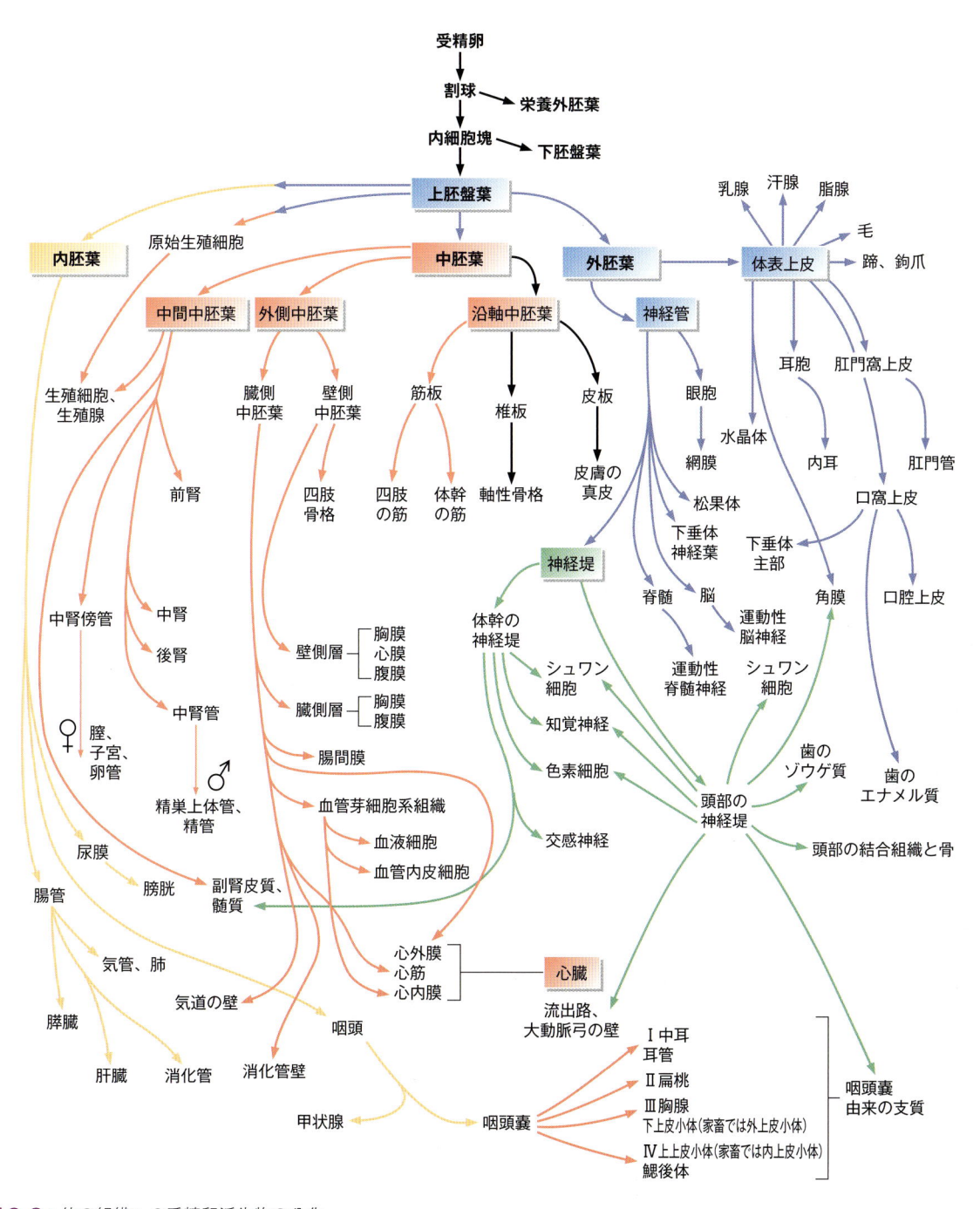

胚子発生における細胞および分子機構 第2章

図 2-2：体の組織への受精卵派生物の分化。

調節する異なった機構は別々に分けて考えるべきではないが、便宜上、同時に進行する過程である**分化** differentiation、**パターン形成（パターンニング）** patterning および**形態形成** morphogenesis に区分してその概略を説明する。

胚子期は**胎子期** fetal period へと続き、器官系の成長、成熟そして再構築が出生まで行われる。「各論的発生学」と呼ばれる各器官系の発生は、この後の各章の中で取り扱われる。一般に大部分の胚喪失は胚子期の初期に起こる。また、胚子期は胚子が催奇形性物質に最も影響を受けやすい期間でもある（第19章参照）。

分化 Differentiation

成熟した哺乳類の体は、すべて受精卵あるいは接合子という1つの細胞から生じる230以上の異なった細胞系によって構成されている。分化した細胞系が未分化な細胞から発生する過程は、**細胞分化** cell differentiation と呼ばれる。一般に、細胞分化よりも前に**細胞間コミュニケーション** cell commitment が起こり、これは**細胞特定** cell specification と呼ばれる不安定な可逆的段階と、それに続く**細胞決定** cell determination と呼ばれる不可逆的な段階に区分される。一度細胞が「決定」されると、その運命は固定し、そして不可逆的な分化となる。

細胞分化は、最終的に**差次的遺伝子発現** differential gene expression を介して調節される。ふもとに到達する前に何度も分岐しながら山の斜面を流れる川のように、胚細胞は共通の起源から分化し、次第に特殊化した細胞系を形成する（図1-4、2-2）。まさに流れに落ちた1枚の葉が1つの道だけをたどるように、特定の細胞はたった1つの分化の経路をたどる。しかし、その葉と細胞の両者に対して、最終目的地への経路で多くの決定が下される。それゆえ、胚子発生における細胞分化は、多くの分岐点があり、そこで細胞系が分かれ、分化に関する一連の決定が下される。これまで説明したように、これらの決定は最初は可逆的（細胞特定）だが、その後、不可逆的（細胞決定）になる。

誘導 Induction

胚子内において、細胞はしばしば細胞間シグナル伝達を介して分化を誘導される。近距離での2つまたはそれ以上の細胞間の相互作用は、近接相互作用または**誘導** induction と呼ばれる。発生中に、1つの組織内または異なった組織内の細胞間の誘導は、分化している細胞を各自の組織や器官へ組織化するために重要である。しかしながら、誘導が起こるためには、誘導される細胞（潜在的レスポンダー：反応可能な応答者）は、誘導シグナルに対する**反応能** competent または受容力を持たなくてはならない。たとえば、細胞表面の受容体の発現によって顕在化する反応能は、しばしば一定の臨界期にだけ存在する。もしこの臨界期内に誘導されなかったのならば、反応能を持った細胞は、分化する代わりにプログラムされた細胞死である**アポトーシス** apoptosis に至る場合がある。アポトーシスは、胚子発生の正常な機構と考えられる。

誘導を調べた最初の発生学者は、ハンス・シュペーマンである（第1章参照）。両生類の胚において、彼は発生中の脳由来の眼胞と表面外胚葉（表層外胚葉ともいう）とのあいだに密接な相互作用が起きるときにだけに、表面外胚葉から水晶体が形成されることを示した（図2-3、第11章参照）。シュペーマンは、この相互作用が生じる前に眼胞を取り除くと、眼胞を覆っている外胚葉に水晶体が形成されないことを証明した。興味深いことに、たとえ眼胞が体幹の表面外胚葉の下に置かれても、覆っている外胚葉に水晶体の形成を誘導することはできな

胚子発生における細胞および分子機構　第2章

- 頭部
  - (1) 眼胞による水晶体の正常な誘導。
  - (3) 眼胞が除去されると、水晶体は誘導されない。
  - (4) 眼胞とは別の組織が移植されたとき、水晶体は誘導されない。
- 体幹
  - (2) 眼胞は反応能のない外胚葉を誘導できない。

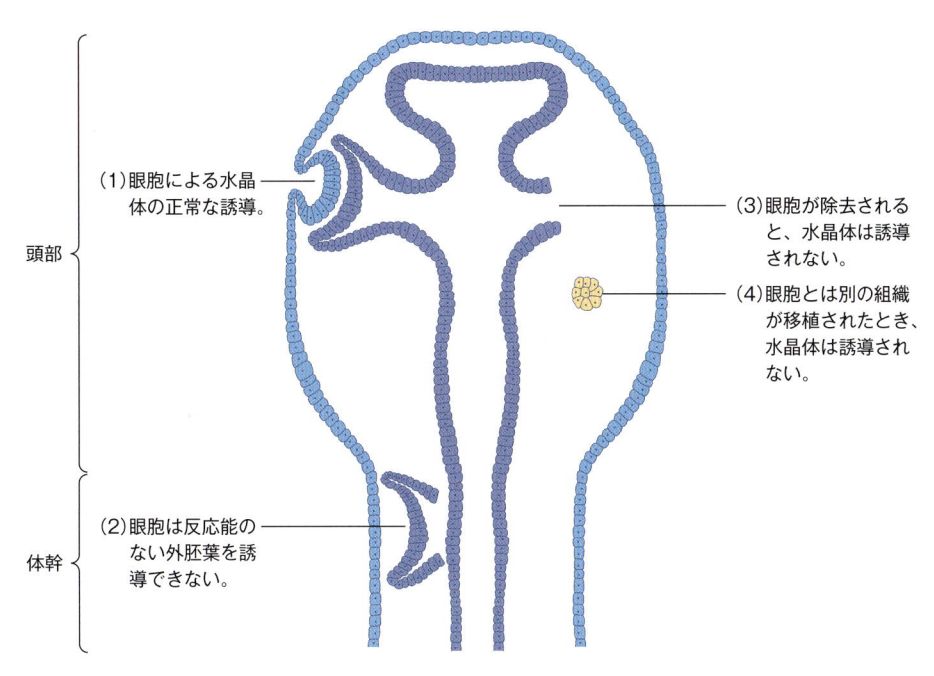

図 2-3：ハンス・シュペーマンによって研究された水晶体形成の誘導。正常な環境では、眼胞の神経外胚葉は、頭部の表面外胚葉に水晶体形成を誘導する（1）。異所的に置かれた眼胞は、体幹の外胚葉に水晶体形成を誘導できない（2）。眼胞が除去されると、水晶体形成は誘導されない（3）。反応能のある頭部の表面外胚葉の下に移植された別の組織は、水晶体形成を誘導しない（4）。

かった。言い換えると、体幹の表面外胚葉は、水晶体誘導に対して反応能がなかった。

誘導の他の例は、神経外胚葉の誘導を介しての神経系の発生である（**図2-4**、第8章参照）。初期の外胚葉細胞は、表面外胚葉（いずれ表皮になる）、または神経外胚葉（そこから神経系が形成される）のいずれかに分化する。初めのうちは、初期の外胚葉細胞は中立（または未熟）で、両方向へ分化する反応能を持っている。しかし、脊索（原腸胚形成の際に出現する脊椎動物種の重要な正中軸となる構造。第7章参照）からのシグナルは、覆っている外胚葉細胞を神経外胚葉へ分化誘導する。とくに、ソニック・ヘッジホッグ（Shh）というシグナル分子は、この過程では重要である。胚子正中の外側にある外胚葉細胞は、誘導シグナルを受けずに初期設定に従って表面外胚葉を形成する。実験的に、脊索が除去されると表面外胚葉だけが形成され、胚子正中の外側に脊索組織を移植すると、表面外胚葉の代わりに神経外胚葉の形成が誘導され、そして下側に存在する脊索の影響を取り除いた正中部分の外胚葉は、表面外胚葉を形成することが示された。この例は、細胞の特殊化の際の細胞分化の運命は、胚子内での細胞の位置を変えることによって変えられるという事実を示している。いったん細胞決定が起きれば、この可塑性は失われる。

ソニック・ヘッジホッグのように、近い範囲での細胞間で作用するシグナル分子は、パラクライン因子または**モルフォゲン** morphogen といわれる。誘導にかかわるこれらの多くは、胚細胞パターンに関与する（以下参照）。これらのシグナル分子の4つの主要ファミリーは、とくに重要である。

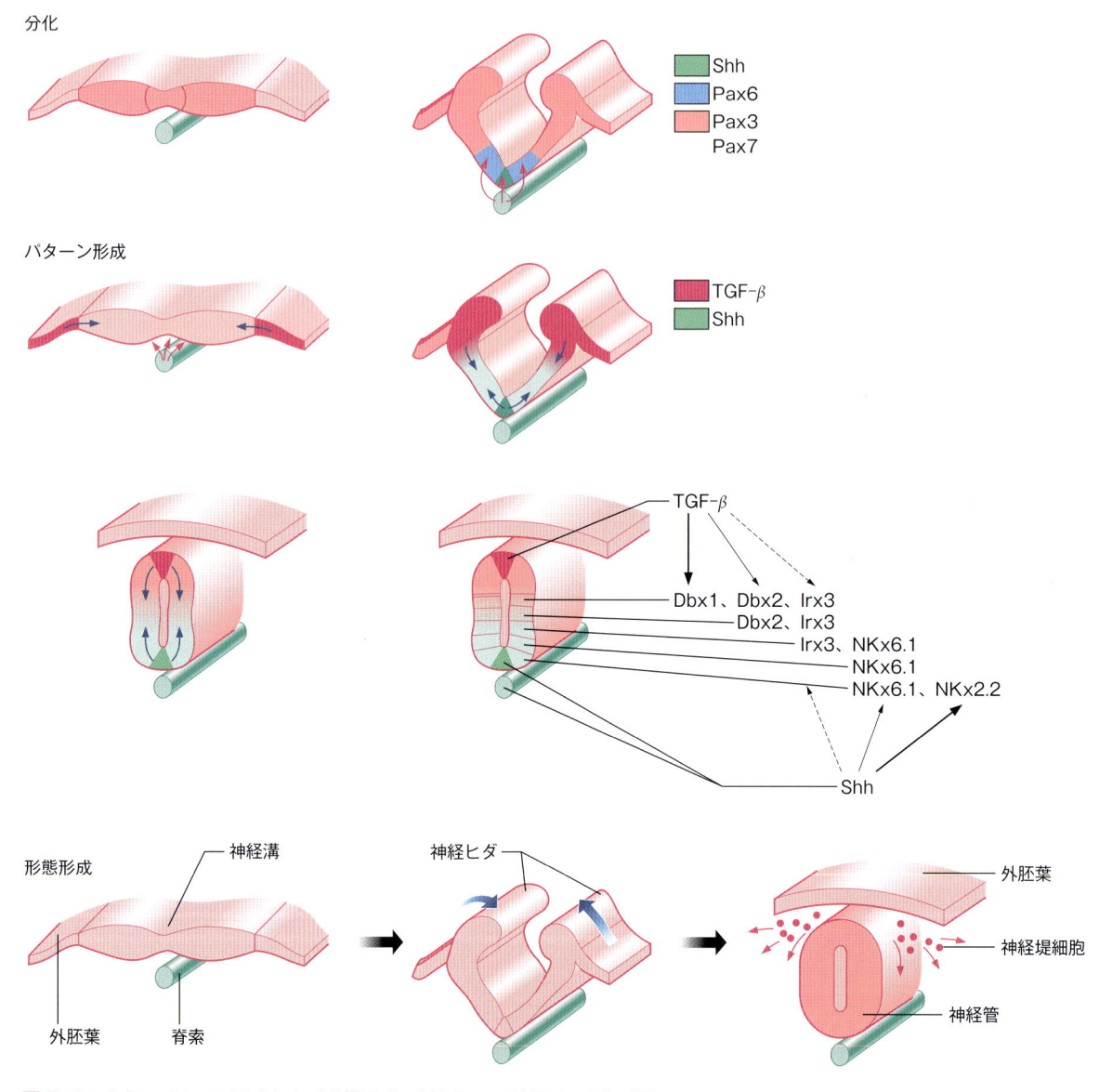

Cellular and molecular mechanisms in embryonic development

図2-4：分化、パターン形成および形態形成の例としての神経系の初期発生。
分化：脊索から分泌されるソニック・ヘッジホッグ（Shh）は、脊索の上を覆う神経外胚葉の形成を誘導する。すでに誘導のあいだに、この分子の勾配が転写因子 Pax 6（腹側）、Pax 3 と Pax7（背側）の発現による背腹領域のおおまかな**パターン形成**をすることによって神経管の構造決定に関与している。
パターン形成：脊索からの Shh と表面外胚葉からの TGF-β が、神経管のおおまかな背腹のパターン形成に関係しており、求心性（背側）神経と遠心性（腹側）神経の異なった層に関するより細かいパターン形成を調節する転写因子を産生させる。
形態形成：扁平な神経板から閉じた神経管への変化は、細胞の頂上部分が収縮して細胞の形を変化させ、さらに細胞増殖によって両側の縁を押し上げる、蝶番点の形成による。神経堤細胞は蝶番点部分で神経管を離れ、他の構造を形成する。
Strachan と Read（2004）を改変。

胚子発生における細胞および分子機構　第2章

● **線維芽細胞増殖因子ファミリー**
Fibroblast Growth Factor（FGF）family は、20種類以上の関連タンパク質を含む。

● **ヘッジホッグファミリー**
Hedgehog family は、ソニック・ヘッジホッグ Sonic hedgehog（Shh）遺伝子、デザート・ヘッジホッグ Desert hedgehog（Dhh）遺伝子、インディアン・ヘッジホッグ Indian hedgehog（Ihh）遺伝子によってコード化されたタンパク質を含む。

● **ウイングレス（Wnt）ファミリー**
Wingless（Wnt）family は、少なくとも15種類のメンバーを含み、すべてが Frizzled タンパク質として知られる膜貫通型受容体と反応する。

● **形質転換増殖因子βスーパーファミリー**
Transforming Growth Factor-β（TGF-β）superfamily は、少なくともノダル Nodal、**神経膠細胞由来神経栄養因子** Glial-Derived Neurotrophic Factor（GDNF）、**インヒビン** inhibin、そして**ミュラー管抑制因子** Müllerian Inhibitory Substance（MIS）などのタンパク質、並びに **TGF-β** ファミリー、**アクチビン** Activin ファミリー、**骨形成タンパク質** Bone Morphogenetic Protein（BMP）ファミリーといったメンバーに属する30種類以上の分子を含む。

細胞と遺伝子の潜在能力
Cellular and genomic potency

受精卵と最初の数世代の割球は、等しい**発生能** developmental potency（potential）を持っている。実際にこれらの各々の細胞は、それぞれ胚外胎膜と胎盤胚子部分を形成する細胞のみならず、胚子自身のすべての細胞を生み出すことができる。この細胞の特徴は、**細胞全能性** cellular totipotency と呼ばれる。家畜動物種において、細胞全能性は、デンマークの科学者であるスティーン・マルタ・ウィラードセンによってヒツジで示された。彼は初期の卵割段階のヒツジの胚の割球を分離し、代理母へ移植することによって双子と4つ子のヒツジをつくり出すことに成功した。細胞全能性は、比喩的には川の流れの始まりに相当する（**図1-4**）。しかし、すぐに分岐が始まり、そして胚細胞は発生能を徐々に制限されるようになる。すなわち、それらの潜在能力が失われる。本章の初めに述べたように、胚細胞の小集団、つまり内細胞塊と上胚盤葉は、胚本体のすべての組織を形成する能力は維持しているが、胚外組織を形成する反応能は失ってしまう。この制限された特徴は、**多能性** pluripotency（章末の訳者注1を参照）と呼ばれる。しかし、胚性幹（ES）細胞を用いた実験は、in vitro での内細胞塊由来のES 細胞が、実際に栄養外胚葉を形成できることを示したことによって、この概念異議を唱えた。

1996年、ウィルマットとその同僚は、ゲノムを除去した卵母細胞に分化した乳腺細胞を導入することによりクローンヒツジ（ドリー）を作製し、たとえ分化した細胞であってもある種の全能性は保持されることを証明した（第21章参照）。この状況において、**細胞全能性** cellular totipotency と**ゲノム全能性** genomic totipotency を区別することは重要である。受精卵と初期の割球は、各々それら自身から胚子本体と胚外組織の両方をつくることができるため、細胞全能性を有している。一方、乳腺細胞はゲノム全能性を持っており、卵母細胞の細胞質によって提供された細胞小器官とゲノムの再プログラミングの援助があるときにだけ、すべての組織を形成することができる。

原腸胚形成の後（第7章参照）、**多能性** pluripotency は生殖細胞系にだけ残っており、残りの胚細胞は外胚葉、中胚葉、内胚葉の3つの主要な胚葉の1つへと分化する。これらの胚葉中の各々の細胞は、**多能性** multipotent（章末の訳者注2を参照）であると考えられ、一般的に異なった発生能を持って

いる。最終的に、各胚葉内の細胞は、たった1種類の分化細胞だけをつくり出す**単能性** unipotent の組織特異的前駆細胞 progenitor or precursor cell（伝統的な組織学において芽"-blasts"の接尾語がついた語として知られている）をつくり出す。しかしながら、少なくともマウスでは、雄の生殖細胞系は精子発生が続くかぎり多能性幹細胞を含んでいる。しかし、一般にある特定の系統は最終的には十分に成熟し、もはや分裂しない分化の段階に到達する。それらは**高分化型** terminally differentiated といわれる。しかしながら、器官と組織におけるいくらかの再生能力を維持するために、わずかな細胞は可塑性を持ったままで、細胞が補充されるように単能性（あるいは多能性）の**体性幹細胞** somatic stem cell が貯蔵されていることが確認されている。成熟個体の骨髄内の造血幹細胞と間葉系幹細胞は、体性幹細胞の実例といえる。

分化の分子調節
Molecular control of differentiation

分子レベルで、多くの複雑な経路が、細胞分化の際に行われる決定に関与している。その過程において作用している2つの鍵となる構成要素は、以下のものである。

● **エピジェネティックな変化（クロマチンの変化）**
エピジェネティック epigenetic な変化は、いかなる系統の子孫細胞においても安定した遺伝子発現（いわゆる遺伝性）のパターンを示す。上述のように、遺伝子構成（DNA塩基配列の組み合わせ）は、分化のあいだに変化せず、受精卵由来のすべての細胞は有糸分裂によって生じ、それゆえ同じ遺伝情報を持つことが予測されていた。1つの例外は、遺伝子再配列が起きるリンパ球の発生である。しかしながら、いくつかのエピジェネティックな仕組み

は、分化の経路を調節するために、胚子発生中に遺伝子が順次発現するように、十分に組織化された方法で厳密に調節している。最も重要な3つの仕組みは、特定の遺伝子領域のクロマチンを濃縮して転写を不活性化する **DNAのメチル化** DNA methylation（後述参照）、転写を可能にするよりオープンなクロマチ構造を持つヒストンタンパク質のアセチル化を含む**ヒストン修飾** histone modification、クロマチンの転写活性を抑制（ポリコーム Polycomb）または活性化（トライソラックス trithorax）する構造に変化させる **Polycomb/Trithorax 遺伝子調節** Polycomb-trithorax gene regulation（たとえば、以下に記載した Hox 遺伝子に作用する）である。少なくとも、DNAのメチル化とヒストン修飾の過程は関連しており、長期の遺伝子サイレンシングの強力な仕組みを提供する。

● **転写因子 Transcription factor**
新しく安定した転写因子の存在は、発生において重要な遺伝子の発現を活性化する。本書では、胚子発生の多くの場面で作用する主要な転写因子を章末の **BOX** に示した。これらの中に、以下に記載したマスター Hox 遺伝子も示している。

パターン形成 Patterning

パターン形成 patterning は、胚細胞が組織と器官を組織化する過程である。分化は特殊化した構造と機能を持つ細胞を生み出すが、この過程のみが生物を形成するわけではない。分化した細胞は、3次元的に、そして非常に明確な相互作用によって空間的に組織化される必要がある。すべての哺乳類の胚子は、背腹軸、頭尾軸、近位遠位軸を規定する基本ボディープランに従う傾向にある。背腹軸は、内側に内細胞塊が存在する胚盤胞にすでに存在している（第6章参照）。頭尾軸の形成は原腸胚形成の結果生

胚子発生における細胞および分子機構　第2章

じるのに対し（第7章参照）、近位遠位軸の形成は四肢形成時に生じる（第16章参照）。

　パターン形成は、**シグナル分子の勾配** gradient of signaling molecule の作用を通じて設定される**領域遺伝子の発現** regional gene expression によって起こる。標的細胞がシグナルの発生源に近ければ近いほど、より遠くの細胞に比べて高濃度のシグナルを受ける。この過程で作用するシグナル分子は、**モルフォゲン** morphogen として知られている。少なくとも、胚子の頭尾軸および近位遠位軸は、多かれ少なかれ既知の形態形成領域を用いてパターン形成される。

　シグナル分子の勾配によって調節される領域遺伝子の発現によるパターン形成の例には、神経管の形成がある（図2-4）。脊索からのソニック・ヘッジホッグ（神経外胚葉の誘導の際も活発である）と表面外胚葉からのTGF-βは、おおまかな神経管の背腹のパターン形成に関与し、結果として求心性（背側）神経と遠心性（腹側）神経のような異なった層に関するより細かいパターン形成を調節する転写因子を連続的に産生させる。

ホメオボックス遺伝子 Homeobox genes

　パターン形成をもたらす領域遺伝子の発現の別の例には、哺乳類において**ホメオボックス（Hox）遺伝子** Homeobox (Hox) gene として知られているショウジョウバエのホメオティック遺伝子がある。キイロショウジョウバエ *Drosophila melanogaster* において、これらの遺伝子は頭尾軸に沿った位置的な独自性を細胞に提供することで知られていた。これらの遺伝子を人工的に操作すると、全身の分節が変化した。たとえば、アンテナペディア変異体では、触角の代わりに脚が頭から生えるのが観察された。そのため、ホメオティック遺伝子は、領域全体または分節全体の細胞の分化にとって、高度な執行者として作用していた。キイロショウジョウバエの変異体の解析は、ホメオドメイン（DNA結合モチーフと呼ばれる）転写因子として現在知られている1つの染色体にコード化する2つのホメオティック遺伝子クラスターを明らかにした。これらの遺伝子は頭尾軸に沿って発現しており、体をいくつかの別の区域に分割する（図2-5）。同様の遺伝子は哺乳類にも見られる。マウスとヒトにおいて、これらHox遺伝子は *Hox-A*、*Hox-B*、*Hox-C* および *Hox-D* の4つのクラスターに分けられ、各々はその特定の染色体上に位置する。少なくともマウスにおいて、各々のクラスターの3'末端に位置するHox遺伝子は発生の最初に発現して体の前方部分のパターン形成を調節し、5'末端側に位置する遺伝子は時期的に後に発現し、体の後方の形成を調節することが判明した。哺乳類において最初のHox遺伝子の発現は、原腸胚形成時に3'末端で起こる。そのため、時間的・空間的にHox遺伝子は、胚子の前方から後方に向かって分節の発生を調節していることが明らかである。キイロショウジョウバエに起こっていることとは対照的に、哺乳類のHox遺伝子は重複するパターンで発現する。しかし重要なのは、体軸に沿った各領域で発現する4つのクラスターからのHox遺伝子の特定の組み合わせは、細胞に特定の位置における独自性を与えることである。この独自性は、"**Hoxコード** Hox cord" として知られている。

　Hoxコードは、多能性細胞（pluri or multipotent cell）をシグナル分子の勾配へ触れさせることによって誘導されることは明かである。レチノイン酸の勾配、またはそれ以後のいくつかの下流の産物がこの過程に関係しているようだ。原腸胚形成の過程において、中胚葉と内胚葉を形成する細胞の陥入が、上胚盤葉の後端から前方へ伸長する原始線条内のオーガナイザー（形成体）領域を通じて起こる（第7章参照）。このような各々のオーガナイザー領

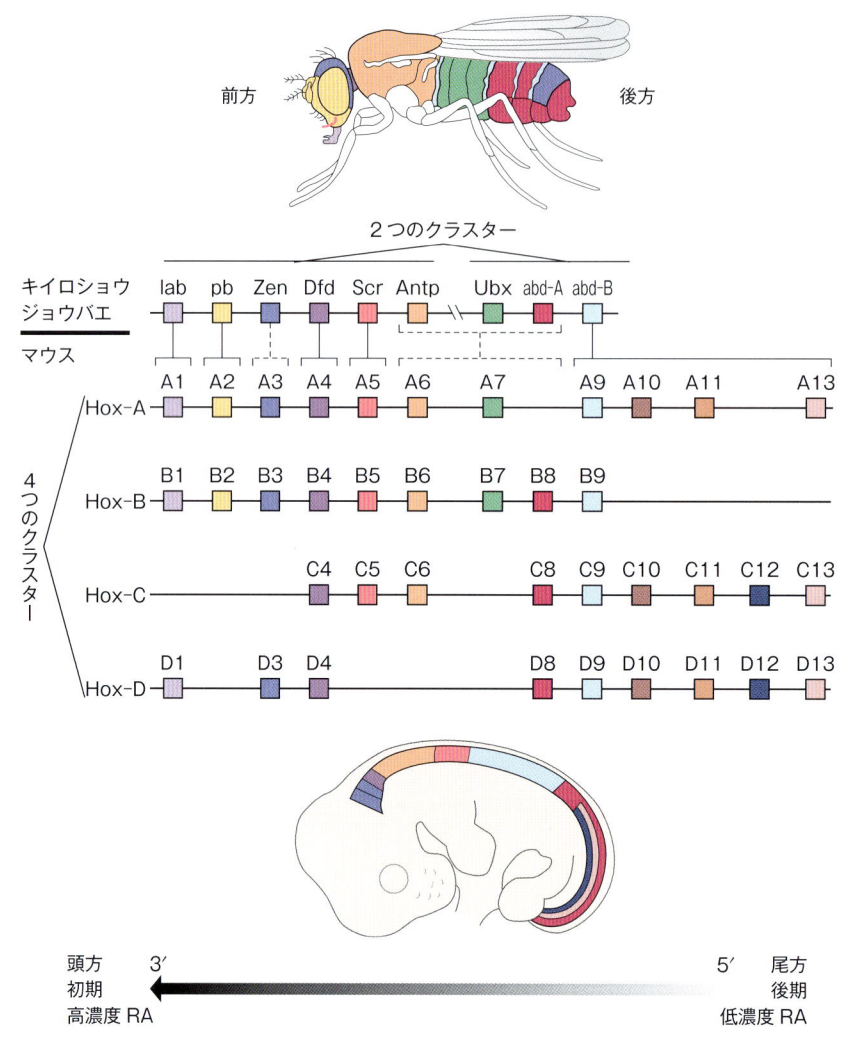

図 2-5：キイロショウジョウバエのホメオティック遺伝子とマウスの Hox 遺伝子の配列。キイロショウジョウバエの遺伝子とマウスの各クラスターにおける遺伝子のあいだの相同性は色の付いた記号によって示した。レチノイン酸（RA）の勾配は"Hox コード"の決定に関係する。Sadler（2006）を改変。

域は、陥入している細胞に"Hox コード"を課す。マウスでは、初期、中期、そして後期原腸胚オーガナイザー領域の3つの領域が確認されている。後期原腸胚オーガナイザー領域は原始結節としても知られている。頭方のシグナルの中心である頭方臓側内胚葉（AVE）とともに、原腸胚オーガナイザーは、シグナル分子の頭尾の勾配を形成する。これらの勾配は、"Hox コード"を決定する Hox 遺伝子の一定の発現を誘導する。

形態形成 Morphogenesis

形態形成 morphogenesis は、組織と器官を形づ

くる仕組みである。ゆえに、パターン形成が器官形成の領域へ細胞を集めるのに対し、形態形成は器官全体と内部を形成する。そのため、形態形成では、管状構造、層構造および細胞集団は、異なった分裂速度、細胞の大きさや形の違い、細胞融合または細胞接着特性の変化などによって形成される。神経胚形成の際の神経管の形成は、細胞形態と細胞増殖の局所的な変化が、離れた部位の細胞集団に新たな構造を形成するように働きかける1つの例である（**図2-4**、第8章参照）。扁平な神経板から閉じた神経管への変化は、蝶番点において細胞の頂上部分を収縮させて細胞の形を変化させ、さらに細胞増殖によって両側の縁を押し上げることによって引き起こされる。形態形成のもう1つの例は、原腸胚形成過程の上胚盤葉内に見られる。単層の細胞は、陥入によって3つの胚葉と生殖細胞系へ変換される（第7章参照）。また、指（趾）のあいだの裂け目をつくる手板と足板におけるアポトーシス（プログラム細胞死）も形態形成の例である（第16章参照）。

エピジェネティック修飾と生活環
Epigenetic modifications and life cycles

DNAのメチル化は、おそらく動物の発生中に作用している最も特徴のあるエピジェネティック機構である（**図2-6**）。一般に、DNAのメチル化は遺伝子発現の抑制に関係する。新たに形成された原始生殖細胞において、上胚盤葉で前駆細胞として存在するときと同様にDNAは高度にメチル化されている。しかし、原始生殖細胞が生殖腺堤に入るまでに、メチル化されたDNAはほとんどなくなる。その後の配偶子形成中に、卵母細胞と精子が原始生殖細胞由来の細胞から形成される際に、DNAの**de novoメチル化** de novo methylationが起きる。このゲノム全体での脱メチル化と再メチル化は、次世代の発生を準備する**エピジェネティック再プログラミング** epigenetic reprogrammingの第1ラウンドである。重要なことに、特定の遺伝子座の性特異的DNAのメチル化が生じ（後に胚子発生の際に特定遺伝子の単一対立遺伝子の発現を導く）、そしてゲノムインプリンティング（ゲノム刷り込み）genomic imprintingの基礎を形成する。明らかに、雄の生殖細胞のゲノムは、雌の生殖細胞に比べてずっとメチル化されている。

エピジェネティック再プログラミングの第2ラウンドは、受精後に起きる。マウス、ラット、ブタおよびウシといった種において、父系ゲノムは母系ゲノムよりもより不安定なのは明らかであり、受精卵になるとすぐにゲノム全体の活発なDNA脱メチル化を開始する。明らかに、これはヒツジやウサギには当てはまらない。しかしながら、桑実胚と初期の胚盤胞の段階では、父系ゲノムは、どちらも等しく脱メチル化されるようになる。興味深いことに、メチル化されインプリンティングされた遺伝子は、この脱メチル化のラウンドを回避してメチル化されたままの状態となる。これは胚子発生にとって重要である。配偶子形成の際に、インプリンティングは一度消され、再び獲得される。メチル化されインプリンティングされた遺伝子が性特異的メチル化を維持するという事実は、これらの遺伝子の性特異的な単一対立遺伝子の発現を可能にし、胚子そして特に胎盤の発生にとって大きな意味を持つ。第2ラウンドでの脱メチル化は、割球が栄養外胚葉と内細胞塊に分化していくのとおよそ同時に起こるde novoメチル化へと直ちに続く。不思議なことに、少なくともある種において、メチル化の程度は栄養外胚葉を形成する多能性細胞より、内細胞塊（そして、後の上胚盤葉）を形成する多能性細胞で著しい。

X染色体の不活化 X-chromosome inactivationは、X連鎖遺伝子の**遺伝子量補償** dosage compensationまたは機能的半接合性のための仕組みによっ

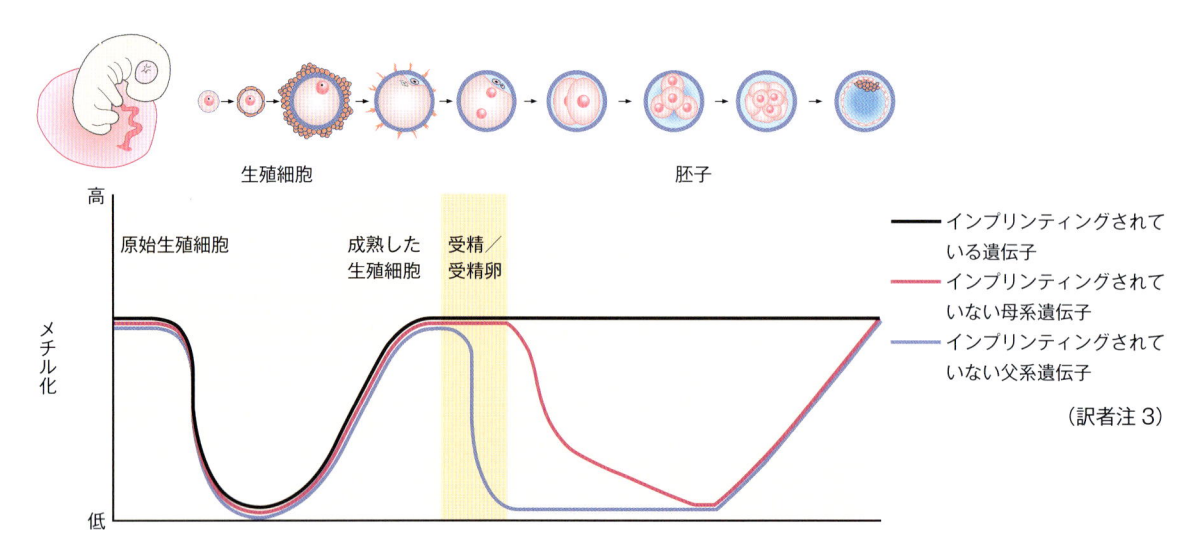

Cellular and molecular mechanisms in embryonic development

図 2-6：全 DNA のメチル化のパターン。DNA の脱メチル化と再メチル化の第 1 ラウンドは、インプリンティングされている遺伝子を含む胚子において、原始生殖細胞由来の生殖細胞が発生するあいだに見られる。脱メチル化と再メチル化の第 2 ラウンドは、父方ゲノムは活発に脱メチル化される受精後にみられる。エピジェネティック再プログラミングの第 2 ラウンドで、メチル化されインプリンティングされている遺伝子は、脱メチル化を免れる。胚盤胞発生の時期までに、ゲノムは再メチル化される。Dean（2003）を改変。

て、雌における一対の X 染色体のうちの片方にある対立遺伝子を選択的に不活化することを意味する。雌の哺乳類において、不活化された X 染色体は、核膜の内側に存在する凝縮したクロマチンである**バー小体 Barr body** として見える。この遺伝子サイレンシングの過程は、不活化された X 染色体だけに発現するシグナル遺伝子 *XIST* によって開始されるようだ。*XIST* は、ほとんど知られていないインプリンティングされた X 連鎖遺伝子の 1 つである。不活化の過程は、胚盤胞期のエピジェネティック再プログラミングの第 2 ラウンドにおける de novo メチル化の時期に開始する。内細胞塊内において、父系と母系由来のどちらかの X 染色体の不活化が無作為に生じている。しかしながら、栄養外胚葉では、母系対立遺伝子 *XIST* が優先的に抑制され、父系 X 染色体の不活化を引き起こす。これは**親の遺伝子対立** parental genome conflict または"性的対立"として知られる一般的な現象を説明している。栄養外胚葉と他の胚外組織において父系遺伝子の発現は優性であり、そして胚子を形成する細胞では母系遺伝子の発現が優性である。

次の世代へと遺伝子を伝える原始生殖細胞では、ゲノムインプリンティングは無効にされなくてはならず、不活化された X 染色体は、活性化した X 染色体がすべての生殖細胞に伝えらえるために、再び活性化されなければならない。

要約 Summary

妊娠期間は、**胚子期** embryonic period と**胎子期** fetal period からなる。胚子期では、受精によって**接合子** zygote（受精卵 fertilized egg）が生じ、そして卵割によって**桑実胚** morula が形成される。続いて、**胚盤胞** blastocyst では**栄養外胚葉** trophectoderm と**内細胞塊** inner cell mass（ICM）が形成さ

胚子発生における細胞および分子機構

れる。ICM は、**透明帯** zona pellucida から脱出（孵化）後に**下胚盤葉** hypoblast と**上胚盤葉** epiblast を形成し、二層性胚盤を構成する。上胚盤葉は、次に**原腸胚形成** gastrulation の過程に進み、3種の胚葉（**外胚葉** ectoderm、**中胚葉** mesoderm、**内胚葉** endoderm）と**原始生殖細胞** primordial germ cell からなる三層性胚盤を形成する。これらの胚葉は、共同して器官を形成する。出産まで続く胎子期のあいだ、器官系は成長、成熟し、そして再構築される。発生は、細胞分化、パターン形成および形態形成のようなとても特異的な発生過程のみならず、**細胞増殖** cell proliferation や**成長** growth といった一般的な仕組みを含むいくつかの異なった過程によって調節されている。**細胞分化** cell differentiation は、可逆的な**細胞特定** cell specification から不可逆的な**細胞決定** cell determination へと細胞を誘導する連続的な決定であると考えられよう。細胞は細胞間の連絡、またはシグナル分子であるモルフォゲンを介して分化を誘導する。分化した細胞は、**組織** tissue と**器官** organ を形成するために、**パターン形成** patterning の過程を介して3次元的相互作用によって集められる。パターン形成において、モルフォゲンはより複雑な方法で作用し、機能的に異なる領域の分化をもたらす勾配を生じる。パターン形成の例には、領域遺伝子発現の活性化によって作動し、胚子の頭尾軸を定義する哺乳類の Hox 遺伝子がある。組織と器官の全体の形態の最終的な変化は、**形態形成** morphogenesis を介して完成する。

参考文献 Further reading

Allegrucci, C., Thurston, A., Lucas, E. and Young, L. (2005): Epigenetics and the germline. Reproduction 129:137–149.

Dean, W., Santos, F. and Reik, W. (2003): Epigenetic reprogramming in early mammalian development and following somatic cell nuclear transfer. Cell Dev. Biol. 14:93–100.

Garcia-Fernàndez J. (2005): The genesis and evolution of the homeobox gene clusters. Nat. Rev. Gen. 6:881–892.

Gilbert, S.F. (2003): Developmental Biology, 7th edn. Sinauer Associates, Inc.

Gjørret, J.O., Knijn, H.M., Dieleman, S.J., Avery, B., Larsson, L.-I. and Maddox-Hyttel, P. (2003): Chronology of apoptosis in bovine embryos produced in vivo and in vitro. Biol. Reprod. 69:1193–1200.

Gjørret, J.O., Fabian, D., Avery, B.M. and Maddox-Hyttel, P. (2007): Active caspase-3 and ultrastructural evidence of apoptosis in spontaneous and induced cell death in bovine in vitro produced pre-implantation embryos. Mol. Reprod. Dev. 74:961–971.

Noden, D.M. and de Lahunta, A. (1985): The Embryology of Domestic Animals. Williams & Wilkins.

Pearson, J. C., Lemons, D. and McGinnis, W. (2005): Modulating Hox gene functions during animal body patterning. Nat. Rev. Gen. 6:893–904.

Robb, L. and Tam, P.P.L. (2004): Gastrula organiser and embryonic patterning in the mouse. Seminars in Cell & Developmental Biology 15:543–554.

Sadler, T.W. (2006): Langman's Medical Embryology, 10th edn. Lippincott Williams & Wilkins.

Strachan, T. and Read, A.P. (2004): Human Molecular Genetics, 3rd edn. Garland Science.

Swales, A.K.E. and Spears, N. (2005): Genomic imprinting and reproduction. Reproduction 130:389–399.

Wilmut, I., Schnieke, A.E., McWhir, J., Kind, A.J. and Campbell, K. (1997): Viable offspring from fetal and adult mammalian cells. Nature 385:810–814.

Young, L. and Beaujean, N. (2004): DNA methylation in the preimplantation embryo: The different stories of the mouse and sheep. Anim. Reprod. Sci. 82–83:61–78.

訳者注1：胚外組織以外のすべての細胞になる能力を有すること。

訳者注2：複数種の細胞になる能力を有する。多くの和訳ではpluripotencyと同じ多能性が用いられる場合が多い。

訳者注3：Dean（2003）により各線の名称を訂正した。

CHAPTER 3

Morten Vejlsted

比較繁殖
Comparative reproduction

　本章は、雌および発生学に直接関連する妊娠に関するホルモンに焦点をあて、繁殖に関係する調節機構の基礎を述べる。特に、雄におけるより一般的な繁殖生理学、雄に関する詳細な情報を得る際には、章の最後の参考文献を参照してほしい。

春機発動期と発情周期
Puberty and the oestrous cycle

　内分泌系 endocrine system と**神経系** nervous system は、成熟した生殖細胞の形成、受精、妊娠の確立と維持、出産、そして最終的に子育てへと導く一連の段階的な事象に複合的な役割を果たす。これらの過程は春機発動期に始まる。雌の春機発動期は、行動と生殖器系全体に影響する卵巣での規則正しい周期的な活動、すなわち家畜における**発情周期** oestrous cycle の開始が目印となる。

　雌の生殖器系は、卵母細胞が発達する対の**卵巣** ovary、卵管、子宮、膣および膣前庭から構成される管状の**生殖管** tubular genital tract から構成される（図 3-1）。**卵管** oviduct は、排卵の際に卵母細胞を受け取る幅広い漏斗の形をした**卵管漏斗** infundibulum、幅広い管状部分の**卵管膨大部** ampulla、そしてより細長い部分であり子宮角につながる**卵管峡部** isthmus に分けられる。受精は、卵管膨大部と卵管峡部の移行部で起こると考えられている。ウマを除く卵巣は、主に卵管間膜によって形成される腔である**卵巣嚢** ovarian bursa 内に見られる。家畜動物の**子宮** uterus は、2つの**子宮角** uterine horn、**子宮体** uterine body および**子宮頸** uterine cervix によって構成される双角子宮である。子宮体はほとんどの種で短いが、ウマでは比較的長い。子宮頸は、子宮体には**内子宮口** internal orifice で、膣 vagina には**外子宮口** external orifice でつながる。外子宮口は、反芻動物とウマにおいて、突出した**膣部** portio vaginalis を形成する。**子宮頸管** cervical canal は縦状ヒダによって縁取られる。反芻動物では加えて輪状ヒダが見られ、ブタの子宮頸では頸枕と呼ばれる突出部が互いにかみ合っている。尿道の開口部は、膣と、**陰門** vulva によって外部から区分される**膣前庭** vestibulum とのあいだの移行部の目印となる。成体のウシとウマでは、卵巣の繁殖状態を評価するためにとくにウシで広く用いられている直腸検査によって、卵巣と子宮は手で容易に扱うことができる。ウマや頻度は少ないが他の動物種においても、経直腸的超音波検査を用いて卵巣の状態と妊娠開始を容易に判断することができる。

　春機発動前、**卵胞** ovarian follicle 内の雌の生殖細胞である**卵母細胞** oocytes の初期段階の発達は、おおよそ自発的に調節されている。しかしながら、第4章で説明するように、このような春機発動前の卵母細胞は、受精可能な発達段階には決して至っていない。しかし、春機発動開始後、松果体、視床下

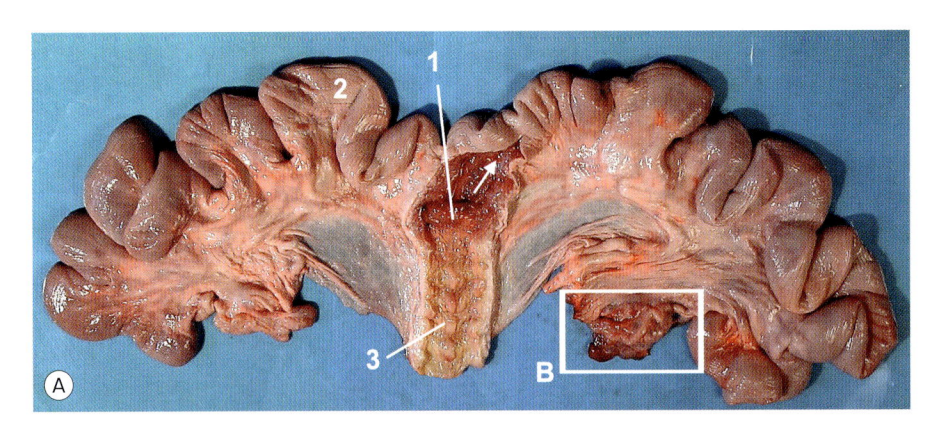

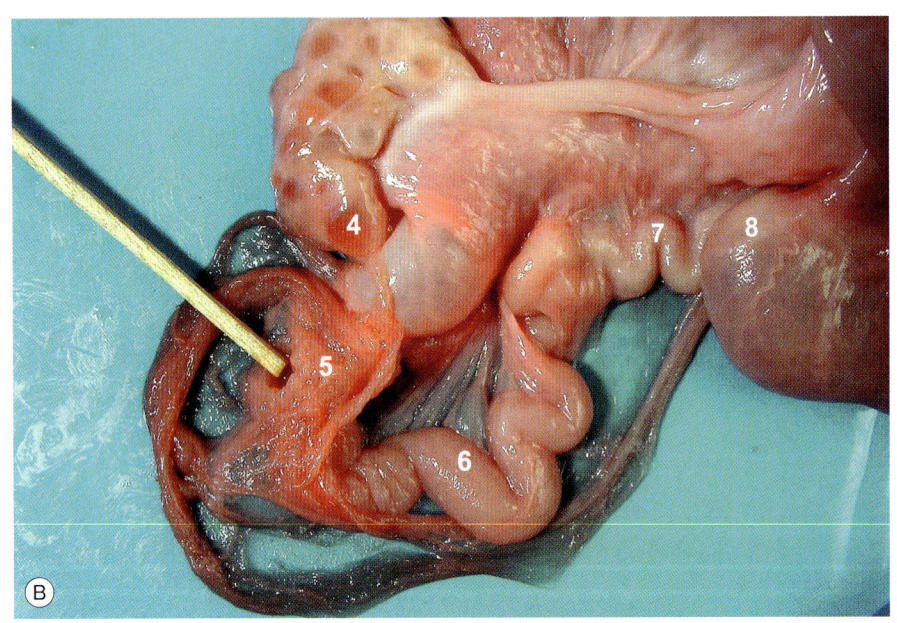

Comparative reproduction

図 3-1：雌ブタの生殖器の背側観。A の囲み "B" の部分は、B で高倍率で示されている。1: 子宮体、2: 子宮角、3: 頸枕、4: 胞状卵胞を含む卵巣、5: 卵管漏斗、6: 卵管膨大部、7: 卵管峡部、8: 子宮角の先端。木の棒は、卵管の腹腔開口部を示す。

部および下垂体を含む脳の特定の領域からの信号は、受精可能な卵母細胞の産生を準備させる。下垂体主部から、性腺刺激ホルモン（生殖腺内の細胞を刺激するホルモン）である FSH（follicle-stimulating hormone/ 卵胞刺激ホルモン）と LH（luteinizing hormone/ 黄体形成ホルモン）が放出される。この放出は、視床下部から分泌されて視床下部—下垂体門脈血液循環を経て下垂体主部に運ばれる GnRH（gonadotropin-releasing hormone/ 性腺刺激ホルモン放出ホルモン）によって調節されている。GnRH の分泌と、それによる FSH と LH の分泌は、環境からの視覚、嗅覚、聴覚および触覚刺激に影響され、また動物内の恒常性フィードバック系からも影響を受ける。春機発動期になるまでは、中

比較繁殖 第3章

表 3-1：一般的な家畜動物種における春機発動期の年齢

種	春機発動期
ウシ	8-18カ月
ウマ	10-24カ月
ブタ	6-8カ月
ヒツジ	6-15カ月
ヤギ	4-8カ月
イヌ	6-20カ月
ネコ	5-12カ月

表 3-2：発情周期の各時期と発情休止期の特徴

時期[1]	特徴
発情前期	発情期の直前の時期。卵巣で産生される主要なホルモンはエストロジェンである。
発情期	雄を許容する時期（自然状況下）。すべての家畜種においてこの時期に排卵が起こるが、ウシでは例外的に排卵は発情期の直後に起こる。FSHとLHに反応して卵巣で産生される主要なホルモンはエストロジェンである。
発情後期	発情期に続く時期であり、もはや雄を許容しない。黄体形成の時期。卵巣で産生される主要なホルモンはプロジェステロンである。
発情間期	成熟し機能的な黄体の時期。卵巣で産生される主要なホルモンはプロジェステロンである。
発情休止期	ある動物種では、発情周期が中断され、性的な休止が延長する時期。生殖器系はおおむね休止した状態である。

[1] 発情前期と発情期の時期はまとめて卵胞期と、発情後期と発情間期は黄体期といわれることもある。

枢神経系は、これらすべての入力情報を複雑に統合できる程十分に成熟はしていない。

春機発動の開始は、身体的成熟に先行する。そのため、春機発動した雌は受精能力はある（性的に成熟し繁殖が可能である）が、その繁殖能力はまだ最大には達していない。春機発動の開始に影響を与える要因は、年齢、体重、品種、栄養、疾病、そしてある種の動物では、その年の季節や近くの雄の存在などがある。一般的な家畜種が春機発動に達する年齢を、一覧表として**表 3-1**に示した。

下垂体から放出されたFSHは、体循環によって卵巣に到達する。卵巣では、FSHは蓄積されている発達中の卵胞を刺激し、よりいっそう発達させる（第4章参照）。卵胞の内側に並び卵母細胞を取り囲んでいる顆粒層細胞と卵胞膜細胞によって産生される**エストロジェン** oestrogen は、視床下部のGnRH分泌に対して正のフィードバックを起こす。エストロジェンの他の主要な効果は、発情徴候を誘発することであり、そのため春機発動はしばしば**発情期** oestrus または heat（性的受容性）の最初の段階が出現することによって知られる。春機発動以降、動物は**発情周期** oestrous cycle が繰り返される生活相に突入する。発情周期は、さらに発情前期、発情期、発情後期および発情間期に分けられる（**表 3-2、3-3**）。

ほとんどの動物種において、**発情前期** prooestrus に卵巣で産生されて上昇するエストロジェン濃度は、発情期になると、視床下部から分泌されるGnRHの大きなサージを引き起こすある特定の閾値濃度にまで到達する。GnRHは、下垂体主部へ到達すると、主に**LHサージ** surge of LH を刺激する（**図 3-2、表 3-4**）。卵巣においてLHは、卵母細胞の最終的な成熟（第4章参照）と**排卵** ovulation の過程の期間、卵母細胞の放出に必要とされる。家畜種のあいだで、ネコ（そしてラクダ）は排卵を導くGnRHサージが交尾によって引き起こされるという点で独特である。さらにネコは、発情後期に入ったあとでも発情行動を示し続け、そして雄を許容する（後述参照）。

排卵後、破裂前には卵胞を裏打ちしていた細胞

Comparative reproduction

表 3-3：家畜動物種における発情周期の特徴と排卵時期

種	発情周期の長さ	発情期間	排卵時期
ウシ	21（18-24）日[1]	4-24 時間	発情期終了後 12（10-15）時間
ウマ	21（18-24）日[2]	3-9日	発情期終了前 24-48 時間
ブタ	21（18-24）日[1]	2-3日	発情期開始後 38-48 時間
ヒツジ	17（14-19）日[2]	18-72 時間	発情期開始後 18-20 時間
ヤギ	19-21 日[2]	22-60 時間	発情期終了間近
イヌ	単周期性（2カ月まで）	9日	発情期開始後 1-2 日
ネコ	14-21 日[2]	4-10 日[3]	誘起排卵

[1] 通年性多周期性、[2] 季節性多周期性、[3] 排卵が誘起された場合は4日。

が、持続的な LH の影響下で、**発情後期** metoestrus に**黄体** corpus luteum（複数は corpora lutea）へと変化する。1つまたは複数の黄体の発達は、排卵の数時間前から徐々に始まり、それはエストロジェン合成に代わって卵胞上皮細胞によるプロジェステロン合成によって特色づけられる。排卵後、これら細胞によって形成された黄体は、わずかな空洞があるものの、輪郭がはっきりした球体の構造をしている。ウシの黄体が黄色がかった色をしていることからその名前が付けられた。**発情間期** dioestrus には、黄体によるプロジェステロンの産生量は最大に達する。プロジェステロンの主要な働きは、第一に視床下部への負のフィードバックの発揮であり、それによって GnRH 放出が抑制され、その結果、新たな排卵のための卵母細胞の補充も抑制される。そして、第二に妊娠のための子宮内膜の準備である。もし、受精し妊娠したのならば、プロジェステロンは妊娠維持に最も重要なホルモンである。非妊娠動物（イヌとネコを除く）では、黄体の寿命は比較的短い。それは子宮内に胚子が存在しないと、子宮内膜はプロスタグランジン $F_{2\alpha}$ を放出して**黄体退行** luteolysis（黄体融解）へと導くからである。結果として生じるプロジェステロンの減少は、視床下部でのプロジェステロンによる GnRH 分泌の抑制を解除し、発情周期の再開を可能にする。

妊娠子宮においては、血流に放出される子宮内膜由来のプロスタグランジン $F_{2\alpha}$ は抑制され、黄体は残存する。このプロスタグランジン放出の抑制は、胚子によって産生されて子宮内膜によって認識される種特異的なシグナルに依存した"母体の妊娠認識" maternal recognition of pregnancy によって生じる（**表 3-5**、第 9 章参照）。イヌとネコにおいては、子宮は黄体の寿命に影響しないようであり、これらの種で黄体を退行へと導く機構はまだ解明されていない。イヌでは、黄体は 2 カ月までは機能している。妊娠後期にプロジェステロンは胎盤でも産生され（第 9 章参照）、ある種においては、黄体は多かれ少なかれ必要なくなる。

ウシとブタといった家畜動物は、**通年性多周期性** non-seasonal polycyclic である。これはウシとブタは妊娠、授乳または病的な状態のときだけ中断されるものの、1 年を通じて繰り返される周期的な活動をしていることを意味している。

対照的に、ウマ、ヒツジ、ヤギおよびネコは、**季節性多周期性** seasonally polycyclic で、この周期性は、光の量と時間的な長さに著しく影響を受ける。変化する日光の感知は松果体で仲介され、松果体はメラトニンとその他のホルモンの合成を介して視床

比較繁殖　第3章

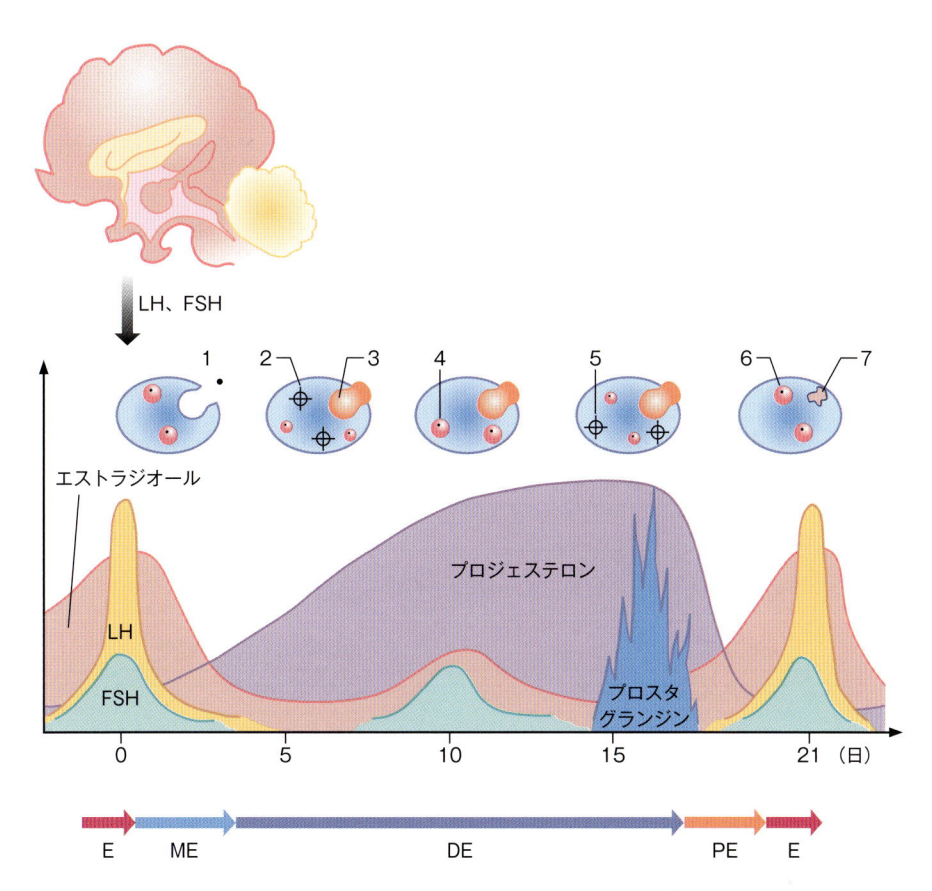

図 3-2：ウシの発情周期中の卵巣での事象と生殖ホルモンの血漿中濃度。発情期（E）のあいだ、発達する卵胞でのエストロジェンの産生は、下垂体からLHサージと少量のFSHを放出させ、結果として卵母細胞の排卵を刺激する（1）。排卵しない卵胞は閉鎖され（2）、他方、排卵した卵胞の卵胞上皮細胞は、プロジェステロンを分泌する黄体（3）となる。新たな卵胞発育波が発達する（4）が、閉鎖してしまう（5）。さらに別の卵胞発育波が、次の発情期のために排卵する卵胞を産生する（6）。排卵された卵母細胞が妊娠に至らない場合、子宮内膜から放出されたプロスタグランジンが黄体を退行させ、最終的に白体を形成させる（7）。発情周期は、発情期（E）、発情後期（ME）、発情間期（DE）および発情前期（PE）に区分される。

下部のGnRH放出に影響する。ウマは"長日"繁殖動物であり、ほとんどの個体において、最も周期性活性が高いのは、春から秋までである。冬のあいだ、雌ウマは通常、無発情になる。同様に、ネコは秋に無発情で、日光の増加に伴い周期的活動を開始する。他方、小型反芻動物は"短日"繁殖動物で、発情休止期後、秋と初冬に周期的活動を示す。

イヌは**単周期性** monocyclic であり、発情期と発情期のあいだは長い発情休止期となる。通常、1年に1〜2回（ときに3回）の発情時期が明らかに季節性でない、長い発情休止期のあいだに見られる。

妊娠維持のホルモン
Hormonal maintenance of pregnancy

妊娠の維持を担う主要なホルモンであるプロジェステロンの供給源は、種によって異なる。ウシの主

Comparative reproduction

表 3-4：重要な生殖ホルモン、供給源と主な機能

ホルモン	供給源	主な機能
メラトニン	松果体	ウマ、ヒツジ、ヤギおよびネコにおける季節性に関与
GnRH	視床下部	下垂体主部からの FSH と LH の放出を促進
FSH	下垂体主部	卵巣内の卵胞の発達を促進
LH	下垂体主部	卵胞と卵母細胞の発育と成熟を促進。排卵の誘発、卵巣内の黄体の形成と維持。発情徴候を誘発
エストロジェン	卵胞	視床下部の GnRH 分泌と下垂体主部における GnRH レセプター数の増加を促進
プロジェステロン	黄体	妊娠のための子宮内膜の準備、妊娠維持、視床下部からの GnRH の放出の減少
プロスタグランジン $F_{2\alpha}$	子宮	黄体の退行の誘発

表 3-5：家畜動物種における妊娠期間、母体の妊娠認識の時期および平均産子数

種	妊娠期間	母体の妊娠認識の時期	平均産子数
ウシ	9カ月（279-290 日）	妊娠 16-17 日	1
ウマ	11 カ月（310-365 日）	妊娠 6-17 日	1
ブタ	115 日	妊娠 12 日	8-16
ヒツジ	5カ月（144-152 日）	妊娠 12-13 日	1-3
ヤギ	5カ月（144-151 日）	妊娠 17 日	1-3
イヌ	63（58-68）日	[1]	3-12
ネコ	62（58-65）日	[1]	3-6

[1] イヌとネコにおける母体の妊娠認識の基本的な機構はよくわかっていない。しかし、受胎産物からのシグナルにはおそらく依存していない。

な供給源は妊娠の初めから半分は黄体であるが、妊娠 120〜150 日ごろから 250 日までは胎盤である。ウマでは、いくつかの副黄体が妊娠 2 カ月のあいだに形成され、最初のまたは"本来"の黄体とともに妊娠 3 カ月の終わりまでプロジェステロンを産生する。その後、胎盤が出生までそのあとを引き継ぐ。ヒツジでは、妊娠初めの 1/3 では黄体が主なプロジェステロンの供給源であるが、その後胎盤に置き換わる。ブタ、ヤギ、イヌおよびネコでは、黄体が妊娠期間を通じてプロジェステロンの主な供給源である。

妊娠していないときの黄体によるプロジェステロンの産生は、前述したように、非妊娠子宮がプロスタグランジンの介在によって黄体退行を引き起こさないネコとイヌで最も著しい。ほとんどのイヌは発情後期と発情間期のあいだに、臨床徴候が確認できる（顕性）偽妊娠、または確認できない（不顕性）偽妊娠が見られる。おそらく別の下垂体ホルモンであるプロラクチンが、この現象に関わっていると思われる。ネコでも同様に、妊娠していないときに黄

体は長期間存在する。しかしながら、周期的活動を行う季節になると、ネコは発情を復活させる。イヌとネコでは、黄体が存在する期間を調節する機構は分かっていない。

において、周期性は長い**発情休止期** anoestrus によって中断される。発情前期において、発達する胞状卵胞は排卵前の **LH**（luteinizing hormone/ 黄体形成ホルモン）サージと、雄を許容する発情期のあいだにある程度の **FSH**（follicle stimulating hormone/ 卵胞刺激ホルモン）放出を刺激する**エストロジェン** oestrogen の合成を行う。LHサージは、卵母細胞と卵胞の成熟を刺激し、種にもよるが、1つまたはいくつかの**排卵** ovulation を引き起こす。発情後期では、排卵した卵胞は、1つまたは多くの**黄体** corpora lutea へと発達し、子宮の妊娠準備を担うホルモンである**プロジェステロン** progesterone を合成する。プロジェステロン産生は、発情間期に最大に達する。妊娠が成立すれば、1つまたは複数の黄体はその機能を維持する。しかし、妊娠しなければ、子宮内膜から**プロスタグランジン$F_{2\alpha}$** prostaglandin-$F_{2\alpha}$ が放出され、黄体退行（黄体融解）を引き起こし、再び発情前期へ戻る。

要約 Summary

雌性生殖器 female genital organs は、**卵巣** ovary、**卵管** oviduct、**子宮** uterus（さらに子宮角、子宮体および子宮頸に分けられる）、**膣** vagina および**膣前庭** vestibulum から成り立つ。**春機発動** puberty の際、雌は**発情前期** prooestrus、**発情期** oestrus、**発情後期** metoestrus および**発情間期** dioestrus からなる**発情周期** oestrous cycle に入る。

ウシとブタは**通年性多周期性** non-seasonal polycyclic、ウマ、ヒツジ、ヤギおよびネコは**季節性多周期性** seasonal polycyclic、イヌは**単周期性** monocyclic である。季節性多周期性および単周期性の種

参考文献 Further reading

Allen, W.R. (2005): Maternal recognition and maintenance of pregnancy in the mare. Anim. Reprod. 2:209–223.

Arthur's Veterinary Reproduction and Obstetrics 2001, 8th edn. Noakes, D.E., Parkinson, T.J. and England, G.C.W. eds. W. B. Saunders.

Concannon, P., Tsutsui, T. and Shille, V. (2001): Embryo development, hormonal requirements and maternal responses during canine pregnancy. J. Reprod. Fert. Suppl. 57:169–179.

Denker, H.-W., Eng, L.A. and Hammer, C.E. (1978a): Studies on the early development and implantation in the cat. II. Implantation: Proteinases. Anat. Embryol. 154:39–54.

Denker, H.-W., Eng L.A., Mootz, U. and Hammer, C.E. (1978b): Studies on the early development and implantation in the cat. I. Cleavage and blastocyst formation. Anatomischer Anzeiger 144:457–468.

Engel, E., Klein, R., Baumgärtner, W. and Hoffmann, B. (2005): Investigations on the expression of cytokines in the canine corpus luteum in relation to dioestrus. Anim. Reprod. Sci. 87:163–176.

Evans, H.E. and Sack, W.O. (1973): Prenatal development of domestic and laboratory mammals: Growth curves, external features and selected references. Anat. Histol. Embryol. 2:11–45.

Holst, P.A. and Phemister, R.D. (1971): The prenatal development of the dog: Preimplantation events. Biol. Reprod. 5:194–206.

Patten, B.M. 1948. Embryology of the pig. 3rd edn. Blakiston, New York.

Rüsse, I. and Sinowatz, F. (1998): Lehrbuch der Embryologie der Haustiere. 2. Auflage. Parey Buchverlag.

Senger, P. (2003): Pathways to pregnancy and parturition, 2nd edn. Current Conceptions, Inc.

CHAPTER 4

Poul Hyttel

生殖子発生
Gametogenesis

受精時、母方および父方のゲノムは1個の卵子内で会合し**接合子** zygote となる。卵管内で両者のゲノムを会合させるため、生殖子と呼ばれる特殊な細胞が発達する。母方の生殖子、すなわち**卵母細胞** oocyte は生体で最も大型の細胞で、いったん活性化すると胚発生を開始させる遺伝的能力を持っている。この過程については第5章の受精で詳しく述べる。卵母細胞のこの特別な能力は核移植によるクローン技術などの生物工学に利用されている。クローン技術とは、卵母細胞自身のゲノムを除去し残った細胞質にドナー細胞の核ゲノムを導入し融合させることで、胚発生を開始させる技術である（第21章参照）。

一方父方の生殖子、すなわち**精子** spermatozoon は卵母細胞に到達し、その外殻を貫通する能力を獲得している。これこそが父方ゲノムを雄から雌へ移送する精子に備わった特性である。

この章では、これらの特徴を持つ生殖子がどのように形成されるか、これらのゲノムが受精に向けてどのように準備されるか、そしてどのようにして特徴のある細胞に構築されるかに焦点を当てる。この過程の第一段階は、生殖細胞の基となる**原始生殖細胞** primordial germ cell が発達中の生殖腺へ侵入するところから始まる。その後、原始生殖細胞から雄あるいは雌の生殖子へと分化する**生殖子発生** gametogenesis が起こる。生殖子発生では、遺伝物質を組換え二倍体から一倍体へ染色体を減数させる**減数分裂** meiosis が見られ、さらに雌性生殖子および雄性生殖子の形態を獲得するための**細胞分化** cytodifferentiation が起こる。

原始生殖細胞 Primordial germ cell

原始生殖細胞は雌雄生殖子の前駆細胞である。胚子が原腸胚期（第7章参照）に三胚葉（内胚葉、中胚葉、外胚葉）を分化させるとき、ほとんどの細胞は多能性（哺乳類のからだのすべての種類の細胞になりうる能力）を失う。しかし、**原始生殖細胞** primordial germ cell は多能性を維持し続ける唯一の細胞で、少なくともブタでは原腸胚期に胚盤の後縁に初めて検出される。細胞はここから新しく形成された中胚葉および内胚葉に向かって移動する（図4-1）。数日後、原始生殖細胞は胚子本体の外にある卵黄嚢や尿膜の周囲の臓器中胚葉に観察される。おそらく、原始生殖細胞は胚自身の原腸形成を誘導する分化シグナルを"回避"するために、胚分化とは無関係なこの場所に移動してくるのだろう。最初の体節がつくられる時期までに、原始生殖細胞は卵黄嚢と尿膜の両者の中胚葉内に認められるばかりでなく、原始生殖細胞が発達中の生殖腺に侵入するための準備を整えている初期生殖腺堤の中胚葉内にも確認される（図4-2、4-3、4-4）。こうして、能動的あるいは受動的に原始生殖細胞は卵黄嚢と尿膜の

Gametogenesis

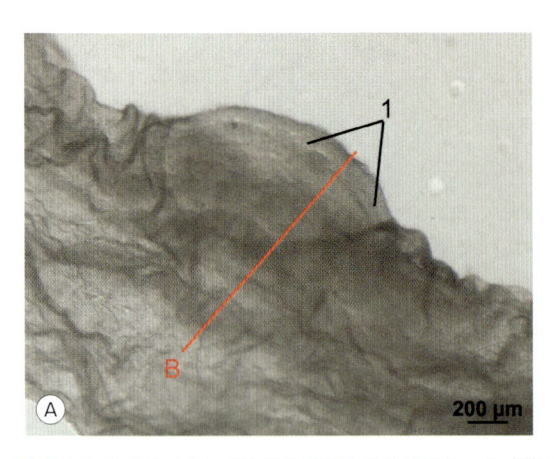

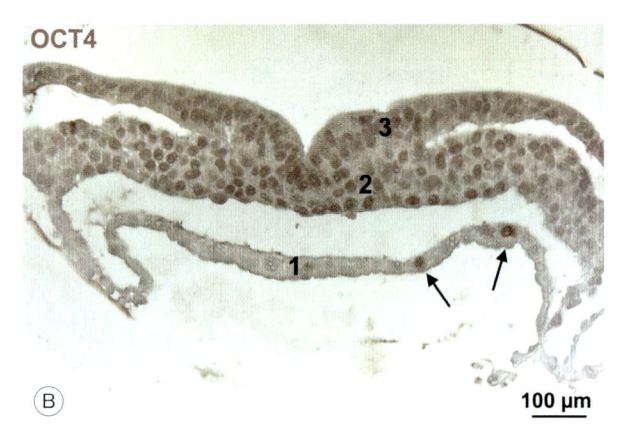

図 4-1：内胚葉における原始生殖細胞の位置関係。**A:** 妊娠 14 日目のブタの胚盤。原始線条（1）に注目。B の赤色の線で切片を作製したものが図 4-1B である。**B:** 胚盤の横断切片を Oct4 で免疫染色した。内胚葉（1）の中で原始生殖細胞の核は Oct4 で陽性を示すために識別できる（矢印）。2: 中胚葉、3: 外胚葉。

図 4-2：原始生殖細胞（赤）は卵黄嚢（1）から卵黄嚢茎（2）に沿って原腸（3）の腸間膜（4）に移動し、さらに中腎（6）の内側に位置する生殖腺堤（5）に進入する。7: 尿膜、8: 尿膜管（尿膜茎）。Rüsse と Sinowatz（1998）の厚意により転載。

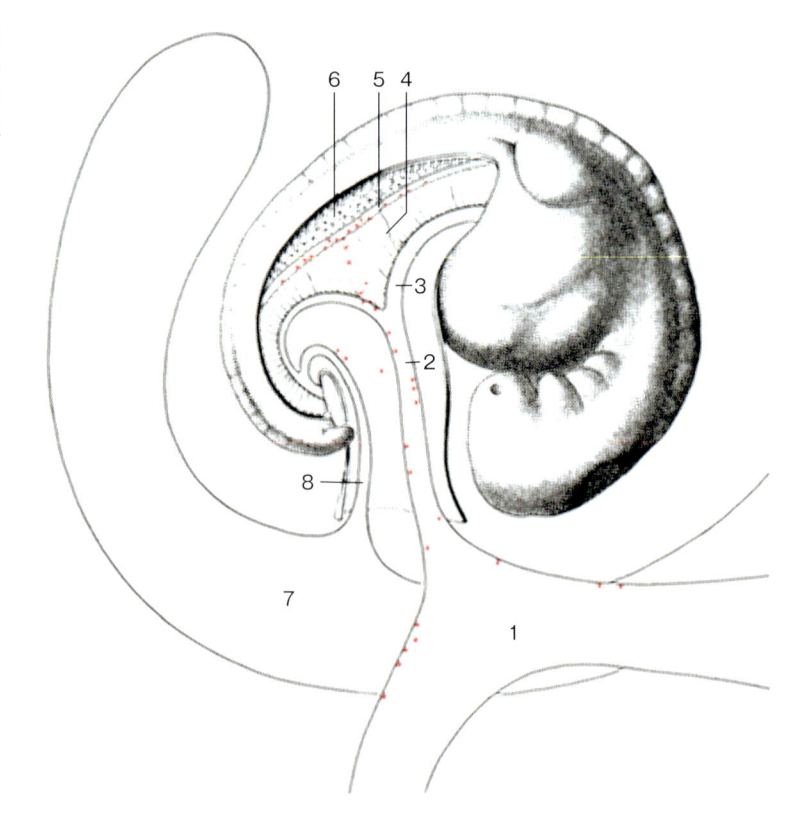

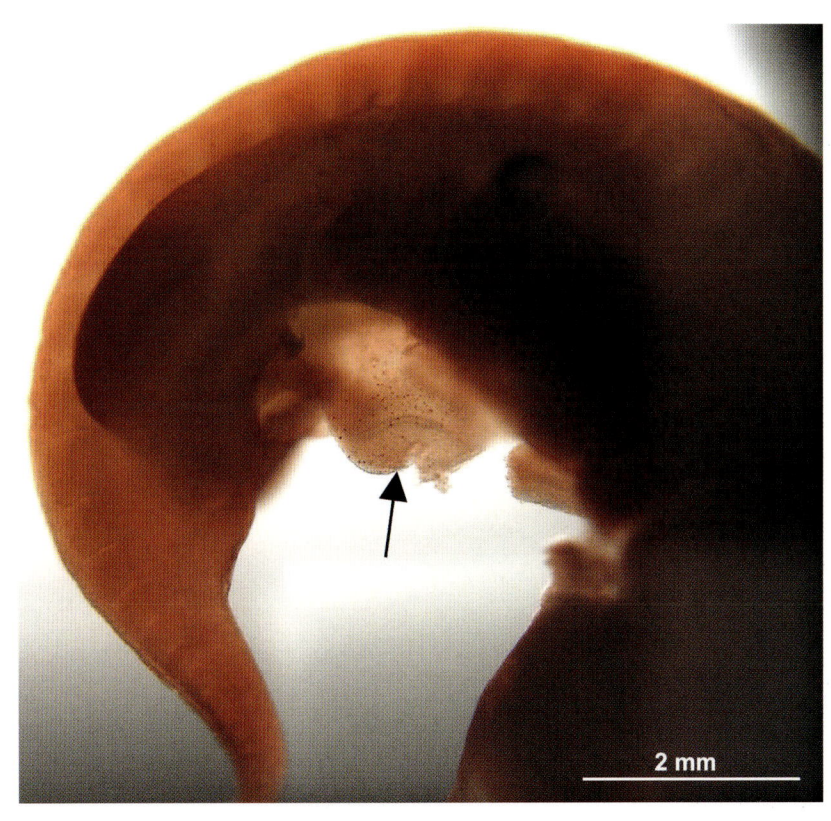

図4-3：妊娠21日目のブタの胚子をOct4で免疫染色した。卵黄嚢茎（矢印）から胚子本体に戻り始めている原始生殖細胞（小型の点）に注目。

尾側面に沿って原始腸間膜を通過して、そして未分化ではあるが発達中の生殖腺へ移動する。移動中の原始生殖細胞は相対的に大型であることや、アルカリフォスファターゼ活性や細胞の多能性維持に関与する転写因子Oct4の検出など、特殊な染色方法により識別することができる（**図4-3、4-4**）。

　移動中および移動後、原始生殖細胞は有糸分裂で増殖する。雌（XX）と雄（XY）の原始生殖細胞はそれぞれの性において特異的な生殖腺の分化に関与し、体細胞に取り囲まれるようになる（第15章参照）。この時期には、原始生殖細胞はそれぞれ**卵祖細胞** oogonium、**精祖細胞** spermatogonia と呼ばれるようになる。これらの細胞はさらに増殖を繰り返し、その後の生殖子発生すなわち減数分裂へと移行する。

染色体、有糸分裂および減数分裂
The chromosomes, mitosis and meiosis

　新生子の形質は、デオキシリボ核酸（DNA）上のヌクレオチド配列、すなわち特定の**遺伝子** genes によって決められている。細胞動態にとって、ひいては胎子の発育にとって、遺伝子配列そのものよりもエピジェネティックな調節によるバランスのよい遺伝子**発現** expression のほうが重要であることを

Gametogenesis

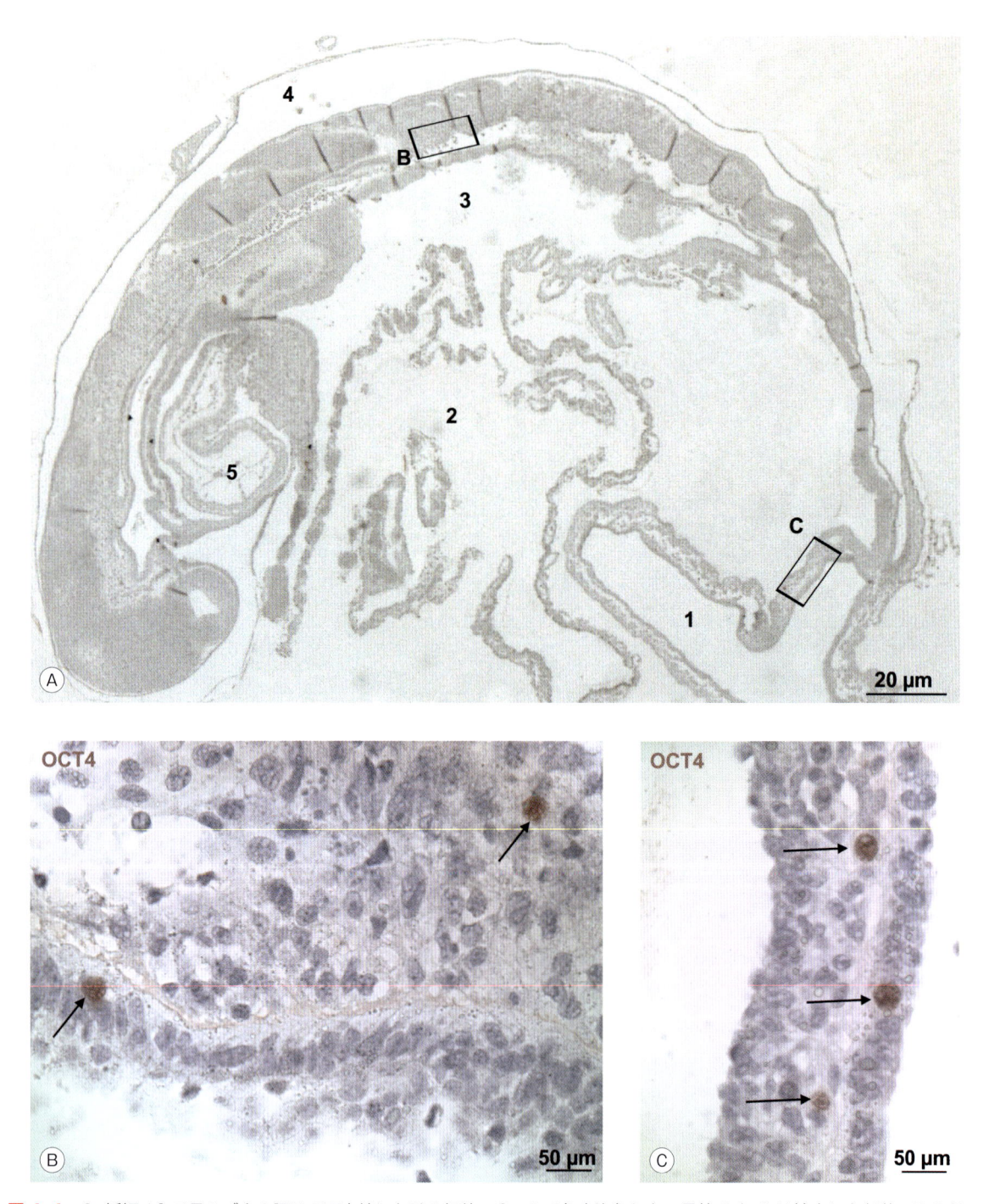

図 4-4：**A:** 妊娠 16 日目のブタの胚子の正中線における切片。Oct4 で免疫染色した。黒枠 B と C は拡大した部位。**B:** 2 個の原始生殖細胞の核（矢印）が発達中の生殖腺堤に局在する。**C:** 3 個の原始生殖細胞の核（矢印）が尿膜壁（1）に見られる。2: 卵黄嚢、3: 原腸、4: 羊膜腔、5: 心臓。Vejlsted et al.（2006）を改変。John Wiley & Sons, Inc. の許可を得て掲載。

生殖子発生　第4章

忘れてはならない。DNAは多くのタンパク質とともに**染色体** chromosome を構築する。各個体の染色体は父母から遺伝する。ヒトの遺伝子はヒトゲノム計画（Human Genome Project：HUGO）によって網羅的に調べられ、46本の染色体上に約25,000個存在することが明らかとなった。おそらく、家畜の機能性遺伝子数もほぼ同様と思われる。

体細胞において、染色体は**相同的** homologous ペアとして出現し、**二倍体** diploid の染色体セットをつくる。父母各々からのそれぞれの染色体のコピーを含むため、二倍体染色体数は2nで表す。**表4-1**に家畜の二倍体の染色体数をまとめた。1対は性染色体であり、そのほかは常染色体である。性染色体のペアがXXであれば遺伝的に雌であり、XYであれば雄である。各々のペアの片方は卵母細胞を介して母親から受け継ぎ、もう片方は精子を介して父親から受け継ぐ。したがって、受精の際に正常な二倍体の染色体セットとなるためには、生殖子は各ペアから1本ずつの染色体のみ、すなわち**一倍体** haploid の染色体のみを受け取らなければならない（一倍体は1nで表す）。それゆえ生殖子は体細胞の半分の染色体数しか持たない。

体細胞の分裂を**有糸分裂** mitosis と呼び、その娘細胞には同数の染色体セットのコピーを受け渡す。しかしながら、生殖子発生の間、生殖細胞は特殊なメカニズムである**減数分裂** meiosis によって一倍体の染色体セットを生み出している。

有糸分裂 Mitosis

有糸分裂 mitosis は、染色体セットを娘細胞へ均等に分配する過程を指し、特に1個の細胞の核情報を娘細胞の核に完全に受け渡す過程を**核分裂** karyokinesis と呼ぶ。通常、核分裂は、娘細胞間で細胞質（細胞小器官や細胞質の内容物も含む）を二分する**細胞質分裂（細胞体分裂）** cytokinesis を伴

表4-1：さまざまな動物種の染色体数

動物種	染色体数	動物種	染色体数
イヌ（Canis familiaris）	78	ヒツジ（Ovis ammon aries）	54
オオカミ（Canis lupus）	78	ゴリラ（Gorilla gorilla）	48
ニワトリ（Gallus gallus）	78	ヒト（Homo sapiens）	46
ラクダ（Camelus bactrianus）	74	ウサギ（Oryctolagus cuniculus）	44
ラマ（Lama glama）	74	ラット（Rattus rattus）	42
トナカイ（Rangifer tarandus）	70	アカゲザル（Macaca rhesus mulatta）	42
野生馬（Equus przewalskii przewalskii）	66	マウス（Mus musculus）	40
家畜馬（Equus caballus）	64	ブタ（Sus scrofa domesticus）	38
ロバ（Equus asinus）	62	ネコ（Felis catus domesticus）	38
家畜牛（Bos primigenius taurus）	60	ヨーロッパ野生豚（Sus scrofa）	36
バイソン（Bison bison）	60	ハト（Columba livia）	16
ヤギ（Capra hircus）	60		

RüsseとSinowatz（1998）の厚意により転載。

う。つまり核分裂と細胞質分裂が共同して2個の娘細胞を生み出し、それらは親細胞から完全な二倍体の染色体セットを受け取るため、原則的に親細胞と同一の遺伝情報を担う（**図4-5**）。体細胞の細胞周期は、**有糸分裂期**と**間期** interphase に分けられる。間期はさらに分裂前期（ギャップ1期：G1期、DNA合成期：S期）および分裂後期（ギャップ2期：G2期）に細分される。S期の進行中に、各々の染色体は2つの**染色分体** chromatids をつくるため、DNAを複製する。前述のように二倍体の染色体セットは2nで表される。S期に入る前、各々の染色体は2本鎖DNAからなり、各々の遺伝子は父母由来の1コピーずつの2コピー（2c）が存在する。S期の終了後、染色体数は2nのままであるにもかかわらず、各染色体が倍の染色分体を持つため、各々の遺伝子は4コピー存在することになる。G1期〜S期〜G2期の間に、ゲノムDNAは極端に伸長し、核内の特殊な領域に分布するが、光学顕微鏡では決して見ることはできない。

　有糸分裂期は前期、中期、後期および終期に細分される。細胞が間期の分裂後期（G2期）から有糸分裂期の**前期** prophase へ移行する際、染色体はコイル状となり、収縮・密集し厚みを帯びる（**図4-5B**）。**動原体** centromere と呼ばれる狭い領域で結合した2本の染色分体となると、光学顕微鏡で観察できるようになる。また、前期のあいだに、**中心体** centriole pair は核に隣接する細胞質内で複製され、その結果つくられた2対のペアが核の両側にそれぞれ1対ずつ位置するようになる。細胞が前期から**中期** metaphase に移行する段階（しばしば前中期とも呼ばれる）で、微細管が2対の中心子から形成され始め、また核膜が崩壊し始める（**図4-5C**）。各々の中心体から伸びる微細管は染色分体上の構造である**キネトコア** kinetochore に結合する。これと動原体が、両極の中心体と共に**有糸分裂紡錘体** mitotic spindle をつくる。他の微細管は染色体に付着

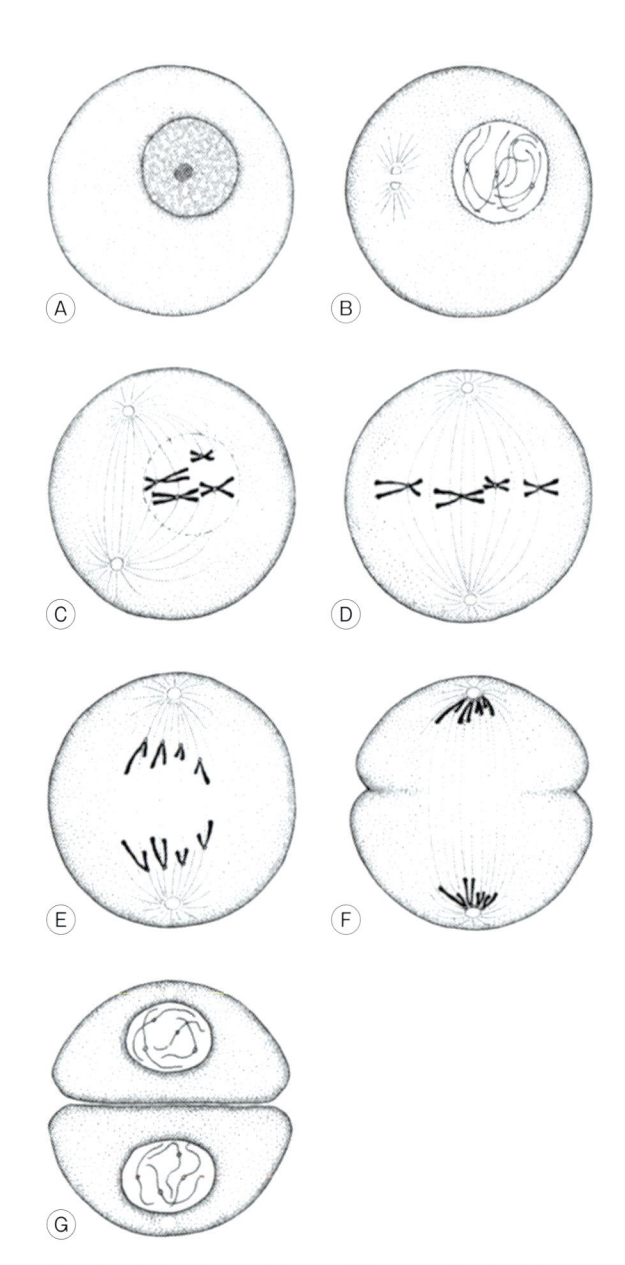

図4-5：有糸分裂の各段階。**A:** 間期のG2期、**B:** 前期、**C:** 前中期、**D:** 中期、**E:** 後期、**F:** 終期、**G:** 間期のG1期における娘細胞。RüsseとSinowatz（1998）の厚意により転載。

することなく中心体から対側の中心体へ伸びる。紡錘体が形成されるにつれ、染色体は赤道面に整列し、細胞分裂の中期を迎える（図4-5D）。その後、各々の染色体の動原体が二分し、微細管によって牽引されることで染色分体が分かれ、**後期** anaphase のあいだに紡錘体極に向かって移動し始める（図4-5E）。この段階までに、各々の染色分体は新たな染色体へと変化する。染色体が2群となって各々の紡錘体極に移動する段階を分裂**終期** telophase と定義する（図4-5F）。さらに終期が進むと、染色体のコイルがほどけて長くなり、娘細胞の核膜が再形成される（図4-5G）。これで核分裂は完了し、元々の親細胞の核（2n、2c）と同一配列のDNAと同数の染色体を含む娘細胞の核が完成する。核分裂の後には細胞質分裂が起こり、細胞質が娘細胞へ均等に分けられる。

減数分裂 Meiosis

　減数分裂 meiosis は2回の特殊な分裂（第一減数分裂、第二減数分裂）からなる過程で、生殖細胞から一倍体の母方および父方の生殖子、すなわち卵母細胞と精子を産生する分裂様式である。第一減数分裂・第二減数分裂それぞれは有糸分裂と同じ段階を含む。すなわち、前期、中期、後期および終期からなるが、第二減数分裂の前期だけが欠けている。一倍体の染色体セットを持つ生殖子をつくり出す以外に、減数分裂はもう1つの重要な役割、すなわち**遺伝的組換え** genetic recombination を持つ。これは次世代の子のゲノムが両親のゲノムと異なることを確実にする過程を担う。第一減数分裂では最も複雑な過程が前期に起こり、長時間を要するため、前期はレプトテン（細糸）期、ザイゴテン（接合糸）期、パキテン（厚糸）期、ディプロテン（双糸）期およびディアキネシス（分離）期に細分される。この各期の説明は本書の範疇を超えるため、ここでは各期が染色体の形から命名されたと述べるだけにとどめたい。生殖細胞が第一減数分裂に入ると、すぐに母方の細胞は**一次卵母細胞** primary oocyte、父方の細胞は**一次精母細胞** primary spermatocyte と呼ばれるようになる。雌では、減数分裂は胎子期から開始され、春機発動（性成熟期）後まで第一減数分裂ディプロテン（双糸）期で停止し、排卵直前にようやく分裂を再開する。この長い**ディプロテン（双糸）期** diplotene stage はディクティエイト（網糸）期とも呼ばれる。一方、雄の減数分裂は春機発動（性成熟期）で初めて開始され、その後停止することはない。

乗換えおよび遺伝的組換え
Crossover and genetic recombination

　有糸分裂と同様に、母方および父方の生殖細胞（卵祖細胞と精祖細胞）は減数分裂の開始前にS期に入る。これによって有糸分裂と同じように各々の染色体が2つの染色分体（2n、4c）を持つようになる。生殖細胞はこの状態になってから第一減数分裂前期のレプトテン期に入る（図4-6）。しかし、有糸分裂と異なり、第一減数分裂前期で相同染色体は対になって並ぶようになる。それぞれの染色体は4本の染色分体（4c）からなるため、**四分染色体** tetrad と呼ばれる。

　四分染色体では、各々の母方染色分体が**シナプトネマ構造** synaptonemal complex によって対応する父方染色分体と全長にわたって結合する。雌の染色分体は雄の対応する箇所と完全に合致するが、性染色体である小さなY染色体とX染色体とは合致しない。この染色体の対合によって染色分体同士で**乗換え** crossover することが可能となる。染色分体はねじれ、乗換えの起こる地点（**キアズマ** chiasmata）を中心にX字状の構造をつくる。前期後半でシナプトネマ構造は徐々に壊れ、キアズマの地点で

Gametogenesis

A：雄の減数分裂

1. 第一減数分裂

S期の完了 — レプトテン期 — ザイゴテン期 — パキテン期（乗換え） — ディプロテン期

シナプトネマ構造

一次精母細胞

相同染色体の分離 — 第一分裂中期 — 第一分裂後期 — 細胞質分裂

2. 第二減数分裂

二次精母細胞

染色分体の分離 — 第二分裂中期 — 第二分裂後期

精子細胞

精子

B：雌の減数分裂

1. 第一減数分裂

S期の完了 — レプトテン期 — ザイゴテン期 — パキテン期（乗換え）

シナプトネマ構造

一次卵母細胞

原始卵胞

卵母細胞と卵胞の成長

ディプロテン期（停止）

相同染色体の分離 — 第一分裂中期 — 第一分裂後期

透明帯 — 卵母細胞 — 極体

2. 第二減数分裂

二次卵母細胞

染色分体の分離 — 第二分裂中期 — 第二分裂後期

極体 — 接合子の精子 — 前核

受精

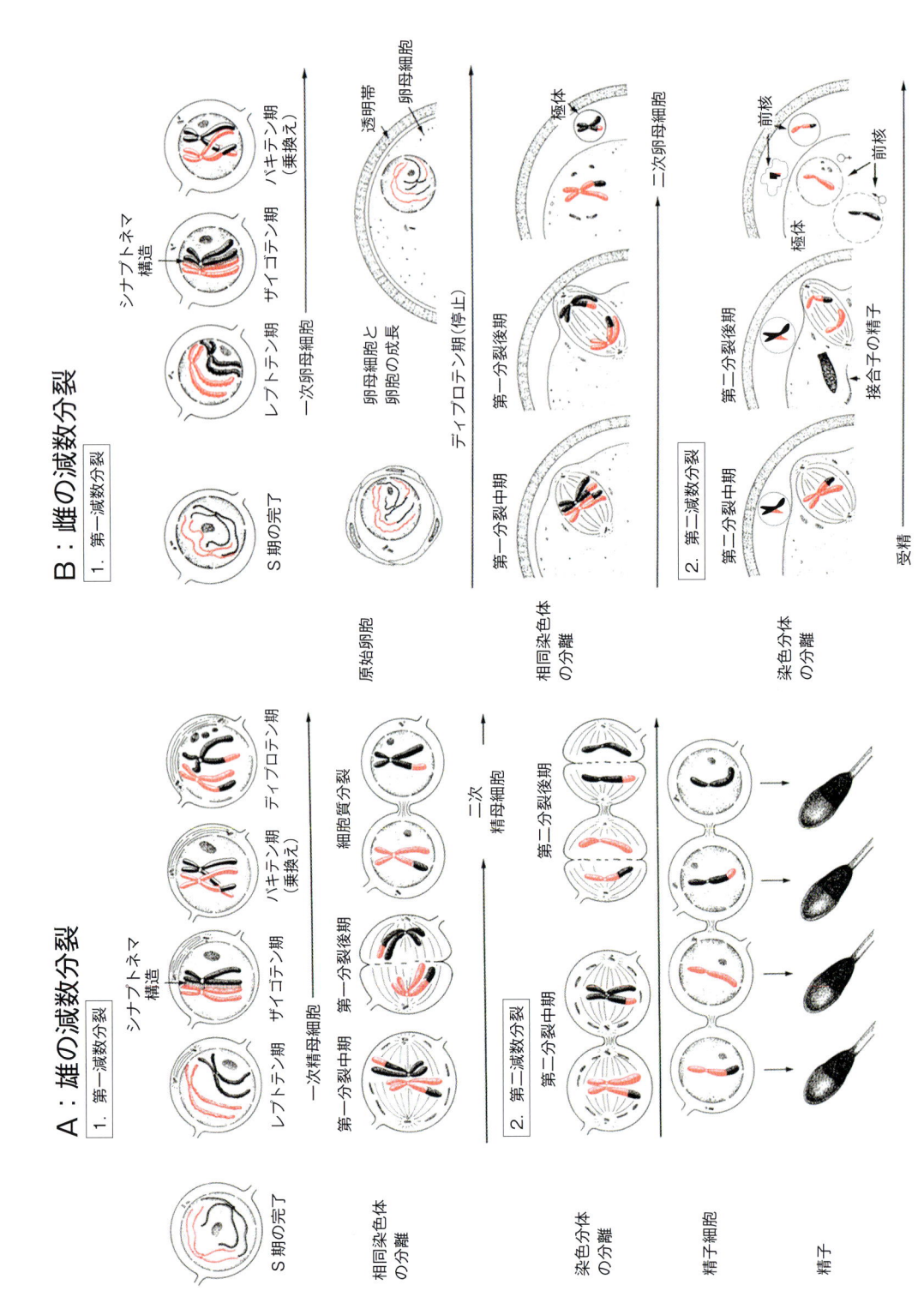

図 4-6：雄（A）と雌（B）における減数分裂の各段階。Rüsse と Sinowatz（1998）の厚意により転載。

DNAがほどけ、父方および母方の相対するほどけた箇所が結合し、両者の染色分体間でDNAを受け渡す分節が完成する。このクロマチンの交換は第二減数分裂中の母方と父方染色体でランダムに起こり（後述）、有性生殖に特異的な相同性組換えの分子生物学的な基盤となっている。

　ディアキネシス期中に、相同染色体は徐々に解離し始める。ディアキネシス期から第一減数分裂中期に移行する段階で、核膜が消失し**減数分裂紡錘体** meiotic spindle がつくられる。雄の生殖細胞では、有糸分裂と同じように減数分裂紡錘体極が中心体によってつくられる。しかし、少なくとも大型家畜ではマウスと異なり、卵母細胞は中心体を欠き、紡錘体極は超微形態的に小胞の小集塊として認識される物質によってつくられている。第一減数分裂の紡錘体微細管は、四分染色体のそれぞれ相同の染色体に結合している。これは有糸分裂の紡錘体微細管が染色分体に結合するのと同様である。第一減数分裂中期では染色体は赤道上に整列するが、後期になると**染色分体ではなく相同染色体が各紡錘体極に牽引され**、終期になるとそれらは集塊を形成する。したがって有糸分裂と異なり、第一減数分裂では、染色分体ではなく相同染色体が分離する。第一減数分裂の終了時、生殖細胞は一倍体となり、各々の染色体対の一方のみ（1n）を有するようになる。しかし、この時点では各染色体は2本の染色分体からなるため、生殖細胞のDNA量は未だ2cのままだということを注意しなくてはならない。

精母細胞、精子細胞、卵母細胞、および極体
Spermatocytes, spermatids, oocytes and polar bodies

　第一減数分裂終期が終わると、一次精母細胞は細胞質分裂によって2つの**二次精母細胞** secondary spermatocyte に分かれる（図4-6）。しかし、卵母細胞では、紡錘体が大型球形細胞の辺縁に局在し、終期できわめて不平等な細胞質分裂が起こり、その結果2個の娘細胞のうち1個だけが他方に比べて非常に大きくなる。大型の娘細胞は**二次卵母細胞** secondary oocyte と呼ばれるが、一方の細胞はほとんど細胞小器官を持たず、**第一極体** first polar body と呼ばれる。

　第一減数分裂終了後すぐに、二次卵母細胞と二次精母細胞は間期を経ることなく**第二減数分裂** meiosis II を開始する。その結果、S期がなくてDNA合成を行わないため、染色体は同量のDNA（2c）を持ったままである。第二減数分裂では前期を経ることなく、中期、後期および終期に向かうため、染色体も結合したままである。第二減数分裂終期までに、各々の染色体の2つの染色分体が分離し、各々の生殖子は相同対（1n）から1本の染色体のみを受け取るため、DNA量は半減（1c）する。1個の二次精母細胞は2個の**精子細胞** spermatid を生み出す。一方、卵母細胞は再度不平等に分裂し、大型の娘細胞は接合子および胚子の前駆細胞となり、小型の娘細胞は**第二極体** second polar body となる。さらに、卵母細胞は**第二減数分裂中期で停止** arrested in metaphase し、この段階のまま排卵される。しかし、イヌやキツネは例外で、卵母細胞は第一減数分裂前期で排卵される。少なくとも大型家畜においては、第一極体、第二極体は分裂することなく変性・消失する。

生殖子の細胞分化
Cytodifferentiation of the gametes

　減数分裂は一倍体の生殖子を産生し遺伝的組換えを行う一方で、2種類の生殖子の特徴的な細胞構造の構築も平行して行う必要がある。この**細胞分化** cytodifferentiation には、卵祖細胞から卵母細胞を形成する**卵子発生** oogenesis と、精祖細胞から精子

Gametogenesis

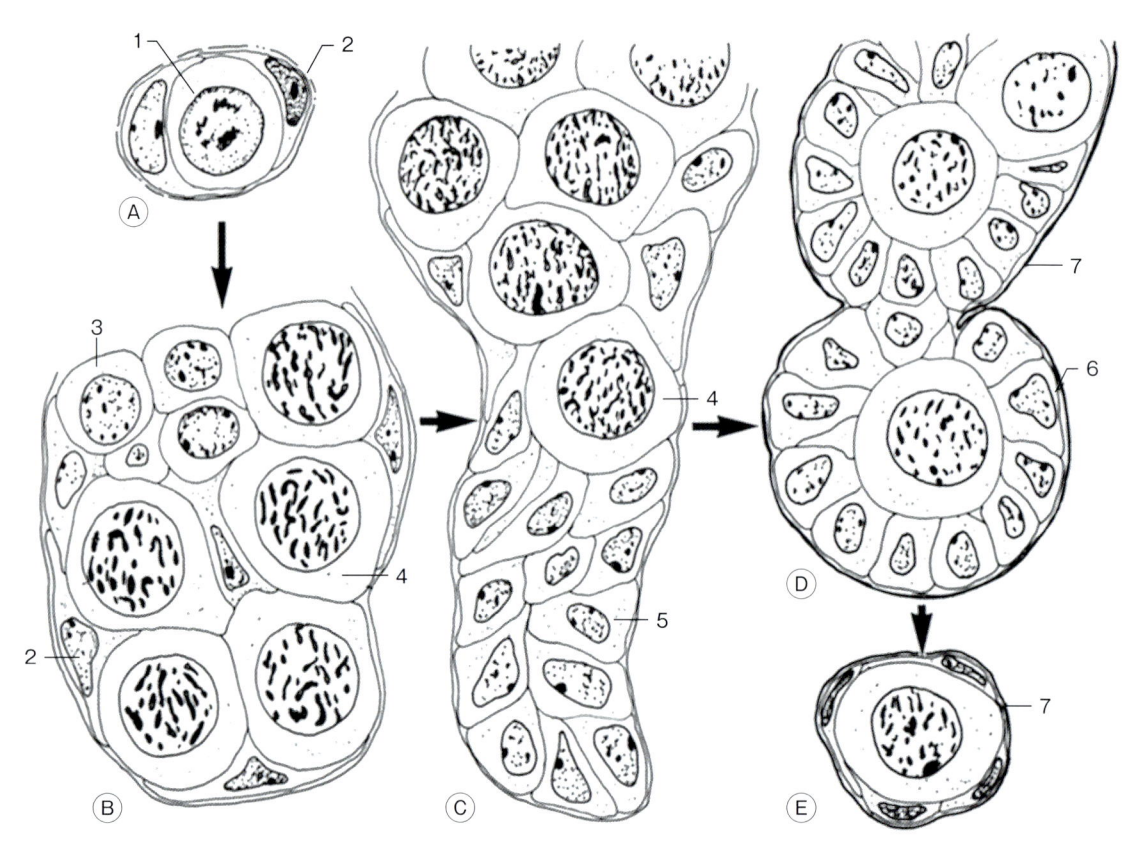

図 4-7：原始卵胞の発達。**A:** 原始生殖細胞（1）が前卵胞細胞（2）に囲まれている。**B:** 卵祖細胞（3）と卵母細胞（4）の集塊が前卵胞細胞に囲まれている。**C:** 前卵胞細胞（5）が増殖し多様化している。**D:** 卵母細胞は、前卵胞上皮細胞から成長した卵胞上皮細胞（6）によって囲まれ、さらに基底膜（7）に囲まれている。**E:** 最終的に原始卵胞として分離される。
Rüsse と Sinowatz（1998）の厚意により転載。

を形成する**精子発生** spermatogenesis がある。

卵子発生 Oogenesis

原始卵胞の発達
Development of primordial follicles

発達中の雌の生殖腺に到着し、増殖した原始生殖細胞は、**卵胞上皮細胞** follicular cell によって囲まれるようになる。卵胞上皮細胞は扁平な体細胞で、発育中の卵巣の表面上皮に由来する（**図4-7**）。原始生殖細胞から発達する卵祖細胞は、増殖を続けるものの細胞質分裂しないので、細胞同士が狭い細胞質橋によって結合した状態になっている。動物種によって発育段階はさまざまではあるが、個々の原始生殖細胞から生じた卵祖細胞の集塊が胚子内に確認できる（**表4-2**）。

ほとんどの卵祖細胞は有糸分裂による増殖を続けるが、一方で大型の**一次卵母細胞** primary oocyte に分化するものもある。その場合、直ちに細胞周期のS期に入り、その後第一減数分裂が起こる。卵祖細胞は急激に増殖するため、種（特にウシとヒ

表 4-2：各動物種における生殖腺分化の時期

動物種	ウシ	ヒツジ	ブタ	ウマ	イヌ	ネコ
原子生殖細胞が生殖腺堤内に到達	9-10 mm	8 mm 妊娠 30-32 日	9-10 mm 妊娠 20 日	12 mm 妊娠 21 日	妊娠 28 日	10 mm
雄の生殖腺の分化	25 mm 妊娠 40 日	20 mm 妊娠 31 日	妊娠 26 日	—	—	—
卵祖細胞の発達	55 mm 妊娠 57 日	46 mm 妊娠 43 日	妊娠 28 日	—	29 mm	—
減数分裂の開始	125 mm 妊娠 82 日	110 mm 妊娠 55 日	妊娠 40-48 日	96 mm 妊娠 73 日	出生時	妊娠 40-50 日
最初の原始卵胞	160 mm 妊娠 90 日	150 mm 妊娠 66 日	97 mm 妊娠 64 日	305 mm	生後 3 週間	生後 11 日
卵祖細胞の最後の有糸分裂	妊娠 160 日	妊娠 82 日	妊娠 100 日	—	生後 15-17 日	生後 8 日
最初の一次卵胞	325 mm 妊娠 140 日	255 mm 妊娠 95 日	—	—	—	—
最初の二次卵胞	650 mm 妊娠 210 日	320 mm 妊娠 103 日	—	—	生後 2 カ月	—
最初の三次卵胞	740 mm 妊娠 230 日	500 mm 妊娠 150 日	—	出生時	生後 6 カ月	—
出生	妊娠 280 日	妊娠 150 日	妊娠 115 日	妊娠 336 日	妊娠 62 日	妊娠 63 日

Rüsse と Sinowatz（1998）の厚意により転載。

ト）によっては100万個以上になる（**表 4-3**）。しかしその後、アポトーシスによって大部分の卵祖細胞および一次卵母細胞が死滅し、少数のみが発育中の卵巣表面近くで生残する。すべての一次卵母細胞は第一減数分裂前期に入り、核形は正常のまま**ディプロテン期で停止**する。これらの卵母細胞は扁平な卵胞上皮細胞で囲まれて**原始卵胞** primordial follicle を形成する（**図 4-8、4-9、4-10**）。卵胞上皮細胞は基底膜を有し、周囲の間質細胞から隔離されている。原始卵胞は休止中の卵胞プールを構成し、雌の繁殖可能な期間にわたってここから成長し排卵させる卵胞を調達する。各種動物およびヒトにおける原始卵胞数、卵祖細胞数および卵母細胞数を**表 4-3**にまとめた。

卵胞および卵母細胞の成長
Follicular and oocyte growth

原始卵胞プールから調達された卵胞はその後成長し、一次卵胞、二次卵胞および三次卵胞となる。強調しておきたいこととして、きわめて大多数の卵胞は途中で成長を停止し、**閉鎖** atresia と呼ばれる過程を経て変性する。そして、ほんの少数の卵胞のみが成熟し、**排卵** ovulation される。少なくとも大型

Gametogenesis

表 4-3：各動物種の各期における卵祖細胞および卵母細胞の数

動物種	卵祖細胞および卵母細胞の数
ウシ	妊娠 50 日：16,000 妊娠 110 日：2,700,000
ヒツジ	出生時：54,000-1,000,000
ヤギ	生後 6 カ月：24,000 生後 3 年：12,000
ブタ	妊娠 110 日：491,000 生後 10 日：60,000-509,000 生後 9 カ月：50,000 生後 2-10 年：16,000
イヌ	出生時：700,000 生後 5 年：35,000 生後 10 年：500
ヒト	妊娠 60 日：600,000 妊娠 150 日：6,800,000 出生時：400,000-500,000 生後 7 年：13,000

Rüsse と Sinowatz（1998）の厚意により転載。

家畜の卵胞の成長は胎子の時代から始まっている（**表 4-2**）。しかし、卵胞上皮細胞に囲まれたすべての卵母細胞（閉鎖した卵胞は例外）は春機発動期まで減数分裂を再開しない。

原始卵胞が活性化すると、卵胞上皮細胞は増殖を開始し、卵母細胞を取り囲む単層立方上皮となる。これを**一次卵胞** primary follicle と呼ぶ（**図 4-8、4-9、4-10**）。卵胞上皮細胞は**顆粒層細胞** granulosa cell と呼ばれるようになる。この活性化が起こると**卵母細胞は成長を開始し**、家畜の卵母細胞の直径は約 30 μm 以下から約 120 μm にまで大きくなる。この段階で、たとえば細胞質に**皮質顆粒** cortical granule（後述を参照）を発達させるなど、卵母細胞は多くの形態変化をする。さらに、卵母細胞は減数分裂を再開させ、受精後の胎子発育を持続させることができるようになる。

顆粒層細胞が増殖し卵母細胞の周囲に数層を形成

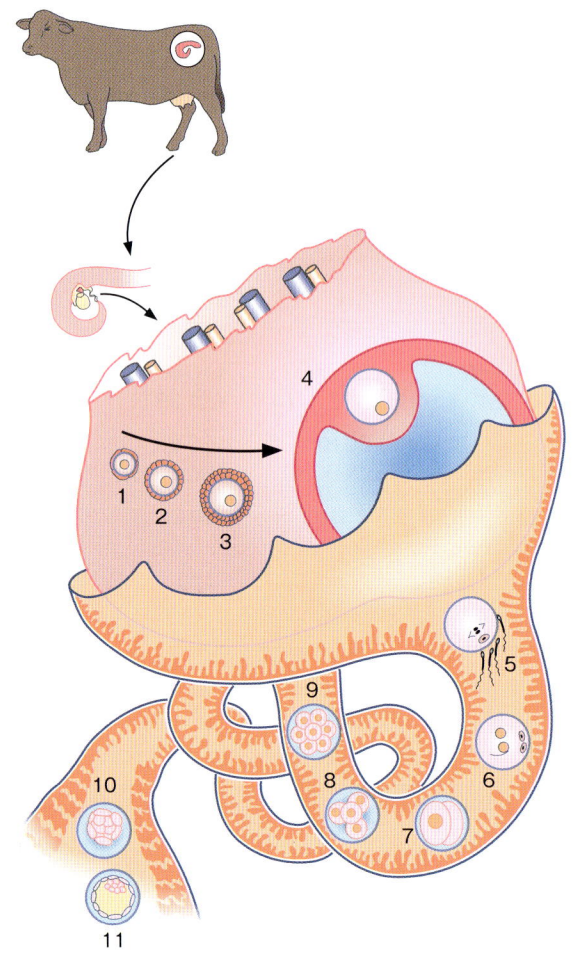

図 4-8：ウシの卵胞発育の模式図。卵巣内において原始卵胞（1）は一次卵胞（2）、二次卵胞（3）を経て三次卵胞（4）へと発育する。卵管には、第二分裂中期（5）、受精して 2 つの前核を持つ接合子（6）、2 細胞期（7）、4 細胞期（8）および 8 細胞期（9）が存在する。子宮角の先端で桑実胚（10）と胚盤胞（11）になる。

すると、**二次卵胞** secondary follicle と呼ばれるようになる（**図 4-8、4-9、4-10**）。卵母細胞とそれを取り囲む顆粒層細胞は糖タンパク質を合成し、卵母細胞と顆粒層細胞とのあいだに蓄積させ、**透明帯** zona pellucida をつくる。最内層の顆粒層細胞から伸びた多数の突起が透明帯を横切り、ギャップ結合

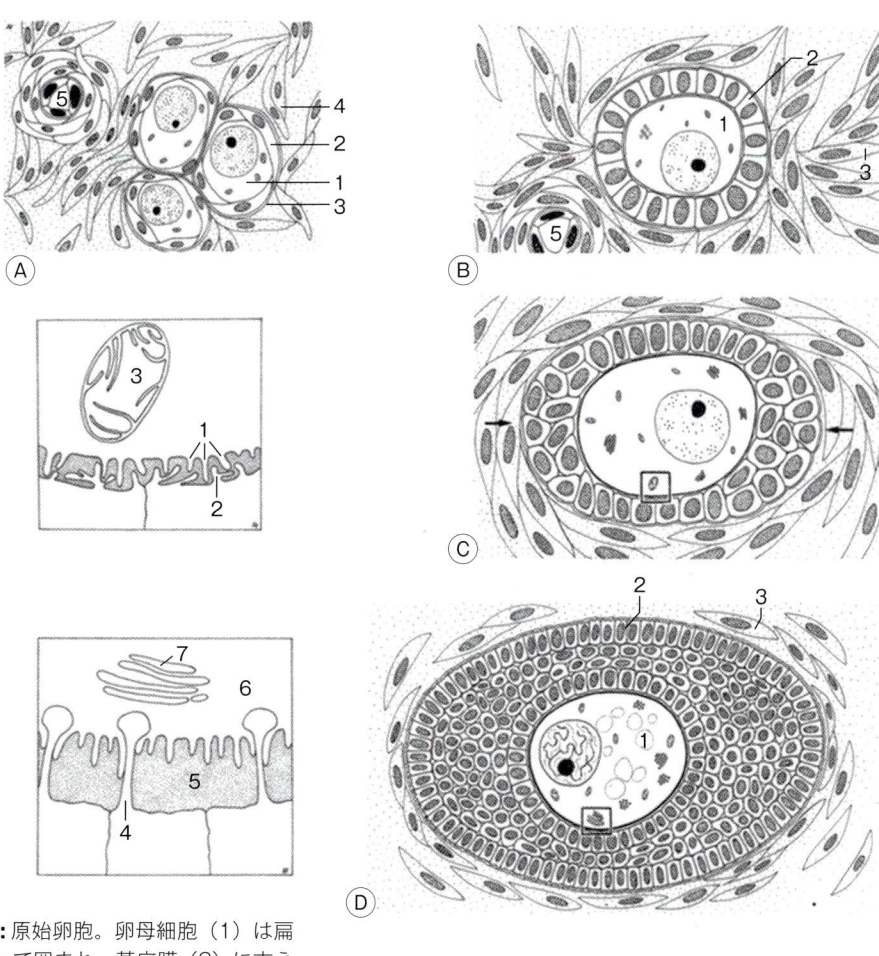

図 4-9：ウシの卵胞発育。**A:** 原始卵胞。卵母細胞（1）は扁平な卵胞上皮細胞（2）によって囲まれ、基底膜（3）に支えられている。4: 間質細胞 ;5: 細動脈。**B:** 一次卵胞。卵母細胞（1）は立方形の顆粒層細胞（2）によって囲まれている。**C:** 初期の二次卵胞では顆粒層細胞が極性を持って配置されている（矢印）。挿入図は卵母細胞と顆粒層細胞の接触面の拡大図。卵母細胞の微絨毛（1）と顆粒層細胞の細胞質突起（2）が見られる。3: 卵母細胞のミトコンドリア。**D:** 二次卵胞。卵母細胞（1）は重層化した顆粒層細胞（2）によって囲まれている。間質細胞は卵胞膜の層（3）を形成し始めている。左側の囲み図は卵母細胞と顆粒層細胞の接触面の拡大図を示し、顆粒層細胞の細胞質突起（4）が発達中の透明帯（5）を貫通している。顆粒層の細胞質突起は卵母細胞（6）とギャップ結合で接着している。7: 卵母細胞のゴルジ装置。**E:** 小型の三次卵胞は卵胞腔（1）を持ち、卵母細胞は卵丘（2）に位置している。**F:** 大型の三次卵胞では、卵母細胞が卵丘（1）に位置し、顆粒層細胞（2）が卵胞腔を囲んでいる。内卵胞膜（3）と外卵胞膜（4）が分化し、基底膜（6）によって顆粒層細胞から隔てられている。Rüsse と Sinowatz（1998）の厚意により転載。

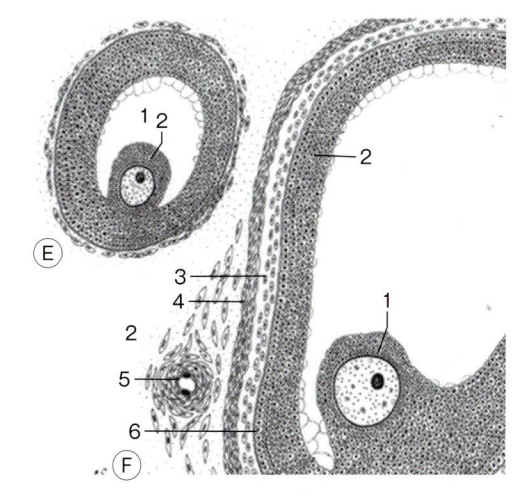

Gametogenesis

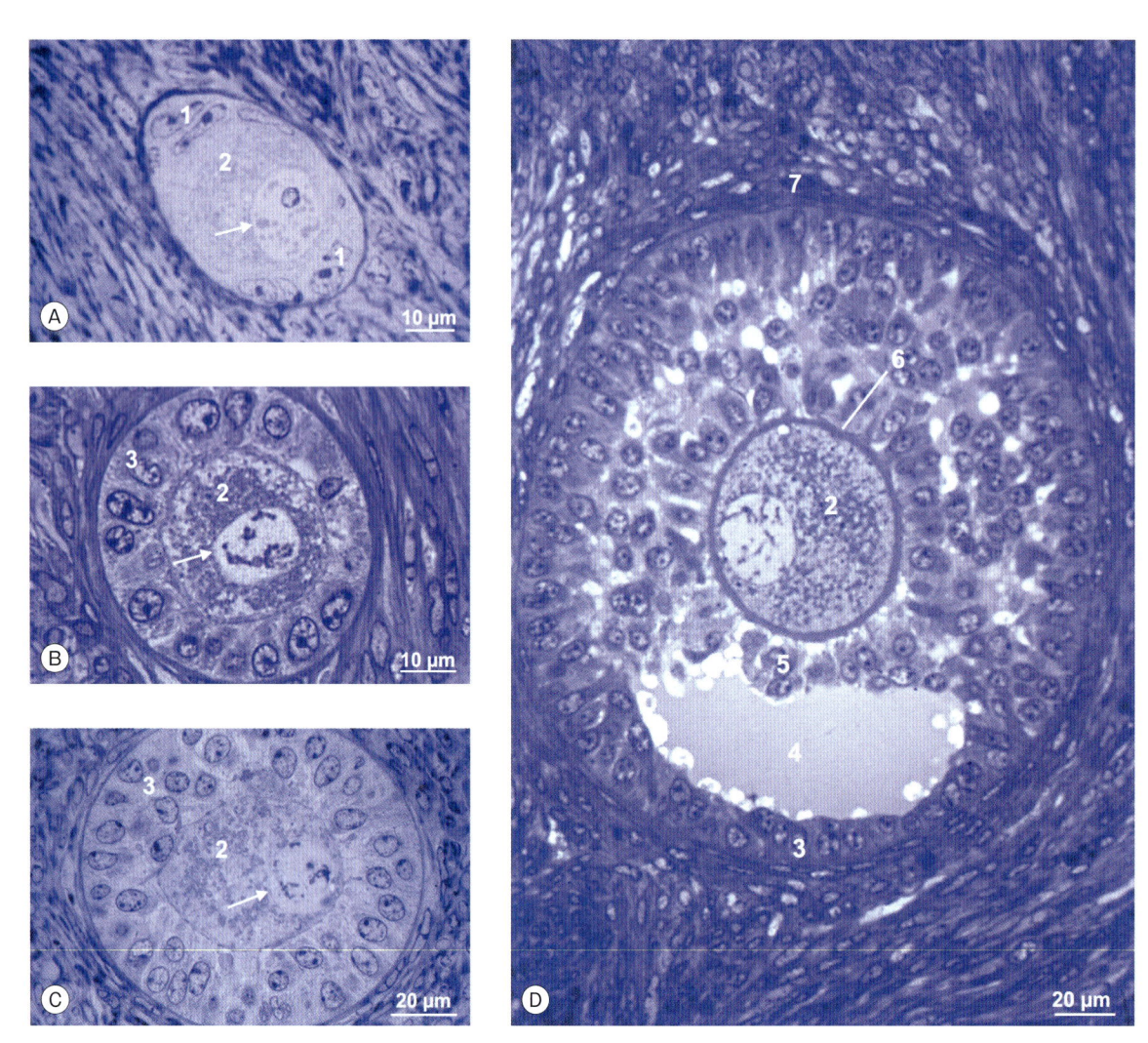

図 4-10: ウシの卵胞発育。**A:** 原始卵胞は扁平な卵胞上皮細胞（1）で囲まれ、核（矢印）とともに卵母細胞（2）が見られる。**B:** 一次卵胞は立方形の卵胞上皮細胞（3）を持つ。2: 卵母細胞、矢印：卵母細胞の核。**C:** 二次卵胞は重層の顆粒層細胞（3）からなる。2: 卵母細胞、矢印：卵母細胞の核。**D:** 三次卵胞は顆粒細胞層（3）と、卵母細胞（2）を囲む卵丘細胞（5）を持つ。卵胞膜細胞層（7）がつくられ始めている。2: 卵母細胞、4: 卵胞腔、6: 透明帯。

によって卵母細胞に接触している。顆粒層細胞の周囲の間質細胞も分化し、ステロイド産生細胞の層である内側の**内卵胞膜** theca interna と、支持機能を持った同心円状の層である**外卵胞膜** theca externa となる。内卵胞膜のステロイド産生細胞と顆粒層細胞は、"二細胞 two-cell" システムを介して卵胞におけるエストラジオール合成を行う。ここでいう"二細胞"システムとは、内卵胞膜細胞の産生したアンドロジェンが顆粒層細胞に移行し、この場でアンドロジェンからエストロジェンに芳香化されるものである。

　卵胞の成長が進むと、顆粒層細胞間に液体で満た

された間隙がつくられ、その後**卵胞腔** antrum と呼ばれる1つの腔所となり、**三次卵胞** tertiary follicle を形成する（図4-8、4-9、4-10）。この卵胞は別名、胞状卵胞とも呼ばれる。卵胞腔の拡大に伴って、卵母細胞は顆粒層細胞の隆起である**卵丘** cumulus oophorus に位置するようになり、卵丘はさらに卵胞腔へ突出していく。卵丘の顆粒層細胞は**卵丘細胞** cumulus cell と呼ばれる。卵母細胞がその特徴的な構造になるまで、卵胞は発育する。排卵前のLH（黄体形成ホルモン）サージが排卵を誘発することになるが、この刺激より前に卵母細胞は発育中の三次卵胞の中で変化する。これによって、卵母細胞は受精能と初期胚発育能を付与される。この過程を卵母細胞の**受精能獲得** oocyte capacitation と呼ぶ。

卵胞および卵母細胞の成熟
Follicular and oocyte maturation

三次卵胞は発育を続け、排卵の順番になると、排卵前のLHサージを受けて**卵胞および卵母細胞の成熟** follicular and oocyte maturation の最終段階に入る。LHサージの始まりから排卵までの時間は、12～40時間と動物種によってさまざまである。卵胞の排卵前成熟のあいだ、ステロイド合成がエストラジオールからプロジェステロン産生へスイッチし、卵母細胞の放出のため、卵胞壁が崩壊し始める。卵母細胞の排卵前成熟は核と細胞質に起こる（図4-11、4-12）。**卵母細胞の核の成熟** nuclear oocyte maturation は減数分裂の過程を指し、第一減数分裂ディプロテン期から再開し、排卵に至る第二減数分裂中期（イヌとキツネを除く）まで続く。一次卵母細胞の核は**卵核胞** germinal vesicle と呼ばれ、この構造物が崩壊することで減数分裂の再開を知ることができる（図4-11）。**卵母細胞の細胞質の成熟** cytoplasmic oocyte maturation は多数の細胞小器官の再構成とそれらの調節が関与する。特にウシで目立つ皮質顆粒（LHサージ前には大型の集塊として見られる）は受精時の開口放出に備えて、細胞膜直下の特定の部位に移動する（図4-11）。

精子発生 Spermatogenesis

精祖細胞および精細管の発達
Development of spermatogonia and seminiferous tubules

発達中の雄の生殖腺に到達し、増殖した原始生殖細胞は、**セルトリ細胞** Sertoli cell の前駆細胞である、生殖腺の表面上皮由来の**原始支持細胞** primitive sustentacular cell で構成された密な索状構造内に位置するようになる。春機発動（性成熟期）の少し前に、この索状構造は腔を持つようになり、精巣の**精細管** seminiferous tubule へと発達する。これと平行して、支持細胞は次第にセルトリ細胞の特徴を示すようになり、原始生殖細胞は精祖細胞へと分化する（図4-13、4-14）。

精子発生 spermatogenesis には、精祖細胞が精子へと変化する際のすべての事象を含む。この過程は、**精母細胞形成** spermatocytogenesis（精祖細胞から精母細胞への分化）、**減数分裂** meiosis（精母細胞の2回の減数分裂）、および**精子形成** spermiogenesis（細胞分裂を伴わない、精子細胞から精子への細胞の再構築）に区分できる。減数分裂については、すでにこれまで述べてきたので、ここでは精母細胞と精子の形成に重点を置く。精子発生に際して、精子形成細胞とセルトリ細胞の間には細胞同士の密な関係が存在する。セルトリ細胞は、物理的支持および傍分泌による精子発生の調整を行い、さらに密着帯により精細管を封鎖する血液－精巣関門を形成する。

Gametogenesis

一般構造　　　　　微細構造

LH サージの
ピーク前

LH サージの
ピークから
10時間後

LH サージの
ピークから
15時間後

LH サージの
ピークから
24時間後

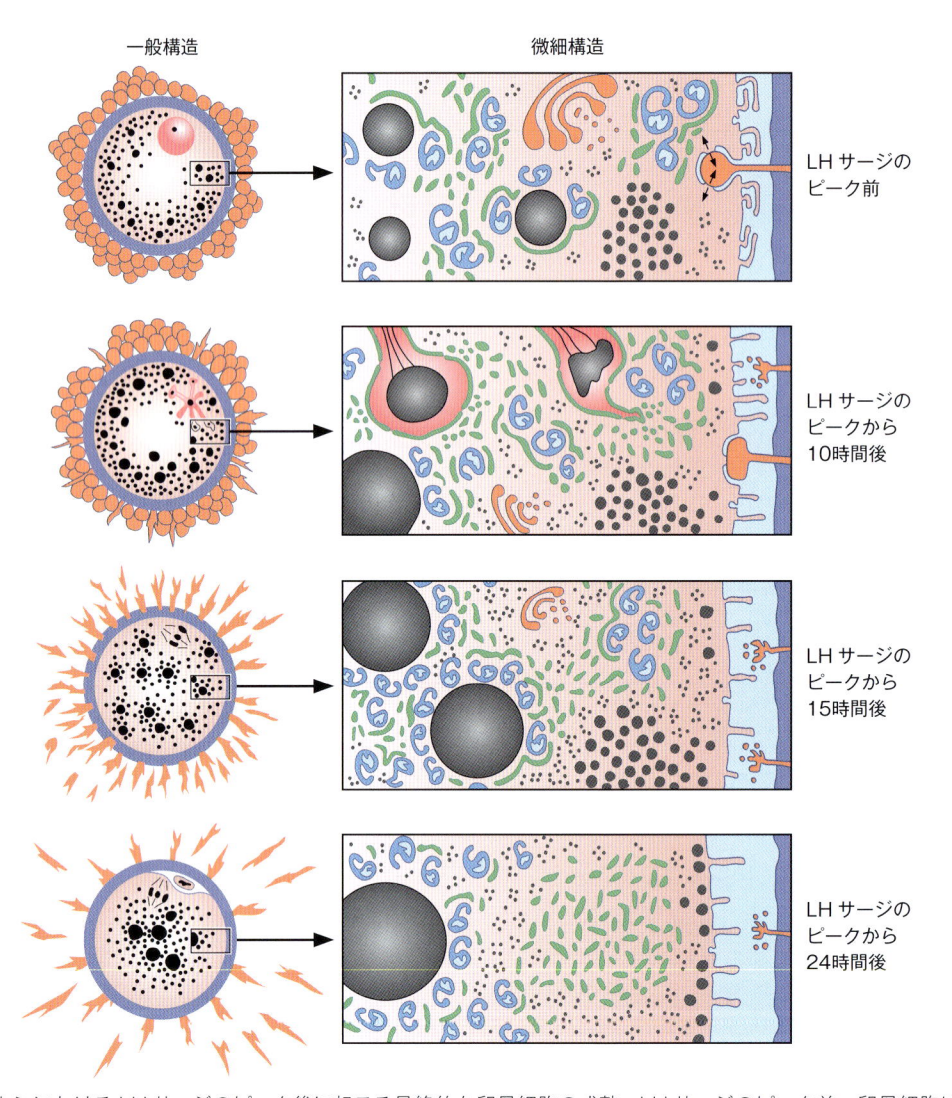

図 4-11：ウシにおける LH サージのピーク後に起こる最終的な卵母細胞の成熟。LH サージのピーク前、卵母細胞はディプロテン期であり、核（赤色）および細胞小器官は辺縁に位置している。電子顕微鏡で見ると、卵母細胞には滑面小胞体（緑色）がよく発達し、これに関連して脂質滴（大型の顆粒状で黒く着色）、ミトコンドリア（青色）、ゴルジ装置（橙色）および皮質顆粒（小型の黒色の球体）の集団が見られる。卵母細胞は卵丘細胞の突起（矢印）とギャップ結合を介して情報交換している。

LH サージのピークから約 10 時間後、卵母細胞は減数分裂を再開し、核膜が融解し、滑面小胞体となることで核すなわち卵核胞が崩壊し、微細管（黒線）が凝縮した染色体（赤色の核基質内部で黒色に染色）の近傍に出現する。卵母細胞－透明帯間の卵胞腔が発達し、ミトコンドリアが脂質滴の周囲に分布しゴルジ装置の大きさが減少する。卵母細胞－卵丘細胞の細胞突起間のギャップ結合は部分的に消失する。

約 15 時間後、卵母細胞は第一減数分裂中期に達する。数と大きさがともに増加した脂質滴の周囲にミトコンドリアが集まり、この集塊が細胞質全体に分布する。多くのリボゾーム（黒点）が特に染色体の周囲に出現し、ゴルジ装置がさらに小さくなる。卵母細胞－卵丘細胞突起間のギャップ結合は崩壊する。

約 24 時間後、卵母細胞は第二減数分裂中期に達し、このときには第一極体がすでに放出されている。多数の皮質顆粒が細胞膜直下に分布している。脂質滴、ミトコンドリアは細胞質の中心側に集まり、その他の細胞小器官は辺縁に分布する傾向がある。非常によく発達した滑面小胞体が特徴的で、ゴルジ装置は消失する。LH サージのピークから約 24 時間で排卵が起こる。

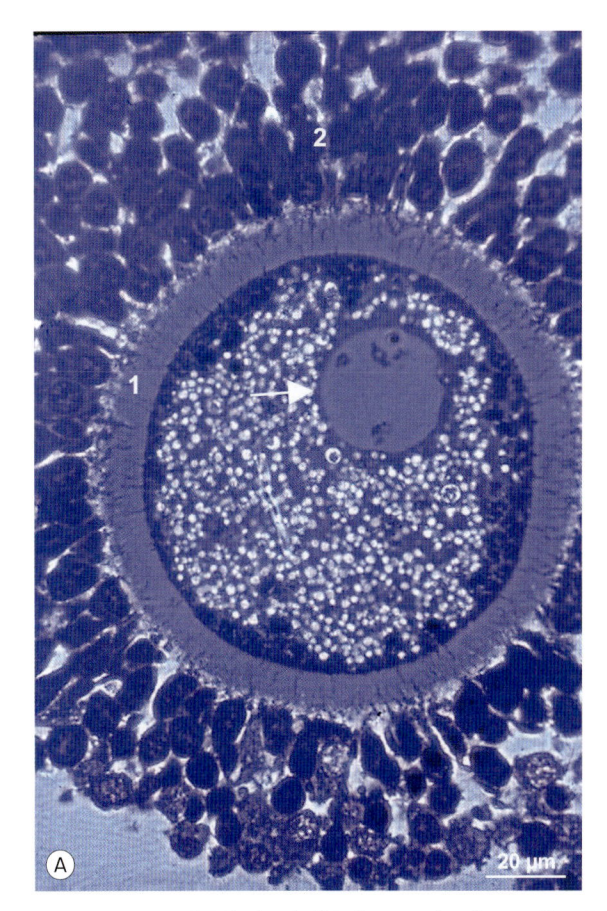

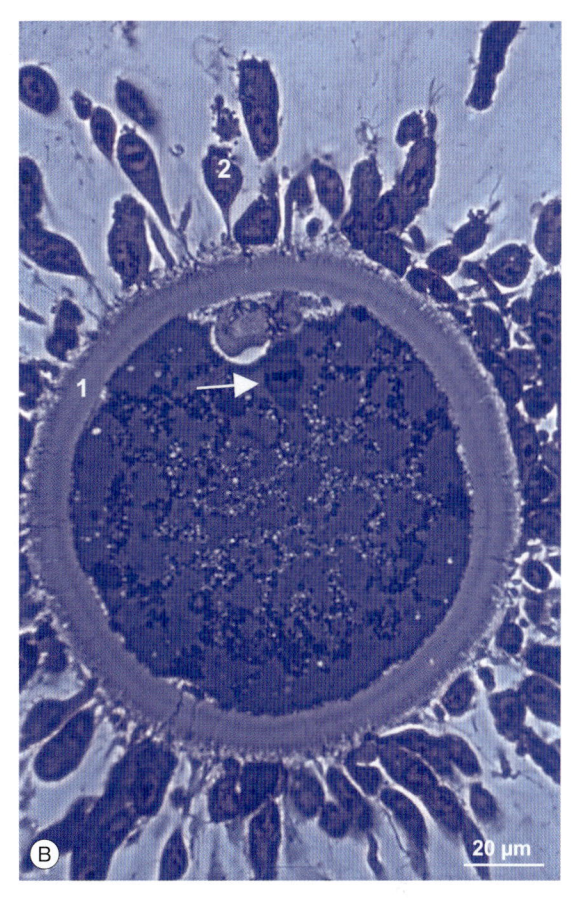

図 4-12：ウシの卵母細胞の組織画像。**A:** ディプロテン期の卵母細胞。矢印：核、1: 透明帯、2: 卵丘細胞。**B:** 第二減数分裂中期の卵母細胞。矢印：第一極体がそばに見られる第二減数分裂中期の画像。1: 透明帯、2: 卵丘細胞。

精母細胞形成 Spermatocytogenesis

精祖細胞は、基底膜に接した精細管内の外周にあり、血液－精巣関門の外側（血管側）に位置する。精祖細胞には3つの型、すなわち**A型精祖細胞、中間型精祖細胞およびB型精祖細胞** type A, intermediate, and type B spermatogonia がある。A_1型精祖細胞は、精子の幹細胞である。そして、A_1型精祖細胞における最初の細胞分裂により、新しいA_1型精祖細胞と、精子分化する能力を持つ第二世代のA_2型精祖細胞が形成される（**図4-15**）。このことにより、精子発生における幹細胞の集団が持続的に確保される。A_2型精祖細胞は、少なくとも反芻類においては、もう1つ次の世代であるA_3型精祖細胞を生み出す。A_3型精祖細胞は、最終的にA型精祖細胞、B型精祖細胞の両方の形態学的特徴を合わせ持つ中間型精祖細胞に分化する。中間型精祖細胞は、少なくとも反芻類においては、2世代が存在するB型精祖細胞を産生する。

Gametogenesis

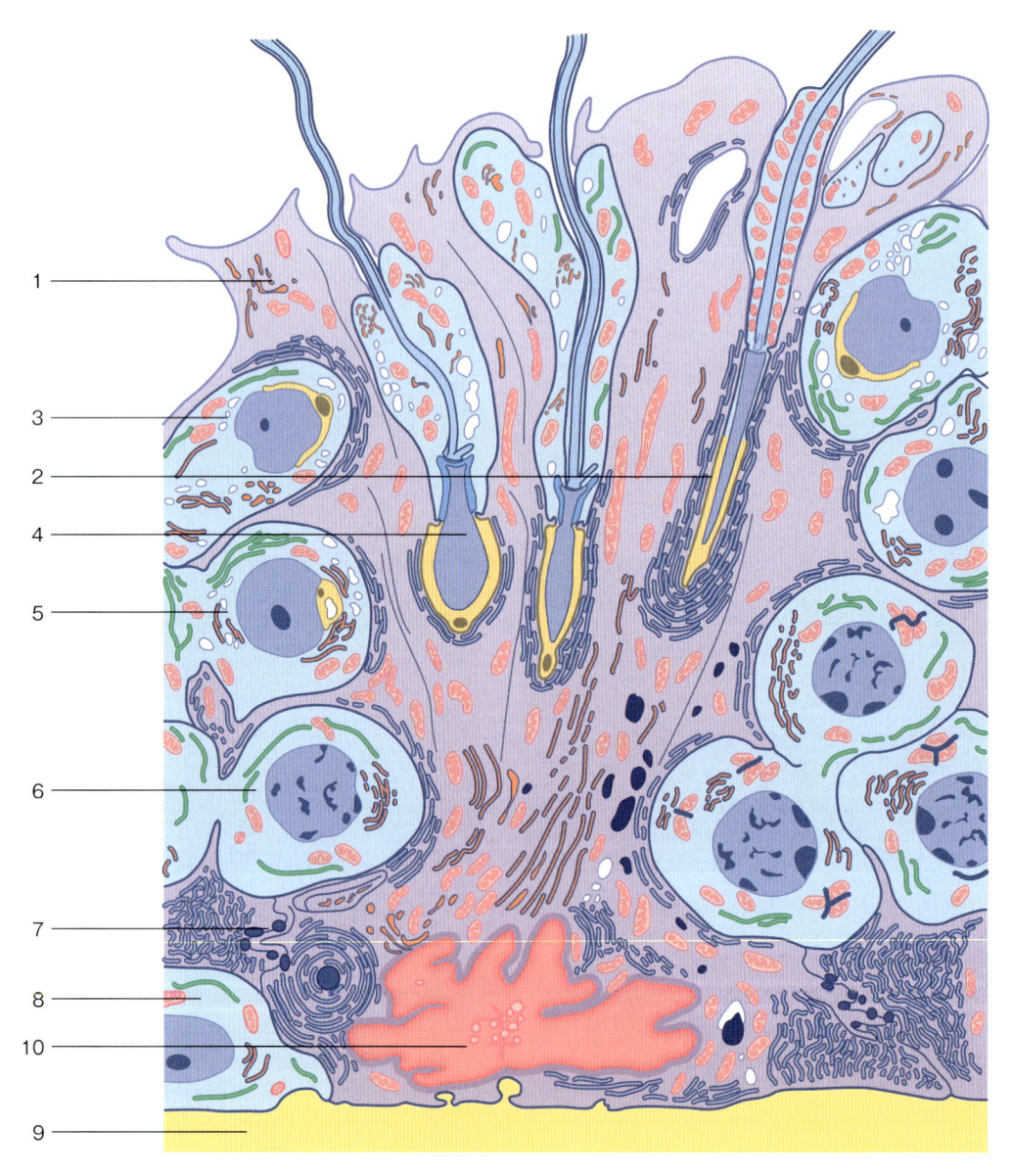

図 4-13：精巣の精細管におけるセルトリ細胞と精子形成細胞。1: セルトリ細胞、2: 精子細胞－成熟相、3: 精子細胞－頭帽相、4: 精子細胞－先体相、5: 精子細胞－ゴルジ相、6: 細胞質橋によって結ばれた一次精母細胞、7: 血液－精巣関門、8: 精祖細胞、9: 基底膜、10: セルトリ細胞核。Liebich（2004）より改変。

減数分裂 Meiosis

B型精祖細胞の最後の有糸分裂により、**一次精母細胞** primary spermatocyte が形成される。一次精母細胞は長い前期を持つ第一分裂に入る。卵母細胞とは対照的に、精母細胞は前期のディプロテン期で停止することはない。精母細胞は血液－精巣関門を通過して、精細管の傍腔領域に移動する。これは密

生殖子発生　第4章

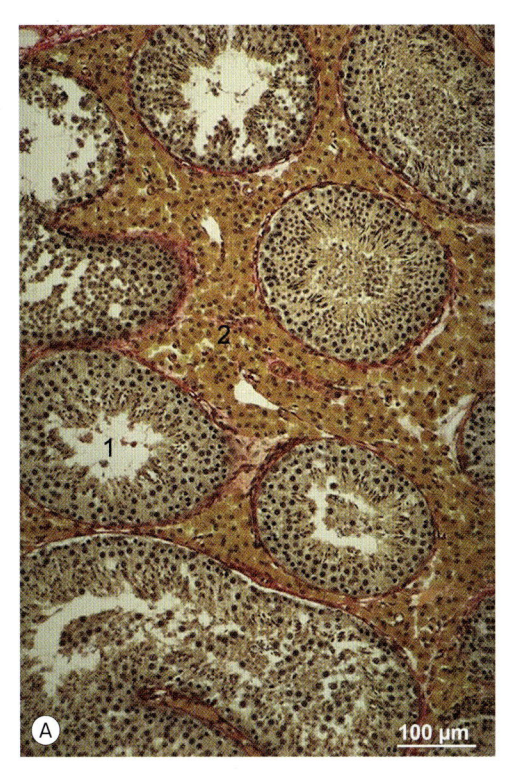

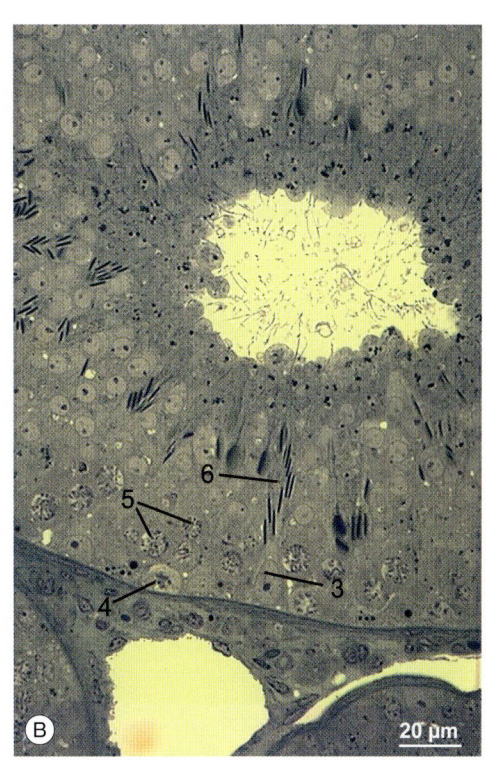

図 4-14: ブタ（図A）およびヒツジ（図B）の精巣切片。**A:** ブタの精巣の精細管（1）と精細管の間のライディッヒ細胞（2）。**B:** セルトリ細胞（3）、精祖細胞（4）、精母細胞（5）、および精子細胞（6）を含むヒツジの精細管。

着帯が関与するジッパー様機構によってもたらされる。すなわち精母細胞の前方（管腔側）の密着帯が開く前に、後方（基底側）に密着帯が形成されることによって、精母細胞は後方の密着帯を通過する。第一分裂の終了により、2個の**二次精母細胞** secondary spermatocyte が形成され、これらは第二分裂によりそれぞれ2個の**精子細胞** spermatid に分裂する。第二世代のA型精祖細胞から精子細胞に至る一連の分裂を通して、細胞質分裂は不完全であり、すべての同じ世代の細胞は細い細胞質橋により結合したままの状態で留まる。

精子形成 Spermiogenesis

精子細胞は精子形成を通して精子に変化する。精子形成は4つの相、すなわちゴルジ相、頭帽相、先体相、および成熟相からなる。**ゴルジ相** Golgi phase では、ゴルジ複合体が先体顆粒を産生する。先体顆粒は融合して単一の大きな先体顆粒となり、核に隣接して位置するようになる（**図4-16**）。精子細胞の一対の中心子は、核の対極に移動し、近位中心子は核に付着する。同時に、2本の中心微細管とそれを囲む9本の辺縁双微細管からなる軸糸が遠位中心子から発達する。

頭帽相 cap phase では、先体顆粒は扁平となり、精子細胞の核の広い領域を覆う。**先体相** acrosomal

Gametogenesis

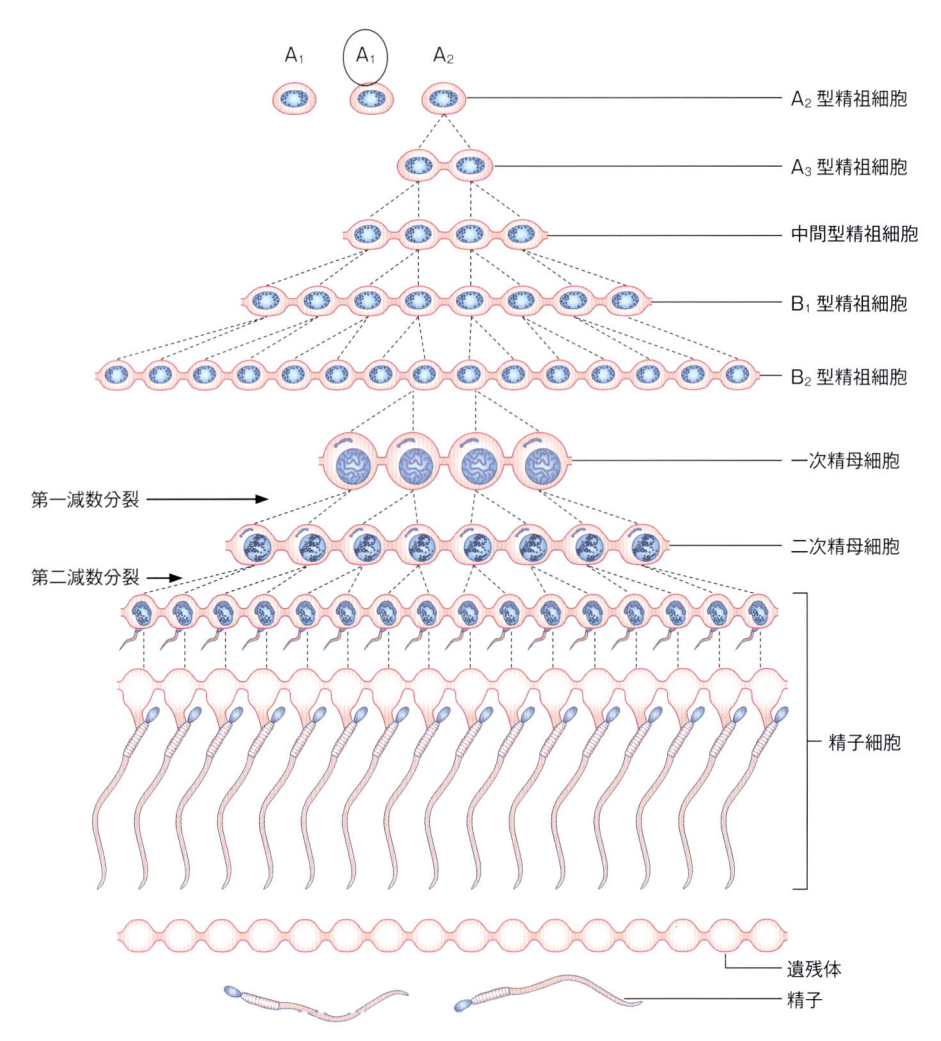

図 4-15：ウシにおける精子発生。丸で囲った幹細胞性の A_1 型精祖細胞は、分裂して A_2 型精祖細胞となる。A_2 型精祖細胞は、精子への分化に入る。また、A_1 型精祖細胞は、精細管における精原幹細胞の持続的な供給を可能とする。

phase では、ヒストンがプロタミンに置き換わることによって、核内で染色質の濃縮が起こる。先体顆粒は**先体** acrosome へと再構築される。先体は、精子が受精に際して卵細胞の透明帯を貫くときに重要な酵素を含む。ついには、先体は精子細胞の濃縮した核の3分の2を覆うようになる。精子の尾部の発達が始まると、ミトコンドリアは伸長する軸糸の周囲に配列する。これらの変化が進むと、精子細胞は回転し、その結果、先体は精細管の基底膜に、発達中の尾部は精細管腔に面するようになる。

成熟相 maturation phase のあいだに、種特有の精子の頭部と尾部の構造が形成される。ほとんどの細胞小器官を含む細胞質の大部分は、遺残体（セルトリ細胞に貪食される）として切り離され、精子細胞は互いに分離する。そしてついに、精子がセルトリ細胞から精細管腔に向かって離脱する。

生殖子発生 第4章

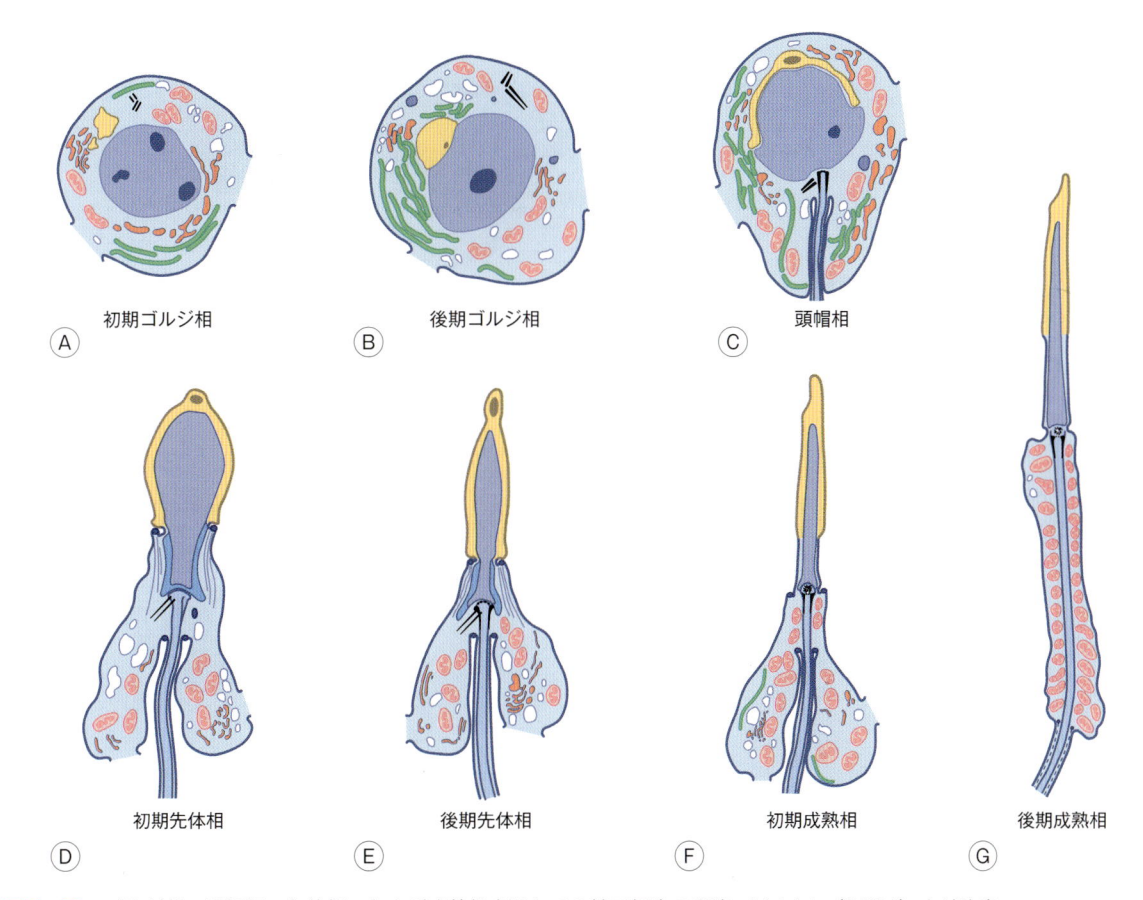

（A）初期ゴルジ相　（B）後期ゴルジ相　（C）頭帽相
（D）初期先体相　（E）後期先体相　（F）初期成熟相　（G）後期成熟相

図4-16：ゴルジ相、頭帽相、先体相、および成熟相を通しての精子細胞の発達。Liebich（2004）より改変。

精子 Spermatozoon

　離脱したときの**精子** spermatozoon の長さは種によって異なるが、ブタでの約 60 μm からウシでの 75 μm のあいだである。光学顕微鏡レベルでは、精子は頭部と尾部の2つの構造からなるようにみえる。しかし、電子顕微鏡で観察すると、尾部は結合部（頸部）、中間部、主部、および終末部に細分される（**図4-17**）。

　精子の**頭部** head は、その形状を決定する核を含む。核の前部は、先体外膜および先体内膜にはっきりと輪郭付けられた**先体** acrosome によって覆われている。先体は、先体反応の結果として、受精時に放出される加水分解酵素を含む（第5章参照）。先体の尾側部分は狭く、**赤道部** equatorial region と称され、後方は**先体後部** postacrosomal region につながる。精子の核は、卵母細胞活性化因子を含む、**核周囲膜** perinuclear theca として知られる細胞骨格性の被覆を持つ。

　結合部（頸部） neck は短く、基底板によって頭部と連結している。結合部（頸部）は、**近位中心子** proximal centriole と、尾部の軸糸へと連続する**遠**

Gametogenesis

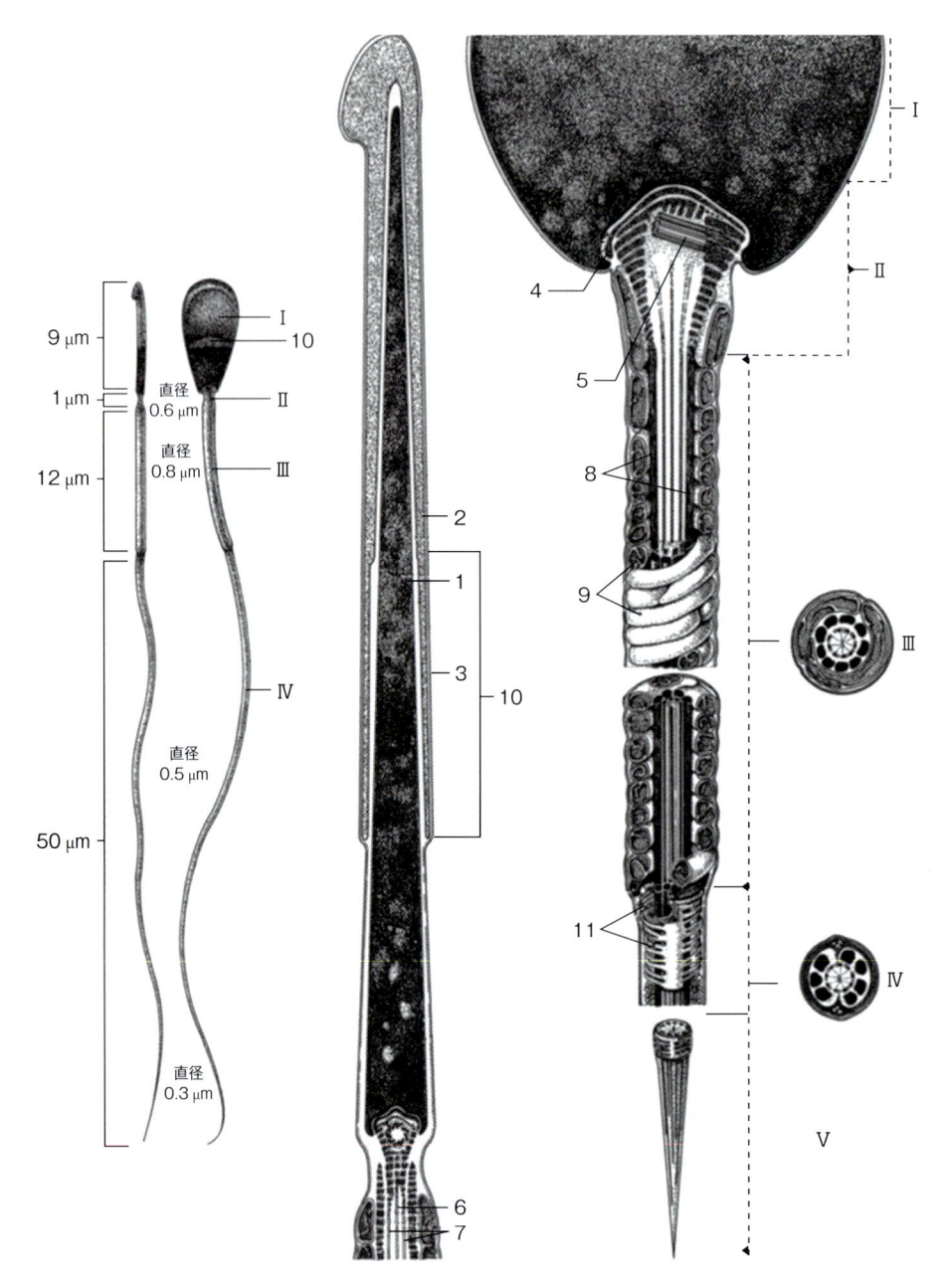

図 4-17： ウシの精子の構造。頭部（Ⅰ）は、結合部（頸部）（Ⅱ）によって中間部（Ⅲ）と結合している。中間部は主部（Ⅳ）および終末部（Ⅴ）へとつながっている。頭部は密集した染色質からなる核（1）を有し、核の前部は、細胞膜形質膜（3）の内側に位置する先体内膜および先体外膜を持つ先体（2）によって覆われている。基底板（4）は、頭部と結合部（頸部）を結び付けている。結合部（頸部）は近位中心子（5）と遠位中心子を含む。遠位中心子は、尾部の中間部と主部で、中心に位置する軸糸内へ伸長する。この軸糸は、2個の中心微細管（6）と9個の辺縁双微細管（7）からなる。中間部は、ミトコンドリア・ラセン（糸粒体鞘）（9）に囲まれた9個の緻密線維（8）を持つ。終末部では、軸糸は次第に失われる。10: 頭部の赤道部、11: 線維鞘。RüsseとSinowatz（1998）の厚意による。

位中心子 distal centriole を含む。中心子は、尾部の緻密線維に連なる外周の 9 個の**緻密線維** coarse fiber（dense fiber）に囲まれている。

尾部の**中間部** middle piece は、2 個の中心微小管と 9 個の辺縁双微小管からなる中央の**軸糸** axonema を含み、鞭毛の特徴的な構造を有している。軸糸は 9 個の緻密線維に囲まれ、また緻密線維はラセン状に走る細長いミトコンドリアに囲まれる。反芻類では、ミトコンドリア・ラセンは約 40 回転する。中間部における形質膜の輪状の肥厚である**輪** annulus は、尾部の中間部と主部の境界となる。

尾部の**主部** principal piece は最も長い部位であり、9 個の緻密線維に囲まれた軸糸を持つ。ミトコンドリア・ラセンはもはや存在せず、緻密線維は代わりに、2 つの緻密線維と融合して形成された、半円状の線維肋を有する**線維鞘** fibrous sheath によって囲まれている。

尾部の主部から**終末部** end piece への移行は、線維鞘の末端によって区別される。終末部の近位ではまだ軸糸が存在するが、遠位では辺縁双微小管が単一微小管となり、その後さまざまな高さで消失する。

精子は、精細管とそれに続く管の蠕動運動によって移送され、精巣上体管で運動性と授精能を獲得する。

Box 4-1 生殖細胞系譜の発達における分子制御

3 つの主要な胚葉においては、生殖細胞系譜の運命決定は原腸胚形成期に起こる。少なくともマウスでは、この運命決定は胚体外に由来する局所シグナルにより開始される。これには、Smad 経路を通して活性化する**骨形成誘導タンパク質 4 および 8b** Bone Morphogenetic Protein（BMP）4 and 8b を含む。誘導された上胚盤葉細胞は、その後、*fragilis/Ifitm3* の発現を開始し、この特異化した上胚盤葉細胞の一群から、生殖細胞系譜に限定された前駆細胞が供給される。この過程において鍵となる転写制御因子は ***Blimp1/Prdm1*** である。Blimp1 の関与する機能として、原腸胚形成時の上胚盤葉細胞における初期の体細胞プログラムの抑制、すなわち Hox 遺伝子発現の抑制という特性を含む。生殖細胞系譜の運命決定に関係する他の遺伝子として、***Stella*** および ***c-kit*** がある。c-kit は、生殖細胞の生殖原基への移動経路の内面を覆う体細胞から分泌される幹細胞因子/kit ligand のレセプターとして機能する。体細胞の分化が抑制されるのと相まって、生殖細胞系譜の前駆細胞は、***Oct4***, ***Sox2*** および ***Nanog*** を含む多能性関連遺伝子の発現を維持し、その後、実質的なエピジェネティック修飾が進行する。後者は包括的な DNA 脱メチル化を含み、生殖細胞が生殖腺堤に入った後、それに続く生殖子発生過程で、新たなメチル化と性的刷り込みの獲得が起こる（第 2 章参照、**図 2-3**）。

雌の胚子において、生殖細胞は卵巣発達の初期に減数分裂に入る。この発達過程で発現する分子マーカーには、***Stra8*** および ***SCP3*** があり、後者は、相同染色体の対合に関与するシナプス糸複合体タンパク質である。減数分裂へ入ることは、どうやら生殖細胞における多能性の消失のきっかけとなるらしい。卵母細胞は、初期の生殖腺の発達を導く。卵胞形成は、転写因子 ***Figα*** の発現を通して始まる。Figα は雌の生殖細胞特異的で、たとえば透明帯タンパク質の産生に欠くことのできない因子である。さらなる卵胞の発育は、内分泌的因子と局所的に産生された因子の豊富さに頼っている。雌の胚子の場合と対照的に、生殖細胞の存在は、精巣の発達にとって必要ではないようだ。代わりに雄生殖腺の分化は、セルトリ細胞系譜により制御される。セルトリ細胞系譜は、生殖腺堤の体細胞における Y 染色体上の ***Sry*** 遺伝子 *Sry gene*（Y 染色体の性決定部位）の発現によって誘導される。最初の Sry 発現後、***Sox9***、***Fgf9***、および ***Dax1*** を含む遺伝子が発現する。雄の生殖細胞は、生殖腺堤に到着すると、減数分裂に入ることを妨げられる。代わって生殖細胞は、その種にとって適切な数に達した時点で、細胞分裂の休止状態に入る。

Gametogenesis

要約 Summary

原始生殖細胞 primordial germ cell は、卵黄嚢壁から発達中の未分化生殖腺に移動し、そこで有糸分裂により増殖する。原始生殖細胞は、体細胞と連携し、**卵祖細胞** oogonia および **精祖細胞** spermatogonia へと分化する。続いてそれらは、減数分裂および生殖子の細胞分化を含む **生殖子発生** gametogenesis を開始する。**減数分裂** meiosis により、生殖子は **一倍体** haploid（染色体数が **二倍体** diploid の半分）の染色体数を持ち、**組換え** recombination が起こる。一方、**細胞分化** cytodifferentiation により2つの生殖子、すなわち **卵母細胞** oocyte と **精子** spermatozoon は特徴的な細胞の形状に再構築される。雌では、卵祖細胞から **一次卵母細胞** primary oocyte が形成され、一次卵母細胞は第一減数分裂に入るが、前期のディプロテン期で停止する。体細胞（卵胞細胞）で囲まれた一次卵母細胞は、**原始卵胞** primordial follicle を形成する。このタイプの卵胞は休眠プールを構成し、ここから供給される卵胞は **一次卵胞、二次卵胞および三次卵胞** primary, secondary and tertiary follicle へと成長する。一次卵母細胞は、減数分裂を再開せず、**核の成熟** nuclear maturation を通して発達を進行させ、排卵の少し前の春機発動（性成熟期）後までに、第二減数分裂中期へと進む。平行して、卵母細胞には、**細胞質の成熟** cytoplasmic maturation が起こる。雄では、精祖細胞は、将来 **精細管** seminiferous tubule となる腔のない細胞索に体細胞と一緒に組み込まれる。**精子発生** spermatogenesis は、春機発動（性成熟期）後に始まり、精母細胞形成、減数分裂および精子形成を含む。**精母細胞形成** spermatocytogenesis では、精祖細胞の複数回の有糸分裂により、**一次精母細胞** primary spermatocyte が形成される。**減数分裂** meiosis における2回の分裂により、一次精母細胞は一倍体の **二次精母細胞** secondary spermatocyte となり、次いで **精子細胞** spermatid をつくり出す。**精子形成** spermiogenesis は、精子細胞から **精子** spermatozoon への再構築の過程である。

参考文献 Further reading

Berndston, W.E. and Desjardins, C. (1974): The cycle of the seminiferous epithelium in the bovine testis. Am. J. Anat. 140:167–179.

Brennan, J. and Capel, B. (2004): One tissue, two fates: molecular genetic events that underlie testis versus ovary development. Nature Rev. Gen. 5:509–521.

Dieleman, S.J., Kruip, T.A.M., Fontijne, P., de Jong, W.H.R. and van dr Weyden, G.C. (1983): Changes in oestradiol, progesterone, and testosterone concentrations in follicular fluid and in the micromorphology of preovulatory bovine follicles relative to the peak of luteinizing hormone. J. Endocr. 97:31–42.

Grøndahl, C., Hyttel, P., Grøndahl, M.L., Eriksen, T., Godtfredsen, P. and Greve, T. (1995): Structural aspects of equine oocyte maturation in vivo. Mol. Reprod. Dev. 42:94–105.

Heuser, C.H. and Streeter, G.L. (1927): Early stages in the development of pig embryos, from the period of initial cleavage to the time of the appearance of limb buds. Contr. Embryol. Carneg. Inst. 20:1–19.

Hyttel, P., Farstad, W., Mondain-Monval, M., Bakke Lajord, K. and Smith, A.J. (1990): Structural aspects of oocyte maturation in the blue fox. Anat. Embryol. 181:325–331.

Hyttel, P., Fair, T., Callesen, H. and Greve, T. (1997): Oocyte growth, capacitation and final maturation in cattle. Theriogenology 47:23–32.

Liebich, H.-G. (2004): Funktionelle Histologie der Haussaugtiere. Schatter, Stuttgart, Germany.

Moor, R.M. and Warnes, G.M. (1979): Regulation of meiosis in mammalian oocytes. Br. Med. Bull. 35:99–103.

Rüsse, I. and Sinowatz, F. (1998): Lehrbuch der Embryologie der Haustiere. 2nd edn. Parey Buchverlag, Berlin.

Sutovsky, P., Manandhar, G., Wu, A. and Oko, R. (2003): Interactions of sperm perinuclear theca with the oocyte: implications for oocyte activation, anti-polysperm defense, and assisted reproduction. Microsc. Res. Tech. 61:362–378.

Vejlsted, M., Offenberg, H., Thorup, F. and Maddox-Hyttel P. (2006): Confinement and clearance of OCT4 in the porcine embryo at stereomicroscopically defined stages around gastrulation. Mol. Reprod. Dev. 73:709–718.

Wrobel, K.-H. and Süss, F. (1998): Identification and temporospatial distribution of bovine primordial germ cells prior to gonadal sexual differentiation. Anat. Embryol. 197:451–467.

CHAPTER 5

Fred Sinowatz

受精
Fertilization

　有性生殖は**受精** fertilization を介して起こり、2つの半数体の配偶子は、融合して遺伝的に唯一の個体をつくる。精子と卵の融合である受精は、卵管膨大部 ampulla で起こる（第3章参照）。哺乳類の**卵複合体** mammalian egg complexe は、排卵されて卵管漏斗を経由し、卵管へ進入するが、この卵複合体は以下の3つより構成される。(1) **卵母細胞** oocyte：ほとんどの家畜哺乳類で第二減数分裂中期で停止したもの（ただし、卵管内で最終的に第二減数分裂まで成熟するイヌ科の動物は除く）、(2) **透明帯** zona pellucida：卵母細胞を取り囲む**細胞外マトリックス** extracellular matrix の1種で、家畜では卵母細胞と周囲の卵丘細胞の両者で合成される糖タンパク質により構成される、(3) **卵丘細胞** cumulus cell：主にヒアルロン酸で構成される細胞外マトリックス内に埋まっている卵丘のいくつかの細胞層から構成される。一般的には透明帯と卵母細胞は1つのものとして考えられており、排卵された卵の複合体は、バイオテクノロジーの手法と関連づけて、とくに**卵丘細胞卵複合体** cumulus-oocyte complex と記載される（図5-1）。

雌の生殖道内における精子の輸送
Sperm transport in the female genital tract

　交尾 copulation の時間は、家畜間で異なる。反芻動物では交尾にかかる時間が1分以内であり、ウマでは多少長く、ブタでは数分、イヌでは5〜30分必要といわれている。数種類の哺乳類（ウシ、ヒツジ、ウサギ、イヌ、ネコおよび霊長類）では、精液は膣の頭方に放出される。他の動物（ブタ、ウマおよびラクダ）では、精液は直接子宮頸部（ブタ）あるいは尿道突起を介して子宮頸部および子宮の両者へ射出される。

　反芻動物 ruminant では、射出精液量は少ない（通常はわずか3〜4 mL）が、高濃度の精子を含む。人工授精によって子宮内に注入されたあと、ほとんどの精子が卵管に向けて上行すると長いあいだ考えられていた。しかし、最近の研究では、これらの精子の多くは逆行性の輸送によって失われる、すなわち子宮内に存在した精子の60%以上は人工授精後12時間以内に外へと排出されて失われることが明瞭に実証されている。仮に精子が子宮頸部に射出された場合、この喪失はより多くなる可能性があり、このことが受精率を低下させる結果になり得る。

　ブタ boar では、精子濃度は低いが、射出精液量が多い（200〜400 mL）。この精液量の多さにより、射出されたほとんどが子宮頸部から子宮に流れ込む。ブタは、異なる特性を持った精液分画を射出する。第一分画は、わずかな精子と主に副生殖腺からの分泌物が占める。第二分画は、精子を多く含む。最後の第三分画は、精子は少なく、尿道球腺からの分泌物が主であり、逆行して失われる精子を減少さ

Fertilization

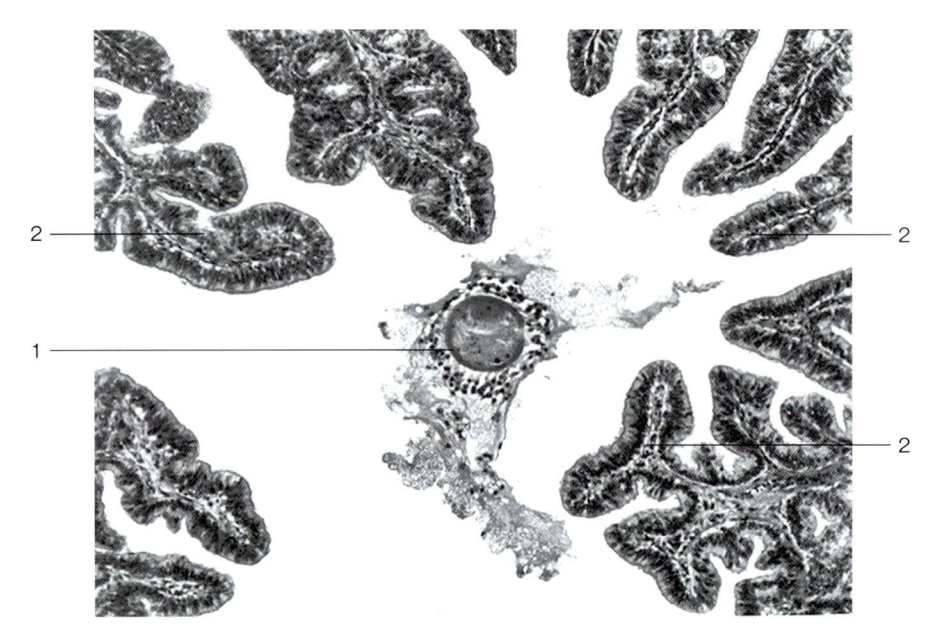

図 5-1：1: 受精が起きる部位であるヒツジの卵管膨大部内の卵丘細胞卵複合体。2: 卵管の粘膜ヒダ。Rüsse と Sinowatz（1998）の厚意による。

せるための塊を形成する。

ウマ stallion は一連の"噴射"によって射精する。最初の噴射は、通常多くの精子を含む。残りの噴射の精漿は、高い粘稠性を持ち、ブタと同じように雌の生殖道から逆行する精子を最小限にしているようだ。

イヌ dog では、射精は三分画からなり、第一分画は、この種では唯一の副生殖腺である前立腺由来である。第一分画は透明で、前精子分画といわれ、イヌの種によって 0.5〜5 mL の幅がある。第二分画は、色が乳白色であり、精子が豊富である。その量は 1〜4 mL のあいだで変化し、また 3〜200 億の精子を含む。最後の第三分画も前立腺に由来する。その量はイヌの種によって 1〜80 mL というように広い幅があるといわれている。サージによる射精によって、この前立腺液の最後の分画が、精子が豊富な第二分画を子宮の頭部へと押し込むのかもしれない。ネコでは射出量は少なく（0.2〜0.3 mL）、いくつかの分画で成り立っているかどうかはっきりとしていない。

雌の生殖道内における**精子の逆行性による喪失** retrograde loss of spermatozoa はいくつかの因子に依存する。重要なことは、射出量と物理的な性質ならびに雌の生殖道内において凝集する部位である。すでに述べたように、ブタなどのいくつかの種において、精漿のタンパク質は、精子が外部へと失われるのを防ぐため、はっきりした膣栓を形成する。実験動物であるげっ歯類では、交尾のあとに形成された固形の膣栓が見られ、交尾時期の確認に利用される（第 20 章参照）。

卵管膨大部への精子の輸送は、主に雌の生殖道内の筋層の収縮と弛緩の結果である。それは 2 つの段階、つまり**早い輸送段階** rapid transport phase および**持続的な輸送段階** sustained transport phase に分けることができる。交尾後、数分以内に精子はすでに卵管へと到達している。交尾後非常に短時間

で精子は卵に接近しているが、それらの精子は活力がなく、受精への役割を果たさない。受精の成功に重要なのは、精子の持続的な段階輸送である。持続的な段階輸送において、精子は長時間にわたって、子宮と卵管結合部あるいは子宮角にあると考えられている精子の貯蔵場所から卵管まで均一な方法で輸送される。

いくつかの動物種において精子の貯蔵場所として考えられている**子宮頸部** cervix uterus は、精子の輸送の主な**障壁** barrier となる。反芻動物やウマでは、子宮頸部はヒダと溝の渦巻状の構造をしていることがある。ほかの家畜と同様に、反芻動物の子宮頸部の上皮は、高い粘稠性を持った粘液を産生し、発情周期の適期に子宮頸部の頭部に精子が侵入するのを阻止する。粘液が粘性を変えるのは発情期のあいだだけであり、シアロムチンに富んだ粘性の低い第一の粘液が、子宮頸部の腺窩の基底部で産生される。第二の粘液は主にスルホムチンを含み、さらに粘性が高く、子宮頸部のヒダの上皮の先端部分から分泌される。2種類の異なった分泌物が子宮頸管で異なった区画をつくる。ひとつはヒダの基底部で低い粘性を持ち、もうひとつはより中央で高い粘性を持つ。ヒダの基底部における粘性の低い環境は、精子がたいへん容易に子宮へと移動することができる"特権通路"を提供する。この特権通路を用いる精子は、子宮頸部の腺窩を通って泳ぐ能力を持つ。運動しない精子は先に進むことができず停止してしまう。結果として子宮頸部は、運動しない精子を排除するフィルターとして働く。

受精能獲得 Capacitation

精子は雌の生殖道内にたどり着いたのち、すぐに卵と受精できるわけではない。言い換えれば、それら精子が受精能を獲得するためには一定の時間が必要となる（**図5-2**）。このあいだに起こる変化が精子の**受精能獲得** capacitation である。受精能獲得が起きる場所は動物種によって異なる。精子が子宮頸の中間まで運ばれる動物種（ブタ）、あるいは子宮頸尾部や子宮体に入ってすぐの部位に運ばれる動物種では、おそらく受精能獲得は子宮で始まり卵管狭部で終了すると考えられている。膣内部に精子が射出される動物種では、おそらく受精能獲得は子宮頸管を通過する際に始まる。すべての精子が同時に受精能獲得するわけではない。なぜなら、この過程は通常数時間以上のばらつきがあり、個々の精子は雌の生殖道内のどこに存在するかによって受精能獲得の異なった段階を示すからだ。

受精能獲得は一連の複雑な過程を通じて行われる。精子の**細胞膜** plasma membrane（特に精子頭部）が受精能獲得時には著しく変化することがはっきりと示されている。受精能獲得時に重要な過程は以下の通りである。糖タンパク質や精漿タンパク質（精巣上体での貯蔵や射出のあいだに吸着した）の精子表面からの除去、透明帯の糖タンパク質による先体反応の開始を制御するシグナル伝達系の機能的な結合、透明帯を通過するために必要な精子尾部の鞭毛運動の変化、最終的には卵の細胞膜と融合する能力の発達である。これらの過程は、細胞内カルシウム濃度やpHの上昇、細胞膜電位の過分極を伴った代謝や細胞膜の生物物理的な性質、タンパク質のリン酸化などの変化を伴う。

すでに受精能獲得した精子は精漿にさらすことによって受精能獲得前の状態に戻すことができる。この方法で、一旦、脱受精能獲得した場合、それらの精子が受精能を回復するためには、再び受精能獲得が必要となる。

受精能獲得に関する我々の知見のほとんどは、体外での研究によって得られている。いくつかの因子が体外で受精能獲得を誘起する。第一に、精子の細胞膜からのコレステロールの流出がステロール結合

図 5-2：ウシの卵管。精子は、糖（たとえばフコース）に仲介された仕組みに結合することによって卵管狭部の上皮に一時的に結合する。1: 精子、2: 動毛、3: 微絨毛。Rüsse と Sinowatz（1998）の厚意による。

タンパク質によって仲介され、その結果、受精能獲得における多くの過程が開始する。コレステロール流出後の精子細胞膜の再構成が受精能獲得の初期段階であると考えられている。第二に、いくつかの精子細胞膜のタンパク質チロシン残基が cAMP に依存的な機構によりリン酸化される。精子はリン酸化を制御し得る炭酸水素感受性のアデニール酸シクラーゼ可溶化型を発現する。第三に、細胞内 pH と炭酸水素濃度の上昇が cAMP 産生の促進へと導く。精子尾部の細胞膜上に存在する環状型ヌクレオチド感受性チャネルを活性化することにより、精子は受精能を獲得した精子に特徴的な超活性化運動へと移行できる。

体内では、多数の因子が相互作用することが受精能獲得を仲介していると考えられている。たとえば、高密度リポタンパク質のようなステロール結合タンパク質が卵管液中に存在し、精子からのコレステロールの流出を加速させることが示されてきた。加えて、卵胞液由来や排卵された卵母細胞を取り囲む卵丘細胞によって分泌されたプロジェステロンが、受精能獲得のいくつかの段階の制御に関わっている可能性もある。

精子と透明帯の相互作用
Interactions between spermatozoa and the zona pellucida

透明帯 zona pellucida（ZP）は、卵母細胞および初期胚子を取り囲む細胞外マトリックスであり、受精および初期の胚発生時におけるいくつかの重要な機能に関与している。ほどんどの哺乳動物において、透明帯は3種類の糖タンパク質（マウス ZP2 に相当する ZPA、マウス ZP1 に相当する ZPB、マウス ZP3 に相当する ZPC）から構成されており、哺乳類間で高い相同性をもつ遺伝子ファミリーである *ZPA* 遺伝子、*ZPB* 遺伝子および *ZPC* 遺伝子の産物である。透明帯の構造や機能に関するデータの

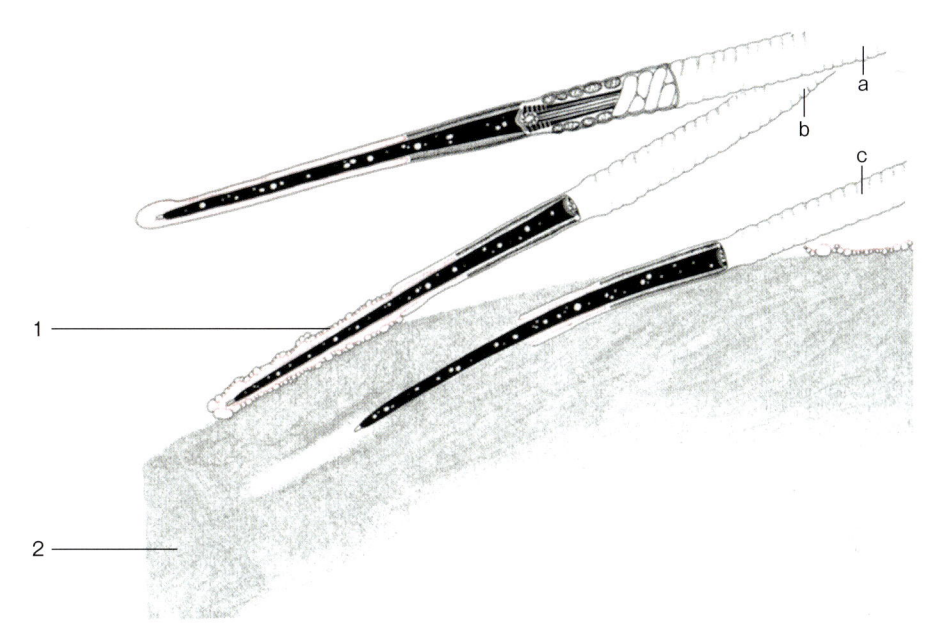

図 5-3：先体反応。一度透明帯に結合すると、精子は先体反応を起こし、加水分解酵素が精子頭部の先体から放出される。精子の細胞膜が先体外膜と多数の融合部位を形成すると、多くの小胞が形成される。a: 正常な先体を持つ精子。b: 細胞膜と先体外膜の小胞形成。c: 精子による透明帯への侵入。1: 精子の細胞膜と先体外膜の融合、2: 透明帯。Rüsse と Sinowatz（1998）の厚意による。

ほとんどは、マウスを用いた研究から得られている。ブタやその他の家畜から得られた新たなデータは、マウスをモデルとした知見が必ずしも他の動物に当てはまるわけでないことを示している。たとえば、ZP3 はマウスにおいては主要な精子受容体であるが、ブタでは受容体活性を持つものは ZPA と ZPC である。また、マウス（成長中の卵母細胞が透明帯糖タンパク質の唯一の供給源である）と異なり、これらのタンパク質は、家畜ではステージに特異的なパターンで卵母細胞と顆粒層細胞の両者に発現している。

透明帯は受精のいくつかの臨界段階に関与する。すなわち、受精能を獲得した精子の透明帯への接着と結合、それに続く先体反応や透明帯への侵入の誘導、そして多精子受精を阻害する受精に誘導された透明帯の改変である。

精子の透明帯への接着
Adhesion of spermatozoa to zona pellucida

精子と透明帯の最初の接触である**接着** adhension は、配偶子同士のゆるい非特異的なかかわりであり、それはまごつくほどにランダムな出来事であると思われる（**図5-3**）。そのあとに起こる相対的に**堅い結合** firm binding は、種特異的であり、透明帯（精子受容体）と精子表面との相補的な受容体によって仲介されるものである。マウスにおいて、初期の精子と透明帯との接着は ZP3 によって仲介される。ZP3 は透明帯を構成する糖タンパク質の1つであり、正常な精子の頭側にある先体の受容体に結合する。おそらく最初の透明帯への接着はタンパク質−炭水化物の認識過程を基本とし、透明帯の O-結合型 α-ガラクトシル残基と精子の同族受容体

との結合を介する。それゆえ、次の結合はZP2に仲介される。しかしながら、他の著者たちは、精子－透明帯の結合は純粋にタンパク質を基本とした事象であると考えている。

マウス以外の動物種において、透明帯糖タンパク質のさまざまな炭水化物が精子との結合に関与していることが示唆されてきた。精子と透明帯との結合を抑制する実験では、ヒトとラットの透明帯においてD-マンノースが役割を持っていることが証明された。ヒトの精子をD-マンノースで前処理すると、精子の透明帯への侵入が抑制された。ラットにおいて、α-メチルマンノシドとD-マンノースは、最も強力な阻害剤であることが判明した。L-フルコースとフコイジンは、モルモット、ハムスター、ラットおよびヒト卵母細胞において精子と透明帯との認識に関与していることが示された。

先体反応 Acrosome reaction

一度透明帯に結合したあと、精子は加水分解酵素を精子頭部の先体から放出し、**先体反応** acrosome reaction を起こす（図5-3）。これにより、精子は透明帯糖タンパク質の酵素切断と精子尾部による強力な推進力との両方によって、透明帯マトリックス内に侵入することができる。透明帯糖タンパク質によって誘導される先体反応は、精子の細胞膜と先体外膜との規則的な融合からなる。精子の**細胞膜が先体外膜と多数の融合部位を形成する** plasma membrane forms multiple fusion sites with the outer acrosomal membrane ことで先体反応がはじまり、結果として多くの小胞が形成される。**小胞形成** vesiculation が起こると、先体の酵素成分が拡散し、精子核は先体内膜のみに覆われた状態になる（図5-4）。アクロシン acrosin とヒアルロニダーゼ hyaluronidase は先体反応中に放出される酵素である。アクロシンは透明帯タンパク質を加水分解し、また精子のこれらのタンパク質への結合能力を強める。透明帯への侵入過程において、先体反応が起きた精子は、プロアクロシンが関与する二次的な結合メカニズムを介して、透明帯糖タンパク質と一時的に結合したあと、離れる。精子は強力な尾部の運動によって卵黄周囲腔へと押し出される。プロアクロシンは酵素アクロシンの不活性型であり、透明帯と強い親和性を持つ。このようにプロアクロシンは、先体反応の過程において透明帯への結合を助ける。プロアクロシンがアクロシンに変換されることによって、精子はその酵素を用いて透明帯に小さな孔を空け、そこを通過して侵入する。

精子と卵母細胞の接着と融合
Adhesion and fusion of the spermatozoon and oocyte

透明帯の通過後、精子は卵母細胞の細胞膜と**接着** adhere し、**融合** fuse する。卵母細胞の細胞膜と精子の**赤道部位** equatorial segment の膜とが融合し（第4章参照）、受精する精子は尾部ごと卵に飲み込まれる。厳密にはこの過程は異型配偶子融合 syngamy として表記すべきである。雄性配偶子および雌性配偶子の膜の融合は、CRISP1（cysteine-rich secretory protein 1：システインが豊富な分泌タンパク質1）と同様に精子 fertilin-α（disintegrin1 あるいは ADAM1 として知られている）、fertilin-β（ADAM2）および cyritestin（ADAM3）が関与している。卵母細胞の細胞膜で発見されたインテグリンは、精子のADAM の受容体である。両配偶子上に存在する接着仲介タンパク質は、細胞膜上で多重複合体として機能すると考えられている。接着後、精子の細胞膜は卵母細胞の細胞膜と融合する。細胞間の融合過程における分子レベルの基礎は十分には明らかになっていない。インテグリン関連タンパク質であるテトラ

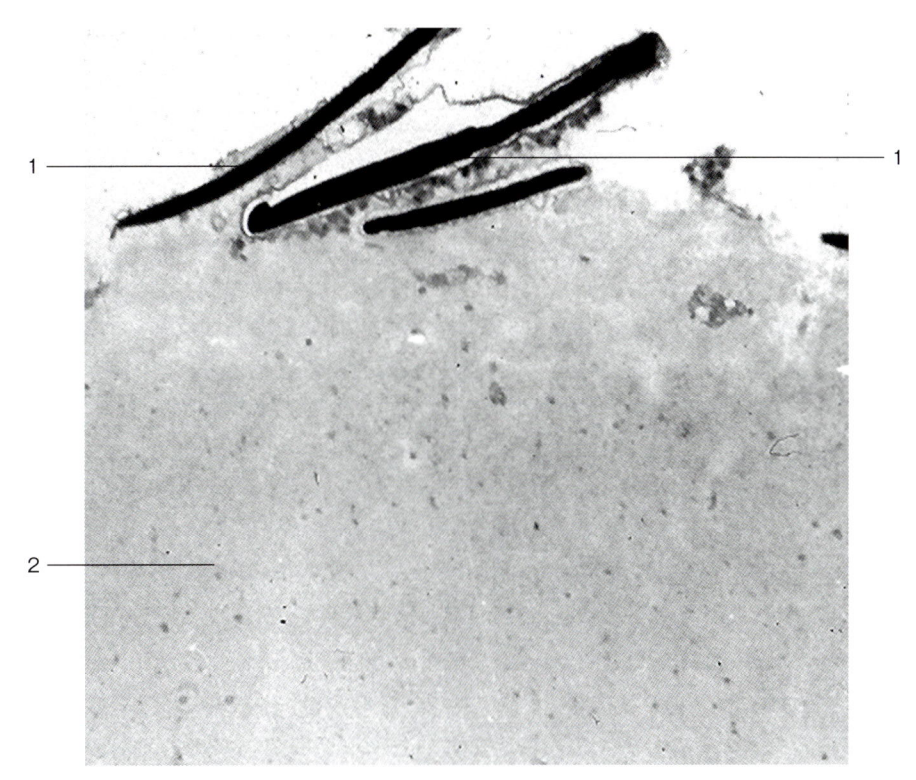

図 5-4：透明帯の表面で先体反応を起こしているウシ精子。1: 透明帯の細胞膜と先体外膜で小胞形成している精子。2: 糖タンパク質（ZPA、ZPB および ZPC）から構成される透明帯。

卵活性化 Oocyte activation

　精子の侵入後、すぐに卵母細胞は**卵活性化** oocyte activation を起こし、多精子受精の阻止、減数分裂の再開、そして胚発生へと移行する。研究されたすべての動物種において、卵活性化は約 1 mM 程度の**細胞質カルシウムイオン濃度の上昇** increase in the cytosolic calcium ion concentration を伴う。種によって、細胞質カルシウムイオン濃度の上昇は、配偶子の細胞膜融合後、数秒以内に起こるものから数分で起こるものまであり、しばしば卵母細胞内を行き来する波のように起こる。哺乳類において、細胞質カルシウムイオン濃度の振動は、胚の最初の細胞分割まで数時間続く。細胞質カルシウムイオン濃度の上昇は、多精子受精の阻止を促進するとともに減数分裂の停止を解除するので減数分裂は完了できる（第 4 章参照）。その後、卵活性化反応は母性 mRNA の翻訳を動員し、タンパク質合成を変化させる（第 6 章参照）。

　卵母細胞を受精させるために卵細胞質内精子注入法（ICSI：第 21 章参照）を使用することは、精子と卵の細胞外接着が、卵を活性化させるために必要ではないことを示している。興味深いことに、単純

スパニン CD9 は、特定の膜融合に関係していると考えられるが、果たしてそれが配偶子融合において重要な役割を担っているかどうかは分かっていない。

にカルシウムを注入したり、培養液からのカルシウムを導入したとしても卵活性化を誘起しない。精子核の成分、おそらく核莢膜が卵活性化活動と関連する。精子のこの性質を持つ候補としては、oscillin（glucosamine-6-phosphate isomerase）や切断型チロシンキナーゼ c-Kit がある。

多精子受精の阻止
Block to polyspermic fertilization

多精子受精の阻止 block to polyspermic fertilization は、卵母細胞から一組の分泌型顆粒である**表層顆粒** cortical granule の開口分泌を介して成立する（**図5-5**）。これを**表層反応** cortical reaction という（第4章参照）。表層顆粒の内容物は、プロテアーゼ、酸性ホスファターゼ、ペルオキシダーゼ、ムコ多糖類、プラスミノーゲン活性化因子を含む。表層顆粒の放出の結果として、卵母細胞の細胞膜と透明帯は改変される。その結果、別の精子がさらに卵へ侵入することが阻害され、いわゆる多精子の透明帯阻止が成立する。

減数分裂の再開および前核形成
Resumption of meiosis and pronucleus formation

卵活性化の結果として、**減数分裂が再開** meiosis is resumed し、第二減数分裂が完了する。細胞質をほとんど引き継がない娘細胞は、**第二極体** second polar body といわれる（第4章参照）。もう片方の娘細胞が最終的に卵となり、配偶子となる。その半数体の染色体は核膜の形成にかかわる数層の滑面小胞体によって取り囲まれるようになり、**雌性前核** female pronucleus あるいは**母性前核** maternal pronucleus といわれる胞状核が形成される（**図5-6**）。精子核は卵細胞質内で特徴的な変化を起こ

す。それは、核膜にかかわる滑面小胞体によって取り囲まれ、膨張（脱凝集）し、**雄性前核** male pronucleus あるいは**父性前核** paternal pronucleus を形成する（**図5-7**）。精子核の脱凝集には、多くのジスルフィド結合が減少する必要がある。最初に減少させる物質は、卵細胞質由来のグルタチオンである。その上に精子 DNA が包まれているプロタミンも卵からのヒストンに置き換えられる。精子の尾部は離れて退行する。雄性前核および雌性前核は、受精卵（接合体）の細胞骨格に助けられ、互いに接近する（**図5-8、5-9**）。最終的にそれらは密接するようになり、核膜を失い、その核膜は見かけ上、滑面小胞体の中に溶け込んでいく。核膜の破壊に伴って、雄性および雌性の半数体ゲノムは受精卵（接合体）の中央で合体する。この混合が、**核合体** karyogamy あるいは**核異型融合** synkaryosis と称される。特筆すべきなのは、いくつかの下等動物目において受精時に起きる事象とは対照的に、哺乳類の前核は実際には融合しない。前核の移動のあいだに、最初の受精後の細胞周期のS期が完了し、前核の核膜の溶解時には、クロマチンは**最初の有糸分裂前期** prophase of the first mitotic division に向けて凝集する。それに続く卵割は、通常では排卵後24時間以内に完了する。卵母細胞がこの時期までに受精しなかった場合には、発生能力を失う。

要約 Summary

精子は、**交尾** copulation あるいは**人工授精** artificial insemination によって雌の生殖道内に放出される。それらは、**早い輸送段階** rapid transport phase および**持続的な輸送段階** sustained transport phase によって卵管膨大部内の受精の場に輸送され、後者は受精にかかわる。輸送のあいだに、精子には**受精能獲得** capacitation が起こる。受精は、段階的な過

受精 第5章

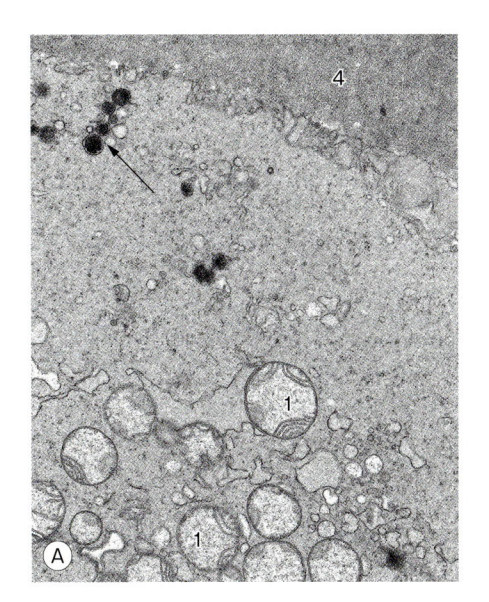

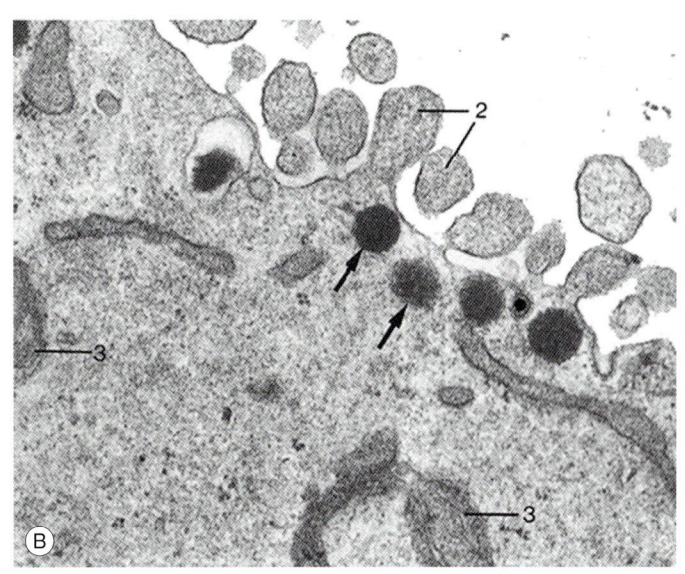

図 5-5： 多精子受精の阻止は表層顆粒の放出を介して起こる（表層反応）。
A： 少量の小さな表層顆粒（矢印）を持つ未成熟ウシの卵母細胞。**B：** 成熟卵母細胞の表面に局在する表層顆粒の開口分泌。1: 未成熟卵母細胞のミトコンドリア、2: 微絨毛、3: 成熟卵母細胞のミトコンドリア、4: 透明帯。

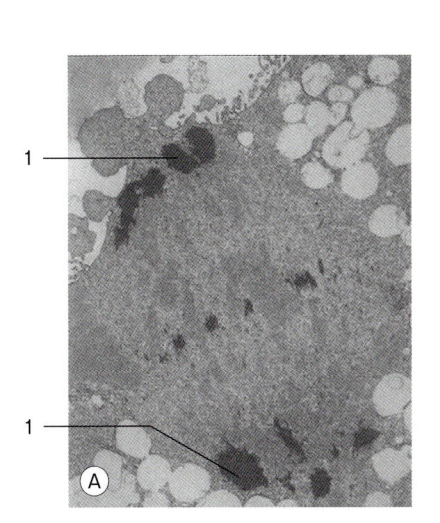

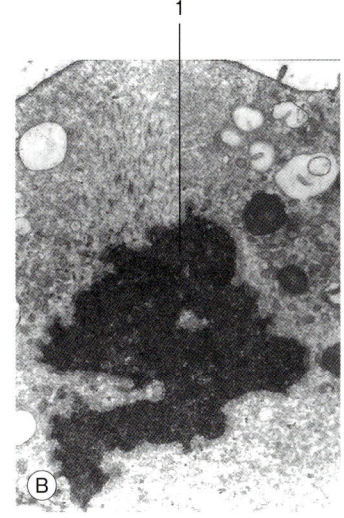

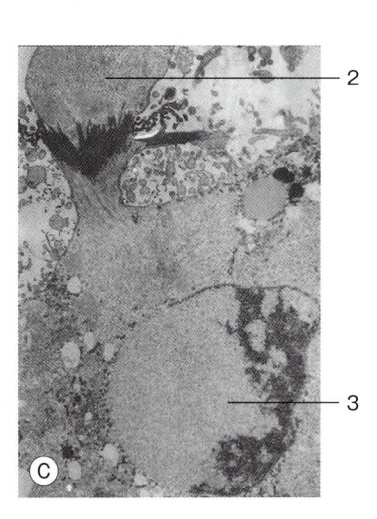

図 5-6： 雌性前核の形成。
A： 卵活性化の結果、第二減数分裂は完了する。娘細胞（Cの2）の一方はほとんど細胞質を受け取らず、第二極体といわれる。**B：** もう一方の娘細胞は最終的に卵となる。**C：** 半数体の染色体は小胞体と核小体に取り囲まれ、胞状核となり、雌性前核が形成される。1: 半数体の染色体セット、2: 極体、3: 雌性前核。

71

Fertilization

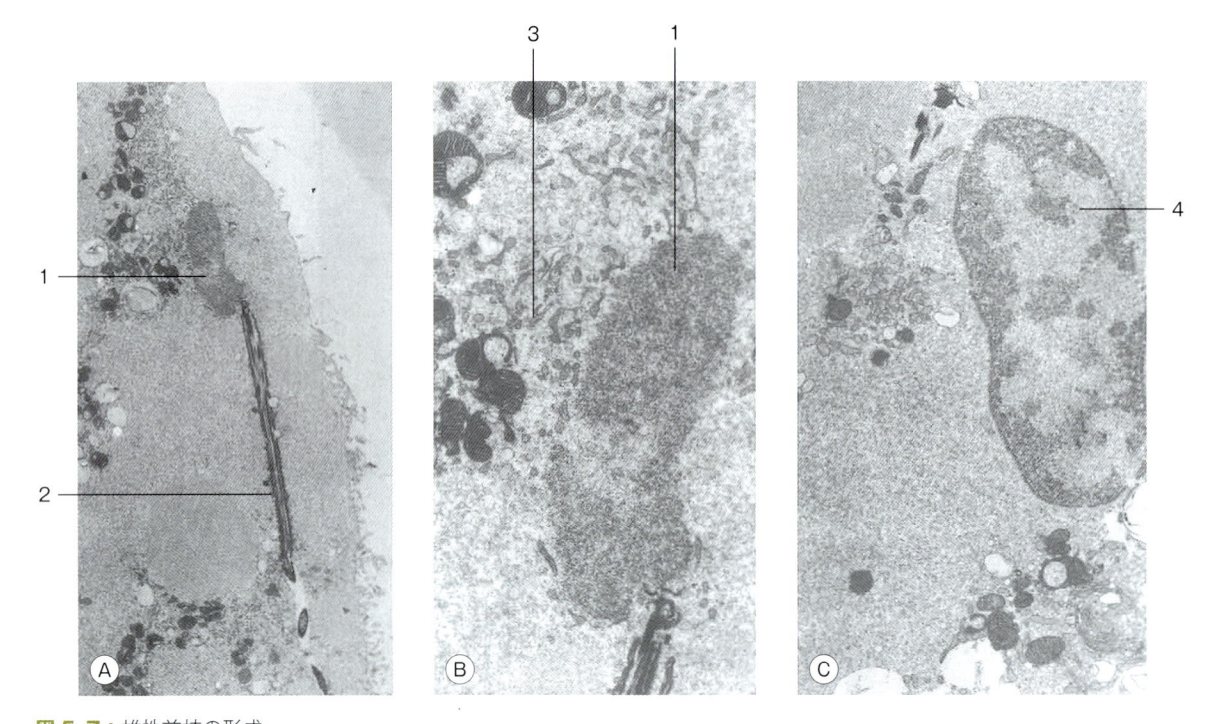

図 5-7：雄性前核の形成。
A: 精子は貪食性の過程によって卵母細胞に取り込まれる。**B:** 精子核は、いずれ核膜となる滑面小胞体の層に囲まれる。**C:** 小胞の（脱凝集した）雄性前核が形成される。1: 脱凝集した精子核、2: 退行した精子尾部、3: 小胞体、4: 雄性前核。

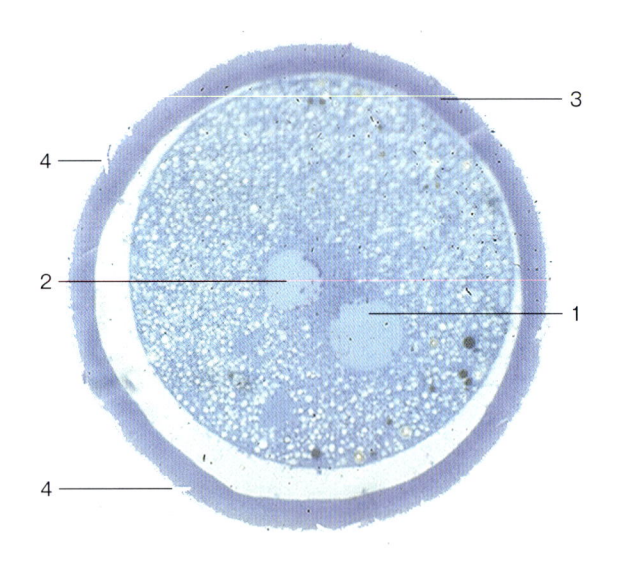

図 5-8：ウシの卵の雄性前核（1）および雌性前核（2）。3: 透明帯、4: 透明帯に侵入している精子。

程であり、精子と透明帯との相互作用という第一段階、受精する精子が卵に取り込まれるという第二段階からなる。精子は初め透明帯とゆるく**接着** adhere し、次により強い**受容体仲介型結合** firm receptor-mediated binding へ続く。透明帯との接触は精子の**先体反応** acrosome reaction を引き起こし、結果として透明帯への侵入を助ける酵素が放出される。続いて、受精する精子の**赤道部位** equatorial segment の細胞膜が卵母細胞と**融合** fuse し、その後内部に取り入れられる。配偶子融合は、卵母細胞内の**表層反応** cortical reaction を含む**卵活性化** oocyte activation を誘導する。表層反応では**表層顆粒** cortical granule が放出され、**多精子受精の透明帯阻止** zona-block to polyspermy を誘導する。卵活性化は**第二減数分裂の完了** completion of meiosis

Ⅱと初期胚発生の開始へ導く。卵母細胞では、母性の半数体の染色体区画が**雌性前核** famale pronucleus を形成するため、核膜に囲まれ、さらに精子におけるクロマチンの脱凝縮後、その半数体の染色体区画も**雄性前核** male pronucleus を形成するため、核膜に囲まれるようになる。前核はその後受精卵の中心に向かって互いに移動し、それらの核膜は崩壊し、そして**最初の有糸分裂** first mitotic division 前期に進むため、クロマチンが凝集する。最初の卵割は、通常排卵後24時間以内に見られる。

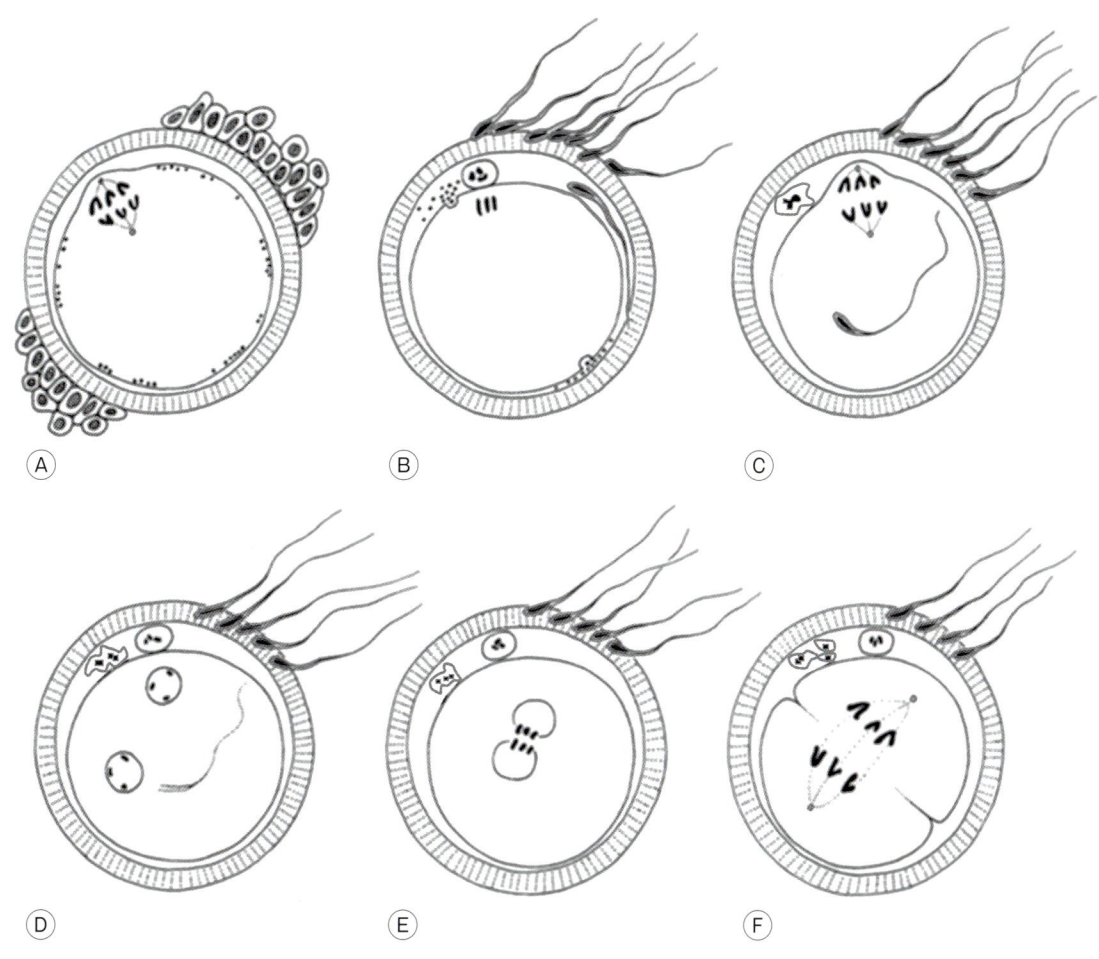

図 5-9：哺乳類の受精の概略図。Rüsse と Sinowatz（1998）の改変。**A:** 卵胞内での第一減数分裂後期。**B:** 卵黄周囲腔への精子侵入、第二減数分裂中期および卵活性化の結果、表層顆粒の放出が起こる。**C:** 最初の精子が貪食性の過程によって卵母細胞に取り込まれる。第二減数分裂後期。**D:** 雄性前核および雌性前核の形成。精子の尾部は退行する。**E:** 核融合。**F:** 最初の有糸分裂。Rüsse と Sinowatz（1998）の厚意による。

Box 5-1　精子の貢献

　成熟した精子はわずかな細胞質しか持っておらず、検出できるようなタンパク質合成は行われていない。それゆえ、長いあいだ、精子は胚へ父性遺伝子を与える以上の貢献はほとんどなく、豊富な RNA とタンパク質を持つ卵が独占的に初期の胚発生を方向付けると思われていた。驚いたことに、最近の研究では、雄の生殖細胞によって運ばれる遺伝子が完全に正常であっても、精子における欠損が胚発生を崩壊させることを示した。半数の染色体セットに加えて、**精子も RNA とタンパク質の複合体を運んでおり sperm also deliver a complex cargo of RNA and proteins**、それが胚の初期発生に重要であることが次第に明らかになりつつある。初期の意見とは異なり、中間部と尾部を含んだ精子全体が卵母細胞に取り込まれる。多くの哺乳類において、中間部と尾部の構造は、胚内で数回の細胞分裂のあいだ維持される。ほとんどの哺乳類（マウスは含まない）において、精子も紡錘体の形成と最初の有糸分裂に必要な中心体を運ぶ。近年、精子が卵の活性化に必要なカルシウムイオン波を促進する **PLC** といわれる分子を運び、精子が数千種類に及ぶ mRNA を含むことが発見された。これらのいくつかは胚発生に必要なタンパク質をコードしているが、運搬された RNA 分子のほとんどの機能は未解明である。

参考文献 Further reading

Brewis, I.A. and Moore, H.D. (1997): Molecular mechanisms of gamete recognition and fusion at fertilization. Hum. Reprod. 12:156–165.

Dean, J. (2005): Molecular biology of sperm-egg interactions. Andrologia 37:198–199.

Dunbar, B.S. and Avery, S. (1994): The mammalian zona pellucida: its biochemistry, immunochemistry, molecular biology, and developmental expression. Reprod. Fertil. Dev. 6:331–347.

Evans, J.P. and Florman, H.M. (2002): The state of the unions: the cell biology of fertilization. Nat. Cell. Biol. 4:57–63.

Farstad, W., Hyttel, P., Grøndahl, C., Mondain-Monval, M. and Smith, A.J. (1993): Fertilization and early embryonic development in the blue fox (*Alopex lagopus*). Mol. Reprod. Dev. 36:331–337.

Guraya, S.S. (2000): Cellular and molecular biology of capacitation and acrosome reaction in spermatozoa. Int. Rev. Cytol. 199:1–64.

Hyttel, P., Greve, T. and Callesen, H. (1988a): Ultrastructure of in-vivo fertilization in superovulated cattle. J. Reprod. Fert. 82:1–13.

Hyttel, P., Xu, K.P. and Greve, T. (1988b): Scanning electron microscopy of in vitro fertilization in cattle. Anat. Embryol. 178:41–46.

Kölle, S., Sinowatz, F., Boie, G., Totzauer, I., Amselgruber, W. and Plendl, J. (1996): Localization of the mRNA encoding the zona protein ZP3 alpha in the porcine ovary, oocyte and embryo by non-radioactive in situ hybridization. Histochem. J. 28:441–447.

Kölle, S., Sinowatz, F., Boie, G. and Palma, G. (1998): Differential expression of ZPC in the bovine ovary, oocyte, and embryo. Mol. Reprod. Dev. 49:435–443.

Kölle, S., Dubois, C.S., Caillaud, M., Lahuec, C., Sinowatz, F. and Goudet, G. (2007): Equine zona protein synthesis and ZP structure during folliculogenesis, oocyte maturation, and embryogenesis. Mol. Reprod. Dev. 74:851–859.

Laurincik, J., Hyttel, P., Rath, D. and Pivko, J. (1994a): Ovulation, fertilization and pronucleus development in superovulated gilts. Theriogenology 41:447–452.

Laurincik, J., Kopecny, V. and Hyttel, P. (1994b): Pronucleus development and DNA synthesis in bovine zygotes in vivo. Theriogenology 42:1285–1293.

Laurincik, J., Hyttel, P. and Kopecny, V. (1995): DNA synthesis and pronucleus development in pig zygotes obtained in vivo: An autoradiographic and ultrastructural study. Mol. Reprod. Dev. 40:325–332.

Lyng, R. and Shur, B.D. (2007): Sperm-egg binding requires a multiplicity of receptor-ligand interactions: new insights into the nature of gamete receptors derived from reproductive tract secretions. Soc. Reprod. Fertil. Suppl. 65:335–351

Moore, H.D. (2001): Molecular biology of fertilization. J. Reprod. Fertil. Suppl. 57: 105–110.

Rüsse, I. and Sinowatz, F. (1998): Lehrbuch der Embryologie der Haustiere, 2nd edn. Parey Buchverlag, Berlin.

Sinowatz, F. and Wrobel, K.H. (1981): Development of the bovine acrosome. An ultrastructural and cytochemical study. Cell Tissue Res. 219(3):511–524.

Sinowatz, F., Gabius, H.J. and Amselgruber, W. (1988): Surface sugar binding components of bovine spermatozoa as evidence by fluorescent neoglycoproteins. Histochemistry 88:395–399.

Sinowatz, F., Volgmayr, J.K., Gabius, H.J. and Friess, A.E. (1989): Cytochemical analysis of mammalian sperm membranes. Prog. Histochem. Cytochem. 19:1–74.

Sinowatz, F., Amselgruber, W., Topfer-Petersen, E., Totzauer, I., Calvete, J. and Plendl J. (1995): Immunocytochemical characterization of porcine zona pellucida during follicular development. Anat. Embryol. 191:41–46.

Sinowatz, F., Plendl, J. and Kölle, S. (1998): Protein-carbohydrate interactions during fertilization. Acta Anat. (Basel) 161:196–205.

Sinowatz, F., Topfer-Petersen, E., Koelle, S. and Palma, G. (2001a): Functional morphology of the zona pellucida. Anat. Histol. Embryol. 30:257–263.

Sinowatz, F., Koelle, S. and Topfer-Petersen, E. (2001b): Biosynthesis and expression of zona pellucida glycoproteins in mammals. Cells Tissues Organs 168:24–35.

Sinowatz, F., Wessa, E., Neumueller, C. and Palma, G.: (2003): On the species specificity of sperm binding and sperm penetration of the zona pellucida. Reprod. Domest. Anim. 38:141–146.

Wassarman, P.M. (1995): Towards molecular mechanisms for gamete adhesion and fusion during mammalian fertilization. Curr. Opin. Cell Biol. 7:658–664.

Wassarman, P.M. and E.S. Litscher (1995): Sperm–egg recognition mechanisms in mammals. Curr. Top. Dev. Biol. 30:1–19.

CHAPTER 6

Morten Vejlsted

卵割と胞胚形成
Embryo cleavage and blastulation

　受精中に減数分裂は完了し、細胞の周期性は有糸分裂のパターンに戻る。この特異的な**胚性ゲノム** embryonic genome は2つの前核の崩壊による母性染色体と父性染色体の混合によって形成される。これにより受精卵は、胚形成に必要なすべての遺伝子構造を持つ。卵母細胞から受け継いだ受精卵の細胞質は、第1卵割を開始し、のちに胚での転写のために胚性ゲノムを活性化できるように完全な分子や構造上の成分を含む。そのため、発生の初期段階は、卵母細胞に蓄えられ、その後受精卵や初期胚に伝達された情報によって営まれる。

卵割と遺伝子の活性化
Cleavages and genome activation

　受精卵では、S期は受精完了後、最初の細胞周期のあいだに完了する。このようにして、受精卵が最初の有糸分裂で2細胞期胚に卵割するとき、2つの各細胞（**割球** blastomere といわれる）は、胚性ゲノムの全長コピーを保持する（**図2-1**、**図6-1**）。胚は依然、**透明帯** zona pellucida に覆われ、数日この状態のままであるが、数回の有糸分裂がこれに続いて起こる。この発生の期間、有糸分裂はほとんど**細胞の成長を伴わない** without cellular growth という点で特殊である。すなわち、受精卵の本来の細胞質は分裂すればするほど小さくなるので、割球もより小さくなっていく。このような細胞分裂は**卵割** cleavage といわれる。卵割は同調しないので、割球の大きさは不均等である。この非同調性は卵割の開始から明らかであり、2細胞期と4細胞期のあいだで、一時的に3細胞胚となる。マウスでは少なくとも、精子侵入点が最初の卵割面を決定するようだ。さらに、2細胞期の割球のうち、精子侵入点のある割球は、他方のものより早く分裂する傾向にあり、成長する細胞塊の内側に位置するようになる。

　卵割は、**卵管** oviduct を通過する胚の輸送中に開始し、胚は動物種による時期の違いはあるものの、**子宮** uterus へ移動する（**表6-1**）。ウマは、卵管の通過方法が非常に特殊であり、たった1つの胚だけが子宮に入り込むことができる。一方受精できなかった卵母細胞は、未だ不明である仕組みによって、卵管にとどまる。

　卵母細胞の成長のあいだ、転写物（mRNA）とタンパク質は、後に使うためにこの特殊化された細胞に蓄えられる（**図6-2**）。成長期の終了時には転写は減少する。しかし、それまでは卵母細胞は多かれ少なかれ、初期の胚発生を進行させるのに必要なmRNAやタンパク質を保有し、これらが少なくとも最初の卵割を支配する。転写物（mRNA）やタンパク質は、受精後徐々に少なくなり、発生のある段階で、胚性ゲノムの活性化が必要となる。胚性ゲノムは徐々に活性化され、当初、転写はきわめて制限されるが、のちに動物種に特異的な2つの段階で

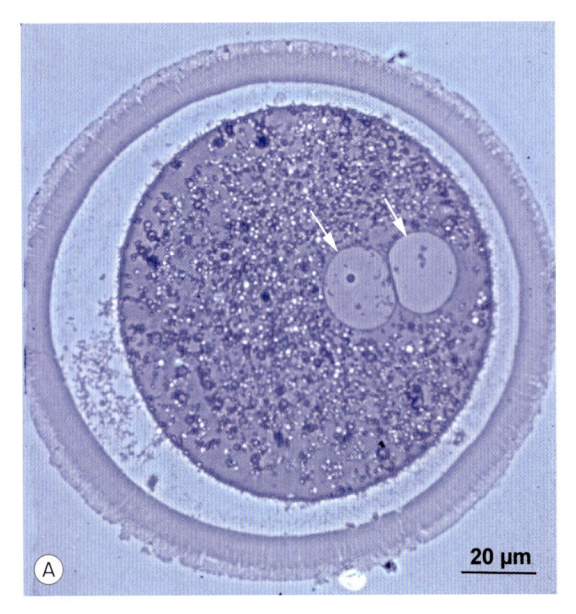

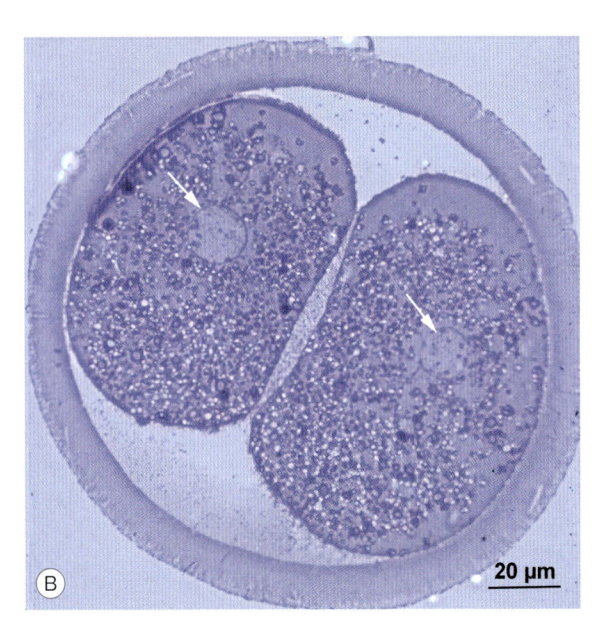

Embryo cleavage and blastulation

図 6-1：**A:** 2つの前核（矢印）を持ったウシ受精卵の断面。**B:** 核（矢印）を持つウシ2細胞期胚の断面。

表 6-1：各家畜における卵管から子宮へ移動する胚の時期および胚盤胞形成の時期

動物種	子宮への移動		胚盤胞形成の時期（排卵後の日数）
	排卵後の日数	発生段階	
ブタ	2	4-8細胞	5-6
ウシ	3-3.5	8-16細胞	7-8
ヒツジ	3	8-16細胞	6-7
ウマ	5-6	桑実胚	6
イヌ	8	胚盤胞	8

増加する。この2つの段階は、**小規模胚性ゲノム活性化** minor activation of the embryonic genome、**大規模胚性ゲノム活性化** major activation of the embryonic genome である（表6-2）。

　数回の細胞分裂後、胚は**桑実胚** morula（桑の実のラテン語 mulberry に由来）といわれる小さい細胞塊の形となる。

コンパクション（緊密化）Compaction

　桑実胚（桑の実を連想させる特徴的な外観をしている）の各細胞は、コンパクションが始まるときは外観がまったく同一である。しかしその後、外側の細胞は上皮へ分化し、互いに固く接着し、胚表面を滑かにする。この過程は**コンパクション** compac-

第6章 卵割と胞胚形成

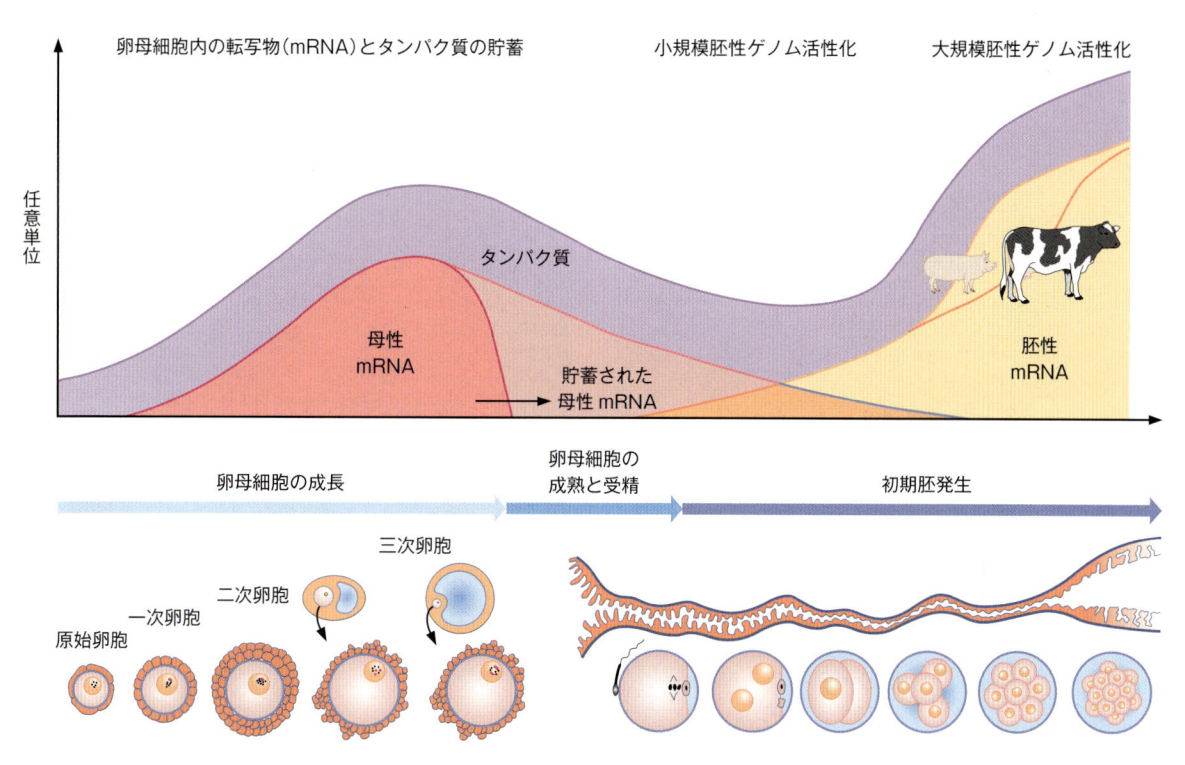

図6-2：初期の胚発生における母性と胚性調節。卵胞内で卵母細胞の成長期間中、転写物（mRNA）とタンパク質が卵母細胞内に蓄えられる。発生が進行するにつれ、これら因子は徐々に使用されて減少する。同時に、胚性ゲノムは最初は小規模に、その後に大規模に活性化される。大規模な活性化は、ブタでは4細胞期に、ウシでは8細胞期に起こる。

表6-2：家畜における小規模胚性ゲノム活性化および大規模胚性ゲノム活性化の時期

動物種	小規模胚性ゲノム活性化	大規模胚性ゲノム活性化
マウス	第1細胞周期のG2期（受精卵）	第2細胞周期（2細胞胚）
ブタ	不明	第3細胞周期（4細胞胚）
ウシ	第1細胞周期（受精卵）	第4細胞周期（8細胞胚）
イヌ	不明	第4細胞周期（8細胞胚）
ウマ	不明	第4-第5細胞周期（8-16細胞胚）
ヒツジ	不明	第4-第5細胞周期（8-16細胞胚）

tionといわれる（図6-3）。外側の細胞は**栄養外胚葉** trophectodermや、**栄養膜** trophoblastとなる。本書では、**栄養外胚葉** trophectodermという語は胎盤形成前の場合に用い、**栄養膜** trophoblastという語はこれらの細胞が胎盤形成に関係するときに用いることとする。栄養外胚葉の隣接する細胞間の強固な接着は、タイトジャンクション（密着結合）やデスモゾームを含む特殊な細胞間結合による。その

Embryo cleavage and blastulation

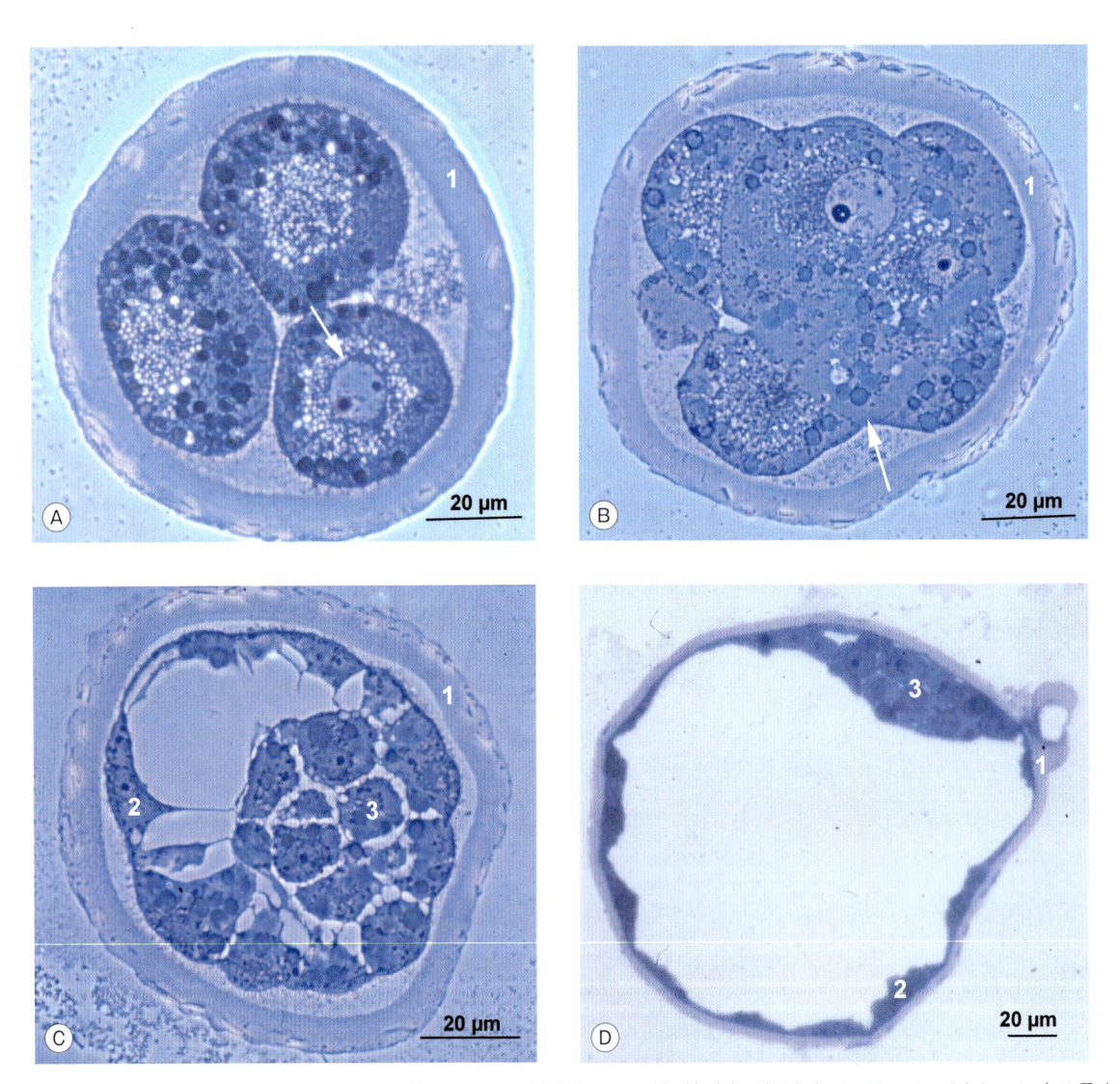

図 6-3：ブタの胚の切片。**A:** 4 細胞期胚。切片には 3 つの割球と 1 つの核（矢印）が見られる。**B:** コンパクション中の桑実胚。外層の細胞間で結合が密になっている矢印の部分に注目。**C:** 胚盤胞。**D:** 伸長した胚盤胞。1: 透明帯、2: 栄養外胚葉、3: 内細胞塊。

ため、頂端細胞領域と基底細胞領域を持つ典型的な上皮が形成される。コンパクションの時期は動物種で異なる。ブタではおよそ 8 細胞期と発生のきわめて早い時期に、ウシではおよそ 16～32 細胞期と遅い時期に起こる。

分子生物学的レベルでは、外層の割球の分化は、少なくともマウスでは転写因子である Oct4 のダウン・レギュレーション（下方調整）と、それに続く Cdx2 や Eomesodermin のようなほかの転写因子のアップ・レギュレーション（上方調整）により決定されているようだ（**図 6-4**）。一方、内層の細胞は Oct4 を発現し続ける。

卵割と胞胚形成　第**6**章

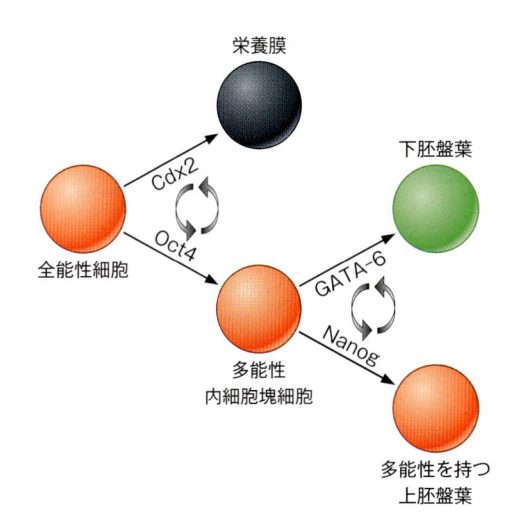

図 6-4：マウス胚内の初期の細胞分化における転写因子（Oct4、Nanog、Cdx2、GATA-6）の経時的作用。コンパクション時には、多能性を持つ内細胞塊（ICM）と栄養外胚葉の2つの細胞系列が全能性細胞より分化する。上胚盤葉はのちに、下胚盤葉と上胚盤葉に分化する。

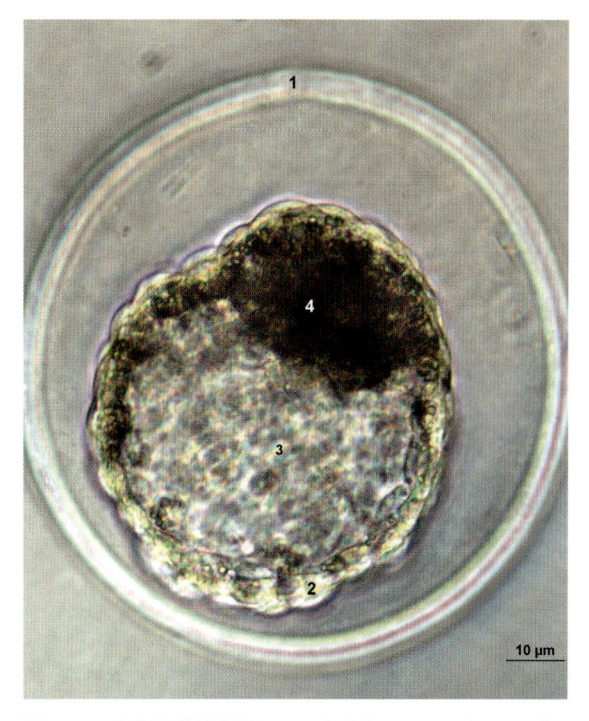

図 6-5：実体顕微鏡を通して見た発生6日目におけるブタ胚盤胞。1: 透明帯、2: 栄養外胚葉、3: 胚盤胞腔、4: 内細胞塊（ICM）。

胞胚形成 Blastulation

　桑実胚のコンパクションは、これに続く胞胚形成に必要な過程であり、初期胚内の中央に液体を貯めた**胚盤胞腔** blastocyst cavity を形成する。胞胚形成とは、一般的に発生の第一週に子宮腔内で胚から**胚盤胞** blastocyst へ転換する過程である（**図6-5**）。

　胞胚形成は、主に栄養外胚葉によるものであり、胚盤胞腔内への液体輸送を調節する。最終的に、内側の割球は**内細胞塊（ICM）** inner cell mass を形成し、胚の一方の極に位置する。ICM は発生して胚本体となり、栄養外胚葉は胎盤の胚子部へと分化する（第9章参照）。ICM の栄養外胚葉に対する細胞数の比率はおよそ1：3である。ICM を覆う部位の栄養外胚葉を**極性栄養外胚葉** polar trophectoderm、それ以外の部位を**壁性栄養外胚葉** mural trophectoderm と呼ぶ（**図6-6**）。

　胚盤胞腔内の浸透圧の上昇に伴い、胚盤胞は徐々に拡張する。子宮から胚盤胞をフラッシングすると（たとえば胚移植時）、しばしば胚盤胞がしぼんだ状態となり、しばらくすると再び拡張する。これが生体外（インビトロ）での人為的な現象であるか、子宮内でも起きる正常な生理的現象であるかは不明である。最終的に、胚盤胞の拡張は、周囲を覆う透明帯を裂開させ（**図6-7**）、この開口部から胚盤胞は脱出が可能になる。ある動物種では、この過程は**孵化** hatching といわれ、透明帯を構成する糖タンパク質に作用する子宮内膜から分泌されるタンパク質分解酵素によって促進される。ウマでは、孵化前に"補助的な"被膜が栄養外胚葉と透明帯のあいだに形成される。この被膜は、初期の妊娠を維持する重要な役割を持っている（第9章参照）。

Embryo cleavage and blastulation

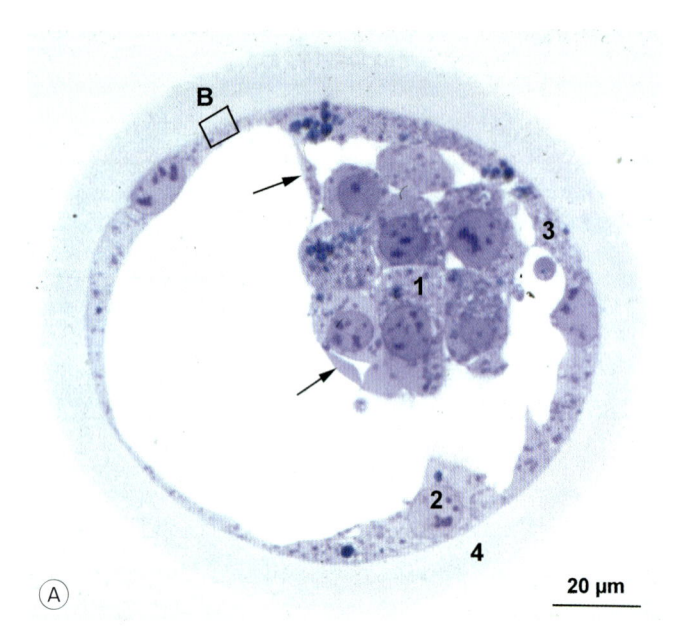

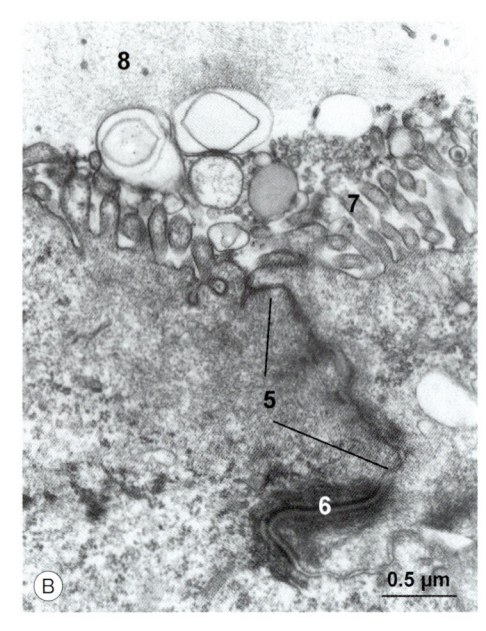

図 6-6：発生6日目のウシ胚盤胞。黒枠 B の超微細構造を図 B に示す。**A:** 光学顕微鏡標本。扁平な上胚盤葉の細胞が ICM から形成され始めている（矢印）。1: ICM、2: 壁性栄養外胚葉、3: 極性栄養外胚葉、4: 透明帯。**B:** 2つの隣接する栄養外胚葉の細胞間結合部の透過型電子顕微鏡写真。5: タイトジャンクション（密着結合）、6: デスモゾーム、7: 微絨毛、8: 透明帯。

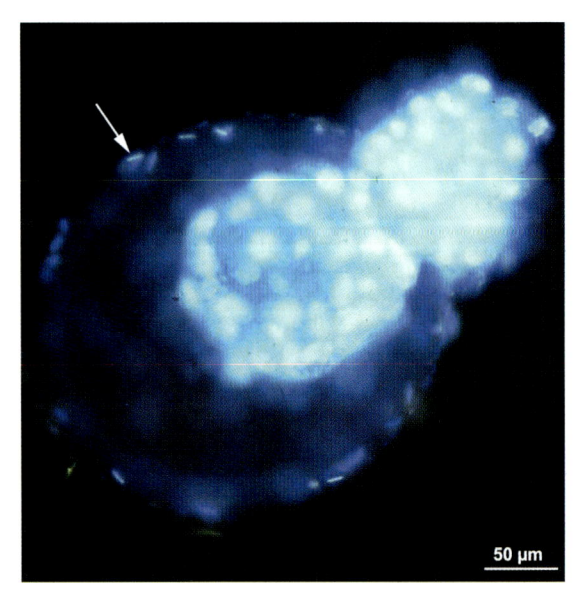

図 6-7：ブタ胚盤胞の孵化。細胞の核は蛍光色素 Hoechst 33342 で標識している。余剰の精子が透明帯に埋まっているのが見られる（矢印）。写真:Wouter Hazeleger 博士

　孵化の時期前後に、ICM は2種類の細胞集団に分化する。胚盤胞腔に面している細胞集団は、薄く扁平な**下胚盤葉** hypoblast となり、内側にシート状の細胞層を形成する（**図 6-8**）。残りの細胞群は、多層の**上胚盤葉** epiblast を形成する。上胚盤葉には小さな細胞間隙が発生する。下胚盤葉は、栄養外胚葉と同様に特徴的な上皮である。下胚盤葉は上胚盤葉のすぐ下だけでなく、次第に栄養外胚葉の内側を完全に内張りする。ウマでは、下胚盤葉は内側にまず分離したコロニーを形成し、それらが合体して閉鎖した空間を形成する。どちらのタイプにおいても、**原始卵黄嚢** primitive yolk sac といわれる腔が形成される。分子生物学的レベルにおいて、少なくともマウスでは転写因子である Nanog の発現は上胚盤葉の形成に不可欠である（**図 6-4**）。一方、転写因子である GATA-6 は、下胚盤葉形成における主要な制御因子である。上胚盤葉はのちに胚本体を

第6章 卵割と胞胚形成

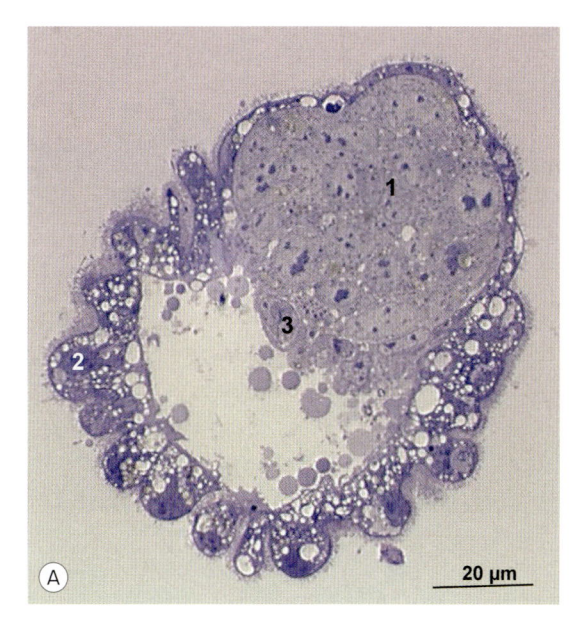

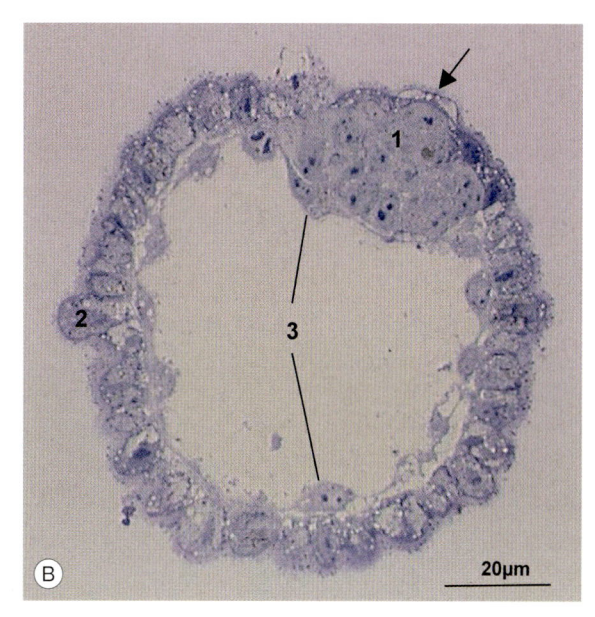

図 6-8：**A**: 発生 10 日目、**B**: 12 日目のウシ胚盤胞。1: 上胚盤葉、2: 栄養外胚葉、3: 下胚盤葉。図 B の退行過程にあるラウバー層（矢印）に注目。

形成し、下胚盤葉は動物種によるが、胎盤形成に関係する卵黄嚢の内腔上皮を形成する（第 9 章参照）。しかし、少なくともマウスやウサギでは、下胚盤葉はその上を覆っている上胚盤葉を存続させ、細胞分裂および分化を調整する重要な役割を持つことが明らかにされている。この調整は、部分的に上胚盤葉と下胚盤葉とのあいだの基底膜の形成を通じて行われる。

家畜動物種では、上胚盤葉を覆っている極性栄養外胚葉（ラウバー層と呼ばれる）は、徐々に崩壊・消失し、上胚盤葉は子宮環境に曝されるようになる。ラウバー層が消失する前に、タイトジャンクションが上胚盤葉の最外層細胞間に形成されるため、極性栄養外胚葉が消失しても胚は密閉される。ラウバー層の消失後、上胚盤葉は半透明で、最初は円形のちに卵円形となる。この構造は、裏打ちしている下胚盤葉とともに胚盤 embryonic disc と呼ばれる（図 6-9、6-10）。

胚盤胞の伸張 Blastocyst elongation

胚盤の形成が進行しているあいだ、胚盤胞も拡張している。胚盤が形成されると、栄養外胚葉は裏打ちしている下胚盤葉とともに形を変え、胚は卵円形 ovoid となる（図 6-10）。反芻動物とブタでは、胚の拡張の過程は継続し、胚は初め管状 tubular であるが、のちに線維状 filamentous になる（図 6-11）。胚の総体積は変化せずに胚の長さが増加するので、胚は線維状で大変長くなる。この現象は、ブタで顕著に見られる。ブタ胚は、発生 10 日目では直径約 1 cm の球形であるが、発生 13 日目には約 1 m の線維状に発達する。この伸張は 12〜13 日にかけて特に劇的に変化する（1 時間に 30〜45 mm も伸張する！）。この伸張は、有糸分裂だけによる現象であるとは説明ができない。これは、有糸分裂に加え、各細胞の細胞骨格と形の再構成が関与している。反

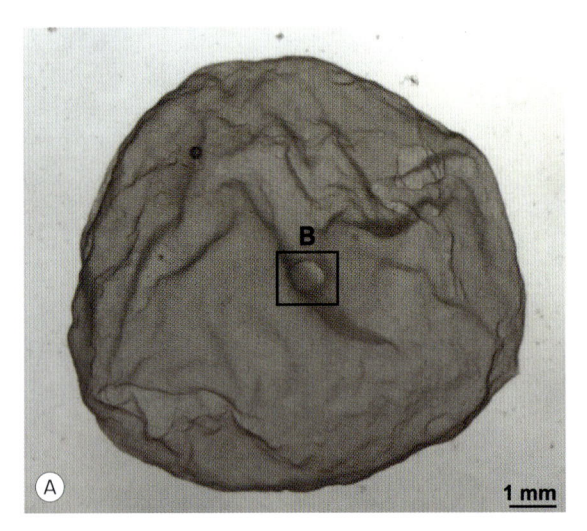

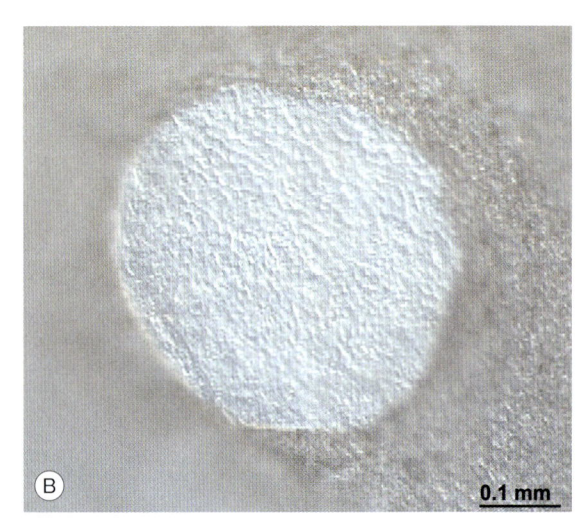

Embryo cleavage and blastulation

図 6-9：発生 10 日目のブタ胚盤。**A:** 黒枠の胚盤が高倍率で観察される。**B:** 黒枠 B 内における高倍率像。

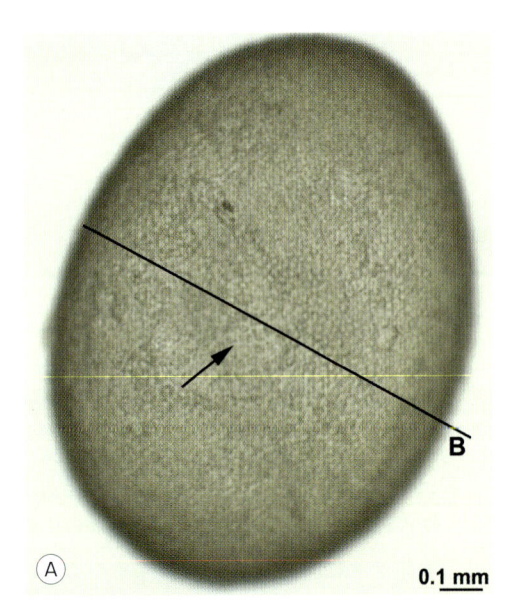

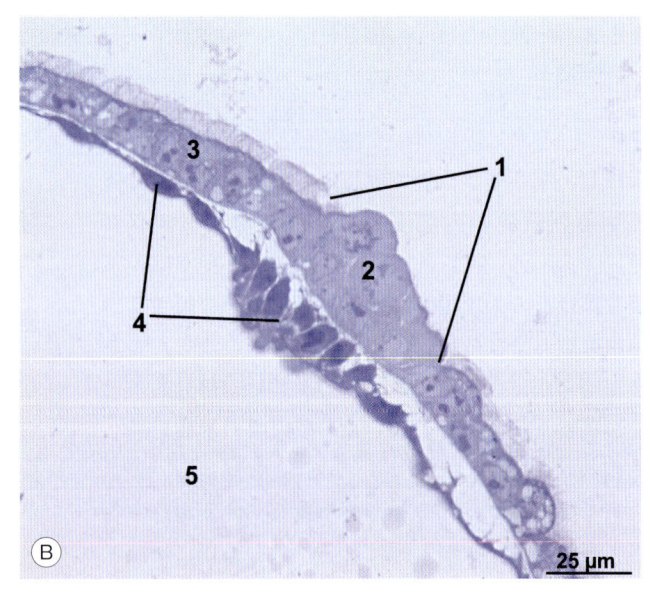

図 6-10：ウシ胚の胚盤。**A:** 発生 14 日目の卵円形胚。胚盤（矢印）がわずかに存在している。直線 B の切断面が図 B である。**B:** 胚盤の断面。1: 胚盤、2: 上胚盤葉、3: 微絨毛を持つ栄養外胚葉、4: 下胚盤葉、5: 原始卵黄嚢。

　反芻動物では、胚の伸張はあまり知られていない。ウシでは 12～21 日のあいだに 35 cm まで増加するだけである（**図 6-12**）。

　反芻動物やブタとは対照的に、ウマでは同じ発生期間に胚は伸張せず、球形を維持する。

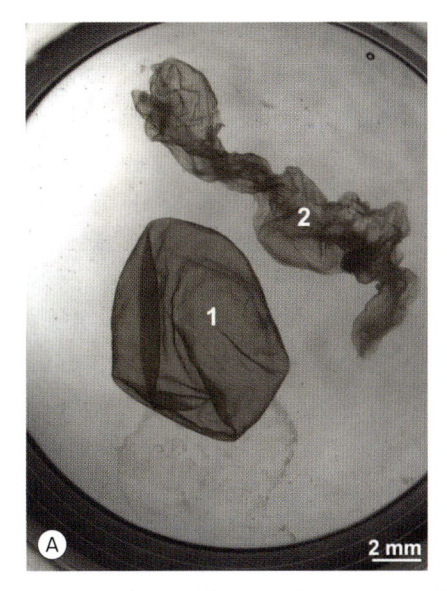

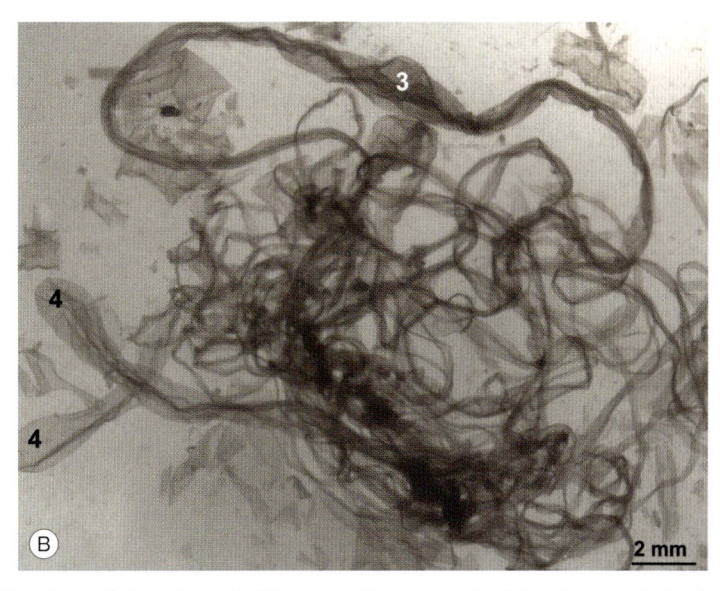

図 6-11： ブタ胚の伸張。**A:** 発生 11 日目の球状胚（1）、管状胚（2）。管状胚はやや折れている。**B:** 発生 13 日目の複数の線維状胚。胚盤（3）と胚の伸張した末端（4）に注目。

Box 6-1　胞胚形成における分子生物学的レベルの調節

　桑実胚期の前後で、各割球は全能性を失い、2つの異なる細胞系列に分かれる。内側の細胞群は内細胞塊（ICM）を形成し、外側の細胞群は栄養外胚葉を形成する。ICMと栄養外胚葉の形成は、胚発生における最初の分化過程である。分子生物学的レベルでは、マウスでの近年の発見は、これらの細胞群の分化は早くても4細胞期から存在していることを示した。第2章で述べたように、受精卵に由来するすべての細胞（リンパ系列などのいくつかの例外を除く）が、共通の DNA 配列を共有しているため、細胞分化と胚発生は、エピジェネティクスな仕組みによって調節されている。ヒストン修飾はエピジェネティクスな調節機序の1つである。マウスでは、4細胞期胚の各割球の空間的配置や各割球からの指令に依存し、いくつかの割球は、ほかの割球よりも最終的にヒストン H3 でのアルギニン残基をメチル化する。よりメチル化された割球は、内側の細胞を形成する傾向にあるため、これらは ICM となる。メチル化部位が少ないほうの割球は外側の細胞を形成する傾向にあり、これらは栄養外胚葉となる。

　形態学的レベルでは、ICM と栄養外胚葉の分化は、最初割球間の接着が増加するという細胞表面の変化によって明らかとなる。これはカルシウム依存性膜貫通細胞接着分子、**E-カドヘリン** E-cadherin としても知られる**ウボモルリン** ovomorulin の発現により仲介される。E-カドヘリンを介した接着が生じると、すべての胚の割球の外側の表面は微絨毛を持ち、中心に面した表面は滑らかとなる。E-カドヘリン依存的接着に続いて、タイトジャンクションが外側の細胞間に発達し、明確に頂端と基底細胞膜領域が区別できるようになる。したがって、外側の細胞群は極性を持ち、上皮となる。その後、胞胚形成のあいだ、栄養外胚葉の基底膜側に Na^+ ポンプと、K^+ ポンプが形成され、これが胚盤胞腔を形成する。

Embryo cleavage and blastulation

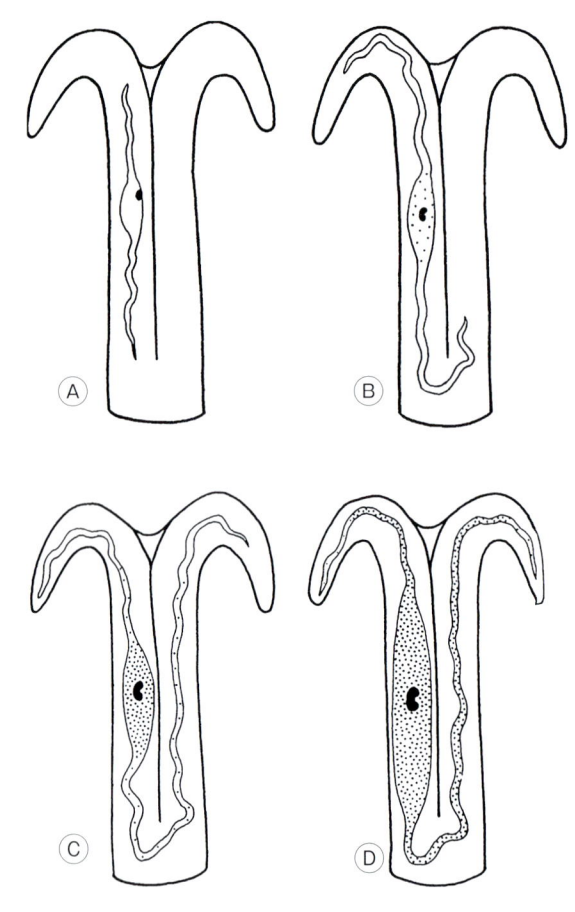

図 6-12：**A:** 発生 16 日目、**B:**18 日目、**C:**22 日目、**D:**27 日目頃の伸張したウシ胚。Rüsse と Sinowatz（1998）の厚意による。

要約 Summary

　受精卵において、減数分裂は完了し、特異的な**胚性ゲノム** embryonic genome が組み合わされる。受精後、最初の細胞周期のS期が完了すると、受精卵は**有糸分裂の細胞周期** mitotic cell cycle へ入り、卵割して2細胞期になる。この卵割と、続く数回の卵割も、**細胞の成長を伴わない** without cellular growth ため、細胞の大きさは次第に小さくなる。また、動物種に特異的な時期に、**大規模胚性ゲノム活性化** major activation of the embryonic genome が起きる。数回卵割したあと、胚は卵管から子宮へ移動する。このとき、胚細胞は**桑実胚** morula といわれる桑の実のような細胞塊を形成する。**コンパクション** compaction の過程で、桑実胚の外側の細胞は互いに接着し、**栄養外胚葉** trophectoderm となる。液体で満ちた**胚盤胞腔** blastocyst cavity が栄養外胚葉の内側に発達し、内側の細胞は胚の1点に集合して**内細胞塊（ICM）** inner cell mass を形成し、胚は**胚盤胞** blastocyst となる。動物種に特異的な発生時期に、胚盤胞は**孵化** hatching によって透明帯から脱出する。孵化の時期に、ICM の内側の細胞は薄くなり、胚盤胞の内側に**下胚盤葉** hypoblast が形成される。下胚盤葉に内張りされた腔は、**原始卵黄嚢** primitive yolk sac といわれる。ICM の外側の細胞は**上胚盤葉** epiblast となり、のちに胚本体へと分化する。外胚葉を覆う栄養外胚葉はラウバー層といわれ、のちに消失する。この結果、上胚盤葉は子宮環境に曝され、栄養外胚葉と連続する。この時期、上胚盤葉と下胚盤葉は、**胚盤** embryonic disc を形成する。孵化後、胚盤胞はしばらく球形を維持するが、ブタや反芻動物は（ウマはこの過程を経ない）**卵円形** ovoid となり、伸張して**管状** tubular や**線維状** filamentous となる。

参考文献 Further reading

Betteridge, K.J. (2007): Equine embryology: An inventory of unanswered questions. Theriogenology 68S, S9–S21.

Betteridge, K.J. and Fléchon, J.-E. (1988): The anatomy and physiology of pre-attachment bovine embryos. Theriogenology 29:155–187.

Degrelle, A.A., Campion, E., Cabau, C., Piumi, F., Reinaud, P., Richard, C., Renard, J.-P. and Hue, I. (2005): Molecular evidence for a critical period in mural trophoblast development in bovine blastocysts. Dev. Biol. 288:448–460.

Denker, H.-W., Eng, L.A., Mootz, U. and Hammer, C.E. (1978): Studies on the early development and implantation in the cat. I. Cleavage and blastocyst formation. Anatomischer Anzeiger 144:457–468.

Heuser, C.H. and Streeter, G.L. (1927): Early stages in the development of pig embryos, from the period of initial cleavage to the time of the appearance of limb-buds. Contributions to Embryology, 20, Carnegie Institution of Washington, Publication number 109:1–19.

Holst, P.A. and Phemister, R.D. (1971): The prenatal development of the dog: preimplantation events. Biol. Reprod. 5:194–206.

Hunter, R.H.F. (1974): Chronological and cytological details of fertilization and early embryonic development in the domestic pig, Sus scrofa. Anat. Rec. 178:169–186.

Maddox-Hyttel, P, Bjerregaard, B. and Laurincik, J. (2005): Meiosis and embryo technology: renaissance of the nucleolus. Reprod. Fertil. Dev. 17:3–14.

Patten, B.M. (1948): Embryology of the pig, 3rd edn. Blakiston, New York.

Reynaud, K., Fontbonne, A., Marseloo, N., Viaris de Lesegno, C., Saint-Dizier, M. and Chastant-Maillard, S. (2006): In vivo canine oocyte maturation, fertilization and early embryogenesis: a review. Theriogenology 66:1685–1693.

Rüsse, I. and Sinowatz, F. (1998): Lehrbuch der Embryologie der Haustiere, 2nd edn. Parey Buchverlag, Berlin.

Schier, A.F. (2007): The maternal-zygotic transition: death and birth of RNAs. Science 316:406–407.

Sharp, D.C. (2000): The early fetal life of the equine conceptus. Anim. Reprod. Sci. 60–61:679–689.

Stroband, H.W.J. and van der Lende, T. (1990): Embryonic and uterine development during early pregnancy in pigs. J. Reprod. Fert. Suppl. 40:261–277.

Vejlsted, M., Du, Y., Vajta, G. and Maddox-Hyttel P. (2006): Post-hatching development of the porcine and bovine embryo – defining criteria for expected development in vivo and in vitro. Theriogenology 65:153–165.

Watson, A.J. (1998): Trophectoderm differentiation in the bovine embryo: characterization of a polarized epithelium. J. Reprod. Fert. 114:327–339.

Watson, A.J. and Barcroft, L. (2001): Regulation of blastocyst formation. Frontiers in Bioscience 6:D708–730.

訳者注：本章では、embryo は「胚」、zygote は「受精卵」、trophoblast は「栄養膜」で統一した。

CHAPTER 7

Morten Vejlsted

原腸胚形成、胚子の屈曲および体腔形成
Gastrulation, body folding and coelom formation

　第6章で説明したように、胞胚では内細胞塊(ICM)、栄養外胚葉、上胚盤葉、下胚盤葉が形成される。下胚盤葉と栄養外胚葉は胎膜を形成する胚外の細胞系列へ分化するのに対し（第9章参照）、上胚盤葉は胚子のすべての細胞系列を生み出す。最初に、上胚盤葉から3つの胚葉（**外胚葉** ectoderm、**中胚葉** mesoderm、**内胚葉** endoderm）が形成される。内胚葉の主要な派生物は原腸であるが、原腸の形成は胚葉形成のすべての過程を示す言葉、すなわち原腸胚形成としても使われている。この**原腸胚形成** gastrulation という用語は、小さな胃を意味する原腸胚 gastrula というギリシャ語に由来する。3つの胚葉に加えて、原腸胚形成は、**原始生殖細胞** primordial germ cell という形で**生殖細胞系列** germ line を生み出す。生殖細胞の最初の発生については本章で述べ、さらに生殖腺堤内の原始生殖細胞の発生については第4章ならびに第15章において述べる。

　原腸胚形成が進むにつれ、胚盤は徐々に胚外体腔膜に覆われて、**羊膜腔** amniotic cavity を形成する。家畜では、羊膜は下部にある胚外中胚葉とともに栄養外胚葉の"上向きの屈曲"の結果として形成されるので、この事象について最初に述べ、引き続き胚盤自体に起こる変化について述べる。

羊膜の発生 Development of the amnion

　原腸胚形成の初期段階では、栄養外胚葉は胚外中胚葉の1層の薄い細胞層に内張りされており、この2層が一緒に**絨毛膜** chorion を構成する。原腸胚形成のあいだ、絨毛膜は**絨毛膜羊膜ヒダ** chorioamniotic fold を形成し、これが胚盤を囲む（**図7-1**）。このヒダは徐々に上方へ伸長して会合し、胚盤上方で融合するので、胚盤は密閉した**羊膜腔** amniotic cavity に囲まれる。一般的に**羊膜** amnion という用語は腔とその壁を合わせたものを指す。羊膜の内側の上皮は栄養外胚葉に由来するので、胚盤において上胚盤葉に連続し、のちに胚性表面外胚葉となる。羊膜を覆っている外側の層は胚外中胚葉から構成されている。その後、羊膜はさらに別の腔である**尿膜** allantois に囲まれる（第9章参照）。

　絨毛膜羊膜ヒダが会合し、融合する部分は**羊膜縫線** mesamnion と呼ばれている（**図7-2**）。ウマと食肉類では、羊膜縫線は羊膜と絨毛膜のあいだの接続部位が残らずに消失する。その結果、ウマ、イヌ、ネコの新生子は無傷の羊膜に覆われて生まれるので、母親や介助者によって除去されないと窒息してしまう。対照的に、ブタや反芻類では羊膜縫線は残っているので、羊膜は分娩時に破れ、子は一般的に膜に覆われずに生まれてくる。

Gastrulation, body folding and coelom formation

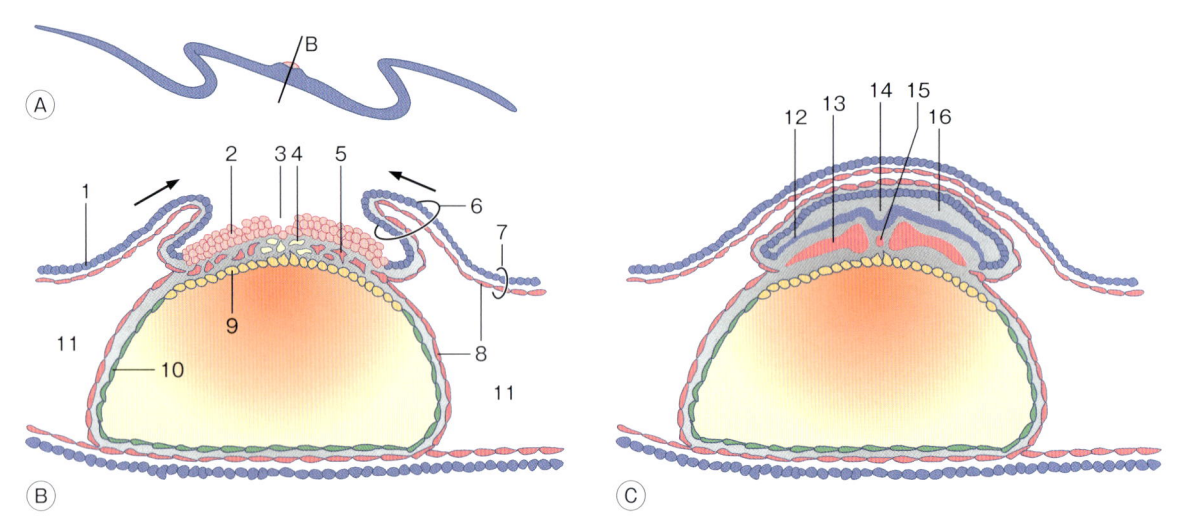

図7-1：胎齢13～15日目のブタ絨毛膜羊膜ヒダからの羊膜の形成。1: 栄養外胚葉、2: 上胚盤葉、3: 原始線条、4: 中胚葉－内胚葉前駆細胞、5: 胚性中胚葉、6: 絨毛膜羊膜ヒダ、7: 絨毛膜、8: 胚外中胚葉、9: 内胚葉、10: 下胚盤葉、11: 体腔、12: 表面外胚葉、13: 中胚葉、14: 神経溝、15: 脊索、16: 羊膜腔。

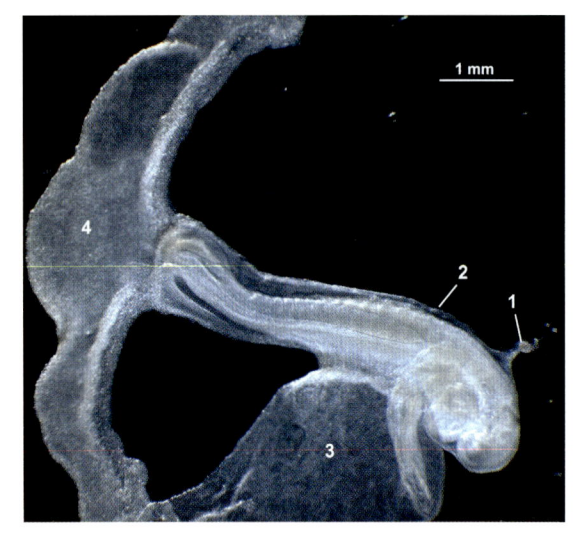

図7-2：胎齢17日目のヒツジ胚子。胚子を子宮から取り出すと、絨毛膜は通常取れてしまうが、羊膜上にアンテナのように見える羊膜縫線が残る。1: 羊膜縫線、2: 羊膜、3: 卵黄嚢、4: 尿膜。

初期原腸胚形成
Early phases of gastrulation

　原腸胚形成の開始は、従来より、将来の胚子尾部に相当する部位に細胞が細長く蓄積する**原始線条** primitive streak の形態学的な出現と関連付けられている。この構造は、上胚盤葉細胞が胚子後方に蓄積することによって形成され、徐々に胚盤に**三日月状肥厚** crescent-shaped thickening が生じる。少なくともブタとウシでは、これらは原腸胚形成開始のごく初期の形態学的な兆候として扱われている（**図7-3、7-4**）。この後方の三日月状肥厚は、ブタでは妊娠10～11日目に、ウシでは妊娠14～15日目に現れる。三日月状肥厚が形成されると、上胚盤葉細胞は上胚盤葉と下胚盤葉のあいだの空間へ進入を始める（**図7-5**）。実験動物では、上胚盤葉での原腸胚形成のこの初期の形態的兆候に先立って、上胚盤葉の前極の下に存在する下胚盤葉の形態的・分子的変化が起こる（**Box7-1**参照）。

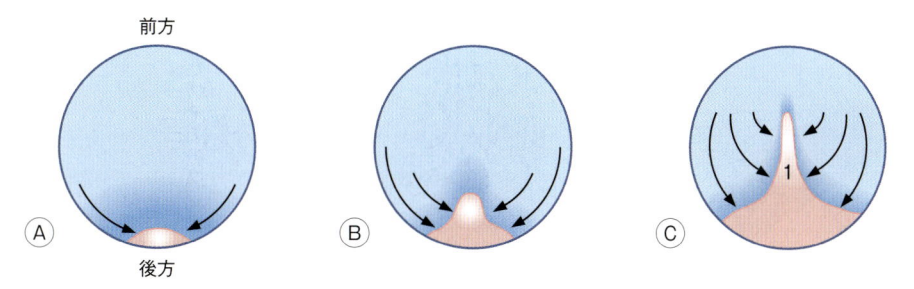

第7章 原腸胚形成、胚子の屈曲および体腔形成

図 7-3：胚子後方に上胚盤葉細胞が蓄積し、原始線条（1）が形成される。

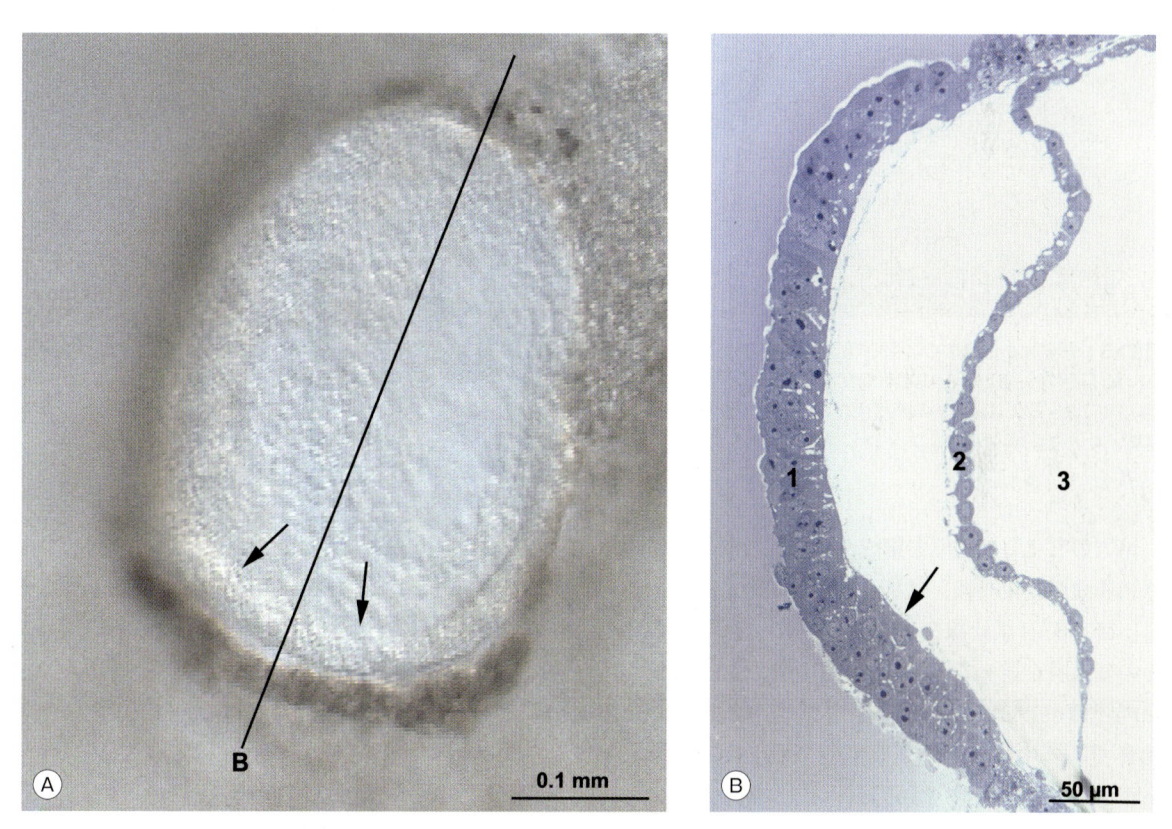

図 7-4：胎齢10日目のブタ胚子胚盤。後方に三日月状肥厚を形成する上胚盤葉細胞の集合状況を示す。**A:** 胚盤後方の三日月状肥厚（矢印）。線Bは図Bの断面の部位を示す。**B:** 1: 後方の上胚盤葉が肥厚（矢印）している胚盤の正中断面。2: 下胚盤葉、3: 原始卵黄嚢。

Gastrulation, body folding and coelom formation

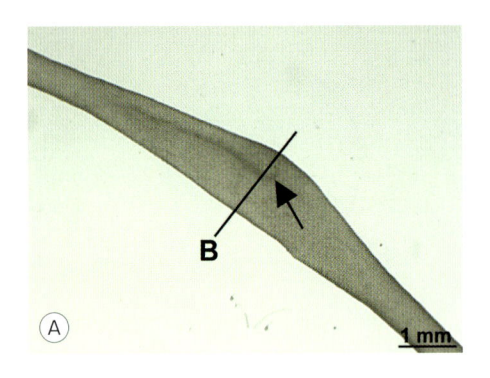

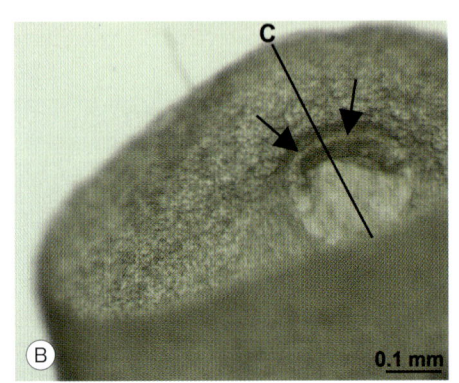

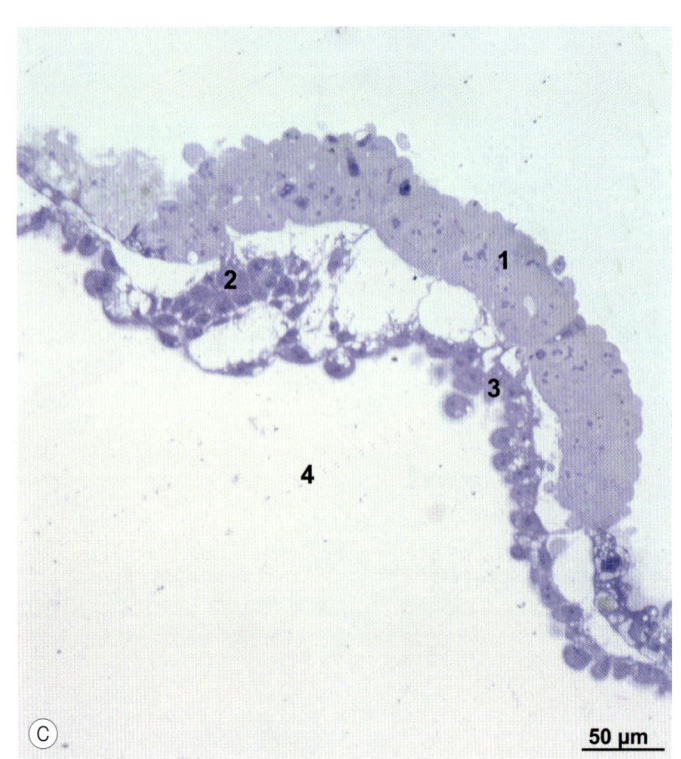

図 7-5：妊娠 14 日目のウシ胚子胚盤。上胚盤葉の三日月状肥厚から細胞が上胚盤葉と下胚盤葉のあいだの空間へ進入している。**A**: 胚盤（矢印）が存在する管状胚子。線 B は図 B の胚子の切断部位を示す。**B**: 後方の三日月状肥厚（矢印）が存在する胚盤内部の像。線 C は図 C の断面部位を示す。**C**: 上胚盤葉（1）から進入しつつある細胞（2）を伴う胚盤の正中断面。3: 下胚盤葉、4: 原始卵黄嚢。

　尾方の三日月状肥厚を構成する上胚盤葉細胞はすぐに胚盤の正中（線）に集合し、原始線条を形成する（**図7-3**）。原始線条では、細胞が上胚盤葉からその基底膜を通って進入し、**中胚葉** mesoderm または**内胚葉** endoderm のいずれかになる能力を持つ細胞群である**中胚葉-内胚葉前駆細胞** mes-endodermal precursors を形成する。これは、胚子発生における**上皮-間葉転換** epithelio-mesenchymal transition の最初の例である。この過程が進むにつれて、上皮の細胞間が強い接着を持つという特徴から、ゆるく結合するように変化させるので、細胞の移動が可能となる。**間葉** mesenchyme という用語は、胚葉の起源とは関係なく、ゆるく結合（組織）する胚組織のことを意味する。興味深いことに、原腸胚形成の開始は上皮-間葉転換によって特徴付けられるのと同様に、この発生段階の停止は上皮-間葉転換の抑制によって特徴付けられる。

中胚葉と内胚葉の初期形成
Initial formation of the mesoderm and endoderm

　中胚葉-内胚葉前駆細胞から、**中胚葉** mesoderm および**内胚葉** endoderm が生じる。内胚葉形成細胞は上胚盤葉内に潜り込み、その直下にある下胚盤

原腸胚形成、胚子の屈曲および体腔形成 第7章

葉と置き換わって内胚葉となる（図7-6）。ほかの細胞は、上胚盤葉と栄養膜の下にとどまり、それぞれ胚性中胚葉と胚外中胚葉を形成する。内胚葉は上胚盤葉の下にある**原始卵黄嚢** primitive yolk sac の上部層を形成するために広がり、胚盤の縁で下胚盤葉に連続する（図7-6、7-7）。原始卵黄嚢のうち、内胚葉で内張りされた部分はのちに胚内に閉じ込められ、**原腸** primitive gut へと発達し、下胚盤葉で内張りされた卵黄嚢腔の部分は胚外に押し出され、**最終卵黄嚢** definitive yolk sac を形成する（図7-8）。

　胚性中胚葉 intra-embryonic mesoderm の発生は、内胚葉の発生と平行して起こる。胚性中胚葉は未分化な中胚葉–内胚葉前駆細胞の一部から発生し、原始線条を通って内部に進入したが、まだ上胚盤葉と下胚盤葉のあいだの空間にとどまっている。中胚葉の形成は、胚盤領域に限定されず、中胚葉細胞は胚盤の外側へ**胚外中胚葉** extra-embryonic mesoderm として移動する（図7-6、7-7）。胚性中胚葉と胚外中胚葉はそれぞれ2つの層に分かれる。1つは、上胚盤葉と栄養外胚葉とともに、**壁側中胚葉**（somatic mesoderm すなわち parietal mesoderm）を形成する。もう1つは、内胚葉や下胚盤葉とともに、**臓側中胚葉**（visceral mesoderm すなわち splanchnic mesoderm）を形成する（図7-6、7-7）。同時に、栄養外胚葉と胚外壁側中胚葉は胎盤胎子部の外層である**絨毛膜** chorion を形成する（第9章参照）。臓側中胚葉および壁側中胚葉のあいだに形成される腔は**体腔** coelom と呼ばれる。最初、体腔は胚盤の外側のみに存在するため、**胚外体腔**（extra-embryonic coelom あるいは exocoelom）と呼ばれる。しかし、すぐに胚性中胚葉も含む壁側中胚葉および臓側中胚葉の分裂は胚外中胚葉を巻き込み、胚の頭屈、尾屈および側屈とともに**胚内体腔** intra-embryonic coelom を形成する（図7-8）。このときに、壁側中胚葉から壁側**腹膜** peritoneum および壁側**胸膜** pleura が生じ、臓側中胚葉から臓側腹膜と

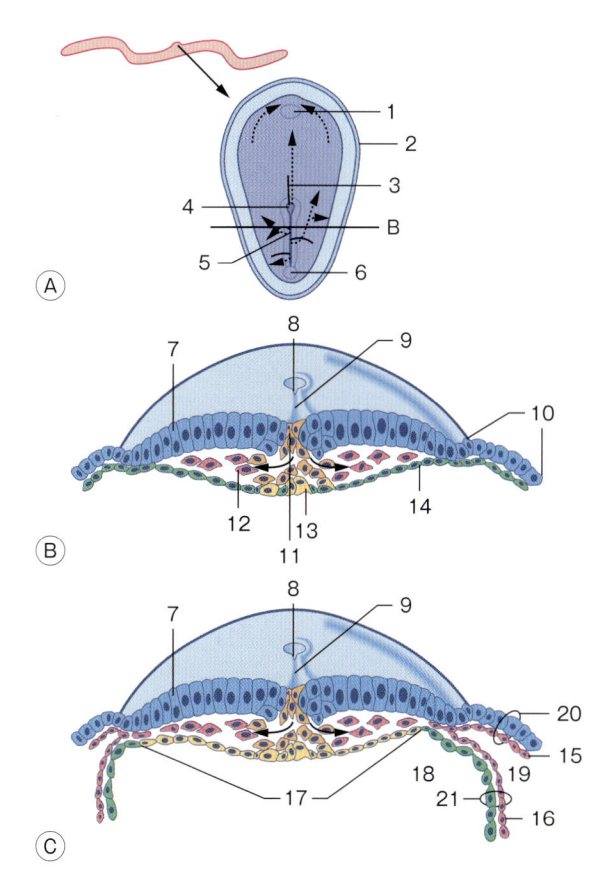

図7-6：原始線条と原始結節を介する細胞の進入（矢印）における2つの異なる段階。**A**：上から見た胚盤。線Bは、図Bの断面部位を示す。1: 頬咽頭膜、2: 栄養外胚葉と下胚盤葉の断端、3: 脊索を形成する中胚葉細胞、4: 原始結節、5: 原始線条、6: 排泄腔膜。**B**：原始線条を通る斜め断面図。7: 上胚盤葉、8: 原始結節、9: 原始線条、10: 栄養外胚葉、11: 中胚葉–内胚葉前駆細胞（オレンジの細胞）、12: 中胚葉細胞（赤の細胞）、13: 内胚葉細胞（黄の細胞）、14: 下胚盤葉細胞（緑）。**C**: 数時間後の断面図。15: 壁側中胚葉、16: 臓側中胚葉、17: 内胚葉と下胚盤葉間の移行部、18: 原始卵黄嚢、19: 体腔、20: 絨毛膜、21: 卵黄嚢壁。

臓側胸膜となる。

　胚性中胚葉は尾方から頭方の方向に形成され、一部は成長しつつある原始線条の成長と平行して伸長する。細胞は入り込んだあと、側方に広がって胚外中胚葉を形成し、また尾方へ広がって胚性中胚葉を

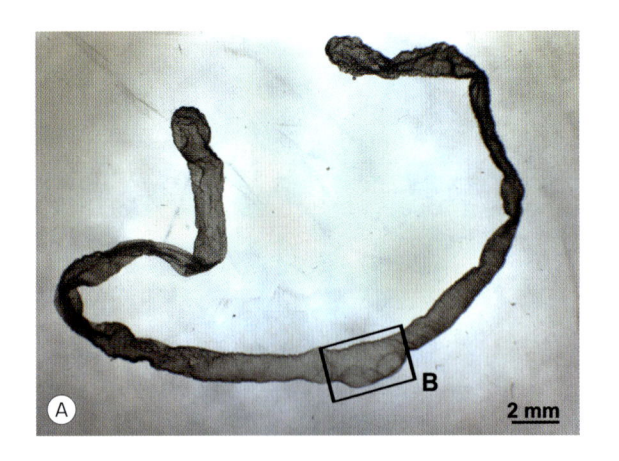

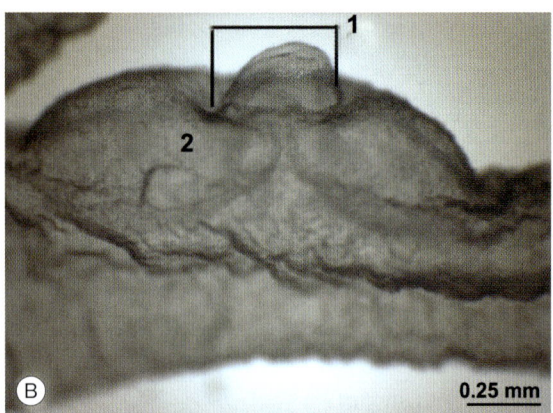

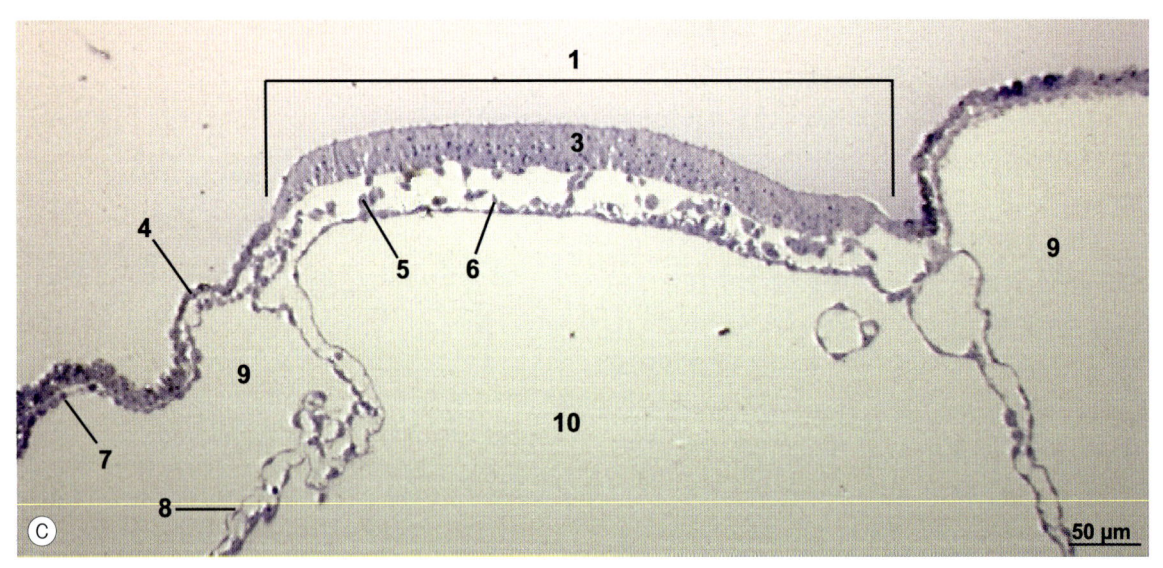

Gastrulation, body folding and coelom formation

図 7-7：胎齢 13 日目のヒツジ胚子における原腸胚形成。**A:** 管状のヒツジ胚子。ボックス B は図 B に拡大する。**B:** 絨毛膜羊膜ヒダ（2）で囲まれた胚盤（1）。**C:**B の縦断面。1: 胚盤、3: 上胚盤葉、4: 栄養外胚葉、5: 中胚葉、6: 内胚葉、7: 壁側中胚葉、8: 臓側中胚葉、9: 体腔、10: 原始卵黄嚢。

形成する。胚盤全体の成長率はすぐに原始線条の成長率を上回り、胚盤は最初に楕円状、のちに洋梨状の構造へと伸長する（図7-9）。胚盤の半分を超える長さまで伸長したあと、原始線条は徐々に、この成長速度の違いの結果としてより尾方に位置するようになる。

原始線条の相対的な尾方への移動に伴い、正中の構造である**脊索** notochord が形成され、これは胚の頭尾軸の確立にきわめて重要な段階である（図7-1、7-6）。脊索は、原始線条の頭端に位置する分化した上胚盤葉細胞の集合である**原始結節** primitive node をとおして進入した上胚盤葉細胞によって形成される。原始結節をとおして進入する最初の細胞は、脊索の先端の直前に位置する中胚葉由来の

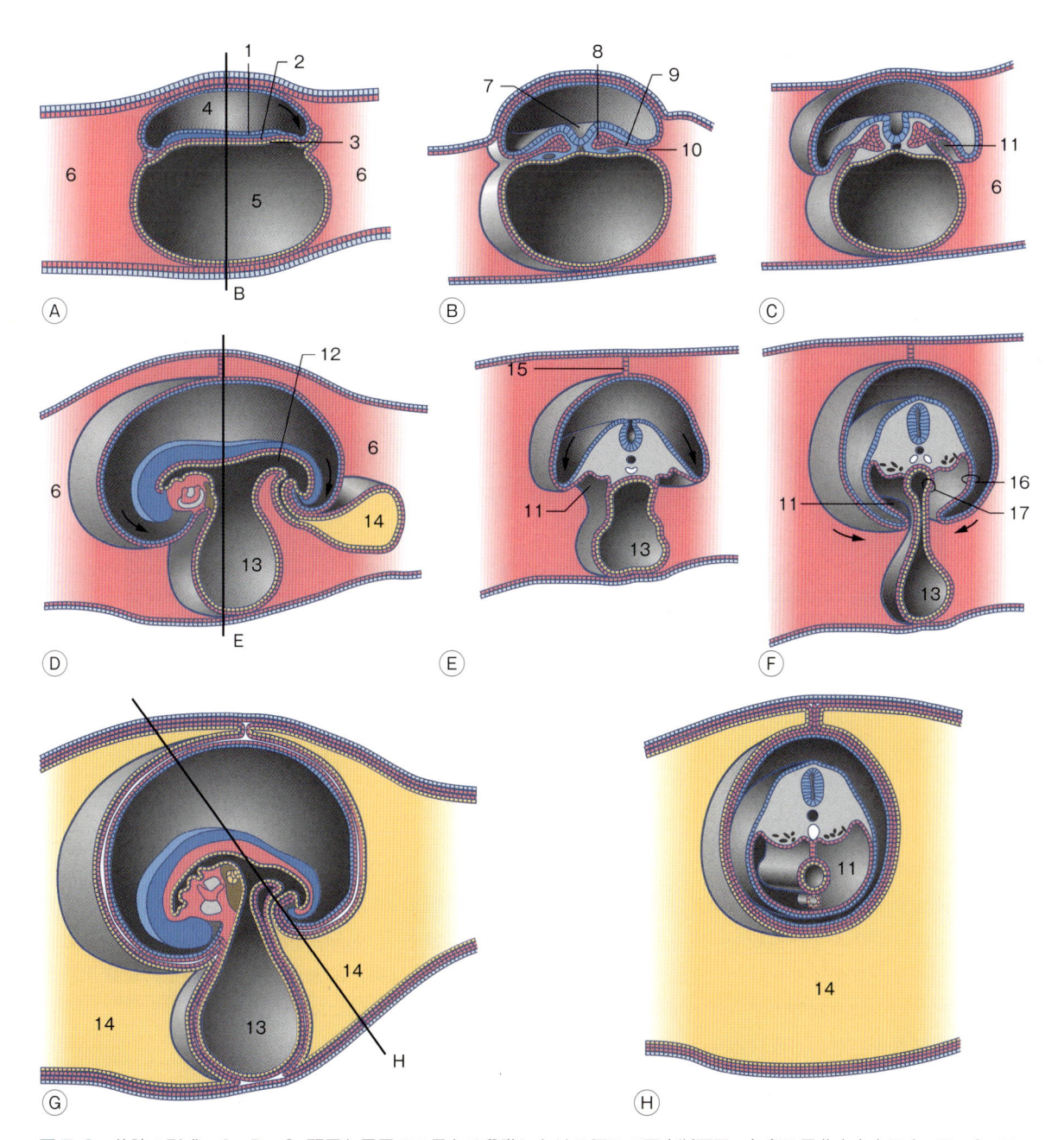

原腸胚形成、胚子の屈曲および体腔形成　第7章

図 7-8：体腔の形成。**A、D、G:** 頭屈と尾屈での異なる段階における胚子の正中断面図。矢印は屈曲方向を示す。**B、C、E、F、H:** 側屈の異なる段階における胚子の横断面図。矢印は屈曲方向を示す。図Bは図Aの線、図Eは図Dの線、図Hは図Gの線の断面である。1: 外胚葉、2: 中胚葉、3: 内胚葉、4: 羊膜腔、5: 原始卵黄嚢、6: 胚外体腔、7: 神経溝、8: 沿軸中胚葉、9: 中間中胚葉、10: 外側中胚葉、11: 胚内体腔、12: 後腸、13: 卵黄嚢、14: 尿膜、15: 羊膜縫線、16: 壁側板、17: 臓側板。Sadler (2004) より改変。

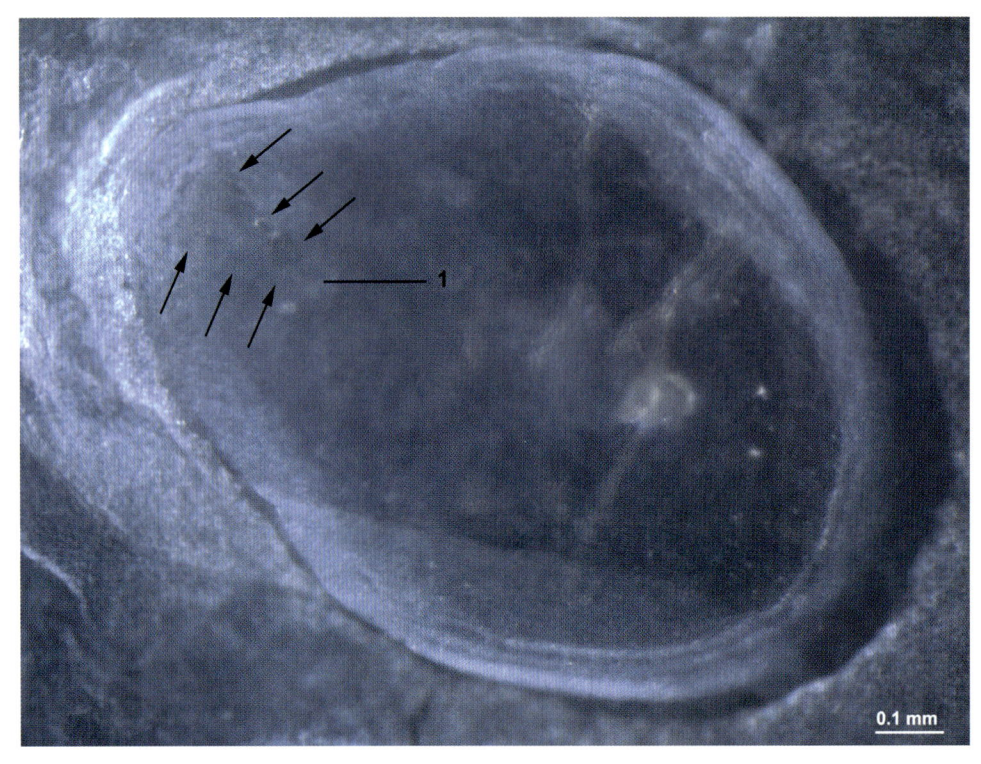

Gastrulation, body folding and coelom formation

図 7-9：胎齢 12 日目のブタ胚子における洋梨形の胚盤。原始線条（矢印）と原始結節（1）がわずかにみえる。

構造である**脊索前板** prechordal plate を形成する。

　原腸胚形成の過程において、中胚葉と内胚葉を形成する細胞の進入は、原始線条内の異なるオーガナイザー領域を介して行われる。マウスでは、このような3つのオーガナイザー領域が同定されている。初期原腸胚のオーガナイザーは、主に胚外中胚葉の形成に寄与し、中期原腸胚のオーガナイザーは、主に内胚葉と胚性中胚葉の形成に寄与し、後期原腸胚のオーガナイザー領域は、脊索前板と脊索を形成する。この後期原腸胚のオーガナイザー領域は、原始結節である。

　頭方では、脊索は**脊索前板** prechordal plate で区切られているが、その部分より頭方では上胚盤葉は新しく形成された内胚葉と非常に緊密に接着しているので、中胚葉が入り込む余地はない（図7-6）。この並んでいる上胚盤葉と内胚葉は、**頰咽頭膜** buccopharyngeal membrane に発達し、口腔と咽頭のあいだの将来の開口部を一時的にふさぐ（第14章参照）。尾方では、脊索はこれと類似の構造である**排泄腔膜** cloacal membrane によって区切られ、この膜は腸、泌尿器および生殖道の総排出腔への開口部を一時的にふさぐ。

外胚葉とその初期派生物
The ectoderm and its early derivatives

　ソニック・ヘッジホッグ（Shh）などの脊索のシグナル伝達分子は、脊索の上に横たわる上胚盤葉を神経外胚葉へ分化させる（第8章参照）。したがっ

原腸胚形成、胚子の屈曲および体腔形成　第 7 章

て、しばらくのあいだ、原始線条（尾方）と発生期の神経外胚葉（頭方）は、胚盤の表面で見ることができる（図7-10）。

神経外胚葉 Neuroectoderm

　原始結節より頭方の胚盤領域において、上胚盤葉の細胞は一部はすでに形成された脊索によって、**神経外胚葉** neuroectoderm に分化するように誘導される。この事象は、**神経板** neural plate の形成によって最初に認識される（図7-10）。その後、神経板の側縁が盛り上がり、**神経溝** neural groove と呼ばれる正中のくぼみを囲む**神経ヒダ** neural fold を形成する。神経ヒダは次第に神経溝の上方で融合し、**神経管** neural tube を完成する。融合は将来胎子の頸部となる部分から始まり、そこから2つのジッパーのように頭方と尾方の両方向へ進行する。そのため、神経管は最初頭側と尾側の**神経孔** neuropore を介して、頭方と尾方部分が羊膜腔に開口する（図7-11）。これらの神経孔はまず頭側が閉鎖し、続いて尾側が閉鎖する。この過程は、最初の胚子の器官系である**中枢神経系** central nervous system の形成を示している（第8章、第10章参照）。

　神経ヒダの隆起と融合とともに、神経ヒダの外側縁や稜の細胞が分離してくる。この細胞集団は**神経堤細胞** neural crest cell と呼ばれ、神経管の形成には関与しないが、神経堤細胞は広範に移動し、外皮（メラノサイト）、神経系の他の要素（中枢神経系、交感神経系、腸神経系のためのニューロンを含む）、頭蓋顔面の間葉系派生物の大部分など、その他多くの組織の形成に関与する（第8章参照）。

　神経堤細胞が神経ヒダから分離するメカニズムは、原始線条や原始結節に上胚盤葉細胞が進入する現象とよく似ており、これは2つ目の**上皮-間葉転換** epithelio-mesenchymal transition の例である。上述したように、**間葉** mesenchyme という用語

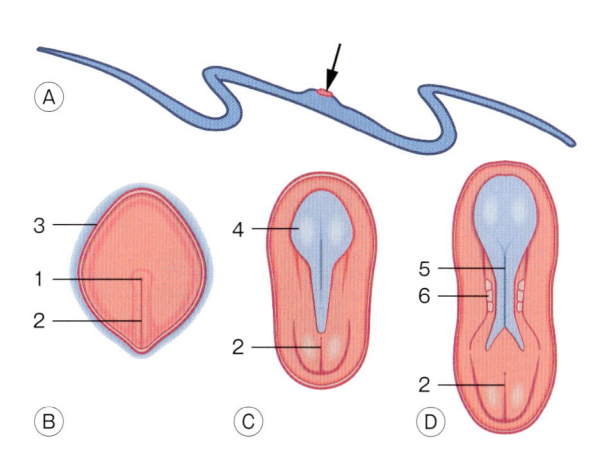

図7-10：原始線条の相対的な後退に関する神経外胚葉の段階的な発達。図 B〜D は上から見た胚盤。1: 原始結節、2: 原始線条、3: 栄養外胚葉と下胚盤葉の断端、4: 神経板、5: 神経溝、6: 体節。

は、由来する胚葉に関係なく、疎性に構成された胚組織を指す。したがって、神経外胚葉（神経堤細胞を介して）と中胚葉の両者とも間葉を生じさせ得る。

表面外胚葉 Surface ectoderm

　細胞が内胚葉、中胚葉、生殖細胞、神経外胚葉へと配置された後で、上胚盤葉のさらに側面に位置する残りのほとんどの細胞は表面外胚葉に分化する。頭側と尾側の神経孔が閉じると、表面外胚葉の両側の肥厚である**耳プラコード（耳板）** otic placode と**水晶体プラコード（水晶体板）** lens placode が、胚子の頭部外胚葉に生じる（図7-12）。耳プラコードは陥入して**耳胞** otic vesicle を形成し、聴覚および平衡覚に関与する内耳に発達する（第11章参照）。一方、水晶体プラコードは陥入し、眼の**水晶体** lens を形成する（第11章参照）。残りの表面外胚葉は、**表皮** epidermis と**皮膚の付属腺** associated gland of the skin となり（第17章参照）、同様に口腔と鼻腔を覆う上皮（第14章参照）と肛門管の尾部となる（第14章参照）。口腔を覆う上皮は、歯のエナメル

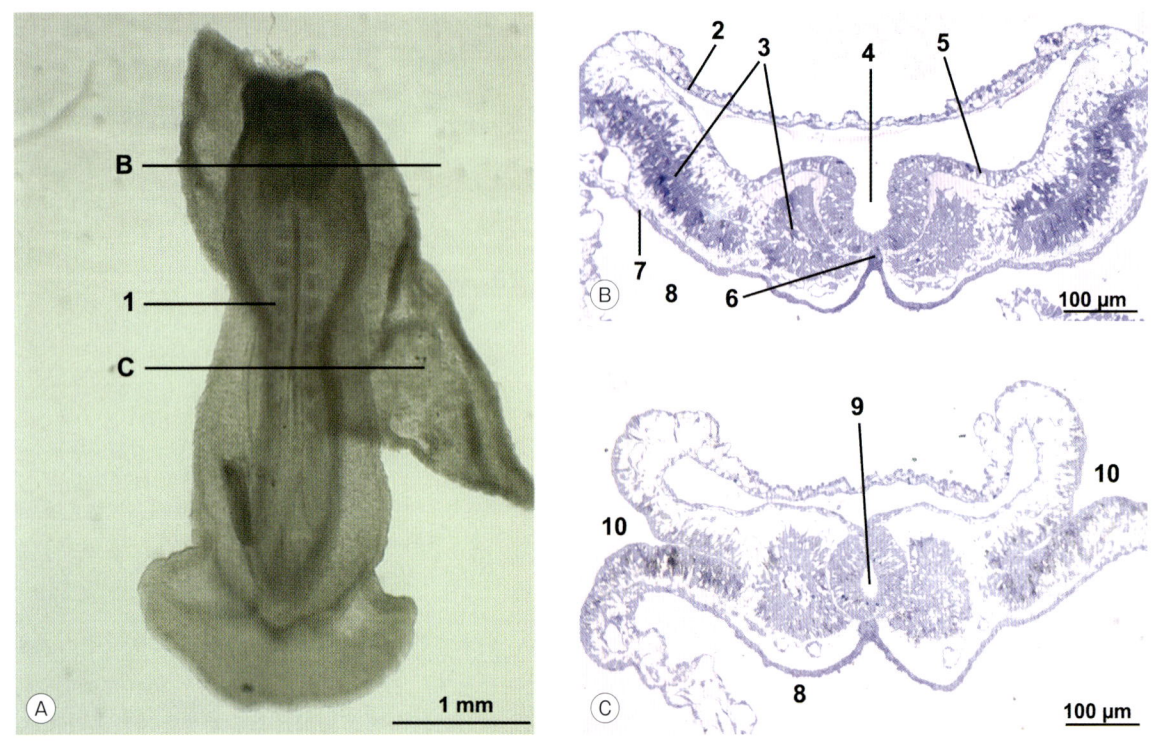

Gastrulation, body folding and coelom formation

図 7-11：胎齢 21 日目のウシ胚子における神経溝と神経管の形成。絨毛膜は胚を採取する際に外れてしまったので、胚外体腔は見えない。**A:** 線 B と C は図 B と C の断面の位置を示す。1: 体節、2: 羊膜壁の内層の上皮、3: 中胚葉、4: 頭側神経孔、5: 表面外胚葉、6: 脊索、7: 内胚葉、8: 原始卵黄嚢、9: 神経管、10: 胚外体腔。

質（第 14 章参照）と下垂体の一部である腺性下垂体を生じる（第 10 章参照）。

中胚葉とその初期派生物
The mesoderm and its early derivatives

　脊索の形成は、軸性骨格の基盤としての胚子の正中軸を提供する。最初、中胚葉細胞は脊索の両側にゆるく結合した間葉の薄い層を形成する。しかし、すぐに胚子の後頭部領域において、脊索に最も近接している中胚葉（沿軸中胚葉 paraxial mesoderm）が増殖し、**体節分節** somitomere と呼ばれる対に分節した肥厚構造を形成する。頭部領域では、体節分節は外側中胚葉と神経堤細胞とともに、さらに結合組織、骨、軟骨に分化する。体幹領域では、体節分節は体節を形成し、そこから真皮、骨格筋や椎骨が発生する（**図 7-8、7-10、7-11**）。大型動物種において、体節は平均的に 1 日に 6 対の速度で形成される。したがって、発生のこの段階で形成される体節数は、胚子の胎齢を算定するための基礎となる。

　さらに外側の中胚葉は薄い層のままなので、**外側中胚葉（側板中胚葉）** lateral plate mesoderm といわれる。外側中胚葉は胚外中胚葉と連続している。前述したように胚内体腔の形成によって、外側中胚葉は**壁側中胚葉** somatic mesoderm および**臓側中胚葉** visceral mesoderm に分けられる（**図 7-8**）。体腔の連続的な発達に伴い、胚内体腔は外側中胚葉を同

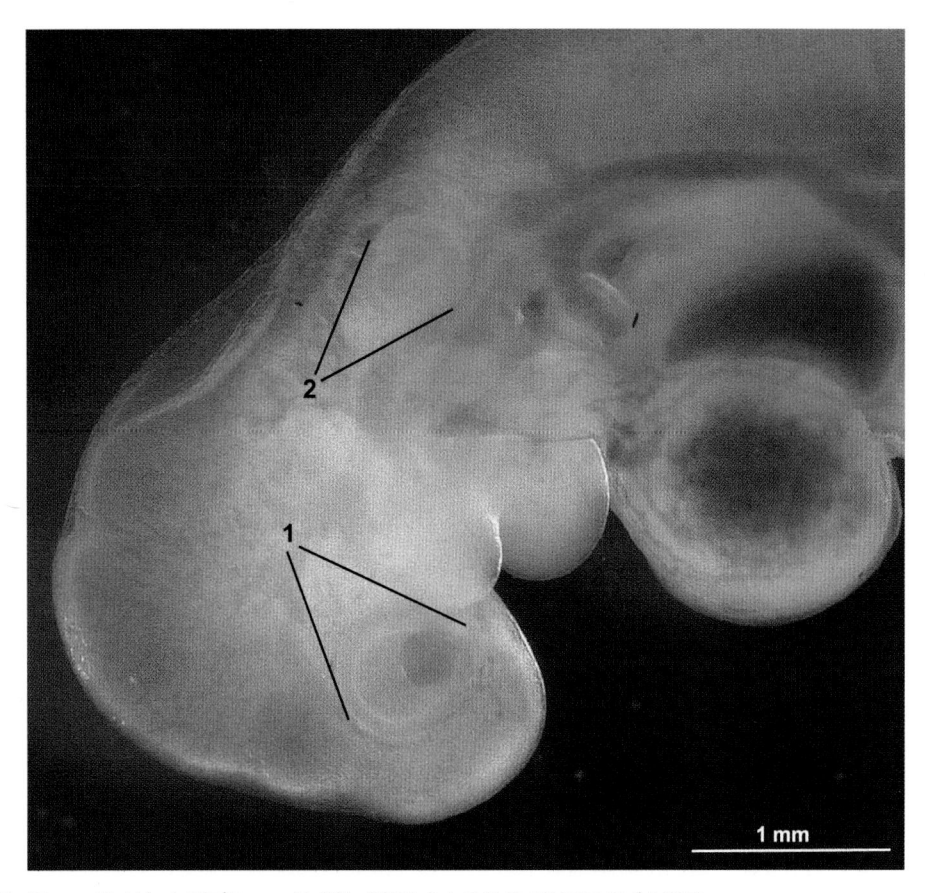

原腸胚形成、胚子の屈曲および体腔形成　第7章

図7-12：眼プラコード（1）と耳プラコード（2）が認められる胎齢18日目のブタ胚子。

様に分割する。胚内では、壁側中胚葉は表面外胚葉とともに**壁側板** somatopleura を構成し、臓側中胚葉は内胚葉とともに**臓側板** splanchnopleura を形成する（図7-8）。沿軸中胚葉と外側中胚葉とのあいだには**中間中胚葉** intermediate mesoderm が形成される。

沿軸中胚葉 Paraxial mesoderm

一般的な法則として、発生は頭側から尾側に向けて進む（この1つの例外は、原始線条の発達である）。したがって、体節の形成は後頭部領域から尾側に向かって進行する。頭部領域において、体節分節は神経板と同様の分節化とともに**神経分節** neuromere を形成する（第9、10章参照）。体節分節は後頭部と尾側から徐々に編成され**体節** somite となる。各体節は引き続き3つの部分に分化する（図7-13）。体節の腹内側部分は、脊索とともに**椎板** sclerotome を形成し、椎板は脊柱形成のひな型となる（第16章参照）。各体節の背外側部は、この領域における真皮と筋組織の両者の前駆体である**皮筋板** dermatomyotome を形成する。この皮筋板から、背内側と腹内側に存在する細胞集団は**筋板** myotome となり、背外側の細胞集団は**皮板** dermatome となる。各体節の筋板は、背中や体肢の筋肉を形成し（第16章参照）、皮板は分散して皮膚の真

皮や皮下組織を形成する（第17章参照）。

その後、各筋板と皮板は、それぞれ分節的に配置された神経要素の支配を受ける（第10章参照）。臨床的には、分節ごとに由来するこの神経支配が生涯にわたって保持されることを理解することは重要である。

中間中胚葉 Intermediate mesoderm

中間中胚葉は、沿軸中胚葉と外側中胚葉を結び、**尿生殖器系** urogenital system である泌尿器系と生殖腺の両者に分化する（第15章参照）。沿軸中胚葉で述べた過程と類似して、頭部と前位胸部領域における中間中胚葉は**腎板** nephrotomeres と呼ばれる分節的に並ぶ細胞集塊を形成する。しかし、より尾側領域では分節化されていない組織集塊が形成される。これは、一時的な腎臓である中腎を形成する**造腎索** nephrogenic cord であり、**原始生殖細胞** primordial germ cell を受け入れるために、その内側面に発生の比較的早い段階から生殖腺が形成され始める。壁側中胚葉形成中では、原始生殖細胞は初めは上胚盤葉から離れ、のちに発達中の生殖腺に定住するために戻ってくる（第4、15章参照）。

外側中胚葉および胚子の屈曲
Lateral plate mesoderm and body folding

頭尾方向と側面への屈曲が進行しているあいだに、体腔の胚内体腔と胚外体腔への分割が次第により明瞭となり、胚子の体も徐々に、**原腸** primitive gut を包み込む閉鎖した管の形になっていく（**図 7-8**）。壁側板は、外側および腹側の体壁を形成し、壁側中胚葉が体壁内面の内張り（**腹膜** peritoneum と**胸膜** pleura を生じさせる）、外胚葉が、体壁外面の覆い（**表皮** epidermis）を形成する。臓側板は、原腸壁と原腸に由来する派生物の壁を形成し、内胚葉が、その内面の内張り（**粘膜上皮** lamina epithelialis of tunica mucosa）を形成する。臓側中胚葉は腸のほかの構成物すべて all other components of the gut とそこに由来する組織（器官）を形成する。まもなく、胚内体腔は腹腔、胸腔および心膜腔に分割される。したがって、これらの体腔のそれぞれの壁側面を覆う漿膜は壁側中胚葉に由来するのに対し、臓器面を覆う（つまり器官を覆う）漿膜は臓側中胚葉に由来する。

血液および血管形成
Blood and blood vessel formation

血液と血管はともに、共通の中胚葉前駆細胞である**血管芽細胞** haemangioblast から発生するようである。これらは、**造血幹細胞** haematopoietic stem cell（血液細胞を形成する）と**血管形成細胞** angioblast に分化し、血管形成細胞は融合して血管壁を形成する血管内皮細胞を生じる（第12章参照）。

血液や血管形成の最初の兆候は、胚外の卵黄嚢を覆う臓側板の臓側中胚葉内に見られる。しかし、これは一時的な現象であり、造血はまず肝臓および脾臓、次いで骨髄で行われるようになる（第12章参照）。

内胚葉とその初期派生物
The endoderm and its early derivatives

消化管およびそこに由来する器官の内面を内張りする上皮は、内胚葉に由来する主要な構成要素である（**図7-8**）。最初に、原始卵黄嚢の上層の上皮は、内胚葉によって形成され、これは下胚盤葉と連続しているが、後に、下胚盤葉に置き換わる。胚子の頭屈、尾屈および側屈によって、原始卵黄嚢のうちの内胚葉で囲まれた部分は胚子の中に取り込まれ

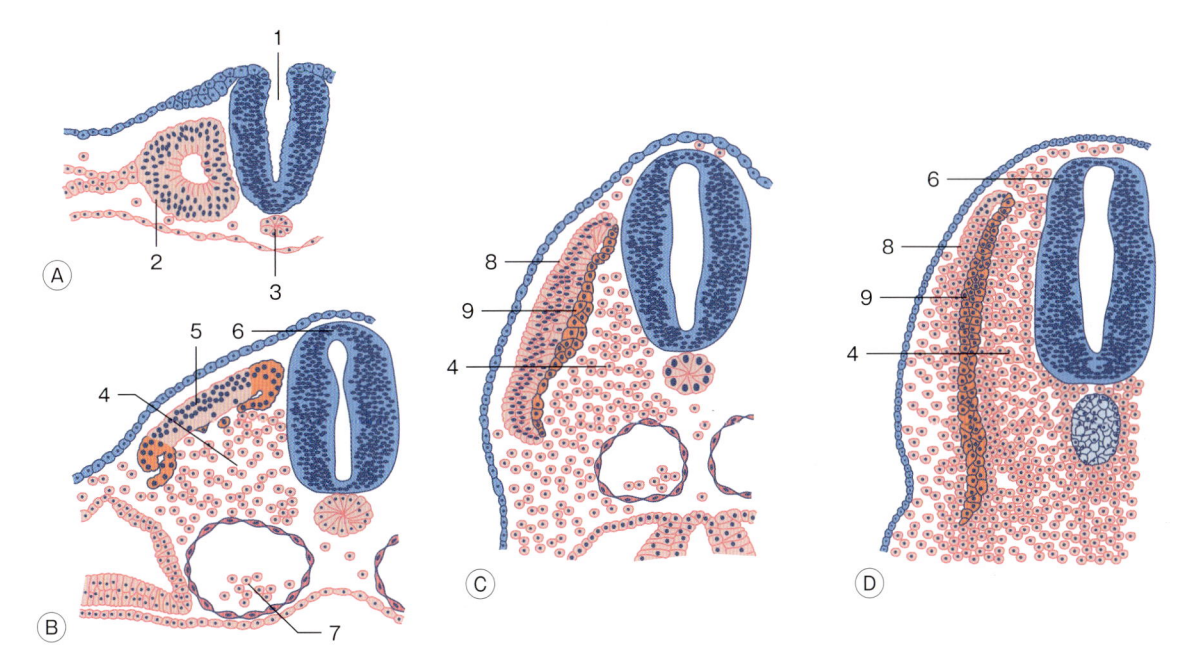

原腸胚形成、胚子の屈曲および体腔形成　第7章

図 7-13：A-D: 体節のゆるやかな分化を示す胚子の断面図。1: 神経溝、2: 体節、3: 脊索、4: 椎板、5: 皮筋板、6: 神経管、7: 背側大動脈、8: 皮板、9: 筋板。Sadler（2004）より改変。

て**原腸** primitive gut を形成し、下胚盤葉は胚外に位置するようになり、**最終卵黄囊** definitive yolk sac を形成する。この腔所は家禽類の卵黄囊とあまり類似性がないように思われるので、卵黄囊という用語は、混乱を招く可能性がある。第9章で述べるように、卵黄囊はブタや反芻類では一時的な機能を持つのみである。しかし、ウマと食肉類の両者では、卵黄囊は少なくとも胎盤の初期形成に必要不可欠である。このように家畜の卵黄囊は、それが胚子発生期の栄養機能を持っているという点で、家禽類の構造にやや類似している。

原腸は頭部（前腸）、中間部（中腸）および尾部（後腸）からなる。中腸は**卵黄管** vitelline duct を介して卵黄囊とつながっている（図7-8）。この卵黄管は最初幅広いが、発生が進むにつれて、細長くかつ狭くなり、最終的に**臍帯** umbilical cord に組み込まれる（第9章参照）。内胚葉は、胃−肺系の上皮

および胃−肺系に由来する器官の実質を形成する。**前腸** foregut の内胚葉は、咽頭とそれを起源とする中耳、甲状腺の実質、上皮小体、扁桃と胸腺の網状支質を生じさせ、さらに咽頭由来でない食道、胃、肝臓、膵臓を生じさせる（第14章参照）。その頭端部において、前腸は外胚葉−内胚葉性膜である**頰咽頭膜** buccopharyngeal membrane によって一時的に閉鎖されている。発生のある段階で、この膜が破裂し、羊膜腔と原腸が連絡する。**中腸** midgut は小腸から横行結腸に至るまでの小腸と大腸のほとんどを、後腸は横行結腸、下行結腸、さらに直腸と肛門管の一部を生じさせる。尾端部において、**後腸** hindgut は一時的に拡張して**排泄腔** cloaca を形成するが、これは発達中の消化器系と尿生殖器系に共通な一過性の腔所である（第14、15章参照）。排泄腔は頰咽頭膜のように、外胚葉と内胚葉が密着している**排泄腔膜** cloacal membrane によって羊膜腔から

分離される。消化器と尿生殖器が分離したあとに排泄腔膜は破れ、消化器系と尿生殖器系はそれぞれ**肛門** anus と**尿生殖洞** urogenital sinus を介して羊膜腔に開口するようになる。

尿膜の形成 Formation of the allantois

種にもよるが、発生第2～3週にかけて、**尿膜** allantois は後腸から胚外体腔への膨出として形成される（図7-8）。反芻類とブタでは、尿膜はT字型を呈し、Tの横棒は胎子本体のちょうど尾部を横切る腔であり、Tの縦棒に相当する部分は後腸と接続する（図7-2）。卵黄管と同様に、尿膜腔と後腸をつなぐ**尿膜囊管** allantoic duct は、胚子の屈曲の結果として臍帯に組み込まれる。尿膜は後腸の憩室であるため、その壁は内胚葉由来の内面の上皮層と臓側中胚葉由来の外層から構成されている。尿膜が拡大するにつれ、その壁の一部の臓側中胚葉は絨毛膜の壁側中胚葉と融合し、最終的には多少の程度はあるものの、羊膜を包み込む。尿膜壁と絨毛膜壁の融合は家畜で見られる**尿膜絨毛膜胎盤** allantochorionic placenta の胎子部を形成する（図7-8、第9章参照）。後腸から臍に延びる尿膜囊管の胚子内近位部は**尿膜管** urachus といわれ、そこから膀胱が生じる（第15章参照）。妊娠初期では、尿膜腔は胚子の発達中に泌尿器系を介して排出される排泄物の貯留場所として機能する。

原始生殖細胞 The primordial germ cells

中胚葉と内胚葉の形成中、上胚盤葉細胞の特定の集団は、将来の生殖細胞系列の形成のために確保されている。**原始生殖細胞** primordial germ cell は、家畜での記述はあまり見られないが、少なくともブタやウシではこれらは原腸胚形成時において胚盤の後縁で初めて認識できるようである。胚葉の形成が進むにつれて、原始生殖細胞は胚盤領域から最終的な卵黄囊壁、そしてある程度まで尿膜壁へと移動する（第4章参照）。これがどのように起こるかはわかっていないが、おそらく内胚葉の発達に伴う受動的運搬が関与していると考えられる。原始生殖細胞は卵黄囊壁において増殖し、その後、生殖腺堤が中間中胚葉から発達する際に能動的あるいは受動的に生殖腺堤領域内に移動する（第4章参照）。移動経路は、少なくともブタでは、卵黄囊茎と尿膜茎の両者を後腸につなぐ臓側中胚葉を通過する。生殖腺堤に到着すると、原始生殖細胞はメス胚では減数分裂を開始するまで、オス胚では春機発動期に至って有糸分裂を停止するまで（第4章参照）、しばらく（期間は種によって異なる）増殖を続ける。

要約 Summary

原腸胚形成 gastrulation のあいだ、上胚盤葉細胞は**原始線条** primitive streak を形成し、そこから細胞が陥入し、**内胚葉** endoderm、**中胚葉** mesoderm および**原始生殖細胞** primordial germ cell を形成する。残りの上胚盤葉は外胚葉が生じる。

発生中の胚子で最初に形成される器官は、**外胚葉** ectoderm 由来の中枢神経系である。**神経胚形成** neurulation のあいだに、神経外胚葉が形成され、最終的には脳胞と脊髄に分化する神経管ができる。神経管の閉鎖前に、**神経堤細胞** neural crest cell の集団が神経管から分離する。この特殊化した細胞集団は、中枢神経系、腸神経系および末梢神経系を含む多くの組織の形成に関与する。神経外胚葉の分化後、外胚葉の残りの部分は**表面外胚葉** surface ectoderm となり、毛、角、爪、蹄および皮膚腺を含む表皮を生じさせる。

内胚葉 endoderm から消化管、気道、泌尿器系

原腸胚形成、胚子の屈曲および体腔形成　第7章

の一部、中耳の一部、甲状腺、上皮小体、肝臓および膵臓の実質、そして口蓋扁桃と胸腺の網状支質が生じる。

中胚葉 mesoderm は、**沿軸中胚葉** paraxial mesoderm、**中間中胚葉** intermediate mesoderm および**外側中胚葉** lateral plate mesoderm に分割される。頭部領域では、沿軸中胚葉はのちに頭部の形成に関与する対の**体節分節** somitomere を形成する。さらに尾側では、体節分節は**体節** somite を形成する。各体節から**椎板** sclerotome、**筋板** myotome および**皮板** dermatome が生じる。椎板は軸性骨格（脊柱）の基礎を形成する。筋板から体壁、体肢および軸上筋ができる。皮板から、皮膚の真皮と皮下組織が生じる。尿生殖器系は中間中胚葉に由来する。生殖器系に不可欠なものは原始生殖細胞である。原始生殖細胞は、原腸胚形成の初期段階で形成され、胚葉形成時に卵黄嚢と尿膜に移動し、最終的に中間中胚葉由来の生殖腺堤に取り込まれる。外側中胚葉は、臓側中胚葉と壁側中胚葉に分かれ、それにより胚内体腔が形成される。**壁側中胚葉** somatic mesoderm は、栄養外胚葉とともに**絨毛膜** chorion を形成し、表面外胚葉とともに**壁側板** somatopleura を形成する。同様に、**臓側中胚葉** visceral mesoderm は内胚葉とともに**臓側板** splanchnopleura を形成する。壁側板から腹膜、胸膜および心膜を含む体壁の漿膜が生じ、臓側板から臓器表面の漿膜が生じる。血液、血管、副腎皮質、脾臓も中胚葉に由来する。

Box 7-1　分子制御：体軸の確立

胚子の背腹軸は、内細胞塊（ICM）が胚盤胞の一方の極に位置し、その外層の細胞が上方の栄養外胚葉に面し、内層の細胞が胚盤胞腔に面する胞胚形成中に確立される（第6章参照）。分化するにつれて、内層のICM細胞は分層して下胚盤葉を形成し、一方上胚盤葉は栄養外胚葉に面する背側の細胞、すなわちローバー層によって背腹軸を形成する。胚子の前後軸（将来の頭尾軸）は原腸胚期まで確立されないようである。実験動物では、神経誘導特性を持つ一連の因子を発現する上胚盤葉細胞の領域によって胚子の前極が明らかになるときに、前後軸が初めて明らかになる。これらの因子は、Otx2、Hesx1 などの転写因子、そして Dickkopf 1（Dkk1）や Cerberus-like-1（Cer-l）などのシグナル伝達分子を含む。下胚盤葉のこの領域は、マウスでは**頭側臓側内胚葉** anterior visceral endoderm（AVE）、ウサギでは**頭側辺縁稜** anterior marginal crest（AMC）として知られている。少なくともこれらの種では、AVEまたはAMCの下胚盤葉は、その上を覆っている上胚盤葉に対して神経組織への分化を開始させ、将来の胚子の頭部領域となるように誘導する。興味深いことに、これは胚盤の後極で原始線条が形成される以前にさえ起こる。その後、コルディン、ノギン、フォリスタチンを含む原始結節と脊索からのシグナル伝達分子は、さらに神経組織が分化するために重要である。ブタやウシでは、原始線条の形成の先行する**尾側の三日月形の上胚盤葉肥厚** caudal crescent-shaped epiblast thickening の形成は、今のところ、将来の胚子の前後軸の最初の兆候である。

最後に確立される体軸は左右軸である。マウスにおいて、左右の側面決定は、他の成長因子の発現カスケードを開始させる線維芽細胞成長因子 fibroblast growth factor（FGF-8）を分泌する原始結節の細胞によって主に調節されることが示されている。結節細胞の腹側にある線毛（結節細胞の腹側にある線毛）の運動によってFGF-8は原始線条の右側に比べて左側により多く供給されるというFGF-8の濃度勾配がもたらされる。FGF-8によって開始された遺伝子発現カスケードのパターンは、選択的に胚子の左側に限定される。**シグナル伝達分子**であるソニック・ヘッジホッグ（Shh）は脊索で発現し、胚盤の右側で左側の遺伝子の発現を抑制し、正中の障壁として機能するようである。結節細胞の線毛が、正常とは異なって、胚盤の右側に向けて線毛運動を行うと、すべての臓器がその正常な位置の鏡像で発達する**逆位** situs inversus として知られる状態を引き起こすのかもしれない。

参考文献 Further reading

Barends, P.M.G., Stroband, H.W.J., Taverne, N., te Kronnie, G., Leën, M.P.J.M. and Blommers, P.C.J. (1989): Integrity of the preimplantation pig blastocyst during expansion and loss of polar trophectoderm (Rauber cells) and the morphology of the embryoblast as an indicator for developmental stage. J. Reprod. Fert. 87:715–726.

Degrelle, A.A., Campion, E., Cabau, C., Piumi, F., Reinaud, P., Richard, C., Renard, J.-P. and Hue, I. (2005): Molecular evidence for a critical period in mural trophoblast development in bovine blastocysts. Dev. Biol. 288:448–460.

Fléchon, J.-E., Degrouard, J. and Fléchon, B. (2004): Gastrulation events in the prestreak pig embryo: ultrastructure and cell markers. Genesis 38:13–25.

Gilbert, S.F. (2006): Developmental Biology, 8th edn. Sinauer Associates, Inc., Publishers, Sunderland, Massachusetts.

Maddox-Hyttel, P., Alexopoulos, N.I., Vajta, G., Lewis, I., Rogers, P., Cann, L., Callesen, H., Tveden-Nyborg, P. and Trounson, A. (2003): Immunohistochemical and ultrastructural characterization of the initial post-hatching development of bovine embryos. Reproduction 125:607–623.

Ohta S., Suzuki K., Tachibana K., Tanaka H. and Yamada G. (2007). Cessation of gastrulation is mediated by supression of epithelial-mesenchymal transition at the ventral ectodermal ridge. Development 134:4315–4324.

Robb, L. and Tam, P.P.L. (2004): Gastrula organiser and embryonic patterning in the mouse. Semin. Cell Dev. Biol. 15:543–554.

Sadler, T.W. (2006): Langman's Medical Embryology. 10th edition, Lippincott Williams and Wilkins, Baltimore, Maryland, USA.

Stern, C.D. (2004). Gastrulation. From cells to embryo. Ed. Cold Spring Harbor Laboratory Press, Cold Spring Harbor, New York.

Vejlsted, M., Du, Y., Vajta, G. and Maddox-Hyttel, P. (2006): Post-hatching development of the porcine and bovine embryo – defining criteria for expected development in vivo and in vitro. Theriogenology 65:153–165.

CHAPTER 8

Fred Sinowatz

神経胚形成
Neurulation

　神経胚形成 neurulation は、胚子の発生における重要な現象である。その過程で、脳および脊髄を含む**中枢神経系** central nervous system の前駆構造である**神経管** neural tube が形成される。神経系は最初に発生が始まる器官系であるが、機能的には脈管系の発生に追い越されてしまう。

神経管の形成：一次および二次神経胚形成
Formation of the neural tube: primary and secondary neurulation

　神経胚の形成期は慣習的に一次段階および二次段階に分けられるが、この期間中に、上胚盤葉が誘導され**神経外胚葉** neural ectoderm を形成する（**図8-1**）。**一次神経胚形成** primary neurulation における最初の形態学的徴候は、原始線条の退縮に伴って起こる外胚葉前方の背側の肥厚である。外胚葉が特殊化して肥厚したこの楕円形の領域は**神経板** neural plate と呼ばれる。その後、神経板は**造形** shaping によって、前方域が広がり後方域が狭くなり、さらに細長い鍵穴状の構造に変わる。神経板を造形する主な推進力は、神経胚における収束的な伸展であると思われ、これにより細胞は最終的に内側方向に移動して正中線に入り込む。これによって神経板は伸長し細くなる。神経板の造形に引き続き、**神経溝** neural groove と呼ばれる正中部のくぼみの両側が盛り上がって**神経ヒダ** neural fold が形成される。ブタやウシの神経ヒダは発生第3週の間に明らかとなる。頭側の神経ヒダの発生は、その下層にある間葉に高度に依存しており、間葉が増殖して著しく膨張すると細胞間隙が顕著に増大し、神経ヒダの隆起が始まる。神経管の脊髄部分では、沿軸性の神経ヒダの隆起は、間葉の隆起を伴うものではない。

　左右の神経ヒダは盛り上がり続け、正中線で向かい合い、最終的に融合して**神経管** neural tube を形成する。神経管は将来表皮に発生する表面外胚葉に被われるようになる。この過程は、神経板細胞の細胞骨格（マイクロフィラメントおよび微小管）や、下層にある沿軸性組織および脊索組織由来の外部からの力によって促進される。この**一次神経胚形成** primary neurulation によって、**脳** brain と**脊髄** spinal cord の大部分が形成される。

　尾芽では、神経管は**二次神経胚形成** secondary neurulation によって形成される。これは、一次神経胚形成とは別のメカニズムであり、神経ヒダは形成されない。この場合、まず脊髄が上皮細胞の密な集塊として形成され、中央の腔は**管腔形成** cavitation によって二次的に発生する。一次神経胚形成から二次神経胚形成への移行は、将来の前位仙髄レベルで起きる。

Neurulation

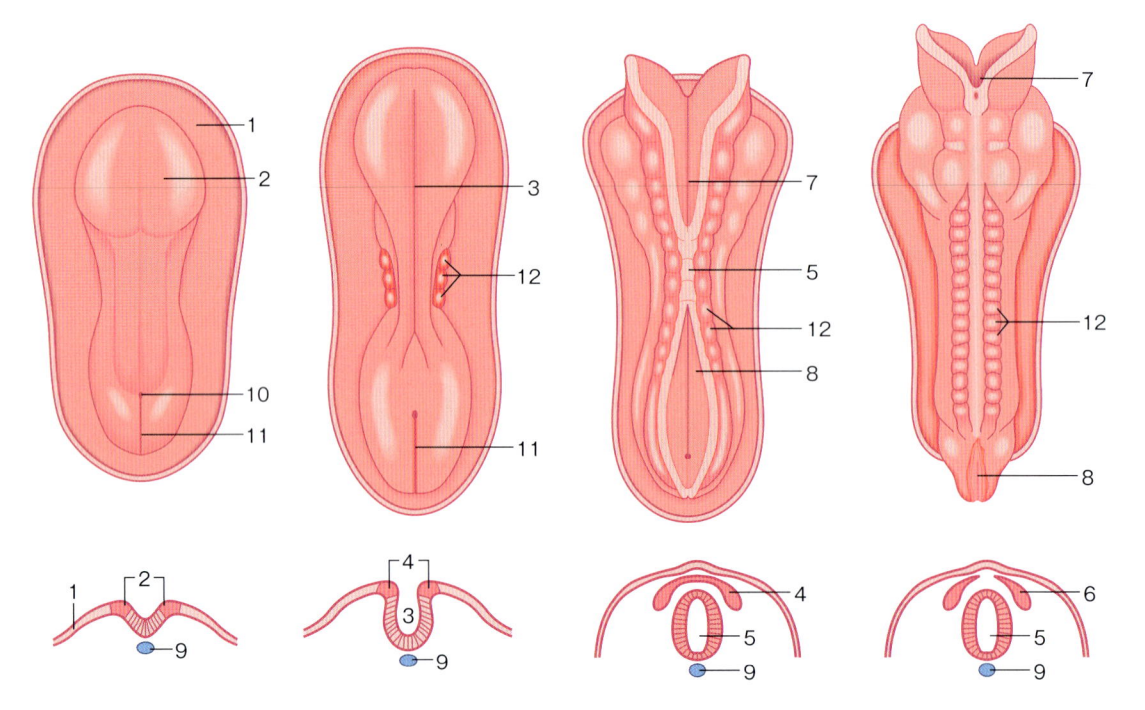

図 8-1：神経管と神経堤の発生。神経板の両縁が隆起し、神経ヒダとなる。相対的にくぼんだ神経板の中央部は神経溝と呼ばれる。神経ヒダは盛り上がり続け、正中部で相対し、融合して神経管を形成し、将来、表面外胚葉によって被われるようになる。神経ヒダが隆起し、融合すると、神経外胚葉の外側縁にある細胞（神経堤細胞）は、その近隣組織から移動し始め、上皮－間葉転換を起こして、神経外胚葉から離れる。1: 表面外胚葉、2: 神経板、3: 神経溝、4: 神経堤、5: 神経管、6: 脊髄神経節、7: 頭側神経孔、8: 尾側神経孔、9: 脊索、10: 原始結節、11: 原始線条、12: 体節。

神経板の屈曲と神経ヒダの向かい合い
Bending of the neural plate and apposition of neural folds

神経板の屈曲は、一次神経胚形成期にみられ、脊索の上部に位置する**正中蝶番点** median hinge point（MHP）、表面外胚葉および神経ヒダの外側との連結点に位置する一対の**背外側蝶番点** dorsolateral hinge point（DLHP）の3つの主要な箇所で起こる。MHPは、脊索からのシグナルによって誘導され、前位の脊髄神経板が屈曲する唯一の部位である。

やがて、左右の神経ヒダは互いに正中線に近づき、最終的にそこで融合する。神経上皮細胞のアクチン細糸（アクチン・フィラメントともいう）は頭側の神経胚形成に重要な役割を果たしている。これはマウスの突然変異体から得られたデータやサイトカラシン（アクチン細糸の伸長を阻害する薬剤）を用いた研究から明らかにされており、さまざまな動物種において、特に頭側部における神経管の閉鎖は細胞骨格の1つであるアクチン細糸に大きく依存していることが示されている。その一方で、脊髄部の神経胚形成は、アクチン細糸の破壊に対してより抵抗性を示す。

神経ヒダが背側正中線で互いに接近する際に、細胞集団が神経ヒダの頂端から突出して伸び出し、ヒダ同士が接触したときに交互に噛み合って結合する。これが最初の細胞間認識であり、これにより、

第8章 神経胚形成

後に恒久的な細胞接着が成立するまでの初期の細胞接着が可能となる。

神経ヒダの融合 Fusion of neural folds

神経ヒダの融合は頸部から始まり、そこから頭側および尾側に進行する。この融合は、細胞表面にある複合糖質に仲介されている。これらの過程を経て、**神経管** neural tube が形成され、上層にある外胚葉性細胞層から分離する。融合が完了するまで、神経管の頭側と尾側の両端は、2つの開口部である**頭側および尾側神経孔** anterior and posterior neuropores を介して羊膜腔と連絡する。ウシの胚子では、頭側神経孔の閉鎖はおよそ胎齢24日目（18～20体節期）に起きるが、尾側神経孔の閉鎖はそれより2日遅れ（25体節期）で起きる。これで神経胚形成が完了する。この時点で、中枢神経系は、**脊髄** spinal cord の原基としての狭い後部と、**脳** encephalon の原基であるより広い頭部を持つ閉じた管状の構造となる。神経胚形成期には、神経上皮はもっぱら細胞増殖を行い、神経管の閉鎖が完了するまでは、細胞は細胞周期を離脱せず、神経細胞の分化は開始されない。

神経胚形成期のアポトーシス Apoptosis during neurulation

神経胚形成期の間、神経上皮の細胞増殖は、ある程度の**アポトーシス** apoptosis を伴っている。アポトーシスの比率は、精緻に調整されていると思われ、アポトーシスの程度が増減すると、いずれの場合も同じく有害であるようだ。たとえば、過度のアポトーシスが起こると、形態形成のために必要な、正常な機能を持つ細胞がごくわずかしか残らないために頭側の神経胚形成が妨げられるが、逆にアポトーシスの程度が弱すぎて細胞死が減少すると、神経管の閉鎖不全につながることを示しているデータもある。

神経ヒダの先端部でのアポトーシスは、特殊な機能を果たしているらしい。向かい合った神経ヒダ同士が接触し、互いに接着した後、アポトーシスによって正中部で上皮のリモデリングが起き、神経上皮と表面外胚葉との連続性が遮断される。アポトーシスを阻害すると、脊髄神経管の欠損が生じるが、これはおそらく、背側正中部におけるリモデリングが妨げられることによるものであろう。

神経堤 Neural crest

神経堤の形成 Formation of neural crest

神経ヒダが隆起するにつれ、ヒダの外側縁で神経上皮の稜を形成している**神経堤** neural crest の細胞は**上皮−間葉転換** epithelio-mesenchymal transition を起こし、下層にある中胚葉組織に向かって活発に移動することで神経外胚葉から離れる（図8-1）。神経堤細胞の誘導には、神経外胚葉とその上を覆う表面外胚葉との相互作用が必要である。神経堤細胞は、表面外胚葉からの誘導指令の結果特殊化される。この指令は、おそらく骨形成タンパク質4（BMP4）、BMP7、およびWntの濃度勾配に仲介されている。表面外胚葉から骨形成タンパク質が分泌されることでこのプロセスが開始される。このようにして刺激された神経堤細胞は、Znフィンガーファミリーの転写因子であるSlugを発現し、この転写因子は細胞に胚細胞層から離れ、間葉細胞として移動する性質を与える。

神経堤細胞の移動と神経胚形成は、神経管頭側部では、時間的および空間的に関連しているが、中脳部と後脳部（脳胞）では、神経堤細胞は神経ヒダの頂点から離れ始め、神経管が閉鎖するはるか以前に

Neurulation

表 8-1：頭部神経堤および咽頭周囲神経堤に由来する主要組織

知覚神経系	三叉神経（V）、顔面神経（VII）、舌咽神経（上神経節、近位神経節）、迷走神経（頸静脈神経節、近位神経節）の神経節
自律神経系	副交感神経節：毛様体神経節、篩骨神経節、蝶形口蓋神経節、下顎神経節、内臓神経節 知覚神経節の神経節膠細胞（衛星細胞）、末梢神経のシュワン細胞、前脳および中脳の一部のクモ膜と軟膜
内分泌細胞	頸動脈小体、甲状腺の小（濾）胞傍細胞
色素細胞	メラニン細胞
中外胚葉性細胞	頭蓋（前頭鱗と前頭骨の一部）、鼻骨と眼窩を形成する骨、耳胞の一部、口蓋、上顎骨、気道の軟骨、外耳の軟骨の一部
結合組織	皮膚の真皮と脂肪細胞、目の角膜、ゾウゲ芽細胞、腺（甲状腺、上皮小体、胸腺、口腔腺、涙腺）の支質細胞、心臓の流出路、心半月弁、大動脈壁および大動脈弓由来の派生動脈
筋	毛様体筋、真皮平滑筋（立毛筋）、血管平滑筋

移動し始める。それに対して、脊髄領域では、神経堤細胞の移動は脊髄神経管の閉鎖が完了して数時間を経ないと開始されない。

神経堤細胞の移動
Migration of neural crest cells

　神経堤細胞が神経管から離れる経路は、領域によって異なっている。移動中の神経堤細胞は、細胞や組織の異なった系列を生じさせる。神経ヒダの頭側部から移動した神経堤細胞は、この領域で神経管の閉鎖が起こる前に、頭蓋顔面の骨格や他の間葉系由来の組織に分化していくが、**表 8-1** に示すように、頭部の神経節ニューロン、シュワン細胞、メラニン細胞などその他の種類の細胞にも分化することができる。

　神経堤細胞は、自身の形やその他の特性を典型的な神経上皮細胞のものから**間葉細胞** mesenchymal cell のものへと変化させることによって、神経板または神経管から離れる。頭部領域では、初期の神経堤細胞は神経上皮の底部にある基底膜を貫通する突起を伸ばす。基底膜がさらに分解されると、神経堤細胞はこの時点で見た目は間葉系となり、基底膜の残骸を通り抜け、周囲の間葉の中へと移動する。

　神経堤細胞の上皮－間葉転換に付随する重要な変化は、神経管に特有の細胞接着分子群（CAMs、たとえば N-CAM および N-カドヘリン）を失うことによる**細胞接着性の喪失** loss of cell adhesiveness である。

　神経上皮から離れた後の神経堤細胞は、細胞成分が比較的少ないながらも、細胞外マトリックスの分子が豊富な環境に置かれる。神経堤細胞はいくつかの明確な経路に沿って移動するが、その移動距離は細胞固有の性質および細胞が置かれた環境の両者からの影響を受ける。

　神経堤細胞の移動はファイブロネクチン、ラミニンおよびIV型コラーゲンなどの基底膜に見られる細胞外マトリックス成分によって起こる。これらの基質分子への接着や基質分子上の移動は、移動中の細胞の上にあるインテグリン（接着分子の1つのファミリー）が仲介している。コンドロイチン硫酸プロテオグリカンなどの細胞外マトリックスの分子が、

神経堤細胞の移動を阻害するなどして、このプロセスの平衡を保つ。

頭部神経堤 Anterior neural crest

発生中の頭部（図8-2）および体幹部における神経堤細胞は異なる移動経路をたどる。**頭部神経堤 anterior neural crest** は胚子の発生途中の頭部末端の主要構成要素である。比較解剖学的および発生学的研究によって、頭部神経堤は脊椎動物の頭部の進化にとって主要な形態的基質であることが示されている。頭部神経堤細胞は、神経ヒダの融合よりもかなり以前に発生初期の神経管から離れ、拡散的な流れとなって頭部の間葉中を移動し、発生途中の頭部における最終目的地に到達するが、それらの移動経路は細胞外マトリックスの局所的な相違によって制御されている。

菱脳前部における神経堤の起源は、咽頭弓（第14章参照）の最終的な目的地や特定の遺伝子産物の発現に大きく影響する。**第一および第二菱脳分節 rhombomeres 1 and 2** に由来する神経堤細胞は、**第一咽頭弓 first pharyngeal arch** 内に移動し、その部分の間葉の大半を形成する。**第四菱脳分節 rhombomere 4** の神経堤細胞は、**第二咽頭弓 second pharyngeal arch** 内に移動し、さらに**第六および第七菱脳節 rhombomeres 6 and 7** の神経堤細胞は、**第三咽頭弓 third pharyngeal arch** 内に移動する。菱脳分節の神経堤細胞の移動パターンと *HoxB* 遺伝子複合体の遺伝子産物の発現のあいだには、密接な相関性があることが証明されている（第14章参照）。*HoxB-2*、*HoxB-3* および *HoxB-4* 遺伝子の産物は、神経管と第二、第三および第四咽頭弓の神経堤由来の間葉の両者で規則的な配列で発現するが、第二菱脳分節や第一咽頭弓の間葉ではそのようなパターンで発現しない。神経堤細胞が咽頭弓に定着するようになると、咽頭弓を覆っている外胚葉もまた同じようなパターンで *HoxB* 遺伝子産物を発現する。神経堤細胞と咽頭弓を覆う表面外胚葉のあいだのこれらの相互作用は、咽頭弓の外胚葉がどのように分化するかに影響を及ぼしている可能性がある。

体幹部の神経堤細胞とは対照的に、頭部神経堤由来の細胞は、事前にプログラムされており、それらが神経管を離れる前に、すでに明確な形態形成の指令が刷り込まれているものであると長期間に渡って考えられていた。しかしながら、最近の実験は環境因子が頭部神経堤細胞の運命を決めるうえで決定的な役割を果たしていることが示されている。現在では、神経堤細胞の分化に関わる領域的な影響力の多くは、移動中に出会う相互作用に起因することがわかっている。

頭部神経堤細胞は、頭部の結合組織や骨格組織を含む、さまざまなタイプの細胞や組織（**表8-1**、第14章および第16章参照）に分化する。

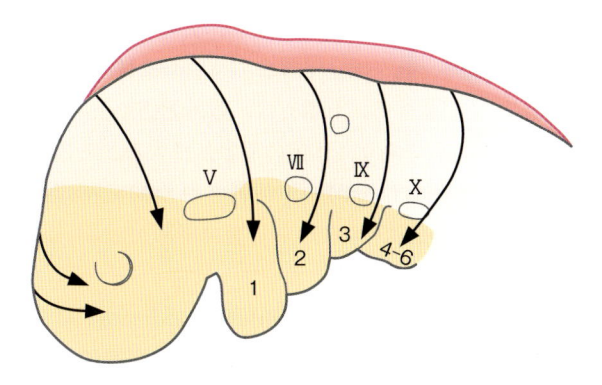

図8-2：頭部領域における神経堤細胞の移動経路（Sadler, 2006により改変）。神経堤を離れた細胞は移動し、顔面および頸部の構造を形成する。1〜6：咽頭弓、V、VII、IXおよびX：鰓上プラコード。Lippincott Williams & Wilkins から許可を得て複製。

咽頭周囲神経堤
Circumpharyngeal neural crest

　咽頭周囲神経堤 circumpharyngeal neural crest は、後部菱脳領域および咽頭下部に由来する。この領域に由来する細胞は、腸管方向（第一体節から第七体節のレベルに由来する迷走神経堤細胞）と心臓方向（前部菱脳から第五体節のレベルに由来する心臓神経堤細胞）に向かって移動し、心臓の拍出路（第12章参照）の形成に強く関わっている。**迷走神経堤細胞** vagal neural crest cell は、消化管の副交感神経ニューロンの前駆細胞として発生途上の腸管の中に移動する。これらは、仙髄部に由来する神経堤細胞と共に尾側方向へ移動し、腸管の全長に渡って定着する。これらの細胞は**粘膜下および筋層間神経叢** the submucosal and myenteric plexus を形成する。

　心臓神経堤細胞 cardiac neural crest cell は、心臓からの流出路を大動脈と肺動脈に分割する**動脈幹ヒダ** truncoconal folds（大動脈肺動脈稜）、流出路の基部にある**半月弁** semilunar valves の各弁、および上行大動脈との接続部付近の近位**冠状動脈** coronary artery の動脈壁の形成に大きく関わっている（第12章参照）。また、これらは心筋細胞の正常な分化を誘導するシグナルを修飾する。さらに心臓神経堤細胞は、脳神経の**シュワン細胞** Schwann cell にも分化する。

　心臓神経堤細胞集団のうちのかなりの割合は、胸腺、上皮小体および甲状腺など、他の器官の形成に関連するようになる。これらの器官に見られるいくつかの深刻な異常は心臓神経堤の欠損による。その一例として、ヒトの 22 番染色体上の欠失によって引き起こされるディジョージ（DiGeorge）症候群がある。この症候群は、動脈幹遺残や大動脈弓の奇形などの心血管異常のみならず、胸腺、甲状腺および上皮小体の形成不全と機能低下といった特徴が見られる。

　咽頭周囲神経堤細胞は咽頭腹側にも移動する。そこで神経堤細胞は、頭側方向に移動中の体節由来の筋芽細胞と同行して固有舌筋や下咽頭筋を形成し、さらにこれらの筋の結合組織を形成する。この領域の心臓神経堤細胞が障害されると、腺や頭蓋顔面の奇形のみならず、心臓の中隔（大動脈肺動脈中隔）欠損となる可能性がある。

体幹部神経堤 Trunk neural crest

　体幹部神経堤 trunk neural crest は、第六体節から最後端の体節まで伸びる。体幹では、神経堤細胞の３つの主要な移動経路が識別される。１番目は、外胚葉と体節間にある**背外側路** dorsolateral pathway である。この経路を移動する細胞は、外胚葉の下に分散し、最終的に色素細胞（メラニン細胞 melanocyte）となって外胚葉の中に侵入する。２番目は、**腹内側路** ventromedial pathway であり、神経堤細胞はまず胚子の前半部で体節と神経管の間の空間に移動する。その経路は体節の腹内側表面の直下に続いており、移動中の細胞を背側大動脈へ導く。この経路をたどる細胞は、**交感神経副腎系列** sympathoadrenal lineage に属し、**交感神経系** sympathetic nervous system および**副腎髄質** adrenal medulla を形成する。３番目は、**腹外側路** ventrolateral pathway であり、体節の前半部に入る。この経路をたどる細胞は分節的に配置された**知覚神経節** sensory ganglion、すなわち**脊髄神経節** spinal ganglion を形成する。

　交感神経副腎系列 sympathoadrenal lineage は、本来の性質を失った交感神経副腎前駆細胞に由来し、この前駆細胞はすでに分化上、多くの制限ポイントを通過しているため、もはや知覚性ニューロン、神経膠（グリア）細胞、またはメラニン細胞にはなれない。これらの前駆細胞から、４つのタイプ

の細胞が生じる。すなわち（1）**副腎クロム親性細胞** adrenal chromaffin cell、（2）**交感神経節内に見られる小型で強い蛍光を発する SIF 細胞**、（3）**アドレナリン作動性交感神経ニューロン** adrenergic sympathetic neuron、および（4）少数の**コリン作動性交感神経ニューロン** population of cholinergic sympathetic neuron である。

　この細胞系列のさらに下流には、副腎クロム親性細胞あるいは交感神経ニューロンのいずれかに発生することが可能な二分化能を持つ前駆細胞が存在する。二分化能を持った前駆細胞は、すでにいくつかのニューロンの特徴を有しているが、最終的な分化は、それらが置かれた環境に依存する。発生初期の交感神経節において線維芽細胞増殖因子（FGF）と神経成長因子（NGF）が存在する場合には、これらの前駆細胞は最終的に交感神経ニューロンへと分化する。一方、発生中の副腎髄質において前駆細胞が副腎皮質細胞から分泌されるグルココルチコイドにさらされると、それらはニューロンの性質を失って副腎クロム親性細胞に分化する。しかしながら、この選択は絶対的なものではなく、クロム親性細胞は、生後 in vitro で NGF に暴露されると、刺激されて、ニューロンへと分化転換することができる。

　腸管では、全長にわたって、神経堤に由来する副交感神経ニューロンとそれに関連した腸管神経膠細胞が定着している。これらは、頸髄（迷走神経）と仙髄の高さにある神経堤細胞から発生し、神経膠細胞由来神経栄養因子（GDNF）の影響下で、発生中の腸管に沿って広範囲に移動する。仙骨神経堤細胞は、後腸に定着するが、それでも腸管ニューロンでは少数派であり、大部分の腸管ニューロンは迷走神経堤細胞に由来する。腸管内では、神経堤細胞が**腸管神経系** enteric nervous system を形成し、この神経系は多くの点で、他の神経系から独立しているように振る舞う。腸管ニューロンの数は、脊髄内のニューロンの数とほぼ一致しており、それらのほとんどは、脳や脊髄と直接接続していない。このような独立性があるため、中枢神経系からの入力がなくとも腸が反射活動を維持できると考えられる。

　神経堤細胞は、脊髄を離れる前には腸管関連の神経組織の形成には関わっていない。実験的に迷走神経堤を体幹部神経堤（通常は腸管関連の神経組織を生じない）によって置き換えた場合、腸管には移植された体幹部神経堤細胞が定着する。これらの移植された神経細胞の産生する神経伝達物質に、移動経路が分化に影響を及ぼすという証拠を見ることができる。すなわち、異所性に移植された体幹部神経堤細胞から分化した副交感神経ニューロンは、腸管内でカテコールアミンではなく、セロトニンを産生する。もし、これらのニューロンが体幹部の通常の発生部位で分化したのであれば、セロトニンではなく、カテコールアミンを産生していたであろう。

　神経堤細胞の分化は、腸管の環境の影響を強く受けるにも関わらず、細胞は驚くほど柔軟な発生を行う。鳥類の胚において、すでに腸管内にある神経堤由来の細胞をより未熟な胚の体幹領域に移植すると、それらは腸管と関連のある、これまでの記憶を失うかのように見える。それらは、すべての体幹部神経堤細胞（色素細胞の経路を除く）に共通の経路に入って、その環境に従って分化する。

　ほとんどの腸管関連副交感神経ニューロンの神経堤前駆細胞は、塩基性ヘリックス・ループ・ヘリックス型転写因子である Mash 1 を発現する。交感神経ニューロンの前駆細胞もこれを発現するが、知覚ニューロンの前駆細胞は発現しない。Mash 1 の発現は、腸管において移動を終えた細胞がニューロンへの分化能を維持するためと考えられ、成長因子である BMP2 や BMP4 によって刺激される。これらの細胞が自律神経系ニューロンの形成に完全に関与するためには、その他の環境因子が必要である。

　頭部神経堤に比べ、体幹部神経堤は、分化の選択肢の範囲が比較的限られている。体幹部神経堤から

派生するものを**表8-2**にまとめた。

神経堤の系統発生的起源
Phylogenetic origin of the neural crest

　系統発生的に、神経堤は脊椎動物の典型的な特徴である。そこから派生する構造は、しばしば無脊椎動物に存在する表皮神経叢および内臓神経叢と相同なものと見なされることが多い。したがって、神経堤は、脊椎動物に見られる神経系が中枢化した結果生じたと考えられる。

　進化の過程で脊椎動物は、特殊感覚器や運動構造をも発達させた。これらの進化的に"新しい"獲得形質を保護し支えるために、骨格構造も発達した。したがって、脊椎動物の神経堤は神経系の変化の結果として、また特殊感覚器や筋のために存在する諸構造を保護するための必要性から進化したものと想定することができる。この点を踏まえれば、神経堤細胞が2つの基本的な発生上の運命を持っていることは驚くべきことではない。すなわち、神経堤細胞は**末梢神経系の神経節要素と支持構造**を形成し、また**間葉（外胚葉性間葉）**mesenchyme（ectomesenchyme）にも分化しうる。神経堤細胞がどの高さから移動を始めるかによって、発生上の運命は異なる。すなわち、第七体節より頭側に形成された頭部神経堤は、ニューロンと外胚葉性間葉を形成できる。第七体節より尾側の体幹部神経堤は、神経系の構造物と体節を形成するが、生理的条件下では、外胚葉性間葉を形成することはない。

要約 Summary

　一次神経胚形成 primary neurulation のあいだに、**神経板** neural plate は上胚盤葉の前方に形成される。その後、**神経ヒダ** neural fold が**神経溝** neural groove と**神経管** neural tube の境界を規定する。神経管の尾側部は、**二次神経胚形成** secondary neurulation によってつくられ、密な神経索が二次的に内腔を形成する。神経管の頭側および尾側末端部は、**頭側および尾側神経孔** anterior and posterior neuropore を介して羊膜腔と連絡し、これらは後に閉鎖する。

　神経ヒダが隆起するにつれ、外側縁に位置して神経上皮の稜を形成している**神経堤** neural crest の細胞は、活発に移動して神経外胚葉から離れ、下層にある中胚葉に侵入し、**上皮-間葉転換** epithelio-mesenchymal transition を起こす。現在では、神経堤は神経系および非神経系双方の広範な器官系に対して重要な役割を果している多能性幹細胞集団と見なされている。

　神経堤細胞は、全身にわたって末梢部位へと移動する。それらはニューロン、末梢神経系の神経膠細胞、メラニン細胞および副腎髄質細胞といった多種類の細胞に分化する。さらに、**頭部および咽頭周囲神経堤細胞** cranial and circumpharyngeal neural crest cells は、軟骨、骨、ゾウゲ質、真皮線維芽細胞、平滑筋細胞、咽頭腺の支質細胞、心臓や大血管にあるいくつかの構造へと分化する。体幹部神経堤

表 8-2：体幹部神経堤に由来する主要組織

知覚神経系	脊髄神経節
自律神経系	交感神経系の神経節、腹腔神経節および腸間膜神経節、内臓神経叢および骨盤神経叢、末梢神経のシュワン細胞、知覚神経節の神経節膠細胞、腸管の神経膠細胞
内分泌細胞	副腎髄質、心臓および肺の神経分泌細胞
色素細胞	メラニン細胞
中外胚葉性細胞	なし
結合組織	なし
筋	なし

細胞 neural crest cells in the trunk は、3つの主要な経路をたどって移動する。それらは、メラニン細胞になるための**背外側路** dorsolateral pathway、交感神経および副腎系列の細胞になるための**腹内側路** ventromedial pathway、および体節の前半部を通過し、知覚神経節（すなわち脊髄神経節）を形成するための**腹外側路** ventrolateral pathway からなる。頭部および咽頭周囲神経堤細胞とは異なり、体幹部神経堤細胞は、骨格系の要素に分化することはできない。

Box 8-1 神経堤の形成と神経堤細胞の移動

神経堤の形成は、神経板と沿軸中胚葉または非神経外胚葉との相互作用によって誘導される。いくつかのシグナル伝達経路が神経外胚葉および非神経外胚葉の境界部に集中し、そこに神経堤がつくられる。この過程で同定された分子の中には、**BMP**、**Wnt**、**FGF** および **Notch** シグナル伝達経路ファミリーのメンバーが含まれる。これらのシグナルとその下流にある標的の協調的な作用が、神経堤の独自性を決定する。神経堤は脊椎動物で新しく備わったものである。比較ゲノム解析によって、神経堤の移動に関する特性は、脊椎動物および無脊椎動物の共通の祖先にすでに存在し、このプログラムを利用することによって進化してきたことが示唆されている。多様なメカニズムが、身体のさまざまな領域における神経堤細胞の移動を制御している。体幹部では、細胞間の相互作用が影響力を持ち、中胚葉性体節は、神経堤細胞の頭尾軸のパターン形成を制御する。脊索は、神経堤細胞が正中線を横切るのを妨げる。後脳では、神経堤細胞の分節的な移動は、菱脳分節に固有の情報と、耳胞などの隣接する組織からの環境シグナルの両方によって影響を受ける。移動する神経堤細胞、それらが出現する神経管、そしてそれらが通過する組織の間には親密な関係が明らかに存在する。神経堤細胞の運命を決める発生上のプログラムは、固定的でもあり、かつ可塑的でもある。固定的とは、神経堤細胞の集団が軸パターンや種に特異的な頭部や顔面の形態を指示する情報を運ぶということであり、可塑的とは、神経堤細胞が個々の細胞として互いのシグナルに応答するのみならず、周囲にある神経堤以外の組織からのシグナルにも応答するということである。

参考文献 Further reading

Anderson, D.J. (1997): Cellular and molecular biology of neural crest cell lineage determination. Trends Genet. 13:276–280.

Barrallo-Gimeno, A. and Nieto, M.A. (2006): Evolution of the neural crest. Adv. Exp. Med. Biol. 589:235–244.

Basch, M.L. and Bronner-Fraser, M. (2006): Neural crest inducing signals. Adv. Exp. Med. Biol. 589:24–31.

Bronner-Fraser, M. (1995): Patterning of the vertebrate neural crest. Perspect. Dev. Neurobiol. 3:53–62.

Dupin, E. Creuzet, S. and Le Douarin, N.M. (2006): The contribution of the neural crest to the vertebrate body. Adv. Exp. Med. Biol. 589:96–119.

Farlie, P.G., McKeown S.J., Newgreen, D.F. (2004): The neural crest: basic biology and clinical relationships in the craniofacial and enteric nervous systems. Birth Defects Res. C. Embryo Today 72:173–189.

Kee, Y., Hwang, B.J., Sternberg, P.W. and Bronner-Fraser, M. (2007): Evolutionary conservation of cell migration genes: from nematode neurons to vertebrate neural crest. Genes Dev. 21: 391–396.

Maschoff, K.L. and Baldwin, H.S. (2000): Molecular determinants of neural crest migration. Am. J. Med. Genet. 97:280–288.

Noden, D.M. and Schneider, R.A. (2006): Neural crest cells and the community of plan for craniofacial development: historical debates and current perspectives. Adv. Exp. Med. Biol. 589:1–23.

Patterson, P.H. (1990): Control of cell fate in a vertebrate neurogenic cell lineage. Cell 62:1035–1038.

Sandell, L.L. and Trainor, P.A. (2006): Neural crest cell plasticity. Size matters. Adv. Exp. Med. Biol. 589:78–95.

Trainor, P.A. and Krumlauf, R. (2001): Hox genes, neural crest cells and branchial arch patterning. Curr. Opin. Cell Biol. 13:698–705.

Morten Vejlsted

胎盤形成の比較
Comparative placentation

　胚子は子宮腔に入ると、まず子宮腺からの種々の分泌物によって栄養を供給される。これらの分泌物は**組織栄養素** histotrophe、別名"子宮乳"と呼ばれる。しかしながら発達に伴い、この仕組みは急速に不十分になる。この状況を解消するには、胚子自身から血管を供給される胚外組織と、母体の循環系とのあいだに密接な関係が確立されなければならない。この関係が確立されると、血液によって運ばれる母体からの栄養、すなわち**血液栄養素** haemotrophe を胚子が取り入れることが可能となり、胚子自身の老廃物を捨て去ることも可能になる。組織栄養素と血液栄養素は合わせて、**胚栄養素** embryotrophe と呼ばれる。母体とその胚子のあいだの物質交換を行うため、一過性の器官すなわち**胎盤** placenta が胚外組織と母体組織の両者により形成される。後述するように、**胎盤形成** placentation には、子宮の胚子受容性の状態と胚子の発達段階とのあいだに緊密な同調が必要となる。

　齧歯類と霊長類では、胚盤胞は透明帯を脱出（いわゆる孵化）後すぐに子宮内膜上皮に付着する。そして、これらの動物における栄養外胚葉の侵襲的な性質のために、胚子は上皮を貫いて子宮内膜の結合組織に侵入し、そこに完全に埋まり込む。胚子が子宮内腔を去るこの過程は、**着床** implantation として知られている。しかしながら家畜では、胚子は妊娠期間を通じて、子宮内膜内表面に**付着** attached したままとどまり、食肉類以外では胎盤形成は非侵襲的である。

着床前後の受胎産物の発達
Peri-implantation conceptus development

　大部分の家畜において、胚子は胞胚形成に先立って子宮腔に到達する（第6章参照）。胞胚形成の終わりには、胚子は**内細胞塊** inner cell mass、および**胚盤胞腔** blastocyst cavity を取り囲む**栄養外胚葉** trophectoderm の球形構造より成る（**図9-1**）。この栄養外胚葉は、胎盤形成に携わる時には栄養膜と呼ばれる。胚外組織の大部分がそうであるように、栄養膜は子宮内での発育期間中には不可欠だが、分娩時に後産の一部として排出される。

　透明帯からの脱出（**孵化** hatching）期の頃、内細胞塊は分化して**上胚盤葉** epiblast と**下胚盤葉** hypoblast とになる（**図9-1**）。下胚盤葉は徐々に上胚盤葉と栄養外胚葉の内側を内張りするようになる。これが完成すると、囲われた腔所は**原始卵黄嚢** primitive yolk sac といわれるようになる。これは鳥類の胚子に見られる卵黄嚢の相似器官である。原腸胚形成の過程で、胚の3層の胚葉、すなわち外胚葉、中胚葉および内胚葉が形成される（第7章参照）。この過程のあいだに、下胚盤葉は上胚盤葉の下で次第に**内胚葉** endoderm に置き換わっていく。この間に**胚外中胚葉** extra-embryonic meso-

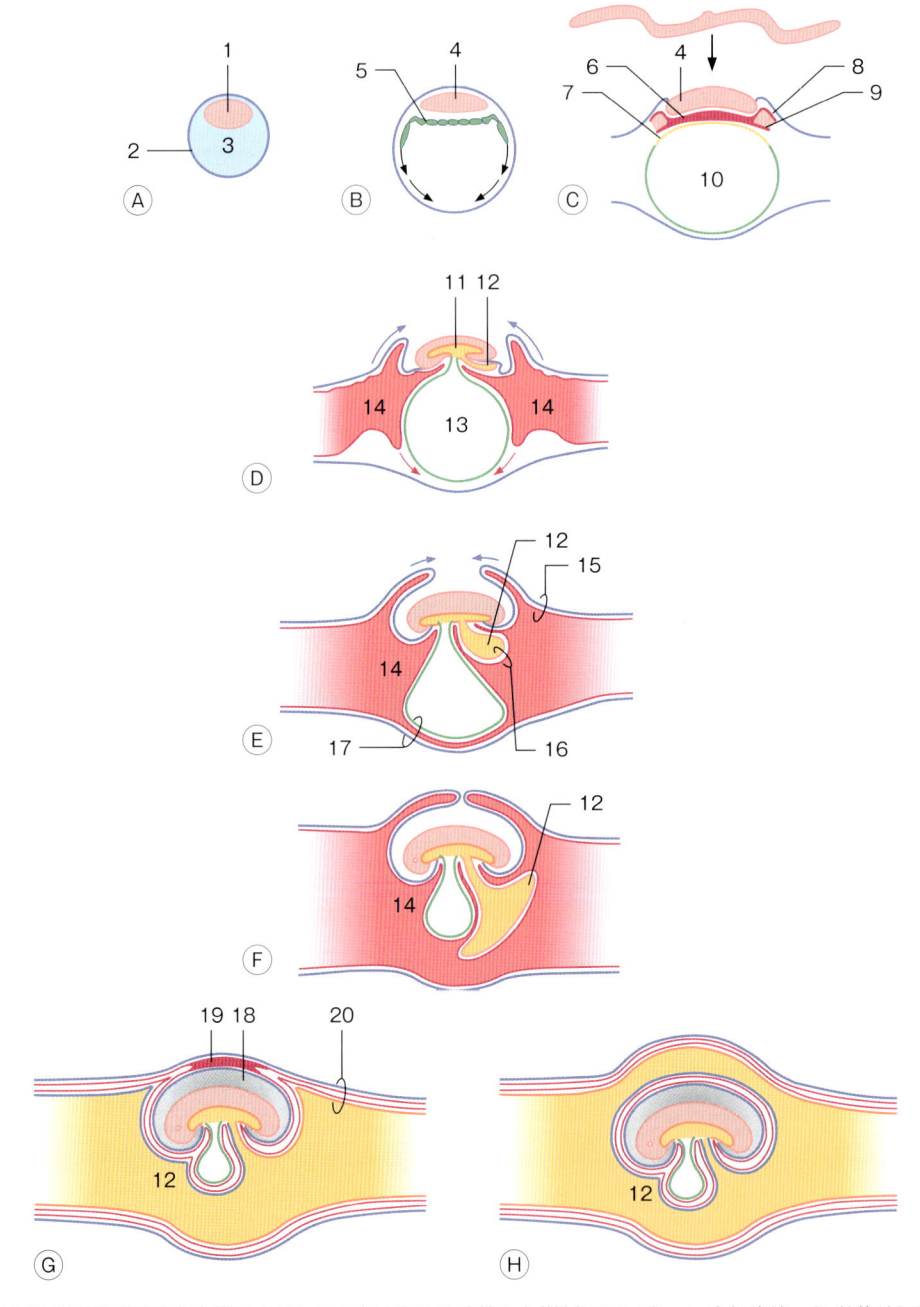

Comparative placentation

図 9-1：**A-F:** 胚外胎膜の発達を次第に成長しつつある胚子の連続した縦断面で示す。1: 内細胞塊、2: 栄養外胚膜、3: 胚盤胞腔、4: 上胚盤葉、5: 下胚盤葉、6: 胚性中胚葉、7: 内胚葉、8: 壁側胚外中胚葉、9: 臓側胚外中胚葉、10: 原始卵黄嚢、11: 原腸、12: 尿膜、13: 最終卵黄嚢、14: 胚外体腔、15: 絨毛膜、16: 臓側板、17: 最終卵黄嚢壁と絨毛膜の融合による絨毛膜卵黄嚢胎盤の形成、18: 羊膜腔、19: 羊膜縫線、20: 絨毛膜尿膜胎盤を形成する絨毛膜尿膜。**G:** ウシとブタでは、尿膜壁の背側部と絨毛膜は、羊膜縫線において融合したまま残る。**H:** ウマとイヌでは、尿膜は羊膜を完全に取り囲む。

derm は**胚外体腔** extra-embryonic coelom を内張りする壁側中胚葉と臓側中胚葉へと分化する。胚外壁側中胚葉は、それを覆う栄養外胚葉と一緒になって**絨毛膜** chorion を生じる。一方、臓側中胚葉は下胚盤葉と内胚葉とともに**臓側板** splanchnopleura を形成する。最終的には胚子本体の屈曲の結果、原始卵黄嚢から**原腸** primitive gut と**最終卵黄嚢** definitive yolk sac が形成される（第7章参照）。最終卵黄嚢は絨毛膜と融合し、いくつかの動物種で、**絨毛膜卵黄嚢胎盤** choriovitelline placenta がつくられる。

尿膜 allantois は後腸からの膨出として発達する（**図9-1**）。この膨出は最終卵黄嚢の形成後に起こる。尿膜の由来は後腸であるため、その壁の内側は内胚葉でつくられており、外側は臓側中胚葉で覆われていて、これらの2つの層は臓側板を形成する。卵黄嚢の臓側中胚葉は、血液と血管の形成が最初に見られる領域である。これが発達すると、尿膜と関連する臓側中胚葉の血管形成へと続いていく（第12章参照）。これとは対照的に、壁側中胚葉は絨毛膜のものも含めて、最初は血管のない状態でとどまっている。胚子の成長につれ、尿膜は次第に胚外体腔内へと膨らんで、ついには胚外体腔の大部分を占めるようになる。尿膜壁と絨毛膜が会合する場所で両者は融合し、**絨毛膜尿膜** chorioallantois を形成する。絨毛膜尿膜では、尿膜の臓側中胚葉内から次第に血管形成が始まり、**絨毛膜尿膜胎盤** chorioallantoic placenta が生じる。

子宮内膜の変化と母体の妊娠認識
Changes in the endometrium and maternal recognition of pregnancy

胚子が子宮腔内を自由に動き回っているあいだに、子宮は胎盤形成の準備を行う。**エストロジェン** oestrogen および**プロジェステロン** progesterone は、卵巣内で産生される主要なホルモンである（第3章参照）。発情前期と発情期（発情周期の卵胞期）のあいだ、高濃度のエストロジェンが血流中に分泌される。プロジェステロンはこれに続く発情後期と発情間期（黄体期）に優勢であり、この時期に初期胚は卵管から子宮内へと移動する。これらの発情周期の諸相による卵巣におけるホルモン産生が子宮を内張りする**子宮内膜** endometrium に顕著な変化を促す。

発情前期と発情期のあいだ、エストロジェン濃度の上昇は子宮腺の増加、支質組織の血液の増加（充血およびうっ血の結果として）および細胞外液の増加（浮腫）を引き起こす。外生殖器、とりわけ陰門は浮腫状になるので、このことは発情期の鑑別の助けとなる。発情後期には子宮内膜の浮腫は減少し、うっ血した血管のいくらかは崩壊する。この現象は不正子宮出血といわれ、この結果、陰門の排泄物に血液が混ざることがあり、ウシでは発情期が過ぎ去ったという兆候となる。

子宮腺は発情後期のあいだ増加し続け、これに続く発情間期にその分泌は最大に達する。このため、子宮腺の分泌は発情間期の最初の11日間が最大となり、存在しているかもしれない胚子のために組織栄養素を供給する。妊娠していない場合、黄体退行を反映して子宮内膜の退縮が起こる。

妊娠が継続される場合、黄体退行は必ず阻止されなければならない。黄体の維持は**母体の妊娠認識** maternal recognition of pregnancy に依存する。これは、一方では胚子の発達、もう一方では受け入れ側の子宮内膜の発達に基づく一連の事象によって認識される。胚子が子宮内に存在しているというシグナルを発することにより、胚子は子宮内膜に面していたり、内膜に付着しているあいだ、黄体退行を阻止する。このシグナルの効果は栄養膜と子宮内膜の接触の程度に依存し、反芻類とブタでは受胎産物の伸長によって、ウマでは胚子の子宮内移行によっ

Comparative placentation

て、その効果は確実なものになる。

　反芻類では、黄体はオキシトシンとプロジェステロンを産生する。オキシトシンは子宮内膜を刺激してプロスタグランジン prostaglandin（$PGF_{2\alpha}$、第3章参照）を合成させる。プロスタグランジンは、反芻類（ブタやウマでも）では黄体退行の主要因として同定されている。反芻類 ruminant では、インターフェロン・タウ interferon-tau（IFN-t）は栄養外胚葉によって産生され、子宮内膜のオキシトシン受容体の形成を阻害する。このため、胚子が存在すると、オキシトシンは $PGF_{2\alpha}$ の合成を刺激することができないので、黄体退行は阻止される。加えて、IFN-t は子宮腺からの組織栄養素の産生をも刺激する。

　ブタ pigs は黄体退行の経路を中断するために別の戦略を用いる。ブタでもオキシトシンは黄体で産生され、子宮内膜での $PGF_{2\alpha}$ の合成を促すが、ブタの胚子は黄体退行をエストラジオール oestradiol で阻止する。エストラジオールはおよそ妊娠11〜12日目頃、栄養外胚葉から産生される。これは $PGF_{2\alpha}$ が母体の血流中ではなく、子宮内腔へと分泌される作用を持つため、子宮内腔で $PGF_{2\alpha}$ は速やかに分解される。$PGF_{2\alpha}$ の分泌様式の変化、すなわち内分泌（母体の血流中へ）から外分泌（子宮内腔へ）への変化に加えて、エストラジオールは子宮筋層の収縮を刺激することにより、非常に長い子宮角内に胚子を分布することを容易にしていると考えられている。ブタでは黄体退行を阻止するためには少なくとも4個の胚子が存在しなくてはならないとされている。

　雌ウマ mare では、初期の妊娠を維持するための別の戦略が見られる。雌ウマでは、栄養膜と子宮内膜とのあいだで細胞と細胞が直接接触することは、およそ発生21日まで被膜（後述参照）によって阻害されており、その後も細胞の接触はゆっくりと行われる。この被膜は、球形のウマの胚子が妊娠6〜17日目、1日に12〜14回、子宮内膜の全表面上を移行 migrate することを可能とし、その結果、黄体退行を阻止している。胚子の移行は妊娠の維持にとって必須であることがわかっているが、この過程で雌ウマと胚子のあいだで交換されているシグナルの性質や役割は未だ完全には同定も解明もされていない。雌ウマが胚子と未受精卵の差異を、それらが卵管の中にいるときでさえ"認識"できる（胚子のみを子宮内へ通過させる）ことを考慮すると、"母体の妊娠認識"という用語を反芻類やブタで用いられているような意味でウマに当てはめることは、不適切なのかもしれない。おそらく"重大な岐路における特定のシグナル"ではなく、母体と胎子間の対話の連続という概念こそ、雌ウマでは妊娠の維持にとって必須であるように思われる。

　食肉類 carnivore でも母体の妊娠認識のためのシグナルは、未だ同定されていない。イヌの発情後期と発情間期は長い。正常な状況下では発情後期や発情間期は20〜30日間も続くことがあり、多くの場合、妊娠していない雌イヌは偽妊娠と呼ばれる症状を呈し、このとき黄体はプロジェステロン産生を、通常より長期間維持する。ほとんどの場合、この状況は自然に元に戻るが、時には治療を必要とする場合もある。黄体の寿命は長いため、妊娠の認識のための初期胚によるシグナルはイヌではあまり重要でないか、あるいはまったく必要でないのかもしれない。そのため、下垂体の黄体刺激ホルモンであるプロラクチン濃度の上昇は、イヌの妊娠後期において黄体を維持する役割を果たすと思われる。

胎盤の分類 Classification of placenta

　どのようにして胎盤形成が始まるのか、その結果、どのようにして最終的に組織が構築されるのかという点に関しては、きわめて大きな種差が存在す

る。多くの異なる胎盤の分類の理論体系が、さまざまな基準に基づいて何年にもわたって提唱されてきた。1つ目の基準は胎盤に寄与する胚外組織の性質に基づくものであり、胎盤を絨毛膜卵黄嚢胎盤または絨毛膜尿膜胎盤に分類する。**絨毛膜卵黄嚢胎盤** choriovitelline placenta では、卵黄嚢壁は局所的に絨毛膜と融合し、物質交換のための領域を形成する（**図9-1**）。家畜では、機能的な絨毛膜卵黄嚢胎盤は食肉類とウマでしか見られない。**絨毛膜尿膜胎盤** chorioallantoic placenta はすべての家畜で最も機能的な胎盤であり、尿膜壁と絨毛膜の融合によって確立され、その結果、絨毛膜尿膜がつくられる。ブタと反芻類では卵黄嚢は受胎から3～4週間後に退縮し、機能的な胎盤を形成することはない。

2つ目の分類体系は、絨毛膜尿膜表面の構造と子宮内膜との相互作用に基づくものである。絨毛膜尿膜が子宮内膜と相互に作用し合って胎盤形成に携わる領域は**絨毛膜有毛部** chorion frondosum といわれる。一方、絨毛膜尿膜が遊離し、胎盤形成に携わらないため、平滑な表面を持つ領域は**絨毛膜無毛部** chorion laeve といわれる。**ブタ** pig と**ウマ** horse では、絨毛膜有毛部は絨毛膜尿膜の表面全体にわたって散在性に分布しているため、胎盤は**汎毛性（散在性）** diffuse に分類される。ブタの絨毛膜尿膜の表面領域はヒダの形成により増加しており、一次ヒダ plicae および二次陥入ヒダ rugae として現れるので、**ヒダ性** folded に分類される。ウマでは、**絨毛膜絨毛** chorionic villi は**微小絨毛叢** microcotyledons と呼ばれるきわめて多数の特殊な微小領域に集まり、子宮内膜の陰窩の中に伸長するので、ウマの胎盤は**絨毛性** villous であるといわれる。

反芻類 ruminant では、絨毛膜有毛部は樹枝状の絨毛膜絨毛として構成され、これらは集まって、より大型の肉眼的に識別可能な**絨毛叢** cotyledon といわれる房になる。このため、反芻類の胎盤は**叢毛性** cotyledonary または**多胎盤性** multiplex であり、かつ**絨毛性** villous として知られる。絨毛叢は**子宮小丘** caruncle と呼ばれる子宮内膜の隆起部と結合し、**胎盤節** placentome を形成する。絨毛叢の絨毛膜尿膜の絨毛は胎盤節において子宮小丘の陰窩の中に伸びる。絨毛膜無毛部は、絨毛叢と絨毛叢のあいだに位置する。

食肉類 carnivore では、絨毛膜有毛部は胚子の長軸を取り囲んで伸びる幅広い帯状の構造となり、層板を形成する。このタイプの胎盤は**帯状** zonary かつ**層板状** lamellar といわれる。

3つ目の分類体系は、胚子の血液循環と母体の血液循環を隔て、胎盤関門を形成している組織層の数に基づくものである（**図9-2**）。絨毛膜尿膜胎盤には常に3層の胚子側の胚外層が存在する。3層とは、尿膜の血管を内張りする**内皮** endothelium、融合した壁側（絨毛膜側）中胚葉と臓側（尿膜側）中胚葉に由来する**絨毛膜尿膜の間葉** chorioallantoic mesenchyme、および**絨毛膜上皮** chorionic epithelium、すなわち栄養膜である。しかし、胎盤の母体部に保持される組織層の数は動物種により異なる。胎盤の形成前、子宮内膜は胎盤関門に寄与する3つの層、すなわち**子宮内膜上皮** endometrial epithelium、**結合組織** connective tissue および**血管内皮** vascular endothelium を示す。

家畜では胎盤関門における母体側の組織層の数により、胎盤は2つの主な種類に分けられる。すなわち、**上皮絨毛膜胎盤** epitheliochorial placenta と**内皮絨毛膜胎盤** endotheliochorial placenta である。上皮絨毛膜胎盤はブタ、ウマおよび反芻類で見られる。この胎盤では絨毛膜上皮と子宮内膜上皮は向かい合っていて、母体組織の損失は起こらない。反芻類の上皮絨毛膜胎盤は、特殊な栄養膜細胞が子宮内膜上皮細胞のいくつかと交叉して、これらの細胞と融合するため、変化している。このため、胎盤は**合胞体性上皮絨毛膜** synepitheliochorion といわれる。一方、食肉類は内皮絨毛膜胎盤である。この胎

Comparative placentation

盤では子宮内膜上皮と結合組織が胎盤形成のあいだに失われ、栄養膜が母体の血管内皮に直接接触している。齧歯類とヒトでは、母体側の胎盤関門の退縮は完了し、栄養膜は**血絨毛膜胎盤** haemochorial placenta において血液と直接接触している。そのため、胚子の血液循環と母体の血液循環を隔てる組織層の数は、免疫グロブリンや母体の他のタンパク質の胚子への移行および子宮内（胚子）での免疫系の発達にとって重要な意義を持つ（第13章参照）。

食肉類は内皮絨毛膜胎盤であるため、胎盤の胎子側と母体側の構成要素同士は緊密に密着する。その結果、胎膜と胎盤が後産として排出される時、子宮内膜の一部が剥がれ落ちる。子宮内膜の剥離部を**脱落膜** decidua といい、このタイプの胎盤は**脱落膜性** deciduate といわれる。齧歯類やヒトの胎盤も脱落膜性である。対照的に、反芻類、ブタ、ウマの胎盤は**無脱落膜性** adeciduate である。

種差 Species differences

ブタ Pig

ブタ胚子は4細胞期となった排卵後およそ2日目に子宮に入る。透明帯から脱出した胚盤胞は発生10〜14日目に、極端に伸長する段階を経るが、この時期は長い子宮角の中での胚子の位置取り（spacing）と同期している。およそ11〜12日目に栄養膜から分泌されるエストラジオールが母体の妊娠認識をもたらし、着床は13〜14日目に子宮の子宮間膜側に沿って始まる。

卵黄嚢は一過性に存在するが、およそ20日目に機能的な絨毛膜卵黄嚢胎盤を形成することなく退縮する。このため、胎盤は絨毛膜尿膜によって形成され、**汎毛性（散在性）** diffuse、**ヒダ性** folded、**上皮絨毛膜性** epitheliochorial および**無脱落膜性** adeciduate となる。胎盤の物質交換の領域は、一次（肉眼的）ヒダ plicae と二次（顕微鏡的）陥入ヒダ rugae

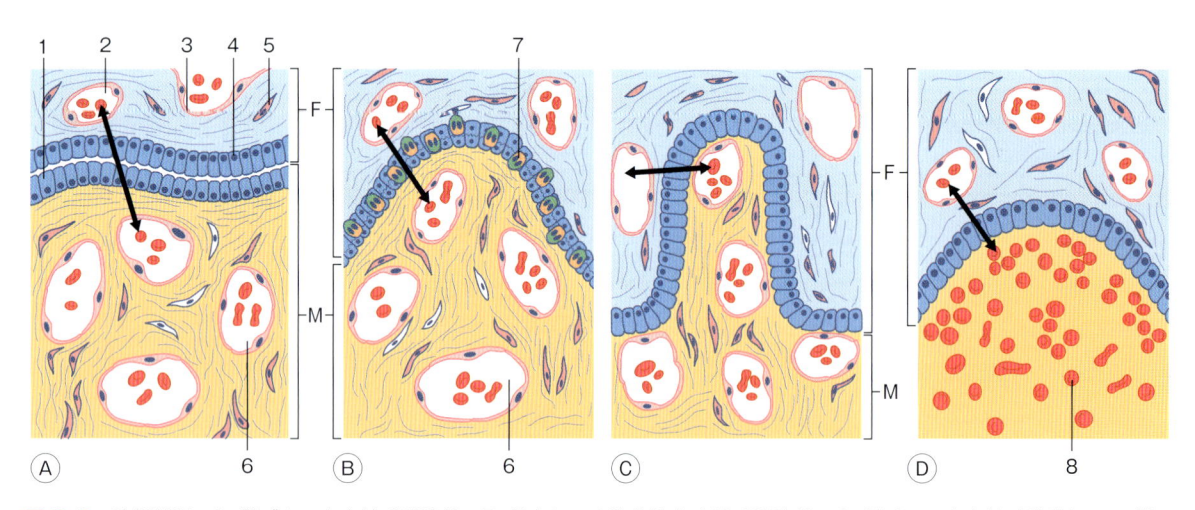

図 9-2： 胎盤関門。**A:** 雌ブタの上皮絨毛膜胎盤。**B:** 雌ウシの合胞体性上皮絨毛膜胎盤。**C:** 雌イヌの内皮絨毛膜胎盤。**D:** 雌マウスの血絨毛膜胎盤。F: 胎盤の胎子部の構造、M: 胎盤の母体側（子宮部）の構造。1: 子宮内膜上皮、2: 胎子の血管、3: 胎子の内皮、4: 栄養膜、5: 間葉、6: 母体の血管、7: 栄養膜二核細胞、8: 赤血球。胎盤関門は双方向の矢印により示す。

の形成により増加する（図9-3、9-4）。胎膜の先端部において尿膜は、絨毛膜の終端（ここは壊死尖を形成している）までは伸びない。この汎毛性（散在性）胎盤は、子宮腺の開口部を含む子宮内膜の全表面を覆う。このため、組織栄養素は子宮腺から分泌できるので、絨毛膜尿膜は腺の開口部の上にロゼッタ状の腔所、すなわち**アレオラ** areolae を形成する（図9-5）。

羊膜形成のあと、**羊膜縫線** mesamnion は永続的に存在する（第7章参照）。このため、子ブタは一般に胎膜に包まれていない状態で生まれる。羊膜はおよそ15日目に形成が始まり、卵黄嚢の退縮により羊膜縫線の領域を除く胚外体腔の全域を占める。

反芻類 Ruminants

反芻類胚子は、一般的に8～16細胞期となった排卵後約3～4日目に子宮に入る。胚盤胞は透明帯からの脱出（ハッチング）後、急速に伸長する。ウシでは妊娠22日目頃に胚子は左右の子宮角内に均等に伸びる（第6章参照）。より多くの胎子が右側の子宮角に位置するようだが、これは右側の卵巣からの排卵の方が頻度が高いということや反芻類胎子の子宮内移行がブタやウマほどには顕著でないことを反映している。母体の妊娠認識は、ヒツジで12～13日目、ウシでは16～17日頃に栄養膜によるインターフェロン・タウ（IFN-t）の分泌の結果起こり、これに引き続いてヒツジで15～20日目、ウシで16～18日目頃に着床が始まる。

卵黄嚢は一過性に存在するにすぎず、着床後短時間で退行が始まる。その後、絨毛膜尿膜胎盤が形成され、この胎盤は**叢毛性** cotyledonary または**多胎盤性** multiplex、**絨毛性** villous、**合胞体性上皮絨毛膜** synepitheliochorion および**無脱落膜性** adeciduate である。

胎盤形成は、隆起した子宮内膜の**子宮小丘** carun-

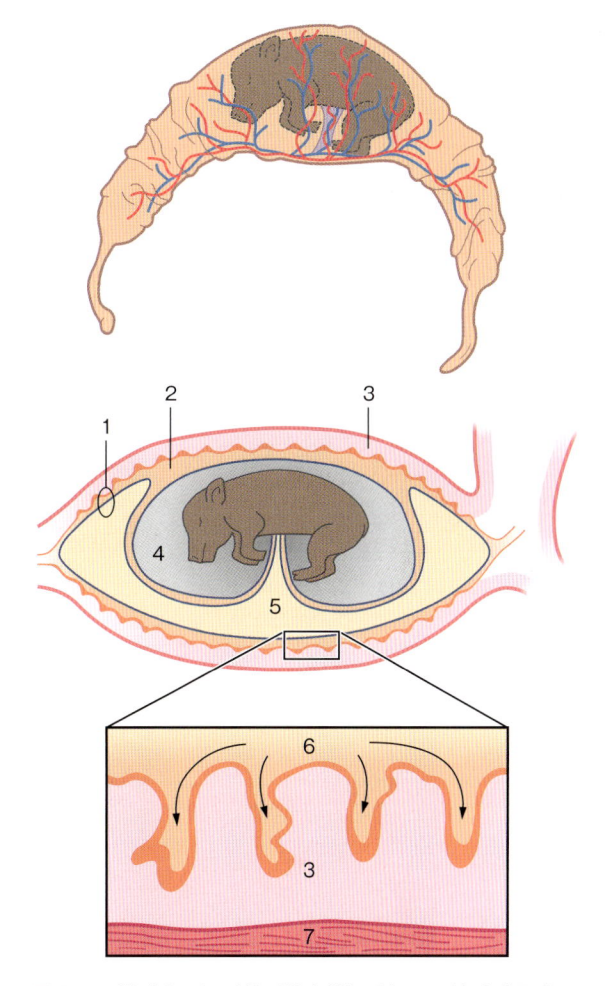

図9-3：雌ブタの汎毛性（散在性）胎盤。1: 絨毛膜尿膜、2: 羊膜縫線、3: 子宮内膜、4: 羊膜、5: 尿膜、6: 二次陥入ヒダを伴う絨毛膜尿膜ヒダ、7: 子宮筋層。

cle の対側に発達する絨毛膜尿膜の絨毛によって起こり、円状の子宮小丘の形に対応した**絨毛叢** cotyledon を形成する。子宮小丘と絨毛叢は共に**胎盤節** placentome を形成する（図9-6、9-7）。子宮小丘の数は、ウシでは75～120個、ヒツジでは80～100個である。

胎盤節はウシで凸状、ヒツジで凹状、ヤギでは平坦である。絨毛叢を覆う栄養膜は、ホルモンを産生する**栄養膜二核細胞（栄養膜巨細胞）** giant binu-

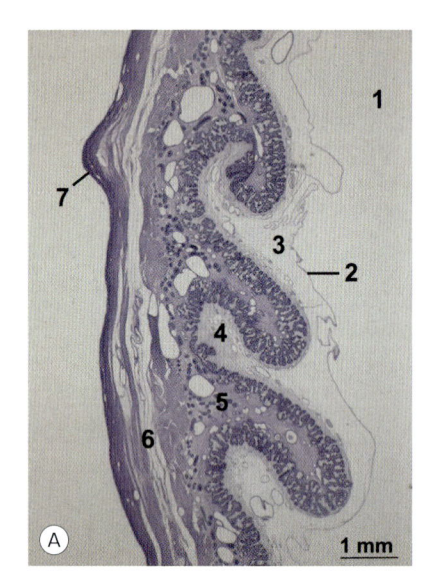

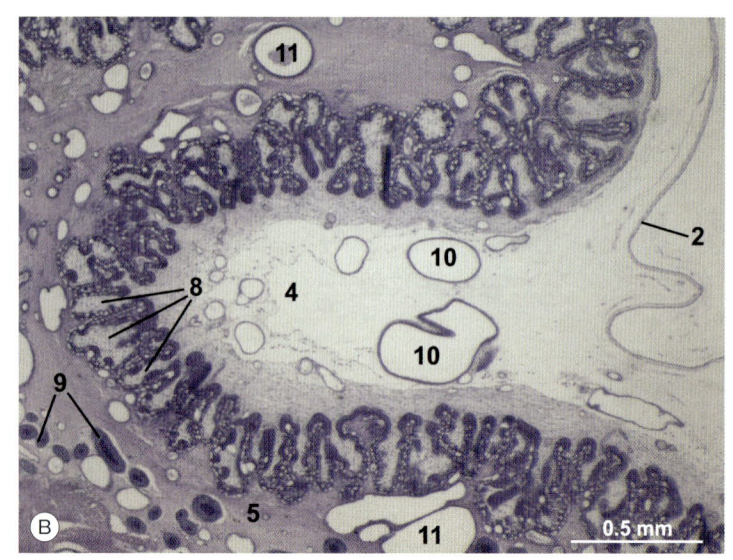

Comparative placentation

図 9-4：雌ブタの胎盤。**A:** 低倍率、**B:** 高倍率。1: 尿膜、2: 尿膜の内胚葉上皮、3: 間葉、4: 絨毛膜尿膜ヒダ、5: 子宮内膜、6: 子宮筋層、7: 子宮外膜、8: 絨毛膜尿膜の陥入ヒダ、9: 子宮腺、10: 胎子の血管、11: 母体の血管。

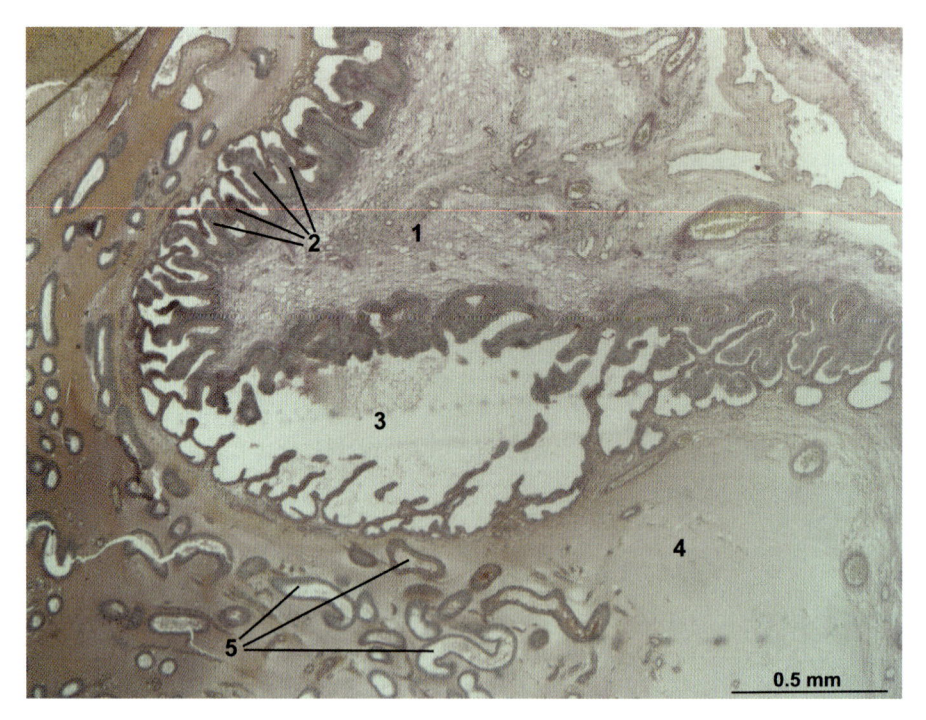

図 9-5：ブタの胎盤のアレオラ。1: 間葉、2: 絨毛膜尿膜の陥入ヒダ、3: アレオラ、4: 子宮内膜、5: 子宮腺。

cleate cell という特徴的な細胞集団を生じる。この細胞集団は**子宮内膜の上皮細胞** endometrial epithelial cell の中に入り、これらの細胞と**融合** fuse with する（**図9-2**）。小型反芻類では、合胞性上皮絨毛膜性胎盤を生じるこの融合現象が顕著であり、その結果、**合胞体** syncytium が母体の上皮と置き換わる。

子宮小丘には子宮腺の開口部はなく、絨毛叢のあいだの絨毛膜無毛部は子宮内膜に付着していないため、アレオラは形成されない。ウシやヒツジでは、**羊膜斑** amniotic plaque（**羊膜小胞** amniotic vesicle ともいう）や**尿膜結石** allantoic calculus が見られる。羊膜斑とは羊膜の内層上皮上のグリコーゲンが豊富な重層上皮の盛り上がりである。尿膜結石は白色ないし茶色がかった細胞残渣の集塊で、おそらく胎子の後腸もしくは発達中の泌尿器系由来のムコタンパク質とミネラルによって取り囲まれている。ブタの場合と同様に、**羊膜縫線** mesamnion は残存す

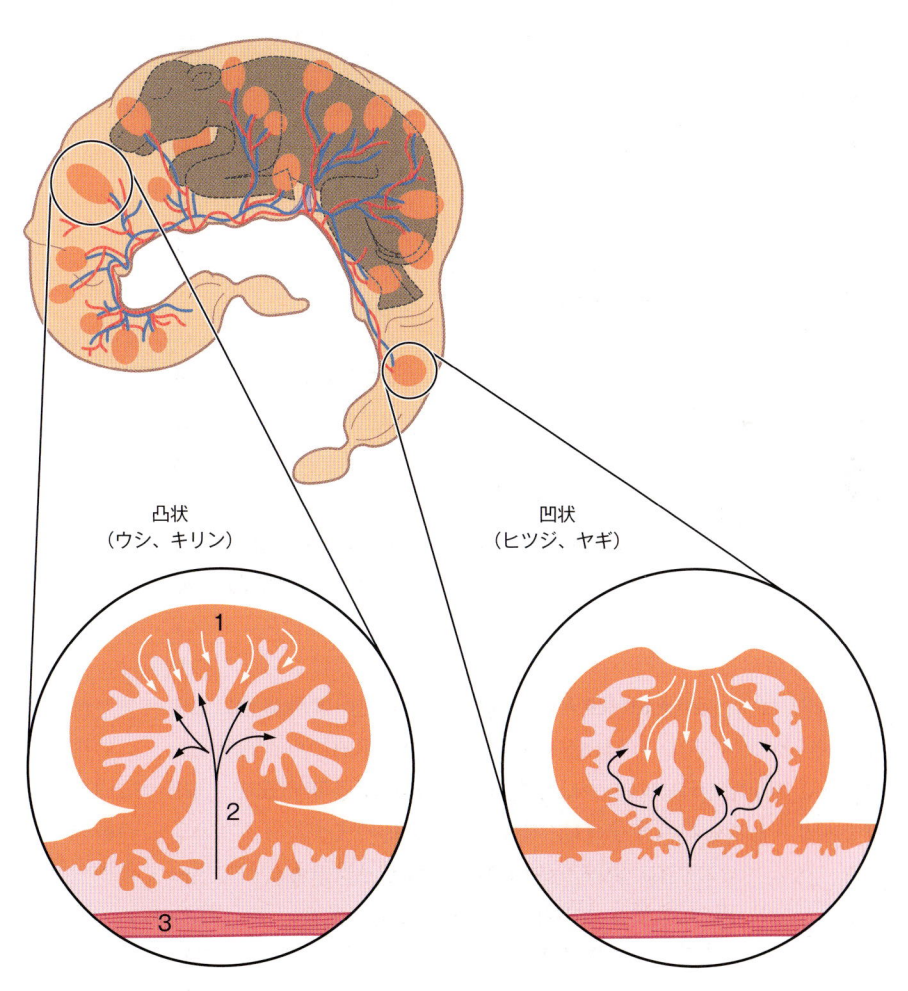

凸状
（ウシ、キリン）

凹状
（ヒツジ、ヤギ）

図9-6：反芻類の叢毛胎盤。1: 絨毛を形成している絨毛膜尿膜（絨毛叢［胎盤小葉］）、2: 絨毛を取り囲む陰窩を備えた子宮小丘、3: 子宮筋層。

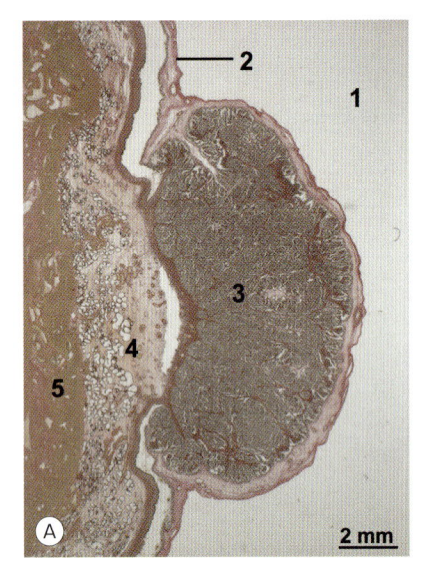

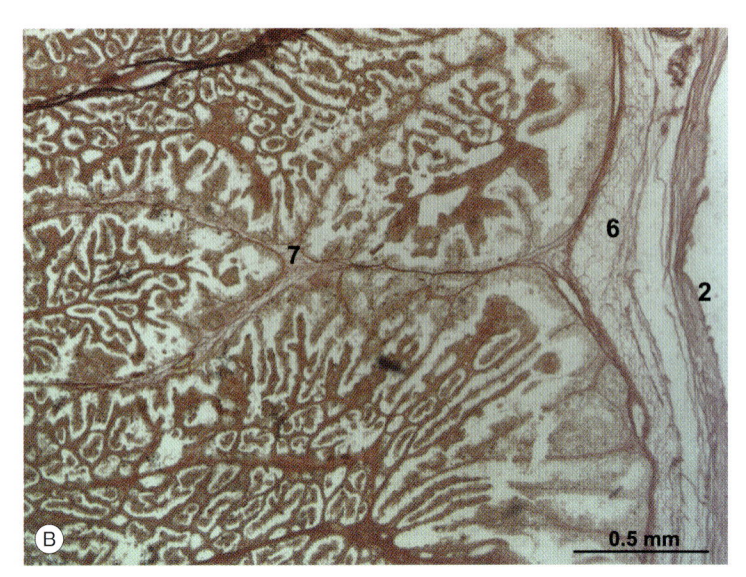

Comparative placentation

図 9-7：ウシの胎盤節。**A:** 低倍率、**B:** 高倍率。1: 尿膜、2: 尿膜の内胚葉上皮、3: 胎盤節、4: 子宮内膜、5: 子宮筋層、6: 間葉、7: 絨毛膜尿膜から分岐した絨毛。

るため、子ウシは体を胎膜に覆われずに生まれる。胎膜は正常では6〜12時間以内に排出されるが、後産停滞、すなわち胎膜が長期間母体内に保持されることも珍しくない。

　臨床的に正常な妊娠期間中、羊膜腔と尿膜腔内の液量は厳密に制御されている。しかし時折、過剰な液量が羊膜腔または尿膜腔に溜まり、その結果、とりわけウシにおいて羊膜水腫（羊水過多症）または尿膜水腫（尿水過多症）が起こることがある。ウシの羊膜と尿膜の正常な液量はそれぞれ15Lと10Lだが、尿膜水腫の場合（こちらの水腫のほうがより頻繁に見られる）、総量100〜200Lもの液が尿膜に溜まることがある。この症状の理由の1つは胎盤における血管障害であり、しばしば双生子妊娠や胎子の奇形に関連する。興味深いことに、尿膜水腫を含む胎盤の異常は、体細胞核移植によって作製されたクローン胎子の移植で妊娠した場合に高頻度で見られる（第12章参照）。

ウマ Horse

　ウマ胎子は排卵後およそ6日目、桑実胚期または胚盤胞期に子宮に入る。胎子のみが子宮腔に入り、受精しなかった卵母細胞は卵管に留まるが、この理由は未だ完全には解明されていない。透明帯からの脱出（孵化）は発生およそ7〜8日目に起こる。しかしながら透明帯からの脱出前に、胚盤胞は丈夫で弾力のある糖タンパク質の**被膜** capsule に取り囲まれるようになる。この被膜は、その大部分が透明帯の中で栄養外胚葉により産生される。ほかの動物種と対照的にウマの胎子は、この被膜が存在するために、原腸胚形成中、被膜が消失する21日目頃まで球形のままにとどまる。この被膜があるため、球形の胎子は妊娠維持にとって必須のシグナルを発しつつ、妊娠6〜17日目のあいだ、子宮腔全長にわたって横断できる。この広範囲にわたる移動は、**定着** fixation により終了する。定着とは、子宮の緊張が増大して胎子が片方の子宮角の基部に固定される

第9章 胎盤形成の比較

ことである。ウマの胎子が子宮内で適切に配位しなくてはならないのは、この定着のときである。このとき、胚子本体は子宮間膜の反対側の壁に面して、経直腸超音波検査によって見られるように"下方"を向いている。しかし、胎盤形成はおよそ40日目より前には開始されない。

ウマでは、卵黄嚢は最初の**絨毛膜卵黄嚢胎盤** choriovitelline placenta を形成する顕著な構造をしている。これは胎子と母体間の物質交換の基盤となり、42日目頃まで機能する。その後、卵黄嚢は次第に退縮し、**絨毛膜尿膜胎盤** chorioallantoic placenta が妊娠の残りの期間にわたってこの機能を引き継ぐ。退縮した卵黄嚢は分娩時まで存続し、このためにウマの臍帯の一部は長く、出生時には50～100 cmもある。

胎盤形成の開始に先立ち、発達中の絨毛膜尿膜と卵黄嚢の融合部において、およそ34日目に**絨毛膜ガードル** chorionic girdle が形成される（**図9-8、9-9**）。これは栄養膜細胞が肥厚した帯状構造であり、子宮内膜に侵入して胎盤関門を通過し、子宮内膜内に**子宮内膜杯** endometrial cups を形成する。これらの細胞集塊は**ウマ絨毛性性腺刺激ホルモン** equine Chorionic Gonadotropin（eCG）を産生する。このホルモンは、以前は妊馬血清性性腺刺激ホルモン（Pregnant Mare's Serum Gonadotropin：PMSG）と呼ばれていた。eCG は黄体刺激因子として作用し、一次黄体の維持と副黄体の形成を刺激する（第3章参照）。

羊膜の発生は妊娠およそ21日目に完了する。**羊膜縫線は残存しない** no persistence of a mesamnion ため、子ウマは羊膜に包まれた状態で生まれる可能性があり、もしこの羊膜が速やかに取り除かれなければ、窒息する危険性がある。妊娠21～40日目に、尿膜は胚外体腔中へと伸びる（**図9-8、9-9**）。絨毛

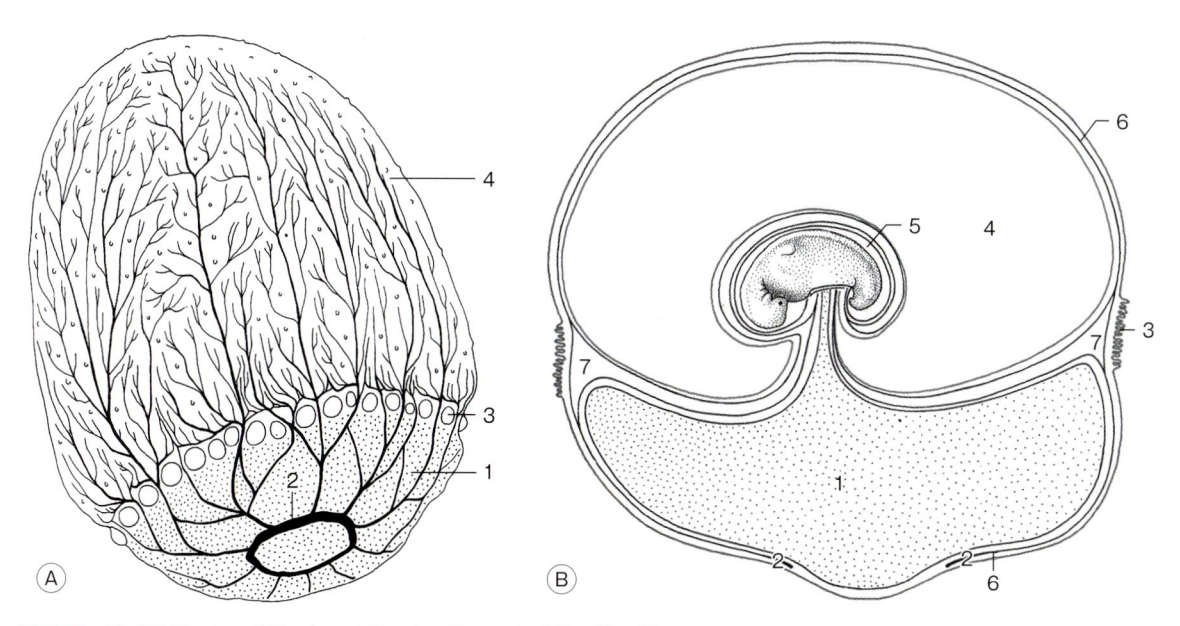

図9-8：絨毛膜ガードルが見られる時期のウマ胚子。**A**: 血管分岐の様子。**B**: 胚子を通る切断面。1: 卵黄嚢、2: 終末静脈洞、3: 絨毛膜ガードル、4: 尿膜、5: 羊膜、6: 血管を伴う中胚葉、7: 胚外体腔。Sinowatz と Rüsse（2007）の厚意による。

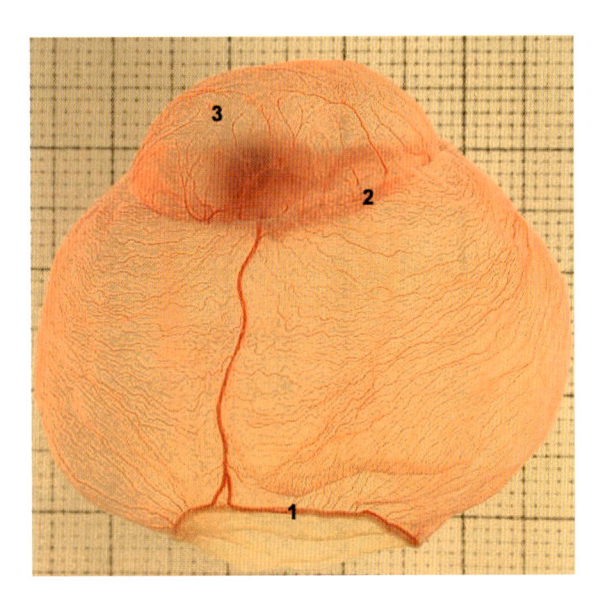

Comparative placentation

図9-9：胎齢25日目のウマ胚子。絨毛膜ガードルの形成前。1: 終末静脈洞、2: 将来の絨毛膜ガードルの形成域、3: 尿膜腔を覆う絨毛膜尿膜。写真:Keith Betteridge

膜尿膜が形成されると、それは次第に散在的（汎毛的）に分布する絨毛膜尿膜の絨毛の房である**微小絨毛叢** microcotyledon を発達させる。この微小絨毛叢は、子宮内膜への指状の入れ込みである**陰窩** crypt の中へ突出する。胎盤形成の全過程は120日で完了しないこともある。胎子の微小絨毛叢と母体の陰窩は併せて**微小胎盤節** microplacentome と呼ばれることがある。これは反芻類のものに少し類似しているが、反芻類でははるかに大型の構造をしている。ブタの場合と同様に、ウマでも出生時に母体の子宮内膜の損失はない。そのため、ウマの胎盤は**汎毛性（散在性）** diffuse、**絨毛性** villous、**上皮絨毛膜性** epitheliochorial および**無脱落膜性** adeciduate である。極めて多数の**アレオラ** areolae が微小絨毛叢間に散在しており、組織栄養素の取り込みを容易にしている（図9-10、9-11）。

雌ウマが**双生子** twins を受胎すると、それぞれの胚子が胎盤を形成するために利用できる子宮内膜の面積が減少する。これは問題を引き起こし、片方の胎子の胎盤の拡張が他方の胎子の胎盤の成長を制限するので、双生子の片方もしくは両方が死に至る可能性がある。そのため、**減胎手術** embryo reduction（経直腸的に手作業で断裂する）により片方の胎子を除去するため、妊娠の早期診断が必要とされる。

反芻類の場合と同様に、**尿膜結石** allantoic calculus が尿膜腔内に漂っているのが見られる。ウマでは尿膜結石は特に大型であり、**胎餅** hippomane と呼ばれる。**羊膜斑** amniotic plaque または**膿疱** pustule も頻繁に羊膜内に観察される。

食肉類 Carnivores

雌イヌがいつ妊娠したのかを特定するのは難しい。これは、交尾が排卵前に行われ、精子が雌の生殖管の中で長期間生存できるためである（第3章参照）。一方、雌ネコは排卵が交尾によって誘発されるため、受精時期を正確に算定することができる。イヌとネコでは、胚子は交尾後6〜8日目頃、胚盤胞期に子宮に入るらしい。反芻類やブタでは、拡張しつつある胚盤胞が透明帯から明らかに脱出（ハッチング）するのに対し、食肉類の胚子は覆われたものから出てくることはない。代わりに、ネコでは**胚盤胞** blastocyst は交尾後12〜15日頃まで**極端に薄い膜に包まれた状態である** remains enveloped in an extremely attenuated membrane。この薄い膜は、ウマ胚子の被膜にとてもよく類似している。この胚子を覆うものは著しく変化した透明帯なのか、あるいは透明帯の代替物であるのかは不明である。この覆いは子宮角内で胚子が広範囲に移動し、適切な位置取りをすることを助けているようである。

これらの食肉類の種では、母体の妊娠認識は黄体退行を防ぐためにはおそらく必要とされない。胎盤形成は、雌イヌでは発生17〜18日目頃に、雌ネコ

胎盤形成の比較 第**9**章

では12〜14日目頃に開始される。

　卵黄囊は、最初、幅広い**絨毛膜卵黄囊胎盤** choriovitelline placenta を形成する。その後、絨毛膜卵黄囊胎盤の中心部は変性し、最初の構造の辺縁部に残すのみとなる。しかしながら、**絨毛膜尿膜胎盤** chorioallantoic placenta が、すぐに胎子と母体間の物質交換のための主たる基盤となる。絨毛膜有毛部は帯状をしているため、食肉類の絨毛膜尿膜胎盤は**帯状** zonary 胎盤といわれる（**図9-12**）。絨毛膜有毛部において、栄養膜は2種類の異なる細胞集団、すなわち基底側に位置する**栄養膜細胞層細胞** cytotrophoblast cell と、表層側に位置し、多数の栄養膜細胞の融合によってつくられる**栄養膜合胞体層細胞** syncytiotrophoblast cell を形成する。栄養膜合胞体層は非常に侵襲的であり、対面する子宮内膜上皮細胞とその下層の結合組織の両方を破壊する。この破壊は、栄養膜の母体内皮との密接な接触をもたらし、食肉類の**内皮絨毛膜性** endotheliochorial 胎盤を形成させる（**図9-2**）。さらに、母体組織は分娩時に失われるため、この胎盤は**脱落膜性** deciduate に分類される。ブタの場合と同様に、**層板** lamellae と呼ばれるまっすぐなヒダにより、絨毛膜有毛部の表面領域は増加している。この層板は食肉類の種によって違いはあるが、どれも分岐して捻じれており、その結果、**迷路** labyrinth が形成される。この胎盤域は、絨毛膜尿膜層板を伴う内層の**層板帯** lamellar zone、層板の終末部、母体の血管、細胞残渣、腺の分泌物を含む中間の**接合帯** junctional zone および子宮腺の拡張した上方部を含む外層の**腺帯** glandular zone に分けられる（**図9-13**）。以上をまとめると、食肉類の胎盤は、**帯状** zonary、**層板状** lamellar または**迷路状** labyrinthine、**内皮絨毛膜性** endotheliochorial および**脱落膜性** deciduate である。

　胎盤部の周辺部では、母体内皮の一部が退行・変性する。イヌとミンクでは、この変性の結果生じる局所の出血と血腫形成は区画に分けられ、いわゆる

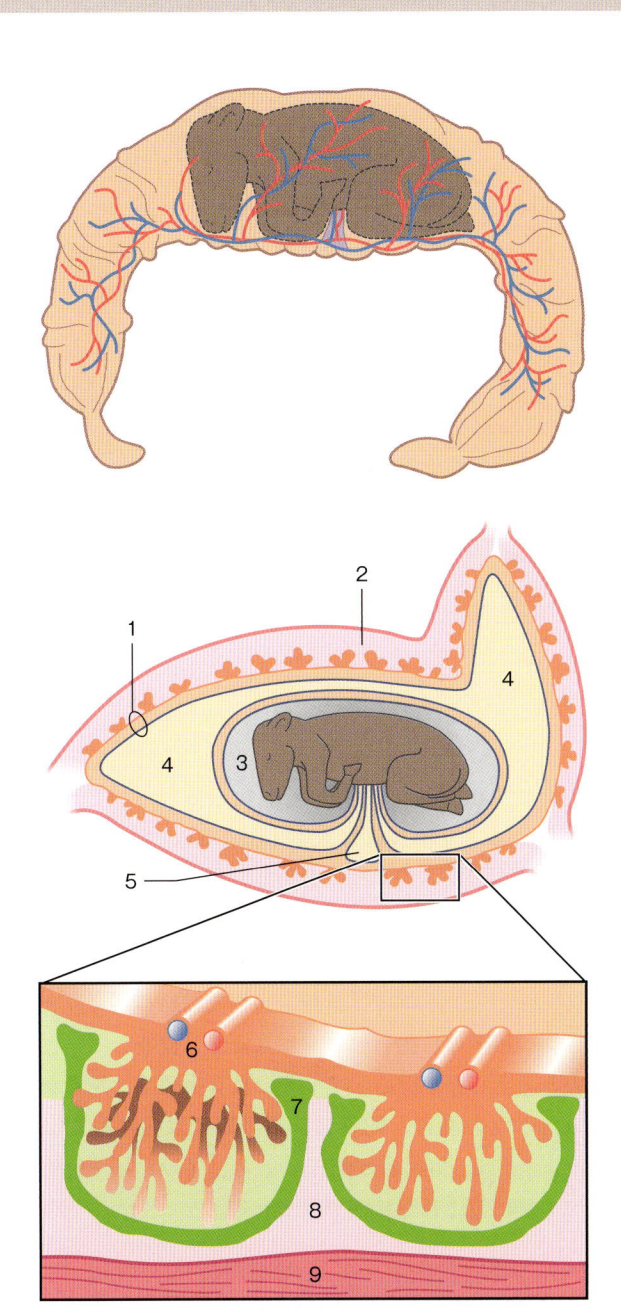

図9-10：雌ウマの汎毛性（散在性）胎盤。1: 絨毛膜尿膜、2: 子宮内膜、3: 羊膜、4: 尿膜、5: 卵黄囊、6: 絨毛を伴う微小絨毛叢、7: 子宮内膜杯、8: 絨毛を取り囲む陰窩を備えた子宮内膜、9: 子宮筋層。

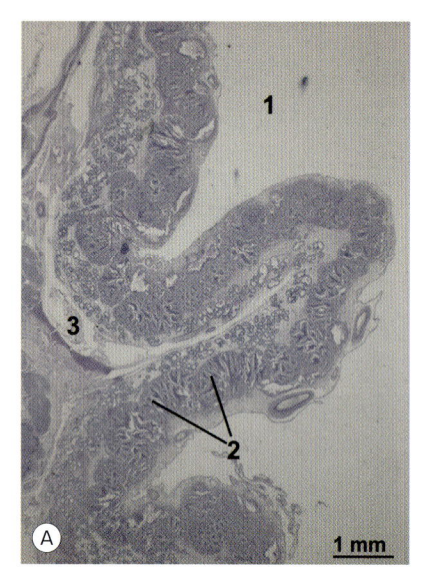

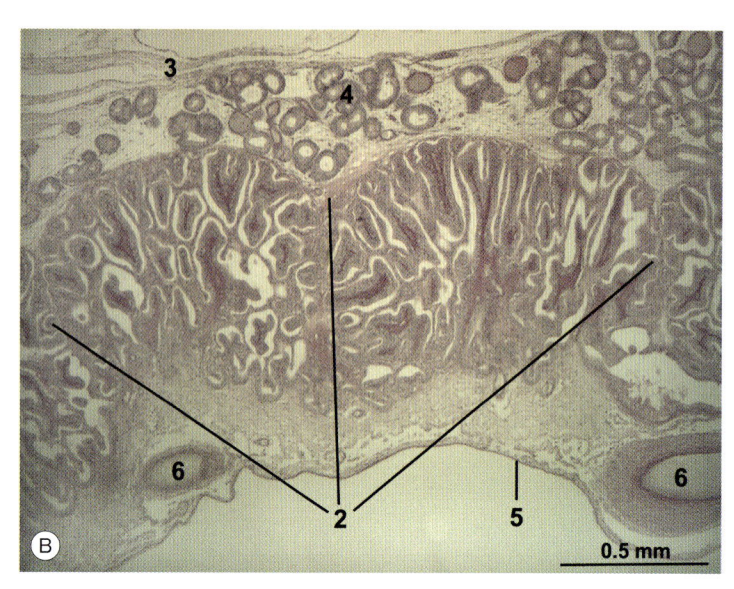

Comparative placentation

図 9-11：雌ウマの胎盤。**A:** 低倍率、**B:** 高倍率。1: 尿膜、2: 微小絨毛叢、3: 子宮内膜、4: 子宮腺、5: 尿膜の内胚葉上皮、6: 胎子の血管。

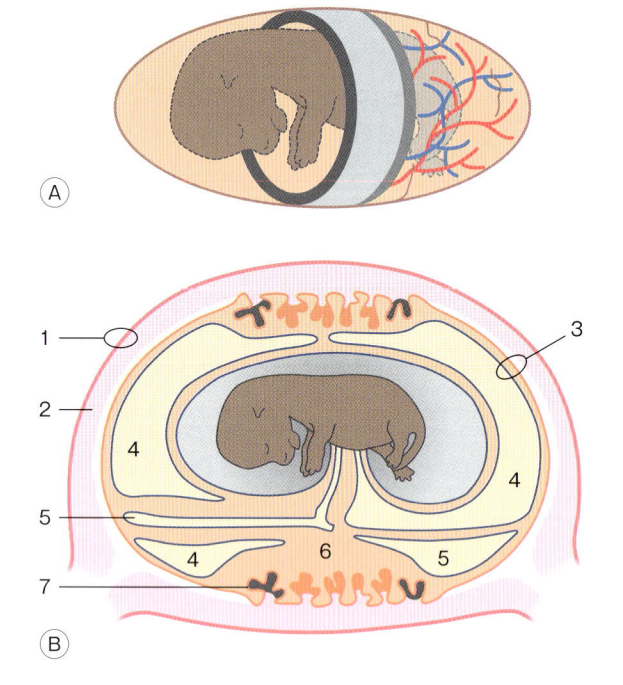

図 9-12：雌イヌの帯状胎盤。1: 子宮外膜、2: 子宮内膜および子宮筋層、3: 絨毛膜尿膜、4: 尿膜、5: 卵黄嚢、6: 胎盤部で層板を形成している絨毛膜尿膜、7: 周縁血腫。

周縁血腫 marginal haematoma となる。ネコでは周縁血腫はより不規則に配列している。イヌ、ミンク、ネコのすべての種において、血腫に含まれる血液は胚子のための鉄イオンの供給源になると考えられている。ヘモグロビンの分解の差により血腫はイヌでは緑色、ネコでは茶色を呈する。胎盤部より末梢側の領域は傍胎盤部と呼ばれるが、機能していないと考えられている。アレオラは食肉類では生じない。ウマの場合と同様に、**羊膜縫線は残存しない** mesamnion does not persist ため、子ウマは一般的に羊膜に包まれた状態で生まれる。

齧歯類と霊長類 Rodents and primates

比較のため、齧歯類と霊長類の胎盤について簡略に述べることにする。これらの種では**栄養外胚葉** trophectoderm は非常に**侵襲的** invasive であり、このため胚盤胞は子宮内膜上皮を貫いて、内膜の結合組織内に位置するようになる。このことから、**着**

胎盤形成の比較 第9章

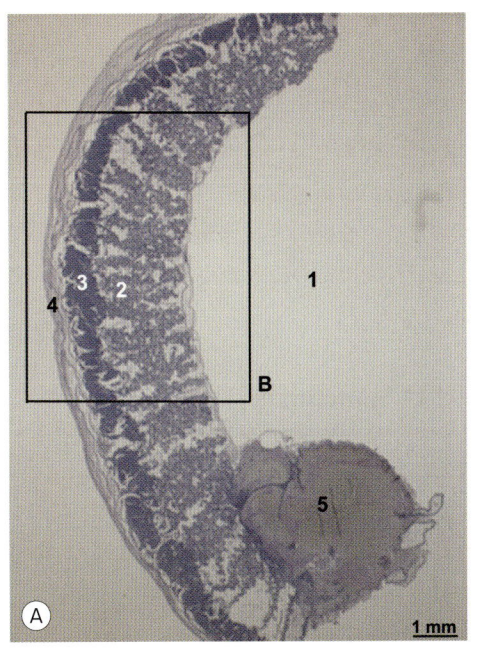

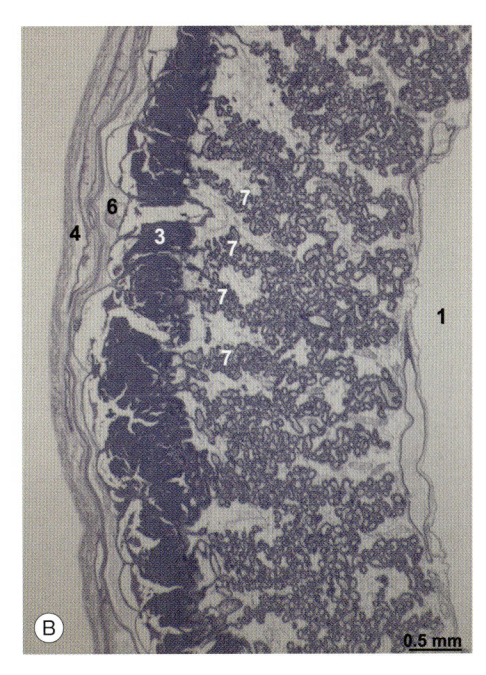

図 9-13：ミンクの胎盤。図 A の四角で囲んだ領域を図 B に拡大して示す。1: 尿膜、2: 層板帯、3: 接合帯、4: 子宮内膜、5: 周縁血腫、6: 子宮腺帯、7: 層板帯の個々の層板。

床 implantation という用語はこれらの種でよく当てはまるといえよう。胚子の発達に伴って、栄養膜は内層の**栄養細胞層** cytotrophoblast と外層の**栄養膜合胞体層** synctiotrophoblast へと分化する。尿膜は成長せず、それゆえ胎盤を生じさせる絨毛膜尿膜も存在しない。しかし、移行する臓側中胚葉によって胎盤に十分な血管が形成される。これが円盤状であるので、胎盤は**盤状** discoid である（**図9-14**）。この胎盤は海綿状でケーキに似た形状であることから、placenta（ラテン語で「平らなケーキ」の意）という名称が付けられた。

　栄養膜は胎盤の中で栄養細胞層を芯に持ち、外層に栄養膜合胞体層を持つ絨毛を形成する。その後、この芯は血管を伴った中胚葉によって侵食される。栄養膜合胞体層の侵襲的な性質のために、母体の結合組織と内皮は除去され、栄養膜に覆われた胎子の絨毛は、絨毛間腔に含まれる母体の血液によって直接取り囲まれるようになる。そのため、この胎盤は**血絨毛膜性** haemochorial である（**図9-2**）。出産時、盤状胎盤と脱落膜は後産として排出される。したがって、齧歯類と霊長類の胎盤は**盤状** discoid、**絨毛性** villous、**血絨毛膜性** haemochorial および**脱落膜性** deciduate である。

異所性妊娠（子宮外妊娠）
Ectopic pregnancy

　子宮腔内以外のどこか別の部位で起こる妊娠は**異所性** ectopic と呼ばれる。稀にしか起こらないが、生命を脅かすこの状況は主に**卵管** oviduct あるいは**腹腔** abdomen で起こる。ヒトでは、卵管での妊娠は全異所性妊娠の 95％以上を占めるが、家畜ではこのタイプの妊娠は起こらない。このことは、種特

Comparative placentation

子宮が破裂して胚子や胎子が排出される二次的腹腔型が考えられる。大部分の場合、胚子または胎子は石灰化し、偶然発見される。しかしながら、ヒツジとネコの両方で、二次的腹腔型の異所性妊娠で生じた胎子が帝王切開で生きたまま取り出された。これにより、妊娠の全期間を通じて子宮腔外で胚子の発生が可能であることが示された。

要約 Summmary

胚子が子宮に入ると、まず子宮腺からの**組織栄養素** histotrophe によって栄養を供給される。胎盤は血液によって運ばれる**血液栄養素** haemotrophe を取り込むための基盤となる。着床前の重要な事象は、胚子が発したシグナルを通じて仲介される**母体の妊娠認識** maternal recognition of pregnancy である。着床時、胚子は多様な膜と腔所を発達させる。胚子の外側は栄養外胚膜で覆われている。栄養外胚膜は、内層を壁側胚外中胚葉で内張りされており、栄養外胚膜と壁側胚外中胚葉は**絨毛膜** chorion を形成する。絨毛膜がヒダをつくる結果、胚子本体を包み込む**羊膜** amnion の形成が起こる。下胚盤葉は臓側胚外中胚葉によって外側を覆われており、**原始卵黄嚢** primitive yolk sac と呼ばれる腔所を取り囲む。**胚外体腔** extra-embryonic coelom は壁側胚外中胚葉と臓側胚外中胚葉のあいだに見られる。内胚葉は下胚盤葉嚢の胚子に挿入され、胚子が前後方向および外側方向にヒダを形成するのに伴って、原始卵黄嚢の内胚葉で内張りされた部位が胚子本体の中に取り込まれて**原腸** primitive gut を形成する。一方、下胚盤葉で内張りされた部位は**最終卵黄嚢** definitive yolk sac となる。最終的に、尿膜は内胚葉で内張りされた後腸から外方へ突出して成長し、胚外体腔の大部分を占めるようになる。やがて、尿膜は多少とも羊膜を取り囲む。しかし、ウシとブタで

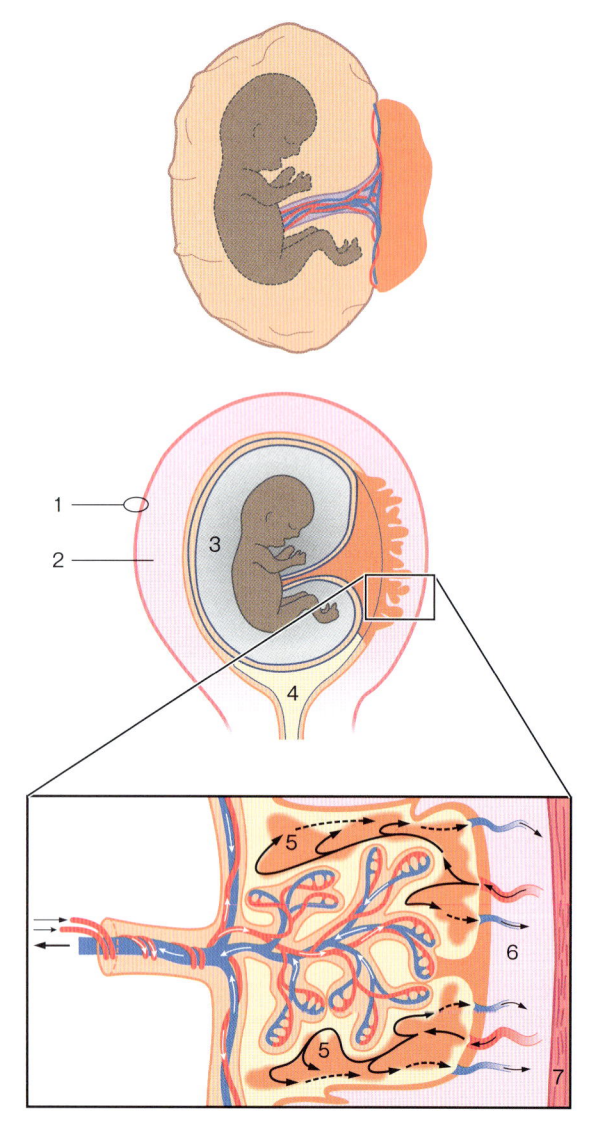

図9-14：霊長類の盤状胎盤。1: 子宮外膜、2: 子宮内膜および子宮筋層、3: 羊膜、4: 子宮腔、5: 母体の血液で満たされた絨毛間腔、6: 子宮内膜、7: 子宮筋層。

異的な卵管環境にそれ以上胚子の発達を指揮する能力がないためか、あるいは母体の妊娠認識を導く経路が中断されるためかもしれない。腹腔で起こる異所性妊娠は、胚子が腹腔に入って腸間膜または腹腔臓器に付着した一次的腹腔型、あるいは卵管または

は、羊膜と絨毛膜が付着する部位である羊膜縫線は残存する。

融合した卵黄嚢と絨毛膜が子宮内膜と相互作用することにより、ウマとイヌでは一過性の絨毛膜卵黄嚢胎盤 choriovitelline placenta が形成される。永続的な絨毛膜尿膜胎盤 chorioallantoic placenta は、融合した尿膜と絨毛膜、子宮内膜との間の相互作用により形成される。胎盤は、肉眼解剖学的な外観（汎毛性/散在性、多胎盤性、帯状および盤状）、表面積を拡大する特徴（絨毛性、ヒダ性、層板状/迷路状）、胎盤関門の厚さ（上皮絨毛膜性、合胞性上皮絨毛膜性、内皮絨毛膜性および血絨毛膜性）により分類される。

ブタ pig の胎盤は汎毛性（散在性）diffuse、ヒダ性 folded、上皮絨毛膜性 epitheliochorial および無脱落膜性 adeciduate である。反芻類 ruminant の胎盤は叢毛性 cotyledonary または多胎盤性 multiplex、絨毛性 villous、合胞体性上皮絨毛膜性 synepitheliochorial および無脱落膜性 adeciduate である。ウマ horse の胎盤は汎毛性（散在性）diffuse、絨毛性 villous、上皮絨毛膜性 epitheliochorial および無脱落膜性 adeciduate である。食肉類 carnivore の胎盤は帯状 zonary、層板状 lamellar または迷路状 labyrinthine、内皮絨毛膜性 endotheliochorial および脱落膜性 deciduate である。齧歯類 rodent と霊長類 primate の胎盤は盤状 discoid、絨毛性 villous、血絨毛膜性 haemochorial および脱落膜性 deciduate である。

参考文献 Further reading

Allen, W.R. (2005): Maternal recognition and maintenance of pregnancy in the mare. Anim. Reprod. 2:209–223.

Allen, W.R. and Stewart F. (2001): Equine placentation. Reprod. Fert. Dev. 13:623–634.

Cencic, A., Guillomot, M., Koren, S. and La Bonnardière, C. (2003): Trophoblastic interferons: Do they modulate uterine cellular markers at the time of conceptus attachment in the pig? Placenta 24:862–869.

Concannon, P., Tsutsui, T. and Shille, V. (2001): Embryo development, hormonal requirements and maternal responses during canine pregnancy. J. Reprod. Fert. Suppl. 57:169–179.

Corpa, J.M. (2006): Ectopic pregnancy in animals and humans. Reproduction 131:631–640.

Dantzer V. (1984): Scanning electron microscopy of exposed surfaces of the porcine placenta. Acta Anat. 118:96–106.

Dantzer V. (1985): Electron microscopy of the initial stages of placentation in the pig. Anat. Embryol. 172:281–293.

Dantzer, V. and Leiser, R. (1994): Initial vascularisation in the pig placenta: I. Demonstration of nonglandular areas by histology and corrosion casts. Anat. Rec. 238:177–190.

Dantzer, V. and Winther, H. (2001): Histological and immunohistochemical events during placentation in the pig. Reproduction Suppl. 58:209–222.

Denker, H.-W. (2000): Structural dynamics and function of early embryonic coats. Cells Tissues Organs 166:180–207.

Denker, H.-W., Eng, L.A. and Hammer, C.E. (1978): Studies on the early development and implantation in the cat. II. Implantation: Proteinases. Anat. Embryol. 154:39–54.

Lee, K.Y. and DeMayo, F.J. (2004): Animal models of implantation. Reproduction 128:679–695.

Leiser, R. and Dantzer V. (1988): Structural and functional aspects of porcine placental microvasculature. Anat. Embryol. 177:409–419.

Leiser, R. and Dantzer, V. (1994): Initial vascularisation in the pig placenta: II. Demonstration of gland and areola-gland subunits by histology and corrosion casts. Anat. Rec. 238:326–334.

Leiser, R., Krebs, C., Ebert, B. and Dantzer, V. (1997): Placental vascular corrosion cast studies: a comparison between ruminants and humans. Microsc. Res. Tech. 38:76–87.

Rüsse, I. and Sinowatz, F. (1998): Lehrbuch der Embryologie der haustiere, 2nd edn. Parey Buchverlag, Berlin.

Spencer, T.E., Johnson, G.A., Bazer, F.W. and Burghardt, R.C. (2004). Implantation mechanisms: insights from the sheep. Reproduction 128:657–668.

Swanson, W.F., Roth, T.I. and Wildt D.E. (1994): In vivo embryogenesis, embryo migration, and embryonic mortality in the domestic cat. Biol. Reprod. 51:452–464.

CHAPTER 10

Fred Sinowatz

中枢神経系と末梢神経系の発生
Development of the central and peripheral nervous system

中枢神経系 central nervous system（CNS）は、発生の進行に伴い、表面外胚葉 surface ectoderm や神経外胚葉 neuroectoderm となる外胚葉の細胞より発生する。神経系の初期発生の特徴のいくつかは、神経胚形成に関連してすでに述べているので（第8章参照）、本章では中枢神経系の発達に特に注目して要点を述べる程度とする。末梢神経系 peripheral nervous system（PNS）は、中枢神経系と体のほかの部分とのあいだの伝達システムとして、中枢神経系とともに発達する。

神経板 Neural plate

神経板 neural plate は、外胚葉の肥厚した神経系の原基であり、初期胚の体幹の軸形成シグナルの主な中枢である脊索によって誘導される（第8章参照）。神経板は巻き上がって神経管 neural tube を形成する。これらの発生過程を引き起こす分子メカニズムのいくつかは、マウスを用いた研究で近年明らかにされてきた。脊索は、この時期に神経板の中心線のすぐ近くに存在し、ソニック・ヘッジホッグ sonic hedgehog（Shh）を放出する。原腸胚形成中、胚の表面外胚葉の多くは、骨形成タンパク質4 Bone Morphogenetic Protein-4（BMP4）を産生する。このシグナル伝達タンパク質は背側外胚葉が神経組織を形成することを防ぐ。肝細胞核因子-3β Hepatic Nuclear Factor-3beta（HNF-3beta）の影響下で、発達中の脊索の細胞はノギン noggin とコルディン chordin を分泌する。これらの2つの分子は、神経組織形成の阻害作用を持つBMP4を妨げる強力な神経誘導因子であるため、脊索の背側に位置する外胚葉から神経組織を形成させる。

神経管 Neural tube

神経管は、胚の前端部（将来頭部になる部分）を支配する重要な構造である。初期神経管が、完成した神経系の形態的・機能的構造へどのように分化するか説明する（図10-1）。神経発生がはじまる前、神経板や神経管は神経上皮細胞 neuroepithelial cell（神経上皮 neuroepithelium）の単層構造で構成される。神経上皮細胞は、頂底軸（管腔側〜基底側の軸）に沿って強い極性を持つ。この極性は細胞膜の構成に反映される。すなわち、プロミニン-1（CD133）のようなある種の膜貫通タンパク質は、頂側（管腔側）の細胞膜に選択的に見られる。誘導後まもなく、その神経板と神経管の上皮は、偽重層上皮 pseudostratified epithelium となる。偽重層上皮では、核が細長い形状で神経上皮細胞内に違う高さに位置するため、核が数層に並んで見える。

核は細胞周期が進むに伴って、細胞質の中を広く移動する（図10-2）。DNA合成期（S期）は、外

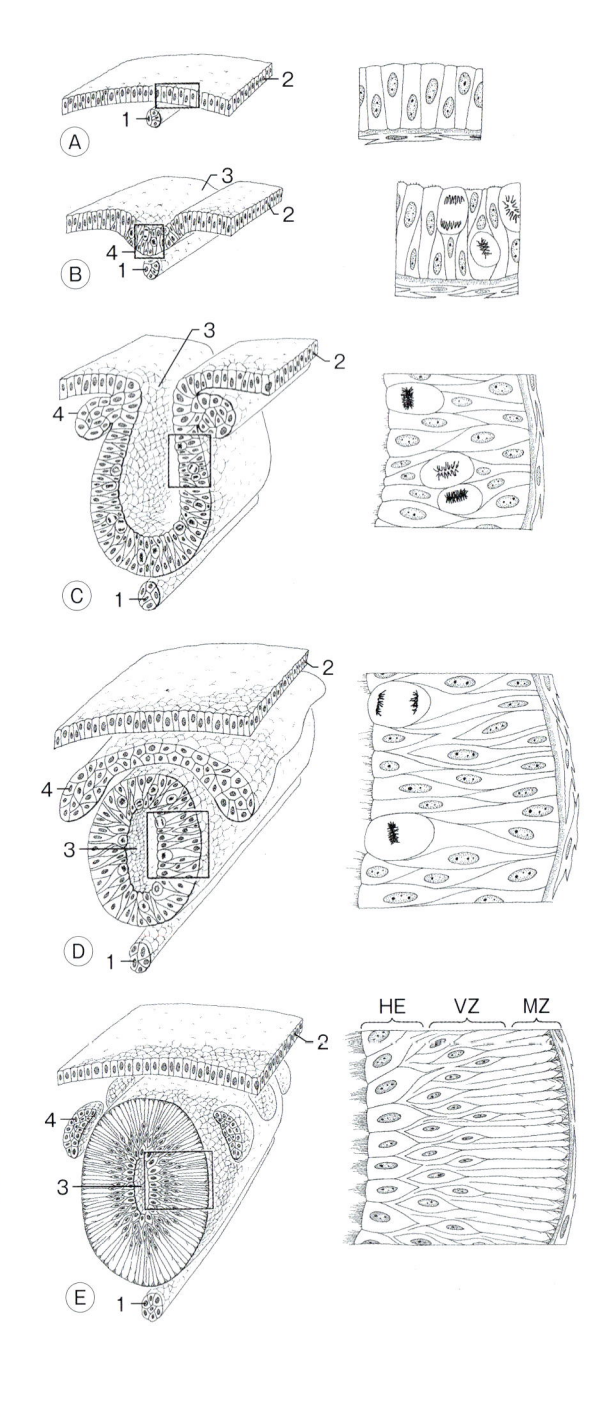

Development of the central and peripheral nervous system

図 10-1：神経管と神経堤の形成。図 A～C の四角形に囲んだ部分は右に拡大した。**A:** 1: 脊索、2: 表面外胚葉。**B:** 1: 脊索、2: 表面外胚葉、3: 神経溝、4: 神経板。**C:** 1: 脊索、2: 神経溝の上皮。多数の有糸分裂が神経上皮で起こる。3: 神経溝、4: 神経堤。**D:** 1: 脊索、2: 表面外胚葉、3: 神経管、4: 神経堤。この段階では、未だ連続した細胞シートである。**E:** 1: 脊索、2: 表面外胚葉、3: 神経管、4: 神経堤（神経堤は異なる種類の細胞を産生するいくつかの細胞集団に分節する）、HE: 上衣細胞、VZ: 脳室帯、MZ: 辺縁帯。Rüsse と Sinowatz（1998）を改変。Rüsse と Sinowatz（1998）の厚意による。

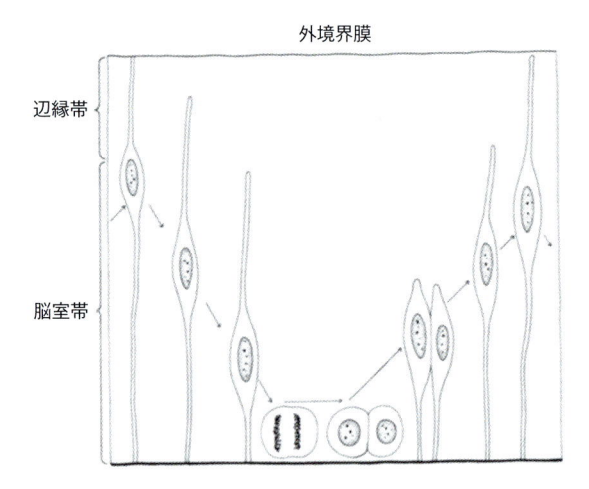

図 10-2：神経管における核の往復運動。神経管の偽重層上皮内で、DNA を合成している（S 期の）核は外境界膜の近くに位置するが、その後、神経管の内側の縁へ移動し、そこで有糸分裂する。

が、その後、核は細胞質内を神経管管腔に向かって移動し、その管腔に近い場所で有糸分裂を完了する。この分裂のあいだの**有糸分裂の紡錘体の向き** orientation of the mitotic spindle がその後の娘細胞の運命に重要である。その分割面が神経管の管腔（内側）表面と垂直である場合、2 つの娘細胞はゆっくりと神経管の基底側に向かって移動し、その場所で娘細胞は次の細胞周期における DNA 合成期の準備をする。一方、分割面が神経管の内側表面と

境界膜（神経管周囲の基底膜）の近くにある核で起こる。これらの核は、有糸分裂の準備をしている

平行である場合、2つの娘細胞は全く異なる運命をたどる。**内側面に近い娘細胞** daughter cell that is closer to the inner surface は、非常にゆっくりと移動し、有糸分裂能と多分化能を持つ増殖性の**前駆細胞** progenitor cell となる。**基底側（外境界膜）に近い娘細胞** daughter cell that is closer to the basal surface は、細胞表面に高濃度のノッチ受容体を持ち、このときは**神経芽細胞** neuroblast といわれる。神経芽細胞はニューロンになる直前の前駆細胞であり、この細胞が最終的には軸索や樹状突起となる細胞突起をつくりはじめる。

神経上皮内での核の往復運動は、核の形態変化を伴う。すなわち、核の移動がはじまるときには頂底軸に沿う長細い形となり、移動が終了するときには丸くなる。これは、核がいくつかの細胞骨格装置によって引っ張られるためと考えられる。核の往復運動に関する過去の研究では、微細管の関与が示されており、多くの種類の細胞において核の位置調整が微細管に依存していることが観察によって裏付けられている。

Lissencephaly1（*LIS1*）遺伝子についての最近の研究も、この考えを支持している。ヒトの *LIS1* 遺伝子突然変異は、重度の遺伝的な脳の奇形であるⅠ型脳回欠損症（滑脳）の原因となる。LIS1 タンパク質は、細胞質のダイニン dynein と微細管と結合して微細管の動力を阻害するダイナクチン dynactin と複合体を形成する。*LIS1* 遺伝子の発現が減少したマウスは、神経上皮内での核の往復運動が不完全で、ニューロンの異常を示す。

微細管に加えて、おそらくアクチン細糸とミオシン細糸も、神経上皮細胞内での核の往復運動に関係するであろう。アクチン重合を阻害する薬物である Cytochalasin B は、この核の往復運動を阻止し、非筋肉性ミオシン重鎖Ⅱ-B を切断すると、細胞内で異常な核の移動を招く。

中枢神経系の細胞系譜
Cell lineages of the central nervous system

発生段階では、**神経幹細胞** neural stem cell は哺乳類の中枢神経系のすべてのニューロンを生じる（**図 10-3**、**10-4**、**10-5**）とともに、2つの主な神経膠細胞である**星状膠細胞** astrocyte と**希突起膠細胞** oligodendrocytes の起源にもなる。通常、幹細胞として定義するときには、2つの基準が適用される。すなわち、自己再生ができる能力とすべての細胞種になることができる能力（または、少なくとも複数の細胞種になることができる能力）である。自己再生できる能力とは、細胞が無制限に分裂する能力を持ち、その分裂が2つの幹細胞もしくは、1つの幹細胞とある特定の細胞を生じることを意味する。すべての細胞種になることができる能力（pluripotency）または複数の細胞種になることができる能力（multipotency）とは、細胞が数多くの種類の分化した細胞になることができることを示す。すべての細胞種になることができる能力（pluripotency）を持つ場合は、その哺乳類の体のすべての種類の細胞になることができる（第2章参照）。しかしながら、この概念は、中枢神経系にそのまま適応することはできない。すなわち、この場合の"幹細胞"は、自己再生している神経系の細胞のことであり、無制限な細胞分裂を必要としない。すなわち、それらは、数種類または1種類の細胞に分化できる能力を持つということである。

中枢神経の幹細胞と考えられている神経上皮細胞は、最初は対称性の増殖細胞分裂を行い、それぞれ2つの幹細胞を産生する。これらの分裂は、続いて多数の非対称性の自己再生細胞分裂を行い、その結果、幹細胞である1つの娘細胞と前駆細胞のようなさらに分化した1つの細胞を産生する。神経前駆細胞は、対称性および分化した分裂を行い、最終的な

Development of the central and peripheral nervous system

分化の準備ができている2つの有糸分裂後の細胞を産生する。

　完成した中枢神経で見られる多くの細胞の起源は、初期の神経上皮内にある多能性幹細胞にたどりつくことができる。これらの細胞は、**神経細胞前駆細胞** neuronal progenitor cell あるいは**神経膠細胞前駆細胞** glial progenitor cell となる2種類の細胞系譜に分化する能力を持つ前駆細胞 bipotent progenitor cell へ成熟する前に、何度も細胞分裂する。この発生学的な分岐点は、遺伝子発現の重要な変化による。たとえば、多能性幹細胞はネスチンと呼ばれる中間径フィラメントタンパク質を発現する。2種類の細胞系譜に分化する能力を持つ前駆細胞の娘細胞が神経細胞前駆細胞になると、ネスチンの発現は減少し、ニューロフィラメント・タンパク質を発現する。また、神経膠細胞前駆細胞になると、その細胞は神経膠細胞線維性酸性タンパク質を発現する。

　神経細胞前駆細胞 neuronal progenitor cell は一連の神経芽細胞となる。初期の**双極神経芽細胞** bipolar neuroblast は、2本の細長い細胞突起を伸ばし、その突起は外境界膜と神経管中心の管腔境界の

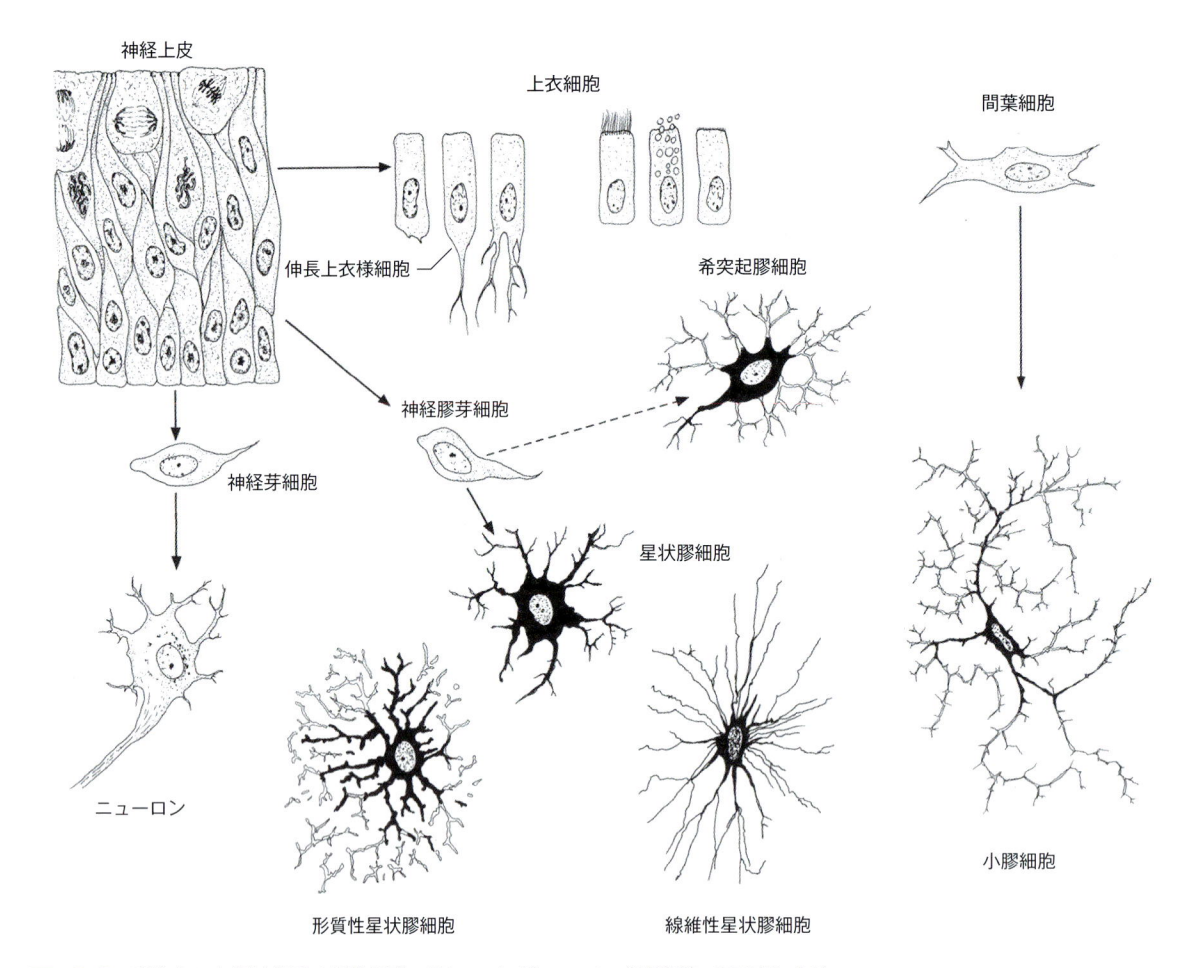

図10-3：発生中の中枢神経系の細胞系譜。RüsseとSinowatz（1998）の厚意による。

中枢神経系と末梢神経系の発生　第10章

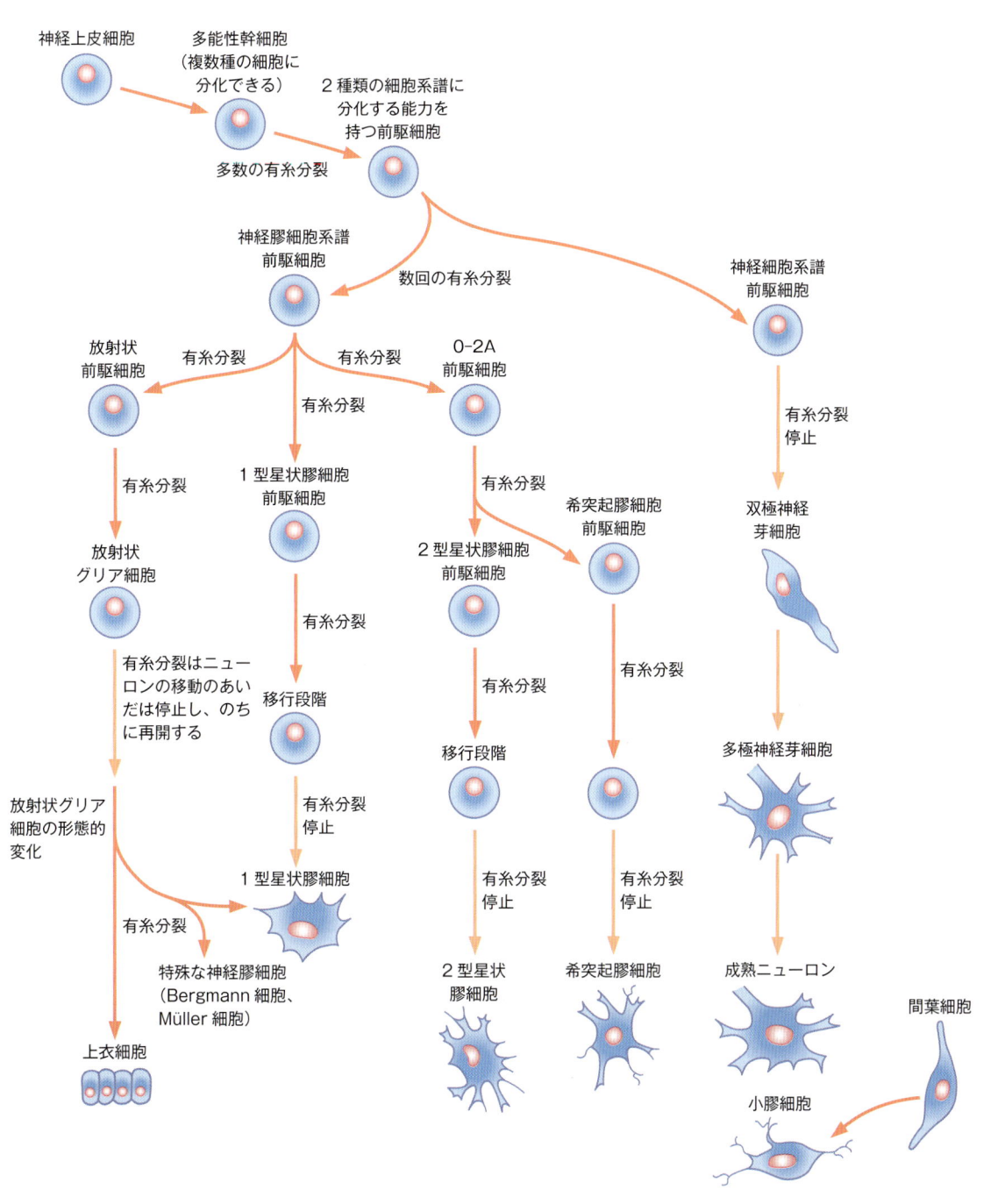

図 10-4：ニューロンと種々な神経膠芽細胞の起源。ニューロン、希突起膠細胞、線維性星状膠細胞、形質性星状膠細胞および上衣細胞は、神経上皮細胞から発生する。小膠細胞は、間葉細胞から発生する。

Development of the central and peripheral nervous system

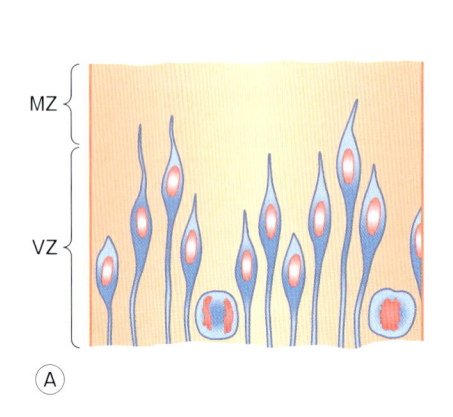

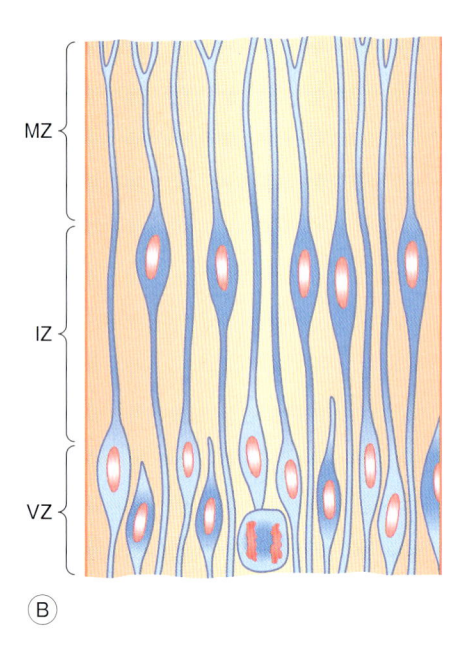

図 10-5：**A:** 初期発生のあいだ、神経管の上皮は、神経上皮細胞が有糸分裂している脳室帯（VZ）と、細胞の長く伸びた突起を含む辺縁帯（MZ）で構成される。**B:** A よりも発生が少し進んだ段階での神経管の断面。有糸分裂の周期から外れた神経上皮細胞は、神経管の管腔から離れて中間層（IZ: 中間帯）を形成する。

両方に接する。内側の突起を縮めることで、双極神経芽細胞は内側の管腔境界とのつながりを失い、**単極神経芽細胞** unipolar neuroblast となる。単極神経芽細胞は、細胞質内に大量の粗面小胞体（ニッスル物質）を蓄積し、それからいくつかの細胞突起を伸ばしはじめる。この時点でのこれらの細胞は、軸索突起や樹状突起を伸ばし、ほかのニューロンまたは標的器官と接続し、発生段階において重要な活性を持つ**多極神経芽細胞** multipolar neuroblast となる。

2 種類の細胞系譜に分化する能力を持つ前駆細胞から生じる、もう 1 つの重要な細胞系譜が、**神経膠細胞前駆細胞** glial progenitor cell の細胞系譜である。神経膠細胞前駆細胞は有糸分裂し続け、その分裂によって生じた細胞は、いくつかの細胞系譜に分かれる。1 つ目は **O-2A 前駆細胞** O-2A progenitor cell であり、2 種類の神経膠細胞の重要な細胞系譜の前駆細胞で、最終的に**希突起膠細胞** oligo-dendrocyte と **2 型星状膠細胞** type-2 astrocyte になる。2 型星状膠細胞は、抗原の表現型によって、2 つ目の星状膠細胞系譜由来の **1 型星状膠細胞** type-1 astrocyte と区別される。解剖学的には、星状膠細胞は、灰白質で見られる形質性星状膠細胞と白質で見られる線維性星状膠細胞に分類できる。**希突起膠細胞** oligodendrocyte の起源は、長く論議されている。しかし、複数の研究は、おそらく底板に沿った腹側の脳室帯に位置する前駆細胞から生じることを示している。そこから、希突起膠細胞は脳や脊髄の隅々にまで広がり、最終的には中枢神経系の白質で軸索周囲を覆う髄鞘を形成する。希突起膠細胞前駆細胞の形成は、脊索の細胞から誘導シグナルとして分泌されるソニック・ヘッジホッグ（Shh）に依存している。

3 つ目の神経膠細胞の細胞系譜は、より複雑な由来を持つ。**放射状前駆細胞** radial progenitor cell は

放射状グリア細胞 radial glial cell を生じる。放射状グリア細胞は脳内で若いニューロンの移動のための案内ロープとして働く。妊娠中期にニューロンが胎子の放射状グリア細胞に沿って移動するときには、ニューロンは放射状グリア細胞の増殖を阻害する。ニューロンの移動後、放射状グリア細胞はニューロンの抑制から解放され、細胞分裂周期に戻り、多数の細胞種に分化可能な娘細胞を産生する。この娘細胞は細胞系譜を乗り越えて1型星状膠細胞に分化したり、さまざまな特殊化した神経膠細胞へと分化する。また、上衣細胞やニューロンへも分化する。

中枢神経系における神経膠細胞のもう1つのタイプは神経上皮由来ではない。これら**小膠細胞** microglial cell は、中枢神経が障害されると運動性の大食細胞として働き、血管組織とともに中枢神経系に進入する中胚葉由来の細胞である。したがって、中枢神経系に血管が進入するまで、小膠細胞は発達中の中枢神経に存在しない。

神経幹細胞と神経幹細胞由来の前駆細胞が（対称性の細胞分裂により）増殖するのか、（非対称性の細胞分裂により）分化するのかは、それらの細胞が存在する上皮の性質と密接に関連しており、とくに頂底軸の極性と細胞周期の長さに関連する。一般に、ニューロンの産生は神経膠細胞が発生するよりも前に起こる。ニューロン前駆細胞が最後の細胞分裂するときが、いわゆるニューロンの誕生日である。脊髄と菱脳の腹側でニューロンを産生する細胞が、通常最初に細胞分裂を停止し、そして背側と中間（腹側と背側の間：側角）のニューロンが続いて分裂を停止する。大脳と小脳の皮質ニューロンは、産生される最後の細胞集団である。これらのニューロンは、イヌでは生後3カ月目〜4カ月目まで、ヒトでは3年目まで細胞分裂し続ける。出生後すぐに活動するウシやウマなどの種では、ほとんどの皮質ニューロンは出生時期までにすでにつくられている。

中枢神経系の組織学的分化
Histological differentiation of the central nervous system

ニューロン Nerve cells

神経芽細胞 neuroblast は**神経上皮細胞** neuroepithelial cell の分裂によって生じ、一度つくられると分裂能力を失う（**図10-4**）。最初に神経芽細胞は2本の突起を発達させ、神経管の内腔から外境界膜に向かって伸びる。これらの神経芽細胞が中間帯に向かって移動しはじめると、中央の突起は縮められ、一時的に単極となる。さらに分化が進行するあいだに、いくつかの小さな細胞突起が細胞体から伸びる。これらの突起の1つは、速やかに伸長して原始的な**軸索** axon を形成する。一方、他の木の枝状の突起は原始的な**樹状突起** dendrite を形成する。これらの細胞は、**多極神経芽細胞** multipolar neuroblast といわれ、最終的には成熟した**多極神経細胞** multipolar neuron となる。基板にあるニューロンの軸索は脊髄の外腹側周辺の辺縁帯を通過して、脊髄の遠心性の**腹根** ventral root を形成する。翼板におけるニューロンの軸索は、脊髄の辺縁帯を貫通し、上行あるいは下行する**連合ニューロン** association neuron を形成する。

神経膠細胞 Glial cells

2種類の細胞系譜に分化する能力を持つ前駆細胞から生じる、もう1つの主な細胞系譜は、**神経膠細胞前駆細胞** glial progenitor cell（**神経膠芽細胞** glioblast）の細胞系譜である。この系譜は神経芽細胞の産生が終了したあとに神経上皮細胞によって産生され、その産生された細胞はいくつかの系譜に分かれる。それらの細胞の1つが **O-2A 前駆細胞**

O-2A progenitor cell であり、最終的に2つの神経膠細胞の前駆細胞、すなわち**2型星状膠細胞** type-2 astrocyte と**希突起膠細胞** oligodendrocyte へと分化する。近年になって、希突起膠細胞は腹側の脳室帯にある前駆細胞から生じることが示された。ここから、これらの前駆細胞が脊髄と脳を通って移動し、ニューロンの突起周囲に髄鞘を形成する。希突起膠細胞の形成は、脊索の細胞からのシグナル分子であるソニック・ヘッジホッグ（Shh）に依存する。1つの軸索周囲に1つのシュワン細胞自身が巻き付いているが、中枢神経系では1つの希突起膠細胞から伸びた平らな突起が複数の神経線維の髄鞘となる。髄鞘は胎生後期に脊髄で形成されはじめる。一般に、神経線維経路は、その経路が機能する時期に髄鞘化される（**表10-1**）。

脊髄のすべての神経膠細胞が神経上皮由来であるというわけではない。**小膠細胞** microglial cell は、胎生期後半に現れる細胞であり、中胚葉由来で高い貪食性を持つ細胞である。

神経上皮細胞が神経芽細胞の産生を終えると、神経上皮細胞は**脊髄中心管に並ぶ上衣細胞** ependymal epithelial cell へと分化する。ニューロンが生じるに伴って、神経上皮細胞は数層の細胞層を持つ上皮へと変化する。神経細胞の発生への切り替えとともに、星状膠細胞の特徴が現れるのとまったく同時期に、神経上皮細胞はある種の上皮組織の特徴（密着帯タンパク質の著しい発現）を減少させる。本質的に、神経細胞の発生開始後、神経上皮細胞は、異なるが関連した細胞種を生じる。それは**放射状グリア細胞** radial glial cell であり、星状膠細胞の特徴と同様に、神経上皮の特徴も示す。

放射状グリア細胞 radial glial cell は、神経上皮細胞よりも分化の方向性が限定された前駆細胞であり、段階的に神経上皮細胞と入れ替わる。結果として、中枢神経系の多くのニューロンは、放射状グリア細胞由来となる。放射状グリア細胞によって維持されている神経上皮の特徴とは、神経上皮のマーカー遺伝子（中間系フィラメントであるネスチン nestin のような）の発現、管腔側の表面や、（中心体やプロミニン-1の管腔側における局在のような）頂底軸の極性を示す重要な特徴の維持である。放射状グリア細胞は、その核が脳室帯の管腔表面で有糸分裂し、細胞周期のS期の完了のあいだに基底側に移動するという、神経上皮細胞のような、核の往復運動をする。しかしながら、神経上皮細胞とは対照的に、放射状グリア細胞は、星状膠細胞が有するいくつかの特徴、すなわち星状膠細胞特異的グルタミン酸トランスポーター（GLAST）、Ca^{2+}結合タンパク質 S100β、そして神経膠細胞線維性酸性タンパク質を発現する。

初期の神経上皮細胞と対照的に、多くの放射状グリア細胞は限られた発生能力しか持たない。通常、放射状グリア細胞はたった1細胞種のみを産生する。その細胞は星状膠細胞、希突起膠細胞、もっと一般にはニューロンのいずれかである。

脊髄の発生
Development of the spinal cord

神経管の細胞分化の初期に、神経上皮は肥厚し、いくつかの層になる（**図10-6**）。神経管の管腔に近い層は、**脳室層** ventricular layer もしくは**神経上皮層** neuroepithelial layer といわれ、上皮の形態を維持し、分裂活性もまだある。しかし、さらに発生すると、神経上皮層で増殖している細胞集団は大部分使い尽くされ、残った細胞は**中心管** central canal や脳の**脳室系** ventricular system の**上衣** ependyma へ分化する。

脳室帯は、有糸分裂後の神経芽細胞と神経膠細胞と考えられる細胞の細胞体を含む**中間層** intermediate layer または**外套層** mantle layer（**図10-1、10-5**）

中枢神経系と末梢神経系の発生 第10章

表 10-1：中枢神経系と末梢神経系における髄鞘形成の開始

動物種	組織名	妊娠段階
ネコ	前庭神経	受精後 53 日
	蝸牛神経	受精後 57 日
	視神経	出生後 1－2 日
ブタ	脊髄	受精後第 8 週（胸部）
		受精後第 9 週（腰部）
ヒツジ	動眼神経	受精後第 63 日
	滑車神経	
	前庭神経	
	舌下神経	
	三叉神経（知覚性）	受精後第 66 日
	舌咽神経	
	迷走神経	
	副神経	
	視神経	受精後 78 日
	三叉神経（運動性）	受精後 60 日
	顔面神経	受精後 78 日
	滑車神経	
	外転神経	
	前庭神経	受精後 80 日
	脊髄	受精後 60 日
	延髄	
	中脳	
	小脳	受精後 80 日
	終脳	受精後 100 日
ウシ	延髄	受精後 21 週
	脊髄	受精後 16 週
	外転神経	受精後 20 週
	中間顔面神経（運動性）	
	蝸牛神経	
	舌咽神経	
	迷走神経	
	舌下神経	
	三叉神経	受精後 21 週
	内耳神経	受精後 16 週
	副神経	
	視神経	受精後 24 週

によって囲まれる。脊髄が成熟するに伴い、中間帯は神経細胞の細胞体が位置している**灰白質** grey matter となる（**図 10-7**）。

神経芽細胞が軸索と樹状突起を発達させているとき、外側の**辺縁層** marginal layer（辺縁帯 marginal zone）が形成される。辺縁層は神経突起を含むが、神経細胞体は含まず、さらに発生が進むと脊髄の**白質** white matter となる。

神経芽細胞が中間層へ連続的に追加されると、腹側および背側の両側で神経管が太くなる（**図 10-6**、

図10-6：脊髄の発生における4つの連続した段階。**A-B:** 1: 神経上皮、2: 中心管、3: 脊索、4: 表面外胚葉、5: 基板、6: 蓋板、7: 底板、8: 辺縁帯、9: 脊髄神経節、10: 背根（知覚性）、11: 脊髄神経。**C:** 1: 神経上皮、2: 中心管、3: 脊索、4: 表面外胚葉、5: 基板、6: 翼板、7と8: 側角、9: 辺縁帯、10: 蓋板、11: 底板、12: 脊髄神経節、13: 背根、14: 脊髄神経。**D:** 1: 上衣、2: 中心管、3: 背角（知覚性）、4: 側角、5: 腹角（運動性）、6: 背根（知覚性）、7: 脊髄神経、7': 腹根（運動性）、8: 背正中溝、9: 腹正中裂、10: 白質、11: 脊髄神経節。RüsseとSinowatz (1998) の厚意による。

膚、関節および筋肉などからの入力（体性求心性神経線維）を受けるニューロン、咽頭からの入力（特殊内臓求心性神経線維）を受けるニューロン、内臓や心臓からの入力（内臓求心性神経線維）を受けるニューロンによって知覚領域を形成する。小さな長軸方向の溝である境界溝が基板と翼板のあいだにできる（**図10-6**）。左右の翼板は、**中心管** central canal の背側を越えて薄い**蓋板** roof plate によって連結する。両側の基板は、中心管の腹側の**底板** floor plate によって連結する。蓋板と底板は神経芽細胞を含まず、主に一方と他方との連絡のための神経芽細胞の神経線維を含む。

完成した脊髄は、基板と翼板が体性と内臓の構成要素に細分化されること以外は、胎子期に発達したものと同様の構成である。胎子の脊髄が完成した脊髄へと転換するのは（**図10-9**）、中間層における未熟なニューロンの増殖、非対称性の細胞移動および神経突起の発達の結果である。その過程で、中間層は中心管の周りの灰白質となり、背角と腹角が突出した蝶のような形となる。その遠心性の腹角と求心性の背角に加えて、背索と腹索のあいだに灰白質の側方への小さな突出が、脊髄の位置が脊髄胸部1（T1）～脊髄腰部2（L2）までのあいだに観察される。これは側角であり、交感神経系の自律性（内臓遠心性）ニューロンの細胞体を含む。

辺縁層は、脊髄の白質へと発達するが、白質は有

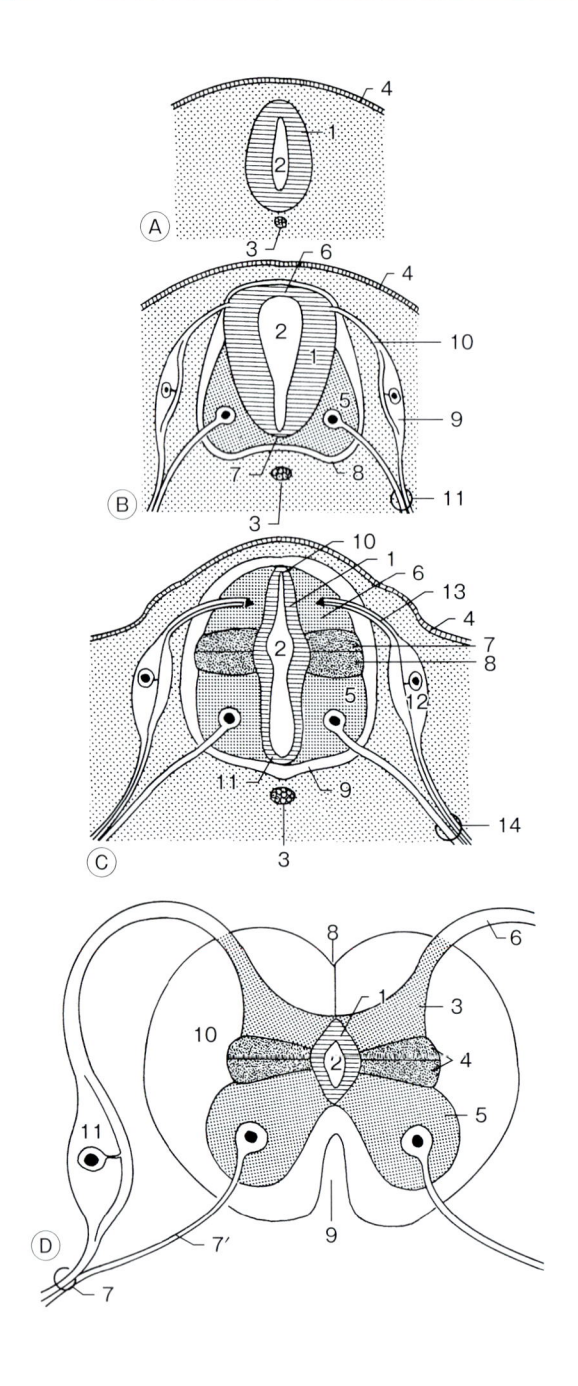

10-8）。腹側の肥厚は**基板** basal plate となる。基板は運動性ニューロン（体性遠心性神経線維）と自律性ニューロン（内臓遠心性神経線維；**表10-2**）を含む。背側の肥厚は、**翼板** alar plate となり、皮

中枢神経系と末梢神経系の発生　第10章

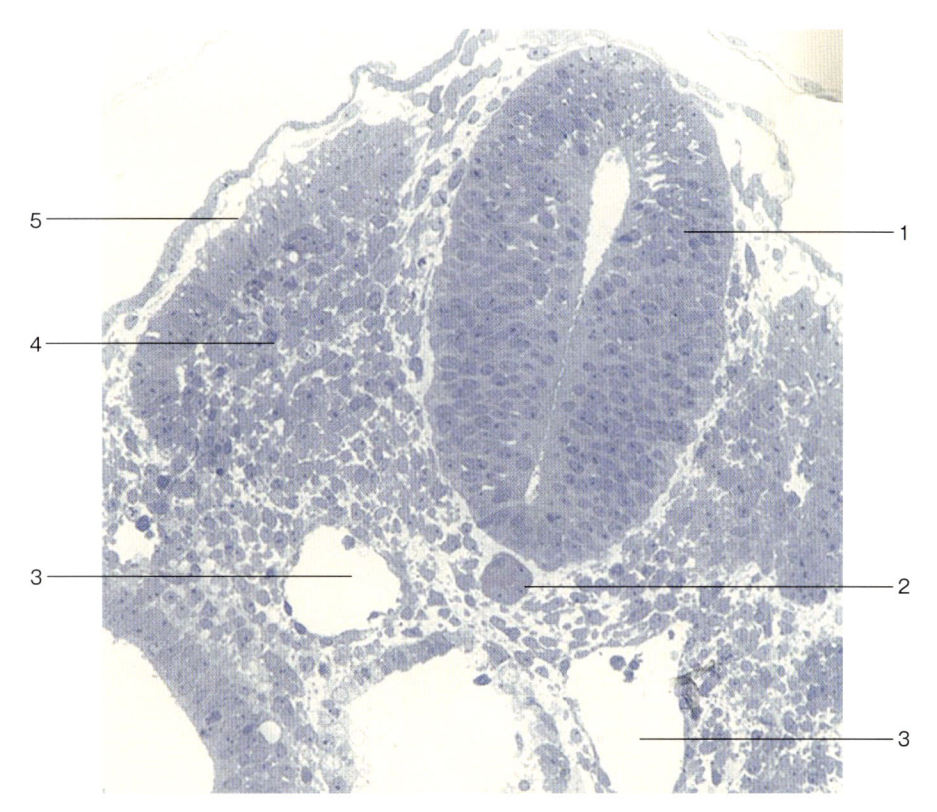

図 10-7：胎齢 16 日目のブタ胚子の横断切片。1: 脊髄原基、2: 脊索、3: 背側大動脈、4: 筋板、5: 皮板。

髄の軸索（有髄線維）myelinated axon の占める割合が大きく、見た目が白いことから名付けられた。この外側の層は、束（神経索 funiculi）にまとめて分類され、上行性および下行性の軸索の束を含む。その背索、側索および腹索は、脊髄からの遠心性脊髄神経根と脊髄に入る求心性脊髄神経根によって分けられる（図 10-9）。

背根神経節（脊髄神経節）と脊髄神経
Dorsal root ganglia and spinal nerves

第 8 章で詳細に記述したように、神経堤細胞 neural crest cell は神経ヒダの外縁から移動し、脊髄神経の知覚神経または脊髄神経節 spinal ganglion（背根神経節 dorsal root ganglion）となる。また、ほかの種類の神経節細胞 other types of ganglia cell（知覚神経節、交感神経系や副交感神経系の一般内臓遠心性神経節）、シュワン細胞 Schwann cell、色素細胞 melanocyte、ゾウゲ芽細胞 odontoblast および咽頭弓の間葉細胞 mesenchymal cell などを含む、いくつかの細胞にもなる。脊髄神経節の神経芽細胞は、2 つの突起を発達させるが、すぐに 1 つに結合し、T 字様になる（偽単極神経細胞 pseudounipolar neuron）。脊髄神経節細胞の両方の突起は、軸索の構造的特徴を持っているが、末梢へ向かう突起は電気的伝導が突起内を細胞体へ向かう樹状突起として機能的に分類される。中枢方向へと伸びる突起は神経管の背側部位に入り込み、脊髄の求心

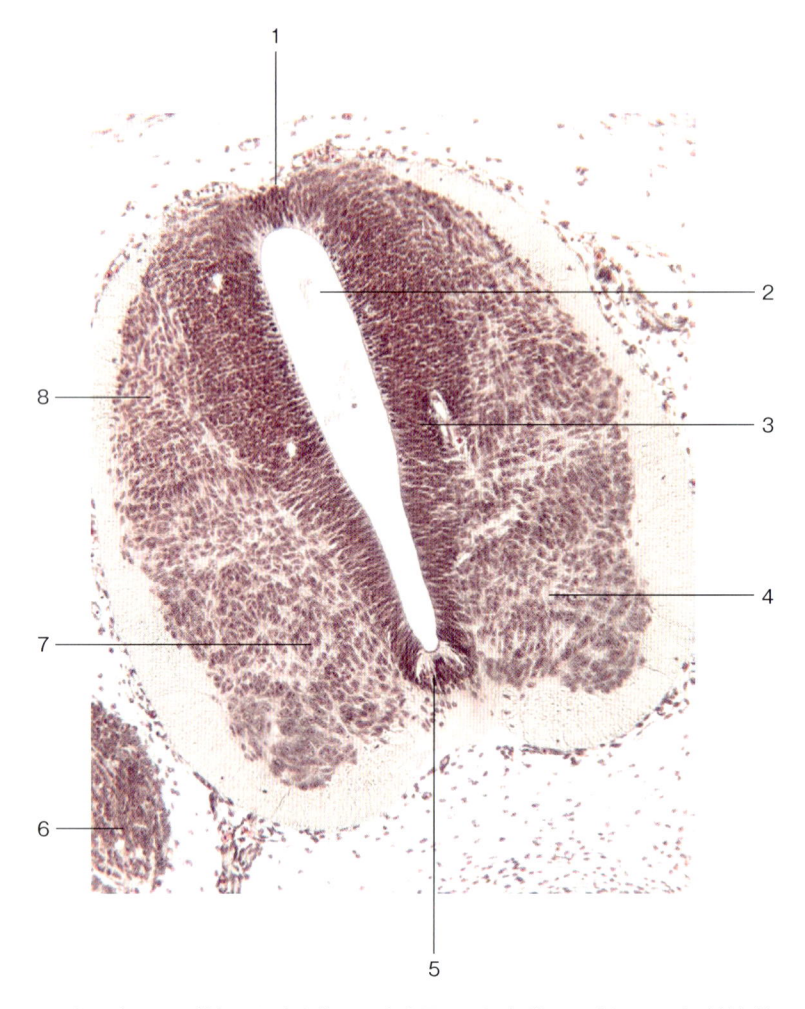

Development of the central and peripheral nervous system

図 10-8：頭殿長 17 mm のネコ胎子。1: 蓋板、2: 中心管、3: 上衣層、4: 辺縁帯、5: 底板、6: 脊髄神経節、7. 基板、8. 翼板。

性の**背根** dorsal root を形成する。脊髄において、突起は求心性の背角の介在ニューロンとシナプスを形成するか、辺縁層を通って高次脳中枢の一部へと伸びる。末梢に伸びる突起は腹根の束に加わり、**脊髄神経** spinal nerve の神経束を形成し、最終的に知覚受容体で終止する。脊髄神経の総幹は、ほとんどすぐに**背枝** dorsal ramus と**腹枝** ventral ramus に分岐する。脊髄神経の背枝は脊柱の筋系、椎骨間関節および背側の皮膚を支配する。主な腹枝は、四肢と腹側の体壁を支配し、2 つの主な神経叢、すなわち**腕神経叢** brachial plexus と**腰仙骨神経叢** lumbosacral plexus を形成する。

脊髄の位置的変化：脊髄の上昇
Positional changes of the spinal cord: ascensus medullae spinalis

はじめ、脊髄は胚子全長にわたって走行し、脊髄

中枢神経系と末梢神経系の発生　第10章

表 10-2：中枢神経系の構造の由来

	背側蓋板	翼板	基板
脊髄	退縮（消滅）	ほとんどの神経経路と灰白質の背索	腹側の灰白質と側角
後脳と延髄	第四脳室蓋の前髄帆と後髄帆、脈絡組織	脳神経Ⅴ、Ⅶ、Ⅷ、Ⅸ、Ⅹの求心性神経核、小脳、橋	脳神経Ⅴ、Ⅵ、Ⅶ、Ⅸ、Ⅹ、Ⅺ、Ⅻの遠心性神経核
中脳	由来する構造はない	四丘体、中脳蓋、黒質、赤核など	脳神経ⅢとⅣの遠心性神経核
間脳	松果腺、第三脳室の（天蓋の）脈絡組織	視床上部、視床後部、視床、視床下部、網膜	
終脳	脳梁（背側蓋板の神経線維が蓋板へと伸長する）	大脳皮質、基底核	

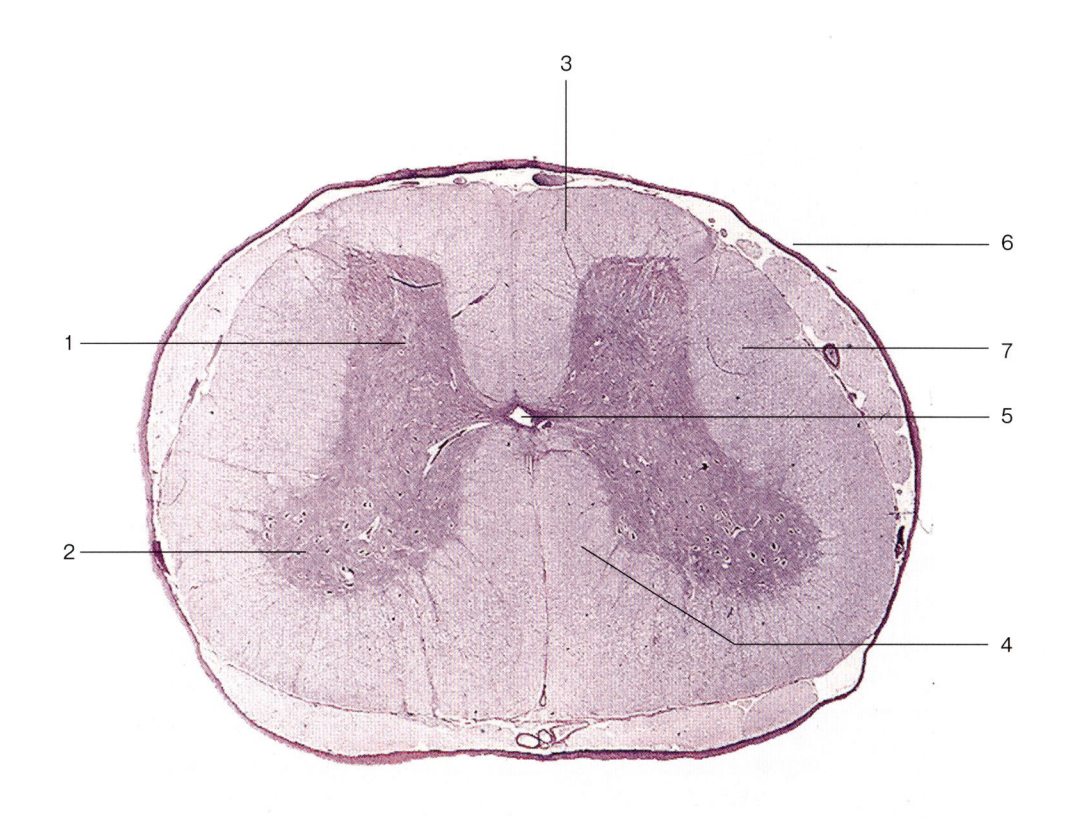

図 10-9：イヌの成体の脊髄の横断面。1: 背角（知覚性）、2: 腹角（運動性）、3: 背索、4: 腹索、5: 中心管、6: 硬膜、7: 側索。

Development of the central and peripheral nervous system

神経は脊髄から出た部位と同じ高さの椎間孔を通過する。しかしながら、発生が進むと脊柱と脊髄硬膜は脊髄よりも早く成長し、脊髄尾側端の位置が脊柱内で次第に高い位置となっていく（図10-10）。この現象は、**脊髄の上昇** ascensus medullar spinalis といわれる。この不均衡な成長により、脊髄から出る脊髄神経はそれぞれに対応した椎間孔まで斜めに走行する。

成体の動物では、脊髄は脊髄神経の腰部2～3（L2～L3）で終止するが、これは種によって異なる。周囲の硬膜やクモ膜下腔はより尾方に伸長し、通常仙骨部2（S2）まで伸長する。脊髄の尾側端より、糸状の神経膠細胞と上衣の伸長した構造である**終糸** filum terminale が尾側方向に走行し、第1尾椎の骨膜に付着する。脊柱内で尾側方向へと走行する神経線維の複数の束は**馬尾** cauda equina を形成する。腰椎穿刺で脳脊髄液を採取する際には、注射針は脊髄の底端部（尾端部）に命中するのを防ぐため、より尾側の腰部に刺さなければならない。

脳の発達 Development of the brain

神経管の頭側の2/3の部分は脳に分化する。頭方領域の神経ヒダが融合し、頭側神経孔が閉鎖すると、脳に分化する3つの一次脳胞が形成される（図10-11、10-12）。神経管の最も頭側の領域が拡張して**前脳** prosencephalon / forebrain となり、**眼胞** optic vesicle が前脳の左右両側から突出する。眼胞より尾側の2つの拡張した領域は**中脳** mesencephalon と**菱脳** rhombencephalon（第二脳胞と第三脳胞）になる。前脳は部分的に**終脳** telencephalon と**間脳** diencephalon の2つの領域に分かれる（図10-13、10-14）。終脳の外側壁はすぐにドーム状に膨らむ。これは、将来**大脳半球** cerebral hemisphere となる兆しである。間脳は分かれることなく、正中線上に位置し、外側へ膨らんだ眼胞につながる。菱脳も頭側部と尾側部、すなわち**後脳** metencephalon と**髄脳** myelencephalon に分かれる（図10-14、10-15）。後脳は腹側部に**橋** pons および**台形**

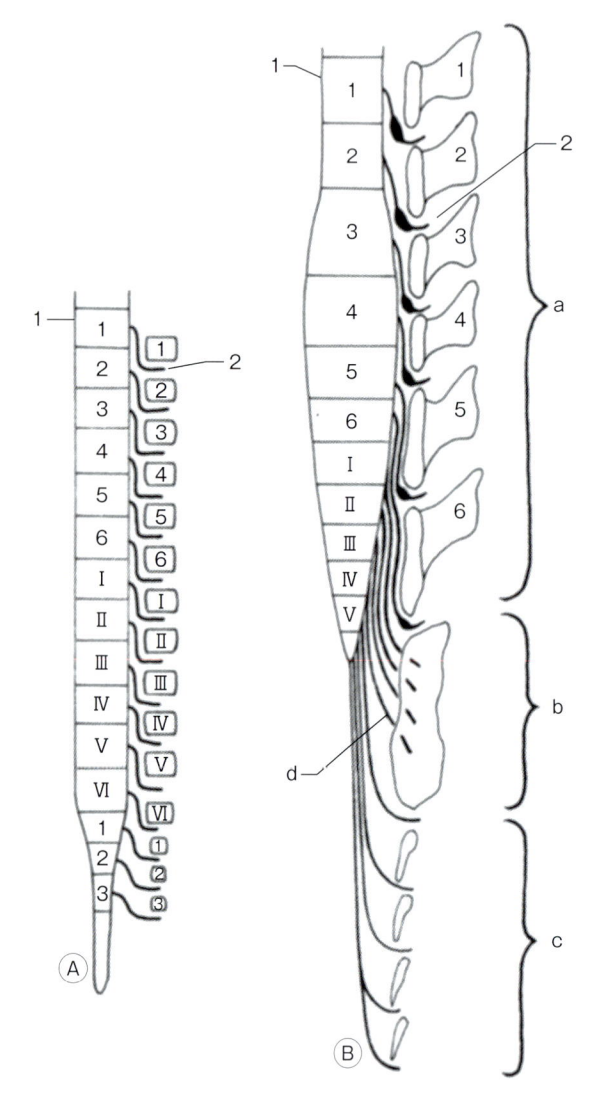

図10-10：2つのウシの発達段階（**A:** 妊娠3カ月、**B:** 成体）における脊柱末端と脊髄の終末端。1: 脊髄の区分。頭側～尾側の順に、1-6: 腰部、Ⅰ-Ⅵ: 仙骨部、1-3: 尾部、2: 脊髄神経、a: 腰椎、b: 仙骨、c: 尾椎、d: 馬尾。Rüsse と Sinowatz（1998）の厚意による。

中枢神経系と末梢神経系の発生　第10章

として**中脳屈曲**（頭屈曲 cephalic flexure）が生じる。菱脳と脊髄のあいだの二次的で非常に緩やかな折れ曲がりは、**頸屈曲** cervical flexure といわれる。菱脳では、わずかな背側への屈曲、すなわち**橋屈曲** pontine flexure が起きる。橋屈曲は、将来、橋となる部分で起こり、菱脳の背壁を薄くする。

　最初、発達中の脳は脊髄と同じような基本構造であるが、頭屈曲が起こることによって、脳のさまざまな位置で横断面の輪郭および白質と灰白質の相対的な位置に大きな変化が見られるようになる。境界溝は中脳と間脳の境界に向かって頭側に伸びる。このため、境界溝によって分けられる翼板と基板は、中脳と間脳の境界部よりも尾側部でのみ見分けられる。これに対して、間脳と終脳では、翼板は発達し、基板は退縮する。

菱脳 Rhombencephalon（hindbrain）

　菱脳は最後部の脳胞である**髄脳** myelencephalon と橋屈曲から菱脳峡へと伸びる**後脳** metencephalon からなる。後方では、頸屈曲によって髄脳と脊髄が区別されるようになる。のちに、髄脳と脊髄の連結部は、第一頸神経根、つまりおおよそ大孔の位置として定義される。

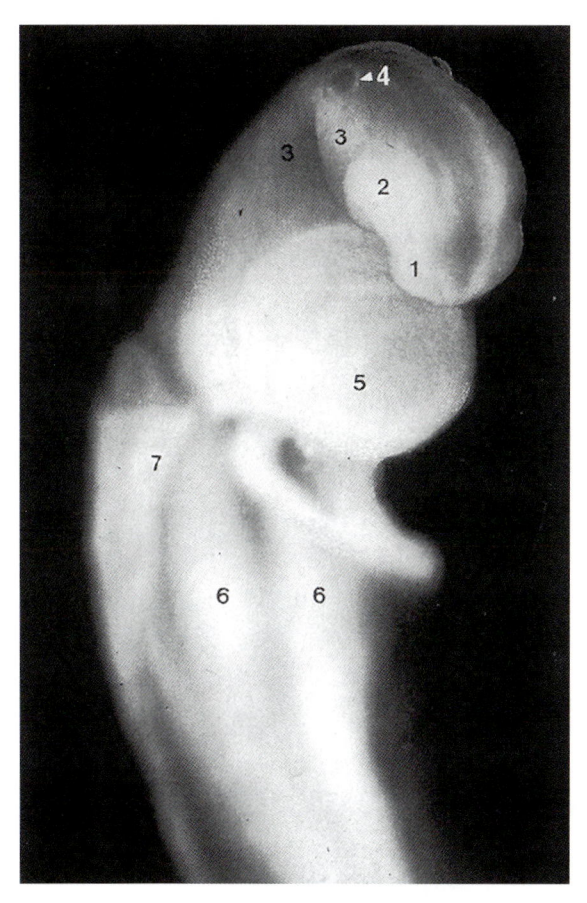

図 **10-11**：3つの脳胞を持つヒツジ胎子。1: 前脳、2: 中脳、3: 菱脳、4: 視板、5: 心臓、6: 中腎、7: 体壁。

体 corpus trapezoideum を、背側部に**小脳** cerebellum を生じる。髄脳は**延髄** medulla oblongata を生じ、延髄は脳幹の最も尾側にある部分で、**脊髄** spinal cord につながる（図 **10-14**、**10-16**）。

脳屈曲 Brain flexures

　5つの二次脳胞（終脳、間脳、中脳、後脳および髄脳）の分化・成長は、屈曲を引き起こす（図 **10-12**）。これを脳屈曲（脳屈）という。頭部の折りたたみが起きるとき、中脳が腹側に折れ曲がり、結果

髄脳 Myelencephalon

　髄脳は発生的にも構造的にも脊髄に類似しており、将来、脳幹の尾側部である**延髄** medulla oblongata となる。延髄は、脊髄と脳の高次領域との経路として機能するとともに、呼吸や心拍を調節する重要な中枢の役割も果たす。

　髄脳の側壁を構成する翼板と基板は、脊髄と同じく境界溝で分けられるという基本的な配列がほぼ維持されているが、外側壁が左右に広がる。このことは蓋板を著しく拡張させ、その結果、中心管の背

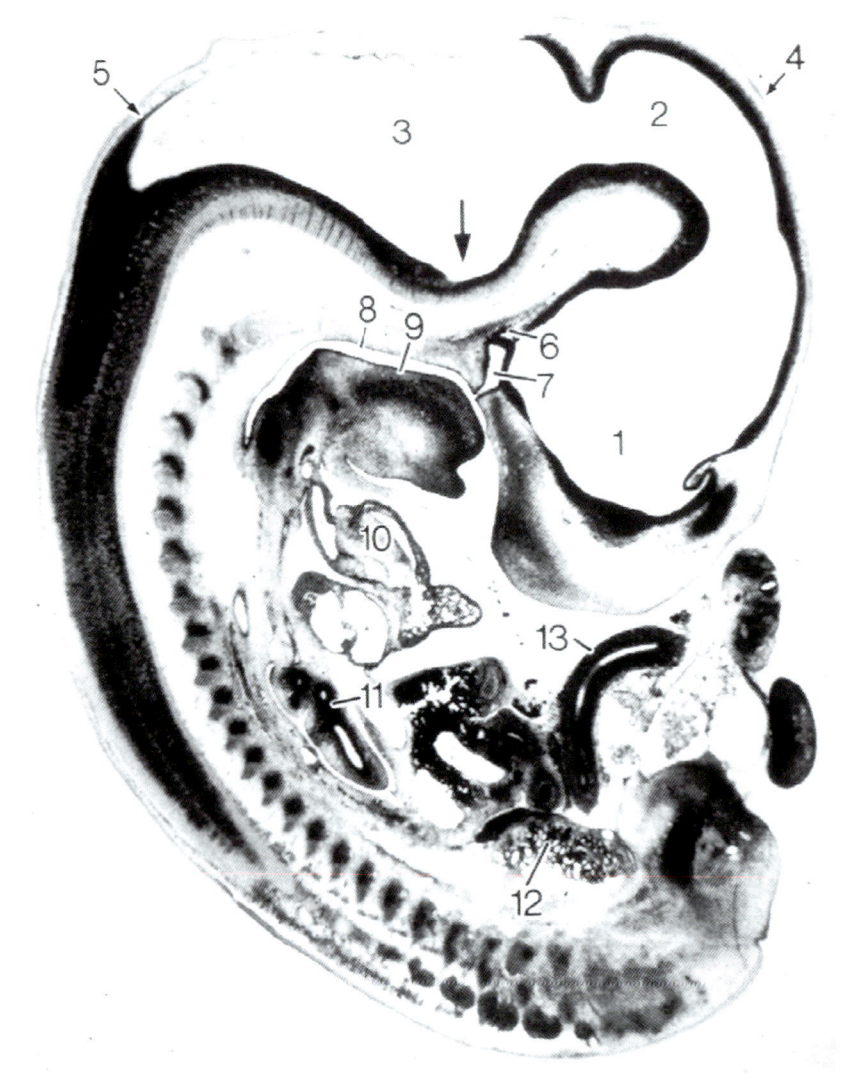

Development of the central and peripheral nervous system

図 10-12：頭殿長 10 mm のネコ胚子の 3 脳胞期の縦断切片。1: 前脳、2: 中脳、3: 橋屈曲（矢印）している菱脳、4: 頭屈曲（中脳屈曲）、5: 頸屈曲、6: 神経性下垂体の原基、7: ラトケ嚢（腺性下垂体の原基）、8: 一次口腔、9: 舌、10: 心臓、11: 肺、12: 中腎、13: 腸管。

が閉鎖し、**第四脳室** fourth ventricle への管を拡張させる。髄脳の蓋板は単層の上衣細胞に減少し、この部分は軟膜を形成する間葉細胞によって覆われる。血管性の間葉組織の活発な増殖によって、第四脳室内に多くの嚢状の陥入を形成する。これらが脳脊髄液 cerebrospinal fluid を産生する**脈絡叢** choroid plexus となる。

結果として、翼板と基板は、背腹側に配列するのではなく、開いた本のページのように菱脳の底部に並ぶことになる。これにより、基板由来の遠心性領

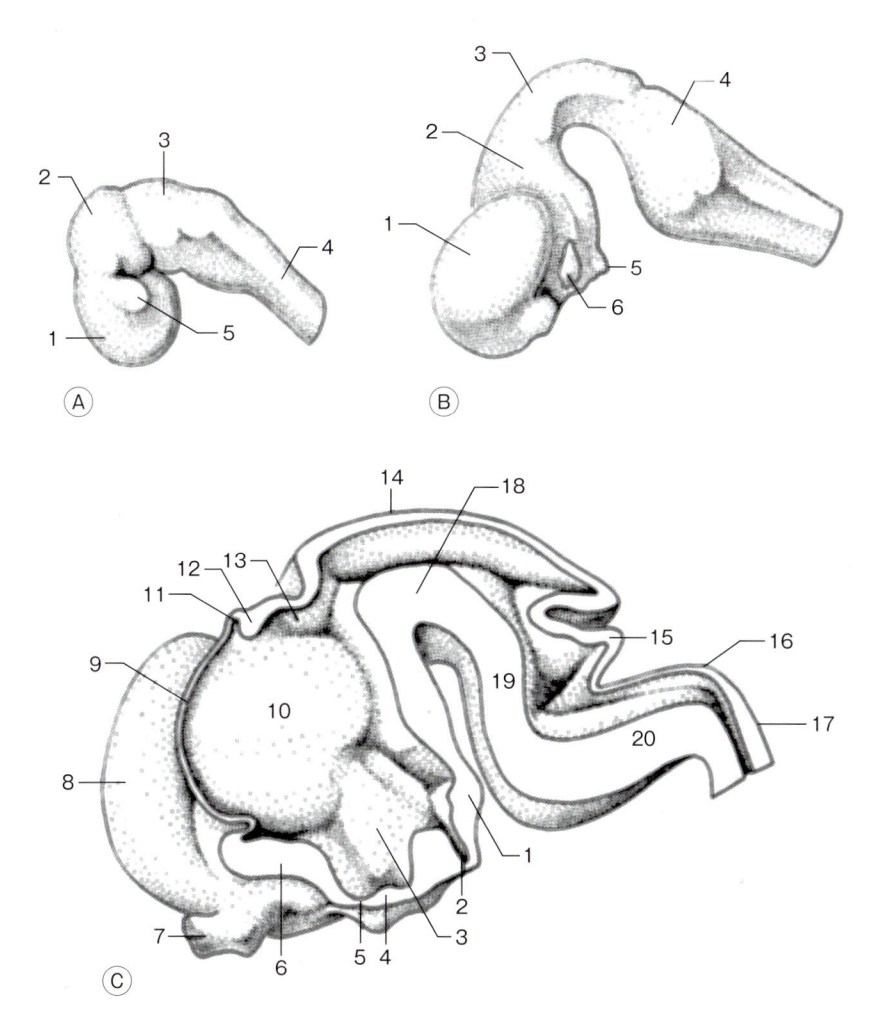

中枢神経系と末梢神経系の発生　第 10 章

図 **10-13**：胎齢 18 日（A）、22 日（B）、25 日（C）のネコの脳の発達。
A: 1: 前脳、2: 中脳、3: 菱脳、4: 脊髄、5: 眼胞。
B: 1: 終脳、2: 間脳、3: 中脳、4: 菱脳、5: 漏斗、6: 眼胞柄。
C: 1: 乳頭体の原基、2: 漏斗、3: 視床下部、4: 視交叉、5: 終板、6: 交連板、7: 嗅球、8: 大脳半球、9: 第三脳室の背壁（天井）、10: 視床、11: 松果体の原基、12: 後交連、13: 視床後部、14: 四丘体、15: 小脳、16: 第四脳室被膜板、17: 頸屈曲、18: 大脳脚、19: 橋、20: 延髄。Rüsse と Sinowatz（1998）の厚意による。

域は、翼板由来の求心性領域の内側に位置するようになる。髄脳のこの部分（将来の第四脳室の後部になる部分）の内腔は菱形となる。

脊髄のように、基板には遠心性神経の**神経核** nucleus（ニューロン体の集団）が含まれる。左右それぞれの基板にはこれらの神経核が 3 つのグループに分かれて存在する（**表 10-3**）。1 つ目のグループは、内側部に分布する**一般体性遠心性神経グループ** general somatic efferent group であり、これらは脊髄の腹角から脳へと連続する舌下神経（XII）および副神経（XI）によって代表される。一般体性遠心性神経グループは、頭側に向かって中脳へ伸び、一

Development of the central and peripheral nervous system

置する。これらの神経核は、脊髄の背索を通る上行路に関連している。翼板由来のもう1つの神経芽細胞のグループは、腹側に移動し、**オリーブ核** olivary nucleus を形成する。翼板由来のさらに別の神経芽細胞は左右それぞれ4領域に配置する神経核を形成する。これは外側から内側に向かって、(1) 内耳からの情報を受け取る**特殊体性求心性神経核** special somatic afferent nucleus、(2) 頭部表面からの情報を受け取る**一般体性求心性神経核** general somatic afferent nucleus、(3) 味蕾からの情報を受け取る**特殊内臓求心性神経核** special visceral afferent nucleus、(4) 内臓からの情報を受け取る**一般内臓求心性神経核** general visceral afferent nucleus が存在する。

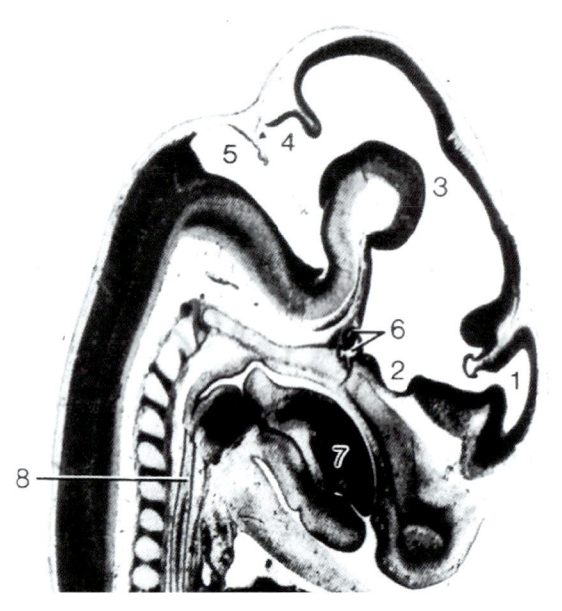

図 10-14：頭殿長 17 mm のネコ胚子の脳の発達。5 脳胞期の縦断面。1: 終脳、2: 間脳、3: 中脳、4: 後脳、5: 髄脳、6: 下垂体、7: 舌、8: 食道。Rüsse と Sinowatz (1998) の厚意による。

後脳 Metencephalon

後脳は菱脳の前方に位置する（**図 10-17**、**10-18**）。この領域からは2つの主要な部位、すなわち**橋** pons と**小脳** cerebellum が生じる。橋は延髄の前方端と一線を画する構造である。小脳は系統発生学的には新しいが、個体発生としては後期に発達する部分で、姿勢および運動の調節中枢として働く。マウスにおいて、後脳の発達は初期発生時期にこの領域での *engrailed-1* 遺伝子の発現に依存していることが明らかにされている。

髄脳と同様に後脳は、基板と翼板が特徴的であるが、髄脳とは大きく異なる発達様式をとる。髄脳頭側と同様に、橋屈曲が側壁を左右に広げ、翼板は基板の背腹側に配置する代わりに、基板の外側に位置するようになる。

後脳のそれぞれの基板は、3つの運動神経のグループを含む。すなわち (1) 内側に位置する**一般体性遠心性神経グループ** general somatic efferent group：外転神経 (Ⅵ) の神経核を形成する。(2) 中間部に位置する**特殊内臓遠心性神経グループ** special visceral efferent group：第一咽頭弓および

般体性遠心性運動柱ともいわれている。2つ目のグループは、中間部に位置する**特殊内臓遠心性神経グループ** special visceral efferent group であり、咽頭弓（鰓弓）由来の筋肉を支配する神経に代表される。これらの神経には、第三咽頭弓および第四咽頭弓の筋肉を支配する舌咽神経 (Ⅸ)、迷走神経 (Ⅹ) および副神経 (Ⅺ) が含まれる。3つ目のグループは、外側に位置する**一般内臓遠心性神経グループ** general visceral efferent group であり、迷走神経 (Ⅹ) および舌咽神経 (Ⅸ) によって代表される。迷走神経 (Ⅹ) の軸索は胸腔および腹腔の各器官および心臓に分布し、舌咽神経 (Ⅸ) の軸索は耳下腺に分布する。

髄脳の翼板に分布する神経芽細胞は、辺縁帯に移動し、灰白質内に存在する分離した領域である**薄束核** gracile nucleus および**楔状束核** cuneate nucleus を形成する。薄束核は内側に、楔状束核は外側に位

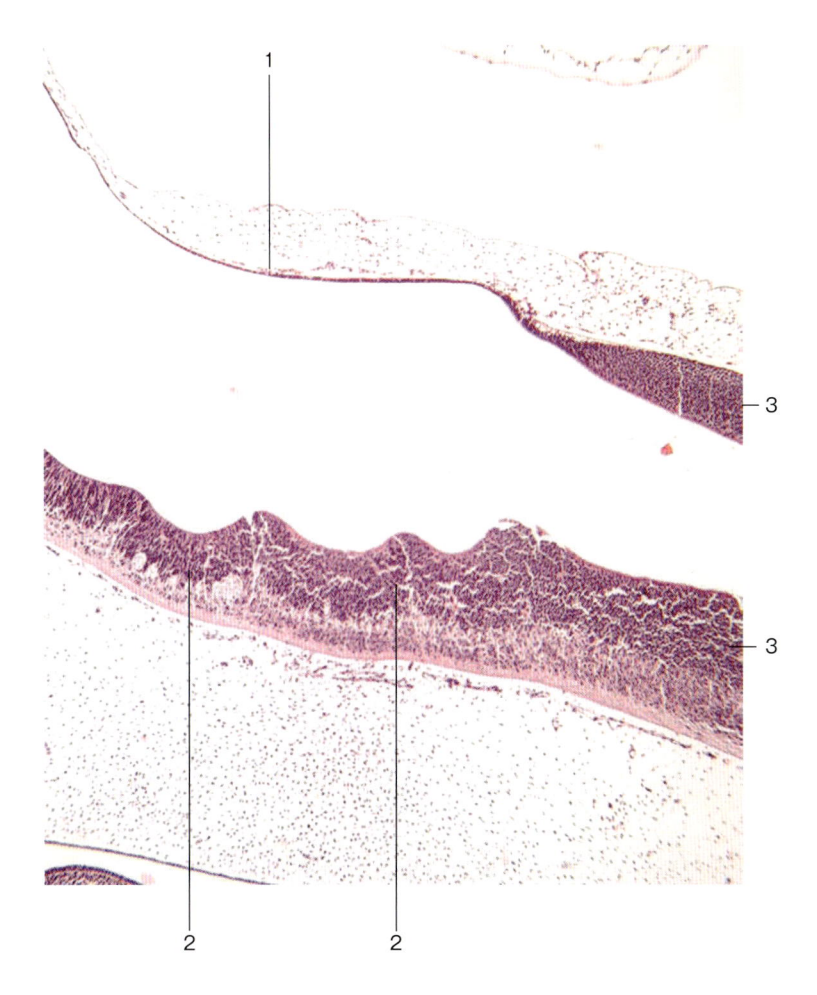

中枢神経系と末梢神経系の発生　第10章

図 10-15：胎齢 21.5 日のブタ胚子の後脳と髄脳の縦断切片。1: 第四脳室の背壁（天井）、2: 菱脳の神経分節、3: 髄脳。Rüsse と Sinowatz (1998) の厚意による。

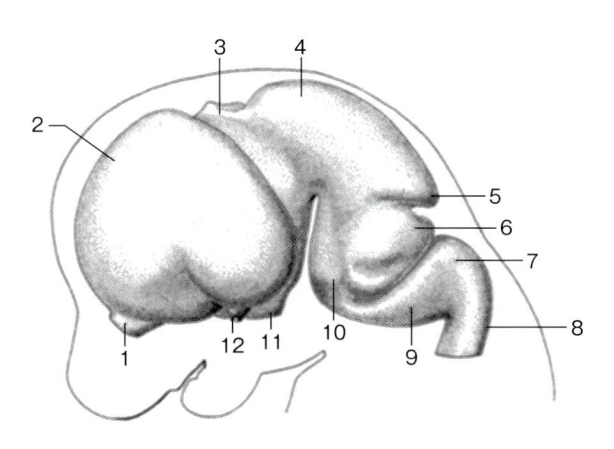

図 10-16：胎齢 33 日のネコの脳の発達。1: 嗅球、2: 大脳半球、3: 視床上部、4: 四丘体の原基、5: 後丘、6: 小脳、7: 第四脳室被膜板、8: 頸屈曲、9: 延髄、10: 橋、11: 大脳脚、12: 視神経。Rüsse と Sinowatz (1998) の厚意による。

Development of the central and peripheral nervous system

表 10-3：脳および脊髄における機能的領域

翼板（求心性あるいは知覚性）	一般体性求心性神経	皮膚、関節、筋肉からの入力
	特殊内臓求心性神経	味蕾および喉頭からの入力
	一般内臓求心性神経	内臓および心臓からの入力
基板（遠心性運動神経あるいは自律神経）	一般内臓遠心性神経	側角から内臓への自律神経
	特殊内臓遠心性神経	咽頭弓由来横紋筋への運動神経
	一般体性遠心性神経	咽頭弓神経支配の横紋筋以外の横紋筋への運動神経

第二咽頭弓の筋組織を支配する三叉神経（V）の神経核、顔面神経（VII）の神経核を形成する。(3) 外側に位置する**一般内臓遠心性神経グループ** general visceral efferent group：下顎腺および舌下腺を支配する顔面神経（VII）の神経核を形成する。翼板のいくつかのニューロンは腹側に移動して**橋核** pontine nucleus を形成する。小脳皮質におけるニューロンからの軸索は橋核に終止する。腹側では、これら橋核のニューロン由来の軸索が、橋の横橋線維として知られる神経線維束を形成する。

小脳 cerebellum は翼板由来であり、後脳の背側部に形成され、構造的および機能的にきわめて複雑である（**図 10-17**）。小脳は系統発生学的に前庭系の特殊な部位として生じるが、のちに進化の過程で他の重要な機能（一般的な統合調節や聴覚および視覚反射への関与）を獲得する。小脳の形態および小脳内のニューロンの空間的な配置は進化の過程でよく保存されている。小脳の発達異常は、運動および姿勢の異常を招く（第 19 章参照）。

小脳の原基は後脳の翼板の背側にある**菱脳唇** rhombic lip である。マウスでは、菱脳唇はやがて頭側から尾側へ向かって 1-8 の菱脳分節に分かれるが、小脳本体は菱脳分節 1 (r1) から生じる。菱脳唇の後部に位置する菱脳分節 2-8 (r2-r8) からは移動性の前駆細胞が生じ、小脳の腹側でオリーブ核や橋核などの神経核を含む多数の神経核を形成する。

背側から見ると、菱脳唇は V 字型の構造をしている。このため、菱脳唇は頭側部で左右が密接しており、髄脳との境界である尾側部では左右が分かれている。頭側部では、左右の菱脳唇は内側へ伸長して菱脳峡のところで融合する。さらに橋屈曲が進行すると、菱脳唇は頭尾方向に圧迫され、小脳板を形成する。

初期胎子期では、発達している小脳は背側に拡張し、ダンベル様の構造をとるようになり、横裂によって大型の前部と小型の後部に分けられる。内側部は**虫部** vermis となり、外側部は小脳の**半球** hemisphere に発達する。前部は著しく発達し、のちに成熟した小脳の大部分を占める構造になるが、この表面には明瞭なヒダである**小脳回** folia cerebelli が生じる。後部は**片葉小節葉** flocculo-nodular lobe となるが、これは発生学的に古い構造であり、前庭装置の発達と関連している。

はじめ、小脳板は神経上皮層、中間層、辺縁層からなる。初期胎子では、神経上皮由来の細胞が中間層および辺縁層を通って小脳の表層に移動する。それらの細胞は第二の胚芽層である**外顆粒層** external granular layer を形成する（**図 10-19**）。外顆粒層の細胞は分裂能を有しており、のちに**顆粒細胞** granule cell、**籠細胞** basket cell、**星状細胞** stellate cell などのさまざまな細胞に分化する。顆粒細胞は外顆粒層によって形成される最も大きな細胞集団である。

神経上皮層に残った細胞は、分裂して**内胚芽層** inner germinal layer を形成する。内胚芽層由来の神経芽細胞は小脳半球内に移動し、第四脳室の上衣

中枢神経系と末梢神経系の発生 | 第10章

し、そこでそれらの細胞は梨状細胞（プルキンエ細胞 Purkinje cell）に分化する。プルキニエ細胞の細胞体は外顆粒層の下に一層に配列するようになる。これらのニューロンは、虫部葉の縦軸に対して直角の面で分岐する大きな表在性樹状突起を伸長する。ウシ胎子では、ニューロン層は胎齢100日ですでによく発達している。

　外顆粒細胞 external granule cell は最後の分裂後、未熟な双極性ニューロンになるが、その軸索は虫部葉の長軸に対して平行な面で走る。同時に外顆粒細胞の細胞体は小脳の中心部に向けて2回目の移動を行い、将来の小脳の内面を目指して中心に向かう。移動の途中、これらの細胞は将来の大型の梨状細胞（プルキンエ細胞）の前駆細胞の層を通り抜けるが、その際にこれらの細胞とシナプスを形成する（**図10-19**）。将来のニューロン層を通過した外顆粒細胞は、小脳皮質での厚い層、すなわち**顆粒層** granular layer を形成する。顆粒層は各々の小脳回の中心部において最も厚く、小脳回と小脳回のあいだに見られる小脳溝の部分では薄くなる。それぞれの顆粒細胞から、1本の軸索が表層に伸びてプルキンエ細胞の樹状突起のレベルで2本に分岐する。これらの軸索は平行線維といわれ、プルキンエ細胞の樹状突起の広がりの面に対して垂直に小脳回を横切る。それぞれのプルキンエ細胞は数十万本の平行線維とシナプスを形成する。小脳における細胞移動を調節する詳しいメカニズムはほとんどわかっていないが、特殊な神経膠細胞（放射状グリア細胞）がプルキンエ細胞の放射状の移動を誘導することが立証されている。外顆粒細胞の内部への移動によって小脳皮質の表層部分は、ほとんどの細胞が存在しなくなり、ここが**分子層** molecular layer となる。このため、小脳の最終形態として3つの明瞭な層、すなわち表層から分子層、**プルキンエ細胞層** Purkinje cell layer、**顆粒層** granular layer となる（**図10-20**）。

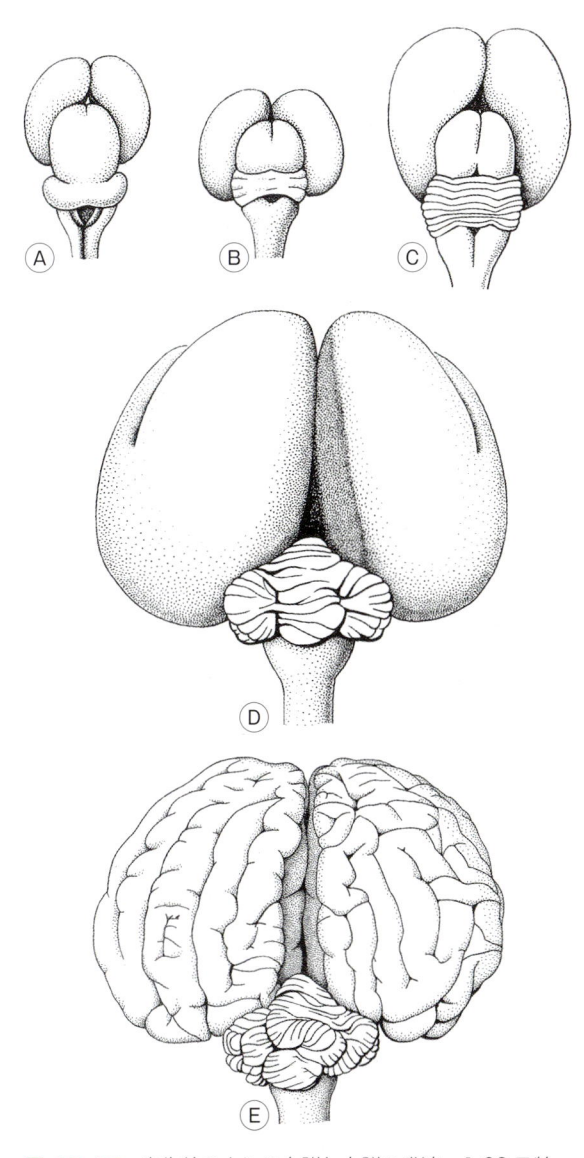

図10-17：出生前のウシの大脳と小脳の発達。**A**:60日齢、**B**:65日齢、**C**:80日齢、**D**:120日齢、**E**:180日齢。RüsseとSinowatz（1998）の厚意による。

の上に3つの集団となってとどまり、**小脳核** cerebellar nucleus（歯状核、中位核、室頂核）の原基となって、小脳皮質からのシグナルあるいは小脳皮質へのシグナルを中継するようになる。

　内胚芽層由来の細胞は外顆粒層に向けても移動

図 **10-18**：胎齢 65〜120 日のウシの後脳の発達。正中断面。**A:** 65 日齢。1: 橋、2: 延髄、3: 虫部、4: 小脳第一裂、5: 垂小節裂、6: 片葉小節葉、7: 第四脳室脈絡叢、8: 第四脳室。**B:** 80 日齢。1: 橋、2: 延髄、3: 前葉、4: 小脳第一裂、5: 後葉、6: 錐体後裂、7: 垂小節裂、8: 片葉小節葉、9: 第四脳室、10: 前髄帆、11: 後髄帆、12: 脈絡叢。**C:** 120 日齢。1: 橋、2: 延髄、3: 三叉神経節、3': 三叉神経橋知覚核、3'': 三叉神経中脳路核、3''': 三叉神経脊髄路核、4: 前髄帆、5: 後髄帆、6: 小脳第一列、7: 錐体後裂、8: 虫部錐体、9: 虫部錐、10: 垂小節裂、11: 片葉小節葉。Rüsse と Sinowatz (1998) の厚意による。

　出生時での小脳の発達の程度は、動物が立って歩くことができるようになる年齢と関係がある。食肉類では、小脳皮質の分化過程のほとんどは生後に進行する。子ネコおよび子イヌは生後およそ 3 週間、協調した歩行様式で歩けない。出生時では中間層や外顆粒層などいくつかの層が見られる程度であり、とくに外顆粒層の細胞はまだ活発に分裂している。外顆粒層から内側へ向けた細胞の移動がはじまり、生後 2 週までにその他の層が形成される。生後約 7 日の時点で外顆粒層の発達程度がピークとなり、その後 14 日までに層の厚さが減少しはじめ、明瞭な顆粒層が形成される。ネコおよびイヌのプルキンエ細胞層の分化は生後 30 日までに虫部において完結し、小脳の残りの部分では生後約 10 週で完結する。

　子ウシや子ウマは早熟性であり、出生してから数時間のうちに歩行できるが、これらの動物では、小脳の分化は出生時点でかなり進んでいる。ウシ胎子では、外顆粒層は胎齢約 57 日に出現し、胎齢約 183 日に最大の厚さとなる。これらの動物では、出生時に外顆粒層はまだ見つけられるものの、成熟した小脳の 3 つの明瞭な層がすでに形成されている。生後数カ月にわたって外顆粒層の細胞が次第に減少し、ついには消失する。この期間で、学習した反射（たとえば姿勢反射）およびより調和された運動ができるようになり、小脳機能は成熟する。

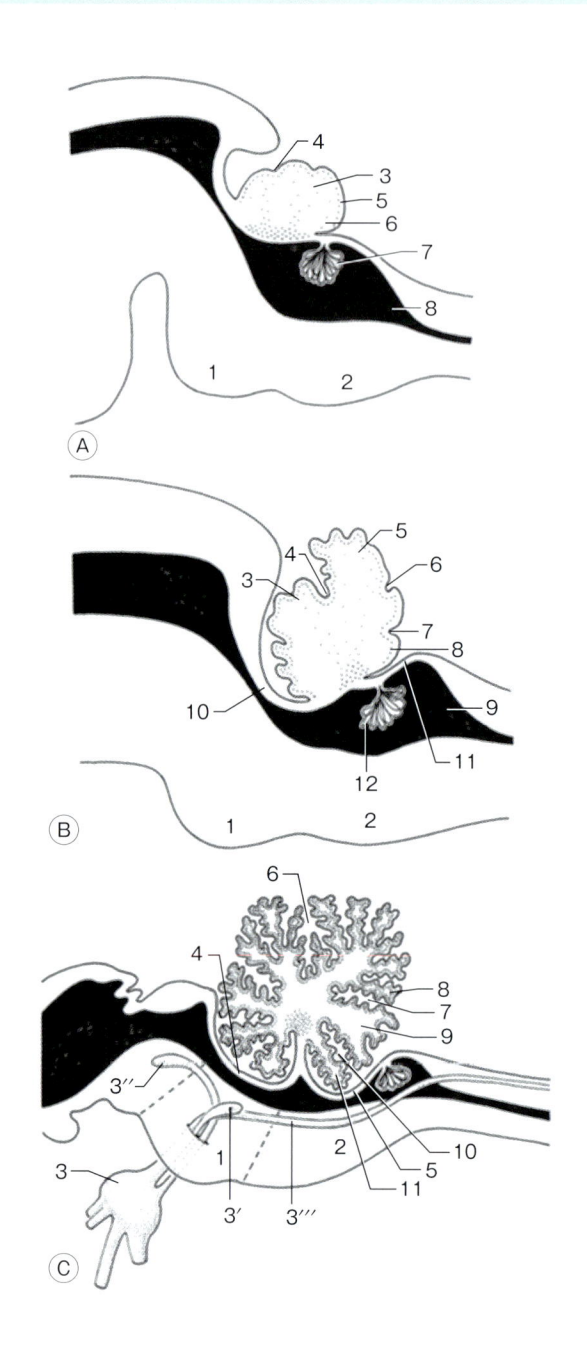

中脳 Mesencephalon（midbrain）

　中脳は、その構造が比較的単純なままであるため、必然的に基板と翼板のあいだの基本的な関係は

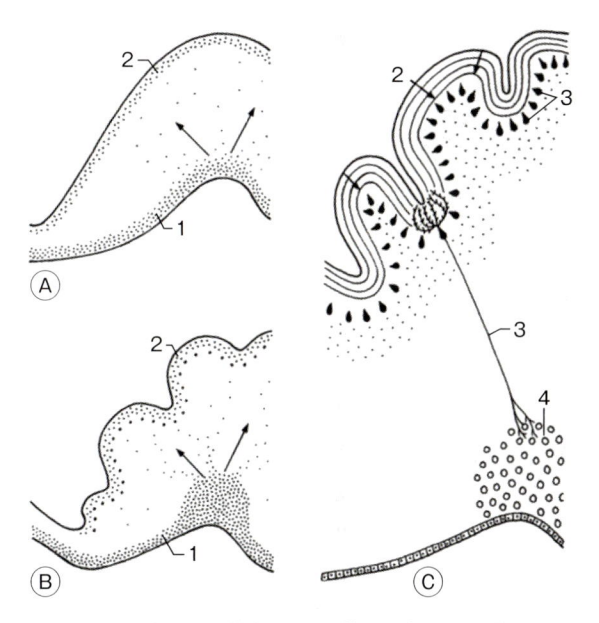

中枢神経系と末梢神経系の発生　第10章

図 10-19： 小脳の組織学的分化（縦断面）。**A–B:** 神経芽細胞が神経上皮（1）から小脳の表層へ移動し、外顆粒層（2）を形成する。この層の細胞は分裂能を維持し、小脳の表層において増殖帯を形成する。**C:** 発生後期になると、外顆粒層の細胞はさまざまな種類の細胞になり、これらの細胞は小脳の内側に移動し、その途中で分化したプルキンエ細胞（3）を通り抜ける。これらの移動する細胞は完成した小脳皮質の顆粒細胞となる。籠細胞および星状細胞は、小脳の白質における増殖細胞から分化する。4: 歯状核の神経細胞。RüsseとSinowatz（1998）の厚意による。

かなり保存されている。中脳の中脳水道の背側部分は**中脳蓋** tectum となり、ここに翼板由来である**四丘体** corpora quadrigemina を形成する。中脳水道の腹側にある基板は**中脳被蓋** tegmentum となり、動眼神経（Ⅲ）の遠心性神経核（一般体性遠心性神経、一般内臓遠心性神経）および外転神経（Ⅵ）の遠心性神経核（一般体性遠心性神経）を含んでいる。これらの軸索は、眼球を動かすほとんどの眼筋に伸びている。比較的小型の一般内臓遠心性神経核であるエディンガーウェストファル神経核は、動眼神経（Ⅲ）を介して瞳孔括約筋を支配している。**赤核** red nucleus および**黒質** substantia nigra が基板由来なのか、あるいは翼板由来のニューロンが移動することでつくられるのかについては未だに不明である。

基板および翼板の両者の中間層由来のニューロンは、**網様体** formation reticularis の形成に寄与している。網様体は髄脳から間脳までの部分の中脳水道周囲に存在するニューロンの集積によってつくられる合体であり、動物の意識状態に関連している部分である。

辺縁帯は各々の基板とともに著しく拡張して**大脳脚** crus cerebri を形成する。大脳脚は大脳皮質から後脳および脊髄の下位中枢へ走行する下行線維の通路となる。これらの線維束はそれぞれ皮質核路と皮質脊髄路（錐体路）である。

翼板由来の神経芽細胞は中脳の天井である中脳蓋に移動し、正中が浅くくぼむので、縦方向に走行するはっきりした2つの隆起ができる。これらの隆起部は横方向に走る溝によってさらに前後に分けられ、**前丘** rostral colliculus と**後丘** caudal colliculus となる。後丘は比較的単純な構造であり、聴覚機能を持っている。前丘はより複雑な層構造であり、視覚機能に不可欠な部分である。下等な脊椎動物では、前丘は視覚入力の一次中枢として機能している。哺乳類では、前丘のニューロンは軸索を視蓋延髄路および視蓋脊髄路を通じて適切な運動神経核に送っている。前丘は無意識的（反射的）な眼球運動に関連している。高等な哺乳類では、前丘の機能は大脳皮質の視覚野からの入力にも依存しており、大脳皮質の損傷は全盲につながる。鳥類では、前丘に相当する視葉がすべての視覚機能を担う。前丘と後丘間の連絡は、視覚反射と聴覚反射を一元化している。

前脳 Prosencephalon（forebrain）

前脳は、3つの主要な脳胞のうち最も頭側にあ

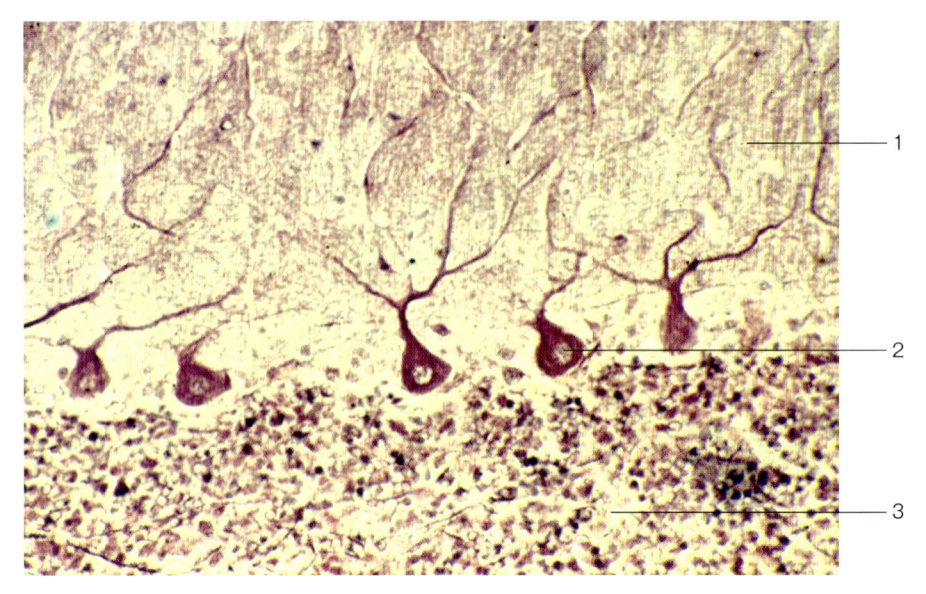

Development of the central and peripheral nervous system

図 10-20：イヌの成体の分化した小脳皮質の組織切片。1: 分子層、2: プルキンエ細胞層、3: 顆粒層。

る。前脳の前方部は**終脳** telencephalon であり、**大脳半球** cerebral hemisphere および**嗅球** olfactory bulb となる。前脳の後方部は**間脳** diencephalon であり、**神経性下垂体** neurohypophysis および**眼杯** optic cups と同様に、**松果体** pineal gland を含む**視床上部** epithalamus、**視床** thalamus、**視床後部** metathalamus、**視床下部** hypothalamus を生じる。視床内に発達した腔所は**第三脳室** third ventricle となり、終脳の腔所は**側脳室** lateral ventricle となる。すべての前脳の構造は**翼板と蓋板由来の変化した部分** modified derivatives of the alar and roof plates であり、基板は関与しないと考えられている。このことは、より後方の脳胞部分では翼板と基板とを分離する境界溝が、中脳を超えて頭方へ伸びることはないという事実によって支持される。興味深いことに、マウスを用いた分子学的な研究は、腹側正中部分のマーカーであるソニック・ヘッジホッグ（Shh）が間脳の腹側部で発現していることを示し、これは少なくともマウスの間脳においては基板が存在することを示唆する結果である。

前脳領域のパターン形成
Patterning of the prosencephalic region

遺伝子発現のパターンの違いは前脳の基本的な領域構築に強く影響する。6つの**前脳分節** prosomere は、前脳-中脳境界から前脳の頭方先端部まで存在する。最も後方にある前脳分節 1-3（p1-p3）は、間脳に組み込まれ、視床の形成に寄与する。p4からp6は間脳および終脳の両者の構造にかかわる。p4からp6の基底部領域は自律神経機能を統合し、下垂体からのホルモン分泌を調節する主要な領域へ発達する。これらの前脳分節の翼板は、大脳皮質、大脳基底核および眼胞に発達する。

発生が進行すると、p2とp3の組み合わせはp4からp6領域の上部で後方に折り重なる。ヒトでは、p4からp6の翼板は著しく突出して終脳胞を形成し、これが他の前脳分節を覆ってのちに大脳皮

中枢神経系と末梢神経系の発生　第10章

質を形成することが示されている。

間脳 Diencephalon

　間脳の発達は、間脳外側壁を内側から見た場合の3対の隆起の出現によって特徴付けられる（図10-21）。これらの隆起は背側の**視床上部原基** epithalamic primordium、中間部の**視床原基** thalamic primordium、腹側の**視床下部原基** hypothalamic primordium を両側に形成する。最大の対の隆起は発達して**視床** thalamus となり、腹側に位置する**視床下部** hypothalamus から視床は視床下溝によって分離される（図10-22）。視床下部の塊は、もともとは左右1対であるが、のちに融合して主要な調節中枢となる1つの構造物を形成する。視床下部は、睡眠、体温、食欲、水分と電解質のバランス、情動行動、下垂体の活性など、基本的なホメオスタシス機能を調節する多くの神経核へ分化する。対の視床下部の核である**乳頭体** mammillary body は、視床下部の腹側正中表面に明確な突出部として見られる。

　活発に増殖した視床の原基は、次第に間脳の脳室内に突出する。家畜では、この部分はよく拡張し、正中部分で左右両側が融合し、**視床間橋** interthalamic adhesion となる。間脳の部分では、腹側に拡張した神経管の中心領域は突出部がなくなり、環状の**第三脳室** ring-shaped third ventricle となる（図10-22）。接着している腹側では、第三脳室は発達している視床下部の左右の壁のあいだに垂直の切れ込みをつくり、この部分は神経性下垂体茎の中に向かって腹側に伸長する。視床同士でつながっている背側では、第三脳室は血管性間葉によって裏打ちされている蓋板（上衣細胞からなる単層に減少している）によって覆われている。この蓋板と血管性間葉の組み合わせは、第三脳室と側脳室の**脈絡叢** choroid plexus を形成する。視床において、高次脳中枢からの神経線維束がほかの脳領域および脳幹から

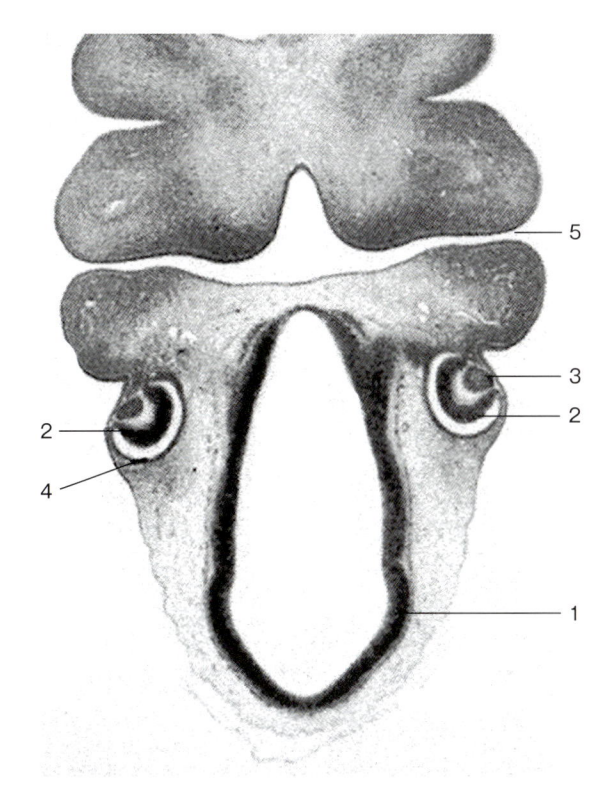

図 **10-21**：胎齢21.5日のブタ胚子。1: 間脳、2: 網膜、3: 水晶体、4: 網膜の色素上皮層、5: 口窩。RüsseとSinowatz (1998) の厚意による。

の神経線維束とシナプスをつくる。このため、視床は感覚情報（聴覚、視覚、触覚など）を、大脳基底核や小脳からの入力とともに大脳皮質の各領域へと中継する重要な役割を果たす。

　視床原基の背側では、**視床後部** metathalamus は外側膝状体および内側膝状体を形成する。外側膝状体と内側膝状体は視覚入力と聴覚入力を中継するため、それぞれ前丘と後丘に連絡している。

　視床上部（松果体）：蓋板の最も尾側部分は小さな憩室となる。その中で細胞増殖により円錐形の構造をした**視床上部** epithalamus（**松果体** pineal gland を含む）が形成される。視床上部は**手綱** habenula を介して間脳の天井に接着したままであり、手綱は

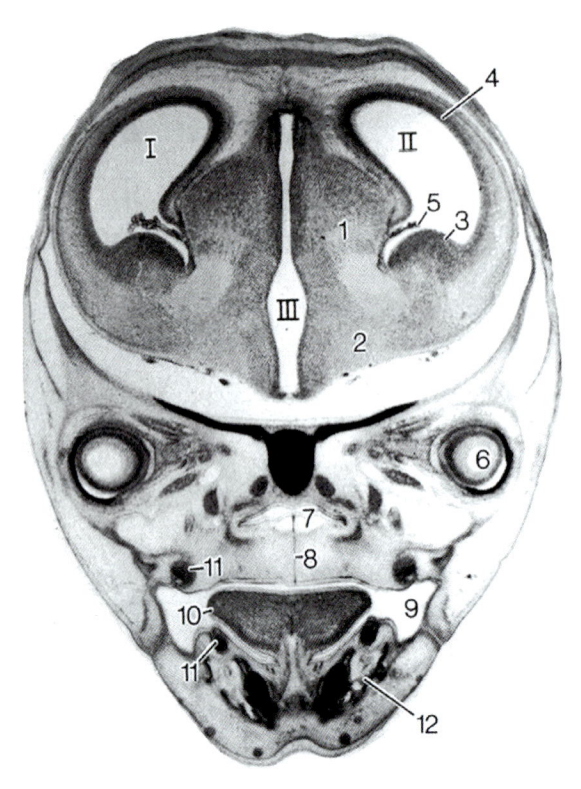

Development of the central and peripheral nervous system

図 10-22：頭殿長 35 mm のイヌ胚子の前頭断切片。Ⅰ・Ⅱ：側脳室、Ⅲ：第三脳室。1：視床、2：視床下部、3：線条体、4：大脳半球、5：脈絡叢、6：眼、7：鼻腔、8：外側口蓋隆起の縫合、9：口腔、10：舌、11：歯包、12：下顎。Rüsse と Sinowatz (1998) の厚意による。

2 本の細い神経線維の茎状構造である。この中にはニューロンが集積したいくつかの塊（手綱核）を含む。神経上皮細胞は 2 つの型の細胞、すなわち**松果体細胞** pinealocyte と**神経膠細胞** glial cell に分化する。松果体細胞は細胞質突起を伸ばして、その周囲の毛細血管あるいは第三脳室の脳脊髄液内にメラトニンを分泌する。松果体はサーカディアンリズム（概日リズム）の調節に関連している。光がないと、松果体はメラトニンを産生するが、メラトニンは雌ウマのように、ある種の動物では性腺活性を抑制し、下垂体-性腺軸の機能を抑制する。しかしながら、雌ヒツジのような動物ではメラトニンは反対

の効果を持つ（第 3 章参照）。松果体によるメラトニンの産生は、視床下部の視索上核の影響を受け、視索上核は網膜からの明暗情報を受け取る。実験動物を用いた最近の研究では、日周期の調節は以前に推測されたようにメラトニンのシグナルによるのではなく、すべて視索上核が主体となっているということが示唆されている。

下垂体：下垂体は 2 つのまったく異なる部位から形成される。(1) 口咽頭膜の直前部分の口窩（将来の口腔）の**外胚葉性の突出部分** ectodermal outpocketing：この部分は**ラトケ嚢** Rathke's pouch と呼ばれ、将来、**腺性下垂体** adenohypophysis となる。(2) **間脳の腹側方向への突出** ventral downgrowth of the diencephalon：この部分は**漏斗** infundibulum と呼ばれ、将来、**神経性下垂体** neurohypophysis となる。口窩が最初に形成されると、その背側部分の外胚葉が間脳の腹側部分の神経外胚葉に接近する（図 10-23）。口窩の外胚葉の部分は厚くなり、陥入して**ラトケ嚢** Rathke's pouch（**腺性下垂体** adenohypophysis）を形成する。ラトケ嚢の遠位末端は**漏斗原基** infundibular primordium に向かって成長し、漏斗原基はラトケ嚢の背側に位置し、近接するようになる。いったん発生中の漏斗の前縁と接すると、ラトケ嚢は再び扁平となるが、このときはまだ上皮茎によって口窩の上皮細胞と連結している。その数日後、上皮茎は消失し、ラトケ嚢の前縁部の上皮が増殖して細胞索または細胞集塊を形成する。一方、漏斗と接するラトケ嚢の部分は細胞増殖の程度が低い。ラトケ嚢前方部の細胞増殖は、その後も続くが、その程度は動物種によってさまざまであり、やがて腺性下垂体となる。腺性下垂体の細胞は神経性下垂体の周囲を取り巻くが、その程度は動物種によってさまざまで、特にブタで大きく発達する。

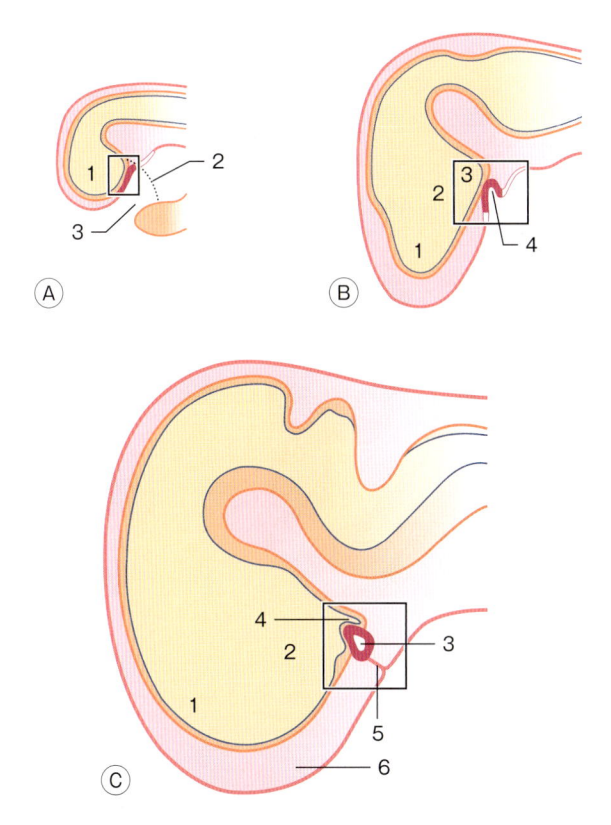

中枢神経系と末梢神経系の発生　第10章

図10-23：ネコの下垂体の発達（囲んだ部分）。**A**: 頭殿長5 mm。1: 前脳、2: 頬咽頭膜、3: 口窩。**B**: 頭殿長11 mm。1: 終脳、2: 間脳、3: 間脳からの漏斗の突出：神経性下垂体の原基、4: ラトケ囊（腺性下垂体の原基）。**C**: 頭殿長14 mm。1: 終脳、2: 間脳、3: 腺性下垂体、4: 神経性下垂体、5: 頭蓋咽頭管、6: 蝶形骨。

終脳 Telencephalon

　終脳の発達は、**終脳胞** telencephalic vesicle の著しい拡張が特徴的である。終脳胞は、脳幹の前方領域を完全に覆う左右の**大脳半球** cerebral hemisphere となる（図10-17、10-24）。終脳胞の壁は拡張した**側脳室** lateral ventricle を取り囲む。側脳室は第三脳室からの突出部分であり、第三脳室とは**室間孔** interventricular foramina によって連絡する。

　大脳半球は妊娠初期の段階で著しく拡張するが、その外側表面は滑らかである。のちに、その表面はいくつかの器官形成の段階でヒダをつくり、主要な溝や裂が現れはじめる。妊娠末期には、左右の大脳半球の表面は折りたたまれ、成熟した脳の特徴であり、種特異的な脳溝 sulcus と脳回 gyrus が発達する。脳溝と脳回の外観のパターンは大脳皮質とそれに関連した白質の不均一な成長によって生じる。

　どのように終脳が機能するのかは、多くの細胞内の変化が決定する。詳細については、このテキストの範疇を超えるので、一般的な原則のみをここで述べる。一般に、終脳の機能的な発達は初期の領域化区分とともに生じ、その後、神経前駆細胞の産生や移動が続く。前駆細胞は放射状に移動し、そのパターンは発生のきわめて初期の段階で確立される。

　脳室層で誕生した神経芽細胞は、その脳室層から終脳胞の外側表面に向かって移動する neuroblasts migrate from the ventricular layer to the external surface。神経管の脳室層には、遺伝的にあらかじめ決められた部位があり、それは大脳半球表面の特定の領域に合うようになっている。ある部位で神経芽細胞が誕生すると、その発達は将来の大脳皮質の決められた位置で終了する。この調和は特殊な神経膠細胞、すなわち放射状グリア細胞に依存している。放射状グリア細胞は神経管の脳室層から大脳半球の表面上の適した部分に向かって伸長し、神経芽細胞は神経膠細胞の突起を伝って移動し、それぞれ決められた領域に到達する。

　神経管内の位置のほかに、神経芽細胞の移動の時期が大脳皮質におけるニューロンの配置に強い影響を与える。成熟した大脳皮質では、最初に大脳皮質の表面に配置していたニューロンが最深層に見られる。多くのニューロンが脳室から離れるので、それらはすでに形成されたニューロンの層を通って移動しなくてはならない。結局、最後に形成されたニューロンは大脳半球の最表層に位置するようになる（**大脳皮質の層形成** inside-out layering of the cerebral cortex）。

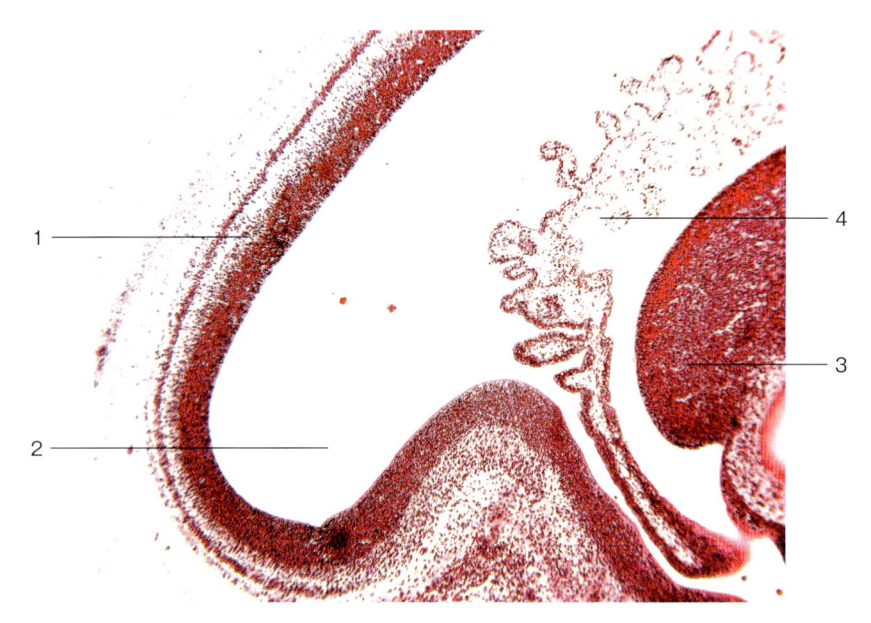

Development of the central and peripheral nervous system

図 10-24：21.5 日齢のブタ胚子。終脳の縦断切片。1: 大脳半球、2: 側脳室、3: 大脳基底核、4: 脈絡叢。

　ニューロンがそれぞれ決められた位置に到着すると、厳密な誘導経路に沿って軸索突起を標的の細胞に伸ばすようになる。樹状突起の伸長は、それよりもいく分あとになる。たとえば錐体細胞の軸索は線維束を形成し、大脳基底核のあいだ、すなわち内包を通過して、脊髄の一般体性遠心性神経に向かう。延髄の腹側表面では、それらの神経線維束は皮質脊髄路の構造である錐体として見られる。

　大脳皮質のニューロンの接線方向の位置は、脳室層でのその起源によって決められている。言い換えれば、細胞が最終的に分布する層は、それが移動する時期に強く影響される。大脳皮質形成の際に、遺伝的に前もって決定しているニューロンの移動パターンは、おそらく**神経カラムを組織化した構成単位（モジュラー）** modular organized neuron column の発達に大きく寄与している。この構成単位は、成熟した大脳皮質の機能的および構造的な単位となる。

　大脳皮質の発達に伴って、ニューロンの軸索は次に示すように、ほかのニューロンとシナプスを形成する。(1) **同側の大脳半球** same hemisphere のニューロンとシナプスを形成する、(2) **反対側の大脳半球** other ehemisphere のニューロンとシナプスを形成する、(3) **脳のほかの領域および脊髄** other regions of the brain and spinal cord のニューロンとシナプスを形成する。同側の大脳半球のニューロンとシナプスを形成するニューロンは**連合ニューロン** association neuron といわれ、その軸索が隣接する脳回のあいだを通過したり（短連合神経）、より遠くの脳回へ向かったりする（長連合神経）。反対側の大脳半球の類似する部位と連絡するニューロンは**交連ニューロン** commissural neuron に分類される。中枢神経の深層で皮質と連絡するニューロンは**投射ニューロン** projection neuron といわれる。

　系統発生学に基づくと、大脳皮質は系統的に古い**異皮質** allocortex と、系統的に新しい**新皮質** neocortex に分けられる（**図 10-25**）。異皮質は**原皮質** archicortex と**古皮質** palaeocortex に分けられる。

異皮質は異なる領域においてさまざまな組織学的なパターンを示す。しかしながら、異皮質は一般的に**3つの組織学的な層** three histological layers（分子層、錐体層または顆粒層、多形層）によって特徴付けられる。これに対して、新皮質はより複雑で、**5層または6層の組織学的構造** five or six-layered histological structure となる。

食肉類では、大脳半球同士の主要な連絡は生後3週までに完成するが、十分な成熟は生後6週あるいはそれよりもさらに遅れる。このあいだに、主要な経路の髄鞘形成が完成することになる。一般体性遠心性経路と感覚器の経路は、最後に髄鞘形成される。生後の成熟過程に関する肉眼解剖学的および機能的な証拠は、生後最初の6週間の大脳半球の急速な成長、大脳回の隆起の増加および動物の複雑な動きの増加である。反芻類やウマなどの早熟性の動物では、大脳皮質は誕生の時点ですでに機能的に成熟している。

原皮質（原外套）（**図10-25**）：原皮質は**海馬回** hippocampal gyrus および**歯状回** dentate gyrus と同様に、**膝回** genicular gyrus、**梁上回** supracallosal gyrus、**海馬傍回** parahippocampal gyrus などからなるが、これらはまとめて**海馬体** hippocampal formation といわれる。海馬体の原基は発生初期に終脳の背内側壁に現れ、そこで脳室壁の限定された領域が脳室内腔に突出する。その後、海馬体は脈絡裂の外側に位置するようになる。その後発達は進まず、神経芽細胞の移動は胎子期の後期まではじまらない。胎子期に大脳新皮質および大きな交連である脳梁が発達すると、海馬体は大脳半球の背内側壁に沿って後方に移動する。小さな遺残物である灰白層と縦条のみが海馬溝に沿ってとどまる。やがて海馬は側頭葉の内側に位置するようになり、側脳室の下角に突き出す結節を形成する。海馬の遠心性システムは脳弓であり、これは視床を覆うようにして屈曲し、腹側部で乳頭体に到達する。

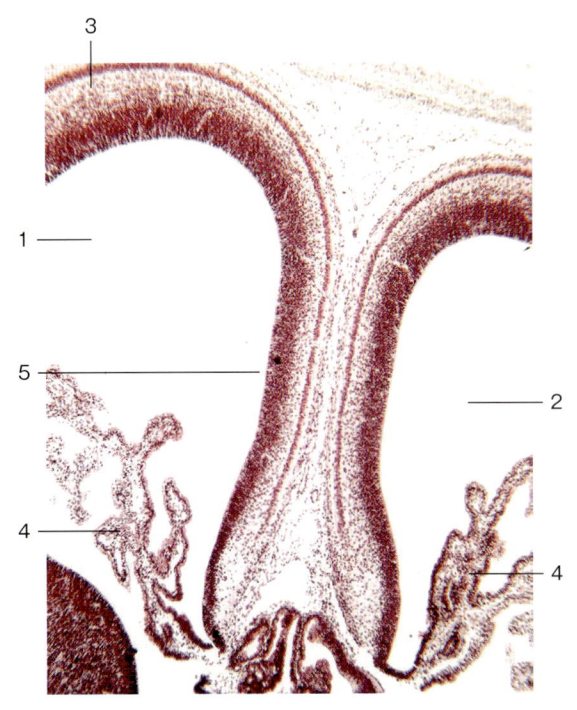

図10-25：21.5日齢のブタの胚子。終脳の前頭断切片。1: 右側脳室、2: 左側脳室、3: 新外套、4: 脈絡叢、5: 古外套。

古皮質（古外套）：古皮質は大脳半球の内側および基底部に位置している。古皮質には**嗅球** olfactory bulb、**嗅索** olfactory tract、**嗅結節** olfactory tubercle および**梨状葉** piriform lobe が含まれる。終脳吻側からの突出部分は嗅球となる。嗅球は嗅粘膜のニューロンの軸索を受け、その軸索と嗅球内の僧帽細胞の樹状突起は嗅糸球体といわれる複雑なシナプスを形成する。嗅球内のニューロンの軸索は嗅索を形成し、大脳半球の嗅皮質のニューロンとシナプスを形成する。

新皮質：新皮質は**大脳皮質** cerebral cortex の大半を占める。新皮質は6層構造の中に、より多くのニューロンを含んでいるという点で、異皮質と見分けられる。新皮質が形成されるあいだ、脳室層由来の神経芽細胞は表層に移動して中間層を形成し、の

ちに脳室下層と皮質板を形成する。皮質板は脳室層で形成された神経芽細胞の移動によって確立する。成熟した新皮質の第2〜6層は皮質板由来である。皮質の層形成は胎子期に完了するが、大脳皮質はのちのちまで機能的および構造的に成熟しない。これは、特に食肉類で明らかであるが、有蹄類やウマにおいても同様である。生後の機能的成熟は、求心性線維の到着、中枢神経における重要な神経線維束の髄鞘化および大脳皮質内のなくてはならないシナプス連結の完成による。

交連：大脳皮質が発達すると、大脳半球のニューロンが同側の大脳半球のニューロンと、あるいは左右の大脳半球のニューロン間で（交連）、また大脳半球と中枢神経の他の領域とのあいだでシナプスをつくるようになる。最初の交連線維は**前交連** anterior commissure であり、片方の嗅球を連絡する軸索およびそれに関連した大脳半球の脳領域と反対側の大脳半球を連絡する軸索で構成される。次に発達する交連は**脳弓交連** fornix commissure あるいは**海馬交連** hippocampal commissure である。それらの軸索は海馬から終板に伸びる。終板から続く線維は、脈絡裂の外側で乳頭体および視床に向かって走る弓状のシステムを形成する。成体において、最も重要な交連線維は**脳梁** corpus callosum であり、これは嗅覚系に関連しない左右の大脳半球を連絡し、それらのあいだの活動の調和に必要となる。最初、脳梁の軸索は終板で細い神経束を形成する。新皮質の絶え間ない拡張に関連して、交連は頭側および尾側方向に伸長し、間脳の背側壁を弓状に覆う。有蹄類では、脳梁は誕生時によく発達しているが、食肉類ではその発達は生後1年まで続く。終板からはじまるこれらの3つの主要な交連線維に加えて、ほかにも交連線維がある。それは**後交連** posterior commissure および**手綱交連** habenular commissure であり、左右の大脳半球のあいだの松果体茎の直下および頭側を横切る。

大脳基底核：大脳皮質への集合に加えて、間脳胞および終脳胞の中間層由来のニューロンの集団は大脳基底核と呼ばれる。それぞれの終脳胞の基底部は厚みを増し、内側および外側に隆起を形成する。小型の**内側隆起** medial eminence は間脳胞由来であり、**扁桃体** amygdaloid body の形成に関与している。**淡蒼球** globus pallidus は間脳の隣接領域を起源とする。大型の**外側隆起** lateral eminence は終脳胞由来であり、**尾状核** caudate nucleus と**被殻** putamen の形成に関与する。尾状核、被殻、その他の大脳基底核は集積して**線条体** corpus striatum となる。大脳基底核ははじめ室間孔の近くで発達するが、大脳半球が後方へ成長すると伸長してC字型となる。尾状核は、とりわけ側脳室の前角および中心部に向かって突出するようになる。また、側頭葉の中へ走行し、最終的に側脳室の天井と下角の上に位置する。大脳皮質の組織学的な分化とともに、多くの神経線維が**線条体** corpus striatum の領域に収束するようになり、線条体は**内包** internal capsule によって2つの主要な部分に分けられる。この2つの部分とは、被殻、淡蒼および**前障** claustrum から構成されている腹外側にある**レンズ核** lentiform nucleus と腹内側にある**尾状核** caudate nucleus である。これらの構造は、複雑な神経核の集合体であり、基底核とも見なされる。また、筋肉の緊張の無意識的な調節および複雑な体の動きに関連している。

脳室 Ventricular system of the brain

脊髄の狭い中心管と異なり、発達中の脳内では神経管は拡張する。脳の特定の部分が形づくられると、神経管は拡張して脳室となり、互いに細い通路で連結する。脳室と通路は神経上皮層由来の**上衣層** ependymal epithelium で覆われており、透明な脳脊髄液で満たされている。

左右の終脳胞内に、**側脳室** lateral ventricle が発

達する（図10-22、10-24、10-25）。終脳および間脳の中心腔は第三脳室となり、第三脳室は視床間橋の周囲を取り囲んでいる。**第三脳室** third ventricle は**室間孔** interventricular foramina を介して左右の側脳室に連絡している。尾側では、第三脳室は狭い**中脳水道** mesencephalic aqueduct を介して**第四脳室** fourth ventricle につながる。上衣細胞と毛細血管を含んだ軟膜からなる**脈絡組織** tela choroidea は間脳の天井、左右の側脳室の内側壁、第三脳室および第四脳室の背壁（天井）にあり、この脈絡組織から脳室内腔に向かって**脈絡叢** choroid plexus が突出する。

脈絡叢の主要な機能は**脳脊髄液** cerebrospinal fluid をつくることである。脳脊髄液は血漿の濾過、血漿成分の能動輸送、上衣細胞の分泌活動によってつくられる。脳脊髄液は側脳室から流れ出て、第三脳室、最終的に第四脳室へと流れ込む。ほとんどの脳脊髄液は第四脳室の背壁（天井）にある2つまたは3つの小さな孔（2つの**外側口** lateral aperture すなわち**マジャンディ孔** foramina Magendii と、1つの**背側口** dorsal aperture すなわち**ルシュカ孔** foramina Luschkae）から出て、軟膜とクモ膜のあいだにあるクモ膜下腔に入り込む。これにより、脈絡組織でつくられた脳脊髄液が中枢神経の脳室および中心管の外に出ることができるようになり、髄膜内を循環して髄膜内の静脈に吸収されるようになる。

髄膜 Meninges

胚子期および早期胎子期において、2つの間葉組織が脳および脊髄を取り囲む。これらの覆いが外層の軸性中胚葉由来である**外髄膜** ectomeninx と、内層の経堤細胞由来であると考えられている薄い**内髄膜** endomeninx に発達する。外髄膜は膠原線維と弾性線維からなる頑丈な**硬膜** dura mater を形成する。内髄膜はのちに神経組織と密に接する薄い**軟膜** pia mater と、繊細で血管が分布しない中間の**クモ膜** arachnoid とに分かれる。

硬膜およびクモ膜は、極めて狭く液体で満たされた**硬膜下腔** subdural space によって分離されている。脊髄の硬膜とは異なり、脳の硬膜は2つの異なる線維性の層、すなわち外層と内層からなる。外層は頭蓋の発達中の頭蓋骨の骨膜と融合し、内層は大きなヒダ、すなわち**大脳鎌** falx cerebri を形成する。硬膜の外層は頭蓋骨の骨膜と融合するので、**硬膜上腔は頭蓋には見られない** no epidural space is found in the cranium。脊髄において、硬膜と発達中の脊柱管の外壁とのあいだの空間、すなわち**硬膜上腔** epidural space には液体、疎性結合組織、血管および脂肪組織が含まれ、脊髄および脊髄神経根の支持的な役割を果たしている。

末梢神経系 Peripheral nervous system

末梢神経の分類
Classification of peripheral nerves

末梢神経系（PNS）はさまざまな起源から発生し、**脳神経** cranial nerve、**脊髄神経** spinal nerve、**内臓神経** visceral nerve、**脳神経節** cranial ganglion（図10-26）、**脊髄神経節** spinal ganglion、**自律神経節** autonomic ganglion から構成される。これらの神経は、中枢神経系から離れた方向へ刺激を伝える**遠心性** efferent（運動性）神経線維と、中枢神経系へ向けて刺激を伝える**求心性** afferent（知覚性）神経線維からなる。神経は、必ずこの両方の種類の神経線維を含む。

末梢神経系の遠心性の神経は求心性の神経と同様に、**体性** somatic または**内臓** visceral に分類される（表10-2）。この細分類は、末梢神経が臓側板由来

Development of the central and peripheral nervous system

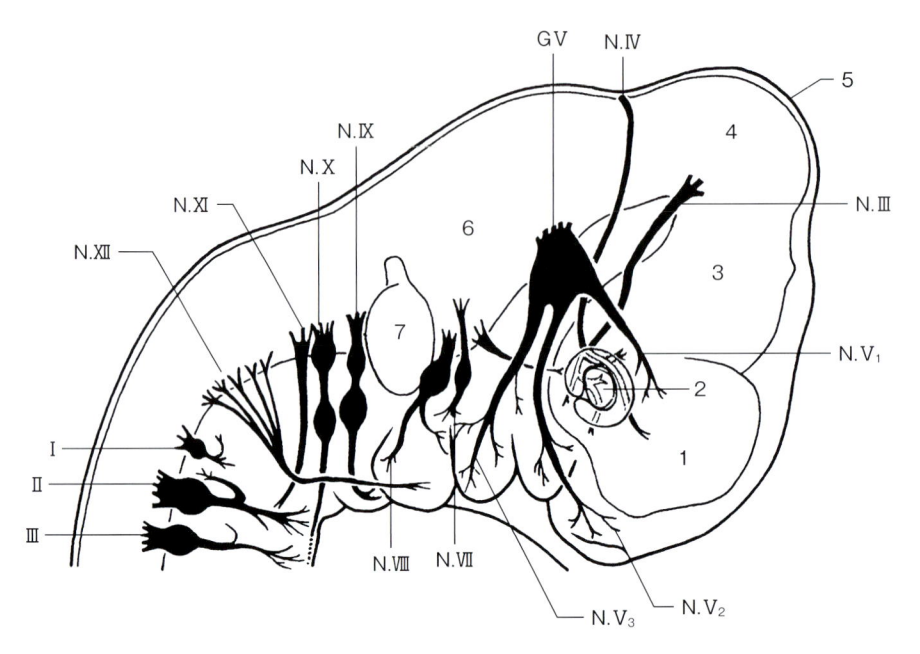

図 10-26：頭殿長 12 mm のブタ胚子の脳神経とそれらの神経節。1: 終脳、2: 水晶体を有する眼杯、3: 間脳、4: 中脳、5: 皮膚、6: 菱脳、7: 耳胞。N.Ⅲ: 動眼神経、N.Ⅳ: 滑車神経、N.V$_1$: 三叉神経の眼神経、N.V$_2$: 三叉神経の上顎神経、N.V$_3$: 三叉神経の下顎神経、GV: 三叉神経節、N.Ⅶ: 膝神経節を有する顔面神経、N.Ⅷ: 内耳神経、N.Ⅸ: 近位神経節と遠位神経節を有する舌咽神経、N.Ⅹ: 近位神経節と遠位神経節を有する迷走神経、N.Ⅺ: 副神経、N.Ⅻ: 舌下神経。Ⅰ-Ⅲ: 頸部の脊髄神経節。Rüsse と Sinowatz の厚意による（1998）。

の組織（例：内臓の組織）に終止しているのか、壁側板由来の組織（例：体壁の組織）に終止しているのかに基づいている。体性求心性ニューロンと一般体性遠心性ニューロンは、随意筋、それに関連した結合組織および外胚葉由来の上皮が存在する構造（皮膚、口腔、感覚器）を支配する。**一般体性遠心性ニューロン** general somatic efferent neuron は、壁側板由来の随意筋とつながる**一般体性遠心性神経線維** general somatic efferent fiber を生じる。体性求心性ニューロン somatic afferent neuron は、（脳領域にのみだが）視覚、聴覚、平衡覚とつながる**特殊体性求心性神経線維** special somatic afferent fiber および残りの体性求心性の刺激と関連する**一般体性求心性神経線維** general somatic afferent fiber を生じる。内臓遠心性ニューロン visceral efferent neu-

ron は、咽頭弓由来の随意筋、肺や消化器系の不随意筋と腺および循環器系を調節する。**内臓遠心性ニューロン** visceral efferent neuron は、咽頭弓由来の（脳領域のみだが）筋組織につながる**特殊内臓遠心性神経線維** special visceral efferent fiber および残りの機能に関係する**一般内臓遠心性神経線維** general visceral efferent fiber を生じる。内臓求心性ニューロンは、味蕾と嗅粘膜から特殊内臓神経線維が投射するのと同様に、まったく同様の組織から投射する。繰り返しになるが、**内臓求心性ニューロン** visceral afferent neuron は、脳領域だけだが、味蕾と嗅粘膜と関連する**特殊内臓求心性神経線維** special visceral afferent fiber と、残りの機能と関連する**一般内臓求心性神経線維** general visceral afferent fiber を生じる。

中枢神経系と末梢神経系の発生　第10章

一般体性遠心性と求心性システム
General somatic efferent and afferent system

　体の随意筋は、沿軸中胚葉から生じる。これらの筋組織を支配するニューロンは、脊髄灰白質の**腹角** ventral horn または脳幹内の独立した遠心性（運動性）神経核にある。そのニューロンの軸索は、**一般体性遠心性神経線維** general somatic efferent fiber と呼ばれ、直接的に標的の筋組織に投射する。体性求心性ニューロンは、ある動物に作用する物理的または化学的な刺激に関する情報を送る。**一般体性求心性神経線維** general somatic afferent fiber は、2つのタイプの情報を送る。すなわち、**外からの刺激受容に関する神経線維** exteroreceptive fiber は皮膚にある異なった受容体からの情報を運び、**自己受容型神経線維** proprioreceptive fiber は随意筋の筋紡錘や附随する結合組織（顔や腱などの）あるいは靭帯や関節包からの情報を運ぶ。後者は姿勢や動作の制御に関する必要な情報を供給する。

　頭部では、体性求心性神経線維は、視覚や聴覚、平衡感覚の感受システムにおける特殊化された受容体に関連した神経線維も含む。このような神経線維は、**特殊体性求心性神経線維** special somatic afferent fiber といわれる。体幹では、体性および内臓（後述参照）の両方の求心性ニューロンは、脊髄神経の背根につながる**脊髄神経節** spinal ganglion 内に位置する（図10-27、10-28）。求心性脳神経節 cranial ganglion はそれらがあるべき場所にはほとんどない（図10-26）。ほとんどの脳神経節は、**神経プラコード** neurogenic placode（neural placode）といわれる側方の表面外胚葉が肥厚した部分から発生する（残りは神経堤細胞から由来する）。たとえば、前庭神経節とラセン神経節は、主に耳プラコードの中腹壁から分かれた細胞だけで形成される。

　求心性神経節にあるニューロンは、**初期は双極** initially bipolar であり、末梢へ伸びる突起と中枢へ向かう突起がそれぞれ細胞体の反対側から伸びる。細胞が成熟すると、これらの2つの細胞突起は近づいて、根元は一体化し、先端はT字型に枝分かれるようになる。この細胞は**偽単極神経細胞** pseudo-unipolar neuron である。脊髄神経節内にあるニューロンから中枢へ向かう突起は、脊髄神経の背根を通じて脊髄へ入る。これらの軸索のほとんどは背角でシナプスを形成する。それぞれの求心性ニューロンの細胞体は、**衛星細胞** satellite cell（神経節膠細胞）といわれる神経膠細胞によってびっしりと囲まれており、この衛星細胞も神経堤に由来する。

脊髄神経 Spinal nerves

　一般体性遠心性（運動性）神経線維は、妊娠第3週の終わり～第4週目に発生途中の脊髄に出現するが、その時期は種によって違う。軸索は基板の神経細胞から伸びて束となり、**腹根** ventral root となる。一方、脊髄神経節から生じる神経線維は**背根** dorsal root となる（図10-27）。脊髄神経節から背根内を通り、中枢へ向かうニューロンの突起は、脊髄の背角へと伸長し、その領域にある知覚性介在ニューロンとシナプスを形成する。中枢とは逆のほうに伸びる突起は、一般体性遠心性の腹根に加わり、**脊髄神経** spinal nerve をつくる。脊髄神経の総幹は、ほとんどすぐに**背枝** dorsal ramus と**腹枝** ventral ramus に分岐する。脊髄神経の背枝は脊柱の筋、椎骨間関節および背側の皮膚を支配する。腹枝は、四肢と腹側の体壁を支配し、主な神経叢を形成する。

　主な神経叢（**頸神経叢** cervical plexus、**腕神経叢** brachial plexus、**腰仙骨神経叢** lumbosacral plexus）は、腹枝の二次的な分岐によって形成され、神経線維の連結ループ状の構造となる。発生中の神

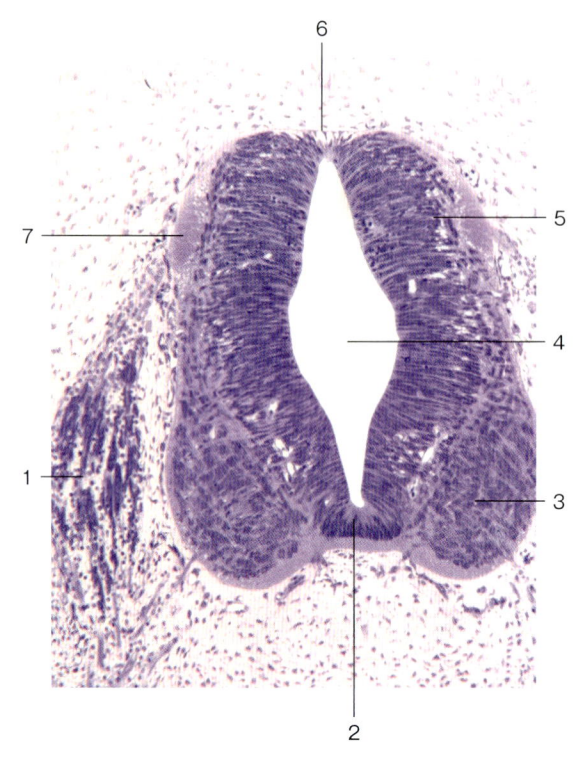

Development of the central and peripheral nervous system

図 10-27：胎齢21.5日のブタ胎子。脊髄を通る横断切片。1: 脊髄神経節、2: 底板、3: 基板、4: 中心管、5: 翼板、6: 蓋板、7: 辺縁帯。RüsseとSinowatz（1998）の厚意による。

経叢は、四肢の筋組織や皮膚に分布する。四肢の発達に伴って、対応する脊髄分節から生じる神経は間葉組織の中に向かい、さらに伸びて、発達中の筋線維、神経、筋組織とシナプス（神経筋シナプス）を形成する。これらの神経叢の背側の分岐は四肢における伸筋や伸展する側の表面に分布し、腹側の分岐は屈筋や屈曲する側の表面に分布する。発生中の四肢の皮膚も、脊髄の分節から出た神経線維によって支配される。

脳神経の起源とその構成
Origin of cranial nerves and their composition

脳神経は、基本的に脊髄神経と同様に基本計画に従って配置されるが、これらは規則的な分節的配列を失い、非常に特殊化されている。慣例では、脳神経はローマ数字で示される。第Ⅰ脳神経は最も頭方にあり、第Ⅻ脳神経は最も後方にある。また、脳神経の名称は、その脳神経が支配する領域または構造を使用する。したがって、第Ⅰ脳神経は、嗅神経ともいわれる。脳神経と脊髄神経の主な違いの1つは、多くの脳神経は求心性と遠心性が混在するのではなく、求心性もしくは遠心性のどちらかであることが多い。

脳神経は、胎子期の由来やその将来によって3つのカテゴリーに分類される。（1）**特殊感覚機能** special sensory function を持つ神経線維（特殊体性求心性神経線維もしくは特殊内臓求心性神経線維）、（2）**咽頭弓由来の器官** pharyngeal arch derivative を支配する神経線維（特殊内臓遠心性神経線維と特殊内臓求心性神経線維）の混合、（3）**単独の一般体性遠心性神経線維** exclusively general somatic efferent fiber である。

第Ⅰ脳神経 cranial nerve Ⅰ（嗅神経 olfactory nerve）と第Ⅱ脳神経 cranial nerve Ⅱ（視神経 optic nerve）は、しばしば神経線維というよりも神経路とみなされる。第Ⅷ脳神経 cranial nerve Ⅷ（内耳神経 vestibulocochlear nerve）とともに、これらは特殊的な感覚機能を持つ脳神経を構成する。顔面神経（第Ⅶ脳神経）もまた、味覚に関する特殊内臓遠心性神経を含むので、この分類の構成要素と考えるかもしれないが、この神経の主な役割は咽頭弓由来の器官に関するものであり、その機能に従って分類されている。第Ⅲ脳神経 cranial nerve Ⅲ（動眼神経 oculomotor nerve）、第Ⅳ脳神経 cranial nerve

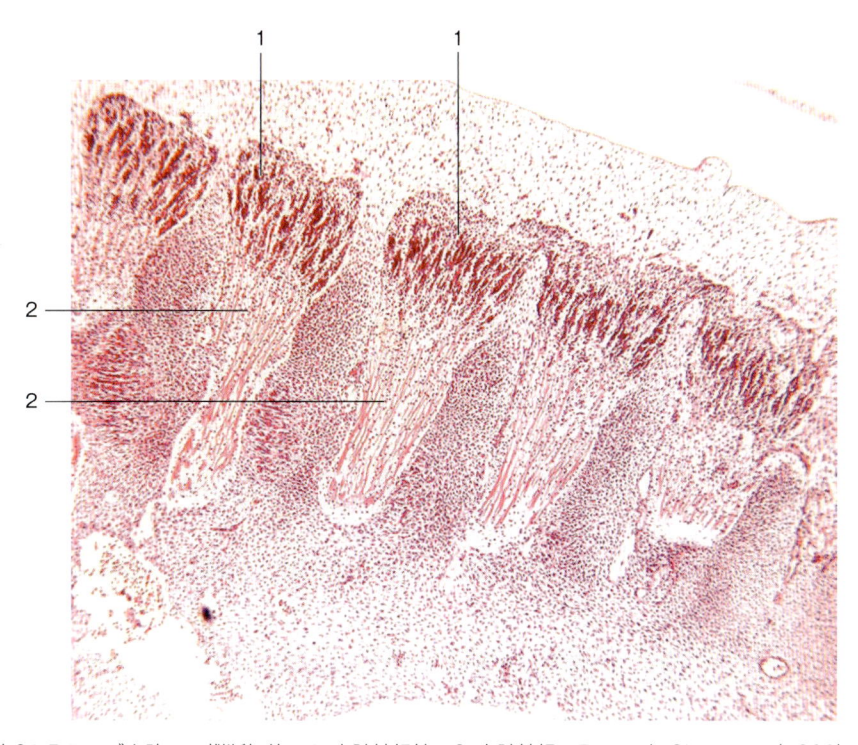

中枢神経系と末梢神経系の発生　第10章

図 10-28：胎齢 21.5 日のブタ胎子の縦断切片。1: 脊髄神経節、2: 脊髄神経。Rüsse と Sinowatz（1998）の厚意による。

Ⅳ（滑車神経 trochlear nerve）、**第Ⅵ脳神経** cranial nerve Ⅵ（**外転神経** abducent nerve）および**第Ⅻ脳神経** cranial nerve Ⅻ（**舌下神経** hypoglossal nerve）は一般体性遠心性神経である。**第Ⅴ脳神経** cranial nerve Ⅴ（**三叉神経** trigeminal nerve）、**第Ⅶ脳神経** cranial nerve Ⅶ（**顔面神経** facial nerve）、**第Ⅸ脳神経** cranial nerve Ⅸ（**舌咽神経** glossopharyngeal nerve）、**第Ⅹ脳神経** cranial nerve Ⅹ（**迷走神経** vagus nerve）および**第Ⅺ脳神経** cranial nerve Ⅺ（**副神経** accessory nerve）は、特殊内臓遠心性神経と特殊内臓求心性神経の混合に分類され、それぞれの神経は、異なる咽頭弓から由来する器官を支配する。発生1カ月の終わりに12の脳神経のすべての神経核が確立される。嗅神経（Ⅰ）と視神経（Ⅱ）を除く、すべてが脳幹から生じ、動眼神経（Ⅲ）だけが菱脳領域以外から生じる。

菱脳では、神経上皮内の細胞分裂の中心が、菱脳にある8つの明瞭な分節である**菱脳分節** rhombomere を確立する。このような分節パターンの確立は、神経上皮を取り囲む中胚葉によって方向付けられるようだ。菱脳は脳神経のうち、第Ⅳ、Ⅴ、Ⅵ、Ⅶ、Ⅸ、Ⅹ、ⅪおよびⅫ脳神経の遠心性神経核を生じる。

脳神経の遠心性ニューロンは脳幹内に位置しているが、**求心性ニューロンを有する知覚性神経節は脳外に位置する** sensory ganglia harbouring the afferent neurons are situated outside of the brain。脳神経における知覚性神経節は、外胚葉プラコードまたは神経堤細胞に由来する。外胚葉プラコードには、**鼻プラコード** nasal placode、**眼プラコード** optic placode、**耳プラコード** otic placode、4つの**上鰓プラコード** epibranchial placode が含まれ、咽頭

弓の背側にある外胚葉の肥厚によって生じる（**表10-4**）。

特殊感覚機能を持つ脳神経
Cranial nerves with special sensory function

特殊感覚神経には、**嗅神経** olfactory nerve（Ⅰ）、**視神経** optic nerve（Ⅱ）、**内耳神経** vestibulocochlear nerve（Ⅷ）がある。

嗅神経 olfactory nerve（Ⅰ）のニューロンは、鼻プラコードから発生する。それらの無髄軸索は、15〜20本の小さな束にまとめられ、その周りに**篩骨の篩板** cribriform plate が形成される。これらの神経線維は**嗅球** olfactory bulb で終わり、その神経の終末は嗅球の僧帽細胞と特殊なシナプス（嗅糸球）を形成する。

視神経 optic nerve（Ⅱ）は、初期の網膜の視神経細胞を起源とする。視神経は間脳が膨らんだ壁から発達するので、通常は脳の神経線維の経路と考えられる。視神経の発達の詳細は、第11章で述べる。

内耳神経 vestibulocochlear nerve（Ⅷ）は2つの神経束の中を走行する2種類の知覚神経線維、すなわち**前庭神経** vestibular nerve と**蝸牛神経** cochlear nerve から構成される。前庭神経は、前庭神経節の双極ニューロンを起源とする。これらの細胞の主要な突起は、第4脳室底部内にある前庭神経核内に終止する。蝸牛神経はラセン神経節の双極ニューロンの軸索である。それらの樹状突起はコルチ器（ラセン器）に分布し、軸索は延髄内の腹側および背側蝸牛神経核内に終止する。

咽頭弓の神経
The nerves of the pharyngeal arches

三叉神経 trigeminal nerve（Ⅴ）、**顔面神経** facial nerve（Ⅶ）、**舌咽神経** glossopharyngeal nerve（Ⅸ）および**迷走神経** vagus nerve（Ⅹ）は、咽頭弓に由来する器官を支配する。

三叉神経 trigeminal nerve（Ⅴ）は、**第一咽頭弓** the first pharyngeal arch を支配する。その神経は、主に一般体性求心性であり、頭部の重要な求心性神経である。大型の三叉神経節 trigeminal ganglion は、橋の前端部近くに位置し、そのニューロンは神経堤の最頭端部から発生する。この神経節から中枢へと走行する突起は三叉神経の大きな知覚根をつくり、橋側方部に進入する。末梢側の突起は、**眼神経** ophthalmic nerve、**上顎神経** maxillary nerve、**下顎神経** mandibular nerve の3つの大きな枝に分かれる。これらの求心性神経線維は、口腔、鼻腔粘膜と同様に顔の皮膚を支配する。この脳神経の遠心性神経線維は、後脳内の特殊内臓遠心性の領域（円柱）の最先端部にあるニューロンから生じ、三叉神経の特殊内臓遠心性神経核を形成する。その神経核は橋の中央部分に位置し、軸索は咀嚼筋や第1咽頭弓由来の下顎隆起で発達するその他の筋を支配する。

顔面神経 facial nerve（Ⅶ）は**第二咽頭弓** the second pharyngeal arch 由来の器官を支配する。その**特殊内臓遠心性神経核** special visceral efferent nucleus は、橋尾部にある特殊内臓遠心性領域に位置する。これらのニューロンの遠心性神経線維は、顔面の表情にかかわる筋と第2咽頭弓の間葉から発達するほかの筋に分布する。顔面神経の小型の**一般内臓遠心性の部分** general visceral efferent portion（後述参照）は、頭部にある末梢の自律神経節中に終わる。膝神経節は、顔面神経の**特殊内臓求心性神経線維** special visceral afferent fiber をもたらす。その末梢側の突起は浅層大錐体神経に向かい、鼓索神経を経由して、舌の前方2/3の味蕾へと分布する。膝神経節の中枢側の突起は橋へと入る。

舌咽神経 glossopharyngeal nerve（Ⅸ）は**第三咽頭弓** the third pharyngeal arch を支配する。舌咽

第10章 中枢神経系と末梢神経系の発生

表10-4：脳神経

脳神経	起源	分布 / 支配される構造	構成要素の機能的役割
嗅神経（Ⅰ）	嗅板、終脳	鼻の嗅部	特殊内臓求心性（嗅覚）
視神経（Ⅱ）	間脳	眼の網膜	特殊体性求心性（視覚）
動眼神経（Ⅲ）	中脳	背側直筋、腹側直筋、内側直筋、腹側斜筋、上眼瞼挙筋 瞳孔括約筋、瞳孔散大筋、毛様体筋	一般内臓遠心性（副交感神経系、主要ではない神経） 一般体性遠心性
滑車神経（Ⅳ）	後脳	背側斜筋	一般体性遠心性
三叉神経（Ⅴ）	後脳	第1咽頭弓由来器官：咀嚼筋群	一般体性求心性 特殊内臓遠心性
外転神経（Ⅵ）	後脳	外側直筋、眼球後引筋	一般体性遠心性
顔面神経（Ⅶ）	後脳／髄脳の結合部	第2咽頭弓由来器官：表情筋、顎二腹筋の尾方部分、アブミ骨筋 味覚（舌の頭側2/3） 下顎と舌下の唾液腺、涙腺 耳管の皮膚	一般内臓求心性 特殊内臓求心性（味覚） 特殊内臓遠心性 一般内臓遠心性（副交感神経系）
内耳神経（Ⅷ）	後脳／髄脳の結合部	内耳	特殊体性求心性（聴覚、平衡感覚）
舌咽神経（Ⅸ）	髄脳	第3咽頭弓由来器官：茎突咽頭筋 味覚（舌の尾側1/3） 耳下腺、食肉類における頬骨腺 頸動脈洞、咽頭 外耳	一般内臓求心性 特殊内臓求心性（味覚） 特殊内臓遠心性 一般内臓遠心性（副交感神経系）
迷走神経（Ⅹ）	髄脳	第4咽頭弓由来器官：咽頭の収縮筋 喉頭内の筋群 尾方咽頭の粘膜、喉頭の粘膜 気管、気管支、心臓、消化管の平滑筋 外耳道	一般内臓求心性 特殊内臓遠心性 一般内臓遠心性（副交感神経系）
副神経（Ⅺ）	髄脳、脊髄	僧帽筋、胸骨頭筋、上腕頭筋	特殊内臓遠心性 一般体性遠心性
舌下神経（Ⅻ）	髄脳	舌筋群	一般体性遠心性

分布と機能的役割は横一列には対応していない。

神経は、延髄から生じるいくつかの小さな神経根を内耳の原基である耳胞の後方に形成する。その**特殊内臓遠心性神経線維** special visceral efferent fiber は髄脳にある神経核から生じ、咽頭領域にある第三咽頭弓の筋を支配する。**一般内臓遠心性神経線維** general visceral efferent fiber は耳神経節に向かって走行する。節後神経軸索（節後神経線維）は、耳下腺と後方の舌腺へと走行する。**特殊内臓求心性神経線維** special visceral afferent fiber は舌後方領域の味蕾を支配する。

迷走神経 vagus nerve（Ⅹ）は、第四～第六咽頭弓 the fourth to sixth pharyngeal arches の神経が融合したものである。その大型の**一般内臓遠心性** general visceral efferent と**一般内臓求心性** general visceral afferent の構成部分は、心臓、前腸、前腸に由来する器官、中腸の大部分を神経支配する。第4咽頭神経（前咽頭神経）からはじまる**特殊内臓遠心性神経線維** special visceral efferent fiber は、輪状甲状筋を支配する。しかし、第六咽頭弓由来の相同の神経線維は、反回（喉頭）神経を生じ、この反回神経は第六咽頭弓由来の喉頭筋を支配する（第12章参照）。

副神経 accessory nerve（XI）の延髄根は、迷走神経の一部である。脊髄根は脊髄（大部分は5または6脊髄分節）から生じる。延髄根の**特殊内臓遠心性神経線維** special visceral efferent fiber は、迷走神経と合流し、軟口蓋の筋や喉頭の固有の筋を支配する。脊髄根の**一般体性遠心性神経線維** general somatic efferent fiber は、胸骨頭筋乳突部や僧帽筋を支配する。

一般体性遠心性脳神経
The general somatic efferent cranial nerves

滑車神経 trochlear nerve（IV）、**外転神経** abducens nerve（VI）、**舌下神経** hypoglossal nerve（XII）および**動眼神経** oculomotor nerve（III）の大部分が、一般体性遠心性である脊髄神経腹根と一致すると考えられる。これに対応しているニューロンは、脳幹の一般遠心性（運動性）神経核に位置する。これらの遠心性の軸索は、耳前筋板や後頭筋板由来の筋に分布する。**動眼神経** oculomotor nerve（III）は、第1番目の耳前筋板から誘導される眼筋（例：背側直筋、腹側直筋、内側直筋、腹側斜筋、眼球後引筋の内側部）を支配する。**滑車神経** trochlear nerve（IV）は、脳幹を背側から離れ、背側斜筋を支配する唯一の脳神経である。**外転神経** abducens nerve（VI）は後脳にある神経核から生じる。その神経は、3つある耳前筋板の最後端に由来する外側直筋や眼球後引筋の外側部分を支配する。

自律神経系 Autonomic nervous system

自律（不随意）神経系は、体の多くの不随意機能を制御する（**図10-29**）。自律神経系は、平滑筋、心筋、外分泌腺、いくつかの内分泌腺を支配する中枢的な制御の役割を持つ。自律神経線維の遠心性の部分（**一般内臓遠心性神経線維** general visceral efferent fiber）は、機能的に**胸腰椎部** thoracolumbar region に由来する**交感神経系** sympathetic nervous system と、**頭蓋部** cranial region と**仙骨部** sacral region に由来する**副交感神経系** parasympathetic nervous system に分けられる。一般体性遠心性の神経系の軸索は、中枢神経内にある細胞体から直接的にそれらの標的の筋に伸びる。一方、内臓遠心性のネットワークには少なくとも2つのニューロンが関与する。すなわち、第1の**節前ニューロン** preganglionic neuron は、中枢神経内（脊髄の灰白質の側角または脳内の相当する神経核）に位置する。第2の**節後ニューロン** postganglionic neuron は、末梢の神経節内にある。第2のニューロンは、すべて神経堤由来であり、その軸索は節後神経線維と名付けられている。**副交感神経系** parasympathetic system では、第1のニューロンと第2のニューロンは、伝達物質として**アセチルコリン** acetylcholine を使う。一方、交感神経系では、第1のニューロンと第2のニューロンは異なる伝達物質を使用する。すなわち、節前の終末部はアセチルコリンを分泌するが、多くの**交感神経系の第2のニューロンは、遠位端の終末部でノルエピネフリンを分泌する** sympathetic second neurons release norepinephrine。第2のニューロンの発達は、いくつかの段階を経る。最初、移動してきた神経堤細胞は自律性ニューロンへと発達する。次に、交感神経もしくは副交感神経のニューロンの生化学的指標および伝達

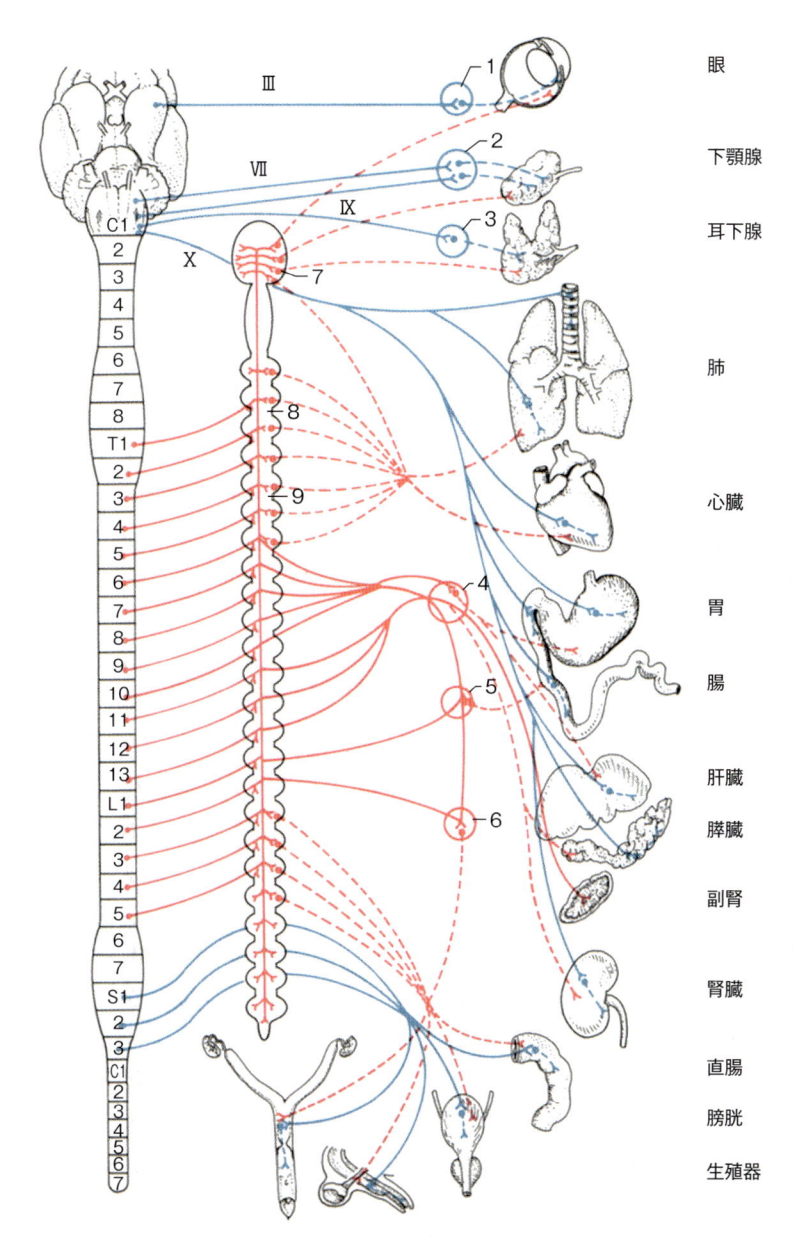

中枢神経系と末梢神経系の発生 第10章

図 10-29：交感神経系（赤）と副交感神経系（青）。実線：節前神経線維、破線：節後神経線維。Ⅲ: 動眼神経、Ⅶ: 顔面神経、Ⅸ: 舌咽神経、Ⅹ: 迷走神経。1: 毛様体神経節、2: 下顎神経節、3: 耳神経節、4: 腹腔神経節、5: 前腸間膜動脈神経節、6: 後腸間膜動脈神経節、7: 前頸神経節、8: 中頸神経節、9: 星状神経節。Rüsse と Sinowatz（1998）の厚意による。

物質の特徴が現れる。これらの初期段階を経て成熟過程が続き、これらの特徴が明確になる。

自律神経系は、脳内や脊髄内にある一般内臓求心性ニューロンや介在ニューロンも含む。自律神経系の末梢の構成は、さらに**交感神経系** sympathetic system、**副交感神経系** parasympathetic system お

Development of the central and peripheral nervous system

よび**腸管神経系** enteric system に細分できる。

交感神経系 Sympathetic nervous system

胎子期の終わりに近づくにつれて、胸部の神経堤由来の細胞は、速やかに脊髄の両側を移動して大動脈の背側領域に向かい、すべての細胞がその部位で集合体を形成する。分節的な配置の**椎傍神経節** paravertebral ganglion（**交感神経節** sympathetic ganglion）がこれらの集合体から発生し、**交感神経幹** sympathetic trunk を形成する長軸（体軸）方向の神経線維によって、相互に連絡するようになる。これらの神経節は、初期段階では分節状に配列するが、この配列は発生が進むにつれて特に頸部で神経節が融合し、部分的に失われる。最初の第1番目、第2番目、第3番目の頸部の椎傍神経節が融合し、**前頸神経節** cranial cervical ganglion となる。**中頸神経節** middle cervical ganglion は第4番目、第5番目、第6番目の椎傍神経節が集合することによって形成され、**後頸神経節** caudal cervical ganglion は、第7番目および第8番目の神経節の融合によって生じる。後頸神経節と最初から2つの胸部の椎傍神経節との集合体は、**頸胸神経節** cervico-thoracic ganglion、すなわち**星状神経節** stellate ganglion を生じる。

腹腔臓器に分布する大動脈の分岐近くを移動する神経堤細胞は、**腹腔神経節** coeliac ganglion、**前腸間膜動脈神経節** cranial mesenteric ganglion、**後腸間膜動脈神経節** caudal mesenteric ganglion などの**大動脈前神経節** preaortic ganglion を形成する。

交感神経幹が形成されると、脊髄胸腰分節の側角にある交感神経性ニューロンの軸索は、脊髄神経の腹根および白交通枝を介して、椎傍神経節とつながる。内臓遠心性神経束は、脊髄の第1番目の胸部分節から第2番目もしくは第3番目の腰部分節へ伸びるだけなので、白交通枝はこれらの分節部分でのみ観察される。

節前神経線維は、それぞれ椎傍神経節のニューロンとシナプスを形成するか、またはその神経線維は交感神経幹を上行したり下行したりして、他の分節レベルの椎傍神経節のニューロンとシナプスを形成する。他の節前神経線維は、シナプスを形成せずに椎傍神経節を迂回し、**大動脈前神経節** preortic ganglion へと伸びる内臓神経を形成する。灰白交通枝である他の線維は、交感神経網から脊髄神経へ、さらにそこから末梢毛細血管、毛、汗腺へ走行する。灰白交通枝は脊髄のすべての分節レベルで見られる。

交感神経性の節後神経線維は、比較的長く postganglionic sympathetic fibers are relatively long、遠位端で一般にノルエピネフリンを放出する。

副交感神経系 Parasympathetic nervous system

副交感神経性の節前神経線維は、脳幹の神経核にあるニューロンおよび脊髄の仙骨部領域から生じる。副交感神経系の頭部から生じる神経線維は、**動眼神経** oculomotor nerve（Ⅲ）、**顔面神経** facial nerve（Ⅶ）、**舌咽神経** glossopharyngeal nerve（Ⅸ）および**迷走神経** vagus nerve（Ⅹ）を介して走行する。節後ニューロンは、末梢の神経節または支配する器官（たとえば瞳孔、唾液腺、内臓）の近くやその中の神経叢に位置する。

副交感神経系の第2のニューロンの存在位置と伝達物質は、交感神経系のニューロンのものとは異なる。自律神経系の中の**副交感神経系の構成要因である第2のニューロン** second neurons of the parasympathetic component は、**支配する器官の中または近くにあり、短い軸索を持つ** in, or close to, the organ innervated and have short axons。これらのほとんどはシナプスで**アセチルコリン** acetylcholine を分泌する。

中枢神経系と末梢神経系の発生　第10章

迷走神経に関与する節前ニューロンは，延髄内の神経管にある脳室帯から生じる。それらは神経管の中間層に移動し，その後，迷走神経副交感神経核を形成する。

腸管神経系 Enteric nervous system

腸管壁には多数のニューロン（大きな動物では約10^8個）がある。そのニューロンはしばしば特殊なグループに分類される。迷走神経のたった数千の神経線維しか腸管に分布しないので，わずかな腸管のニューロンしか中枢神経からの直接的な入力を受けない。

腸管のニューロンの多くは，ほかのニューロンに突起を出す。腸管神経節は生化学的に極端に異質であり，24以上の異なる神経伝達物質がすでに同定されている。腸管神経系のニューロンは，菱脳および仙骨領域の神経堤を起源とする神経堤細胞に由来する。

腸管神経系は，2つの相互連絡する構成要因に細分される。すなわち，消化管壁の内輪走筋層と外縦走筋層のあいだに輪状に位置する神経節と軸索が**筋間神経節** myenteric ganglion と**筋層間神経叢** myenteric plexus（**アウェルバッハ神経叢** Auerbach plexus）を構成する。腸管の粘膜下に位置する神経節と軸索は，**粘膜下神経節** submucosal ganglion と**粘膜下神経叢** submucosal plexus（**マイスナー神経叢** Meissner's plexus）を構成する。腸管神経系の反射経路は，胃腸の動き（頭方から尾方にかけての収縮の蠕動運動波）や分泌に影響を与える。食道を除いて，腸管神経系は1つの独立したシステムとして働くことができる。しかし，生理学的な状況下では，節前からの入力が摂食や消化に関する腸管活動を調節する。

要約 Summary

中枢神経系 central nervous system（CNS）と**末梢神経系** peripheral nervous system（PNS）は外胚葉から発生する。**神経板** neural plate は外胚葉の肥厚したもので，神経系の原基である。これは脊索によって誘導され，その誘導はソニック・ヘッジホッグ（Shh）のシグナルによって仲介される。その後，神経板は折れ曲がり，**神経管** neural tube を形成する。神経発生がはじまる前，神経板と神経管はそれぞれ単層の**神経上皮細胞** neuroepithelial cell（**神経上皮** neuroepithelium）で構成される。神経管では，神経上皮細胞が偽重層の神経上皮の形成を誘導する活発な有糸分裂を行う。それらの娘細胞は，神経細胞前駆細胞や神経膠細胞前駆細胞を形成する。

神経幹細胞 neural stem cell は，中枢神経におけるすべてのニューロンを生じる。それらは，中枢神経における2つのタイプの大型の神経膠細胞，すなわち**星状膠細胞** astrocyte や**希突起膠細胞** oligodendrocyte の起源である。神経幹細胞は，2種類の細胞系譜に分化する能力を持つ**前駆細胞** bipotent progenitor cell へと分化する前に，無数の有糸分裂を行う。この2種類の細胞系譜に分化する能力を持つ前駆細胞は，**神経細胞前駆細胞** neuronal progenitor cell または**神経膠細胞前駆細胞** glial progenitor cell を生じる。**神経細胞前駆細胞** neuronal progenitor cell は，のちに数多くの種類のニューロンへ分化する一連の神経芽細胞を生じる。2種類の細胞系譜に分化する能力を持つ前駆細胞から生じる，もう1つの主な細胞系譜は，**神経膠細胞前駆細胞** glial progenitor cell の細胞系譜である。神経膠細胞前駆細胞は，有糸分裂し続け，分裂して生じた細胞はいくつかの細胞系譜（**希突起膠細胞** oligodendrocyte，**1型星状膠細胞** type-1 astrocyte，**2型星状**

173

Development of the central and peripheral nervous system

膠細胞 type-2 astrocyte）へと分かれる。もう 1 つの神経膠細胞の細胞系譜である**放射状前駆細胞** radial progenitor cell は、より複雑な発達を遂げる。それらは**放射状グリア細胞** radial glial cell となり、その放射状グリア細胞は脳の中で、若いニューロンが移動するための案内ロープとして働く。中枢神経系の神経膠細胞のもう 1 つの細胞種は、神経上皮に由来しない**小膠細胞** microglial cell であり、中枢神経に障害があると運動性の大食細胞として機能する。また、これは間葉由来であり、循環系組織と共に中枢神経系に入る。

脊髄 spinal cord は、神経管の後方 1/3 から発達する。神経管の細胞分化のはじまりとともに、その神経上皮は肥厚し、複層化するように見える。神経管の内腔に最も近い層は、**脳室層** ventricular layer もしくは**神経上皮層** neuroepithelial layer といわれる。その神経上皮層は**中間層** intermediate layer または**外套層** mantle layer によって囲まれる。この中間層には、有糸分裂後の神経芽細胞と神経膠細胞細胞体がある。脊髄が成熟するとともに、中間層は**灰白質** grey matter になり、この灰白質にはニューロンの細胞体が位置する。一方、神経上皮層は**中心管** central canal の**上衣** ependyma や脳の**脳室系** ventricular system となる。神経芽細胞は、軸索と樹状突起を発達し続けるので、周囲の**辺縁層** marginal layer は神経突起を含み、神経細胞体を含まない領域となる。その後、辺縁層は脊髄の**白質** white matter を形成する。中間層へ神経芽細胞が継続的に加えられ、神経管の腹側と背側を厚くし、それぞれ**基板** basal plate と**翼板** alar plate となる。左右の翼板は、薄い**蓋板** roof plate によって中心管の背側で連絡する。一方、2 つの基板は、中心管の腹側で**底板** floor plate によって連絡する。蓋板と底板は神経芽細胞を含まない。最終的に、中間層は蝶のような形となり、**中心管** central canal の周りに並んで突出する灰白質の**背角** dorsal horn と**腹角** ventral horn を有するようになる。辺縁層は、脊髄の**白質** white matter へと発達する。白質は、有髄の軸索が多く存在し、白く見える組織であることから名付けられた。この外側の層は、いくつかの神経束（索）として一緒に集まって上行および下行する軸索の神経路を含む。初期の胎子期では、脊髄は胎子の全長に及ぶ。発生が進むと、不均衡な成長のため、脊髄の尾端の終末は徐々に頭方の高い位置へと移動し（**脊髄の上昇** ascensus medullae spinalis）、脊髄神経は脊髄から対応する椎孔へと斜めに走行する。

神経管の前方 2/3 は脳へ発達する。初期の脳のほとんどは、精巧に分節化された構造である。これは、構造的には菱脳分節を、分子的にはホメオボックス遺伝子の発現を反映している。新しく形成された脳は 3 つの一次脳胞から構成される。すなわち、**前脳** prosencephalon、**中脳** mesencephalon、**菱脳** rhombencephalon である。前脳は部分的に**終脳** telencephalon と**間脳** diencephalon の 2 つの腔に分かれる。終脳の外側壁はすぐにドーム状になり、将来、**大脳半球** cerebral hemisphere になる。間脳は脳幹の前方端が、前脳の分割されない部分として残る。菱脳は前方と後方がそれぞれ**後脳** metencephalon と**髄脳** myelencephalon とに分かれる。

髄脳 myelencephalon は、発生学的にも構造学的にも脊髄に似ており、脳幹の後方部分である**延髄** medulla oblongata へと発達する。延髄は、脊髄と脳の高次領域のあいだの神経路として働くが、呼吸や心拍調節のための重要な中枢も含んでいる。

後脳 metencephalon は、菱脳の前方部分であり、2 つの主な部分へ発達する。すなわち、延髄の前方端と識別できる断面構造を持つ**橋** pons と、系統発生学的には新しく、個体発生学的には遅い段階で発達する構造の**小脳** cerebellum である。小脳は姿勢と運動の調節中枢である。小脳の原基は、後脳の翼板の背外側領域である菱脳唇である。発達して

第10章 中枢神経系と末梢神経系の発生

いる小脳は、初期胎子で背側方向へとダンベル様の構造をつくりながら膨張する。その頭方領域の内側部は**虫部** vermis を生じ、外側部は小脳の**半球** hemisphere へと発達する。

中脳 mesencephalon（midbrain）は構造的には比較的単純なままであり、基板と翼板のあいだの基本的な関係性は本質的に保存されている。中脳の中脳水道の背側部分は**中脳蓋** tectum となり、ここに翼板由来の**四丘体** corpora quadrigemina を形成する。中脳水道の腹側にある基板は**中脳被蓋** tegmentum を形成する。

間脳 diewncephalon は、**前脳** prosencephalon（forebrain）の後方部分であり、**神経性下垂体** neurohypophysis や**眼杯** optic cup と同様に、**視床上部** epiphysis（**松果体** pineal gland を含む）、**視床** thlamus、**視床後部** metathalamus と**視床下部** hypothalamus へと発達する。間脳で発達する内腔は、**第3脳室** third ventricule である。すべての前脳の構造（終脳や間脳）は、翼板と蓋板から高度に変化してできたものであり、基板は明らかに関与しないと考えられている。

下垂体 hypophysis（pituitary gland）は、まったく異なる2つの部分から発達する。すなわち、(1) **ラトケ嚢** Rathke's pouch と呼ばれる口咽頭膜直前にある口窩の外胚葉性陥入（のちに**腺性下垂体** adenohypophysis となる）、(2) **間脳の腹側方向への突出** ventral downgrowth of the diencephalon（のちに**神経性下垂体** neurohypophysis となる漏斗）である。

終脳 telencephalon の発達は、終脳胞の著しい拡張によって、脳幹の前方部分を完全に越えて成長した2つの**大脳半球** cerebral hemisphere を生じる。終脳胞の壁は、拡大しつつある**側脳室** lateral ventricle を囲み、この側脳室は第3脳室から突出したものである。側脳室は、**室間孔** interventricular foramina によって第3脳室と連絡する。妊娠初期のあいだに大脳半球は急速に拡張するが、その外部表面は滑らかなままである。その後、大脳半球は、器官形成のいくつかの段階でヒダを形成し、種特異的な**脳溝** sulci（溝）と**脳回** gylri（盛り上がり）が発達する。小脳と同様に、大脳皮質は白質の外側に層状の灰白質を形成する。系統発生学的な発達に基づいて、それらは2つの異なる領域に分けられる。すなわち、系統発生学的に、古い**異皮質** allocortex（**原皮質** archicortex と**古皮質** palaeocortex）と、新しい**新皮質** neocortex である。**異皮質** allocortex は大脳皮質の起源となる部分で、領域によってさまざまな組織学的構造を示すが、一般には**3つの組織学的層構造** three histological layer によって特徴付けられる。すなわち、分子層、錐体層または顆粒層、多形層である。一方、**新皮質** neocortex はより複雑な**5層または6層の組織学的構造** five or six-layered histological structure を示す。

大脳皮質へのニューロンの参加に加えて、間脳の脳胞と終脳の脳胞の中間層から生じるニューロンは、**基底核** basal ganglia（大脳基底核）と呼ばれる細胞体の集合を形成する。

末梢神経系 peripheral nervous system（PNS）はさまざまな起源から発達し、**脳神経** cranial nerve、**脊髄神経** spinal nerve、**内臓神経** visceral nerve、**脳神経節** cranial ganglion、**脊髄神経節** spinal ganglion、**自律神経節** autonomic ganglion から構成される。それは、中枢神経系から離れる方向へ刺激を伝える**遠心性（運動性）神経線維** efferent（motor）fiber と、中枢神経系へ向かって刺激を伝える**求心性（知覚性）神経線維** afferent（sensory）fiber で構成される。脊髄神経は、求心性および遠心性神経線維の両方を含む。脳神経は、分節的パターンを失い、非常に特殊化されている。いくつかの脳神経は純粋に求心性であり、いくつかは遠心性であるが、これらが混合することもあり、同様に自律神経線維を含むこともある。**自律神経系** autonomic nervous

Development of the central and peripheral nervous system

system は 2 つの遠心性の構成要因、すなわち**交感神経系** sympathetic nervous system と**副交感神経系** parasympathetic nerve system で構成される。両方の構成成分は、中枢神経系由来の**節前ニューロン** preganglionic neuron と、神経堤由来の**節後ニューロン** postganglionic neuron である。

Box 10-1 中枢神経系と末梢神経系の発達の分子的制御

脊髄の発達の分子的制御
Molecular regulation of spinal cord development

神経板ができる段階と同じくらいの初期に、脊髄予定領域は、**paired box gene 3（Pax3）、Pax7、Msx1** および Msx2 などのホメオボックスを含む転写因子を発現する。この発現パターンは、**ソニック・ヘッジホッグ（Shh）** によって制御される。Shh は脊索からの転写因子であり、神経板が神経管になるためにヒダ形成する前に放出される。この局所的な Shh シグナルは、脊索の上にある神経板の細胞を、底板および基板へ変化するように直接刺激する。その結果、底板は Shh を発現しはじめる。

基板では、遠心性ニューロン（α運動ニューロンとγ運動ニューロン）と介在ニューロンが背側─腹側パターンに従って配置される。これらの異なるタイプのニューロンは、ホメオドメイン転写因子と、底板から分泌される Shh 濃度勾配によって決められる発現パターンの特異的な組み合わせによって特定される。結果として、発達しつつある脊髄のそれぞれの分節のレベルにおける転写因子の特異的な組み合わせが、それぞれの異なるタイプのニューロンを決定する。すなわち、それらのニューロンは自身の分子的特徴を示す。たとえば、一般体性遠心性ニューロンは発達しつつある運動性ニューロンの最も早い段階のマーカーとみなされる。**islet-1** の発現によって特定される。

遠心性ニューロンの産生が基板で終了すると、すぐに制御因子の変化が腹側の神経上皮からの神経膠前駆細胞の産生を促す。

骨形成タンパク質4および**骨形成タンパク質7** Bone morphogenetic proteins 4 and 7（BMP4、BMP7）は、神経板の外側の境界領域にある表面外胚葉細胞で発現しており、神経管の背側半分における Pax4 と Pax7 を維持するとともに、発現を増加させる。これらの背側化を誘導する作用は、蓋板と翼板の形成を引き起こす。神経管閉鎖後、BMP はのちの脊髄における翼板での知覚性介在ニューロンの形成に影響する。

中心管の腹側では、ニューロンの突起が交連の軸索として脊髄の一方から他方へ底板を通過して交叉する。これらの神経線維は神経管の背側半分のニューロンから生じる。これらは、**ネトリン1** のような特異的な分子によって底板に誘引される。

中脳と菱脳の発達の分子的制御
Molecular regulation of mesencephalic and rhombencephalic development

異なる脳の領域は、異なるシグナルに反応し、これが領域の違いを明らかにさせる。さらに、脳の背腹軸と前後軸のパターン形成を制御する遺伝子の発現パターンは、これらの領域の境界で重複したり、相互作用したりする。

中脳 mesencephalon（midbrain）と**後脳** metencephalon（hindbrain）は、**菱脳峡オーガナイザー** isthmic organizer によって特定される。菱脳峡オーガナイザーは、中脳と後脳の境界にあるシグナリングの中心である。主要なシグナル分子は、1番目の菱脳分節の前端部で狭い環状領域に発現される **FGF8** である。FGF8 は Wnt1 と協力して、***Pax2*** や ***Pax5*** と同様に、2つのホメオボックスを含む遺伝子である engrailed 遺伝子 ***En-1*** や ***En-2*** の発現を誘導する。これらの遺伝子の発現は、FGF8 シグナリングの中心から距離が離れるにつれて減少する。***En-1*** は、中脳の背側部（中脳蓋）や菱脳の前方部（小脳）を含む発現領域全体にわたって発生を制御する。***En-2*** は、小脳の発生にだけ働く。

中脳 mesencephalon は、背腹軸に沿って高度にパ

ターン化されている。中枢神経系のすべてのほかの領域と同じように、腹側のパターン形成は、Shh によって制御される。Shh は中脳の基板におけるニューロンの発達を促進する一方で、翼板の特徴となる Pax7 のような分子が腹側で発現することを阻害する。前方部では、中脳はある一連の分子の相互作用によって、間脳から分離する。すなわち、間脳は *Pax6* が発現し、中脳は *En-1* が発現する。いくつかの抑制的な制御因子の作用に仲介され、Pax6 は *En-1* の発現を阻害するが、En-2 は直接的に *Pax6* の発現を阻害し、間脳と中脳を明確に分ける。

菱脳 rhombencephalon は 8 つの分節構造（菱脳分節）からなり、その分節は **Hox 遺伝子** Hox gene クラスターの多様な発現を示す。クラスターの最も 3' 末端側にある遺伝子は、5' 末端側の遺伝子よりも前方の境界部分で発現し、より早い時期に発現する。これらの遺伝子は、時空間的なパターンで部分的に重なって発現し、後脳の前後軸に沿った位置情報をもたらす。また、菱脳の本質を決定し、菱脳に由来する器官を特定する。Hox 遺伝子の発現の詳細の多くは未だ不明であるが、**レチノイン酸** retinoic acid の欠乏は、後脳を小さくさせることから、レチノイン酸が決定的な役割を果たすのかもしれない。

小脳 cerebellum は、大脳のように、神経核構造と覆いかぶさる皮質構造を持つ。小脳の発達における、その分子的な初期の段階は、中脳/後脳の境界で産生される **FGF タンパク質**や **Wnt タンパク質**を伴う誘導性のシグナルに依存する。転写因子（LIM ホメオドメイン含有タンパク質、ベーシック・ヘリックス・ループ・ヘリックス型タンパク質、3 つのアミノ酸のループ構造を含むタンパク質の哺乳類の相同遺伝子）の連動したコード（規則的な情報）が、小脳核や小脳皮質のプルキンエ細胞と顆粒神経細胞の両者の前駆体や前駆細胞を定義付ける。

前脳の発生に関する分子的制御
Molecular regulation of prosencephalic development

前脳と中脳の特殊化もホメオドメインを含む遺伝子によって制御される。

神経板の段階では、*LIM1* は脊索前板で発現し、*OTX2* は神経板で発現する。両方の遺伝子は前脳領域と中脳領域を決定するのに重要である。神経ヒダと咽頭弓が現れると共に、追加的なホメオボックス遺伝子が後の前脳領域と中脳領域を特定するパターンで発現する。これらの境界が確立した後、**神経管頭方の隆起** anterior neural ridge（ANR）は、神経板と表面外胚葉が頭方で結合するために、重要な器官形成の中心となる。ANR の細胞は、FGF8 を分泌する。この因子は、さらなる分化に重要な次に発現する遺伝子を誘導するための鍵となるシグナル分子である。FGF8 に発現誘導された ***brain factor 1*** (***BF1***) は、それから大脳半球の発生と前脳における領域の特徴化を制御する。この領域には、終脳の基底部や網膜が含まれる。背腹軸方向や内外側軸方向のパターン形成も前脳領域で生じる。腹側のパターン形成は、中枢神経系の他のすべての部分と同じように、Shh の発現によって制御されている。Shh は脊索前板から分泌され、Nkx2.1 の発現を誘導する。Nkx2.1 は、視床下部の発生を制御するホメオボックス遺伝子産物である。

参考文献 Further reading

Abematsu, M., Kagawa, T., Fukuda, S., Inoue, T., Takebayashi, H., Komiya, S., and Taga, T. (2006): Basic fibroblast growth factor endows dorsal telencephalic neural progenitors with the ability to differentiate into oligodendrocytes but not gamma-aminobutyric acidergic neurons. J. Neurosci. Res. 83:731–743.

Aboitiz, F. (2001): The origin of isocortical development. Trends Neurosci. 24:202–203.

Agawala, S., Sanders, T.A. and Ragsdale, C.W. (2001): Sonic hedgehog control of size and shape in midbrain pattern formation. Science 291:2147–2150.

Andersen, B. and Rosenfeld, M.G. (1994): Pit-1 determines cell types during development of the anterior pituitary gland. A model for transcriptional regulation of cell phenotypes in mammalian organogenesis. J. Biol. Chem. 25:29335–29338

Armstrong, C.L. and Hawkes, R. (2000): Pattern formation in the cerebellar cortex. Biochem. Cell Biol. 78: 551–562.

Barlow, R.M. (1969): The foetal sheep: morphogenesis of the nervous system and histochemical aspects. J. Comp. Neurol. 135:249–262.

Briscoe, J. and Ericson, J. (2001): Specification of neuronal fates in the ventral neural tube. Curr. Opin. Neurobiol. 11:43–49.

Carpenter E.M. (2002): Hox genes and spinal cord development. Dev. Neurosci. 24:24–34.

Cecchi, C., Mallamaci, A. and Boncinelli, E. (2000): Otx and Emx homeobox genes in brain development. Int. J. Dev. Biol. 44:663–668.

Colello, R.J. and Pott, U. (1997): Signals that initiate myelination in the developing mammalian nervous system. Mol. Neurobiol. 15:83–100.

Fox, M.W. (1963): Gross structure and development of the canine brain. Am. J. Vet. Res. 24:1240–1247.

Gershon, M. (1997): Genes and lineages in the formation of the enteric nervous system. Curr. Opin. Neurobiol. 7:101–109.

Götz, M. and Huttner, W.B. (2005): The cell biology of neurogenesis. Nat. Rev. Mol. Cell Biol. 6:777–788.

Houston, M.L. (1968): The early brain development of the dog. J. Comp. Neurol. 134: 371–384.

Jastrebski, M. (1973): Zur Entwicklung der Markscheiden der Gehirnnerven im Markhirn des Rindes. Zbl. Vet. Med. C 2:221–228.

Kirk, G.R. and Breazile, J.E. (1972): Maturation of the corticospinal tract in the dog. Exp. Neurol. 35:394–397.

Lange, W. (1978): The myelinisation of the cerebellar cortex in the cat. Cell Tiss. Res. 188:509–520.

LeDouarin, N. and Smith, J. (1988): Development of the peripheral nervous system from the neural crest. Annu. Rev. Cell Biol. 4:375–381.

Louw, G.J. (1989): The development of sulci and gyri of the bovine cerebral hemispheres. Anat. Histol. Embryol. 18:246–264.

Lumsden, A., and Krumlauf, R. (1996): Patterning of the vertebrate neuraxis. Science 274:1109–1115.

Marquardt, T. and Pfaff, S.L. (2001): Cracking the transcriptional code for cell specification in the neural tube. Cell 106:1–4.

Noden, D.M. (1993): Spatial integration among cells forming the cranial peripheral nervous system. J. Neurobiol. 24:248–261.

Noden, D.M. and DeLahunta, A. (1985): Central nervous system and eye. In: Embryology of Domestic Animals, Developmental Mechanisms and Malformations. Williams and Wilkins, Baltimore, MD, p 92–119.

Patten, I. and Placzek, M. (2000): The role of sonic hedgehog in neural tube patterning. Cell Mol. Life Sci. 57:1695–1708.

Rakic, P. (1988): Specification of cerebral cortical areas. Science 241:170–176.

Rüsse, I. and Sinowatz, F. (1998): Lehrbuch der Embryologie der Haustiere, 2nd edn. Parey Buchverlag, Berlin.

Scully, M.C., and Rosenfeld, G. (2002): Pituitary development: regulatory codes in mammalian organogenesis. Science 295:2231–2235

Sinowatz, F. (1998): Nervensystem. In: Lehrbuch der Embryologie der Haustiere. Rüsse I. and Sinowatz, F., Verlag Paul Parey, Berlin und Hamburg, 2nd edn, p 247–286.

Tessier-Lavigne, M. and Goodman, C.S. (1996): The molecular biology of axon guidance. Science 274:1123–1133.

Wingate, R.J.T. (2001): The rhombic lip and early cerebellar development. Curr. Opin. Neurobiol. 11:82–88.

CHAPTER 11

Fred Sinowatz

眼と耳
Eye and ear

眼の発生 Development of the eye

　眼は著しく複雑で、完璧に設計された器官であるらしい。眼は3種類の起源から発生する。すなわち、（1）前脳の **神経外胚葉** neuroectoderm、（2）頭部の **表面外胚葉** surface ectoderm、（3）これら2種類の外胚葉のあいだに存在し、神経堤由来である頭部の **間葉** mesenchyme である。脳から伸び出した外胚葉が **網膜** retina、**虹彩** iris および **視神経** optic nerve となり、表面外胚葉が **水晶体** lens を形成する。その周囲の間葉は、**眼球血管膜** vascular coat および **線維膜** fibrous coat を形成する。

眼杯と水晶体胞 Optic cup and lens vesicle

　眼の起源となる神経板の領域は、初めは将来の前脳前縁付近に位置する単一の正中領域である **眼野** optic field である。眼野の神経外胚葉とその下層の中胚葉が相互作用することによって、単一の眼野が左右の **外側眼形成領域** lateral eye forming region に分かれる。大部分の動物種では、妊娠第三週の終わりに、前脳の側面に浅い溝が形成される。神経管の閉鎖に伴って、この溝が前脳から突出するポケット状の構造物、すなわち **眼胞** optic vesicle として伸展する（**図11-1**、**11-2**）。眼胞は眼胞茎によって前脳に付着したまま残る。マウスでは Rx という転写因子が非常に早期に眼野に発現することが示されている。この転写因子が存在しないと、眼胞は形成されない。

　眼胞は表面外胚葉に接触するまで外側方に伸張し、そこで輪郭が明瞭な外胚葉性肥厚である **水晶体プラコード** lens placode を誘導する。この水晶体プラコードは引き続いて陥凹し、表面外胚葉と接触を持たない **水晶体胞** lens vesicle を形成する。水晶体胞が発達するにつれ、眼胞は陥凹し、二層構造からなる **眼杯** optic cups となる（**図11-1**、**11-3**）。眼杯の内層と外層は、最初は **網膜内隙** intraretinal space という腔所によって隔てられているが、網膜内隙はすぐに消失し、両層は並ぶ（向かい合う）。眼杯内層はのちに視覚受容の機能を果たす3層のニューロンを持つ **神経性網膜** neural retina へと発達する。眼杯外層は網膜の **色素上皮層** pigment layer となる（**図11-4**、**11-5**）。眼胞茎は眼杯を前脳や後に間脳に接続（結合）し、ニューロンの軸索が網膜神経節細胞層から発生中の脳へ伸張させるガイドとして役立つ。

網膜 Retina

　網膜は眼杯から発生する。眼杯の薄い外層は、大部分の動物種で、小型の色素顆粒を含む細胞が存在することが特徴であり、この外層は網膜の **色素上皮層** pigment layer となる。眼杯内層は厚さを増し、

Eye and ear

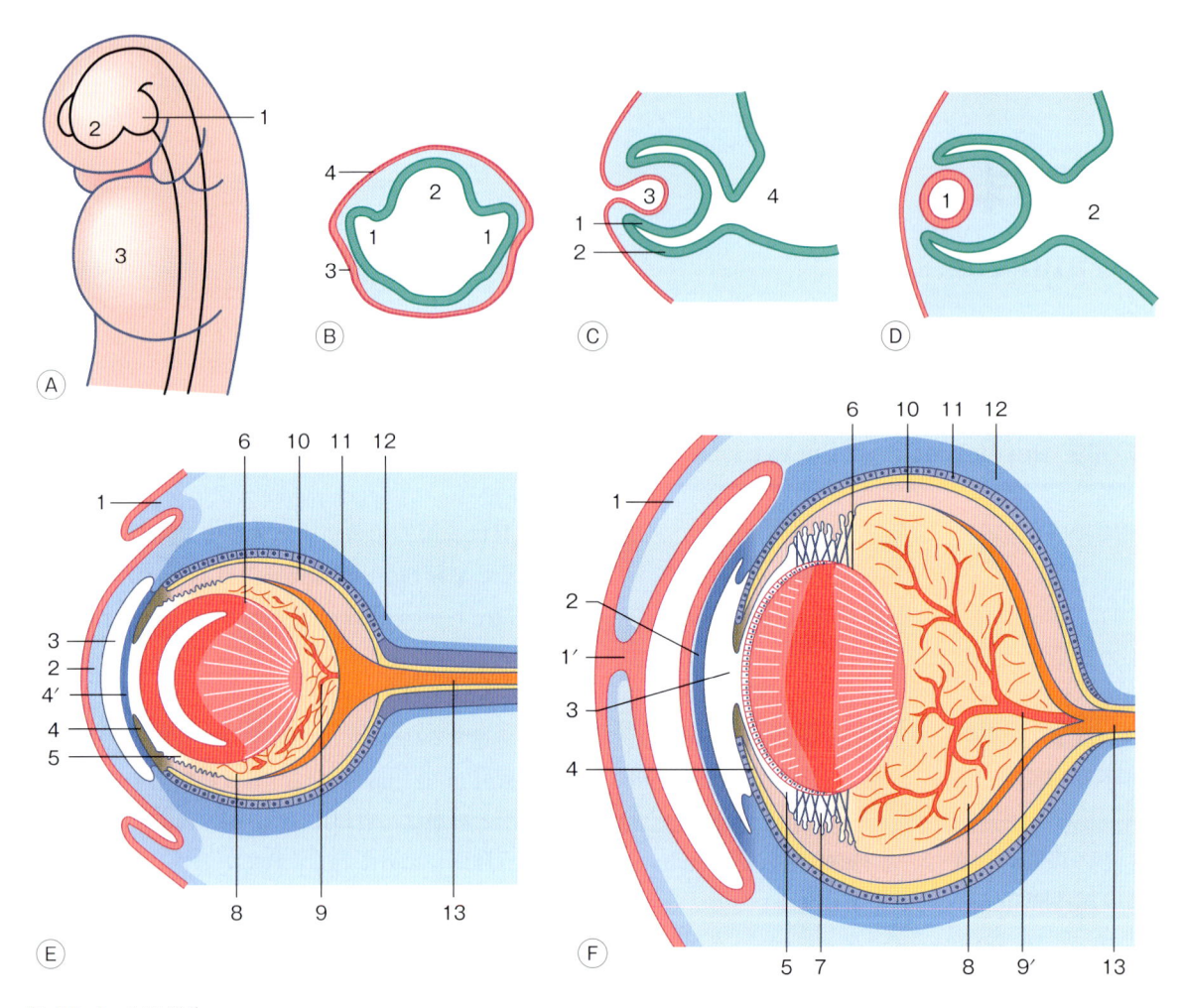

図 11-1: 眼の発生。
A: 眼胞（1）の前脳（2）からの膨出。3: 心臓。
B: 眼胞（1）と前脳（2）を通る横断面。3: 水晶体プラコード、4: 外胚葉。眼胞が表面外胚葉に接触した結果、外胚葉が肥厚し、水晶体プラコードを形成する。
C: 発生中の眼を通る縦断面。水晶体プラコード（3）の陥凹を示す。1: 眼杯内層、2: 眼杯外層、4: 間脳。
D: 水晶体胞（1）は表面外胚葉との接触を失い、眼杯の入口に位置する。2: 間脳。
E-F: 眼球の分化。1: 眼瞼、1': 融合した眼瞼の縫合部、2: 角膜、3: 前眼房、4: 虹彩、4': 瞳孔膜、5: 後眼房、6: 水晶体、7: 小帯線維を伴う毛様体、8: 硝子体、9: 硝子体動脈、9' 網膜中心動脈、10: 網膜神経層、11: 網膜色素層、12: 脈絡膜と強膜、13: 視神経。RüsseとSinowatz（1998）の厚意による。

眼と耳 第11章

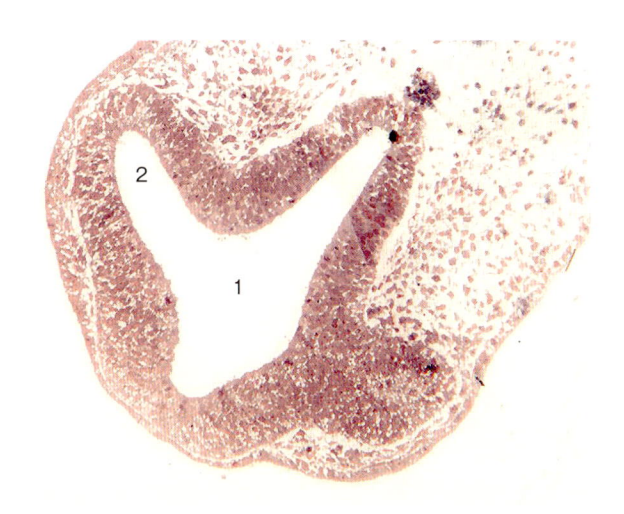

図11-2： 前脳から膨出する眼胞。頭殿長6mmのブタ胎子。1: 前脳、2: 眼胞。RüsseとSinowatz（1998）の厚意による。

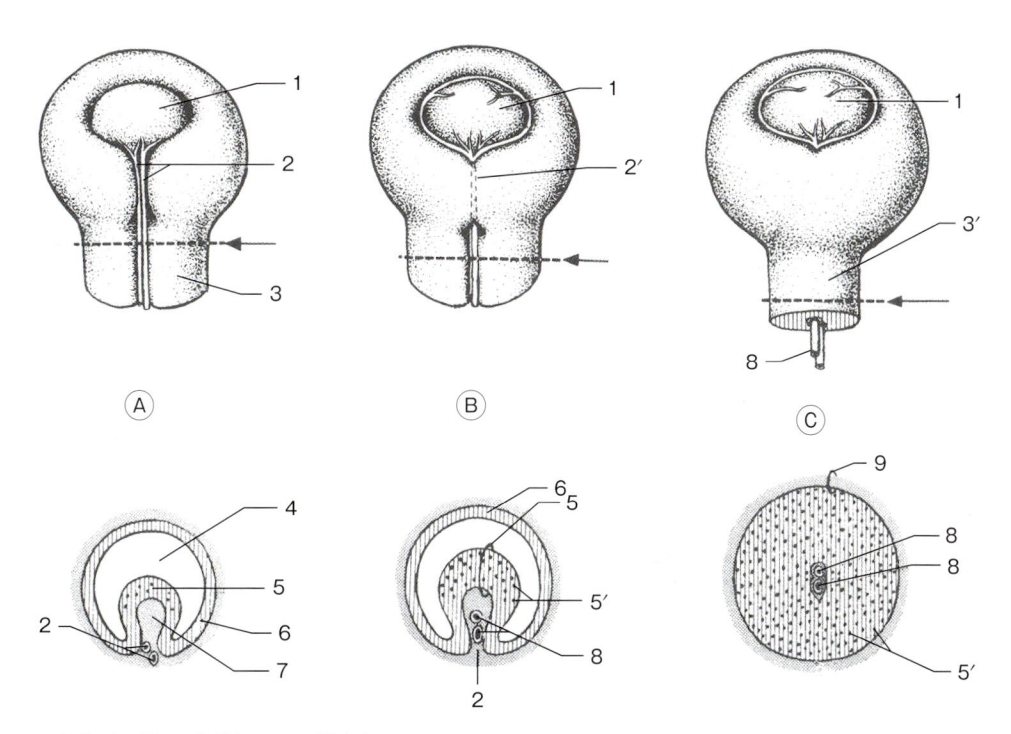

図11-3： 眼胞茎（眼茎）の視神経への形態変化。
A-C 上段： 発生の進行段階における眼杯と眼胞茎（眼茎）を腹側から見る。
A-C 下段： 異なったレベルでの眼胞茎（眼茎）の横断面（章末の**訳者注**を参照）。1: 水晶体、2: 脈絡裂、2': 閉鎖した脈絡裂、3: 眼胞茎、3': 視神経、4: 眼の内腔、5: 眼胞茎の内層、5': 視神経の軸索、6: 眼胞茎の外層、7: 間葉、8: 網膜中心動脈および静脈、9: 視神経の軟膜層とクモ膜層。RüsseとSinowatz（1998）の厚意による。

Eye and ear

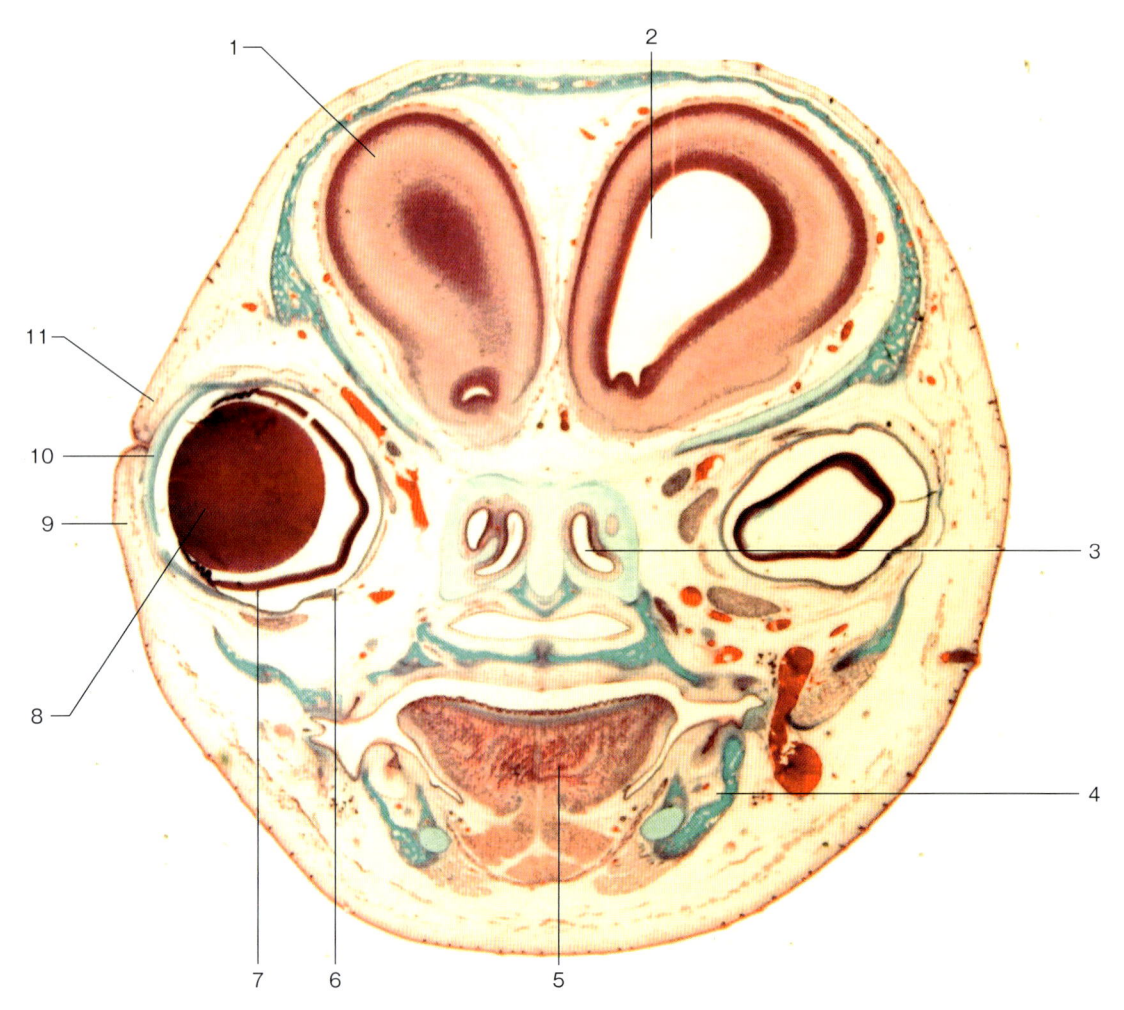

図 11-4：45 mmのネコ胎子の横断切片。1: 終脳、2: 側脳室、3: 鼻腔、4: 下顎骨、5: 舌、6: 網膜色素上皮、7: 網膜神経層、8: 水晶体、9: 下眼瞼、10: 角膜、11: 上眼瞼。

眼と耳　第11章

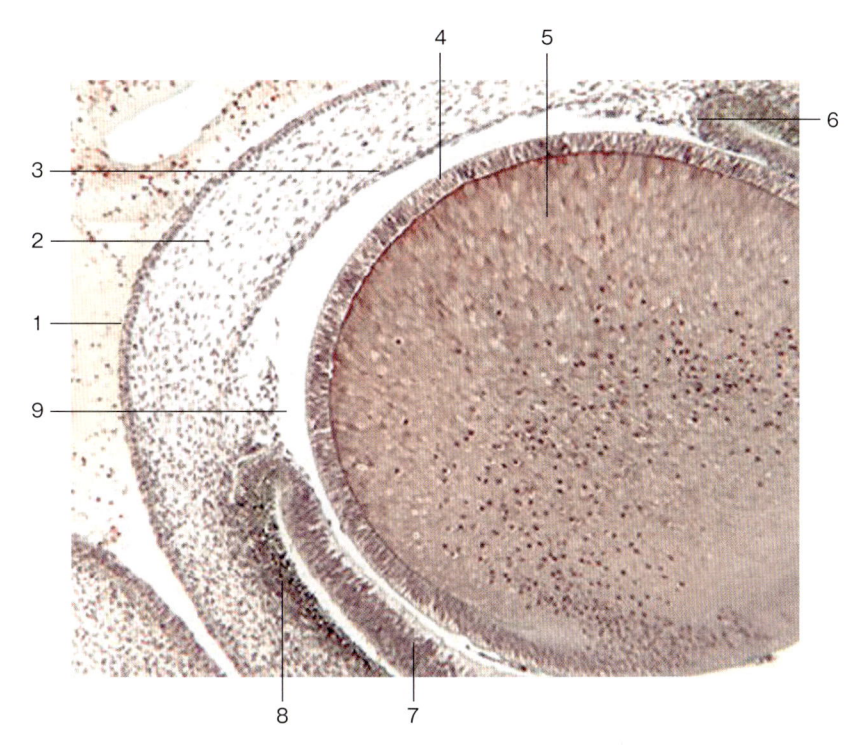

図 11-5：頭殿長 17 mm のネコ胎子の眼の前部を通る切片。1: 角膜前上皮、2: 角膜支質、3: 角膜後上皮、4: 水晶体上皮、5: 水晶体線維、6: 虹彩の辺縁、7: 網膜神経（知覚）層、8: 網膜色素層、9: 前眼房。Rüsse と Sinowatz（1998）の厚意による。

　その上皮細胞は多層からなる**神経性網膜** neural retina のニューロンと視細胞（光受容細胞）へと分化する複雑な過程を開始する（**図11-6、11-7**）。眼杯外縁は著しく異なる形態変化を経る。眼杯外縁は**虹彩** iris と**毛様体** ciliary body を生じ、それらはそれぞれ網膜に達する光量を調整し、水晶体の曲率を制御する。

　成体では神経性網膜は多層構造である。網膜の知覚経路は**3種類の一連のニューロン** chain of three neurons からなる。1番目のニューロンは、杆状体か錐状体のいずれかの**視細胞** photoreceptor cell である。視細胞の核は**外顆粒層** outer nuclear layer といわれる層に位置する。杆状体細胞と錐状体細胞は**外網状層** outer plexiform layer に向けて突起を伸ばし、そこで2番目のニューロンである**双極細胞** bipolar neuron の突起とシナプスを形成する。双極細胞の核は**内顆粒層** inner nuclear layer に位置する。各々の双極細胞のもう1本の突起は**内網状層** internal plexiform layer に入り、3番目のニューロンである**視神経細胞** ganglion cell とシナプスを形成する。視神経細胞の細胞体は**視神経細胞層** ganglion cell layer に位置する。視神経細胞の長い突起は網膜最内層である**神経線維層** nerve fiber layer を通って視神経円板に向かって走行する。視神経細胞の突起は、視神経円板を通過し、視神経（Ⅱ）として脳に達するために眼球を去る。

　網膜でも、視覚情報（シグナル）の統合が多くのレベルで行われる。**水平細胞** horizontal cell と**アマ**

Eye and ear

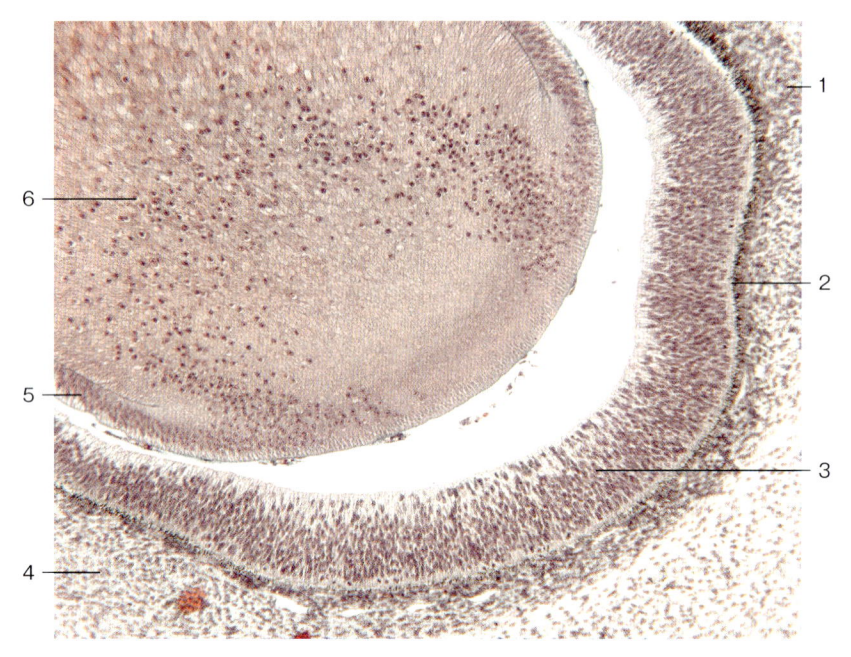

図 11-6：17 mm のネコ胎子における眼の後部を通る切片。1: 脈絡膜の間葉、2: 網膜色素層、3: 網膜神経層、4: のちに強膜を形成する未分化間葉、5: 水晶体上皮、6: 水晶体線維。Rüsse と Sinowatz（1998）の厚意による。

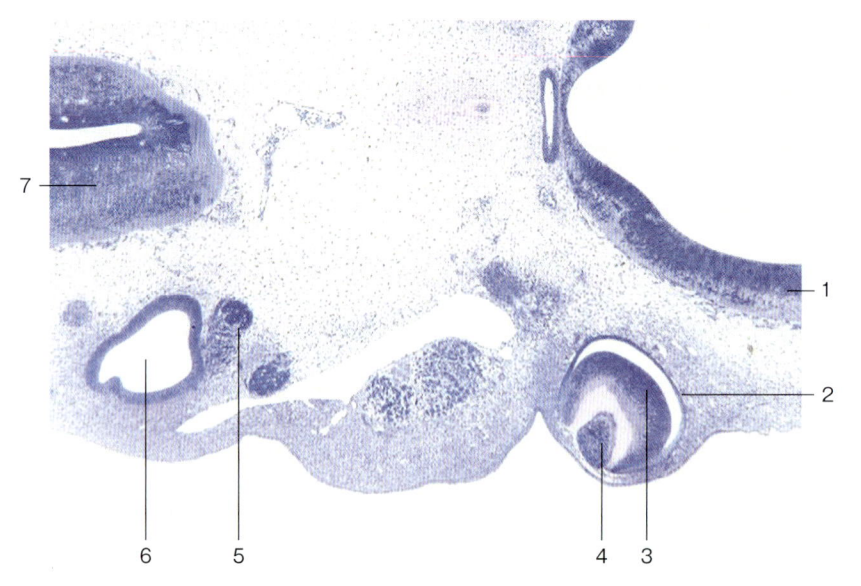

図 11-7：妊娠 21 日におけるブタ胎子の水平断切片。1: 間脳、2: 網膜色素層、3: 網膜の神経（知覚）層、4: 水晶体の原基、5: 内耳神経節、6: 耳胞、7: 後脳。

クリン細胞 amacrine cell は情報（シグナル）の水平方向の伝達に関与する。このことは単純な情報をより複雑な視覚パターンに統合することを容易にする。網膜におけるもう1つの重要なタイプの細胞はミュラー細胞 Müller glial cell である。この細胞は網膜の機械的支持と栄養に関与し、中枢神経系における線維性星状膠細胞と相同な役割を果たす。

神経性網膜の正常な発生と分化には、神経性網膜の各層における神経細胞要素と神経膠細胞要素との相互作用だけでなく、色素上皮層との密着および相互作用にも依存している。これらの密着が妨げられる（中断する）と網膜が正常に発生しない。網膜の分化と成熟は、有蹄類では実質的に出生時には完了しているのに対し、食肉類では生後5週間に達するまで継続する。

本来、単層円柱状である眼杯内層では、多くの有糸分裂が生じ、神経性網膜の原基を肥厚した偽重層円柱上皮へと変える。**網膜の極性** polarity of the retina も網膜発生の初期段階のあいだに決定（固定）されるようになる。最初に前後軸（吻尾軸）が、次いで背腹軸が、最後に放線状軸が決定する。

初期の網膜内層で細胞数が増加するにつれ、ニューロンの分化がはじまる。網膜の分化には2つの主要な勾配がある。最初の分化は**内層から外層へほぼ垂直方向** vertically from the inner to the outer layers に進行し、2番目の分化は**中心から辺縁へ水平方向** horizontal, from the centre towards the periphery に進行する。水平方向の分化は神経節細胞の出現とともにはじまる。神経細胞層が完成すると、隣接する神経前駆細胞の成熟前の分化がノッチ Notch 遺伝子の発現によって阻害される。ノッチにコードされるタンパク質は、神経前駆細胞を後に神経芽細胞近傍からの分化シグナルによって打ち消される未分化な状態にとどまらせる。アマクリン細胞と水平細胞の分化により、網膜の内顆粒層と外顆粒層の分化は完成する。これらのニューロンから発する突起によって内網状層と外網状層がより明瞭になってくる。最も遅く分化する網膜の細胞は、双極細胞と視細胞（すなわち杆状体と錐状体）である。

視神経線維のガイダンス
Optic axon guidance

網膜が分化する過程の後半では、視神経細胞からの軸索は分子的な手掛かりに従い、網膜の最内層に沿って眼胞茎に向かい、そこに侵入する。**眼胞茎** optic stalk は網膜を間脳へ連結する（**図 11-3**）。眼胞茎の腹側面には**脈絡裂** choroid fissure といわれる溝があり、硝子体血管を含む。眼胞茎は網膜視神経細胞からの軸索を発生中の脳に戻るように導くガイドとして働く。

次いで脈絡裂が閉鎖し、狭いトンネルが眼胞茎内に形成される。眼胞茎の内壁において伸張する神経線維の数は増加し続け、ついには眼胞茎の内壁と外壁は癒合し、眼胞茎が**視神経** optic nerve となる。視神経の中には硝子体動脈の一部である**網膜中心動脈** central artery of the retina が通る。視神経線維の髄鞘形成は出生時には不完全で、生後も継続する。

網膜から軸索が伸張するあいだ、正確な**網膜地図** retinal map は視神経線維の組織中で維持され、脳の視覚中枢へ伝達される。網膜視覚地図の形成は、初期の非常に大雑把な地図が後に大規模につくり替えられて詳細な地図が形成される過程を経る。

網膜の接着 Attachment of the retina

眼杯の内層と外層間の裂隙は、成体期でも完全に閉鎖されることは決してない。したがって、網膜の**色素上皮と神経上皮のあいだには強固な接着は形成されない** no firm attachment between the pigment epithelium and the nervous epithelium。両層の密

着を保つ大きな要因は正常眼圧の維持であり、この維持は眼房水と硝子体の重要な働きである。

虹彩と毛様体 Iris and ciliary body

虹彩 iris と毛様体 ciliary body の分化は眼杯縁で起こり、この縁で網膜の神経層と色素上皮層が会合する。虹彩は眼杯内外の両層の末端への伸張によって発生するため、水晶体胞の辺縁を覆うことになる。これによって、水晶体胞は眼杯の境界内部に完全に収まる（**図11-1**）。かくして虹彩は**内方の非色素上皮層** inner non-pigmented epithelial layer および**外方の色素上皮層** outer pigmented layer からなり、それぞれ網膜の神経層および色素層と連続する。虹彩支質は神経堤由来であり、支質細胞は虹彩へ独自に遊走する。虹彩の筋である**瞳孔括約筋** sphincter pupillae と**瞳孔散大筋** dilator pupillae は、興味深いことに**神経外胚葉由来** neuroectodermal origin である。すなわち、それらの筋は虹彩の前方の上皮層が平滑筋細胞へ形質転換した結果生じる。虹彩における色素沈着の程度と分布が目の色を決める。大部分の新生子の動物に見られる虹彩の青みを帯びた色調は、虹彩の外色素層における色素沈着によって引き起こされる。しかし、色素細胞は虹彩支質にも出現し、支質中の色素細胞の密度が高ければ高いほど、目の色における褐色の程度はより強くなる。眼の最終的な色素沈着は、生後1カ月間で発達する。

毛様体 ciliary body は**毛様体筋** ciliary muscle を含み、虹彩と神経性網膜のあいだに形成される。この領域の神経堤由来の外胚葉性間葉は不均一に増殖し、2層の上皮で覆われる一連の隆起（**毛様体突起** processus ciliaris）を形成する（**図11-1**）。毛様体色素上皮は眼杯外層に由来し、網膜色素上皮層に連続する。内層である上皮層は、後方で網膜神経層と、前方で虹彩上皮と連続する。この内層の上皮はのちに眼房水の分泌源となる。毛様体は、水晶体の堤靱帯を形成する一連の放線状の弾性線維（**小帯線維** zonular fiber）によって、水晶体に結合する。毛様体筋は毛様体中の外胚葉性間葉に由来し、筋の収縮が小帯線維の緊張を減じ、結果として水晶体をより球形に近い弛緩した形状にする。これは水晶体の焦点調整機能に必須である。

水晶体 Lens

眼胞が表面外胚葉に接触すると、外胚葉は肥厚し**水晶体プラコード** lens placode を形成する（**図11-1**）。続いて水晶体プラコードは陥凹し、**水晶体胞** lens vesicle をつくる。水晶体胞は表面外胚葉から分離する。水晶体胞が形成されると、ただちに水晶体胞後壁の細胞は伸長し、**一次水晶体線維** primary lens fiber が形成される。この線維は中空である水晶体胞の内腔を埋め、これによって実質性の水晶体へと形態を変化させる（**図11-5**）。この段階では水晶体の成長は止まっておらず、新しい**二次水晶体線維** secondary lens fiber が連続的に水晶体の中心核に付加され、水晶体はほぼ両極間に伸張する。水晶体後面では、より分化程度の低い伸長していない細胞は水晶体の両極へ移動し、そこで増殖し、新規の水晶体線維の供給源となる。水晶体の細胞は、水晶体表面を覆う基底膜様で糖タンパク質に富んだ弾性物質を分泌する。この結果、**水晶体被膜** lens capsule は水晶体の機能に必須である弾性に富む特性を持つ。**小帯線維** zonular fiber は、本来間葉細胞から形成される膠原線維であるが、水晶体被膜に接触し、毛様体と水晶体のあいだに位置する。

水晶体の分化は、解剖学的構成のいくつかのレベルにおいて正確に制御されている。細胞レベルでは、細胞分化は有糸分裂により、分裂中の前方の水晶体細胞を**伸長した分裂後の透明な水晶体線維** elongated postmitotic transparent lens fiber へと形質転

換する。水晶体線維の可溶性タンパク質の大部分（90％に達する）はα-クリスタリン、β-クリスタリン、γ-クリスタリンの3種類のタンパク質からなる。この分化の過程は、転写因子Sox2およびガン遺伝子*Maf*が組み合わさったいくつかのタンパク質によって制御される。水晶体内での細胞分化のあいだに、すべての細胞小器官は徐々に消失し、無傷の外膜、細胞内骨格およびクリスタリン・タンパク質で満たされた透明な細胞質を持つ水晶体線維が残る。このクリスタリンは出現順序が特徴的である。すなわち、最初にα-クリスタリンが出現し、次いで細胞が伸長するときにβ-クリスタリンが出現する。そして、最終的に分化し終わった水晶体線維にのみ、γ-クリスタリンが出現する。

　クリスタリンを含む水晶体線維の形成は、水晶体胞後極から上皮細胞が伸張することによって開始される。この**一次水晶体線維** primary lens fiberは水晶体核を形成する。残りの水晶体線維は前方の水晶体上皮の立方細胞が伸長することに由来する。これらの細胞は、水晶体核の一次線維の周囲に同心円状の層（**二次水晶体線維** secondary lens fiber）を形成する。その結果、最も辺縁にある線維がいちばん新しくなる。水晶体が成長する限りは、新しい二次水晶体線維は水晶体赤道から水晶体の皮質外層へと入ってくる。二次水晶体線維が他方からの線維と水晶体赤道で出合う正中線領域は、**前水晶体縫合および後水晶体縫合** anterior and posterior lens suturesといわれる。

　水晶体の発生には、網膜が強く影響する。網膜から分泌される線維芽細胞成長因子は、水晶体後方の眼房水に蓄積し、水晶体線維の形成を刺激する。この急速に成長する過程で、水晶体はまたかなり多くの血液供給を必要とする。これは**水晶体を覆う血管膜** vascular tunic that covers the lensによって供給される。血管膜は2つの起源からの血管によって供給される。すなわち、水晶体の前方への血液は虹彩支質の血管から供給され、水晶体の後方表面への血液は眼杯裂を通過し、硝子体腔を横切る脈絡膜動脈の分枝である**硝子体動脈** hyoid arteryから供給される。虹彩支質からの血管の枝は**瞳孔膜** pupillary membraneと呼ばれる血管膜を形成する。瞳孔膜は瞳孔を横切って伸長し、一時的に瞳孔を閉鎖する。瞳孔膜と硝子体動脈の両者とも、正常な状態では出生のかなり以前に退縮する。硝子体動脈系のより近位の部分は網膜中心動脈として存続する。

硝子体 Vitreous body

　硝子体は、脈絡裂を経て眼杯内腔に侵入し、疎性の線維網を形成する**疎線維性間葉** loose mesenchymeから発生する。のちにこの繊細な網工の間隙は、硝子体を形成する透明な**ゼラチン様物質** gelatinous substanceで満たされる。発生中の長期にわたって硝子体動脈は硝子体に血液を供給する。しかし、発生が進むにつれて、硝子体動脈の硝子体部と水晶体に分布する分枝は退縮し、硝子体内には硝子体管が残る。

脈絡膜、強膜、角膜
Choroid, sclera and cornea

　眼の発生初期において、眼杯は1層の**疎線維性間葉** loose mesenchymeで囲まれる。この間葉は、大部分が神経堤由来である。網膜色素上皮の影響下で、間葉細胞の内層は**血管に富んだ脈絡膜色素層** highly vascularized pigmented layer of the choroidへと分化する。外層の細胞は白色で密に膠原線維性の**強膜** scleraを形成する。強膜は眼球のための機械的支持を行い、眼球を動かす外眼筋に付着部を提供して角膜と連続する。

　角膜の形成は、いくつか連続して起こる、誘導（的事象）の結果として起こる（**図11-5**）。その誘導

（的事象）により表面外胚葉とその下層の間葉は、光が網膜へ到達することができる透明な構造へと形質転換する。角膜は以下によって形成される。すなわち、（1）表面外胚葉に由来する**上皮層** epithelial layer、（2）眼杯を囲む間葉から発生する**一次支質** primary stroma、（3）前眼房との境界となる上皮層である**角膜内皮** corneal endothelium である。角膜内皮が形成されると、角膜内皮細胞は大量のヒアルロン酸を合成し、一次支質中に分泌する。ヒアルロン酸は多量の水分と結合する能力があり、一次支質を著しく膨化させる。この環境は神経堤起源の細胞が発生中の角膜へ波状に遊走するのに適している。

遊走してきた間葉細胞はいったん定着すると、線維芽細胞へと形質転換され、**二次支質** secondary stroma を形成する。線維芽細胞はプロトコラーゲンを形成し、プロトコラーゲンは細胞外で粗大な膠原線維へと組み立てられる。角膜上皮と角膜内皮の分泌物は、それぞれ角膜のほかの層、すなわち**ボウマン膜** Bowman's membrane（**前境界板** lamina limitans anterior：角膜上皮下の厚い基底板）と、**デスメ膜** Descemet's membrane（**後境界板** lamina limitans posterior：角膜内皮の基底板）を産生する。ボウマン膜は、ヒトと高等霊長類で特によく発達する。完全に分化した角膜は以下の層からなる。（1）**多層性の角膜上皮（角膜前上皮）** multilayered corneal epithelium、（2）**前境界板** lamina limitans anterior、（3）**二次支質（角膜固有質）** secondary stroma、（4）**後境界板** lamina limitans posterior、（5）**角膜内皮** corneal endothelium である。発生の最終段階では、角膜の透明度は著しく増加し、光はほぼ100％透過可能になる。透明度の増加は、最初、角膜内において含有されている水と結合しているヒアルロン酸が分解され、二次支質から水分の大部分が除去されることによって起こる。次に、成熟しつつある甲状腺からのチロキシンによって角膜のさらなる脱水が引き起こされる。チロキシンは二次支質か

ら前眼房へとナトリウムイオンを汲み出すように角膜内皮に働きかける。水分子はナトリウムイオンの移送に従うため、角膜の脱水が効率的に完了する。角膜の発生のかなり後期には、角膜の弯曲径の変化が起こる。これによって光線は網膜で結像できるようになる。

前眼房 anterior chamber は、発達しつつある角膜と水晶体間の間葉中に存在する裂隙から発生する。**後眼房** posterior chamber は、発達中の虹彩の後方で、発達中の水晶体の前方の間葉中に形成される腔所から生じる。瞳孔膜が消失するとき、前眼房と後眼房は、瞳孔の開口を通して相互に交通する。前眼房と後眼房は**眼房水** aqueous humour で満たされるが、この眼房水は毛様体上皮細胞によって後眼房中へ分泌される。眼房水は、瞳孔の開口部を経て前眼房に入り、そこで眼房水を毛細血管のすぐ近くに移送する結合組織線維の小柱状網工を経て、血流へと除去される。この網工は、虹彩角膜角といわれる角膜、虹彩、強膜の結合部に存在する。虹彩角膜角は、はじめは角膜内皮と虹彩前面のあいだに伸びる1層の上皮細胞によって閉鎖されている。この領域の間葉は、眼の成長に見合うほどの早さでは増殖しないため、液体で満たされた間隙は発達し、のちにこれが網工の間隙となる。その上皮層（上皮性のシート）も希薄になって貫通する（希薄化により孔が開く）。眼房水を回収する虹彩角膜角の網工形態形成は、生後も継続する。

眼瞼と涙腺 Eyelids and lacrimal glands

眼瞼は**間葉性中心域** mesenchymal core を伴った**外胚葉のヒダ** fold of ectoderm から形成される。いったん眼瞼の形成がはじまると、上眼瞼と下眼瞼は発生中の角膜を覆うように互いに向かって急速に成長し、ついには接触し、**上下眼瞼が融合する** fuse with one another。一時的に融合するのは眼瞼の上

皮層のみで、その結果、両眼瞼のあいだに共通する上皮板は存続する。上眼瞼と下眼瞼の分離は、ヒトでは妊娠7カ月前後、ウマや反芻類では出生前に起こり、食肉類では出生後（子イヌで生後約8日、子ネコで生後約10日）に起こる。眼瞼が再び開裂する前に、睫毛と眼瞼縁に沿って存在する小型の変形脂腺（瞼板腺 tarsal gland）とが共通の上皮板から分化を開始する。各々の睫毛には固有の変形汗腺も存在する。イヌでは下眼瞼には睫毛は発生しない。

眼瞼内面を覆う薄く透明な粘膜は強膜前面に連続し、**結膜** conjunctiva といわれる。眼瞼と眼球前面のあいだの空隙は**結膜嚢** conjunctival sac と呼ばれる。家畜では、結膜に覆われた間葉のヒダが発達し、**第三眼瞼** third eyelid となる。のちに間葉組織中に軟骨が形成され、第三眼瞼が硬度を増す。

上眼瞼と下眼瞼が癒合する前後に、眼窩の背外側角において、**涙腺** lacrimal gland が表面外胚葉に由来する多数の硬い芽組織から発生する。これらの芽組織は分岐して管状となり、腺の導管と腺房を形成する。生後ただちに涙腺は角膜外表面を潤す水様性分泌物を産生する。ヒトでは、涙腺は出生時、機能が不十分であり、新生児は生後6週間のあいだ、泣くときに涙を流さない。

耳 Ear

耳は複雑な器官で、**外耳** outer ear、**中耳** middle ear、**内耳** inner ear の3つの構成要素からなる。これらの各要素は発生学的起源が異なる。外耳と中耳の構造は、第一咽頭弓および第二咽頭弓、それらのあいだの第一咽頭溝（咽頭溝 pharyngeal groove は咽頭裂 pharyngeal cleft ともいう。章末の監訳者注を参照）および第一咽頭嚢から発生する（第14章参照）。内耳は菱脳のレベルにおける肥厚した外胚葉性プラコードから発生する。

外耳は**耳介** auricle、**外耳道** external auditory meatus、**鼓膜の外層** outer layers of the tympanic membrane からなる。中耳は外耳から内耳へと音波を伝達する。内耳への伝達は、鼓膜内面を内耳の前庭窓（卵円窓ともいう）に接続する一連の3種類の**耳小骨** three middle ear ossicles を通して行われる。耳小骨は**鼓室** tympanic, or middle ear, cavity に位置する。中耳は、鼓膜のほかに**耳管**（エウスタキオ管）auditory tube、**耳小骨筋** middle ear muscle および**鼓膜内層** inner layer of the tympanic membrane によって構成される。内耳は**膜迷路** membranous labyrinth と**内耳神経**（Ⅷ）vestibulocochlear organ に関わる**前庭神経節** vestibular ganglion および**ラセン神経節** spiral ganglion からなる。内耳には**平衡聴覚器** vestibulocochlear organ があり、聴覚（蝸牛を介する）と平衡覚（前庭装置を用いる）の両者を含む感覚装置である。内耳は軟骨性の耳胞によって取り囲まれ、この耳胞は骨化して側頭骨岩様部（および出生後は鼓室胞）になる。

内耳の発生 Development of the inner ear

内耳の原基は、表面外胚葉（髄脳中央部に隣接する）の両側の肥厚である**耳プラコード** otic placode である。最近の研究は、沿軸中胚葉によって産生されるFGF19が菱脳の神経上皮に*Wnt-8c*の発現を誘導し、それが今度はFGF3の分泌を刺激することを示している。おそらくFGF3の影響下で耳プラコードは陥凹し、髄脳の壁に接する**耳窩** otic pit を形成するらしい。短時間後、耳窩の辺縁は閉鎖し、**耳胞** otic vesicle が表面外胚葉から分離する（図11-8、11-9）。耳胞の内腔は**内リンパ** endolymph と呼ばれる液体で満たされる。耳胞上皮の腹内側壁から分離する細胞の一部は、のちに**内耳神経** vestibulocochlear nerve（Ⅷ）の知覚性神経節を生じる。

Eye and ear

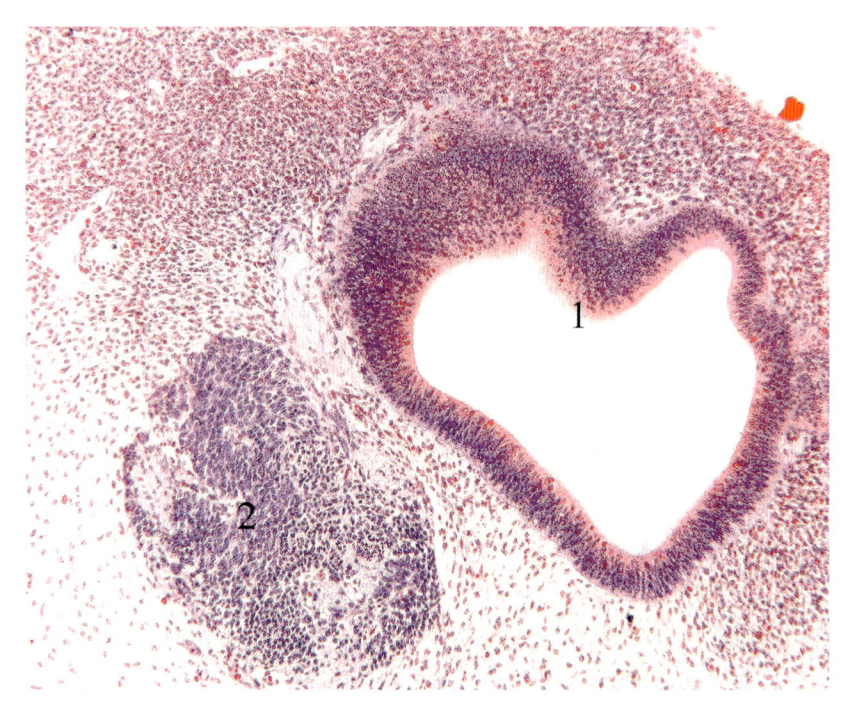

図 11-8：16 mmのウシ胎子における耳胞（1）と内耳神経節（2）。Rüsse と Sinowatz（1998）の厚意による。

次いで、耳胞から突出する一連の小囊は、**内リンパ管** endolymphatic duct、**半規管** semicircular duct、**蝸牛管** cochlear duct の原基を形成する（**図 11-10**）。耳胞の背内側領域の指状の膨出は**内リンパ管** endolymphatic duct の起源となる。内リンパ管の末端は拡張し、内リンパ囊を形成する。この内リンパ囊の発生には、菱脳から分泌される FGF3 が必要なようである。耳胞自身は直ちに伸長し、2つの別々の領域に分化する。すなわち背側の**卵形囊** utricle と腹側の**球形囊** saccule ventrally である（**図 11-10**）。内耳の2つの主要な領域は、異なった遺伝子の支配下にある。すなわち、聴覚部は *Paired box 2* 遺伝子（*Pax2*）に、半規管を含む平衡覚部は *Nkx5* に支配される。*Pax2* をノックアウトすると蝸牛とラセン神経節の発生が特異的に抑制される。

耳胞の卵形囊の部分から2つの扁平な円板状の憩室が成長する。これらの扁平な憩室のうちの一方は正中面に平行な垂直方向を、もう一方はそれと直交するように水平方向を向く。垂直方向の憩室が分割して前半規管および後半規管の原基になる。次いで、これらの中心部分はアポトーシスのために消失し、残った2本の管状構造（**前半規管と後半規管** anterior and posterior semicircular ducts と呼ばれる）は、のちに互いが 90°に位置するようになる。同様に、水平方向の憩室の中心部もアポトーシスを経て、残った組織が**外側半規管** lateral semicircular duct を形成する。それぞれの半規管の一端が卵形囊との結合部分で広がり、**膨大部** ampulla を形成する。膨大部では、感覚受容細胞の特別な集塊が発達する。これが**膨大部稜** cristae ampullare である。膨大部稜は**卵形囊斑** macula utriculi と**球形囊斑** macula sacculi とともに、平衡覚の感覚器である。いくつかの遺伝子が半規管の発生を導く。*Otx-1* が存在しないと外側半規管は発生しない。また、ホメ

眼と耳　第11章

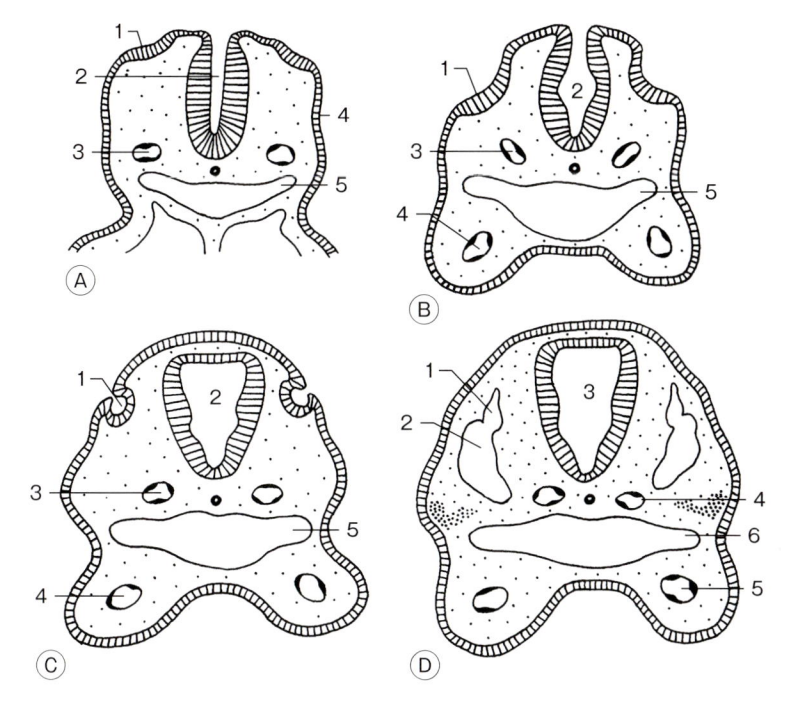

図 11-9：菱脳の領域を通る横断切片。耳胞の形成を示す。**A:** 1: 耳プラコード、2: 神経溝、3: 背側大動脈、4: 表面外胚葉、5: 咽頭。**B:** 1: 耳窩、2: 神経溝、3: 背側大動脈、4: 腹側大動脈、5: 咽頭。**C:** 1: 耳胞、2: 菱脳、3: 背側大動脈、4: 腹側大動脈、5: 咽頭。**D:** 1: 迷路陥凹、2: 蝸牛管の原基、3: 菱脳、4: 背側大動脈、5: 腹側大動脈、6: 耳管鼓室陥凹を伴う咽頭。RüsseとSinowatz（1998）の厚意による。

オボックス転写因子Dlxは前半規管と後半規管の発生に必要である。

蝸牛憩室 cochlear diverticulum は球形嚢の腹側部から膨出する。**蝸牛管** cochlear duct は伸長するにつれてカールし、膜性蝸牛を形成する。蝸牛管内の1つの面上の上皮細胞は、コルチ器すなわち**ラセン器** spiral organ の特殊化した有毛細胞と支持細胞を形成する。球形嚢と蝸牛のあいだの連結部は狭くなり、細い**結合管** ductus reuniens がつくられる。

胎子期の前庭管および蝸牛管は間葉に取り囲まれ、その間葉が後に軟骨性基質を形成する。その軟骨性被包の内張り部分はアポトーシスを経て消失し、膜迷路と軟骨のあいだに**外リンパ隙** perilymphatic space が残る。外リンパ隙は**外リンパ** perilymph という液体で満たされるようになる。蝸牛が分化するための形態再構成によって、蝸牛管の傍らに2つの空所、すなわち**鼓室階** scala tympani と**前庭階** scala vestibuli ができる。これらは頂点の部分を除いて、蝸牛管によって互いが隔てられている（**図11-11**）。**ラセン靱帯** spiral ligament は蝸牛管の外壁の軟骨性被包への付着を仲介する。この軟骨性被包が鋳型となって、後に骨迷路が形成される。

内耳神経 vestibulocochlear nerve（Ⅷ）の知覚性ニューロン、特に**前庭神経節** vestibular ganglion と**ラセン神経節** spiral ganglion は耳胞内側壁から遊走してくる細胞が起源である。蝸牛部（ラセン神経節）は、蝸牛に発生するコルチ器（ラセン器）の感覚細胞と密接に関係して形成される。発達中の前庭およびラセン神経節に神経堤の細胞が侵入し、衛星細胞と支持細胞に分化する。コルチ器の感覚細胞も

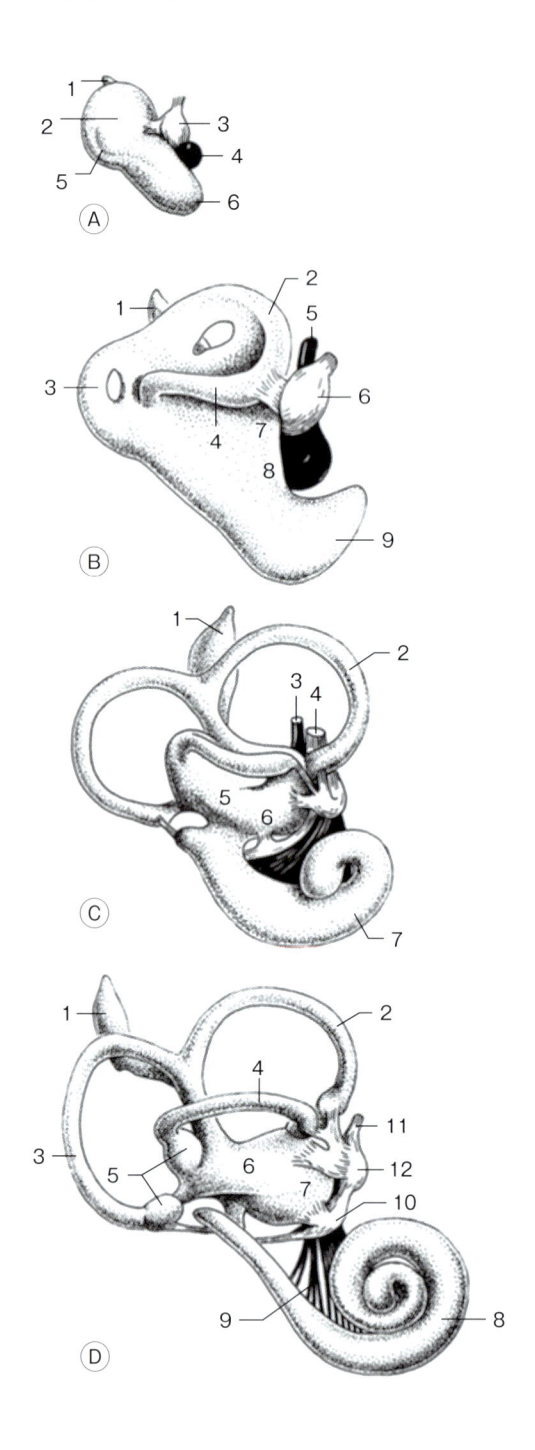

図11-10：右側の膜迷路の発生。**A:** 1: 内リンパ嚢、2: 耳胞の卵形嚢部、3: 前庭神経節、4: ラセン神経節、5: 前半規管の原基、6: 耳胞の球形嚢部。**B:** 1: 内リンパ嚢、2: 前半規管の原基、3: 後半規管の原基、4: 外側半規管の原基、5: 蝸牛神経、6: 前庭神経節、7: 卵形嚢、8: 球形嚢、9: 蝸牛の原基。**C:** 1: 内リンパ嚢と内リンパ管、2: 半規管、3: 内耳神経の蝸牛部、4: 内耳神経の前庭部、5: 卵形嚢、6: 球形嚢、7: 蝸牛。**D:** 1: 内リンパ嚢と内リンパ管、2: 前半規管、3: 後半規管、4: 外側半規管、5: 膜膨大部、6: 卵形嚢、7: 球形嚢、8: 蝸牛、9: 内耳神経蝸牛部、10: ラセン神経節、11: 内耳神経前庭部、12: 前庭神経節。
Rüsse と Sinowatz（1998）の厚意による。

耳胞の上皮から起こり、複雑な分化パターンをたどる。最近の研究は、機能阻害実験の大部分は、ノッチシグナル遺伝子と塩基性ヘリックス・ループ・ヘリックス遺伝子が蝸牛の発生中の有毛細胞の運命を制御することを示している。

中耳の発生 Development of the middle ear

鼓室と耳管
Tympanic cavity and auditory tube

中耳の発生は第一咽頭弓および第二咽頭弓の発生学的変化と密接に関係して起こる（**図11-12**）。**鼓室** tympanic cavity と**耳管**（エウスタキオ管）auditory tube は第一咽頭嚢の拡張部、すなわち第一咽頭弓、第二咽頭弓間の前腸における内胚葉性の外方への膨隆が起源となる（第14章参照）。そのため、鼓室と耳管（耳管を介して鼓室が咽頭鼻部と連絡する）の両者全体は、内胚葉起源の上皮によって内面が覆われている。ウマ科動物では左右の耳管から腹側方に憩室が発生し、**喉嚢** guttural pouch と呼ばれる、粘液分泌をする大型の嚢となる。第一咽頭嚢の盲端は第一咽頭溝の最内部に接近するが、第一咽頭嚢壁内面の内胚葉性上皮と咽頭溝を内張りする外胚葉は、1層の間葉によって分離されたままにとどまる。のちにこの間葉の層の厚さは著しく減弱し、こ

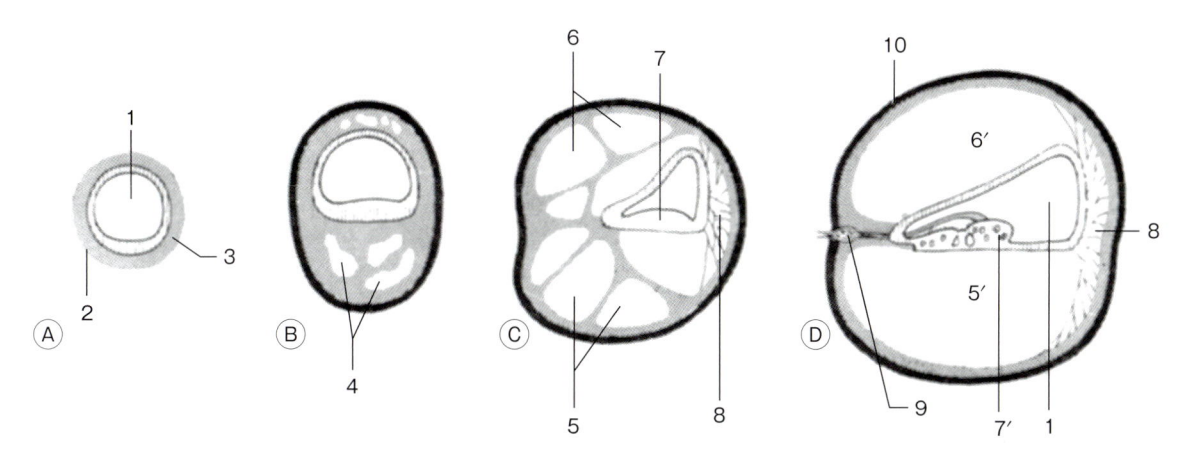

図 11-11：ヒトの膜迷路と骨迷路の発生における各段階。Moore（1980）より改変。
A-D: 妊娠中の異なる日数（第8週と12週の間）における蝸牛管の横断切片。コルチ器（ラセン器）の分化を示す。1: 蝸牛管、2: 耳胞の壁、3: 間葉、4: 後に外リンパ隙を形成する小嚢、5: 鼓室階の原基、5' 鼓室階、6: 前庭階の原基、6' 前庭階、7: コルチ器の原基、7': コルチ器、8: ラセン靱帯、9: ラセン神経節、10: 骨迷路。Rüsse と Sinowatz（1998）の厚意による。

の3胚葉すべてからなる組織によってつくられる構造全体が**鼓膜** tympanic membrane を形成する。

耳小骨と耳小骨筋
Middle ear ossicles（auditory ossicles） and middle ear muscles

第一咽頭嚢のすぐ背側に、神経堤由来の間葉が著しく集積し、耳小骨の最初の原基として出現する。比較解剖学的研究により、これらの耳小骨は2つの起源を持っていることが示されている。すなわち、**ツチ骨** malleus と**キヌタ骨** incus は第一咽頭弓における神経堤由来の間葉が起源であり、**アブミ骨** stapes は第二咽頭弓の間葉が起源である。耳小骨は、最初は凝集した間葉からなり、のちに軟骨性となり、最終的に骨化する。耳小骨は鼓膜内層から内耳の前庭窓へ達する。ツチ骨は鼓膜にしっかりと固定されていてキヌタ骨と関節し、キヌタ骨はアブミ骨と関節する。

耳小骨は、最初は疎性の間葉中に埋まっており、のちにその間葉が吸収されて**鼓室** tympanic cavity が形成される。鼓室が拡張するにつれ、鼓室の内胚葉性上皮が徐々に耳小骨、腱、靱帯、鼓索神経を包み込むようになる。妊娠の最終期には、鼓室はアポトーシスと吸収の過程によって中空になり、出生後、空気で満たされる。この鼓室の中空化の結果、耳小骨は薄い上皮に覆われて鼓室内に懸垂された状態のままで残る。しかし、出生時においても、ある程度の残余した間葉が耳小骨の自由な動きを減弱させる。

2種類の耳小骨筋が中耳を介する聴覚刺激の伝導調節に関係する。ツチ骨に付着する**鼓膜張筋** tensor tympani muscle は、第一咽頭弓の間葉から発生し、第一咽頭弓の神経である三叉神経（V）の分枝によって支配される（第10章参照）。**アブミ骨筋** stapedius muscle は第二咽頭弓起源であり、アブミ骨に付着し、第二咽頭弓の神経である顔面神経（VII）によって支配される。

Eye and ear

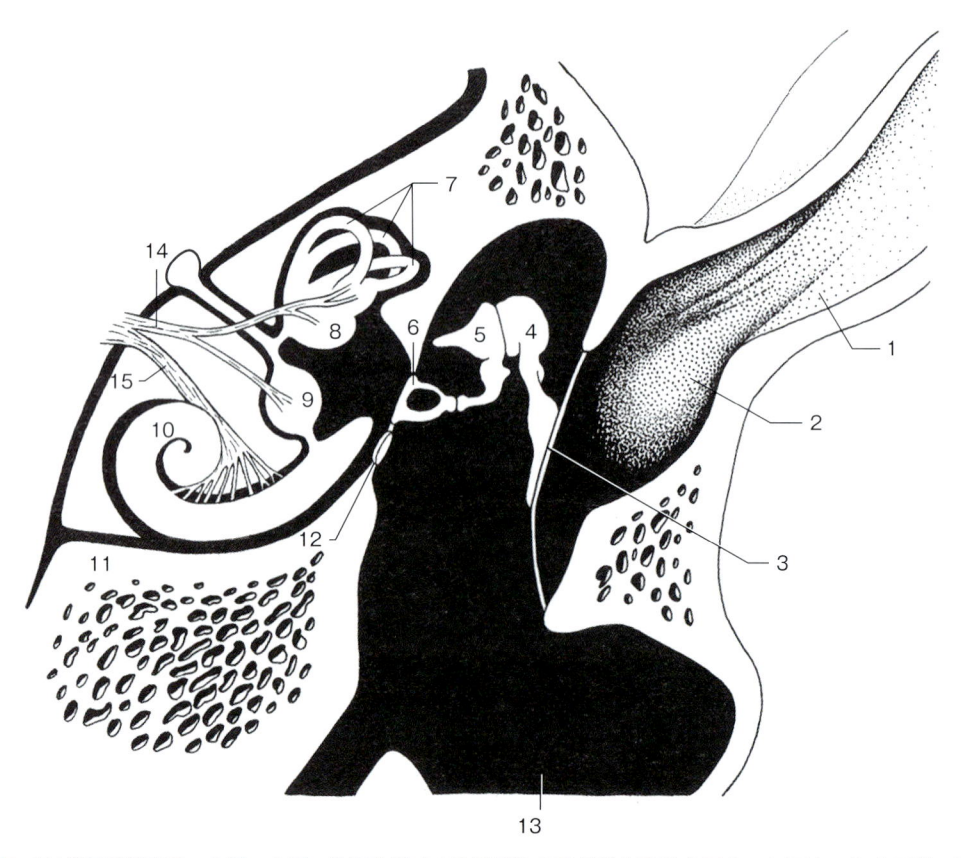

図 11-12：イヌの耳の断面で、内耳、中耳、外耳を構成する諸構造の解剖学的関係を示す。1: 耳介、2: 外耳道、3: 鼓膜、4: ツチ骨、5: キヌタ骨、6: アブミ骨、7: 膜半規管、8: 卵形嚢、9: 球形嚢、10: 蝸牛、11: 側頭骨、12: 蝸牛窓、13: 鼓室、14: 内耳神経の前庭部、15: 内耳神経の蝸牛部。RüsseとSinowatz（1998）の厚意による。

外耳の発生
Development of the external ear

外耳道 External auditory meatus

外耳道は、第一咽頭溝の内方への拡張が起源である。外耳道盲端における上皮細胞は増殖し、**外耳道栓** meatal plug と呼ばれる密な上皮性の集塊を形成する。しかし、胎子期後期において、外耳道栓に通路が発達して、外耳道の将来の開口から鼓膜のレベルへ伸び、**外耳道** external auditory meatus を形成する。耳垢を産生する**皮脂腺と変形汗腺** sebaceous and modified sweat glands は、妊娠中期に外耳道外方部の毛包に付随して発生をはじめる。それらの腺は出生前には解剖学的に完成しているように見えるが、春機発動までは完全には機能的しない。

鼓膜 Tympanic membrane（eardrum）

すでに述べたように、鼓膜は3種類の異なった発生学的起源の組織を含む。すなわち、（1）外耳道底にある鼓膜外表面の**外胚葉性上皮** outer ectodermal lining、（2）鼓膜内表面の**内胚葉性上皮** inner endodermal lining、（3）**外胚葉性間葉の中間層** intermediate layer of ectomesenchyme である。この中間層は発生中に著しく減弱し、のちに鼓膜の線維層を形成する。鼓膜はツチ骨柄に強固に接着し、外耳道と鼓室を分ける。

耳介 Auricles（pinnae）

耳介の発生は、胎子期の初期から生後のかなりの期間までの、長期にわたる複雑な過程である。**耳介** auricle は、第一咽頭溝を取り囲む第一咽頭弓および第二咽頭弓の間葉組織から形成される。間葉の結節状の集塊（**耳介小丘** auricular hillock）が発生初期に第一咽頭溝の両側に形づくられ、種特異的な様式で非対称的に大きくなり、ついに融合して耳介を形成する。耳介は妊娠期間が進むにつれ、頸部の基部から最終的な部位へと移動する。

要約 Summary

眼の発生 Development of the eye

眼は3種類の起源から発生する。すなわち、(1) 前脳の**神経外胚葉** neuroectoderm、(2) 頭部の**表面外胚葉** surface ectoderm、(3) これら2種類の外胚葉のあいだにおける**神経堤由来** neural crest origin の頭部の**間葉** mesenchyme である。脳からの外胚葉性の突出部は、**網膜** retina、**虹彩** iris および**視神経** optic nerve になる。表面外胚葉は**水晶体** lens を形成し、周囲の間葉は**眼球血管膜** vascular coat と**線維膜** fibrous coat を形成する。眼の起源となる神経板の領域は、最初は単一の正中領域である**眼野** optic field であり、これは将来の前脳吻側縁付近に位置する。大部分の動物種では、妊娠第三週の終わりに、前脳の両側に浅い溝が形成される。神経管の閉鎖に伴って、この溝が前脳の突出部として伸長する。これは**眼胞** optic vesicle と呼ばれ、**眼胞茎（眼茎）** optic stalk によって前脳と接続を保つ。左右の眼胞は外側へ成長し、ついには表面外胚葉に接触するようになり、その部位で境界が明瞭な外胚葉の肥厚、すなわち**水晶体プラコード** lens placode を誘導する。水晶体胞の発達とともに（水晶体が発達するにつれて）、眼胞は陥凹し、二重壁の構造からなる**眼杯** optic cups となる。眼杯の内層と外層は、最初は網膜内隙という内腔で隔てられている。この間隙は間もなく消失し両層は互いに向かい合う。眼杯の**内層** inner layer が、のちに視覚受容機能のある3層の神経細胞層を伴った**神経性網膜** neural retina に発達する。眼杯の**外層** outer layer は網膜の**色素上皮層** pigment epithelium になる。**虹彩** iris と**毛様体** ciliary body は眼杯縁において分化するが、この眼杯縁で網膜の神経層と色素層が会合する。虹彩は眼杯の両層の末端が伸長することによって発生するため、水晶体胞の辺縁を覆うことになる。虹彩支質は神経堤に由来する。

虹彩の筋である**瞳孔括約筋** sphincter muscle of pupil と**瞳孔散大筋** dilator muscle of pupil は神経外胚葉由来である。**毛様体筋** ciliary muscle は虹彩と神経性網膜のあいだで発達する。毛様体は、水晶体の提靭帯を構成し、放線状で弾性に富む一連の小帯線維 zonular fiber によって、水晶体に結合する。**硝子体** vitreous body は疎性の間葉起源であり、この間葉は脈絡裂を経て眼杯の内腔に侵入し、眼胞内に線維網を形成する。**角膜** cornea は以下のものから形成される。すなわち (a) 表面外胚葉由来の上皮層、(b) 眼杯周囲の間葉に由来する一次支質、(c) 前眼房との境界となる上皮層（角膜内皮）である。**前眼房** anterior chamber は、発生中の角膜と水晶体とのあいだに位置する間葉内の裂隙状の腔所から発生する。**後眼房** posterior chamber は、発生中の虹彩の後方、かつ水晶体の前方にある間葉中に形成される腔所に由来する。上下の**眼瞼** eyelid

は、間葉性中心域を伴った外胚葉のヒダから形成される。一度眼瞼の形成がはじまると、上眼瞼と下眼瞼は発生中の角膜上を互いに向かって急速に成長し、ついには会合して互いが融合する。融合は一時的で眼瞼の上皮層のみであるため、両眼瞼間には上皮板が存続する。上眼瞼と下眼瞼の分離は、ヒトでは妊娠7カ月前後、ウマや反芻類で出生前に起こり、食肉類では出生後（イヌで生後約8日、ネコで生後約10日）に起こる。眼瞼が融合する時期の前後に、眼窩の背外側角において、涙腺 lacrimal gland は表面外胚葉からの多数の密な芽組織として発生する。これらの芽組織は分岐して管腔を形成し、涙腺の導管と腺房を形成する。

耳の発生 Development of the ear

耳は、外耳 outer ear、中耳 middle ear、内耳 inner ear の3つの部分からなる複雑な器官である。これらの各部分は発生学的起源が異なっている。外方の外耳の構造は、第一咽頭弓および第二咽頭弓 first and second pharyngeal arches と、それらのあいだの第一咽頭溝 intervening first pharyngeal groove（外方において）と第一咽頭嚢 pharyngeal pouch（内方において）に由来する。内耳の原基は、表面外胚葉の両側の肥厚（耳プラコード otic placode）であり、これは髄脳中央部に隣接して位置する。耳プラコードは陥凹して耳窩 otic pit を形成し、耳窩は髄脳壁に接触する。短時間後、耳窩の辺縁は閉鎖し、耳胞 optic vesicles が表面外胚葉から分離する。耳胞から一連の小嚢が突出し、内リンパ管 endolymphatic duct、半規管 semicircular duct、蝸牛管 cochlear duct の原基を形成する。

蝸牛憩室 cochlear diverticulum が球形嚢 saccule の腹側部から膨出する。蝸牛管は伸長するにつれてカールし、膜性蝸牛 membranous cochlea を形成する。蝸牛管の1つの面上の上皮細胞は、コルチ器（ラセン器 spiral organ）の特殊化した有毛細胞と支持細胞を形成する。胎子の前庭管と蝸牛管は間葉に取り囲まれ、その間葉は後に軟骨性基質を形成する。軟骨性被包の内面の内貼りはアポトーシスを経て、その結果、膜迷路と軟骨のあいだの外リンパ隙 perilymphatic space となる。外リンパ隙は外リンパ perilymph で満たされる。蝸牛が分化しつつ再構成され、その結果、鼓室階 scala tympani と前庭階 scala vestibuli という蝸牛管に接する2種類の腔が形成される。

鼓室 tympanic cavity と耳管（エウスタキオ管）auditory tube は第一咽頭嚢 first pharyngeal pouch の拡張部に由来する。第一咽頭嚢とは、第一咽頭弓と第二咽頭弓間の前腸における内胚葉性の外方への拡張部である。ツチ骨 malleus とキヌタ骨 incus は第一咽頭弓 first pharyngeal arch の神経堤由来の間葉から発生し、アブミ骨 stapes は第二咽頭弓の間葉から発生する。ツチ骨に付着する鼓膜張筋 tensor tympani muscle は第一咽頭弓の間葉から発生し、第一咽頭弓の神経である三叉神経（V）の分枝に支配される。アブミ骨筋 stapedius muscle は第二咽頭弓起源であり、アブミ骨に付着し、第二咽頭弓の神経である顔面神経（VII）に支配される。外耳道 external auditory meatus は第一咽頭溝の内方への拡張部から発生する。鼓膜 tympanic membrane は3胚葉すべてに由来する組織を含む。すなわち、(a) 外耳道底で鼓膜外表面の外胚葉上皮、(b) 鼓膜内表面の内胚葉性上皮、(c) 間葉からなる中間層である。中間層は発生中に著しく減弱し、のちに鼓膜の線維層を形成する。耳介 auricle は第一咽頭溝を取り囲む第一咽頭弓および第二咽頭弓の間葉組織から形成される。発生初期では、間葉の結節状の集塊（耳介小丘）が第一咽頭溝の両側に沿って姿を現しはじめ、種特異的な様式で非対称的に拡大し、ついには融合して耳介を形成する。

第11章 眼と耳

Box 11-1 眼と耳の（発生における）分子的制御

　転写因子 **Pax6** は眼の発生における主導的役割を果たし、時に**眼** eye の発生における"マスター遺伝子"と呼ばれる。*Pax6* の変異は哺乳類で無眼（眼の欠失）あるいは小眼といった表現型を引き起こす。この制御において *Pax6* は、別のホメオボックスを含む遺伝子である *Six3* とともにフィードバック系に関係しているように見える。*Pax6* は眼の発生におけるマスター遺伝子であるほかに、水晶体と網膜の分化誘導を行う期間に重要な役割を果たす。

　網膜の細胞配列の形成における分子メカニズムは、いくつかの動物種、特にマウスで明らかにされている。背腹方向の細胞配列の形成は、背側では骨形成タンパク質4（BMP4）、腹側ではソニック・ヘッジホッグ（Shh）の発現によって開始される。Shh が存在すると眼胞の外層に **Otx2** の産生が誘導され、網膜外層の網膜色素層への分化が導かれる。眼杯内層の神経層では、Shh と**ベントロピン** ventroptin と呼ばれるタンパク質が網膜腹側部での転写因子 **Vax2** と **Pax2** の発現を刺激する。この領域では、Shh は *BMP4* の発現を抑制する。発生しつつある網膜背側部では、BMP4 は *Tbx5* の発現を刺激する。

　網膜において、三次元的に不均一な分布をする多くの分子の中で、**エフリン分子群** ephrins とその受容体の対向分布勾配が網膜の細胞配列の形成に対して最も重要な影響を与える可能性がある。発生初期の網膜内層の細胞数が増加すると、種々のニューロンの分化がはじまる。分化には2つの大きな勾配（成長や分化の変化の度合い）がある。第一は網膜の内層から外層へのほぼ垂直方向なもので、第二は中心から辺縁への水平方向なものである。水平方向の分化勾配は視神経細胞の出現にはじまる。視神経細胞層が完成すると、視神経細胞に隣接する神経前駆細胞の成熟前の分化が**ノッチ** Notch 遺伝子の発現によって阻害される。*Notch* によってコードされているタンパク質はこれらの細胞を未分化状態にとどめ、のちに神経芽細胞の近隣からの分化シグナルによって分化を開始することになる。アマクリン細胞と水平細胞が分化することによって、網膜の内顆粒層と外顆粒層が完成する。これらの細胞が伸ばす突起によって内網状層と外網状層が明確となる。網膜の双極細胞および視細胞（すなわち杆状体細胞と錐状体細胞）は最後に分化する。最近、マウスで *Otx2* が網膜の光受容細胞のなかで細胞の運命決定における基幹となる調節遺伝子であることが示された。

　最近の分子的研究は、**視覚神経路の発生** development of the visual neural pathway を制御する多数のガイド分子を明らかにした。視神経細胞から視神経円板への軸索投射は、**接着分子** adhesion molecule、およびコンドロイチン硫酸のような**抑制性細胞外基質** inhibitory extracellular matrix に依存すると考えられる。視神経と視交叉の形成には、**ネトリン-1** netrin-1 と **DCC 受容体** deleted in colorectal cancer receptor 間、および**スリット** Slit タンパク質と**ロボ** Robo 受容体間のリガンド-受容体相互作用を必要とする。ネトリン-1 は成長円錐の誘引物質として働き、Shh は軸索伸長に対し対抗作用するシグナルとしての役割がある。**エフリン** ephrin・リガンドと受容体の分布勾配は、視交叉における同側性の投射を正しく行うためと前丘における軸索の部位対応関係を正しく保つために必須である。さらにスリット Slit と**セマフォリン 5A** semaphorin 5A の軸索ガイドの活性には、多数のガイド分子に結合するヘパラン硫酸が存在することが必要である。

　マウスにおける変異解析と拡散性成長因子の発現に関する研究は、**耳** ear の発生に関係する遺伝子の多くを同定するのに非常に役立っている。内耳発生における基幹となる遺伝子は、哺乳類だけでなく、脊椎動物においても保存されてきたということが最近はっきりした。内耳が発生中に発現する3群の遺伝子が解明された。第一群は耳で発現し、耳を発生させる能力全体に一般的に機能する遺伝子群である（この遺伝子群の候補は *Eya1*、*Six1*、*Sox2*、*Gata3*、*Fgfr2b*、*Fgf3/10* あるいは *FgF3/8* である）。第二群は、耳における遺伝子の発現上昇に影響するか、あるいは耳の中または外で分泌される拡散性物質をコードすることによって効果を及ぼす遺伝子からなる。拡散因子の遺伝子あるいはその発現の修飾遺伝子は *Wnt1/3a*、*Shh*、*Gli3* である。*Kreisler*、*Gbx2*、*Hoxa*、*Hoxb* クラスター遺伝子は、脳において類似する拡散因子の産生を制御することが示されている。第三群の遺伝子は、半規管の癒合板形成の調節と半規管の径の太さを制御することによって、内耳に精巧に調整された形態

形成効果を及ぼす。それらの遺伝子は**BMP**、**EphB2**、**Nor1**、**Netrin** などである。

最近の研究によると、沿軸中胚葉で産生される**Fgf19**が菱脳の神経上皮で**Wnt 8c**の発現を誘導し、それが次に**Fgf3**の分泌を刺激することが示唆されている。その後、Fgf3の影響下で耳プラコードが陥入し、表面外胚葉から分離して耳胞を形成する。耳胞は伸長し、背側の前庭領域と腹側の蝸牛領域を形成する。**Pax2**が存在しないと蝸牛もラセン神経節も発生しない。半規管の形成は、ホメオボックス転写因子の遺伝子で、内耳背側部の発生に重要な**Nkx5-1**の発現に関係する。**Otx1**は外側半規管の発生に必要であり、ホメオボックス転写因子**Dex5**が欠如すると、前半規管と後半規管が発生できない。

参考文献 Further reading

Aguirre, G.D., Rubin, L.F. and Bistner, S.I. (1972): Development of the canine eye. Am. J. Vet. Res. 33:2399–2414.

Baker, C.V.H. and Bronner-Fraser, M. (2001): Vertebrate cranial placodes. I. Embryonic induction. Dev. Biol. 232:1–61.

Barishka, R.Y. and Ofri, R. (2007): Embryogenetics: gene control of the embryogenesis of the eye. Vet. Ophtalmol. 10:133–136.

Bistner, S.I., Rubin, L.F. and Aguirre, G.D. (1973): Development of the bovine eye. Am. J. Vet. Res. 34:7–12.p 3–31.

Chow, R.L. and Lang, R.A. (2001): Early eye development in vertebrates. Ann. Rev. Cell Dev. Biol. 17:255–296.

Cvekl, A. and Piatigorsky, J. (1996): Lens development and crystalline gene expression. many roles for Pax-6. Bioessays 18:621–630.

De Schaepdrijver, L., Lauwers, H., Simoens, P. and Geest, J.P. (1990): Development of the retina in the porcine fetus: a light microscopic study. Anat. Histol. Embryol. 19:222–235.

Donovan, A. (1966): The postnatal development of the cat retina. Exp. Eye Res. 5:249–254.

Fritzsch, B., Pauley, S., and Beisel KW. (2006): Cells, molecules and morphogenesis: the making of the vertebrate ear. Brain Res. 1091:151–171.

Greiner, J.V. and Weidman, T.A. (1980): Histogenesis of the cat retina. Exp. Eye Res. 30:439–453.

Lupo G., Andreazzoli M., Gestri G., Liu Y., He R.Q. and Barsacchi G. (2000): Homeobox genes in the genetic control of eye development. Int. J. Dev. Biol. 44:627–636.

Mallo, M. (1998): Embryological and genetic aspects of middle ear development. Int. J. Dev. Biol. 42:11–22.

Noden, D.M., and van de Water, T.R. (1992): Genetic analysis of mammalian ear development. Trends Neurosi. 15:235–237.

Riley, B.B. and Phillips, B.T. (2003): Ringing in the new ear: resolution of cell interactions in otic development. Develop. Biol. 261:289–312.

Rüsse, I. and Sinowatz, F. (1998): Lehrbuch der Embryologie der Haustiere, 2nd edn. Parey Buchverlag, Berlin.

Shively, J.N., Epling, G.P. and Jensen, R. (1971): Fine structure of the postnatal development of the canine retina. Am. J. Vet. Res. 32:383–392.

Zaghloul, N.A., Yan, B. and Moody, S. (2005): Stepwise specification of retinal stem cells during normal embryogenesis. Biol. Cell 97:321–337.

監訳者注：原著は主に咽頭裂 pharyngeal cleft を使用しているが、より一般的である咽頭溝 pharyngeal groove とした。

訳者注：A下段2は誤りで8が正しい。

CHAPTER 12

Poul Hyttel

血液細胞、心臓および脈管系の発生
Development of the blood cells, heart and vascular system

　個体発生の初期段階において、胚は子宮腺から子宮腔へ分泌・拡散される栄養によって成長する。しかし、胚が成長し、構造の複雑さが増してくると、栄養と酸素を供給し、二酸化炭素と代謝老廃物を除去するために**循環系** circulatory system が必要となってくる。この必要を満たすため、妊娠後3週目には早くも**心臓** heart、**動脈** artery、**静脈** vein および**血液** blood を含む循環系の発生がはじまる。循環系は胚発生における最初の機能的な器官系である。

　血液および血管の形成は、卵黄嚢壁の臓側中胚葉における**血液血管芽細胞** haemangioblast の発生からはじまる。造血腔の一領域が、胚子前部の臓側中胚葉内に形成され、そこで神経板の横から頭方に馬蹄形の構造をつくる（図12-1）。この構造は**心臓形成域** cardiogenic field といわれ、その上にある胚内体腔が**心膜腔** pericardial cavity を形成する。徐々に造血腔同士は融合し、内皮細胞に裏打ちされた**心内膜管** endocardial tube という馬蹄形の管をつくる。この管は（間葉から発生する）筋芽細胞に囲まれるようになり、**心筋層** myocardium を形成する。心筋層の表面には、心膜腔の臓側内胚葉由来の**心外膜** epicardium が形成される。これにより、**心管** cardiac tube（心筒ともいう）が完成する。

　心臓形成域の外側では、血管芽細胞の集団が胚子の正中線の両側にも集まる。これらの両側に発生する細胞の集合体は、内皮細胞に裏打ちされた管を形成し、**2本の背側大動脈** two dorsal aortae となる。

胚盤の前端で約180°胚子が頭尾に屈曲することで、心膜腔に囲まれた馬蹄形の心管は、前部から腹側部へ位置を変える（図12-2）。この過程で、馬蹄形の心管の後方への伸長部は、前方へと伸長するようになる。この前方への伸長部は、後に心臓の出口となる**2本の腹側大動脈** two ventral aortae となる（図12-3）。また、胚子の頭尾の屈曲によって、前方に伸びる2本の腹側大動脈を持つ心管は、背側大動脈前部の腹側方に位置するようになる。この空間的な位置関係は、背側大動脈と腹側大動脈が両側で**大動脈弓** aortic arch によって連結するのを可能にする。この大動脈弓は、のちの咽頭弓や鰓弓に対応する（本章"大動脈弓"の項参照）。背側大動脈と腹側大動脈は、大動脈弓とともに**動脈系** arterial system の土台を形成するのに対し、心臓形成域の初期湾曲部は、**心臓** heart へと発達する（図12-4）。これらの発生に伴い、動脈系から排出された血液を心臓へ返還するという両側性の血液回収系は、**静脈系** venous system の基部として形成される。この基部は馬蹄形の心管の三日月型の尾側部と連結するようになり、のちに心臓の入り口となる（図12-3）。以下では、心臓、動脈系および静脈系の発生について詳細に述べる。リンパ系については第13章を参照。

Development of the blood cells, heart and vascular system

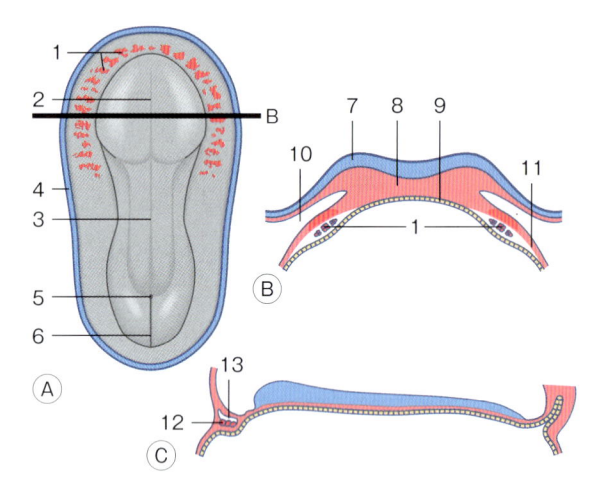

図 12-1：A: 羊膜ヒダを取り除き、胚子を背面から見た図。心臓形成域（1）は、吻側方に馬蹄形の構造として見られる。2: 神経板、3: 神経溝、4: 絨毛膜羊膜ヒダの断端、5: 原始結節、6: 原始線条。
B: 線Bの位置における胚子の横断面。7: 神経外胚葉、8: 中胚葉、9: 内胚葉、10: 胚内体腔、11: 臓側中胚葉。
C: 胚子の正中断面。12: 心臓形成域、13: 心膜腔。

血液細胞の形成
Formation of blood cells

　血液細胞の形成、すなわち造血 haematopoiesis は3つの重複する段階を経て起こる。最初は、卵黄嚢内で起こる中胚葉造血期 mesoblastic period である。続く2番目は、肝脾造血期 hepato-lienal period であり、肝臓、脾臓が主要な造血器官となる。この肝脾臓造血期は、さらに3番目の骨髄造血期 medullary period と入れ代わり、骨髄が主要な造血器官として引き継がれる。

中胚葉造血期 The mesoblastic period

　最初の血液細胞は、発生の非常に早い段階で、卵黄嚢壁の臓側中胚葉の中に出現する（図12-5）。ウシにおいては、頭殿長4mmの胚子で見ることができる。初めに臓側中胚葉層の中に出現した血液血管芽細胞は、いくつかが集団となって血島 blood island を形成する。そして外側に位置する血液血管芽細胞 haemangioblast は血管芽細胞 angioblast に分化し、さらに内皮細胞 endothelial cell となる。内側の細胞は原始血液細胞 primitive blood cell に分化する。これらの血島同士は融合して大型となり、内皮細胞は管を形成することで最初の血管をつくる。この自然発生的な血管形成過程は、脈管形成 vasculogenesis といわれる。続いて、最初につくられた血管からの出芽により、新しい血管が形成される。この過程は血管新生 angiogenesis といわれる。最初につくられる血液細胞は原始有核赤血球である。この原始赤血球生成 erythropoiesis は、赤血球生成幹細胞の形成に依存するものであり、赤血球生成幹細胞の機能を維持するためには、赤血球生成幹細胞が卵黄嚢を覆う下胚盤葉と接している必要がある。原始赤血球生成は、数日のうちに成熟赤血球生成へと発達し、核のない赤血球を産生するようになる。ウシにおいて、頭殿長10～16mmの胚子では、赤血球の90～100%が原始有核赤血球であるが、頭殿長23～30mmの胚子では、原始有核赤血球の割合が25～50%まで減少する。しかし最近の研究では、卵黄嚢はすぐ後に胚内で発生する大動脈−生殖巣−中腎の形成領域 Aorta-Gonad-Mesonephros（AGM）region と比べて、造血能力が限られていることが示されている。次の2つの時期における造血に寄与するのは、このAGM領域から供給される幹細胞であるらしい。

肝脾臓造血期 Hepato-lienal period

　肝脾臓造血期は、ウシにおいては頭殿長8mm胚子の時期からはじまる。10mm胚子までは、巨核球と同様に、多数の赤血球幹細胞が認められるが、12～13mm胚子までには、好中球が肝臓内に認められる

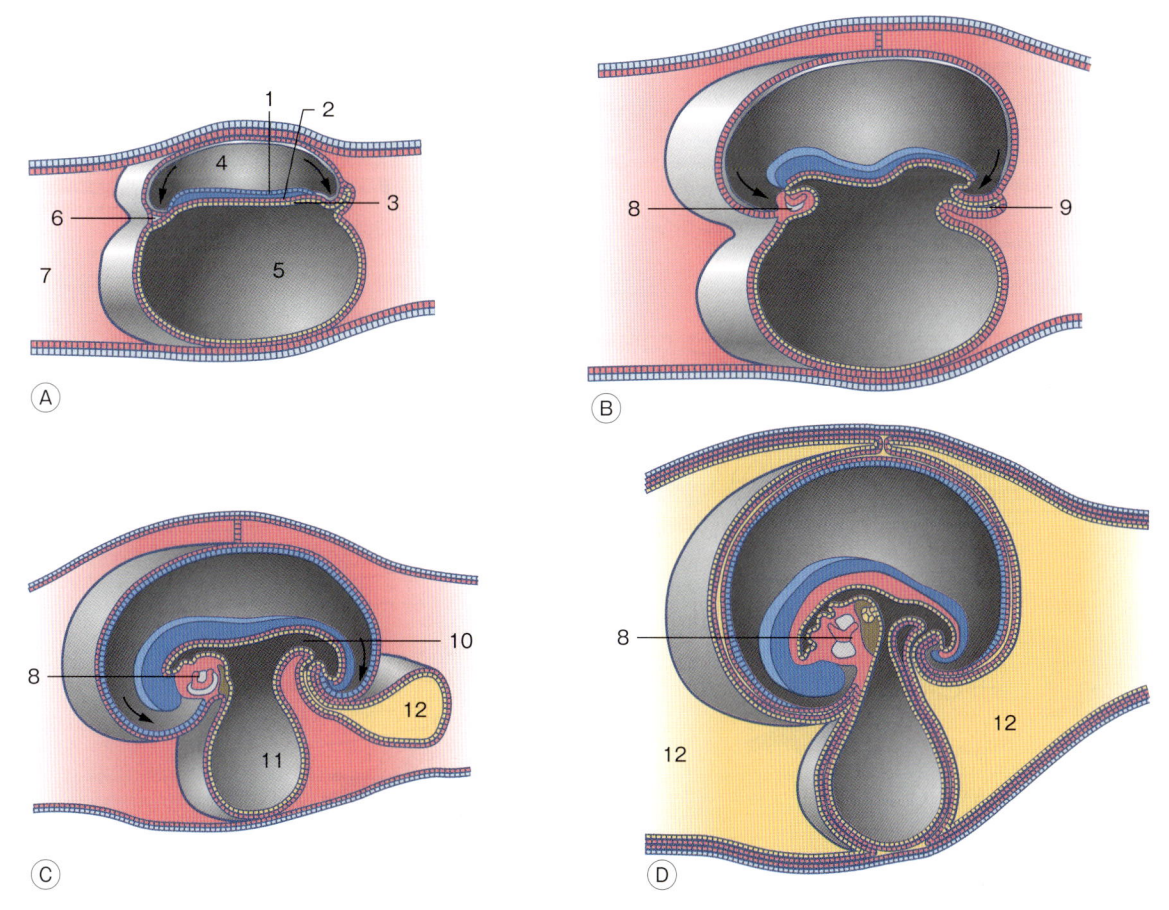

血液細胞、心臓および脈管系の発生　第12章

図 12-2：発生中の心臓の位置移動。**A:** 3 層の胚盤は、外胚葉（1）、中胚葉（2）および内胚葉（3）からなり、羊膜腔（4）内に膨出し、腹側に原始卵黄嚢（5）を明確に分けて持つ。矢印は胚盤の頭尾での屈曲を示す。心臓形成域は吻側方に見られる（6）。7: 胚外体腔。**B:** 発生中の心臓（8）は腹尾側に引っ張られる。9: 尿膜芽。**C:** 原腸（10）は胚盤の頭尾および横（外側）方向の屈曲によって形成される。発達中の心臓（8）は腹側方に引っ張られる。11: 卵黄嚢、12: 尿膜。**D:** 発達中の心臓（8）は多少のずれはあるものの、最終的な位置に落ち着き、尿膜は拡大する。Sadler（2004）の図を改変。

ようになる。肝脾臓での造血は横中隔から派生する幹細胞に由来し、血管外で行われる。その後、血管外で新たにつくられた血液細胞は、血管壁を通過して血管内へ入る。ウシにおいては頭殿長 18 mm胚子の時期から肝臓が主要な造血器官になり、その造血活動はおよそ 35 cm胚子の時期、すなわち妊娠 5 カ月まで継続する。しかし、妊娠 6 カ月以降では、肝臓の造血活動は徐々に低下し、出生時には血液産生は停止する。一方、脾臓での造血は、ウシでは妊娠 3 カ月から 7 カ月のあいだに行われる。

骨髄造血期 Medullary period

骨髄における造血活動は、ウシでは 18 cm胚子、すなわち妊娠 4 カ月の時期にはじまる。その造血幹細胞は、肝臓から供給されると考えられている。

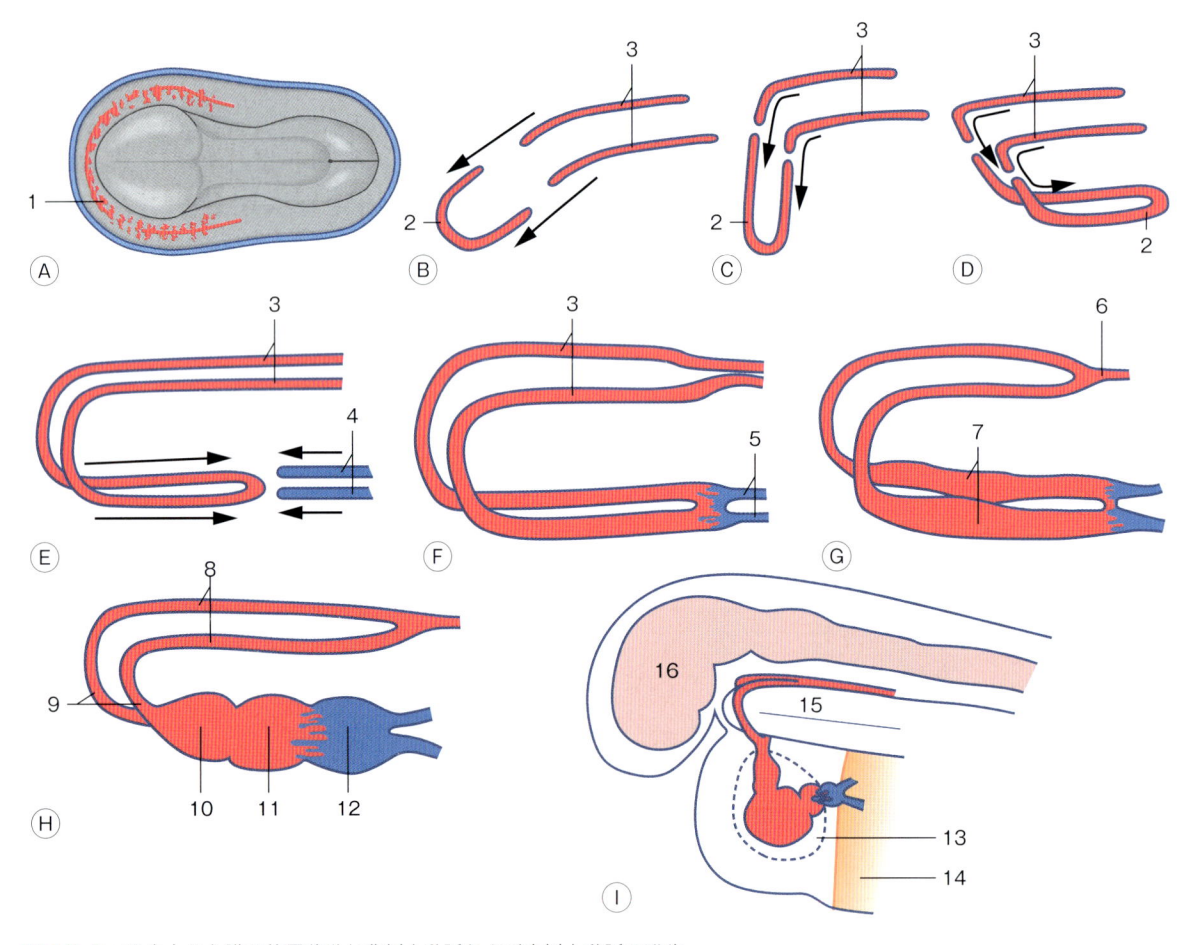

Development of the blood cells, heart and vascular system

図 12-3： 発生中の心臓の位置移動と背側大動脈および腹側大動脈の発生。
A: 胚子を背面から見た図。心臓形成域（1）が吻側方にある。**B:** 胚子の頭尾屈曲により、心管（2）は尾腹部へ位置を変える。発達中の背側大動脈（3）は心管へ近づく。**C-E:** 心管（2）は、背側大動脈（3）の腹側方へ位置するようになり、卵黄嚢静脈（4）は心管へ近づく。**F:** 心管の尾側部は、卵黄嚢静脈の頭側部と融合する（5）。**G:** 背側大動脈の尾側部は融合し（6）、両側の心管も同様に融合する（7）。**H:** 背側大動脈（8）および腹側大動脈（9）が形成され、発生中の心臓は心球（10）、心室（11）、心房（12）を形成している。**I:** 発生中の心臓、背側大動脈および腹側大動脈の位置の概要。13: 心膜腔、14: 横中隔、15: 原腸、16: 脳胞。McGaedyら（2006）の図を改変。

心臓 The heart

　胚子の屈曲により、馬蹄形の心管は胚盤の腹側方の心膜腔内に移動し、そこで心臓へと発達する（図12-3）。吻側方へ伸長した馬蹄形の心管は、2本の腹側大動脈へと発達し、反対の尾側方の三日月型の心管は、発達中の静脈系と連結する。胚盤の頭尾方向の屈曲に平行して横方向の屈曲が起こり、胚盤の側面が胚の正中線で互いに向かって、腹側に移動する。この屈曲によって、2本の腹側大動脈の後方部分は、前腸の腹側で互いが徐々に近づいていく。そ

血液細胞、心臓および脈管系の発生 第12章

してこの近づいた2本の動脈は融合して1本の管になり、心管は吻側方に伸長する（図12-3）。前端部では、心管は2本の腹側大動脈と連続し、そこが心臓の出口となる。後端部では静脈系と連結し、そこが心臓の入り口となる。心管は直径が拡大し、腹側大動脈、大動脈弓系を経由して背側大動脈に血液を送り出すようになる。反対に、心管はその後端で静脈からの血液を受け入れる。協調的な心臓の拍動は、ブタでは妊娠22日頃、イヌとウシでは23日頃、ウマでは24日頃からはじまる。

発生のこの段階では、心臓は1本の管状になっている。哺乳類では、身体と肺に別々に血液を循環させる四腔心に発達させるために、心管は最初にループ形成 loop formation を、続いて内腔の分割 internal division を行う。

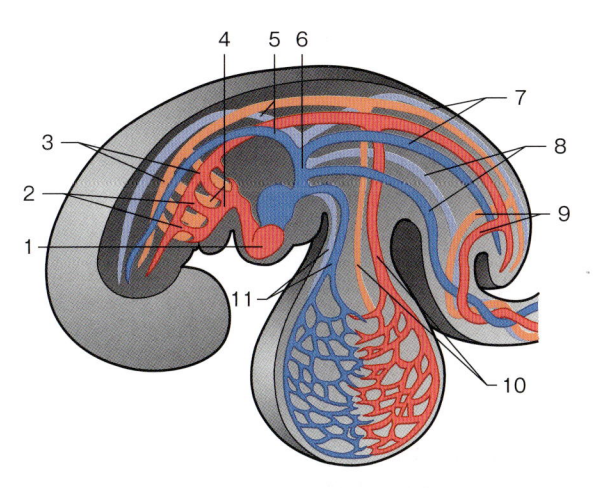

図12-4：発生中の血管系の概要。
1: 発生中の心臓、2: 左側の大動脈弓、3: 背側大動脈、4: 腹側大動脈、5: 前主静脈、6: 総主静脈、7: 後主静脈、8: 臍静脈、9: 臍動脈、10: 卵黄嚢動脈、11: 卵黄嚢静脈。Sadler（2004）の図を改変。

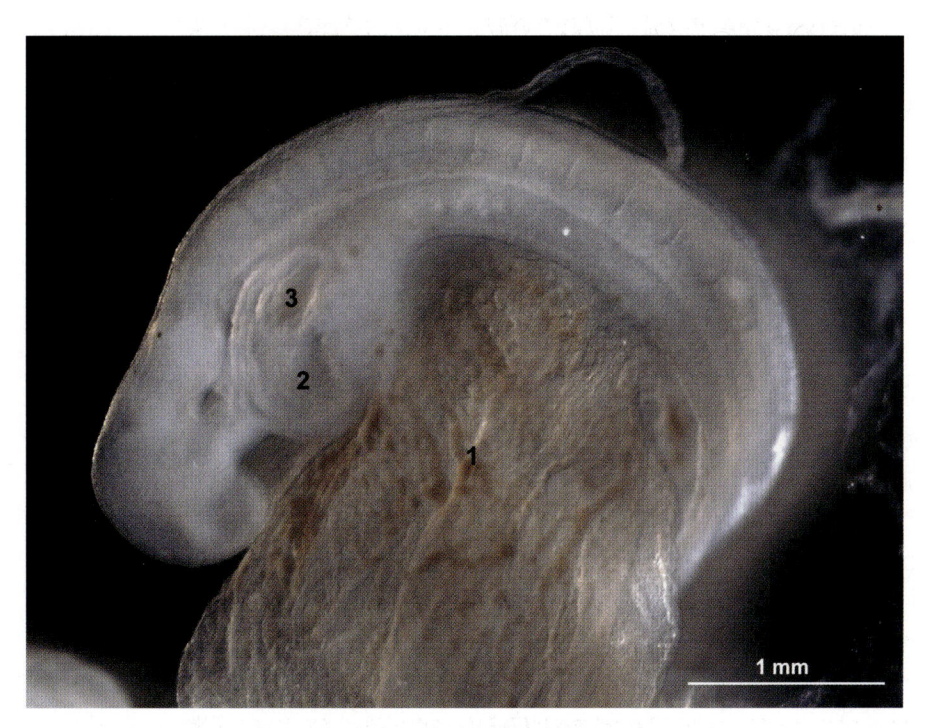

図12-5：妊娠16日のブタ胚子。卵黄嚢壁（1）に発達中の血管が見られる。発生中の心臓には心室（2）および心房（3）が見られ、心臓は腹側方に屈曲している。

Development of the blood cells, heart and vascular system

心管内部の分割とループの形成
Segmentation of the cardiac tube and loop formation

　心膜腔の中では、心管は背側心間膜内に吊られ、腹側心間膜に固定される（腹側心間膜はすぐに退化・消失する）。心管の数カ所はほかの部位より急速に拡張し、くびれによって分けられた拡張部を備えた分節状の心管が形成される（**図12-3**）。尾部から頭部に向かって、拡張した心管部分は**静脈洞** sinus venosus、**心房** atrium、**心室** ventricle、**心球** bulbus cordis、**動脈幹** truncus arteriosus となる。静脈洞は静脈が心管に向かって開口しているところであり、動脈幹は心管から腹側大動脈への出口にあたるところである（**図12-6、12-7**）。**動脈幹** truncus arteriosus は神経堤由来の細胞から形成される。心管の拡張部分は、狭いくびれ部分によってつながっている。心管は心膜腔内で伸長するが、両端は心膜で固定されているので、心管は心室と心球のあいだを頂点に、腹側へループ状に突き出し、**U字形** U-shaped を形成する。このループは突出し、心臓の膨らみを形成する。この心臓の膨らみは胚子の外からも明確に観察できるようになり、胚子発生のこの段階における特徴なものとなる。少なくともウシにおいては、このループ形成は 10〜12 体節期頃、妊娠 22 日目前後に起こる。この過程を通して、発生中の心臓は静脈洞にあるペースメーカーの作用によって、適切なリズムで拍動をはじめる。初めは、**静脈洞** sinus venosus と**心房** atrium は心膜腔に囲まれてはいないが、次第に心膜に覆われるようになる。この心膜に覆われる過程で、心房は心室の背側方に移動し、U字形をとっていた**ループはS字形に変化する** loop takes on the shape of an S。ウシではこのS字形への変化は、20 体節期頃、妊娠 23 日目前後に再び起こる。ループ形成がはじまる時期には心管壁は滑らかであるが、その後（心室と

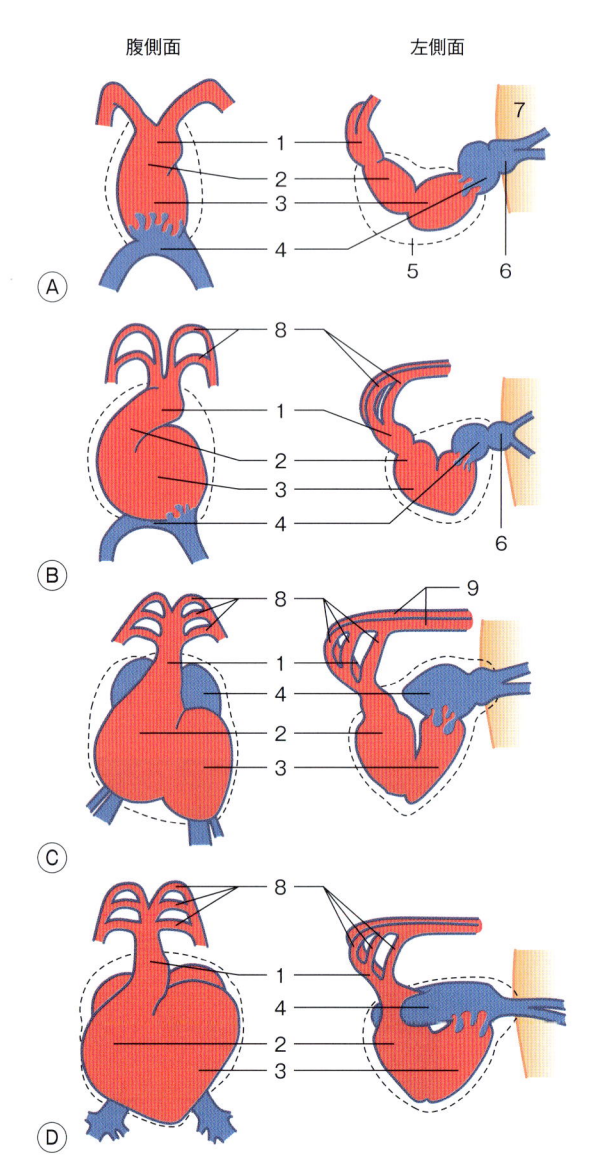

図12-6：**A-D:** 各発生段階における心臓の分割とループ形成を、腹側面および左側面から見た図。1: 動脈幹、2: 心球、3: 心室、4: 心房、5: 心膜腔、6: 静脈洞、7: 横中隔、8: 大動脈弓、9: 背側大動脈。McGaedy ら（2006）の図を改変。

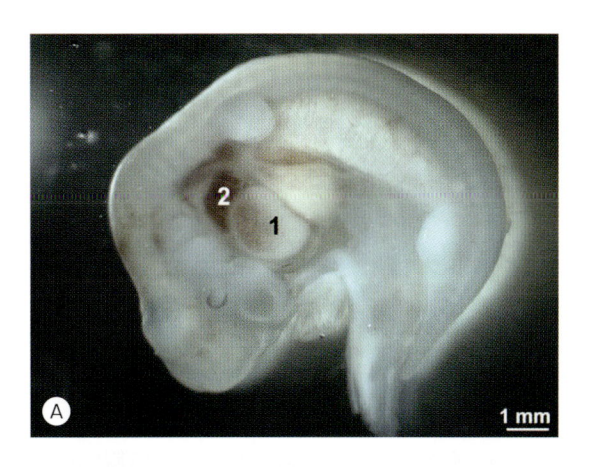

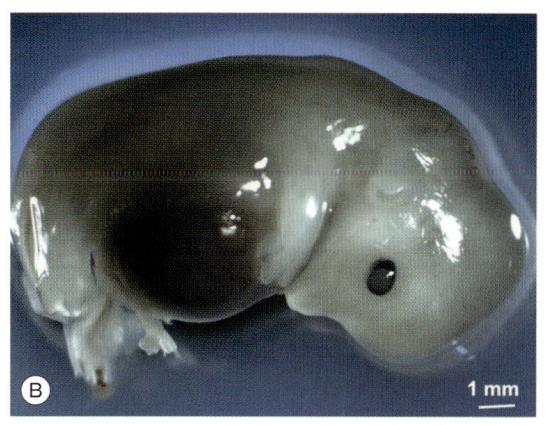

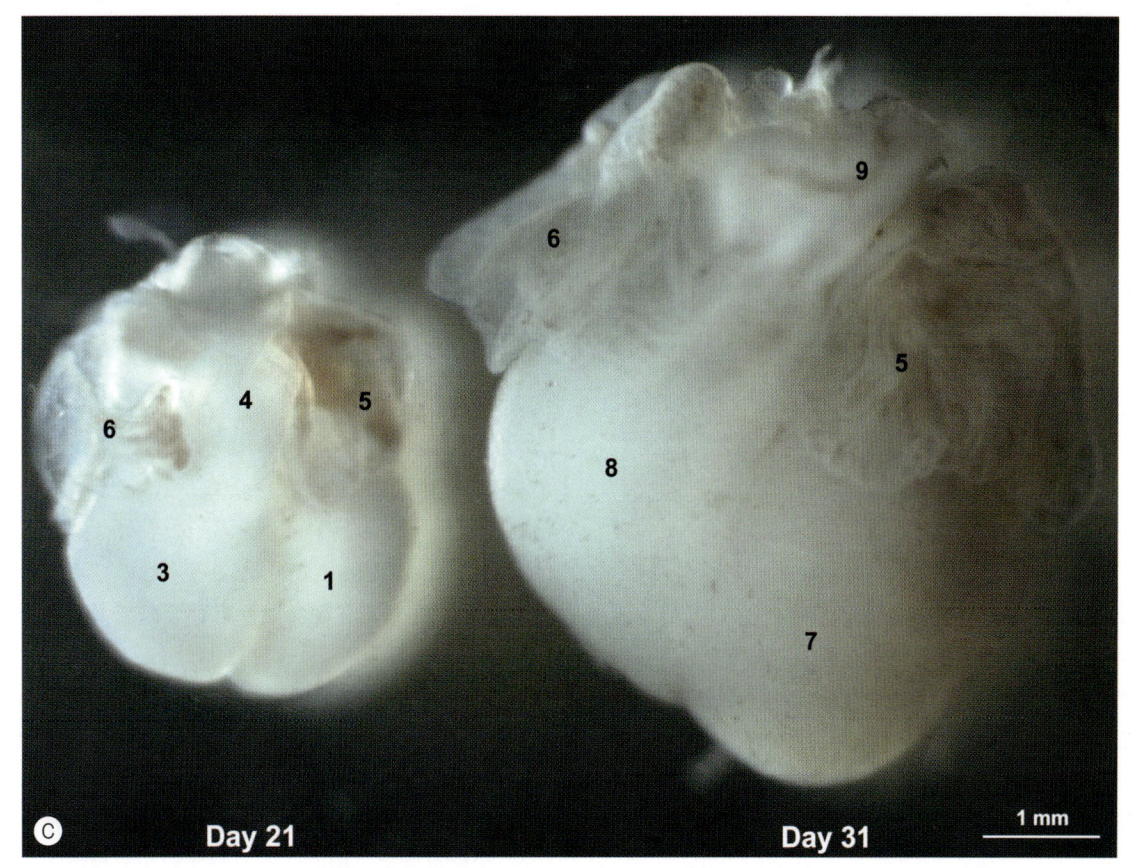

血液細胞、心臓および脈管系の発生 第**12**章

図 12-7：**A:** 妊娠 21 日目および、**B:** 31 日目のブタ胚子の発生中の心臓。**C:** 妊娠 21 日目および 31 日目のブタ胚子の心臓の左側面。1: 心室、2: 心房、3: 心球、4: 動脈幹、5: 左心耳、6: 右心耳、7: 左心室、8: 右心室、9: 動脈円錐。

205

Development of the blood cells, heart and vascular system

なる。心臓の分割は異なる隔壁が平行して発生する連続的な過程を経るが、以下の説明では便宜上、個々の隔壁の形成を別々に述べる。しかしながら、まず静脈洞と静脈系の一部が取り込まれることによって起こる心房の拡張を考慮しなければならない。

心房への静脈洞の取り込み
Incorporation of the sinus venosus into the atrium

静脈洞に開口する最初の静脈は、**臍腸間膜静脈** omphalomesenteric vein すなわち**卵黄嚢静脈** vitelline vein であり（本章の後半"静脈系"の項参照）、すぐに**臍静脈** umbilical vein および**総主静脈** cardinal vein が続く。これらの3対の静脈は静脈洞に連結し、連結部の洞は**右洞角および左洞角** right and left sinus horns を形成する（**図12-8**）。次第に右の**静脈の入口が優位になり** right side of the venous inlet is favoured、静脈洞から心房への開口部は右側にずれて、次第に狭くなっていく。この過程において、静脈洞の右側の一部（右洞角）は心房と融合する（**図12-9**）。取り込まれた静脈洞と心房のあいだの外側方に位置する稜状の境界線は、**分界稜** terminal crest へと発達し、内側のものは**二次心房中隔** septum secundum となる（本章の"心房の分割"の項参照）。右洞角の前方部分は**前大静脈** cranial vena cava の一部に発達し、右心房に開口する。一方、後方部分は**後大静脈** caudal vena cava の対応する部位へと発達する。左洞角は、最終的に**冠状静脈洞** coronary sinus になる。最初の右心房は**右心耳** right auricle として残り、心房の滑らかな心房壁部分は、取り込んだ静脈洞から発達する。

静脈洞が心房の右側に取り込まれていくあいだに、**肺静脈** pulmonary vein は心房の左側へ開口をはじめる。初めのうち肺静脈は共通の腔から単一の開口部を通して心房へと開口するが、この共通の腔

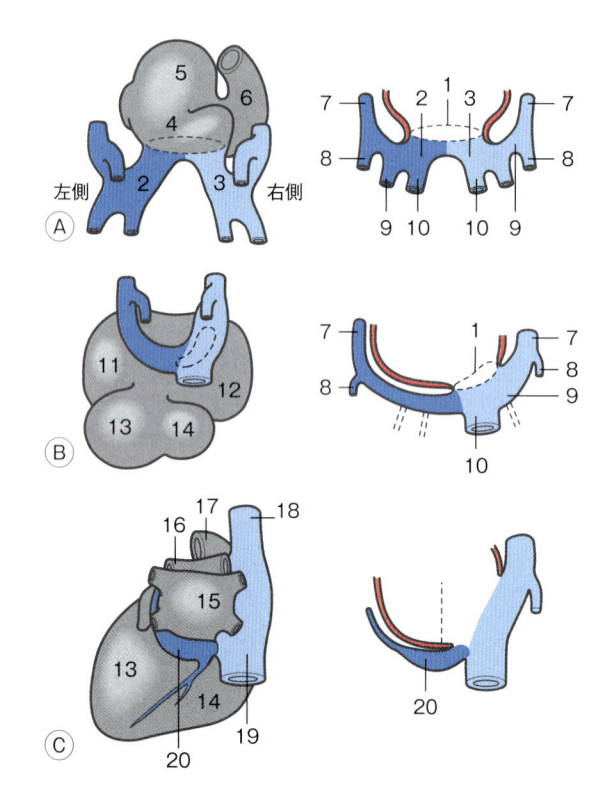

図12-8：心臓周辺における静脈系の発生を背側方から見た図。1: 洞房開口部、2: 左洞角、3: 右洞角、4: 心房、5: 心室、6: 心球、7: 左右前主静脈、8: 左右後主静脈、9: 左右臍静脈、10: 左右卵黄嚢静脈、11: 左心房、12: 右心房、13: 左心室、14: 右心室、15: 左心房、16: 肺動脈、17: 大動脈、18: 前大静脈、19: 後大静脈、20: 冠状静脈洞。Sadler (2004) の図を改変。

心球のあいだの）原始的室間孔の両側に、肉柱が発達してくる。肉柱のある**心室** ventricle 部分はのちに**左心室** left ventricle へと発達し、肉柱のある**心球** bulbus cordis 部分は**右心室** right ventricle へと発達する。

四腔心の形成
Formation of the four heart chambers

発生中の心臓は、複雑な隔壁で分割されるように

血液細胞、心臓および脈管系の発生　第12章

（図12-10）。この中隔の形成によって房室管は、**右房室管** right atrioventricular channel および**左房室管** left atrioventricular channel（atrioventricular canal ともいう）に分割される。

心房の分割 Division of the atrium

全身と肺へ血液循環を分離するために、心管の派生物は左右の区画に分割される必要がある。心内膜隆起から中間中隔が発達するにつれ、左右心房間に三日月状のヒダ、すなわち**一次中隔** septum primum が心房の背側面から発達し、心房を左右の区画に分ける。左右の区画は小型の開口部のみで連絡しており、この開口部を**一次口** ostium primum という（図12-11）。一次中隔は一次口の周りを拡張していき、心内膜隆起に達することで、中間中隔の発達に寄与する。心内膜隆起が正中線に向かって成長するに従って、一次中隔も成長し、心内膜隆起同士が融合するときには、一次中隔も腹側部に達して融合する。このようにして一次口は次第に閉鎖していく。しかしながら、この一次口の閉鎖の前に、一次中隔の背側領域でプログラム細胞死が起こり、**二次口** ostium secundum が形成される。この二次口は、発生中の右心房から左心房への持続的な血流を可能とする（図12-11）。ウマでは、この現象は頭殿長11.5～12 mm の時期、すなわち妊娠30～32日前後に起こる。その後すぐに、2番目の三日月状のヒダ、すなわち**二次心房中隔** septum secundum が一次中隔の左隣に発生する。二次中隔は二次口を完全に覆うまで成長するが、卵形の開口部を残す。この開口部を**卵円孔** foramen ovale という。二次中隔の背側部は一次中隔と融合するが、腹側部は右原始心房から左原始心房への血流を調節する弁を形成する。

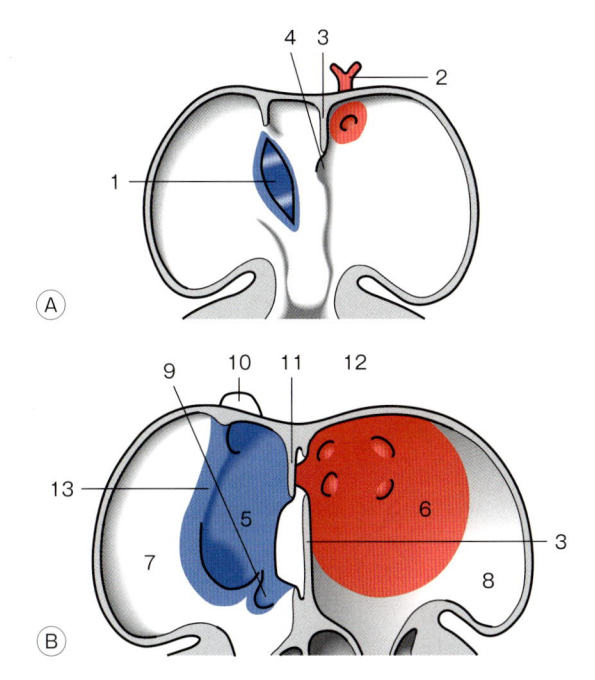

図12-9：A-B: 2つの発生段階における右洞角と肺静脈の心房への取り込み。1: 心房への右洞角の開口部、2: 肺静脈の心房への開口部、3: 一次中隔、4: 一次口、5: 右洞角の接合部、6: 肺静脈の接合部、7: 右心耳、8: 左心耳、9: 後大静脈の開口部、10: 前大静脈の開口部、11: 二次中隔、12: 卵円孔、13: 分界稜。Sadler（2004）の図を改変。

には4本の肺静脈が注ぎ込んでいる。しかしその後、共通の腔は心房に取り込まれ、その結果個々の肺静脈に対応した4つの独立した開口部を形成する（図12-9）。もともとの左心房は**左心耳** left auricle として残り、心房の滑らかな心房壁は、肺静脈の一部を取り込むことにより形成される。

房室管の分割
Division of the atrioventricular channel

房室管の位置で心臓内壁は、前部と後部の肥厚部を発達させる。これを**心内膜隆起** endocardial cushion という。心内膜隆起は成長して房室管の中央で会合し、**中間中隔** septum intermedium を形成する

Development of the blood cells, heart and vascular system

心室と心球の分割
Division of the ventricle and the bulbus cordis

　U字形の心管が形成されるとき、心室と心球のあいだの接合部は腹側方を向く。心球は心室に続く拡張部分と動脈幹につながる、より狭い部位である**心臓円錐** conus cordis からなる。心室と心球のあいだの移行部は、外面的には心室心球間の溝によって、内面的には**心室中隔筋性部** muscular part of the interventricular septum へ発達する筋性ヒダによって明確になる。この心室中隔筋性部は背側方へ、中間中隔に向かって成長する（図12-11、12-12）。**室間孔** interventricular foramen はしばらく存続するが、この開口部は心内膜隆起の後部から発達する**心室中隔膜性部** membranous part of the interventricular septum によって、次第に閉鎖される。少なくともウマでは、この心室中隔の閉鎖は頭

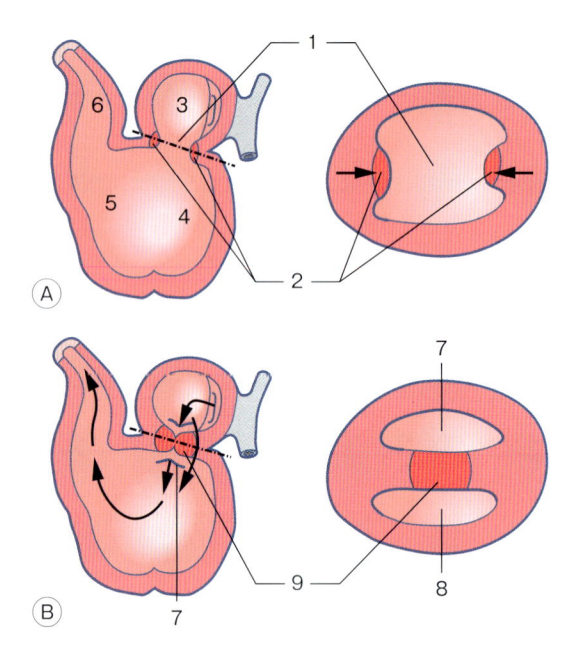

図12-10：A-B: 異なる発生段階における、共通の房室管から左右房室管への分割。右図は、破線で示す位置の背側方からの心臓横断図。1: 共通の房室管、2: 心内膜隆起、3: 心房、4: 心室、5: 心球、6: 動脈幹、7: 右房室管、8: 左房室管、9: 中間中隔。図Aの矢印は心内膜隆起の成長方向を示し、図Bの矢印は血流の方向を示す。McGaedyら（2006）の図を改変。

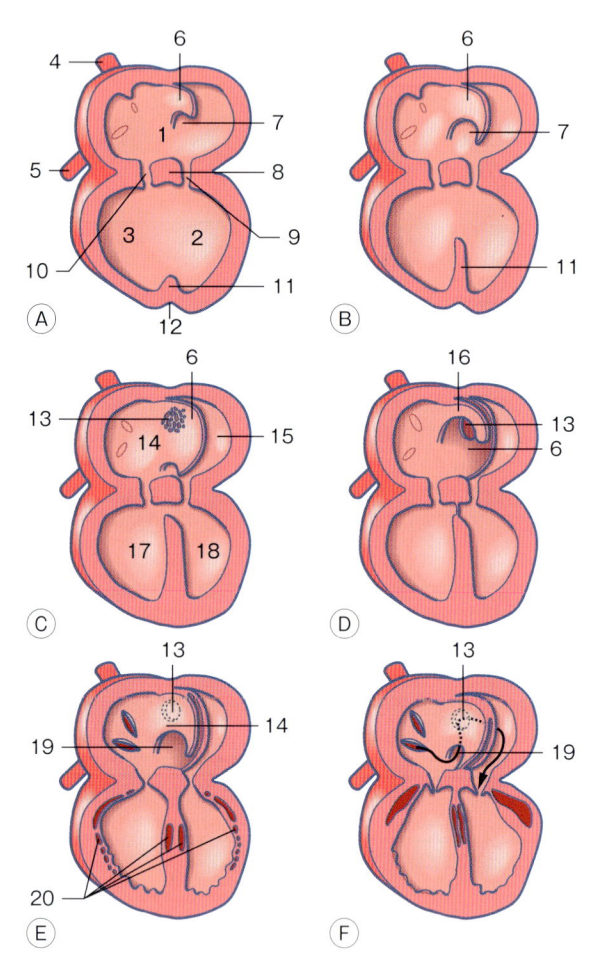

図12-11： 心臓の四室への分割。1: 心房、2: 心室、3: 心球、4: 前大静脈、5: 後大静脈、6: 一次中隔、7: 一次口、8: 中間中隔、9: 左房室管、10: 右房室管、11: 心室中隔、12: 室間溝、13: 二次口、14: 右心房、15: 左心房、16: 二次中隔、17: 右心室、18: 左心室、19: 卵円孔、20: 心筋層内の内腔形成。McGaedyら（2006）の図を改変。

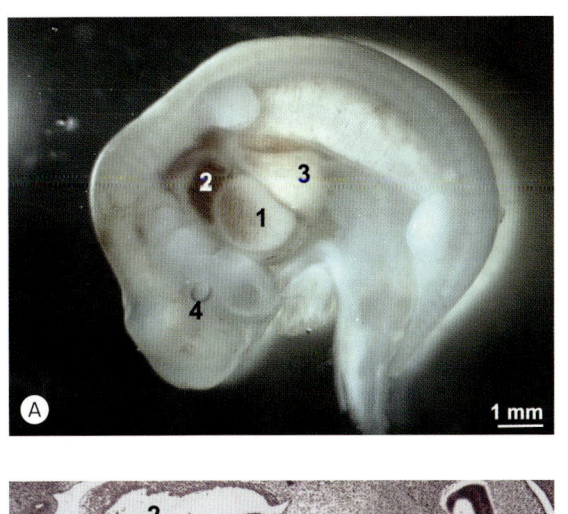

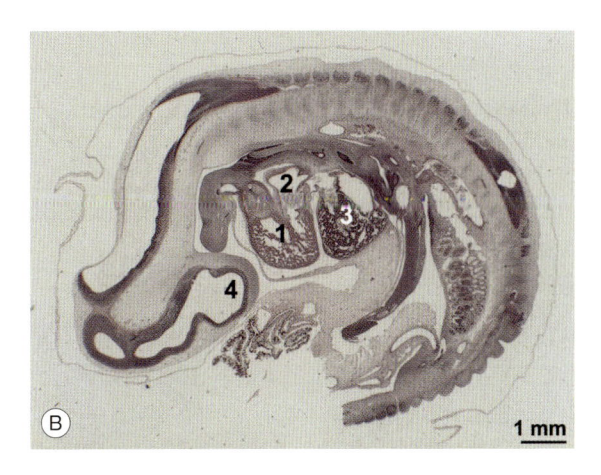

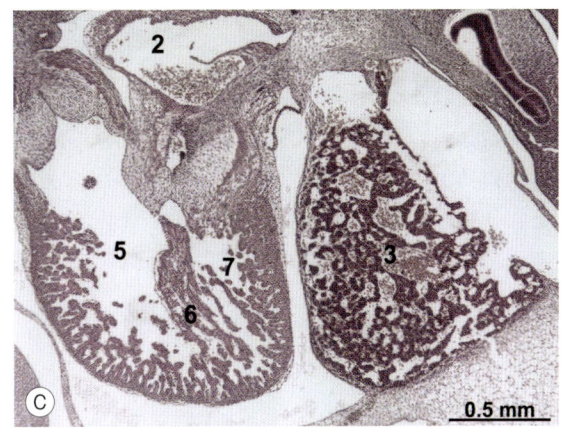

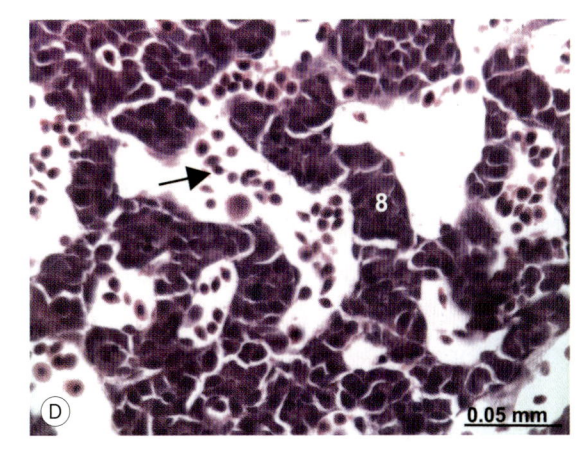

第12章 血液細胞、心臓および脈管系の発生

図12-12: 妊娠21日目のブタ胚子の心臓発生と造血期の肝臓。
A-B: 胚子の全体像（A）および矢状断面（B）に見られる発生中の心室（1）および心房（2）。3: 肝臓、4: 脳胞。
C: 発生中の心臓における心室中隔（6）によって分けられた右心室（5）および左心室（7）。2: 心房、3: 横中隔に組み込まれた肝臓。
D: 発生中の肝細胞索（8）。きわめて多数の有核赤血球（矢印）が肝細胞索のあいだにみられる。

殿長14～16 mm、すなわち妊娠35～36日頃に起こる。心室（将来の左心室）と心球の拡張部分（将来の右心室）の両方が心臓円錐への開口を維持する both the ventricle (the future left ventricle) and the dilated portion of the bulbus cordis (the future right ventricle) maintain openings into the conus cordis ように、心室中隔膜性部が発達するということを理解するのは重要である。中隔の形成と平行し て心室と心球の壁は厚くなり、内部に肉柱が発生する。この肉柱形成は、ある程度壁内での内腔形成の結果として生じる。この内腔はのちに心室腔へ開口する。心室と心球の拡張によって、それぞれの壁は腹側方で互いに向かい合って並ぶ。その場所で壁は徐々に融合し、心室中隔に加わる（図12-6）。

心球と動脈幹の分割
Division of the conus cordis and truncus arteriosus

　一次中隔と二次中隔の発達に伴い、卵円孔を通って調節されている血流は別として、心房は右原始心房と左原始心房へと分割される。平行して、心室中隔の発達に伴い、右原始心室と左原始心室が形成される。左右房室管の形成に伴い、右原始心房から排出される血液は、対応する右心室へ向かうようになり（卵円孔を通って左原始心房へ流れる血液は除く）、左原始心房から排出される血液は、対応する左心室へ向かうようになる。それぞれの原始心室は、心臓円錐へ血液を押し出し、心臓円錐は動脈幹をとおして腹側大動脈へ血液を送る。心管が右半分と左半分に完全に分離するために、**心球と動脈幹も2つの血液通路に分割される必要がある** bulbus cordis and the truncus arteriosus also need to be divided。この分割は、それぞれの区画の壁内において向かい合う2つの隆起の形成によって行われる。心臓円錐内の隆起は、動脈幹で発生する隆起と融合し、円錐動脈幹隆起を形成する。これらの隆起は、腹側大動脈へ血流を誘導するためにラセン状に発達する（図12-13）。それらが成長するに従い、隆起同士は中央で融合し、血流を2つの独立した通路へ分ける**大動脈肺動脈中隔** aorticopulmonary septum を形成する。したがって、これらの発達は、結果的に左右原始心室から腹側大動脈への出口を2つに分けることになる。

心臓弁の発生 Development of valves

　発生中の心臓内の血液は、静脈からの入口から動脈への出口へ誘導される必要がある。この血流の方向を確保するために、2つの弁の系、すなわち**房室弁** atrioventricular valve と**半月弁** semilunar valve が発達する。

　房室弁 atrioventricular valve は左右房室管の縁から発生する。これらの発生には、中間中隔の下に位置する左右原始心室の心筋層の内腔形成が重要な役割を果たす（図12-14）。心室壁の再構築の結果、筋性索に吊られている弁が形成される。左側では2つの弁からなる**二尖弁** bicuspid valve すなわち**僧帽弁** mitral valve が形成され、右側では3つの弁からなる**三尖弁** tricuspid valve が形成される。弁に結合している筋性索の部分は結合組織、すなわち**腱索** chordae tendineae によって置き換えられ、筋性索の残りの部分は**乳頭筋** papillary muscle になる。

　半月弁 semilunar valve は、成長中の隆起によって動脈幹の分割が行われるあいだに、動脈幹から腹側大動脈への出口部分の膨らみとして発達する。大動脈肺動脈中隔が完成すると、この膨らみは大動脈と肺動脈のそれぞれの出口部分で、3つずつの原始弁へと発生する。これらの弁は、上面がくぼむことで最終的な形状を得る。

刺激伝導系の発達
Development of the conducting system

　いったん心筋細胞同士がギャップ結合を介して連絡ができるようになると、心筋収縮の伝播が可能になる。特殊な心筋細胞が発達し、明確に定義された刺激伝導系が形成されると、この系が収縮の速度と伝達を制御する。このような特殊化した細胞の最初の集団は、**房室結節** atrioventricular node を形成する。この結節は、ヒツジでは右原始心房内で内側心内膜下肥厚として、頭殿長11〜12 mm胚子の時期に認識される。ウシではこの結節は、頭殿長9 mm胚子の時期に見分けられるようになり、13 mmの時期には中間中隔内へと成長し、23 mmの時期には**プルキンエ線維** Purkinje fiber を通してインパルスを心室壁に分配する**房室束** atrioventricular fasciculus へと

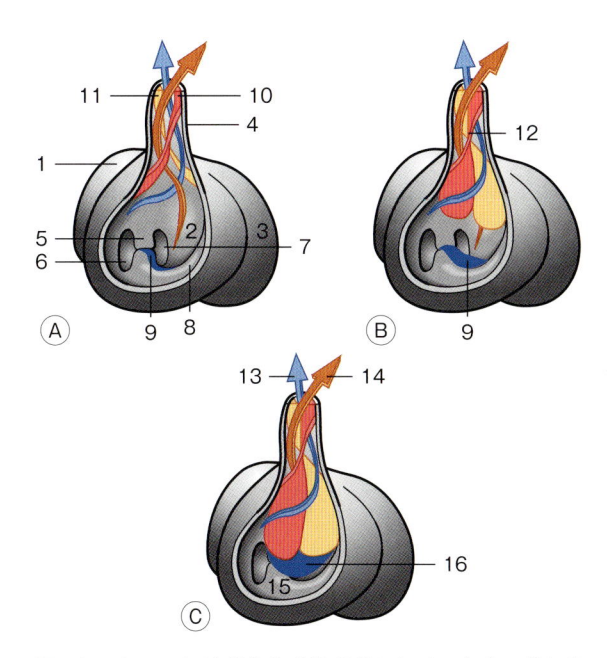

血液細胞、心臓および脈管系の発生 第12章

図 12-13：A-C: 連続的な発生段階における心臓円錐と動脈幹の分割。1: 右心房、2: 心球、3: 心室、4: 動脈幹に続く心臓円錐、5: 中間中隔、6: 右房室管、7: 左房室管、8: 心室中隔の筋性部、9: 心室中隔の膜性部、10: 左円錐ー動脈幹隆起、11: 右円錐ー動脈幹隆起、12: 大動脈肺動脈中隔、13: 肺動脈管、14: 大動脈管、15: 右心室、16: 左心室。Sadler（2004）の図を改変。

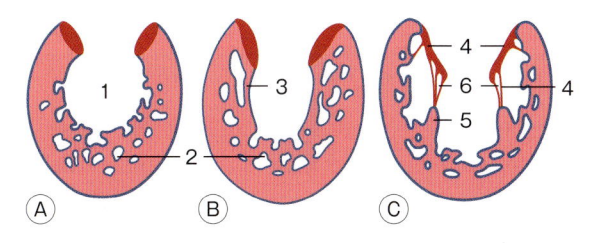

図 12-14：A-C: 連続的な発生段階における房室弁の発達を腹側方から見た図。1: 心室内腔、2: 心筋層内の腔所、3: 筋性索、4: 房室弁、5: 乳頭筋、6: 腱索。Sadler（2004）の図を改変。

発達する。2番目の結節、すなわち**洞房結節** sino-atrial node は心外膜下で、将来の後大静脈の開口部に発達する。ヒツジでは、この結節は頭殿長10～11 mmの時期に確認可能となる。

動脈系 The arterial system

動脈系の頭側部は、主として**大動脈弓** aortic arch、**背側大動脈** dorsal aorta および**腹側大動脈** ventral aortae の頭側部から発生する。動脈系の尾側部は背側大動脈のより尾側部から生ずる**節間動脈** segmental artery から発達する。最初、背側大動脈は一対の状態で尾側方に伸びるが、ある程度の距離を走ると、両側の大動脈が癒合し、単一の"不対の"大動脈となる（**図12-3**）。背側大動脈の不対性の部位は**胸大動脈** thoracic aorta および**腹大動脈** abdominal aorta へと発達する。一方、最尾側部は対のまま残り、**内腸骨動脈** internal iliac artery および**外腸骨動脈** external iliac artery とその伸長部へと発達する。不対の**正中仙骨動脈** median sacral artery は不対の大動脈の尾方への延長部である。

大動脈弓 The aortic arches

咽頭弓すなわち鰓弓が形成されるとき、各弓は独自の脳神経と動脈の分布を受ける。その結果、左右両側で背側大動脈および腹側大動脈を結ぶ動脈性のアーチ（大動脈弓）は、原則として6対形成される。腹側大動脈は、原始的心臓からの動脈性の流出路である動脈幹と連続する。腹側大動脈は動脈幹から吻側方に伸びるが、この動脈幹は心筒（心管ともいう）が正中部で癒合したあと、背側大動脈まで伸びる大動脈弓が生じるところでもある（**図12-15**）。大動脈弓は体節数の漸増と平行して発達する。魚類では6対の大動脈弓すべてが機能する状態で残るが、哺乳類では**第一大動脈弓および第二大動脈弓** first and second aortic arch は大部分痕跡的に残る。**第五大動脈弓** fifth aortic arch は、ウマとブタでは痕跡的に残るが、ウシではまったく発達しない。したがって、第三大動脈弓、第四大動脈弓およ

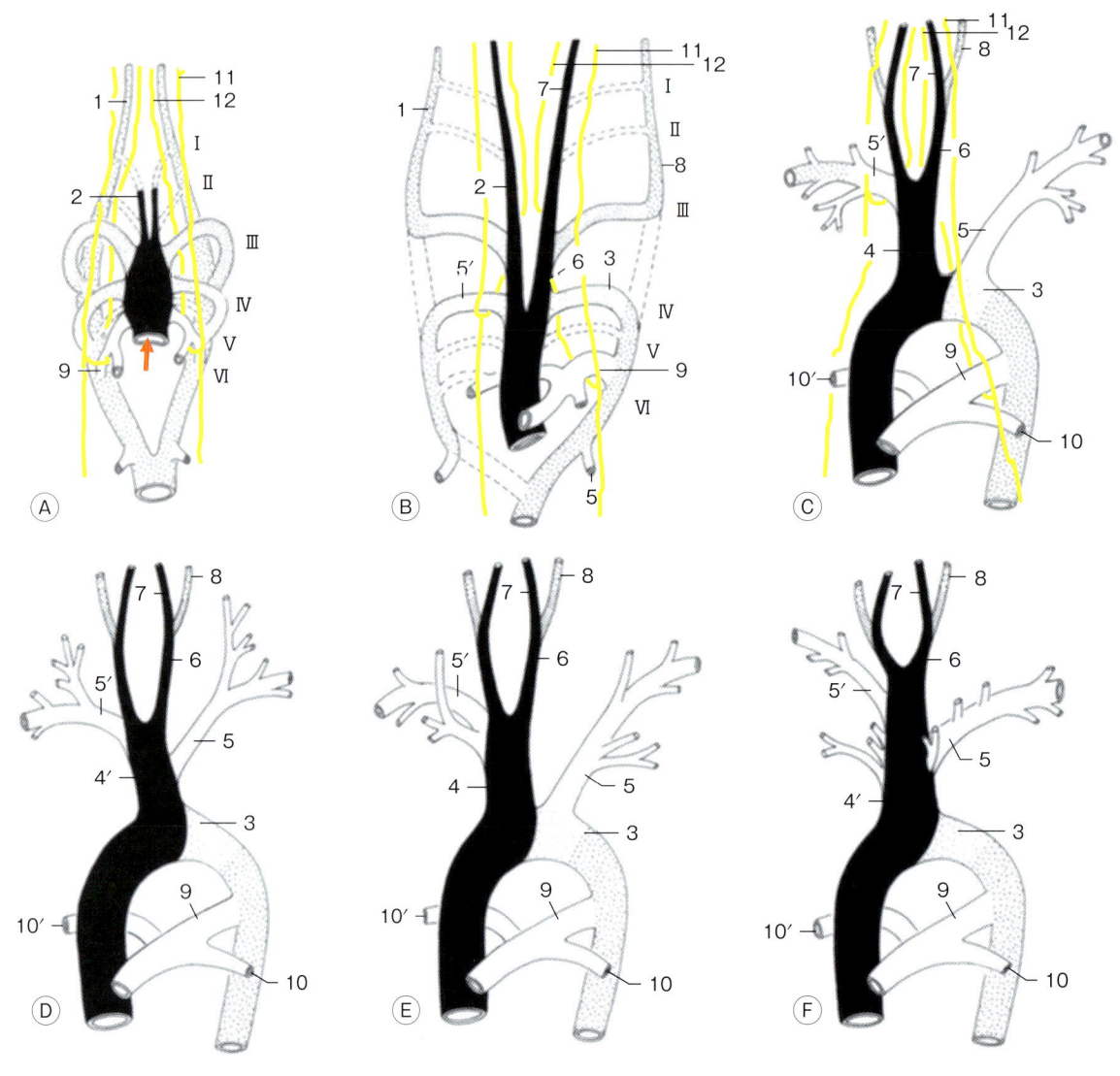

Development of the blood cells, heart and vascular system

図 12-15：大動脈弓発生の腹側面。**A:** 発生初期。**B:** やや分化しているが、まだ動物種差は見られない発生段階。**C:** イヌ。**D:** ウシ。**E:** ブタ。**F:** ウマ。赤い矢印は、発達中の心臓動脈幹が腹側大動脈に付着する位置を示している。Ⅰ〜Ⅵ: 第一大動脈弓〜第六大動脈弓、1: 右背側大動脈、2: 腹側大動脈、3: 大動脈、4: 腕頭動脈、5: 左鎖骨下動脈、5': 右鎖骨下動脈、6: 総頸動脈、7: 外頸動脈、8: 内頸動脈、9: 動脈管、10: 左肺動脈、10': 右肺動脈、11: 迷走神経、12: 反回喉頭神経。
RüsseとSinowatz（1998）の厚意による。

び第六大動脈弓 third, fourth and sixth aortic arches のみが、発達中の循環系の構成要素をなす。大動脈弓は頭側部から尾側部へ順次出現し、どの時期であっても、すべての大動脈弓が存在するということはない。

腹側大動脈 ventral aortae は動脈幹から吻側方へ伸び、総頸動脈 common carotid artery となり、頭側部で外頸動脈 external carotid artery になる（図

血液細胞、心臓および脈管系の発生　第12章

12-15）。背側大動脈の頭側部は**内頸動脈** internal carotid artery になる。

　第一大動脈弓 first aortic arch はほとんど退化するが、小さい部分が残存し、外頸動脈からの分枝としての**顎動脈** maxillary artery になる。同様に、**第二大動脈弓** second aortic arch も全体が退化するにもかかわらず、小部が分化して**舌骨動脈** hyoid artery と**アブミ骨動脈** stapedial artery になる。**第三大動脈弓** third aortic arch は発達しているが、次第に縮小し、頭方に移動して総頸動脈から内頸動脈への移行部を形成する。

　第三大動脈弓と第四大動脈弓間における背側大動脈の部分は退化する。**第四大動脈弓** forth aortic arch は**大動脈弓** aortic arch として**左側** left に残存し、**右側** right の動脈弓は**右鎖骨下動脈** right subclavian artery となる。

　第六大動脈弓 sixth aortic arch の運命は大きく異なる。前述したように2つの異なる血液路が動脈幹内で徐々に発達する。1つは肺循環で、もう1つは体循環である。体循環への血液路は心臓の原始的左心室から派生し、第三大動脈弓と第四大動脈弓の分枝、腹側大動脈と背側大動脈に血液を供給する。肺循環への血液路は原始的右心室から起こり、第六大動脈弓へ血液を供給する。第六大動脈弓は右側で退化するが、左側では**肺動脈幹** pulmonary trunk へと発達する。胚子期または胎子期のあいだ、肺動脈幹は左第六大動脈弓の一部である**動脈管** ductus arteriosus を介して大動脈弓と結合したままである。出生時に動脈管内腔は閉塞するが、管腔構造をとらない構造物は**動脈管索** ligamentum arteriosum として残存する。第六大動脈弓の片側性の残存は、喉頭の固有筋の機能にとって意義があるらしい。これらの筋のほとんどは、迷走神経の分枝である反回喉頭神経に支配されている（第14章参照）。反回喉頭神経は第六大動脈弓の周囲を回るが、第六大動脈弓の右側での退化により、右反回喉頭神経は左反回喉頭経よりもはるかに弱い緊張度をもって、右鎖骨下動脈を回ることになる（図12-15）。

　胚子や胎子の成長は、大動脈弓、腹側大動脈および背側大動脈弓の頭側部から発達した動脈系の構造に変化をもたらす。主な変化は頭部の屈曲と、心臓を尾側方の胸腔内に移動させる頸部の伸長の結果起こる。これは総頸動脈の顕著な伸長を生じる。さらに、大動脈弓複合体から他の血管が分化していく。これらの血管には**鎖骨下動脈** subclavian artery とその延長枝（たとえば前肢）にとって重要な**腋窩動脈** axillary artery が含まれる。いくつかの種特異的な変化も見られる（図12-15）。

節間動脈 The segmental artery

　側方に伸張する背側大動脈は、最初は1対だが、のちに融合して単一の血管となり、**背側節間動脈** dorsal segmental artery、**外側節間動脈** lateral segmental artery および**腹側節間動脈** ventral segmental artery を生じる（図12-16）。

　背側節間動脈 dorsal segmental arteries は有対であり、最頭端の体節から後方の仙骨部にかけて、胚子の各体節の大部分に沿って見られる。これらの動脈は背側方へ走行し、2本の枝を出す。すなわち、体の背側部および神経管とその派生物へ分布する背側枝と、腹側部の体壁へ分布する腹側枝である。左右の腹側枝は腹側正中で吻合し、胸部では肋間動脈に、腹部では腰動脈に分化する。

　頸部では節間動脈の背側枝が7対形成される。頭側方からの6対は大動脈との連結が途絶えるが、7番目の対は連結したままである（図12-17）。連結しなくなった6対の動脈は、それぞれの側（右側と左側）で7番目の動脈と1つになり、1対の**椎骨動脈** vertebral artery をつくる。椎骨動脈は頭側方へ伸張し、そこで融合して、1本の**脳底動脈** basilary artery となる。脳底動脈は発達中の中脳の高さ

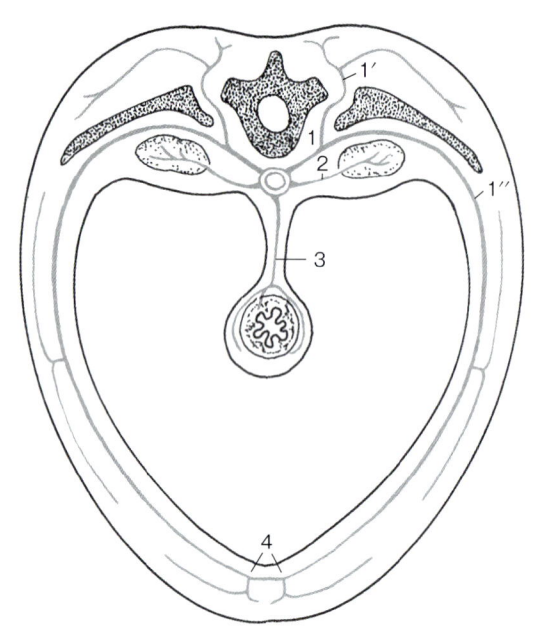

Development of the blood cells, heart and vascular system

図 12-16：節間動脈の一般構造。1: 背側節間動脈、1': 背側節間動脈の背側部、1'': 背側節間動脈の腹側部、2: 外側節間動脈、3: 腹側節間動脈。RüsseとSinowatz（1998）の厚意による。

（位置）で、内頸動脈と吻合する（第10章参照）。

外側節間動脈 lateral segmental artery は大動脈が不対になった部分から生じ、中間中胚葉から分化した器官に分布する（図12-18）。発生の胚子期を通じて、中腎動脈 mesonephric artery、副腎動脈 adrenal artery および生殖巣堤動脈 genital artery が最も顕著な外側節間動脈である（第15章参照）。尿生殖器のさらなる発達とともに、これらの動脈は卵巣動脈 ovarian artery、精巣動脈 testicular artery および副腎動脈 adrenal artery となるが、腎動脈 renal artery はその後、後腎の形成に伴って発達する。

腹側節間動脈 ventral segmental artery は卵黄囊と尿膜に関連する。最頭端の1対は臍腸間膜動脈 omphalomesenteric artery すなわち卵黄囊動脈 vitelline artery であり、腹大動脈が不対になった部分

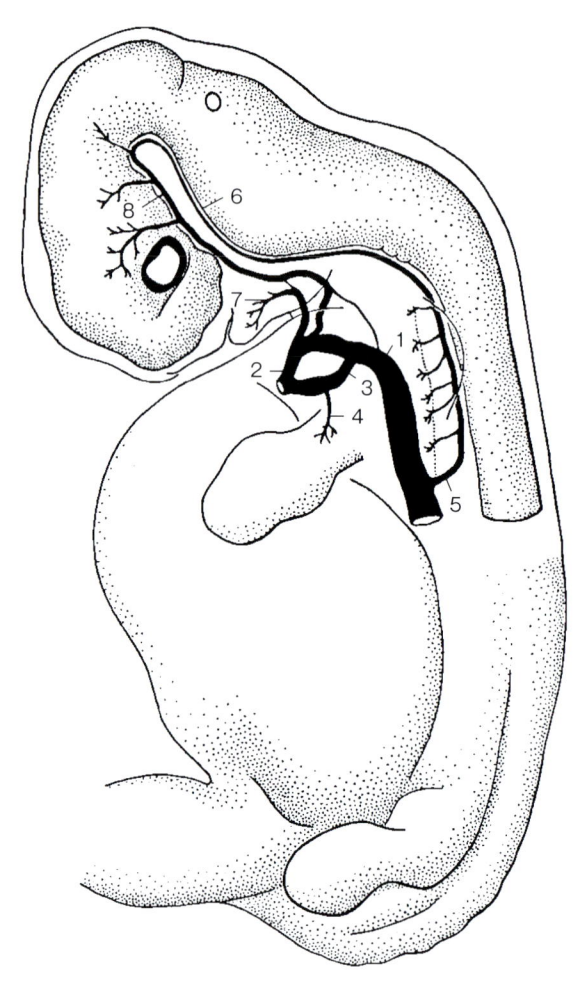

図 12-17：頸部における節間動脈の発達。1: 背側大動脈、2: 腹側大動脈、3: 動脈管、4: 肺動脈、5: 椎骨動脈、6: 脳底動脈、7: 外頸動脈、8: 内頸動脈。RüsseとSinowatz（1998）の厚意による。

から起始し、卵黄囊に分布する（図12-4）。卵黄囊が相対的に小さくなり、最終的な腸管が形成されると、左卵黄囊動脈は退縮し left vitelline artery involutes、消失する。一方、右卵黄囊動脈は発達し、腹腔動脈 coeliac artery と前腸間膜動脈 cranial mesenteric artery になる（図12-18）。腹腔動脈は胃を含む前腸の後部、十二指腸の前部、肝臓、膵臓および脾臓に分布する。前腸間膜動脈は腸間膜内に

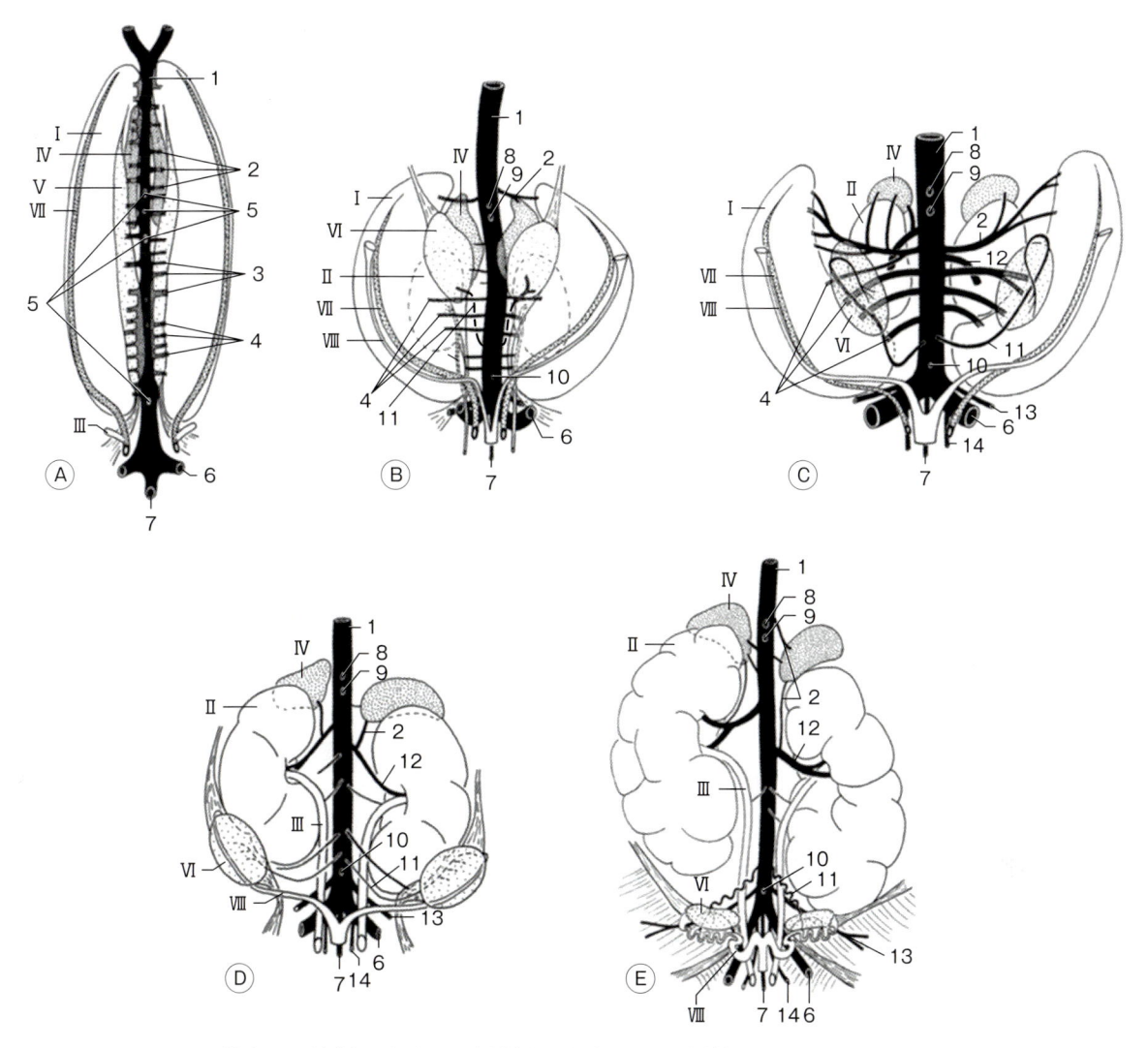

血液細胞、心臓および脈管系の発生　第12章

図12-18：A-E：ウシ雌胎子の外側節間動脈および腹側節間動脈の発達の腹側観。発達に伴い、節間動脈の数が減少していることに注意。Ⅰ：中腎、Ⅱ：後腎、Ⅲ：尿管、Ⅳ：副腎、Ⅴ：生殖巣堤、Ⅵ：卵巣、Ⅶ：中腎管（ウォルフ管）、Ⅷ：子宮に発達しつつある中腎傍管（ミューラー管）、1：大動脈、2：副腎動脈、3：生殖巣堤動脈、4：中腎動脈、5：腹側節間動脈、6：臍動脈、7：正中仙骨動脈、8：腹腔動脈、9：前腸間膜動脈、10：後腸間膜動脈、11：卵巣動脈、12：後腎への腎動脈、13：外腸骨動脈、14：内腸骨動脈。RüsseとSinowatz（1998）の厚意による。

位置しながら、十二指腸から横行結腸までの中腸に分布する（第14章参照）。前腸間膜動脈の周囲で腸管が回転するため、結果的にこの動脈は腸間膜根に位置することになる。前腸間膜動脈の後方で、別の小さな1対の腹側節間動脈が**後腸間膜動脈** caudal mesenteric arteryを生じ、この動脈は横行結腸より後方の後腸へ分布する。尿膜の発達とともに、腹側節間動脈の最も尾側の1対は不対の大動脈尾部から劇的に発達し、尿膜（のちには**胎盤** placenta）に分布する**臍動脈** umbilical arteryとなる（第9章参

照、図12-18)。これらの血管は大動脈から尿膜管に沿って走行し、臍部を通過して胎盤内で樹状に分かれる。出生後は、臍動脈の一部はともに**内腸骨動脈** internal iliac artery、**前膀胱動脈** cranial vesical artery ならびに閉鎖した**膀胱円索** ligamentum teres vesicae を生じる。

静脈系 The venous system

心臓に血液を帰流させるための静脈系は、動脈系と平行して分化する。基本的に主に3つの静脈系が区分される。すなわち、卵黄嚢からの血液を運ぶ**臍腸間膜静脈** omphalomesenteric vein (すなわち**卵黄嚢静脈** vitelline vein)、胎盤からの血液を運ぶ**臍静脈** umbilical vein、発達中の胚子の体からの血液を運ぶ**主静脈** cardinal vein である。

臍腸間膜静脈 (卵黄嚢静脈) と臍静脈
The omphalomesenteric or vitelline veins and the umbilical vein

卵黄嚢静脈は卵黄嚢から発達中の心臓の静脈洞へ走行する。左右の**卵黄嚢静脈** vitelline vein のあいだに3ケ所の吻合が形成される。2本の吻合は腸管の腹側にあり、1本の吻合は腸管の背側にある (図12-19)。左右の卵黄嚢静脈の一部と最頭端の吻合枝は、肝臓の**類洞** sinusoid を形成する広範囲にわたる毛細管網に分化する (第14章参照)。

最初、**臍静脈** umbilical vein は心臓へ向かう途中で発達中の肝臓を迂回する。しかし、右臍静脈の近位部は、発達中の肝臓内類洞血管網と次第に吻合を形成するようになる。その後、この静脈は退縮し、臍と発達中の肝臓のあいだで消失する。このようにして、酸素を豊富に含んだ血液を胎盤から胎子に運ぶため、**左臍静脈** left umbilical vein のみが残存する。この静脈は右卵黄嚢静脈の最近位部と吻合する。この吻合枝は、酸素を豊富に含んだ血液を通過させるための胎盤と肝臓をつなぐ短絡路の役割をする**静脈管** ductus venosus として、胚子期と胎子期のほとんど全期間を通して残存する。**右卵黄嚢静脈** right vitelline vein 近位部は静脈管と心臓を連絡しており、**後大静脈** caudal vena cava の肝心臓部に発達する。右卵黄嚢静脈の遠位部は、左右の卵黄嚢静脈のあいだの2つの遠位吻合部とともに、腸管とその派生器官からの排出路である**門脈** portal vein へと発達する。他方、左卵黄嚢静脈の最近位部は遠位部と同様に退化・消失する。

少なくとも食肉類と反芻類では、静脈管に括約筋様の狭窄があり、これは一方では静脈管を通して血液を直接肝臓に迂回させ、他方では肝臓の類洞に血液を送ることにより、酸素を豊富に含んだ血液の量を調節する。ブタでは、静脈管の最尾側部が発生初期に閉塞するので、胎盤からの酸素を豊富に含んだ血液は代替的な静脈叢を通過して静脈管の頭側部へ流入する。ウマにおいても、静脈管は妊娠の後半に多かれ少なかれ消失する。

出生時、**左臍静脈** left umbilical vein は閉塞し、退縮して**肝円索** ligamentum teres hepatis となる。胚子および胎子において、左臍静脈は臍部から肝臓に広がっている腹膜のヒダである**鎌状間膜** ligamentum falciforme のなかに吊り下げられている。左臍静脈が退化すると、この肝鎌状間膜は後大静脈の腹側で肝臓と横隔膜のあいだにある小さな垂直の腹膜ヒダの中に回収される。臍部から胸骨のあいだに広がるかつての間膜線に沿って、多少なりとも明らかな脂肪の蓄積が見られる。

主静脈 The cardinal veins

体の静脈系の発達は動脈系の発達と平行して起こるが、まず中腎の顕著な分化と関連して発達する。

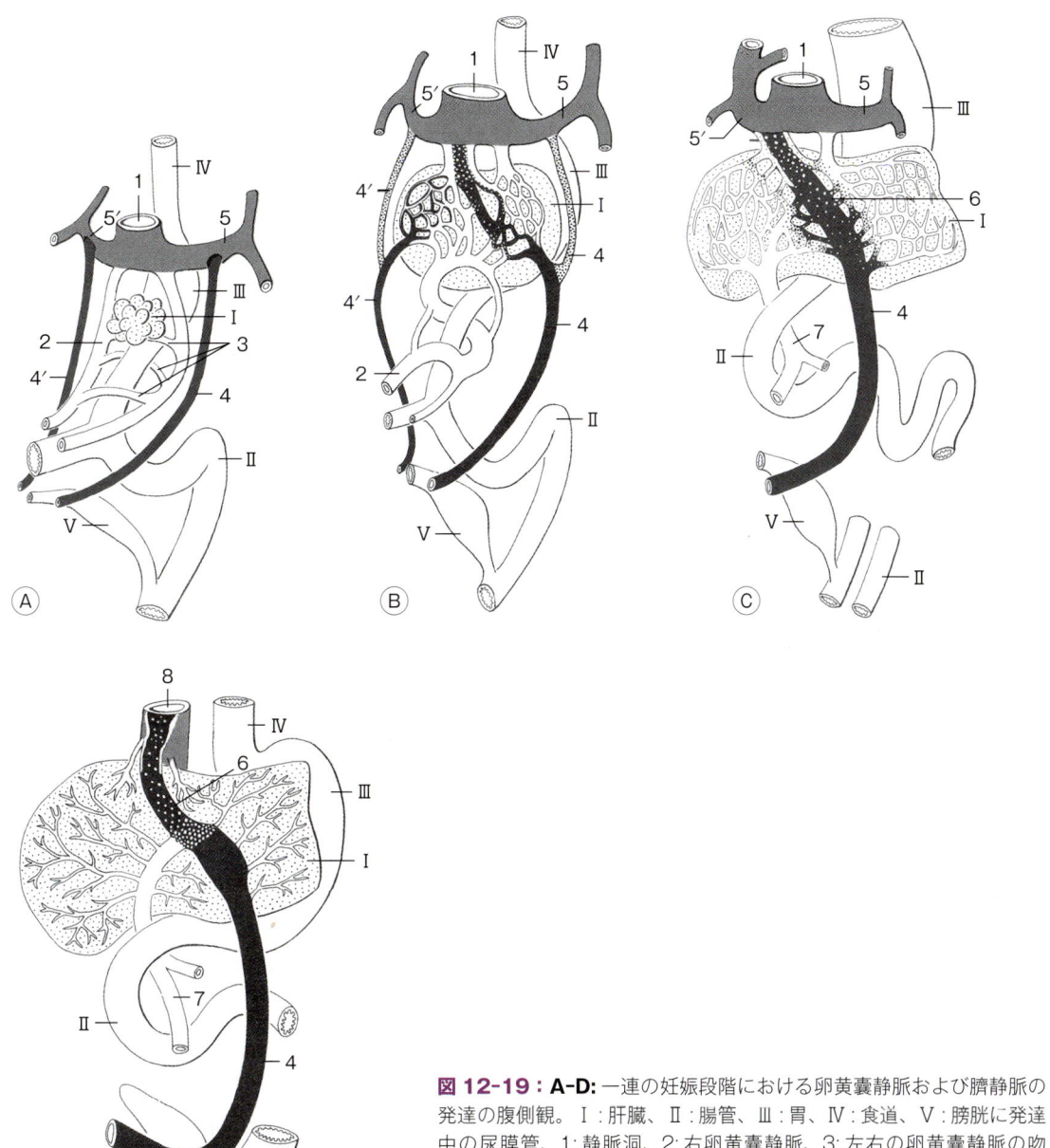

血液細胞、心臓および脈管系の発生 第12章

図 12-19：A-D: 一連の妊娠段階における卵黄嚢静脈および臍静脈の発達の腹側観。Ⅰ:肝臓、Ⅱ:腸管、Ⅲ:胃、Ⅳ:食道、Ⅴ:膀胱に発達中の尿膜管、1:静脈洞、2:右卵黄嚢静脈、3:左右の卵黄嚢静脈の吻合、4:左臍静脈、4':右臍静脈、5:左総主静脈、5':右総主静脈、6:静脈管、7:門脈、8:後大静脈。Rüsse と Sinowatz（1998）の厚意による。

217

左右対称な**主静脈** cardinal vein は尾側部と頭側部に分けられ、背側大動脈の発達後すみやかに形成される（図12-4、12-20）。左右の**後主静脈** caudal cardinal vein は中腎の背外側に見られ、身体尾側部と中腎からの血液を心臓へ運ぶ。左右の**前主静脈** cranial cardinal vein は頭部を含めた身体頭側部からの血液を心臓へ運ぶ。心臓の高さで前主静脈および後主静脈は左右各々の側で癒合して、左右の**総主静脈** common cardinal vein となる。最初、これらの静脈は左右の静脈角を通って（卵黄嚢静脈と臍静脈とともに）心臓の静脈洞に開口する（図12-21）。

第二の静脈系は、中腎内側を後主静脈と平行して走行する両側性の**主下静脈** subcardinal vein（図12-20）として起こる。頭側方では、主下静脈は後主静脈に注ぎ込む。妊娠2カ月目のあいだ、中腎が最も発達するとき、少なくとも反芻類とブタでは主静脈と主下静脈は胎子の中腎の部位で多くの吻合枝を通して連絡する。さらに、副腎付近で左右の主下静脈は広範囲にわたる吻合枝の血管網を形成する。右主下静脈頭側部と右卵黄嚢静脈肝心臓部のあいだのもう1つの顕著な吻合部は、のちに**後大静脈** caudal vena cava の一部へ発達する。

主下静脈形成後約2週間で、第三の静脈系である両側性の**主上静脈** supra-cardinal vein が生じる（図12-20）。この静脈は交感神経幹に沿って走行し、頭側方で後主静脈に開口する。左右の後主静脈の中間部は閉塞し、残存する尾側部は、最初は主下静脈と吻合し、後に主上静脈と吻合する。

最後の静脈系は**内腸骨静脈** internal iliac vein および**外腸骨静脈** external iliac vein および**総腸骨静脈** common iliac vein であり、これらは後主静脈尾側部から生じる。**後大静脈** caudal vena cava の骨盤部は右主上静脈から発達し、腰部は左右の主下静脈間の吻合と主静脈から発達し、腹部は右主下静脈と右卵黄嚢静脈の肝心臓部間の吻合部から発達する。**奇静脈** azygos vein と**半奇静脈** hemiazygos vein は、左右の主静脈と左右の主上静脈のそれぞれ頭側部から発達する。左右の主上静脈間の吻合は半奇静脈を形成させる（片側からの静脈が他側の対応する静脈に流入する）。ウマと食肉類では右奇静脈と左半奇静脈が存続する。逆も真なりで、ブタと反芻類では左奇静脈と右半奇静脈が存続する。

心臓の頭側方では、左前主静脈近位部は消失するため、左右の主静脈は吻合枝によって結合し、左の頭部と頸部の機能的排出路を提供する（図12-20）。左右前主静脈は**左右の内頸静脈** right and left internal jugular veins に発達する。**外頸静脈** external jugular vein は顔面形成と関連した二次的構造として発達する。**左右の鎖骨下静脈** right and left subclavian vein は、最初同側の前主静脈に注ぐが、心臓の尾側方への移動とともに、この静脈の排出路は次第に右前主静脈へ移動する。最終的な静脈系において、左右の主静脈はともに右総主静脈に流入するが、左主静脈は吻合枝を介する。ブタや食肉類では、この吻合枝は**左腕頭静脈** left brachiocephalic vein へと発達し、これに左内頸静脈、外頸静脈および腋窩静脈が流入する。**右腕頭静脈** right brachiocephalic vein は右前主静脈の近位部から生じる。左右の腕頭静脈は癒合して右心房に開口する**前大静脈** cranial vena cava となる。ウマや反芻類では、頸静脈や鎖骨下静脈は前大静脈に直接開口する。

出生前後の血管循環
Circulation before and after birth

胎子血液循環 The fetal circulation

胎子の発達のあいだ、**胎盤** placenta は、酸素と栄養が取り込まれ、二酸化炭素と代謝産物が排出される場である。酸素を多く含む血液は**臍静脈** umbilical vein を通って胚子や胎子に到達する。この臍静脈は

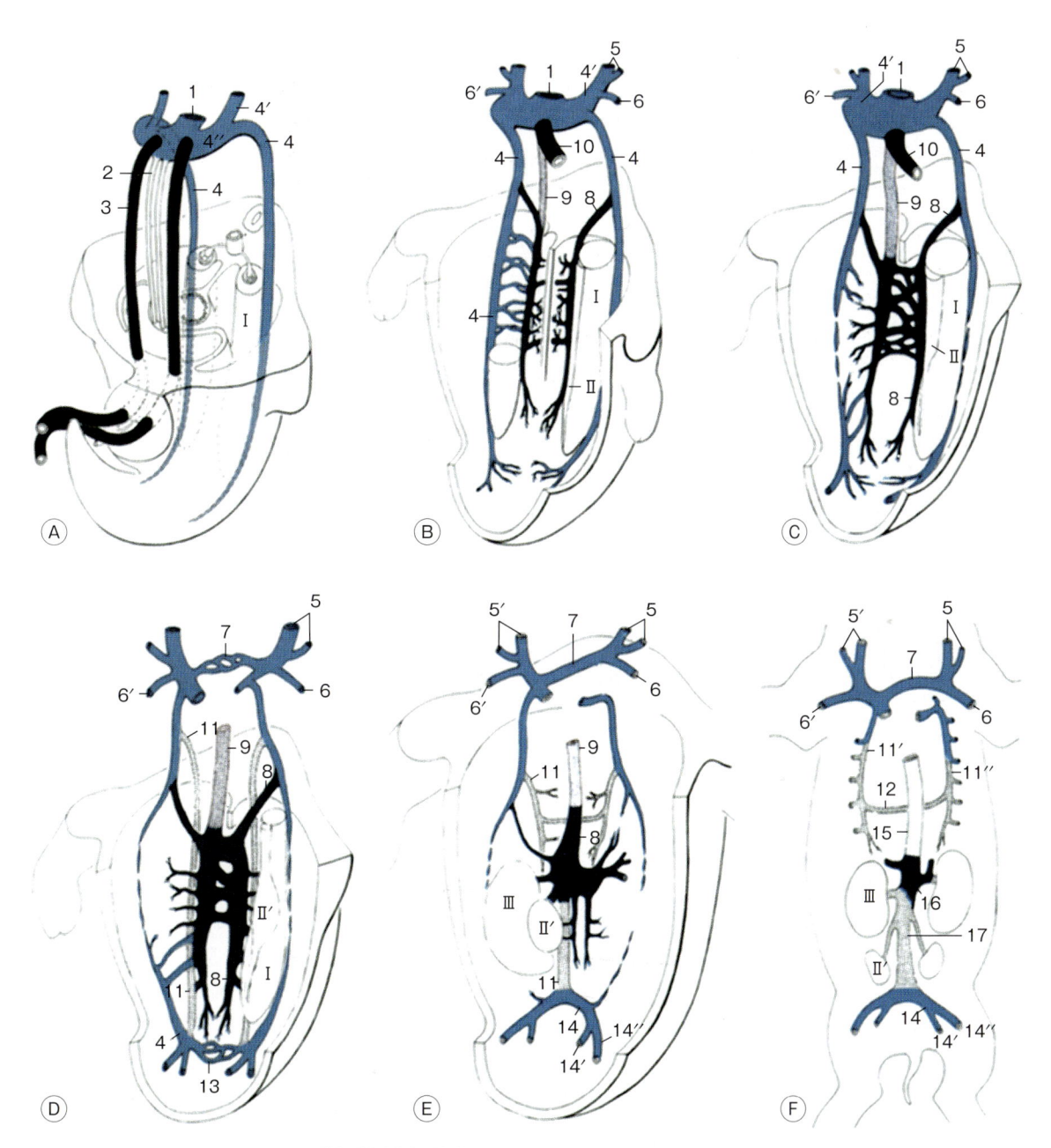

血液細胞、心臓および脈管系の発生　第12章

図 12-20：**A-F:** 一連の妊娠の連続的段階における主静脈の発達の腹側観。黒：臍静脈、薄い青：主静脈、濃い青：主下静脈、黒点：主上静脈、青点：右主下静脈と右卵黄嚢静脈の肝心臓部との間の吻合、Ⅰ：中腎、Ⅱ：生殖巣堤、Ⅱ'：生殖腺、Ⅲ：後腎、1: 静脈洞、2: 卵黄嚢静脈、3: 臍静脈、4: 後主静脈、4': 前主静脈、4'': 総主静脈、5: 左内頸静脈および外頸静脈、5': 右内頸静脈および外頸静脈、6: 左鎖骨下静脈、6': 右鎖骨下静脈、7: 主静脈間の吻合、8: 主下静脈、9: 右主下静脈と右卵黄嚢静脈の肝心臓部との間の吻合、10: 右卵黄嚢静脈の肝心臓部、11: 主上静脈、12: 主上静脈間の吻合、13: 主静脈間の尾側の吻合、14: 総腸骨静脈、14': 内腸骨静脈、14'': 外腸骨静脈、15: 後大静脈腹部、16: 後大静脈腰部、17: 後大静脈骨盤部。
Rüsse と Sinowatz（1998）の厚意による。

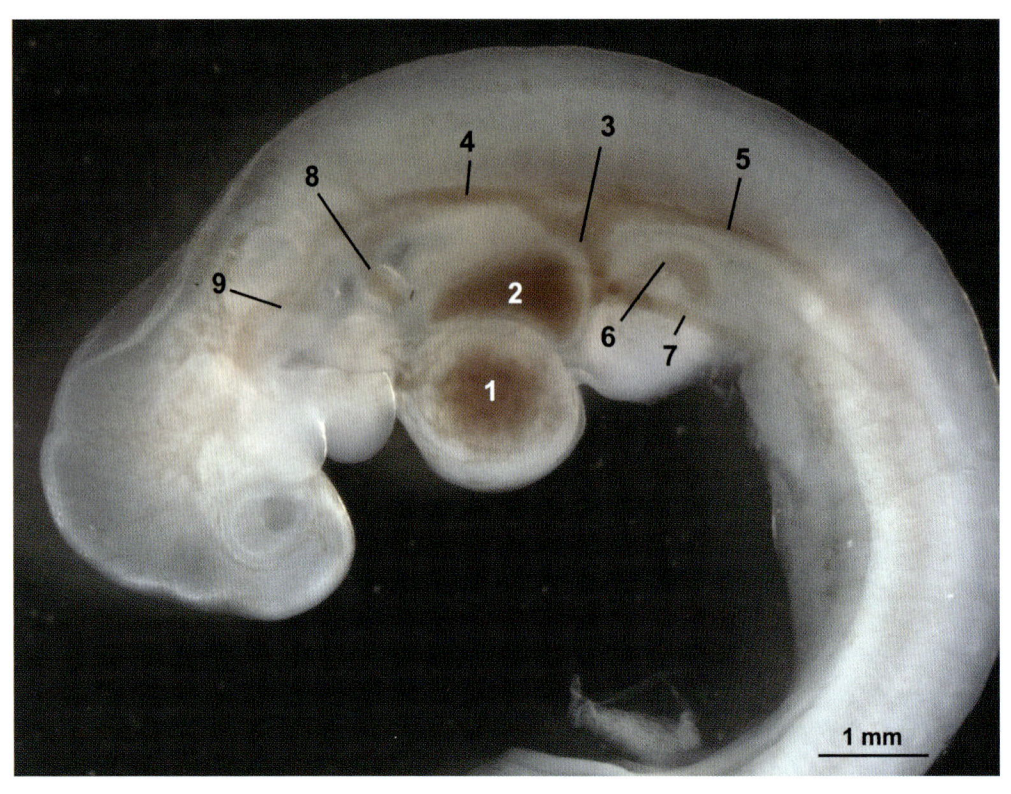

Development of the blood cells, heart and vascular system

図 12-21：妊娠 18 日齢のブタ胎子。静脈系の血液の充満した部分を示す。卵黄嚢は除去してある。1: 心室、2: 心房、3: 総主静脈、4: 前主静脈、5: 後主静脈、6: 卵黄嚢静脈、7: 臍静脈、8: 第三咽頭弓の静脈、9: 頸静脈。

臍輪では 1 対あるが、胎子に進入するのは左側の 1 本のみで（図 12-22）、右側の 1 本は前述したように臍部と肝臓の間で退縮する。左臍静脈は肝臓へ向かい、そこでほとんどの血液は静脈管 ductus venosus を通って直接後大静脈 caudal vena cava へ流れる。わずかの血液のみが肝臓類洞内に流入する。この血液は前述したように静脈管にある括約筋のメカニズムによって調整される。一方、静脈管内の酸素を多く含む血液は、肝臓および機能していない消化管とその付属器官から、酸素に乏しい血液を門脈 portal vein を介して受け取る。

　右心房 right atrium に流入する前、後大静脈内において比較的酸素を多く含む血液は、身体尾側部からの酸素に乏しい血液と混ざる（図 12-23）。右心房内で、この血液は後大静脈内の弁によって卵円孔へ誘導される。右心房の内圧は左心房の内圧よりずっと高いので、比較的酸素を多く含んだ血液のほとんどは卵円孔を抜けて左心房 left atrium へ流れる。比較的酸素を多く含んだ血液の一部のみが右心房 right atrium に残り、前大静脈を介して流入してくる頭部や身体前部からの酸素に乏しい血液と混ざり、右心室 right ventricle へと移動して肺動脈幹 pulmonary trunk へ拍出される。

　左心房において比較的酸素を多く含んだ血液は、機能していない肺から肺静脈を介して流入する酸素に乏しい血液と少量混ざる。その後、この混合血液は左心室 left ventricle に入り、大動脈 aorta へ拍出される。冠状動脈や腕頭動脈は大動脈の最初の分

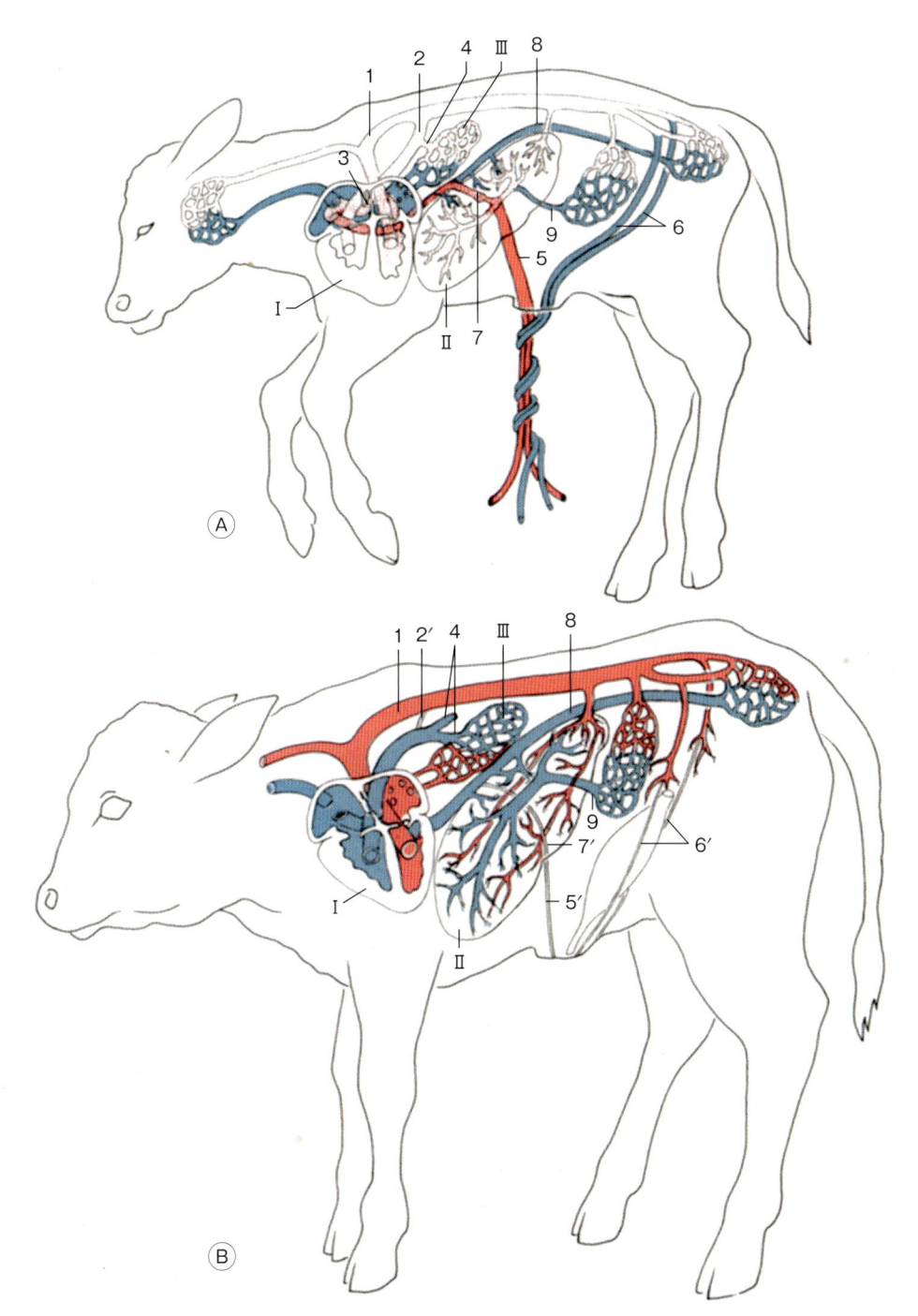

血液細胞、心臓および脈管系の発生　第12章

図12-22：出生前後における血液循環系の変化。**A:** 胎子の血液循環。**B:** 出生後の血液循環。Ⅰ：心臓、Ⅱ：肝臓、Ⅲ：肺。1: 大動脈、2: 動脈管、2': 動脈管索、3: 卵円孔、4: 肺動脈、5: 左臍静脈、5': 肝円索、6: 臍動脈、6': 膀胱円索、7: 静脈管、8: 後大静脈、9: 門脈。RüsseとSinowatz（1998）の厚意による。

Development of the blood cells, heart and vascular system

の比較的酸素を多く含んだ血液と混ざる。この混合により中程度の血液酸素分圧となり、胎子の後部へ供給される。この混合血液は臍動脈 umbilical artery を介して臍帯を通過し、酸素を受け取るため、胎盤に戻る。

出生時の血液循環の変化
The changes in circulation at birth

出生によって胎盤を介する母子間の関係が終了する。その結果、新生子の血中の二酸化炭素分圧は増加する。このことは延髄にある呼吸中枢の受容体を刺激し、呼吸が開始される。

最初の吸気 inspiration により、肺の容積はかなり拡大し、これが肺の血液循環を刺激 stimulates pulmonary blood circulation する（図12-22）。その結果、肺静脈を通る血流が増加し、左心房の内圧が増加し、左右心房を仕切る中隔に影響を及ぼす。すなわち、左心房の高い内圧により薄い一次心房中隔は厚い実質性の二次心房中隔側へ押され、卵円孔を閉鎖 closes the foramen ovale する。このようにして、最初の吸気で出来た肺内の酸素を多く含んだ血液は左心房に入り（これまでの右心房への帰流に代わって）、大動脈へ拍出される。動脈管は反射的に閉鎖 ductus arteriosus closes reflexly し、肺動脈幹からの酸素に乏しい血液が大動脈に入るのを防ぐ。静脈管と左臍静脈の収縮 contraction of the ductus venosus and left umbilical vein により胎盤から胎子への血流は止まる。また、臍動脈の収縮 contraction of the umbilical arteries により胎盤への血流も止まる。

閉塞した動脈管は動脈管索 ligamentum arteriosum として、閉塞した左臍静脈は肝円索 ligamentum teres hepatis として残在する。また、閉塞した臍動脈は膀胱円索 ligamentum teres vesicae として残存し、閉鎖した卵円孔は卵円窩 fossa ovalis として

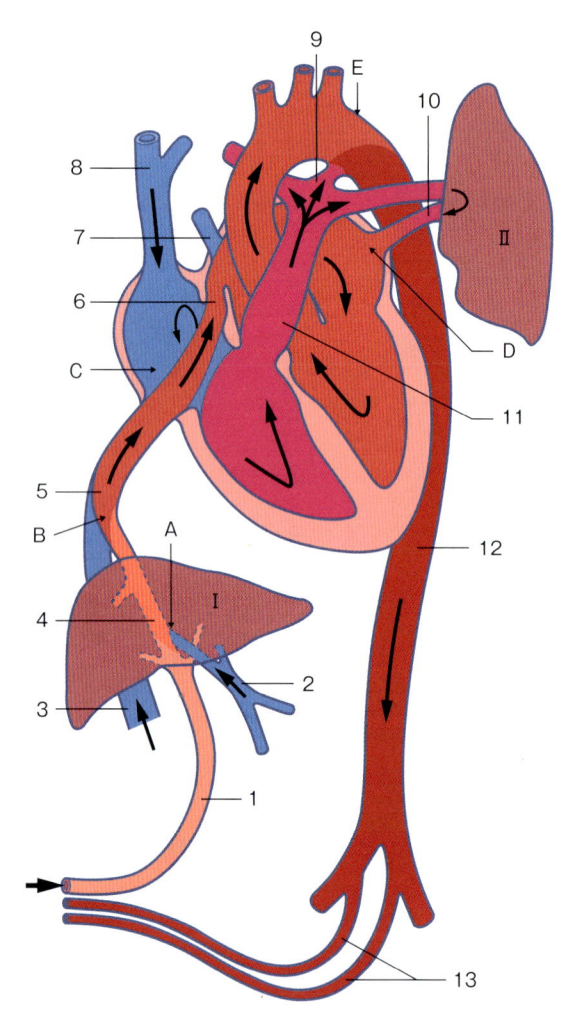

図 12-23：胎子の血液循環における酸素を多く含む血液と酸素に乏しい血液の混合。Ⅰ：肝臓、Ⅱ：肺、1：左臍静脈、2：門脈、3：後大静脈、4：静脈管、5：後大静脈の心肝臓部、6：卵円孔、7：右肺静脈、8：前大静脈、9：動脈管、10：左肺静脈、11：肺動脈幹、12：大動脈、13：臍動脈。酸素を多く含む血液は、比較的酸素に乏しい血液と5ヶ所（A-E）で混ざることに注意。Sadler（2004）を改変。

枝であるので、心筋組織や脳が受け取る血液はこの比較的酸素を多く含んだ部位から供給される。肺動脈幹 truncus pulmonalis 内の混合血液は胎子肺循環の高い内圧のために、高率で動脈管 ductus arteriosus を通って大動脈へ短絡し、ここで左心室から

血液細胞、心臓および脈管系の発生 第12章

肉眼的に識別可能な状態で残る。

要約 Summary

循環器系 circulatory system は最初に機能する器官系として形成され、心臓 heart、動脈 artery、静脈 vein および血液 blood が含まれる。最初に卵黄嚢壁内の中胚葉性の血液血管芽細胞 haemangioblast は、内皮細胞 endothelial cell を形成する血管芽細胞と、血球 blood cell を形成する内部の細胞へと分化する。この分化は胚盤の吻側端において、心管（心筒）cardiac tube に発達する馬蹄形の心臓発生域 cardiogenic field で起こる。心筒（心管）を覆う胚内体腔は心膜腔 pericardial cavity を形成する。他の血管芽細胞は正中線の左右に1対の背側大動脈 dorsal aortae を形成する。胚子が吻尾方向に180°屈曲することにより、馬蹄形の心筒（心管）は引き伸ばされて腹側へ移動する。この心管（心筒）は吻側方を向き、1対の腹側大動脈 ventral aortae を形成する。腹側大動脈および背側大動脈は大動脈弓 aortic arch で連結するようになる。腹側大動脈のより尾側部は癒合し、心筒（心管）を吻側方へ伸展させる。心管（心筒）の吻側端は腹側大動脈と連続し、尾側端は発達中の静脈系と連絡する。心管（心筒）cardiac tube はのちにU字形 U-shaped の構造へと発達し、静脈が心管に開口する場である静脈洞 sinus venosus、心房 atrium、心室 ventricle、心球 bulbus cordis および腹側大動脈への排出路が見られる動脈幹 truncus arteriosus に分かれる。静脈洞は心房の右側壁に組み込まれ、肺静脈は心房の左側壁に部分的に組み込まれるようになる。心房は心内膜隆起 endocardial cushion によって心室から区切られ、この結果分離した左右の房室管が形成される。引き続き、心筒は仕切りによって平行する2つの管に分かれる。心房は一次心房中隔 septum primum と二次心房中隔 septum secundum で仕切られ、両心房の間に卵円孔 foramen ovale が残る。心室と心筒の広い後部は心室中隔 interventricular septum で仕切られ、それぞれ左心室と右心室になる。最終的に心筒の前方の狭い部分と動脈幹は、大動脈肺動脈中隔 aorticopulmonary septum によって2つの管に分けられる。このようにして、2つの平行する管を備えた、4個の部屋からなる心臓が形成される。のちに弁 valve と刺激伝導系 conducting system が発達する。

第三大動脈弓、第四大動脈弓および第六大動脈弓 aortic arch は最終的な血管系のそれぞれ異なる部位へと発達するが、第一大動脈弓、第二大動脈弓および第五大動脈弓は発達せずに消失する。腹側大動脈は総頸動脈 common carotid artery と内頸動脈 internal carotid artery へ発達する。第三大動脈弓は総頸動脈と内頸動脈間の結合枝を形成する。第四大動脈弓は大動脈弓 aortic arch を左側に、右鎖骨下動脈 right subclavian artery を右側に形成する。第六大動脈弓は肺動脈幹 pulmonary trunk を形成し、左側では肺動脈幹と大動脈弓を連結する動脈管 ductus arteriosus を形成する。

両側の背側大動脈は次第に癒合し、そこから節間動脈を生じる。背側節間動脈 dorsal segmental artery は神経管と体の枢軸部（軸性の体構成要素、椎骨や脊索とその周囲）に分布し、外側節間動脈 lateral segmental artery は尿生殖器系に分布する。腹側節間動脈 ventral segmental artery は胃腸系に分布して腹腔動脈 coeliac artery、前腸間膜動脈 cranial artery および後腸間膜動脈 caudal mesenteric artery となる。

身体の静脈系は主に3つの主要な要素から発達する。すなわち、卵黄嚢静脈 vitelline vein、臍静脈 umbilical vein および主静脈 cardinal vein である。卵黄嚢静脈 vitelline vein は後大静脈 caudal vena cava の肝心臓部、肝臓の類洞 the sinusoids of the

Development of the blood cells, heart and vascular system

liver および門脈 portal vein を形成する。右臍静脈は消失するが、左臍静脈 left umbilical vein は妊娠中に酸素を多く含んだ血液を胎盤から oxygenated blood from the placenta 胎子へ輸送するという重要な機能を持っている。主静脈 cardinal vein とそれに継承してできる第二世代の静脈である主下静脈 subcardinal vein および主上静脈 supracardinal vein は、後大静脈 caudal vena cava の残りの部分、内腸骨静脈 internal iliac vein、外腸骨静脈 external iliac vein、奇静脈 azygos vein および半奇静脈 hemiazygos vein を形成する。胚子の吻側部において主静脈は右内頸静脈 right internal jugular vein および左内頸静脈 left internal jugular vein と腕頭静脈 brachiocephalic vein を形成する。

血液細胞の形成、すなわち造血 haematopoiesis は卵黄嚢において中胚葉造血期 mesoblastic period に始まり、肝脾造血期 hepato-lienal period に脾臓と肝臓に継承され、最終的に骨髄造血期 medullary period に主として骨髄内で行われる。

胎生期のあいだ、左臍静脈からの酸素を多く含んだ血液は右心房に入り、ここでほとんどの血液は卵円孔 foramen ovale を通過して左心房へ移動する。血液は左心房から左心室へ流れ、大動脈へ入る。右心房から右心室へ流れ、肺動脈幹を通過した血液は動脈管 ductus arterisus を通って大動脈へ短絡される。酸素の乏しい血液は臍動脈が胎盤へ運ぶ。出生時に循環器系に劇的な変化が起きる。すなわち、左臍静脈は閉塞し、肝円索 ligamentum teres hepatis として残存し、卵円孔は閉鎖し、動脈管は閉塞して動脈管索 ligamentum arteriosum として残存する。臍動脈は閉塞して膀胱円索 ligamentum teres vesicae として残存する。

Box 12-1 血管系の発達における分子制御

原腸胚形成の過程のあいだに、外側中胚葉は壁側中胚葉と臓側中胚葉に分かれる。臓側中胚葉はその下層にある内胚葉とともに臓側板を形成する。最初の造血中胚葉は卵黄嚢壁内に形成され、ここで血液と血管の両方が生じる。しかし、魚類、両生類、鳥類および哺乳類の最終的な造血幹細胞は、胚子体内で大動脈に近接する臓側外側中胚葉で形成されると考えられている。この領域は**大動脈-生殖巣-中腎の形成領域** Aorta-Gonad-Mesonephros（**AGM**）region と呼ばれている。AGM 領域内の造血幹細胞は、**CD34** のような細胞表面マーカーや受容体分子 **c-Kit** をコードする遺伝子に加え、造血幹細胞の形成に決定的に重要な制御因子をコードする遺伝子、たとえば **SCL**、**Runx-1**、**c-Myb** および **LMO-2** を発現する。原癌遺伝子 c-Myb は傍大動脈性の AGM 領域において、造血に特異的に影響を及ぼす。AGM 領域からの造血幹細胞は、のちに胎子肝臓内と多分骨髄内に進入する。骨髄は成体期中を通して、血液産生の主要な場であり続ける。しかし、不可解にも AGM 領域内の多能性造血幹細胞の数が非常に少ない。最近のデータは、胎盤が哺乳類の血液幹細胞の付加的な初期の供給源であることを示している。マウスの胎盤は血管迷路領域の中に造血幹細胞を含む。多能性造血幹細胞は胎盤血管の内皮細胞と一緒に産生されているようである。このことは血液血管芽細胞が胎盤内はもちろん、卵黄嚢内でも産生されていることを示唆する。血液血管芽細胞の数は、のちに肝臓に見られる幹細胞の数を説明するのに十分であると思われる。そのため、肝臓は幹細胞を AGM 領域と胎盤の両方から、および第三の供給源として卵黄嚢の血液血管芽細胞から受け取るのかもしれない。

血液血管芽細胞は、下層の下胚盤葉と内胚葉に起因する**骨形成タンパク質** bone morphogenetic protein（**BMP**）や**線維芽細胞成長因子**（線維芽細胞増殖因子ともいう）fibroblast growth factor（**FGF**）の細胞内情報伝達によって特殊化される（すなわち、この細胞としての特性を備えるようになる）。神経管（**Wnt タンパク質** Wnt pro-

血液細胞、心臓および脈管系の発生　第12章

tein）と脊索（**ノギン**と**コルディン**）からの抑制シグナルは、胚子尾側部における心臓発生野の形成を妨げる。それと反対に、胚子吻側部では、発達中の前腸内の下胚盤葉と内胚葉の細胞はシグナル分子を産生する。この分子には、**Cerberus**、**Dickkopf** および **Crescent** などが含まれ、神経管の Wnt シグナルに拮抗する。そのため、心原性中胚葉は Wnt シグナルの不在下で、BMP（と FGF）のシグナルによって特殊化される（その特性を備えるようになる）。このことは心臓発生のための主要な遺伝子である *Nkx2.5* の発現を導く。

　ニワトリとマウスにおいて、後方の心臓領域（静脈洞と心房）は高濃度の**レチノイン酸** retinoic acid にさらされることによって確立されることが示されている。このレチノイン酸の局所的な蓄積は、最終的にホメオティック遺伝子群、Hox 遺伝子によって制御されている。前方の心臓領域は、のちに心臓の隔壁形成に重要な役割を担う転写因子 *Tbx5* の働きによって特殊化される（その特性を備えるようになる）。心臓のループ化や房室腔の形成は左右のパターンを形成するタンパク質に依存している（**ノダル**、**Lefty-2**、第 7 章参照）。最終的に **Hand1** タンパク質は左心室に限局し（転写因子 *Tbx5* の発現と重複する）、**Hand2** タンパク質は右心室に限局するようになる。大動脈幹は主として転写因子 *Pax3* を発現している神経堤細胞に由来する。

　血管は心臓とは独立して形成されるが、最終的には心臓に連結する。血管形成の第一段階において、臓側板の中胚葉細胞は神経管由来の Wnt シグナルによる抑制的制御下で血液血管芽細胞を形成する。血管形成の第二段階において、血液血管芽細胞は凝縮し、最終的に血液前駆細胞と血管内皮細胞が形成される場となる血島が生じる。**血管内皮細胞増殖因子** vascular endothelial growth factor（**VEGF**）は現在 7 個の因子（そのうち 5 個が哺乳類でわかっている）からなる 1 群で、内皮細胞の形成、その結果として生じる一次毛細血管網の形成、それに続く段階の血管形成に関与している。現在、VEGF に対する 3 個のチロシンキナーゼ受容体、すなわち VEGFR-1（Flt1）、VEGFR-2（Flk1）および VEGFR-3 が同定されている。**VEFG-A** は血管透過性因子（VPF）としても知られているが、VEGF-R1 と VEGF-R2 の両者と結合する。**VEGF-R2** は内皮細胞の形成・増殖・移動に関与し、**VEGF-R1** は毛細血管の形成に関与する。**VEGF-B** と**胎盤成長因子** Placental Growth Factor（**PIGF**）は VEGF-R1 とただ結びつくだけである。とりわけ **VEGF-C** と **VEGF-D** は、**VEGF-R3** を介してリンパ管新生の成長因子として作用することが知られている。

　一次毛細血管網は、2 つのタイプの内皮細胞を持つ。これは、動脈の *ephrin-B2* 発現内皮細胞と静脈の *EphB4* 発現内皮細胞である。EphB4 は ephrin-B2 の受容体であり、血管形成のあいだ、リガンドと受容体の相互作用は静脈性毛細血管と動脈性毛細血管の融合を確実にする。新たに形成された血管が成熟するためには、動脈を覆う平滑筋細胞を形成する周皮細胞の補充が必要である。**アンジオポイエチン** angiopoietin および**血小板由来増殖因子** platelet-derived growth factor（**PDGF**）は、このプロセスに関与することが知られている。

参考文献 Further reading

Broccoli, F. and Carinci, P. (1973): Histological and histochemical analysis of the obliteration processes of ductus arteriosus Botalli. Acta Anat. 85:69–83.

Canfield, P.J. and Johnson, R.S. (1984): Morphological aspects of prenatal haematopoietic development in the cat. Zbl. Vet. Med. C. 13:197–221.

Coulter, C.B. (1909): The early development of the aortic arches of the cat, with especial reference to the presence of a fifth arch. Anat. Rec. 3:578–592.

Dickson, A.D. (1956): The ductus venosus of the pig. J. Anat. 90:143–152.

Field, E.J. (1946): The early development of the sheep heart. J. Anat. 80:75–85.

Field, E.J. (1951): The development of the conducting system in the heart of the sheep. Br. Heart J. 13:129–147.

Forsgren, S., Strehler, E. and Thornell, L.E. (1982): Differentiation of Purkinje fibres and ordinary ventricular and atrial myocytes in the bovine heart: an immuno- and enzyme histochemical study. Histochem. J. 14:929–942.

Grimes, M., Greenstein, J.S. and Foley, R.C. (1958): Observations on the early embryology of the bovine heart in embryos with six to twenty paired somites. Am. J. Vet. Res. 19:591–599.

Hammond, W.S. (1937): The developmental transformations of the aortic arches in the calf (Bos taurus), with especial reference to the formation of the arch of the aorta. Am. J. Anat. 62:149–177.

Lewis, F.T. (1906): Fifth and sixth aortic arches and related pharyngeal pouches in pig and rabbit. Anat. Anz. 28:506–513.

Los, J.A. and van Eijndthoven, E. (1973): The fusion of the endocardial cushions in the heart of the chick embryo. Z. Anat. Entwicklungsgesch. 141:55–75.

Martin, E.W. (1960): The development of the vascular system in 5–21 somite dog embryos. Anat. Rec. 137:378.

McGaedy, T.A., Quinn, P.J., FitzPatrick, E.S. and Ryan, T. (2006): Veterinary Embryology. Blackwell Publishing Ltd., Oxford, UK.

Muir, A.R. (1951): The development of the sinu-atrial node in the heart of the sheep. J. Anat. 85:430.

Muir, A.R. (1954): The development of the ventricular part of the conducting tissue in the heart of the sheep. J. Anat. 88:381–391.

Noden, D.M. and de Lahunta, A. (1985): The embryology of domestic animals. Williams & Wilkens, Baltimore, London.

Rüsse, I. and Sinowatz, F. (1998): Lehrbuch der Embryologie der Haustiere, 2nd edn, Parey Buchverlag, Berlin.

Sadler, T.W. (2006): Langman's Medical Embryology. 10th edition, Lippincott Williams and Wilkins, Baltimore, Maryland, USA.

Scavelli, C., Weber, E., Aglianò, M., Cirulli, T., Nico, B., Vacca, A. and Ribatti, D. (2004): Lymphatics at the crossroads of angiogenesis and lymphangiogenesis. J. Anat. 204:433–449.

Shaner, R. (1929): The development of the atrioventricular node, bundle of His, and sinu-atrial node in the calf, with a description of a third embryonic node-like structure. Anat. Rec. 44:85–99.

Srivastava, D. (2006): Making or breaking the heart: from lineage determination to morphogenesis. Cell 126:1037–1048.

Vitums, A. (1969): Development and transformation of the aortic arches in the equine embryos with special attention to the formation of the definitive arch of the aorta and the common brachiocephalic trunk. Z. Anat. Entwicklungsgesch. 128:243–270.

Vitums, A. (1981): The embryonic development of the equine heart. Zbl. Vet. Med. C. 10:193–211.

CHAPTER 13

Morten Vejlsted

免疫系の発生
Development of the immune system

　成体は異物に対して、幾重もの防御層を備えている。これらの防御層は、3つのすべての胚葉から派生する。物理的な**障壁** physical barrier は、身体の外部および内部の表面の無傷の上皮（すなわち、皮膚と消化管）から成るが、これらは第1番目の防御層として機能し、外胚葉と内胚葉に由来する。第2および第3番目の防御層の中心をなす細胞は、**先天性（自然）免疫** innate (pre-existing) immunity 系と**特異的（後天性／獲得）免疫** specific (induced/acquired) immunity 系からなり、これらは中胚葉に由来する。**先天性免疫系** innate immunity system は、非常に迅速に作用するが、あらゆる**記憶形態を欠如** lacks any form of memory しており、このシステムの重要な構成要素は、造血幹細胞から発生する骨髄細胞系譜の**顆粒球（白血球）** granulocyte である。一方、リンパ球系譜の**獲得免疫系すなわち適応免疫系** acquired or adaptive immunity system は**記憶** memory を持ち、**リンパ球** lymphocyte 系譜の細胞が記憶能のみならず、作動因子（エフェクター）を持つ子孫細胞を形成する。獲得免疫は、腸管への微生物の定着に依存しているため、後天的な現象である。腸管内や体外表面に存在する病原微生物は、高い変異率を示す。獲得免疫は本質的に、すべてリンパ球系譜の進化に関するものである。この系譜は、新たな攻撃に繰り返し曝露されることに対して遅れをとらないように、表面レセプターを体細胞的に変異させる能力を持つ。

　子宮内での発育期間において、**胎盤** placenta は、一般に胚子や胎子を外来性病原体への曝露から保護する（第9章参照）。この結果、生まれて間もない動物（新生子）では、多かれ少なかれ、免疫学的にナイーブ（無垢）な状態であり、獲得免疫系の基本的な機能を有するものの、それが最終的に発達するために必要な抗原刺激を待ち構えている状態にある。これを補うため、母親からの抗体を含んだ**初乳** colostrum を摂取することで、分娩後の最初の数週間の期間は受動的に新生子が保護される。しかしながら、その後、動物が生き延びるためには、新生子自身の免疫系が成熟しなければならない。この教科書は発生学であるため、免疫系の細胞や器官の子宮内形成に焦点を当てる。出生後の免疫系の成熟と免疫応答、ならびに免疫学的特異性と免疫記憶については、Tizard（2008）の『Veterinary Immunology：An Introduction』などの教科書を参考にして欲しい。

リンパ球 The lymphocytes

　発生期の免疫系の細胞に関しては、卵黄嚢における造血幹細胞の形成について議論をはじめることが慣習であった。しかしながら、最近では卵黄嚢の幹細胞集団が持つ造血系細胞になる潜在能力は、そのすぐあとに胚内に出現する**大動脈−生殖巣−中腎領**

Development of the immune system

域 aorta-gonad-mesonephros（AGM）region の幹細胞が持つ潜在能力に比べて制限されていることが明らかにされている（第12章参照）。したがって、現在では最初に胎子の**肝臓** liver、次いで**胸腺** thymus と**脾臓** spleen（肝脾臓期）、最後に**骨髄** bone marrow（骨髄期）が AGM 領域由来の造血幹細胞により播種されると一般に受け入れられている。最終的には、リンパ系、赤血球系および骨髄系のすべての細胞系譜が生じる。リンパ球系細胞系譜 lymphoid cell lineage からは、**ナチュラルキラー細胞** Natural Killer（NK）cell や **B リンパ球および T リンパ球** B and T lymphocyte が生じる。一方、**骨髄球系の細胞系譜** myeloid cell lineage からは、好中球、好酸球および好塩基球といった**顆粒球（白血球）** granulocyte が生じる。

リンパ球の分化は、早くも肝脾臓期に**胸腺** thymus ではじまる。その後、**腸管関連リンパ組織** gut-associated lymphoid tissue が発達し、続いて**リンパ節** lymph node、**扁桃** tonsils、**脾臓** spleen が現れる。骨髄期がはじまると、**骨髄** bone marrow は、リンパ球生成を含む造血（血液生成）とリンパ球分化の両方の場となる。骨髄や胸腺および腸管関連リンパ組織は、**一次リンパ組織** primary lymphoid tissue を構成し、そこでリンパ球系の細胞系譜の細胞が分化し成熟する。一次リンパ組織から免疫応答能を持ったリンパ球は、最終的に**二次リンパ組織** secondary lymphoid tissue に到達し、抗原に対する免疫応答が新生子に起こる。二次リンパ組織には、**リンパ節** lymph node、**脾臓** spleen、**粘膜関連リンパ組織** mucosa-associated lymphoid tissue（MALT）および**皮膚関連リンパ組織** skin associated lymphoid tissue（SALT）が含まれる。

リンパ球系細胞系譜の分化
Differentiation of the lymphoid cell lineages

リンパ球系細胞系譜 lymphoid cell lineage は、機能および特定の細胞表面分子に基づき、顆粒状の細胞質を持つ大リンパ球とほとんど細胞質を持たない小リンパ球とに分けられる。**大顆粒リンパ球** large granular lymphocyte は、顆粒球（白血球）とともに、自然免疫系の作動因子（エフェクター）細胞であり、**ナチュラルキラー細胞** Natural Killer cell（**NK 細胞** NK cells）と呼ばれている。小リンパ球 small lymphocyte は、いくつかの亜系譜を構成するが、**T リンパ球および B リンパ球** T and B lymphocytes の 2 つが主要なものである。T リンパ球と B リンパ球は、細胞表面にあるさまざまな受容体に応じて機能が異なる（後述参照）。機能的には、**T リンパ球** T lymphocyte は外来性高分子に対する**細胞性免疫応答** cellular immune response を媒介するといわれており、これは直接的（たとえばウイルスに感染した細胞を殺す）または間接的（組織マクロファージなど特定の食細胞を活性化する）に行われる。一方、**B リンパ球** B lymphocyte は抗体産生能を持つ**形質細胞** plasma cell に分化することによって、**体液性免疫応答** humoral immune response を媒介するといわれている。抗体は、**エピトープ（抗原決定基）** epitope と呼ばれる外来性高分子（**抗原** antigen）上にある決まった領域に結合する。エピトープは、侵入した細菌やウイルスの細胞表面のタンパク質、多糖類およびグリコサミノグリカンなどの一部である。この結合は、侵入者の貪食を仲介し、この機構は**オプソニン作用** opsonization と呼ばれる。また、抗体は特定の血清タンパク質（まとめて補体系という）を活性化し、それによって細胞溶解を仲介したり、細菌性毒素やウイルスに結合して中和したりする。

Tリンパ球 The T lymphocyte

上述したように、Tリンパ球は最初にAGM領域に形成された共通の造血幹細胞から分化する。そこから、わずかな細胞集団が胎子発生の初期に**胸腺 Thymus**（Tリンパ球という名前の由来となっている）に播種する。胸腺では、Tリンパ球の前駆細胞が増殖・成熟し、それぞれが自己抗原または非自己抗原の単一のエピトープを認識する細胞を形成する。この特異性の基盤は、**T細胞受容体 T cell receptor（TCR）**にある。それぞれの成熟したTリンパ球は、細胞表面上にTCRのタイプを1つだけ（細胞1つあたり特定のタイプのTCRを約10^5個）携えている。胸腺は、膨大な数の**クローン clone**、すなわち個別のTリンパ球集団群を包含している。1つのクローン内では、すべてのTリンパ球が同じTCRの形質を共有している。

抗体とは対照的に、TCRは唯一、**主要組織適合抗原複合体 major histocompatibility complex（MHC）**分子に関連したエピトープを認識するだけである。これらは細胞表面分子の特殊なタイプであり、動物の自己性エピトープまたは外来性エピトープの提示のための部位がある。MHC分子には2つのクラスがあり、**MHCクラスⅠ MHC class Ⅰ**分子は、神経細胞以外のすべての有核細胞で発現しており、**MHCクラスⅡ MHC class Ⅱ**分子は、特殊な抗原提示細胞やBリンパ球で発現している。**CD4**と**CD8**は、細胞表面分子の異なるタイプであり、特異的な抗体を使うことで定義され、グループ分けされている（CDは"Cluster Defined 定義された集団"または"Cluster of Differentiation 分化の集団"の頭字語である）。胸腺において成熟するあいだ、Tリンパ球のクローンは、CD4発現ヘルパーTリンパ球（Th細胞）またはCD8発現細胞傷害性リンパ球（Tc細胞）のどちらかに分化する。**CD4発現Th細胞 CD4-expressing Th cells**は、**MHCクラスⅡ MHC class Ⅱ**分子によって提示されるエピトープを認識するだけである。このようなエピトープは、抗原提示細胞やBリンパ球によって提示される。これらの細胞が特徴的に提示するエピトープは、異物に由来する**外来性 exogenous**ペプチドまたは生物体に侵入し、エンドサイトーシスによって取り込まれた病原体の構成要素（部分）である。一方、**CD8発現Tc細胞 CD8-expressing Tc cells**は、**MHCクラスⅠ MHC class Ⅰ**分子によって提示されるエピトープを認識するだけである。これらのエピトープは、特徴的には**内在性 endogenous**のものであり、細胞内で合成されたペプチドを反映している。たとえば、ウイルスに感染した細胞や腫瘍細胞は、タンパク質の合成に変化が生じ、MHCクラスⅠ分子によって"非自己"タンパク質のエピトープとして提示されることで、Tc細胞によって認識される。

胸腺において**Tリンパ球の成熟 maturation of the T lymphocytes**が起こるあいだ、およそ98％の細胞がアポトーシスの過程を経て除去される。この排除機構は、**2段階選択 two selection rounds**からなる。第1段階では、MHC分子を認識するTリンパ球のみを確実に生き残らせ、第2段階では、"自己"エピトープを認識するすべてのTリンパ球を死滅させる。Tリンパ球は成熟する前には、CD4もCD8のどちらも発現していない。これらの未熟なTリンパ球は、主に胸腺の被膜下領域に存在しており、リンパ球周囲の細網細胞はMHCクラスⅠ分子およびMHCクラスⅡ分子の両方に富んでいる。成熟するあいだ、Tリンパ球は皮質の深部に向かって移動し、そこでCD4とCD8の両方の発現がはじまる。その結果として、CD4とCD8の両方を発現している"ダブルポジティブ"のTリンパ球は、第1段階である**正の選択 positive selection**を受け、そこでは発現しているTCRが周囲の細網細胞上のMHC分子に対して検査される。"自己"

Development of the immune system

のMHC分子を認識するTリンパ球だけが、この過程で生き残ることができる。正の選択は**MHC拘束性** MHC restrictionの基礎を形成し、"自己"のMHC分子のみを許容するTリンパ球をもたらす。選択されたTリンパ球は、次に胸腺のより深部に向かって移動する。皮髄境界部に到達すると、選択された"ダブルポジティブ"のTリンパ球は、第2段階である"自己"反応性に対する**負の選択** negative selectionを受ける。この結果、"自己"の抗原のエピトープを認識するTCRを持つTリンパ球が排除される。このようにして"自己"が許容され、**免疫寛容** immunological toleranceの基礎が形成される。

これらの選択機構が持っている難解な点は、正の選択時には、"自己"のMHC分子を認識するTリンパ球が有利に選択される一方、負の選択時には、"自己"のMHC分子やその他の分子を認識するTリンパ球が不利に選択されるという点にある。最終的に生き残り得るTリンパ球を排除してしまう、この逆説的な過程が生ずる理由は未だ謎である。その矛盾を説明する仮説の1つとして、正の選択は"自己"のMHC分子に対して親和性の範囲が低いものから高いものまでの受容体を持つTリンパ球の集団を生じさせるというものがある。負の選択によって、高い親和性の受容体を持つTリンパ球は淘汰されるが、低い親和性の受容体を持つTリンパ球は生き残る。このように、"二者択一"の基準による代わりに、第2段階である負の選択は"大か小か"の指針にしたがって行われる。

正および負の両方の選択によって生き残ったTリンパ球のみが、髄質内に移動して、のちにCD4陽性のMHCクラスⅡ拘束性ヘルパーT（Th）リンパ球あるいはCD8陽性のMHCクラスⅠ拘束性細胞傷害性T（Tc）リンパ球になる。最終的に、"自己"のMHC分子と外来性または変化したエピトープの組み合わせを特異的に認識するTCRの選択（Th細胞であれ、Tc細胞であれ）をもたらす。しかしながら、Tリンパ球は胸腺を離れるときには、機能的にはナイーブである。その後、それらは"免疫監視"と呼ばれる機能を果たすため、血液、リンパ組織およびリンパの中を循環する。MHCクラスⅠ分子またはMHCクラスⅡ分子によって提示された外来性または変化したエピトープをTCRが認識する際にのみ、Tリンパ球は最終的な分化を経て、細胞性免疫応答においてその役割を果たし、免疫記憶を確立する。

Bリンパ球 The B-lymphocyte

Tリンパ球と同様に、Bリンパ球も共通の造血幹細胞から分化することが一般的に受け入れられている。多くの種で、Bリンパ球の発生と成熟は**骨髄** Bone marrowで起こる。しかしながら、少なくともヒツジでは、これらの過程に必要な主要部位は**回腸パイエル板** Peyer's patchであるらしい。この腸管の一次リンパ器官は、鳥類でのファブリキウス嚢に相当する器官であるらしい。胸腺（後述）と同様に、それは春機発動（性成熟期）頃に退行し、Bリンパ球は骨髄や二次リンパ組織や器官に定住する。この二次リンパ組織や器官は、成熟動物の腸管にみられるその他のパイエル板（すなわち回腸以外のパイエル板）を含む。

Bリンパ球前駆細胞は、Tリンパ球と同様に、最初に増殖・成熟して、細胞のクローンを形成する。このクローンは、それぞれ独立にそれらの**B細胞受容体** B cell receptor（BCR）を介して"自己"または"非自己"の抗原のいずれかのたった1つのエピトープのみを認識することに専念する。BCRは膜結合型の抗体を発現するIgMタイプの免疫グロブリンである。TCRとは対照的に、BCRはMHC分子の関与がなくともエピトープを認識することができる。Bリンパ球は、MHCクラスⅠ分子および

MHCクラスⅡ分子の両方を発現し、後者は抗原提示細胞としての特性である。Ｂリンパ球は、Ｔリンパ球と同様に、"自己"のエピトープを認識するＢリンパ球を排除する正の選択および負の選択を経て選別される。最終的には、Ｔリンパ球と同様に、成熟したナイーブなＢリンパ球が一次リンパ器官（ヒツジの回腸パイエル板あるいは骨髄のいずれか）から離れて、血液中やリンパ中を循環し、さらに二次リンパ組織に定着する。

リンパ球の循環および最終分化
The circulation and final differentiation of lymphocytes

　Ｔリンパ球およびＢリンパ球は、1日に1〜2回生体の全身を循環し、**Ｔ依存領域およびＢ依存領域** T and B dependent zones として知られる二次リンパ組織 secondary lymphoid tissue にある特殊な領域の中でほとんどの時間を過ごす。成熟動物では、これらの領域にはMHCクラスⅡ分子を発現する特別な抗原提示細胞が含まれているため、外来性の高分子に対する**免疫反応** immune reaction が最も一般的に起こる場所である。しかしながら、子宮内では、このような免疫反応を起こすことはできない。なぜなら、このような免疫反応にはＴリンパ球を介した細胞性要素とＢリンパ球を介した体液性要素の両方が必要であり、この組み合わせは出生後まで実現しないためである。要するに、免疫反応は、CD4陽性のTh細胞の活性化に依存しており、それはMHCクラスⅡ抗原提示細胞によって"適切に"提示されるエピトープに依存している。二次リンパ組織の特殊な微小環境内では、ナイーブなリンパ球が活性化され、その結果、それらがリンパ芽球を形成できるようになる。

　最終的に、Ｔリンパ芽球は**メモリーＴリンパ球** memory T lymphocyte と**エフェクター細胞** effector cell に分化するが、Ｂリンパ芽球は**メモリーＢリンパ球** memory B lymphocyte と**形質芽細胞** plasmablast に分化する。その名前が暗示するように、これらのリンパ球は免疫記憶を担っている。ナイーブなＢリンパ球とは対照的に、メモリーＢリンパ球は、IgMに加え、このために選択された特定のエピトープに向かうIgG、IgAおよびIgEタイプのBCRも発現する。形質芽細胞は、最終的に**形質細胞** plasma cell に分化する。それらの前駆細胞である形質芽細胞上の膜結合性のBCRとは対照的に、形質細胞は分泌のための特定のBCR分子である**抗体** antibody を産生する。最初はIgMタイプの抗体のみが分泌されるが、その後、他の種類の抗体も産生される。

リンパ器官およびリンパ組織
Lymphoid organs and tissues

　リンパ器官およびリンパ組織は、リンパ球の産生や調節および外来性抗原を捕らえるための環境の提供といった役割に応じて分類することができる。リンパ球の初期発生と成熟を正の選択および負の選択を含んで調節する器官のことを**一次リンパ器官** primary lymphoid organ という。Ｔリンパ球は、**胸腺** thymus で発生し、成熟する。

　Ｂリンパ球は、動物種によってさまざまな器官で成熟する。たとえば、鳥類では総排泄腔に付随する**ファブリキウス嚢** bursa of Fabricius、ほとんどの哺乳類では**骨髄** bone marrow、少なくともヒツジでは**回腸パイエル板** Peyer's patch と呼ばれる腸管リンパ組織などである。一次リンパ器官においては、外来性抗原が提示されることはなく、それゆえに獲得免疫に関連した免疫応答は生じないという点を改めて強調しておく。

Development of the immune system

胸腺 Thymus

　胸腺は、Tリンパ球が成熟する一次リンパ器官である。胸腺は、反芻類では妊娠40日頃、食肉類では妊娠30日頃、ウマでは妊娠60日頃に形成される。胸腺は種に応じて、頸部や胸郭前口付近に位置する。体容積におけるその大きさの比率は新生子動物で最も大きく、新生子では（ナイーブな）Tリンパ球の総数はすでに産生されている。胸腺は、成熟動物でもある程度の機能はしているようであるが、春機発動（性成熟期）の頃に退行し、実質が徐々に脂肪組織に置き換わる。

　十分に形成された胸腺は、ゆるく詰まった上皮細胞からなる小葉が結合組織の被膜で覆われて構成される一対の臓器である。胸腺内の血管を取り囲む上皮細胞の連続的な層の下にある不自然に厚い基底膜は、**血液－胸腺関門** blood-thymus barrier を形成する。ここでは、成熟しつつあるTリンパ球を外来性抗原に曝露されることから保護している。胸腺からリンパ管が出ることはない。

　胸腺細網組織 thymic reticulum は、**第三咽頭嚢** third pharyngeal pouch の腹側部の**内胚葉** endodermal から発生し、第三咽頭嚢背側部に由来する上皮小体の発生と密接に関連している（**図14-11**）。これとは対照的に、**胸腺被膜** thymic capsule および結合組織中隔は、胸腺原基を取り囲んでいる神経堤起源の第三咽頭弓（第三鰓弓）の**間葉** mesenchyme に由来する（第14章参照）。上皮がリンパ器官の細網組織を形成しているという事実は、胸腺および口蓋扁桃に独特のものであり、他のリンパ器官では、一次リンパ器官であれ二次リンパ器官であれ、全体の構造は神経堤または中胚葉に由来する間葉起源のものであると考えられている。

　第三咽頭嚢の腹側部は、最初、中空状の構造であるが、発生が進むにつれ、咽頭腔への付着から嚢状の構造が分離される。さらに内胚葉細胞の充実した集塊が形成されて、その細胞塊は腹側および尾側に向かって移動するにつれ、拡大する（**図14-11**）。心臓が胸郭内へ移動するにつれ（第12章参照）、胸腺の一部は尾側方に引っ張られ、縦隔の頭側部に入る。したがって、胸腺は全体としてY字型の構造を形成し、その尾側端で融合し、頭側端は両側に分かれて発生中の咽頭に付着している。新生子では、この全体的構造は反芻類で最も保存されており、不対の胸部と左右の頸部を認識することができる。ブタでは、頸部と胸部の両方を形成するが、その程度は反芻類には及ばない。ウマやイヌでは、胸部のみが発達する。

　最終的に、胸腺の内胚葉由来の網目状の支質は、造血幹細胞（上記参照）や中胚葉に由来する**Tリンパ球前駆細胞からなる実質によって浸潤** infiltrated by parenchyma consisting of T lymphocyte precursors している。Tリンパ球前駆細胞は最初、CD4分子とCD8分子に陰性であるが、上皮性細網細胞がMHCクラスⅠ分子およびMHCクラスⅡ分子に富んでいる皮質、特に被膜下領域に散らばる。これらの上皮細胞は、初期のTリンパ球の増殖と成熟を制御するため、"ナース（看護師）細胞"としても知られている。これらの細胞は、"胸腺ホルモン"と呼ばれるシグナルを発する分子を分泌することによって作用するが、そのうちのいくつかは機能を果たすのに亜鉛が必要である。このため、亜鉛の欠乏した動物では、Tリンパ球が不足した子を産む可能性がある。Tリンパ球のさらなる成熟と胸腺深部や血流中や二次リンパ器官への遊走については、上述したとおりである。

骨髄／回腸パイエル板
Bone marrow/ileal Peyer's patch

　反芻類やブタの新生子では、リンパ組織は小腸の反口側（口腔の反対側）の部分に存在している。し

免疫系の発生　第13章

かしながら、少なくともヒツジでは、出生前は**回腸パイエル板** Peyer's patch が存在している。これはBリンパ球の成熟に必要な**一次リンパ器官** primary lymphoid organ で、機能的には鳥類のファブリキウス嚢と同等であるとみなされている。このことがその他の反芻類やブタにもあてはまるかどうかは不明である。ヒツジでは、体容積比における回腸パイエル板の大きさは、出生付近で最大である。反芻類やブタの小腸で出生後に見られるリンパ系の構造は二次リンパ器官（GALTの一部、後述参照）であり、Bリンパ球およびTリンパ球の両方を含んでおり、生涯にわたって存続する。

今のところ、ヒツジ以外の家畜では、**骨髄** bone marrow は一次リンパ組織とみなされており、Bリンパ球の正の選択および負の選択がその外側領域（辺縁部）で起こると考えられている。すべての家畜の動物種において、骨髄は後に、**二次リンパ組織** secondary lymphoid tissue として機能する。

リンパ管系、リンパ節および他の二次リンパ組織 Lymphatic vasculature, lymph nodes and other secondary lymphoid tissues

血管は、中胚葉起源の内皮前駆細胞（**血管芽細胞** angioblast）に由来し、それらは増殖して原始血管路を構築する（脈管形成、第12章参照）。血管路は成長や再編成され、内皮の出芽と分割によって原始的なネットワークを形成する（血管形成）。リンパ管系は、血管系と並行して発生するが、よりゆっくり発生する。

血管系は毛細血管を介して動脈と静脈をつなぎ、切れ目のない回路を形成する。一方、リンパ系は**開放式（終末端が開口）および一方向性の輸送システム** open-ended, one-way transit system で、組織毛細管からなり、導管系を集め、最終的には頸静脈または前大静脈を介して静脈循環に流れ込む。一般的には、胚性リンパ管内皮細胞は静脈から発生し、出芽して**原始リンパ嚢** primary lymphatic sac を形成すると考えられている。原始リンパ嚢からさらなる細胞の出芽が起こり、組織や器官を取り巻く毛細管のネットワークが徐々に伸長する。リンパ系は、まず前後方向（吻尾方向）に配置して形成される**6つの原始リンパ嚢** six primary lymph sacs として現われる（図13-1）。これらは、頸部にある一対の**頸リンパ嚢** paired jugular lymph sac、腹腔内の腸間膜根の領域で背側部体壁にある**腹膜後リンパ嚢** retroperitoneal lymph sac、それと同じ部位にあるが、あとには背側方で背側大動脈のレベルにある**乳ビ槽** cisterna chyli、乳ビ槽とほぼ同時に形成される一対の**後リンパ嚢** posterior lymph sac（**腸骨リンパ嚢** iliac lymph sac）である。リンパ管は、これらのリンパ嚢を連絡する。2つの主要なリンパ管が乳ビ槽と頸リンパ嚢をつなぎ、さらにこれらの2本のリンパ管のあいだに吻合が形成される。**胸管** thoracic duct は、これらの構造から右側のリンパ管が尾側部を形成し、左側のリンパが頭側部を形成することによって発生する。

リンパ節 lymph node は、二次リンパ器官 secondary lymphoid organ であり、集合リンパ管の途中に挿入されており、リンパ流が血液循環へ向かって進むとき、リンパ流における局所的な濾過器としての役割を果たしている。リンパ節は戦略上重要な部位で、あちらこちらに一塊で形成される傾向があり、これを**リンパ中心** lymph center という。たとえば、内側咽頭後リンパ中心は、頭部から流れ込むすべてのリンパを受け入れ、深頸部リンパ中心は頸部からのリンパを受け入れる。さらに、腋窩リンパ中心は、前肢および前位乳腺からのリンパを受け入れる。しかしながら、リンパ節の形成についてはほとんどわかっていない。リンパ節の支質は局所の間葉から生じ、さらに実質は侵入してきたリンパ球、マクロファージおよび樹状細胞から生じると考えら

Development of the immune system

れている。

二次リンパ器官も、内体表面または外体表面と接続して、**粘膜関連リンパ組織** mucosa-associated lymphoid tissue（**MALT**）の形で発達する。MALTは**腸管関連リンパ組織** gut-associated lymphoid tissue（**GALT**）と**皮膚関連リンパ組織** skin-associated lymphoid tissue（**SALT**）からなる。MALTの構成要素の1つが**口蓋扁桃** palatine tonsilであり、その細網組織は**第二咽頭嚢** second pharyngeal pouch内の内胚葉から発生する（第14章参照）。

脾臓 Spleen

脾臓 spleenは、**二次リンパ器官** secondary lymphatic organであり、腹部の背外側方に位置し、背側胃間膜の一部である胃脾間膜によって胃に密着している（第14章参照）。リンパ節と同様に、脾臓は特殊な抗原提示細胞が流入してくる抗原を捕らえる濾過器として機能する。しかしながら、リンパ節とは対照的に、脾臓は**血流中に挿入** inserted into the blood streamされているため、血液由来の抗原を濾過する。リンパ節と同様に脾臓の原基は、中胚葉に由来する局所の間葉から発生する。妊娠中期には、**赤脾髄** red pulpの複雑な血管構造が形成されている。第12章で述べたように、脾臓は造血の主要な器官の1つとして胎生期の肝臓と重複し、肝造血のあとを引き継ぐ。**白脾髄** white pulpはその後、リンパ球、マクロファージおよび樹状細胞が脾

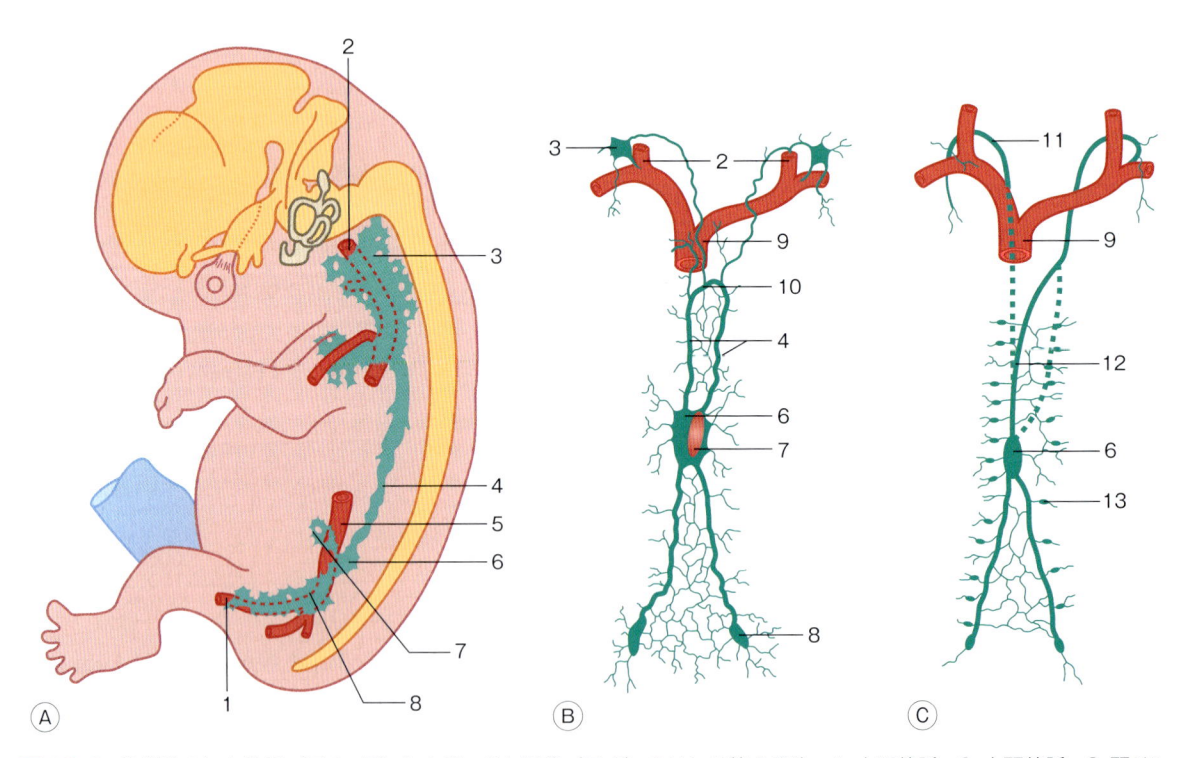

図13-1：9週齢のヒト胎児（図A、B）および、それ以後（図C）のリンパ管の発生。1: 大腿静脈、2: 内頸静脈、3: 頸リンパ嚢、4: 胸管、5: 後大静脈、6: 乳び槽、7: 腹膜後リンパ嚢、8: 後リンパ嚢（腸骨リンパ嚢）、9: 前大静脈、10: 吻合、11: 右リンパ本管、12: 最終的な胸管、13: リンパ節。（図C）における点線は退行した構造を示す。Carlson（2004）から改変。

免疫系の発生　第13章

臓に浸潤する（流入してくる）ことによって形成される。

要約 Summary

免疫系の実質は、中胚葉由来であり、大動脈－生殖巣－中腎（AGM）領域に出現する**造血幹細胞** haematopoietic stem cell にさかのぼる。支質は、外胚葉由来や間葉由来、または（胸腺と口蓋扁桃においては）内胚葉由来である。**胸腺** thymus、**回腸パイエル板** Peyer's patch および**骨髄** bone marrow は、**一次リンパ組織** primary lymphoid tissue であり、そこでは抗原刺激とは無関係にリンパ球が成熟する。**Tリンパ球** T lymphocyte は胸腺で成熟し、そこで**正の選択および負の選択** positive and negative selection を受け、出生後には MHC 分子によって提示される外来性エピトープ（または変化した"自己"のエピトープ）と反応する一方で、"自己"のエピトープを容認するための能力を備える。胎子では、胎盤があるためにリンパ球のそのような成熟が妨げられている。したがって、新生子は抗体を含んだ最初のミルクである**初乳** colostrum の供給に依存していて、これを摂取する。T リンパ球は、**細胞性免疫応答** cellular immune response を担当している。**B リンパ球** B lymphocyte は、回腸パイエル板や骨髄で成熟し、**体液性免疫応答** humoral immune response を担当している。**二次リンパ組織** secondary lymphoid tissue には、**骨髄** bone marrow、**リンパ節** lymph node、**脾臓** spleen および**腸管関連リンパ組織** gut-associated lymphoid tissue（GALT）と**皮膚関連リンパ組織** skin-associated lymphoid tissue（SALT）を含む**粘膜関連リンパ組織** mucosa-associated lymphoid tissue（MALT）などがある。これらの部位では、出生後の動物において抗原が提示され、免疫応答が起こる。胎子では、免疫反応は起こらない。

参考文献 Further reading

Blackburn, C.C. and Manley, N.R. (2004): Developing a new paradigm for thymus organogenesis. Nature Rev. Immunology 4:278–289.

Carlson, B.M. (2004): Human embryology and developmental biology. Mosby, Philadelphia, PA USA.

Felsburg, P.J. (2002): Overview of immune system development in the dog: comparison with humans. Human Exp. Toxicology 21:487–492.

Kindt, T.J., Goldsby, R.A. and Osborne, B.A. (2007): Kuby Immunology. W.H. Freeman and Co., New York, USA.

Ling, K.-W. and Dzierzak, E. (2002): Ontogeny and genetics of the hemato/lymphopoieic system. Current Opinion in Immunology 14:186–191.

Mebius, R.E. (2003): Organogenesis of lymphoid tissues. Nature Rev. Immunology 3:292–303.

Oliver, G. (2004): Lymphatic vacululature development. Nature Rev. Immunology 4:35–45.

Oliver, G. and Harvey, H. (2002): A stepwise model of the development of lymphatic vasculature. Ann. N.Y. Acad. Sci. 979:159–165.

Sinkora, J., Rehakova, Z., Sinkora, M., Cukrowska, B. and Tlaskalova-Hogenova, H. (2002): Early development of immune system in pigs. Vet. Immunol. Immunopath. 87:301–306.

Tizard, I.R (2008): Veterinary Immunology – an Introduction. 8th edn, W B Saunders Co., Philadelphia, Pennsylvania, USA.

Yasuda, M., Jenne C.N., Kennedy, L.J. and Reynolds J.D. (2006): The sheep and cattle Peyer's patch as a site of B-cell development. Vet. Res. 37:401–415.

CHAPTER 14

Poul Hyttel

消化−呼吸器系の発生
Development of the gastro-pulmonary system

　三層性胚盤が頭尾および側面で屈曲するのに伴って、原始卵黄嚢は背側を内胚葉、外側と腹側を下胚盤葉に内張りされる。その後、原始卵黄嚢は**内胚葉に内張りされた胚内管** intra-embryonic tube lined by endoderm と**下胚盤葉に内張りされた胚外卵黄嚢** extra-embryonic yolk sac lined by hypoblast に分かれる（**図14-1**）。これらの2つの部分は、初めのうち、発達中の臍における広い開口部を通して連絡しているが、後にこの連絡部は狭くなって細い卵黄管となる。この卵黄管は卵黄嚢がある限り存在し続ける（第9章参照）。内胚葉に内張りされ、外側を臓側中胚葉で覆われた胚内部の管は**原腸** primitive gut と呼ばれる。

　原腸は3つの部分に分けられる。吻側の**前腸** foregut は盲端になっていて、内側を内胚葉に内張りされ、外側を外胚葉に覆われた口咽頭膜によって吻側をふさがれる（第7章参照）。尾側部の**後腸** hindgut も盲端になっていて、同じく内胚葉に内張りされ、外胚葉に覆われた排泄腔膜によってふさがれる。前腸と後腸の結合部分である**中腸** midgut は卵黄嚢へ開く。口咽頭膜の位置における外胚葉の陥凹である**口窩** stomodeum は、後に口腔へと発達する。一方、排泄腔膜の位置における同様の陥凹、すなわち**肛門窩** proctodeum は、肛門と尿生殖系の開口部へと発達する。

　原腸は背側の体壁と腹側の体壁から、中胚葉に由来する腹膜が2層になった腸間膜によって吊られている。**背側腸間膜** dorsal mesentery は発達中の食道の尾側端から後腸の排泄腔領域まで伸び、大網や腸の腸間膜を生じる。**腹側腸間膜** ventral mesentery は横中隔から生じ、前腸の尾側部、すなわち食道後部、胃および十二指腸の初めの部分に限定されるようになる。発達中の肝臓は腹側腸間膜と横中隔の中へ成長し、腹側腸間膜は小網となる。腹側腸間膜の一部である鎌状間膜は、臍から肝臓まで左臍静脈を通す（第12章参照）。

　原腸は多くの内胚葉派生物を生じる（**図14-2**）。前腸からは**咽頭弓、咽頭嚢、咽頭溝の派生物** derivatives of the pharyngeal arches, pouches and grooves、**呼吸器系** respiratory system、**食道** oesophagus、**胃** stomach、さらに**肝臓** liver や**膵臓** pancreas が生じる。中腸は**腸** intestine のほとんどを形成し、後腸は腸の尾側部および**尿膜** allantois を生じる（第9章参照）。

　最後に、消化器系が**腸管神経系** enteric nervous system と呼ばれる広範な神経分布を発達させることに触れておかなければならない。きわめて多数の神経堤細胞が消化器系の外層部分へ侵入し、**粘膜下神経叢と筋層間神経叢** submucosal and myenteric plexuses 内で神経節をつくる（第10章参照）。

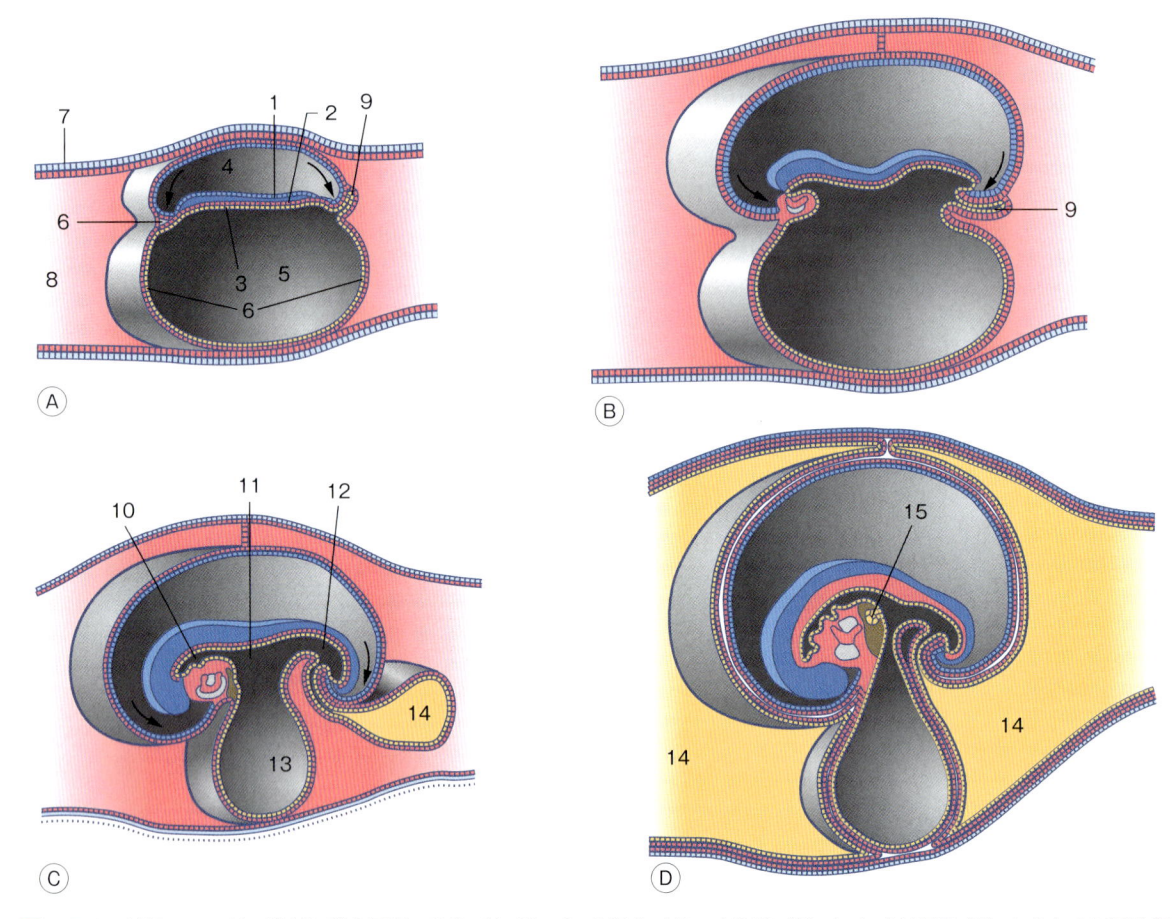

Development of the gastro-pulmonary system

図 14-1：妊娠ステージの進行に伴う原腸の発生（A-D）。**A:** 外胚葉（1）、中胚葉（2）および内胚葉（3）からなる三層性胚盤は羊膜腔（4）へ突出する。矢印は頭尾における胚盤の屈曲を示す。原始卵黄嚢（5）は背側を内胚葉で、その他の部位を下胚盤葉で内張りされている（6）。7: 栄養外胚葉。8: 胚外体腔。9: 尿膜芽。**B:** 尿膜芽がさらに発達（9）。**C:** 胚盤の頭尾と側方の屈曲によって原腸が形成され、前腸（10）、中腸（11）および後腸（12）が明瞭になる。中腸は卵黄嚢（13）と交通し、後腸は尿膜（14）と交通する。**D:** 肝芽（15）を見ることができ、胚外体腔のほとんどを尿膜（14）が占める。Sadler（2004）より改変。

口腔、鼻腔、口蓋
The oral and nasal cavity and palate

　一次口腔は、口咽頭膜が退行して内胚葉で内張りされた原腸を外胚葉で内張りされた口窩と交通させるのに伴い、**口窩** stomodeum から生じる（図14-2）。最終的な口腔や鼻腔における外胚葉由来の部分と内胚葉由来の部分の境界は判別不能である。

一次鼻腔と一次口腔
The primary nasal and oral cavities

　最初に識別可能な顔面の構造は、**前頭鼻隆起** frontonasal prominence、一対の**上顎隆起** maxillary prominence および**下顎隆起** mandibular prominence

第14章 消化-呼吸器系の発生

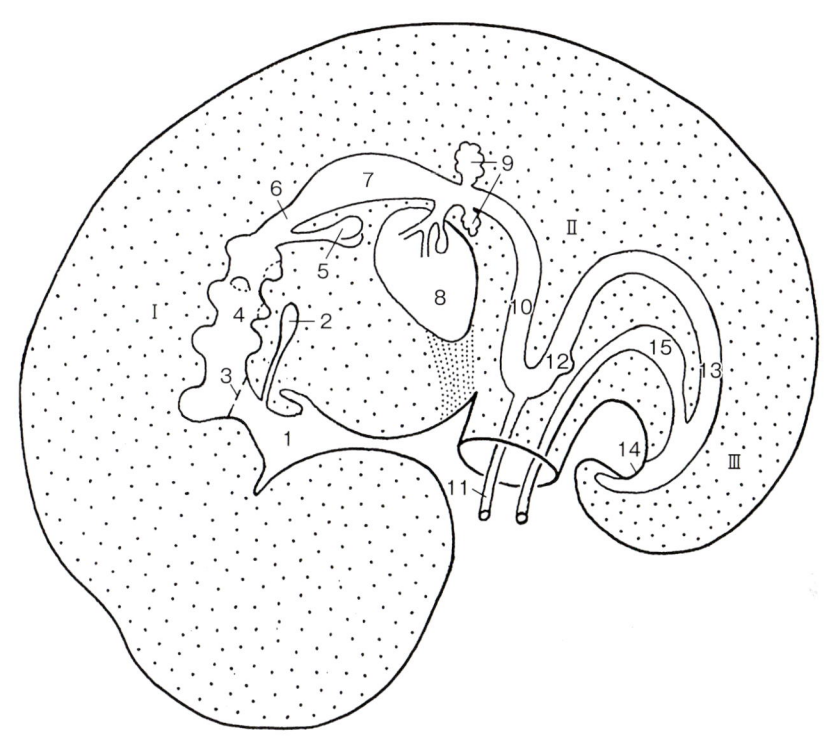

図 14-2：原腸の派生物。Ⅰ：前腸、Ⅱ：中腸、Ⅲ：後腸、1: 口窩、2: 甲状腺の原基、3: 口咽頭膜、4: 咽頭と咽頭嚢、5: 呼吸憩室、6: 食道の原基、7: 胃の原基、8: 肝芽、9: 膵芽、10: 小腸の原基、11: 卵黄管、12: 盲腸の原基、13: 残りの大腸の原基、14: 排泄腔膜、15: 尿膜へつながる尿膜管上の膀胱の原基。Rüsse と Sinowatz（1998）の厚意による。

である。これらはそれぞれ口窩への入口の背側、外側および腹側に発達する（図14-3）。上顎隆起および下顎隆起は第一咽頭弓（後述）に由来する。前頭鼻隆起の外胚葉は、一対の**鼻（嗅）プラコード** nasal (olfactory) placode と**水晶体プラコード** lens placode に分化する。後者は眼の水晶体になる（第11章参照）。続いて、**内側鼻隆起** medial nasal prominence および**外側鼻隆起** lateral nasal prominence は鼻プラコードの両側で発達する。次第に鼻プラコードは陥入して**鼻窩** nasal pit をつくり、鼻窩は口窩から生じた**一次口腔** primary oral cavity から**口鼻膜** oronasal membrane によって隔てられた**一次鼻腔** primary nasal cavity となる（図14-4）。この膜の尾側部が退行するにつれ、発達中の鼻腔と口腔とを結ぶ**一次後鼻孔** primary choanae がつくられ、口鼻膜自体は**一次口蓋** primary palate となる。

発達中の鼻腔や口腔の入口周囲における顔面構造の形成は、上述の隆起から出発する（図14-5）。上顎隆起は大きさを増し、さらに内側へ伸び、内側鼻隆起と融合する。これは上顎の骨（上顎骨と切歯骨）および上唇が形成される基盤となる。上唇の最終的な形は、左右の内側鼻隆起間の正中における融合の程度に依存する。**食肉類** carnivore と**小型反芻類** small ruminant では不完全な融合によって正中の溝である**上唇溝** philtrum が残され、**ウマ** horse、**ウシ** cattle および**ブタ** pig では融合が完全で**連続した上唇** continuous upper lip が生じる。

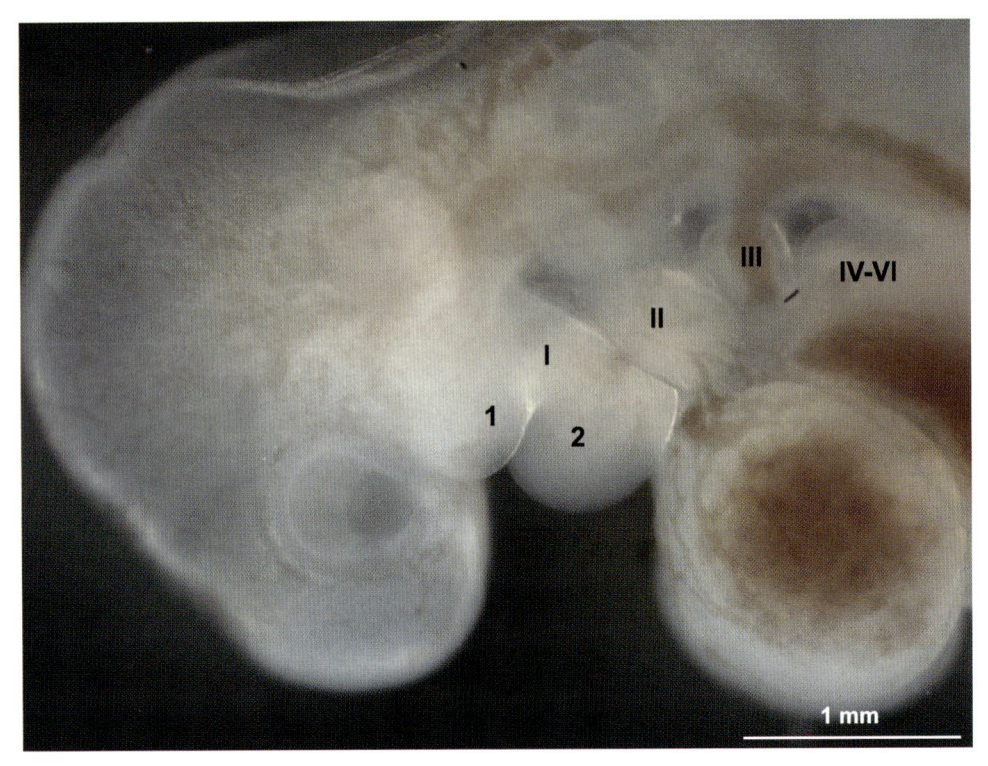

Development of the gastro-pulmonary system

図 14-3：発生 18 日のブタ胚子。第一咽頭弓が上顎突起（1）と下顎突起（2）に分かれている。Ⅰ-Ⅵ：咽頭弓。

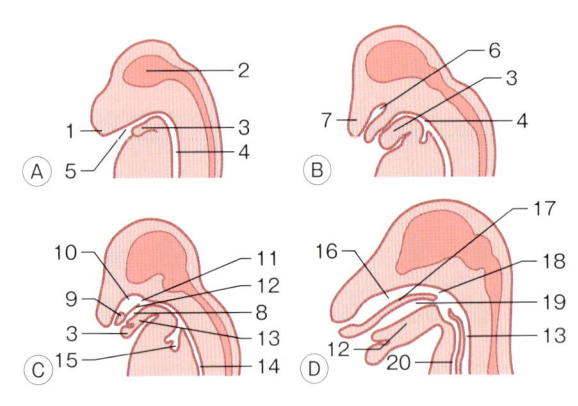

図 14-4：連続したステージにおける正中断面で示した口腔と鼻腔の発生（A-D）。1: 鼻プラコード、2: 脳胞、3: 下顎隆起、4: 前腸、5: 口窩、6: 鼻窩、7: 前頭鼻隆起、8: 一次口腔、9: 上顎突起、10: 一次鼻腔、11: 一次後鼻孔、12: 口鼻膜、13: 舌、14: 食道、15: 肺芽、16: 二次鼻腔、17: 二次口蓋、18: 後鼻孔、19: 二次口腔、20: 気管。
McGaedy ら（2006）より改変。

上顎隆起と内側鼻隆起とは眼プラコードへ向かって背外側に伸びる**鼻涙溝** nasolacrimal groove によって分かれている。発生に伴い、この溝の底の外胚葉は下層の間葉へ沈み込む密な索を生じる。後に索は腔を生じ、発達中の眼の結膜と鼻腔を結ぶ**鼻涙管** nasolacrimal duct となる。

顔面の形態は種ごとに異なり、さらに同じ種であっても、特にイヌで見られるように明らかに異なる（第16章参照）。ウマ、ウシ、ブタは口腔や鼻腔を形づくる骨の成長により、比較的長い頭蓋を持つ。これらは**長頭** dolichocephalic と呼ばれる。一方、霊長類とヒトは、短い頭蓋を持ち、これは**短頭** brachycephalic と呼ばれる。イヌでは長頭種もあれば短頭種もあり、その他の両者の中間は**中頭種** mesocephalic と呼ばれる。

消化-呼吸器系の発生 第14章

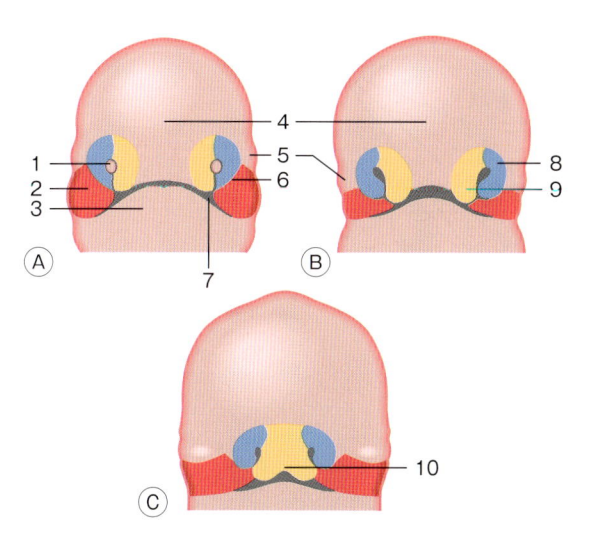

図14-5：口腔と鼻腔に関連する顔面構造の発生。**A-C:**1: 鼻プラコード、2: 上顎隆起、3: 下顎隆起、4: 前頭鼻隆起、5: 水晶体プラコード、6: 鼻涙溝、7: 口窩、8: 外側鼻隆起、9: 内側鼻隆起、10: 両側の内側鼻隆起間の種依存的な融合部位。McGaedyら（2006）より改変。

図14-6：横断面で表された二次口蓋と鼻腔の発生。**A-C:**1: 下顎隆起、2: 上顎隆起、3: 一次鼻腔、4: 発生中の鼻中隔、5: 舌、6: 口蓋突起、7: 発生中の鼻甲介、8: 発生中の鋤鼻器。McGaedyら（2006）より改変。

鼻腔 The nasal cavity

口鼻膜（すなわち一次口蓋）は、上顎骨から伸びた**口蓋突起** palate process 内の原基から生じる二次口蓋によって置換される（**図14-6**）。同時に、**鼻中隔** nasal septum は鼻腔の背側部から生じて腹側方へ成長する。最終的に、発生中の鼻中隔は口蓋突起と融合し、口蓋突起は発生中の鼻腔と口腔を部分的に分ける（**図14-7**）。口蓋突起は、はじめ膜性だが、後にその吻側部2/3で膜内骨化が起こり、**硬口蓋** hard palate の骨を形成する（第16章参照）。二次口蓋は、ネコでは発生32日目頃、イヌとブタでは33日目頃、ウマでは49日目〜56日目のあいだ、ウシでは56日目〜63日目の間に閉鎖する。後方部では、外胚葉に覆われた間葉が**軟口蓋** soft palate（ウマで特に長い）へと発達し、その過程で**二次後鼻孔** secondary choanae と**口蓋咽頭弓** arcus palatopharyngeus が形成される。吻側部では、二次口蓋は一対の**切歯管** incisive duct を除いて一次口蓋の遺残と融合する。切歯管は口腔と鼻腔の連絡を保つ。

鼻甲介 Conchae

鼻甲介 conchae は発達中の鼻腔の外側壁から伸びる突起によって形成される（第16章参照）。鼻甲介は、はじめ外胚葉性上皮に覆われた間葉性の芯で形成されているが、後に軟骨内骨化により鼻甲介は巻紙状の構造へ変化する。鼻腔の尾側領域の篩骨から生じた鼻甲介は迷路を形成する。最も背側に位置する**背鼻甲介** dorsal nasal concha は、鼻骨から生じる甲介突起によって長さが増し、鼻腔内を吻側へ伸びる。もう1つの大型の鼻甲介は**腹鼻甲介** ventral nasal concha で、これは上顎骨の甲介突起から発達し、篩骨と連絡しない。

鼻腔の外胚葉性上皮のほとんどは、杯細胞と線毛

241

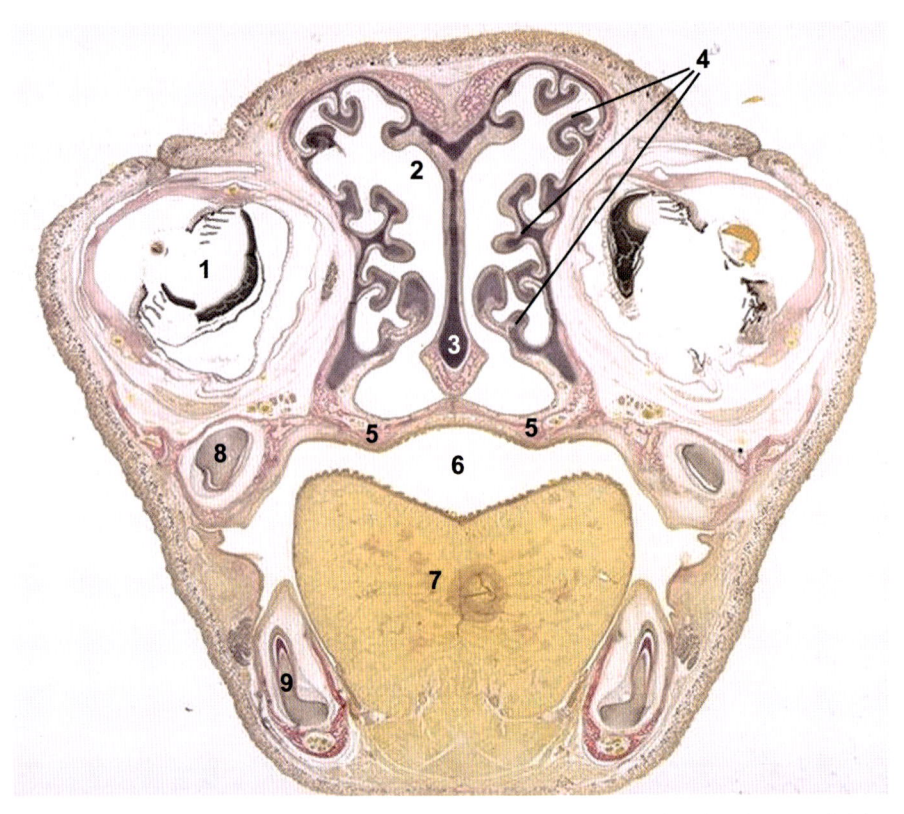

Development of the gastro-pulmonary system

図 14-7：ネコ胎子の頭部の横断面。1: 眼、2: 二次鼻腔、3: 発生中の鼻中隔、4: 発生中の鼻甲介、5: 口蓋突起、6: 二次口腔、7: 舌、8: 上顎骨の歯原基、9: 下顎骨の歯原基。

細胞を備えた偽重層上皮へと発達し、**呼吸部** respiratory region を形成する。しかし、最も尾側部では、上皮の一部が**嗅部** olfactory region の神経感覚細胞である嗅細胞（双極性ニューロン）を生じる。両方の領域で、外胚葉性上皮は**鼻腺** nasal gland を生じる。

鋤鼻器 Vomeronasal organ

すでに述べたように、二次口蓋の融合は不完全で、口腔と鼻腔を連絡する切歯管を残す。2番目の管が鼻腔腹側部の粘膜に生じ、一対の**鋤鼻器** vomeronasal organ を形成する（図 14-6）。鋤鼻器となる管は、呼吸部と嗅部へ分化する外胚葉性上皮によって内張りされている。

副鼻腔 Paranasal sinuses

鼻腔を内張りする外胚葉性上皮は、頭蓋の骨へ侵入する実質性の突出部を形成する。突出部はやがて腔所を発達させ、徐々に**副鼻腔** paranasal sinus を形成する。副鼻腔は鼻腔とつながった状態を保つ（第16章参照）。出生時には、副鼻腔は発達が悪く、ほとんど識別できない。最終的な副鼻腔の形態は種特異的であり、臨床的に重要である。たとえば、ウマでは上顎洞が前臼歯や後臼歯の歯根と密接な関係にあり、ウシでは前頭洞が角突起の内部に伸びる。

口腔 The oral cavity

二次口蓋と後鼻孔の形成に伴い、鼻腔、口腔および咽頭が成立する。発達中の顎における外胚葉性の肥厚は、上下に**唇歯肉堤** labiogingival laminae を形成する。続いて、これらの唇歯肉堤において中間部の細胞や組織が失われ、**口唇** lip、**歯肉** gum、それらのあいだに**口腔前庭** vestibulum oris が形成される。上下の唇歯肉堤が外側方で融合して**頰** cheek ができると、それにより口の入り口が決まる。後方では、口腔は硬口蓋と軟口蓋の境界から舌根へ伸びる**口蓋舌弓** palatoglossal arch によって左右の境界ができる。

舌 Tongue

舌は口腔底において第一咽頭弓（後述参照）の一部と後頭筋板から舌原基へ侵入する筋芽細胞によって生じる。舌が発生する最初の兆候は、**無対舌結節** tuberculum impar と呼ばれる第一咽頭弓に由来する正中の隆起である（**図14-8**）。将来、甲状腺を形成する内部への伸長が、この結節のすぐ尾側方に見られる（後述参照）。無対舌結節の吻側方かつ外側方において、一対の**外側舌隆起** lateral lingual swelling が第一咽頭弓から生じる。左右の外側舌隆起は互いに融合し、さらに無対舌結節とも融合する。正中における外側舌隆起の融合は、食肉類では**舌中隔** lingual septum と**リッサ** lyssa になり、ウマでは**舌背軟骨** cartilago dorsi linguae を生じる。無対舌結節と外側舌隆起との境界は徐々に失われ、一体となったものが舌尖と舌体を含む舌の吻側方2/3を生じる。舌根は、第二咽頭弓から生じる正中の隆起である**コプラ** copula と、第三咽頭弓および第四咽頭弓から生じる**鰓下隆起** eminentia hypobrachialis から発生する。コプラは変性し、舌根の大部分を形成する鰓下隆起の吻側部に由来する物質によって置き換えられる。舌筋は**後頭筋板** occipital myotome に由来し、**舌下神経** hypoglossal nerve（XII）によって支配される。

舌の重層扁平上皮のほとんどは内胚葉由来である。舌尖だけが外胚葉に由来する上皮で覆われる。内臓求心性ニューロンからの軸索が味蕾乳頭の発生を誘導する。最初に生じるのは**茸状乳頭** fungiform papilla で、**顔面神経** facial nerve（VII）の分枝である鼓索神経からの軸索によって誘導される。のちに、**舌咽神経** glossopharyngeal nerve（IX）からの軸索が**有郭乳頭** vallate papilla と**葉状乳頭** foliate papilla の発生を誘導する。漿液性味腺は、有郭乳頭および葉状乳頭と関連して内胚葉性上皮から生じる。味蕾乳頭は舌の別の場所や歯肉にも生じるが、それらの原基は出生前に変性する。舌の**機械乳頭** mechanical papilla は、味蕾乳頭がつくられたあとに生じる。舌の一般体性求心性神経線維はさまざまな咽頭弓由来である。第一咽頭弓の無対舌結節と外側舌隆起から生じる前2/3は三叉神経（V、第一咽頭弓の神経）、第三咽頭弓および第四咽頭弓の鰓下隆起に由来する後ろ1/3は舌咽神経（IX、第三咽頭弓の神経）と迷走神経（X、第四咽頭弓由来）の支配を受ける。

唾液腺 Salivary glands

大口腔腺と小口腔腺はいずれも実質性の上皮索として生じ、この上皮索は口腔の外胚葉性上皮から下層の間葉へと伸びる。索は分岐して腔を生じ、分泌単位である**腺房** acinus を形成する。ウシとブタでは頭殿長21 mmの頃に**下顎腺** mandibular gland と**単孔舌下腺** monostomatic sublingual salivary gland が最初に生じる。これら2つの腺は、一対の舌下小丘へ開口する長い導管を持つ。**耳下腺** parotid gland と**多孔舌下腺** polystomatic sublingual salivary gland はわずかに遅れて発生する。

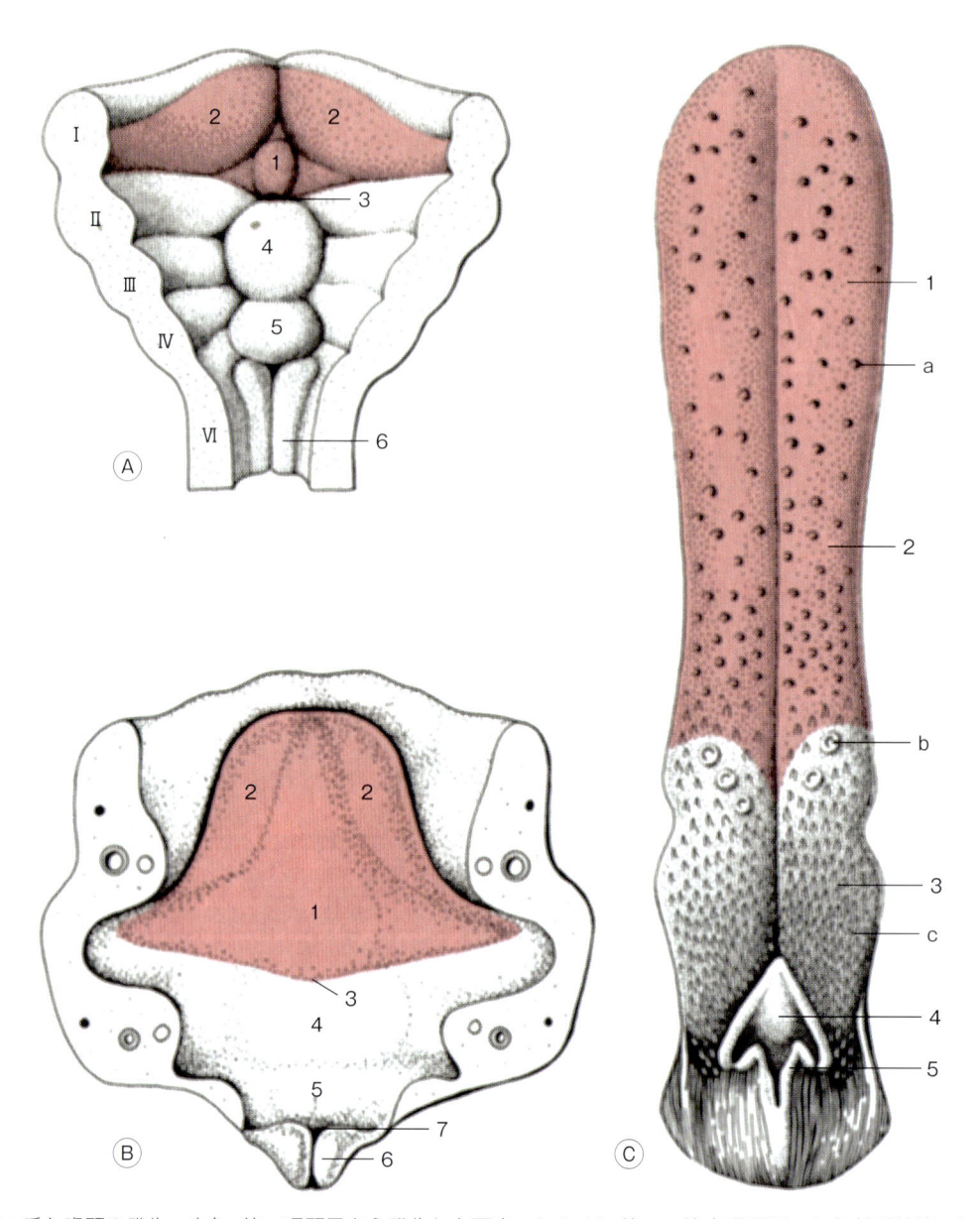

Development of the gastro-pulmonary system

図 14-8：舌と喉頭の発生。赤色：第一咽頭弓から発生した要素。**A:** I-VI：第一〜第六咽頭弓。1: 無対舌結節、2: 外側舌隆起、3: 甲状腺の原基、4: コブラ、5: 鰓下隆起、6: 披裂隆起。**B:** A で示した構造の発生後期、7: 喉頭口。**C:** イヌの舌、1: 舌尖、2: 舌体、3: 舌根、4: 喉頭蓋、5: 披裂軟骨、a: 茸状乳頭、b: 有郭乳頭、c: 糸状乳頭。Rüsse と Sinowatz（1998）の厚意による。

消化-呼吸器系の発生 第14章

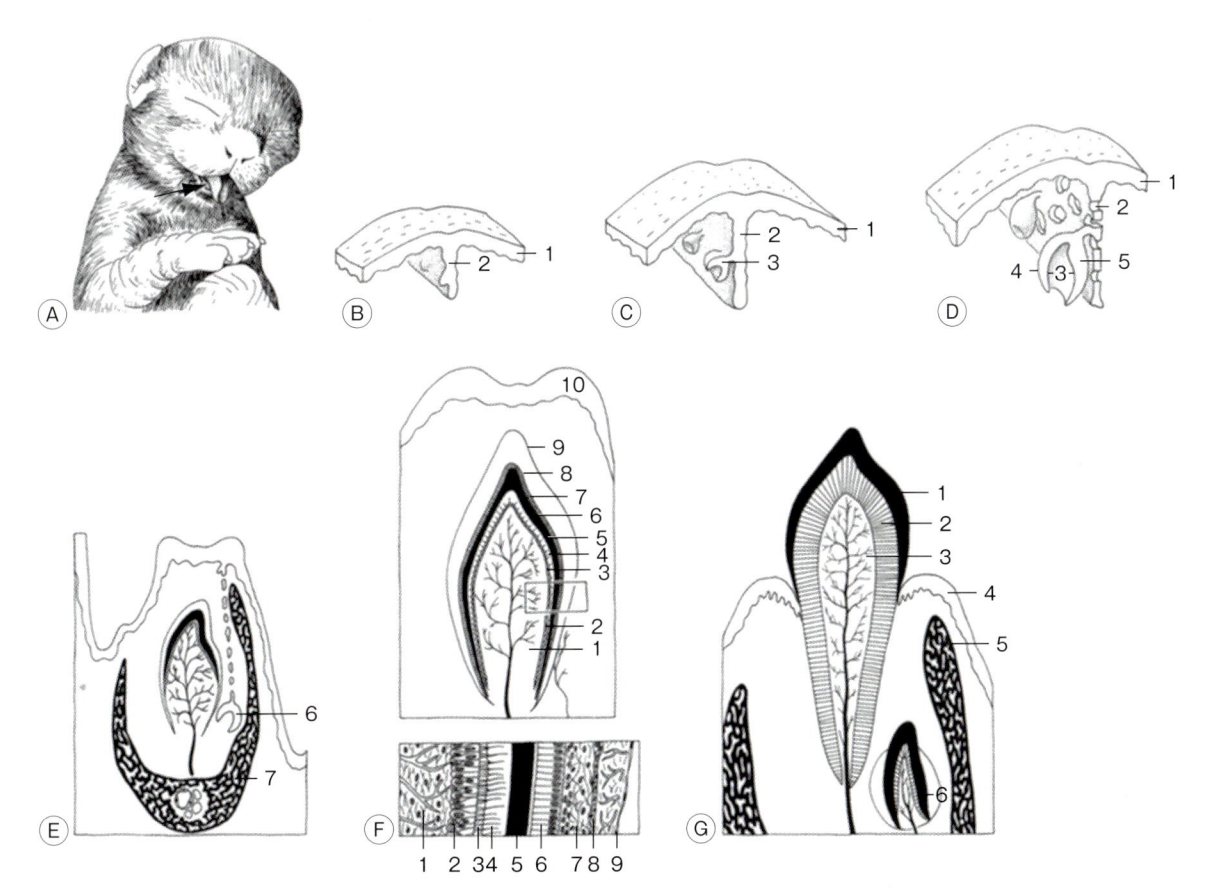

図 14-9：短冠歯の発生。**A:** ネコ胎子における歯の発生を伴う歯肉の位置（矢印）。**B:** 1: 歯肉の外胚葉性上皮、2: 歯堤。**C:** 1: 上皮、2: 歯堤、3: 帽子状の歯芽。**D:** 1: 上皮、2: 歯堤の遺残、3: 内エナメル上皮、4: 外エナメル上皮、5: 星状網、**E:** 6: 永久歯の原基、7: 発生中の下顎骨。**F:** 1: 歯髄、2: ゾウゲ芽細胞、3: ゾウゲ前質、4: ゾウゲ質、5: エナメル質、6: エナメル芽細胞、7: 星状網、8: 外エナメル上皮、9: 歯小囊。**G:** 1: エナメル質、2: ゾウゲ質、3: 歯髄、4: 歯肉上皮、5: 下顎骨、6: 永久歯の原基。Rüsse と Sinowatz（1998）の厚意による。

歯 Teeth

歯は外胚葉性と間葉性の構成要素から生じる（頭部では、神経堤に由来する間葉も外胚葉から生じる）。歯の基本的な構成要素は**エナメル質** enamel、**ゾウゲ質** dentin および**セメント質** cementum である。エナメル質は外胚葉性歯肉上皮に由来する細胞によって産生され、歯の残りの要素は下層の間葉に由来する細胞によってつくられる。家畜の歯には、主な２つのタイプ、すなわち**短冠歯** brachydont と**長冠歯** hypsodont がある。しかし、それらの形態や組織学的な違いにも関わらず、それらの発生はあまり違っていない。

歯の発生の第一段階は、外胚葉が層状に内側へ増殖した**歯堤** dental lamina が歯肉上皮から生じることである（図14-9）。小さな**帽子状の歯芽** cap-shaped dental bud は歯堤の側面に生じ、発生が進むにつれ、**歯乳頭** dental papilla と呼ばれる間葉の

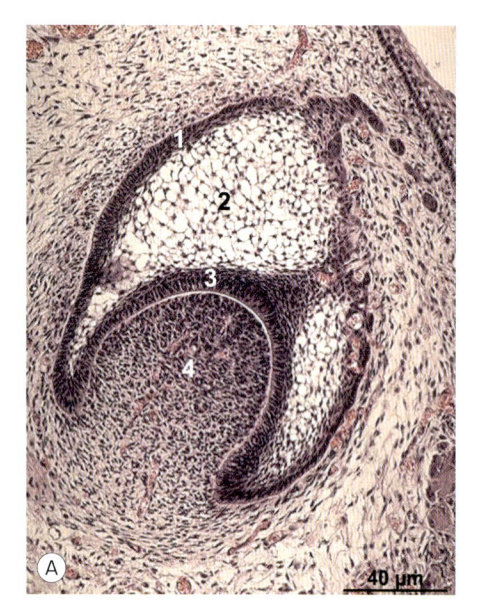

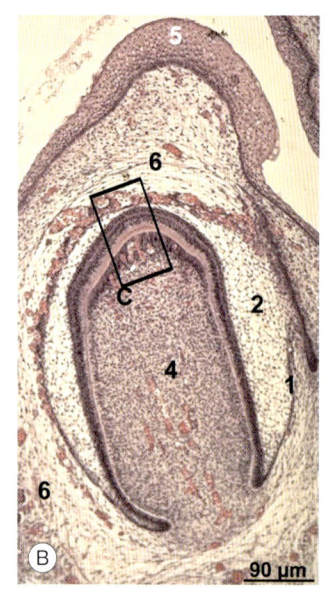

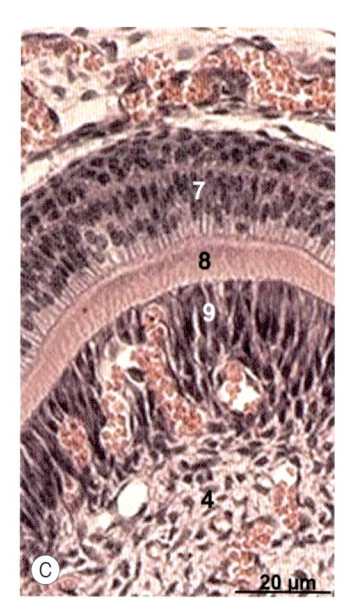

Development of the gastro-pulmonary system

図 14-10：妊娠初期図 A および後期図 B のネコ胎子における歯の発生。図 C は四角で囲んだ部分の拡大。1: 外エナメル上皮、2: 星状網、3: 内エナメル上皮、4: 歯乳頭、5: 歯肉の表面上皮、6: 歯小囊、7: エナメル芽細胞、8: ゾウゲ前質、9: ゾウゲ芽細胞。

芯を包み込む。帽子状の各歯芽は**外エナメル上皮** outer enamel epithelium および**内エナメル上皮** inner enamel epithelium を持ち、**エナメル器** enamel organ と呼ばれる構造をつくる（図14-10）。外エナメル上皮と内エナメル上皮の間の間葉は**星状網** stellate reticulum と呼ばれる。内エナメル上皮が形づくられて歯冠の形が決まる。

エナメル器の形成は歯の発生の第一段階であるが、最初につくられる歯の構成要素は**ゾウゲ質** dentin である。内エナメル上皮に隣接する間葉は**ゾウゲ芽細胞** odontoblast からなる円柱上皮を形成する。これらの細胞は**ゾウゲ前質** predentin を産生し、それはゾウゲ芽細胞と内エナメル上皮との間に蓄積される。ゾウゲ前質はやがて石灰化され、骨に似た**ゾウゲ質** dentin へと変化する。しかし、骨の形成では骨芽細胞が細胞外骨基質によって包囲されるのに対し、歯の形成ではゾウゲ前質やゾウゲ質の蓄積量が増加するにつれてゾウゲ芽細胞が内エナメル上皮から離れていく。唯一、ゾウゲ芽細胞から出る細長い細胞質の突起は内エナメル上皮と接触を保ち、細胞質突起の周囲へ集中的に蓄積するゾウゲ質に包埋される。ゾウゲ質の産生は歯髄の先端から始まる。ゾウゲ芽細胞は一生を通じて活性を維持し、ゾウゲ前質やゾウゲ質を産生し続ける結果、血管や神経を含んだ歯髄の大きさは減少する。

ゾウゲ質の産生が始まると間もなく、**エナメル質** enamel の産生も開始される。ゾウゲ質に刺激され、内エナメル上皮は**エナメル芽細胞** ameloblast からなる円柱上皮へと分化する。これらの細胞はエナメル質を産生し（これも発生中の歯の先端から開始する）、ゾウゲ質の外に蓄積される。エナメル質が蓄積されるにつれ、エナメル芽細胞は辺縁へ押しやられ、それによって星状網の厚さは減少する。

帽子状のエナメル器の基底部では、内エナメル上皮と外エナメル上皮が会合する。それらの接合部から上皮は増殖し、**歯根鞘** root sheath として間葉中

へ深く伸びる。この歯根鞘によって**歯根** root の構造（歯根突起の数や形）が決定する。歯根鞘は隣接する間葉をゾウゲ芽細胞へ分化させ、ゾウゲ芽細胞は歯根においてゾウゲ質を産生する。この部位に星状網は存在しないため、内エナメル上皮は決してエナメル芽細胞に分化しない。その結果、**短冠歯の歯根** root of the brachydont tooth は**エナメル質によって覆われない** not covered with enamel。歯根においてゾウゲ質の産生が増加するにつれ、歯髄の大きさは次第に減少し、細い**歯根管** root channel が形成される。成長が停止する非常生歯では歯根鞘が変性し、イノシシの牙のように成長を続ける常生歯では変性が起こらず歯は歯根を欠く。

帽子状のエナメル器周囲の間葉は、凝集して**歯小囊** dental sac を形成する。歯根の周囲で歯小囊の間葉は、ゾウゲ質に似た別の骨様物質であるセメント質を産生する**セメント芽細胞** cementoblast へ分化する。セメント芽細胞はゾウゲ芽細胞と異なり、骨と同様に、細胞間の物質に包埋される。発達しつつある歯根周囲で歯小囊のより辺縁部は、丈夫で膠原線維に富む線維を形成し、それは歯を顎骨中に固定する**歯周靱帯** periodontal ligament となる。

長冠歯 hypsodont tooth の形成は基本的に同じパターンをたどる。しかし、歯冠の造形はより複雑である。なぜなら、エナメル器は歯冠に限局されず、歯のほとんどがエナメル質で覆われるからである。さらに、歯小囊が（歯根だけでなく）歯全体の周囲でセメント芽細胞へ分化するため、エナメル質は一層のセメント質で覆われる。結局、萌出した長冠歯が摩耗するにつれ、それは歯肉から押し出された追加の歯によって置換される。すなわち、固定した歯冠を持つのではなく、長冠歯は**臨床歯冠** clinical crown（任意の時点で露出した歯の部分）を持つといわれる。

最初につくられるエナメル器は**脱落歯** deciduous tooth の形成に関わり、2 番目につくられるエナメル器は**永久歯** permanent tooth の形成に関わる（**図 14-9**）。

前腸 The foregut

前腸の最吻側部は**咽頭弓** pharyngeal arch、**咽頭囊** pharyngeal pouch、その派生物を含む**咽頭** pharynx を生じる。咽頭の尾側方では、前腸は**喉頭** larynx、**気管** trachea、**気管支** bronchus、**肺** lung、**食道** oesophagus、**胃** stomach および **腸** intestine の前部、すなわち**肝臓** liver と**膵臓** pancreas（これらも前腸派生物）が出芽するところまでを生じる。

咽頭 The pharynx

咽頭部において、前腸は**咽頭弓** pharyngeal arch の形成に関与するようになる。咽頭弓はギリシャ語で鰓を意味する"branchia"にちなんで**鰓弓** branchial arch とも呼ばれる。原則的に 6 つの咽頭弓が準備されるが、第五咽頭弓は痕跡的で決して発達せず、第六咽頭弓は頸の一部のままで明瞭にならない。結局、4 つの咽頭弓だけがはっきり見ることができる。各咽頭弓のすぐ尾側で**内側の囊** internal pouch（すなわち咽頭囊）が発達し（**図 14-11、14-12**）、**外側の咽頭溝** external pharyngeal groove が各囊に対応する。第五咽頭弓は失われるため、第五咽頭囊は第四咽頭囊に取り込まれる。そのため、しばしば 4 つの咽頭溝と咽頭囊についてのみ言及される。咽頭弓や咽頭溝（咽頭囊）は、外側を外胚葉性上皮、内側を内胚葉性上皮に内張りされている。神経堤細胞に由来する間葉は、咽頭弓の部分で厚く、咽頭溝（咽頭囊）が形成される部分で薄い。しかし、哺乳類の咽頭溝や咽頭囊は魚類のそれらと違って融合し、鰓裂をつくることは、少なくとも正常な状態ではありえない。咽頭弓と咽頭溝（咽

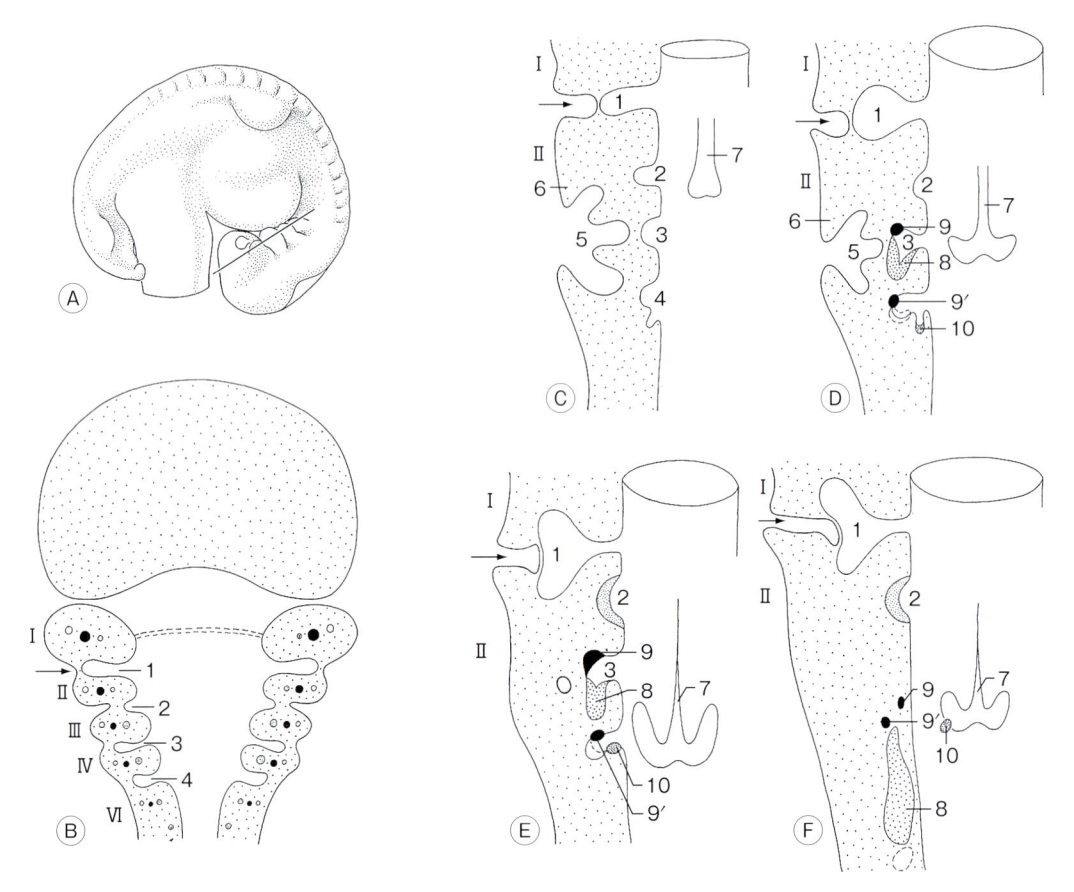

Development of the gastro-pulmonary system

図 14-11：咽頭弓、咽頭嚢および咽頭溝の発生。**A**: B の切断を示した胚子。**B**：Ⅰ-Ⅵ：それぞれの軟骨、動脈および神経要素を備えた咽頭弓。1-4：咽頭嚢。第一咽頭溝は第一咽頭嚢と連絡して外耳道（矢印）をつくる。**C**：頸洞（5）は第二咽頭弓からの尾側方への伸長部（6）によってつくられる。7：甲状腺の原基。**D-F**：咽頭嚢の分化。2：口蓋扁桃。8：胸腺の原基。9：外上皮小体の原基、9'：内上皮小体の原基、10：鰓後体。Rüsse と Sinowatz（1998）の厚意による。

頭嚢）は多くの器官を生じる（**表 14-1**）。

咽頭溝 The pharyngeal grooves

第一咽頭溝は**外耳道** external auditory meatus になる（**図 14-11**）。第二咽頭溝、第三咽頭溝および第四咽頭溝は、第二咽頭弓から尾側への伸長部によって覆い隠される。**頸洞** cervical sinus はこの初期の伸長によって生じるが、後に閉鎖する。

咽頭弓 The pharyngeal arches

咽頭弓は神経堤に由来する間葉からなる。各咽頭弓において、間葉は特定の軟骨や骨の派生物、筋および大動脈弓（動脈）を生じ、特定の神経と関わりを持つようになる（**図 14-11**）。動脈については第 12 章で述べる。

第一咽頭弓（下顎弓）：この咽頭弓は背側部の**上顎突起** maxillary process と、**下顎突起** mandibular process と呼ばれる腹側部とからなる（**図 14-3**）。

消化-呼吸器系の発生　第14章

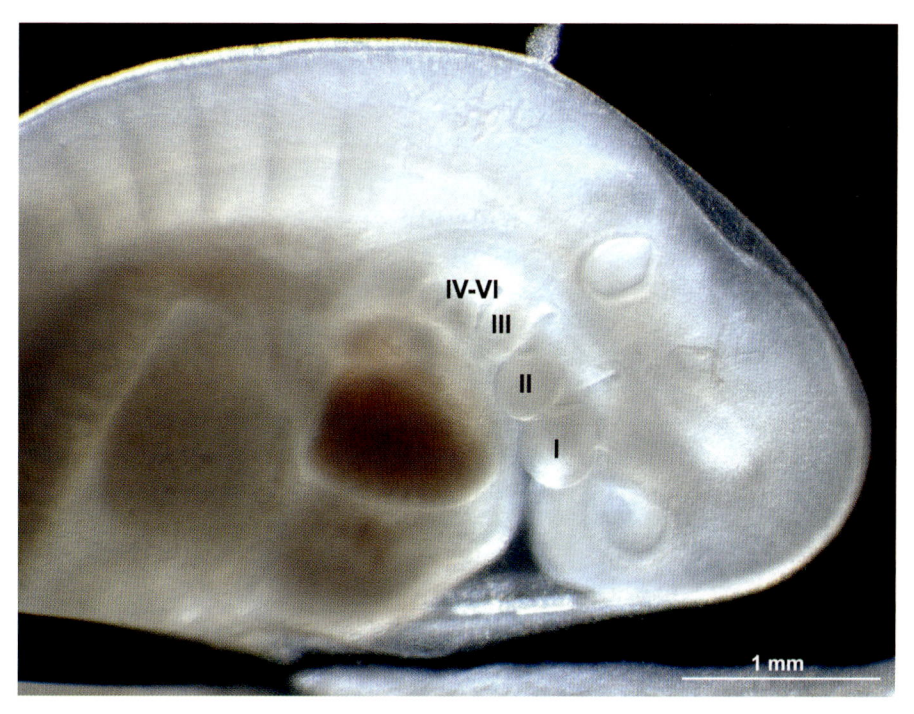

図 14-12：発生 19 日目のヒツジ胚子。I–VI：咽頭弓。

上顎突起からは**上顎骨** maxilla、**頬骨** zygomatic bone、**側頭骨** temporal bone の一部や、さらには**二次口蓋** secondary palate が膜内骨化によって生じる。下顎突起は**メッケル軟骨** Meckel's cartilage と呼ばれる軟骨の板を含んでいる。この構造物のほとんどは消失するが、その最背側部は中耳の**キヌタ骨** incus と**ツチ骨** malleus を生じる。下顎突起は**下顎骨** mandible を膜内骨化によって生じる。第一咽頭弓の筋性派生物には、**咀嚼筋** muscle of mastication（側頭筋、咬筋および翼突筋）、**顎舌骨筋** mylohyoid、**顎二腹筋の前腹** rostral belly of digastricus、**鼓膜張筋** tensor tympani および**口蓋帆張筋** tensor veli palatini がある。第一咽頭弓とその派生物は、**三叉神経** trigeminal nerve（V）により支配される。

第二咽頭弓（舌骨弓）：この咽頭弓は第一咽頭弓よりも小さく、**ライヘルト軟骨** Reichert's cartilage を含んでおり、その遺残物は中耳の**アブミ骨** stapes を生じる。第二咽頭弓の間葉は、**角舌骨** lesser horn、**底舌骨の上部** upper portion of the body of the hyoid bone および**側頭骨の茎状突起** styloid process of the temporal bone へ分化する。第二咽頭弓の筋性派生物には、顔面の**表情筋** muscles of facial expression や**アブミ骨筋** stapedius、**茎突舌骨筋** stylohyoid、**顎二腹筋の後腹** caudal belly of digastricus および**耳介筋** auricular muscle がある。第二咽頭弓とその派生物は**顔面神経** facial nerve（VII）により支配される。

第三咽頭弓：この咽頭弓の軟骨は**甲状舌骨** greater horn と**底舌骨の下部** lower part of the body of the hyoid bone を生じる。筋性派生物には**茎突咽頭筋** stylopharyngeus がある。第三咽頭弓とその派生物は**舌咽神経** glossopharyngeal nerve（IX）により支配される。

Development of the gastro-pulmonary system

表 14-1：咽頭弓、咽頭嚢、咽頭溝の派生物とそれに関連する神経

	咽頭弓派生物				咽頭嚢派生物	咽頭溝派生物	神経
咽頭弓	軟骨	骨	結合組織	筋			
第一咽頭弓（下顎弓）	メッケル軟骨	上顎骨、下顎骨、頬骨、側頭骨、ツチ骨、キヌタ骨	ツチ骨靭帯、蝶下顎靭帯	咀嚼筋、顎舌骨筋、顎二腹筋の前腹、鼓膜張筋、口蓋帆張筋	耳管、喉嚢	外耳道	三叉神経（Ⅴ）
第二咽頭弓（舌骨弓）	ライヘルト軟骨	アブミ骨、角舌骨と底舌骨の上部、側頭骨の茎状突起	茎突舌骨靭帯	顔面の表情筋、アブミ骨筋、茎突舌骨筋、顎二腹筋の後腹、耳介筋	口蓋扁桃	なし	顔面神経（Ⅶ）
第三咽頭弓	なし	甲状舌骨、底舌骨の下部、側頭骨の茎状突起	なし	茎突咽頭筋	外上皮小体、胸腺	なし	舌咽神経（Ⅸ）
第四咽頭弓および第六咽頭弓	喉頭蓋軟骨、披裂軟骨、甲状軟骨、輪状軟骨		なし	輪状甲状筋、口蓋帆挙筋、咽頭収縮筋	内上皮小体、鰓後体	なし	迷走神経（Ⅹ）

第四咽頭弓および第六咽頭弓：これらの咽頭弓の軟骨は**喉頭蓋軟骨** epiglottic cartilage、**甲状軟骨** thyroid cartilage、**輪状軟骨** cricoid cartilage および**披裂軟骨** arytenoid cartilage（後者は小角突起と楔状突起を含む）を含む喉頭の大部分を生じる。筋性派生物には、**輪状甲状筋** cricothyroid、**口蓋帆挙筋** levator palatini、**咽頭収縮筋** constrictor of pharynx および残りの**固有喉頭筋** intrinsic muscle of larynx がある。これらの咽頭弓は**迷走神経** vagus nerve（Ⅹ）の支配を受け、ここから出る**反回喉頭神経** recurrent laryngeal nerve がすべての固有喉頭筋（**前喉頭神経** cranial laryngeal nerve の支配を受ける輪状甲状筋を除く）を支配する。前喉頭神経は、迷走神経が喉頭を通過するところから直接喉頭へ向かう。一方、反回喉頭神経は、だいぶ遅れて迷走神経から分枝し、第六大動脈弓の周囲で左右ともかぎ型に曲り、喉頭へ向けて吻側方に戻っていく（第 12 章参照、**図 12-15**）。右側では第六大動脈弓は消失し、反回神経は解放され、代わって第四大動脈弓（第五大動脈弓は痕跡的である）の周囲でかぎ型に曲がる。しかし、左側では第六大動脈弓が動脈管となって残り（生後は動脈管索となる）、反回喉頭神経は第六大動脈弓の周囲でかぎ型に曲がった状態を保持する。ウマでは、左側におけるこの長い神経の走行は、左側の固有喉頭筋の片麻痺を起こし、"喘鳴"と呼ばれる症状（気道において左側の声帯ヒダが麻痺したままとなる）の原因となる。キリンの左側の反回喉頭神経はすべての陸生哺乳類の中で、最も長い細胞といわれる！

咽頭嚢 The pharyngeal pouches

咽頭嚢から生じる器官は**鰓原器** branchiogenic organ と総称される（**図 14-11**）。

第一咽頭嚢：この咽頭嚢は最初、**耳管鼓室陥凹** tubotympanic recess と呼ばれる憩室を生じ、それ

は伸長して第一咽頭溝と背中合わせになる。この咽頭溝は、すでに述べたように外耳道を生じ、同じく耳管鼓室陥凹は拡張した**鼓室** middle ear cavity と**耳管（エウスタキオ管）** auditory (Eustachian) tube の両方を生じる。ウマでの耳管は広い拡張部、すなわち**喉嚢** guttural pouch をつくる。咽頭溝と咽頭嚢の間の壁は**鼓膜** tympanic membrane となり、外側を外胚葉性上皮、内側を内胚葉性上皮で覆われる。

第二咽頭嚢：この咽頭嚢は食肉類とウシでのみ残存し、それぞれ**扁桃窩** tonsilar fossa と**扁桃洞** tonsilar sinus を形成する。咽頭嚢の内胚葉性上皮は**口蓋扁桃** palatine tonsil の細網性支質をつくる。これらの構造には、後に免疫担当細胞が侵入する。

第三咽頭嚢：この咽頭嚢からは背側と腹側の原基が生じる。背側の原基は**外上皮小体** external parathyroid gland を、腹側の原基は**胸腺** thymus の構造的基盤となる細網性支質を形成する。ここには**T リンパ球** T lymphocyte になることが運命付けられたリンパ球系列の細胞が後に侵入する（第13章参照）。外上皮小体は胸腺との関係を保ち、一緒に尾側へ移動して甲状軟骨の外側（ウマと食肉類）もしくは総頸動脈の分岐部（反芻類とブタ）へ位置するようになる。胸腺が尾側方へ成長し移動する間に、細い**頸部** cervical portion と、より丸みを帯びた**胸部** thoracic portion がつくられる。ウマと食肉類では、咽頭領域への最初の接続は急速に失われる。しかし、反芻類とブタでは胸腺の頸部は残存する。胸腺から咽頭嚢へ直接開く接続はすべての種で失われる。頸部の尾側部および胸部において、最初は両側性の器官だった2つの部分は融合して1つの構造物となる。胸部において、これは縦隔の前部へ位置するようになる。新生子における胸腺の最終的な位置は種によって異なり、反芻類とブタでは明瞭な頸部と胸部が見られ、ウマでは頸部が大きさを減じ、食肉類では頸部が完全に失われる。胸腺には骨髄由来のリンパ球が定着するようになる。脈管系を通って到着すると、リンパ球は固有の内胚葉性原基から生じる細網細胞によってつくられた網目の中で著しく増殖し、身体のTリンパ球集団を形成する。Tリンパ球はやがて別の場所（特にリンパ節）へ広がり、T細胞依存域を確立する。出生時、胸腺は完全に発達しているが、その後間もなく退行しはじめ、春機発動期（性成熟期）の間に特に著しく退行する。

第四咽頭嚢：第三咽頭嚢と同じく、この咽頭嚢は背側と腹側の原基を生じる。背側の原基は**内上皮小体** internal parathyroid gland を生じ、外上皮正体と同様に、胸腺とともに尾方へ移動し、甲状軟骨の外側に位置し、甲状腺に埋没する。腹側の原基は種によっては**胸腺** thymus の形成に関与するが、一般にあまり重要でないと考えられている。

第五咽頭嚢：この咽頭嚢は第四咽頭嚢に吸収されるとしばしば考えられているが、**鰓後体** ultimobranchial body を生じ、これは後に甲状腺へ取り込まれ、濾胞傍細胞（C細胞）を形成する。

甲状腺：**甲状腺** thyroid gland は前腸の咽頭領域において、腹側部の上皮が肥厚することで生じる。そのため、鰓原基と関係づけながら、甲状腺の発生について述べる（図14-11）。肥厚部は下層の間葉へ向かって成長し、そこで細長い**甲状舌管** thyroglossal duct を形成する。この管は、遠位端において馬蹄型の2葉構造をなす。管の細い部分は失われ、2葉部分はさらに尾側へと移動して気管の頭端へ達し、そこで甲状腺の2葉が原基の葉から生じる。ブタでは**2葉** two lobes がよく発達した**峡部** isthmus によって物理的に連続性を保つが、他の種では峡部は発達が悪いか欠いている。最初、胸腺は実質性の上皮索からなるが、これらは後に**甲状腺濾胞** thyroid follicle となる。

Development of the gastro-pulmonary system

喉頭 The larynx

発達しつつある咽頭のすぐ尾側の前腸吻側部の内部には**喉頭気管溝** laryngo-tracheal groove が生じ、深さを増す。一方、この外部では発達しつつある食道が咽頭や気管から**気管食道溝** tracheo-oesophageal groove によって分けられる（**図14-13**）。外部の溝がさらに発達する結果、内部では**呼吸憩室** respiratory diverticulum を分ける**気管食道中隔** tracheo-oesophageal septum がつくられる。

最初は、喉頭の咽頭への開口部はスリット状だが、スリットはやがて3つの膨隆で囲まれたT字型の開口部となる（**図14-8**）。開口部の頭側方には、主として第三咽頭弓および第四咽頭弓に由来する鰓下隆起から**喉頭蓋隆起** epiglottal swelling が生じ、尾外側には第六咽頭弓（第五咽頭弓は痕跡的）から一対の**披裂隆起** arytenoid swelling が生じる。これらの隆起内部の間葉は、神経堤由来であり、**喉頭蓋軟骨** epiglottic cartilage と**披裂軟骨** arytenoid cartilage をつくる（**表14-1**）。披裂軟骨の尾外側に位置する第四咽頭弓および第六咽頭弓の間葉は、集まって**甲状軟骨** thyroid cartilage をつくり、さらに尾側方では第六咽頭弓の間葉が**輪状軟骨** cricoid cartilage をつくる。

固有喉頭筋 intrinsic laryngeal muscle も咽頭弓の間葉から生じる。すなわち、第四咽頭弓から生じる**輪状甲状筋** crico-thyroid muscle は迷走神経の分枝の**前喉頭神経** cranial laryngeal nerve によって神経支配され、第六咽頭弓から生じる**残りの固有喉頭筋** remaining intrinsic laryngeal muscle は、迷走神経の枝である反回喉頭神経から出る**後喉頭神経** caudal laryngeal nerve によって神経支配される。

喉頭軟骨や筋が発達するのに伴い、**声帯ヒダ** vocal folds が形成される。ウマとイヌ、発達程度は低いがブタでも、内胚葉性上皮は外側への突出部を生じ、これが**喉頭室** laryngeal ventricle となる。その過程で、ウマとイヌでは、明瞭な**前庭ヒダ** vestibular fold が声帯ヒダの吻側方に形成される。

気管 The trachea

尾側方において発達中の喉頭は、尾側方へ急速に成長する原始的気管へ開口する。その内胚葉性内張り周囲の間葉は、少なくとも頸部では神経堤由来であり、吻側方から尾側方へ順に（発達する）軟骨性の**気管輪** tracheal ring を生じる。平滑筋性の**気管筋** tracheal muscle も、この間葉から生じる。一方、内胚葉性上皮は、線毛を持ち、偽重層性で杯細胞に富んだ**呼吸上皮** respiratory epithelium へと分化する。気管腺は上皮に付随する。

気管支と肺 The bronchi and lungs

気管支と肺の発生は一連の期間に区分できる。すなわち、気管支と肺の原基がつくられる**胚子期** em-

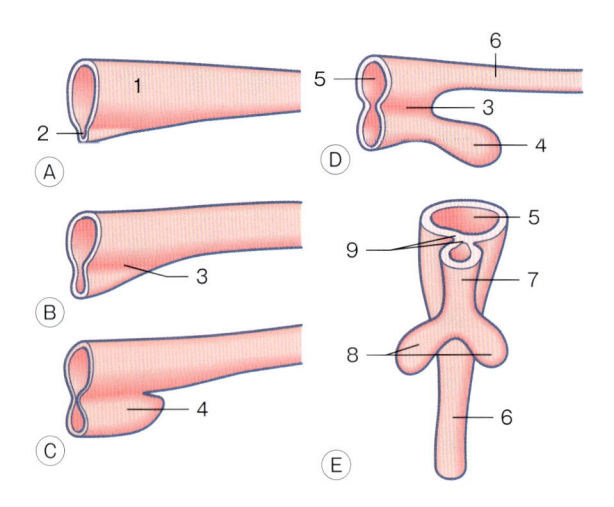

図14-13：呼吸憩室の発生。1: 前腸、2: 喉頭気管溝、3: 気管食道溝、4: 呼吸憩室、5: 咽頭、6: 食道の原基、7: 気管の原基、8: 気管支の原基、9: 気管食道中隔。McGaedy ら（2006）より改変。

bryonic period、分岐した気管支が生じ、ガス交換のための予備的な構造が確立する**胎子期** fetal period、ガス交換のための最終的な構造である肺胞が形成され、肺が成体の形となる**生後期** postnatal period である。胎子期はさらに、互いに重複する**腺様期** pseudo-glandular period、**細管期** canalicular period、**小嚢期** saccular period および**肺胞期** alveolar period に細分することができる。

胚子期 The embryonic period

まず尾側方へ成長した後、原始的気管は尾外側に2本の**気管支** principal bronchus を分ける肺芽を形成する（図14-14）。小さな左側の肺芽は、大きな右側のものよりも外側へ向かって成長する。次に気管支が出芽して**葉気管支** lobar bronchus となり、肺がどのように肺葉へ分かれるかが決定する。これは種特異的なパターンで、胎子期の終わりには識別できるようになる。肺葉は発達中の胸膜腔へ突出し、**胸膜** pleura をつくる間葉によって外方を包囲されるようになる。ウシとブタでは、特有な**気管の気管支** tracheal bronchus が気管から直接発生し、右側の前葉へ伸びる。葉気管支が生じると、**区域気管支** segmental bronchus への最初の連続的な出芽が始まる。肺動脈（第六大動脈弓から生じる。第12章参照）と肺静脈が気管支樹の分岐と並行して発達する。

腺様期 The pseudo-glandular period

この時期の名前は、気管支樹に見られる腺様の分岐にちなんで付けられた。葉気管支は、種によっては20回も分岐（二股に分かれること）することで、**区域気管支** segmental bronchus を生じる。この時期になると、気管支は内胚葉性円柱上皮によって内張りされた細管の様相を呈する。気管支は周囲を取り囲む間葉の中で分岐し、ついには**終末細気管支** terminal bronchiole を生じる。

細管期 The canalicular period

この時期は、肺がのちにガス交換に携わる部分の原基がつくられることによって特徴付けられる。腺様期に形成された終末細気管支は分岐によってさらに枝分かれし、各終末細気管支は**肺小葉** pulmonary lobule に含まれる小管系を生じる。このため、2回または3回の分岐によって、終末細気管支は**呼吸細気管支** respiratory bronchiole を生じ、この呼吸細気管支の各々はさらに3回または4回分岐して二次小管である**細管** canalicule を生じるので、それがこの時期の名前となっている。細管の末端は、原始肺胞とも呼ばれる短い**終末小嚢** terminal saccule の集団をつくる。細管は、発達中の毛細血管網に取り囲まれた円柱上皮によって内張りされている。毛細血管が上皮と近接するところでは、上皮の高さは低くなっている。

小嚢期 The saccular period

この時期のあいだに、終末小嚢がさらに3回または4回分岐することによって、換気システムの終末分岐が起こり、最後の分岐によって**盲小嚢** blind saccule がつくられる。

肺胞期 The alveolar period

この時期にはガス交換のための最終区画である**肺胞** alveolus が形成される。肺胞の形成は求心性の方向に起こり、最も遠位のものが最初である。ウシでは、この過程は妊娠約240日に開始する。発達中の肺胞において、内胚葉性上皮は扁平な**I型肺胞細胞**（呼吸上皮細胞）type I alveolar cell と、より

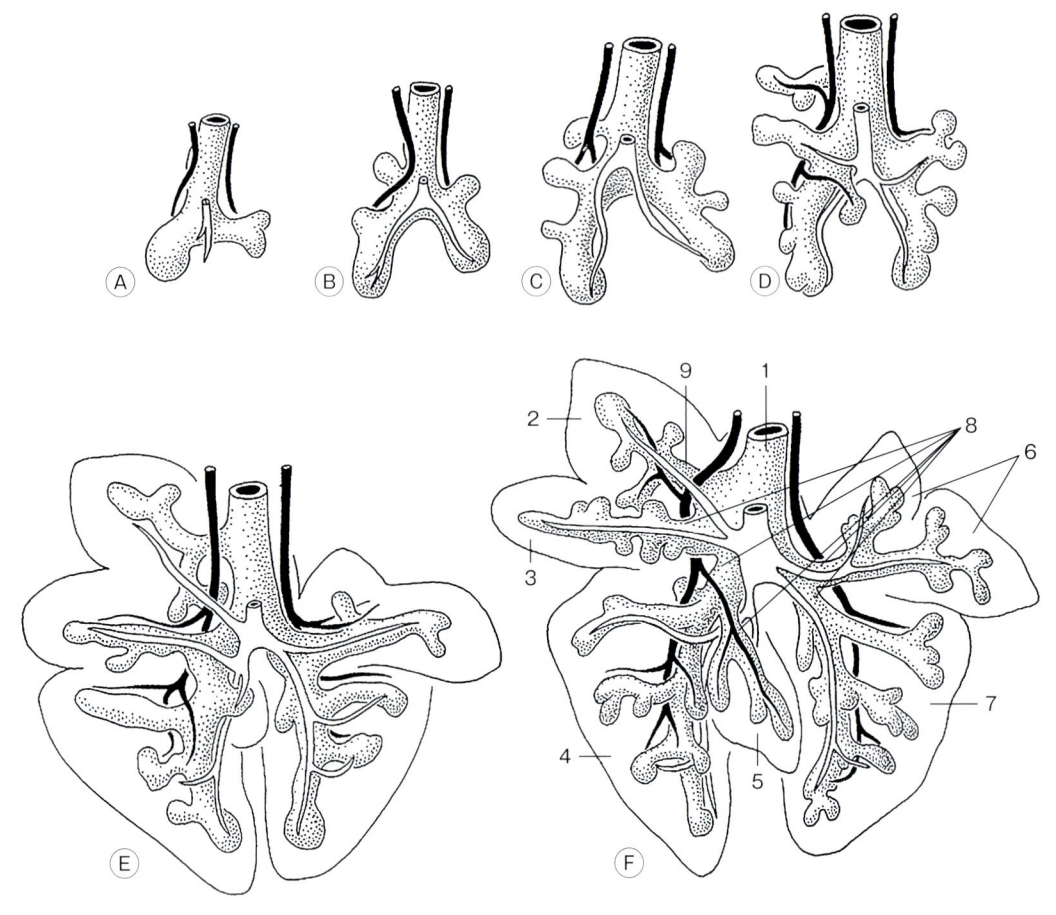

Development of the gastro-pulmonary system

図 14-14：頭殿長 7.5 mm（図 A）、10 mm（図 B）、12 mm（図 C）、13.5 mm（図 D）、15 mm（図 E）および 18.5 mm（図 F）のブタ胚子の腹側から見た気管支樹の発生。黒：動脈。白：静脈。1：気管、2：右前葉、3：中葉、4：右後葉、5：副葉、6：左前葉、7：左後葉、8：葉気管支、9：気管の気管支。Rüsse と Sinowatz（1998）の厚意による。

立方形のⅡ型肺胞細胞（大肺胞上皮細胞）type Ⅱ alveolar cell に分化する。前者は肺胞表面のほとんどを覆い、後者は肺胞の表面張力を減少させる一種のリン脂質であるサーファクタントの産生に特化している。リン脂質を産生する最初の細胞はもっと初期の細管期につくられる。Ⅱ型肺胞細胞は、再生するⅠ型肺胞細胞の幹細胞としても働く。胎子期のあいだ、すべての呼吸器系の内腔は、この系の発達中の腺からの分泌物と、出生前の呼吸運動によって吸入された羊水を加えた液体によって満たされている。

生後期 The postnatal period

肺胞期には新生子を呼吸可能にする原始的な肺胞が形成されるものの、**成熟した肺胞** mature alveolus は出生後、肺が機能するまでつくられない。出生後間もなく呼吸細気管支や肺胞嚢は著しく長軸方向へ成長し、これらの構造の壁からさらに追加の肺胞が発達する。出生時、呼吸器系に含まれる液体のほとんどは口と鼻から排出される。最初の吸息は、呼吸器系を空気で満たし、残った液体は上皮細胞に吸収

されて取り除かれ、血液系やリンパ系へ輸送される。

食道 The esophagus

食道は発達しつつある咽頭（ここで食道は喉頭の背側へ開口する）から、紡錘形の胃の原基へと伸びる。食道は最初のうちは幅が広く短いが、胸郭の成長や心臓と肺の発達に伴ってより長く幅が狭くなり、縦隔の中に埋まる。食道の内胚葉性上皮は、粘膜下組織へ伸びる腺を備えた**重層扁平上皮** stratified squamous epithelium へと発達する。**食道腺** oesophageal gland の分布は種特異的である。内胚葉性上皮を取り囲む中胚葉は、食道の外層部分、すなわち**固有層** lamina propria、**粘膜筋板** lamina muscularis mucosae、**粘膜下組織** tela submucosa、**筋層** tunica muscularis、および**外膜** tunica adventitia（**漿膜** serosa）を生じる。筋層の構造も重要な種特異的差異を示す。すなわち、反芻類とイヌでは横紋筋からなり、ブタでは最尾側部は平滑筋を含み、ウマとネコでは尾側方1/3は平滑筋からなる。平滑筋細胞が内胚葉を取り囲む間葉から生じるのに対し、横紋筋細胞は咽頭弓から移動してくるようだ。

胃 The stomach

胃は前腸のより尾側部の紡錘形の拡張として生じ、ブタでは妊娠第3週のあいだに明瞭になる。胃の発生は種によって異なり、これ以降、**単胃** simple stomach と**反芻胃** ruminant stomach とは別々に述べる。

単胃 The simple stomach

紡錘形の胃の原基の背側部は腹側部よりも急速に成長し、その結果、背側に凸の弯曲、腹側に凹の弯曲が生じる。背側の弯曲は後に発達して胃の**大弯** greater curvature に、腹側の弯曲は**小弯** lesser curvature になる。

腹腔において最終的に横向きになるように、胃は**2つの回転** two rotations を完了させる。すなわち1つは頭尾軸の周りを、もう1つは背腹軸の周りを回転する（図14-15）。最初の回転 first rotation では、胃は頭尾軸の周りを（頭側方から見て）90°時計回りに回転し、発達しつつある胃の背側部を左側へ、腹側部を右側へ移動させる。その結果、左迷走神経は腹位、右迷走神経は背位を占めるようになる。第二の回転 second rotation では、胃は背腹軸の周りを（背側方から見て）約45°反時計回りに回転し、腹腔内で尾側部を右側に、吻側部を左側に向けたほぼ横向きの位置をとるようになる（図14-16）。さらに成長すると、左側（吻側）部は**噴門** cardia と**胃底** fundus に、中間部は**胃体** corpus に、右側（尾側）部は**幽門** pylorus になる。噴門と胃底は容積を増し、これは特にウマで顕著で、**胃盲嚢** saccus caecus ventriculi をつくる。

胃に付着した背側と腹側の間膜の部分は、**背側胃間膜および腹側胃間膜** dorsal and ventral mesogastrium と呼ばれる（図14-15）。背側胃間膜は最初幅が広く、その間葉内には腔所が生じる。のちに、これらの腔所は合体して1つになる。これは肺腸陥凹と呼ばれ、のちに腹膜腔と連絡する。横中隔が横隔膜の腱中心へと発達するに伴い、肺腸陥凹の一部は食道に隣接する胸腔内に取り込まれ、心下包をつくる。

肺腸陥凹の腹腔に留まる部分は、**網嚢** bursa omentalis の形成に加わる。胃の最初の回転によって、背側胃間膜の付着部は背側から左側へ移動し、肺腸陥凹の腹腔部を含んだ嚢が徐々に形成される。この嚢は後に**網嚢** bursa omentalis となる。脾臓が背側胃間膜内に発生し、背側胃間膜は膵臓の左葉を収める。第二の回転によって背側胃間膜の胃への付着部は幾分尾側へ位置するようになり、胃間膜自体

Development of the gastro-pulmonary system

がさらに発達することによって、最終的な**大網** greater omentum が形成される。これは間に網嚢を挟んだ浅層（浅壁）と深層（深壁）からなる。腹腔から網嚢への入口は右側に**網嚢孔** foramen omentale として残る。この開口部は腹側胃間膜（すなわち小網）の門脈と後大静脈によって縁取られた自由縁に見られる。大網のさらなる発達は種によって異なる。すなわち食肉類では、大網は尾側方へ長く伸びて腸全体を覆うが、ブタとウマでは小さい。

胃の最初の回転は腹側胃間膜の付着部を右側へ移動させ、発達しつつある胃を体壁の腹側部や横中隔と接触させる。肝芽は腹側胃間膜内と横中隔内へ成長する。胃の第二の回転によって腹側胃間膜はより吻側を向いて横中隔と向き合う。後に、腹側胃間膜が**小網** lesser omentum へと発達し、肝臓の**冠状間膜** coronary ligament、**三角間膜** triangular ligament および**鎌状間膜** falciform ligament が横中隔から形成されるときに、肝臓は再び横中隔から解放される。

胃の粘膜 mucosa の分化は種によって異なる。食肉類では粘膜全体に腺 gland を生じるが、ブタと特にウマでは無腺部がつくられ、ここは重層扁平上皮によって特徴付けられる。腺粘膜は、それぞれ特徴的な型の分泌物をもつ特殊化した領域へと発達する。すなわち、**噴門腺** cardiac gland と**幽門腺** pyloric gland は粘液を分泌し、**固有胃腺** proper gas-

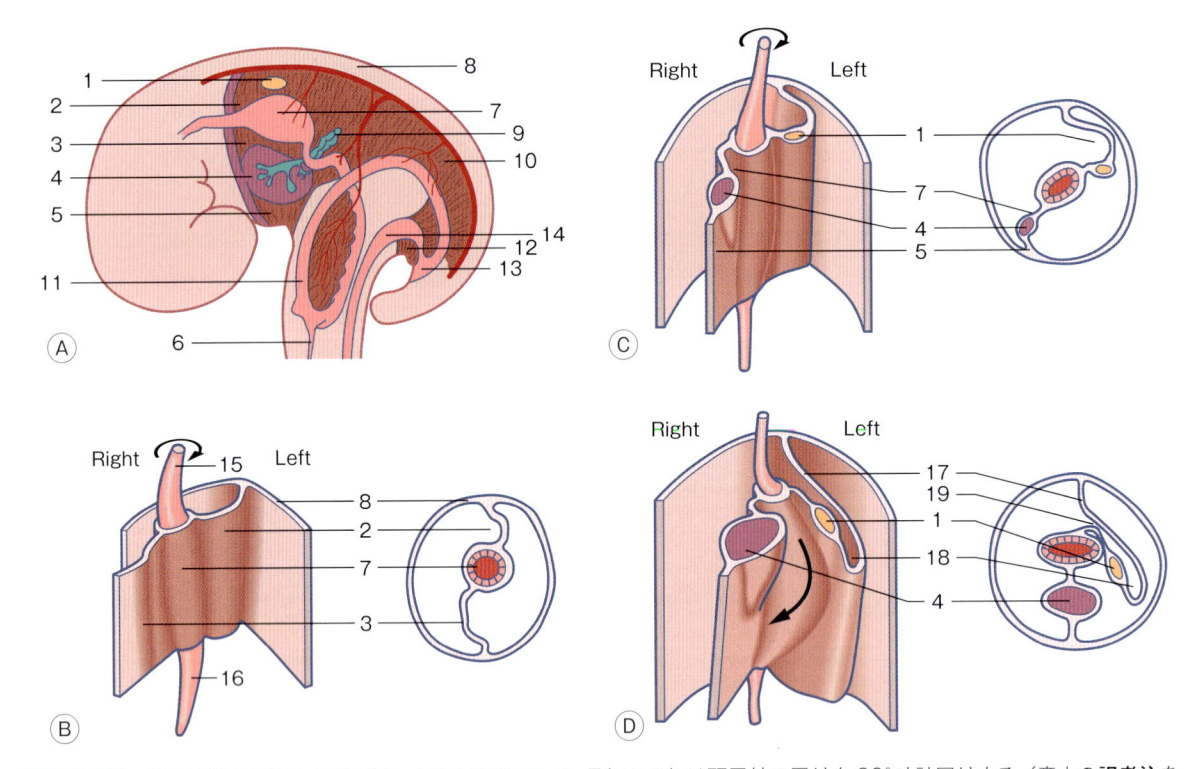

図 14-15：胃の原基の回転および小網と大網の形成。**B–C:** 最初の回転は頭尾軸の周りを 90°時計回りする（章末の**訳者注**を参照）。**D:** 第二の回転は背腹軸の周りを約 45°反時計回りする。1: 脾臓の原基、2: 背側胃間膜、3: 腹側胃間膜、4: 肝臓の原基、5: 鎌状間膜、6: 卵黄管、7: 胃の原基、8: 背側体壁、9: 背側膵芽、10: 背側腸間膜、11: 中腸ループ、12: 正中膀胱索の原基、13: 排泄腔、14: 尿膜管、15: 食道の原基、16: 十二指腸の原基、17: 大網、18: 網嚢、19: 網嚢孔。McGaedy ら (2006) より改変。

消化-呼吸器系の発生　第14章

tric gland は HCl やペプシノゲンを含んだ消化のための物質を分泌するという特徴を持つ。ブタでは、固有胃腺は粘液分泌細胞が発達する妊娠2カ月頃に認められるようになる。そのすぐ後に壁細胞が出現しはじめ、妊娠3カ月頃に主細胞が続く。

反芻胃 The ruminant stomach

単胃の発生と同じく、反芻胃の原基の背側部における急速な成長の結果、背側の凸弯と、腹側の小型の凸弯が形成され、それはウシ胚子で妊娠30日頃に明瞭になる（図14-17、14-18）。背弯の吻側部において、大型の右第一胃芽および小型の左第一胃芽 a greater right and a smaller left ruminal bud が生じる。同時に第一胃芽のすぐ尾側で第二胃 reticulum の原基が背弯から吻側方向へ出芽する。第二胃原基の尾側および腹側で、第三胃 omasum と第四胃 abomasum の原基がすぐに形成され、妊娠40日頃までにウシ胎子には4つの区画がすべて見られるようになる。第一胃を背囊と腹囊に分ける溝と柱も、この時期に現れる。

胃全体が頭尾軸の周りを90°時計回りに最初の回転 first rotation をすると、第一胃芽と第二胃の原基は左側へ移り、第三胃と第四胃の原基は右側へ移動する。最初の回転に続いて、第一胃芽は約150°回転し、頭背側を向いていたのが、背側盲嚢および

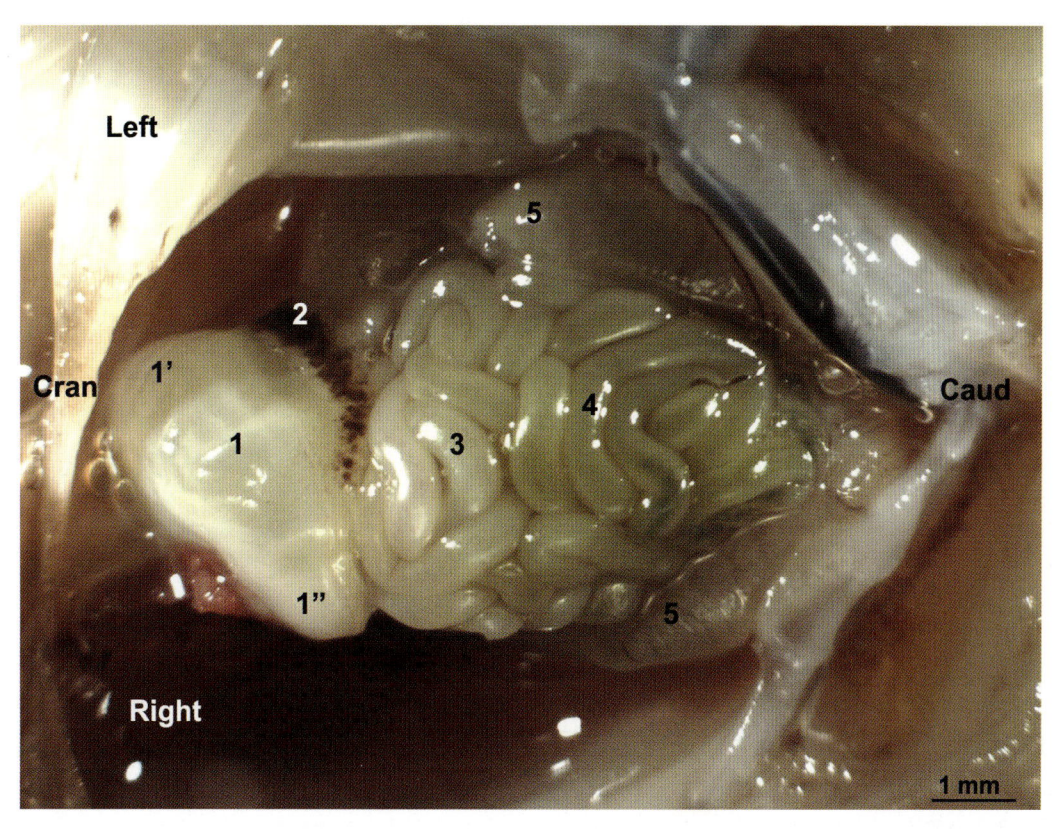

図 14-16：発生44日のブタ胎子の腹腔の腹側面。肝臓の大きな原基は取り除いてある。胃（1）はほぼ横方向を向いている。Cran: 頭側、Caud: 尾側。1': 胃底、1'': 幽門、2: 脾臓、3: 空腸、4: ラセンワナを形成している上行結腸、5: 中腎。

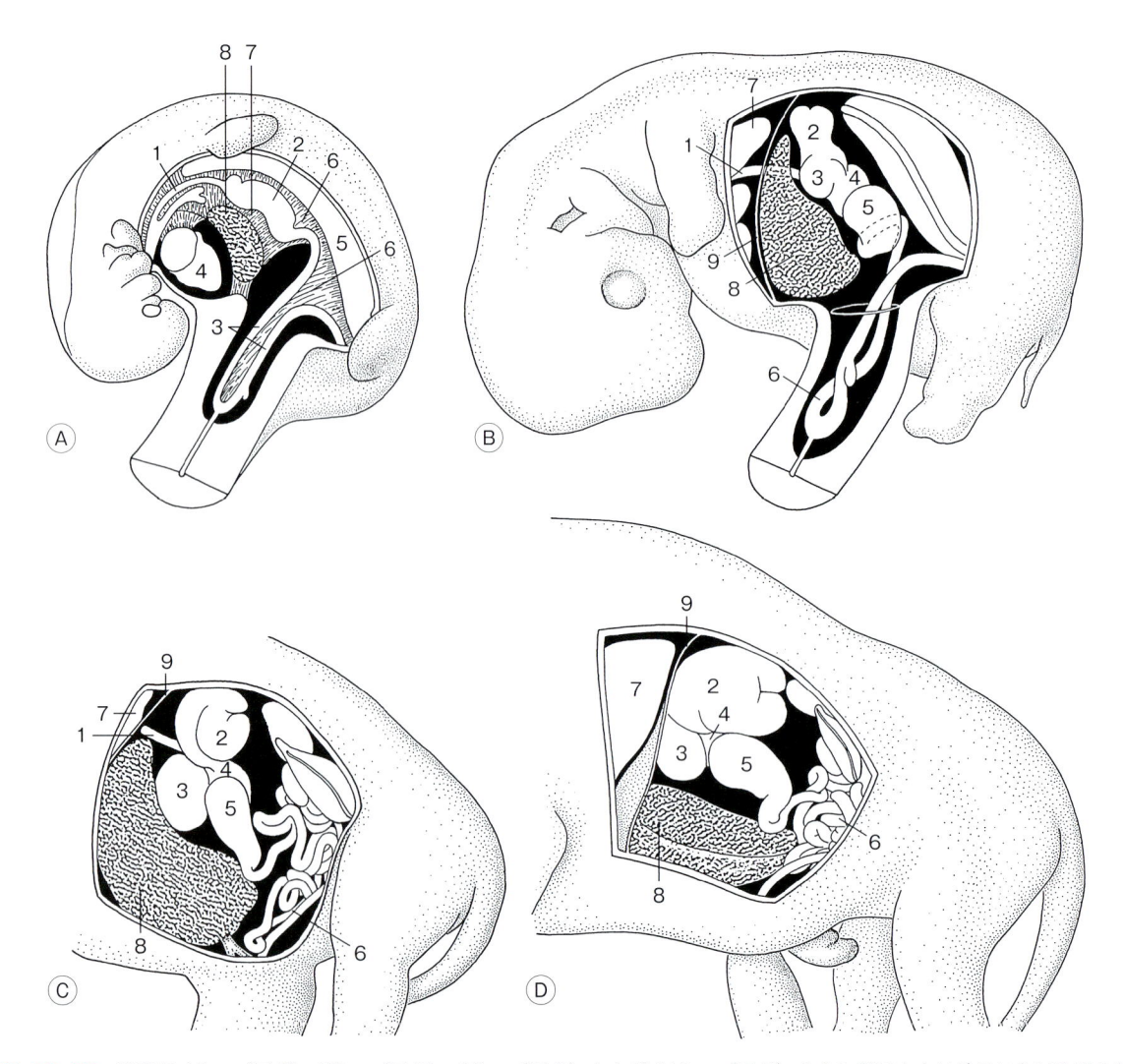

Development of the gastro-pulmonary system

図 14-17: 頭殿長 10 mm（図 A）、22 mm（図 B）、80 mm（図 C）および 110 mm（図 D）のウシ胚子または胎子における胃の発生。**A:** 1 食道の原基、2: 胃の原基、3: 腸の原基、4: 心臓の原基、5: 中腎、6: 背側胃間膜、7: 腹側胃間膜、8: 肝臓の原基。**B-C:** 1: 食道、2: 第一胃、3: 第二胃、4: 第三胃、5: 第四胃、6: 腸、7: 肺、8: 肝臓、9: 横隔膜。Rüsse と Sinowatz（1998）の厚意による。

腹側盲嚢が尾側方を向く最終的な方向に変わる。この回転に伴って、第二胃は吻側部へ移って発達中の横隔膜の方を向くようになり、第三胃は右方へ、第四胃は腹腔の右腹側部へ位置するようになる。第四胃だけが胃の**第二の回転** second rotation に加わり、大弯が腹側へ、小弯が背側へ位置するようになる。

妊娠 3 カ月のあいだは、ウシ胎子の胃全体における 4 つの区画の相対的な寸法は、成体で見られるものに近い。しかし、その後、第四胃は（他の 3 つの胃の成長速度と比較して）より早い速度で発達し、出生時には胃全体の容積の約半分を占める。これ

消化-呼吸器系の発生 第14章

Left aspect　　　　　　　　Dorsal aspect

第一胃　　第二胃　　第三胃　　第四胃

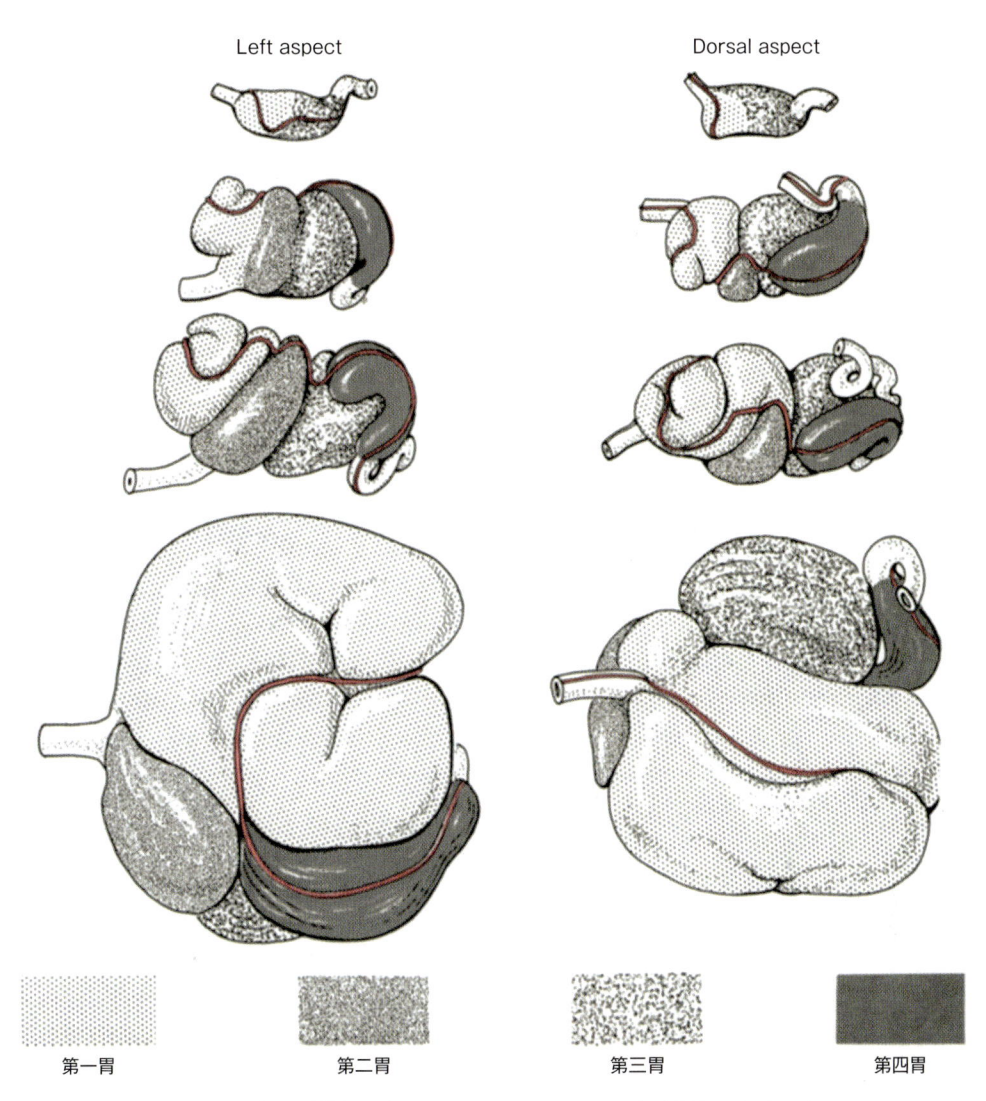

図 14-18：反芻胃の発達。赤線は大網の付着部を表す。Rüsse と Sinowatz（1998）の厚意による。

は、第四胃が生後第一週のあいだ、流動食を利用するのに必要だからである。液体は多かれ少なかれ第一胃、第二胃および第三胃を迂回し、**第二胃溝** sulcus reticuli と**第三胃溝** sulcus omasi によって直接第四胃へ到達する。液体から固体へ食餌が変わるにつれ、第一胃、第二胃および第三胃は機能的になり、大きさを増す。

　胃全体への**背側胃間膜** dorsal mesogastrium と**腹側胃間膜** ventral mesogastrium の付着は反芻胃の発生に伴って複雑なものへと再編成される。手短に言えば、第一胃芽が紡錘形の胃の原基の背側部から生じるため、**大網** greater omentum を形成する背側胃間膜は第一胃へ付着する。付着線は食道から右縦溝に沿い、後溝を回ってさらに左縦溝に沿って、第四胃の大弯へ伸びる（**図14-18**）。一方、**小網** lesser omentum をつくる腹側胃間膜は、食道から

259

Development of the gastro-pulmonary system

第三胃の上を通り、第四胃の小弯に沿う付着線を持つ。

最初、反芻胃の4つの区画はすべて内胚葉性円柱上皮に内張りされている。しかし、**第一胃、第二胃および第三胃の内張り** lining of the rumen, reticulum and omasum は徐々に**重層扁平上皮** multilayered squamous epithelium へと変化するが、**第四胃は円柱上皮のままである** abomasum retains its columnar epithelium。妊娠2カ月中頃には第三胃のヒダが生じ、2カ月の終わり頃には第四胃のラセン状の粘膜ヒダが発達する。3カ月のはじめ頃には第二胃稜が生じ、3カ月の終わり頃には第一胃乳頭が生じる。その後、腺粘膜の典型的領域が分化する。

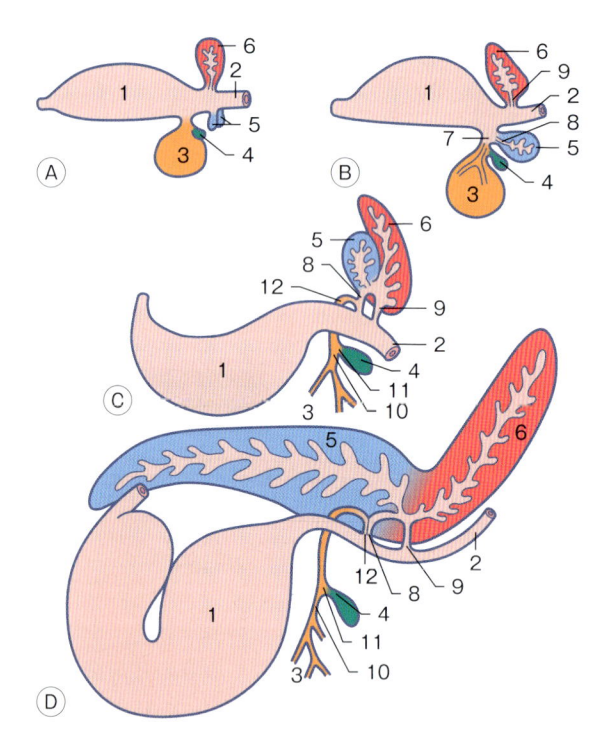

図 14-19：イヌの肝臓と膵臓の発生。1: 胃の原基、2: 十二指腸の原基、3: 肝臓の原基、4: 胆嚢の原基、5: 腹側膵芽、6: 背側膵芽、7: 肝膵管、8: 膵管、9: 副膵管、10: 肝管、11: 胆嚢管、12: 総胆管。RüsseとSinowatz（1998）の厚意による。

肝臓 The liver

肝臓と膵臓は、前腸の最尾側部を起源とする**背側内胚葉芽** dorsal endodermal bud と**腹側内胚葉芽** ventral endodermal bud から生じる。前腸の最尾側部は最終的には十二指腸の最吻側部となる。肝臓と膵臓の小さい部分は腹側芽から生じ、膵臓の大きい部分は背側芽から生じる（**図 14-19**）。

腹側内胚葉芽の肝臓形成部は、大型の吻側部と小型の尾側部へと発達する。尾側部すなわち**胆嚢部** cystic portion は**胆嚢** gall bladder と**胆嚢管** cystic duct になる。胆嚢部はウマ、ラット、クジラなどのいくつかの動物種では発達せず、これらはすべて胆嚢を欠く。吻側部すなわち**肝部** hepatic portion は、**肝組織** liver tissue および**胆管** bile duct の残りの部分（胆嚢管以外の管）になる。肝芽領域の内胚葉細胞は、腹側胃間膜を通って横中隔内へと成長し、そこで周囲の間葉と相互作用して、結合組織、内皮細胞、星状大食細胞、および胚子と胎子の肝臓に特徴的な造血細胞を含む、肝臓のその他の細胞要素をつくる。

比較的大型の内胚葉細胞は**肝細胞** hepatocyte に分化し、棒状または板状に並び、そのあいだに**類洞** sinusoid が介在する。類洞は右および左の卵黄嚢静脈の一部、およびそれらのあいだで最も吻側方に位置する吻合から生じる（第12章参照）。後に、肝細胞板は**中心静脈** central vein の周りで放射状に配置するようになる。さらにあとで、結合組織が**小葉** lobule の周りを取り囲む。ブタでは、これが幾分遅れて起こり、生後初期まで完了しない。

肝臓は急速に成長し、腹腔のほとんどを占めるようになり、胚子の外部にいわゆる肝隆起をつくる（**図 14-20**）。横中隔に由来する間葉は、**肝被膜** liver capsule と**肝間膜** liver ligament を生じる。そのため、肝臓が尾側方へ成長するにつれ、肝臓は徐々に横中隔からほとんど離れるようになるが、発達中の

消化-呼吸器系の発生　第14章

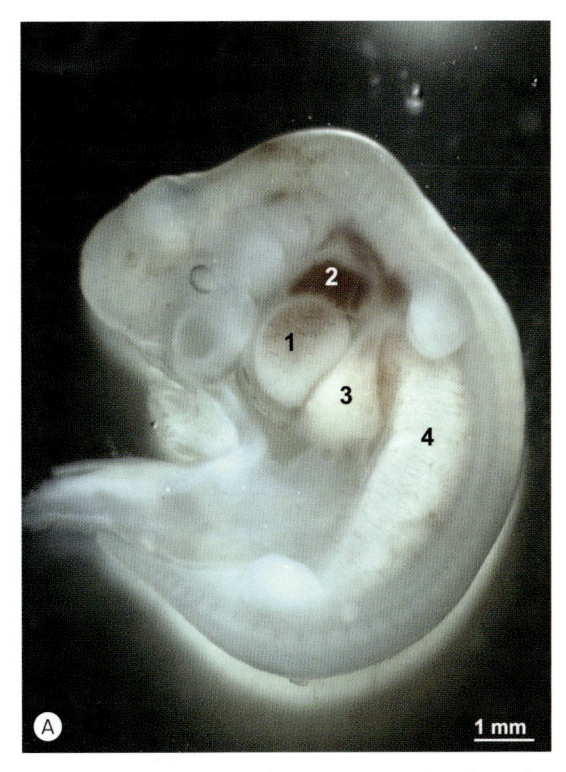

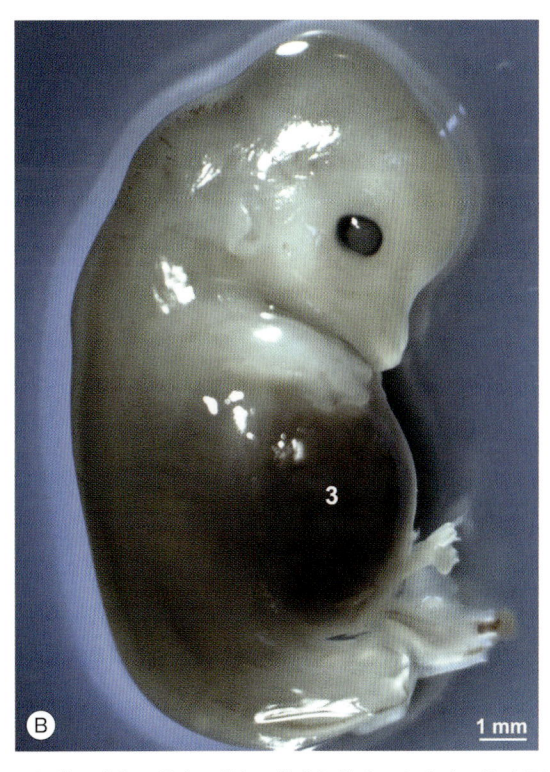

図 14-20：発生 21 日（図 A）および 31 日（図 B）のブタ胚子の肝臓の発生。器官の著しい拡大に注意。1: 心室、2: 心房、3: 肝臓の原基、4: 中腎。

横隔膜とは**冠状間膜** coronary ligament、**三角間膜** triangular ligament および**鎌状間膜** falciform ligament で付着した状態を保つ。最初、肝臓は**左葉** left lobe と**右葉** right lobe を生じるが、これに引き続く右葉からの外方への成長部が**方形葉** quadrate lobe と**尾状葉** caudate lobe を形づくる。次に、種特異的な肝葉の分裂が起こる。腹腔における最終的な肝臓の位置と向きは、他の器官の種特異的な配置によって影響を受ける。すなわち、食肉類とブタでは肝臓は正中線上でほとんど水平に横隔膜へ付着したままであり、ウマでは腸が肝臓を 45°右へずらし、反芻類では胃全体が肝臓を 90°右へ押しやる。

肝臓が成長するあいだ、肝臓は造血器官として重要な意義を持つ。造血幹細胞は横中隔の間葉に由来し、肝臓で**血島** hematopoietic island をつくる。この島が発達するにつれ、造血の第一期（卵黄嚢における中胚盤葉期）が終わり、第二期である肝脾期が始まる。この時期は、第三期である骨髄期に取って代わられ、骨髄が主要な造血器官として発達する。

肝芽の小さな尾側部である胆嚢部は、**胆嚢** gall bladder と**胆嚢管** cystic duct になる（**図 14-19**）。胆道の残りの部分は肝管から生じる。各導管は実質性の細胞索として現れ、後に腔を生じる。

膵臓 The pancreas

膵臓は、前腸尾側端の**背側内胚葉芽** dorsal endodermal bud および**腹側内胚葉芽** ventral endodermal bud から生じる（**図 14-19**）。これらの 2 つの芽は、ブタでは妊娠 19 日までに（**図 14-21**）、ウシ

Development of the gastro-pulmonary system

では26日までには明瞭になる。胃が長軸（吻尾軸）の周りを最初に回転することで腹側膵芽は背側へ動いて、背側膵芽の近くへ移動し、2つの膵芽がさらに発達すると融合して1つの器官を生じる（章末の監訳者注を参照）。

背側内胚葉芽 dorsal endodermal bud は、**左葉** left lobe と**右葉** right lobe および**膵体** body の一部を含む膵臓の主要な部分になり、**腹側内胚葉芽** ventral endodermal bud は**膵体の一部** portion of the body とさらに肝臓になる（前述参照）。背側膵芽は徐々に十二指腸間膜へ、後に腔を生じる内胚葉細胞索として樹状に伸びる。背側膵芽の主管は副膵管へと発達するが、これはネコや小型反芻類では後に消失する。

のちに膵体の一部となる小さな**腹側膵芽** ventral bud の主管は膵管となるが、ウシとブタでは後に消失する。

出芽する内胚葉は、**外分泌性腺房** exocrine acinus および**内分泌性ランゲルハンス島（膵島）** endocrine islets of Langerhans の両方を生じる。後者は徐々に外分泌系との連絡を失う内胚葉細胞塊から生じる。ブタでは、散在するグルカゴン産生細胞とインスリン産生細胞が早くも妊娠19日には見つかる（**図14-21**）。ウシでは、グルカゴン産生細胞は妊娠26日、インスリン産生細胞はその1日後に見つかる。当初、幾つかの細胞は両方のホルモンを産生するが、この能力は妊娠後期になると失われる。ソマトスタチン産生細胞はわずかに遅れて、ブタとウシでは妊娠31日と45日にそれぞれ現れる。

中腸 The midgut

中腸は最初、卵黄嚢と広く開放的に連絡している。しかし、体の屈曲が徐々にこの連絡を**卵黄管** vitelline duct へと狭める。この卵黄管は後に卵黄嚢が退行する時に消失する。中腸は体全体よりも急速に成長し、間もなく**背側腸間膜** dorsal mesentery 中に吊られる**ワナ** loop を形成し（**図14-22**）、これは頭側方の下行脚と尾側方の上行脚からなる。

前腸の尾側部は、すでに述べた通り、十二指腸の前部となるが、ほとんど水平に位置し、腸ワナの下行脚に結合している。下行脚の初部は**十二指腸** duodenum の後部となり、それに続く部分は**空腸** jejunum、卵黄嚢に結合するワナの頂点は**回腸** ileum となる。上行脚は**盲腸** caecum および**横行結腸** transverse colon の一部となる。より水平に位置する後腸は横行結腸の残りの部分、**下行結腸** descending colon、**直腸** rectum、**尿膜** allantois とその派生物になる。

中腸ワナの下行脚は、上行脚よりも急速に成長する。この発生時期に、腹腔の大部分を造血肝が占めるため、成長しつつある腸ワナは腹腔から胚外体腔へと押し出される。この過程は**生理的臍ヘルニア** physiological umbilical herniation と呼ばれる（**図14-23**）。後に造血の第三期が骨髄において開始すると、肝臓は大きさを減じ、腸は腹腔内へ戻る。

右卵黄嚢動脈は、前腸間膜動脈などを生じ（第12章参照）、前腸間膜動脈は腸ワナの腸間膜中に位置するようになる（**図14-22**）。生理的臍ヘルニアのあいだ、このワナは背腹軸中に位置する前腸間膜動脈とともに**背腹軸の周りを（背側方から見て）時計回りに回転する** rotates clockwise around a dorso-ventral axis。回転の第一相は腸ワナがヘルニアをつくるときに生じ、180°回転する。そのため、元は尾側方にあった上行脚が下行脚の頭側方に移動する。後にヘルニアが縮小するあいだに、さらに回転して約270°になる。腸ワナが腹腔へ戻るとき、最終的に種特異的な腸の位置が決まる。その過程でさらに回転し、合計は約360°になる（**図14-22**）。

おそらく盲腸がさらに体積を増加させるため、上行脚は腹腔へ戻るのが最も遅い。そのため、尾側方

消化-呼吸器系の発生　第14章

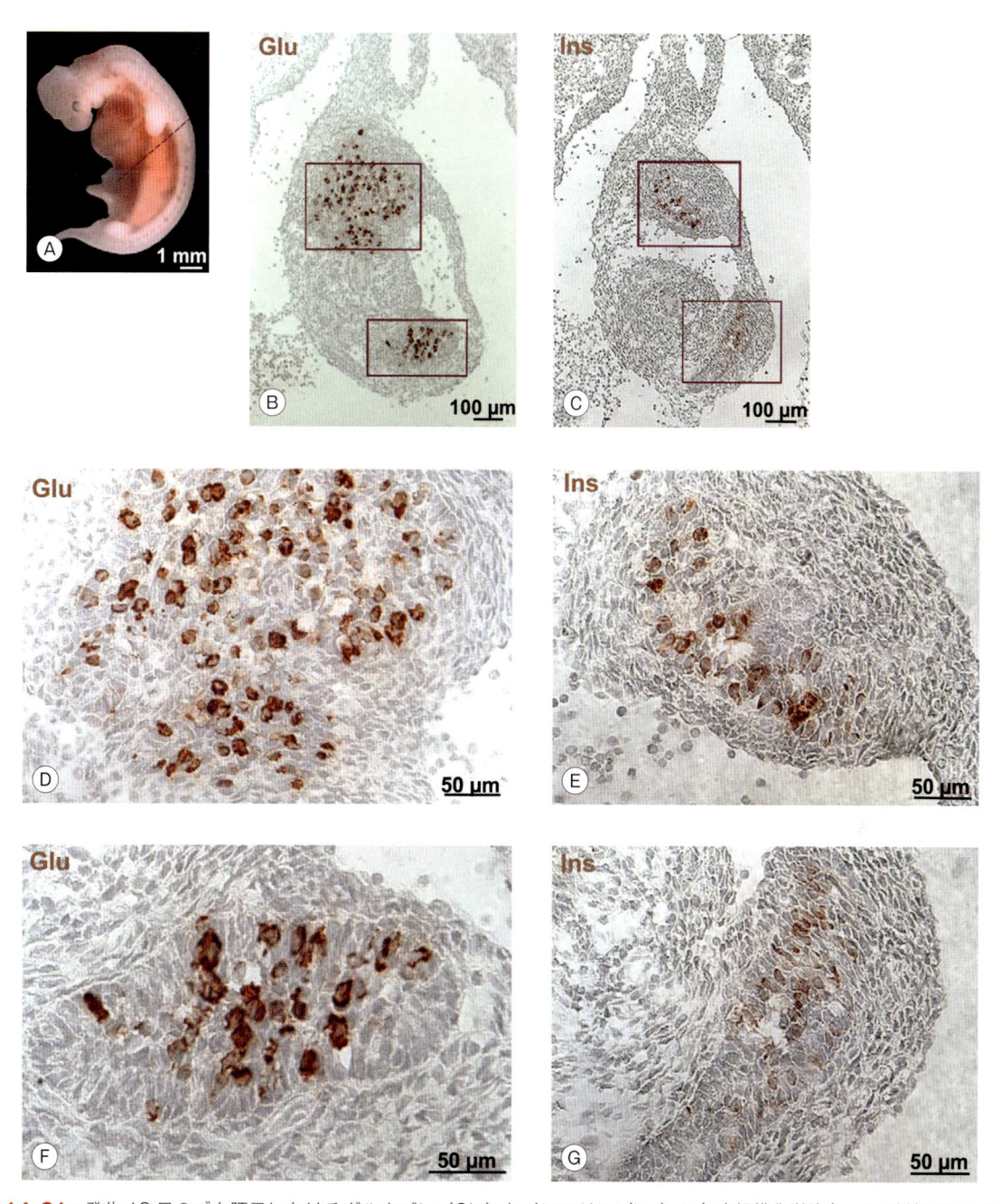

図 14-21：発生 19 日のブタ胚子におけるグルカゴン（Glu）とインスリン（Ins）の免疫組織化学染色。**A:** 破線は図 B と図 C の横断切片の位置を表す。**B:** グルカゴンに染まった細胞を含む背側膵芽および腹側膵芽（四角で囲む）。**C:** インスリンで染まった細胞を含む背側膵芽および腹側膵芽（四角で囲む）。**D:** 図 B の上の四角で囲んだ部分。背側膵芽の散在するグルカゴンに染まった細胞を示す。**E:** 図 C の上の四角で囲んだ部分。背側膵芽のインスリンに染まった細胞を示す。**F:** 図 B の下の四角で囲んだ部分。グルカゴンで染まった細胞を持つ腹側膵芽を示す。**G:** 図 C の下の四角で囲んだ部分。インスリンで染まった細胞を持つ腹側膵芽を示す。Rüsse と Sinowatz（1998）の厚意による。

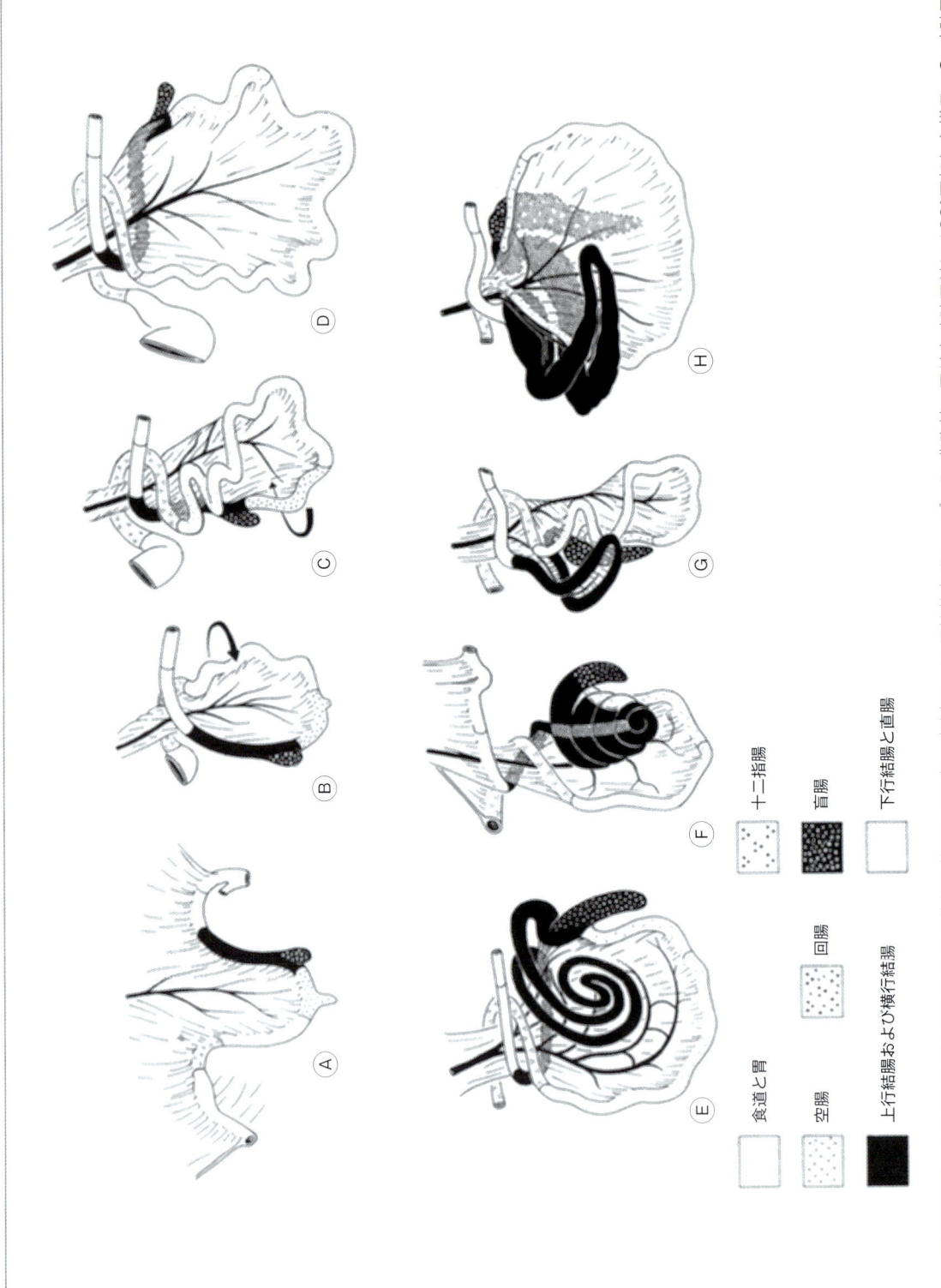

Development of the gastro-pulmonary system

図 14-22：さまざまな種における腸の最終的な位置への回転。左側面。**A:** 原始的な腸ループ。**B:** 背腹軸の周りを時計回りに 180° 回転した様子。**C:** 時計回りに 270° 回転した様子。**D:** イヌにおける時計回りに 360° 回転した後の最終的な腸の位置。**E:** 反芻類における最終的な腸の位置。**F:** ブタにおける最終的な腸の位置。**G:** ウマにおける時計回りに 270° 回転した後の腸の位置。**H:** ウマにおける時計回りに 360° 回転した後の最終的な腸の位置。Rüsse と Sinowatz (1998) の厚意による。

消化-呼吸器系の発生　第14章

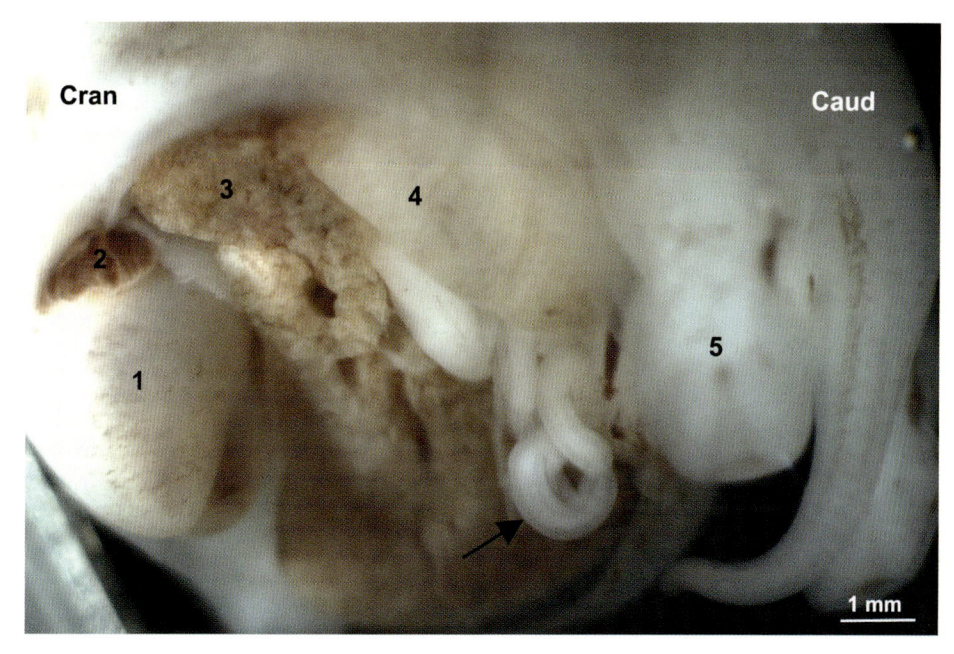

図 14-23：発生31日のブタ胚子の斜めから見た腹腔。矢印は生理的臍ヘルニアを示す。肝臓は部分的に切除してある。1: 心室、2: 心房、3: 肝臓、4: 中腎、5: 肢芽。

に位置する下行脚が最初に入り、十二指腸の上行部や空腸は正中面や前腸間膜動脈の左側へ位置するようになり、そこで十二指腸上行部や空腸は（後腸由来の）下行結腸をさらに左側へ押す。空腸の長いコイルは腹腔腹側部のほとんどを占める。上行脚が腹腔へ戻るのに伴って、盲腸と回腸は正中面の右側へ位置するようになる。回腸は盲腸と上行結腸の結合部へ開口する。この特徴は食肉類やウマで変更される。食肉類では回腸が最終的に上行結腸へ開き、ウマでは回腸が盲腸基部に開く（後述参照）。上行結腸も正中面の右側へ位置するようになるが、食肉類を除いて腸のこの部分は種特異的な成長と再変位を遂げる。横行結腸はその前部が中腸に、後部が後腸に由来し、常に前腸間膜動脈のすぐ吻側方で右から左へ走行する。横行結腸は下行結腸へ続き、下行結腸は左側を尾側方へ伸びる。

ウマ horse、**ブタ** pig および **反芻類** ruminant では**上行結腸** ascending colon と**盲腸** caecum の成長と変位が起こる。

ブタ pig では、将来の上行結腸が急速に成長し、間もなく**ラセン（渦巻）型のコイル** spiral coil となる伸長した部分をつくる。これは腹腔へ戻ると底を右側に、先端を左側に向けた円錐をつくる（**図 14-16**）。これらの再編は妊娠2カ月のあいだに起こり、盲腸は左側へ位置し、先端は尾側方で骨盤腔を向く。外縦筋層は集合して結腸ヒモをつくる。

反芻類 ruminant では、将来の上行結腸がやはり著しく成長し、**ラセン型のコイル** spiral coil となる。ブタと同じく、コイルははじめ円錐をつくるが、のちにより2次元的なコイルとなり、結腸間膜は空腸間膜と融合する。それによって、上行結腸は腸間膜の中心部を占めるようになり、この同じ腸間膜は辺縁に空腸を伴う。最後に**近位ワナ** proximal loop と**遠位ワナ** distal loop がラセンワナの前と後

Development of the gastro-pulmonary system

ろにそれぞれつくられる。第一胃の成長によって、腸は腹腔内で右側を占める**盲嚢上陥凹** supraomental recess へ位置する。

ウマ horse では、上行結腸が成長を速めるが、ラセン型のコイルをつくる代わりに**細長いU字型のループ** long narrow U-shaped loop となり、2本の脚は幅の狭い結腸間膜によって密に並置される。このループは腹腔の右側で吻側方へ成長し、発達しつつある横隔膜のところで向きを変え、左側を尾側方へ伸びて骨盤前口へ達する。それによって左右の背側部および腹側部が生じる。ウマの最終的な盲腸は、上行結腸の一部が加わることによって生じる。その結果、**上行結腸の前部が盲腸底をつくる** an oral portion of the ascending colon forms the base of the caecum。回腸は、胚子期の由来によれば盲腸と上行結腸との結合部へ開くはずだが、そうではなく盲腸底へ開く。盲腸は成長し続け、尾腹側方の成長度が著しいことによって、吻背側の（盲腸）小弯と尾腹側の（盲腸）大弯は、先端が頭腹側方を向く盲腸尖とともに形成される。その結果、盲腸体と盲腸尖は上行結腸の右側部と左側部の間に位置するようになる。下行結腸もまた伸長し、結腸間膜が拡張するにつれて非常に動きやすい位置を占めるようになり、広範囲にわたる直腸触診が可能になる。ブタの場合と同じように、外縦筋層は集合して結腸ヒモをつくる。

後腸 Hindgut

すでに述べたとおり、後腸の前部は**横行結腸** transverse colon の後部と**下行結腸** descending colon をつくる。後腸のさらに後部は、**直腸** rectum、**尿膜** allantois およびその派生物を生じる。妊娠3週までには、尿膜が後腸から胚外体腔へ伸びる大きな芽として観察できる。最初、尿膜は胚子そのものの直尾側方でイカリ型の拡張として見られる（**図14-24**）。尿膜管は原始尿生殖洞となって拡大し、そこから膀胱の原基が生じる。これらの尿膜派生物は、尿生殖系との関連において後述する（第15章参照）。

後腸は**排泄腔** cloaca に終わる。排泄腔は内胚葉で内張りされた尾側方の腔所であり、羊膜腔から排泄腔膜によって隔てられている。排泄腔膜は内胚葉で内張りされ、外側を外胚葉で覆われる（**図14-25**）。尿膜管と後腸とは、**尿直腸中隔** urorectal septum と呼ばれる一層の中胚葉によって隔てられている。胚子が頭尾で屈曲するにつれ、この中隔は**排泄腔膜** cloacal membrane に近づく。その後、排泄腔膜は**肛門膜** anal membrane と**尿生殖膜** urogenital membrane に分かれる。両膜は破れて将来の肛門を介して後腸を羊膜腔と結び、尿生殖洞から羊膜腔へ通じる孔を開ける。尿直腸中隔は**会陰体** perineal body となる。

肛門管 anal canal は外胚葉の増殖によって生じる。直腸を内張りする円柱上皮をなす内胚葉と、重層扁平上皮で内張りされた肛門管とは、肛門管が始まる**肛門直腸線** anorectal line で会合する。

要約 Summary

消化器系の**上皮** epithelium とその派生物の**実質性臓器** parenchyma、すなわち肝臓や膵臓などは**内胚葉** endoderm に由来し、**結合組織** connective tissue、**筋成分** muscular component、**漿膜性外被** serosal covering および**間膜** mesentery はすべて**中胚葉** mesoderm に由来する。**神経要素** nervous components は**神経堤** neural crest に由来する。

原始的な口である**口窩** stomodeum と原始的な**鼻腔** nasal cavity は外胚葉由来の上皮で内張りされ、はじめ**一次口蓋** primary palate によって、後に二

消化-呼吸器系の発生　第14章

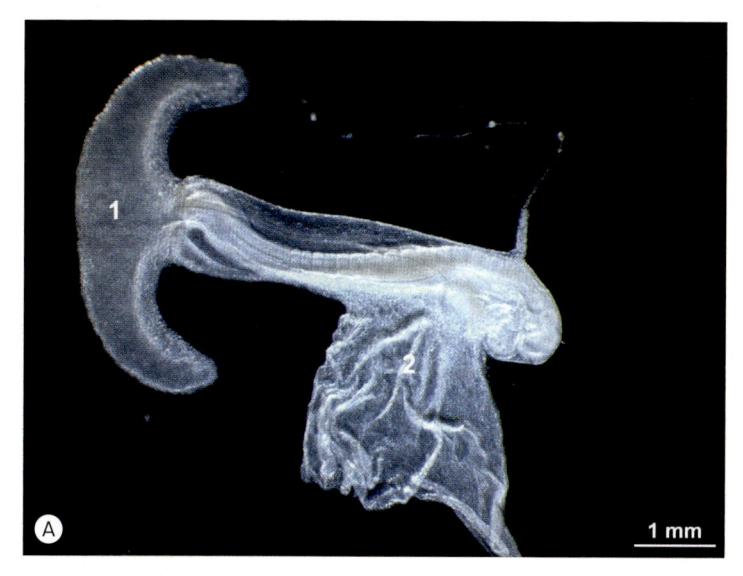

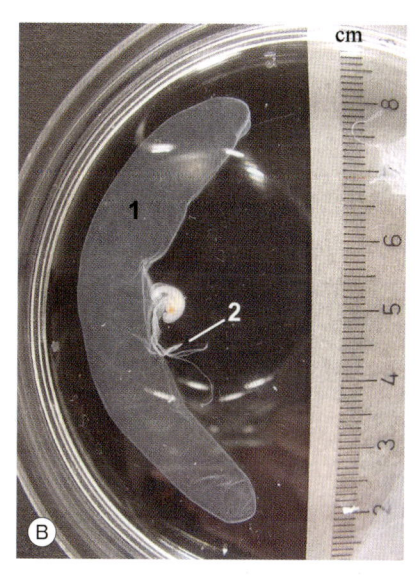

図 14-24：発生 17 日（図 A）と 19 日（図 B）のヒツジ胚子の後腸から出る尿膜（1）の発生。発生 19 日の卵黄嚢（2）が痕跡的であることに注意。

次口蓋 secondary palate によって隔てられるようになる。それらは、はじめ一次後鼻孔 primary choana によって、のちに二次後鼻孔 secondary choana を通して交通する。原始的な鼻腔から鼻甲介 conchae、鋤鼻器 vomeronasal organ および副鼻腔 paranasal sinus が発生する。口腔と関連して唾液腺（口腔腺）salivary gland が外胚葉性上皮索から生じる。舌 tongue は内胚葉性上皮で覆われた咽頭弓の隆起から生じる。歯 tooth は口腔の外胚葉性上皮に由来するエナメル器、エナメル芽細胞および間葉中で神経堤に由来するゾウゲ芽細胞から生じる。

消化管は口咽頭膜 oropharyngeal membrane から排泄腔膜 cloacal membrane まで伸び、前腸 foregut、中腸 midgut および後腸 hindgut からなる。前腸 foregut は、咽頭 pharynx とその派生物、呼吸器系 respiratory system、食道 oesophagus、胃 stomach および十二指腸の前部 oral portion of the duodenum を生じ、さらに十二指腸内胚葉の派生物である肝臓 liver と膵臓 pancreas も生じる。最後の

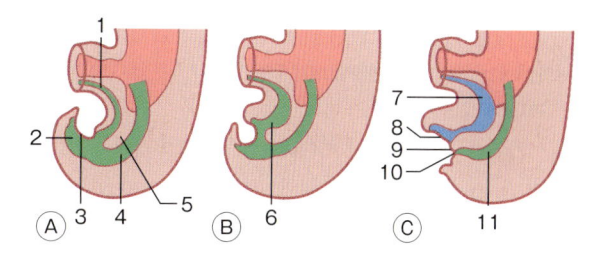

図 14-25：後腸の発生。1: 尿膜へ開口する尿膜管、2: 排泄腔、3: 排泄腔膜、4: 後腸、5: 尿直腸中隔、6: 原始尿生殖洞、7: 膀胱の原基、8: 尿生殖膜、9: 会陰体、10: 肛門膜、11: 直腸。Sadler（2004）より改変。

2 つの器官は、膵臓のほとんどを生じる背側膵芽と、膵臓の一部分や肝臓および胆管系を生じる腹側膵芽から生じる。

中腸 midgut は腸ループ intestinal loop を形成する。腸ループは発生のかなりのあいだ、生理的臍ヘルニアとして胚子の臍から胚外体腔へ脱出している。腸ループは、背腹軸の周りを（背側方からみ

Development of the gastro-pulmonary system

て）時計回りに360°回転する。腸ループがいったん腹腔内へ戻ると、**下行脚** descending loop は**十二指腸後部** aboral portion of the duodenum、**空腸** jejunum および**回腸前部** oral portion of the ileum を形成する。一方、**上行脚** ascending loop は**回腸後部** aboral portion of the ileum、**盲腸** caecum、**上行結腸** ascending colon および**横行結腸** transverse colon の一部を生じる。上行結腸と盲腸は、特に種特異的な方向に配置される。

後腸 hindgut は、**横行結腸** transverse colon の一部、**下行結腸** descending colon および**直腸** rectum を生じる。後腸ははじめ、内胚葉性の**排泄腔** cloaca へ開き、そこから尿膜管が尿膜へ伸びる。排泄腔は**排泄腔膜** cloacal membrane によって閉ざされている。その後、**尿直腸中隔** urorectal septum は、直腸を尿膜管から隔てる。排泄腔膜が破れることに伴い、後腸からの開口部が形成され、**肛門** anus および**尿生殖洞** urogenital sinus へと発達する。**肛門管** anal canal は外胚葉から生じる。

Box 14-1　原腸とその派生物の発生の分子制御

内胚葉 endoderm は呼吸器と消化管を内張りする上皮をつくり、甲状腺、胸腺、膵臓、肝臓を含む多くの腺の主要な構成要素である。発生は、**管形成** tube formation、**芽形成** bud formation および**器官特異的細胞分化** organ specific cytodifferentiation の各段階を含む。内胚葉に付随する筋組織および結合組織は、それを取り囲む臓側中胚葉に由来する。咽頭領域は例外であり、これらの要素は神経堤に由来する。

内胚葉の分化の分子制御は、遺伝子発現の重複するパターンによってかなりの程度、決定される。すなわち、**Hox 遺伝子** Hox gene（第2章参照）とそれに関連する遺伝子は特に重要である（図14-26）。**Nkx 遺伝子** Nkx gene や **Pax 遺伝子** Pax gene を含む I lox 遺伝子は、発生中の腸に沿って非常に秩序だったパターンで発現し、重複する特定の領域では、付随する中胚葉に括約筋がつくられる。Hox 遺伝子は発生中の腸の特定の領域内においてマスター遺伝子であり、さまざまな構成要素のさらなる分化を導く下流の遺伝子カスケードを制御すると見られている。**Cdx2 遺伝子** Cdx2 gene と **Pdx1 遺伝子** Pdx1 gene は、Hox 遺伝子と近縁にあり、いわゆるパラ Hox 遺伝子群に属する。Cdx2 遺伝子は後部のさまざまな構造の形成に関与する。Pdx1 遺伝子は最初、前腸後部で発現しているが、のちにそれは膵臓の発生にとって重要となる（後述参照）。以下にマウスの前腸の発達の例を挙げて発生制御について説明する。すなわち、咽頭領域、呼吸憩室周辺領域および前腸後部領域（胃、肝臓、膵臓の原基を生じる）を取り上げる。

咽頭領域 The pharyngeal region

咽頭領域は、頬咽頭膜から呼吸憩室まで広がっている。発生中の咽頭において、筋組織や結合組織は、最初は神経堤細胞からつくられる。これらの細胞は（菱脳の）菱脳分節から咽頭弓へ移動し、**Hox コード** Hox code を運ぶ。一例を挙げると、Hox-a2/Hox-b2 遺伝子、Hox-a3/Hox-b3 遺伝子および Hox-a4/Hoxb-4 遺伝子は、それぞれ第二咽頭弓、第三咽頭弓、および第四咽頭弓の神経堤由来の間葉で発現している。このコードに従って各咽頭弓の尾側に BMP7、吻側に FGF8、背側に Pax1 が発現し、これらを通して咽頭弓内胚葉は、各咽頭弓のさまざまな構成要素がさらに分化することを制御する。さらに、ソニック・ヘッジホッグ Sonic hedgehog (**Shh**) は、尾側方で第二、第三咽頭弓の内胚葉で発現している。

呼吸憩室周辺領域
The region around the respiratory diverticulum

ほかの多数の分子のなかでもとりわけ、転写因子の **Foxa1**、**Foxa2**、**Gata4** および **Gata6** は、前腸の初期発生にとって非常に重要であることが示されている。

消化-呼吸器系の発生　第14章

HIF3αとHIFβの発現も前腸内胚葉に見られ、これらの発現は胚子期、胎子期、成体期を通して肺上皮で維持される。HNF3βは肺の分化とサーファクタント・タンパク質遺伝子の発現制御にとって重要であることがいくつかの研究で示されている。興味深いことに、いったん肺が形成されると、Gata4ではなく、Gata6が肺の上皮で発現し続ける。特に、Gata6は肺の発生にとって重要な転写因子であるらしく、前腸内胚葉において肺の発生プログラムを活性化するのに必要らしい。

気管支の軸や分岐パターンを決定する遺伝的プログラムは、発生の初期段階で明確になる。例えば、肺の**左右軸** left-right axisは、肺にその兆候が現れるよりもはるか以前に決定されているようである。パターン形成における左右差は、二次芽が形成される時に初めて見られる。気道が分岐を繰り返し、臓側胸膜によって葉にまとめられる（分葉形成）あいだ、これらの違いのまま発達し続け、この結果右肺により多くの葉がつくられる。肺や他の臓器の左右非対称性の基礎は、*Lefty-1*と*Lefty-2*、*nodal*および*Pitx-2*などの遺伝子にある。

哺乳類の肺の初期発生の分子制御については、ほんのわずかなことしかわかっていないが、肺組織の特異化は、肝臓の発生においても記述されているように（後述参照）、おそらく心臓中胚葉からのFGFシグナルに依存している。まとめると、このデータは分岐による肺の形態形成のあいだ、肺芽が適切な位置へ成長するのを**FGF-10**が局所的に誘導し、ガイドしているという考えと矛盾しない。上皮においてFGF-10により誘発される化学走化反応や肺芽誘導は、FGFR-2の局所的な活性化の結果生じるという遺伝的証拠も存在する。小嚢が肺胞単位へ変化する過程は既存の壁からの2次隔壁の形成を含み、発生中の肺において最後の主要な形態形成現象となる。最近のデータは、**レチノイン酸** retinoic acidシグナルが肺の肺胞化に関わっていることを示唆している。

前腸後部領域 The caudal foregut region

前腸内胚葉の特徴は、阻害されない限り、肝臓組織へ分化する固有の能力を持つことである。（TGF-βメンバーの**アクチビン** activinを含む）阻害分子は、隣接する中胚葉や外胚葉、および肝臓領域の外にある脊索から分泌される。肝臓領域の頭側方では、Sry様HMG box転写因子の**Sox2**が食道や胃を形成する内胚葉で発現している。肝臓領域の周囲では、それぞれ心臓中胚葉に由来する**FGF2**と、横中隔に由来する骨形成タンパク質（**BMP**）によって、肝臓の発生が刺激される（**図14-27**）。肝細胞や胆管細胞系列がさらに発生するには、肝細胞核転写因子（**HNF3**と**HNF4**）の発現が必要である。アルブミン遺伝子やアルファ・フェトプロテイン遺伝子など肝臓に特異的な遺伝子の発現は、原則的にFGFを分泌する造心中胚葉の誘導的影響にさらされたどの領域の前腸においても起こり得る。肝臓をつくるのに必要な中胚葉派生物は発生中の心臓細胞だけではない。FGFを分泌する血管由来の内皮細胞も肝臓形成に関わっている。もし、前腸の肝臓領域周囲に内皮細胞が存在しないと、肝芽は形成されない。FGFシグナルに応答するため、腸上皮は応答する能力が備わっている必要がある。このコンピテンス（能力）は、内胚葉におけるフォークヘッド転写因子の発現によって達成される。内胚葉における**Foxa1**と**Foxa2**の発現を欠くマウス胚子は、肝芽を発生することができない。肝臓発生の後期では、他のフォークヘッド転写因子、たとえばHNFなどが重要となる。

膵臓と十二指腸の発生は、ともに内胚葉における**膵十二指腸ホメオボックス1** pancreatic and duodenal homeobox 1（**Pdx1**）の発現に依存している（**図14-27**）。外分泌前駆細胞の分化と対照的に、内分泌前駆細胞の分化はNgn3の発現に依存している。**Arx**と**Pax4**の発現の違いによって、α細胞もしくはβ/δ細胞系列のどちらをつくるかが決まる。α細胞の形成は、後に**Pax6**の発現に依存し、β細胞の形成は**Pax4**に加えて**Nkx6.1**の発現に依存する。PP細胞、δ細胞およびε細胞の形成に至る分化現象はよくわかっていない。

269

Development of the gastro-pulmonary system

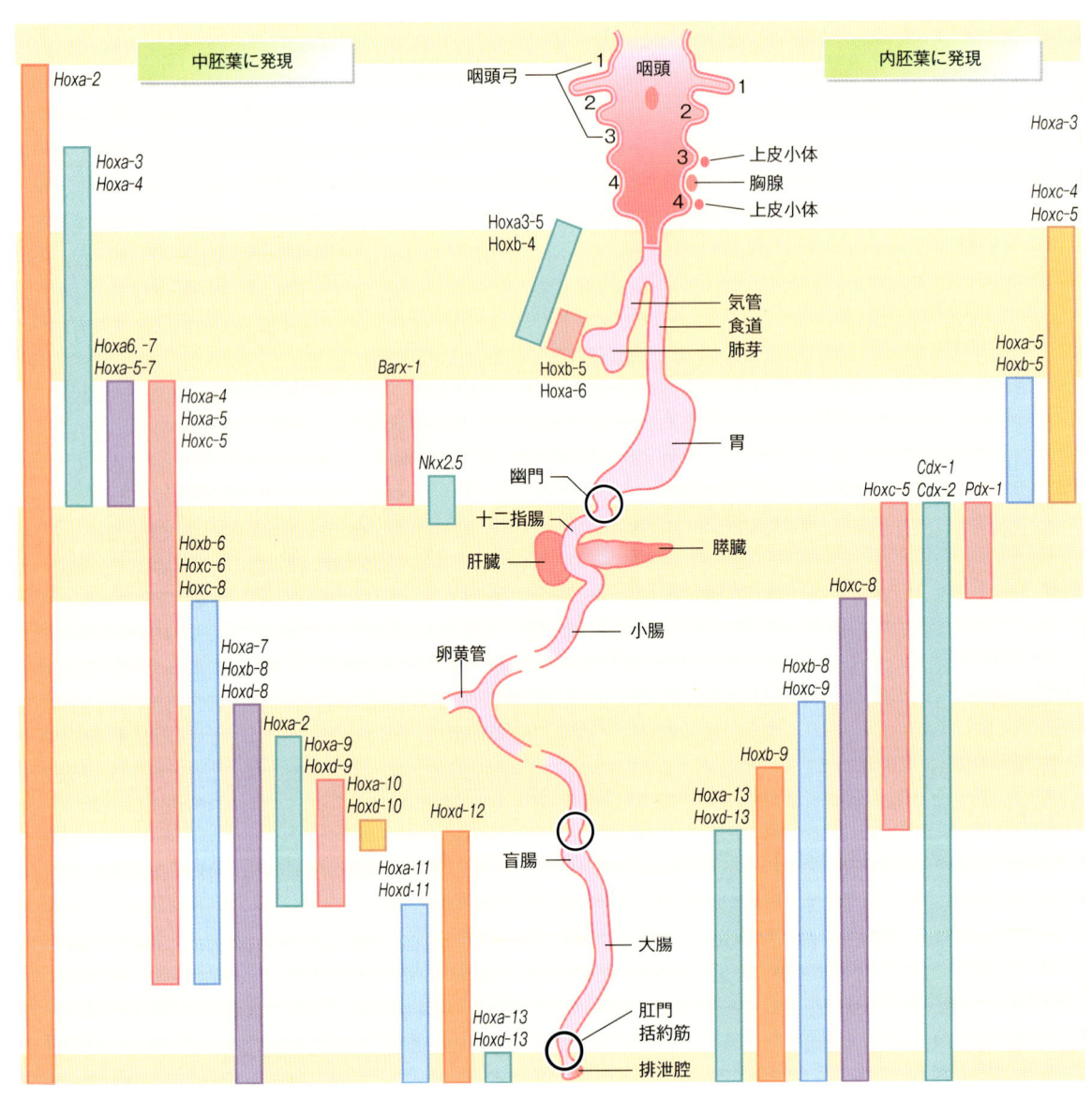

図 14-26：発生中のマウスの消化・呼吸器管における内胚葉（右）と関連する中胚葉（左）に沿った *Hox* 遺伝子の発現。丸は括約筋が発生する場所を表す。Carlson（2004）より改変。

第14章 消化-呼吸器系の発生

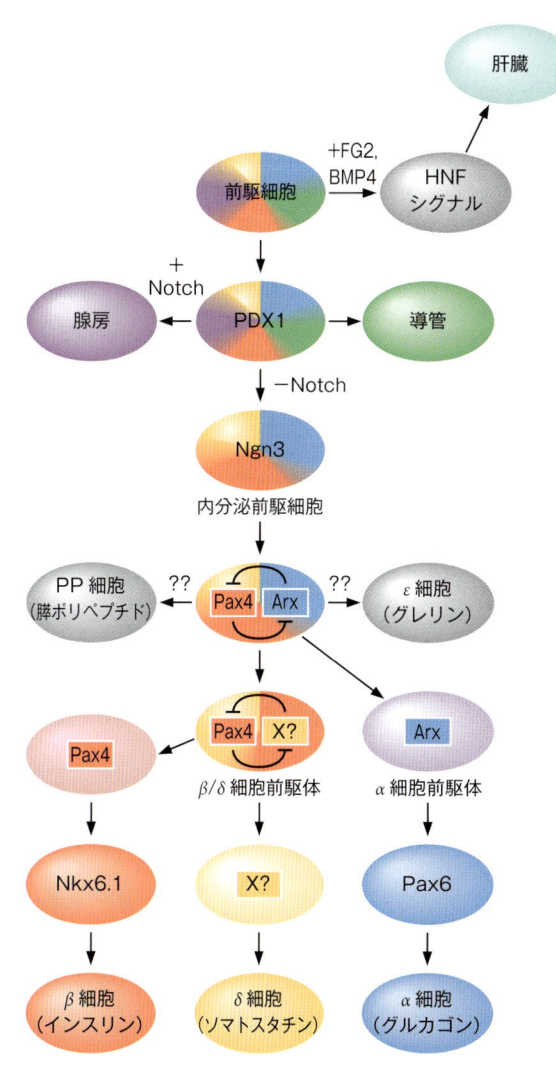

図 14-27：膵臓の内分泌部および外分泌部の分化の分子制御。Collombat ら (2006) より改変。

参考文献 Further reading

Alumets, J., Hakanson, H. and Sundler, F. (1983): Ontogeny of endocrine cells in porcine gut and pancreas. Gastroenterology 85:1359–1372.

Arias, J.L., Cabrera, R. and Valencia, A. (1978): Observations on the histological development of the bovine rumen papillae. Morphological changes due to age. Zbl. Vet. Med. C. 7:140–151.

Asari, M., Fukaya, K. and Kano, Y. (1981): Morphological development of the abomasum in bovine fetuses and neonates based on observation of resin casts. Bull. Azabu Univ. Vet. Med. 2:257–261.

Becker, R.B., Marshall, S.P. and Dix Arnold, P.T. (1963): Anatomy, development and functions of the bovine omasum. J. Dairy Sci. 46:835–839.

Bryden, M.M., Evans, H.E. and Binns, W. (1972): Embryology of the sheep. II. The alimentary tract associated glands. J. Morph. 138:187–205.

Cardoso, W.V. (2001): Molecular regulation of lung development. Ann. Rev. Physiol. 63:471–494.

Cardoso, W.V. and Lü, J. (2006): Regulation of early lung morphogenesis: questions, facts and controversies. Development 133:1611–1624.

Carlson, B.M. (2004): Human Embryology and Developmental Biology. 3rd edition. Mosby, Philadelphia, USA. ISBN 0-323-03649-X.

Cleaver, O. and Krieg, P.A. (2001): Notochord patterning of the endoderm. Dev. Biol., 234:1–12.

Collombat, P., Hecksher-Sørensen, J., Serup, P. and Mansouri, A. (2006): Specifying pancreatic endocrine cell fates. Mech. Dev. 123:501–512.

Costa, R.H., Kalinichenko, V.V. and Lim, L. (2001): Transcription factors in mouse lung development and function. Am. J. Physiol. Lung Cell Mol. Physiol. 280:L823-L838.

Dechamp, J., Van Den Akker, E., Forlani, S., De Graaff, W., Oosterveen, T., Roelen, B. and Roelfsema, J. (1999): Initiation, establishment and maintenance of Hox gene expression patterns in the mouse. Int. J. Dev. Biol. 43:635–650.

Graham, A. (2003): Development of the pharyngeal arches. Am. J. Med. Gen., 119A:251–256.

Graham, A., Okabe, M. and Quinlan, R. (2005): The role of the endoderm in the development and evolution of the pharyngeal arches. J. Anat. 207:479–487.

Grapin-Botton, A. and Melton, D.A. (2000): Endoderm development. Trends in Genetics 16:124–130.

McGaedy, T.A., Quinn, P.J., FitzPatrick, E.S. and Ryan, T. (2006): Veterinary embryology. Blackwell Publishing Ltd., Oxford, UK.

Roberts, D. (2000): Molecular mechanisms of development of the gastrointestinal tract. Dev. Dynamics 219:109–120.

Development of the gastro-pulmonary system

Rüsse, I. and Sinowatz, F. (1998): Lehrbuch der Embryologie der Haustiere, 2nd edn, Parey Buchverlag, Berlin.

Sack, W.O. (1964): The early development of the embryonic pharynx of the dog. Anat. Anz. 115:59–70.

Sadler, T.W. (2006): Langman's Medical Embryology. 10th edition, Lippincott Williams and Wilkins, Baltimore, Maryland, USA.

Trahair, J. and Robinson, P. (1986): The development of the ovine small intestine. Anat. Rec. 214:294–303.

Warburton, D., Schwarz, M., Tefft, D., Flores-Delgado, G., Anderson, K.D. and Cardoso W.V. (2000): The molecular basis of lung morphogenesis. Mech. Dev. 92:55–81.

Warner, E.D. (1958): The organogenesis and early histogenesis of the bovine stomach. Am. J. Anat. 102:33–63.

Wells, J.M. and Melton, D.A. (1999): Vertebrate endoderm development. Annu. Rev. Cell Dev. Biol. 15:393–410.

Williams, R.C. and Evans, H.E. (1978): Prenatal dental development in the dog, Canis familiaris. Chronology of tooth germ formation and calcification of decidous teeth. Zbl. Vet. Med. C. 7:152–163.

訳者注：7の指示線はBは誤りでCが正しい。

監訳者注：腹側膵芽は左右一対出るが、左のものは退縮し、右のものが背側膵芽と合体する。

CHAPTER 15

Fred Sinowatz

尿生殖器系の発生
Development of the urogenital system

尿生殖器系 urogenital system は、機能的に完全に異なる2つの構成要素、すなわち**泌尿器系** urinary system と**生殖器系** genital system に分けることができるが、これらの系の胚発生は互いに緊密に関係している。これらはともに腎形成板とも呼ばれる非分節状の**中間中胚葉** intermediate mesoderm および隣接する中胚葉性体腔上皮に由来する。中胚葉のこの部位の初期増殖は、腹部背外側面に沿った長軸方向の隆起を引き起こす。この隆起は**尿生殖板** urogenital plate という。

泌尿器系の発生
Development of the urinary system

哺乳類の腎臓形成、すなわち**腎発生** nephrogenesis は、**前腎** pronephros、**中腎** mesonephros および**後腎** metanephros という3世代の腎臓の原基が連続して現れることからはじまる（**図15-1**）。これらの3つの原基は尿生殖板の一部である、いわゆる**造腎索** nephrogenic cord の中で、前から後ろに波打つように細胞分化し、出現する。これらの原基が発生するにつれて、その排泄管は造腎索と平行に位置するようになる。第二世代の腎原基である中腎に伴う管は特によく発達し、この管は**中腎管** mesonephric duct または**ウォルフ管** Wolffian duct と呼ばれる。

前腎 Pronephros

前腎 pronephros が重要な機能を持つのは魚などの**下等な脊椎動物** lower vertebrate に限られる。大部分の**哺乳類では前腎は痕跡的**であり mammal the pronephros is rudimentary、7～14体節のレベル（高さ）に短期間出現する7～8対の前腎細管からなる。この領域（7-14体節レベル）の中間中胚葉に1本の管、すなわち**前腎管** pronephric duct が発達する。前腎管は尾側方に成長し、排泄腔に向かう。ヒツジでは前腎細管が非常によく発達し、前腎管につながる。

中腎 Mesonephros

中腎 mesonephros は、両生類のような下等な脊椎動物では完全に腎臓として働くが、**哺乳類** mammal では中腎は造腎索の痕跡器官であり、その出現は**一時的なもの** transitory である。中腎と中腎管は上位胸分節から上位腰分節に至る中間中胚葉に由来する。家畜では70～80対の**中腎細管** mesonephric tubule がおよそ9体節～26体節のレベル（高さ）に出現する。それぞれの細管の一方の端は血管に向き合い、もう一方の端は前腎管の後端につながる。前腎管は排泄腔に向かって成長し、**中腎管** mesonephric duct、すなわち**ウォルフ管** Wolffian duct となる。中腎細管は急速に伸長し、S字状のループとな

Development of the urogenital system

り、その内側端ではのちに毛細血管束の形状をした**糸球体** glomerulus となる。糸球体は中腎内部において、背側大動脈の多数の外側枝で構成される豊富な血管叢から血液供給を受ける。各々の糸球体の周りに、中腎細管がボウマン嚢（糸球体包）Bowman's capsule を形成する。これらの構造物が一緒になって**腎小体** renal corpuscle を構成する。外側では、中腎細管は縦走する集合管、すなわち中腎管とつながる。

完全に発達した中腎は、家畜ではかなり大きく、正中線の両側に卵円形の器官を形成する（図 15-2、15-3）。中腎はその大きさのため、成長しつつある腸ループ（腸ワナ）の生理的ヘルニア形成の原因の一端となる（第 14 章参照）。中腎の大きさは、胎盤のタイプや、胎盤がどれくらい胎子の血液をきれいにするかということに、ある程度相関する。それゆえ中腎の大きさは、ブタやヒツジのように 6 層の胎盤関門（上皮絨毛膜胎盤、第 9 章参照）を持つ動物種で最も大きく、4 層の胎盤関門（内皮絨毛膜胎盤）を持つ食肉類で最も小さい。形成されてすぐあとに、大部分の**中腎細管は退化しはじめる** meso-

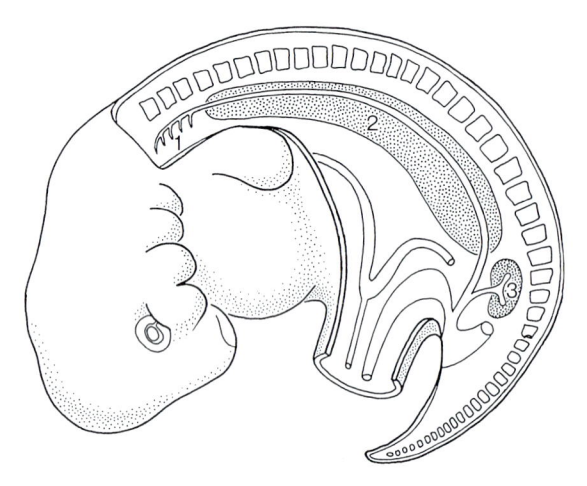

図 15-1： 中間中胚葉の前腎（1）、中腎（2）および後腎（3）を形成する領域への区分。Rüsse と Sinowatz（1998）の厚意による。

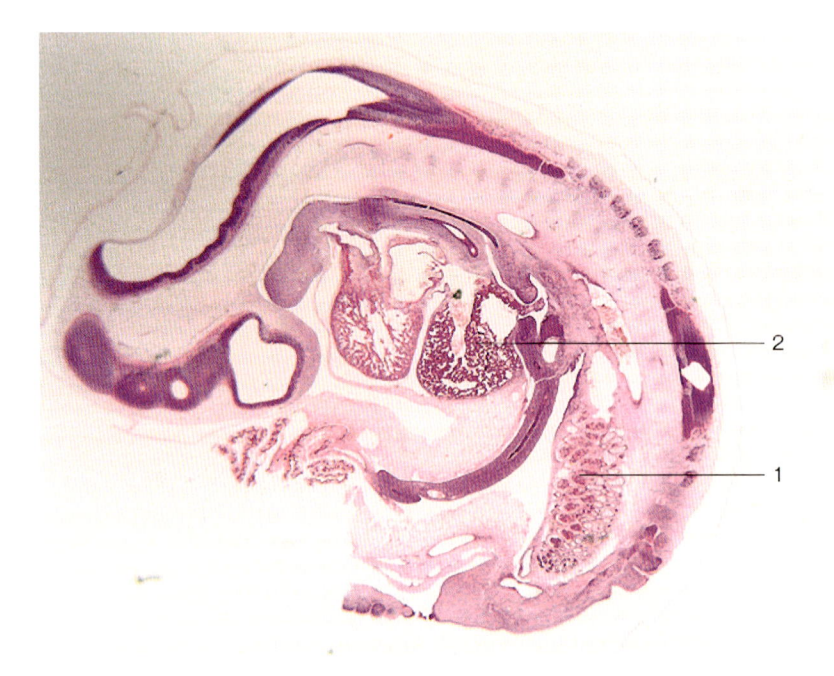

図 15-2： 胎齢 21 日のブタ胚子の中腎。1: 中腎、2: 肝臓。

尿生殖器系の発生　第15章

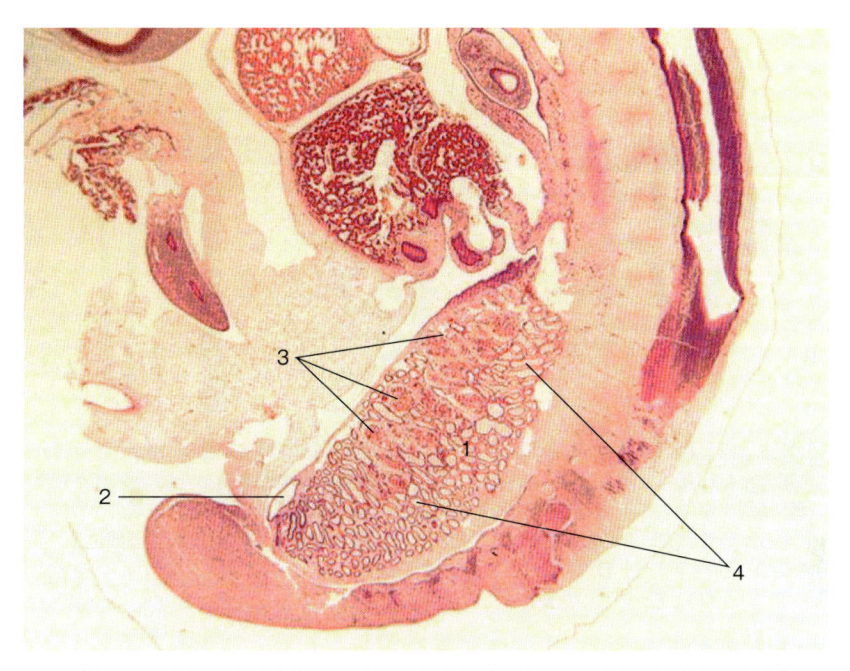

図 15-3：胎齢 21 日のブタ胚子の中腎の高倍率像。1: 中腎、2: 中腎管（ウォルフ管）、3: 中腎の糸球体、4: 中腎細管。

nephric tubules start to degenerate。中腎の頭側部の退化は、ウマではおよそ妊娠 8〜9 週目、ウシでは妊娠 10 週目に起こる。

後腎 Metanephros

成熟して**永久腎** permanent kidney となるのは第三世代の泌尿器官、すなわち**後腎** metanephros である（**図 15-4、15-5**）。ウシでは、後腎の発生は 26 体節〜28 体節のレベル（高さ）で始まり、この時胚子は長さ約 6〜7 mm である。後腎は 2 つの原基、すなわち**尿管芽** ureteric bud と**後腎芽体** metanephric blastema に由来する。尿管芽は中腎管の伸長部であり、後腎芽体は仙骨部に位置し、造腎索の尾側端から生じる。後腎の発生において、尿管芽は吻背側方向に成長して、その上を覆う中間中胚葉の後部の中に入る。そこで、尿管芽は大動脈外側面上に位置する粗に配列した間葉である後腎芽体と相互作用する。この上皮と間葉の相互作用は、**間葉の上皮転換（間葉が上皮性の表現型をとる形質転換）** transformation of the mesenchyme into an epithelial phenotype という劇的な変化を引き起こし、このことが尿管芽の分枝形成の誘導と**発生期ネフロン** nascent nephrons の生成を引き起こす。

集合管系 Collecting system

尿管芽の**伸長** elongation と**分岐** branching（14 回または 15 回まで 2 分して分枝を形成する）の連携（組み合わせ）は後腎の発達において、中心的役割を担う（**図 15-6**）。中腎管からの尿管芽の伸長は、後腎芽体の未分化間葉に由来する神経膠細胞からの神経膠細胞由来神経栄養因子（GDNF）の分泌によって誘導される。GDNF の分泌は転写因子 WT1 によって調節される。WT1 は、間葉要素を、尿管芽からの誘導に対して応答できるようにさ

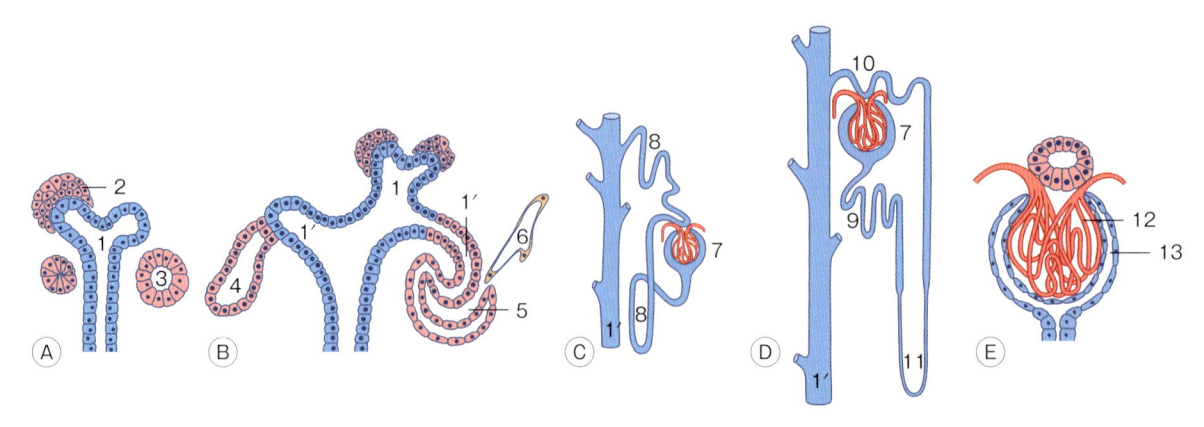

図 15-4： 後腎細管の発生段階。**A:** 尿管芽の終端芽が分枝するにつれ、周囲の間葉細胞はそれぞれの部分に分かれる。間葉細胞の1つの凝集体は、定まった一連の段階を経て、尿細管となる。1:2つの膨大部を持った尿管芽、2:造腎帽（造後腎帽子ともいう）、3:後腎小胞。**B:** 後腎小胞は小さなS字型の細管を生じる。毛細血管（6）がS字の一端のポケット（5）に向かって成長し、糸球体へと分化する。1:膨大部、1':集合細管、4:尿細管。**C:** 集合細管（1'）が分割する部位で、腎小体（7）と尿細管（8）からなる多くのネフロンが発達する。**D:** ネフロンは近位曲尿細管（9）と遠位曲尿細管（10）を形成し、これらはヘンレのループ（11）によってつながる。**E:** 分化した腎小体。12:糸球体、13:ボウマン嚢。RüsseとSinowatz（1998）の厚意による。

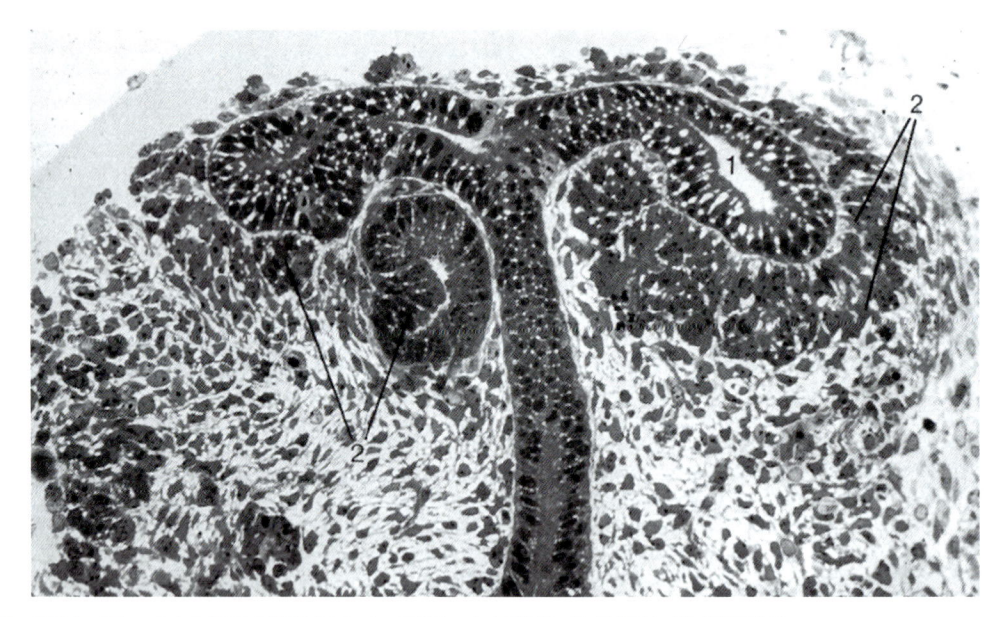

図 15-5： 頭殿長17mmのウシ胚子の後腎ネフロンの発達。1:尿管芽、2:造腎帽（造後腎帽子）。

せる。誘導シグナルであるGDNFはチロシンキナーゼ受容体スーパーファミリーの一員であるc-Retと結合する。c-Retは尿管芽の上皮細胞の形質膜上に存在している。GDNFに応答して、尿管芽の上皮細胞は線維芽細胞成長因子2 fibroblast growth factor 2（FGF2）、BMP1/BMP2および白

尿生殖器系の発生　第**15**章

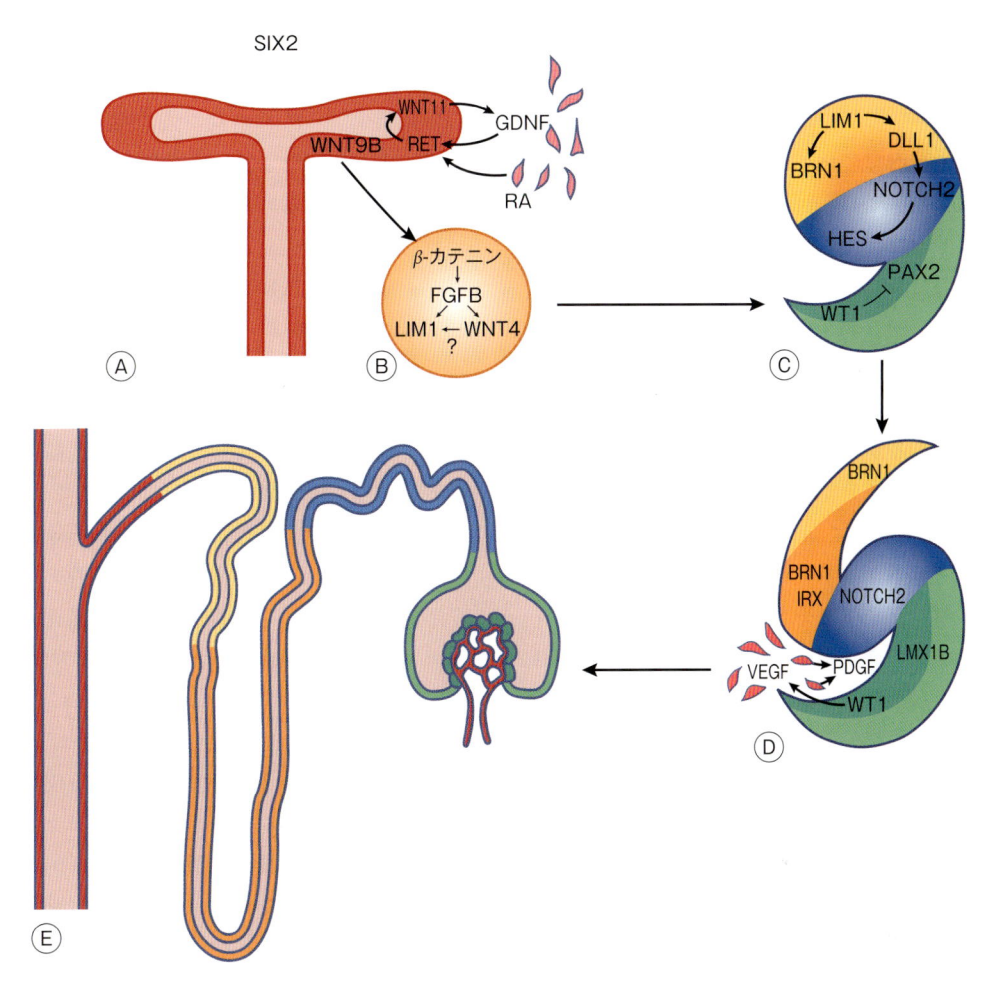

図 15-6：ネフロンの誘導とその形成。**A**：神経膠細胞由来神経栄養因子（GDNF）が尿管周囲の間葉細胞から放出され、尿管先端の RET 受容体と結合することにより、成長と分岐が誘導される。RET シグナル伝達は WNT11 を活性化する。WNT11 は正のフィードバックループとして後腎間葉の *GDNF* の発現維持に必要である。支質細胞からのレチノイン酸（RA）シグナル伝達は、尿管芽での *RET* の発現維持に必要である。Sine oculis homeobox homologue 2（SIX2）は発達中の腎臓の皮質外層に存在する腎前駆細胞の細管形成を抑制する。**B**：尿管の茎部から放出される WNT9B は、後腎間葉において、古典的 β-カテニンシグナル伝達を誘導する。それにより、線維芽細胞成長因子 8（FGF8）、LIM ホメオボックスタンパク質 LIM1（LHX1 としても知られている）および WNT4 を含む分子カスケードが活性化される。WNT4 は間葉から上皮への転換および後腎小胞の形成を誘導する。**C**：LIM1 は後腎小胞におけるパターン形成の初期段階を誘導するために必要である。これは、尿管に近接して存在する後腎小胞の極での POU ドメイン転写因子 BRN1 と Delta 様タンパク質 1（DLL1）の発現の調節による。ウィルムス腫瘍転写因子（WT1）の発現はコンマ状の体における、後に足細胞になる層に限局されるようになり、この部位で paired-box protein 2（PAX2）を抑制する。**D**：コンマ状の体は伸長して S 字体を形成する。転写因子の調節下で、遠位部はさらに伸長し、遠位尿細管の分節（高濃度の BRN1 を伴う）と、中間尿細管の分節に向かって分化する。NOTCH2 は近位尿細管の運命を調節する。足細胞は、WT1 や LIM ホメオボックス転写因子 1B（LMX1B）のような転写因子の調節下で成熟し、内皮細胞を誘引するシグナル血管内皮細胞増殖因子（VEGF）を放出する。内皮細胞は、メサンギウム細胞の分化を補助する因子、たとえば血小板由来成長因子（PDGF）を産生する。**E**：パターン化されたネフロン。血管ループ、足細胞、ボウマン嚢、近位曲尿細管、ヘンレのワナを含む中間尿細管、遠位曲尿細管、集合管を示す。Schedl（2007）を一部修正。

血病抑制因子 leukaemia inhibitory factor（LIF）を産生し、これらの因子は周囲の後腎間葉を刺激して尿細管の前駆体を形成させる。

　発生中の後腎内での機能的なネフロンの形成には**3系統の細胞系譜** three cell lineages が含まれ、これらはすべて中胚葉由来である。すなわち尿管芽からの**上皮細胞** epithelial cell、後腎芽体の**間葉細胞** mesenchymal cell、および内部に成長しつつある**内皮細胞** endothelial cell である。ネフロンの形成はまず分枝しつつある尿管芽の終端周囲に間葉系芽細胞が凝縮することから始まる。間葉細胞が凝縮するにつれ、間葉細胞に典型的に認められるいくつかのタンパク質（たとえば、Ⅰ型コラーゲン、Ⅱ型コラーゲン、ファイブロネクチン）の発現は失われ、代わりにⅣ型コラーゲンやシンデカン1、ラミニンといった上皮系のタンパク質によって置き換えられるようになる。それらのタンパク質は最終的に細管細胞周囲の基底膜形成に寄与する。

　分枝先端の周囲での後腎芽体の間葉の凝集体は腎細管へと段階的に発達する。後腎芽体細胞の凝集体は集まって**上皮索** epithelial cord となり、管状構造の**細管** tubule を形成する（**図15-4**）。細管の原基は最初**コンマ状** comma shape をとり、その遠位端の中心に管腔を持ち、外面に基底板が構築される。これらの現象は間葉細胞の上皮への転換を示している。引き続いて、スリット状の腔は、細管原基の中で形質転換中の**足細胞** podocyte の前駆体の外側に発達し、血管内皮細胞前駆体がこの腔内に移動する。これらの血管内皮細胞は最終的に**糸球体** glomerulus の毛細血管となり、大動脈から生じる外側分節動脈の分枝とつながる。糸球体の内皮細胞と隣接する足細胞の間には、厚い基底膜が形成され、後に**腎濾過障壁**（**腎濾過関門**）renal filtration barrier の重要な構成要素となる。

　ネフロンの糸球体構成要素が形成されるにつれて、コンマ状の細管原基は**S字体** S-shaped struc-ture へと変化する。この過程のあいだに、細管原基の残りの部分は上皮細胞の特性を獲得する。それらの細胞はE-カドヘリンを発現するようになるが、このE-カドヘリンは細胞の外側縁を密閉し、ラミニンが細胞基底面に堆積する。特徴的な遺伝子発現パターンがS字細管全長に沿って観察される。すなわち、後に尿細管の糸球体側末端となる付近では、*WT1*が強く発現するが、*Pax2*の発現は低下する。他方の端（将来の遠位曲尿細管）では、*Wnt4*と*E-カドヘリン*の両方の発現が高いままである。S字細管の中間部分（後の近位曲尿細管）では*K-カドヘリン*の発現が高いままである。その後、尿細管の分化は近位曲尿細管から遠位曲尿細管に向かって進行する。それぞれの細管の中間部は薄く伸長し、ヘアピン様のループへと発達する。このループは腎臓の髄質内へ伸長する。このループは薄壁尿細管、すなわち**ヘンレのワナ**（**ヘンレループ／ネフロンループ**）loop of Henle と呼ばれる。ループが形成されているあいだ、尿細管上皮細胞は刷子縁抗原やタム・ホルスフォールタンパク質の発現を含む、成熟した腎臓の特徴である分子的特性を獲得する。成熟したネフロンはそれぞれ腎臓の皮質外層に位置する腎小体と、中心部へと伸長し腎臓髄質に寄与する長く伸びた細管のループから成る。

　腎臓の発生には、皮質辺縁帯の**連続した約15世代のネフロン** 15 successive generations of nephrons の形成が関与する（**図15-7**、**15-8**、**15-9**）。最初に形成される腎小休は皮髄境界部に位置する。初期ネフロンの多くは、胎生後期にアポトーシスを起こす。集合管は伸長し、新しい世代のネフロンが誘導されて、次第により表層で形成されるようになる。したがって、最外側のネフロンは皮質深部のネフロンより未成熟ということになる。種によって、ネフロンの発生は出生時に終わるか、出生後しばらくしてから終わる。例を挙げると、ネフロンの形成は、イヌでは生後1週間継続し、ブタでは生後3週間ま

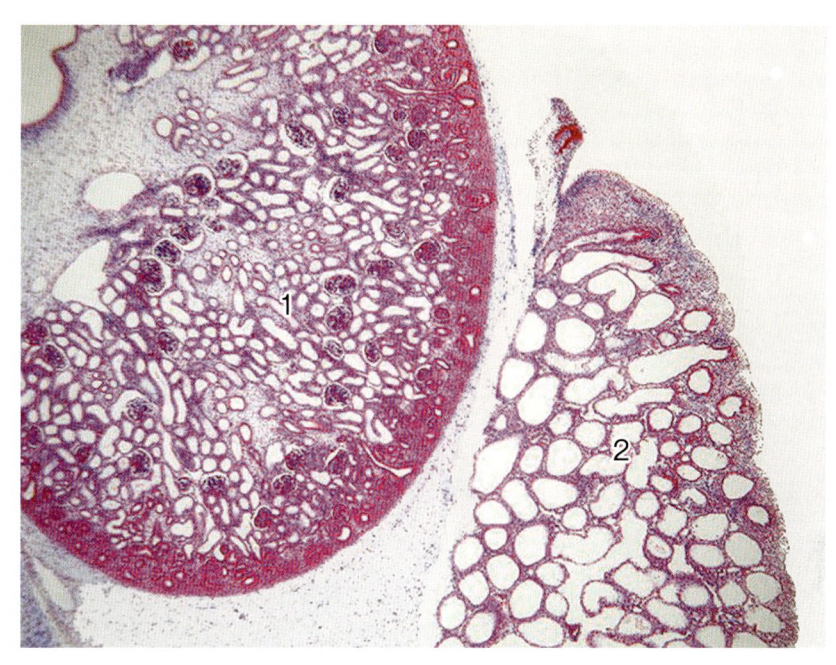

図 15-7：頭殿長 30 cm のウシ胎子の後腎と退化しつつある中腎。1: 後腎、2: 中腎。

で続く。つくられるネフロンの数にも種差がある。ネコの腎臓では約 20 万個、イヌでは 30 万〜50 万個、反芻動物やブタでは 150 万〜400 万個のネフロンがつくられる。

　成熟した腎臓の肉眼的な外観の違いは、尿管芽の分岐の違いとそれらの分枝に関連したネフロンの配列の違いによる（**図 15-9**）。**ウシ** cattle では、尿管のもととなる尿管芽は 2 つの大分枝（一次分枝）を形成し、それらがさらに細分化され、12〜25 の小分枝（二次分枝）になる。したがって、ウシの腎臓は 12〜25 の分離した**葉** lobes に分かれ、それぞれの葉が独立した錐体形の乳頭を持つ。そのため、ウシの腎臓はしばしば**多錐体腎** multipyramidal kidney と呼ばれる。それぞれの葉の乳頭管は**腎杯** calyx へと開く。ウシの腎臓は**腎盤を持たない** no renal pelvis という点で他の家畜の腎臓とは異なる。

　ブタ pig では、**皮質が葉状になっていない** cortex is not lobated が、**髄質は乳頭を形成する腎錐体に細分化されている** medulla is subdivided into renal pyramids forming papillae ことから、ブタの腎臓も**多錐体性** multipyramidal である。各々の乳頭はネフロンループ、集合細管および**小腎杯** minor calyx の終末枝に流入する集合管からなる。ブタの尿管芽の拡張した終端は、**腎盤** renal pelvis となる。2 つの主要な腎盤（**大腎杯** major calyx）の分画から 10 以上の漏斗型の小腎杯が生じる。表面上は滑らかな外観にもかかわらず、ブタの腎臓の多葉性構造は多錐体の外観とそれぞれの葉が小腎杯を通じて別々に排出することにより明らかである。

　ウマ horse、**小型反芻獣** small ruminants および**肉食獣** carnivores では腎杯は形成されず、乳頭管は直接、**共通の腎盤** common pelvis へ流れ込む。ウマでは、腎盤は薄壁でできた長い 2 個の突起（**終陥凹** terminal recesse）を持ち、ここに尿が集められる。終陥凹は集合管と同様に上皮で裏打ちされており、腎臓の極付近のネフロンから発生した集合管

Development of the urogenital system

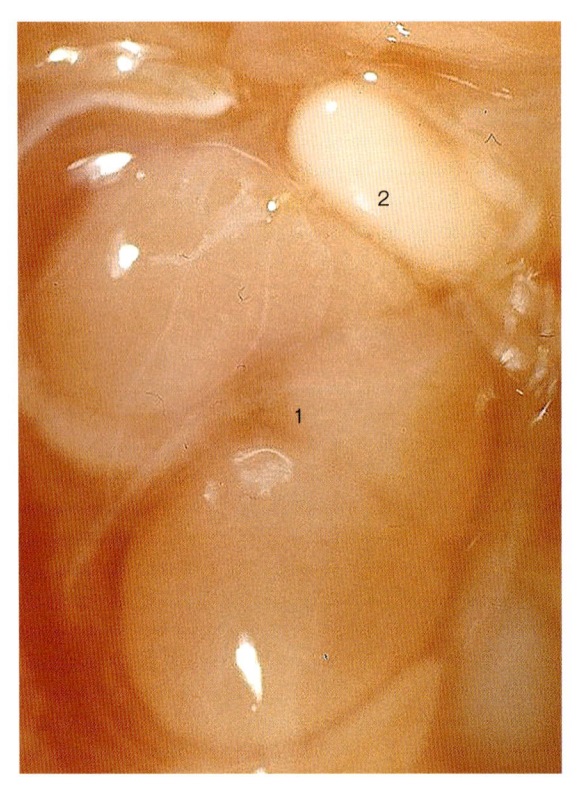

図 15-8：頭殿長 12.7 cmのウシ胎子の後腎（1）と副腎（2）。

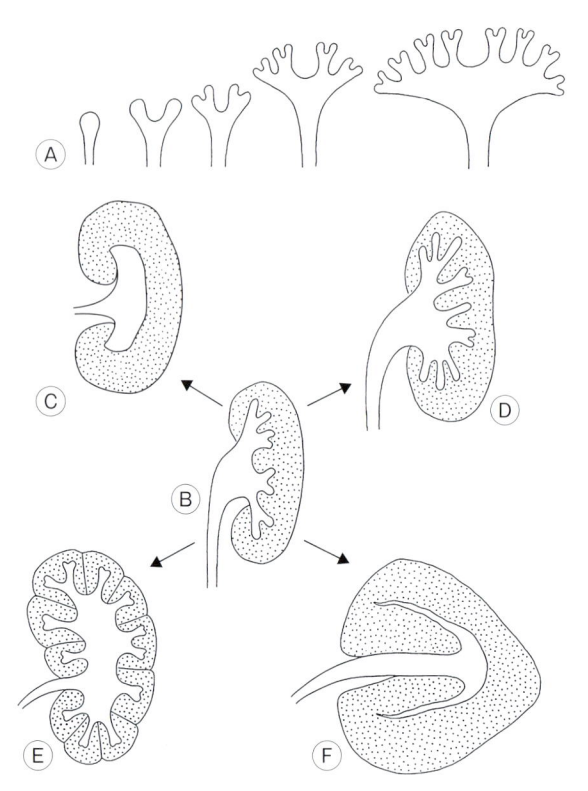

図 15-9：後腎の腎盤、腎杯、集合細管の発生。**A:** 後腎芽体内での尿管芽の分割。**B:** 未分化期の後腎。**C-F:** 後腎の分化。食肉類（図C）、ブタ（図D）、ウシ（図E）およびウマ（図F）。RüsseとSinowatz（1998）の厚意による。

の融合物かもしれないとみなされている。**皮質** cortex は完全に融合することによって、葉を持たず non-lobated、腎臓は平滑な表面となる。さらに、髄質の錐体の先端領域の数個が融合して、1つの尾根のような形の腎乳頭、すなわち **腎稜** renal crest となる。すべての集合管は腎盤の尾根上を走る腎稜部に接する腎盤内に開口する。イヌの腎盤の深外側陥凹は尿を集めないが、髄質部を腎錐体と呼ばれる楔状の構造に分離する。

後腎の発生は、初め胎子の骨盤部に起こる。しかしながら、胎子後部が著しく成長し、伸長することによって、腎臓は相対的に少し上昇して腹部に入り、大部分の種では頭側の腰椎のすぐ腹側方に位置するようになる。これに応じて尿管は伸長し、胎子の発達に見合ったものとなる。

膀胱と尿道 Bladder and urethra

後腸の発生中に、排泄腔は尿直腸中隔により、背位の **直腸** rectum と腹位の **尿生殖洞** urogenital sinus に分けられる。尿生殖洞は前位の骨盤部と後位の陰茎部から構成される（**図 15-10**）。頭側では、尿生殖洞は尿膜柄へと続く **尿膜管** urachus を通じて、尿膜腔につながる。排泄腔膜の退行後、尿膜柄は **尿生殖口** urogenital orifice を通じて、尾側方で羊膜腔へ開口する。

膀胱 urinary bladder は **尿膜管近位部と尿生殖洞の骨盤部** proximal portion of the urachus and the

尿生殖器系の発生 第15章

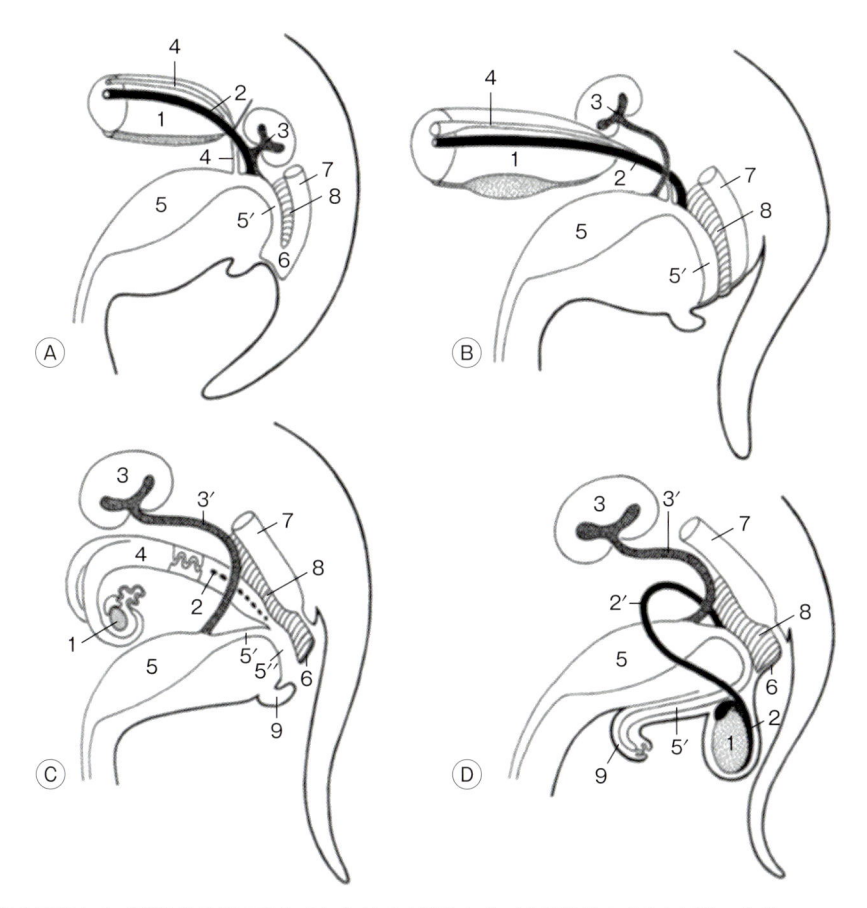

図 15-10：雄性生殖器および雌性生殖器の発生時における中腎管および中腎傍管の分化と尿管の転位。
A-B: 未分化期。1: 中腎および生殖腺堤（点線部）、2: 中腎管（ウォルフ管）、3: 尿管芽、4: 中腎傍管（ミューラー管）、5: 尿道の原基（5'）を伴う尿生殖洞（後の膀胱）、6: 排泄腔、7: 直腸、8: 尿直腸中隔。
C: 雌の生殖器。1: 卵巣、2: ゲルトナー管（中腎管の遺残物）、3: 尿管（3'）を伴う後腎、4: 子宮、5: 尿道（5'）を伴う膀胱と膣前庭（5''）、6: 会陰、7: 直腸、8: 尿直腸中隔、9: 陰核。
D: 雄の生殖器。1: 精巣、2: 精巣上体、2': 精管、3: 尿管（3'）を伴う後腎、5: 尿道（5'）を伴う膀胱、6: 会陰、7: 直腸、8: 尿直腸中隔、9: 陰茎。Rüsse と Sinowatz（1998）の厚意による。

pelvic region of the urogenital sinus より形成される（図15-10、15-11）。尿膜管の細い遠位端は凝固して紐状の構造物となり、腹膜ヒダの中に吊るされ、膀胱から臍へと通じる。腹膜ヒダは、最終的には**正中臍索** median umbilical ligament を形成する。膀胱が発達するにつれて、膀胱壁は中腎管の末端部と尿管芽を取り込みながら拡張する。それぞれの管系は、別々の開口部を発達中の膀胱に発生させる。最初、中腎管は尿管芽の前位に開口するが、次第にその開口部は位置を変える。そのため、尿管芽の端は、最終的には中腎管の外側かつ前方で膀胱に開口する。膀胱頸部の背側壁と頭側の尿道による三角形の領域は、中腎管と尿管芽が膀胱壁に入り込む位置を表している。この三角形の底部は、形成され

Development of the urogenital system

mesodermal origin whereas the rest of the bladder epithelium is derived from the endoderm。膀胱壁の非上皮系の構成物（結合組織と平滑筋）は、臓側中胚葉由来である。

雌では、尿道 urethra は尿生殖洞骨盤部の前方部分から発生し、尿生殖洞の残りの部分は前庭 vestibule となる。雄では、尿生殖洞尾側から尿道海綿体部 penile urethra が生じる。

雄性生殖器および雌性生殖器の発生
Development of the male and female genital organs

性の決定 Sex determination

染色体による性別は受精時に決定される。この時、Y 染色体あるいは X 染色体を運んでいる精子 Y-or an X-chromosome-bearing spermatozoon と卵が合体して、受精卵の遺伝的な性 genetic sex が決定する。Y 遺伝子の性決定領域（Sry）sex determining region of the Y gene（Sry）は転写因子 Sox ファミリーの1つで、精巣を決定する遺伝子である。Sry は Y 染色体の短腕上の35キロ・ダルトンの領域内に位置している。マウスでは、Sry は高移動度群 high mobility group（HMG）の box クラスの223個のアミノ酸からなる DNA 結合タンパク質をコードする。これはおそらく他の遺伝子の発現を制御し、それによって細胞の表現型が決定される。さらに、Sry が Y 染色体にコードされた精巣決定遺伝子であることは、トランスジェニックマウスを用いた実験から証明されている。すなわち、マウス Sry 遺伝子を含む小さなゲノムの断片を導入遺伝子とし、XX の染色体を持つ胚子に導入すると、その後、雌から雄への性転換が認められる。これらの結果は Sry が精巣決定に関わるだけでなく、この過

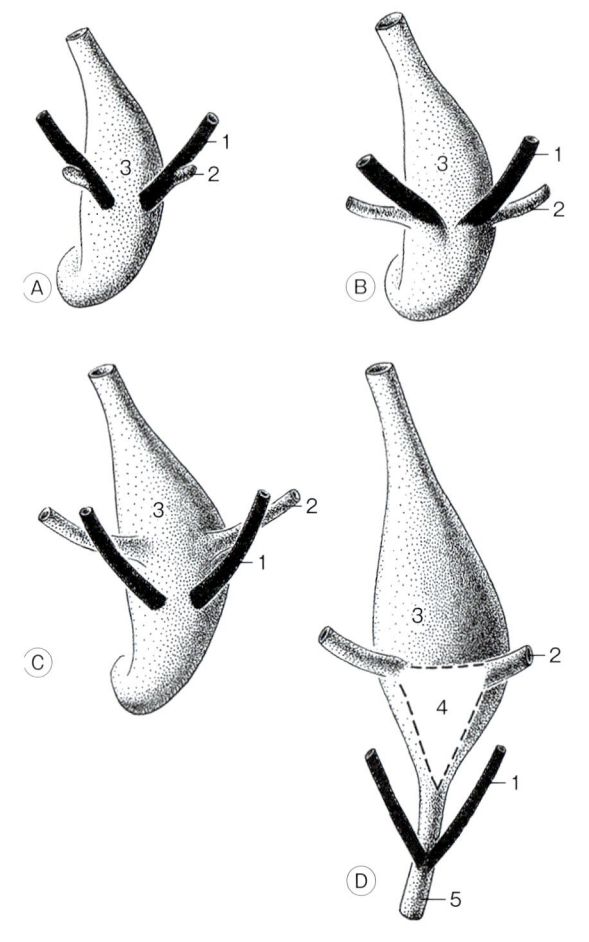

図 15-11：膀胱の背面図。発生中の尿管と中腎管の関係を示す。**A:** 最初に尿管が中腎管からの突出によって形成される。**B-D:** 時間経過とともに尿管と中腎管は膀胱への別々の開口部を持つようになる。1: 中腎管、2: 尿管芽、3: 膀胱、4: 膀胱三角、5: 尿道。Rüsse と Sinowatz（1998）の厚意による。

つつある尿管の入り口によって、前方で描出される。膀胱三角の頂点は、中腎管が左右それぞれ入り、尿道稜と呼ばれる小隆起の両側に精管を形成する部位に位置している。**膀胱の背側壁にある膀胱三角は中胚葉由来の上皮で内張りされるが、それ以外の膀胱上皮は内胚葉由来である** The trigone in the dorsal wall of the bladder is lined by epithelium of

尿生殖器系の発生　第15章

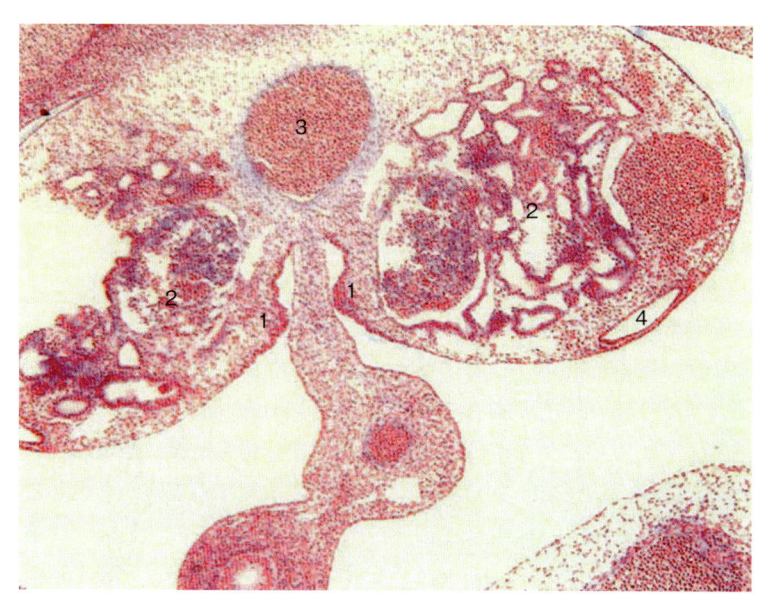

図 15-12：頭殿長 17 mm のヒツジ胚子の横断切片。1: 生殖腺堤、2: 中腎、3: 大動脈、4: 中腎管（ウォルフ管）。

程に必要な Y 染色体上の唯一の遺伝子であることを証明している。胚子の遺伝的な性別は受精時に決定されるが、性別特有の肉眼的な表現型は動物種にもよるが、発生の 4～7 週まで明らかにならない。しかしながら、胚盤胞期までの発生は雌よりも雄の方が速いことが実証されているので、微妙な違いはずっと早い時期に発現している。

原始生殖細胞と未分化生殖腺
Primordial germ cells and indifferent stage of gonadal development

生殖腺が未分化な段階 indifferent stage of gonadal development では、**原始生殖細胞は卵黄嚢から生殖腺の原基へと移動する** primordial germ cells (PGCs) migrate from the yolk sac into the gonadal primordium（第 4 章参照）。原始生殖細胞は成獣の性腺における生殖細胞の起源である。原始生殖細胞はまず上胚盤葉に認められ、その部位でこれらの細胞の形成は、少なくともマウスでは胚外外胚葉による BMP4 の発現に依存する（第 20 章参照）。胚外外胚葉は、マウスでは羊膜の発生中に形成されるが、羊膜形成の過程が家畜とマウスでは異なることから、家畜において同じような機序が働いているかどうかは不明である。原始生殖細胞はアルカリフォスファターゼの高い活性と Oct4 のような多能性転写因子の発現によって、組織化学的に識別することができる。それらの細胞は初期の原始線条を通過し、胚外中胚葉おける細胞の小型の集団として、尿膜基部近くに位置するようになる。原始生殖細胞はその後、卵黄嚢後壁の内胚葉の中に取り込まれ、そこでさらに胚盤から脱出するようである。続いて、原始生殖細胞は卵黄嚢茎と尿膜茎に沿って中胚葉内に移動する。そこから後腸壁内を移動して、背側腸間膜を通りぬけ、新たに形成される生殖腺堤に到達するようである（**図 15-12**）。

突然変異マウスを用いた研究によって、**原始生殖細胞の背側腸間膜への移動および生殖腺堤内への移**

Development of the urogenital system

動は活発な運動性を必要とするであろう passage of PGCs to the dorsal mesentery and into the genital ridges probably requires active locomotion ということが証明されている。この移動は、特に初期の移動は、細胞外基質からの分子の合図に反応した細胞の活発なアメーバ運動によって行われる。鳥類では、原始生殖細胞は血流に乗って生殖腺堤に到達する。原始生殖細胞は生殖腺の原基への移動のあいだに LIF や造血幹細胞因子（Steel factor）のような分裂促進因子に反応して分裂するが、その細胞の多くは長い細胞質突起を通して、互いにつながったままである。原始生殖細胞は転写因子 Oct4 を発現するが、Oct4 は原始生殖細胞が多能性の状態を維持するのに役立っている（第4章参照）。この Oct4 は発生中の胚子において、割球と内細胞塊（ICM）の未分化な状態を維持する遺伝子と同じ遺伝子である（第6章参照）。原始生殖細胞は、ブタでは胎齢16日、イヌでは胎齢21日、ヒツジでは胎齢22日、ウシでは胎齢25日、ヒトでは胎齢28日までに生殖腺堤に認められる。約1,000〜2,000個の原始生殖細胞が生殖腺堤に入る。生殖腺堤への移動後2、3日で、原始生殖細胞は分裂休止期に入る。**精巣の原基において原始生殖細胞は春機発動まで減数分裂を開始しないが、卵巣の原基では胎生期に減数分裂が始まる** In the testis primordium the PGCs do not enter meiosis until puberty whereas meiosis is initiated during fetal development in the ovary primordium。

生殖腺は、中腎の腹内側縁に沿って存在するステロイド産生性の中胚葉の伸長部から発生する。すでに述べたように、中腎は非分葉状の中間中胚葉から発生する原始的な腎臓である。早期の生殖腺堤は、3つの主な細胞集団で構成される。すなわち、**局所の間葉細胞** local mesenchymal cell、**体腔上皮から派生する細胞** cell derived from the coelomic epithelium、および生殖腺になる予定の組織に侵入する、**退行しつつある中腎細管由来の細胞** cells originating from the regressing mesonephric tubules である。近年、生殖腺分化の分子機構のいくつかが解明された。生殖腺形成に必要な最も早期の遺伝子の1つは *WT1* である。*WT1* は中間中胚葉全体に発現しており、腎臓の発達にも重要な役割を果たす。*Lim1* も生殖腺発生の初期に関与する重要な遺伝子である。もし *Lim1* が発現しなければ、生殖腺は形成されない。同様の遺伝子である**ステロイド形成因子1** *steroid factor-1* は、発達中の副腎に加えて早期の未分化生殖腺に発現し、ステロイド産生性の中胚葉の頭側部の細胞から生じる。

哺乳類の胚子の性別は、受精時に遺伝的に決定されるが、生殖腺堤は妊娠1週間は形態的に未分化な状態のままである。原始生殖細胞が**生殖腺堤** gonadal ridge 内に到達すると、その領域の間葉細胞と体腔上皮は増殖し、その結果、発達中の生殖腺堤は体腔内へ突出する（**図15-12、15-13**）。この生殖腺堤は頭殿長が約9〜10 mm の胚子で生じ、原始生殖細胞が到着すると、急速に成長する。中腎細管からの上皮細胞索と退縮中の糸球体包は、生殖腺堤の間葉に進入し、原始生殖細胞を取り込む数多くの不規則な形の索、すなわち**原始性索** primitive sex cord（生殖索）を形成する。これらの索は、雌雄ともに一時的に表面上皮につながっている。この時期では**雄と雌の生殖腺を形態的に識別することは不可能** impossible to differentiate the male and female gonad morphologically であるため、**未分化生殖腺** indifferent gonad と呼ばれる。

精巣の分化 Differentiation of the testis

精巣の分化（**図15-14、15-15**）は、Y 染色体上の *Sry* 遺伝子 *Sry* gene（精巣決定因子）の影響下で起こる。この遺伝子の産物の発現がなければ、未分化生殖腺はしばらく後に卵巣に分化する。雄の胚

尿生殖器系の発生　第15章

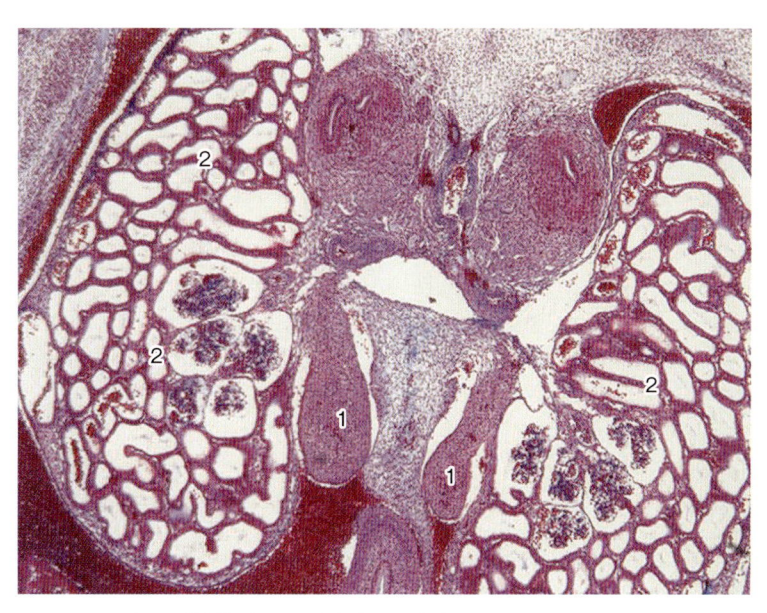

図 15-13：頭殿長 11.3 cm のウシ胎子の横断切片。1: 生殖腺、2: 中腎。

子では、Sry 遺伝子の転写産物は精巣分化が開始する時期に、生殖腺堤において初めて検出可能となる。精巣の原基での Sry 遺伝子の発現も、それに続く精巣への分化も、生殖細胞の存在に依存しない。Sry は同時期の未分化生殖腺が発現している核内受容体ファミリーの1つである Dax-1 を阻害することによって、精巣の形成を始動させる。Dax-1 の阻害は、遺伝的に雄の生殖腺が雄の表現型を示し、精巣に分化するために必要である。

Sry 遺伝子の影響の下、原始性索の細胞は増殖を続け、髄質へと深く進入し、**精巣索** testicular cord すなわち**髄索** medullary cord を形成する（**図 15-16、15-17**）。これに続く未分化生殖腺から精巣への発達は、生殖腺堤の髄質領域で始まる。精巣索は、中心部は**原始生殖細胞** primitive germ cell、辺縁部は将来の支持細胞、すなわち**セルトリ細胞** Sertoli cell からなる中身の詰まった**細管** tubule に変化する。これらの細管は**馬蹄形のループ** horseshoe-like loop 状に配列し、その両端で小さな細胞の糸状構

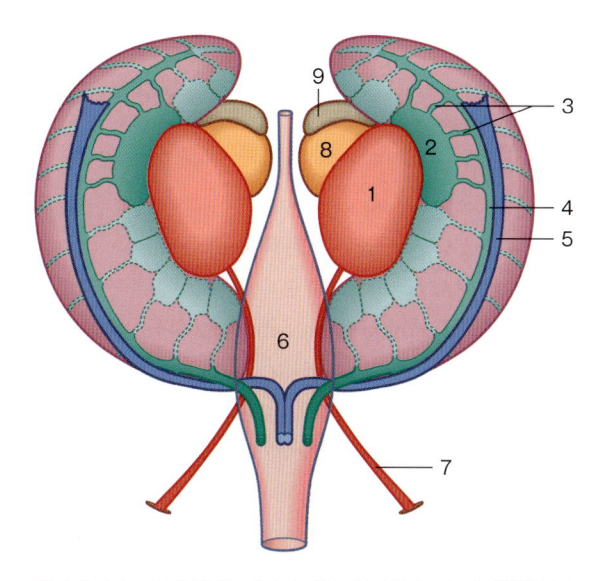

図 15-14：生殖腺が分化した後の尿生殖器系の位置関係を示す模式図。1: 生殖腺、2: 巨大糸球体、3: 中腎細管、4: 中腎管（ウォルフ管）、5: 中腎傍管（ミューラー管）、6: 尿生殖洞、7: 精巣導帯、8: 後腎、9: 副腎。Rüsse と Sinowatz（1998）の厚意による。

285

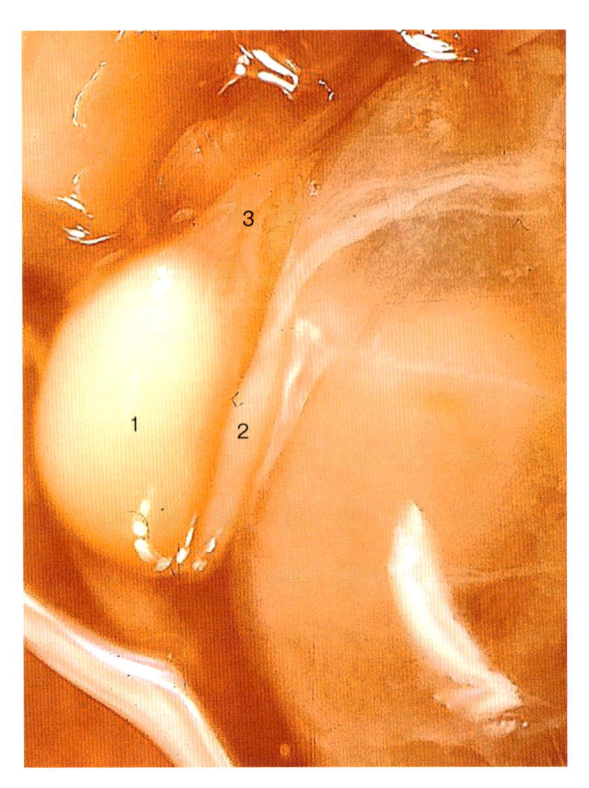

Development of the urogenital system

図 15-15：1: 頭殿長 12 cm のウシ胎子の精巣、2: 精巣上体、3: 蔓状静脈叢。

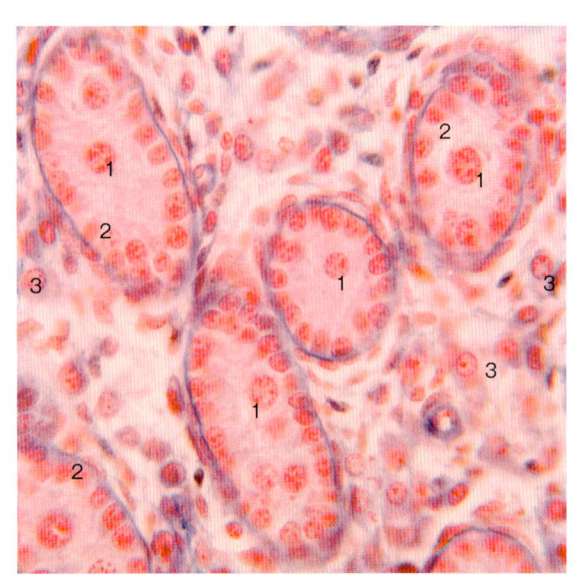

図 15-16：胎齢 10 週のウシ胚子の精巣。精巣索は原始生殖細胞（1）と将来のセルトリ細胞（2）で構成されている。精巣索のあいだで間葉細胞がアンドロジェンを分泌する初代ライディッヒ細胞（3）を形成している。

造、すなわちのちの**精巣網** rete testis につながる。春機発動時には、精巣の細管は内腔を発達させ、**精細管** seminiferous tubule となる。精巣網は、最終的に残りの中腎細管に由来する**精巣輸出管** efferent ductule につながる。精巣輸出管は、精巣網を中腎管、すなわちウォルフ管につなぎ、その中腎管は**精巣上体管** ductus epididymidis/duct of epididymis と**精管** ductus deferen になる。

発達中の雄の生殖腺は、中腎細胞の生殖腺への移動を刺激する化学的誘引物質の産生も行う。生殖腺において、中腎細胞は精巣索を取り囲み、収縮性の**筋様細胞** myoid cell に分化する。精巣索が分化するにつれ、線維性結合組織の緻密な層、すなわち**白膜** tunica albuginea が生殖腺の表面上皮直下の精巣

索を取り囲む被膜として形成される。白膜は、ウシでは胎齢 41 日（頭殿長 20 mm）、ヒツジでは胎齢 31 日（頭殿長 17 mm）、ウマでは胎齢 30 日（頭殿長 16〜17 mm）、イヌでは胎齢 29 日（頭殿長 19〜20 mm）に最初に観察される。

精巣索のあいだの間葉にアンドロジェンを産生する**ライディッヒ細胞（間質細胞）** Leydig cell が生じる。この細胞の最初の世代は、ウシでは頭殿長 30 mm（胎齢 42 日）、ブタでは頭殿長 33 mm のときに発達する。続く 2 日間で、これらの最初の世代のライディッヒ細胞は**テストステロンとアンドロステンジオンの産生を増加** increasing production of testosterone and androstendione させる。この内分泌活性は、雄の生殖管系の分化、外生殖器の発達および脳の性中枢の分化にとって重要である。脳の性中枢の雄性化は、雄特有の行動の発達に重要である。数週間から数カ月後（ウシでは胎齢 7 カ月）に**最初**

尿生殖器系の発生　第15章

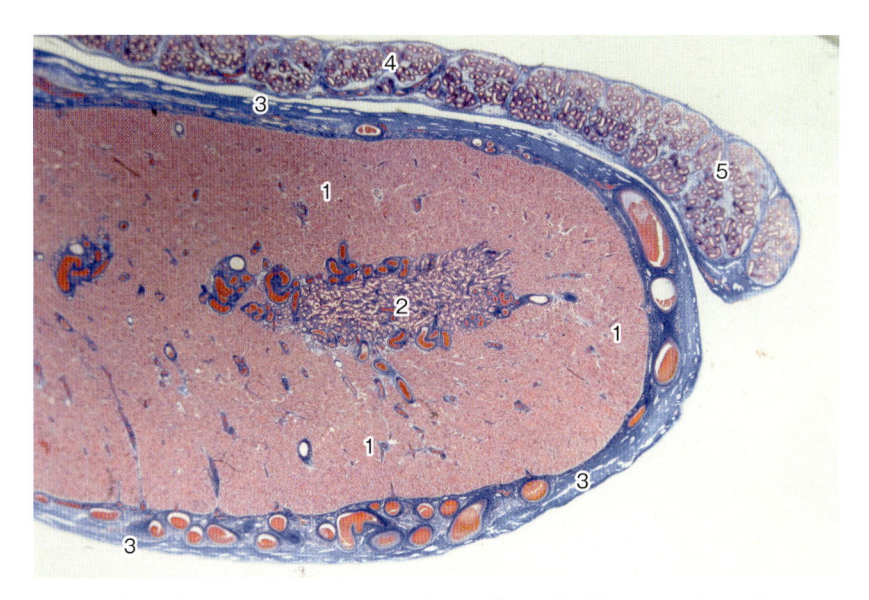

図 15-17：新生子のウシの精巣と精巣上体。1: 精巣実質、2: 精巣網を伴った精巣縦隔、3: 白膜、4: 精巣上体、5: 精巣上体尾。

の世代（胎子期）のライディッヒ細胞は徐々に消滅し first（fetal）generation of Leydig cells gradually involutes、春機発動前に、**第二世代のライディッヒ細胞** second generation of Leydig cells にとって代わられる。第二世代の細胞は、結合組織細胞から分化し、精子形成の開始と促進を担う。

精巣下降 Descent of the testes

精巣下降とは、精巣がその発生部位である腹腔内から、通常鼠径部に位置する陰嚢内へ移動することをいう（**図15-18**）。哺乳類では、この過程は動物種によって異なる。たとえば、水棲哺乳類、ゾウおよびアルマジロでは、精巣は腹腔内にとどまり、精巣下降は起こらない。しかしながら、すべての家畜を含むほとんどの哺乳類では、精巣は腹腔外の位置へと移動する。これらの動物種では、体幹体温より2～4℃低い温度が正常な精子形成に必要である。

腎臓と同様に、精巣は後腹膜の位置に発生する。精巣下降の前、その頭側は中腎横隔靱帯（中腎横隔膜索）に由来する**堤靱帯** suspensory ligament によって吊るされている。尾側は中腎鼠径靱帯（中腎鼠径索）によって吊るされており、これはのちに**精巣導帯** gubernaculum testis になる。中腎が退化するときに、生殖腺と生殖管を支えている靱帯は腹膜腔の壁に張り付いて存続する。精管が尾側方向へ移動するにつれ、これらのヒダの付着部位は背外側から腹外側に位置を変える。

精巣下降は3つの段階で起こる。最初の段階は、**精巣の肥大** enlargement of the testes およびそれと同時に起こる中腎の退化に関係する。アンドロジェンの影響下、前方の**堤靱帯が退化し** suspensory ligament regresses、精巣は横隔膜近くの位置から離れる。第二段階では、**精巣は鼠径管の内側の開口部（深鼠径輪）のレベルまで下に移動する** testes move down to the level of the inner opening of the inguinal canal。この移動はふつう**経腹壁下降** transabdominal descent と呼ばれるが、主として精巣が尿生殖洞からほぼ一定の距離にとどまるあいだに身体が成長と伸長する結果として起こる。近年のデー

Development of the urogenital system

タは、少なくともマウスでは、精巣下降のこの段階は精巣における Insl-3 の発現に依存することを示している。Insl-3 がなければ、精巣は頭側の部位にとどまったままである。第三段階は精巣が陰嚢に移動するもので、**経鼠径下降** transinguinal descent と呼ばれる。この段階はアンドロジェン依存性で、精巣導帯による誘導が含まれる。精巣導帯が能動的に精巣を陰嚢内に引っ張っているのか、あるいは単に誘導するための構造物として作用しているだけなのかは最終的には解明されていない。しかし、多くのデータが精巣下降は受動的な過程であることを示しているが、精巣導帯に収縮性の組織は見つかっていない。

陰嚢内への精巣の移動のメカニズムは明らかではないが、この現象が起こる時期はよくわかっている。精巣が鼠径管内口（深鼠径輪）に位置するのは、イヌでは胎齢 50 日、ウシでは胎齢 90 日、ブタでは胎齢 70 日、ウマでは胎齢 240 日である。精巣が深鼠径輪に近づくと、精巣上体尾は鼠径管に入る。いったん精巣が鼠径管のそばに位置するようになると、鼠径管と生殖腺のあいだの大きさの違いを少なくするような変化が起こる。すなわち、細胞間質液が増加して、鼠径管のレベルで**精巣導帯を膨らませ** gubernaculum to swell、それによって鼠径管内に精巣が入ることを容易にする。いったん精巣が鼠径管に入ると、鼠径管内口（深鼠径輪）の収縮が腹壁の筋の収縮とともに、精巣を強引に押し進め、鼠径管に沿って動かし、浅鼠径輪を通過させる Once the testis has entered the inguinal canal, contraction of the internal opening together with contractions of the abdominal muscles force the testis along the canal and through the external inguinal opening. 鼠径管を通過する時間は動物種によって異なり、ウシやブタでは速く、ウマでは遅い。精巣が鼠径管を離れるにつれて精巣導帯は退縮し、陰嚢内への最終的な精巣下降を容易にする。経鼠径管精巣下降はアンドロジェン依存性である。精巣下降の

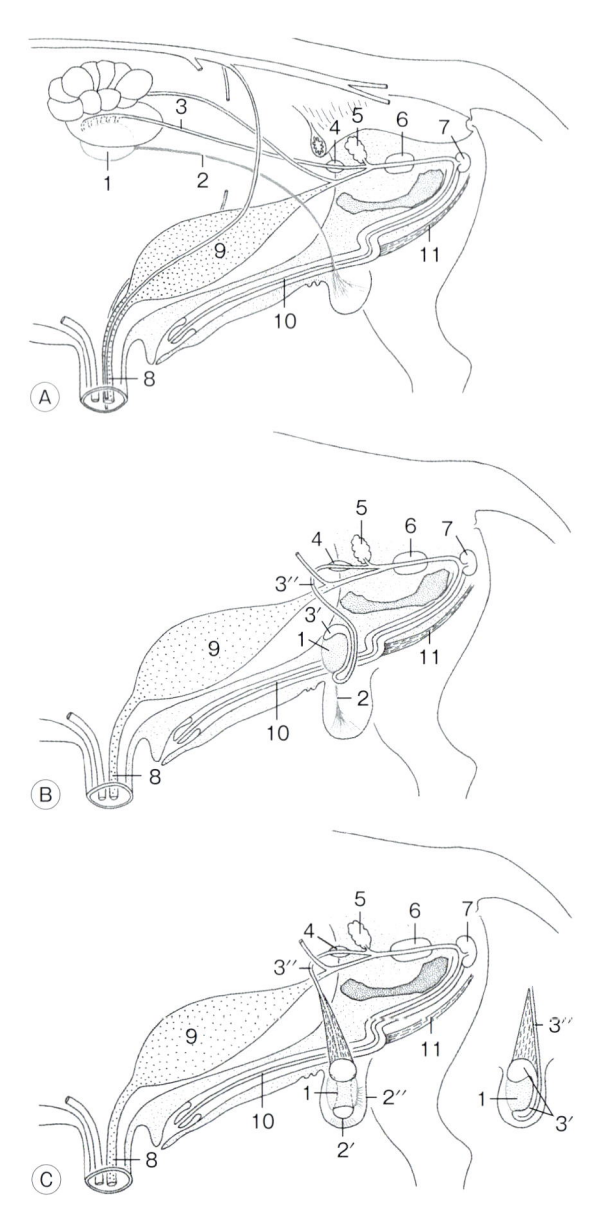

図 15-18：ウシにおける精巣下降。A: 精巣は腹腔内に位置している。B: 鼠径管を通過中の精巣。C: 陰嚢内の精巣。1: 精巣、2: 精巣導帯、2': 固有精巣間膜と精巣上体尾間膜、2'': 精巣鼠径靭帯、3: 中腎管（ウォルフ管）、3': 精巣上体、3'': 精管、4: 精管膨大部、5: 精嚢腺、6: 前立腺、7: 尿道球腺、8: 尿膜管、9: 膀胱、10: 尿道、11: 陰茎後引筋。Rüsse と Sinowatz（1998）の厚意による。

表 15-1：精巣下降

動物種	精巣下降の開始	鼠径管への精巣の進入	陰嚢内への精巣の進入
ウシ	頭殿長 15.8 cm	頭殿長 22 cm	頭殿長 40 cm
ヒツジ	頭殿長 15 cm	頭殿長 17.5 cm	頭殿長 25 cm
ブタ	交尾後 65 日	交尾後 85-90 日	出生時
ウマ	交尾後 45 日	出生前	出生時
イヌ	—	生後 3-4 日	生後 35-40 日

およその時期を表 15-1 に示す。

正常な精巣下降の失敗は、**潜在精巣** cryptorchidism と呼ばれる。潜在精巣はウマとブタで最も頻繁に認められ、小型のイヌでも認められる。精巣の発生異常、鞘状突起の発生異常、精巣導帯の発生異常あるいは内分泌不全などの病理学的状態は、これまで潜在精巣と関係づけられてきたが、その原因は未だ明らかではない。潜在精巣が遺伝性疾患であるという多くの指摘がなされている。両側の潜在精巣は不妊症を引き起こすが、ライディッヒ細胞は体幹の高い体温に影響を受けないので、その動物は通常、典型的な雄の表現型や行動的特徴を有している。イヌでは陰嚢内精巣に比べて潜在精巣の腫瘍性変化の発生頻度の増加も見られる。

出生後のセルトリ細胞の分化と血液精巣関門の形成
Postnatal differentiation of Sertoli cells and formation of the blood-testis barrier

出生後の分化のあいだに、未熟なセルトリ細胞は甚大な形態的ならびに生化学的分化を経て、成熟した**セルトリ細胞** Sertoli cell になる。これらの発生学的変化は大部分、FSH によって引き起こされるらしく、セルトリ細胞におけるタンパク質合成の著しい活性化を伴う。精巣組織の正常マウスあるいは下垂体摘出マウスへの移植実験によって、下垂体がセルトリ細胞の生後の成熟に強い影響を及ぼすこと、また核小体の分化と細胞間密着結合の形成に特別な効果を持つことが証明されている。

セルトリ細胞の生後の分化のあいだに起こる変化の中でも、セルトリ細胞間の閉鎖性**密着結合** tight junction の形成は機能的に大きな重要性を持つ。さまざまな動物種の成体の精巣に関する研究によって、セルトリ細胞の密着結合は**血液精巣関門** blood-testis barrier の主要な要素であることが示された。血液精巣関門は、精上皮を精祖細胞とプレレプトテン期の精母細胞を含む基底部の区域と、より進行した段階の精子形成細胞を含む管腔側の区域とに分ける（第 4 章参照）。家畜において、隣接したセルトリ細胞間における閉鎖性密着結合の形成と血液精巣関門の確立は、春機発動前後に起こる。血液精巣関門は、精子形成に対して重要な効果を及ぼす。基底部の区域の細胞、すなわち精祖細胞とプレレプトテン期の精母細胞（これらは血液精巣関門の直下に見られる）と、管腔側の区域の細胞（より発達の進んだ精母細胞と精子細胞）とのあいだには、免疫学的な違いが存在する。この違いは最初の精子形成のサイクルで確立される。精母細胞は管腔側の区画へ移動したときに初めて自己抗原分子の合成と精母細胞の形質膜への挿入の両方が起こるか、あるいは合成または挿入のどちらか一方が起こる。

成体の精巣の主な特徴
Main features of the adult testis

精巣 testis は1枚の線維性被膜、すなわち**白膜** tunica albuginea で覆われ、その白膜から結合組織の小さな梁柱が内側に伸びている。精巣の2つの主要な区画は、間質すなわち細管間の区画と、精細管の区画である。**間質** interstitial compartment は、アンドロジェンを産生する**ライディッヒ細胞** Leydig cell、血管、リンパ管、神経線維および大食細胞（マクロファージ）を含む。精巣の毛細血管の内皮は連続的であり、有窓毛細血管ではない。リンパ管は不規則で、内皮によって部分的にしか裏打ちされていない。ライディッヒ細胞は円形の核を持ち、細胞質には豊富な滑面小胞体と、管状のクリステを有する長いミトコンドリアが存在する。そのミトコンドリアにはステロイド合成に関連する酵素が存在する。屈曲した**曲精細管** tubuli seminiferi contorti/convoluted seminiferous tubule は、体細胞性の**セルトリ細胞** Sertoli cell とさまざまな世代の**生殖細胞** germ cell を含んでいる。セルトリ細胞は丈の高い円柱細胞で、基底膜から精細管の管腔まで伸び、精上皮の構造の骨組みを形成する。セルトリ細胞は生殖細胞との間に多くの重要な相互関係を持っている（第4章参照）。精細管の区画は基底膜、**収縮性筋様細胞** contractile myoid cell およびリンパ内皮からなる、いわゆる"境界組織"によって境界されている。筋様細胞の収縮は、精子と精細管液を輸出管系まで輸送する推進力を供給する。

卵巣の分化 Differentiation of the ovaries

動物の雌は *Sry* を欠いた状況下で、*Dax-1* の発現が精巣の形成を抑制し、未分化生殖腺が卵巣へと発達することを可能にする（図15-19）。精巣の発生とは逆に、生存力のある生殖細胞の存在が卵巣分化にとって必要である。このため、原始生殖細胞が生殖腺堤に到達できなければ、生殖腺の原基は退縮し、その結果、すじ状の卵巣が生じる。

原始生殖細胞は生殖腺堤に到達したあと、将来卵巣になる領域の外側（皮質側）の領域に密集してとどまる（図15-19、15-20、15-21）。髄質領域にも、原始性索に閉じ込められるようになるいくらかの原始生殖細胞を含んでいるが、それは精巣のものより、はるかに発達の悪い状態にある。皮質のより多くの原始生殖細胞も体細胞と関係するようになるが、これらのいわゆる**卵胞細胞** follicle cell の起源は議論されている。卵胞細胞の起源として、3つの部位が提唱されている。すなわち、(1) **体腔上皮** coelomic epithelium の細胞、(2) **中腎由来の原始性索** primitive sex cords of mesonephric origin、(3) その両者の**組み合わせ** combination である。

将来の卵胞細胞に取り囲まれた一次生殖細胞は、**卵祖細胞** oogonium と呼ばれる。卵祖細胞はしばらくのあいだ**有糸分裂** mitosis によって増殖する。その後、おそらく中腎からの減数分裂刺激因子の影響下により**減数分裂前期** prophase of meiosis に入る。**第一減数分裂前期が開始** beginning of the prophase of the first meiotic division すると、生殖細胞は**一次卵母細胞** primary oocytes と呼ばれ、卵胞細胞とともに**原始卵胞** primordial follicle となる。卵祖細胞と卵母細胞は、これらの細胞の発達の同期化に重要な役割を果たす、細胞質による細胞間橋によって結合している。一次卵母細胞は、**分裂が休止するディプロテン期** diplotene stage, when division is arrested に達するまで第一減数分裂を続ける。一次卵母細胞は、生後の卵胞形成のあいだに排卵のための卵胞として選ばれ、その結果ブロックが解除されるまでディプロテン期のままにとどまる（第4章参照）。そのため、胎子期の出生前に減数分裂がブロックされてから排卵時近くでそのブロックが解除されるまでには、何カ月または何年もの時が過ぎ去

尿生殖器系の発生　第15章

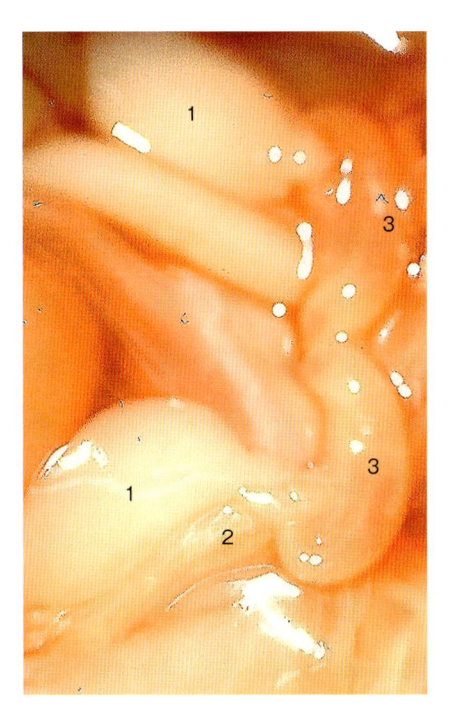

図 15-19：頭殿長 18.6 cm のウシ胎子。左が頭側。1: 卵巣、2: 卵管、3: 子宮。

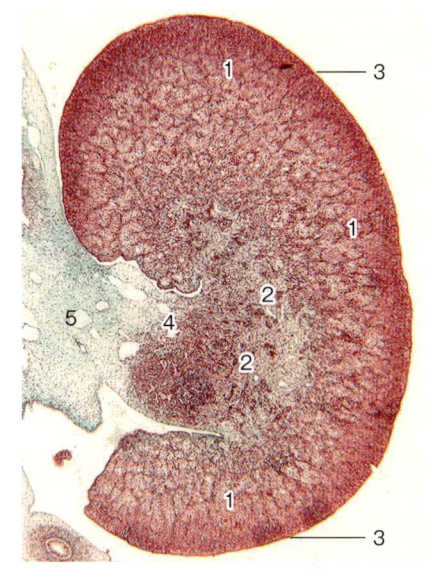

図 15-20：頭殿長 30 cm のヒツジ胎子の卵巣の縦断切片。皮質にはその下層の間葉に進入している多くの皮質索が見られる。1: 卵巣皮質、2: 卵巣髄質、3: 卵巣の表面上皮、4: 卵巣門、5: 卵巣間膜。

るかもしれない。

　胎子の卵巣の皮質と髄質の結合部に不明瞭な白膜が形成され、これが皮質と髄質を分ける。皮質は卵母細胞の大部分を含む。卵巣の中心部では生殖細胞は消失し、卵巣髄質を形成する血管に富んだ支質に入れ替わっている。髄質の結合組織と血管は、中腎由来である。発達中の卵巣は、中腎との関係を維持せず、少しの遺残物以外はすべての中腎細管が雌胚子で退化する all mesonephric tubules degenerate in the female embryo。卵巣の表面には立方形の表面上皮が保たれる。この表面上皮は中皮には戻らないので、成体の卵巣は典型的な腹膜では覆われない。雌イヌと雌ネコの卵巣では、表面上皮で裏打ちされた細い管が卵巣の皮質内へ突出する。

　ウマ horse の卵巣において、**卵胞の発達は小さな中央部に限定され** the development of the follicles is confined to a small central area、その部位は他の動物種の**卵巣髄質** medulla ovarii/ovarian medulla に相当する。卵胞を欠く部位は、辺縁部に位置する。出生前の発達中に卵巣の遊離面は凹み、体腔上皮がこの位置に残る。このため、ウマでは排卵はこの部位だけで行われる。この部位は**排卵窩** ovulation fossa と呼ばれる。

卵巣下降 Descent of the ovaries

　動物種によってバリエーションがあるものの、卵巣も明瞭な**後方への移動** posterior dislocation が起こる。卵巣が成長してミューラー管を横切ると、卵巣は後方および外側方向に移動する。イヌとネコでは、移動はさほど顕著ではなく、卵巣は腎臓の尾側の腰部下方域に位置する。雌ウマでは、卵巣は腎臓

Development of the urogenital system

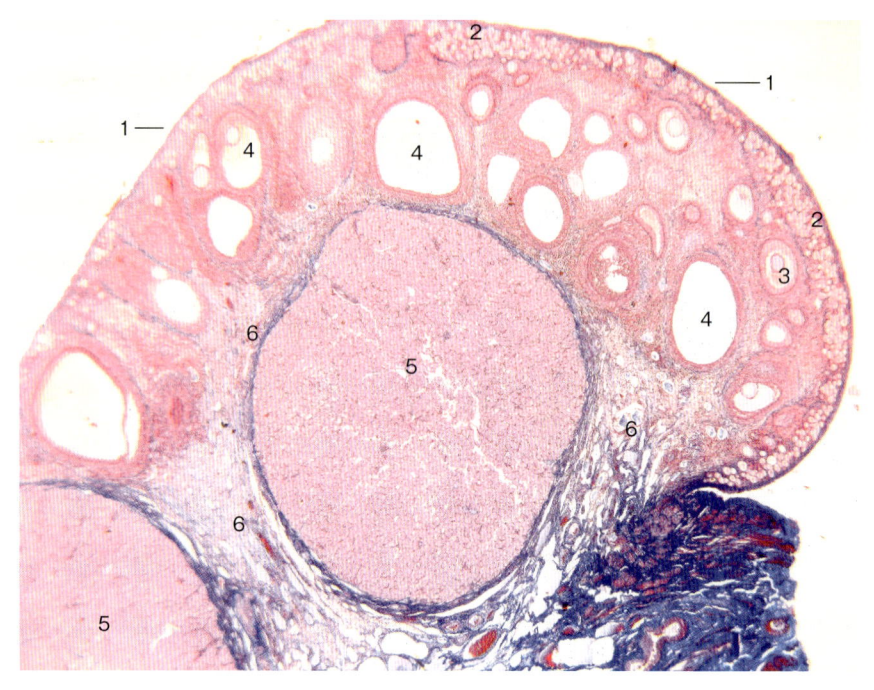

図 15-21：ネコ成体の卵巣。さまざまな世代の卵胞と黄体を示す。1: 表面上皮、2: 一次卵胞、3: 二次卵胞、4: 胞状卵胞（三次卵胞）、5: 黄体、6: 卵巣支質。

と骨盤の入り口との中ほどに位置するようになる。ブタとウシでは下降はより明瞭であり、卵巣は最終的に骨盤の入り口のすぐ近くに位置する。卵巣の最終的な位置は、中腎に関係した構造の遺残である靭帯によって安定化される。頭側方では中腎横隔靱帯（中腎横隔膜索）が**卵巣堤索** suspensory ligament of the ovary になる。すでに述べたように、中腎鼠径靱帯（中腎鼠径索）は、のちに**卵巣導帯** gubernaculum と呼ばれる。卵巣導帯の頭部は、卵巣とミューラー管の間に位置し、子宮角の先端と卵巣のあいだに**卵巣固有間膜** proper ligament of the ovary を形成する。卵巣導帯の残りは**子宮円索** round ligament of the uterus を生じさせる。雌イヌでは、子宮円索の最尾側端は鼠径管を貫通して連続し、鼠径管の外から同定することができる。これにより、雌イヌは鼠径ヘルニアに罹患しやすいのかもしれない。

生殖管系の発生
Development of the sexual duct system

未分化な段階 Indifferent stage

性的に未分化な段階では、胚子は雌雄の両方の生殖管の原基を持っている。**未分化生殖管系** indifferent sexual duct system は、それぞれ1対の**中腎管** mesonephric duct（ウォルフ管 Wolffian ducts）と**中腎傍管** paramesonephric duct（ミューラー管 Müllerian duct）からなる（図 15-22）。中腎管の発達は、中腎形成に関する前述を参照（p.273）。**中腎傍管** paramesonephric duct は雌雄両方の胚子で、中腎の外側で中腎管の近傍に両側に形成される（図 15-23）。最初に、縦方向の中腎傍溝と呼ばれる陥入が体腔中皮の中に発達する。この陥入が深くな

尿生殖器系の発生　第15章

り、最終的には腹膜の内張りから分離して、最初は中腎の外側壁に沿って、後には中腎の腹側壁に沿って後方に成長し、中身の詰まった細胞索となる。続いて、その索の中に管腔が形成される。**前方では、中腎傍管は腹腔内に漏斗状の構造を持って開口する** Anteriorly, paramesonephric duct with a funnel like structure opens into the abdominal cavity. 後方では、中腎傍管は最初、中腎管に対して外側方を走行し、その後腹側方向にそれを横断し、後内側方に成長する。対側からの中腎傍管と会合すると、左右の中腎傍管は融合して、さらに後方に伸長する。**結合した管の後端は尿生殖洞の後壁内へ突出し** The posterior tip of the combined ducts projects into the posterior wall of the urogenital sinus、そこで小型の膨みである中腎傍隆起、すなわちミューラー隆起となる。中腎管は中腎傍結節の両側で、尿生殖洞内に開口する。未分化生殖腺管の運命は生殖腺の性別に依存している。

雄の生殖管系
Sexual duct system of the male

前に述べたように、雄における生殖管系の発生は、精巣からのホルモンに依存する。**ミューラー管抑制物質** Müllerian inhibiting substance（MIS）は、胚子のセルトリ細胞によって産生され、中腎傍管（ミューラー管）の発達を抑制し、中腎傍管の前端と後端に遺残物（精巣垂と前立腺小室の一部）のみを残す。ミューラー管抑制物質は形質転換成長因子-β（TGF-β）ファミリーの糖タンパク質の1つである。それは、まず中腎傍管を取り巻く間葉細胞に作用する。これらの間葉細胞は、ミューラー管抑制物質に結合するセリン／スレオニン・キナーゼ膜結合受容体をコードする遺伝子を発現している。その影響下で、中腎傍管周囲の間葉細胞は、中腎傍管の上皮細胞の退縮を引き起こす。

中腎が退化するにつれて、少数の排出小管（上生殖小管 epigenital tubule）は精巣網の索と接触し、最終的には**精巣輸出管** efferent ductule に形質転換される。精巣の後極に沿った排出小管（傍生殖小管 paragenital tubule）は精巣網には加わらない。それらの痕跡構造はまとめて精巣傍体と呼ばれる。

胚子のライディッヒ細胞からのテストステロンの影響下で、**中腎管** mesonephric duct は発達し続け、精巣の主要な排出系となる。テストステロンは

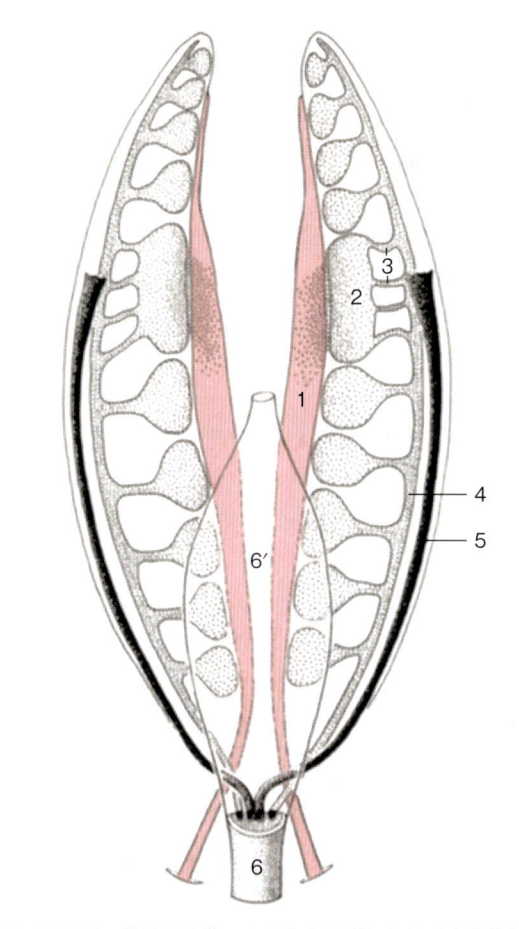

図 15-22：生殖器発生の未分化な段階における中腎管と中腎傍管の相対的位置を示す模式図。1: 生殖腺堤（赤）、2: 巨大糸球体（ウシで見られる）、3: 中腎細管、4: 中腎管（ウォルフ管）、5: 中腎傍管（ミューラー管）、6: 尿生殖洞、6': 膀胱。Rüsse と Sinowatz（1998）の厚意による。

Development of the urogenital system

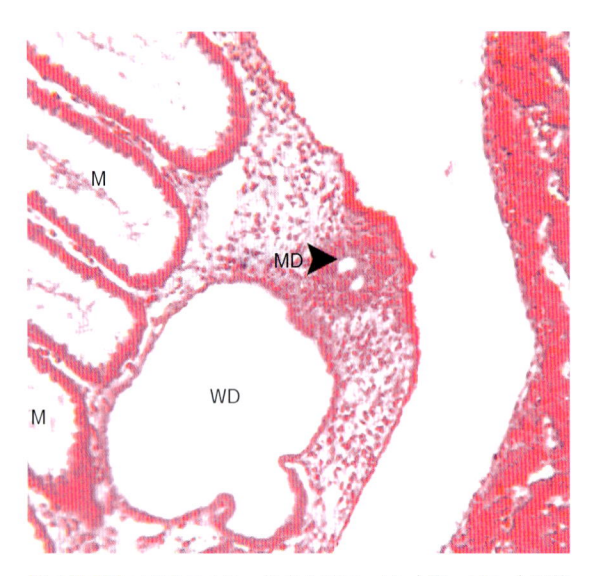

図 15-23：頭殿長 18 mm のウシ胚子。M: 中腎、MD: 中腎傍管（ミューラー管）、WD: 中腎管（ウォルフ管）。

から精管が尿道に会合する箇所まで中腎に沿って発現する。*Hoxa-10* と *Hoxa-11* 遺伝子の両方の突然変異を持つマウスは、ホメオティックな形質変換を示し、その結果、精管の一部が精巣上体へ形質変換する。

雄の副生殖腺 Male accessory sex glands

雄の生殖管系の発生と密接に関係しているのは、**雄の副生殖腺** male accessory sex gland（**精嚢腺** seminal vesicle、**精管膨大部** ampulla ductus deferentis/ampulla of deferent duct、**前立腺** prostate/prostate gland および **尿道球腺** bulbourethral gland）の形成である。雄ウシ、雄ヒツジ、雄ブタ、雄ウマおよび大部分の小型の実験動物は、前立腺、尿道球腺、精嚢腺および精管膨大部を有している。ネコは精嚢腺を欠いており、イヌでは前立腺のみが認められる。雄の副生殖腺は、**中腎管** mesonephric duct の上皮（精嚢腺、精管膨大部）と **尿生殖洞** sinus urogenitalis/urogenital sinus の上皮（前立腺、尿道球腺）からの **上皮の突出** epithelial evagination として発生する。それらの形成にはアンドロジェンの刺激と、上皮と間葉の相互作用が必要である。アンドロジェンは間葉細胞を刺激して、関係する上皮に腺特有の特徴を引き起こす。

前立腺の発達はアンドロジェン、成長因子および上皮と間葉の相互作用によって調節される。これらの分子反応のすべての根底には、転写因子 *Hoxa-13* と *Hoxd-13* の発現が存在している。これらの転写因子は、少なくともマウスにおいて、尿生殖洞のどの位置に前立腺が形成されるかを決定する。前立腺複合体の実質は前立腺芽に由来する。前立腺芽は中身の詰まった上皮の突出であり、発達中の膀胱直下の内胚葉性の尿生殖洞から出現し、周囲の間葉内に進入する。ジヒドロテストステロンは、間葉細胞の受容体を介して作用し、間葉細胞による成長因子

標的組織の細胞に入り、そこで 5α-リダクターゼによって、ジヒドロテストステロンに変換される。テストステロンとジヒドロテストステロンは、特定の細胞内のアンドロジェン受容体に結合する。このホルモン - 受容体複合体は核に移行し、ここで DNA に結合して組織特有の遺伝子の転写を調節する。テストステロンとその主な代謝物である 5α-ジヒドロテストステロンは、中腎管の分化を仲介し、**精巣上体** epididymis、**精管** ductus deferens、**射精管** ejaculatory duct および **精嚢腺** seminal vesicle を形成する。精巣輸出管の入り口直下で、中腎管は著しく迂曲し、**精巣上体管** ductus epididymidis/epididymal duct を形成する。精巣上体から精嚢の突出部まで、中腎管は平滑筋細胞の厚い層で覆われ、**精管** ductus deferens を形成する。精嚢の原基の後方の中腎管の領域は、**射精管** ejaculatory duct になる。中腎管の前方の盲端は、精巣垂として残る。

雄の生殖管の領域の発達は、*Hox* 遺伝子によって影響される。たとえば、*Hoxa-10* は精巣上体尾

（FGF10 と TGFβ1）の分泌を誘導する。これらの成長因子は、尿生殖洞の上皮におけるソニック・ヘッジホッグ（Shh）の発現を調節する。Shh シグナリングに反応して、前立腺上皮芽は尿生殖洞から周囲の間葉組織の中へ膨出する。膨出の程度は BMP4 の抑制作用によって調節される。発達中の前立腺上皮も周囲の間葉細胞のいくらかを誘導して、平滑筋に分化させる。

雌の生殖管系
Sexual duct system of the female

哺乳類の雌の生殖管は、**卵管** oviduct、**子宮** uterus、**子宮頸** cervix および**膣** vagina からなる。卵巣が存在しているか、あるいは生殖腺が欠如していれば、生殖管系は雌の表現型へと分化する。ミューラー管抑制物質の欠如は、中腎傍管（ミューラー管）が雌の生殖管の主要な構造物に分化することを可能にする。最初に、3つの部分がそれぞれの管に認められる。すなわち、(a) 腹腔に開口する前方部、(b) 中腎管と交差する横行部、(c) 対側の中腎傍管の対応する部分と融合する後方部である。卵巣下降とともに、最初の2つの部位は卵管に発達し、最後の部位は子宮と膣の頭側部を形成する。中腎管は退化し、遺残物構造のみが残る。

雌の生殖管の発生のために必須だと思われる数多くの遺伝子が近年明らかになっている。それらの中でも、*Lim1*、*Pax2*、*EMx2*、*Wnt-4* および *Wnt-7* は中腎傍管の発達にとって不可欠である。とりわけ、*Lim1* は Lim ドメインを含む転写因子をコードし、中腎傍管の最初の形成にとって決定的である。

Pax2 は Pax 遺伝子ファミリーの1つであり、128 個のアミノ酸からなる DNA 結合ドメイン、すなわちペアード・ドメインをコードする、高度に保存されたペアード・ボックスを N 末端に有している。マウスでは *Pax2* をノックアウトすると、耳と脳の発生異常に加えて、腎臓、尿管および生殖管の形成不全が起こる。*Lim1* を欠損した胚子で起こることとは対照的に、*Pax2* 欠損の突然変異体では、中腎管と中腎傍管の両方が最初は形成されるが、両方ともすぐに退化する。

Emx2 は中間中胚葉に発現する。マウスでは、*Emx2* 欠損の突然変異体は、尿生殖系を完全に欠いており、中腎傍管はまったく形成されない。*Emx2* の発現は中腎傍管と中腎管の形成のきわめて早期にのみ見られる。これらの結果から、この遺伝子は中間中胚葉の発生中の特定のわずかな時期にのみ必要とされ、おそらく生存に関係する情報を供給していることが示唆される。

哺乳類の *Wnt* 遺伝子は、発生中のさまざまな過程に影響を及ぼす情報伝達糖タンパク質の分泌をコードしている。*Wnt-4* 欠損の雌は、生殖管の完全な欠如を呈するが、雄の突然変異体は正常に見える。この現象は雌雄の両方における中腎傍管の形成不全による。すなわち、*Wnt-4* が欠損すると、中腎傍管は単に形成に失敗するだけである。*Wnt-7* は発達中の脚の背腹軸の決定に重要な役割を果たすが、中腎傍管の上皮に発現しており、その正常な発達に必要である。*Wnt-7* は、雌の生殖管に沿って分布している Hoxa 関連遺伝子のほか、ある種の Hox 遺伝子（*Hoxd 10〜Hoxd 13*）の発現維持に関わっているらしい。マウスにおいて、*Hoxa-9* は卵管に発現し、*Hoxa-10* は膣の上部に加えて子宮と子宮頸に発現していることが示されている。Hox 遺伝子の突然変異は、ホメオティックな形質転換を引き起こす。

すでに述べたように、雌において中腎管は、雄性ホルモンを欠くことによって退化する。**中腎傍管** paramesonephric duct の細胞は増殖し、吻尾方向に分化して、**卵管** oviduct、**子宮** uterus、**子宮頸** cervix、および**膣の前部** cranial portion of the vagina を形成する。それに付随して、単層の中腎傍管上皮が分化して、雌の生殖管のさまざまな部位

を特徴付ける明確な形態を生じる。古典的な組織組換え実験によって、前後軸に沿って特徴的に分化するには中腎傍管上皮とその下の間葉との相互作用が必要であることが証明されている。

中腎傍管の前部は**卵管** oviduct になる（**図15-24、15-25**）。それぞれの中腎傍管の前端は漏斗領域と呼ばれ、卵管の**漏斗部** infundibulum に発達する。それは卵管采を形成し、体腔に開く。後端に向かって中腎傍管は正中に近づき、腹側で中腎管と交差する。この交差と左右の中腎傍管後部の最終的な融合は、両側の生殖腺堤全体が内側方向へ移動し、徐々に横断面に位置するようになることによって引き起こされる。正中において中腎傍管が融合したあと、骨盤を横切る広いヒダが確立される。このヒダは融合した中腎傍管の両外側から骨盤壁に向けて伸びており、**子宮広間膜** broad ligament of the uterus と呼ばれる。

子宮の形態は動物種によってかなり異なり、2つの中腎傍管の融合の程度を反映している（**図15-26**）。ほとんどの齧歯目とウサギ目（たとえばイエウサギ）は**重複子宮** uterus duplex を有しており、共通の膣に両方の子宮頸が別々に開口する。それに対して、ヒトを含む霊長目は広範囲におよぶ中腎傍管の融合を示し、共通の子宮腔に卵管が開口する**単一子宮** uterus simplex になる。家畜では、中腎傍管後端の融合の程度は種類によってさまざまである。すべての家畜は**双角子宮** bicornuate uterus を有し、両方の子宮角が会合して子宮体を形成し、1つの子宮頸によって膣に開口する（**図15-27**）。子宮体への2つの子宮角の開口は、内側では子宮帆によって大部分（ウシの場合のように）あるいは部分的に分かれているかもしれない。融合部位より頭方の部分は、別々なままで子宮角と卵管の原基となる。

卵管とは異なり、すべての動物種において子宮は腺を有している。調べられている限りでは、ほとんどの哺乳類で**子宮腺** uterine gland の発達は生後に起こる。子宮腺の形成の時期については種特異性が高い。齧歯目では上皮の陥入が生後5日に見られ、成熟した子宮腺は生後15日に見られる。有蹄目では子宮腺の発達は出生直後に始まり、ブタとヒツジではそれぞれ生後12日と56日までに完了する。ヒトを含む霊長目では子宮腺の形成は子宮内で（胎子期に）始まり、生後も継続し、思春期に組織学的成熟に到達する。

子宮腺の形成は、上皮の陥入、腺芽の形成、分岐およびラセン状構造の形成を含む。子宮腺の形成をコントロールする細胞および分子メカニズムは十分には解明されていないが、上皮と間葉の相互作用、組織再構築因子、ステロイドホルモンとそのレセプターおよびプロラクチンのすべてがこの過程に関与しているという新しい研究データが示されている。たとえば、Wntシグナル伝達が子宮腺の形成に重要であることが示されている。*Wnt7a* は子宮内腔面の上皮にのみ発現しており、腺上皮には発現しない。それに対して、*Wnt5a* は主として生後発達中の子宮支質に発現する。*Wnt7a* と *Wnt5a* の両方の突然変異の子宮は子宮腺を形成することができない。このことは、Wntシグナル伝達が子宮腺の形成にきわめて重要であることを示している。子宮腺の発達は子宮内膜の組織再構成にも関係する。基質メタロプロテナーゼ（MMP）とその阻害物質（TIMPS）は子宮腺を含む腺組織の分岐の鍵となる調節因子であることが示されている。

膣の発生 Development of the vagina

少なくとも膣の前部が、融合した中腎傍管の後部から発生することは一般的に認められているが、尿生殖洞が膣の残りの部分の発生にどの程度関与するのかはまだ結論に至っていない。中腎傍管が尿生殖洞に結合する部位で中腎傍管の盲端部が尿生殖洞の上皮性の内張りに融合し、上皮性の**膣板** vagi-

尿生殖器系の発生 第15章

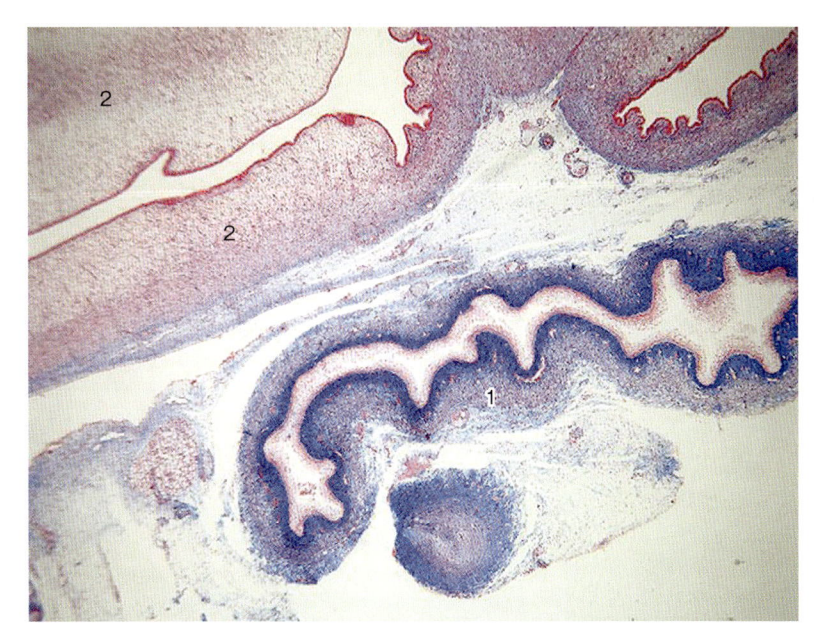

図 15-24：胎齢 30 週のヒツジ胎子。1: 卵管、2: 子宮。この発達段階では子宮に腺は認められず、卵管にはっきりとした粘膜ヒダは認められない。

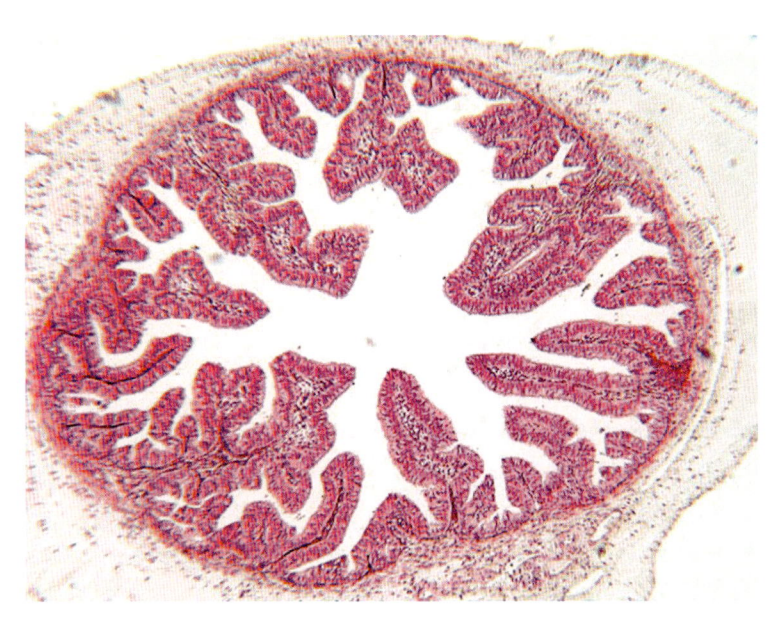

図 15-25：頭殿長 74 cm のウシ胎子の卵管の横断切片。一次粘膜ヒダおよび二次粘膜ヒダがよく発達していることに注目。

Development of the urogenital system

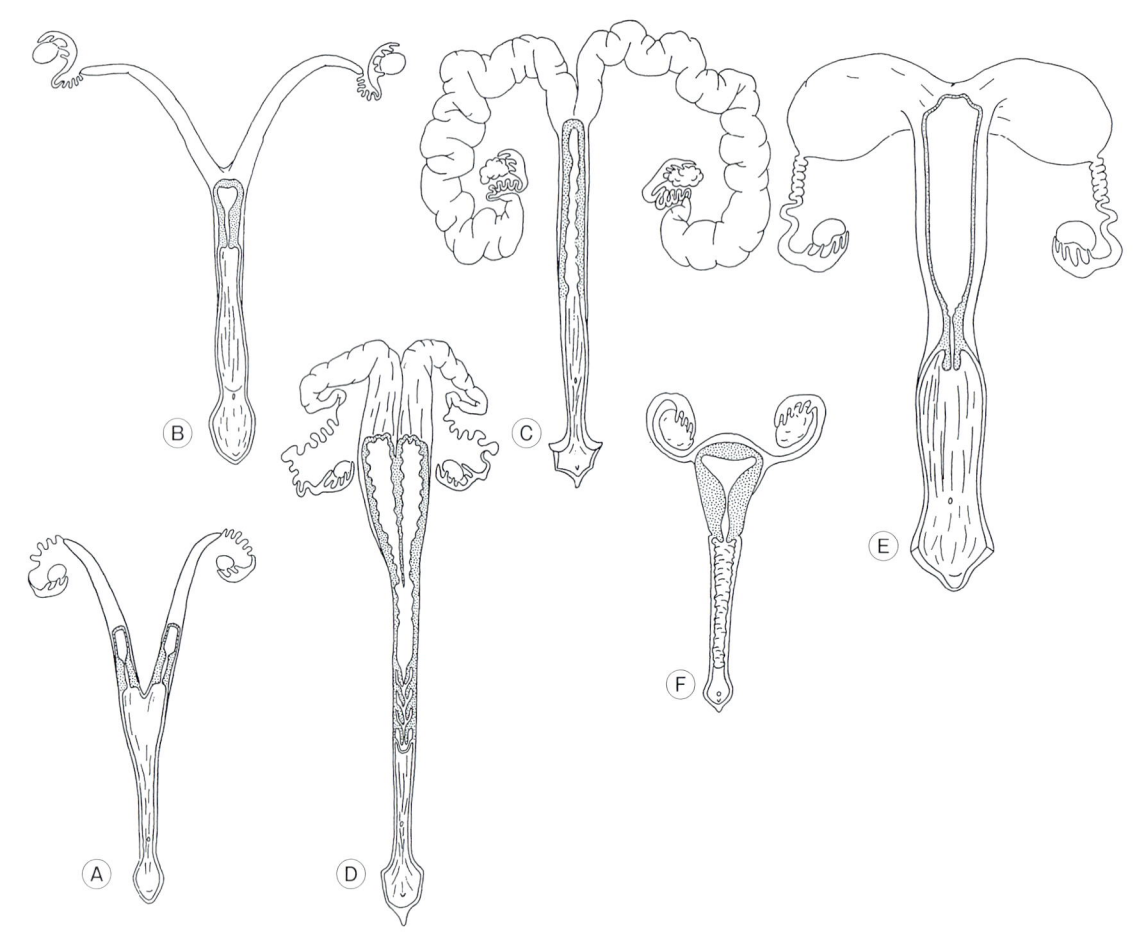

図 15-26：いくつかの動物種において中腎傍管の融合程度の違いによって生じるさまざまな子宮の形態。**A:** ウサギ（重複子宮，単一の膣）、**B:** 食肉目、**C:** ブタ、**D:** ウシ、ヒツジ、**E:** ウマ（図 B-E は双角子宮）、**F:** ヒト（単一子宮）。Rüsse と Sinowatz（1998）の厚意による。

nal plate を形成する。膣板の前端では細胞増殖が継続し、子宮と尿生殖洞との距離が伸びる。その後、これらの中身の詰まった構造の**空洞化** cannulation によって膣の腔が形成される。このように、**膣は2つの原基を持つ** the vagina has a dual origin。すなわち**前部は中腎傍管から発生し** its anterior portion derived from the paramesonephric ducts、**後部は尿生殖洞から発生する** the posterior portion from the urogenital sinus。尿生殖洞の尾側部は**膣前庭** vestibule も形成する。膣の内腔は尿生殖洞の上皮性の内張りと膣の細胞の薄い層からなる薄い膜、つまり**膣弁（処女膜）**hymen によって尿生殖洞から隔てられている。家畜において、膣弁はその後の発達で破壊され、稀にその遺残物が存在する。

尿生殖器系の発生　第15章

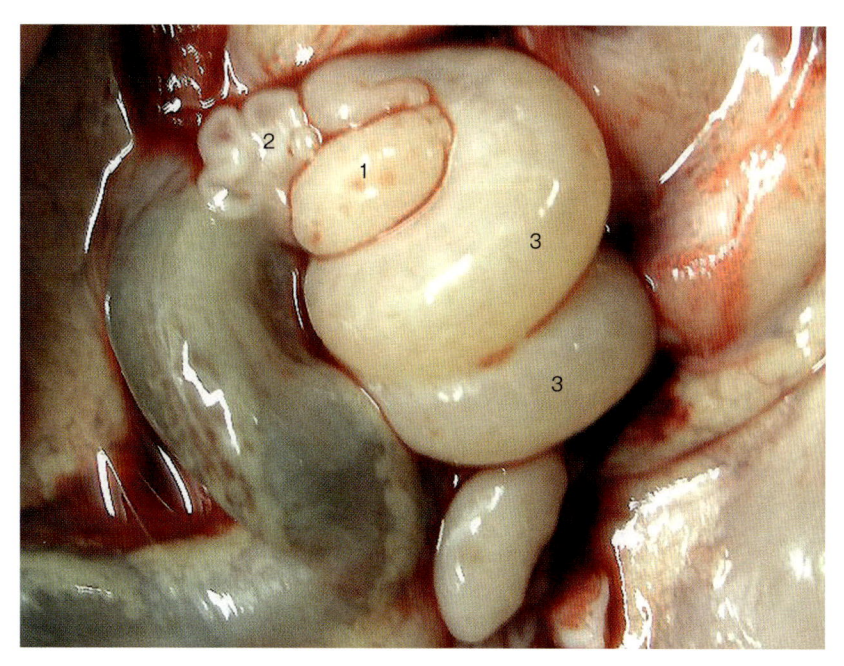

図 15-27：頭殿長 58 cmのウシ胚子。1: 卵巣、2: 卵管、3: 双角子宮。

外生殖器の発生
Development of the external genitalia

　外生殖器は排泄腔周囲に存在する 3 つの中胚葉組織の複合体に由来する（図 15-28、15-29）。排泄腔膜の前腹側端では**生殖結節** genital tubercle が形成される。排泄腔膜の外側では**排泄腔ヒダ** cloacal folds（**尿生殖ヒダ** urogenital fold）がほぼその全長にわたって伸びる。これらはまもなく前部の**尿道ヒダ** urethral fold と後部の**肛門ヒダ** anal fold に分かれる。肛門と生殖結節基部の距離は一般に雄胎子と雌胎子を識別するのに用いられ、その違いはイヌ胚子では胎齢 30 日で、ウシ胚子では胎齢 42 日で最初に認められる。その後、肛門と生殖結節基部の距離は雌ではそのままで、雄では増加する。排泄腔ヒダの周囲で排泄腔膜の後外側には**陰嚢隆起**ならびに**陰唇隆起** genital and labioscrotal swellings がある。これらは性分化前の雌雄両方に存在し、互いに類似している。

　生殖結節が出現する少しあとで尿直腸中隔が完成する前に、尿生殖洞の底部の上皮性の内張りは、伸長しつつある生殖結節の腹側縁に沿って前腹側方向に拡張する。これらの内胚葉細胞は**尿道板** urethral plate、すなわち生殖結節の腹側面から内側に伸びる中身の詰まった細胞索を形成する。のちに、尿道板は中空になって管を形成する。尿道板の両側の間葉細胞の増殖によって排泄腔ヒダは拡張し、正中尿道溝が生殖結節の腹面につくられる。

雌の外生殖器
External genital organs of the female

　雌において尿生殖口を縁取っている**尿生殖ヒダ** urogenital fold はその背側と腹側でのみ融合し、**陰門の小陰唇** labia（minora）of the vulva を形成する。それらは生殖結節を超えて成長し、生殖結節は

299

Development of the urogenital system

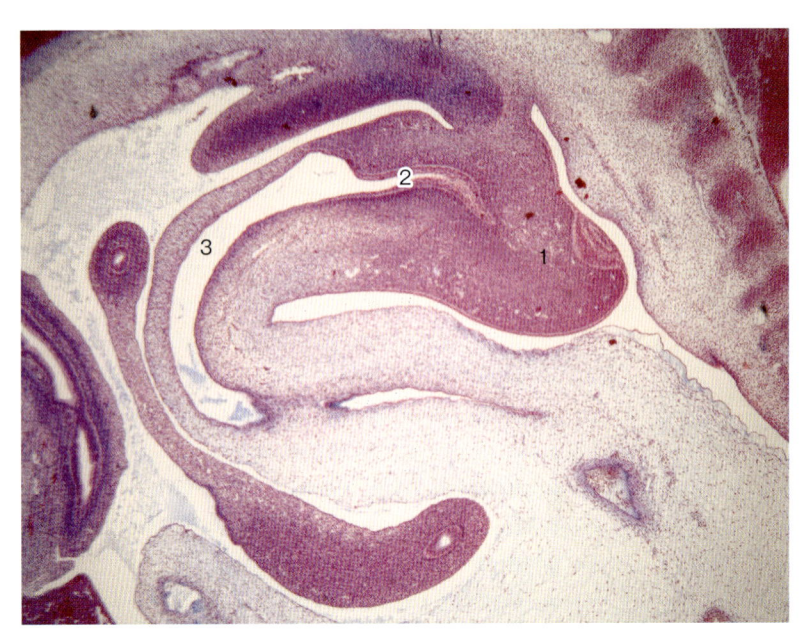

図 15-28：頭殿長 19 mm のウシ胎子の未分化な外生殖器。1: 陰茎、2: 尿道、3: 膀胱。

膣前庭の床の部分に取り込まれる。尿生殖ヒダの融合不足により、尿生殖洞の開口部が陰茎に組み込まれず、生殖結節が雄で見られる陰茎ほど大きくならない。そのかわり、生殖結節は**陰核** clitoris を形成するが、ほとんどの家畜で痕跡的である。しかしながら、生殖結節は陰核亀頭を形成するため、小さな陰核は陰核体と陰核亀頭の両方を有している。**生殖隆起** genital swelling は胎子発生中に生殖結節の頭側に移動し、**消失** disappear する。そのため、家畜では2、3の例外を除いて、ヒトで見られるような大陰唇は形成されない。尿生殖洞は**膣前庭** vestibule として存続し、膣と**尿道** urethra からの両方の開口部を有する。雌の尿道は尿生殖洞のより頭側の部位から発生し、雄の前立腺尿道と相同であり、両者の起源は同じである。

雄の外生殖器
External genital organs in the male

雄の外生殖器の発生は、胎子の精巣から分泌されるテストステロンによって調節される。ジヒドロテストステロンの影響下、急速な**生殖結節の伸長** elongation of the genital tubercle が起こり、それが**陰茎** phallus に変化する。生殖結節が成長するにつれて、**尿生殖ヒダ** urogenital fold の腹側への折り畳みと**正中での融合** midline fusion によって**尿道海綿体部** penile urethra が形成される。この過程は近位から遠位に向かって進み、伸びつつある陰茎の腹側面上の**尿道溝** urethral groove に存在する正中上皮索の形成につながる。この正中索は上皮の腹側面から離れ、中空化し、尿道本体の上皮を形成する。尿生殖ヒダの融合部位は**陰茎縫線** genital raphe によって示される。

陰茎亀頭 glans penis は生殖結節の先端に由来す

第15章 尿生殖器系の発生

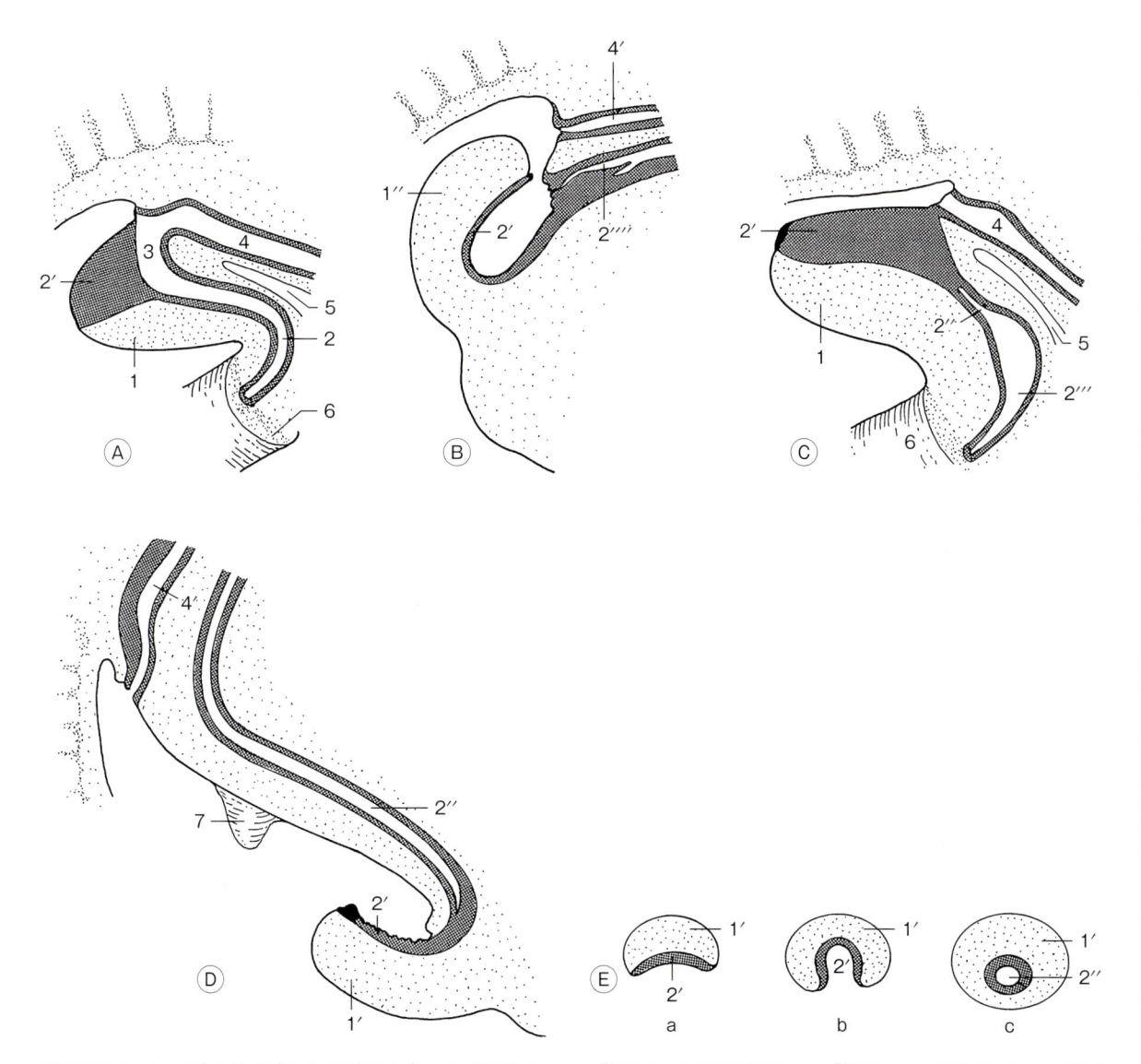

図 15-29： ヒツジの外生殖器と尿道の発生。**A:** 頭殿長 14 mm の雌胚子、**B:** 頭殿長 36 mm の雌胚子、**C:** 頭殿長 19 mm の雄胚子、**D:** 頭殿長 39 mm の雄胚子、**E:** 尿道の形成を示す陰茎の横断面。a: 尿生殖板、b: 尿生殖溝、c: 尿道。1: 生殖結節、1': 陰茎、1'': 陰核、2: 尿生殖洞、2': 尿道板、2'': 尿道、2''': 膀胱、2'''': 腟前庭、3: 排泄腔、4: 後腸、4': 直腸、5: 体腔、6: 臍帯、7: 陰嚢。Rüsse と Sinowatz（1998）の厚意による。

る。生殖結節の先端の浅いくぼみから上皮細胞索が生殖結節の中に成長し、その後尿道溝と融合する。続いて、上皮索は中腔状になり**尿道海綿体部の遠位部** distal portion of the penile urethra を形成する。

多くの家畜において（ネコは例外であるが）、陰茎体は広範にわたって腹腔壁に結合している。したがって、その成長は将来の陰茎の位置を決定する体壁の腹側面に沿った皮膚の下を前方に向かって進

301

む。有蹄類の胎子では、筋の束（臍帯括約筋）が体壁に向かって陰茎を引っ張るつり紐を形成する。

陰茎体の遠位部を表面の皮膚輪から分離することは二次的に起こる。陰茎の遠位端に外胚葉細胞の輪板が生じ、生殖結節の間葉中に陥入する。この上皮板は後に割れて、裂、すなわち**包皮腔** preputial cavity を生じる。そのヒダは亀頭を覆う皮膚の蓋に変化する。これが**包皮** prepuce であり、蓋の縁によって形成される開口部（包皮口）によって亀頭が皮膚から突出することができるようになる。ウシでは、包皮腔は生後4～9カ月で初めて完成する。内胚葉板は、最初完全な輪を形成せず、陰茎体と包皮のあいだの腹側の結合、つまり**陰茎小帯** frenulum が残る。これは、通常退化して包皮腔を完全なものにする最後の構造である。陰茎小帯の大部分が消失することが陰茎の正常な突出に必要である。雄の子ウシが出生直後に去勢された場合、陰茎小帯は、包皮の形成が不完全でしばしば残ることになる。

ウマ horse と**反芻類** ruminant において、尿道口周囲の間葉組織の増殖は陰茎亀頭を越えて尿道口を伸ばす。**尿道突起** urethral process は、雄ウマでは短いが、雄ヒツジでは数cmの長さまで到達する。**イヌ** dog の陰茎亀頭と陰茎体の間葉は化骨し、**陰茎骨** os penis を形成する。

生殖隆起は**陰嚢** scrotum を形成する。イヌ、ウマおよびウシなどの動物種では、生殖隆起は前方に位置を変え、生殖結節に近接したままである。しかしながら、ネコとブタでは、生殖隆起は肛門のすぐ下にとどまる。

要約 Summary

尿生殖器系は、**泌尿器系** urinary system と**生殖器系** genital system の機能的に完全に異なる2つの構成要素に分類することができるが、これらの胚発生には密接な関係がある。

腎臓 Kidney

哺乳類の腎臓形成、すなわち腎発生は**前腎** pronephros、**中腎** mesonephros、**後腎** metanephros という3世代の腎臓の原基が連続して現れることから始まる。これらの原基は前から後ろに波打つように現れる。多くの哺乳類では、前腎は痕跡的であり、7～8対の前腎細管からなる。中腎の出現も一時的なものである。家畜では、70～80対の中腎細管が生じる。中腎細管は急速に伸長し、S字状のループとなり、内側端にはのちに糸球体となる毛細血管束が形成される。外側では中腎細管は縦走する集合管、すなわち**中腎管** mesonephric duct とつながる。第三世代の泌尿器官である後腎は成熟して永久腎となる。**後腎** metanephros は2つの原基構造に由来する。すなわち、中腎管から派生する**尿管芽** ureteric bud と、仙骨部に位置し、造腎索の後端から生じる**後腎芽体** metanephric blastema である。発生中の後腎に形成される機能的な**ネフロン** nephrons の形成にはすべて中胚葉由来である3系統の細胞が含まれる。すなわち、尿管芽からの上皮細胞、後腎芽体からの間葉細胞および内部に成長する内皮細胞である。尿管芽の終端枝の周囲に位置する後腎芽体の間葉の凝集体が一連の発達的変化を受けることにより、**尿細管** renal tubule が形成され、尿細管はネフロンとなる。成熟した腎臓の肉眼的な違いは、尿管芽の分岐方法の違いとそれらの分枝に関連したネフロンの配列の違いに起因する。

膀胱と尿道 Bladder and urethra

後腸の発生中に、排泄腔は**尿直腸中隔** urorectal septum により背位の直腸と腹位の**尿生殖洞** urogenital sinus に分離される。尿生殖洞は前位の骨盤

部と後位の陰茎部から構成される。尿生殖洞は尿膜柄へと続く**尿膜管** urachus を通じて、頭方で尿膜腔につながる。**膀胱** bladder は尿膜管近位部と尿生殖洞の骨盤部より発生する。膀胱が発達するとき、膀胱壁は中腎管の末端部と尿管芽を取り込みながら拡張する。それぞれの管系は成長すると、膀胱に別々の開口部を持つようになる。

雄の生殖器の発生
Development of the male genital organs

　染色体による性の決定は、Y染色体またはX染色体を有する精子が卵と融合する受精時に決定される。現在、いわゆるY遺伝子の性決定領域（*Sry*）が精巣決定遺伝子であるという明らかな証拠が存在する。生殖腺は、中腎の腹正中縁に沿った中胚葉が伸長した領域、すなわち**生殖腺堤** genital ridge から発生する。生殖腺の発生の未分化な段階では、**原始生殖細胞** primordial germ cell（PGC）が卵黄嚢から生殖腺堤に移動する。その移動中は、多くの原始生殖細胞が長い細胞質の突起で、互いに結びつけられている。原始生殖細胞が生殖腺堤に到達するとき、内在する間葉細胞と体腔上皮は増殖し、生殖腺堤は体腔に突出するようになる。上皮細胞索は、中腎細管と退化しつつある糸球体包から生殖腺堤の間葉に進入し、原始生殖細胞を含んだ数多くの不規則な形をした索、すなわち**原始性索** primitive sex cord を形成する。**精巣** testis の分化は、Y染色体上の *Sry* 遺伝子（精巣決定因子）の影響によって起こる。原始性索の細胞は、増殖と髄質深部へ進入を続け、精巣索すなわち髄索を形成する。精巣索は中心部の**原始生殖細胞** primitive germ cell と、辺縁部の将来の支持細胞すなわち**セルトリ細胞** Sertoli cell からなる中身の詰まった細管に変化する。これらの細管は馬蹄形に配置され、両端が小さな細胞の糸状構造、すなわちのちの**精巣網** rete testis につながる。春機発動期では精巣の細管は中空になり、**精細管** seminiferous tubule に発達する。精巣網は最終的には残りの中腎細管に由来する**精巣輸出管** efferent ductule につながる。それらは精巣網と中腎管をつなぎ、**精巣上体管** ductus epididymidis と**精管** ductus deferens になる。中腎の細胞は生殖腺に移動し、精巣索を取り囲み、収縮性の筋様細胞に分化する。精巣索のあいだの間葉の中に、アンドロジェンを分泌する**ライディッヒ細胞** Leydig cell が発達する。胎子のライディッヒ細胞は、春機発動期前には第二世代のライディッヒ細胞と入れ替わる。ライディッヒ細胞から分泌されるアンドロジェンは、雄の生殖管系の分化と外生殖器の発達に重要である。

雌の生殖器の発生
Development of the female genital organs

　雌において *Dax-1* の発現は、*Sry* の欠如下で精巣の形成を抑制し、生殖腺が卵巣に分化することが可能になる。PGCが生殖腺堤に到達した後、PGCは後に卵巣となる生殖腺の外側（皮質）の領域に集中して存在する。PGCは体細胞と関係するようになるが、いわゆる卵胞細胞の起源は未だ明らかではない。**卵胞細胞** follicle cell の起源として3つの部位が考えられている。すなわち、(1) 体腔上皮、(2) 中腎由来の原始性索、(3) その両方の組み合わせである。将来、卵胞細胞になると思われる細胞に囲まれた原始生殖細胞は、**卵祖細胞** oogonia と呼ばれる。その細胞は何回か有糸分裂を重ねることによって増殖し、その後減数分裂前期に入る。第一減数分裂前期が開始すると、生殖細胞は**一次卵母細胞** primary oocyte と呼ばれ、卵胞細胞とともに**原始卵胞** primordial follicle を形成する。

　雌では雄性ホルモンが欠如しているため、中腎管は退化する。中腎管と並走している**中腎傍管**

paramesonephric ductの細胞は増殖し、吻側および尾側方向に分化し、**卵管** oviduct、**子宮** uterus、**子宮頸** cervix および**膣の前部** the cranial portion of the vagina を形成する。このあいだに、単層の中腎傍管上皮が分化し、形態的に明らかな雌の生殖管の領域ができる。2つの中腎傍管の前部は卵管 oviduct になる。家畜において、中腎傍管の後端はさまざまな程度で融合し、**双角子宮** bicornuate uterus になる。双角子宮では、両方の**子宮角** uterine horn が結合して**子宮体** uterine body を形成し、その子宮体が1つの**子宮頸** cervix によって膣に開口する。膣 vagina は2つの起源を持ち、その前部は中腎傍管に由来するが、後部は尿生殖洞に由来する。尿生殖洞の後部は膣前庭も形成する。

外生殖器の発生
Development of the external genitalia

外生殖器は排泄腔の周囲に位置する3つの間葉組織の複合体に由来する。排泄腔膜の前腹側端では、**生殖結節** genital tubercle が形成される。排泄腔膜の外側ではほぼその全長にわたって伸びるのは、**排泄腔ヒダ** cloaca fold（尿生殖ヒダ）である。排泄腔膜はまもなく前部の**尿道ヒダ** urethral fold と、後部の**肛門ヒダ** anal fold に分かれる。排泄腔ヒダの辺縁で排泄腔膜の後外側には、**陰嚢隆起**と**陰唇隆起** genital and labioscrotal swellings がある。性分化の以前ではこれらは雌雄両方に存在し、互いに類似している。**雌** female において、尿生殖口を縁取っている尿生殖ヒダは、その背側端と腹側端でのみ融合し、**陰門の小陰唇** labia (minora) of the vulva を形成する。陰唇陰嚢隆起は生殖結節の頭方に移動し、胎子発生中に消失する。そのため（いくつかの例外は存在するが）、家畜では大陰唇は形成されない。**雄** male における外生殖器の発生は、胎子の精巣からのアンドロジェンによって調節される。生殖結節の急速な伸長が起こり、**陰茎** phallus に変化する。その成長が続くときに、尿道海綿体部は尿生殖ヒダの腹側への折れ込みと正中での融合によって形成される。**陰茎亀頭** glans penis は生殖結節の先端に由来する。陰唇陰嚢隆起は**陰嚢** scrotum を形成する。

Box 15-1　尿生殖器発生の分子的調節

腎発生の分子的調節
Molecular regulation of kidney development

腎臓の誘導は、上皮成分（中腎管またはウォルフ管）と後腎間葉（後腎芽体）の相互作用によって生じる。転写因子である *odd skipped-related* (*ODD1*)、*Eyes absent homologue 1* (*EYA1*) および *paired-box* (*Pax*) 遺伝子ファミリーによって遺伝子の活性化が起こり、その一連の過程の中で、造腎索の尾側端に腎臓の原基（造後腎間葉）が明確になる。

腎臓形成に最も重要な出来事の1つは、中腎管から尿管の伸長を誘導する最初のシグナル伝達過程である。後腎間葉細胞に発現する *WT1* は後腎芽体に尿管芽による誘導に対する応答性をもたらす。この誘導過程の中心にあるのは、シグナル伝達分子である**神経膠細胞由来神経栄養因子** glial-derived neurotrophic factor (GDNF) の発現であり、間葉から放出された GDNF は、自身の受容体である中腎管の RET と GDNF-family receptor a1 (GFRA1) に結合する。後腎芽体での GDNF の活性化は、**EYA1** や **PAX2** による調節を含む複雑な分子ネットワークによって制御される。さらに、*HOX11* 類似遺伝子のメンバーと、シグナル伝達分子である**増殖分化因子11** growth and differentiation factor 11 (GDF11) は、後腎芽体

でのGDNF11の発現に必要である。近年の研究により、細胞外基質タンパク質である**ネフロネクチン** nephronectinも腎臓の発生に重要であることが示された。ネフロネクチンは上皮細胞で発現し、間葉細胞表面のintegrin α8β1と直接相互作用する。ネフロネクチンもしくはintegrin α8β1を欠いたマウスでは、GDNFが発現できず、腎臓が発生しない。

分岐しつつある尿管芽と間葉の相互作用には、間葉細胞からの**GDNF**および**HGF**の産生と尿管上皮による、チロシンキナーゼレセプターRETおよびMETの発現が介在する。尿管芽から産生される**PAX2**および**WNT4**は、排泄性細管への分化に必要な上皮間葉転換を引き起こす。

間葉と尿管の相互作用が重要ではあるが、第三の細胞成分である支質細胞も、尿管の分岐に同じくらい重要な役割を果たす。このような関係において、支質細胞は間葉上皮転換を起こさない間葉細胞と定義される。これらは、形成されつつあるネフロンのあいだに散在して確認される。支質細胞の最も初期のマーカーは、**ウィングドヘリックス転写因子FOXD1** winged-helix transcription factor FoxD1である。

ネフロンは近位−遠位軸に沿って、別々の領域に組織される。すなわち、糸球体、近位尿細管、ヘンレのワナ、遠位尿細管である。ネフロン分節は、血液濾過、PH調整、溶質の再吸収など、特定の生理学機能を果たす。これらの機能は、分節特異的な遺伝子発現パターンを反映している。近年明らかにされた、**溶質キャリアー遺伝子** solute carrier (SLC) geneファミリーは、ネフロンの種々の分節に対するマーカーとして使用できる。

ネフロンで最も複雑な分節はおそらく糸球体である。糸球体は内皮細胞、メサンギウム細胞および足細胞の複雑な配列からなっている。糸球体構築の重要な役割は、足細胞前駆体が発達しはじめることである。足細胞前駆細胞は、内皮細胞を誘導する**血管内皮増殖因子** vascular endothelial growth factor (**VEGF**) を、高濃度で発現しはじめる。次に、内皮細胞は**血小板由来成長因子** platelet derived growth factor (**PDGF**) や、メサンギウム細胞の形成に必要なラミニンα3といった特異的な細胞外基質タンパク質を発現する。足細胞への分化には**WT1**や**LIM homeobox transcription factor 1b** (**LMX1B**) を含む、いくつかの転写因子が必要とされる。

近位尿細管の形成や特異化には、**ノッチ** Notchシグナル伝達経路が中心的な役割を占める。遠位尿細管の発達における役割のほかに、**BRN1**はヘンレのワナの形成に必要である。マウスでは、*Irx*遺伝子サブセットが、発達中の後腎のS状体における将来の中間尿細管区画を特徴づける。後腎小胞にWnt/β-カテニンシグナル伝達を最初に誘導する遺伝子の1つが*FGF8*である。FGF8は、**LIM1**や遠位尿細管に特異的なPOUドメイン転写因子**BRN1**を含む遺伝子カスケードの活性化に必要とされる。*BRN1*ノックアウトマウスは、ヘンレのワナと遠位曲尿細管の発達の崩壊を示す。

生殖腺発生の分子的調節
Molecular regulation of gonadal development

近年、生殖腺分化の分子機構のいくつかが明らかにされている。生殖腺の原基の形成に必要な最も早期の遺伝子の1つは***WT1***である。この遺伝子は中間中胚葉のあらゆる場所に発現し、腎臓の発生においても重要な役割を果たす。生殖腺発生の早期に関与する他の主要な遺伝子は***LIM1***であり、*LIM1*がなければ生殖腺は形成されない。もう1つの遺伝子***steroid factor 1***は早期の未分化生殖腺および発達中の副腎髄質に発現し、副腎髄質はステロイド産生中胚葉の頭側部の細胞から生じる。

現在、いわゆる**Y遺伝子の性決定領域**（***Sry***）*sex-determining region of the Y gene* (*Sry*) が精巣決定遺伝子であるという明らかな証拠が存在する。*Sry*は転写因子SoxファミリーのⅠつでY染色体の短腕上の35キロ・ダルトンの領域に位置する。この遺伝子の産物が発現しなければ、未分化生殖腺は幾分遅れて卵巣に発達する。雄胚子では、この遺伝子の転写物は精巣の分化がはじまってすぐの生殖隆起でのみ検出することができる。精巣の原基における*Sry*遺伝子の発現もその後の精巣の発達生殖細胞の存在に依存しない。*Sry*遺伝子の影響下、原始性索の細胞は増殖し続け、髄質に深く進入して精巣索、すなわち髄索を形成する。核受容体ファミリーの1つで、未分化生殖腺に同時に発現している*Dax-1*を*Sry*が阻害す

ることで精巣の形成が引き起こされる。*Dax-1* を阻害することは遺伝的に雄の生殖腺がその性の表現型を示し、精巣に発達するために必要である。**SOX9** や **steroidogenesis factor 1**（**SF1**）のような *Sry* の下流に存在する遺伝子はセルトリ細胞とライディッヒ細胞の分化を刺激する。*Sry* の発現は白膜の形成と卵巣における皮質索の発達阻害にも重要である。

雄における生殖管系の発達は、精巣からのホルモンに依存している。**ミューラー管抑制物質**（**MIS**）Müllerian inhibiting substance（MIS）は胚子のセルトリ細胞によって産生され、中腎傍管（ミューラー管）の発達を抑制し、中腎傍管の前端と後端を遺残物（精巣垂と前立腺小室）として残す。MIS は形質転換成長因子（TGF）βファミリーの糖タンパク質である。MIS は主に中腎傍管の周囲の間葉細胞に影響を及ぼす。その間葉細胞は MIS に結合するセリン/スレオニンキナーゼ膜結合受容体をコードする遺伝子を発現している。MIS の影響下で中腎傍管を取り囲んでいる間葉細胞は、中腎傍管の上皮細胞の退化を引き起こす。胚子のライディッヒ細胞から分泌される**テストステロン** testosterone は精巣の主な排泄管となる中腎管（ウォルフ管）の発達を刺激する。テストステロンとその主な代謝物である5αジヒドロテストステロンは中腎管の分化に関わり、精巣上体、精管、射精管および精嚢腺を形成する。雄の生殖管の部位的発達は、*Hox* 遺伝子によっても影響を受ける。たとえば、**Hoxa-10** は精巣上体尾から精管が尿道につながるところまでの中腎管に沿って発現する。*Hoxa 10* と *Hoxa-11* の両方の突然変異マウスは、ホメオティックな形質転換を示し、精管の一部が精巣上体に変化する。

前立腺の発達は、アンドロジェン、成長因子および上皮と間葉の相互作用によって制御される。これらの分子作用のすべての根底にあるのは、転写因子 *Hoxa-13* と *Hoxd-13* の発現である。それらは、尿生殖洞のどの部位に前立腺が形成されるのかを決定する。前立腺複合体の実質は、前立腺芽に由来する。ジヒドロテストステロンは中胚葉細胞のレセプターを介して作用し、間葉細胞による成長因子（**FGF10** と **TGFβ-1**）の分泌を誘導する。それによって尿生殖洞の上皮における**ソニック・ヘッジホッグ**（**Shh**）の発現を調節する。Shh シグナリングに反応して前立腺上皮芽は、尿生殖洞から周囲の間葉に向けて突出する。萌芽の程度は、**BMP4** の阻害作用によって調節される。発達中の前立腺上皮は周囲の間葉細胞のいくつかを平滑筋に分化させる。

卵巣発生のマスター遺伝子は **WNT4** である。*WNT4* は、*SOX9* の発現を抑制する *DAX1* を亢進させる。精巣の発生とは対照的に、卵巣の発生は生存能力のある生殖細胞を必要とする。一次生殖細胞が生殖隆起に到達できなければ、生殖腺の原基は退化し、すじ状の卵巣が生じる。*WNT4* は下流に位置する他のいくつかの遺伝子と協力し、卵巣における皮質索の形成、髄索の消失および卵巣の周辺に存在する白膜の発達を阻害するのに重要である。

近年、雌の生殖管の発達に必要であると思われる、多くの遺伝子が同定されている。それらのうち、*LIN1*、*PAX2*、*EMx2*、*Wnt-4* および *Wnt-7* は中腎傍管の発達に不可欠である。とりわけ *LIM1* は、LIM ドメインを含む転写因子をコードしており、雌の生殖管の最初の形成にきわめて重要である。

PAX2 は *Pax* 遺伝子ファミリーの1つで、128個のアミノ酸からなる DNA 結合ドメイン、すなわちペアード・ドメインを N 末端にコードしている高度に保存されたペアード・ボックスを有している。マウスでは、*PAX2* 遺伝子をノックアウトすると、耳や脳の発達障害に加えて、腎臓、尿管および生殖管の形成不全になる。*LIM1* 欠損胚子で起こることとは対照的に、*PAX2* 欠損突然変異では、中腎管と中腎傍管は最初は形成されるが、すぐに退化する。

EMx2 は中間中胚葉に発現している。マウスにおいて *EMx2* 欠損突然変異体は、尿生殖器系を完全に欠いており、中腎傍管は全く形成されない。*EMx2* の発現は、中腎傍管と中腎管形成の非常に早い時期にのみ認められる。これらの結果は、この遺伝子は中間中胚葉の発達の特定のわずかな時間だけ必要で、おそらく生存シグナルを発しているのであろうということを示している。

哺乳類の *Wnt* 遺伝子は、発達中の多くの過程に影響を及ぼすシグナル伝達糖タンパク質の分泌をコードしている。*Wnt4* を欠損した雌胚子は、雌の生殖管の完全な欠損を示すが、雄の突然変異体は正常に見える。この現象は、雌雄の両方での中腎傍管の形成の失敗によるものであ

る。Wnt-4 を欠くと、単に中腎傍管が形成されないだけである。**Wnt-7** は発達中の脚の背腹軸の形成に重要な役割を果たしており、中腎傍管の上皮に発現し、その正常な発達に必要である。Wnt-7 はある種の **Hox** 遺伝子 (*Hoxd 10*〜*Hoxd 13*)、ならびに雌の生殖管に沿って分布している *Hoxa* 類似遺伝子の発現の維持に関与すると思われる。マウスにおいて *Hoxa-9* は卵管に、*Hoxa-10* は膣の上部に加えて、子宮と子宮頸に発現していることが示されている。*Hox* 遺伝子の突然変異は、ホメオティックな形質転換を引き起こす。雌において MIS が存在しないことにより、中腎傍管が雌の生殖管の主要な構造に発生することが可能になる。エストロジェンの影響下で中腎傍管の細胞は、吻側から尾側に向かって増殖・分化し、卵管、子宮、子宮頸および膣の前部を形成する。エストロジェンは、陰唇や膣の尾側部を含む雌の外生殖器の分化も刺激する。中腎管は雄性ホルモンの欠如により退化する。Wnt シグナル伝達が子宮腺の形成に重要であることも示されている。**Wnt7a** は子宮内腔面の上皮のみに発現し、子宮腺上皮には発現しない。それに対して、**Wnt5a** は主として生後発達中の子宮支質に発現する。Wnt7a と Wnt5a の両方の突然変異体の子宮では、子宮腺を形成できない。このことは、Wnt シグナル伝達が子宮腺の形成にきわめて重要であることを示している。子宮腺の発達は、子宮内膜腺の再構築にも関与している。**基質メタロプロテナーゼ（MMP）** Matrix metalloproteinase（MMP）とその阻害物質（**TIMPS**）は、子宮腺の分岐を含む腺の分岐における、鍵となる調節因子であることが示されている。

参考文献 Further reading

Abd-Elmaksoud, A. and Sinowatz, F. (2005): Expression and localization of growth factors and their receptors in the mammalian testis. Part I: Fibroblast growth factors and insulin-like growth factors. Anat. Histol. Embryol. 34:319–334.

Abd-Elmaksoud, A., Vermehren, M., Nützel, F., Habermann, FA. and Sinowatz, F. (2005): Analysis of fibroblast growth factor 2 (FGF2) gene transcription and protein distribution in the bovine testis. Growth Factors 23:295–301.

Aitgen, R.N.C. (1959): Observations on the development of the seminal vesicles, prostate and bulbourethral glands in the ram. J. Anat. 93:43–51.

Amselgruber, W. (1983): Licht- und elektronenmikroskopische Untersuchungen zur Oogenese der Katze (Felis catus). Anat. Histol. Embryol. 12:193–229.

Amselgruber, W. and Sinowatz, F. (1992): The microvascularization of the penis of the steer (Bos taurus)]. Anat. Histol. Embryol. 21:285–305.

Berisha, B., Sinowatz, F. and Schams, D. (2004): Expression and localization of fibroblast growth factor (FGF) family members during the final growth of bovine ovarian follicles. Mol. Reprod. Dev. 67:162–171.

Baumans, V., Dijkstra, G. and Wensing, C.J.G. (1981): Testicular descent in the dog. Anat. Histol. Embryol. 10:97–110.

Bouchard, M., Souabni, A., Mandler, M., Neubuser, A. and Busslinger, M. (2002): Nephric lineage specification by PAX2 and PAX8. Genes Dev. 16:2958–2970.

Bouchard, M. (2007): PAX2 and PAX8 regulate branching morphogenesis and nephron differentiation in the developing kidney. J. Am. Soc. Nephrol. 18:1121–1129.

Bragulla, H. (2005): The development of the metanephric kidney in the pig. Anat. Histol. Embryol. 34:7.

Brophy, P.D., Ostrom, L., Lang, K.M. and Dressler, G.R. (2001): Regulation of ureteric bud outgrowth by PAX dependent activation of the glial derived neurotrophic factor gene. Development 128:4747–4756.

Canfield, P. (1980): Development of bovine metanephros. Anat. Histol. Embryol. 9:97–107.

Canfield, P.J. (1981): Electron microscopic examination of the developing bovine glomerular filtration barrier. Anat. Histol. Embryol. 10:46–51.

Costantini, F. and Shakya, R. (2006): GDNF/RET signalling and the development of the kidney. Bioessays 28:117–127.

Dudley, A.T., Godin, R.E. and Robertson, E.J. (1999): Interaction between FGF and BMP signaling pathways regulates development of metanephric mesenchyme. Genes Dev. 13:1601–1613.

Eickhoff, R., Jennemann, G., Hoffbauer, G., Schuring, M.P., Kaltner, H., Sinowatz, F., Gabius H.J., and Seitz J. (2006): Immunohistochemical detection of macrophage migration inhibitory factor in fetal and adult bovine epididymis: release by the apocrine secretion mode? Cells Tissues Organs. 182:22–31.

Esquela, A.F. and Lee, S.J. (2003):Regulation of metanephric kidney development by growth/differentiation factor. Dev. Biol. 257:356–370.

Hullinger, R.I. and Wensing, C.J.G. (1985): Descent of the testis in the fetal calf. Acta. anat. 121:63–68.

Josso, N.B., Picard, J.V., Dachieux, J.L. and Courot, M. (1985): Initiaton of production of anti-Müllerian hormone by the fetal gonad. Arch. Anat. Microscop. Morphol. Exp. 74:96–100.

Kano, Y. and Mochizucki, K. (1982): Development of the external genitalia in bovine fetuses. Jap. J. Vet Sci. 44:489–496.

Kenngott, R.A. and Sinowatz, F. (2007): Prenatal development of the bovine oviduct. Anat. Histol. Embryol. 36:272–283.

Knospe, C. (1998): Zur Entwicklung des Pferdehodens. Anat. Histol. Embryol. 27:219–222.

Knospe, C. and Budras, K.-D. (1992): Zur praenatalen Entwicklung des Pferdeovars. Anat. Histol. Embryol. 21:306–313.

Kölle, S., Dubois, C.S., Caillaud, M. Lahuec, C., Sinowatz, F. and Goudet, G. (2007): Equine zona protein synthesis and ZP structure during folliculogenesis, oocyte maturation, and embryogenesis. Mol. Reprod. Dev. 74:851–859.

Kurtz, A., Jelkmann, W., Sinowatz, F. and Bauer, C. (1983): Renal mesangial cell cultures as a model for study of erythropoietin production. Proc. Natl. Acad. Sci. U S A. 80:4008–4011.

Leimeister, C., Schumacher, N. and Gessler, M. (2003): Expression of Notch pathway genes in the embryonic mouse metanephros suggests a role in proximal tubule development. Gene Expr. Patterns 3:595–598.

McMahon, A.P. (1997): GDNF induces branching and increased cell proliferation in the ureter of the mouse. Dev. Biol. 192:193–198.

Martin, E. and Rodriguez-Martinez, H. (1993): Changes in the peritoneum during the development of the testis, epididymis and ductus deferens in the pig. Anat. Histol. Embryol. 22:201–211.

Merchant-Larios, H. (1979): Ultrastructural events in horse gonadal morphogenesis. J. Reprod. Fert. Suppl. 27:479–485.

Paula-Lopes, F.F., Boelhauve M., Habermann F.A., Sinowatz F. and Wolf E. (2007): Leptin promotes meiotic progression and developmental capacity of bovine oocytes via cumulus cell-independent and -dependent mechanisms. Biol. Reprod. 76:532–541.

Pedersen, A., Skjong, C. and Shawlot, W. (2005): Lim1 is required for nephric duct extension and ureteric bud morphogenesis. Dev. Biol. 288:571–581.

Pelliniemi, L.J. (1976): Ultrastructure of the indifferent gonad in male and female pig embryos. Tissue Cell 8:163–174.

Pelliniemi, L.J. (1985): Sexual differentiation of the pig gonad. Arch. Anat. Microsc. Morph. Exp. 74:76–80.

Reischl, J., Prelle, K., Schol, H., Neumuller, C., Einspanier, R., Sinowatz, F. and Wolf, E. (1999): Factors affecting proliferation and dedifferentiation of primary bovine oviduct epithelial cells in vitro. Cell Tissue Res. 296:371–383.

Rüsse, I. (1981): Blastemzellen zwischen Mesonephros und Ovaranlage. Verh. Anat. Ges. 75:475–477.

Rüsse, I. and Sinowatz, F. (1998): Lehrbuch der Embryologie der Haustiere, 2nd edn. Parey Buchverlag, Berlin.

Sajithlal, G., Zou, D., Silvius, D and Xu, P.X. (2005): EYA1 acts as a critical regulator for specifying the metanephric mesenchyme. Dev. Biol. 284:323–336.

Wellik, D.M., Hawkes, P.J. and Capecchi, M.R. (2002): HOX11 paralogous genes are essential for metanephric kidney induction. Genes Dev. 16:1423–1432.

Schedl, A. (2007): Renal abnormalities and their developmental origin. Nature Rev. Genetics, 8:791–802.

Schultheiss, T.M. (2006): Odd-skipped related 1 is required for development of the metanephric kidney and regulates formation and differentiation of kidney precursor cells. Development 133:2995–3004.

Sinowatz, F. and Wrobel, K.H. (1981): Development of the bovine acrosome. An ultrastructural and cytochemical study. Cell Tissue Res. 219:511–524.

Sinowatz, F. and Amselgruber, W. (1986): Postnatal development of bovine Sertoli cells. Anat. Embryol. (Berl). 174:413–423.

Sinowatz, F. and Friess, A.E. (1983): Uterine glands of the pig during pregnancy. An ultrastructural and cytochemical study. Anat. Embryol. (Berl) 166:121–134.

Stark, K., Vainio, S., Vassileva, G. and McMahon, A.P. (1994): Epithelial transformation of metanephric mesenchyme in the developing kidney regulated by WNT-4. Nature 372:679–683.

Tiedemann, K. (1976): The mesonephros of cat and sheep. Adv. Anat. Embryol. Cell Biol. 53:7–119.

Tiedemann, K. (1979): Architecture of the mesonephric nephron in pig and rabbit. Anat. Embryol. 157:105–112.

Wrobel, K.H., Sinowatz, F. and Mademann, R. (1981): Intertubular topography in the bovine testis. Cell Tissue Res. 217:289–310.

CHAPTER 16

Fred Sinowatz

筋骨格系
Musculo-skeletal system

　筋骨格系は**骨** bone、**軟骨** cartilage、**筋** muscle、**靭帯** ligament、**腱** tendon で構成される。筋骨格系の主たる機能は、体の支持、動作の準備、生命の維持に不可欠な脳などの器官の保護、胸腔臓器および腹腔臓器の保護である。また、骨格系はカルシウムとリンの主な貯蔵場としての役割も果たす。

骨の発達（骨形成）
The development of bones（osteogenesis）

　骨組織は、体のほぼすべての部位に存在する。個々の骨格要素は、その形態と組織構造がきわめて多様である。3つのそれぞれ独立した系統が骨格を形成する。すなわち、体節は**軸性（脊柱）骨格** axial（vertebral）skeleton を形成し、外側中胚葉（側板中胚葉ともいう）は**四肢骨格** limb skeleton を形成する。そして、頭側神経堤は**咽頭弓** pharyngeal arch および**頭蓋顔面の骨と軟骨** craniofacial bone and cartilage を形成する。

　この多様性にもかかわらず、骨格の発生には基本的に発生学的な共通性がある。骨格組織は間葉の形態を持った細胞から生じるが、間葉の起源は体の異なった部位でさまざまである。体幹では、**分節した軸性骨格** segmented axial skeleton（脊柱、肋骨および胸骨）を生じる間葉は、体節の椎板に由来する（図 16-1、16-2）。付属骨格 appendicular skeleton（四肢の骨とそれぞれの肢帯）は、外側中胚葉（側板中胚葉）の間葉に由来する。**頭部骨格** head skeleton の起源はより複雑である。いくつかの頭蓋骨（たとえば、頭蓋底を構成する多数の骨と、頭頂を形成する骨）は中胚葉由来であるが、顔面骨と脳を取り囲む骨の中には外胚葉性の神経堤由来の間葉より起こるものもある。

　骨形成には2つの主要な機序、すなわち**膜内骨化** intramembranous ossification と**軟骨内骨化** endochondral ossification が存在する。両者とも、間葉組織から骨への転換が起こる。間葉細胞から骨組織への直接的な転換は、膜内骨化または desmal 骨化（章末の監訳者注を参照）と呼ばれる。一方、骨化は集積した間葉細胞から軟骨の原型が形成され、これに続いてこの軟骨原型が骨組織によって置き換えられる、というふたつの過程を含む。

膜内骨形成
Intramembranous bone formation

　間葉細胞から骨への直接の変換は、膜内骨化または desmal 骨化と呼ばれる（図 16-3）。頭蓋では、神経堤由来の間葉細胞が増殖し、まとまった集塊をつくる。この骨形成の凝集過程は、通常 N-カドヘリンと N-CAM の上方制御を伴う。これらの分子は骨形成細胞の接着を仲介し、骨格の前段階の細胞凝集の集塊形成を促進する。間葉細胞の中には形を変

Musculo-skeletal system

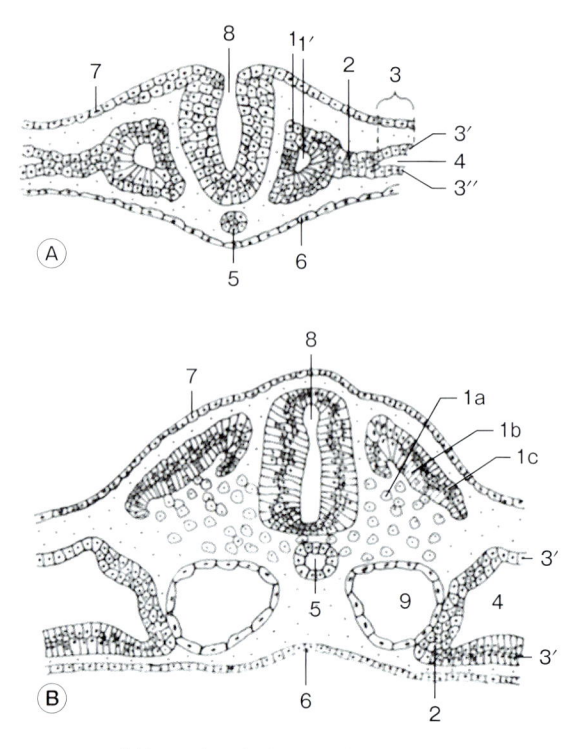

図 16-1：体節の発生の連続した段階。
A: 間葉細胞は、小型の腔所を持ったブロック様の構造（体節）に配列している。1: 体節、1' 体節腔、2: 中間中胚葉、3: 外側中胚葉、3': 外側中胚葉の壁側層（壁側中胚葉）、3'' 外側中胚葉の臓側層（臓側中胚葉）、4: 体腔、5: 脊索、6: 内胚葉、7: 表面外胚葉、8: 神経溝。**B:** 体節の腹内側壁の細胞は上皮としての配列を失う。これらの細胞は脊索の方向へ移動し、集積して椎板（1a）を形成する。体節の背外側部の細胞は筋板（1b）と皮板（1c）を形成する。Rüsse と Sinowatz（1998）の厚意による。

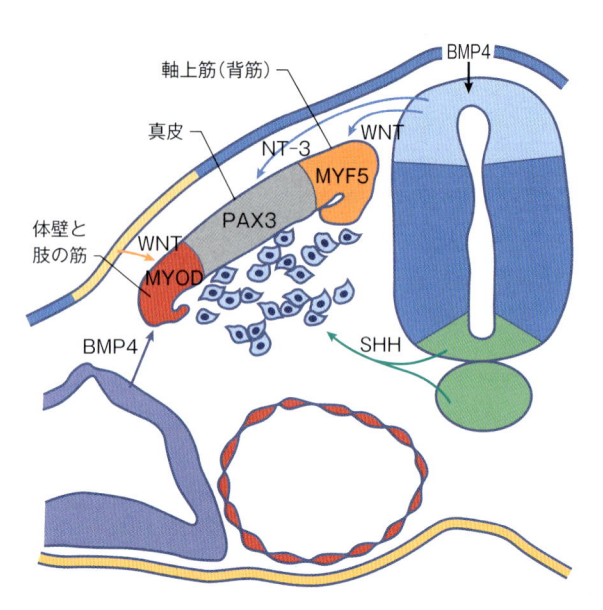

図 16-2：体節分化のあいだの遺伝子発現パターン。ソニック・ヘッジホッグ（Shh）は、神経管底板および脊索から分泌され、体節の腹内側部の細胞を椎板細胞へ分化させる。椎板細胞は *PAX1* を分泌し、*PAX1* は軟骨形成や椎骨形成を調節する。神経管の背側部から分泌される WNT タンパク質は *PAX3* を活性化し、*PAX3* は皮筋板を椎板から分ける。また、WNT タンパク質は体節の背内側部に働き、軸上筋を形成させ、筋特異的遺伝子 *MYF5* を発現させる。背側神経管から分泌される Neurotropin 3（NT-3）は、体節の背側正中部に働き、皮膚の真皮層を形成させる。軸下（肢と体壁）の筋組織は、体節の背外側部から生じ、この発生は活性化した WNT タンパク質と抑制性の BMP4 タンパク質の影響下にある。WNT タンパク質と BMP4 タンパク質は *MYOD* 発現の活性化に共同で寄与する。Sadler（2006）を改変。Lippincott Williams と Wilkins の許可を得て複製。

えて、**類骨** osteoid を分泌する**骨芽細胞** osteoblast になるものもある。類骨は膠原線維とプロテオグリカンを成分とする細胞外基質であり、カルシウム結合能がある。膜内骨形成には、頭部の表皮から分泌される骨形成タンパク質（特に BMP2、BMP4 および BMP7）が関与しており、神経堤由来の間葉細胞の骨芽細胞への分化と、転写調節因子である CBFA1 core binding factor 1（Runx2 とも呼ばれる）の発現を誘導する。CBFA1 はオステオカルシン、オステオポンチン、その他の骨特異的細胞外基質タンパク質のための遺伝子を活性化させる。

骨芽細胞が類骨によって完全に取り囲まれたとき、**骨細胞** osteocyte と呼ばれる。カルシウム沈着が進むにつれ、小さな骨の棘状の骨片が、骨化が始まった場所から放射状に広がり、それらは近接する骨片と融合する。さらに、間葉細胞の数層の緻密な層（のちに**骨膜** periosteum となる）は、膜内骨化が起こった場所を完全に取り囲む。骨膜の内層の細

筋骨格系　第 16 章

長骨の軟骨内骨化で起こる連続的で特徴的な現象は、組織学の教科書でより詳細に記述されているので、ここでは概要を述べる。まず、**軟骨の原型** cartilage model が形成される。次に中央部あたりで、骨の円筒が形成される。これは、**骨鞘** bone collar であり、局所の軟骨膜内の膜内骨化によって形成される。軟骨の鋳型のこの部位では、軟骨細胞は細胞の拡張（肥大）と、基質の石灰化を伴う退行性変化を経て、結果として、石灰化した基質の遺残による三次元的な構造が出来上がる。この過程は、軟骨の原型の中央部（**骨幹** diaphysis）で始まり、そこでは血管は"骨鞘"を貫通して、**骨芽細胞** osteoblast や**軟骨吸収細胞** chondroclast を運んでくる。軟骨吸収細胞は石灰化基質を吸収し、骨芽細胞は軟骨基質の遺残周囲に一次骨の連続した層を形成する。このようにして、**一次骨化中心** primary ossification center が確立する。**二次骨化中心** second ossification center は軟骨の原型の端、すなわち**骨端** epiphyses に出現する。骨化しつつある骨の拡大と再構築が起きているあいだ、一次骨化中心および二次骨化中心は腔を形成し、この腔は徐々に**骨髄** bone marrow で満たされる。

2つの骨端では、軟骨は2カ所で残っている。**関節軟骨** articular cartilage は生涯存在し、**骨端軟骨** epiphyseal cartilage（骨端板）は各々の骨端を骨幹につなぐ。組織学的には、骨端軟骨は軟骨の骨端側から5つの帯状域に分けられる。

- **休止帯** resting zone：増殖活性の兆候のない軟骨細胞で構成される。
- **増殖帯** proliferating zone：分裂して骨の長軸に沿って積み重なった細胞の柱を形成する軟骨細胞で構成される。
- **肥厚帯** hypertrophic zone：おそらくグリコーゲンを貯留した細胞質と、減少して薄い中隔となった細胞間の基質を備えた、大型の軟骨細胞を含む。
- **（再）吸収帯** resorption zone：軟骨細胞の死と、

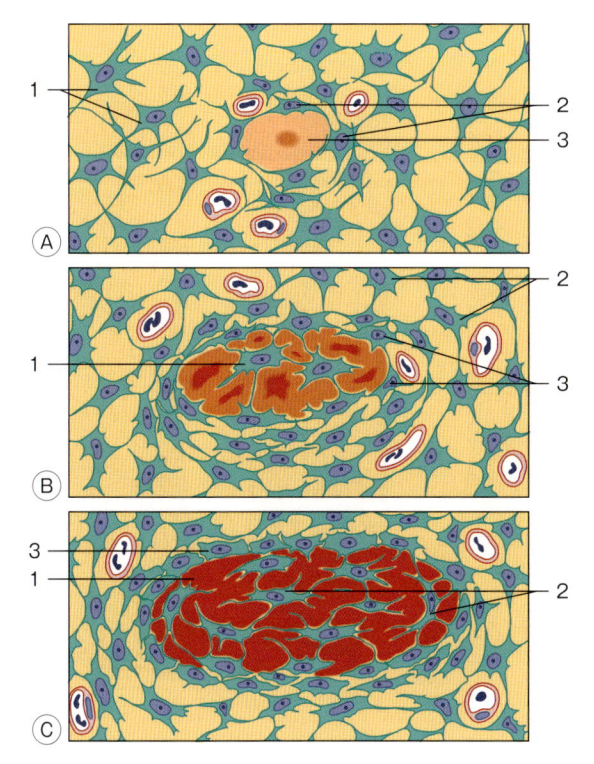

図 16-3：膜内骨化はほとんどの扁平骨の起源である。
A: 間葉細胞（1）は増殖し、密な集塊へと凝集する。間葉細胞のいくつかは形を変え、骨芽細胞（2）となり、類骨（3）を分泌する。類骨は膠原線維とプロテオグリカンを含む細胞外基質である。**B:** 骨芽細胞（3）は類骨に取り囲まれると、骨細胞（1）となる。2: 間葉細胞。**C:** 類骨はカルシウム結合能を持ち、石灰化（1）する。石灰化が進むにつれ、骨化開始領域から小さな骨棘が放射状に広がり、近接する骨棘と融合する。2: 骨細胞、3: 骨芽細胞。

胞は、既存の骨片に沿って類骨を沈着させる骨芽細胞へとその形を変化させる能力も持つ。

軟骨内骨形成 Endochondral bone formation

軟骨内骨化では、間葉細胞は初めに軟骨へ分化し、この軟骨はのちに骨組織によって置き換えられる（図 16-4）。軟骨内骨化は、主に脊柱、肋骨、骨盤、四肢で顕著に認められる。

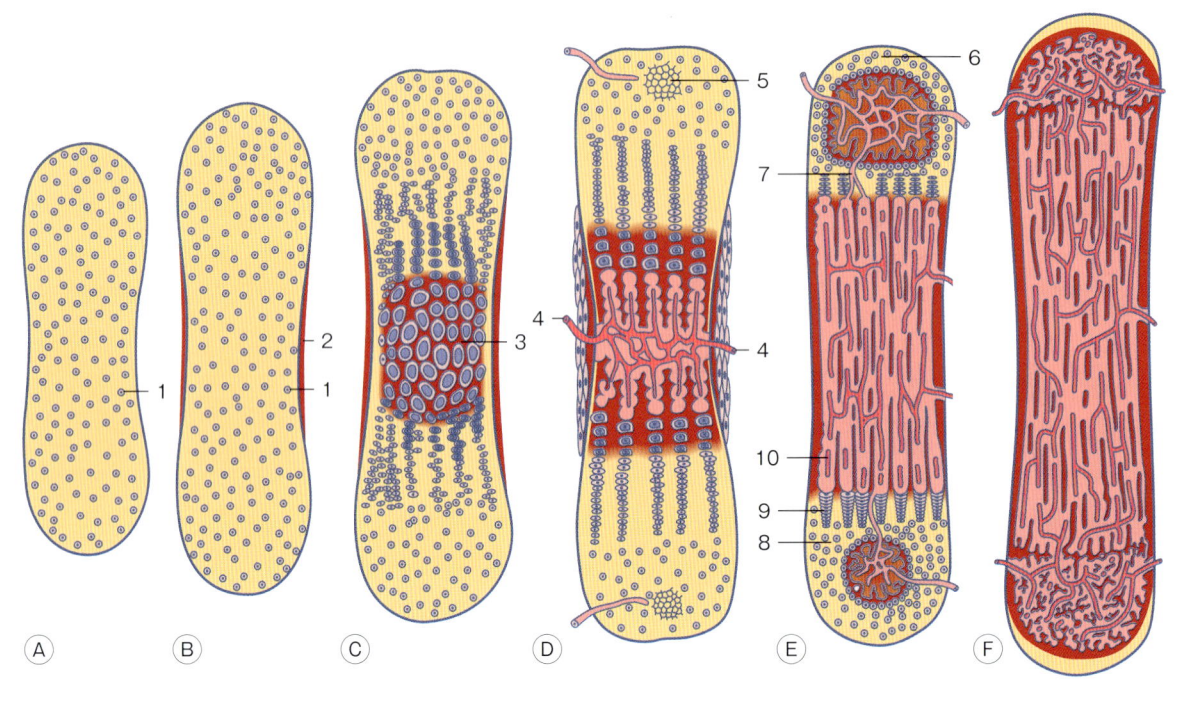

Musculo-skeletal system

図 16-4： 軟骨によってつくられた鋳型（軟骨モデル）上での長骨の形成。

A： 最初に、各々の骨の軟骨の鋳型（1）が形成される。

B： 中央部付近で中腔の骨の円筒が形成される。すなわち、局所の軟骨膜内で膜内骨化によって形成された"骨鞘"（2）である。1：硝子軟骨。

C： 中央部で軟骨細胞は細胞の拡大（肥大）と基質の石灰化（3）を伴った退行性変化を起こし、その結果、石灰化した基質の遺残によって三次元的な構造がつくられる。

D： 軟骨の原型の骨幹では、血管は"骨鞘"（4）を貫き、骨芽細胞と骨吸収細胞を骨幹領域に運んでくる。軟骨吸収細胞は石灰化基質を吸収し、骨芽細胞は軟骨基質の遺残周囲に一次骨の連続的な層を形成する。このようにして、一次骨化中心がつくり上げられる。二次骨化中心（5）は、軟骨の原型の端、すなわち骨端に出現する。

E： 2つの骨端では軟骨が2つの領域で残る。すなわち、関節軟骨（6）と骨端軟骨（7）である。関節軟骨は生涯存在し、骨端軟骨は各々の骨端を骨幹につなぐ。組織学的には、骨端軟骨は軟骨の骨端側から、次の5つの領域に分けることができる。

- 休止帯：増殖活性の兆候のない軟骨細胞（8）で構成される。
- 増殖帯（9）：軟骨細胞は増殖し、骨の長軸と平行に積み重なった細胞の柱を形成する。
- 肥厚帯：細胞質がグリコーゲンで満たされている大型の軟骨細胞を含んでいる。細胞間の基質は減少して薄い中隔となっている。
- （再）吸収帯：軟骨基質の薄中隔の石灰化に伴って、軟骨細胞の死が起きている。
- 骨化帯（10）：新しい骨組織が骨芽細胞によって形成される。骨膜の細胞由来の血管および骨芽細胞は、退行した軟骨細胞によって残された腔へ侵入する。骨芽細胞は、石灰化した軟骨性中隔の遺残上の不連続な層の中に分布し、石灰化した軟骨基質の三次元的な構造上に類骨を分泌する。この類骨は、ヒドロキシアパタイトの沈着によって骨化する。

F： 成体の骨。骨端軟骨内では、軟骨細胞の分裂が春機発動まで続く。したがって、この細胞分裂は、骨の長軸方向の成長の原因である。性ホルモン濃度が上昇すると骨端軟骨は消失し、骨端の閉鎖が起こる。

軟骨基質の再吸収と石灰化によって特徴づけられる。

- **骨化帯** ossification zone：骨芽細胞によってつくられる新しい骨組織で構成される。血管および骨膜細胞由来の骨芽細胞は、退行した軟骨細胞によって残された腔へ侵入する。骨芽細胞は、石灰化した軟骨性中隔の遺残上の不連続な層の中に分布している。最後には骨芽細胞は、石灰化した軟骨基質の三次元的な遺残構造を覆う類骨を分泌する。この類骨は、ヒドロキシアパタイトの沈着によって骨化する。

骨端軟骨内では、軟骨細胞の分裂が春機発動まで続く Within the epiphyseal cartilage, the proliferation of chondrocytes continues until puberty. そのため、この細胞分裂は骨の長軸方向の成長の原因となる。春機発動において性ホルモン濃度が上昇すると、骨端軟骨は消失し、骨端の閉鎖が起こる。

軸性骨格 Axial skeleton

脊柱と肋骨 Vertebral column and ribs

椎骨と肋骨は、体節の**椎板** sclerotome に由来する。脊索は脊索周囲の間葉細胞にエピモルフィンを分泌するように誘導する。エピモルフィンは、椎板細胞を脊索および神経管周囲へ呼び寄せる。椎板細胞は集積しはじめ、軟骨へと分化を開始する。

椎板細胞が椎骨を形成する前、椎板細胞は2つの細胞群に分かれ、それぞれのちの椎骨の頭側と尾側の分節に位置する。細胞の分化（発達）速度が異なるため、各々の椎板の尾側の細胞は、隣接する椎板の頭側の細胞集団と接触するようになる。この古典的な椎骨発生の考え方によれば、**密に集積した椎板の尾側半分は、後ろの椎板の疎に集積した頭側半分に加わり、椎体を形成する** densely packed caudal half of one sclerotome joins with the loosely packed cranial half of the next to form the centrum (body) of a vertebra（図16-5）。この過程は**再分節化** resegmentation と呼ばれ、なぜ脊髄神経節と脊髄神経の腹根が椎間部に存在するのか、そして元々は体節間にあった動脈がなぜ椎弓根間を走行するようになるのかを説明できる。再分節のため、各筋板は1つの椎骨から隣の椎骨へまたがり、椎間円板の橋渡しをする。この変換によって、筋板は脊柱を動かすことができるようになる。尾側の密な細胞集団からは、**神経弓** neural arch および各々の椎骨の関連する部分、さらに脊索の遺残である髄核を除く**椎間円板** intervertebral disc が生じる。元々椎板の頭側の疎な細胞集団は、**椎体** body of the vertebra の大部分を形成する。

体節の数は家畜によってさまざまである。たとえば、イヌでは40以上の体節がある。最初の4つは後頭体節と呼ばれ、頭蓋の間葉組織と融合することにより、頭蓋の後頭軟骨を形成する。残りの体節からは、椎骨と肋骨が形成される。椎板の発生は頭側から尾側へ進むが、椎骨の軟骨化も同様である。椎骨の骨化の順序はさほど正確ではなく、頸椎より先に胸椎の骨化が起こるようである。椎骨の骨化は、イヌでは妊娠6週目のあいだに始まるが、大型の家畜では少し遅れる。一次骨化中心は、各々の椎体の中央、および外側方の神経弓の基部に認められる。イヌやネコのような晩成性家畜では、これらの骨化中心は、生前には背側では融合しない。二次骨化中心は、生後の発達過程で椎体の周辺に出現し、骨端や横突起の遠位部を形成する。

脊柱は5つの部位に分けられる。すなわち、(1) **頸部** cervical region：脊柱を頭蓋へ結ぶ、高度に特殊化した**環椎** atlas と**軸椎** axis を含む。(2) **胸部** thoracic region：ここから**真肋** true ribs が起こる。(3) **腰部** lumber region。(4) **仙骨部** sacral region：椎骨が融合して、単一の**仙骨** os sacrum となる。(5)

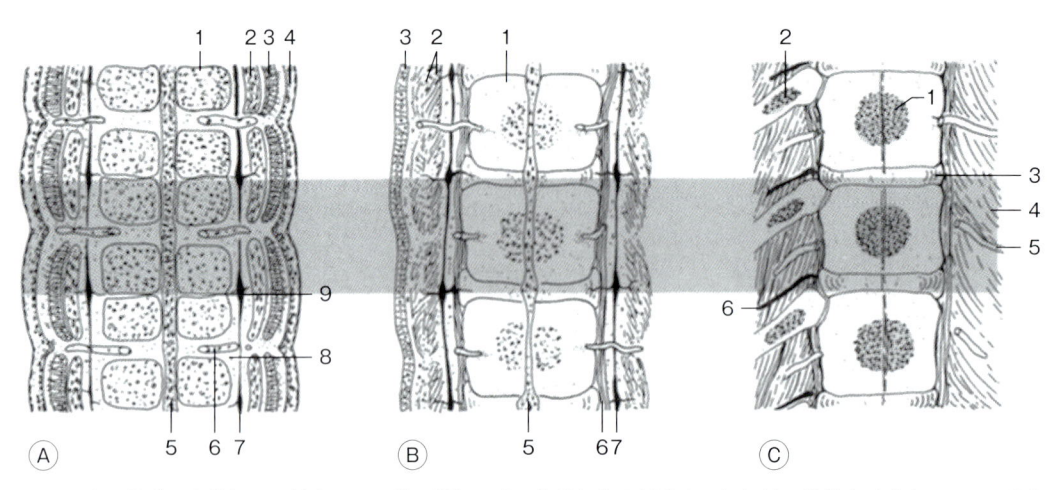

Musculo-skeletal system

図 16-5：A: 密に集積した椎板の尾側半分は、隣の椎板の疎に集積した頭側半分に加わり、椎体を形成する。この過程は再分節と呼ばれる。1: 椎板、2: 筋板、3: 皮板、4: 表面外胚葉、5: 脊索、6: 体節間動脈、7: 神経、8: 体節間腔、9: 体節内裂。**B-C:** 再分節のため、各々の筋板は1つの椎骨から隣の椎骨へまたがり、椎間板の橋渡しをする。この変換によって、筋板は脊柱骨を動かすことができる。**B:** 1: 椎骨の軟骨性原基、2: 分節した筋、3: 表面外胚葉、5: 椎間板内の髄核、6: 動脈、7: 神経。**C:** 1: 椎体の骨化中心、2: 肋骨の骨化中心、3: 椎間板、4: 分節した筋、5: 動脈、6: 神経。RüsseとSinowatz (1998) の厚意による。

尾部 caudal region：ほとんどの哺乳類で尾となる。個々の椎骨形態のパターン形成は、*Hox* 遺伝子によって制御されている。

典型的な椎骨は、**椎体** vertebral body、**椎弓** vertebral arch、**椎孔** vertebral foramen（ここを脊髄が通る）、**横突起** transverse process、**棘突起** spinous process から成り、いくつかの軟骨性原基の融合によって起こる（図16-6）。椎体は対をなす体節の腹内側椎板部に由来し、脊索を囲み、脊髄に対して骨性の床を提供する。神経弓は外側の椎板細胞から起こり、両側で椎体と融合し、他の神経弓とともに、脊髄を覆って保護する天井を形成する。肋骨突起は胸椎の高さで、真肋を形成する。椎骨のほかの高さでは、肋骨突起は椎骨本体に取り込まれるようになる。

脊柱の最初の2つの椎骨、すなわち**環椎** atlas と**軸椎** axis は、特別な形態と特有の起源を持っている。脊柱の頭端では、5番目の体節に関連した間葉の集塊は、位置から考えると環椎の椎体を形成すべきであるが、軸椎表面の一部となって歯突起を形成する。そのため、環椎の椎体は不完全で、軸椎歯突起によって貫かれる。したがって、軸椎は5つの骨化中心から発生するのに対し、環椎の小さくなった椎体は1つの骨化中心しか持たない。

椎間円板の形成
Formation of the intervertebral disc

発生後期に、椎体から**脊索** notochord が消失する。椎骨間で脊索は拡張し、椎間板の凝集した間葉性原基となる。成体の動物では、脊索の一部が**髄核** nucleus pulposus として存続する。髄核は椎間板中央部の柔らかい芯となる。**椎間円板** intervertebral disc の大部分は、体節内の椎板の頭側半分から分化する線維軟骨の層で構成される。*Pax-1* は椎間板の発生を通して発現し続ける。

第16章 筋骨格系

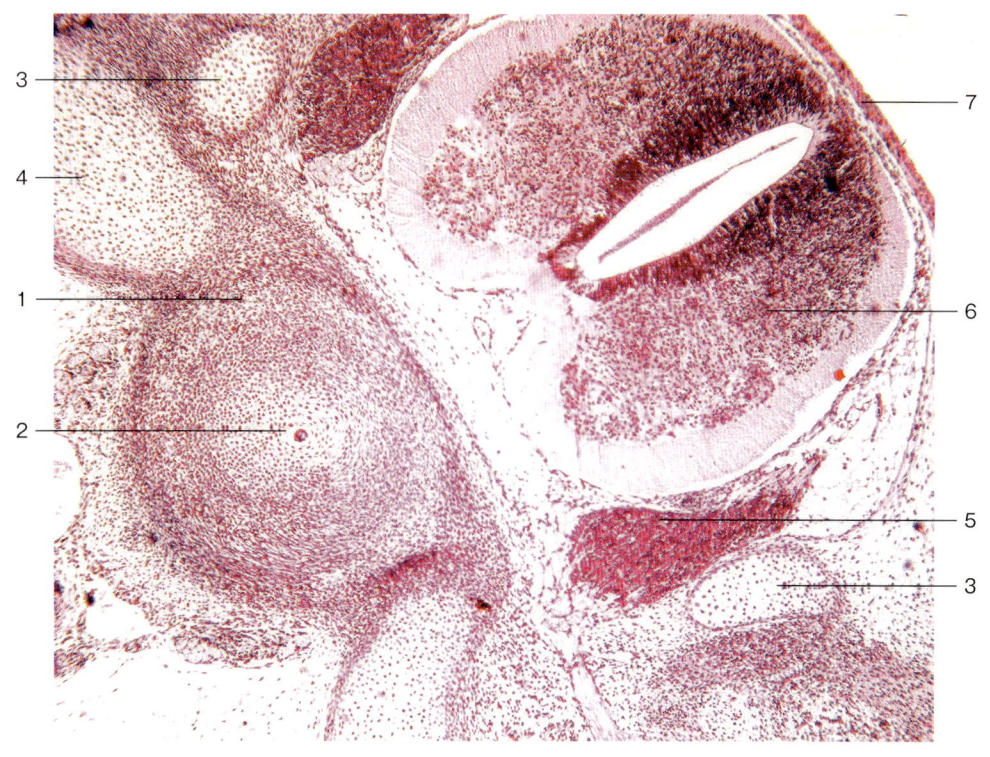

図 16-6：ネコ胎子（頭殿長 26 mm）の横断面。1: 椎体の軟骨性原基、2: 脊索の遺残、3: 椎弓の軟骨性原基、4: 肋骨の原基、5: 脊髄神経節、6: 脊髄、7: 表皮。

肋骨と胸骨の発生
Development of ribs and sternum

　肋骨 rib は、胸椎原基外側で分節した**椎板** sclerotome 由来の間葉細胞集塊から生じ、発生中の筋板間に位置する（**図 16-7、16-8**）。肋骨近位部（頭部、頸部、結節）は、椎板の腹内側部から生じる。椎骨形成につれて体節の再分節が起こるので、肋骨の遠位部（柄）は、隣接した頭部体節の腹外側部に由来する。椎骨で骨化が始まるまでには、肋骨は椎骨から分かれる。仮肋（付属的な肋骨）は、特に腰部前方と頸部後方で一般的にみられる。

　最初の 9 対の軟骨性肋骨の遠位端は、正中線へ向かって成長し、**胸骨帯** sternal bar と呼ばれる壁側中胚葉における縦軸方向の集塊と、その両側で接触する。腹側の体壁が強固になるにつれ、胸骨は腹側正中線上で会合する、この対になった軟骨性の帯（胸骨帯）から生じる。2 つの軟骨性の帯（胸骨帯）は腹側正中線で融合し、二次的な再分割を経て、一連の**胸骨片** sternebra となる（**図 16-8**）。通常は 8 つの胸骨片が形成されるが、尾側の胸骨片が対のままで残っていることは稀ではない。胸骨片は骨化が進むにつれ、最終的には融合し、通常は不対の胸骨体を形成する。分裂した剣状突起のように、胸骨によく見られる奇形のいくつかは胚発生の観点からみると容易に理解できる。

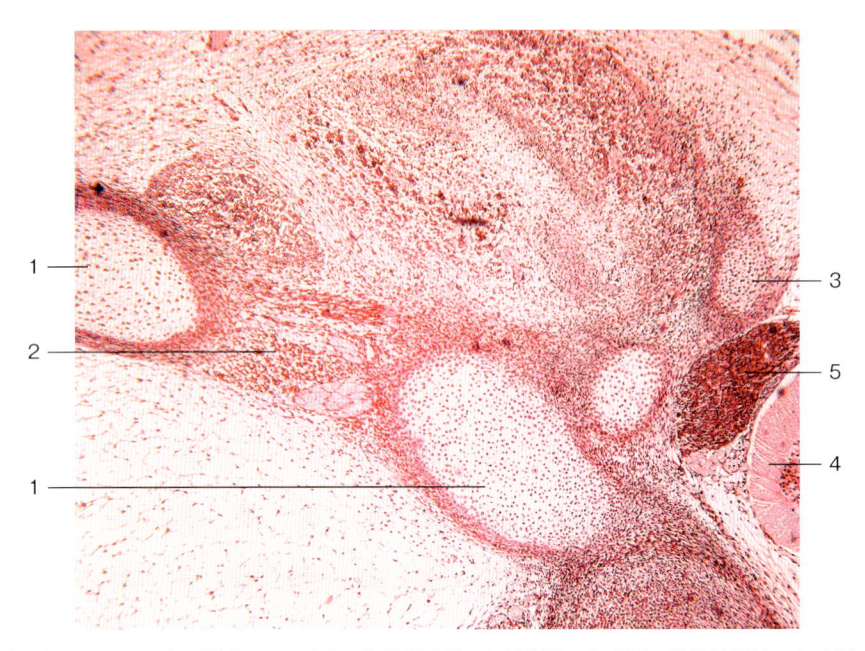

Musculo-skeletal system

図 16-7：ネコ胎子（頭殿長 26 mm）の横断面。1: 肋骨の軟骨性原基、2: 肋間筋、3: 椎弓の軟骨性原基、4: 脊髄、5: 脊髄神経節。

付属骨格 Appendicular skeleton

　付属骨格は、**肢** limb と**肢帯** limb girdle の骨からなる。軸性骨格と四肢骨格のあいだには、基本的な構成と発生の制御における、根本的な相違点がある。軸性骨格は、脳、脊髄、咽頭のような柔らかい体内組織の周囲を覆う、保護的な外被を形成する。また、これらの器官は間葉組織に働き、骨の形成を促す。対照的に、四肢骨格の骨は**四肢の支持の根幹** central supporting core of the limbs をなす。肢における骨格要素の形成には、上皮（肢芽の外胚葉性頂堤）との相互作用が必要であるが、肢の形態形成の制御は、上皮が刺激を与える役割を果たすものの、中胚葉に備わったものである。四肢骨格のすべての要素は、軟骨の鋳型としてつくられ、のちに胚発生過程で軟骨内骨化によって、真の骨へと変わる。

四肢の発達 Development of the limbs

　家畜の前肢と後肢は、すべての他の陸生脊椎動物と同様に、体の頸胸部および腰仙部の決まった場所でそれぞれ発生を開始する。**肢芽** limb bud は、ネコ、ヒツジ、ブタでは妊娠 3 週目の終わりに、イヌやウシでは妊娠 4 週目の期間に発生を開始する（**図 16-9、16-10**）。前肢と後肢の発生は、後肢の形態形成が前肢に比べて約 1〜2 日遅れることを除けば、互いによく似ている。

肢芽 Limb bud

　肢の形成は、**壁側中胚葉** somatic lateral meso-derm における一群の**間葉細胞** mesenchymal cell が活性化されるとともに開始される。（体）軸構造からのシグナルが外側中胚葉の肢予定部位における線維芽細胞成長因子（FGF-10）とレチノイン酸の発現を促すと考えられている。肢予定部位の外側中

筋骨格系　第16章

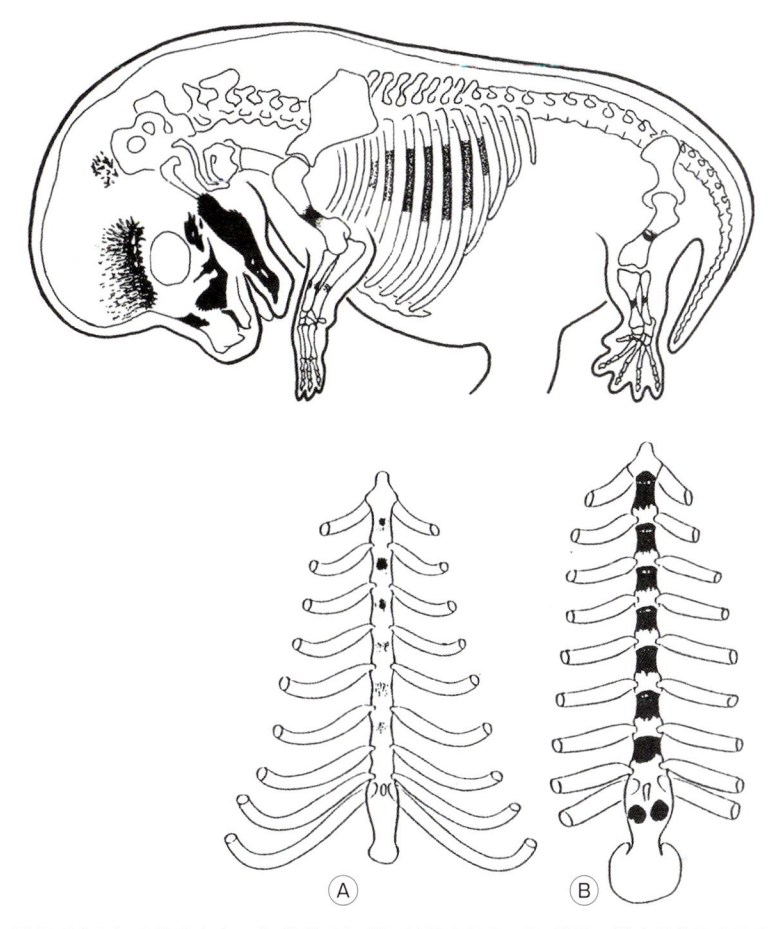

図16-8： イヌ胎子（胎齢33日）の骨化中心。**A:** 胸骨の初期の軟骨内骨化。**B:** 胸骨の進んだ軟骨内骨化。Evan と Christensen（1979）を改変。Rüsse と Sinowatz（1998）の厚意による。

胚葉は、さらに T-box 因子である *Tbx-4* と *Tbx-5* を発現し、それらは前肢または後肢のどちらを発生させるのかを決定する。この部位の中胚葉は *Hoxb-8* も発現し、初期肢芽における主要なシグナル中心である極性化活性帯（ZPA）の構築に必要である。

肢はそれぞれ外胚葉に覆われた胎子の腹外側において、外胚葉に取り囲まれた間葉の外方への成長により発生する。肢芽の先端では、外胚葉が厚くなって**外胚葉性頂堤** apical ectodermal ridge（AER）となり、これは発生中の肢の形成に中心的な役割を担う（図16-9）。肢発生の最も初期段階では、肢の中胚葉が原動力となっている。この中胚葉は FGF-10 を分泌し、FGF-10 は中胚葉を覆っている外胚葉を刺激して、FGF-8 の産生を促す。AER はすべての四肢の脊椎動物に見られ、その位置はシグナル分子である radical fringe を発現する背側外胚葉と、転写因子 Engrailed-1（En-1）を発現する腹側外胚葉との境界部に正確に一致する。マウスの実験では、AER を除去すると肢発生の停止が起こり、肢の先端欠損が生じる。

AER は隣接する間葉細胞に誘導的な影響を及ぼ

す。AERは間葉細胞が急速に増殖する未分化な細胞集団の状態にとどまるように維持する。この未分化な細胞集団は、進捗ゾーンを構成する。最近の研究では、AERから合成される肢芽成長促進シグナルは、線維芽細胞成長因子であることが示された。

初期の肢芽の中胚葉は、細胞間基質の中に埋没した間葉細胞でできており、その細胞外基質は膠原線維の疎な網工と、その間を埋める無構造の基質からなる。肢芽は発達した血管網を持っているが、神経を欠いている。その間葉細胞は異なる起源を持つ。すなわち、最初の間葉細胞はのちに肢の骨格要素、結合組織、血管となる外側中胚葉（側板中胚葉）に例外なく由来するが、発生の次の段階では、体節からの間葉細胞は肢芽の中に移動して、横紋筋細胞の前駆体となる。神経堤から移動してくる細胞は、最終的に神経のシュワン細胞やメラニン産生細胞となる。

肢の形態形成時の上皮と間葉の相互作用 Epithelio-mesenchymal interactions during limb morphogenesis

肢の発生過程では、上皮と間葉のあいだで大きな相互作用が起こる。外胚葉性頂堤（AER）は、間葉の有糸分裂を促し、かつ分化を抑制することによって、肢の外方への成長を刺激する。肢が成長するにつれ、AERから離れた（間葉）細胞は、その誘導の影響から逃れ、軟骨および横紋筋へと分化を開始する。そして、肢の発生は近位および遠位に進む。AERは肢芽の間葉からのシグナルによって、相互に制御を受けている。

肢軸の構築 Establishing of the limb axes

肢芽は3つの明瞭な非対称軸を示す。すなわち、**近位遠位軸** proximodistal axis、**頭尾軸** cranioaudal

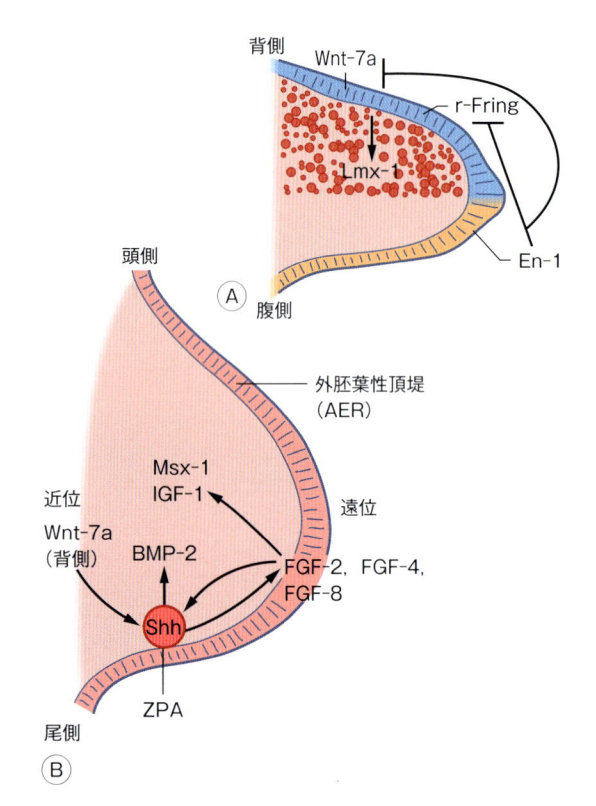

図16-9：肢発生の分子制御の模式図。Carlson（2004）より。**A:** 背－腹軸の分子調節。En-1はWnt-7aとラジカルフリンジの両者を抑制する。**B:** 頭尾軸（前－後軸）と近位－遠位軸に沿った分子調節。r-Fring: ラジカルフリンジ、ZPA: 極性化活性帯。

axisおよび**背腹軸** dorsoventral axisである（**図16-11、16-12**）。現在では、これらの3つの軸の各々のパターン形成を制御するシグナルを、分子レベルで明確にすることが可能となっている。また、3つの軸に対し、さまざまな肢成分の形成を同調させる統合シグナルを分子レベルで定義することができる。

肢芽の3つの軸に沿ったパターン形成を制御する最初のシグナルは、3つの重要な形成中心がつくり出している。**近位遠位** proximodistal方向の成長は外胚葉性頂堤（AER）によって制御されており、AERは外胚葉の下層にある肢の間葉組織に働きかける線維芽細胞成長因子（FGF）ファミリーのタ

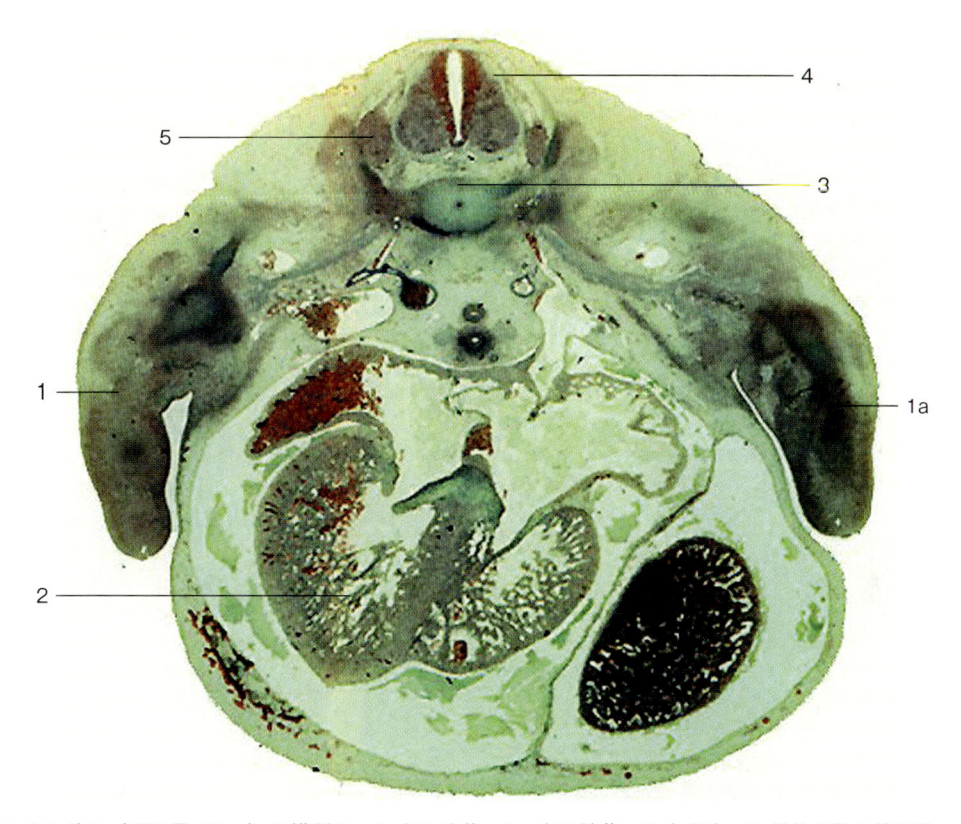

図 16-10：ウシ胎子（頭殿長 16 mm）の横断面。1: 左の肢芽、1a: 右の肢芽、2: 左心室、3: 椎体の軟骨性原基、4: 脊髄、5: 脊髄神経節。

ンパク質を産生する。**頭尾** cranioaudal 方向のパターン形成は、肢の間葉組織の後部で、ソニック・ヘッジホッグ（Shh）タンパク質を分泌する細胞集団によって制御されている（**図 16-9**）。**背腹** dorsoventral 方向のパターン形成には、腹側外胚葉に局在する Engrailed-1（En-1）転写因子による抑制を介して、WNT-7a シグナルのタンパク質が背側の肢外胚葉に局在する必要がある。

　三次元パターン形成の統合は、形成中心が位置取りを行うために相互に連絡するとともに、重要なシグナルの発現部位を限定させるときにこれらの3つの形成中心間の複雑な相互作用の結果として起こる。

極性化活性帯（ZPA）
Zone of polarizing activity（ZPA）

　肢の頭尾軸のパターン形成は、**極性化活性帯** zone of polarizing activity（ZPA）によって制御されている。ZPA は、脇腹近傍の肢の後縁に存在する細胞集塊である。ZPA は、肢芽が体壁から隆起をはじめる時期までにすでに形成されている。ZPA の細胞はレチノイン酸を分泌し、それはソニック・ヘッジホッグ（Shh）の発現を刺激する。Shh は肢の頭尾軸の構築を制御し、AER の構造と機能を維持するタンパク質である。ZPA や Shh が存在しないと、肢芽の頂端は退行する。近年、Shh

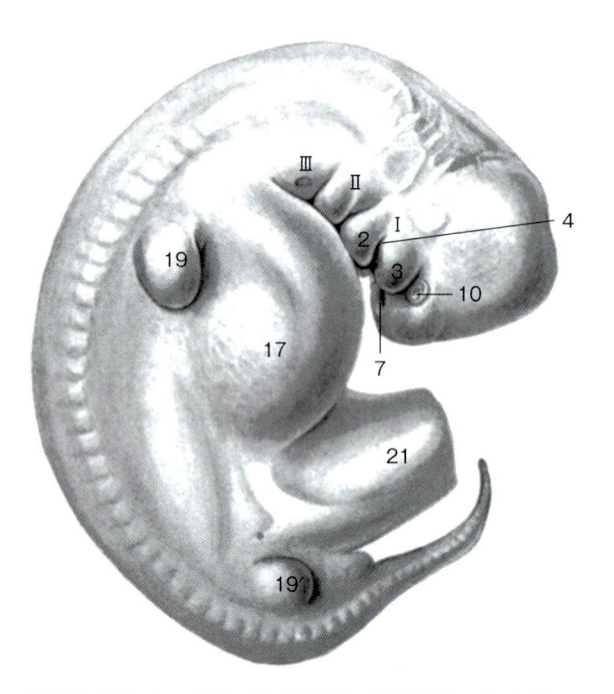

Musculo-skeletal system

図 16-11：ネコ胎子（胎齢 20 日、頭殿長 9 ㎜）Ⅰ：第一咽頭弓、Ⅱ：第二咽頭弓、Ⅲ：第三咽頭弓、2：下顎弓、3：上顎隆起、4：口窩、7：嗅プラコード、17：心臓隆起、19：前肢の肢芽、19'：後肢の肢芽、21：臍帯。Rüsse と Sinowatz（1998）の厚意による。

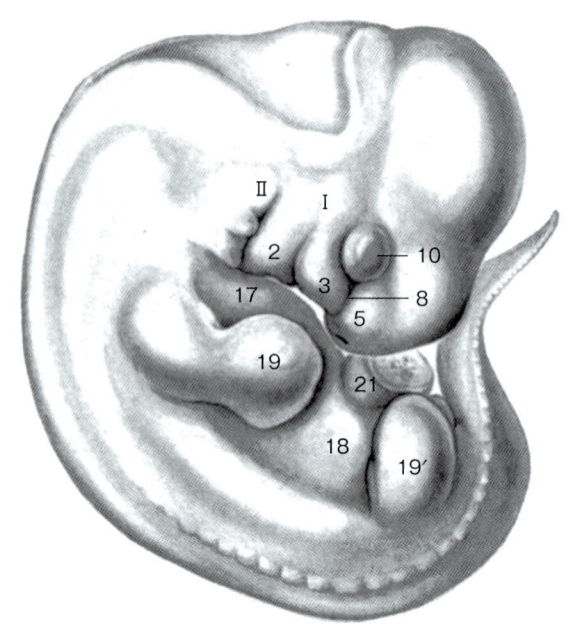

図 16-12：ネコ胎子（胎齢 21 日、頭殿長 10 ㎜）。肢芽は伸長するにつれて胚子の背腹面は平坦になる。円筒状の近位部がくびれて、2 つの分節に分けられる。前肢では、2 つの分節は上腕および前腕の原基である。Ⅰ-Ⅱ：第一咽頭弓および第二咽頭弓、2：下顎弓、3：上顎隆起、10：眼、17：心臓隆起、18：肝臓隆起、19：前肢の肢芽、19'：後肢の肢芽、21：臍帯。Rüsse と Sinowatz（1998）の厚意による。

のほかには、zinc-finger 転写因子である Gli ファミリーのメンバーが頭尾軸に沿った肢芽の形態形成を制御する重要な因子であることが示された。*Gli-1* は ZPA に隣接して発現し、Shh シグナルを仲介する。一方、*Gli-3* は肢芽の前面で発現し、Shh シグナル経路を抑制する。

進捗ゾーン Progress zone

進捗ゾーンは AER の直下にある間葉の領域で、厚さは数百 μm である。そこでは細胞は活発に分裂するが、形態形成学上では細胞の運命は決められていない。肢芽が発達するにつれ、これらの細胞は AER の影響を逃れて分化し、*Msx-1* 遺伝子を発現する。この進捗ゾーンを離れる細胞は *Msx-1* の発現を停止し、最終的な形態形成の運命に固定される。早期に進捗ゾーンを離れる細胞は、肢の近位の骨格要素（上腕骨、大腿骨）を形成し、後期にこの領域を離れる細胞は遠位の骨（橈骨、尺骨、脛骨、腓骨など）を形成する。

基本的な肢構造の発達
Development of the basic limb structure

肢芽は伸長するにつれ、胚子の背腹面は平坦となり、遠位部（先端）は水かき型になる distal part becomes paddle-shaped。一方、近位部は円筒形になる proximal part appears cylindrical（**図 16-13**）。

筋骨格系　第16章

る。これらの間葉組織の原型は軟骨の鋳型（軟骨モデル）に置き換わり、軟骨の原型は軟骨内骨化を起こして肢骨となる。

　*Hox*遺伝子は肢骨の種類と形を制御している。*Hox*遺伝子の発現は、肢の近位部、中位部、遠位部にそれぞれ対応した時間と場所で、ソニック・ヘッジホッグ（*Shh*）、*Fgf*群および*Wnt7a*の発現によって総合的に調節されている。*Hoxa*群と*Hoxd*群は、肢の初期の決定因子である。これらの発現の組み合わせが多様であることによって、前肢と後肢の構造の違いが生じるらしい。前述のように、前肢と後肢の構造を決める他の重要な因子は、前肢では転写因子であるTBX5、後肢ではPITX1を伴うTBX4である。

指趾の発達 Development of digits

　肢の発達の基本的なパターン形成は、初期にはすべての家畜で同じである（図16-14、16-15、16-16）。しかし、発生の過程で、動物種に特有の変化によって、パターンは変更される。標準的な肢のパターンは、蹄行性動物に特徴的な5本趾配置である。

　肢の発達が進行するにつれ、外胚葉性頂堤（AER）は崩壊をはじめる。崩壊を開始しても、肥厚した頂堤上皮の分節は無傷（もと）のまま残り、出現しつつある指放線（指列）のみを覆う。指（趾）間では、AERは退行し、結果として指間部は、アポトーシスapoptosisによって削られる。指間の細胞死の正確な仕組みは、未だ完全には明らかとなっていないが、骨形成タンパク質 bone morphogenetic protein（BMP）が明らかに重要な役割を担っている。転写因子*Msx-1*、*Msx-2*と同様に、*BMP2*、*BMP4*、*BMP7*は指間部の間葉で強く発現している。AERから分泌されるFGF群も、指間の細胞の細胞死に役割を果たしているかもしれない。

　アポトーシスによる指間の消失が顕著になるはる

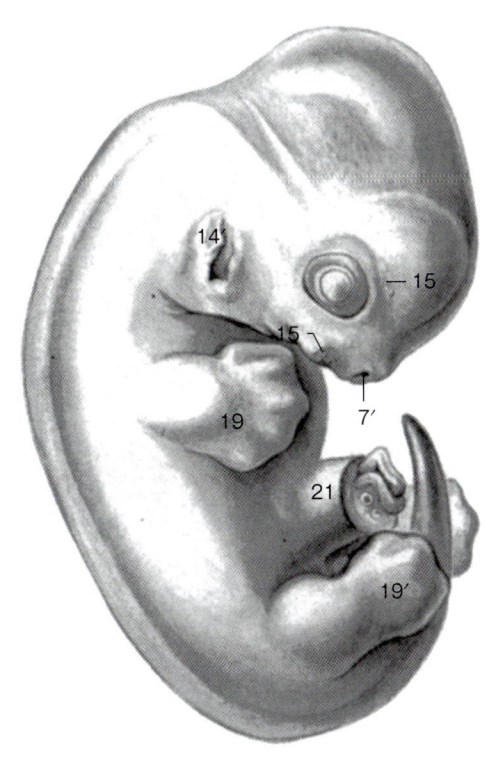

図 16-13：ネコ胎子（胎齢25日、頭殿長16 mm）。肢芽が伸長するにつれて、遠位部は水かき型になる。7'嗅プラコード、14'耳丘、15: 発達過程の血洞毛（洞毛）、19: 前肢の肢芽、19': 後肢の肢芽、21: 臍帯。RüsseとSinowatz (1998)の厚意による。

遠位への成長が続くと、肢芽は腹側に曲がり、元来の腹側面は内側面となる。続いて、肢は近遠位軸に沿って約90°回転する rotate approximately 90°（左肢では時計回り、右肢では反時計回り）。このため、水かき型の肢の遠位部の頭側縁は内側へ回転する。

　その後、一カ所の狭窄によって、円筒型の近位部は2つの部分に分けられる。前肢において、これらの2つの部分は上腕と前腕の原基であり、後肢では大腿と下腿の原基である。2つの部分のあいだの決まった位置で肘と膝の関節が形成され、各々の肢構造の外観が明確となる。肢が成長するにつれ、間葉細胞は凝集し、肢のさまざまな骨に近似した形にな

Musculo-skeletal system

か以前では、発達中の肢の水かき型の端は、動物種に特異的な指形成の前兆となる現象が起こる。将来の指は、近位遠位軸に沿って凝集した間葉細胞の集塊として、最初に認めることができる。その間葉細胞は、間もなく前軟骨性基質の分泌をはじめる。初期の指放線は、動物種に特異的な分節を行って、特有の指節骨分節を形成する。内側を第一指とし、外側を第五指とする**放射状の5指** five radiating digits は、前肢と後肢の遠位部における既定の構造である。ウマやウシを含む多くの哺乳類では、進化の結果、蹠行から指行へと歩行が変化したのに伴って、**指の数と大きさが減少した** reduction in the number and size of digits。これは、特有の順序で起こった。第一指が最初に消失し、次に第五指、そして第二指および第四指へと続いた。家畜では、ウマの趾が最も大きな減少を示した。ウマでは、体重を支える単一の第三指のみ残っている。反芻類やブタのような偶蹄類（偶数の指を持つ有蹄類）では、第三指と第四指が体重を支えているが、第二指および第五指は小さいため、体重を支えることはできない。食肉類では、第二指から第五指の4本で体重を支え、第一指（狼爪）は小さく、体重を支えることはできない。有蹄類の四肢のさらなる適応は、橈骨と尺骨、脛骨と腓骨、中手骨、中足骨の部分的もしくは完全な融合にみられる。この融合は、それぞれの間葉の原基の融合によって起こる。反芻類では、腓骨に相当する軟骨性の間葉芽体の遠位部は、骨というよりむしろ線維束を形成する。

関節 Joints

軟骨形成が停止し、関節の中間帯が誘導されると、関節は**軟骨性の凝集の中に形成される** performed in the cartilaginous condensations（**図16-17**）。続いて、**関節腔** joint cavity がアポトーシスによる**細胞死** apoptotic cell death によって形成される。関節腔を取り囲む間葉細胞は分化して、**関節包** joint capsule となる。関節の位置を決める仕組みは明らかではないが、最近の研究では、シグナル分子であるWNT14が誘導シグナルとして働いている可能性が示されている。

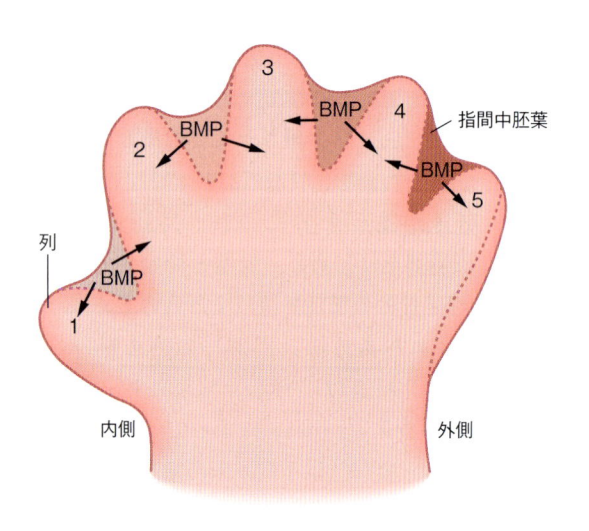

図16-14：前肢と後肢の遠位部のもとの構造は、5本の放射状の指からなる。第一指は内側位、第五指は外側位である。進化の過程で、ウマやウシを含む多くの哺乳動物種には、指の数と大きさが減少した。指間の間葉におけるBMPの濃度が隣接する指の性質を決める。正常な肢では、BMPの濃度が最も高い（最も暗い色）ところで指が最初に形成される。Carlson（2004）を改変。

頭蓋 Skull

発達中の頭部の骨格は2つの部分に分けることができる。1つは**神経頭蓋** neurocranium であり、脳を取り囲む保護ケースとして働く。もう1つは**内臓頭蓋** viscerocranium であり、顔面の骨格を形成し、口腔、咽頭および上部気道を取り囲んでいる。

頭蓋の骨はいくつかの異なった起源から生じ、そ

筋骨格系 第16章

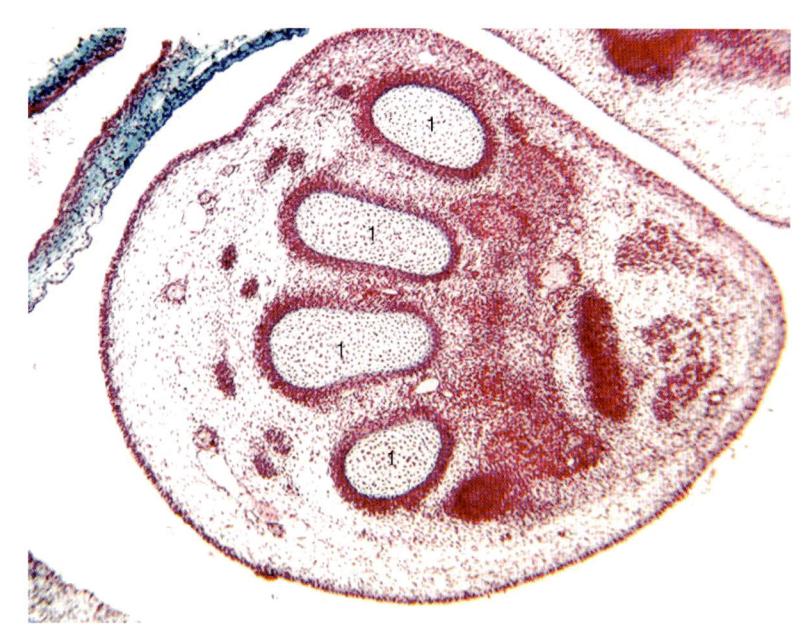

図 16-15：ネコ胎子（頭殿長 26 mm）の手。1: 指の軟骨性原基。

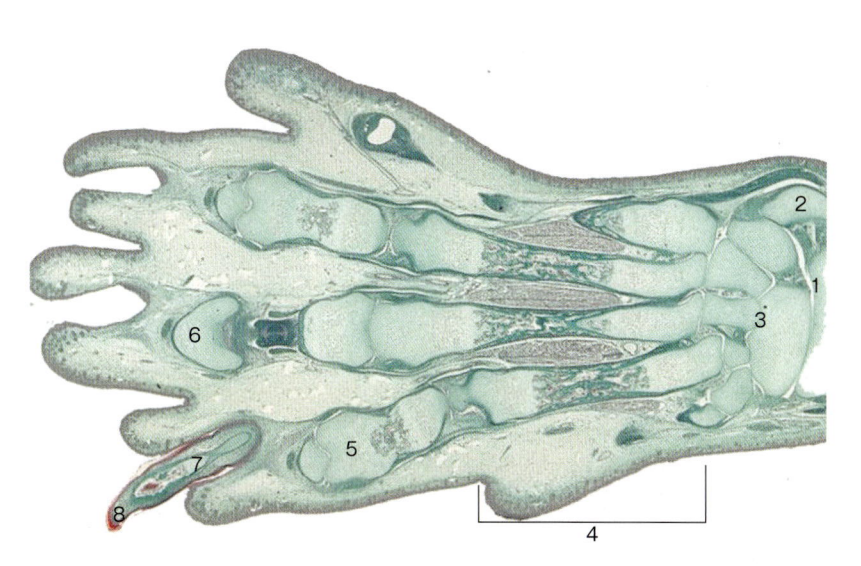

図 16-16：ネコ胎子（胎齢 42 日、頭殿長 8 cm）の右手の背側観。1: 橈骨、2: 尺骨、3: 手根骨、4: 中手骨、5: 基節骨、6: 中節骨、7: 末節骨、8: 鉤爪。

れらの起源は3つの基本的な群に分けられる。**第一群** first group は、**咽頭弓** pharyngeal arch および**顔面領域の外胚葉性間葉組織の隆起** ectomesenchymal swelling of the face area（たとえば前頭鼻隆起）に由来し、**顔面骨格** the facial skeleton の大部分を形成する。そのため、顔面骨格の骨は外胚葉性間葉組織に由来する。外胚葉性間葉組織は神経堤の細胞から生じ、顔面の骨は**膜内骨化** intramembranous ossification によって形成される。**第二群** second group は、**頭蓋冠の扁平骨** flat bone of the calvarium を含んでいる。これらも**膜内骨化** intramembranous ossification によって形成される。**第三群** third group は、**後頭の間葉** occipital mesenchyme に由来する。これらの骨は**頭蓋冠の底部壁** floor wall of the cranial vault と**腹側壁** ventral wall of the cranial vault を形づくる。そして、骨のほとんどは軟骨の原型の**軟骨内骨化** endochondral ossification によってつくられる。

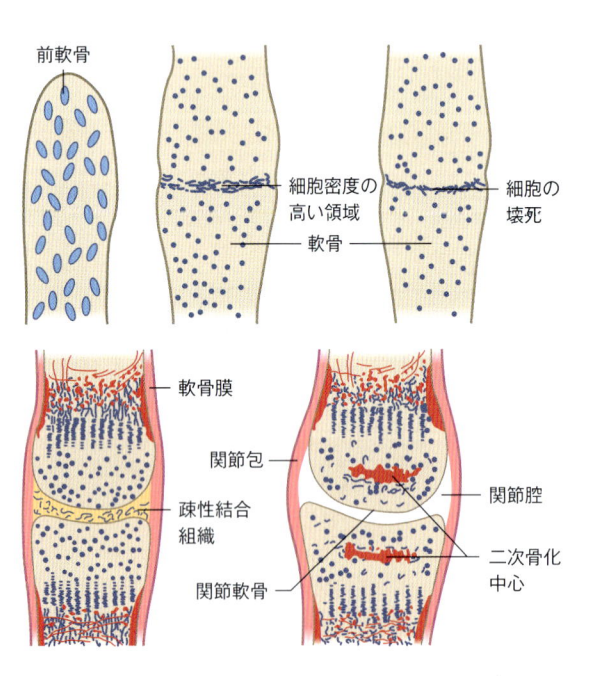

図 16-17：四肢の関節の形成過程。Carlson（2004）より。

内臓頭蓋が神経堤由来であることはよく知られているものの、神経堤の細胞がどの程度頭蓋冠の形成に関与しているのかについては意見が分かれる。遺伝子導入マウスを用いた研究では、頭蓋のほとんどが神経堤細胞由来であるが、頭頂骨は頭部中胚葉由来のようである。動物種に特異性はあるが、一般的には頭部の前方部は神経堤に由来し front of the head is derived from neural crest、**頭部の後部は神経堤細胞および頭部中胚葉の組み合わせに由来する** back of the head is derived from a combination of neural crest cells and head mesoderm。神経堤細胞が脊椎動物の顔面骨格をつくるのならば、胚子の頭部領域の神経堤細胞が動く方向と速度は、顔面骨格の形に強い影響を及ぼすはずである。顔の形は、おそらくかなりの部分が傍分泌性の成長因子によって制御される。咽頭内胚葉からのFGF群は、頭部の神経堤細胞を咽頭弓へ引き寄せ、咽頭弓内骨格要素のパターン形成に関与する。たとえば、FGF8は頭部の神経堤細胞の生存に寄与し、増殖過程の細胞が顔面骨格を形成するのに重要である。FGF群は、BMP群やソニック・ヘッジホッグ（Shh）と協調して働く。BMP群やShhは、頭部の神経堤由来組織に特に重要である。

神経頭蓋 Neurocranium

軟骨性神経頭蓋の基本的原基 Basic primordia of the cartilagenous neurocranium

軟骨性の神経頭蓋（軟骨性頭蓋） cartilaginous neurocranium は、頭蓋底、頭蓋冠の吻側壁および下方壁の一部を形成する（**図 16-18**）。軟骨性頭蓋は、何対かの軟骨の組み合わせで構成されており、軟骨性頭蓋の基本的なパターンは系統発生の過程で、非常によく保存されている。軟骨性頭蓋の原基

の最尾側部は、後頭体節および脊索吻側部の間葉に由来する**索傍軟骨** parachordal cartilage である。脊索傍軟骨と後頭体節は、合わせて基板軟骨と呼ばれる。

索前軟骨 prechordal cartilage は、索傍軟骨のすぐ吻側に位置している。索前軟骨と索傍軟骨の後端は、下垂体囊と神経下垂体芽（**下垂体軟骨** hypophyseal cartilage）の両側に位置している。索前軟骨の吻側部への伸長部は発生初期に融合し、**梁柱軟骨** trabecular cartilage を形成する。

より外側では、軟骨性頭蓋は特殊感覚器の軟骨対に代表される（嗅覚器周囲の**軟骨性鼻殻** nasal cartilaginous capsule、聴覚器周囲の**耳殻** otic capsule、眼窩周囲の**視殻** optic capsule）。視殻は、哺乳類では成体の骨格をなさないが、鳥類では眼球の強膜に取り込まれて強膜軟骨を形成する。

基本的原基の運命
Fates of the basic primordia

軟骨性頭蓋の個々の原基の要素は、さまざまなパターンの成長と融合を行いながら、構造的に複雑な骨である**頭蓋底** basicranium（鼻腔の深層の骨支持部のみならず、後頭骨、蝶形骨、側頭骨）を形成する。さらに、これらの骨のいくつか（たとえば後頭骨、側頭骨）は、骨の発生の過程で膜成分を取り込みながら、最終的には完全に（軟骨性と膜性の）混合性となる。

軟骨内骨化は、**基板軟骨** basal plate cartilage を**後頭骨の底部および外側部** basal and lateral parts of the occipital bone に変化させ、**後頭体節** occipital somite を**後頭顆** condyle of the os occipitale に変化させる。発達中の内耳を取り囲む**耳殻** otic capsule から、**側頭骨岩様部（錐体部）** petrous part of the temporal bone が生じる。基板や耳殻の成長中の軟骨は、互いに近づきながら、迷走神経（X）および副神経（XI）を取り囲む。これらの神経の周囲の空間は破裂孔となる。

下垂体軟骨 hypophyseal cartilage は融合し、その融合した下垂体軟骨の集団の中に、2対の骨化中心が出現する。後方の対（骨化中心）は下垂体の原基を囲み、**底蝶形骨** basisphenoid をつくる。底蝶形骨は下垂体窩を含み、それはトルコ鞍の形成に寄

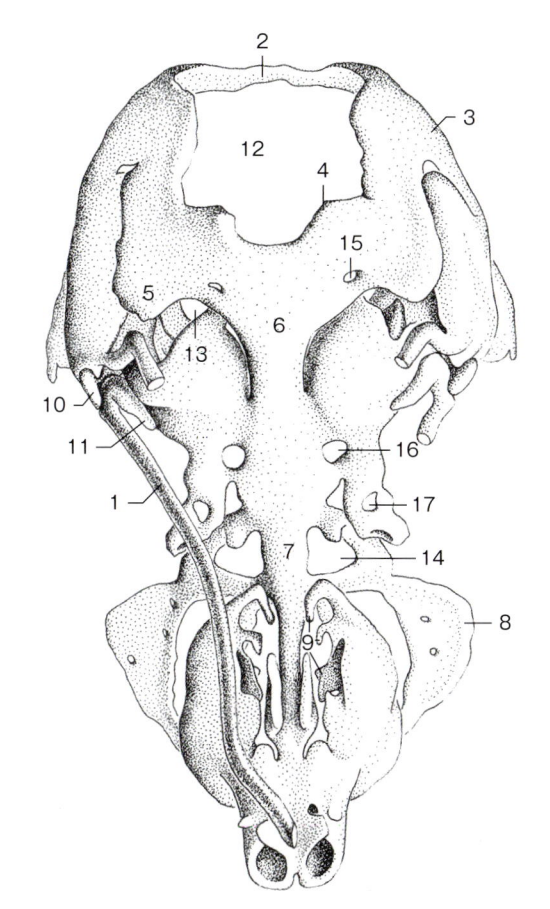

図16-18：イヌの軟骨性頭蓋の腹側観。Rüsse と Sinowatz より、Olmstead（1911）を改変。1: 下顎軟骨（メッケル軟骨）、2-11: 頭蓋の軟骨性原基、2: 後蓋、3: 後頭骨、4: 後頭顆、5: 頬傍突起、6: 底板（基板）、7: 眼窩間中隔、8: 眼窩翼、9: 篩胞（篩骨甲介）骨、10: キヌタ骨、11: ツチ骨、12: 大孔、14: 視神経管、15: 舌下神経管、16: 頸動脈管、17: 翼管。Rüsse と Sinowatz（1998）の厚意による。

Musculo-skeletal system

与する。吻側の対からは**前蝶形骨** preshenoid が生じる。これらの過程で、滑車神経（Ⅳ）、外転神経（Ⅵ）および三叉神経（Ⅴ）の眼神経が包み込まれる。成体では、これらの神経を取り囲んで残る空間のことを眼窩裂と呼ぶ。

索前軟骨の**梁柱軟骨** trabecular cartilage は軟骨性の鼻殻の近傍に位置している。梁柱軟骨の吻側部は、**鼻中隔の骨部および軟骨部** osseous and cartilaginous parts of the nasal septum となる。鼻殻の尾側部は、骨化して海綿骨である**篩骨甲介** ethmoid turbinate を形成する。篩骨甲介は、鼻粘膜によって再構築される。また、鼻殻の尾側部と梁柱軟骨は大きさを増し、最終的に隣接する。両者間の軟骨の連結は、篩状である。なぜなら、軟骨は嗅神経（Ⅰ）の神経線維のあいだに発達するからである。嗅神経は発達中の嗅粘膜と脳の嗅球のあいだに伸びる。この軟骨性の篩は骨化して、**篩骨** ethmoid bone の**篩板** cribriform plate となる。

膜性神経頭蓋（靭帯頭蓋）
Membranous neurocranium (desmocranium)

膜性神経頭蓋の骨は、**膜内骨化** intramembranous ossification 中心によって発達する。膜内骨化中心は、胎子の皮膚の中に現れる。この胎子の皮膚は、脳の背側を覆い、頭蓋冠の屋根部を形成する。対をなす**頭頂骨** parietal bone、**前頭骨** frontal bone および**後頭骨の頭頂間部** interparietal part of the occipital bone は、骨性の針状突起（小柱）が平滑で板状となった骨性集塊として、間葉組織から発生する。この間葉組織は、発達中の脳の特定部分により誘導される。骨性の針状突起は、一次骨化中心から周辺に向けて放射状に伸びる。さらなる発達に伴って、骨の新しい層を外面へ付加すること、および同時に起こる内面の骨吸収によって膜性骨は大きく拡張する。前述の頭頂骨、前頭骨などの膜性骨は、胎子の発達のあいだ、互いに離れたままであり、出生時でさえ結合組織である**頭蓋縫合** suture によって分けられている。縫合は、おそらく2つの起源に由来するらしい。1つは神経堤細胞（**矢状縫合** sagittal suture）であり、もう1つは沿軸中胚葉（**冠状縫合** coronal suture）である。

生後のさまざまな縫合の閉鎖の時期は、頭蓋の形に影響を及ぼす。頭蓋冠の発達のほとんどが縫合線において起こるので、縫合の閉鎖はその場所での成長を止めることとなる。**短頭** brachycephalic の動物種では、頭蓋を横断する縫合線より先に、縦断する縫合線での閉鎖が起こる。そのため、幅ではなく長さの成長が抑えられる。逆のことは、**長頭** dolichocephalic 頭蓋の発達の際に起こる。

内臓頭蓋 Viscerocranium

軟骨性内臓頭蓋
Cartilaginous viscerocranium

系統発生から見ると、内臓頭蓋は**鰓弓** branchial arch すなわち**咽頭弓** pharyngeal arch の骨格と強く関連している。各々の咽頭弓は、1つの**軟骨柱** cartilaginous rod で支えられている。軟骨柱は、その咽頭弓に特徴的な多くの最終的な骨格要素を生じる。内臓骨格は軟骨、軟骨性骨および膜性骨を含み、これらのすべては**神経堤細胞** neural crest cell に由来する。

内臓頭蓋の最も初期の骨格要素は、**第一咽頭弓** the first pharyngeal arch にある軟骨柱であり、**下顎軟骨（メッケル軟骨）** mandibular (Meckel's) cartilage と呼ばれる。これは膜性骨に囲まれるようになり、**下顎骨** mandible を形成する。下顎の関節突起は、側頭骨鱗部と関節を形成する。第一咽頭弓および第二咽頭弓の背側骨格の原基は、鼓膜から

蝸牛管周囲の外リンパへ音波を伝えるため、高度に形を変えている。**第一咽頭弓軟骨** the first pharyngeal arch cartilage の尾側端は、**ツチ骨** malleus と**キヌタ骨** incus を形成し、**第二咽頭弓軟骨** second pharyngeal arch cartilage の端は、**アブミ骨** stape を形成する。おそらく咽頭弓軟骨に由来する2つの他の軟骨性骨は、眼窩蝶形骨と鼓室胞である。**第二咽頭弓** second pharyngeal arch（**ライヘルト軟骨** Reichert's cartilage）からの神経堤に由来する軟骨は、中耳の**アブミ骨** stape を生じる（後述参照）。第二咽頭弓からの軟骨は、舌骨の小角（**角舌骨** ceratohyoid）および舌骨体（**底舌骨** basihyoid）の上部へと分化する。**第三咽頭弓** the third pharyngeal arch の軟骨からは、舌骨の大角（**甲状舌骨** thyrohyoid）および舌骨体下部が生じる。明白な相同性に基づき、**喉頭の軟骨** laryngeal cartilage は、明らかに**第四咽頭弓から第六咽頭弓** fourth to sixth pharyngeal arches の神経堤細胞に由来すると考えられる。

膜性内臓頭蓋
Membranous viscerocranium

膜性内臓頭蓋の骨は、**前頭鼻隆起** frontonasal prominence（前頭鼻突起 frontonasal process ともいう）および**第一咽頭弓** first pharyngeal arch の神経堤由来の間葉組織に由来する。これらの骨は**膜内骨化** intramembranous ossification によって形成される。第14章で述べたように、第一咽頭弓は、第一咽頭嚢に対して頭側に形成される。第一咽頭弓を形成する神経堤由来の間葉細胞は2つの突起、すなわち腹内側方に**下顎隆起** mandibular prominence を、吻側方に**上顎隆起** maxillary prominence を形成する。上顎隆起の成長は、第一咽頭弓における、おそらくFGF-8を含む二次シグナル中心が形成された結果であると提唱されている。下顎隆起は咽頭の腹側正中線に向かって伸びる。最終的には、左右の下顎隆起は融合して下顎を形成する。上顎隆起は成長して眼胞の下へ伸び、外側鼻隆起と接する。鼻隆起と上顎隆起のあいだの溝は、**鼻涙溝** nasolacrimal groove と呼ばれる。2つの隆起が融合するにつれ、溝の外胚葉性の内貼りは上皮細胞索として間葉組織中に埋まるようになる。上皮細胞索はのちに中空の管となって、結膜囊を鼻腔と結ぶ**鼻涙管** nasolacrimal duct となる。

成長が続くと、**上顎隆起** maxillary prominences は、鼻隆起の下を内側および吻側に伸びる。最終的には、上顎隆起は正中線近くで**内側鼻隆起** medial nasal prominence と融合して、**上顎吻側部の骨** rostral bones of the upper jaw（**上顎骨** maxilla、**切歯骨** incisive）と**口唇** lip となる。この基本的な関係が確立された後、上顎隆起と内側鼻隆起は吻側に著しく伸長する。これはウマで最も著しく、ネコやイヌの短頭の品種では、伸長ははっきりしない。

第二咽頭弓 second pharyngeal arch（舌骨弓）も神経堤細胞によって形成される。この神経堤細胞は、頭側の神経ヒダから移動して耳プラコードの直下に位置したものである。第二咽頭弓は、腹内側方に広がり、最後には咽頭下で対側の咽頭弓と融合する。第一咽頭弓と第二咽頭弓の間の深い溝は、**第一咽頭溝** first pharyngeal groove と呼ばれる。この溝の両側の間葉組織は、いくつかの小型の隆起を生じ、これは**耳丘** auricular hillock と呼ばれる。第一咽頭弓上の耳丘から**耳珠** tragus と**耳介吻側部** rostral part of the pinna form が生じる。外耳の残りは第二咽頭弓の間葉から生じる。第一咽頭溝の背側部は**外耳道** external auditory meatus となり、ほぼ出生まで上皮の栓で閉じられている。外耳道は頭蓋の外側面での唯一の開口部である。第二咽頭弓は、尾腹側方に成長し、尾側の咽頭溝を覆う。第二咽頭弓における間葉細胞の活発な分裂により、第二咽頭弓は第三咽頭弓および第四咽頭弓の上を覆うように

Musculo-skeletal system

重なる。最終的に、第二咽頭弓は頸部の低い位置（尾方）で、心外膜隆起と融合する。そのため、第二咽頭溝、第三咽頭溝、第四咽頭溝は外部との接触を失う。これらの溝は、外胚葉性上皮で裏打ちされた腔（**頸洞** cervical sinus）を形成するが、通常はのちの発生過程で消失する。

顔面隆起の成立
Establishment of facial prominences

口窩 stomodeum は、頭側および外側の体の屈曲の形成、およびこれに続いて起こる頭部の弯曲によってつくられる吻側の腔所である。口窩は最初、**口咽頭膜** oropharyngeal membrane によって咽頭腔から隔てられているが、口咽頭膜は左右の下顎弓が融合するときに崩壊する。上顎隆起、下顎隆起および鼻隆起の発達のため、口腔は大きく伸長する。口腔の上皮性の内貼りは、大部分が外胚葉起源である。

前頭鼻隆起の両側で、前脳の腹側部の誘導的な影響により、表面外胚葉の局所的な肥厚（**鼻プラコード** nasal placode）が形成される。鼻プラコードはその後、陥入して鼻窩となる。このようにして、鼻プラコードは左右の鼻窩を取り囲み、鼻隆起を形成する組織の隆起をつくり上げる。鼻窩の内側縁上の隆起は、**内側鼻隆起** medial nasal prominence といい、外側縁上の隆起は**外側鼻隆起** lateral nasal prominence という。これらの隆起は鼻窩の上を超えて背側方に続き、鼻窩にウマの蹄鉄のような外観を与える。内側鼻隆起間の領域は、前脳を越えて背側に伸び、これは**前頭隆起** frontal prominence と呼ばれる。

鼻窩はより深くなり、続いて口窩の天井と接する。接する領域は**口鼻膜** oronasal membrane と呼ばれるが、間もなく退行する。このため、外鼻孔と鼻咽頭の上皮性の内張りは、鼻プラコードに由来する。その後、鼻窩の外胚葉性の内張りは広がり、嗅上皮の一部を形成する。したがって、口腔、鼻腔、口蓋棚のほとんどの領域は外胚葉で覆われる。咽頭の内胚葉は、のちに口腔と口咽頭の尾側部を形成する。

上顎隆起 maxillary prominence は鼻隆起の下部で内側方と吻側方に伸びる。最終的には、正中線のそばで内側鼻隆起と融合する。これらの要素はともに、**上顎骨** maxilla と**切歯骨** incisive を形成する。突起のすべては著しい細胞増殖を示し、吻側方へ大きく伸長する。

口蓋の形成
Formation of the palate（palatogenesis）

一次口蓋：鼻腔（1つの鼻腔はそれぞれの鼻窩の陥入により形成される）のあいだに位置する間葉細胞は、吻側正中線に集合して内側口蓋隆起を形成し、その一部が**一次口蓋** primary palate となる。のちに、この吻側の間葉組織内に、切歯骨が形成される。一次口蓋が形成されると、間もなく鼻囊の正中尾側部の底は薄くなって、鼻腔と口腔が1枚の薄い膜（**口鼻膜** oronasal membrane）によってのみ仕切られるようになる。口鼻膜は、2つの腔の上皮性の内貼りで構成されている。口鼻膜は、間もなく穿孔を生じ、最終的には崩壊する。鼻腔は口腔と連絡し、さらに間接的に相互とも連絡する。一次口蓋の尾側端における開口は、**一次後鼻孔** primary choanae と呼ばれる。

二次口蓋：**二次口蓋** secondary palate は、発生過程で一次口蓋に遅れて形成される。一次口蓋は切歯骨に由来するが、最終的な口蓋の主たる部分は**上顎隆起の2つの棚状隆起** two shelf-like outgrowths of the maxillary prominence に由来する。二次口蓋の形成は次の過程を含んでいる。すなわち、口蓋棚の成長、口蓋棚の上昇（**口蓋突起** palatine process）、口蓋突起の融合、融合部での上皮性の縫目の除去という過程である。口蓋隆起が最初に出現したとき、舌は完全に口腔を満たしている。結果として、舌体は口蓋隆起を互いに分け、口蓋隆起を腹側へ突出させている。口腔が拡大するにつれ、舌は口の底とともに後退する。このとき、口蓋隆起は上昇して水平位をとり、正中線へ向かって成長し、ここで最終的に（左右が）融合する。**吻側方では、口蓋隆起は互いに融合するだけでなく、鼻中隔とも融合する** Rostrally, the palatine processes not only fuse with each other but also with the nasal septum. このようにして、口蓋隆起の融合は鼻腔から口腔を分けるだけでなく、鼻腔を相互に分けることになる。

二次口蓋の形成とともに、後鼻孔（二次後鼻孔 secondary choanae）の位置は尾側部へと移動する。この段階で、鼻腔は咽頭と連絡する。位置を変えた後鼻孔は、成体では後鼻孔の内鼻孔となる。口蓋のより吻側部は骨化し、成体における**上顎骨の口蓋隆起** palatine process of the maxilla と**口蓋骨の水平板** horizontal lamina of the palatine bone になる。これらの骨構造、その関連軟部組織および一次口蓋の派生構造は、**硬口蓋** hard palate を形成する。

外側口蓋隆起は、二次口蓋の前駆体である。外側口蓋隆起は、上顎隆起の成長したもので、最初は舌の両側で下方へ成長する。その形成には、外胚葉と間葉の相互作用と、特異的な成長因子が関わる。マウスの研究では、口蓋棚の間葉における **Msx-1** の発現は、間葉での BMP4 シグナルの下流経路を刺激し、外胚葉頂端での Shh シグナル伝達が起こることを示している。

筋系 Muscular system

3 種類の筋組織、すなわち**骨格筋** skeletal muscle、**心筋** cardiac muscle および**平滑筋** smooth muscle は胚発生の過程で形成され、そのほとんどは沿軸中胚葉、特に体節に由来する。しかし、心臓の筋組織（心筋）、腸管および呼吸器の平滑筋組織は、臓側中胚葉から生じる。血管や立毛筋などのその他の平滑筋細胞は、局所の中胚葉から生じる。

筋の形成（筋の発生）
Generation of muscle: myogenesis

筋の発生は、いくつかの異なったレベルで研究することができる。たとえば、個々の筋細胞の運命決定と分化、筋の組織形成、筋全体の形態形成などがある。ここでは、筋発生はどのように起こるのか、そして組織構築の異なったレベルでどのように制御されているのかについて説明するため、骨格筋を例として用いる。

上胚盤葉のある種の細胞は、体節が完全に形成される前にすでに筋細胞となるよう運命づけられているという証拠が増えている。しかし、従来の筋形成の記述では、**体節** somite における筋細胞前駆体の出現からはじめていた。何十年ものあいだ、骨格筋組織の起源はわかっておらず、体節や外側中胚葉は"それらしい"候補であった。この疑問は、関与する細胞をマーカーで追跡した研究によって、ついに解き明かされた。現在では、**実質的にすべての骨格筋は体節および体節分節に由来する** virtually all of the skeletal muscle originates in somites and somitomeres ことがわかっている。

筋原細胞の増殖と移動
Proliferation and migration of myogenic cells

筋原細胞 myogenic cell は、数回の有糸分裂が起こったのちに、筋細胞前駆体になる運命が定まった**分裂が終了した筋芽細胞** post-mitotic myoblast に

なる。筋原細胞の分裂は、FGF群やβ型変異増殖因子（TGF-β）などの成長因子の作用を通して起こる。これらの成長因子が存在する限り、筋原細胞は、分化せずに増殖を続ける。筋原細胞は、増殖過程で筋形成の制御因子を蓄積し、細胞周期タンパク質p21の生合成を上昇させる。p21によって筋原細胞は不可逆的となり、細胞周期から外れる。続いて、インスリン様成長因子などの他の成長因子の影響下で、分裂が終了した筋芽細胞は主要な収縮タンパク質であるアクチンとミオシンに対するmRNAの転写を開始する。

骨格筋と心筋の発生過程で、分裂が終了した筋芽細胞の生活環における主要な現象として、この筋芽細胞が他の類似の細胞と**融合** fusionし、多核の**管状筋細胞** myotubeを形成することが挙げられる。

筋芽細胞の融合 Fusion of myoblasts

筋芽細胞の**融合** fusionでは、筋芽細胞が整列して**接着** adhering（M-カドヘリンなどの分子が関わるカルシウムイオン介在性の認識機構）し、最終的に細胞膜融合が正確に起こる（**図16-19、16-20、16-21**）。筋細胞の融合は、筋芽細胞が細胞周期から外れるときに開始される。筋芽細胞はその細胞外基質にファイブロネクチンを分泌し、主要なファイブロネクチン受容体であるα5β1インテグリンを通して、細胞外基質と結合する。ファイブロネクチン－インテグリン付着シグナルは、筋芽細胞が筋細胞へ分化するときの決定的な指示のようである。

次の段階は、筋芽細胞が互いに**整列** alignmentして、鎖状になる。この段階はいくつかのカドヘリンや、CAM群を含む細胞膜糖タンパク質によって仲介される。細胞間の認識と整列は、2つの細胞が筋芽細胞のときにのみ起こる。最後の段階は、**細胞融合** cell fusionである。ほとんどの膜融合でみられるように、カルシウムイオンが決定的な物質である。

膜融合は、メルトリンmeltrinと呼ばれる一連のメタロプロテアーゼ群によって仲介されるようである。メルトリンの1つ（メルトリン-α）は、融合開始とほぼ同時に筋芽細胞で発現する。メルトリン-α mRNAに対するアンチセンス-RNAを筋芽細胞に加えると、膜融合が抑制される。

筋タンパク質の生合成 Synthesis of muscle proteins

管状筋細胞では、mRNAとタンパク質合成が非常に活発である。**アクチン** actinと**ミオシン** myosinの産生に加え、管状筋細胞は筋収縮の調節タンパク質である**トロポニン** troponinや**トロポミオシン** tropomyosinなどを含む、多様なタンパク質を生合成する。これらのタンパク質は集合して**筋細線維** myofibrilとなる。筋細線維は正確に配列するとともに、収縮単位である**筋節** sarcomereを形成する。筋細線維の数が増えるにつれ、通常の中央に鎖状に規則正しく配置された管状筋細胞の核は、管状筋細胞の辺縁部に移動し、筋鞘（筋細胞膜）の直下に局在するようになる。この段階で管状筋細胞は、骨格筋細胞の分化の最終段階である**筋線維** muscle fiberへと分化したと考えられている。

筋線維の成長 Muscle fiber growth

筋線維の成長は、**衛星細胞** satellite cellと呼ばれる筋原細胞の一群によって行われる。衛星細胞は筋線維の形質膜と個々の筋線維を包む基底膜とのあいだに位置する。衛星細胞は、個々の筋線維が成長するあいだに**ゆっくりと分裂する** divide slowly。娘細胞のなかには**筋線維と融合する** fuse with the muscle fiberものもいる。それによって筋線維は、筋機能に必要な収縮タンパク質の生合成を司る適切な数の核を持つようになる。筋が損傷すると、衛星

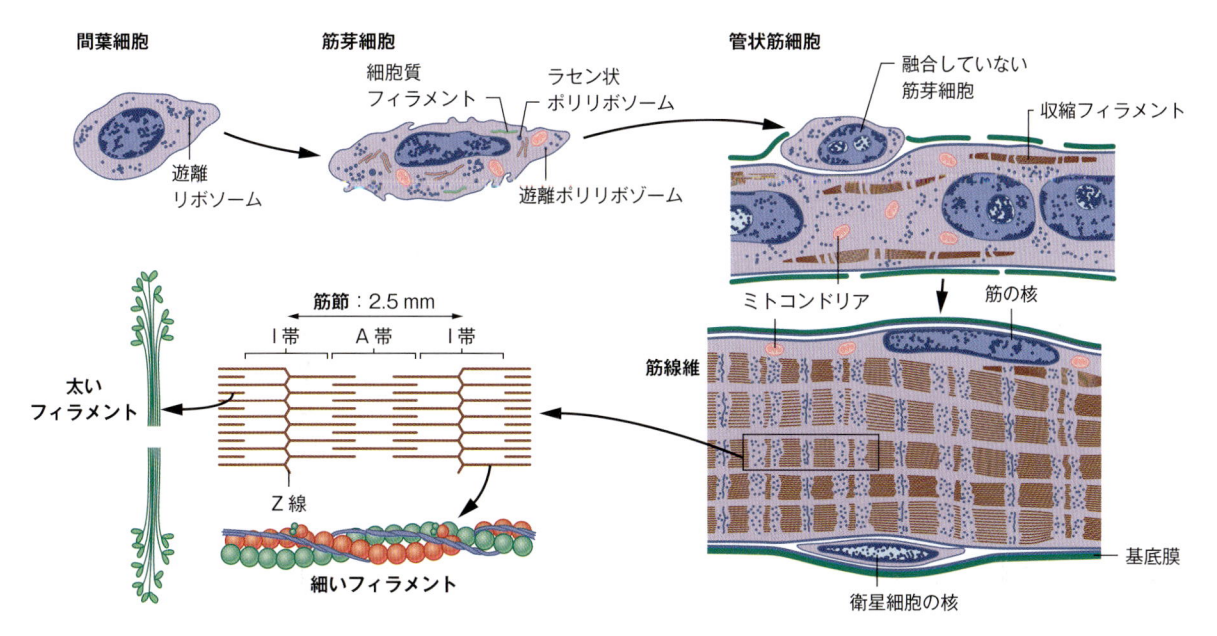

図 16-19：骨格筋線維の形態学的な分化の各段階。Carlson（2004）より。筋になる間葉細胞は、数回の有糸分裂を経て、分裂が終了した筋芽細胞となる。分裂が終了した筋芽細胞は筋細胞への分化が決定した前駆細胞である。次の段階では、筋芽細胞が連なって鎖状に整列する。最後の段階は細胞融合である。筋芽細胞の融合は正確な過程であり、細胞の整列、カルシウムイオン介在性の認識機構による互いの接着を含む。この認識には M-カドヘリンなどの分子が関与し、最終的に細胞膜融合が起こる。

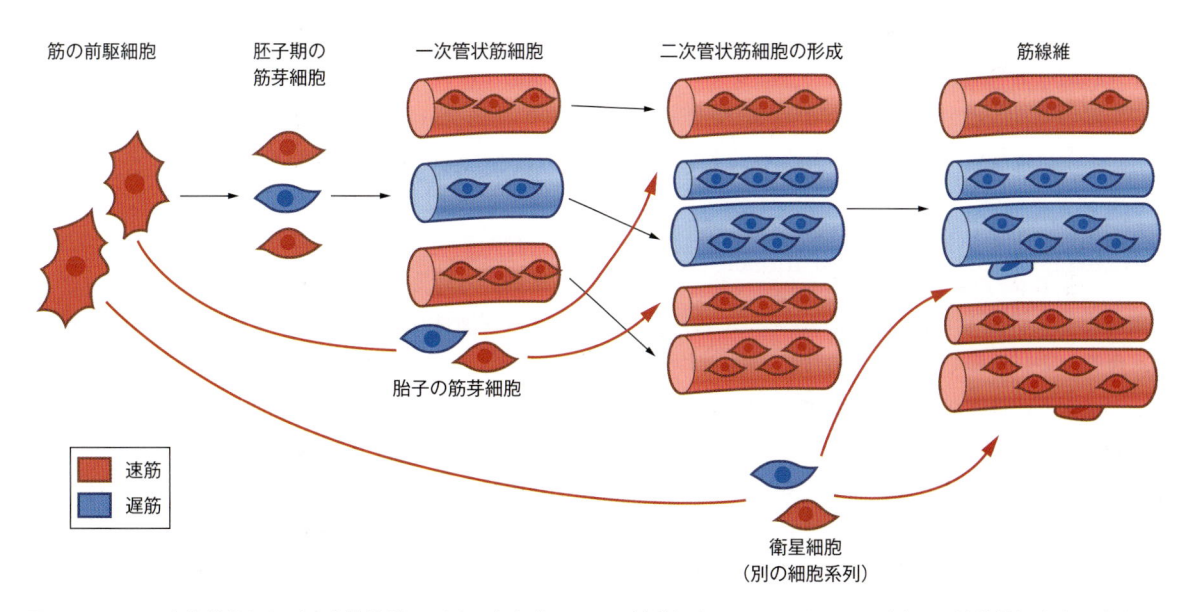

図 16-20：一次筋線維および二次筋線維の形成の各段階。胚子の筋芽細胞のファミリーは、融合して管状筋細胞を形成する。また、胎子の筋芽細胞は二次管状筋細胞と衛星細胞の形成に寄与する。Carlson（2004）より。

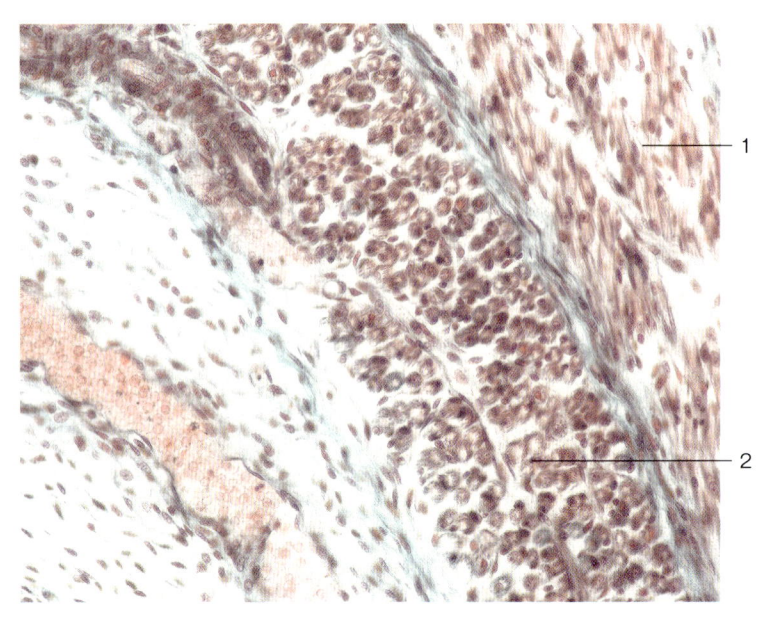

Musculo-skeletal system

図 16-21：ネコ胎子（頭殿長 46 mm）Golder 染色。筋芽細胞は融合して、一次管状筋細胞および二次管状筋細胞を形成する。1：縦断した管状筋細胞、2：横断した管状筋細胞。中央に位置した核と、一次管状筋細胞の細い径に注意。

細胞は増殖し、筋線維と融合して筋線維を修復する。

一般的な筋は、筋線維の均一な群ではない。通常、数種類存在する筋線維型は、収縮の性質、形態および収縮タンパク質の異なったアイソフォームによって区別することができる。たとえば、筋線維は速い収縮または遅い収縮を起こすことができる。

筋の組織形成 Histogenesis of muscle

組織としての筋は、筋線維だけでなく、結合組織、血管および神経で構成される。筋線維はすべて均一ではなく、機能的かつ生化学的に異なる型に分けることができる。

筋が最初に形成されるとき、筋芽細胞は将来結合組織となる間葉組織と混ざり合っている。**結合組織** connective tissue の配置は、筋の形態形成に決定的に重要である。**毛細血管** capillary からの出芽は、発生中の筋組織中に成長して入り込み、栄養補給を行う。**体性遠心性運動神経線維** somatic efferent motor nerve fiber は、最初の筋芽細胞が管状筋細胞の形成を開始した直後に筋組織へ入り込む。

以前には、すべての筋芽細胞は本質的には同一であり、**速筋** fast twitch fiber や **遅筋** slow twitch fiber などの異なった性質は運動神経によって付与されると考えられていた。しかし、最近の研究では、神経が発達中の筋に到達するはるか前、つまり筋芽細胞の時期のような早期に速筋と遅筋という明らかに区別される集団が存在していることが示された。

速筋または遅筋となる筋芽細胞だけでなく、早期型または晩期型の筋芽細胞も存在する。これらは分化において、異なった血清因子や神経支配を必要とする。最も早期の筋芽細胞は融合して **一次管状筋細胞** primary myotube を生じ、胎子の筋組織の初期基盤を形成する（**図 16-20**）。一次管状筋細胞の分化は、運動神経の軸索が新しく形成中の筋組織に入

る以前に起きている。続いて、より小型の**二次管状筋細胞** secondary myotube が晩期型の筋芽細胞から生じ、一次管状筋細胞と並んだ位置で形成される。二次管状筋細胞が形成されるまでに、初期の運動神経の軸索は筋中に存在する。神経の存在は、二次管状筋細胞の形成に必要なようである。初期の一次管状筋（細胞）および関連する二次管状筋（細胞）は、当初、共通の基底膜に覆われており、電気的に連結している。これらの筋線維は、活発にさまざまな収縮タンパク質を産生している。

横紋筋の神経支配
Innervation of striated muscle

　胎子の筋線維は、発生のきわめて初期に、**一般体性遠心性運動ニューロン** general somatic efferent motor neuron の神経支配を受ける。速筋と遅筋の運動ニューロンは、それらの固有の機能特性を発達中の筋線維に付与すると長いあいだ考えられてきたが、現在では、筋線維の細胞表面に含まれる情報を通して、神経は同型の筋線維と接触していると考えられている。最初は、運動神経は速筋線維および遅筋線維の両者に終末したのかもしれないが、最終的には不適切な接続が壊れ、このため速筋の神経線維は速筋線維にのみ、遅筋の神経線維は遅筋線維のみを支配することになる。

筋線維の表現型 Phenotypes of muscle fibers

　筋線維の表現型は、収縮装置をつくる特異的なタンパク質の性質に依存している。**速筋線維** fast muscle fiber と**遅筋線維** slow muscle fiber のあいだには、収縮タンパク質に量的な違いが存在する。それぞれの筋線維において、胚発生の過程で、主要なタンパク質のアイソフォームの継承も認められる。発達中の筋線維における**ミオシンのアイソフォームの移行** isoform transition of myosin は特によく研究されている。ミオシン分子は複雑で、2つの重鎖と、4つ1組の軽鎖で構成されている。成熟した速筋線維は1つの軽鎖1、2つの軽鎖2、1つの軽鎖3のサブユニットからなり、遅筋線維では2つの軽鎖1と、2つの軽鎖2のサブユニットからなる。加えてミオシン重鎖のサブユニットには、速筋型（MHCf）と遅筋型（MHCs）が存在する。ミオシン分子はアデノシン三リン酸活性を持ち、この活性における違いによって、速筋線維と遅筋線維の収縮速度の違いを部分的に説明できる。

　ミオシン分子は発生過程で、アイソフォームの移行の継承が起こる。胎子期から成熟期まで、速筋線維は一連のミオシン重鎖の3つの発生過程のアイソフォーム、すなわち胎子型（MHCemb）、新生子型（MHCneo）および成体型（MHCf）を経る。筋線維の他の収縮タンパク質（たとえばアクチンやトロポニン）も、類似のアイソフォームの移行を行う。成体で筋に損傷が起きたとき、再生を行う筋線維は、一連の細胞性および分子性のアイソフォームの移行を行う。この移行は、通常の個体発生で起こることを忠実に繰り返す。

　筋線維の表現型は、不可逆的に確定されたものではない。生後の筋線維でさえ、顕著な可塑性を持っている。運動刺激に反応すると、筋線維は肥大したり、疲労に対してより抵抗性を持つ。また、筋線維は不活性化や脱神経にも順応して委縮する。これらの変化はすべて遺伝子発現のさまざまな変化を伴っている。ほかのタイプの細胞の多くも、環境変化に反応して表現型を変えるが、その分子の変化は必ずしも筋線維で見られる変化ほど顕著ではない。

筋の形態形成 Morphogenesis of muscle

　組織構築の高度なレベルにおいて、筋の発達は、**解剖学的に同定される筋** anatomically identifiable

Musculo-skeletal system

muscle の形成に関連する。主として、筋全体の形を決定するのは、筋芽細胞自身というよりむしろ**結合組織の骨組み** connective tissue framework である。体節由来の筋原細胞は、本質的に相互交換が可能であるということが実験的に示されている。たとえば、通常は体幹の筋を形成する体節からの筋原細胞は、正常な下腿の筋の形成に関与することができる。対照的に、筋の**結合組織** connective tissue 要素の細胞は、**形態形成の青写真** morphogenetic blueprint に刷り込まれているようだ。

体幹と四肢の筋
Muscles of the trunk and limbs

筋原細胞群は、小型の背側部である**上分節** epimere と、これより大型の腹側部の**下分節** hypomere に分けられる。上分節は、脊髄神経の背側一次枝からの神経支配を受け、下分節は脊髄神経の腹側一次枝からの神経支配を受ける（**図16-22**）。上分節の筋芽細胞は、融合して**脊柱の伸筋群** extensor muscles of the vertebral column を形成する。一方、下分節の筋芽細胞は、融合して**四肢と体壁の筋** limb and wall muscles を形成する。

体幹と四肢の主要な骨格筋群は、**体節** somite に局在する**筋原細胞前駆体** myogenic precursor から生じることが、ウズラとニワトリの移植実験で明確に示されている。胸郭および腹部では、固有背筋（軸上筋）は、背側筋板唇に生じる細胞に由来する。一方、腹外側部の筋（軸下筋）は、体節の上皮に配列した腹側芽から起こる。**体肢部** limb region では、筋原細胞は発生初期に腹外側の皮筋板から移動してくる。後頭体節の類似領域から生じる、より

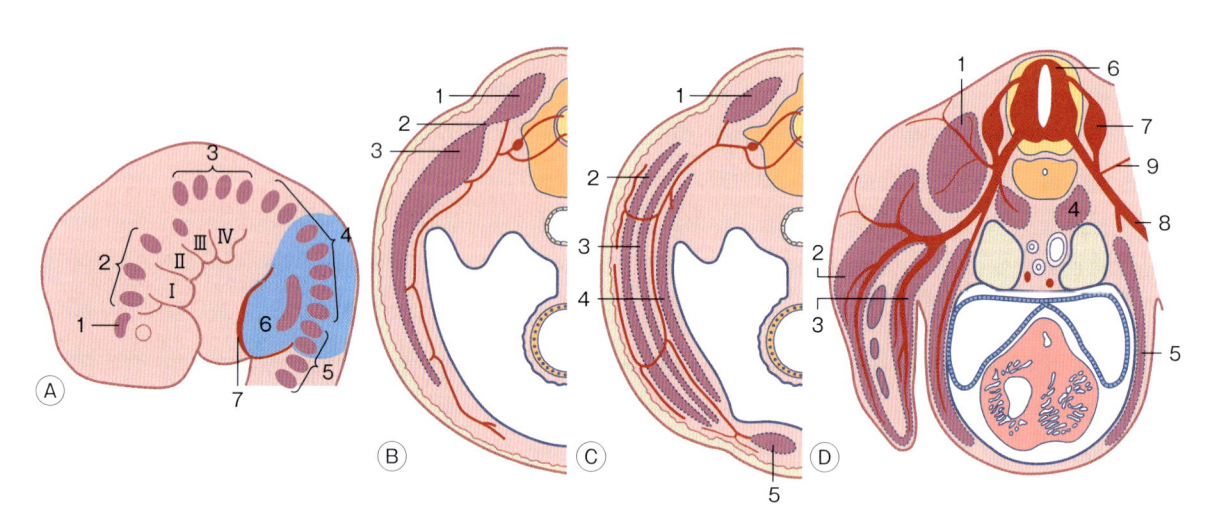

図16-22：頭部、肢および体壁の筋組織の発達。
A: 頭部、頸部および胸部の筋板。1: 耳前筋板（外眼筋）、2: 咽頭弓の筋組織、3: 後頭筋板、4: 頸部の筋板、5: 胸部の筋板、6: 肢芽、7: 外胚葉性頂堤、Ⅰ-Ⅳ: 咽頭弓。
B: 胎齢5週齢の胎子の胸部の横断面。1: 上分節、2: 筋間中隔、3: 下分節。
C: 腹壁の骨格筋の発達。1: 脊柱の伸筋、2: 外腹斜筋、3: 内腹斜筋、4: 腹横筋、5: 腹直筋。
D: 胸壁および前肢内の筋の発達。肢芽の付着部位を通る横断面。肢の伸筋（背側）要素および屈筋（腹側）要素に注意。1: 脊柱の胸部の伸筋、2: 前肢の伸筋、3: 前肢の屈筋、4: 椎前筋、5: 肋間筋、6: 脊髄、7: 脊髄神経節、8: 脊髄神経の腹枝、9: 脊髄神経の背枝。Rüsse と Sinowatz (1998) より、Sadler (2004) を改変。

頭側の筋原細胞は、発達中の**舌** tongue と**横隔膜** diaphragm へ移動する。腰部では、**腹筋** abdominal muscle の前駆細胞も腹外側の体節芽の上皮から転出する。上皮性体節内の将来の軸下筋筋組織の初期の特殊化は、外胚葉からの背側化シグナル（おそらく Wnt ファミリーの分子）、および外側中胚葉からの外側化シグナル（BMP4）によって制御されている。このことは Pax-3 のより強い発現、および外側皮筋板唇に限定的に発現するホメオボックス遺伝子である Lbx-1 の発現を誘導する。Lbx-1 は、軸下筋の筋組織の成熟前の分化を阻害するかもしれない。腹筋組織の欠損によって特徴づけられるプルーンベリー prune belly 症候群は、筋原細胞の軸下筋細胞の集団における分子欠損によって引き起こされるものと思われる。

最近の実験では、四肢に隣接する筋板領域と四肢以外に隣接する筋板領域の細胞の振る舞いが異なることが示されている。胸郭分節では、皮板の細胞は筋板の外側端を包み込む。続いて、筋板で形成される管状筋細胞の数の増加と、筋原基の体壁への侵入が起こる。対照的に、肢芽のレベルでは、皮板細胞は筋板で形成される初期の管状筋細胞を取り囲む前に死ぬ。

体節から発生したあと、体幹と腹部の筋原基は、輪郭が明瞭な筋群や筋層を形成する。多くの実験の結果、体肢筋の前駆細胞と体軸筋の前駆細胞との間には、細胞の特性に根本的な差異があることが示された。

頭部と頸部の骨格筋は、大部分が中胚葉由来である skeletal muscle of the head and neck is largely of mesodermal origin。ウズラとニワトリの移植実験は、外眼筋の起源については若干疑問が残るものの、沿軸中胚葉、特に体節分節（体節球）が頭部筋組織の主要な起源となることを示している。外眼筋をつくる細胞の中の少なくとも一部は、初期胚の脊索前板から起こる。いくつかの点で、頭部の筋形成は体幹の筋形成とは明らかに異なるという証拠が集まりつつある。頭部と体幹での筋形成決定のレベルにおける異なった制御についてはすでに論じた。また、頭顔面の筋の多くは体幹の筋とは異なった表現型の特徴を持っている（たとえば、ミオシンのアイソフォーム、おそらく表現型を神経や筋で調節するさまざまな要素。）

体幹と肢の筋と同様に、頭部と頸部の筋は、筋原細胞が沿軸中胚葉から間葉（神経堤または中胚葉のいずれかに由来）を通って、最終目的地まで移動する途上で生じる。頭部での筋の形態形成は、筋を取り囲む結合組織に本来備わっている情報によって決定されるようだ。沿軸中胚葉の筋原細胞には、早期のレベルの特異性はない。このことは、体節または体節分節を1つの頭尾レベルから別のレベルに移植することによって確かめられている。これらの移植実験の場合、移植片を離れた筋原細胞は、移動した位置で正常な筋を形成したのであって、移植する前の位置での適切な筋を形成したのではない（**図 16-23**）。

遺伝子組換えを介した細胞系列標識法を用いたトランスジェニック・マウスでは、咽頭弓筋の結合組織および、咽頭弓筋の骨格への接着部位の結合組織も、この接着部位が軟骨内骨化しようが膜内骨化しようが関係なく、神経堤細胞からつくられることが最近明らかとなった（第14章参照）。

頭部の特定の筋（特に舌筋）は、体幹の筋と同様の方法で、後頭体節から生じ、拡大しつつある頭部の中へ長距離にわたって移動する。舌筋などの頭部の特定の筋がもともとはより後位に起源をもつことは、これらの筋が舌下神経（XII）によって神経支配されていることによって証明される。舌下神経は、比較解剖学者によれば、高度に修飾を受けた一連の脊髄神経だと考えられている。肢の筋原細胞のように、舌筋組織の前駆細胞は Pax-3 を発現しながら頭部へ移動する。前駆細胞の最終到達地は頭部であ

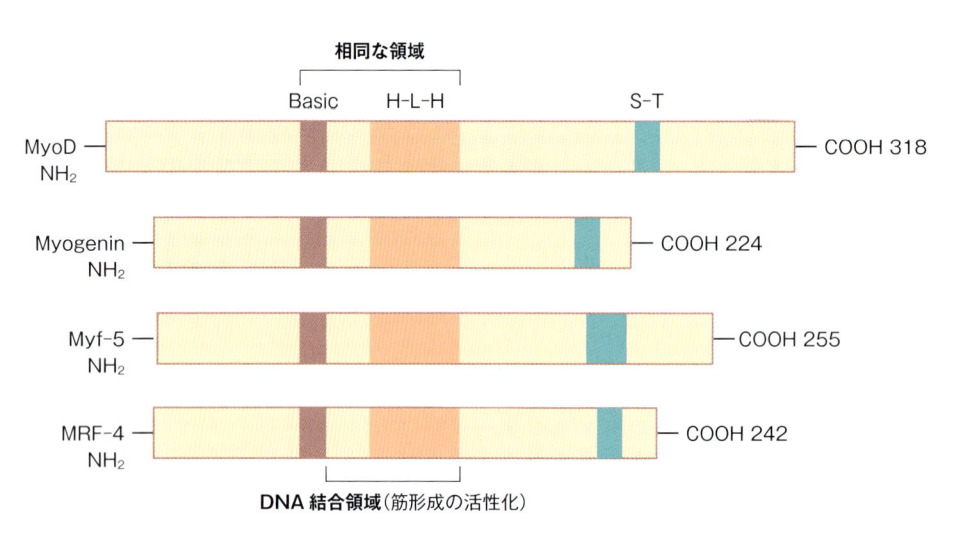

Musculo-skeletal system

図 16-23：いくつかの筋形成制御因子の構造比較。Basic: 塩基性領域、H-L-H: 相同なヘリックス・ループ・ヘリックス部位、S-T: 相同なセリン/スレオニンに富んだ領域。Carlson（2004）より。

るが、頭部の筋は体幹の筋と同様の筋形成初期の分子制御を受ける。

腱の形成 Formation of tendons

椎板、筋板、皮板に加え、近年さらに2つの体節領域が想定されている。それは腱が生じる**靱帯分節** syndetome と、大動脈および椎間の血管の**血管壁を形成する体節細胞** somite cells that will form the vascular walls を含む第五区画である。これらの細胞は、活性化 Notch タンパク質を持つことによって、体節の他の細胞と区別される。靱帯分節は椎板の最も背側部に局在し、それは筋形成を行う筋板と隣接した領域である。また、靱帯分節の腱形成細胞は、scleraxis 遺伝子を発現することが特徴である。つまり、腱形成細胞は scleraxis 遺伝子を発現することで、他の分子マーカーである Pax1 遺伝子を発現する他の椎板細胞と区別される。

筋板からの成長因子 FGF8 が直下の椎板細胞に分泌されると、靱帯分節が誘導される。他の転写因子は、scleraxis 遺伝子の発現を靱帯分節の頭側および尾側に限定し、scleraxis 遺伝子発現の2つの縞をつくる。一方、発生中の軟骨細胞は、scleraxis 遺伝子の転写を抑制する転写因子 Sox5 と Sox6 を合成する。このようにして、軟骨は FGF8 シグナルの拡大を制限している。発生中の腱は、一方で（肋骨を含む）骨格の要素と強固に結合し、他方でその直上にある骨格筋と強固に結合し、それによって筋を骨に結合させる。

要約 Summary

骨格組織は、間葉の形態を持つ細胞から生じるが、間葉の起源は体の部位によってさまざまである。体幹では、**分節した軸性骨格** segmented axial skeleton（すなわち脊柱、肋骨および胸骨）を生じる間葉は、**体節の椎板部** sclerotomal portion of the somites に由来する。**付属骨格** appendicular skeleton（四肢およびその肢帯）は、外側中胚葉（側板

中胚葉）の**間葉** mesenchyme of the lateral plate mesoderm に由来する。頭部骨格の起源はより複雑である。いくつかの**頭蓋骨** cranial bone（たとえば、頭蓋冠や頭蓋底の大部分を形成する骨）は**中胚葉由来** mesodermal in origin であるが、顔面骨および脳を覆ういくつかの骨は**外胚葉性の神経堤** ectodermal neural crest に由来する間葉から生じる。

骨形成は2つの主要な様式がある。すなわち、**膜内骨化** intramembranous ossification と**軟骨内骨化** endochondral ossification である。両者とも間葉組織を骨へ転換する。間葉細胞の骨組織への直接的な変換は、膜内骨化または desmal 骨化と呼ばれる。軟骨内骨化とは、凝集した間葉細胞からの軟骨の原型（軟骨モデル）の形成と、続いて起こる骨組織による軟骨の置換の過程である。

椎骨 vertebrae と**肋骨** ribs は体節の椎板由来であり、**胸骨** sternum は腹側体壁の中胚葉から発達する。**付属骨格** appendicular skeleton は、四肢およびその肢帯で構成される。家畜の前肢と後肢は、他のすべての陸生脊椎動物と同様に、それぞれ体の頸胸部および腰仙部で発達する。それぞれの肢は、胎子の腹外側部における間葉の隆起（表面が囲われる）から発達する。この隆起は外胚葉に覆われ、**肢芽** limb bud と呼ばれる。肢芽の先端では外胚葉が厚くなり、**外胚葉性頂堤** apical ectodermal ridge（AER）を形成する。AERは発生過程において、肢の組織化にきわめて重要な役割を果たす。肢の頭尾軸のパターン形成は、**極性化活性帯** zone of polarizing activity（ZPA）によって制御されている。ZPAは脇腹近傍の肢の後縁に位置する細胞群である。**関節** joint は軟骨形成が停止し、関節の中間帯が誘導されると、軟骨性の凝集の中に前もって型が形成される。続いて、**関節腔** joint cavity がアポトーシスによる細胞死によって形成される。それを取り囲む間葉細胞は分化して、**関節包** joint capsule となる。

脊椎動物の**頭蓋** cranium は、**神経頭蓋** neurocranium（頭蓋冠と頭蓋底）および**内臓頭蓋** viscerocranium（顎と他の咽頭弓由来の派生構造）からなる。頭蓋骨はいくつかの異なった起源に由来し、それは3つの基本的な群に分けられる。第一群は**鰓弓** branchial arch および**顔面領域の外胚葉性間葉組織の隆起** ectomesenchymal swelling of the face area（たとえば前頭鼻隆起）に由来し、**顔面骨格** facial skeleton のほとんどを形成する。そのため、顔面骨格の骨は神経堤細胞から生じる外胚葉性間葉組織に由来し、膜内骨化によって形成される。第二群は、**頭蓋冠の扁平骨** flat bone of the calvarium からなる。これらも膜内骨化によって形成される。第三群は、**後頭の間葉** occipital mesenchyme に由来する。これらの骨は**頭蓋冠の底部壁と腹側壁** floor and ventral wall of the cranial vault をつくり、ほとんどは軟骨の鋳型の軟骨内骨化によって形成される。

3種類の筋組織、すなわち**骨格筋** skeletal muscle、**心筋** cardiac muscle、**平滑筋** smooth muscle は、胎子発生の過程で形成され、大部分は沿軸中胚葉に由来する。これは、（a）軸性骨格、体壁および四肢の筋をつくる体節、（b）頭部の筋へ発達する体節分節を含む。骨格筋の前駆細胞は、将来の**皮筋板** dermatomyotome の腹外側および背内側唇（端）に由来する。両部位からの細胞は、**筋板** myotome の形成に寄与する。この分化の系列に対する分子基盤は、**筋形成制御タンパク質** myogenic regulatory protein（MRP）のファミリーの分子の活性である。MRP群は、最上位の遺伝子制御因子として作用し、筋細胞以前の間葉細胞における筋特異的遺伝子発現のスイッチを入れる。筋原細胞群は、小型の背側部である**上分節** epimere と、これより大型の腹側部である**下分節** hypomere に分けられる。上分節は脊髄神経の背側一次枝によって神経支配を受け、下分節は腹側一次枝によって神経支配を受け

Musculo-skeletal system

る。上分節からの筋芽細胞は融合し、**脊柱の伸筋群** extensor muscle of the vertebral column を形成する。一方、下分節からの筋芽細胞は融合し、**四肢および体壁の筋** limb and body wall muscles を形成する。体節、壁側中胚葉および（頭部の）神経堤細胞由来の結合組織は、筋のパターン構築のための鋳型を提供する。

椎板、筋板、皮板に加え、近年さらに2つの体節領域が想定されている。1つは**靭帯分節** syndetome であり、そこから腱が発生する。もう1つは脈および椎間の血管の**血管壁を形成する体節細胞** somite cells that will form the vascular walls を含む第五区画である。靭帯分節は椎板の最背側部に位置し、それは筋を形成する筋板に隣接した領域である。靭帯分節の腱形成細胞は、*scleraxis* 遺伝子の発現がその特徴である。

Box 16-1 筋骨格系の発達の分子制御

椎骨形成の分子制御
Molecular regulation of vertebra formation

脊柱の発生は、脊索による初期体節に及ぼす誘導が椎板を形成することに始まる。この誘導は**ソニック・ヘッジホッグ** Sonic hedgehog（**Shh**）が介在する。Shh の連続した影響下で、**Pax-1** 発現が引き起こされ、体節の腹内側部から最終的に椎体が形成される。神経弓、すなわち椎骨背側部の形成は、異なる転写因子の発現により誘導される。神経管の蓋板からの最初の誘導により、**Pax-9** およびホメオボックス含有遺伝子 **Msx-1** と **Msx-2** の発現が起こり、それらは背側椎板の細胞を神経弓の形成に導く。

椎骨の特徴的な局所的差異は、ホメオボックス含有遺伝子群の別々の組み合わせによって決まる。**Hox 遺伝子群** Hox genes の発現は、体節前中胚葉の最初の出現とともに始まり、大部分の遺伝子にとって椎骨の原基で軟骨化が始まるまでその発現は続く。脊柱の頭尾軸に沿った正常な分節パターンの形成は、脊柱の異なった部位の椎骨における固有の Hox 遺伝子発現の組み合わせによって決まる。このことは、マウスで徹底的に調べられた。たとえば、環椎（第一頚椎）は、*Hoxa-1*、*Hoxa-3*、*Hoxb-1* および *Hoxd-4* の発現によって決定され、軸椎（第二頚椎）は、これら4つの遺伝子に *Hoxa-4* および *Hoxb-4* を追加した6つの組み合わせで決定される。**レチノイン酸** retinoic acid（**ビタミン A** vitamin A）は、特定の発生時期に投与されると、椎骨の分節状の構成全体で、頭側レベルまたは尾側レベルの変位を引き起こす。たとえば、レチノイン酸は発生初期に与えられると、椎骨発生の頭側方への変位が起こり、最後頚椎が第一胸椎へ転換される。少し遅れて投与すると、尾側方への変位、すなわち胸椎が最初の2つの腰椎のレベルまで広がる。このような変位は、ホメオティック変換 homeotic transformation と呼ばれ、この例はホメオティック突然変異遺伝子群 homeotic mutation の広範なファミリーの代表である。

初期の体肢発生の分子制御
Molecular regulation of early limb development

肢芽の伸長過程では、肢芽内の間葉は凝集をはじめ、**軟骨細胞** chondrocyte へと分化する。この過程では、四肢骨の最初の**硝子軟骨の原型（硝子軟骨モデル）** hyaline cartilage model が構築される。肢芽が発達するにつれ、近位遠位軸に沿って、**Hox 遺伝子**発現が多様化することが観察される。*Hox-9* と *Hox-10* は肢のより近位部で発現するが、*Hox-13* の発現は手と肢が発達する領域に限局しているようだ。肢芽発達の初期では、間葉細胞は前肢か後肢のどちらが発達するかを決定する *Ffg-10* および転写因子群を発現する。転写因子群の2つは T-box ファミリーに属している。*T-box5* は前肢でのみ発現するが、*T-box4* の発現は後肢に限られる。*Pitx-1* の発現も後肢に限られる。

肢軸の構築は、主となる軸のそれぞれのシグナル中心の相互作用によって制御されている。**ZPA** は、Shh の分泌を通して、頭尾軸に沿った発生の制御に重要であり、外胚

葉性頂堤（AER）はFGFファミリーFGF familyの分子を分泌することによって、肢の近位遠位軸の伸長を刺激する。また、背腹軸の組織化は、背側外胚葉がシグナル分子である**Wnt-7a**とシグナル化因子である**ラジカルフリンジ**radical fringe（r-Fng）を産生するときに始まる。Wnt-7aは、肢芽の下層にある間葉細胞を刺激し、転写因子**Lmx-1b**を発現させる。Lmx-1bは、背側外胚葉の下層にある間葉細胞に背側部としての特性を付与する。腹側の外胚葉は**Engrailed-1（En-1）**を産生し、このEn-1はWnt-7aの発現を抑制し、その結果、Lmx-1bの形成が抑制される。下層の間葉細胞は、肢の腹側中胚葉となる。AERは、肢の背側中胚葉と腹側中胚葉の境界を標識する。3つの軸のシグナル中心は、肢芽の発達過程で相互作用する。背側外胚葉はWnt-7aを産生し、これはZPAを刺激する。ZPAからのShhはAERからのFGF群の産生に必要である。AERはZPAに付加的な正のフィードバックを行う。

　ZPAが出来上がるのと同時期に、ホメオボックス含有遺伝子*Hoxd-9*から*Hoxd-13*と、ある種の*Hoxa*遺伝子群*Hoxa* genesが、肢芽に沿って順番に発現する。*Hox*遺伝子群は、肢の近位遠位軸に沿ったパターン形成に重要であるが、*Hox*遺伝子群の発現を制御する仕組みについては不明である。

顔面骨格発生の分子制御
Molecular regulation of face skeleton development

　脊椎動物の顔面骨格の発生は、発達中の脳における神経堤細胞の形成ではじまり、それに続く細胞移動が中胚葉細胞とともに顔面の原基を形成するというダイナミックで多段階の過程である。シグナル伝達の相互作用によって、未分化の間葉の芽から、筋や他の組織とともに成体の顔面を形成する骨や軟骨組織の複雑な系への顔面の原基の成長は調節される。関与すると考えられる因子のいくつかは、マウスの変異体の解析、ヒトの頭蓋顔面症候群からのデータおよび顔面形成過程でのシグナル分子の発現解析によって同定されてきた。

　顔面の発達は、次の現象によって決定的な影響を受ける。すなわち、(1) **吻側の神経堤細胞** rostral neural crest cell亜集団の拡大、(2) **頭屈曲** cranial flexureの確立と、それに続く前脳および眼の成長、(3) **嗅上皮** olfactory epitheliumの精巧な仕上げである。顔の下部（上顎と下顎）は、大きく拡張した第一咽頭弓から派生する。顔の間葉のほとんどは神経堤に由来する。初期の顔面の組織要素は、形態形成決定因子と成長シグナルの固有の組み合わせによってつくられる。最近の研究では、分子シグナルの特定の組み合わせが近位遠位軸や頭尾軸に沿った顔面の成長を制御していることが明確に示された。

　顔面の構造は、胎子の口窩を取り巻くいくつかの原基から起こる。これらの原基は、前頭鼻隆起、一対の内側鼻隆起と外側鼻隆起、および一対の上顎隆起と下顎隆起からなる。これらのすべては第一咽頭弓の要素である。前頭鼻隆起は、顔面発達の最初期に出現する際立った構造である。その形成は、複雑なシグナル伝達系の結果である。この形成は、前脳と反対側の限局した外胚葉領域における**レチノイン酸** retinoic acid合成から始まる。レチノイン酸は、**線維芽細胞成長因子-8** fibroblast growth factor-8（FGF-8）と**Shh**のシグナルを、前脳前部とそれを覆う前頭鼻隆起外胚葉の両方で維持している。これらの2つのシグナル分子は、前頭鼻隆起の神経堤由来間葉細胞の増殖を刺激する。前頭鼻隆起は初期の顔面形成において最も主要な構造である。のちに、これに続く上顎隆起と鼻隆起の発達とともに、前頭鼻隆起は口部から後退する。急速に拡張する顔面の原基の先端では、ホメオボックス遺伝子*Msx-1*が増殖中の間葉細胞で発現する。さらに、転写因子*Otx-2*の発現が第一咽頭弓の間葉細胞を特徴づける。より尾側の咽頭弓とは対照的に、***Hox*遺伝子群** *Hox* genesは第一咽頭弓では発現しない。

軟骨内骨化の分子制御
Molecular regulation of endochondral ossification

　軟骨内骨化の分子過程は5つの段階に分けられる。第一段階では、間葉細胞は軟骨細胞になるように分化の方向が決定される。これは転写因子**Shh**によって引き起こされ、Shhは近隣の椎板細胞に転写因子**Pax1**を発現させる。Pax1は、外因性および内因性の転写因子に依存的な

一連の過程を誘導する。

　第二段階の間に、分化方向が決定した軟骨細胞は凝集して小結節群を形成し、形態学的に分別可能な軟骨細胞へと分化する。いくつかの**骨形成タンパク質群** bone morphogenetic protein（**BMP**）がこの段階で重要なようだ。BMP 群は接着分子（N-カドヘリン、N-CAM）の発現を誘導する。接着分子は、間葉の凝集開始（N-カドヘリン）や凝集の維持に重要なようである。また、BMP 群は転写因子 **Sox-9** を誘導し、Sox-9 は 2 型コラーゲンとアグリカン agrican をコードする遺伝子を活性化する。

　第三段階は、軟骨細胞の急速な増殖と骨の軟骨の鋳型（軟骨モデル）の形成によって特徴づけられる。軟骨の鋳型の辺縁部では、間葉細胞は平らになり、長軸方向に伸びて、結合組織の密なシートを形成する。それはのちの軟骨膜であり、軟骨を取り囲み、周囲の間葉から軟骨を分ける。

　第四段階では、遠位端において軟骨細胞は増殖を続ける。軟骨要素の中心にある軟骨細胞は分裂を停止し、その容積を劇的に増やし、肥大した軟骨細胞となる。この過程は転写因子 **Cbfa1** によって仲介される。Cbfa1 は膜性骨の発達にも必要である。Cbfa1 自身は、**ヒストン脱アセチル化酵素4** histone-deacetylase-4（**HDAC4**）によって制御される。HDAC4 は、肥大する前の軟骨でのみ発現する酵素である。肥大した軟骨細胞は 10 型コラーゲンとファイブロネクチンを分泌し、軟骨の細胞外基質がリン酸カルシウム沈着によって石灰化することを可能とする。肥大した軟骨細胞はさらに**血管内皮成長因子** vascular endothelial growth factor（**VEGF**）も分泌する。この VEGF は間葉細胞を血管内皮細胞へ転換することができる。同時に、軟骨細胞が肥大した軟骨細胞に転換するとき、軟骨膜の間葉細胞のいくらかは骨芽細胞へ分化する。この過程は、転写因子**インディアン・ヘッジホッグ** Indian hedgehog によって引き起こされる。このインディアン・ヘッジホッグは、肥大する前の軟骨細胞から分泌される。

　第五段階では、軟骨膜からの血管が、骨の軟骨の鋳型へ侵入する。肥大した軟骨細胞の代謝は、正常な軟骨細胞とは異なる。肥大の過程で、軟骨細胞は好気性呼吸から嫌気性呼吸へ切り替わり、最終的にはアポトーシスによって死ぬ。入り込んだ血管を通して、骨芽細胞と軟骨吸収細胞が侵入する。軟骨吸収細胞は、アポトーシスを起こした肥大した軟骨細胞の残渣を分解する。骨芽細胞は、部分的に分解された軟骨基質上に類骨（骨基質）の形成をはじめる。これはのちに、膠原線維上へのリン酸カルシウム（ヒドロキシアパタイト）の沈着によって石灰化される。プロテオグリカン類と高親和性カルシウム結合タンパク質群はこの過程を誘導する。

筋板発生の分子制御
Molecular regulation of myotomes development

　前述のように、**筋板** myotome は少なくとも 2 つの明確に異なるシグナルによって誘導される。体節の内側部から起こる**原始筋芽細胞** primordial myoblast は、神経管由来の因子群によって誘導される。これらの因子はおそらく背側神経管領域からの Wnt1 と Wnt3、および腹側神経管領域からの低濃度の Shh である。体節の外側縁から起こる反軸側の筋芽細胞は、表皮（Wnt タンパク質群）からのシグナルと、外側中胚葉（側板中胚葉）からの**骨形成タンパク質4** bone morphogenetic protein 4（**BMP4**）によって特徴づけられる。刺激性のシグナルに加え、抑制因子が筋板細胞の決定に寄与している。たとえば、Shh は筋板と椎板の発生を誘導するだけでなく、外側中胚葉（側板中胚葉）からの BMP4 を抑制し、筋板や椎板が腹側および内側にあまりに広がりすぎないように調節している。このようにして、Shh は椎板細胞が筋細胞への転換するのを阻止している。

骨格筋発生の分子制御
Molecular regulation of skeletal muscle development（図 16-23）

　成熟した骨格筋線維は、収縮に特化した複雑な多核の細胞である。ほとんどの筋系列の前駆細胞（**筋原細胞** myogenic cell）は、**体節の筋板** myotome of the somite に起源があると考えられてきた。これらの細胞は、胚子の多くの他の細胞のタイプを生じる間葉細胞と似ているが、筋形成の細胞系列へ限定するための決定過程を経る。この決定過程の分子基盤は、**筋形成制御因子** myogenic regulatory factor（**MRP**）のファミリーに属する分子の作用である。MRP は最上位の遺伝制御因子として働き、筋以前の間葉細胞において、筋特異的遺伝子のスイッチを入れる。

体節における筋芽細胞は、**筋形成決定因子** *myogenic determination factor*（**MyoD**）または**筋形成因子5** *myogenic factor 5*（**Myf5**）のいずれかを発現する。これらは、塩基性ヘリックス・ループ・ヘリックス転写因子であり、その発現は筋原細胞系列に分化することが決定した細胞に厳密に限定している。筋板内では、MRP の発現は低く、筋芽細胞の移動中に消失する。筋形成の部位では、MRP の発現は上昇し、**筋芽細胞** *myoblast* の融合を誘導して**管状筋細胞** *myotube* が分化する。MRP のもう1つ別の分子である **Myogenin** は、筋芽細胞の最終分化過程と関連している。**筋制御因子4** *muscle regulatory factor 4*（**MRF4**）の発現は、しばしば筋線維成熟と関連している。MRP の発現が低いときは、筋芽細胞は増殖することができる。しかし、MRP の発現の上昇は *p21* 発現を誘導し、*p21* は CDK4（サイクリン依存性キナーゼ4）の活性を抑制するため、筋線維内での核分裂を妨げる。

MRP 群は転写因子であり、αアクチン、ミオシン重鎖、トロポミオシン、ミオシン軽鎖、トロポニンC、トロポニンIなど、他の筋特異的タンパク質の発現を誘導する。MRP 群は、MRP 自身と、あるいは細胞で構成的に発現している他の bHLH と、二量体を形成し、その後、DNA に結合する。増殖中の筋芽細胞では、成長因子は **HLHId 遺伝子** *HLHId gene* 発現を刺激する。HLH タンパク質 Id は DNA との結合に必要な塩基性領域を欠いている。そのため、増殖中の筋芽細胞では、MRP の発現は収縮タンパク質の発現を引き起こさない。このこともまた、筋芽細胞が最終分化過程すなわち筋芽細胞の融合を起こすのを妨げている。MRP は二量体になった後、E-box と呼ばれる特定の部位で DNA と結合する。E-box は、筋特異的遺伝子のプロモーター領域にのみ認められる。そのため、MRP 発現は筋特異遺伝子の転写のみを上昇させることができる。

筋の成長はネガティブにも制御されている。シグナル分子の TGF-β ファミリーの分子である**ミオスタチン** *myostatin* は、筋が正常な大きさになるとただちに筋の成長を止める。ミオスタチン機能が欠損した動物はひどく肥大した筋組織を発達させる。"2倍の筋"を持つウシの系統（たとえば、ベルギー・ブルー牛やピエモンテ牛）は、ミオスタチン遺伝子に変異があることが知られている。

参考文献 Further reading

Buckingham M. (2007): Skeletal muscle progenitor cells and the role of Pax genes. C. R. Biol. 330:530–533.

Carlson, B.M. (2004): Human Embryology and Developmental Biology. 3rd edition. Mosby, Philadelphia, USA.

Goldring M.B., Tsuchimochi, K. and Ijiri. K. (2006): The control of chondrogenesis. J. Cell. Biochem. 97:33–44.

Hill R.E. (2007): How to make a zone of polarizing activity: insights into limb development via the abnormality preaxial polydactyly. Dev. Growth Differ. 49:439–448.

Kablar, B., Krastel, K., Ying, C., Asakura, A., Tapscott, S.J. and Rudnicki, M.A. (1997): MyoD and Myf-5 differentially regulate the development of limb versus trunk skeletal muscle. Development. 124:4729–4738.

Kablar, B., Asakura, A., Krastel, K., Ying, C., May, L.L., Goldhamer, D.J. and Rudnicki, M.A. (1998): MyoD and Myf-5 define the specification of musculature of distinct embryonic origin. Biochem Cell Biol. 76:1079–1091.

Pacifici, M., Koyama, E., Shibukawa, Y., Wu, C., Tamamura, Y., Enomoto-Iwamoto, M. and Iwamoto, M. (2006): Cellular and molecular mechanisms of synovial joint and articular cartilage formation. Ann N. Y. Acad. Sci. 2006: 1068:74–86.

Robert, B. (2007): Bone morphogenetic protein signaling in limb outgrowth and patterning Dev. Growth Differ. 49:455–468.

Rüsse, I. and Sinowatz, F. (1998): Lehrbuch der Embryologie der Haustiere, 2nd edn. Parey Buchverlag, Berlin.

Ryan, A.M., Schelling, C.P., Womack, J.E. and Gallagher, D.S. Jr. (1997): Chromosomal assignment of six muscle-specific genes in cattle. Anim. Genet. 28:84–87.

Sadler, T.W. (2006): Langman's Medical Embryology. 10th edition, Lippincott Williams and Wilkins, Baltimore, Maryland, USA.

Shibata, M., Matsumoto, K., Aikawa, K., Muramoto, T., Fujimura, S. and Kadowaki, M. (2006): Gene expression of myostatin during development and regeneration of skeletal muscle in Japanese Black Cattle. J. Anim. Sci. 84:2983–2989.

Musculo-skeletal system

Simon, Y., Chabre, C., Lautrou and A., Berdal, A. (2007): Known gene interactions as implicated in craniofacial development) Orthod. Fr. 78:25–37.

Tickle, C. (2006): Making digit patterns in the vertebrate limb. Nat. Rev. Mol. Cell Biol. 7:45–53.

Wan, M. and Cao, X. (2005): BMP signaling in skeletal development. Biochem. Biophys. Res. Commun. 328:651–657.

Zakany, J. and Duboule, D. (2007): The role of Hox genes during vertebrate limb development. Curr. Opin. Genet. Dev. 17:359–366.

監訳者注：desmo- が使用されている用語には desmosome や desmocranium などがある。Desmosome はそのままカタカナでデスモゾームと訳され、desmocranium は靭帯頭蓋と訳される。

CHAPTER 17

Fred Sinowatz

外皮系
The integumentary system

皮膚は哺乳類の体で最大の器官である。皮膚は生体を脱水や損傷または感染から保護し、絶えず再生している。

哺乳類の成体の**外皮系** integumentary system は形態的、機能的に異なる2種類の層とそれに関連する付属器（毛、腺、蹄、鉤爪、角）で構成される。表層すなわち**表皮** epidermis は表面外胚葉に由来する重層扁平上皮から成る。深層の**真皮** corium/dermis と**皮下組織** subcuits は中胚葉に由来する結合組織で構成される。

表皮 Epidermis

表皮は、神経胚形成完了後に胚子を覆う**外胚葉細胞** ectodermal cell に由来している（**図 17-1、17-2**）。これは羊膜腔に面し、時に細胞膜表面に微絨毛を有する単層の上皮である。この単層の表面外胚葉の細胞は初期胚で増殖を開始し、第二の保護層、すなわち**周皮** periderm（被覆層）を形成する（**図 17-3**）。周皮は、内側の層が真の表皮を形成するためにつくられる一過性の覆い（カバー）であり、分化するとなくなる。基底層の細胞のさらなる増殖に伴って、第三の層すなわち中間層が形成される。最後に、表皮は最終的な配列を獲得し、4層が区別できるようになる。すなわち、基底側から (a) **基底層** basal layer（胚芽層）、(b) **有棘層** spinous layer、(c) **顆粒層** granular layer、(d) **角質層** cornfield layer である。

基底膜上に配列する基底層の細胞は胚芽層になる。この層は表皮の重層上皮を形成するように運命付けられている領域である。角化して最終的にははがれ落ちる表皮の表層を継続的に置換するために、**基底層** basal layer には**有糸分裂する表皮幹細胞** epidermal stem cell that divide mitotically が存在する。この表皮幹細胞は非対称的な分裂をする。すなわち、基底膜に接着したままの娘細胞は幹細胞のままであるが、基底膜を離れた娘細胞は、表皮の表面へと向かい分化をはじめる。後者の細胞は皮膚の特徴的なタンパク質であるケラチンを産生し、高密度の中間径フィラメントとして配置している。分化した表皮細胞は**角質化細胞（ケラチノサイト）** keratinocyte といわれる。この細胞同士はデスモゾーム（接着斑）によって強固に結合しており、体の脱水を最小限にするための脂質とタンパク質でできた水不透過性膜を形成している（**図 17-4**）。

基底層 basal layer での持続的な細胞の産生は、**古い細胞を表皮の表面へと押し出す** push older cells to the surface 細胞を生み出す。基底層からの表皮細胞の移動に先んじて、ファイブロネクチン、ラミニン、Ⅰ型コラーゲンおよびⅣ型コラーゲンのような基底膜分子への接着性が消失する。これらの細胞の変化は、基底膜成分との接着を仲立ちしている基底部の表皮細胞の細胞膜（形質膜）からいくつ

The integumentary system

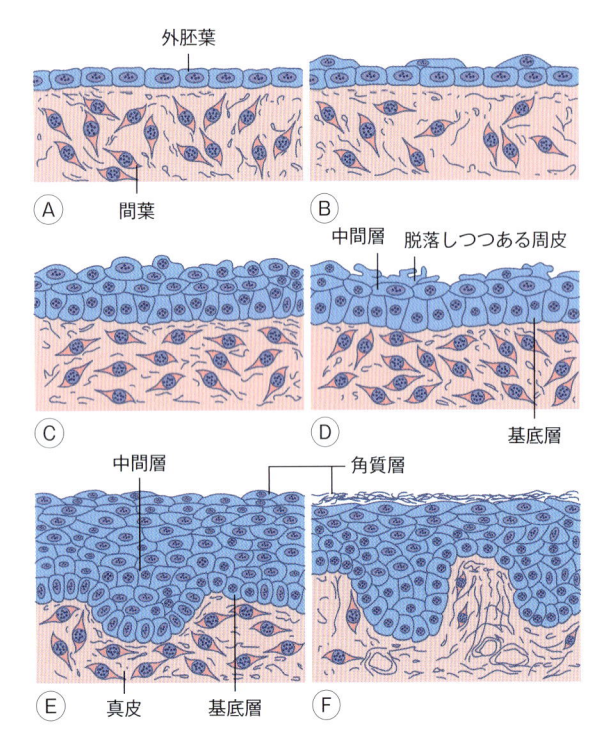

図 17-1：表皮と真皮の連続的な発生段階　**A:** 外胚葉は単層の細胞とその深部にある間葉から構成されている。**B:** 第二の層である周皮の発生。**C:** および **D:** 複数層の表皮の形成。**E:** 表皮乳頭を形成する胎子の表皮。**F:** 重層扁平上皮の特徴的な層が見られる胎子期後期の胎子の表皮。Rüsse と Sinowatz（1998）の厚意による。

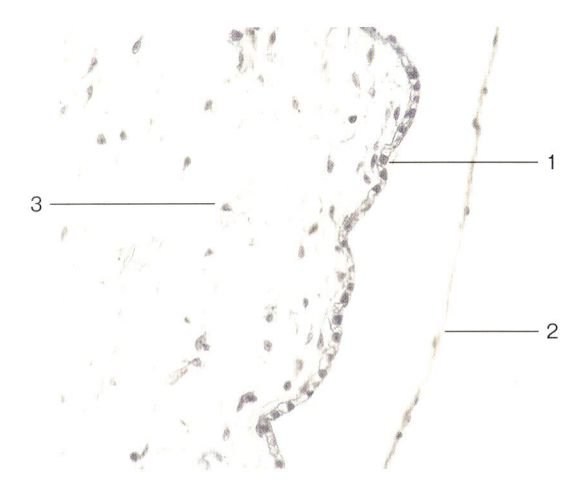

図 17-2：ネコ胎子の表皮。頭殿長 17 mm。1: 表皮、2: 羊膜、3: 間葉。

かの膜タンパク質（インテグリン）が消失することによって説明できる。**有棘層** spinous layer の細胞は、ケラチンフィラメントの際だった束を産生する。この束は、互いの細胞同士を結び付けるデスモゾームに集結している。この細胞の移動に際し、ケラチンのような分化型の物質の産生は停止する。有棘層の外層の有糸分裂後の細胞の細胞質にケラトヒアリン顆粒が現れるようになり、これは次の層である**顆粒層** granular layer では顕著な構成要素になる。顆粒層の細胞は最外層の**角質層** cornfied layer へ移動するにつれ、細胞は扁平になり、核は細胞の端に押しやられるようになる。角質層では、細胞の核が最終的には消失する。この層はケラチンフィラメントを多数含み、ヒスチジンが豊富なタンパク質のフィラグリンによってつながり（連結している）、ほぼ平らな袋のような形になる。角質層の角質化細胞（ケラチノサイト）は継続的に剥離する。基底層で細胞が産生され、はがれ落ちるまでの期間は、マウスではおよそ 2 週間、ブタでは 3 週間、ヒトでは 4 週間かかる。

いくつかの成長因子は、表皮の発生とその顕著な増殖能力を刺激している。形質転換成長因子-α transforming growth factor-α（TGF-α）は基底細胞によって産生され、オートクライン機構によって自身を刺激する。角質細胞成長因子（KGF、線維芽細胞成長因子-7；FCF-7 としても知られる）も表皮発生のために必須で、表皮下に横たわる間葉の線維芽細胞により産生される。この因子は表皮の基底細胞上の特殊な受容体と結合し、おそらく角質化細胞（ケラチノサイト）の分化と移動を調節しているだろう。

一般的に**表皮非角質細胞** epidermal non-keratinocyte といわれる数種類の細胞は発生中の表皮で

外皮系　第17章

図 17-3： ネコ胎子の表皮。頭殿長 46 mm。1: 周皮、2: 表皮中間層、3: 表皮基底層、4: 深部へ成長する表皮、5: 間葉。

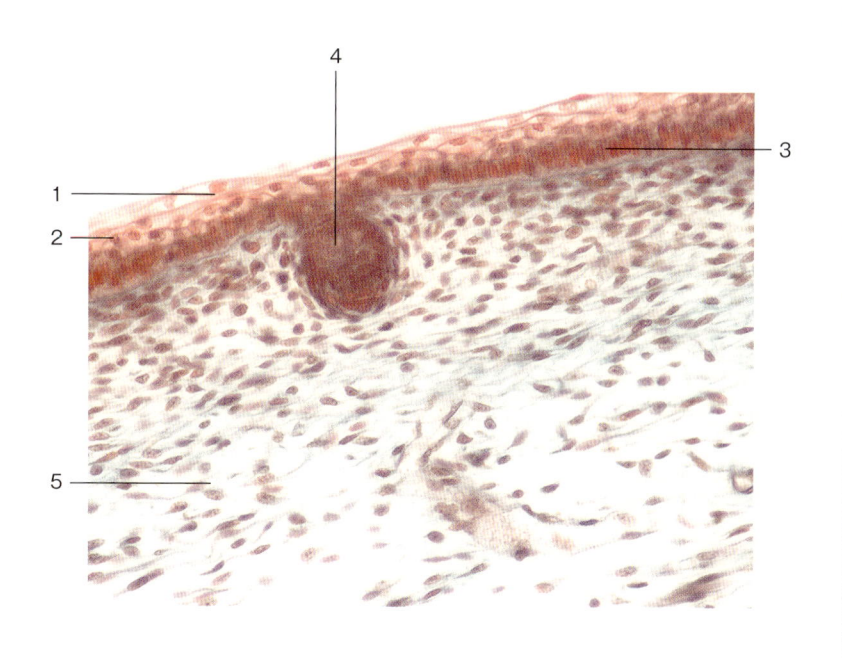

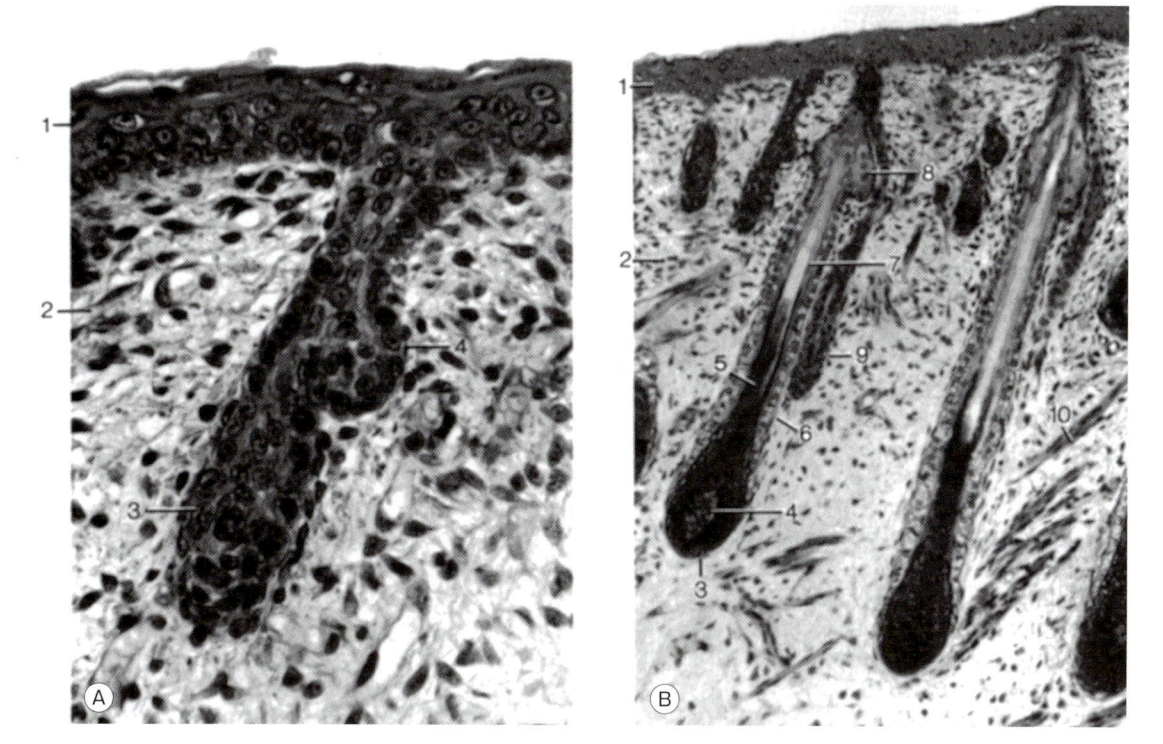

図 17-4：A: ネコ胎子の皮膚。頭殿長 8 cm。1: 表皮、2: 真皮、3: 毛芽、4: 皮脂腺の原基。**B:** ネコ胎子の皮膚。頭殿長 10.5 cm。1: 表皮、2: 真皮、3: 毛球、4: 毛乳頭、5: 毛根、6: 上皮性毛包、7: 毛幹、8: 脂腺、9: 汗腺、10: 立毛筋。

確認できる。神経堤細胞は真皮に移動し、**メラニン芽細胞** melanoblast になる。この細胞も表皮の基底層に侵入する。メラニン芽細胞は、褐色の顆粒であるメラニンを含むメラノソームを産生する。メラニンは、酵素チロシナーゼの存在下で、L-チロシンの酸化によってつくられる。メラノソームは近隣の角質化細胞（ケラチノサイト）に輸送される。そして、通常は哺乳類で見られる異なる体色のパターンを形成する。**メルケル細胞** Merkel cell は自由神経終末と結合する表皮内の機械受容体である。この細胞は、以前は特殊化した角質化細胞（ケラチノサイト）と考えられていたが、新たな知見によって、神経堤細胞由来であるという考え方が支持されている。出生前の発生後期において、表皮内大食細胞（**ランゲルハンス細胞**）Langerhans cell という別のタイプの細胞が表皮に侵入する。ランゲルハンス細胞は骨髄中の前駆細胞に由来する。この細胞は免疫系の末梢の構成要素であると考えられており、抗原の提示に関与する。また、この細胞は外来抗原に対して細胞を介した反応（細胞性応答）を開始するために、皮膚内で T リンパ球と協同して機能する。

真皮 Dermis（corium）

真皮 dermis は複数の胚葉から生じる。体幹では、背側部の真皮は中胚葉である体節の**皮板** dermatome に由来するが、腹側および側方の真皮は四肢の真皮と同じく、**外側中胚葉** lateral mesoderm に由来する。頭部では、頭蓋の皮膚および頸部前面の真皮の大部分は、**神経堤外胚葉** neural crest ectoderm に由来する。

将来の真皮は、はじめ緩やかに集まった間葉細胞によって形成される。この間葉細胞は、細胞突起の局所的な密着結合（タイトジャンクション）で強固に結合している。この間葉細胞はヒアルロン酸やグリコーゲンに富んだ細胞間基質を分泌する。のちに、間葉細胞は線維芽細胞に分化する。この線維芽細胞は膠原線維（Ⅰ型やⅢ型）や弾性線維の量を増加させる（**図 17-1**）。

発達がすべて完了すると、真皮は血管がよく発達した線維性弾性結合組織になり、**乳頭層** papillary layer と**網状層** reticular layer に細分される。真皮の肥厚部（乳頭）は、表皮基底層に向けて突出する。これら真皮の肥厚部は、表皮隆起といわれる表皮基底層の下方への突出部と交互に並び、真皮と表皮の境界に特異的なものである。この構造は剪断力（ずれる力）に対して抵抗し、外皮の構造的な健常性を維持するのに役立っている。これらの乳頭は毛細血管や知覚神経終末器官（ファーター・パチニ小体、マイスナー小体およびクラウゼ小体）を含む。

皮下組織 Subcutis

体のほとんどの部位で、間葉細胞は多少なりとも厚みのある層を形成し、この層は皮下組織内の**疎性結合組織** loose connective tissue の元となる。皮下組織は、線維芽細胞やさまざまな種類の遊走細胞に加え、膠原線維の不規則な束を含んでおり、この束には弾性線維やさまざまな数の脂肪細胞が組み込まれている。胸部や頸部など、体の限られた部位の皮下組織には、骨格筋線維の束が発達する。

表皮付属器 Epidermal appendages

家畜の皮膚は、機能的・形態的に驚くほどの多様さを示す。この多様さは高度に特殊化された表皮付属器、すなわち多様な腺（アポクリン汗腺、エクリン汗腺、皮脂腺から乳腺に至るまで）、毛、指趾末端を覆う構造物（鉤爪や蹄）に見られる。表皮付属

外皮系 第17章

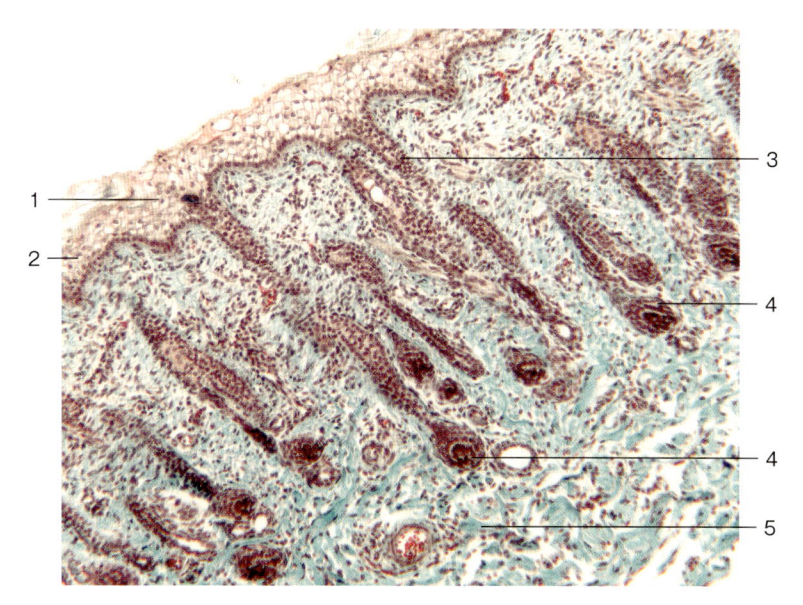

図 17-5：ウシ胎子の皮膚。頭殿長 62 cm。1: 表皮、2: 表皮基底層、3: 上皮性毛包、4: 毛乳頭、5: 真皮。

器は、表皮とその下に存在する間葉とのあいだの一連の相互作用の結果、形成されたものである。Wntシグナルや FGF シグナル伝達経路中のタンパク質の複雑なカスケードは、表皮付属器の形成中、上皮と間葉の相互作用を調節する。

毛 Hair

毛は、真皮からの誘導刺激の結果として表皮から発生する、特殊な表皮派生物である。唇、眼窩および下顎周囲のなめらかな皮膚では、顕微鏡レベルでの表皮の局所的な肥厚が、毛の発生で最初に認められる。その後、毛の原基はいくつかの部位を除いた外皮中に出現し、哺乳類家畜の体表面全体が毛で覆われるようになる。鼻鏡、蹄、肉球および粘膜皮膚移行部は毛を欠く領域である。品種間および個体間での毛の密度、種類、分布のパターンや色は多彩である。

毛は、その深部の真皮に入り込んだ、表皮**基底層に由来する密な増殖部分** solid proliferations from the basal layer である。基底部の表皮細胞は、分裂して伸長し、真皮内に斜めの角度で入り込む。この末端において、毛芽は陥入する。この毛芽の陥入部は間葉細胞で速やかに満たされ、血管と神経終末を含む**真皮乳頭** dermal papilla を形成する。真皮乳頭の継続的な影響を受け、表皮の深部へと成長する細胞は、分裂しながら初期の**毛芽** hair bud を形成し続ける。じきに、毛芽の中心部の細胞は紡錘形となり、角質化したものとなる。周辺の細胞が立方状のままであるあいだに、この紡錘形で角質化した細胞は**毛幹** hair shaft を形成する。この毛幹は、のちに**内根鞘および外根鞘** internal and external root sheath となる**上皮性毛包** epithelial hair follicle（**上皮性毛根鞘** epithelial hair sheath）の基となる。上皮性毛包の周囲の間葉は**真皮性毛包** dermal hair follicle（**真皮性毛根鞘** dermal root sheath）を形成する（図17-5）。

これに続く数週間で、毛芽は真皮乳頭の成長を追

い越し、その後、早期の毛包を形成するようになる。この段階で、毛包の上皮壁は周囲の中胚葉に侵入する2つの膨らみを形成する。一方の浅い膨らみの細胞は、**皮脂腺** sebaceous gland を形成する。この腺は皮脂（油性の皮膚の潤滑油）を産生する。出生前の発生段階のあいだ、胎子の皮脂腺の分泌物が胎脂として、皮膚の表面に蓄積する。この物質は羊水に絶えず浸されている表皮のための保護材として機能する。

もう一方の深部の膨らみは微細な筋である**立毛筋** arrector pili muscle のための付着部位である。この膨らみは、隣接する間葉細胞を誘導し、立毛筋の平滑筋線維を形成する。この中胚葉由来の平滑筋線維は、寒冷な環境下で、毛をほぼ垂直に立ち上げることができる。新たな知見では、この深部の膨らみには、少なくとも注目すべき2種類の幹細胞が存在することを示している。それらの細胞とは、多能性毛包幹細胞とメラニン細胞幹細胞である。メラニン細胞幹細胞は神経堤の派生物であり、メラニン色素を産生し、おそらく皮膚のすべての色素細胞を生じさせる。

毛包 hair follicle は、**一次毛包** primary hair follicle あるいは**二次毛包** secondary hair follicle のいずれかに分類することができる。**一次毛包** primary hair follicle の毛球は真皮の**深部** deep に位置している。通常、皮脂腺と汗腺が付属する単一毛（保護毛）は一次毛包から伸びる。一次毛包は、はじめは等間隔に配列しているが、のちに新たな一次毛包がすでにでき上がった毛包間で発達する。2から4つの毛包は互いに近接して種特異的なグループを形成する（後述参照）。

一次毛包の間隔は、いくつかの増殖因子や転写因子の影響を受ける。周囲の間葉が産生するFGF-5は、毛芽の表皮深部への成長に刺激効果がある。これに対し、BMP2およびBMP4は阻害効果がある。すなわち、これらのBMPは隣接する毛芽間の間隔を調節するようだ。毛芽はその形成後まもなく毛包の増殖や成長を刺激するソニック・ヘッジホック（Shh）を発現しはじめる。

二次毛包 secondary hair follicle は比較的**直径が小さく** small diameter、真皮のより**浅層** superficially に存在する。二次毛包から伸びる毛（二次毛あるいは下毛）は通常、皮脂腺を付属させているが、汗腺や立毛筋を欠いている。

家畜の毛包の種類や分布には大きなばらつきがある。**ウマ** horse や**ウシ** cattle では、一次毛包のみが存在し、体表面上に均等な間隔で列をなしている。**ヒツジ** sheep では、毛の毛包はクラスター（小集合体）を形成する。各々のクラスターは通常、二次毛包の間に散在し、3つの一次毛包からなる。品種に応じて、二次毛包の数は一次毛包の数の最大6倍にまでなることが可能である。**ブタ** pig では一次毛包は、クラスターあたり3つまたは4つからなる一次毛包のクラスターを形成する。**イヌ** dog や**ネコ** cat では、出生後に発達する複合毛包を有する（この毛包は2本以上の毛が同一孔から突出する）。ネコでは、1つの一次毛包が複数（2〜5つ）の複合毛包で囲まれる。この複合毛包は最大で3本の粗い一次毛と、6〜12本の二次毛を備えている。イヌでは、複合毛包は中心の毛包がわずかに大きい3つの毛包のクラスターから成る。

洞毛 Sinus hairs

ほかの毛とは異なる**知覚機能** sensory function と**触覚機能** tactile function がある洞毛（触毛 tactile hair）は、特別な部位に見られる。特に頭部に分布し、主に口唇、頬および顎の周囲、眼の上部に見られる（図17-6）。出生前では、洞毛包は一般的な毛よりも早期に出現する。はじめは、その形成は一次毛包の発達と類似しているが、のちに洞毛の毛芽は大きく拡大し、皮下組織内に伸びていく。洞毛の特

外皮系　第17章

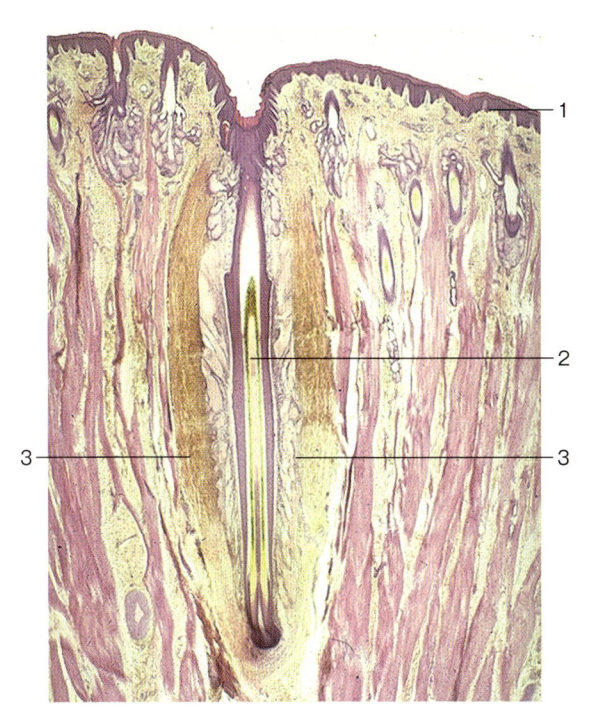

図 17-6：ウマ胎子の洞毛。頭殿長 78 cm。1: 表皮、2: 毛幹、3: 血管洞。

徴は、真皮性毛包（結合組織性毛包）内で、この毛包を内層および外層に分ける血液を充填した洞 blood filled sinus（毛包血洞 hemorocele of hair follicle）が発達することである。反芻類家畜やウマでは、結合組織の小柱がこの血洞内を横切っている（小柱型洞毛）。一方、食肉類家畜では、小柱はこの血洞の浅層部1/3には認められない。外層の真皮性毛包から内層の上皮性毛包に伸びる多数の自由神経終末は、洞毛の傑出した触覚を担っている。

皮膚の腺 Skin Glands

皮脂腺 Sebaceous glands

皮脂腺の発達については、すでに"毛"の節で簡単に述べた。皮脂腺は、汗腺の原基のレベルよりも深部にある上皮性毛包（上皮性毛根鞘）の基底上皮の横方向への伸長 lateral outgrowth of the basal epithelium として生じる（図17-4）。密で堅い膨らみが分葉化するようになり、成体の腺を特徴づけるいくつかの腺胞を形成する。皮脂腺の内腔は、中心の皮脂細胞の崩壊物からでき、羊膜内に移行する油状の分泌物（皮脂）から形成される。皮脂腺は全分泌（崩壊した細胞が分泌物を構成する）なので、分泌細胞の定期的な置換が必要である。皮脂腺は、ウシ、ウマ、イヌおよびネコではきわめて多数あり、よく発達するが、ブタはその分布が一般に疎であり、目立たない。毛包から独立している皮脂腺は、上眼瞼、外生殖器および肛門の周囲で観察される。これらは表皮の上皮芽から生じる。一部の家畜では、皮脂腺が特に発達し、この集積が特定の領域で観察される。これらの領域には、ヒツジの眼窩下や蹄間領域にある脂腺、ヤギの角基底部の角腺、食肉目の肛門周囲腺などがある。

汗腺 Sweat glands

分泌の様態によって、哺乳類の汗腺はアポクリン汗腺とエクリン汗腺の2種類に分類される。

アポクリン汗腺 apocrine sweat gland は毛包に関連 association of hair follicle して発達し、基底層から深部へ向けて成長し、皮脂腺の上部の毛管へと開口する（図17-4）。アポクリン汗腺の分布は動物種によって多様である。ヒトとは対照的に、アポクリン汗腺は家畜にとって主要な汗腺である。すなわち、この腺は毛で覆われるすべての皮膚領域で見ることができる。アポクリン汗腺の分泌物は比較的粘性があり、この分泌物には個々の動物や種を特徴づけるにおいが含まれている。ヒトでは、アポクリン汗腺は眼瞼、腋窩、陰部および会陰領域でのみ見ることができる。

エクリン汗腺 eccrine sweat gland は表皮基底層

The integumentary system

の密な円柱状の下方への成長部として発達し、各々の芽がその深層にある間葉を貫入する。遠位の部分はコイル状となり、エクリン汗腺の分泌部を形成する。エクリン汗腺の内腔の形成の過程は複雑である。上皮内での管の内腔は細胞の分離によって細胞外にできる。一方、真皮内での管の内腔は、細胞内の細胞質小胞の形成によって生じる。これらの小胞は細胞膜（形質膜）を通過して崩壊し、融合する。腺の分泌部の上皮細胞は、分泌細胞と収縮性のある星状筋上皮細胞に分化する。ヒトにおいて、エクリン汗腺は主たる（優勢な、支配的な）汗腺である。家畜では、肉食動物の肉球、ウマの蹄の蹄叉、ブタの吻、ウシの鼻口部で確認できる。

蹄と鉤爪 Hooves and claws

家畜の肢端部の外皮の付属器の形態は大きな変異を示す。これは、哺乳類の四肢の適応的発達の結果である。したがって、肢は骨や腱、足底領域の靱帯と同様に、表皮、真皮および皮下組織を含む進化上の変化を反映している。これらのすべての指（趾）の原基は類似しているが、その後の分化はさまざまで、種に特異的な指（趾）をもたらす。末節骨の被覆部では、発生初期のあいだ、真皮のうね状の隆起がネコやイヌの鉤爪にみられるだけではなく、ウシやウマの蹄でもみられる。これらの真皮の隆起は乳頭体 papillary body の基本形であると考えられており、乳頭体はすべての家畜で見られるうね状の隆起構造をした表皮と真皮外層で構成される。のちに乳頭体はウマや反芻類の蹄を形成する種特異的な変化を生じる。

胎子期初期のあいだ、**ウマの蹄 equine hoof**（**図 17-7**）は第三指（趾）の背側面および両側面の表皮の肥厚部位として最初に現れるようになる。肥厚した表皮は、妊娠（胎齢）2カ月末までに真皮の薄層を覆う。胎齢3カ月では、蹄になると推定される

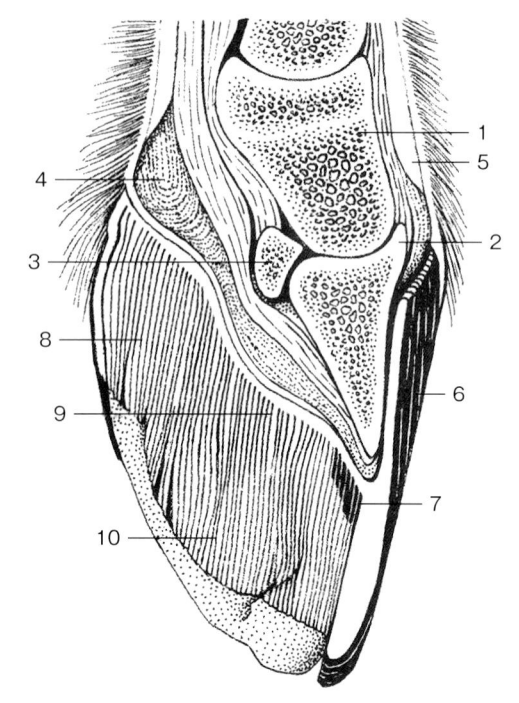

図 17-7：妊娠266日目のウマ胎子の蹄。1: 中節骨、2: 末節骨、3: 遠位種子骨、4: 蹄球底、5: 蹄縁角質、6: 蹄縁表皮（蹄漆）、7: 蹄底真皮乳頭、8: 蹄球、9: 蹄叉、10: 上爪皮。Russe と Sinowatz（1998）の厚意による。

部位と毛の生えた皮膚との連結部において結合組織の増加した増殖が見られ、近位でわずかに盛り上がる**蹄縁皮下組織（蹄縁蹄枕）**periople cushion や遠位でさらに盛り上がる**蹄冠皮下組織（蹄冠蹄枕）**coronary cushion が形成される。第三指（趾）の腹側表面では、蹄叉および蹄球となる部位での皮下組織の深さが増加し、これらは指趾の衝撃を吸収するクッションとなる。ウマの肢端部の典型的な蹄の形をした構造は、**蹄壁** wall、**蹄支** bar、**蹄底** sole、**蹄球** bulb および**蹄叉** frog があり、これらはこの段階までにすでに形づくられている。

ウマの蹄の乳頭体の胎子期での形成は特殊であり、均等に分かれた蹄（偶蹄）を持つウシやブタの蹄における相同な構造と比較すると、その構造はい

くぶん異なる。また、鉤爪や平爪といった相同な指端器官における構造とは著しく異なっている。ウマの蹄の乳頭体の発達は、表皮の基底細胞の有糸分裂が活発になることからはじまる。表皮芽はおそらくその下部にある間葉内の毛細血管の配列によって誘導され、真皮の表面に陥入し、複雑な真皮と表皮の境界面を形成する。次いで、乳頭体の分節 segment 特異的な発達が2カ所（蹄壁へと伸びる蹄冠の背側方の遠位部、および蹄壁と蹄底の境界部）で同時に起こる。乳頭体は**真皮微小隆起 dermal microridge** の形をしている。これは、個々の真皮乳頭に変形されて列をなして配列されるか、あるいは拡大されて一次葉または二次葉になるかのどちらかである。**真皮乳頭 dermal papillae** は**蹄底 sole**、**蹄叉 frog** および**蹄支 bar** の真皮中と同様に、**蹄縁皮下組織（蹄縁蹄枕）perioplic cushion** や**蹄冠皮下組織（蹄冠蹄枕）coronary cushion** の真皮中に定着している。しかしながら、蹄壁の真皮は最大で600枚の蹄冠溝から蹄の荷重負荷表面に至る**一次葉 primary fold（laminae）**へと発達する。それぞれの一次葉は、結合組織の中心の芯部になり、この結合組織から100〜200枚の**二次葉 secondary laminae** が直角に伸びる。これらは表皮の基底層によって覆われる。表皮芽はおそらく、再びその下層にある間葉中の毛細血管の配置によって導かれている。**蹄冠皮下組織（蹄冠蹄枕）coronary cushion** の真皮は、表皮によって覆われた円錐形の真皮乳頭を形成する。表皮の成長は第三指の長軸と平行に発生する。妊娠3カ月目の終わりには、乳頭頂部の基底表皮細胞の増殖は腹側表面に向かって遠位方へ成長する**表皮細管 epidermal tubule** を形成する。これらの表皮の**角細管 horn tubule** は断面が円形あるいは楕円形で、細胞の破片を含んだ中空な中心部の髄質と、角質化細胞（ケラチノサイト）からなる外側の密な皮質から構成される。乳頭間の領域深部の基底表皮細胞は増殖し、**細管間角質 intertubular horn** を形成する。この角質は角細管のあいだを埋める。蹄冠蹄枕に由来する角質は**蹄壁中間層 intermediate layer of the hoof wall** を構築する。妊娠8カ月目には、**蹄縁皮下組織（蹄縁蹄枕）perioplic cushion** の表面の表皮細胞が増殖し、細管と細管間角で構成され、遠位方向に向けて伸び蹄壁表面を覆う**蹄壁外層 outer layer of the hoof wall** を形成する。角質縁の表皮に由来する柔らかな突起も踵の部分を包む。**蹄壁の内層 internal layer of the hoof wall** は、蹄壁の二次葉を覆う表皮によって産生された葉角によって形成される。

蹄の発達中の周皮を持続するために、増殖中の表皮は柔らかく、各蹄の先端を覆うクッションのような構造をつくる。この柔らかい角質は**上爪皮 eponychium** と呼ばれ、妊娠後期に胎子の動きによる羊膜の損傷を妨げるものである。この上爪皮は、出生後すぐにはがれ落ちる。

偶蹄目の蹄の発達パターンは、ウマの蹄の発達パターンと多くの類似点がある。しかし主たる違いは、**反芻目やブタの蹄では蹄叉も蹄支も発達せず、蹄壁では二次葉が見られない** ruminunt and porcine hooves develop neither frogs nor bars, and, in the wall segment, no secondary laminae are found ことである。

家畜の肉食動物で、**鉤爪 claw** もまた、遠位の指骨を包む皮膚が変化し、硬く角質化した層で構成される（**図17-8**）。しかし、分節特異的な乳頭体の発達は、最も特殊化したウマと比較すると貧弱である。ネコの鉤爪では、明瞭な乳頭体の発達ははじめに足底部で認められる。これは、ネコの鉤爪の特徴である足底部の表皮の高い増殖率によると考えられる。鉤爪での小型の乳頭体の発達は、わずかに拡張しているだけの真皮と表皮の接触帯を提供し、表皮細胞への栄養素の拡散を可能にするために主として役立っている。しかし、ウマの蹄で見られる荷重負荷がかかる装置は被膜と末節骨のあいだで張力や圧

The integumentary system

角 Horns

　反芻家畜では、角は一対の骨性の**角突起** cornual process によって形成される。この突起は高度に角質化した皮膚によって覆われる。ウシの角の原基は頭部の前頭部の表皮の肥厚として妊娠2カ月目の終わりにはじめて現れる。頭部は溝で囲まれ毛に覆われる。特に目立つようなこれ以上の角の発達は生後まで起きない。角の原基を取り囲む毛は、周りの毛より長く、出生後には渦巻状の配列を示す。生後およそ1カ月後に角の原基の表皮は増殖し、円錐形の**角芽** horn bud を形成する。その後すぐに、**前頭骨が骨性の成長部を発達させる** frontal bone develops bony outgrowths。この成長部は発達中の角の骨性の芯を構成する。それに続く1カ月のあいだ、各々の硬い前頭部の角突起は中空になり、**前頭洞が骨腔内に伸長する** frontal sinus extends into the horn cavity。角突起を覆う真皮は骨膜と融合し、高度に角質化した表皮に覆われた表層を向く真皮乳頭を備える。表皮の増殖により、角質化した**細管や管間角** tubular and intertubular horn が生じる。角突起の基部でつくられる柔らかな角は**角外膜** epiceras と呼ばれる。これは、細管や管間角にわたって伸びる、蹄縁によって産生されるウマの蹄の外層に似ている。

乳腺 Mammary glands

　乳腺は**特殊化した汗腺** specialized sweat gland である。乳腺は、発生中の胚子の腹側表面にあるミルクラインあるいは**乳腺堤** mammary ridge といわれる、2本の外側方の線に沿って発生する。乳腺堤は表皮のわずかな盛り上がりによって構成され（**図 17-9**）、ほとんどの種において頭殿長が12〜14 mm のときに現れるが、ウマではその時期がわずかに遅れる。各々の乳腺堤の大部分は形成された直後に消失するが、残存部の長さは種によって異なり、種に特異的な乳腺の数と一致する。イヌ、ネコおよびブタでは乳腺の群が両側の乳腺堤の全長に添った予測可能な位置に発達する。その結果、それぞれいくつかの腺の開口部を備えた乳頭が形成される。**ウシ** cow では、それぞれに単一の乳頭を伴う**2つの単一腺** two single glands が左右両側の乳腺堤の鼠径部で発達する。**小型反芻動物** small ruminant では各側でそれぞれ単一の乳頭を伴う**1つの腺のみが発達する** only a single glands develops。**ウマ** horse では各側で2つの乳腺が発達する two glands develop。しかしながら、それぞれの腺は各側の**単一の乳頭に開口する** both glands open on single papilla。体幹の背側部が成長するにつれ、それぞれの乳腺堤は腹側方に位置を変える。

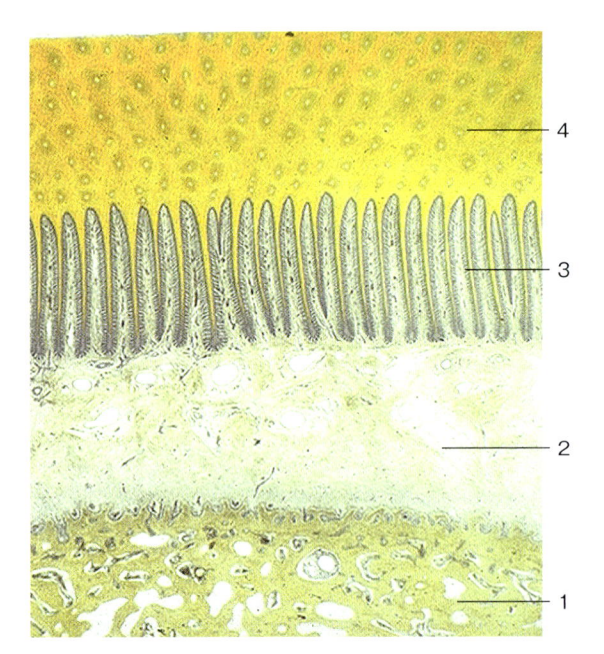

図 17-8：ネコの鉤爪。1: 末節骨の骨組織、2: 末節骨の真皮、3: 真皮葉、4: 角質壁の角細管。

外皮系　第17章

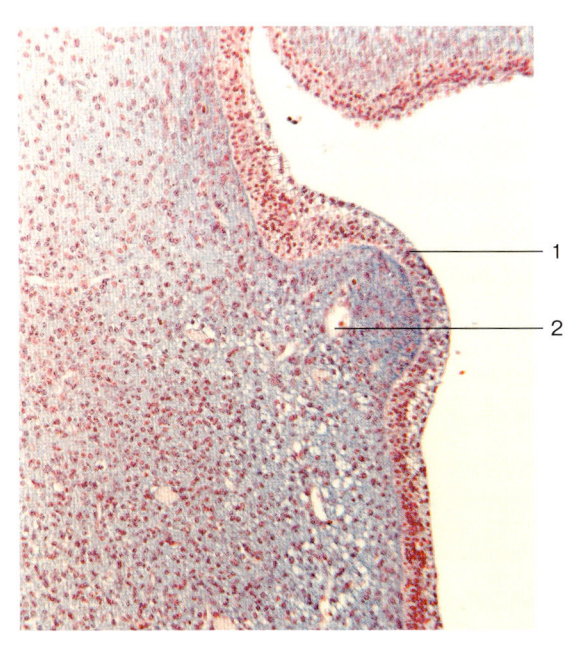

図 17-9：妊娠 40 日目のウシ胎子の乳腺の原基。1: 表皮、2: 間葉の肥厚。

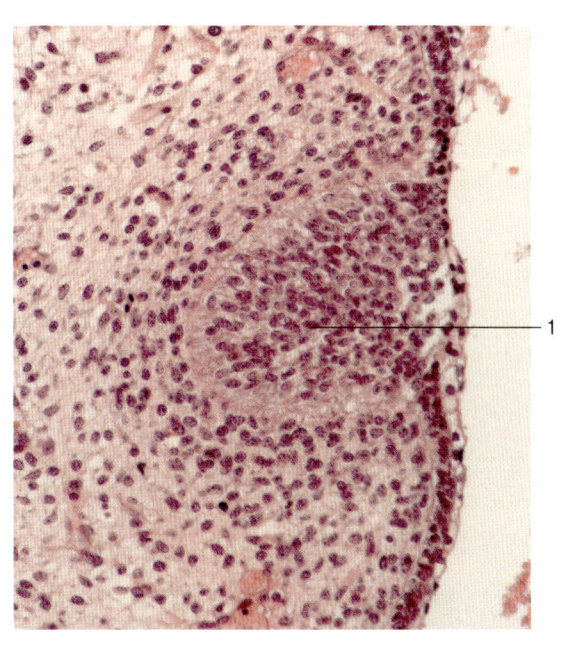

図 17-10：妊娠 58 日目のウシ胎子の乳腺の原基。表皮芽（1）が間葉中へ伸びている。

　間葉組織の局所的な集合と、そこの部分を覆う表皮の肥厚が、乳腺堤に沿って特定の間隔で生じる。肥厚した表面上皮は**一次乳腺芽** primary mammary bud を生じさせ、それは成長につれて下層の間葉組織内へ入り込み、**二次乳腺芽** secondary mammary bud を形成する（**図 17-10、17-11**）。これらの二次乳腺芽は胎子の発生が進行するに伴い、伸長・分枝する。乳腺芽は、はじめは上皮細胞が集まった硬い索だが、のちに明らかとなり、発達中の乳頭の表面上に開口する乳管を形成する（**図17-12**）。**乳頭** teats は間葉の増殖によって形成される。その増殖により、腺の開口部は取り囲む表皮を持ち上げて突出する。

　出生から春機発動までは、乳腺は**等尺的に** isometrically 成長するが、妊娠・出産するまで、構造的、機能的な成長は完了しない（**図17-13**）。春機発動の開始とともに、乳腺は体の残りの部分よりも

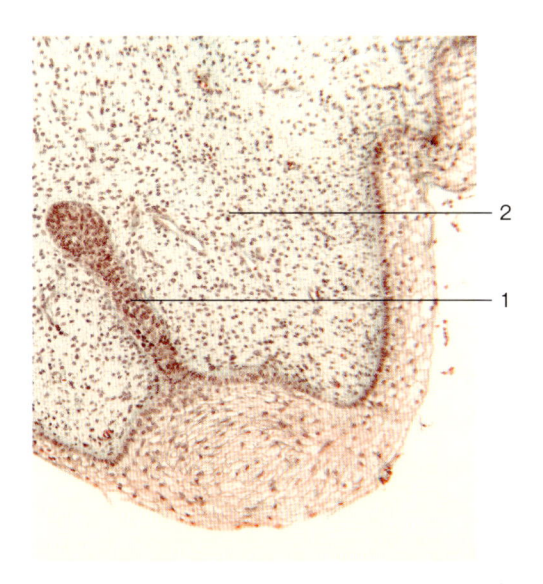

図 17-11：妊娠 85 日目の雌ウシ胎子の発達中の乳腺。1: 一次表皮芽、2: 間葉。

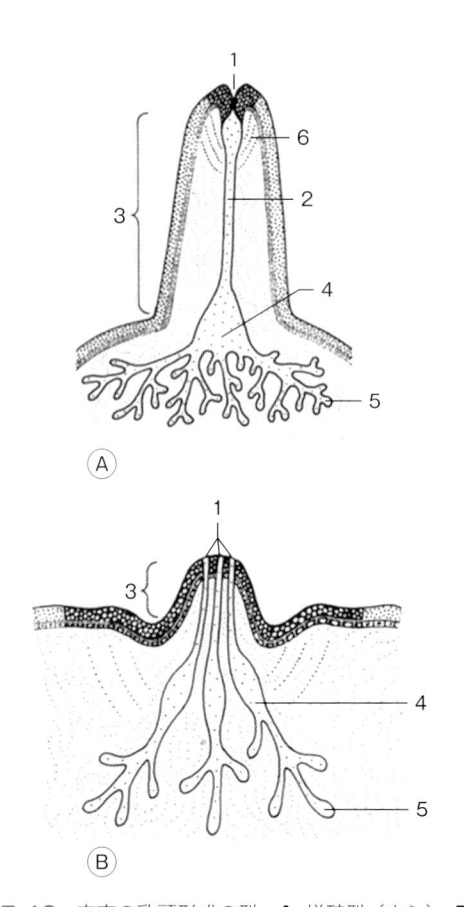

The integumentary system

図 17-12：家畜の乳頭形成の型。**A:** 増殖型（ウシ）、**B:** 外転型（ブタ、肉食動物）。1: 乳輪領域、2: 乳頭管、3: 乳頭、4: 乳管洞、5: 二次上皮芽および三次上皮芽。Rüsse と Sinowatz（1998）の厚意による。

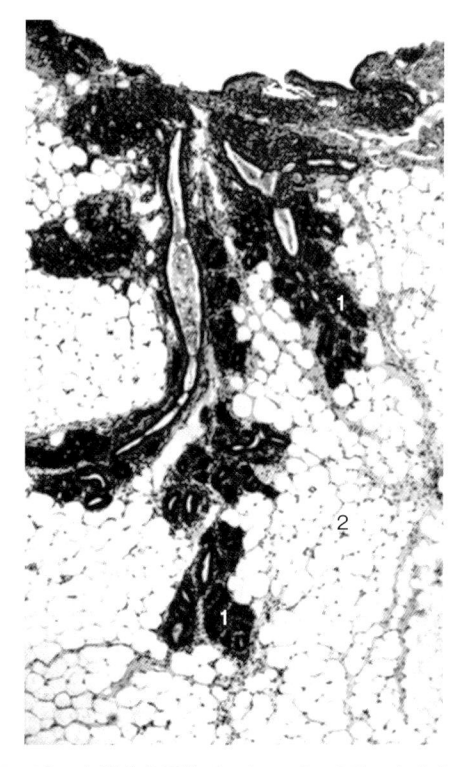

図 17-13：春機発動開始時のヒツジの乳腺。上皮芽（1）は脂肪細胞（2）が豊富な結合組織中に突出する。Rüsse と Sinowatz（1998）の厚意による。

速い速度で、**非比例的に** allometrically 成長する。発情周期が繰り返されるあいだに、乳腺内に乳管や乳腺小葉の枠組みが確立される。エストロジェン、成長ホルモン、プロラクチンの影響下で、乳管は分枝をはじめ、プロジェステロンは分枝の末端部を刺激し、乳腺小葉を形成する。妊娠中のさらなる内分泌による刺激は、乳腺の発達を完成させるために必要である。

要約 Summary

哺乳類の成体の外皮系は、形態的、機能的に異なる2種類の層と、それに関連する付属器（毛、腺、蹄、鉤爪および角）で構成される。

表層すなわち**表皮** epidermis は、**重層扁平上皮** stratified squamous epithelium から成り、この上皮は胚子と胎子の表面外胚葉から発生する。角質化細胞（ケラチノサイト）に加えて、いくつかの他の細胞の種類を発達中の表皮で同定することができる。神経堤細胞は真皮に移行し、**メラニン芽細胞** melanoblast に分化する。この細胞はメラニンを産生し、メラニンは隣接する角質化細胞（ケラチノサ

イト）に送られ、一般に異なる体色パターンを構成する。**メルケル細胞** Merkel cell は表皮内の機械受容器である。この細胞は、以前は特殊化した角質化細胞（ケラチノサイト）と考えられてきたが、今日では神経堤細胞由来の細胞であると考えられている。胎子期後期には、表皮には他の種類の細胞である表皮内大食細胞（ランゲルハンス細胞）Langerhans cell が侵入してくる。この細胞は骨髄中にある前駆細胞から生じ、皮膚の抗原提示細胞として重要な防御的役割を果たす。

より深層、すなわち**真皮** dermis と**皮下組織** subcutis は、中胚葉由来の**結合組織** connective tissue で構成される。真皮は複数の起源に由来する。体幹では、背側の真皮は体節の皮板に由来するが、腹側および外側の真皮は四肢の真皮と同様に、外側中胚葉に由来する。頭部では頭蓋の皮膚と吻肢方の頸部の大部分は、神経堤外胚葉由来である。

皮膚の表皮付属器には、**毛** hair、**腺** gland（アポクリン汗腺、エクリン汗腺、皮脂腺から乳腺までの広範囲にわたる）、**鉤爪** claw や**蹄** hoof のように末節指を包むものがある。これらはすべて、表皮とその深部にある間葉との相互作用の結果できたものである。

Box 17-1　外皮系の発生における分子的制御

いくつかの成長因子は、表皮の発達を刺激することが知られている。たとえば**形質転換成長因子-α** transforming growth factor-α（**TGF-α**）は表皮基底層の細胞により産生され、オートクライン刺激によって表皮の細胞分裂を刺激する。表皮の分化に重要なほかの成長因子として、**角質細胞成長因子** keratinocyte growth factor（**KGF**）がある。このパラクライン因子は中胚葉由来の真皮に存在する線維芽細胞によって産生され、表皮基底層からの細胞の移動と分化を刺激する。

毛の形成では、表皮の深層への成長の確立には、その深層にある真皮乳頭の間葉で産生される **FGF-5** の刺激効果が影響する。これに対し、**BMP2** や **BMP4** には抑制効果があり、これらは隣接する毛芽間の間隔を調節する。毛芽の深層への成長の直後に、毛芽は毛包の増殖と成長を刺激する**ソニック・ヘッジホッグ** Sonic hedgehog（**Shh**）を発現する。毛芽の肥厚した表皮によって産生される **Msx** は、外胚葉とその深層にある間葉の両方の著しい増殖を引き起こす。また、ホメオボックス遺伝子 **Hoxc-13** がすべての毛包で発現し、毛の角質化のいくつかの過程に関与するようになるらしい。

毛の発生過程で毛包はその側面に2つの膨らみをつくる。浅い側の膨らみは皮脂腺を形成する。毛包の深い側の膨らみ（隆起領域）は立毛筋へと発達し、2つの幹細胞の集団、すなわち多能性の毛包幹細胞とメラニン細胞幹細胞をつくる。**メラニン細胞幹細胞** melanocyte stem cells が存在するのは隆起領域の深部であり、移動中の神経堤細胞に由来し、皮膚やその付属器官のために連続的に色素細胞を産生する。幹細胞のニッチにいるあいだは、メラニン細胞幹細胞からメラニン細胞への分化はメラニン合成遺伝子を活性化する転写因子 **Mitf** の複雑な制御によって阻害される。*Mitf* 遺伝子自身は、**Sox10** や **Pax3** タンパク質によって活性される。Sox10 はメラニン合成経路の酵素をコードする遺伝子を刺激する。Pax3 はメラニン産生遺伝子の増幅部位である Mitf と競合する。したがって、メラニン細胞幹細胞がニッチ内にある限りこれらの遺伝子は未発現のままである。これらの細胞の一部は隆起領域の外へ出て、成熟したメラニン細胞へと分化する。毛が分化しはじめるとき、メラニン細胞は新たな毛の毛幹を色付ける。メラニン幹細胞がニッチ外にあるとき、**Wnt** シグナルはβカテニンを細胞の核に侵入させ、**Lef1** と結合させる。この転写因子は結合部位から Pax3 を取り除き、Mitf を結合させることができる。Mitf と Sox10 が結合することで、メラニン産生の酵素をコードする遺伝子の転写が可能となり、メラニンが産生される。

参考文献 Further reading

Adelson, D.L., Cam, G.R., DeSilva, U. and Franklin, I.R. (2004): Genomics 83:95–105.

Bragulla, H. (2003): Fetal development of the segment-specific papillary body in the equine hoof. J. Morphol. 258:207–224.

Bragulla, H., Ernsberger, S. and Budras, K.D. (2001): On the development of the papillary body in the feline claw. Anat. Histol. Embryol. 30:211–217.

Duboule, D. (1998): Hox is in the hair: a break in colinearity? Genes Devel. 12:1–4.

Fath El-Bab, M.R., Schwarz, R. and Godynicki, S. (1983): The morphogeneis of the vasculature in bovine fetal skin. J. Anat. 136:561–572.

Knabel, M., Kölle, S. and Sinowatz, F. (1998): Expression of growth hormone receptor in the bovine mammary gland during prenatal development. Anat. Embryol. 198:163–169.

Mack, J.A., Anand, S. and Maytin, E.V. (2005): Proliferation and cornification during development of the mammalian epidermis. Birth Defects Res C. Embryo Today. 75:314–329.

Meyer, W. and Gorgen, S. (1986): Development of hair coat and skin glands in fetal porcine integument. J. Anat. 144:201–220.

Monteiro-Riviere, N.A. (1985): Ultrastructure of the integument of the domestic pig (Sus scrofa) from one through fourteen weeks of age. Anat. Histol. Embryol. 14:97–115.

Pispa, J. and Thesleff, I. (2003): Mechanisms of ectodermal organogenesis. Dev. Biol. 262:195–205.

Rabot, A., Sinowatz, F., Berisha, B., Meyer, H.H. and Schams, D. (2007): Expression and localization of extracellular matrix-degrading proteinases and their inhibitors in the bovine mammary gland during development, function, and involution. J. Dairy Sci. 90:740–748.

Robinson, G.W. (2004): Identification of signaling pathways in early mammary gland development by mouse genetics. Breast Cancer Res. 6:105–108.

Robinson, G.W., Karpf, A.B.C, and Kratochwil, K. (1999): Regulation of mammary gland development by tissue interaction. J. Mamm. Gland Biol. Neoplasia 4:9–19.

Rüsse, I. and Sinowatz, F. (1998): Lehrbuch der Embryologie der Haustiere, 2nd edn. Parey Buchverlag, Berlin.

Sinowatz, S., Wrobel, K.H., El Etreby F. and Sinowatz F. (1980): On the ultrastructure of canine mammary gland during pregnancy and lactation. J. Anat. 131:321–332.

Sinowatz, F., Schams, D., Plath, A. and Kölle, S. (2000): Expression and localization of growth factors during mammary gland development. Adv. Exp. Med. Biol. 480:19–25.

CHAPTER 18

Poul Hyttel

発生段階の比較表
Comparative listing of developmental chronology

表 18-1：ウシの妊娠段階（交配後の日齢）に関する発生状況（段階）を時系列に並べた。これらのデータは多様な情報源から蓄積された。空欄はデータなし。

日齢	発生状況（段階）	
1	受精および前核の発達、小規模胚性ゲノム活性化	
2	2細胞胚子	
3	6-8細胞胚子	
4	子宮に到着、8細胞胚子、大規模胚性ゲノム活性化	
5	16細胞胚子が桑実胚へ発達	
6	コンパクション（緊密化）が起こった桑実胚が胚盤胞へ発達	
7	胚盤胞	
8	周囲が 220 µm に膨張した胚盤胞、時には透明帯から孵化	
9	すべての胚盤胞が透明帯から孵化	
10	胚盤胞、203-239 µm、上胚盤葉の形成開始	
11	胚盤胞、145-818 µm	
12	胚盤胞、0.26-1.42 ㎜、上胚盤葉が完全な単層となる	
	胚子本体（受胎産物）	**胚盤**
13	伸張が始まる、0.5-3.1 ㎜	周囲約 140 µm
14	0.6-40 ㎜	円形（200-300 µm）から楕円形（210×400 µm）へ、原始線条の形成開始
15	1.8-135 ㎜、IFN-τ により母体の妊娠を認定	羊膜ヒダの形成開始
16		450×600 µm の楕円形、原始線条が内胚葉と中胚葉を供給
17	12.5-24 ㎝	400×750 µm の楕円形、原始線条
18	受胎産物は伸長し、妊娠子宮角を埋め、妊娠していない側の子宮角にも侵入する	尿膜の発生開始
19	胎盤の形成開始	

Comparative listing of developmental chronology

表 18-1：（前頁より続く）

日齢	発生状況（段階）	
	胚子本体 / 胎子の大きさ（長さまたは頭殿長、体重）	発生段階
20	2 mm	神経溝、最初の体節対
21		6対以上の体節、神経管、原腸が胚の屈曲によって形成
22		16-20 対の体節、心臓の発生、最初の心臓の拍動
23		18-19 対の体節、第一咽頭弓、眼プラコードと耳プラコード、碇型をした尿膜
24	3.1 mm	3つの脳胞、第二咽頭弓、前肢芽
25	3.5 mm	第三咽頭弓、C字型の胚子
26	5.6 mm	第四咽頭弓、後肢芽
30	10-12 mm、69-280 mg	鼻プラコード、水かき型の前肢芽
34	13 mm	顔面隆起の融合、前肢の指
38		眼瞼、生殖隆起、後肢の趾
50	3.9 cm、5 g	眼瞼が眼の一部を覆う
56	4.8 cm	二次口蓋の融合
60	6.6-7.8 cm、14-19 g	眼瞼の融合、外部生殖器の分化、蹄や角の原基
75	10 cm	体の触毛と毛包
83		蹄の角質化、陰嚢の発達
110	24 cm、550 g	最初の歯、口と眼の萌出
142	38 cm、2,650 g	耳の毛
150	37 cm、2,750 g	頬部の毛、体色、蹄の硬化、精巣下行が終了
159	42 cm	臍部の毛
182		尾と角の原基の毛
187	56 cm、9.2 kg	肢の毛
230	73 cm、18 kg	体毛
279-290	90 cm、35 kg（給餌にもよる）	出生

発生段階の比較表 第18章

表 18-2：ヒツジの妊娠段階（交配後の日齢）に関する発生状況（段階）を時系列に並べた。これらのデータは多様な情報源から蓄積された。空欄はデータなし。

日齢	発生状況（段階）	
1	受精および前核の発達	
2	2細胞胚子	
3	子宮に到着、6-8細胞胚子、大規模胚性ゲノム活性化	
4	16細胞胚子が桑実胚へ発達	
5	コンパクション（緊密化）が起こった桑実胚が直径 168 μm 前後の胚盤胞へ発達	
6	胚盤胞	
7	直径 184 μm 前後の拡張した胚盤胞	
8	透明帯から孵化、上胚盤葉の形成開始	
	胚子本体（受胎産物）	**胚盤**
9	0.18×0.25 mm の卵形	約 45 μm の円形
10	0.4×0.9 mm の卵形	上胚盤葉の形成完了
11	卵形あるいは伸長する、6 mm	33×260 μm の楕円形
12	10-22 mm	原始線条、中胚葉と内胚葉の発生
13	32-70 mm、IFN-τ により母体の妊娠を認識	370×490 μm の楕円形
14	35 cm に至る	612×1,000 μm の楕円形、羊膜ヒダの形成、2核の栄養膜巨細胞
15	胎盤の形成開始	1.5×2 mm から 0.8×3.2 mm の楕円形、神経溝、最初の体節対
	胚子本体 / 胎子の大きさ（長さまたは頭殿長、体重）	**発生段階**
16	2.5-4.2 mm、受胎産物は伸長し、妊娠子宮角を埋め、妊娠していない側の子宮角にも侵入する	8-15 対の体節、神経管、羊膜の閉鎖
17-18	4.0-5.5 mm	25 対の体節、碇型をした尿膜、3つの脳胞、第一咽頭弓、第二咽頭弓
19	5.0-7.0 mm	眼プラコードと耳プラコード、第三咽頭弓
20	7.0 mm	前肢芽
21		C 字型をした胚子、神経管の閉鎖、第四咽頭弓、後肢芽
22	8.0-9.0 mm	水かき型の前肢芽、鼻プラコード
23		水かき型の後肢芽
24-25	1.4 cm	水晶体の形成、眼の色素沈着
26	1.6 cm	眼瞼の形成、前肢の指
27	1.4-1.6 cm、0.9 g	外耳道と耳介
30	1.6-2.2 cm	顔面の隆起の融合、舌

Comparative listing of developmental chronology

表 18-2：（前頁より続く）

日齢	発生状況（段階）	
34	2.3-3.5 cm	眼の触毛
38	2.9-4.4 cm	上唇の触毛、二次口蓋の融合
43	3.3-5.5 cm	眼瞼の融合、外生殖器の分化
57		頭部の毛
60-67	11.0-16.5 cm	体毛
70		外生殖器の完成
80	19.8-23.7 cm、340 g	精巣下降の完了
104	27.5-34.3 cm	色のついた斑点
144-152	47 cm（給餌にもよる）	出生

表 18-3： ブタの妊娠段階（交配後の日齢）に関する発生状況（段階）を時系列に並べた。これらのデータは多様な情報源から蓄積された。空欄はデータなし。

日齢	発生状況（段階）	
1	受精および前核の発達	
2	受精から2細胞胚子	
3	子宮に到着、2細胞胚子、4細胞胚子または8細胞胚子、4細胞胚子で大規模胚性ゲノム活性化	
4	8-16細胞胚子が桑実胚に発達	
5	胚盤胞	
6	胚盤胞	
7	透明帯から孵化	
8	胚盤胞、約1.2 mm	
9	胚盤胞、0.5-2.4 mm、胚盤の形成	
10	胚盤胞、2.3-10 mm、胚盤の形成完了	
11	0.65-4.0 cmまで伸長、後方に三日月状肥厚を持った胚盤、エストラジオール値により母体の妊娠を認定	
	胚子本体（受胎産物）	**胚盤**
12	6 cmまで伸長	原始線条、内胚葉と外胚葉の発生
13	伸長	神経溝、最初の体節対
14-15	1時間に30-35 mmの速度で伸長	10-19対の体節、神経管、第一大動脈弓
15-16	1時間に30-35 mmの速度で伸長	28-30対の体節、神経管の閉鎖、第二咽頭弓、第三咽頭弓

発生段階の比較表　第18章

表 18-3：（前頁より続く）

日齢	発生状況（段階）	
17-18	1時間に 140-150 mm の速度で伸長	36 対の体節、羊膜の閉鎖、第三大動脈弓、第四大動脈弓、第六大動脈弓、前肢芽、C 字型の胚子、碇型の尿膜、耳プラコード、後肢芽
	胚子本体 / 胎子の大きさ（長さまたは頭殿長、体重）	発生段階
20-21	14-19 mm、0.5 g	眼の色素沈着、耳プラコード、生理的臍ヘルニア、生殖結節
22	11-13 mm、0.5 g	体節の形成終了、乳頭間線、水かき型の前肢芽と後肢芽
28	21-25 mm	眼瞼、触毛の毛包、外生殖器の分化
34		二次口蓋の融合
36	32.5-39 mm	眼瞼が眼を覆う
44		包皮、陰嚢、陰唇、陰核の形成
50	66-92 mm、30.7 g	眼瞼の閉鎖、腸が腹腔に戻る
90	160-227 mm、411 g	眼瞼の開口
114-115	大きさと体重は給餌による	出生

表 18-4：ウマの妊娠段階（交配後の日齢）に関する発生状況（段階）を時系列に並べた。これらのデータは多様な情報源から蓄積された。空欄はデータなし。

日齢	発生状況（段階）	
1	受精および前核の発達	
2	2-4 細胞胚子	
3	8 細胞胚子、大規模胚性ゲノム活性化	
4	12-32 細胞期	
5	桑実胚	
6	子宮に到着、桑実胚から胚盤胞へ発達	
6-8	胚盤胞、250-780 μm、被膜の形成、透明帯から孵化	
9	胚盤胞、2.0-4.0 mm	
10	卵黄嚢の発達	
13	胚盤胞、6 mm	
14	胚盤胞、16 mm	
	胚子本体（受胎産物）	胚盤
16		4 対の体節、神経溝
17-18		5-8 対の体節、楕円形の胚盤胞、神経管

Comparative listing of developmental chronology

表 18-4：（前頁より続く）

日齢	発生状況（段階）	
18-19		13-22 対の体節
20-21	胚盤胞、26-40 mm、被膜を失う	25 対の体節、尿膜の閉鎖、第一咽頭弓、第二咽頭弓、眼胞、耳プラコード、心臓の形成、終末静脈洞を持つ卵黄嚢
	胚子本体／胎子の大きさ（長さまたは頭殿長、体重）	発生段階
22	5.7-6.5 mm	第二大動脈弓、第三大動脈弓、第四大動脈弓、第六大動脈弓
23-24	5-6 mm	C 字型の胚子、前肢芽と後肢芽、拍動
25	7-8.5 mm	水晶体の形成、耳胞
26		眼に色素沈着
28	9-9.5 mm	水晶体の形成、蝸牛と前庭、肺動脈、尿膜が完全に羊膜を覆う
30	9-11.5 mm	生殖結節
36	15 mm	75 mm の卵形構造をした受胎産物
40	22-25 mm	胎盤の形成
45		外部生殖器の分化
75		陰核隆起
80		陰嚢
112		唇の触毛
120		口、眼、頬の細かい体毛
150		眼瞼の毛
180		たてがみと尾の毛
270		体毛
310-365		出生

表 18-5：イヌの妊娠段階（交配後の日齢）に関する発生状況（段階）を時系列に並べた。これらのデータは多様な情報源から蓄積された。空欄はデータなし。

日齢	発生状況（段階）
1-3	減数分裂の完了、受精、前核の成熟
4	2-8 細胞胚子
5	桑実胚となった 16-32 細胞胚子、8 細胞胚子で大規模胚性ゲノム活性化
8	子宮に到着、胚盤胞、275-544 μm

表 18-5：（前頁より続く）

日齢	発生状況（段階）	
11	胚盤胞、500-715 μm	
13	胚盤胞、0.22-1.14 mm	
15	胚盤胞、0.53-2.0 mm、子宮内で膨張し始める	

日齢	胚子本体／胎子の大きさ（長さまたは頭殿長、体重）	発生段階
16	1.2-1.5 mm	神経溝、最初の体節対
17	1.3-2.0 mm	8対の体節、胎盤の形成、神経管、3つの脳胞、眼胞
18	2.3-5.0 mm	10対の体節、尿膜の形成開始
20		30対の体節、第一咽頭弓、第二咽頭弓
21		羊膜閉鎖
22		C字型の胚子、第三咽頭弓、前肢芽と後肢芽
24	7.5 mm	生殖結節
25	9-15 mm	49対の体節、第四咽頭弓、外耳道
25-28		水かき型の前肢芽、眼の色素沈着
29	19-21 mm	雄の生殖腺分化
30-33	13-25 mm	眼瞼、唇の触毛、外生殖器の原基、生理的臍ヘルニア、二次口蓋の融合
35	21-24 mm	眼瞼が眼の一部を覆う、外部雄性生殖器
36-38	29-38 mm	触毛、中腎の退化
40	38-42 mm	眼瞼閉鎖、腸が腹腔に戻る
43	53-57 mm	頭部の毛包、前肢の指が分離
44-46	96-121 mm	体毛、色のついた斑点
52-54	124-158 mm	毛の形成完了
62-63（58-68）	160 mm以上	出生

表 18-6：ネコの妊娠段階（交配後の日齢）に関する発生状況（段階）を時系列に並べた。これらのデータは多様な情報源から蓄積された。空欄はデータなし。

日齢	発生状況（段階）
2	排卵（交尾による誘導）
3	2-8細胞胚子
4	16細胞胚子
5	桑実胚となった24-40細胞胚子

Comparative listing of developmental chronology

表 18-6：（前頁より続く）

日齢	発生状況（段階）	
6	子宮に到着、初期胚盤胞	
10	胚盤胞の拡張	
12	胚盤胞、2 mm、透明帯から孵化	
	胚子本体／胎子の大きさ （長さまたは頭殿長、体重）	発生段階
13	2 × 4 mm	5対の体節、胎盤の形成開始、神経板
14	5.5 × 6 mm	8対以下の体節、子宮内膜に侵入、眼胞、耳プラコード、神経管
15		20対の体節、第一咽頭弓、第二咽頭弓、第三咽頭弓
17	5-6.3 mm	第四咽頭弓、耳胞、眼プラコード
18	5-8 mm	前肢芽、鼻プラコード、水晶体の形成
19	7-11 mm	後肢芽
20	8-9 mm	水かき型の前肢芽
21	10 mm	眼の色素沈着、外耳道、生理的臍ヘルニア
22	10 mm	乳頭間線、耳介
24	14-17 mm	眼瞼、前肢の指、唇の触毛の毛包
26	20-22 mm	後肢の趾
27	20-22.5 mm	すべての指が分離、舌、体の毛包
28-29	24-26 mm	眼瞼の閉鎖
30	26-28 mm	外耳道が耳介で覆われる
32	37-38 mm	二次口蓋の融合
37	55 mm	頭部の触毛
46	100 mm まで	体毛、色づいた鼻
50	70-98 mm	色のついた斑点
60-63（58-65）	125 mm 以上	出生

参考文献 Further reading

Rüsse, I. and Sinowatz, F. (1998): Lehrbuch der Embryologie der Haustiere, 2nd edn. Parey Buchverlag, Berlin.

Fred Sinowatz

先天異常学
Teratology

先天異常学の歴史 History of teratology

　先天異常学（奇形学）は発生異常を扱う学問である。悪霊の仕業から食物に至るまで、外的要因はヒトおよび動物の胚発生に影響を及ぼす危険があると、太古の昔から考えられていた。しかし19世紀には、エティエンヌ・ジョフロワ・ドサンティレール（18世紀・フランスの博物学者）により、この考えはより正確なものになった。彼は輪状脳半球癒着症、無脳症、二重体といった、いくつかの出生前の異常を極めて詳細に研究し、"先天異常学"という用語をつくり出した。

　20世紀になって、2つの発見により、先天異常学は発生学に深く関連した学問分野として確立された。1つ目の発見は、マウス胚とブタ胚でのビタミンAの過剰と不足の有害作用に関するものである。2つ目の発見は、劇的なもので、サリドマイド（ヒトの妊娠初期の悪阻を防止するのに用いられた鎮静剤）の作用に関するものである。1950年代後期から1960年代初期まで、サリドマイドによって、ヨーロッパで多くの新生児に過酷な四肢の欠損がもたらされた。それ以来、催奇形性物質として知られる、もしくはその疑いが持たれる事例の数は途方もなく増大している。近年では、卵母細胞の細胞質内での体細胞ゲノムの不完全なリプログラミングによる発育障害が原因で、体細胞核移植によるクローン作出の際に重篤な奇形を生じさせる可能性が懸念されている（第21章参照）。

一般原理 General principles

　ヒトの場合と異なり、家畜における先天的欠損の事例に関する信頼性が高い事例報告は乏しい。**先天異常** congenital malformation の頻度は、種、品種、地理的な位置やそれ以外の多くの要因によって異なる。さまざまな研究から、哺乳類家畜のうち生きて生まれた（死産でない）すべての個体の約1.5〜6％が、少なくとも1つの認識可能な先天異常を持つことが示されている。こうした先天異常はネコで比較的まれであるが、ヒツジ、ウシ、ウマでは最高3〜4％まで、新生子のイヌとブタでは最高6％まで生じる。先天異常は肉眼解剖レベルで検出できる異常の複合体から、分子診断学的手法でのみ検出できる一塩基置換による酵素欠損に至るまで、多岐にわたっている。古くから獣医発生学の教科書で強調されてきたのは構造的欠陥であったが、実は先天異常は、純粋な生化学的異常から肉眼解剖学的異常にわたり、さらに生体機能や代謝、行動の攪乱も含まれることを考慮に入れておかねばならない。

　先天異常の原因は、胚子の**遺伝的構成** genetic constitution と、それが発達する際の**環境** environment とのあいだの相互作用によるものという考え

Teratology

が有力であると考えられている。胚発生のための基本情報は、遺伝子にコードされている。遺伝子情報が展開されていく過程で、発達中の構造は環境の影響と相互作用をする。この影響は正常な発生と両立できるか、あるいはそれを妨げるかのどちらかである。すなわち、異常な遺伝子の浸透（発現の程度）、あるいは一連の遺伝的に多因子のカスケードの各要素の浸透（発現の程度）は、環境要因によって著しく影響を受ける可能性がある。

異常発生に対して感受性のある臨界期
Critical periods of susceptibility to abnormal development

これまで見てきたように、発達過程にある胚子は、成長・分化しつつあり、形態形成の過程を経ている細胞の集団から成り立っている。これらの成長や分化の速度はそれぞれ異なり、時期も多岐にわたるが、発生の順序は厳密に統御されている。したがって、奇形学で最も重要な原則の1つは、形成異常を引き起こす薬剤、すなわち**催奇形性物質・テラトジェン** teratogen に対する感受性が、暴露された胚子の発生段階によって変化するということである。多くの研究から以下の結論を導くことができる。

- **妊娠の最初の3週間** first three weeks of sestation（この期間に基本的な体の構造が確立される）における胚子への損傷は、胚子を殺してしまうか、あるいは初期胚の調節機構によって補正されるかのどちらかであるため、胚子に形成異常を生じさせることはあまりない。桑実胚または胚盤胞の段階を妨げる因子、あるいは正常な胚と母体との連絡を阻害して子宮粘膜への胎子の正常な付着を妨げる因子は、通常、**胚子の早期の死** early embryonic mortality をもたらす。

- **感受性が最も高い** maximal susceptibility 期間は、器官形成が開始される**3週目にはじまり大部分の器官系で8週目まで** three weeks and extends in most organ systems up to the eighth week に及ぶ。この期間内に大部分の主要な器官が形成されるが、脳や主要な感覚器などの非常に複雑な器官は、長期にわたって高い感受性を示し、また生殖器は比較的遅くに形成される。

- **妊娠8週目** eight weeks 以降では、**構造の大きな異常は起こりそうにない** major structural anomalies are unlikely to occur。これは、この時期には大部分の器官がほぼ形成されているからである。

この高感受性の時期という概念はかなり単純化されたものである。つまり、発生の初期に催奇形性物質または他の有害な影響にさらされたとしても、それらで引き起こされる障害の発現は、胚発生の後期の段階でのみ確認される可能性があることを忘れてはならない。しばしば、ある器官系において誘発された障害により、他の器官系で二次的に形態異常が引き起こされることがある。このような事象は、たとえば心臓または中枢神経系の発達のあいだに起こる。

すべての催奇形性物質が、発達における同じ期間に作用するとは限らない。いくつかの催奇形性物質は発生の初期では有害であるが、妊娠後期では有害ではない。サリドマイドは、この例として特に有名である。サリドマイドは、胎子の発生段階の非常に狭い時期の間に（母親の最終月経の開始後34～50日と考えられている）、ヒトの四肢の奇形を引き起こす。他の催奇形性物質は発生段階の後期にのみ影響を及ぼす。たとえば、歯と骨といった硬組織に障害を与える抗生物質であるテトラサイクリンは、硬組織が胎子の体内で形成されたあとにのみ、障害を与える。

先天異常学 第19章

単独の体構造における奇形や、生化学的な欠陥には多くの事例があるが、同一個体において、多岐にわたる形成異常が生じる事例も非常に多く発見されている。1つの催奇形性物質がいくつかの器官の原基に対して、それらが感受性を持つ時期に作用したことにより、この現象が生じた可能性がある。もう1つの可能性として、ある1つの遺伝子の機能不全が多種多様な発生中の器官の構造と代謝に影響を及ぼしたということも考えられる。

先天異常の原因 Causes of malformations

遺伝子型の有意性 Significance of genotype

正常な発生は、胚子のゲノムとその環境の相互作用によって制御されるので、ある催奇形性物質に対する感受性は、胚子の遺伝的要因と有害な環境要因との相互作用の仕方によって左右される。この法則は、ある化学物質がある動物種に対しては催奇形性を示しても、他の動物種に対しては先天異常を引き起こさないという事例によって、最も良く実証される。この有名な事例は、コルチゾンである。特定の発生段階のマウスにコルチゾンを投与すると、産子に口蓋裂が認められるが、他の実験動物には影響を及ぼさない。さらに催奇形性物質に対する感受性の違いは、異なる系統のマウスにおいてさえ発見された。

遺伝的な先天異常は、染色体の分裂異常または遺伝子の突然変異から生じる。異常遺伝子は、異常の直接的な原因である場合や、環境からの損傷刺激に対する胚子の感受性に影響を及ぼすことによって、間接的に異常を誘発する場合がある。したがって、障害に対する要因が遺伝される可能性がある。

染色体数の異常 Abnormal chromosome numbers

染色体数の数量的な変化は、多倍性または異数性を起こす。**多倍性** polyploidy において、染色体数は、ある動物種における**一倍体の染色体数の2倍以上** more than twice the haploid number of chromosomes である。大部分の多倍体の胚子は、妊娠初期に流産に至る。多倍性の潜在的原因は、複数の精子と卵の受精（多精子受精）、または卵母細胞の減数分裂における極体の分離不全である。胚は**混倍数性** mixoploidy を示す可能性もある。これは、正常な二倍体細胞群に、多倍体細胞の他の部分が混合したことを指す。この状況は初期の有糸分裂のあいだに、細胞質の不分離から生じる可能性がある。興味深いことに、ウシから取り出される正常な胚盤胞の最大25％は混倍体で、多倍体細胞の出現率は低い。そして、そのほとんどは発生後期の栄養外胚葉の段階で死んでしまう。混倍体の発生率は、体外受精または体細胞核移植（第21章参照）によって作出された胚子で上昇する。

特定の染色体における数の異常 errors in the number of a particular chromosome は、染色体の**異数性** aneuploidy に帰結する。染色体の異数性は、ある動物種における通常の一倍体のセット以外の染色体総数と定義される。2本で対をなす正常な染色体が1本の染色体のみになったのが、モノソミーである。2本で対をなす正常な染色体が3本になったのが、トリソミーである。これらの現象は、概して減数分裂の不完全な分離の結果である。モノソミーとトリソミーから生じる多くの疾患を**表19-1**に示した。ほとんどの場合、常染色体と性染色体においてモノソミーを持つ胚子は生存することができない。しかしながら、ヒトや家畜において、X染色体のモノミー（XO遺伝子型）を持つ個体は、生存可能である。ヒトにおいてこの状態はターナー症

Teratology

候群と呼ばれている。これは、女性の表現型として不妊性の卵巣によって特徴づけられる。

染色体構造の異常
Abnormalities in chromosome structure

染色体構造の異常によって、先天異常が起こりうる。放射線またはある種の催奇形性のある化学物質は、染色体の切断や**欠失** deletion（染色体の部分的な損失）を引き起こすことがある。染色体の破壊された部分が動原体を含まない場合、この染色体は有糸分裂後期に紡錘体極へ移動できないため、失われる。染色体の部分的な欠失は、遺伝情報の損失になる。他にも染色体の構造欠陥でよく見られるタイプは、相互転座、逆位と**動原体融合** centric fusion である。**相互転座** reciprocal translocation は 2 つの非相同染色体がそれぞれ 2 本の染色分体に分離し、それから染色分体を相互に交換するときに起こる。相互転座を自身のゲノムに持つ動物は、通常正常な表現型を示すが、それらの受精率は有意に低下する。**動原体融合** centric fusion は 2 つの末端着糸染色体が融合し、中央着糸染色体を形成する際に起こる。動原体融合が起きたウシは正常な表現型を持つが、そのウシの産子にモノソミーやトリソミーが増加することが示されている。

多くの**遺伝子突然変異** genetic mutation は、機能不全または形態的異常として顕在化する。遺伝子突然変異は**劣性遺伝子** recessive gene あるいは**優性遺伝子** dominant gene に影響を及ぼし得る。これらの一部の遺伝子の状態によって、分子および生化学的障害に至ることが確認されている。遺伝子突然変異による症例の多くは、獣医遺伝学の教科書で広範囲に記述されている。いくつかの代表的な例については、本章の後半で述べる。

生殖補助技術に起因する異常
Abnormalities caused by assisted reproductive technologies

体重が 10 ～ 50% 増加した異常に体の大きい産子

表 19-1：性染色体不分離による異常な核型の影響

動物種	正常な染色体数	異常な核型	影響
ウシ	60	61XXY	精巣の形成不全
		61XXX	卵巣の形成不全
ウマ	64	63X0	不妊
		65XXY	卵巣の形成不全
		65XXX、66XXXY	間性（半陰陽）
ブタ	38	37X0	不妊、外生殖器の形成不全
		39XXY	精巣の形成不全
イヌ	78	79 XXY	精巣の形成不全
ネコ	38	37X0	間性（半陰陽）
		39XXY	間性（半陰陽）
		40XXYY	間性（半陰陽）

が、生殖補助技術（第21章参照）によりしばしば生まれてくる。ウシやヒツジにおいて、この**過大子症候群** large offspring syndrome（**LOS**）は、新生子の呼吸窮迫と周産期死亡をしばしば伴う。LOSの病因は、完全には解明されていない。しかし、胚培養、フィーダー細胞と胚の共培養、非同期性の子宮環境に使われる血清に含まれる何らかの成長因子、生殖補助技術における未知の要因などによって誘発される可能性が指摘されている。

家畜におけるLOSには、あらゆる側面があり、特に身体過成長はヒトにおける**ベックウィズ-ヴィーデマン症候群** Beckwith-Wiedemann syndrome（**BWS**）を思い起こさせる。近年の研究から、インプリンティング（刷り込み）の欠失と、その結果起こるインスリン様成長因子2（IGF2）をコードしている遺伝子の過剰発現によってBWSが誘発されることが示唆された。ヒツジにおいて、LOSに関して類似のメカニズムが明らかにされた。*IGF2*受容体遺伝子（*IFG2R*遺伝子）のイントロン2内の一領域において、インプリントされた遺伝子の発現を制御する機構であるDNAメチル化に違いがあった。この遺伝子は、マウスでインプリントされ、おそらくヒトでは可変的にインプリンティングされると考えられている。また、ヒツジにおいても、同様にインプリンティングされると考えられている。近年ではLOSを促す条件下で培養した胚子から作出したヒツジ胎子において、母性*IGF2R*遺伝子のメチル化の低下と、この受容体の発現の減少が示された。このエピジェネティック異常がLOSの原因に関連する可能性が示唆されるとともに、配偶子や胚子を用いた繊細なマニピュレーション操作さえ、胚発生時のエピジェネティック異常を誘発し、発生後期になってそれが明白になる危険があるかもしれないと考えられる。

LOSに関する研究の大部分はウシで行われ、これにより胚子における早期死亡率の増加、大きな胎子や産子（最高体重が80 kgになっているウシの新生子）の産出、不均衡および異常な臓器の発達、筋骨格系の奇形、胎盤血管系の異常、尿膜水腫といった先天異常が報告されている。近年になって、それらに相当する異常がマウス、ヒツジ、ブタで報告された。

LOSの表現型の際立った多様性により、根本的な原因を明確にすることが難しくなっており、その結果2006年にFarinらによって、**異常産子症候群** abnormal offspring syndrome（**AOS**）という用語が提言された。異常産子症候群（AOS）という用語は、ウシや他の動物種において、体外受精で作出され、体細胞クローンの胚子を胚移植した後におこる異常な発育変化の範囲をより正確に言い表すために提唱された。また、Farinらは、こうした胚の移植に起因する発生学的な結果に関する機能分類系についても、次のように提唱している。

- I型AOS：器官形成の完了（ウシでは妊娠約42日目）より前に起こる、胚子または初期受胎産物の異常な発達および死。

- II型AOS：胎盤、胎膜および胎子の異常発達。胎子は器官分化の完成と臨月のあいだ（ウシでは妊娠42〜280日目）に死亡する。

- III型AOS：重篤な先天異常を伴いながら胎子による代償性反応の証拠が見当たらない、臨月の胎子あるいは胎盤、または両方。出産自体は正常分娩や難産の場合もある。子ウシでは臨床的・血液学的・生化学的なパラメータが変化しており、大幅に悪化している。AOSによる死亡は、出産時または新生子期のあいだに起こる。

- IV型AOS：中等度の先天異常がある臨月の胎子あるいは胎盤、または両方。しかしながら、胎子

と胎盤のユニットは危険な遺伝的あるいは生理的傷害を補い、これらに適応して生存することができる。出産自体は安産も難産もあり得る。ウシでは、その品種によって子ウシの体の大きさが正常とも異常ともみなされる。異常とされた子ウシは臨床的・血液学的・生化学的に異常を呈する場合がある。

これらの異常な AOS の表現型は、体外作出胚や体細胞クローン胚に、ある程度の頻度で出現する。最近では、体細胞クローン動物が正常な胚発生や分娩、産子の正常な生後発達を示すことも報告されている。生殖補助技術の改善により、配偶子と胚子への影響を軽減することによって、異常の出現が抑えられていると考えられる。

環境要因 Environmental factors

機械的因子 Mechanical factors

いくつかの一般的な先天異常（たとえば内反足、先天性股関節脱臼、頭蓋のある種の異常）は、胎子に異常な子宮内圧を負わせる機械的因子に起因している。この現象は、しばしば羊膜腔の羊水の減少、または母親の子宮の先天異常に関連している。妊娠中に胚外膜が裂傷を負った結果、羊膜帯が形成される場合がある。羊膜帯が胎子の指や四肢を締め付けると、子宮内で四肢が切断されることがある。

物理的要因 Physical factors

電離放射線 ionizing radiation は、すべての動物種に対する強力な催奇形性因子である。放射線による応答反応は、その用量や、胚子が放射に暴露される発生段階によって決まる。電離放射線は DNA 鎖を破壊することがあり、遺伝子突然変異を引き起こすことも知られている。このため、妊娠した動物への放射線の暴露は回避されなければならない。診断 X 線の検査では、通常放射線は低用量なので、それに対するリスクも低い。強い電離放射線は小頭症、口蓋裂、その他の骨格形成異常を含む種々の先天異常を誘発する危険がある。中枢神経系の欠損も、放射線の照射を受けた胚子で顕著である。

化学物質による要因 Chemical factors

どんな化学物質であれ、細胞の機能を変えたり、細胞毒性があったりするものは、催奇形性因子となる可能性がある。催奇形性の機序は多様である。たとえば、ある薬剤は酵素系（炭酸脱水酵素など）を特異的に阻害したり、DNA 代謝を干渉したり、特定の代謝活性を撹乱したりすることがある。レチノイン酸は経口摂取されると、有効な催奇形性物質として作用する。この化合物は広い範囲で欠損を引き起こし、その大部分は頭部神経堤から派生する部位（顔面の諸構造、心臓と胸腺を含む）に関連している。第 8 章で述べたように、菱脳分節からの神経堤細胞は、顔面や頸部にある多くの構造のパターン形成に役立っており、心臓の流出路の形成にも寄与している。レチノイン酸は、頭部および咽頭部における *Hox* 遺伝子の発現に影響を及ぼし、吻側の菱脳分節の変化と、それに由来する神経堤細胞の変化を起こす。

限定的な投与量であったとしても、発生段階の臨界期において、**いくつかの治療薬** several therapeutic drugs は潜在的な催奇形性物質でもある（**表 19-2**）。細胞分裂阻害性物質または駆虫薬のような、細胞毒性のある物質を妊娠動物に処方するときは、特に注意を払うべきである。これらの薬剤の一部については、発生期の胚子への催奇作用について、十分な知見が得られている。しかし、多くの化学物質については、催奇形性作用を促しうる動物種

表 19-2：催奇形性薬

薬剤	機能	動物種	催奇形性が生じた器官
アンドロジェン	ステロイドホルモン	全ての哺乳類家畜	雌胚の雄性化（雄化）
ベンゾイミダゾール化合物	駆虫薬	雌ヒツジ	骨格、腎臓および血管の異常
コルチコステロイド	ステロイドホルモン	齧歯類	口蓋、四肢、浮腫
シクロホスファミド	有糸分裂阻止薬	齧歯類	胚毒性
ジエチルスチルベステロール	ステロイドホルモン	齧歯類	生殖道の異常
フェニルヒダントイン	抗痙攣薬	ネコ	口蓋裂
葉酸拮抗薬	有糸分裂阻止薬	イヌ、ヒツジ	胚毒性
グリセオフルビン	抗真菌剤	ネコ、イヌ、ウマ	頭部、脳、骨格、口蓋、骨髄
メトリホナート	駆虫剤	ブタ	小脳の形成不全
メタリブル	発情同期化薬	ブタ	四肢と頭蓋の欠損
ストレプトマイシン	抗生物質	全ての哺乳類家畜	難聴、聴器毒性
テトラサイクリン	抗生物質	全ての哺乳類家畜	歯、骨格
サリドマイド	鎮静剤	ヒト以外の霊長類、ウサギ、イヌ、ブタ	成長の遅延、腸管の欠損
バルプロ酸	抗痙攣薬	齧歯類、ヒト以外の霊長類	神経系の欠損、頭蓋顔面の形成不全、骨格および心血管系の欠損

や用量は、まだ明白ではない。たとえば、昔から催奇形性作用があるとして知られているサリドマイドは、ヒト、ウサギと何種類かの霊長類に対して高い催奇形性があるが、一般的に用いられている実験動物である齧歯類に対しては催奇形性作用を及ぼさない。妊娠中のある種の抗生物質の使用は、先天性欠損と関係するとされてきた。たとえば、高用量のストレプトマイシンは内耳性難聴を誘発する危険があるし、テトラサイクリンは胎盤関門を通過できるため、妊娠後期に投与すると、歯の黄色がかった変色を引き起こす（高用量ではエナメル質形成を阻害する）。

有毒な化合物、あるいは催奇形性のある化合物を含む多くの**有毒植物** poisonous plant は、草食動物における先天異常に関連している。これらの化合物の一部を**表 19-3** に示した。生じる先天異常は広く変異に富み、骨格の先天異常、体肢欠損、単眼、口蓋裂を含む広範囲に及んでいる。他の薬剤同様に、発生の過程で特定の植物由来の催奇形性物質に対して、胚子または胎子が特に影響を受けやすい明確な時期がある。よく知られた例として、妊娠14日頃に雌ヒツジがコバイケイソウを食べた場合、先天性単眼を誘発する。

感染因子 Infectious agents

先天性欠損症を起こす大部分の感染症は、**ウイルスによる** viral ものである。子宮におけるウイルス

Teratology

表 19-3：催奇形性を示す一般的な植物

植物	一般名	動物種	影響を受ける器官系や先天異常
コナラ属	ドングリ	ウシ	四肢の短縮、遠位関節過拡張
ゲンゲ属	ロコ草	ウシ、ヒツジ、ウマ	骨格の先天異常
ドクニンジン	ドクニンジン	ウシ、ブタ、ウマ、ヒツジ	骨格の先天異常、口蓋裂
レンリソウ	エンドウ		四肢
ネムノキ科ギンゴウカン属	ミモシン	ブタ	多発奇形
ハウチワマメ属	ルピナス	ウシ	四肢：関節拘縮症
タバコ	タバコ	ブタ、ウシ、ヒツジ	関節拘縮症、下顎短小、口蓋裂
オヤマノエンドウ属	ロコ草	ウシ	四肢
バラ科	野生のブラックチェリー	ウシ	四肢、椎骨
クララ属	シルキー・ソフォーラ	ウシ	四肢、椎骨
センダイハギ属 montana	センダイハギ	ウシ	四肢、椎骨
シュロソウ属 californicum（和名不明）	コバイケイソウ	ヒツジ、ヤギ	頭蓋顔面先天異常、口蓋裂、四肢先天異常
ソラマメ属 faber（和名不明）	カラスノエンドウ	ウシ	四肢、椎骨

感染の結末はウイルスの病原性、感染が起こる妊娠の時期、胎子の免疫力によって左右される。家畜において先天性欠損症を起こす感染性ウイルス疾患の概要を**表 19-4** に示す。発生の初期段階では、**透明帯はウイルス感染に対して防御的に作用する** zona pellucida is protective against viral infections が、胚盤胞が透明帯から脱出すると、胚子はウイルスからの攻撃に脆弱になる。多くのウイルス感染は、胚子にとって有毒であり、時に致命的である。のちに、胎盤関門がある程度はウイルス感染を阻止することができるが、**多くのウイルスは胎盤関門を通り抜けることができる** many viruses can cross the placental barrier。したがって、発生の決定的な段階で母体がウイルスに感染すると、胎子の先天異常の深刻な原因となり得る。妊娠したヒツジやウシ、ヤギがアカバネウイルスに感染すると、催奇形性（たとえば関節拘縮症、水無脳症）が生じる。この催奇形性は、感染時における胎齢と密接な関連がある。

先天異常の分類
Classification of malformations

家畜で報告されている発生段階の主な先天異常を、以下に述べる。

無発生または無形成 Agenesis or aplasia

これは、先天的に形成されるべき器官の全体または一部分の欠損 failure of an organ or part of an organ to form のことである。これにより、関連する器官構造の欠落 absence も生じる。水晶体の欠

第19章 先天異常学

表 19-4：催奇形性作用を示す一般的なウイルス

ウイルス	影響を受ける動物種	影響
アカバネウイルス	ウシ、ヒツジ、ヤギ	脳欠損（水無脳症、孔脳症）、体肢の欠陥（関節拘縮症）
ブルータングウイルス	ヒツジ、ウシ、ヤギ	脳、脊髄、体肢の欠陥
ボーダー病ウイルス	ヒツジ、ヤギ	広範囲な胚子期および胎子期の変化、骨格の成長遅延、小脳の異形成
ウシ鼻気管炎	ウシ	胚毒性
ウシ・ウイルス性下痢	ウシ	胚子期での死亡、中枢神経系の異常と眼の異常
ブタコレラ	ブタ	中枢神経系の先天異常（小脳および脊髄の形成不全）
ウマ鼻肺炎	ウマ	胚毒性
ウマ脳炎	ウマ	体肢の欠損
ネコ汎白血球減少症	ネコ	小脳の欠損、網膜の異形成
ヘルペスウイルス2	イヌ	眼、脳の欠損
日本脳炎	ブタ（時にウマ）	水頭症、小脳の形成不全、ミエリン形成減少症
ブタヘルペスウイルス1	ブタ	流産、死産、ミイラ化した子ブタ
ブタパルボウイルス	ブタ	流産、死産、ミイラ化した子ブタ
リフトバレー熱ウイルス	ヒツジ、ウシ、ヤギ	関節拘縮症、水無脳症、小脳の形成不全、小頭症
風疹	サル、ウサギ	心臓、眼、脳、骨格の欠損

如（無水晶体）または腎臓の欠損（無腎症）は、発生過程において、体組織間の誘導的相互作用が最初から存在していないことによるか、その作用が異常なことによって誘発される。

形成不全と過形成
Hypoplasia and hyperplasia

器官の正常な形成は、細胞増殖の正確な制御を必要とする。器官の発生・発達期間において細胞増殖が抑制される場合は、器官はあまりに小さくなりすぎて too small、形成不全に至る。一方、細胞増殖が過剰な場合は、器官はあまりに大きくなりすぎて too large、過形成となる。たとえ比較的軽度の細胞増殖の変化でさえ、顔のように複雑な身体領域では、深刻な問題を引き起こすこともある。

癒合不全あるいは閉鎖不全
Failure to fuse or close

融合は多くの構造の形成に関わる基本的な形態形成の過程である（図19-1）。したがって、融合過程の完了不全は発生異常の最も重要な型の1つである。この例として、口蓋裂、横隔膜の欠損や心臓のさまざまな中隔欠損症がある。古典的な症例としては、神経管の癒合が不完全なため、椎弓の発育が妨げられることによる、二分脊椎における脊柱管形成不全が挙げられる。

Teratology

正常な細胞死の欠損
Absence of normal cell death

遺伝的またはエピジェネティックに制御されたアポトーシスの形態をとった細胞死は、特定の体構造を形成する上で重要な機序である。たとえば、正常な細胞死が指（趾）間部で起こらない場合、合趾症（翼状指）が生じる。

組織吸収障害
Disturbances in tissue resorption

初期胚に存在するいくつかの構造は、正常な発生のために吸収されなければならない。例としては、将来の口腔および肛門の開口部を覆う、口咽頭膜や排泄腔膜の吸収が挙げられる。肛門閉鎖症は、子ブタでよく見られる奇形である。

図 19-1：融合過程の不全は、発生段階の奇形において重要な型の1つである。この写真は、子イヌの胸郭と腹部の体壁の融合が生じなかった例である。Rüsse と Sinowatz の厚意による（1998）。

細胞・組織の移動不全 Failure of migration

移動不全は、細胞レベル、または全ての臓器レベルで起こる。その顕著な例は、神経堤細胞の移動である。移動障害によって、神経堤細胞の関与が重要である胸腺、心臓の流出路、副腎髄質において先天異常が起こる。器官レベルの例として、もともと骨盤部に存在していた腎臓は、正常な状態では腹腔の上部にまで移動する。しかし、移動ができなかった場合は骨盤腎になる。他の例としては、心臓が胸腔の外に位置する心臓逸所（心臓転位）や、精巣が陰嚢の中に降りていない潜伏精巣が挙げられる。

発生停止 Developmental arrest

いくつかの先天異常の中には、発生のより早い時期の段階においては正常だった状態に、諸構造が留まってしまう、という特徴をもつものがある。この例としては、甲状腺が舌の付け根から尾側の正常な位置に移行する際、上皮細胞が甲状腺移動跡に残存する、甲状舌管遺残が挙げられる。

重複と逆位による非対称奇形
Duplication and reversal of asymmetry
（図 19-2、19-3、19-4、19-5）

本来ならば、双生子は個々に完全に分離している。稀に、不完全に分離した双生子が生じ、不分離の程度や体の部位はさまざまであるものの、癒着を起こす場合がある。極端な例としては、双生子の片方が多かれ少なかれ正常の範囲にあるのに対し、もう片方は非常に小さい体を持ち、単に胴と体肢のみから成る場合がある（寄生性双生子）。

先天異常学　第19章

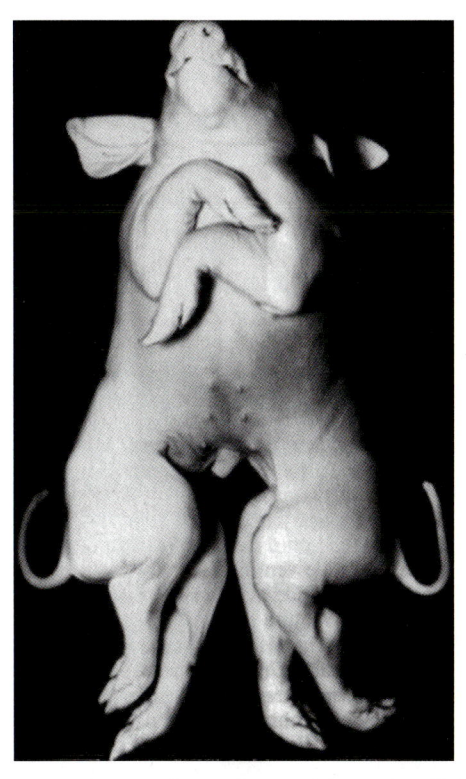

図 19-2： これらの双生子のブタは、胸郭と頭部で結合された頭胸結合体である。Rüsse と Sinowatz の厚意による (1998)。

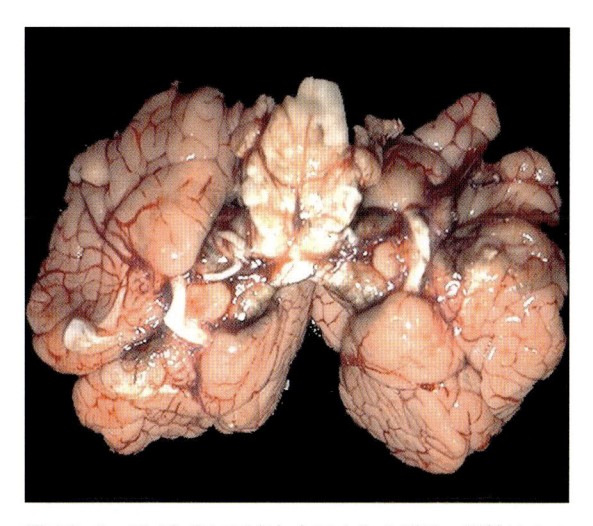

図 19-4： 図 19-3 に示された子ウシの脳は、脳幹は 1 つであるが、大脳半球は重複している。

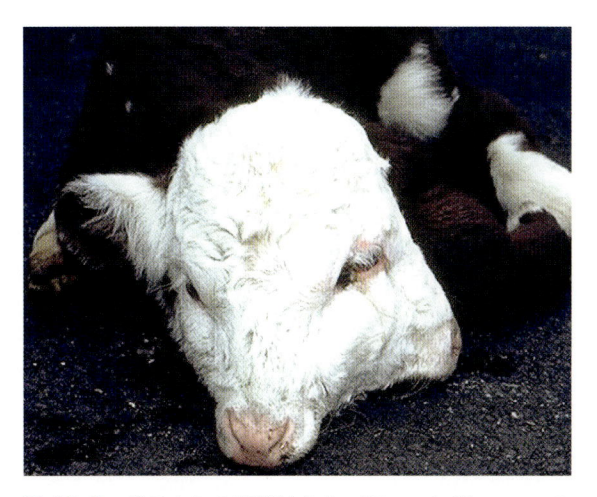

図 19-3： 雄子ウシの頭蓋結合体。Rüsse と Sinowatz の厚意による (1998)。

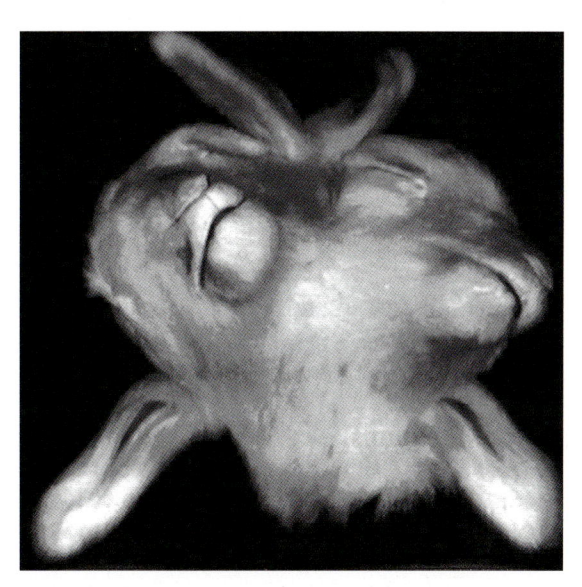

図 19-5： ヤギにおける二頭体。Rüsse と Sinowatz の厚意による (1998)。

Teratology

臓器の先天異常 Organ malformations

以下の器官系における主要な先天異常の説明は、正常な器官系の発生を述べたこれまでの章と関連させて読まれなければならない。

心臓血管系の先天異常
Congenital malformations of the cardiovascular system

心臓の先天異常
Congenital heart malformations（図19-6）

心臓の形成異常は、先天異常の中でも最も頻度が高い most common class of congenital malformation。心臓の先天異常は、ウマやネコよりも、イヌやウシといった動物種でより頻繁に起こる。臨床的には、心臓の先天異常は、通常は出生後にチアノーゼの症状が出るかどうかによって非チアノーゼ性とチアノーゼ性に分類される。非チアノーゼ性の先天異常を持つ動物では、生命活動を維持できるレベルの十分な酸素を含んだ血液が体の中を流れている。一方、チアノーゼ性の先天異常を持つ動物では、末梢毛細血管に存在するヘモグロビンが十分な酸素を受け取っていない。チアノーゼは、体表近辺の密な毛細血管循環を持つ組織が紫色または青味を帯びることにより速やかに診断される。また、チアノーゼは口腔粘膜と歯肉で最も容易に観察される。

心臓逸所 Ectopia cordis

心臓逸所 ectopia cordis（心臓が胸郭内の予定された位置に到達しない heart does not attain its expected position in the thorax 状態）は、ウシで最も頻繁に報告される。しばしば、心臓は頸部内に残る（頸部心臓逸所）。心形成野の初期の位置は、口咽頭膜と神経板の前方（吻側）である。神経管が閉じ、脳胞が成長すると同時に、胚子自身（本体）の前後（吻尾）方向の屈曲が起こる。これとともに、心形成野と発育過程の心臓が将来の心膜腔を伴って、頸部に位置するようになる。その後、心臓はさらに胸郭内へ入って移動が完了する。たとえば、心臓降下の開始が遅れた場合、心臓は頸部の位置に留まることがある。時には、胸骨を形成する一対の胸骨帯が癒合せず、心臓は胸郭の外側に位置する可能性がある。この状態は、胸部心臓逸所と呼ばれている。

右胸心 Dextrocardia

右胸心 dextrocardia は、心臓が胸郭の左より右側 right side of the thorax にある先天異常である。この状態は発生初期に起こり、この時期には心筒（心管ともいう）が右ではなく左でループ（輪状）となる。右胸心は、**内臓逆位** situs inversus（すべての器官の左右非対称の完全な反転）を伴う場合がある。この異常では、通常左右の心室や心房の位置が逆転し、動脈管、大動脈弓、肺静脈は右側の胸腔に形成される。この症状は通常生活には支障をきたさない可能性がある。他の状態としては、左右の位置取りはランダムであり、いくつかの器官だけが逆転する場合がある。この状態は内臓錯位と呼ばれ、他の先天異常（特に心臓の障害）の発生が、より高い頻度で起こる。

非チアノーゼ性心臓形成異常
Acyanotic heart malformations

非チアノーゼ性形成異常は、特にイヌにおいて、最も一般的に発症する先天性の心臓形成異常であ

先天異常学　第19章

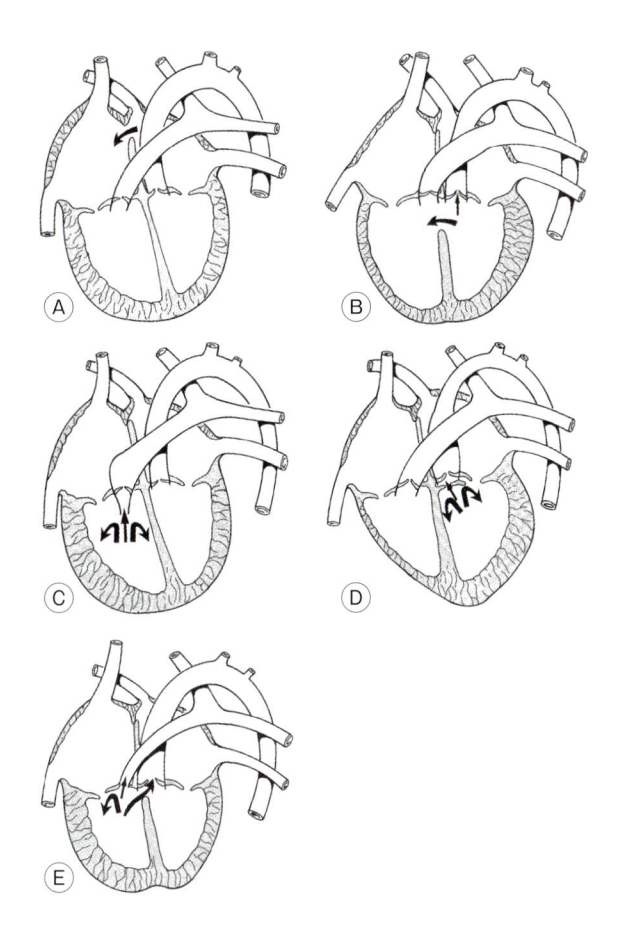

図 19-6：心臓の先天異常の略図。
Noden と De Lanhunta（1985）により改変。
A: 心房中隔欠損症（ASD）
左心房の高い圧力によって、血液が左（心房）から右（心房）に押し出される。右心は次々に受け取った血液量により過負荷となり、過度の働きを強いられる。その結果、右心房と右心室の拡張と肥大を起こす。
B: 心室中隔欠損症（VSD）
この疾患は、心室中隔の背側部に小さな欠損孔があることによって特徴づけられる。これにより導かれる生理的な帰結は、体循環と肺循環の規模と相対抵抗によって決定される。
C: 肺動脈狭窄症（PS）
この疾患は、イヌで最も頻度が高い心臓の先天異常の1つである。それは単一障害である場合もあるが、他の心臓障害を伴う場合もある。右室の流出路の閉塞によって、血液の放出に対する抵抗の増加を生じ、右室の肥大と中隔の平坦化を起こす。
D: 大動脈狭窄症（左心室の流出路の閉塞）（LVOT）
この疾患は、大動脈弁の直下に位置する大動脈口を取り囲む部位の増殖肥厚と狭窄により起こる。それによって心室の過負担になり、左心室の肥大を起こす。
E: ファロー四徴症
この疾患は、心室中隔の大きな欠損、左心室と右心室の両方にまたがった大動脈、右室の流出路の妨害（閉塞）（肺動脈狭窄症）および右心室の肥大によって特徴づけられる。
Rüsse と Sinowatz の厚意による（1998）。

り、以下の症状が挙げられる。

左心室の流出路の閉塞（大動脈狭窄症）
Obstruction of the left ventricular outflow（aortic stenosis）

左心室の流出路の閉塞 obstruction of the left ventricular outflow tract（LVOT）は、**最も頻度が高い先天性心臓形成異常の1つ** one of the most common congenital heart defects であり、通常、増殖肥厚部が大動脈弁直下の大動脈口の周囲に線維筋性輪を形成することによりもたらされる。この症状は大型犬（たとえば、ゴールデン・レトリーバー、ロットワイラー、ボクサー、ジャーマン・シェパード、サモエド）において頻繁に診断される。大動脈狭窄の際には、弁の上部および弁の異常が認められるが、線維筋性大動脈弁下狭窄が定型的となるため、イヌにおいて最も頻度が高い先天異常である。ネコでは大動脈狭窄は稀だが、LVOTが弁や弁の上部で起こることは、報告されている。大動脈弁下狭窄の発症率は、シャムネコではやや高い。

LVOTによる障害の重症度（重篤度）は、以下の3つに分類されている。

- **重症度1**
損傷は、大動脈弁の下方の心室中隔の肥厚した心内膜の隆起した小結節である。

- 重症度2
  損傷は大動脈弁の下方の、LVOT を部分的に囲む肥厚した線維性心膜に幅の狭い稜となる。
- 重症度3
  損傷は大動脈弁直下の、LVOT を完全に囲む線維帯、稜、または環となる。

最も重篤な結果は通常、6 カ月齢以降のイヌで見られるが、生後わずか2、3 週齢の子イヌが狭窄の重度な症状を呈することもある。

LVOT による障害（閉塞）は、十分な1 回拍出量を維持するための、より高い心室収縮期圧を必要とする心室圧の過剰負荷に帰着する。心室は肥大し、心筋血流の必要量が増加する。大動脈圧は正常であるが、左心室腔の圧力は正常時よりも高い。冠状動脈の駆動圧は不十分な場合があり、また、収縮期のあいだに冠状動脈の血流が逆流する可能性もある。乳頭筋と心内膜下の領域は、最も一般的に失神の影響を受ける組織である。平時においては心拍出量が正常であるにもかかわらず、固定化した閉塞は、通常ならば運動に応じて拍出量が増大するのに、これを難しくする。これは運動耐容能を低下させて、失神を誘発する可能性がある。最終的に、狭窄後の拡張が、弁より末梢側の上行大動脈で発達する。臨床的には、まったく異常がみられない場合から、左心不全（特徴として、肺うっ血、肺性浮腫、あえぎ、せき、呼吸困難が挙げられる）といった症状を呈する場合まで多岐にわたる。最近までこの先天異常に関する外科手術は成功しておらず、広く内科療法が用いられてきた。

肺動脈狭窄症 Pulmonary stenosis

合併症を伴わない肺動脈狭窄症 uncomplicated pulmonary stenosis、すなわち他の心臓形成異常がないものは、イヌで最も頻度が高い心臓欠陥の1 つ one of the most common cardiac defects in dogs である。イヌの中でもイングリッシュ・ブルドック、マスティフ、フォックス・テリア、サモエド、ミニチュア・シュナウザー、コッカー・スパニエル、ウエスト・ハイランド・ホワイト・テリアといった犬種にはこの症状が出やすい。遺伝性の肺動脈弁異形成は、ビーグル（多遺伝子性に遺伝する）とボイキン・スパニエルで同定されている。

肺動脈狭窄症は、肺の流出路（肺動脈口）の狭小化 narrowing of the pulmonary outflow によるものであり、いくつかの部位において起こる可能性がある。肺動脈弁下狭窄症および肺動脈弁上狭窄症が報告されているが、イヌにおける右室閉塞の最も頻度が高い形態は、肺動脈弁の異形成 pulmonary valve dysplasia による。これは単一障害として起こることもあるし、他の心臓の障害を伴うこともある。肺動脈閉鎖は、右室路の障害の極端な形態である。閉塞の性質は超音波心臓検査によって診断することができる。弁融合が存在する場合、半月弁は弁尖の先端へ向かって癒合し、その結果、弁のドーム形成が起こる。低形成型の肺動脈狭窄症が見られる場合、弁は厚くなり、動かないように見える、線維輪は狭く、形成不全である可能性がある。肺動脈狭窄症による主要な血行力学的な影響は、求心性の右室肥大、心室中隔奇異性運動、左心房・左心室の縮小と、中程度から重度の肺動脈狭窄症において目視される。肺動脈の拡張が、閉塞部の遠位側、分岐部近傍に見られる。スペクトル・ドップラー心エコー法を用いると、肺動脈狭窄症によって増加した肺動脈血流速度のピーク（1.6 m/s 以上）と、しばしば顕著な肺機能不全が記録される。50 mmHg 以下のドップラー勾配は、軽度の肺動脈狭窄症と考えられる。50〜100 mmHg までの勾配では、重篤度は中程度であり、より高い勾配は重篤な肺動脈狭窄症と関連している。

右室流出路の閉塞は、（血液）流出への抵抗性を

先天異常学　第19章

高め、心室収縮期圧の比例的増加を引き起こす。その結果、右心肥大、左側中隔の平坦化、肺動脈弁の収縮期勾配を誘導する。子イヌで臨床徴候が見られない場合もあるが、右心不全の発症は通常6カ月齢から3歳齢のあいだに見られる。右心不全の典型的症状には、疲労、虚弱、呼吸困難、静脈うっ血がある。

心室中隔欠損症 Ventricular septal defects

心室中隔欠損症 ventricular septal defect は、心室中隔の背側部における小孔 small opening at the dorsal part of the interventricular septum の存在が特徴である。その小孔の位置によって、心室中隔欠損は次のように分類される。(a) 膜性部／膜周囲部型（イヌで最も頻度の高い型）、(b) 流出路（漏斗部／室上稜）、(c) 流入路（房室管）、(d) 心筋（肉柱）である。これらは、室間孔（心室中隔、円錐動脈幹隆起）を閉鎖する1カ所以上の中隔の不完全な発達に起因する。心室中隔欠損は単独性の病変として、または肺動脈狭窄症、肺動脈閉鎖、動脈幹（遺残）や両大血管右室起始症などの他の心臓障害に関連して発症することがある。心臓障害の中には、動物を大動脈弁逸脱症にかかりやすくする要因になる可能性がある。

心室中隔欠損による生理的な帰結は、欠損の大きさと体循環および肺循環血管床における相対的な抵抗の大きさに依存する。欠損が小型（限局的な心室中隔欠損）であれば、ほとんど、あるいはまったく機能障害はない。なぜなら、肺血流は最小限増加するだけである。実際に多くのウシの心臓には、小型の心室中隔欠損がある。一方、欠損が大型（限局的でない心室中隔欠損）である場合、右室の拡張と肥大が起こる。しばしば心室中隔欠損は、他の心臓先天異常を伴う。そのいくつかは、二次的に生じ、チアノーゼの兆候を生む可能性がある。心室中隔欠損は、全ての家畜の種類で報告されている。イヌの中でも、イングリッシュ・ブルドック、キースホンド（遺伝的基礎情報がある）、イングリッシュ・スプリンガー・スパニエル、ビーグルにこの欠損が起こることが多い。

心房中隔欠損症 Atrial septal defects

心房中隔欠損症 artrial septal defect は心房中隔にできた孔 opening in the interatrial septum によって特徴づけられ、全ての家畜の種類に報告されている。イヌでは、この症状はボクサーとサモエドでよくみられる。心房中隔欠損は、二次中隔の卵円孔が一次中隔の1つ（またはそれ以上）の開口部の上に横たわる場合に起こる。機能上、左心房の高い圧力のため、血液は左（心房）から右（心房）に押し出される。右心房は、さらなる血液を受け取るため、負担がかかり過ぎて、過度に動くことになる。その結果、右心房と右心室の拡張と肥大が起こる。しばしば左心房においても、肥大が見られる。

房室弁の異形成
Dysplasia of the atrioventricular valves

房室弁の異形成 dysplasia of the atrioventricular valves は房室隆起の異常発達に起因し、短すぎて房室口を完全には閉じられない弁尖 valve cusps that are too short to fully close を形成する。この症例は、全ての家畜の種類で報告されている。広い範囲におよぶ病変がイヌやネコで房室弁の先天異常を伴って確認されている。この房室弁の先天異常は弁膜、腱索、乳頭筋、あるいはその全ての異常を含む。房室弁の異形成は単一病変である場合もあるが、大動脈弁下狭窄（SAS）や心室中隔欠損、心房中隔欠損などの他の障害に関連する場合もある。ネコやイヌの以下の犬種は、僧帽弁異形成を発症しや

Teratology

すい。すなわち、グレート・デーン、ジャーマン・シェパード、ブルテリア、ゴールデン・レトリバー、ニューファンドランド、ダルメシアン、マスティフである。三尖弁異形成はネコでも報告されており、収縮期に血液の逆流が生じる。この症例は、しばしば左房室弁機能不全と呼ばれており、通常、左心不全になる。

チアノーゼ性心臓形成異常
Cyanotic heart malformations

正常な心臓血流からの2つの逸脱が、チアノーゼ性の心臓形成異常を最も特徴づける。すなわち、心臓の左右のあいだに血流を生じ静脈心房短絡および肺動脈路流出への障害である。これらの逸脱を含む2つの病態には、ファロー四徴症とアイゼンメンガー症候群がある。

ファロー四徴 Tetralogy of Fallot

ファロー四徴 Tetralogy of Fallot は、家畜において最も頻度の高いチアノーゼ性の心臓先天異常で、以下の4つの病変によって特徴づけられる。すなわち、大きな心室中隔欠損 ventricular septal defect、（本来、左心室から出ているべきなのに）**右心室と左心室の両方にまたがって出ている大動脈（騎乗大動脈）** aorta that overrides the left and right ventricles、**右心室の流出路の閉塞** obstruction of the right ventricular outflow tract （肺動脈狭窄症）および**右心室の肥大** right ventricular hypertrophy である。これらの異常は、円錐動脈幹隆起と心室中隔の位置が正しくないことによって生じる。肺動脈狭窄症 pulmonary stenosis は、右心室からの血流に抵抗を生じさせる。それによって、右心室が拡大して肥大する。これは左心室血液が右心室へ流れることによって悪化し、その結果、右心室の肥大

（ファロー四徴に特有の第四の病変）が起こる。右心室の流出路の閉塞と高い右心室収縮期圧の結果、酸素を十分に含んでいない血液は、心室中隔欠損を通して押し出され、左心室に入ってくる血液と混ざる。慢性の低酸素血症は、レニンの産生とエリスロポエチンの放出を増加させることによって、赤血球増加症を起こす場合がある。この心臓の障害の徴候は通常、動物の幼若期に起こる。わずかな運動さえ、しばしば著しいチアノーゼを引き起こす。他の症状には、疲労、成長不良、運動時の呼吸困難、時に発作性の失神がある。

アイゼンメンガー症候群
Eisenmenger syndrome

肺動脈狭窄症が見られない no pulmonary stenosis ことを除いては、この先天異常は**ファロー四徴と類似している** similar to the Tetralogy of Fallot。初期の障害は、軽度の右側に寄った大動脈と、大きな心室中隔欠損からなる。この病態は心臓の発達期間に、心球隆起の近位部分の形成不全から生じる。アイゼンメンガー症候群は上昇した肺血管抵抗性、および体循環から肺循環への連結部（たとえば、動脈管開存、心室中隔欠損、心房中隔欠損、大動脈肺動脈中隔欠損など）を介して、血液が右側から左側へ短絡することによって特徴づけられる。この短絡によって、押し出された血液が右心室の拡大と肥大を誘導する。

かなりの血液量が左側から右側への短絡することにより、肺血管が増加した血流量に暴露されたり、肺動脈の血圧が上昇することの結果、しばしば肺血管閉塞性疾患が起こり、肺血管抵抗が増加する。肺血管抵抗が体循環抵抗に近づく、あるいはそれを上回ると、短絡は逆転し、チアノーゼの症状が現れる。高い肺血管抵抗に逆らって血液を排出しなくてはならないので、右心室は肥大する。低酸素血液に

より腎臓が灌流されると、二次的な赤血球増加症を引き起こす。

大血管転位 Transposition of great vessels

体循環と肺循環の血液流出の逆転 reversal of systemic and pulmonary outflows は、稀な症例である。円錐動脈幹隆起が流出路を２つの経路に分けるとき、稀にこの隆起がラセン形をとらない場合がある。このことは、第四大動脈弓が右心室と連結し、第六大動脈弓が左心室と連結する原因となる。この結果、２つの完全に独立した円弧状をなして流れる血液、すなわち大動脈への右心室からの血流と、肺動脈への左心室からの血流が生じる。そのような状態においては、左右の心室は同じ大きさであり、同等な圧力を生み出す。体循環と肺循環は、互いに独立し、閉鎖しているために、心臓における左右の短絡の存在は、生後の生存のために必要である。心房中隔および心室中隔欠損と、これに関連する動脈管開存が伴う場合のみ、この症例があっても生存することができる。しかし、これらの解剖学的代償があっても、体に到達する血液の質は貧弱なものである。

脈管系の先天異常
Congenital malformations of the vascular system

動脈管開存 Patent ductus arteriosus

胎子では、動脈管は肺動脈の血液が、膨張していない肺を迂回し、胎盤において酸素供給を受けるため、下行大動脈に入ることを可能にする。出生時には、肺が肺動脈からの酸素が少ない血液を十分に受け取れるようにするため、動脈管の閉塞が起こらなければならない。出生時の酸素分圧の増加は、局所のプロスタグランジンの抑制につながり、管の機能的な閉鎖が生じる。出生後の数週間のあいだ、解剖学的に閉鎖する。

動脈管が閉鎖しなかった場合、血液は下行大動脈から肺動脈へ短絡する。動脈管開存症 patent ductus arteriosus は、**イヌで最も頻度が高い心臓血管形成異常** most common cardiovascular malformation in dogs である。特に、プードル、ジャーマン・シェパード、コリー、ポメラニアン、コッカー・スパニエル、マルチーズ、イングリッシュ・スプリンガー・スパニエル、キースホンド、ヨークシャー・テリアといった犬種が特にこの症状を患っている。

動脈管開存の影響は、動脈管の直径と肺血管抵抗（性）に主に依存する。肺血管抵抗が正常である場合、血液は下行大動脈から肺動脈へと短絡する。なぜなら、心臓周期の全ての相のあいだ、大動脈圧は肺動脈の圧力を上回っているからである。これにより肺血流量を増加させ、左心房と左心室への静脈還流量を増加させる。心臓の左側過負荷は左心房の拡張、左室遠心性肥大、僧帽弁閉鎖不全を引き起こす。左側うっ血性心不全は、容量過剰負荷から進む可能性がある。肺血管抵抗が増加する場合、左側から右側への短絡は減少し、右側から左側への短絡が発達する。

動脈管開存の症状は、非常に多様である。健康診断によって見つかる最も頻度が高い兆候は連続性雑音である。他の症状では、正常なイヌの頭背側方の心底においてしばしば振顫を伴う。この動脈管開存で最も頻繁に見つかる異音は、全ての心臓周期を通して連続的に聞こえることから、"機械性雑音"と呼ばれる。雑音が最も大きい（最大となるポイント）は、肺動脈幹の位置、すなわち左の心底上の高い位置であり、そこから頭側方に向かって胸骨柄へ、さらに右の心底へと放射線状に広がる。僧帽弁閉鎖不全がみられる場合、収縮期雑音はしばしば左

の心尖部で明白に聴取することができる。通例、左側（大動脈）の血圧は、右側（肺動脈）の血圧より高い。より高い血圧系（大動脈）の循環から肺循環へ流れる強大な血流は、肺の血管系に負荷をかけ過ぎる。その結果、肺高血圧となり最終的には心不全が起こる。

　動脈管開存の外科的な結紮は、左側から右側への短絡を呈する全症例に、診断後できるだけ早期に施行されることが推奨される。結紮しないと、全症例中少なくとも50％は診断の1年以内に死亡すると予測される。しかしおそらく小さな短絡しかもっていないイヌの一部は、長年にわたって生存する可能性がある。動脈管のより侵襲的でない外科的治療は、薄い金属のコイルを、カテーテルを経由して患部に届けるコイル塞栓術である。

右大動脈弓遺残
Persistent right aortic arch

　右大動脈弓遺残 persistent right aortic arch は、第七背側節間動脈と、一対の大動脈の癒合部位とのあいだにおける、**右背側大動脈の変性の失敗** failure of the right dorsal aorta to degenerate に由来する。右大動脈弓遺残は、ウシ、ブタ、ウマ、ネコで見られ、イヌではかなり一般的である。右大動脈弓遺残は、イヌにおける血管輪障害の95％を占めており、大型犬（ジャーマン・シェパード、ワイマラナー、アイリッシュ・セッターなど）で最も頻繁に見られる。この先天性障害は、さまざまな表現型として現れる可能性がある。第一の表現型では、右大動脈弓の結合が遺残し、左大動脈弓は消失する。その結果、左側の代わりに、右側に大動脈弓ができる。第二の表現型では、両側の結合が遺残するが、右側には血管腔はなく、線維性の遺残だけである。第三の表現型では、両側の結合は血管としての特質を保つため、重複大動脈弓となる。

　右大動脈弓遺残の臨床的な帰結は、**食道と気管を取り囲んで形成される完全もしくは部分的な血管輪** complete or partial vascular ring being formed around the oesophagus and trachea である。この血管輪は右大動脈弓、動脈管索（動脈管の遺残）および肺動脈幹から形成される。血管輪は食道と気管を取り囲み、圧迫する。血管輪が形成された兆候は、動物が固形食を摂食しはじめた際に見られる。摂食の後、消化されていない食物の逆流が起こる。その結果、狭窄部より頭側方に食道が二次的に拡張し、心底より頭側方向に巨大食道がつくられる。

右鎖骨下動脈起始異常
Anomalous origin of the right subclavian artery

　右大動脈弓遺残の結果として、左鎖骨下動脈起始異常が時折見つかることもあるが、より一般的には、異常に関わるのは右鎖骨下動脈である。右鎖骨下動脈の起始異常は、イヌで一般的な脈管奇形の1つである。このような症例の場合、**右鎖骨下動脈は腕頭動脈からではなく大動脈から直接分岐する** right subclavian artery arises directly from the aorta。右背側大動脈が第四大動脈弓と第七背側節間動脈とのあいだで消失する際に、通常右背側大動脈は全て消失するが、消失部より尾側の部分（通常は退行する）が残存する場合に異常が起こる。その結果、右鎖骨下動脈は、第七背側節間動脈より尾側の大動脈弓遺残と節間動脈自体から成る。右鎖骨下動脈の異常な起始は、食道周囲に血管輪を生じる可能性があり、右大動脈弓遺残で述べた症状と同じ症状を引き起こす。時折、その病態の症状を引き起こさないまま、検死解剖で見つかる場合もある。

大動脈縮窄 Coarctation of the aorta

大動脈縮窄 coarctation of the aorta は、局所的な大動脈の狭窄化 narrowing of the aorta（動脈管後狭窄）であり、左鎖骨下動脈の起始より遠位で、通常、動脈管近傍だがこれより遠位に起こる。この症状は障害を受けた場所での大動脈の発達不良、あるいは血管壁内結合組織の異常増殖によってもたらされ、その結果管腔の狭窄化が起こる。異常に大量な動脈管の材料が大動脈の血管壁に組み込まれる場合、胎子期のあいだに大動脈縮窄が発達する。動脈管の血管壁は、大動脈と比較して膠原線維をより多く含む。そのため、動脈管の過剰な材料は大動脈の血管壁の収縮に帰着する可能性がある。動脈管の前方（吻側）部の狭窄は、大動脈狭窄の5％未満の症例でみられ、これによって、動脈管の上流で大動脈の狭窄化が起きる。この場合、動脈管は大動脈の狭窄を代償し、生命を維持するために、開存させたままでなければならない。それは MFH-1 の不十分な発現に関連がある。したがってこの場合、動脈管は出生後でも開存したままである。

静脈の先天異常 Malformations of the veins

大静脈の先天異常：静脈の形成の複雑な様式によって、静脈系において広範囲にわたる形成異常が引き起こされる。一般的に見られる異常は、**前大静脈と後大静脈の重複** duplication of the cranial and caudal venae cavae や、これらの血管の右側の分節の代わりに、左側の分節が開存することであり、正常な血管の欠如を伴う。ほとんどの場合、これらの異常によっては症状は起こらないが、時に深部静脈血栓症が起こることもある。

門脈大静脈吻合：この先天異常は、臨床的に重要な静脈異常である。門脈大静脈吻合はネコやイヌでしばしば報告されているが、他の家畜の動物種では極めて稀にしか見られない。この病態では、シャント（吻合）が門脈循環（またはときどき腸間膜静脈）と後大静脈とのあいだに存在する shunt exists between the portal circulation (or sometimes the mesenteric veins) and the caudal vena cava。吻合はさまざまな形をとるが、最も頻度が高いものは、静脈管の開存、直接後大静脈に入る腸間膜静脈、あるいは門脈と後大静脈とのあいだの直接の吻合である。その結果、腸管からの血液は肝臓洞様毛細血管を迂回するので、血液内の物質は肝臓によって代謝されることができない。したがって、通常は肝臓で解毒される代謝性毒素は、脳機能に影響を及ぼすまで毒性が高まる。

リンパ系の形成異常 Malformations of the lymphatic system

リンパ管の軽度な解剖学的な変異は、家畜で頻度が高いが、臨床症状を引き起こす形成異常は稀である。臨床症状は、典型的には主要リンパ管の拡張に起因する腫脹として現れる。たとえば、嚢胞性ヒグローマのような大型の腫脹が頭部や頸部に現れる。

神経系の先天異常 Congenital malformations of the nervous system

中枢神経系は発生が複雑であるため、先天異常を非常に起こしやすい。ヒトでも家畜でも、中枢神経系の異常は出生時に比較的よく見られ、先天心臓血管系の異常に次いで頻度が高い。

脊髄形成異常症 Myelodysplasia

脊髄形成異常症は、脊髄の形成異常を全般的に表

す用語である。この状態は以下の主なカテゴリーに分類することができる。

- **無脊髄** aplasia：脊髄の1つあるいはいくつかの分節が形成されない。
- **脊髄低形成** hypoplasia：脊髄分節の発達が減退する。
- **水脊髄症** hydromyelia：脳脊髄液が過剰に蓄積することによる中心管の拡張により特徴づけられる。
- **脊髄空洞症** syringomyelia：脊髄のいくつかの分節における異常な空洞形成を示す。潜在性二分脊椎はしばしば脊髄空洞症を随伴することから、脊髄空洞症は二分脊椎の特別な状態と考えられている。脊髄空洞症は一般的に稀であるが、ワイマラナー犬と尾のないマンクス・ネコで遺伝する。
- **重複脊髄** diplomyelia：脊髄が2本並んで存在する状態である。通常、2本は1組だけの髄膜で覆われ、単一の脊柱管内に入っている。

神経管異常 Neural tube defects

神経管異常 neural tube defects は、多様な起源を持ち、複雑な中枢神経系の先天異常により構成される。これらは神経管の不完全な閉鎖から起こる重篤な構造的異常から、明白な構造的異常を示さない機能不全にまでわたる。一般にこのグループには、**二分脊椎** spina bifida、**無脳症** anencephaly および**脳瘤** encephalocoele が含まれる。神経管の閉鎖不全は、一般的には頭側神経孔および尾側神経孔で起こるが、他の部位で起こることもある。脳に起こる閉鎖異常は**頭蓋裂** cranioschisis と呼ばれ、脊髄に起こる閉鎖異常は**脊椎裂** rachioschisis と呼ばれる。

神経管異常は脳脊髄液の過剰産生により、一度閉鎖した神経管が再び開口することでも起こることが示されている。第8章で述べたとおり、神経管の発生は遺伝子によって厳密に制御され、多くの環境因子により修飾される多段階の過程である。この過程には、遺伝子と遺伝子、遺伝子と環境、遺伝子と栄養状態といったそれぞれの相互作用が影響を与えている。

二分脊椎 Spina bifida

二分脊椎 spina bifida（図19-7）は最も重度な神経管異常であり、脊髄の背側で脊柱管を形成するための両側の**椎弓の閉鎖不全** vertebral arches fail to close によるすべての異常を含んでいる。その最も単純な形態では、異常は"隠れて"存在していることから、潜在性二分脊椎と呼ばれる。脊髄と髄膜は正常な位置に留まるが、1つあるいはそれ以上の椎骨の椎弓は不完全である。髄膜も脳脊髄液により拡張することがあり（脊髄髄膜瘤、後述）、このような症状は囊胞性二分脊椎と呼ばれる。このような例では多くの場合、脊髄は膨れたり、突出したクモ膜下腔内へ完全に転位したりする。脊髄の転位は脊髄根の位置を移動させ、結果的に神経症状を併発することが多い。

二分脊椎は椎骨の異常であり、この異常は何年ものあいだ気付かれないことがある。正常発生のあいだに、神経弓は *Msx-2* の調節を介し、神経管の蓋板により誘導される。このように、二分脊椎は局所での誘導の異常により引き起こされる。

髄膜瘤 Meningocele

脊髄の神経管異常における次に重篤な異常は、**髄膜瘤** meningocele である。この異常では、**脳脊髄液の蓄積により髄膜は脱出し拡張する** meninges herniate and become distended by fluid accumulation。脊髄硬膜は異常部で欠損することがあり、脊髄クモ膜は皮膚直下で顕著に膨れる。しかしながら、脊髄は正常な位置にあり、神経症状は一般に軽

先天異常学 第19章

症である。

脊椎裂 Rachioschisis

脊椎裂 rachioschisis とは、神経管の尾方のどこかが完全な閉鎖不全を起こす any part of the posterior portion of the neural tube completely fails to close ことをいい、その結果、常時裂けている状態を指している。そのため、椎弓が正常に形成されたり、癒合したりすることはない。この異常は神経管が閉鎖する前の原始的な神経板に類似している。脊椎裂は反芻類、ウマ、イヌおよびネコで報告されている。

脳の先天異常
Congenital malformations of the brain

頭側神経管の閉鎖不全
Dysraphia of the anterior neural tube
(図 19-7)

この異常の範囲は、神経管の尾側方で述べたものと同様で、神経管の最も頭側に影響する異常と関連している。この症状の大部分は**閉鎖不全** dysraphia に基づき、**頭側神経孔が正常に癒合しないあるいは開口したままであることさえある** cranial neuropore fails to fuse properly or even remains open。この先天異常は通常、次の症状のいずれかで表される。すなわち、軽度なものとしては、閉鎖不全は頭部の**髄膜瘤** meningocoele となり、髄膜が頭蓋の小型の欠損部を通って突出する。より重篤になると、髄膜に脳組織（**髄膜脳瘤** meningoencephalocoele）、あるいは脳室系の一部を含む脳組織（**髄膜水脳瘤** meningohydroencephalocoele）が加わって突出し、頭蓋の開口部も大きくなる。この異常がさらに重度になると、**外脳症** exencephaly となる。外脳症で

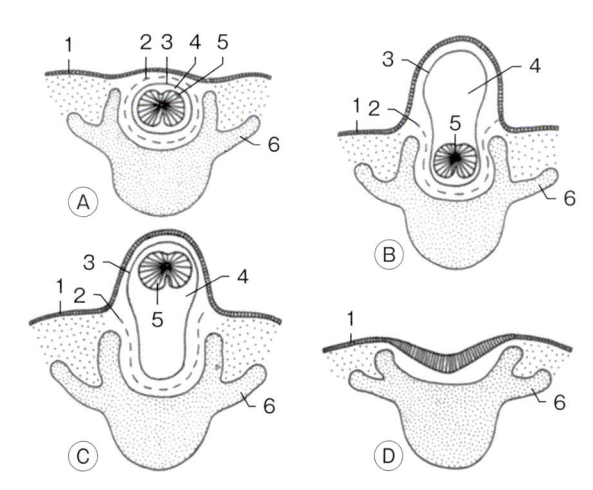

図 19-7：閉鎖不全の種々の形。閉鎖不全は1つあるいはそれ以上の椎弓の先天性閉鎖不全を含んでいる。その際、脊髄および神経根の異常を伴うことがある。この異常は軽度（**A**: 潜在性二分脊椎）から重度（**B**: 髄膜瘤、**C**: 髄膜脊髄瘤）、さらには **D**: 脊椎裂と呼ばれる神経管と脊髄の完全な形成不全により体表面に脊髄が露出する状態までの範囲がある。1: 表皮、2: 脊髄硬膜、3: 脊髄クモ膜、4: クモ膜下腔、5: 脊髄、6: 横突起。Rüsse と Sinowatz（1998）の厚意による。

は頭部の神経管全体がまったく閉鎖しないという特徴がある。この状態では頭蓋冠が形成されず、異常形成した脳が露出したままとなる。頭側の閉鎖不全で最も重篤な異常は、終脳と大部分の間脳の欠如であり、これは**無脳症** anencephaly と呼ばれるが、脳幹は正常なままである。眼球の原基は間脳に由来するので、眼球の形成を示すいくつかの痕跡が、通常認められる。無脳症の発生は稀であるが、反芻類では最も報告が多い。

水頭症 Hydrocephalus
(図 19-8、19-9、19-10)

水頭症 hydrocephalus では、脳の**脳室系内に脳脊髄液が異常に蓄積** abnormal accumulation of cerebrospinal fluid within the ventricular system す

る。多くの場合、家畜の新生子における水頭症は中脳水道の閉塞による。この閉塞は側脳室と第三脳室の脳脊髄液が第四脳室へ流れることを妨げ、第四脳室からクモ膜下腔へ流れることをも妨げる。正常では、脳脊髄液はクモ膜下腔で吸収される。この型の水頭症は"非交通性水頭症"と呼ばれる。ほかに閉塞を起こす部位として一般的なのは、室間孔と第四脳室外側孔である。水頭症は脳脊髄液の過剰産生やクモ膜下腔からの吸収障害などによっても起こることがある。

脳脊髄液の増加により、脳組織は圧力の増加を受けることになる。重度な例では、蓄積した脳脊髄液が脳室の容積をはるかに超えるため、頭蓋の縫合が閉じられなくなる。極端な例になると、脳組織と骨が薄くなり、頭部は肉眼的にも大きくなり、異常な形となる。

水頭症はおそらく**神経系の先天異常で最も発生頻度の高い異常の１つ** one of the most common congenital anomalies of the nervous system である。これまでイヌと反芻類で最も報告が多いが、すべての家畜種で見られる。イヌでは、小型の短頭種で最も発生が多い。短頭種では中脳水道の狭窄は、軟骨性頭蓋底の発生の遅延と関連している。ウシでは軟骨無形成性矮小症がしばしば水頭症を示す。

アーノルド・キアリ奇形 Arnold-Chiari malformation

アーノルド・キアリ奇形 Arnold-Chiari malformation は大孔を通って頭側方の頸椎の脊柱管内へ、**小脳組織が尾側方へ転位逸脱すること** caudal displacement and herniation of cerebellar structures を特徴とする異常である。アーノルド・キアリ奇形は、しばしば二分脊椎、髄膜脊髄瘤、水頭症を合併する。

小脳症 Microcephaly

小脳症 microcephaly、すなわち**異常に小さい脳** abnormally small brain は、子ウシ、子ヒツジおよび子ブタで報告されている。頭蓋の大きさは脳の発達に依存するので、頭蓋冠は正常と比較するとかなり小さい。小脳症の外的特徴の１つは頭蓋の前頭部が幅狭く平坦なことである。頭蓋骨は正常より厚い

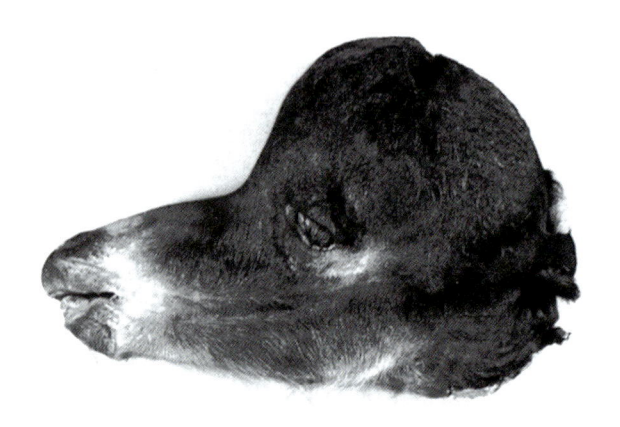

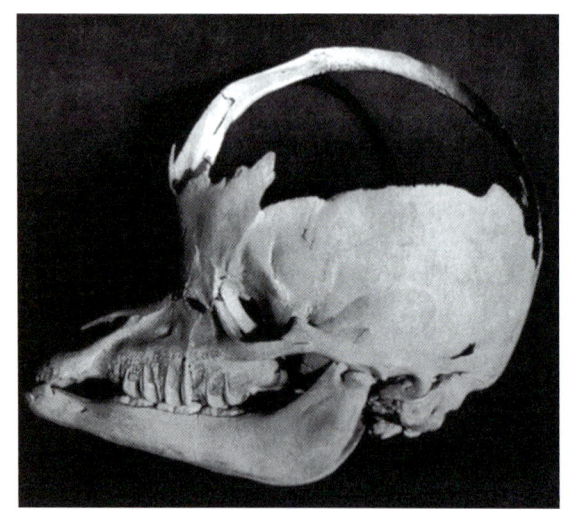

図 19-8、図 19-9：子ウマの水頭症。大量の脳脊髄液が脳室系内に蓄積している。増加した液は脳室の容積をはるかに超えるため、縫合が閉鎖することができず、その結果、頭蓋の異常を起こす。Rüsse と Sinowatz（1998）の厚意による。

先天異常学　第**19**章

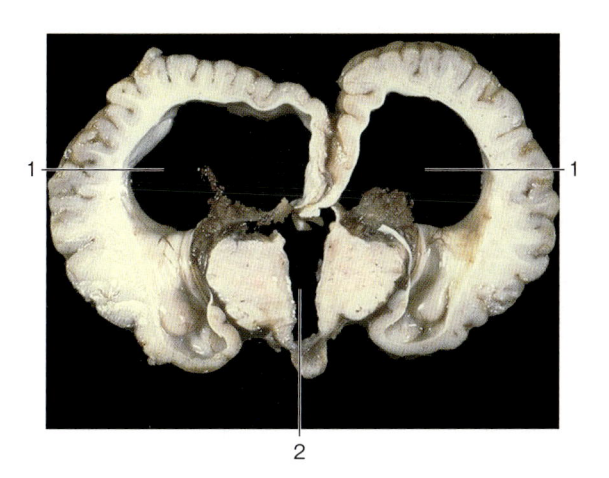

図 19-10：子ウシの水頭症。側脳室の拡張に注目すること。1: 側脳室、2: 第三脳室。Rüsse と Sinowatz（1998）の厚意による。

ようである。この異常の原因として、遺伝性あるいは感染や催奇形性物質への暴露のような妊娠中の障害が考えられる。

水無脳症 Hydranencephaly

水無脳症 hydranencephaly では、**大脳半球は2つの液体で満たされた嚢で置き換えられている** cerebral hemispheres are replaced by two fluid-filled sacs。脳幹は通常影響を受けないが、小脳はある程度低形成を示すことがある。家畜で最も多い原因は、子宮内でのウイルス感染（反芻類ではブルータングウイルス、ネコでは汎白血球減少症）であり、より頻度は低いが終脳への血液供給の中断も原因となる。

全前脳症 Holoprosencephaly

全前脳症 holoprosencephaly は、**損傷した、すなわち不完全な前脳正中での分割** impaired or incomplete midline division of the prosencephalon により特徴づけられる、一連の脳と顔面の先天異常である。全前脳症はトリソミー、種々の欠失、他の染色体の再配列などの染色体異常と関連すると考えられているが、環境因子によるとの指摘もある。ヒトではしばしば特徴的な顔面形成異常と関連しており、これは脳の先天異常により二次的に起こったものである。全前脳症は子ウシで報告があり、神経管がその最吻側端（頭側神経孔）において表面外胚葉からうまく分離ができず、終脳胞の正常発生が損なわれたものだろう。脳幹と小脳はともに存在しているが、変形している。全前脳症が報告されている子ウシでは、顔面、外鼻孔および口腔は正常なようだ。

小脳形成不全 Cerebellar hypoplasia

小脳形成不全 cerebellar hypoplasia（**図 19-11**）は、小脳において**神経細胞が不足して顆粒層の形成不全を引き起こす** an insufficiency of neurons causes hypoplasia of the granular layer 状態である。重篤な例では、プルキンエ細胞（梨状細胞）も破壊される。この異常は子ネコと子ウシで最も発生が多く、出生前あるいは周産期のウイルス感染が大部分の原因となる。この不全を引き起こすウイルスとしては、ネコ汎白血球減少症ウイルスや牛ウイルス性下痢症（BVD）ウイルスが挙げられる。妊娠中期（最初の三半期の終わりから最後の三半期の開始まで）、脳が急速に発達し、外胚葉が分化する時期にこれらのウイルスに感染すると、影響は最大となる。

小脳の栄養性萎縮 Cerebellar abiotrophy

小脳の栄養性萎縮 cerebellar abiotrophy は、すでに形成された後の小脳皮質における、**プルキンエ細胞（梨状細胞）の変性** degeneration of Purkinje cell が特徴である。この異常は出生後、時には出生

Teratology

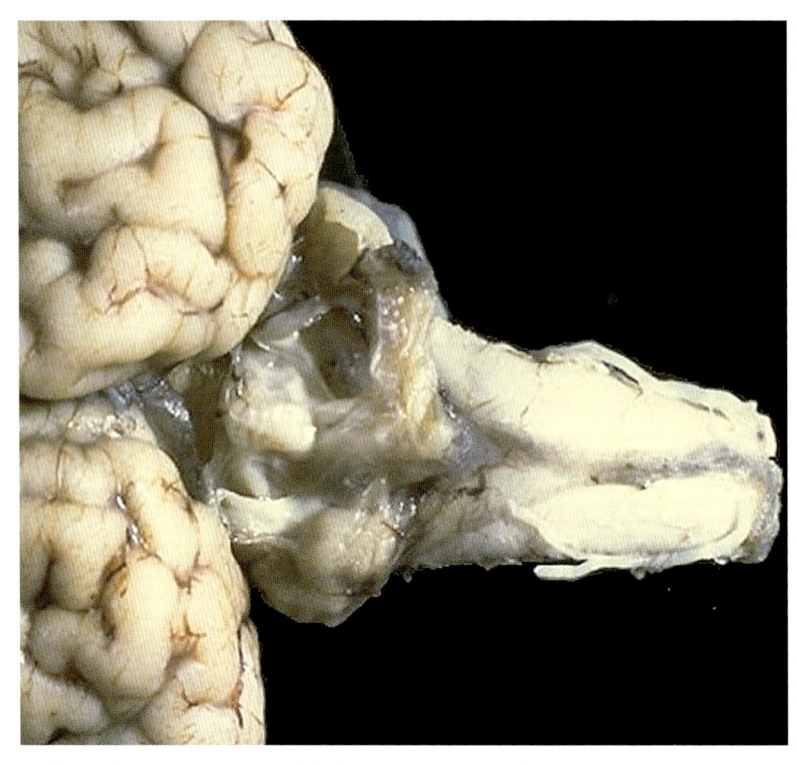

図 19-11：小脳形成不全は子ネコと子ウシで最も高頻度に発生する。最も多い原因は、出生前あるいは周産期のウイルス感染である。Rüsse と Sinowatz（1998）の厚意による。

前に起こり、多くの家畜種で観察されている。この変性を引き起こす根本原因は分かっていない。

中枢神経系の機能異常
Functional anomalies of the central nervous system

これまでに述べた中枢神経系の異常は家畜に見られる最も重篤なものであり、それらの多くは生きることができない。それ以外の中枢神経系の異常の多くは、形態学的な異常発現をほとんど示さないことがある。これらのうち最も頻繁に認められる例は、**先天性特発性てんかん** congenital idiopathic epilepsy と **運動障害** kinetic disorder である。先天性特発性てんかんはイヌで大変よく見られ、ネコやウマでも観察されている。運動過剰障害はウシとイヌ（スコッチテリア）で報告されている。これはおそらく神経伝達物質の異常が原因であろう。

一方、形態学的異常が常に機能障害に結びつくとは限らない。たとえば、脳梁の一部が欠損していても重い機能障害を発現しないこともあり、小脳の部分欠損でさえ協調運動にわずかな障害しか示さないこともある。家畜の場合と異なり、ヒトの医学では小さな先天異常がしばしば重要性を持つことがある。

末梢神経系の先天異常
Congenital malformations of the peripheral nervous system

神経節欠損性大腸
Aganglionic large intestine

　神経節欠損性大腸 aganglionic large intestine は結腸の特定の部位の大きな拡張 great dilatation of certain segments of the colon として現れ、ウマやマウスを含むいくつかの種で報告されている。ヒトではこの異常は"ヒルシュスプルング病"と呼ばれている。この疾病の本態は、結腸の障害された部位の壁における腸管神経節の欠損 absence of enteric ganglia である。神経節欠損性大腸は優性突然変異と劣性突然変異の両者によって起こる。ヒトの患者の場合、通常結腸または直腸のごく一部だけが影響を受けるが、神経膠細胞由来神経栄養因子（GDNF）に対する受容体である c-REC がん遺伝子が、共受容体である Gfra-1 とともに発現しないことが示されている。神経節欠損性巨大結腸を引き起こす別の突然変異として、神経堤前駆細胞の移動または増殖の欠損があるかもしれない。神経堤前駆細胞が後腸の決められた部位に達する前、あるいは達した後に起こるアポトーシスにより、神経節細胞数がかなり減少する。別の仮説として、局所の環境の変化が神経節細胞の結腸への正常な移動を阻害することが考えられる。突然変異マウスの結果は、この考えを支持している。すなわち、この変異マウスの神経堤細胞は正常マウスの腸に集まり、増殖することはできたが、正常マウスの神経堤細胞は変異マウスの腸管壁に侵入することができなかった。このことは、エンドセリン-3 endothelin-3 の過剰産生により腸管壁においてラミニンの蓄積が起こり、それにより神経堤細胞の移動が阻止されたことが原因と考えられる。

　家畜において神経節欠損性大腸は Overo ウマの交配により生まれた白毛の子ウマで報告されている。Overo とはメラニン細胞を欠損しているペインテッド・ポニーとピント・ポニーの斑紋のことで、白い皮膚の部分は体幹の腹側正中部や肢端や鼻端に現れやすい。この異常は生後1日以内での疝痛にはじまり、その後、罹患したウマは短期間で死亡する。剖検すると腸内に胎便がまったく見られない。組織学的観察により、回腸の末端、盲腸および結腸の筋層間神経叢の神経節は完全に欠損していることが示される。

シュワン細胞（鞘細胞）に影響する先天性欠損
Congenital defects affecting Schwann cells

　希突起膠細胞による中枢神経系の髄鞘形成の発生異常は多いが、末梢神経系におけるシュワン細胞（鞘細胞）による髄鞘形成に影響する異常 abnormalities affecting the myelin production by Schwann cells in the peripheral nervous system は、家畜ではほんのわずかしか報告されていない。末梢神経線維周囲の髄鞘の最終的な欠損を伴う先天異常は肥大性のニューロパシー（神経障害）を起こし、これはチベットのマスチィフ犬で報告されている。同様な病変が *Trember* と呼ばれる遺伝子を持ったある純系マウスで報告されている。末梢神経が節間のさまざまな部位において、髄鞘の"ソーセージ様"の肥厚を呈するという先天性のウシのニューロパシーが数例、報告されている。離乳後、嚥下障害の臨床兆候と慢性的な第一胃鼓張を発症し、これらは両側性迷走神経の変性が原因であった。坐骨神経と腕神経叢も同様に影響を受けることがあり、その際は軽く脚を引きずる歩行を呈する。

眼の形成異常 Malformations of the eye

　眼の先天異常は、ほかのすべての家畜種を合わせ

たよりも、**イヌ** dog で6倍も報告が多い。それゆえ、以下の記述は主としてイヌにおける眼の異常に焦点をあてる。

無眼球症と小眼球症
Anophthalmos and microphthalmos

無眼球症 anophthalmos は、眼の欠損 the absence of an eye のことで、眼胞の形成不全に起因する。眼胞はこれに続く発生過程の誘導の引き鉄として作用するので、眼の形成は起きない。小眼球症 microphthalmos は、正常よりほんのわずか小さい眼球からほとんど痕跡的なものまで eyeball only slightly smaller than normal to one that is only vestigial の範囲に及び、眼杯の発生は多かれ少なかれ重篤に阻害されている。これは遺伝的欠損あるいは子宮内感染を含むさまざまな他の原因と関わっていることがある。イヌ、ブタおよびウシでは、小眼球症はしばしばビタミンA欠乏の結果発症する。小眼球症は、妊娠中にグリセオフルビンに暴露された子ネコで、頭顔面奇形の一部として観察されている。遺伝的小眼球症はすべての家畜種で報告されている。イヌではコリー、シュナウザー、オーストラリアン・シェパードおよびグレート・デンで最も発生頻度が高いようだ。ゲルンジー牛での小眼球症は、時に心臓の奇形や無尾と合併する。

コロボーム Coloboma

コロボーム coloboma は眼杯裂が適切あるいは適期に閉鎖しない optic fissure failing to close properly or at the proper times 結果起こる。この裂隙状欠損は通常、虹彩のみに起こるが（虹彩欠損 coloboma iridis）、毛様体、網膜、脈絡膜および視神経内へ広がることもある。コロボームはよく見られる眼の先天異常であり、しばしば小眼球症などの他の眼の異常と合併する。PAX2遺伝子の突然変異が視神経のコロボームに関連しており、この遺伝子は他の型のコロボームでも何らかの作用を行っている可能性がある。

コリー アイ症候群 Collie eye syndrome

コリー アイ症候群 Collie eye syndrome は最も発生頻度が多い眼の異常の1つであると見られている。この先天異常はコリーに発症しやすい。全体として、この症候群は小眼球症 microphthalmos と、脈絡膜と強膜の限局性菲薄化 focal thinning of the choroid and sclera を生じ、この結果、拡張や網膜の剥離が起こる。コリー アイ症候群の病因は眼杯の発育不全である。

網膜異形成症 Retinal dysplasia

網膜異形成症 retinal dysplasia は網膜の発生と分化の異常 abnormal growth and differentiation of the retina であると定義され、主にイヌで報告されている。この先天異常は眼杯の内層もしくは外層の発生異常の結果起こる。網膜異形成症は、網膜のこれら2つの原始的な層が互いに正常に影響を及ぼし合わないときに起こる。大部分の発症例において、網膜異形成症は遺伝性である。この症例は眼だけに単一の症状を現すこともあるが、他の器官系の異常も伴う複雑な症状として現れることもある。網膜異形成症は、イヌの眼の登録基金／財団法人によって発行されている『純血犬において遺伝的であると推測される眼の障害』1996年版にリストされている100犬種中、25犬種において報告されている。このうち、24犬種では網膜にヒダが形成され、11犬種では限局した範囲に異形成と網膜剥離の両方、もしくは一方が見られる。秋田、アメリカン・コッカー・スパニエル、オーストラリアン・シェパード、ベド

リントン・テリア、ビーグル、ドーベルマン、イングリッシュ・スプリンガー・スパニエル、ラブラドール、ロットワイラー、オールド・イングリッシュ・シープドッグ、シーリハム・テリアおよびヨークシャー・テリアにおいて単一常染色体劣性遺伝が疑われている。しかし、遺伝のメカニズムは、多くの犬種でまだ決定されていない。ラブラドールとサモエドでは、網膜異形成症と骨格異常の合併が報告されている。子ネコでの網膜異形成症は、ネコ汎白血球減少症ウイルスの子宮内感染の結果として起こることもある。

進行性網膜萎縮症
Progressive retinal atrophy

　進行性網膜萎縮症 progressive retinal atrophy とは、似たような症状を共有する一連の遺伝性網膜ジストロフィー（異栄養症）である。**通常、盲目に至る進行性の視力の喪失** progressive loss of vision usually leading to blindness を起こす。最初は杆状体視細胞の視覚が低下することで夜盲症となり、次いで錐状体視細胞の視覚が進行性に低下し、日中の視力も低下する。十分に詳しく調査されたすべての犬種において、遺伝様式は単一劣性遺伝であったことがわかった。最近の研究では、イヌのrcd2座は網膜の変性をもたらす新しい遺伝子であることが提唱されている。

　この疾患の発症は出生前に始まることもあり、また出生後数年たってからのこともある。異なった犬種では、実際、異なった形態の進行性網膜萎縮を発症するが、最終的な結末は同じである。すなわち、杆状体と錐状体の両視細胞は最終的には変性し、その後、完全に盲目になる。イヌには進行性網膜萎縮の2つの異なった型、すなわち杆状体・錐状体視細胞の異形成と、杆状体・錐状体視細胞の変性がある。アイリッシュ・セッターやミニチュア・ロングヘアー・ダックスフントのような犬種では、杆状体・錐状体視細胞の異形成が生じる。この場合、杆状体と錐状体視細胞は発生異常を起こし、細胞が完全に完成する以前にすでに変性を始め、罹患イヌは出生後2、3カ月以内という非常に早い時期に発症する。ラブラドール、ゴールデン・レトリーバーあるいはコッカー・スパニエルなど杆状体・錐状体視細胞の変性に罹る犬種では、杆状体・錐状体視細胞は正常に発生し、変性は生後時間が経過してから起こる。発症時期も遅れ、通常生後3年または4年以降に発症する。

先天性白内障 Congenital cataract

　白内障 cataract は、水晶体あるいは水晶体包の透明度の消失 loss of clarity in the lens or lens capsule と定義される。イヌとヒトの両方において、白内障は盲目となる主な原因である。遺伝的白内障は、*HFS4*遺伝子の突然変異がいくつかの犬種（たとえばスタッフォードシャー・ブル・テリア、ボストン・テリアおよびオーストラリアン・シェパード）で関連している。先天性白内障は時折ウシにも見られるが、ネコやウマでは稀である。

先天性原発性緑内障
Congenital primary glaucoma

　先天性原発性緑内障 congenital primary glaucoma は、眼の前眼房の発生異常に起因する。虹彩角膜角にある小柱状の網工が一部障害される。小柱網の間隙は正確に形成されず、拡張することもない。そのため、**前眼房からの眼房水の吸収が低下し** resorption of aqueous humour from the anterior chamber is reduced、緑内障が発症する。この異常はコッカー・スパニエル、ビーグルおよびバセット・ハウンドにおいて遺伝する。先天性水晶体脱臼

Teratology

により二次的に起こる家族性緑内障がフォックス・テリアとシーリハム・テリアにおいて見つかっている。

瞳孔膜遺残 Persistent pupillary membrane

瞳孔膜遺残 persistent pupillary membrane とは、正常に発生が進むと退化する瞳孔膜 pupillary membrane の消失が失敗する fail to disappear という状態である。この異常は特にバセンジー犬でよく見られ、遺伝性である。

硝子体動脈遺残 Persistent hyaloid artery

通常は硝子体動脈の遠位部は退化し、近位部は網膜中心動脈となる。時々、遠位部も存続し、索状あるいは嚢胞状を呈する。

単眼症 Cyclopia（図 19-12、19-13）

単眼症（1つ目）cyclopia は両眼が部分的あるいは完全に癒合 eyes are partially or completely fused した異常である。この異常は正中部の組織の消失が原因で、発生初期に生じる。正中部の組織の欠損の結果、前脳と前頭鼻隆起の発育不全が起こる。これらの異常は通常、頭蓋の異常を合併する。単眼症は、単一の正中に位置する眼窩が特徴で、この中には正常あるいは痕跡的な眼が入っている。いくつかの症例で、2つの眼球のさまざまな程度の癒合が報告されている。眼瞼は痕跡的あるいは完全に欠如している。

耳の形成異常 Malformation of the ear

耳は遺伝に起因するさまざまな異常が起こりやすい部位である。内耳の有毛細胞の異常から中耳およ

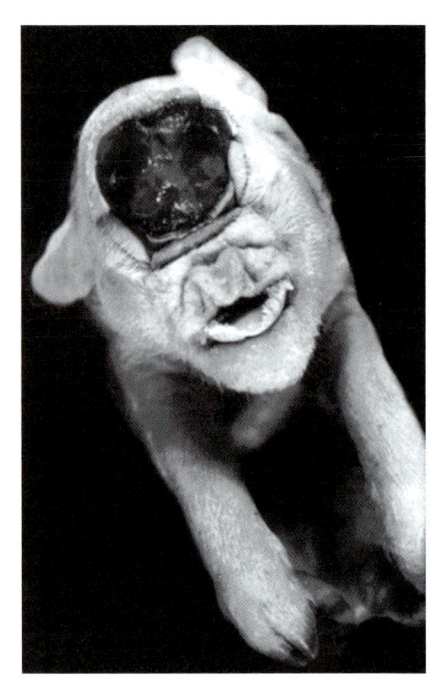

図 19-12：子ブタにおける不完全単眼症（1つ目）。この異常は正中部の組織の部分的な欠損（不完全単眼症）あるいは完全な欠損（完全単眼症）が原因である。Rüsse と Sinowatz（1998）の厚意による。

び外耳の大きな異常まで広範囲に及ぶ。

先天性難聴 Congenital deafness

先天性難聴 congenital deafness は、イヌとネコでは稀に、ほかの家畜では極めて稀に発生する。ダルメシアンは先天性難聴の発生率が最も高いことが報告されており、イングリッシュ・セッター、オーストラリアン・シェパードおよびボストン・テリアがそれに続いて発生が多い。54犬種で時折先天性難聴の発生が報告されている。これは膜迷路や骨迷路の異常な発生、あるいは耳小骨や鼓膜の奇形により起こることがある。極端な症例では、鼓室と外耳道が完全に欠如するものがある。大部分のイヌやネコの品種において、周産期に遺伝性の先天性感覚神

先天異常学　第19章

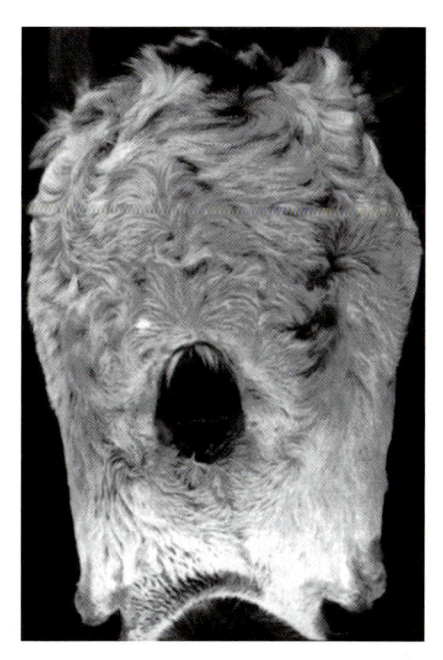

図19-13：ウシにおける二顔体。二顔体では頭顔面部が重複しており、頭部において顔の一部あるいは全部が重複している非常に珍しい先天異常である。この例の二顔体では、共通の1つの眼窩が認められる。RüsseとSinowatz（1998）の厚意による。

経性難聴が蝸牛管の外壁にある血管床である血管条が変性することによって起こり、この変性により有毛細胞が変性する。血管条の変性はメラニン細胞の欠損に起因するようだが、血管条におけるメラニン細胞の正確な機能は不明である。そのため、ネコにおける先天性難聴は皮膚と眼の色素沈着欠損と関連している。

中耳にある耳小骨や靱帯の異常は、第一咽頭弓および第二咽頭弓の異常と関連している。音の伝達障害があると、中耳性の難聴となる。

外耳の形成異常 External ear malformations

ヒトでは、発生頻度の高い染色体異常のすべての症例、およびあまり頻度が高くない染色体異常の多くの症例で、耳の異常が特徴的に見られる。耳介の先天異常は、イヌとネコでは時折報告があるが、遺伝的根拠は不明である。

泌尿器系の先天異常 Congenital malformations of the urinary system

泌尿器系の先天異常は極めてしばしば見られるが、その多くが無症状で経過するか、年齢が進んで初めて症状が明らかになる。

無腎症 Renal agenesis

無腎症 renal agenesis は、**一側の腎臓あるいは両側の腎臓が発生しない** one or both kidneys fail to develop 状態である。両側性の無腎症は生後に死亡する。一側性の無腎症では、対側の腎臓は通常、代償性肥大となる。無腎症の発生は、尿管芽と後腎間葉とのあいだの誘導作用が不完全であることが原因である。早期の後腎発生に重要な役割を果たすPAX2、WT-1あるいはWnt-eなどの分子の発現がうまくいかないことが無腎症発症の原因の少なくとも1つのようだ。

腎形成不全 Renal hypoplasia

腎形成不全 renal hypoplasia は、正常な腎臓と無腎症の**中間的な状態** intermediate condition である。一側の腎臓、あるいは稀ではあるが、両側の腎臓が正常と比べて明らかに小さい。通常、腎臓の皮質が発育不全のようである。腎臓皮質の形成不全は、コッカー・スパニエルや他のいくつかの犬種（たとえばノルウェージャン・エルクハウンド、サモエド、キースホンド、ベドリントン・テリア）で

は遺伝性であることが報告されている。先天性腎形成不全は二次的に腎性上皮小体機能低下症を起こし、この結果、腎臓に線維症を生じる。腎形成不全の特異的原因は未だ同定されていないが、後腎形成の臨界期に活発に働く成長因子の欠乏、およびその受容体の欠損がこの異常の病理発生に関係している可能性がある。

重複腎 Renal duplications

重複腎 renal duplications の範囲は、**腎盤の重複から完全な過剰腎形成まで** duplication of the renal pelvis to the production of a complete supernumerary organ にわたる。腎臓の感染症の発生率は増加することはあるが、無症状なこともある。さまざまな形の重複尿管も観察されている。泌尿器系の重複の異常の多くは、尿管芽の分枝の過剰な分割に起因する。過剰な尿管芽から発生した腎臓は、正常な腎臓に癒合することもあるが、分離していることもある。

腎臓の移動の異常
Anomalies of renal migration

異所性腎 ectopic kidneys は、典型的には**骨盤領域** pelvic region 内に見られ（骨盤腎）、正常な形をとるか、馬蹄腎として認められるかのいずれかである。前者は、正常では腰部へ上昇すべき腎臓が上昇に失敗することで起こる。後者は、典型的には尾側極で癒合した2つの腎臓から成る。馬蹄腎は（腰部へ）上昇することができない。これは、上昇する経路が後腸間膜動脈によって阻止されるためである。骨盤腎はしばしば回転異常も示し、内側に向くべき各々の腎門が、頭側を向いている。

異所性尿管 ectopic ureters はすべての家畜で報告されているが、イヌで最も発生が多い。この異常を示す危険性は、シベリアン・ハスキー、ウェスト・ハイランド・テリアおよび小型プードルで高い。異所性尿管は、その尿管が膀胱頸にある括約筋より遠位で尿道に開口していると、臨床症状を現わす。異所性尿管の多くの例では尿道内に開口するが、膣内に開口することもある。この状態が失禁のよくある原因で、外陰部から連続してゆっくりと尿をたらすことになる。水尿管や水腎症がこの異常に合併することがある。雄では、異所性尿管は通常、膀胱の括約筋より近位で尿道に開口するため、失禁することはない。雌と雄の開口部のこの違いは、雄で中腎管が残存することにより説明することができる。

生殖器系の先天異常
Congenital malformations of the genital system

性分化の異常
Abnormalities of sexual differentiation

生殖器の異常はヒトと家畜においてよく見られる先天異常である。雄への性分化には多数の遺伝子が必要であるため、**発生頻度は雄で高い** most frequently in males。遺伝子発現の正確な量、時期および互いの調整の必要性が高いことは、雄への性分化がさまざまな段階において障害される傾向を強める（**図 19-14**）。性分化のカスケードに関与する遺伝子の同定によって、ヒトと家畜の性の異常原因の 85% 以上が染色体異常や既知の遺伝子異常ではないことが明らかになりつつある。むしろ、性分化の異常が高頻度で発現することは、新たに起きた突然変異や、環境因子と遺伝因子とのあいだの誤った相互作用に起因するようだ。家畜の遺伝性の先天異常の増加は、近親交配によって子孫にもたらされる

先天異常学　第**19**章

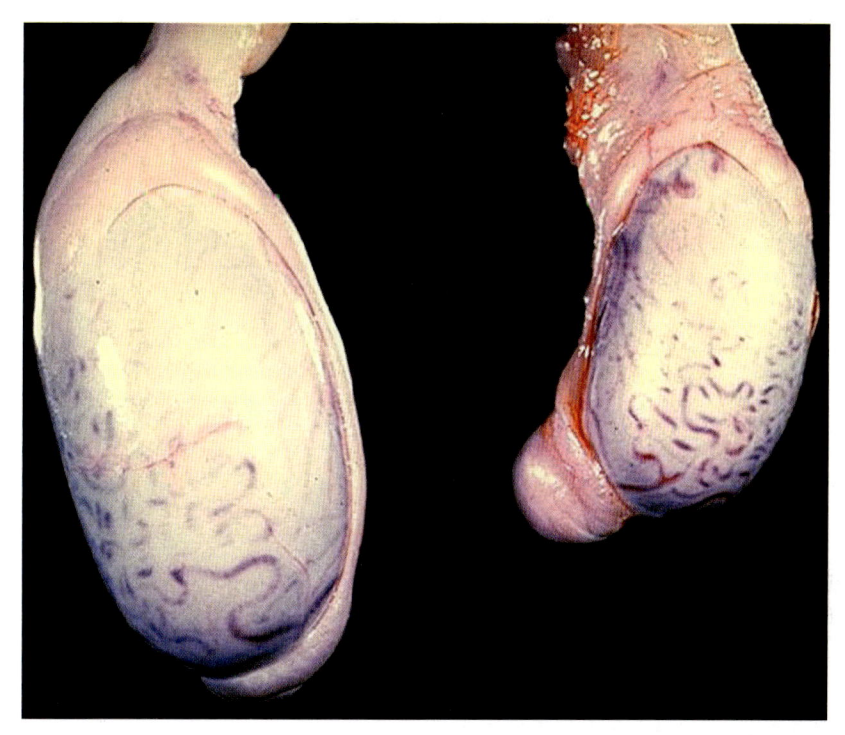

図 19-14：ウシの精巣形成不全（右）。左側は正常な精巣を示す。RüsseとSinowatz（1998）の厚意による。

"責任遺伝子 liability gene" の濃縮をしばしば示している。

のX染色体が哺乳類の生存に必須であると結論を下すことができるだろう。

性染色体の異常
Abnormalities of chromosomal sex

XO 遺伝子型 XO Genotype
（ヒトのターナー症候群
Turner's syndrome in humans）

XO 遺伝子型 XO genotype はウマで最もよく知られているが、ブタとネコでも報告がある。この異常では、形成不全の卵巣、小型の子宮、および発育不全の外陰部を伴う**不妊で無発情の雌** infertile, anoestrous（anestrous ともいう）female を生じる。YO は常に致死性であることから、少なくとも1つ

XXY 遺伝子型 XXY Genotype
（ヒトのクラインフェルター症候群
Klinefelter's syndrome in humans）

過剰な X 染色体があると、雄の生殖腺の発達が阻害されるので、**XXY 遺伝子型** XXY genotype は**低形成あるいは無形成の精巣を持った不妊の雄** infertile males with hypoplastic or aplastic testes を生じる。XXY 症候群は錆ネコ（鼈甲ネコ）あるいは三毛（キャリコ）ネコ（正常のネコでは 2 n=38 だが、XXY なので 2 n=39 になっている）で見つかっている。錆ネコはオレンジ色と黒色の斑点があり、三毛ネコはそれに加えてさまざまな程度の白色

が入る。オレンジ色を発現する遺伝子は、X染色体上にある伴性の優性遺伝子である。黒色の遺伝子は、オレンジ色遺伝子の相互優性対立形質であるか、あるいは常染色体にある遺伝子であり、オレンジ色遺伝子によりその発現を覆い隠されているかのいずれかである。白色の遺伝子は常染色体にあり、ほかの色（オレンジ色や黒色）の遺伝子とは独立して発現する。

胞胚期あるいは原腸胚期という初期胚では、X染色体のうちの1本は、原始生殖細胞を除く各細胞で不活化される。X染色体の不活化は無作為に起こるため、ある細胞では母由来のX染色体が活性化し、別の細胞では父由来のX染色体の遺伝子が発現する。もしオレンジ色あるいは黒色の遺伝子を持つ活性化したX染色体がネコの表皮細胞に発現すると、被毛の色はそれぞれオレンジ色あるいは黒色になる。どちらの遺伝子も発現しなければ、被毛の色は白色になる。

生殖腺の性の異常
Abnormalities of gonadal sex

性の転換 Sex reversal

多くの遺伝子が胚子と胎子の雄性化に関与している。その結果、これらの遺伝子のどれか1つが欠損または変異すると、雄への性分化を障害する可能性がある。性分化過程の発生段階に特異的に発現する遺伝子のいくつかは、ヒトや家畜の異常な性の表現型を示す個体の遺伝解析によって同定されてきた。SRY遺伝子のオープンリーディングフレームの突然変異は、HMG領域のDNA結合特性とDNA弯曲DNA-bending特性への影響の有無に関わらず、XY生殖腺の発育不全の大きな割合を占める。ヒトにおける性転換の原因として関連している別の遺伝子突然変異には、$SF1$のDNA結合領域における塩基対置換が含まれる。このことは、ヘテロ接合体の状態でさえ、$SF1$転写のためのハプロ不全によって、XY個体を雌化させる。同様に、通常はさまざまな転写因子をコードしている機能的$WT1$が欠損すると、ホモ接合体には生殖腺と腎臓の発達障害を起こし、ヘテロ接合体にはXY性転換を引き起こす。また、$SOX9$遺伝子の重複あるいは変異は、ヒトではXY性転換と骨格異常を引き起こす。雌よりも雄でより重篤な影響を与える他の因子の1つが、アンドロジェン受容体遺伝子におけるさまざまなミスセンス変異およびナンセンス変異である。このX染色体に連鎖した細胞内アンドロジェン受容体遺伝子の重度な変異は、アンドロジェンに対する完全な不感受性を起こす。より軽度な変異は、しばしば妊性に障害を伴う雄化不全を引き起こす。これは、テストステロンと5α-ジヒドロテストステロンの両ホルモンが、その作用のために機能的なアンドロジェン受容体を必要とするためである。正常なアンドロジェン受容体遺伝子がなければ、出生前の雄の一次性徴の発生と、生後の（春機発動時の）二次性徴の発達のすべてが影響を受ける。種々の程度で雌の特徴を現しているXY雄のかなりの割合がアンドロジェン不感受性である。というのは、完全なアンドロジェン不感受性（ナンセンス変異の場合）あるいは部分的な不感受性（ミスセンス変異の場合）を生じるアンドロジェン受容体遺伝子の新規の突然変異の発生が、比較的高頻度だからである。アンドロジェン受容体変異を保有している雌は、アンドロジェンはもちろん必須ではあるが、春機発動の頃になって初めて必要とされ、成体の性機能のためにだけ必要なことから、雄と比べて影響は少ない。このことは、2本のX染色体のうちの1本が不活性化していることを考え合わせると、哺乳類の雌ではX染色体に連鎖した遺伝子の発現が減少することを表し、これらの変異は母系を介して伝えられることになる。

先天異常学　第19章

畜産では厳密な選抜により一般にその発生が低く維持されるはずではあるが、XY雄の家畜の性転換は稀ではない。ウシにおける雄の性転換は多くの国々で発生が確認されている。ヤギ、ヒツジおよびイヌを含む他の家畜でも同様な症例が報告されている。家畜の雄の性転換の発生頻度は一般に雌の性転換よりも低いが、ウマは例外であり、遺伝的XY雄の性転換は比較的一般的に見られる。XYの雌ウマは、一般に小さな腹腔内生殖腺（卵巣の位置に）と、小さな子宮を持っている。このウマは表現型としては雌型を示し、性転換した"雌"という状況の手がかりは、繁殖時期に雄への関心を含む発情行動が完全に欠如することにある。また、XY核型であり、血漿テストステロン濃度が低く、生殖腺の異形成の兆候も手がかりとなる。

表現型の性の異常
Abnormalities of phenotypic sex

仮性半陰陽 Pseudohermaphroditism

仮性半陰陽は、間性の最も一般的な症状で、特にイヌで多い。仮性半陰陽では、染色体構成の性と生殖腺の性は一致するが、内生殖器と外生殖器は染色体上の性と一致するとは限らない。異常個体は雄性仮性半陰陽または雌性仮性半陰陽であり、生殖腺が一方の性で、生殖器がもう一方の性の特徴の一部分を示す。仮性半陰陽の型は（雄性であれ雌性であれ）生殖腺の性により定義される。イヌの雌性仮性半陰陽は2n=78、XX（イヌの2nの染色体数は78なので正常、そのうち性染色体はXX）で、両側に卵巣がある。中腎傍管（ミューラー管）に派生する構造は正常に発達し、卵管、子宮および頭側の膣を形成する。しかし、アンドロジェン反応性の各器官は発生中に雄性化する。雄化の程度は、陰核の軽度の肥大から、体内に前立腺を持ったほぼ正常な雄の外生殖器を持つものにまでわたる。医原性原因としては、妊娠中のアンドロジェンやプロジェステージェンの投与が考えられる。この異常を阻止するためには、妊娠中のステロイドホルモン投与は避けるべきである。特に、イヌの内生殖器および外生殖器が正常に発生する時期（母イヌの血清黄体ホルモンLH濃度が最大を示す、妊娠0日から数えて妊娠34～46日目）は避けるべきである。雄性仮性半陰陽は雌性仮性半陰陽より発生頻度が高く、大部分の半陰陽のイヌにおいて、精巣下降不全、雌型生殖管および雄型外生殖器が見られる。

真性半陰陽 True hermaphrodites

真性半陰陽 true hermaphrodites は極めて稀な症例であり、動物は卵巣組織と精巣組織の両方 both ovarian and testicular tissue を別々あるいは組み合わさった形で保有する。遺伝的モザイク現象の例では、1つの卵巣と1つの精巣は別々に存在する。別の例では、卵巣組織と精巣組織は卵精巣 ovotestis と呼ばれる単一の器官をつくる。大部分の真性半陰陽は2本のX染色体を持ち、外生殖器は陰核の肥大はあるものの基本的には雌型を呈する。

精巣性雌性化症候群
Testicular feminization syndrome
（アンドロジェン不感受性症候群
androgen insensitivity syndrome）

精巣性雌性化症候群 testicular feminization syndrome の動物は遺伝的な雄であり、体内に精巣を持つが、典型的には外見上は正常な雌の表現型を示す。このため、この症状は仮性半陰陽の状態である。この症状は特にブタでよく見られる（ある集団での出現率は0.4％に達する）。精巣は通常、テストステロンを産生するが、X染色体の突然変異によ

り引き起こされたアンドロジェン受容体の不足により、テストステロンは適切なアンドロジェン依存性器官に作用することができない。精巣によって中腎傍管（ミューラー管）抑制物質が産生されるため、子宮と頭側の膣は発達しない。

ヤギ（有角種）の間性はカナリアン種を含む数品種で見られ、間性と関連して、無角および生殖腺の発達がしっかり確立されている。有角の間性個体は珍しく、この場合、通常染色体の核型は60XX/60XYのキメラである。

胎子性生殖管からの痕跡的遺残物
Vestigial structures from the embryonic genital ducts

痕跡的構造は、胎子の生殖管の不完全な退化による**遺残物** remnants from incomplete regression of the embryonic genital ducts である。この例は非常によく見られ、囊胞状となり、正常な機能を障害することもあるものの、必ずしも常に先天異常と見なされるわけではない。

中腎管異常
Mesonephric ducts abnormalities

中腎管異常 mesonephric ducts abnormalities には、**精巣上体や精管の狭窄または無形成** stenosis or aplasia of the epididymis or ductus deferens が含まれる。雄での中腎管の無形成は、その頭側の盲端が精巣上体垂として出現する中腎管と関連しているかもしれない。精巣輸出管より尾方に遺残した中腎細管は**精巣傍体** paradidymis と呼ばれる。雌において中腎の頭側部の遺残は、**卵巣上体** epoophoron あるいは**卵巣傍体** paroophoron として存続することがある。卵巣上体は中腎細管の痕跡と、卵巣と卵管のあいだの部分の中腎管とから成る。卵巣傍体は卵巣内側方の中腎細管の遺残である。中腎管の尾側部で機能を持たない遺残構造は雌のウシ、ブタおよびネコで恒常的に認められ、これはガルトナー管と呼ばれる。ウシでは、ガルトナー管は尿道開口部に隣接する膣前庭への開口として認められる。ブタでは、子宮角の壁内あるいは膣壁内に管状索として存在する。イヌとネコでは、通常は膣壁内に位置している。

中腎傍管異常
Paramesonephric ducts abnormalities
（図19-15）

中腎傍管異常 paramesonephric ducts abnormalities は管の遺残、両側の管の癒合不全、あるいは管の一部の発育不良として発現する。

雄での**中腎傍管の遺残** remnants of the paramesonephric duct は、しばしば小さな精巣垂として見られる。中腎傍管の癒合した尾側端は通常、前立腺中に認められ、そこで正中に小さな前立腺小室を形成する。前立腺小室は痕跡的な子宮の原基と考えられる。雄性仮性半陰陽のいくつかの症例において、前立腺小室は拡張して子宮様の構造となる。この現象は**ミューラー管遺残症候群** persistent Müllerian duct syndrome と呼ばれることがあり、子宮と卵管の形成が特徴とされる。この状態は雄のミニチュア・シュナウザーとバセット・ハウンドで報告されている。異常を示すイヌは、両側の卵管、子宮頸管を持った完成した1つの子宮、および膣の頭側部を持っている。ミューラー管遺残症候群と類似している間性の状態がペルシャネコで報告されている。

雌で中腎傍管の頭側先端の小部位が、卵管の卵管采の部位で、モルガニの水胞体として遺残することがある。**中腎傍管のより前方での結合・癒合がうまくいかない** more anterior portions of the paramesonephric ducts fail to join and fuse 場合は、両側

先天異常学　第19章

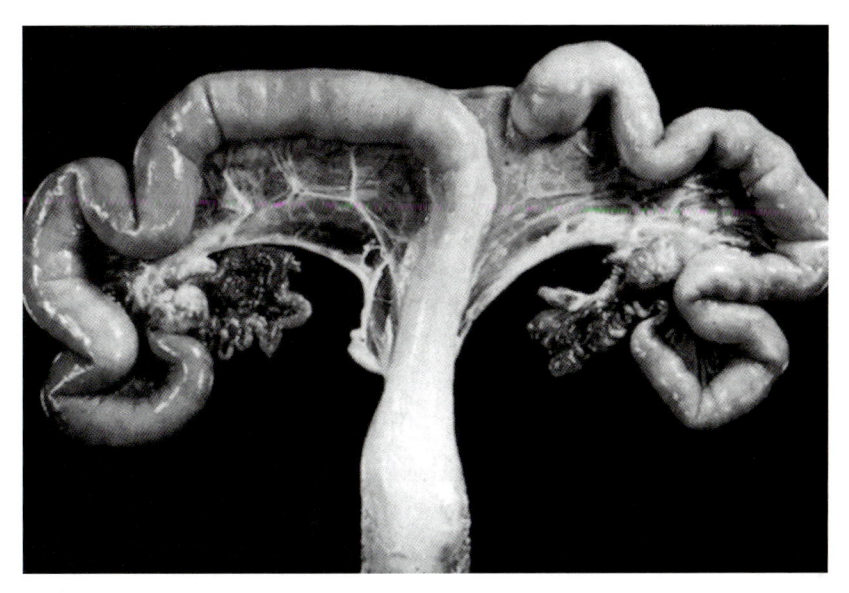

図 19-15：ブタ子宮角の部分的形成不全。Rüsse と Sinowatz（1998）の厚意による。

の管が別々に腟に開口する**重複子宮** duplex uterus（uterus didelphys）が形成される。**中腎傍管のより後部** more caudal portions of the paramesonephric ducts の癒合がうまくいかない場合は、**重複腟** double vagina となることがある。

片側性子宮無形成 unilateral uterine aplasia は、**一側の卵管と子宮角の欠損** absence of one uterine tube and horn（**単角子宮** uterus unicornis）である。この状態はしばしば片側性無腎症を合併する。中腎傍管が局所的に発育不全を起こすと、卵管あるいは子宮角の部分的無形成あるいは部分的狭窄の原因となる。子宮無形成はショートホーン牛の遺伝病であり、この遺伝は白色の被毛の遺伝形質と関連して起こる（ホワイトヘイファー病）。

精巣下降の異常
Abnormalities of testicular descent
（潜伏精巣 Cryptorchidism）

潜伏精巣 cryptorchidism とは、**一側の精巣あるいは両側の精巣の陰嚢内への下降の失敗** failure of one or both testicles to descend into the scrotum である。すべての哺乳動物に見られる。ウマやブタではよく見られ common、イヌでは最も多い生殖器の発生異常である（13%）。この異常になりやすい因子としては、精巣の低形成、妊娠中のエストロジェンの暴露、精巣への血液供給を損なう逆子、あるいは腹圧を増すことができない状態になる臍帯の閉鎖遅延などが挙げられる。

精巣下降には *Insl-3* 遺伝子とアンドロジェンの活性が必要であるが、これらの分子の異常がどのようにして潜伏精巣を引き起こすかは確証がない。大部分の症例では、精巣は腹腔内を正常に下降し、通常、鼠径管内あるいは深鼠径輪の位置に見られる。下降していない精巣は精子形成が起こらないため、繁殖力はないが、正常な量のアンドロジェンは産生する。単独で生じる潜伏精巣は、イヌで最も高頻度で起きる生殖道の異常である。イヌの精巣は正常では生後10日までに下降するが、この時期にはまだ触知することは難しい。しかしながら、両側の精巣

は6〜8週齢までには陰嚢内で確実に触知が可能となるので、陰嚢内に精巣がなければ潜伏精巣の診断ができる。両側性潜伏精巣のイヌは不妊であるが、一側性潜伏精巣の場合は繁殖力があることもある。しかしながら、両側性潜伏精巣の場合に推奨される治療は両側の精巣の去勢である。なぜなら、潜伏精巣ではセルトリ細胞腫瘍のリスクが上昇するためである。単独の潜伏精巣は、いくつかの品種において明らかに家族性素因であり、遺伝性である可能性が非常に高い。ブタにおいて、一側性および両側性の両方の潜伏精巣は遺伝し得るが、単一遺伝子座によるという納得のいく証拠は示されていない。

外生殖器の形成異常
Malformation of the external genitalia

尿道下裂 *Hypospadia*：尿道下裂 hypospadia は陰茎で最も多くみられる先天異常で、**尿道** urethra は亀頭終端で開口せずに、**陰茎の腹側面に開口する** opens onto the ventral surface of the penis。この異常は雄で尿道ヒダの完全あるいは部分的癒合不全により起きる。この異常の原因は分かっていないが、アンドロジェンの産生や受容体との結合に影響する催奇形性因子あるいは遺伝形質が疑われている。いくつかの犬種において、この異常は遺伝性の疾患であることが報告されている。尿道下裂が陰嚢の異常や中腎傍管（ミューラー管）由来構造の遺残物を伴っていれば、鑑別診断において、XX性転換などの遺伝性の異常を考慮するべきである。軽度の尿道下裂を示すイヌは正常な繁殖力を持つこともあるが、この異常が遺伝する可能性があるため、種雄としては勧められない。

尿道上裂 *Epispadia*：尿道上裂 epispadia では、**尿道が短くなった陰茎の背側面に開口する** urethra opens onto the dorsal surface of a shortened penis。この異常は陰茎の発生位置の異常、あるいは尿道ヒダと尿道溝が陰茎の腹側面ではなく背側面に生じたことによる。この稀な異常は、後腹側の腹壁の発育障害を伴う。この場合、膀胱と尿道骨盤部の背側壁は、腹側方に露出している（膀胱外反）。

消化器系の先天異常
Congenital malformations of the digestive system

顔面裂、唇裂（兎唇）および口蓋裂合併症
Facial cleft, cleft lip (harelip), and cleft palate complex

上顎隆起と外側鼻隆起の癒合不全 failure of the maxillary and lateral nasal process to fuse は、眼の内眼角から口鼻腔に走る斜顔面裂を生じ、二次的に顔面の左右非対称を伴う。

唇裂 cleft lip（口唇裂 cheiloschisis）は発生中に起こる**上顎隆起と内側鼻隆起との癒合不全** lack of fusion of the maxillary and medial nasal prominences によって生じる。下唇の唇裂は稀で、通常、正中で起きる。上唇の唇裂は通常、切歯骨と上顎骨のあいだで起こり、片側性あるいは両側性、完全あるいは不完全であり、しばしば歯槽突起裂と口蓋裂を合併する。口蓋裂や唇裂のイヌとネコの8％では、他の器官系にも発生異常が認められる。

口蓋裂 cleft palate（palatoschisis）は通常、両側の口蓋突起が並置・癒合することが部分的あるいは全体にわたって妨げられることで生じ、その結果、口腔と鼻腔の間に障害物のない連結部ができる。家畜において口蓋裂の発生頻度が高いのは、比較的発生後期に起きる口蓋形成が正しく進行するためには、いくつかの個々に独立した組織が的確かつ同期化して互いに影響し合わなければならないという事実に起因する。大型の動物では、口蓋裂あるいは唇

先天異常学　第19章

裂は関節拘縮症などの他の異常に合併して見られる。シャロレー種のウシでは、関節拘縮症は単一常染色体性劣性遺伝をする。小型動物において、短頭種では口蓋裂の発生率は30%に達するほどまで増加する。大型の動物では、口蓋裂・唇裂複合症はウシ、ヒツジ、ヤギおよびウマで報告されている。母体の栄養不良、薬や化学物質の暴露、胎子への物理的障害、あるいは妊娠中のある種のウイルス感染などが影響しているかもしれないが、一義的な原因は遺伝性である。母牛が妊娠2〜3カ月で有毒植物であるルピナス属（lupinus sericeus や lupinus caudatus）を採食する例などを含む多数の催奇形性物質がこの異常の原因として疑われている。ルピナス属が原因である場合は、口蓋裂が症状の1つとなる、子ウシ関節弯曲症 crooked calf disease が起こる（図19-16）。

初期の症状には、授乳と嚥下の困難さ、および新生子期に人工哺乳した際、鼻孔から乳が滴り落ちるなどがあり、これらは先天異常の程度を反映している。食物を吸入してしまうことによる呼吸器の感染症がよく見られる。一般に口腔内の検査で異常は分かるが、子ウマで軟口蓋のみの裂隙を見つけるのは難しい。

唇裂と口蓋裂は別々に見られることもあるが、合併していることもある。

咬合の異常 Occlusal abnormalities

下顎の先天異常として、完全な**下顎欠損** absence of the lower jaw が起こる**無顎症** mandibular agnathia と短い下顎を持つ**下顎短小症**がある。下顎短小症は**短小顎** mandibular brachygnathia あるいはウマでは"オーバーショット over shot"、"オウム口 parrot mouth"とも呼ばれる。下顎短小症は下顎が**上顎より短い** shorter than the maxilla。この種の異常は、その程度や頻度は異なるものの、すべての家畜で報告されている。ウシでは下顎の異常は多因子性の遺伝をし、アンガス種とシンメンタール種では埋伏臼歯や骨硬化症など、他の先天異常を合併することや、トリソミーなどの染色体異常があり、致死的なこともある。小型動物では軽度の場合、臨床症状を呈さないことがある。しかしながら、より重度になると、硬口蓋が傷ついたり、下顎の成長が制限されるため、二次的に下顎に犬歯の永久歯が萌出することがある。

上顎短小症 maxillary brachygnathia は下顎前突症あるいはウマでは"アンダーショット under shot"とも呼ばれ、**下顎が上顎よりも長い** mandible is longer than the maxilla。口腔内検査で下顎の切歯が上顎の切歯あるいは歯床板に接するか、あるいはやや前方にあるかで確認される。短頭種のイヌとペルシャネコでは、これらは正常な品種の特徴であると考えられる。反芻類では出生時にはしばしばこの状態が軽度に見られるが、成長するにつれ自然に治っていく。より重度になると、草を食べることや咀嚼することに障害が出て、重度の悪影響を及ぼす。

ヒツジにおいて、下顎短小、下顎無形成、無顎症のさまざまな咬合の異常が、単一常染色体劣性遺伝することが報告されている。

リムーザン種のウシでの頭顔面異形成は、鼻の突出、短い下顎、前頭縫合の不全骨化、眼球突出および巨舌などが特徴である。この異常はおそらく単一常染色体劣性遺伝子のホモ接合で発現する。

舌の異常 Tongue abnormalities

舌で最も多い先天異常は**舌小帯短縮症** ankyloglossia であり、舌は**不完全あるいは異常発生** incomplete or abnormally developed をする。舌の腹側面と口腔底をつないでいる正中の薄い組織である舌小帯が、退化不十分であることが原因である。この

異常は、しばしばイヌでは"鳥舌 bird tongue"と呼ばれ、"虚弱子イヌ症候群 fading puppy syndrome"の1つの症状である。病犬は授乳困難であり、行動は乏しい。口腔内検査により、舌の外側や先端の薄くなった部分が欠損あるいは発育不全であることが示される。そのため、舌の捕捉や運動に障害がある。この状態は一般に致死性である。

より頻度の低い異常として、舌が拡張した巨舌、舌が異常に小さい小舌がある。巨舌はベルテッド・ギャロウェイ種のウシにおいて見られるが、ほとんど臨床的に重要性はない。

上皮形成不全症 Epitheliogenesis imperfecta あるいは平滑舌は、舌の糸状乳頭の発育不全 incomplete development of the lingual filiform papillae の状態である。ホルスタイン種、フリージァン種およびブラウン・スイス種のウシで常染色体性劣性形質として遺伝し、唾液の分泌過剰と全身の発育不全を引き起こす。

歯の異常 Abnormalities of teeth

数の異常 Abnormal number

歯の数の異常はよく見られる。イヌにおいて後臼歯と前臼歯の発生および萌出がうまくいかないことはあるが、多くの種で歯数の減少は稀である。まったく歯がない異常は無歯症と呼ばれ、歯堤と神経堤間葉とのあいだの相互作用の障害が原因である。

過剰歯 extra tooth は顎骨内、あるいは異所性多歯と呼ばれる例では頭部の別の場所に見られることがある。過剰歯は、ウマでは切歯あるいは臼歯領域で時折見られる。イヌでは片側性のことが多く、上顎によく見られる。稀ではあるが、イヌでは誤った発生をした永久歯の歯列弓が歯蕾を分割し、2本の歯を生じることがある。この結果、歯が叢生するため、位置が回転し、咬合異常の予防・治療のため、抜歯する必要を生じる。ウマでは、時折、過剰歯が外耳のそばに見られる（ear tooth）。

明らかな過剰歯は乳歯が遺残することで見られる。この状態は、永久歯の歯蕾が乳歯の直下に位置していないため、乳歯の歯根が侵食されないことで起こる。永久歯は遺残した乳歯の後方あるいは前方で萌出する。乳歯の遺残は小型犬種で最も頻繁に見られ、切歯あるいは犬歯で見られる。

位置、形および向きの異常 Abnormalities in position, shape, and direction

歯の形と位置の異常がさまざまな種や品種で報告されている。臨床的意義は一定せず、多くの例で見られる合併異常の程度によりさまざまである。ウマでは切歯に起こり、長軸方向の回転あるいは隣接歯を覆うようになる。短頭種のイヌでは、上顎第三前臼歯と時折他の前臼歯あるいは後臼歯が回転することがある。通常、この異常に臨床的意義はないが、歯の叢生や咬合異常が起きれば、罹患歯を抜く必要がある。

エナメル質の異常 Enamel lesions

エナメル質の低形成症あるいは先天異常は、大動物でも小動物でも見られ、エナメル器の内上皮層の分化あるいは発達に障害があることで起こる。この異常は発熱、外傷、栄養不良、中毒（ウシのフッ素中毒など）および感染（イヌのジステンパーウイルスなど）が原因となることがある。これらの要因の強さや持続時間に依存して、障害の程度は、エナメル質に孔が開いたものから不完全に発生した歯を伴うエナメル質の欠損まで、さまざまである。疾患のある歯には歯垢と歯石が沈着し、そのために細菌が侵入しやすくなり、虫歯になる傾向がある。

先天異常学　第19章

エナメル質が変色することもある。小動物では、妊娠母体や生後6カ月未満の子にテトラサイクリンを投与すると、歯が茶色がかった黄色に変色することがある。反芻類では、いくつかの歯のエナメル質はさまざまな色をした斑点を持つことがある。この状態は遺伝因子が関与すると考えられるが、一般に臨床的意義はない。

食道の形成異常
Malformations of the oesophagus

食道の異常は、小動物でよく見られるが、先天性狭窄、巨大食道、血管輪の異常およびアカラシアに分類することができる。

狭窄と閉鎖 Stenosis and atresia

食道の狭窄 stenosis（狭くなること narrowing）と閉鎖 atresia（閉じること closure）は単独で、あるいは気管食道瘻に伴って発症する。食道の筋層壁の形成不全により、その部分が脆弱化し、食道憩室と呼ばれる膨出部ができることがある。

巨大食道 Megaoesophagus

先天性巨大食道 congenital megaoesophagus は異常に拡張した食道 abnormal dilation of the oesophagus のことで、食道の神経筋支配の発生異常に起因する。発症率はチャイニーズ・シャーペイ、フォックス・テリア、ジャーマン・シェパード、グレート・デン、アイリッシュ・セッター、ラブラドール・レトリーバー、ミニチュア・シュナウザー、ニューハウンドランド種のイヌおよびシャムネコで高い。フォックス・テリア種では常染色体性劣性形質、ミニチュア・シュナウザー種では常染色体性優性形質である。巨大食道は、び漫性の先天性神経障害（ニューロパシー）の1つの症状でもある。

血管輪の異常
Vascular ring entrapment anomalies

血管輪の異常 vascular ring entrapment anomalies は胎子期の右第四大動脈弓の遺残 persistence of the right fourth aortic arch に起因し、右第四大動脈弓、左心房、肺動脈および動脈管索などで食道を心底部に固定することになる。この状態では食物の通過が阻害され、結果的に食物は停留する。そのため、その部分より前方で食道の拡張が起こる。ボストン・テリア、ジャーマン・シェパードおよびアイリッシュ・セッターでとくに発症しやすい。

輪状咽頭弛緩不能症（輪状咽頭アカラシア）
Cricopharyngeal achalasia

輪状咽頭弛緩不能症 cricopharyngeal achalasia は嚥下時に輪状咽頭筋の弛緩が起こらず failure of the cricopharyngeus muscle to relax during swallowing、それにより咽頭後部から食道前部への食塊の通過が阻害される。主に小型犬種で見られ、稀にネコで確認される。下部の食道括約筋の弛緩不能症は広汎性な食道運動障害（たとえば巨大食道）の部分症であり、もはやそれだけの単独疾患ではない。

腸の形成異常 Malformation of the gut

腸の狭窄と閉鎖 Stenosis and atresia of the gut

腸内腔の狭窄 stenosis（狭くなること narrowing）と閉鎖 atresia（閉じること closure）は、消化管の異常では一般的なもので、腸のどの部位でも生じる。家畜種によっては、腸閉鎖の発生頻度が高い腸の部位がある。たとえば、結腸の閉鎖は子ネコと子

ウマでのみ起こり、小腸と直腸の閉鎖は子イヌで発生が多い。ウシでは、腸閉鎖は空腸、結腸および直腸で最も多く発生する。肛門閉鎖 atresia ani はヒツジ、ブタおよびウシで報告があり、肛門膜が破れないことに起因する。臨床症状は出生時に明らかで、しぶり、腹部の痛みと膨隆、便の停滞および無肛門である。外科的に肛門膜を切除する必要がある。

重複 Duplications

結腸や直腸の重複は腸の**稀な先天異常** rare malformations である。罹患動物は大腸の病気の兆候を示す。結腸造影により診断され、治療としては重複した腸を外科的に摘出することである。

尿直腸瘻 Urorectal fistula

尿直腸瘻 urorectal fistula とは、**直腸と尿生殖道が連絡している状態** rectum and the urogenital tract communicate openly である。この異常は尿直腸中隔が発達異常を起こすため、直腸と尿生殖洞に由来する構造が交通するようになることが原因である。連絡する部位により、**直腸膀胱瘻** recto-vesicular fistula、**直腸尿道瘻** recto-urethral fistula、**直腸膣瘻** recto-vaginal fistula あるいは**直腸膣前庭瘻** recto-vestibular fistula などと呼ばれる。

直腸尿道瘻はイングリッシュ・ブルドックで報告されており、慢性尿路感染の既往歴とともに外尿道口と肛門の両者から同時に排尿することで臨床的に明らかとなる。瘻管が大きければ、便の成分が尿生殖道へ出ることがある。

直腸膣瘻は膣と直腸をつなぐ瘻管であり、肛門閉鎖に付随してよく見られる。陰門から便が出ることや結腸閉鎖の兆候が診断の根拠となる。

神経筋障害 Neuromuscular disorders

腸の**神経筋障害** neuromuscular disorders は"末梢神経系の先天異常"の節で述べた。この異常は結果的に腸の狭窄と同じような多くの症状を生じる。神経節欠損性大腸は Overo ウマ同士の交配で生まれた白毛のウマで報告されている。

筋骨格系の先天異常
Congenital abnormalities of the musculoskeletal system

筋肉の正常な発生と胚子の子宮内運動は、正常な骨、関節および腱の発生にとって非常に重要である。ある骨の異常が原発性なのか、付着する筋肉の発生異常による二次的なのかを判断することはしばしば困難である。このことは、家畜において筋骨格系の異常が最も起こりやすい四肢の異常ではなおさら困難である。近年まで、筋骨格系の異常は形態学的根拠のみで分類されてきた。しかしながら、ここ10年ほどのあいだに、よく見られる四肢の異常のいくつかに関して、遺伝的要因あるいは分子的要因がわかってきた。家畜ではあまり多くは知られておらず、増加中の四肢の異常は遺伝的原因に帰することができるが、多数の遺伝子突然変異がどのような過程で異常な四肢を形成するのかについてはほとんど知られていない。

四肢の異常 Abnormalities of the limbs

四肢に見られる多くの異常のうち、四肢のある特有の部分が欠損しているものがある。これらは、欠損している部位を示す記述的な接頭辞と"melia（ギリシア語の melos は肢を意味する）"あるいは"dactyl（ギリシア語の dactylos は指を意味する）"

を接尾辞により特定の用語で呼ばれている。

無肢症 amelia は1本の肢の完全欠損 complete absence of a limb である。肢の部分欠損 meromelia（ギリシア語の meros は部分を意味する）は1本の肢の1ヶ所あるいは数ヶ所の欠損 absence of one or more parts of a limb を意味している。後肢の部分欠損では、脛骨と腓骨の欠損の例がある。肢が小さい異常は小肢症 micromelia と呼ばれ、肢の構成はすべて存在するけれども、通常より有意に肢が小さい reduced size of a limb ものである。1本の肢の部分的あるいは完全な重複 partial or complete duplication of one limb は重複肢 bimelia と呼ばれる。

合指（趾）症 syndactyly は指（趾）が癒合 digits are fused していることを示し、短指（趾）症 brachydactyly では正常より短い shorter than normal 指（趾）がある。合指（趾）症あるいはスリッパ足（単蹄）mule foot は1本あるいはそれ以上の四肢の指（趾）の部分的あるいは完全な癒合であり、多くのウシの品種で報告されている。特にホルスタイン種では、単一常染色体性劣性形質として遺伝する。右前肢が最も侵されやすい。合指（趾）症は隣接する指（趾）の原基が癒合することで発症する。

多指（趾）症 polydactyly は1本あるいはそれ以上の過剰な指（趾）one or more extra digits があり、指（趾）の原基の過剰発生に起因する。ウシ、ヒツジ、ブタ、時にはウマで遺伝する。ウシの多指（趾）症は一方の遺伝子座では優性、他方ではホモ接合体性の劣性遺伝子を持つ多遺伝子性であると思われる。多指（趾）症は、イヌのある品種でも遺伝する。

収縮した腱 Contracted tendons

収縮した腱 contracted tendons は通常、指（趾）屈筋 digital flexor tendons と関節包に影響を与える。すべての有蹄類で見られるが、子ウマで報告が多い。子ウマでの屈筋腱の収縮は、筋骨格系の異常の中で最も発生が多いと思われる。

常染色体性劣性遺伝子がこの異常を引き起こす。子宮内での胎位も、この障害の程度に影響を与えるかもしれない。出生時に前肢の近位指節間（冠）関節、中手指節（繋）関節、しばしば手根の関節が、深指屈筋、浅指屈筋およびそれらに連絡する筋の短縮のため、さまざまな程度に屈曲している。腱の収縮を発症した多くの例では、関節の動きを制限している最大の要因は肥厚して硬化した関節包である。このことは、関節包や靱帯を形成している間葉における肥厚によるものかもしれない。ある品種では、この異常に口蓋裂が合併することがある。障害が軽度の例では、体重を蹄底で支え、蹄尖で歩行する。さらに重症例では、近位指節間関節および中手指節関節の背面を着地して歩行する。治療しなければ、これらの関節の背側面が損傷され、化膿性関節炎が生じる。

関節拘縮症 Arthrogryposis

関節拘縮症 arthrogryposis は、拘縮の一形態と考えることができる（図19-16、19-17）。この異常はウマ、ウシ、ヒツジおよびブタで報告があるが、最も頻度が高いのはウシ（特にシャロレー種）である。出生時に異常ウシは異常な位置で固定された関節 joints fixed in abnormal positions を示し、しばしば脊柱の側弯や背弯があり、起立と哺乳はできない。筋肉の変性、特に萎縮性変性も認められる。脊髄においては、ニューロンの壊死と白質の病変が見られることがある。腱の拘縮は原発の神経筋異常による二次病変と考えられている。

関節拘縮症には1つ以上の病因と病態があり、脊髄における運動ニューロンの発生と神経線維の走行経路の成立といった基本的な発生過程における異常が、この疾患の原因として関与しているかもしれな

い。シャロレー種では単一常染色体性劣性遺伝子がホモ接合になると、関節拘縮症を100%発症する。関節拘縮症の原因とされた催奇形性因子として、妊娠40～70日の間に妊娠母ウシが食べたルピン（有毒物質はアナジリン）などの植物がある（子ウシ関節弯曲症 crooked calf disease、図 19-16）。アカバネウイルスあるいはブルータングウイルスの胚子期感染もこの疾患を引き起こす。

関節拘縮症はウマでも認められ、これは子ウマ拘縮症候群 contracted foal syndrome と呼ばれている。通常、四肢の遠位部が異常を起こし、前肢の近位指節間関節、中手指節関節、しばしば手根の関節が、捻じれて屈曲する。遺伝、インフルエンザウイルス、ロコソウ locoweed などの有毒植物の摂食がウマでの関節拘縮症の原因とされている。

遺伝性の関節拘縮症の一型が若いスウェーディシュ・ラップランド種のイヌで報告されている。これは常染色体性劣性遺伝をする病気で、生後5～7週で臨床的に明らかになる。急速に進行する筋萎縮と腱の拘縮が起こり、関節の固定と四肢の変形を引き起こす。観察される臨床症状は中枢神経系、なかでも脊髄腹角のニューロンの細胞死に起因する。

股関節形成不全 Hip dysplasia

股関節形成不全 hip dysplasia は大部分の家畜で起こるが、ジャーマン・シェパード、ゴールデン・レトリーバー、あるいはマスチフのような大型の筋肉質の犬種で最も報告が多い。これらの犬種では股関節の成熟異常を特徴とする状態が遺伝する。罹患犬の股関節は**浅い寛骨臼** shallow acetabulum と**先天異常を起こした大腿骨頭** malformed femoral head を持つ。罹患犬の股関節は出生時には正常であるが、臨床症状は生後3～5カ月で発現したり、あるいは成熟して初めて発現することもある。最初の兆候は運動中の関節硬直や痛みである。股関節形成不全のイヌの75%は1歳で、95%は2歳でレントゲン検査により診断が確定される。

肘関節形成不全 Elbow dysplasia

肘関節形成不全 elbow dysplasia とは、イヌの成長過程で見られる肘関節の一部の発達異常のことである。成長中の肘関節の部位では、**正常な軟骨発生の停滞** disruption of normal cartilage development、あるいは癒合の異常（たとえば肘突起や鉤状突起）が起こることがある。これにより平坦でない関節面、炎症、関節の腫脹、跛行および関節炎を引き起こす。イヌによっては、肘関節形成不全は尺骨の肘突起の骨化不全に起因することがある。骨軟骨症も病因である。

肘関節形成不全の正しい原因はまだ分かっていないが、遺伝因子、栄養因子（生後の急速な成長のための栄養過多）、外傷およびホルモン因子の組み合わせではないかと思われる。罹患したイヌは一般にラブラドール・レトリーバー、ロットワイラー、バーニーズ・マウンテン・ドッグ、ニューファンドランド、ジャーマン・シェパードあるいはチャウ・チャウなどの大型犬種である。症状は生後5～12カ月で発症する。

体壁の異常 Abnormalities of the body wall

時折、胚子が円柱状の形を呈する際、左右の体壁の癒合がうまくいかないことがある。発生頻度が低いが、閉鎖の失敗には**胸骨癒合不全** failure of sternal fusion と呼ばれる異常がある。重篤な場合、左右の胸壁の成長は強く阻害され、結果として心臓が胸腔外で発生する心臓逸所を引き起こす。

臍ヘルニア umbilical hernia も**筋性体壁の閉鎖不全** failure in closure of the muscular body wall の結果である。この異常はすべての種で発生するが、

先天異常学　第19章

圧倒的にブタで多発する。腹腔内臓器は臍を通って皮下に飛び出し、ネコとイヌでは通常小腸が出るが、ウシでは第四胃が転位する。

臍帯ヘルニア omphalocoele は**胚子に起きるヘルニア** hernia that occurs in the embryo である。臍帯を通って脱出した腹腔内容物は臍帯茎の内部に残っていて、そのため羊膜上皮で覆われている。この先天異常は、生理的ヘルニアのあいだに発達中の腸ループを体内へ回収することが正常にできないことに起因する。腹壁の完全欠損は腹壁裂と呼ばれ、内臓が体外へ位置することになる。

全身骨格の異常 General skeletal anomalies

軟骨異形成症 Chondrodysplasia

軟骨異形成症 chondrodysplasia は軟骨性骨化をする骨における**成長と骨化の全体的な遅滞** general retardation of growth and ossification を示す。家畜において、四肢の長骨が他の部位の骨よりも強く影響を受ける。遺伝性の軟骨異形成症がウシの多くの品種で観察されており、いわゆるデクスター"ブルドッグ"（図19-18）と呼ばれる常に死産をする重篤なものから、ほんのわずかな異常を示すものまで程度はさまざまある。短頭であるウシは通常、短い顔、前頭部の膨隆、下顎突出、腹部の膨隆および短い四肢などを示し、全身が矮性である。

イヌで軟骨異形成は、付属骨格においてプードルとスコティッシュ・テリアで、軸性骨格においてアラスカン・マラミュート、バセット・ハウンド、ダックスフンド、プードルおよびスコティッシュ・テリアで観察されている。ダックスフンド、ペキニーズおよびバセット・ハウンドでは、軟骨異形成症の傾向が正常な品種の特徴の1つと見なされている。

骨硬化症 Osteopetrosis

骨硬化症 osteopetrosis では、骨格の成長における主要な形態形成機構である骨の吸収とリモデリングが障害される。これにより全身の骨格系で、非常に太くなった異常な骨が出現することがある（**図19-19**）。長骨では髄腔が縮小あるいは欠損し、骨髄の量が明らかに減少する。骨硬化症のウシでは、頭蓋冠の大きさが減じ、発達中の脳を圧迫する。骨のリモデリングがないため、前頭洞は通常見られず、頭蓋は胎子期のような丸い形のままである。骨硬化症はイヌや実験動物のいくつかの品種でも報告されている。

脊柱の異常 Abnormalities of the vertebral column

脊柱の先天異常 Malformation of the vertebral column

脊柱に**重篤な先天異常** severe malformations があると、**胎子期の脊髄の発生が正常に進まない** compromise the prenatal development of the spinal cord。脊柱の異常はしばしば胎子期の脊索の正常な発生と退縮、中胚葉から体節への分節化、あるいは椎骨の血管新生や骨化などに対する障害に起因する。臨床症状は出生時あるいは早成の種では歩行を始めるときに認められる。"複合先天性椎骨異常 complex congenital vertebral anomalies"という用語は一個体にいくつかの椎骨異常がみられることを意味する。

脊柱の異常の大多数はより**軽度** less severe で、**生後発達の後期になってはじめて脊髄に影響を与える** affect the spinal cord only later during postnatal development。この場合、神経症状は2〜3カ月齢になるまで現れない。

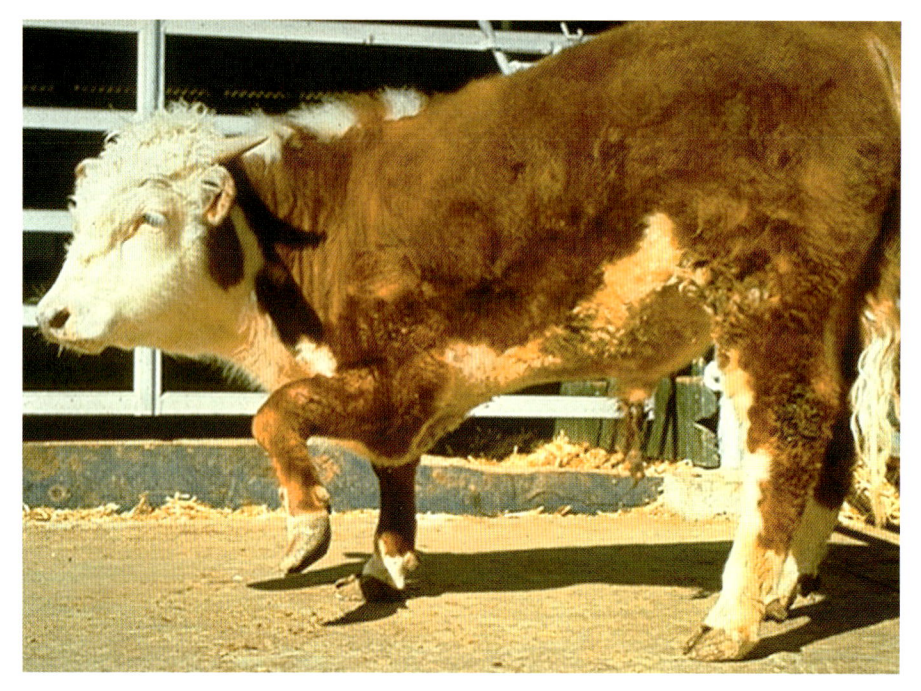

図 19-16： 子ウシ関節弯曲症。妊娠2～3カ月のウシのルピンの摂食は子ウシ関節弯曲症を引き起こす可能性がある。この異常では四肢の異常が主要症状である。Rüsse と Sinowatz（1998）の厚意による。

塊椎（癒合椎）Block vertebrae

塊椎 block vertebrae は癒合した椎骨 fused vertebrae のことで、レントゲン写真では仙骨で通常見られるように、1つにまとまった塊状骨の外観を呈する。この状態は脊柱の各部位で起こり、椎体、椎弓あるいは椎骨全体が癒合することがある。これは体節の分節化が障害されて起こる。

半椎 Hemivertebrae

半椎 hemivertebrae とは椎体の一部のみが存在する only a portion of the vertebral body is present 椎骨の異常である。半椎はいわゆる体節の半分節性転位が起こり、その結果、右側または左側（あるいは外側）の半椎となるか、あるいは椎骨の血管新生や骨化が変化することで起きるかもしれない。この症例の多くはいかなる臨床症状も生じないが、半椎は他の先天異常と比較すると、神経学的機能欠損を伴うことが多い。神経学的症状は脊柱背弯（背側の半椎の際）、脊柱腹弯（腹側の半椎の際）、あるいは脊柱側弯（最も多い外側の半椎の際）による脊柱の進行性で重度の弯曲に起因することがある。神経学的障害は脊柱管の狭窄（spinal stenosis）、あるいは半椎部の不安定性が原因でも起こり、ついには急激な跳躍、落下、外傷により半椎の部位で脊髄圧迫、椎骨脱臼、椎骨骨折が起こる。

蝶形椎 Butterfly vertebrae

蝶形椎 butterfly vertebrae とは脊索あるいは脊索の矢状裂が遺残し、それにより背腹方向に伸びる

先天異常学　第19章

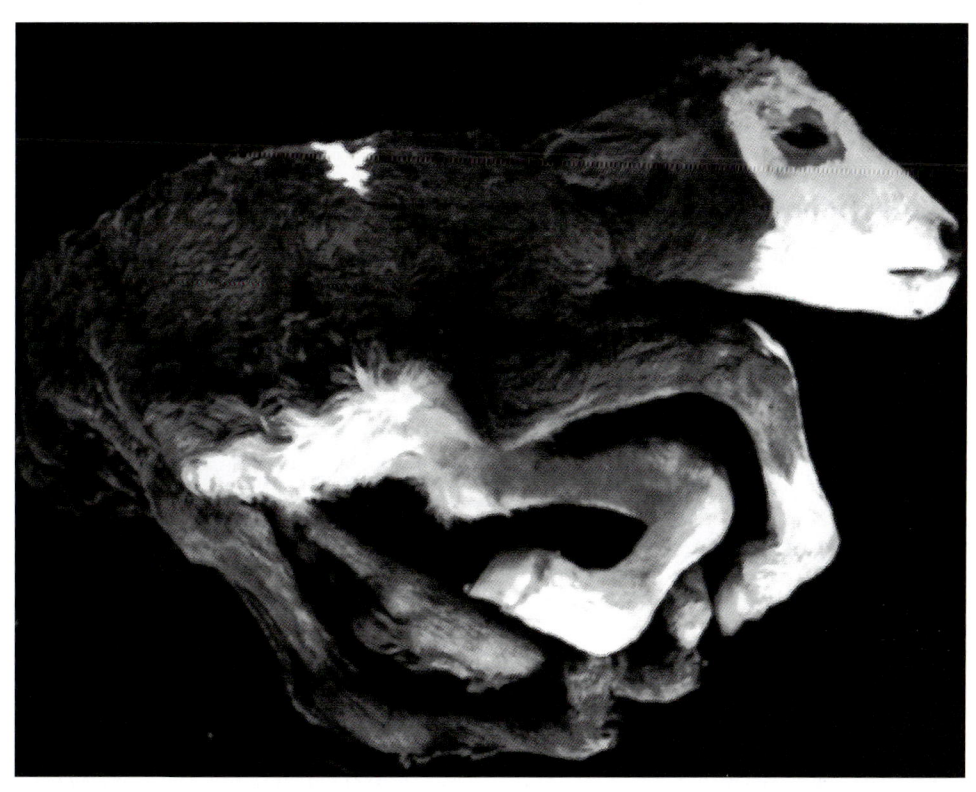

図 19-17：関節拘縮症に罹患した子ウシでは関節が異常な位置で固定され、しばしば脊柱側弯症と脊柱背弯症を合併する。一般に起立不能で哺乳もできない。筋肉は明らかに萎縮している。Rüsse と Sinowatz（1998）の厚意による。

椎体の矢状裂 sagittal cleft of the vertebral body が形成されることで起こる。椎骨の頭側端および尾側端は漏斗形を呈し、このため背腹方向の X 線写真で椎骨は蝶の形に見える。蝶形椎は短頭種でラセン尾（スクリュー・テイル）を持つ品種でよく見られる。この異常は臨床症状をほとんど示さない。

二分脊椎 Spina bifida

二分脊椎 spina bifida は 1 つあるいはそれ以上の椎骨における椎弓の正中線の裂隙 midline cleft in the vertebral arch of a single or several vertebrae が存在することが特徴の発生異常である。裂隙は椎弓の大部分のことも、あるいは棘突起だけのこともある。偶然見つかることが多いが、時折、脊髄あるいは馬尾の異常が関わって重篤な神経症状を示すこともある。若いイングリッシュ・ブルドッグやマンクス猫で仙尾椎の発育不全を伴った二分脊椎が頻発する。

移行椎 Transitional vertebrae

移行椎 transitional vertebrae は頸胸部、胸腰部、腰仙骨部あるいは仙尾骨部の各境界部に見られる異常な椎骨のことで、その他の部位の椎骨の特徴 characteristics of other vertebral spinal regions を合わせ持つ（たとえば、第七頸椎の横突起に存在する肋骨、あるいは第一仙椎に存在する分離した横突起）。

Teratology

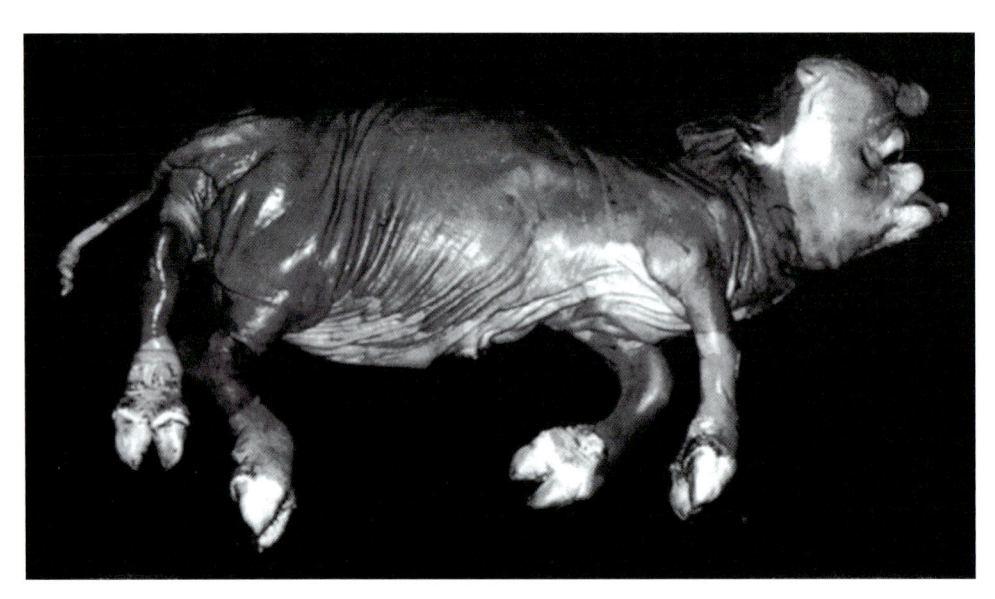

図 19-18： ブルドッグ子ウシは短い鼻面と短い頭蓋を持ち、通常、軟骨異形成症に起因する。この異常には短い四肢と椎骨の異常が合併する。RüsseとSinowatz（1998）の厚意による。

これらの異常のうち、腰仙骨部の移行椎だけがおそらく椎体、椎孔および椎間円板の大きさ、形および向きなどによって、臨床的に重要となると思われる。腰仙骨部の移行椎の異常はジャーマン・シェパードでは遺伝すると考えられ、おそらくは退行性腰仙椎狭窄症を伴った馬尾症候群の原因である。

脊柱の偏位
Deviation of the vertebral column

脊柱の偏位を表す用語には**斜頸** torticollis（捻転頸、斜頸）、**脊柱背弯** kyphosis（背側から腹側への偏位、突背、脊柱の異常な弯曲と背方への突出）、**脊柱腹弯** lordosis（腹側から背側への偏位、腹側への凸部のある脊柱の弯曲）、あるいは**脊柱側弯** scoliosis（側方への偏位）などがある。前述したように、脊柱側弯症は半椎をもった動物で生じることがある。また、ビタミンA過剰症のネコでも起こることがある。脊柱に起こるこの配列の異常が重篤な例では、脊柱管は曲がり、脊髄は圧迫され、結果的に患部より尾方の肢は不全麻痺と運動失調を起こす。

脊髄の癒合不全を伴うワイマラナーを含む脊髄の発生異常と、脊柱側弯症などの椎骨異常とのあいだの重要な関連が注目されている。特に脊髄における先天性あるいは後天性の囊胞変性、なかでも頸髄における水脊髄空洞症（脊髄中心管の拡張と脊髄における空洞形成と変性）を示す動物において脊柱側弯症の報告が増加してきている。この場合、しばしば脊柱の弯曲が斜頸として臨床的に認められる。脊柱側弯症と脊髄の水脊髄空洞症との直接的な因果関係として、次のように考えられる。まず、脊髄空洞症により脊髄灰白質が進行的に崩壊する。その結果、一側の軸上筋へ神経が分布しなくなるために萎縮する。それにより両側の筋肉の張力が対称性を失い、結果的に脊柱が偏位する。

多くの軽度の脊柱の異常がある種・品種あるいは

先天異常学 第19章

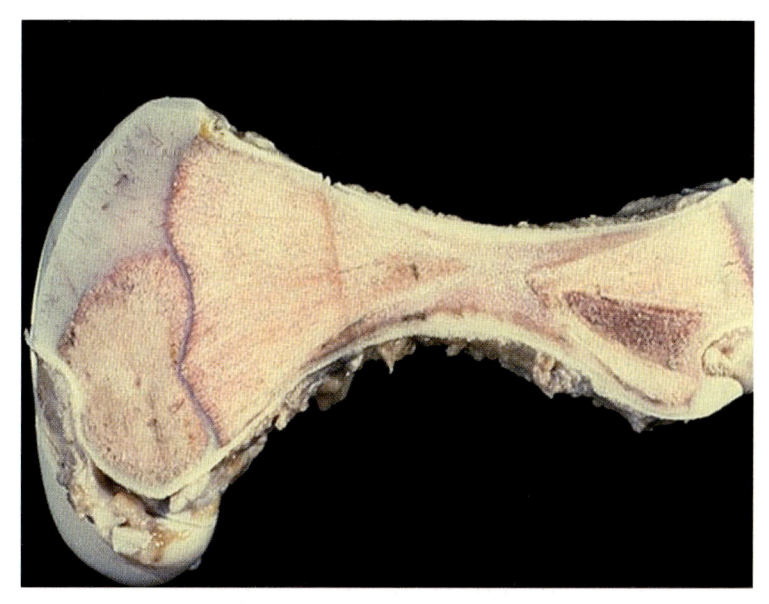

図 19-19：骨硬化症の子ウシの上腕骨（縦断面）。骨硬化症は破骨細胞に遺伝的欠陥があるため、一次海綿骨の再吸収が起きない。骨硬化症では海綿骨の密度が増加し、それに対応して髄腔が減少する。骨の密度は増加していても、異常に脆く、しばしば病的骨折が起こる。RüsseとSinowatz（1998）の厚意による。

部位でより高頻度で起きている。よく知られているのは、以下の異常である。

後頭骨・環椎・軸椎の先天異常 Occipito-atlanto-axial malformation：後頭骨・環椎・軸椎の先天異常（**図19-20**）は、尾側後頭椎板と頭側頸部椎板の分節化と発生の異常に起因する。この異常は、アラビア馬における常染色体性劣性遺伝病であり、**環椎が片側あるいは両側で後頭骨と癒合** atlas is unilaterally or bilaterally fused to the occipital bone し、環椎翼は顕著に大きさを減じている。環軸関節の位置で大孔と脊柱管は非常に狭くなるため、脊髄を圧迫し、異常を示すウマは出生時に起立できないか、あるいは不全麻痺と運動失調を示す。

軸椎歯突起の形成不全 Hypoplasia of the dens axis：環軸関節の亜脱臼を伴う軸椎歯突起の形成不全はトイ種のイヌに最もよく見られる。この際、突然（しばしば中程度の外傷により）あるいは進行的に脊髄の圧迫が引き起こされる。

中位頸椎の先天異常 Malformations of midcervical vertebrae：中部頸椎の先天異常はウマの多くの品種において、若く急速な成長期に見られる。多くの場合、第三頸椎あるいは第四頸椎が障害される。椎孔の頭側あるいは尾側の開口部が小さくなり、局所的に脊髄が圧迫される。そのために起こる不全麻痺や運動失調は、頸椎狭窄性脊髄症と呼ばれ、患馬に対してしばしば"ふらつき、ウオブラー wobblers"と呼ばれる不安定な歩様を起こす。

後位頸椎の先天異常 Malformations of caudal cervical vertebrae：後位頸椎の異常では、**椎孔の直径はいくぶん減少** vertebral foramina are relatively reduced in diameter し、グレート・デンやドーベルマンなどで多発するが、その他の犬種でも認められている。頸椎（第三～第七頸椎）の椎孔の頭側面と尾側面における正中矢状と椎弓根間の径は、上記

Teratology

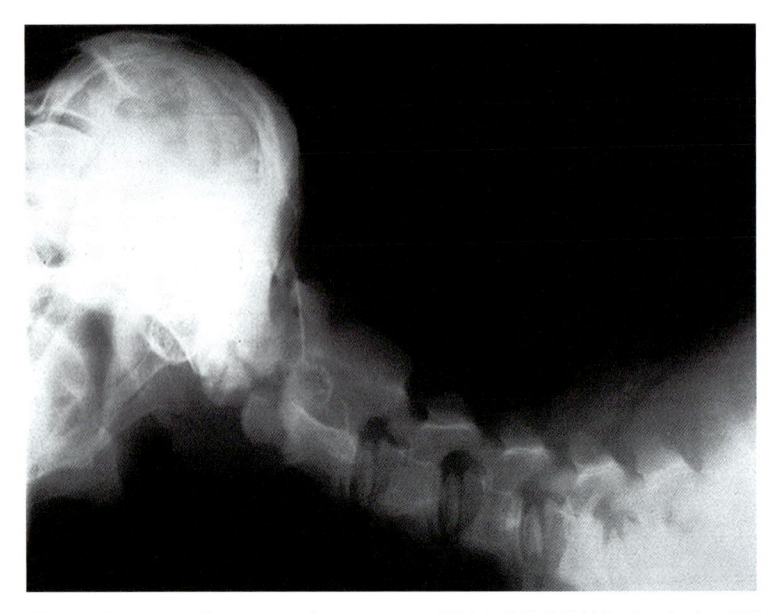

図 19-20：環椎後頭関節の異常。この異常は、アラビア馬における常染色体性劣性遺伝病であり、環椎は片側あるいは両側で後頭骨と癒合し、環椎翼は顕著に大きさを減じている。環軸関節の位置で大孔と脊柱管は非常に狭くなるため、脊髄を圧迫することがある。異常を示す子ウマは出生時に起立できないか、あるいは不全麻痺と運動失調を示す。Rüsse と Sinowatz (1998) の厚意による。

の２大型品種やダックスフンドよりも小型犬種の方が有意に大きいことが見出された。この状態は頸椎の椎孔が相対的に狭窄しているため、脊髄圧迫のリスクを増加させている。

胸椎・腰椎の先天異常 Malformations of thoracolumbar vertebrae：イヌにおいて比較的多く見られる。胸椎・腰椎の先天異常には１つあるいはそれ以上の胸椎・腰椎の形成不全や不完全な骨化 hypoplasia and incomplete ossification が含まれる。椎骨は反対になったくさび型になり（半椎）、そのため著しい脊柱背弯を呈する。脊髄は圧迫されることがあり、その時は後肢に不全麻痺や運動失調が見られる。ウマでは、中位の胸椎（第二〜第十胸椎）の関節突起が形成不全を起こし、先天性の脊柱腹弯となる。

頭蓋の異常 Abnormalities of the skull
（図 19-21、19-22、19-23）

頭蓋に観察される異常の多くは先天性のものであるが、いくらかは子宮内あるいは出生時の機械的ストレスに起因する変形の部類に含まれる。頭蓋の異常は多くの頭部の構造と相互に影響し合っている。したがって、頭蓋の異常のいくつかは脳の発生（たとえば無頭蓋症、無脳症、小脳症あるいは水頭症）や眼の発生（単眼症）における障害から二次的に起こる。顔面骨の異常（下顎短小、顔面裂、唇裂、口蓋裂）は本章の前半で述べた。

ウシの筋肉肥大
Muscular hypertrophy in cattle

筋肉肥大あるいはダブルマッスル表現型はウシに

先天異常学　第19章

図 19-21：子ウシの口蓋裂。口蓋裂は通常、両側の外側口蓋板が正中位で並置・癒合することが不完全あるいはまったく生じないことに起因する。結果的に口腔と鼻腔が連絡している。RüsseとSinowatz（1998）の厚意による。

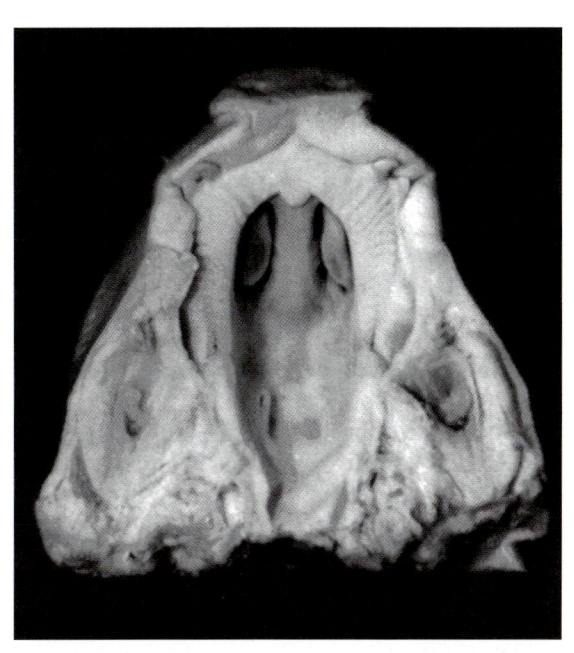

図 19-22：広範囲に生じた子ブタの口蓋裂。RüsseとSinowatz（1998）の厚意による。

図 19-23：ドーベルマンの子イヌにみられる口蓋裂。RüsseとSinowatz（1998）の厚意による。

おいて遺伝性疾患である。根本的には、正常なウシと比べ、個々の筋線維が太くなる（肥大 hypertrophy）というよりも、筋線維の数が増加する（過形成 hyperplasia）ことに起因する（**図19-24**）。Belgian Blue や Pied-montese のような"ダブルマッスル"品種のウシにおいては、筋肉の発達に対し、抑制的に調節している TGF-β ファミリーである *myostatin* 遺伝子に変異があることが知られている。

要約 Summary

先天異常学は発生異常を扱う学問である。ヒトの場合と異なり、家畜では先天異常の発生に関する信頼できるデータを手に入れることが困難である。先天異常の発生頻度は動物種、品種、地理的な位置およびその他多くの要因により変化する。さまざまな報告によれば、生きて生まれたすべての家畜の約 1.5～6% が少なくとも1つの先天異常を持っている。

先天異常の発生は胚子が持っている**遺伝的形質** genetic endowment of the embryo とその胚子が成長する**環境** environment とのあいだの相互作用で起こると考えられている。多くの研究から、以下の4つの結論を導くことができる。(1) 胚発生の最初の3週間（このあいだに体の基本的な構造が確立される）における胚の障害は異常発生の原因ではない。なぜなら、この障害により胚は死亡するか、初期胚が持つ調節機構により回復するかのどちらかであるからである。(2) 催奇形性作用に最も感受性の高い時期（すなわち最も奇形を起こしやすい時期）は、器官形成期の開始時期である3週目に始まり、8週目までに多くの器官系に波及する。8週目は多くの主要な器官が初めて形成される時期である。(3) 妊娠8週目を過ぎると大きな構造の異常は起きないようである。この時期、大部分の器官形成はほぼ完了している。(4) すべての催奇形性因子が同じ時期に作用するわけではない。ある因子は胚発生の初期の暴露により先天異常を誘発するが、妊娠のその後の時期では無害である。

正常発生は胚のゲノムとその環境とのあいだの相互作用により調節されているため、催奇形性因子に対する感受性は胚の遺伝子型と、それが有害な環境因子との相互作用の様式に依存している。遺伝に基づく先天異常は染色体の分裂異常、あるいは遺伝子突然変異に起因し、染色体構造あるいは遺伝子のインプリンティングの異常を引き起こす。異常遺伝子は、先天異常の直接的な原因である場合や、環境から受ける障害に対する胚の感受性に影響することによる間接的な原因である場合もある。

胚と胎子に先天異常を引き起こす環境因子としては、物理的因子、化学的および生物学的催奇形性因

図19-24：ダブルマッスル表現型（後肢）を示す Belgian Blue 種の子ウシ。筋組織の異常増加であるダブルマッスルにより生じる。

子、および感染因子（多くはウイルス）などが含まれる。家畜において認められる発生障害の主な型として以下のものがある。

- 無発生あるいは無形成
- 形成不全と過形成
- 癒合不全あるいは閉鎖不全
- 正常な細胞死の欠損
- 組織吸収障害
- 細胞の移動不全
- 発生停止
- 重複と逆位による非対称奇形

参考文献 Further reading

Batista, M., González, F., Cabrera, F., Palomino, E., Castellano, E., Calero, P. and Gracia, A. (2000): True hermaphroditism in a horned goat with 60XX/60XY chimerism. Can. Vet J. 41:562–564.

Brent, R.L. and Beckman, D.A. (1999): Teratogens. In: Encyclopedia of Reproduction, Vol. 4. Eds. Knobil, E. and Neill, J.D. Academic Press, San Diego, 735–749.

Butterworth, C.E. and Bendich, A. (1996): Folic acid and the prevention of birth defects. Annu. Rev. Nutr. 16:73–97.

Chetboul, V., Tran, D., Carlos, C., Tessier, D. and Pouchelon, J.L. (2004): Congenital malformations of the tricuspid valve in domestic carnivores: a retrospective study of 50 cases. Schweiz. Arch. Tierheilkd. 146:265–275.

Cornillie, P. and Simoens, P. (2005): Prenatal development of the caudal vena cava in mammals: review of the different theories with special reference to the dog. Anat. Histol. Embryol. 34:364–372.

David, L.E. (1983): Adverse effects of drugs on reproduction in dogs and cats. Mod. Vet. Pract. 1:960–974.

Finnell, R.H., Gellineau-Van Waes, J., Eudy, J.D. and Rosenquist, T.H. (2002): Molecular basis of environmentally induced birth defects. Ann. Rev. Pharmacol. Toxicol. 42:181–208.

Gallagher, D.S. Jr., Lewis, B.C., De Donato, M., Davis, S.K., Taylor, J.F., Edwards, J.F. and Hansen, D.K. (1999): Autosomal trisomy 20 (61,XX,+20) in a malformed bovine fetus. Vet. Pathol. 36:448–451.

Hiraga, T. and Dennis, S.M. (1993): Congenital duplication. Vet. Clin. North Am. Food Anim. Pract. 9:145–161.

Huston, K. (1993): Heritability and diagnosis of congenital abnormalities in food animals. Vet. Clin. North Am. Food Anim. Pract. 9:1–9.

Keeler, R.F. and van Balls, L.D. (1978): Teratogenic effects in cattle of Conium maculatum and conium alkaloids and analogs. Clin. Toxicol. 12:49–64.

Lee, E., Halina, W., Fisher, K.R., Partlow, G.D. and Physick-Sheard, P. (2002): Single ventricle, total transposition, and hypoplastic aorta in a calf. Vet. Pathol. 39:602–605.

Navarro, M., Cristofol, C., Carretero, A., Arboix, M. and Ruberte, J. (1998). Anthelmintic induced congenital malformations in sheep embryos using netobimin. Vet. Rec. 142:86–90.

Oberst, R.D. (1993): Viruses as teratogens. Vet. Clin. North Am. Food Anim. Pract. 9:23–31.

Rieck, G.W. (1968): Exogene Ursachen embryonaler Entwicklungsstörungen beim Rind. Z. Tierzüchtung Züchtungsbiol. 84:251–261.

Ruść, A., and Kamiński, S. (2007): Prevalence of complex vertebral malformation carriers among Polish Holstein-Friesian bulls. J. Appl. Genet. 48:247–252.

Rüsse, I. and Sinowatz, F. (1998) Lehrbuch der Embryologie der Haustiere, 2nd ed. 1998, Paul Parey, Berlin, Hamburg.

Saperstein, G. (1993): Congenital abnormalities of internal organs and body cavities. Vet. Clin. North Am. Food Anim. Pract. 9:115–125.

Scott, F.W., DeLahunta, A., Schultz, R.D., Bistner, S.I. and Riis, R.C. (1975): Teratogenesis in cats associated with griseofulvin therapy. Teratology 11:79–86.

Smith, K.C., Parkinson, T.J., Pearson, G.R., Sylvester, L. and Long, S.E. (2003): Morphological, histological and histochemical studies of the gonads of ovine freemartins. Vet. Rec. 152:164–169.

Spencer, T.E. and Gray, C.A. (2006): Sheep uterine gland knockout (UGKO) model. Methods Mol. Med. 121:85–94.

Szabo, K.T. (1989): Congenital Malformations in Laboratory and Farm Animals. Academic Press, San Diego.

Viuff, D., Rickords, L., Offenberg, H., Hyttel, P., Avery, B., Greve, T., Olsaker, I., Williams, J.L., Callesen, H. and Thomsen, P.D. (1999): A high proportion of bovine blastocysts produced in vitro are mixoploid. Biol. Repod. 60:1273–1278.

Viuff, D., Greve, T., Avery, B., Hyttel, P., Brockhoff, P.B. and Thomsen, P.D. (2000): Chromosome aberrations in in vitro-produced bovine embryos at Days 2–5 post-insemination. Biol. Reprod. 63:1143–1148.

Viuff, D., Hendriksen, P.J.M., Vos, P.L.A.M., Dieleman, S.J., Bibby, B.M., Greve, T., Hyttel, P. and Thomsen, P.D. (2001): Chromosomal abnormalities and developmental kinetics in in vivo-developed cattle embryos at days 2 to 5 after ovulation. Biol. Reprod. 65:204–208.

Viuff, D., Palsgaard, A., Rickords, L., Lawson, L.G., Greve, T., Schmidt, M., Avery, B., Hyttel, P. and Thomsen, P.D. (2002): Bovine embryos contain a higher proportion of polyploid cells in the trophectoderm than in the embryonic disc. Mol. Reprod. Dev. 62:483–488.

Woollen, N.E. (1993): Congenital diseases and abnormalities of pigs. Vet. Clin. North Am. Food Anim. Pract. 9:163–181.

Young, L.E., Fernandes, K., McEvoy, T.G., Butterwith, S.C., Gutierrez, C.G., Carolan, C., Broadbent, P.J., Robinson, J.J., Wilmut, I. and Sinclair, K.D. (2001): Epigenetic change in IGF2R is associated with fetal overgrowth after sheep embryo culture. Nature Gen. 27:153–154.

CHAPTER 20

Palle Serup (chicken) and Ernst-Martin Füchtbauer (mouse)

発生学モデルとしてのニワトリとマウス
The chicken and mouse as models of embryology

ニワトリ胚子の初期発生
Early development of the chick embryo

ニワトリ胚の3週間におよぶ発達は、紀元前4世紀にAristotleにより最初に記録された。それ以来、ニワトリ（*Gallus gallus*）は**発生学の研究において好んで用いられるモデル生物** favourite model organism in embryological studies となっている。現在、近代的な孵化場は1年中、安くて容易に飼育できる膨大な数の卵を供給している。どんな温度下でも発生ステージは正確に予測できるので、ステージが明らかな膨大な数の胚を入手することができる。ニワトリ胚のもう1つの利点は、ジョン・サンダースとニコール・ル・ドゥアランが古典的な実験で用いた、外科的手法から現代の分子生物学的手法まで、さまざまな方法で実験的に操作できることにある。分子生物学的手法では、ニワトリゲノムの塩基配列がほぼ完全に解析されたため、遺伝子エレクトロポレーションとレトロウィルスベクターの両方、あるいはいずれかを用いた遺伝子の強制発現とノックダウンを可能にしている。ニワトリの胚葉の発達（原腸胚形成）と、それに続く器官形成の両者は、哺乳類の胚子と類似した遺伝子と細胞の移動によって調整されている。このため、ニワトリ胚は、脊椎動物の発生に関する基本的な問題に取り組む研究者にとって重要な実験系といえる。

受精、卵割、胞胚形成
Fertilization, cleavage, and blastulation

卵の受精 Fertilization は、**アルブミン（卵白）が分泌される前** prior to the secretion of albumen ならびに卵殻が沈着する前に卵管内で起こる。卵黄が豊富な他の種の卵と同様に、**卵割は胚盤内でのみ起こる** cleavage occurs only in the blastodisc。胚盤は直径2〜3mmの細胞質でできた小さな円盤である。水平方向の卵割が単層の**胚盤葉** blastoderm を形成し、胚盤葉の細胞は互いに連続し、基底面でも卵黄と連続している（**図20-1**）。続いて起こる卵割は、胚盤葉を5〜6細胞層の厚みを持つ組織にする。

胚盤葉と卵黄のあいだは**胚下腔** subgerminal cavity と呼ばれ（**図20-2A**）、胚下腔は胚盤葉の細胞が卵白から水分を吸収し、その水分を胚盤葉の細胞と卵黄のあいだに分泌して形成される。この段階で、胚盤葉の中央にある深層の細胞は脱落して死亡し、1層の細胞層である明域が形成される。明域は、胚のほとんどを形成する胚盤葉の部位である（**図20-1**）。胚盤葉辺縁の細胞は深層の細胞がとどまり、暗域の一部となる。明域と暗域の間は辺縁帯と呼ばれる狭い細胞層で、のちの発生に非常に重要な部位となる。

The chicken and mouse as models of embryology

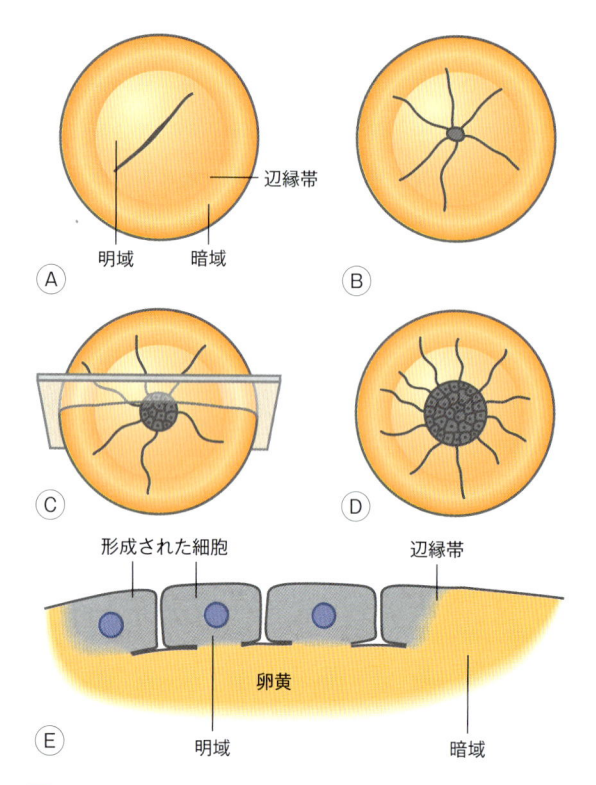

図 20-1：ニワトリ胚の盤状卵割。**A-D:** 動物極から見た4つのステージ。**E:** 側面から見た卵割初期の胚子。Gilbert (2003) を改変した。Sinauer Associated Inc. の許可により転載。

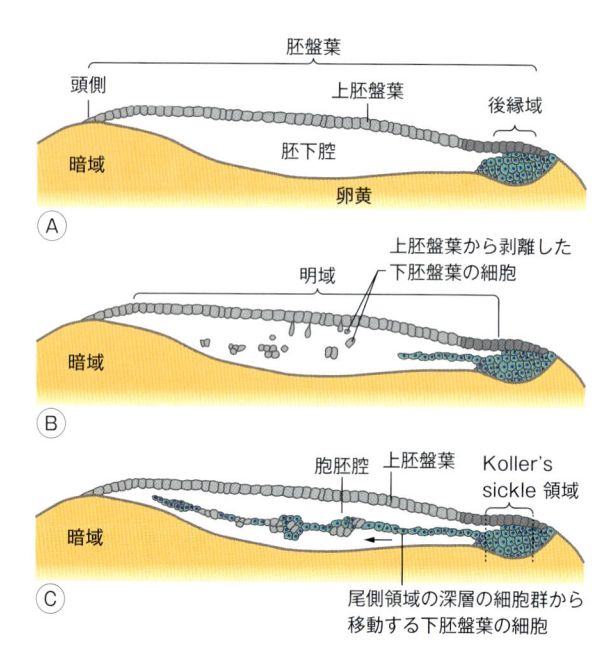

図 20-2：ニワトリ胚の2層性胚盤葉の形成。Gilbert (2003) を改変した。Sinauer Associated Inc. の許可により転載。

原腸胚形成 Gastrulation

下胚盤葉の発達
Development of the hypoblast

　産卵する頃には、胚盤葉は約2万個の細胞を含んでいる。明域の細胞のほとんどは表面にとどまり、上胚盤葉を形成する。明域の細胞の一部は剥離して胚下腔に移動し、5〜20個の細胞を含む細胞群のゆるい集合体である**一次下胚盤葉** primary hypoblast を形成する（**図 20-2B**）。次に、胚盤葉尾側端の部分的な肥厚部（Koller's sickle）から細胞層が頭側に移動して、一次下胚盤葉を頭側に押す（**図 20-2C**）。その結果、**二次下胚盤葉** secondary hypoblast あるいは**内胚葉** endoblast を形成する。形成された**2層性胚盤葉** two-layered blastoderm（上胚盤葉 epiblast と下胚盤葉 hypoblast）は暗域の辺縁帯で互いに合流して、この2層のあいだにできた空間が**胞胚腔** blastocoel となる。下胚盤葉のいかなる細胞も実際には胚子にはならず、胚子の細胞は上胚盤葉に由来する。代わりに下胚盤葉の細胞は胚外膜、特に卵黄嚢および卵黄と消化管を結ぶ管である卵黄管を形成する。また、下胚盤葉の細胞は上胚盤葉の移動を方向付ける化学シグナルも供給する。

原始線条の発達
Development of the primitive streak

　羊膜類（鳥類、爬虫類、哺乳類）の原腸胚形成での重要な構造上の特徴は、**原始線条** primitive streak

発生学モデルとしてのニワトリとマウス　第20章

le のちょうど頭側部に位置する上胚盤葉の肥厚部となる（図20-3A）。のちに原始線条に合流する周辺の細胞は球状となり、運動性を持つので、自身の細胞下の細胞外基質内に入り込んでいく。原始線条の細胞が侵入すると、それらの細胞は**収束伸長** convergent-extension する。この過程は原始線条の発達の要因であり、原始線条の長さが2倍になり、それに付随してその幅が半減する。原始線条の形成を開始したこれらの細胞は頭側に移動し、上胚盤葉の細胞が原始線条へ向かうように指示する不変の細胞集団を構成しているように見える。

細胞が原始線条を形成するために集まると、原始線条内に**原始溝** primitive groove と呼ばれるくぼみができる。原始溝は、胞胚腔へ移動する細胞の入口となる。つまり、原始溝は両生類の胚の原口に相当する構造である。原始線条の頭側端には**原始結節（ヘンゼン結節）** Hensen's node と呼ばれる細胞群の肥厚部がある。原始結節の中央には、細胞が胞胚腔に移動するときに通過する漏斗状の陥入部がある。原始結節の機能は、両生類の胚の原口背唇部（シュペーマンの形成体としても知られる）に相当する。

原始線条に入る最初の細胞は、上胚盤葉から生じた内胚葉の前駆細胞（内胚葉細胞）である（図20-3B）。これらの細胞は**上皮－間葉転換** epithelia-mesenchymal transition を起こし、下層にある基底膜が崩壊する。これらの細胞が原始線条に移動すると、原始線条は頭側に向かって伸長する。細胞分裂は、収束伸長の結果である原始線条の長さをさらに増加させる。上胚盤葉の頭側部からの多くの細胞は、さらに原始結節を大きくする。同時に内胚葉の細胞は、胚盤葉の尾側縁から頭側への移動を続ける。原始線条の伸長は内胚葉細胞の頭側への移動に続いて起きるように見えるので、これらが原始線条の移動を起こすと考えられている。最終的に原始線条は明域の長さの70%まで伸びる。

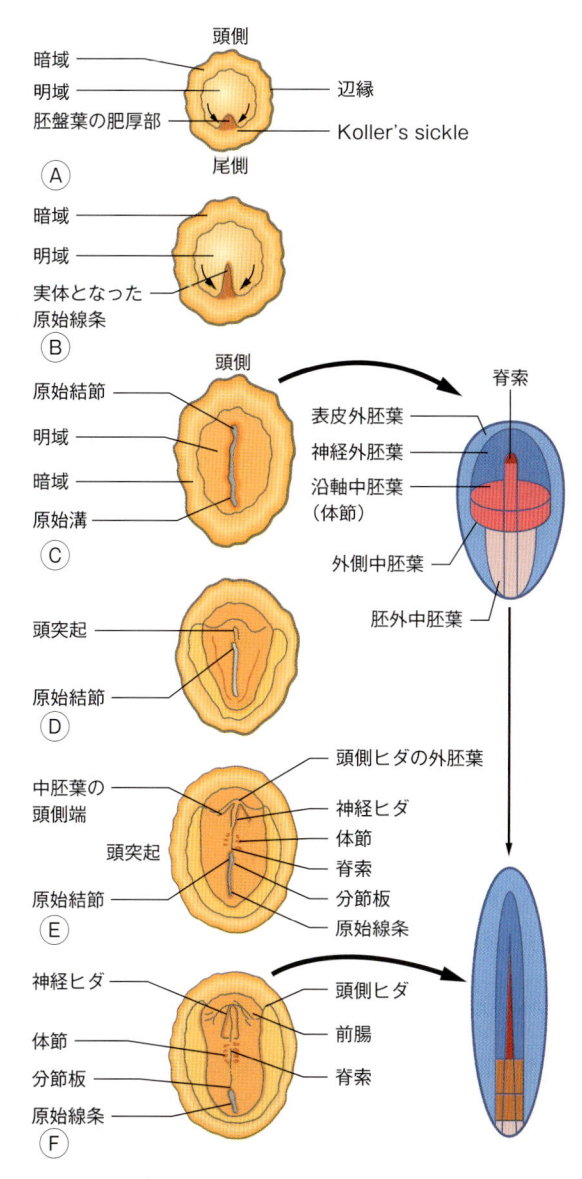

図20-3：ニワトリ胚の原始線条の細胞移動。図CとFの右側には上胚盤葉の予定運命図を示した。Gilbert（2003）を改変した。Sinauer Associated Inc. の許可により転載。

である。発生過程の細胞を追跡した染色実験では、原始線条の細胞は尾側辺縁領域に由来することが示唆される。原始線条は中間層に集まる細胞として初めて目に見え、次いで辺縁帯の尾側で Koller's sick-

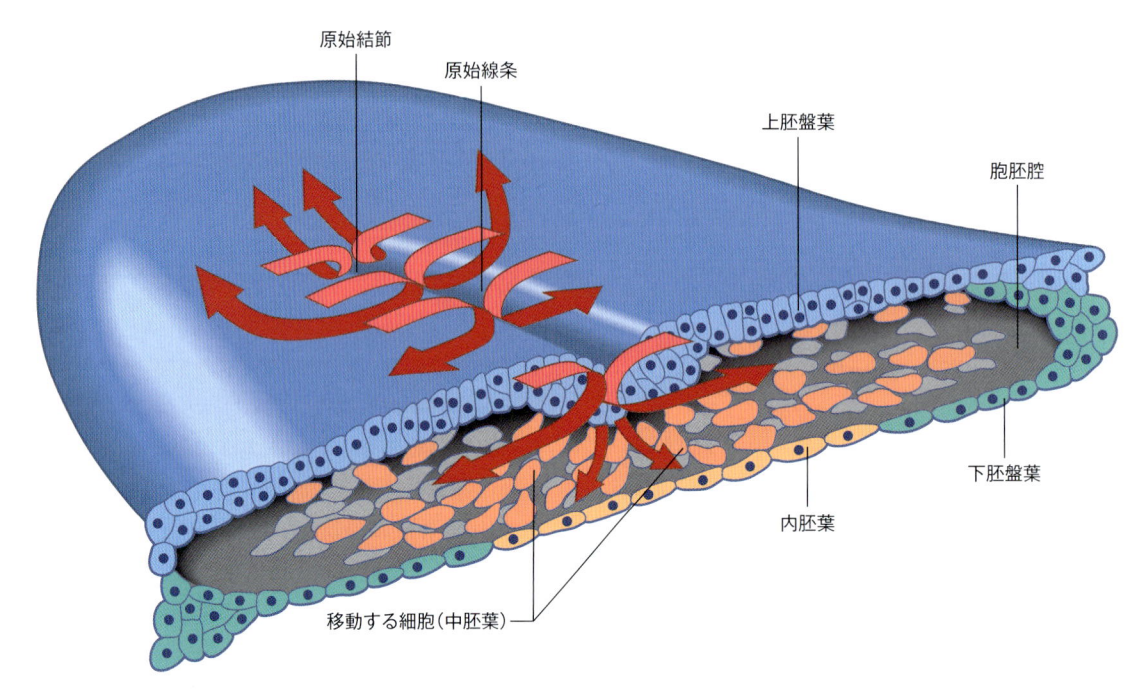

The chicken and mouse as models of embryology

図 20-4：原始線条を通過する内胚葉細胞と中胚葉細胞の移動。

　原始線条が形成されると、ニワトリ胚の**体軸が決定する** defines the axes。体軸は頭側から尾側に伸びる。原腸胚を形成する細胞は背側から侵入して、腹側に移動し、原始線条は胚を左右に分ける。

原始線条を通過して侵入した細胞の運命 Fate of cells ingressing through the primitive streak

　原始線条が発達すると同時に、上胚盤葉の細胞は中胚葉と内胚葉を形成するために原始線条を通り、胞胚腔内へ移動しはじめる（**図 20-4**）。つまり、原始線条は常に変化する細胞群によって形成されている。中胚葉に関しては、**原始線条** primitive streak の頭側端（原始結節）が**脊索前板の中胚葉** prechordal plate mesoderm や**脊索** notochord、頭側の体節 rostal somites となる。**原始線条** primitive streak の中間部を通過して移動した細胞は**体節** somite、**心臓** heart、**腎臓** kidney になり、原始線条の尾側からの細胞は**外側中胚葉** lateral plate mesoderm、**胚外中胚葉** extraembryonic mesoderm になる（**図 20-3C-F**）。

　原始結節を通って移動する最初の細胞は、前腸の**咽頭内胚葉** pharyngeal endoderm となる。これらの内胚葉の細胞は頭側に移動することにより、明域の頭側に局在していた下胚盤葉細胞と置き換わる。それらは胚子自身の構造にはならないが、上胚盤葉に由来する生殖細胞の前駆体を含む生殖三日月環を形成する。次に原始結節を通る細胞も頭側へ移動するが、将来の前腸である内胚葉より腹側へは移動しない。代わりに、それらの細胞は上胚盤葉と内胚葉のあいだを占有し、**頭部間葉** head mesenchyme の一部と**脊索前板の中胚葉** prechordal plate mesoderm を形成する。頭部間葉は、のちに神経堤からの細胞

発生学モデルとしてのニワトリとマウス　第20章

によってさらに発達する。次に原始結節を通過する細胞は、**脊索中胚葉** chordamesoderm を形成する。脊索中胚葉には、脊索前板の中胚葉の裏側を頭側に移動する内側中胚葉の細胞から形成される頭部結節と、脊索の2つの部位がある。頭部結節は前脳や中脳を形成する細胞の下に位置する。原始線条が退行をはじめると、原始結節を通って移動した細胞は脊索中胚葉の2つ目の部位、つまり**脊索** notochord になる。脊索は耳と後脳が形成される位置からはじまり、尾側に伸びる。尾側では、近接する組織内の前駆細胞を特定の細胞へ分化させるシグナルを、脊索とシグナルに反応する前駆細胞のあいだの距離に応じて放出する。実際、ニワトリ胚を用いた研究は、脊椎動物の脊髄に沿った背腹軸が脊索からのシグナルにより、どのようにパターン化されるかという点について、詳細に理解するのに大いに役立っている。

　将来の中胚葉が頭側の原始線条を通って移動することと、脊索中胚葉へ集合することは、どちらもFGFシグナルが関与する複雑な化学的誘因過程と相反過程により制御されているようである。FGF8は原始線条内で発現して原始線条からの細胞の移動を阻止し、同じ細胞は発生中の脊索中胚葉から分泌されるFGF4に引きつけられる。これらの異なった線維芽細胞増殖因子の走化性作用を解明する実験は、ほとんどニワトリ胚をモデルとしてのみ行われており、発生学の研究におけるこのモデルの有用性をさらに証明している。

　上胚盤葉の細胞は、さらに原始線条の尾外側部を通って移動し続け、それらは胞胚腔に入る際に2層に分かれる。下層は下胚盤葉に入り込み、下胚盤葉の細胞を外側に移動させる。これらの下層の細胞は**内胚葉** endoderm になり、この内胚葉はのちに胚性内胚葉由来の器官すべてと、胚外膜のほとんどを形成する（残りは下胚盤葉が形成する）。別の層が上胚盤葉と内胚葉のあいだに広がり、ゆるく結合する層である**中胚葉** mesoderm を形成する。この中胚葉の細胞は、内胚葉器官の結合組織の部分と同時に、腎臓や心臓、血管系などの器官となる。また、胚外膜を裏打ちする中胚葉も、この侵入した細胞に由来する。これらの細胞の原始線条からの移動もFGF8により制御されているが、胚の尾側端に細胞を誘導すると予想される化学的誘因シグナルは同定されていない。孵卵1日目の終了までには、将来内胚葉となる細胞のほとんどは胚子内に存在するが、将来中胚葉になる細胞は原始線条を通り、移動を続けている。

　この段階で、原腸胚形成へと移行する。中胚葉の細胞が侵入を続けていると同時に、**原始線条は退行しはじめ** primitive streak begins to regress、原始結節の位置が明域の中心近くから、より尾側へ移動する（**図20-5**）。退行している原始線条は、脊索を含む胚の尾背軸を確立する。原始結節が尾側に移動するので、脊索の尾側部は原始結節内にある前駆体から引き離される。最終的に、原始結節は最尾端まで退行し、肛門領域を形成する。このとき、将来の中胚葉細胞と内胚葉細胞のすべてが胚内に移動し、残った上胚盤葉は徐々に**外胚葉** ectoderm に転換する。

　頭部中胚葉と脊索が順番に形成された結果、鳥類（魚類や爬虫類、哺乳類も同様に）の胚は、**明確な発生進行の頭尾の勾配** anterior-to-posterior grade of developmental progression を示す。胚の尾側の細胞が原腸胚形成を行っているあいだ、頭側端の細胞はすでに器官形成をはじめている。これに続く数日間、発生は胚の尾側部よりも、頭側部で進行する。

　将来中胚葉と内胚葉になる細胞が胚子の中に移動するので、外胚葉の前駆体は分離して、**被包** epiboly（他の細胞を覆う細胞層の伸展したもの）となって卵黄を取り囲むために移動する。外胚葉が卵黄を完全に取り囲むまでには約4日を要する。この日数には、細胞物質の持続的な産生と、卵黄包（卵周囲

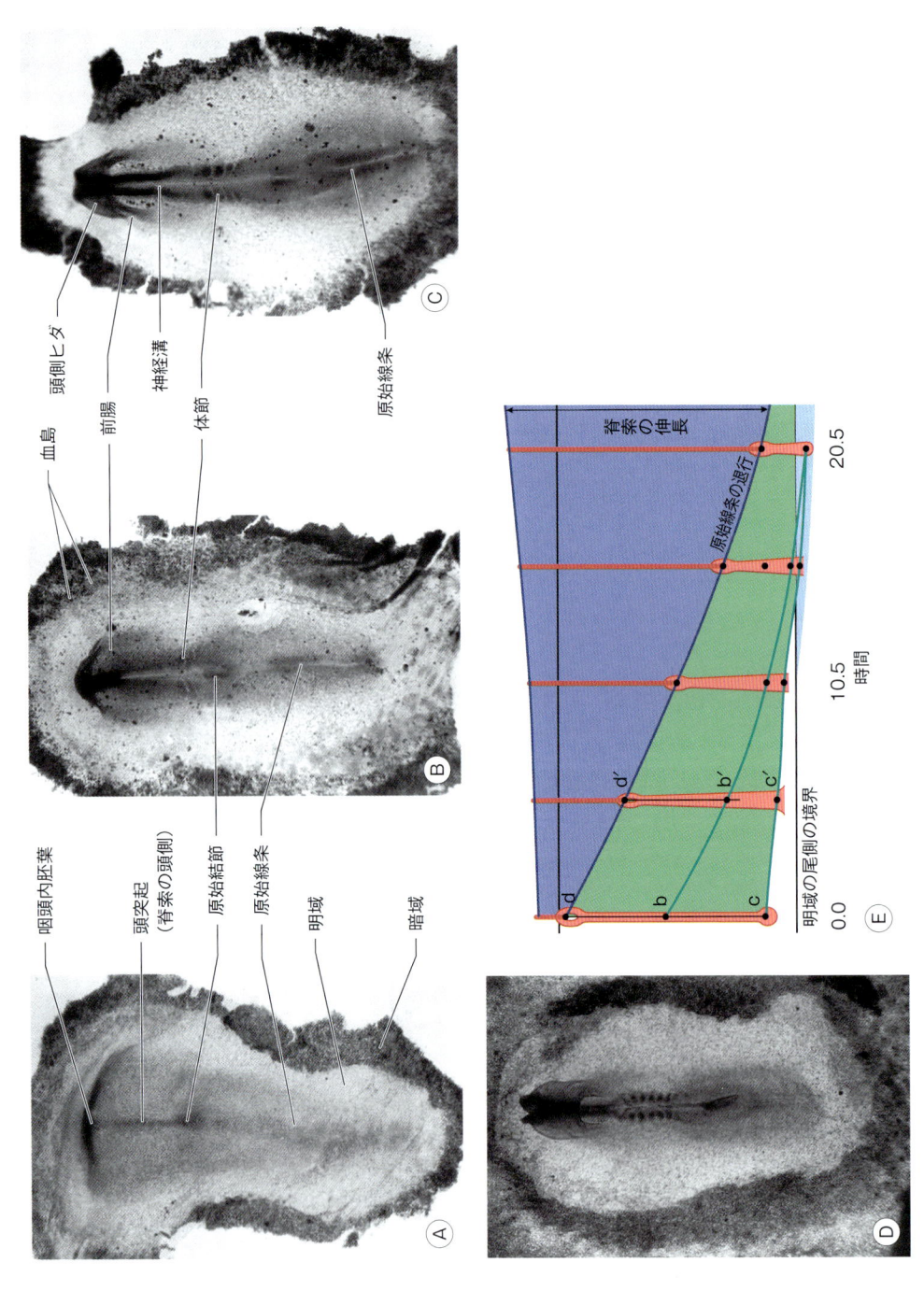

The chicken and mouse as models of embryology

図 20-5：受精後 24〜28 時間のニワトリ原腸胚形成。A：完全に伸長した原始線条（受精後 24 時間）。頭突起（脊索の頭側）が原始結節から伸びている。B：二体節期。咽頭内胚葉が頭側に見られる。一方、頭側の脊索が咽頭内胚葉の下方に押す。C：四体節期（受精後 27 時間）。D：受精後 28 時間では、原始線条は胚の尾側へ退行する。脊索を離れ、痕跡となる。原始線条が最長になったあとの各部を追跡した。横軸は原始線条が最長になってからの時間を表している（基準線は卵開始から約 18 時間後のものである）。Gilbert (2003) を改変した。Sinauer Associated Inc. の許可により転載。

発生学モデルとしてのニワトリとマウス　第20章

に線維性のマットを形成する細胞外の被包）の裏面に沿った将来外胚葉になる細胞の移動を含む。特に暗域辺縁の細胞だけが卵黄包に強固に付着する。これらの細胞は、胚盤葉の他の細胞とは本質的に異なり、大きな（500 μm 以上）細胞質突起を卵黄包の表面に伸ばすことができる。これらの長く伸びた細胞質突起は、辺縁の細胞が卵黄周囲の他の外胚葉細胞を引っぱることによって移動する力を生じるようである。細胞質突起は、ニワトリの卵黄包に存在する基底膜タンパク質であるファイブロネクチンと結合している。暗域辺縁の細胞とファイブロネクチンの結合を実験的に破壊すると、細胞質突起は後退し、外胚葉の被包はなくなる。

このように原腸胚形成が終了すると、外胚葉が卵黄を取り囲み、本来の内胚葉が下胚盤葉と置き換わり、中胚葉はこれらの2層の間に位置する。ニワトリの原腸胚形成で、多くの過程が確認されているが、我々はこれらの過程が起こる原因となるメカニズムを理解しはじめたばかりである。

体軸形成 Axis formation

ニワトリの体軸形成は原腸胚形成中に終了するが、この形成はすでに卵割期に起きている。

背腹軸 dorsal-ventral axis は、胚盤葉が胚盤上の塩基性アルブミンと、胚盤下にある酸性の胚下腔とのあいだに障壁をつくるときに確立される。水とナトリウムイオンがアルブミンから胚下腔に運ばれ、上胚盤葉を挟んで電位差が生じる。電位が負で塩基性アルブミンに面している側が背側になり、電位が正で酸性の胚下腔液に面している側が腹側になる。この軸の方向性は、上胚盤葉の細胞層を挟むpH勾配、あるいは電位差を逆転させることで実験的に切り替えられる。

発生初期の放射状に対称な構造から、**頭尾軸** anteroposteiror axis が存在する左右対称構造の確立は、重力によって決定される。産卵前、卵は卵殻腺の中で回転する。この回転は、卵内のより軽い成分が胚盤葉の下になるように卵黄を動かす。この動きは、胚の尾側領域となる胚盤葉の部分、つまり原始線条の形成が始まる部位を上に移動させる。

胚盤葉のこの部分が尾側縁になる。原腸胚形成を開始させるメカニズムは明らかになっていないが、最近の研究ではその本質が明らかになりはじめている。辺縁帯全体が原始線条の形成を開始することができ、たとえ胚盤葉がいくつかの部分に分かれたとしても、分かれた各部で辺縁帯を持つならば、各部がそれぞれ原始線条を形成するであろう。しかし、一度、**後縁域** posterior marginal zone（**PMZ**）が形成されると、PMZが辺縁帯のほかの領域を制御する。これらのPMZの細胞群は原腸胚形成を開始させるだけでなく、辺縁帯の他の部位が原始線条を形成しはじめることを妨げる。

しかし最近の研究は、"ノダル"の発現が原始線条の形成に必要であり、一次下胚盤葉によるCerberus（ノダルの拮抗物質）の分泌が辺縁帯全体の原始線条の形成を妨げることを示している。一次下胚盤葉の細胞はPMZから離れるので、セルベルスの消失によりPMZ内のノダルタンパク質が活性化して、そこに原始線条の形成を誘導する。上方に移動して、胚盤葉の尾側を決定する卵黄のより軽い成分が下胚盤葉を押しのけ、それによってセルベルスの働きを阻害すると推測される。また、ノダルは原始線条の細胞内での Lefty（ノダルの活性に関わる別の拮抗物質）の発現を引き起こし、それによってさらなる原始線条の形成を妨げる。

前述のような観察が、PMZが両生類のNieuwkoopセンターに相当する働きをする細胞を持っていることを示唆する。PMZ組織を辺縁帯頭側に移植すると、PMZ組織は原始結節を含む原始線条の形成を開始することができるが、PMZ組織の細胞自身は原始結節や原始線条を形成する細胞にはな

らない。両生類のNieuwkoopセンターのように、この領域はWntシグナリング（あるいは、少なくともβ-カテニンの核内での存在）とTGF-βファミリーシグナルが同時に発現する部位であると考えられる。PMZ内でのTGF-βファミリーの1つである*Vg1*の特異的な発現が、この仮説を裏付ける。さらにVg1を染み込ませたビーズとWnt8cを染み込ませたビーズを辺縁帯頭側に置いたときの観察では、異所性の原始線条を誘導することができることが示された。これは、原始線条形成に関するWntとVg1/ノダルシグナリングの重要な役割を裏付ける。

ニワトリ胚の**形成体**（オーガナイザー）organaizerはPMZのすぐ頭側に形成される。その部位はKoller's sickleの頭側で、上胚盤葉と中間層の細胞が**原始結節（ヘンゼン結節）**Hensen's nodeを形成する部位に相当する。Koller's sickleの尾側部は、原始線条の尾側部となる（図20-6）。前述したように、原始結節は両生類の胚の原口背唇部に相当すると考えられている、なぜなら、原始結節と原口背唇部は同様な部位に位置し、多くの性質を共有しているためである。そのため、原始結節と原口背唇部を形成する細胞は、原腸胚の他の部位に移植すると二次胚軸を形成することができ（図20-7）、両者とも脊索中胚葉になる。

ニワトリの形成体での遺伝子発現は、別の2組の遺伝子が関わっていると考えられる。1組は、Koller's sickleの後部領域で最初に発現する遺伝子で、おそらくPMZのNieuwkoopセンターと同様な部位の形成中にそれらの作用を発揮しているだろう。そのため、*Vg1*と"ノダル"を含むこれらの遺伝子は、原始線条全体に発現していると思われる（図20-8、20-9）。以上のことから、最近の研究はVg1が原始線条の形成に重要な役割を果たし、Vg1が辺縁帯の頭側で異所性に発現すると、ノダルが誘

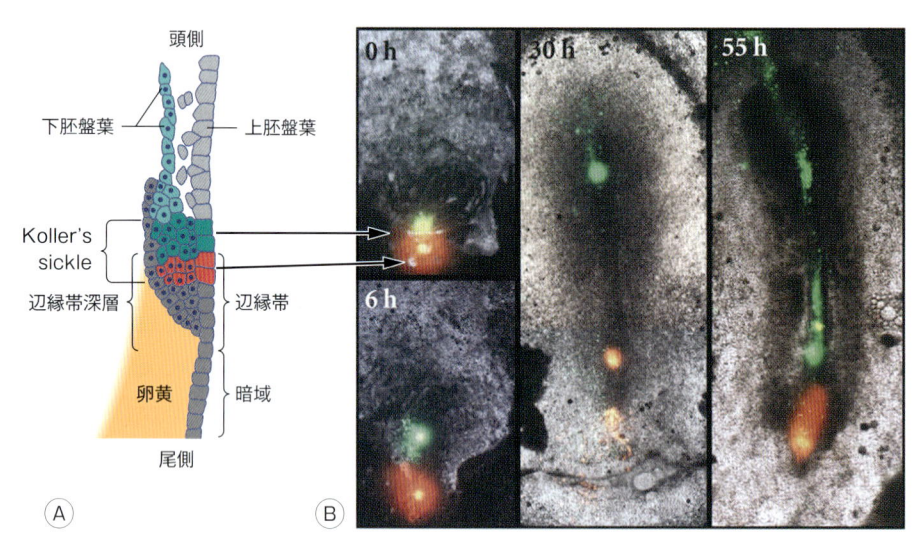

図20-6：Koller's sickleからの原始結節の形成。**A:** 初期（原始線条の形成前）胚の頭側端の模式図。この図はBの写真内の蛍光色素で標識した細胞を示している。Gilbert（2003）を改変した。Sinauer Associated Inc.の許可により転載。**B:** 原腸胚形成直前、Koller's sickle（上胚盤葉と中間層）の頭側端の細胞を緑色の蛍光色素で標識し、Koller's sickleの尾側の細胞を赤色の蛍光色素で標識した。細胞の移動により、頭側の細胞が原始結節と脊索の誘導物を形成する。Koller's sickle尾側の細胞が原始線条の尾側領域を形成する。蛍光色素投与後の時間は、写真の上に示す。Bachvarova（1998）の許可により転載。

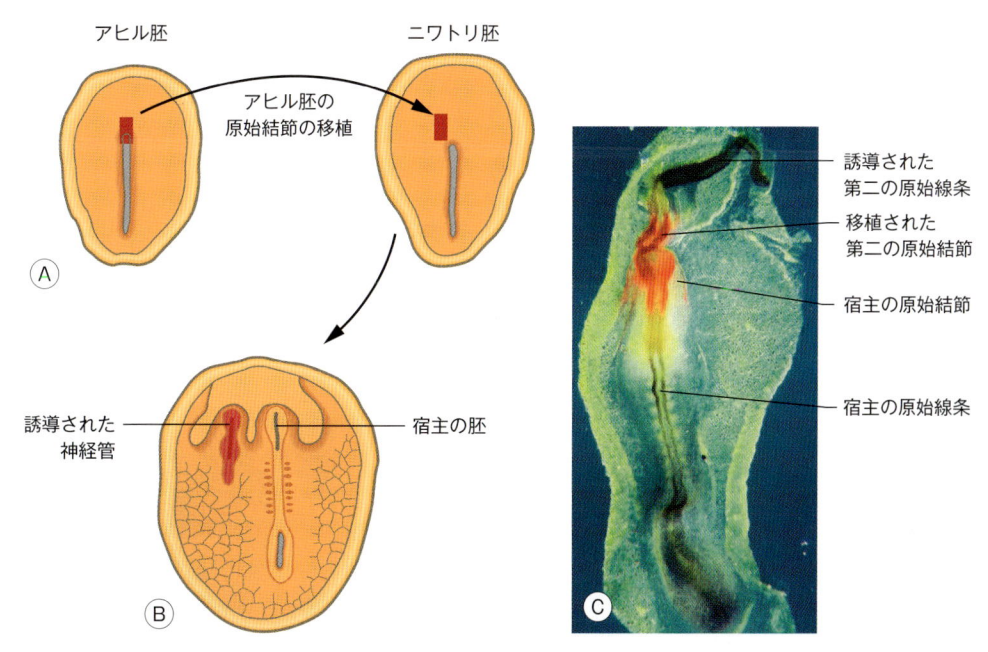

図 20-7：原始結節の移植による新しい胚の誘導。**A:** アヒル胚の原始結節を、ニワトリ胚の上胚盤葉に移植した。**B:** 第二の胚が移植部位で宿主組織から誘導された（神経管の存在により証明）。図 A、B は Gilbert（2003）を改変した。Sinauer Associated Inc. の許可により転載。**C:** 胚の原始結節を宿主胚表面へ移植。培養後、宿主の胚には神経管が見られる。神経管は in situ hybridization 法で確認できる。otx2 に対するプローブ（赤色）が頭部領域を認識し、hoxb1 に対するプローブ（青色）が神経管の幹部を認識する。移植された原始結節は第二胚軸の形成を誘導して、頭部と幹部が完成している。Boettger（2001）の許可により転載。

導され、その発現部位に二次胚軸が形成されることを示している。もう1組の遺伝子は、その発現が原始線条の頭側に限られ、さらに後には原始結節に限定される（**図 20-8、20-9**）。これらの遺伝子は *Chordin* 遺伝子とソニック・ヘッジホッグ遺伝子を含む。

外胚葉の分化
Differentiation of the ectoderm

外胚葉は、原始線条を通過しないただ1つの胚葉である。すべての脊椎動物と同様に、**背側中胚葉** dorsal mesoderm は、背側中胚葉を覆う外胚葉内に**中枢神経系の形成を誘導** induce the formation of the central nervous system（CNS）することができる。原始結節の細胞とそこから発生した組織は、両生類の形成体のように作用し、コルディンやノギンのような BMP の拮抗物質を分泌する。これらのタンパク質は BMP シグナリングを抑制し、中胚葉と外胚葉を背側化する。しかし、ニワトリでの神経誘導のメカニズムは、BMP シグナルの拮抗物質の量が神経誘導に十分な量であるカエルのメカニズムとは異なっているようである。ニワトリ胚では BMP が神経誘導を抑制しているようにはみえず、神経誘導を起こすために十分な非神経性上胚盤葉内の"コルディン"の異所性発現もない。代わりに線維芽細胞増殖因子（FGF）が上胚盤葉細胞の神経表現型を誘発しているようである。線維芽細胞増殖

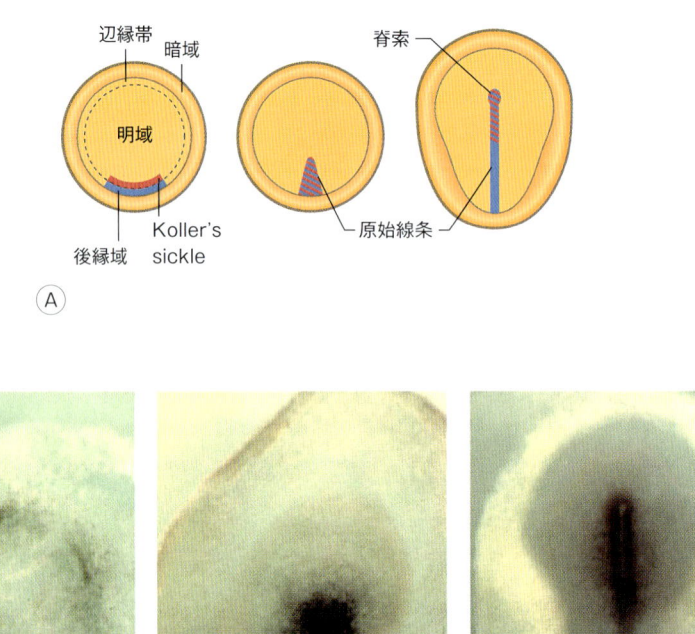

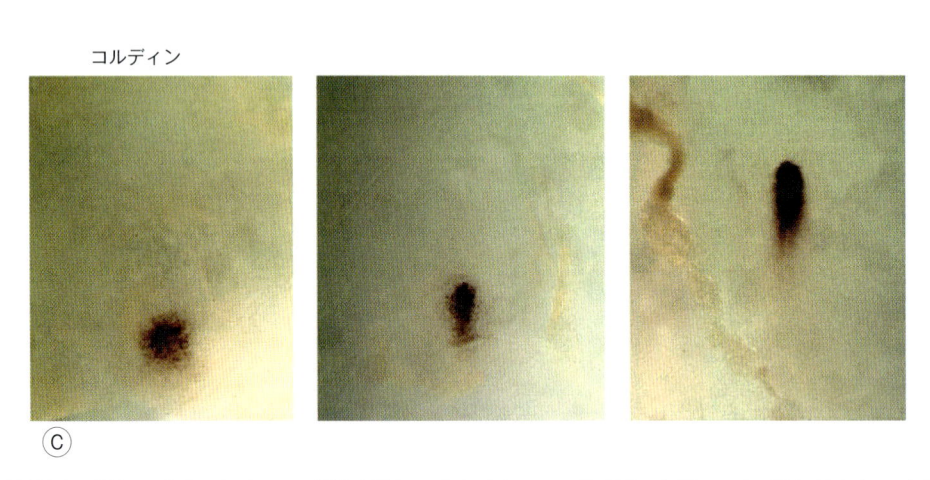

The chicken and mouse as models of embryology

図 20-8：原始線条の遺伝子発現。**A:** 2つの一般的な遺伝子発現パターンの模式図。初期ニワトリ胚（左図）の上胚盤葉は、暗域、明域、辺縁帯、Koller's sickle（赤色）、後縁域を示す。やや後期（中央図）になると、Nieuwkoopセンターの遺伝子と形成体の遺伝子の両者を発現する細胞が原始線条内に伸びている。後期（右図）では、Nieuwkoopセンターの遺伝子は原始線条全体で発現し、形成体の遺伝子はほとんど頭部領域に発現する。Gilbert（2003）を改変した。Sinauer Associated Inc.の許可により転載した。**B:** 原始線条の形成に伴ってVg1タンパク質が発現する。**C:** 原始線条の形成に伴ってコルディンが発現している。写真はProf. G Schoenwolfの厚意による。

発生学モデルとしてのニワトリとマウス　第20章

Noggin　　　BMP7　　　Smad1

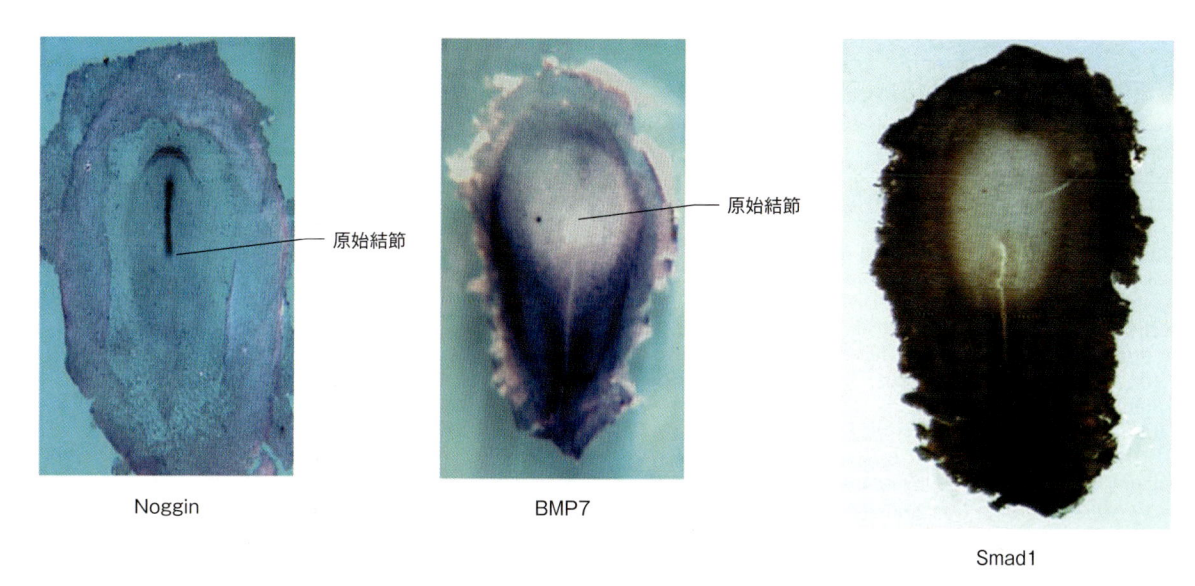

図20-9： BMPシグナリングの抑制によるニワトリの神経誘導の可能性。A: 神経胚形成中の胚に、Nogginタンパク質（暗紫色）が原始結節、脊索、咽頭内胚葉に発現している。B: 上胚盤葉全体を取り囲む*Bmp7*の発現（暗紫色）は、外胚葉の非神経領域に限定されている。C: 同様に、BMPシグナリングの産物であるリン酸化したSmad1（このタンパク質のリン酸化した抗体により確認できる：茶褐色）は神経板にみられない。Gilbert（2003）を改変した。Sinauer Associated Inc.の許可により転載。

因子は原始結節と原始線条で産生され、FGFを含んだビーズは上胚盤葉細胞内で脳幹と後脳の発現を誘導できる。頭側のニューロン誘導を制御する1つあるいは複数の因子は明らかになっていない。しかし、近年の研究は、頭側の臓側内胚葉がこれらのシグナルを供給していることを示唆している。中枢神経系を形成しない外胚葉の部位は、表面外胚葉でもあり、皮膚やウロコ、羽の大部分を形成し、その段階はさらなる成長や形態形成に続く。

初期の胚葉発生を開始したり制御するシグナルの同定は、新興分野である再生医療にとってきわめて重要である。胚性幹細胞（ES細胞）は、変性疾患の治療のために置換される細胞の供給源として考えられているので、これらのシグナルの解明は、治療方法の開発に必要な*in vitro*での分化手順を合理的に設計するために重要である。

過去と未来 The past and the future

発生生物学の歴史を通じて、ニワトリ胚は、我々が脊椎動物の発達に関する知識を得るために重要な貢献をしてきた。たとえば、ここで述べた初期発生に関すること、あるいはニワトリとウズラのキメラを用いたニコール・ル・ドゥアランの実験により明らかになった神経堤の運命、ジョン・サンダースの移植実験により明らかになった肢軸形成の解明などの後期発生に関することのように、ニワトリ胚が研究の世界に役に立ち続けることに疑いはない。マウスES細胞に相当する性質を持つ細胞株が近年確立され、この現在の技術と古典的な技術を組み合わせることで容易にニワトリ胚を操作できるようになった。このため、ニワトリ胚は他の多くの研究分野と同様に発生生物学の実験系として今後も長期間、有用な存在であることは確かである。

参考文献 Further reading

Alvarez, I.S., Araujo, M. and Nieto, M.A. (1998): Neural induction in whole chick embryo cultures by FGF. Dev. Biol. 199:42–54.

Arendt, D. and Nubler-Jung, K. (1999): Rearranging gastrulation in the name of yolk: evolution of gastrulation in yolk-rich amniote eggs. Mech. Dev. 81:3–22.

Bachvarova, R.F., Skromne, I. and Stern, C.D. (1998): Induction of primitive streak and Hensen's node by the posterior marginal zone in the early chick embryo. Development 125:3521–3534.

Bellairs, R. (1986): The primitive streak. Anat. Embryol. 174:1–14.

Bellairs, R., Lorenz, F.W. and Dunlap, T. (1978): Cleavage in the chick embryo. J. Embryol. Exp. Morphol. 43:55–69.

Boettger, T., Knoetgen, H., Wittler, L. and Kessel, M. (2001): The avian organizer. Int. J. Dev. Biol. 45:281–287.

Briscoe, J. and Ericson, J. (2001): Specification of neuronal fates in the ventral neural tube. Curr. Opin. Neurobiol. 11:43–49.

Darnell, D.K., Stark, M.R. and Schoenwolf, G.C. (1999): Timing and cell interactions underlying neural induction in the chick embryo. Development 126:2505–2514.

Dias, M.S. and Schoenwolf, G.C. (1990): Formation of ectopic neurepithelium in chick blastoderms: age-related capacities for induction and self-differentiation following transplantation of quail Hensen's nodes. Anat. Rec. 228:437–448.

Eyal-Giladi, H. (1997): Establishment of the axis in chordates: facts and speculations. Development 124:2285–2296.

Eyal-Giladi, H. and Fabian, B.C. (1980): Axis determination in uterine chick blastodiscs under changing spatial positions during the sensitive period for polarity. Dev. Biol. 77:228–232.

Eyal-Giladi, H., Debby, A. and Harel, N. (1992): The posterior section of the chick's area pellucida and its involvement in hypoblast and primitive streak formation. Development 116:819–830.

Faure, S., de Santa Barbara, P., Roberts, D.J. and Whitman, M. (2002): Endogenous patterns of BMP signaling during early chick development. Dev. Biol. 244:44–65.

Foley, A.C., Skromne, I. and Stern, C.D. (2000): Reconciling different models of forebrain induction and patterning: a dual role for the hypoblast. Development 127:3839–3854.

Gilbert, S.F. (2003): Developmental Biology, Sinauer, Sunderland.

Guo, Q. and Li, J.Y. (2007): Distinct functions of the major Fgf8 spliceform, Fgf8b, before and during mouse gastrulation. Development 134:2251–2260.

Hume, C.R. and Dodd, J. (1993): Cwnt-8C: a novel Wnt gene with a potential role in primitive streak formation and hindbrain organization. Development 119:1147–1160.

Khaner, O. (1998): The ability to initiate an axis in the avian blastula is concentrated mainly at a posterior site. Dev. Biol. 194:257–266.

Khaner, O. and Eyal-Giladi, H. (1989): The chick's marginal zone and primitive streak formation. I. Coordinative effect of induction and inhibition. Dev. Biol. 134:206–214.

Kochav, S. and Eyal-Giladi, H. (1971): Bilateral symmetry in chick embryo determination by gravity. Science 171:1027–1029.

Lash, J.W., Gosfield, E., 3rd, Ostrovsky, D. and Bellairs, R. (1990): Migration of chick blastoderm under the vitelline membrane: the role of fibronectin. Dev. Biol. 139:407–416.

Lawson, A. and Schoenwolf, G.C. (2001): Cell populations and morphogenetic movements underlying formation of the avian primitive streak and organizer. Genesis 29:188–195.

Lawson, A., Colas, J.F. and Schoenwolf, G.C. (2001): Classification scheme for genes expressed during formation and progression of the avian primitive streak. Anat. Rec. 262:221–226.

Mitrani, E., Ziv, T., Thomsen, G., Shimoni, Y., Melton, D.A. and Bril, A. (1990): Activin can induce the formation of axial structures and is expressed in the hypoblast of the chick. Cell 63:495–501.

New, D.A.T. (1956): The formation of sub-blastodermic fluid in hens' eggs. J. Embryol. Exp. Morphol. 43:221–227.

New, D.A.T. (1959): Adhesive properties and expansion of the chick blastoderm. J. Embryol. Exp. Morphol. 7:146–164.

Rosenquist, G.C. (1966) A radioautographic study of labeled grafts in the chick blastoderm: Development from primitive-streak stages to stage 12. Carnegie Inst. Wash. Contrib. Embryol. 38:31–110.

Rosenquist, G.C. (1972): Endoderm movements in the chick embryo between the early short streak and head process stages. J. Exp. Zool.180:95–103.

Schlesinger, A.B. (1958): The structural significance of the avian yolk in embryogenesis. J. Exp. Zool. 138:223–258.

Seleiro, E.A., Connolly, D.J. and Cooke, J. (1996): Early developmental expression and experimental axis determination by the chicken Vg1 gene. Curr. Biol. 6:1476–1486.

Shah, S.B., Skromne, I., Hume, C.R., Kessler, D.S., Lee, K.J., Stern, C.D. and Dodd, J. (1997): Misexpression of chick Vg1 in the marginal zone induces primitive streak formation. Development 124:5127–5138.

Skromne, I. and Stern, C.D. (2002): A hierarchy of gene expression accompanying induction of the primitive streak by Vg1 in the chick embryo. Mech. Dev. 114:115–118.

発生学モデルとしてのニワトリとマウス　第20章

Smith, J.L. and Schoenwolf, G.C. (1998): Getting organized: new insights into the organizer of higher vertebrates. Curr. Top. Dev. Biol. 40:79-110.

Spratt, N.T., Jr. (1946): Formation of the primitive streak in the explanted chick blastoderm marked with carbon particles. J. Exp. Zool. 103:259-304.

Spratt, N.T., Jr. (1947): Regression and shortening of the primitive streak in the explanted chick blastoderm. J. Exp. Zool. 104:69-100.

Spratt, N.T., Jr. (1963): Role of the substratum, supracellular continuity, and differential growth in morphogenetic cell movements. Dev. Biol. 7:51-63.

Spratt, N.T., Jr. and Haas, H. (1960): Integrative mechanisms in development of early chick blastoderm I. Regulated potentiality of separate parts. J. Exp. Zool. 145:97-138.

Stern, C.D. (2004): Gastrulation. Cold Spring Harbor Laboratory Press, Cold Spring Harbor.

Stern, C.D. (2006): Neural induction: 10 years on since the 'default model'. Curr. Opin. Cell. Biol. 18:692-697.

Stern, C.D. and Canning, D.R. (1988): Gastrulation in birds: a model system for the study of animal morphogenesis. Experientia 44:651-657.

Storey, K.G., Goriely, A., Sargent, C.M., Brown, J.M., Burns, H.D., Abud, H.M. and Heath, J.K. (1998): Early posterior neural tissue is induced by FGF in the chick embryo. Development 125:473-484.

Streit, A., Berliner, A.J., Papanayotou, C., Sirulnik, A. and Stern, C.D. (2000): Initiation of neural induction by FGF signalling before gastrulation. Nature 406:74-78.

Vakaet, L. (1984): The initiation of gastrula ingression in the chick blastoderm. Am. Zool. 24:555-562.

Waddington, C.H. (1933): Induction by the primitive streak and its derivatives in the chick. J. Exp. Zool. 10:38-46.

Waddington, C.H. (1934) Experiments on embryonic induction. J. Exp. Zool., 11:211-227.

Yang, X., Dormann, D., Munsterberg, A.E. and Weijer, C.J. (2002): Cell movement patterns during gastrulation in the chick are controlled by positive and negative chemotaxis mediated by FGF4 and FGF8. Dev. Cell. 3:425-437.

発生学モデルとしてのマウス
The mouse as a model in embryology

マウスは短い世代期間と体が小さいこと、産子数が多いことから、機能遺伝子の研究、つまり遺伝子突然変異の表現型の因果関係を研究する際の、**主要な哺乳類のモデル動物** primary mammalian model organism となっている。本書で述べた胚子や胎子の発達に関する遺伝子レベルあるいは分子レベルでの多くの説明は、マウスでの現象を観察したことを起源としている。さらに着床前の発生学に用いられるキメラ動物の産生や胚性幹細胞（ES細胞）の作製などの多くの技術はマウスを用いて開発された。本章では、マウスと"正常な"大型家畜動物種のあいだに見られる哺乳類の胚子発生のいくつかの違いに焦点を合わせ、齧歯類のES細胞に関する急激に進歩している研究について簡単に紹介する。初期の胚子発達の違いは、マウス胚子に適用される用語のわずかな違いにもなっている。

実験動物としてのマウスの産子数は遺伝的背景により異なるが、通常は8～10匹 8 and 10 pups である。雌マウスは4～5日の短い性周期 sexual cycle of 4-5 days を持ち、正常な**妊娠期間** gestation time は **19日** 19days 前後である。しかし、泌乳中の個体では、妊娠期間は子が正常に離乳するまで4～5日延びる。胎子の発達速度の低下は、**遅延着床** delayed implantation（あるいは**発生休止** dispause）により起こるもので、生物学的に必要である。なぜなら、雌マウスは分娩後数時間で発情状態になり、雄マウスがいると、交尾をするためである。

交配と受精 Mating and fertilization

マウスでは、交尾は雄マウスの凝固腺と精嚢腺からの凝固物でつくられる**膣栓** vaginal plug の存在で示される。膣栓はマウスが交配した時期の確認に使用される。これは、分娩後の交配や膣スメア内の精子の存在を交配の確認に使用する他の小型哺乳類よりも非常に単純である。マウスは夜行性なので、

交配は通常、真夜中近くに行われ、日中に膣栓を見つけると妊娠0.5日として定義される。しかし、交配は午後の早い時間にも起こる。胎齢はしばしば胚子発達の日数である"dE"と省略されるか、あるいは交尾後の日数である"days p.c."として省略される。卵母細胞と着床前の胚は、糖タンパク質の層である**透明帯** zona pellucida に囲まれており、透明帯は卵母細胞の多精子受精を防ぎ、胚が卵管壁に付着することや胚同士が付着することを防ぐ。すべての哺乳類と同様に、**受精** fertilization は卵巣近くの卵管で起こる。交尾後の朝、接合子は卵管采近くの卵管遠位端にある壁の薄い拡張部である卵管膨大部に見られる。**前核注入によるトランスジェニックマウスの作製** generation of transgenic mice by pronucleus injection のための接合子を分離するのは、このステージである。なぜなら、（小さな）雌性前核と（大きな）雄性前核は、まだ融合しておらず、顕微鏡下で同定できるからである。

卵割期とコンパクション
Cleavage stages and compaction

およそ胎齢1日までに**第一卵割** first cleavage division が終了している。このとき、**胚のゲノムは非常に活性化しており** embryonic genome undergo a major activation、母親由来のmRNAが分解されはじめる。この時期は他の哺乳類よりも早く起こる。このことがマウス体細胞の核移植によるクローニングが、多くの大型哺乳類の場合よりも難しい理由になっている。新しい細胞核がたった1回の卵割後に、発達を維持しなくてはいけないとしたら、再プログラミングするための時間はほとんどない。

マウスの卵割は真に同調をしておらず、奇数個の割球を持つ胚が見つかる。しかし、一般に胚は、胎齢1.5〜2日には4つの細胞からなり、胎齢2.5日には8つの細胞からなる。このステージで分化を示す最初の形態学的兆候は、割球間の細胞接着が増加する現象として現れる。この細胞接着は個々の細胞の表面張力を取り除き、はみ出す割球のない、より球状に近い胚となる。この過程は**コンパクション** compaction と呼ばれ、これはE-カドヘリン（かつてはウボモルリンと呼ばれていた）の発現による。E-カドヘリンはカルシウムイオン依存性の細胞接着分子であり、カルシウムの除去あるいはE-カドヘリンを抑制する抗体との反応により、コンパクションの防止またはコンパクションの逆転を起こすことができる。長時間のコンパクションの妨害は、胚の発達を抑制する。コンパクションを起こした胚表面の割球は密着結合を形成し、胚子の内側と外側を隔てる構造となる。すべての細胞が少しのあいだ、多能性を残しているにもかかわらず、この内外の区別が最初に"目にみえる"発達中の胚の細胞間に不均衡を生み出す。

胞胚形成 Blastulation

さらに2、3回卵割した胎齢3〜3.5日には、表層の細胞が上皮の形成をはじめる。この細胞は非対称であり、胚の内側に面している底部細胞膜にNa^+/K^+-ATPase を発現する。Na^+/K^+-ATPase はナトリウムイオンを胚内側の細胞間隙にくみ入れ、水分の受動的な細胞間隙への流入を引き起こす。表層の上皮細胞層は密着結合により密閉されているので、水分は胚外に出て行くことができず、内腔である**胚盤胞腔** blastocyst cavity を形成する。この**胞胚形成** blastulation の過程は、**胚盤胞** blastcyst を発達させ、外側の細胞を透明帯に押しつける。胚子内側の細胞間の親和性は表層の細胞よりも高いため、内側の細胞は集合して、**内細胞塊** inner cell mass（**ICM**）を形成する。内細胞塊は、**栄養外胚葉** trophectoderm と呼ばれる表層の細胞に付着する。内細胞塊を覆う栄養外胚葉は極性栄養外胚葉と

第20章 発生学モデルとしてのニワトリとマウス

呼ばれ、胚盤胞腔周囲の栄養外胚葉は壁側栄養外胚葉と呼ばれる。

マウス胚で、体軸が事前に決定しているかどうかは意見が分かれている。卵割の初めから、胚は完全な放射状の対称ではなく、極体が位置情報に関する目印として用いられる。この方法を用いると、背腹軸と頭尾軸は第一卵割前に予測することができる。しかし、他の研究者は極体そのものは固定されておらず、位置の目印にはならないと主張している。その上、少なくとも8細胞期から16細胞期までは、割球は体軸形成を阻害することなく、"混ぜる"ことができる。しかし、一般的には、初期の胚盤胞で胚盤胞腔に面している側が将来の胎子の腹側、栄養外胚葉に面している側が背側となり、内細胞塊が形成されるまでには**背腹軸** dorso-ventral axis は決定していると受け入れられている。

胚が胚盤胞に発達する前に胚は子宮へ移動するので、ES細胞を製作するために利用できる（後述参照）。

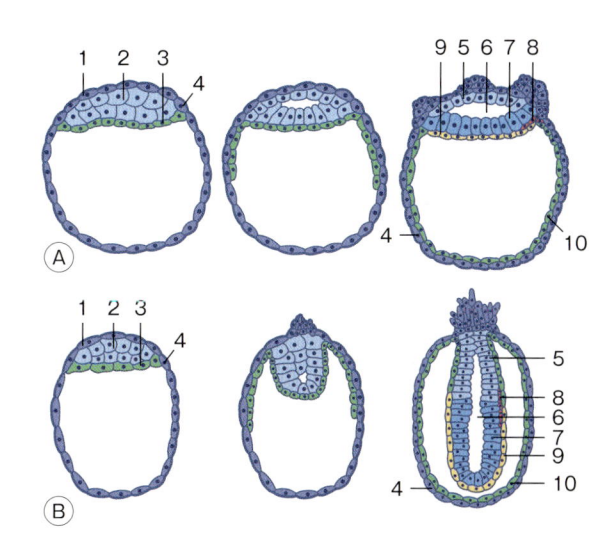

図20-10：ヒト胚（A）とマウス胚（B）の内細胞塊の発達と、内細胞塊から誘導される組織の模式図。マウス胚の内細胞塊は胚盤胞腔内に伸び、卵筒を形成する。しかし、原腸胚形成前ならびに原腸胚形成中に分化する細胞の解剖学的関係は、ヒトとマウスで非常に類似している。また、ある程度ニワトリ胚の状態とも類似している（**図20-4**）。
1: 栄養外胚葉、2: 上胚盤葉、3: 原始内胚葉あるいは下胚盤葉、4: 栄養膜（2層構造が形成された後の栄養外胚葉に相当）、5: 胚外外胚葉（羊膜芽細胞）、6: 前羊膜腔、7: 胚性外胚葉あるいは上胚盤葉、8: 中胚葉、9: 胚性内胚葉あるいは本来の内胚葉、10: 胚外内胚葉。A. Fuechtbauer の原図を改変。

着床 Implantation

胎齢4日頃に、胚盤胞は透明帯から抜け出す（**孵化** hatching）。その後まもなく、胎齢4.5日には抜け出した胚盤胞は子宮壁に付着し、**子宮内膜上皮を通過して** invasion through the endometrial epithelium、子宮内膜の結合組織内まで侵入することによって**着床する** implantation。ヒトのように、マウスは**盤状血絨毛膜胎盤** discoid haemo-chorial placenta を持つ。このようにマウスの着床は、類似の現象を"付着"という用語を用いるとより正確である大型家畜動物種とは完全に異なったメカニズムで起こる。

胎齢6日までに、内細胞塊は**上胚盤葉** epiblast と**下胚盤葉** hypoblast に分化し、下胚盤葉は原始内胚葉とも呼ばれる。そして、上胚盤葉には**前羊膜腔** preamniotic cavity が現れる（**図20-10**）。マウスのこの現象は、2つの拮抗するシグナルの結果である。つまり、**上胚盤葉の細胞のアポトーシスを誘導するシグナル** signal inducing apoptosis in epiblast cells は、おそらく下胚盤葉に由来するBMP2と上胚盤葉に発現しているBMP4のいずれか、あるいは両者であろう。そして、これらとともに、上胚盤葉と下胚盤葉のあいだの基底膜にあるラミニンである可能性がある**未知の"生存シグナル"** a still "survival" unknown signal が挙げられる。おそらく未知の生存シグナルは、基底膜に直接接している細胞をアポトーシスから護り、さらに上胚盤葉の細胞の一層が多能性を維持していることは確かである。こ

れらの細胞は上胚盤葉あるいは胚性外胚葉と呼ばれ、のちに羊膜 amnion が形成する新しい腔所、つまり前羊膜腔を裏打ちする。一方、胚が形成される側とは反対側の羊膜壁は、上胚盤葉の上部に由来するいわゆる羊膜芽細胞 amnioblast あるいは胚外外胚葉によって形成される。このようにヒトとマウスの前羊膜腔形成のメカニズムは、上胚盤葉を覆う栄養外胚葉が失われて胚盤が露出し、絨毛膜羊膜ヒダが羊膜を形成する大型家畜動物種のものとは完全に異なっている（第7章参照）。

卵筒の形成 Formation of the egg cylinder

前羊膜腔の形成と同時に下胚盤葉に裏打ちされている上胚盤葉は成長しはじめ、胚盤腔内に突出して卵筒 egg cylinder を形成する。卵筒は齧歯類に特有のもので、私たちがマウス胚から哺乳類の発達に関する多くの知識を得ているという事実がなければ、単に奇妙なものとして扱われるだろう。そのため、マウスの発達について詳しく理解するために、卵筒とその重要性について述べておく。

前羊膜腔の形成中、ヒト胚は下胚盤葉と上胚盤葉からなる扁平で円盤状の2層構造を形成する（図20-10A）。これは大型家畜動物の状態と一致しており、前述したニワトリの下胚盤葉と上胚盤葉の2層からなる胚盤葉を思い出させる。胚盤胞腔内に伸びるこの2層構造は、半分空気の抜けた風船と想像するとよい。この2層構造は卵筒の"カップ状構造"をつくり出す（実際には、活発に胚盤胞腔内に伸びている）。前羊膜腔は"カップ状構造"の内部に形成される。一見したところ、外胚葉が"カップ状構造"内を内張りしている。しかし、卵筒内の（背側の）外胚葉は前羊膜腔に、（腹側の）下胚盤葉は胚盤胞腔に面しており、将来の胚子の外側であることを心にとどめておかなければならない。外胚葉が卵筒内部に現れているということは、実際には齧歯類と他の哺乳類とのあいだに存在しない、胚葉侵入という解剖学的差異を暗示させる。

原腸胚形成 Gastrulation

齧歯類以外の哺乳類と鳥類の胚では、"扁平"な下胚盤葉と上胚盤葉の2層構造でみられるように、原腸胚形成がマウスの卵筒尾側端で始まる（図20-10B）。原始線条 primitive streak は、卵筒表面を遠位方向である頭側方向に伸びる。原始線条は、原始結節が卵筒の遠位端、言い換えるとカップの底に届いたときに十分に伸長した状態となる。マウスの胚子では、この現象は胎齢6.5日と胎齢7.5日のあいだで起こる。図20-11は原始線条が十分に伸びたときの卵筒を示す。中胚葉の一部が、*Twist1*のプローブを用いた *in situ* hybridization 法で可視化されている。鳥類の胚盤が齧歯類の卵筒の場所に置き換わったとしても、マウス胚の原腸胚形成前の予定運命図はニワトリの予定運命図と非常に類似している。

神経胚形成と反転 Neurulation and turning

神経管 neural tube が閉じはじめ、胚子に10対の体節 somite ができる時期である胎齢8～8.5日に、反転が始まる。反転 turning は齧歯類の胚子に特有の現象であり、卵筒時期に必要とされる。背側外胚葉はカップ内を内張りしているので、発達中の胚子は背側に曲がっている、つまり背が凹状になっている。腹側方向へ屈曲するという正常な姿勢になるために、胚子は反転しなくてはならない。この反転は胚子の尾側端が胚子頭側端の周囲を回転運動することにより起こる（図20-12）。卵筒の陥入により、当初、胎子は胚盤胞腔内、つまり他の動物種でみられるような卵黄嚢 yolk sac の上端ではなく、卵黄嚢内に位置する。反転のために回転運動した結

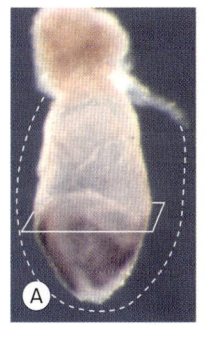

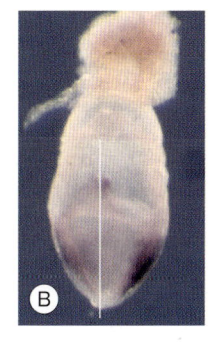

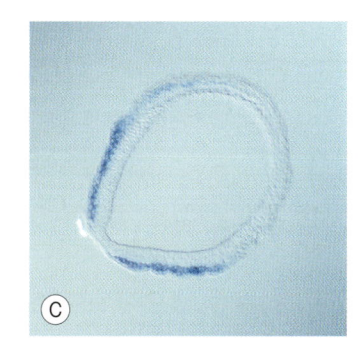

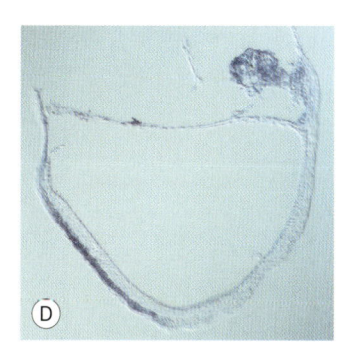

発生学モデルとしてのニワトリとマウス 第20章

図 20-11：原腸胚形成初期のマウスの卵筒のホールマウント標本（図A、B）と顕微鏡標本（図C、D）。胚は、ほとんどの中胚葉を認識する *Twist1* のプローブを用いた in situ hybrydization 法で染色された。図Aの点線は取り除いた胚外内胚葉を示しており、胚外内胚葉は成長した卵筒が入り込む胚盤胞腔を裏打ちしている。Aは頭側観、Bは尾側観。図Aの実線断面が図Cを示している。図Cでは頭側が左下に、原始線条の部位が右上になる。図Bの実線断面が図Dを示している。図Dでは頭側が左側に、背側は上方になる。Füechtbauer（1995）を改変した。John Wiley & Sons, Inc. の許可により転載。

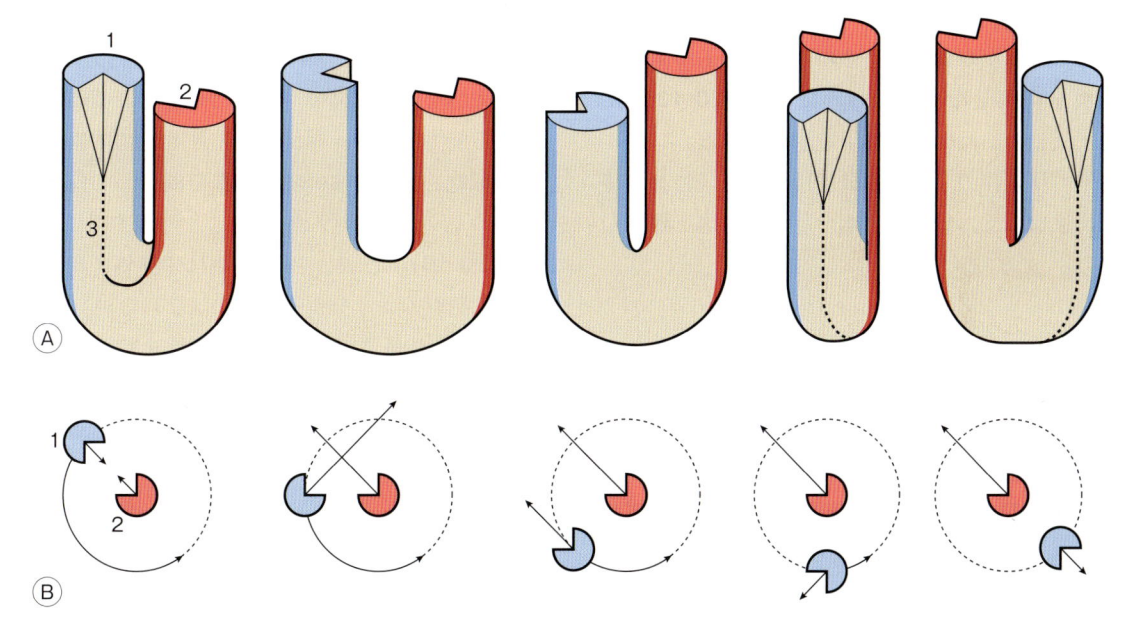

図 20-12：マウス胚子の反転の模式図。**A:** 胚子の立体観。1: 胚子尾側端の腹側面（青）、2: 胚子頭側端の背側面（赤）、3: 神経軸。**B:** 胚子断面の模式図。1: 胚子の尾側端を通過する横断面、2: 胚子の頭側端を通過する横断面。直線矢印は背側を示し、曲線矢印は回転方向を示す。Kaufman（1992）を改変した。John Wiley & Sons, Inc. の許可により転載。

果、胚子は発達中の胚子と胎子を出生まで覆う特徴的な構造である卵黄囊内にとどまる。他の哺乳類とは対照的に、マウスの卵黄囊は相対的に小さく、胎子発生後期にはちょうど内巻きの"虫垂"のようである。着床後のマウス胚子に達するためには、2層の組織、つまり不透明で血管が発達している卵黄囊

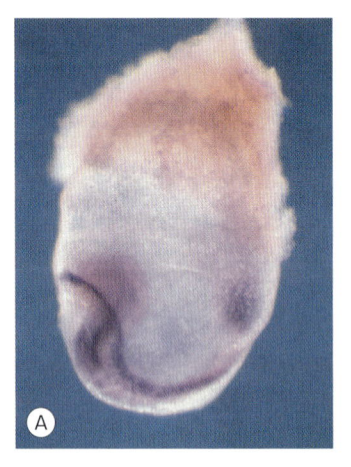

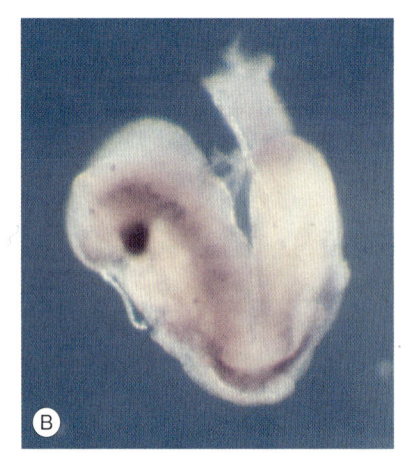

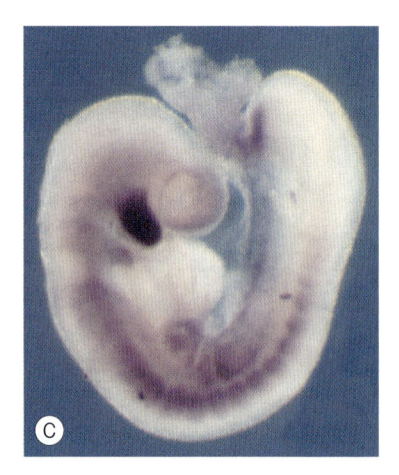

The chicken and mouse as models of embryology

図 20-13：反転前、胎齢 8.0 日（図 A）、反転中、胎齢 9.0 日（図 B）、反転後、胎齢 9.5 日（図 C）のマウス胚子。胚子は *Twist1* を認識するプローブを用いた *in situ* hybrydization 法により染色されている。*Twist1* は頭部間葉とほとんどの中胚葉を同定する。Füechtbauer（1995）を改変した。John Wiley & Sons, Inc. の許可により転載。

と、薄く透明だが丈夫で、その内側で胚子が発達する羊膜を切開しなくてはいけない。図 20-13 に反転前、反転中、反転後の胚子を示している。

胚子の反転後のマウスの発達は、マウス特有の特別な現象はなく、他の哺乳類の胚子の発達と類似している。

胚性幹細胞（ES 細胞）
Embryonic stem（ES）cells

適切な細胞培養下では、胚盤胞は透明帯を抜け出し、細胞分裂能力を不活性化したフィーダー細胞（胚子の線維芽細胞がよく用いられる）からなる基質に付着する。最終的には、栄養膜細胞は単層となり、内細胞塊の細胞は三次元のコロニーを形成する。LIF や BMP4 のような特定のシグナリング・ペプチドは、内細胞塊の細胞の分化を妨げ、これらの細胞を **胚性幹細胞（ES 細胞）** embryonic stem（ES）cell の状態、つまり本来持つ多能性を維持することができる（図 20-14）。もし、マイクロインジェクション法により、ES 細胞をマウス胚盤胞の中に再導入すれば（図 20-15）、それらの細胞は、生殖細胞を含む成体マウスのどのような組織にもなりうる能力を持つ。移植される胚盤胞の内細胞塊由来の細胞と ES 細胞由来の細胞を混合して作製されたマウスは、**キメラ** chimaera と呼ばれる（図 20-15、20-16）。しかし、ES 細胞は栄養外胚葉を必要とする胎盤のような胚外組織にはならない。

ES 細胞の科学的重要性は二面性を持つ。**無限に培養** cultured indenfinity して早く成長する細胞であるため、**容易に遺伝子操作** easily genetically manipulated をすることができる。また、**相同組み換え** homologous recombination のような希少な現象のために選択されることができる。多能性幹細胞であるため、それらは胚盤胞に再導入することができ、宿主の胚盤胞と、導入した ES 細胞の両方に由来するキメラを作製することができる。ES 細胞が生殖細胞の形成に関われれば、キメラは繁殖に用いることができ、純血の遺伝子改変動物が作製される。今のところ、マウスに加え、2008 年以降はラット以外の動物種から得られた ES 細胞には、生殖細胞としての能力を持つ細胞は存在しない。この理由は、

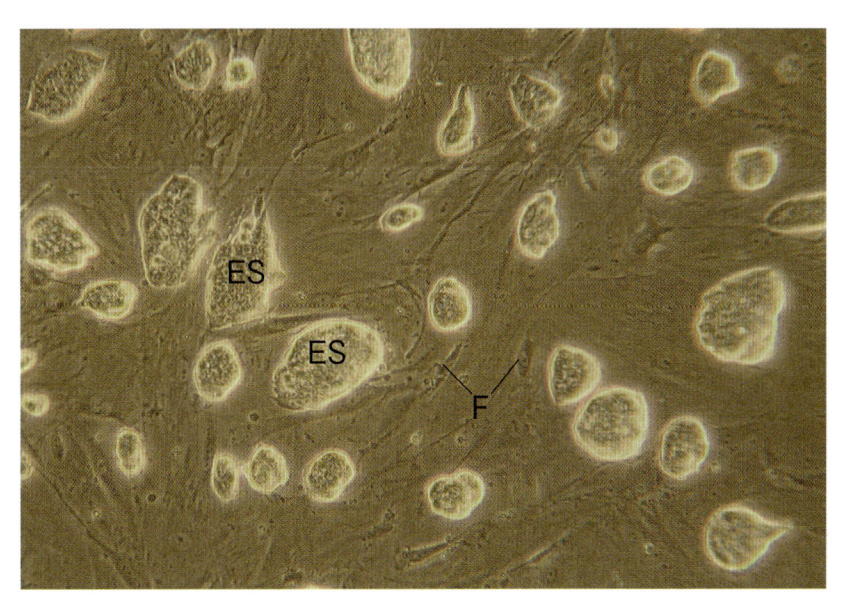

発生学モデルとしてのニワトリとマウス　第20章

図 20-14：細胞分裂を不活性化されたフィーダー（F）細胞（この例では初代培養したマウス胚性線維芽細胞）の上に、マウスES細胞が立体的なコロニー（ES）を形成している。

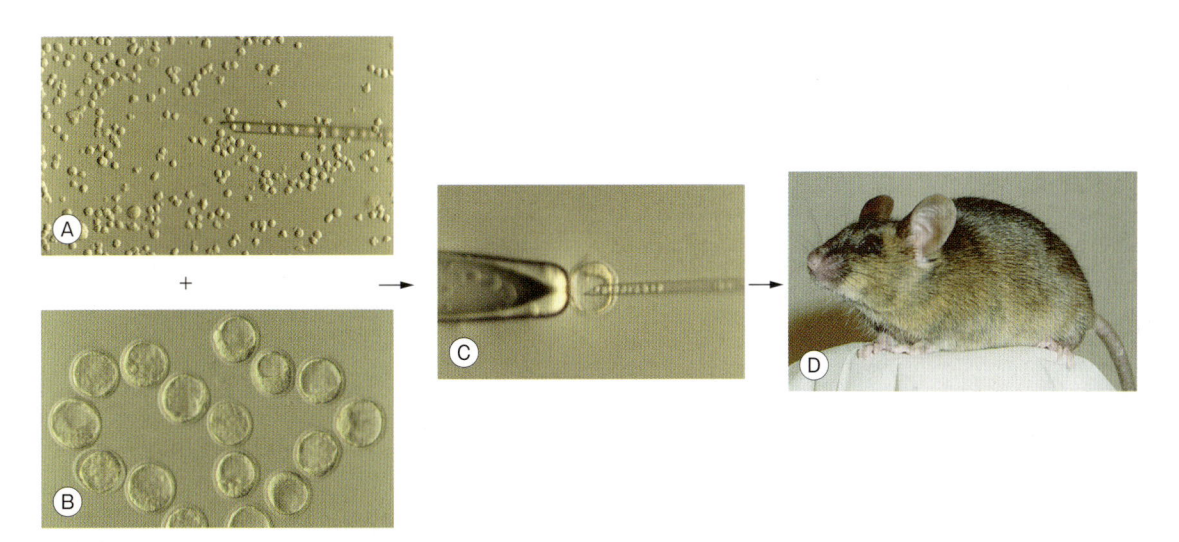

図 20-15：ES細胞（図A）と宿主の胚盤胞の細胞（図B）からのキメラマウスの作製。ES細胞を胚盤胞腔内に注入した後（図C）、胚盤胞は里親の偽妊娠マウスに移植される。この例では、キメラとなった子（図D）は2つの毛色の遺伝子型の出現で判別できる。毛色がアグーチ（毛色の名称、茶色）はES細胞由来で、アグーチでなければ（黒色）はES細胞を移植された胚盤胞由来である。

発生休止（マウスの胚盤胞の着床を遅らせることができるが、生殖細胞の能力のあるES細胞がまだ確立されていない他の動物種では見られない）が、寿命が延長された多能性ES細胞と生理学的に同等な

The chicken and mouse as models of embryology

ものであると推測されている。近年、ES 細胞は、培養下でも分化させることができ、潜在的にさまざまな疾患の再生療法や代替療法に用いることができる多能性幹細胞として多くの注目を集めている。高齢化社会の中、ES 細胞研究を取り巻くこのような状況は、ES 細胞に対する関心や重要性を増加させることが期待されている。

図 20-16：アグーチ（茶色、優性）の ES 細胞を、アグーチではない（黒色、劣性）胚盤胞に導入して得られた雄のキメラマウス（Ch）。この雄マウスを、黒色の C57Bl／6 の雌マウス（B6）と交配させる。宿主の胚盤胞の細胞に由来する精子では、アグーチではない黒色のホモ接合型の子が生じる。一方、ES 細胞に由来する精子では、アグーチ／非アグーチ（表現型はアグーチ）のヘテロ接合体型の子が生じる。

参考文献 Further reading

Copp, J. and Cockroft, D.L. (eds.) (1990): Postimplantation Mammalian Embryos: A Practical Approach. Oxford University Press, USA.

Füchtbauer, E.-M. (1995): Expression of M-twist during postimplantation development of the mouse. Dev. Dynamics 204:316–322.

Hedrich, H. (2004): The Laboratory Mouse. Academic Press, USA.

Kaufman, M.F. (1992): The Atlas of Mouse Development. Academic Press, USA.

Kaufman, M.F. and Bard, J.B.L. (1999): The Anatomical Basis of Mouse Development. Academic Press, USA.

Nagy, A., Gertsenstein, M., Vintersten, K. and Behringer, R. (eds.) (2003): Manipulating the Mouse Embryo: A Laboratory Manual. Cold Spring Harbor Laboratory Press, USA.

Rossant, J. and Tam, P. (2002): Mouse Development, Patterning, Morphogenesis, and Organogenesis. Academic Press, USA.

Theiler, K. (1989): The House Mouse. Springer-Verlag, New York, USA.

CHAPTER 21

Gábor Vajta, Henrik Callesen, Gry Boe-Hansen, Vanessa Hall and Poul Hyttel

生殖補助技術
Assisted reproduction technologies

　数千年にわたって、人類は家畜の形質を、その生産物の必要性に応じてゆっくり改良してきた。そして最近の数十年では、配偶子や初期胚に対するさらに複雑な操作は、最終的な手段であることが明らかとなってきた。このような操作は**生殖補助技術** assisted reproduction technologies（**ART**）と総称される。

　生殖補助技術は、家畜動物、実験動物（特にマウス）およびヒトで広く適用されている。しかし、これらの3種間において適用目的は著しく異なっていることを強調することは重要である。**マウス** mouse では、遺伝子改変マウスの作製を含む技術は、研究手法として使用されている。たとえばノックアウトマウスの作製は、遺伝子機能の解析にきわめて重要な手法である。**ヒト** man では、不妊問題の解決が焦点となっている。しかし、最近の研究成果は、治療に胚性幹細胞（ES細胞）を用いることは、将来的にその技術を利用する重要性が増していくことを示唆している。

　家畜動物種 domestic species における繁殖（生殖）技術の目的は長年にわたって徐々に変化してきた。**生産性の増加** increased productivity（特に乳量や発育）および性感染症の排除は初期の目的であったが、現在の目的は、家畜のよりよい健康状態 better health を達成することにまで拡大してきた。さらに最近では、その技術（体細胞核移植による遺伝子改変など）の目的は、バイオ医療研究のための価値ある実験**動物モデル** animal model の生産へとある程度変化している。これらの異なる目的に関する重点は、世界中の地域によって大きく変わる。そのため、食料供給力が豊富で生活レベルが高水準である欧米諸国では、クローニングや遺伝子改変といった技術はバイオ医療研究の目的だけに適用されている。これはバイオテクノロジーが食料生産に適用された場合、社会的関心が安全性および倫理にだけに払われることがその原因である。一方、極東地域（特に中国）において、その技術は研究手法としてだけではなく、食品生産の量と質の改良法としても受け入れられている。現在では、我々は欧米諸国と極東地域のあいだの技術開発の微妙なバランスのなかにいる。極東地域の急激な発展段階は生殖技術も含んでいるため、この技術がここ数年のうちに何をもたらすかを見届けることは非常に重要である。

　本章では、家畜動物種における生殖補助技術の応用に焦点をあてる一方で、ヒト不妊治療に使用されている医学的傾向の強い技術の一部についても簡単に述べる。

人工授精 Artificial insemination

　人工授精（AI）は、最も古いARTの1つである。ウシにおけるAIは1930〜1940年代の間に

Assisted reproduction technologies

徐々に発展し、現在では最も価値のある育種改良手法となった。1949年に精子の凍結融解過程における凍害保護物質としてグリセリンを発見したことは、ウシの繁殖においてAIの応用に革命をもたらした。この技術は非常に優れた雄を効果的に利用できることから、飛躍的に**生産性および健康特性が改善され** improving production and health、さらには**性感染症が排除された** eliminating certain venereal diseases。

ウシのAIの各手順について述べたのち、ブタやウマ、小型反芻類およびイヌとネコにおけるAIの特性について述べる。各動物種における射精や精液の基本的な特性を表21-1に示す。

ウシの人工授精
Artificial insemination in cattle

精液採取 Semen collection

射出精液の特性は、その**精液量** semen volumeや**精子濃度** semen concentration、射出される**精液分画** semen fractionの数および射出過程の持続時間という点で、種間で非常に変化に富んでいる。この精液採取技術はその特性に対応している。正常な雄は、この過程で擬牝台に乗駕する。ウシでは**人工膣** artificial vaginaが用いられる。この人工膣は、潤滑剤を塗布したゴムのシリンダーでできており、水が入った外筒によって暖められ、片方が漏斗型でその先端は精液を集める試験管（バイアル）につながっている。雄ウシからの精液は、電気直腸プローブもしくは直腸壁を介したマッサージによって尿道と副生殖腺を刺激しても採取できる。精液が採取されたら、射出物は直ちに研究室へ運搬されるべきであり（光の暴露や急激な温度変化を最小限にするため）、研究室で一次希釈液にて希釈する。この**希釈液** extenderは特別な培養液で、精子生存性を維持するように開発されたものである。一次希釈のあと、精液は性状の検査を受け、その次の過程である二次希釈しストローへ封入される。

表 21-1：家畜動物の射精や精液に関する特性

	雄ウマ	雄ウシ	雄ヒツジ	雄ブタ	雄イヌ
射精時間	30-60秒	1秒	1秒	5-25分	1-45分
射出精液の注入部位	膣および子宮	膣	膣	子宮	膣
射出量	30-100 mL	5-10 mL	0.5-2 mL	30-300 mL	0.5-50 mL
射出分画の数	3	1	1	3	3
精子濃度	$100\text{-}800 \times 10^6$/mL	$500\text{-}3{,}000 \times 10^6$/mL	$3{,}000\text{-}6{,}000 \times 10^6$/mL	$100\text{-}500 \times 10^6$/mL	$4\text{-}400 \times 10^6$/mL
前進運動精子率（%）	>50	>70	>90	>80	>60
分画あたりの推奨生存精子数					
― 新鮮精液	500×10^6	5×10^6	300×10^6	$2{,}000 \times 10^6$	150×10^6
― 超低温保存精液	250×10^6	15×10^6	400×10^6	$5{,}000 \times 10^6$	200×10^6

精液検査 Semen evaluation

　精液検査はその後の処理過程へ進むために非常に重要なステップである。その精液が多くの雌を授精させるために使用されるのであれば、精液は1回の注入量（分画）に分配し、ストローへ封入される必要がある。この分配は、精液検査の結果に基づいて、分画あたりの一定の生存精子数が保たれるようにする。最も簡単な精液検査は、精子の**濃度** concentration、**前進率** progressive motility および精子の**形態正常率** morphological normality の評価である。

　射精精液中の精子濃度は、重要な質的特性であり、1回あたり何分画の精液ストローを作製できるかを決める。この精子濃度は、光度計、顕微鏡もしくはフローサイトメーター（フローサイトメトリー）を用いて測定する。

　精子運動性は、顕微鏡ステージを暖める装置が付いた光学位相差顕微鏡によって検査される。精子運動性は、前進運動（たとえば一定方向の運動）をする精子の割合で表示される。このパラメーターは、顕微鏡のリアルタイムな精子の画像記録を元に直線的な運動と前進運動の割合を計算できる特別なソフトウェアを用いた**コンピュータによる精子運動解析** computer assisted sperm analysis（**CASA**）によっても検査されることがある。

　精子の形態は、通常、精液の塗抹標本をエオジン・ニグロシン染色もしくはギムザ染色で単純に染色したスメアを一般的な光学顕微鏡によって検査される。この方法は、精子の頭部と頸部、尾部の中間部（繁殖の分野では中片部）および主部の異常を確認するためには適切である。形態の異常がある精液は最悪の場合破棄される。

　精子に要求される能力は、卵と受精する能力および初期発生能であり、これらは精子の運動性や形態にまさるものである。したがって、個々の精子の受精能を検査する方法が開発されてきた。その検査には、精子と卵の相互作用の能力を解析するのと同様に、精子の細胞膜、先体、ミトコンドリアおよびDNAの正常性の測定を含む。精子細胞膜正常性（精子の生存性を推定）は、DNAを染色する2種の色素を含む溶液による二重染色法で評価される。1つ目の色素（ヘキストやSYBR）は細胞膜を通過でき、生存精子および死滅精子の両者を染色する。2つ目の色素（propidium iodide）は、生きた細胞膜を通過できないので、死滅精子のみを染める。このように二重染色された精子は蛍光顕微鏡もしくは**フローサイトメーター** flow cytometry を用い、適切な励起波長を使用することによって生存精子と死滅精子の割合を測定する。

　その他の精子の質的および受精能の有効な検査法として研究開発が進められているものは、精子のエネルギー代謝試験、DNA損傷試験（**精子染色体構造解析** sperm chromatin structure assay（**SCSA**）、TUNEL、コメット検査）および先体反応を起こす能力の試験（**体外での先体反応誘起能** in vitro acrosome reaction（**IVAR**）試験）である。SCSAによって精子のDNA損傷を検査するときには、精子はアクリジン オレンジによって染色される。アクリジン オレンジは2本鎖DNAは緑色の蛍光を、1本鎖DNAは赤色の蛍光を発色させる。適切な励起波長を用いたフローサイトメーターによって、無処置の二本鎖DNAに対する精子の割合をドットプロットすることができるようになった。これらのプロットは精子サンプルの受精能やその後の発生能と関連付けることができる。IVAR試験において、精子は体外で先体反応を化学的に誘発される（たとえばカルシウム イオノフォアによる処置）。先体反応した精子の割合は、先体内膜とだけ結合し、先体がそのまま残っている精子を染色しないクチンと結合した蛍光色素で精子を染色したあと、フローサイトメーターによって測定することができる。このIVAR試験のドットプロットとその精子サンプルの

Assisted reproduction technologies

受精能のあいだには明らかに関連がある。しかし、これらの精子検査あるいはさらに先端的な技術がルーチンな精液検査として実用化される前に、これらの検査法を標準的なものにするには、より一層の研究が必要である。

精液の希釈、包装（パッケージング）および凍結
Semen dilution, packaging and freezing

精液検査の後、精液は**希釈** dilution され、**包装** packaging される。精子の保存液には種特異的に要求される成分がある。精子の生存に重要な要因は、保存液のイオン強度、pH、浸透圧および抗菌性物質の存在である。また、その精液が液体窒素中で凍結されるのであれば、グリセリンのような凍害保護物質も保存液へ添加されなければならない。

精液サンプルの希釈の程度は、精液検査によって得られたパラメーターによる。ウシの場合、凍結精液の分注量は、通常、前進精子の精子数が $15\sim20\times10^6$ 含むように調整される。

包装後、その分注精液は、授精に使用されるまで適切に保存される。ウシでは通常、**超凍結保存** cryopreservation される。ウシの精液サンプルは凍結保存液で希釈され、1分注（ドーズ）0.25 mL 容量のプラスチックストローへ封入される。このストローは、液体窒素水面より上の液体窒素蒸気中で10分間凍結されるか、コンピュータ制御されたプログラムフリーザーを用いて凍結される。融解（人工授精の直前に行う）は急速に行う必要がある。緩慢な融解は、広い範囲で水が結晶化し、精子の細胞膜へ損傷を与えることになる。

人工授精 Insemination

人工授精は、**雌が交配を受け入れるとき** when the female is respective for copulation、すなわち雌が**発情** oestrus 状態で行うことがきわめて重要である。発情鑑定は、訓練された管理者の観察力と1日あたり数回の日常的な観察を必要とする。これは多大な労力を要するので、人件費が高価になる。そこで、いくつかの省力的な乗駕発見のための自動的装置や電気的装置が開発されてきた。しかし、これらのいずれも、当て雄や熱心な管理者の目に完全に取って代わることはない。

ウシの場合、発情1回あたりの授精回数は、通常1回である。精液の注入は、1本の精液ストローを装着した精液注入器の先端を直腸壁からの触診によって、膣と子宮頸管を介して子宮角の先端へ誘導することによって行われる。ウシあるいは未経産のウシは子宮頸膣部に目立つ特徴を持つ。すなわち、子宮頸管は後方に多数ある輪状ヒダが特徴である。これらの解剖学的な構造を通過するために、精液注入器を子宮頸管を通過させているあいだ、直腸壁を介して子宮頸をしっかり保持することが必要となる。こうして、精液は子宮内へ注入される。

ブタの人工授精
Artificial insemination in the pig

ブタの射精には、擬牝台が用いられ、精液は手掌圧迫法によって採取される。この方法は、陰茎のラセン形の部位を一定の強さで圧迫して実施する。ブタの射精物にはいくつかの分画があり、通常、精子濃厚部を膠様物が混入することを防ぐため、フィルターを用いて集める（図21-1）。

人工授精は集約的な大規模養豚場を持つ多くの国で徐々に普及してきた。人工授精の主な欠点は、相対的に**超低温保存後のブタ精子生存率が低い** poor survival of boar spermatozoa after cryopreservation ことである。凍結融解後の精子生存率は、16～18℃で保存した場合の精子生存率よりも低い。したがって、希釈された新鮮精液が一般的に用いられ、

生殖補助技術　第21章

合ってその位置が定まる。興味深いことに、発情した雌の背部へのマッサージや騎乗による刺激は、精液の子宮から卵管への輸送を助けることになり、その結果、授精成績が改善することが現在明らかとなっている。またしばしば、発情が明らかに延長した場合には、反復の精液注入が行われている（第2章参照）。

ウマの人工授精
Artificial insemination in the horse

　ウマでは、雄ウマは擬牝台もしくは当て雌に乗駕させ、人工膣を用いて精液を採取する。射精物中の膠様物や残渣などは毒性のないフィルターを用いて除去すべきである。この採取精液は適切な希釈液を用いて新鮮精液として用いることができる。また、5℃に冷却したり、凍結・融解して用いることもできる。典型的なウマの精液1分注は、激しく前進運動する精子 $250〜500×10^6$ を含む $10〜25\ mL$ である。精液を凍結保存するためには、$0.5〜4.0\ mL$ ストローが用いられ、精液1分注は、融解後に最少でも激しく前進運動する精子を $250〜500×10^6$ 含むべきである。凍結精液に使用する精子がこの数値より少ない場合は、一度の射精あたりにより多くのストローを生産できる。しかし、凍結融解精液を用いて人工授精を成功させるには、排卵に近い時間に使用することが必要である。精液は通常、潤滑剤塗布のグローブを装着した指で精液注入カテーテルを子宮頸部へ挿入することで、子宮体部へ注入される。特別な目的（たとえば性判別された精液を用いる場合など）で低濃度の分画を子宮口（子宮角の先端部）に近い部分への人工授精は、子宮鏡を介して行われる。雌ウマの子宮頸管開口部と腔は幅広いため、精液注入器や子宮鏡の子宮への通過は簡単である。

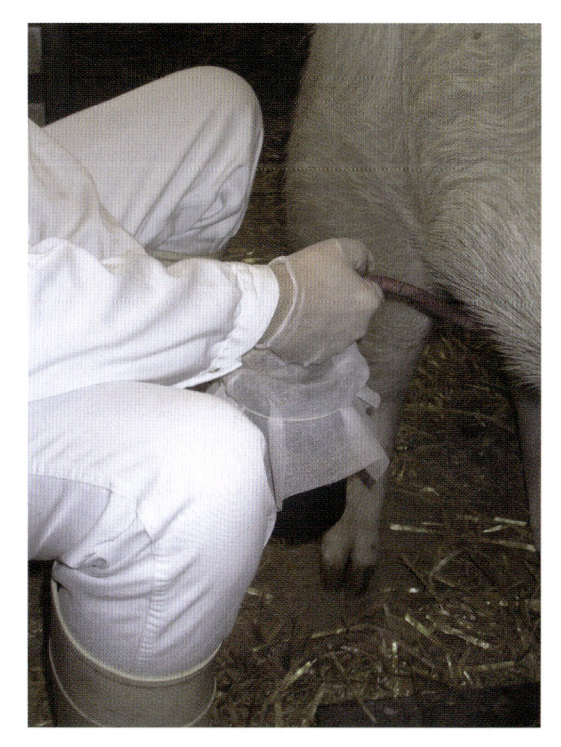

図21-1：雄ブタからフィルターでろ過して精液を採取。

　このことは精液の生産および配布の両面に関して、ブタ精液の物流での問題を提起している。超低温保存後のブタ精子の生存性が低いことは、ブタ精子の低温ショックに対する高い感受性によるものである。これは、精子の細胞膜中の脂肪組成と相対的に高いコレステロール含有量による。ブタの人工授精の精液は、通常、チューブもしくはビニール袋に $70〜80\ mL$ を封入し、その精液中には約 $2〜3×10^9$ の精子が含まれる。

　雌ブタへの精液注入は容易である。これは、ブタの子宮頸には膣部も輪状ヒダもないためである。代わりに、膣は奥に向かって漏斗状となって子宮頸管につながり、頸枕が子宮頸管を緩く閉鎖している。このような構造のため、交配中の陰茎先端部の形に類似した精液注入器の先端が頸枕としっかり組み

小型反芻類の人工授精
Artificial insemination in small ruminants

　ヒツジやヤギでは、精液はウシやウマの場合と同様に、人工膣を用いて採取される。発情した雌もしくは擬牝台が雄を乗駕させるために用いられる。射精は数秒以内に終了し、採取量は少ないが、精子濃度は両種ともに高い。精液は電気刺激法によっても採取される。採取した精液は、適切な希釈液で希釈して新鮮精液もしくは凍結融解精液として用いられる。人工授精で用いられる典型的な1分注は、激しく前進運動する精子が膣内注入の場合では300〜500×10^6、子宮頸管内注入の場合では100〜200×10^6、子宮内注入では50×10^6である。ヒツジの場合、精液は膣の深部もしくは子宮頸管へ注入される。この膣内もしくは子宮頸管内に精子数の少ない精液を注入する必要がある場合、困難さを伴うため、腹腔鏡を用いた直接子宮内注入法が開発されている。ヤギでは、精液は子宮頸管内もしくは子宮内へ注入され、ヒツジよりも容易である。

イヌとネコの人工授精
Artificial insemination in the dog and cat

　イヌでは、精液はガラス製もしくはプラスチック製の漏斗状の容器、または使い捨てのコーン状の精液採取容器を用いてヒトの手で採取される。まず陰茎は、亀頭球 bulbus glandis および亀頭長部 pars longa glandis が勃起するまで包皮を介してマッサージする。そして包皮を後方へずらし、亀頭球および亀頭長部を露出するようにする。この陰茎をしっかりと握ることによって180°後方へ方向転換させ、陰茎の背側を上向きになる状態を保つ。射出精液は第二分画のみを採取する。前立腺由来の液体を含む第一分画および第三分画の射出物は廃棄する。この精液は、当て雌、できれば発情した雌の存在下で採取される。人工授精では、精液は膣内もしくは子宮内に注入される。膣内注入は単純な手法で、広く適用されている。しかし、凍結融解精液を用いた子宮内注入が好ましい。この手法は膣鏡を用いて頸管経由で行うか、腹腔鏡を用いて外科的に子宮壁を介して精液を注入する。仰臥位での膣の位置による問題および子宮頸管の固定の困難さから外科的処置が、適用される場合がある。

　雄ネコからの精液採取は、高度な訓練と忍耐力、そして交配可能な雌ネコの存在を必要とする。精液は特別に作製した小型のウサギ用人工膣によって採取できる。また、精液は鎮静剤によって鎮静させた後に電気刺激を用いても採取できる。精液の注入は子宮内に行う。

精子の雌雄鑑別 Sex sorting of spermatozoa

　家畜の所有者は、経済的な理由から所有する飼育動物の性を予め判定し、調節する方法を長年にわたって求めていた。明確な例では、酪農業においては雄よりずっと価値がある雌の子ウシが求められる。

　X染色体とY染色体 X or Y chromosome のいずれかを持っているかどうかを、DNA 含有量の差によって精子を分別・分類する技能が1990年代から現実味を帯びてきた（図21-2）。DNA と結合する色素 Hoechst 33342 で精子を染色すると、X染色体を持った精子はY染色体を持った精子よりもより多く色素を吸収する。フローサイトメーターのレーザー光によって励起すると、X染色体を持つ精子はY精子よりも発光する。フローサイトメーターにより、この差は個々の精子ごとに迅速に測定され、高圧で特別なノズルを通過させて精子サンプルを各々微小滴に分別する。その後、精子のDNA含有量に依存して個々の微小滴を電磁気で荷電（プラス、マイナスあるいは無チャージ）する。そしてこれらの微小滴は、荷電の状態によってある方向あ

生殖補助技術 　第21章

の雌雄鑑別法は特許が取得されている。哺乳類（ヒト以外の）のこの技術はコロラド州立大学を通じて XY Inc. に二次ライセンスされている。精子の DNA 含有量や頭部の大きさといった種による違いは、満足できる結果に到達するためには種ごとに判別条件を最適化する必要がある。ウシでは、精子の雌雄鑑別率は商業的な条件で約 90% である。

多排卵と胚移植
Multiple ovulation and embryo transfer

育種、生産および疾病制御の目的で胚を商業的に利用するには、胚の発生や生殖生物学に関する詳細な知識が必要である。動物種ごとにその形態学的および生理学的に種差があるため、胚関連の技術は種によって異なる。しかし、この技術は畜産において、特にウシの産業では非常に広範に適用されている。したがって、次の段落ではほとんどウシに焦点をあて、ほかの動物種については少しだけ述べる。

その過程の基礎段階は、必要な胚を産出するために**ドナー** donor の雌を刺激し、その雌から胚を**採取** collect する。その胚を交配せずに、排卵後の生殖学的な時期が同じ**レシピエント** recipient へ**移植** transfer する。その結果、ドナーからの胚は、そのレシピエントの子宮で発育して分娩に至る。

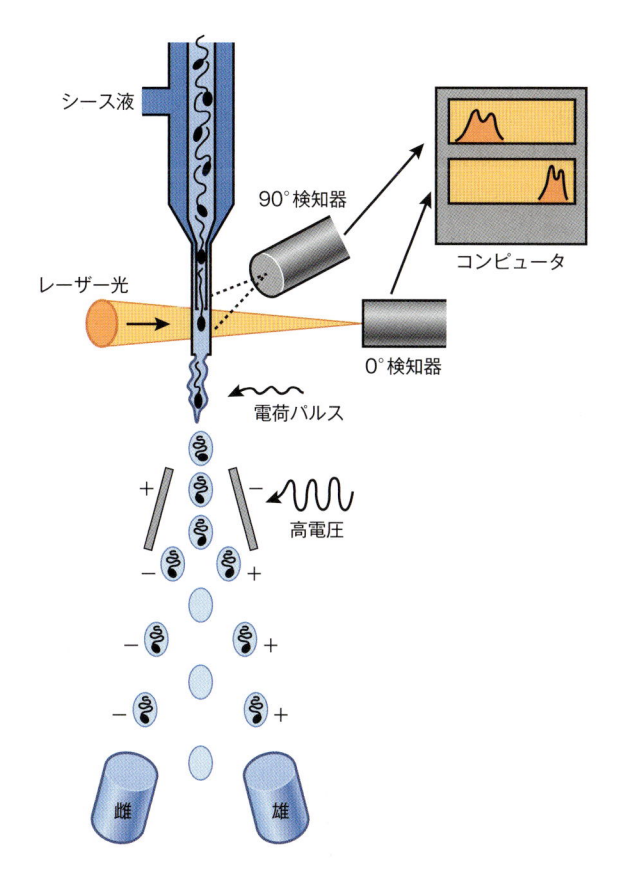

図 21-2：フローサイトメーターによるX染色体およびY染色体を持った精子のソーティング。

いは別方向へ誘導される。さらには生存し、かつ細胞膜が正常な精子の選抜が、食品色素で染色することにより可能となる。このようなフローサイトソーティングの後に、2つに区別された精子群が得られる。その1つのバイアルは主にX染色体を持つ生存精子を含み、もう1つのバイアルは主にY染色体を持つ生存精子を含む。この手法は、精子の雌雄鑑別の有効性をより高める手段を提供する。また、これは精子の雌雄鑑別の基礎技術であり、いくつかの種（主にウシ）において産子の性別を予知するために産業的に利用されている。これらの DNA 含有量の差に基づくフローサイトメーターを用いた精子

ウシにおける多排卵と胚移植
Multiple ovulation and embryo transfer in cattle

多排卵（過排卵）
Multiple ovulation（superovulation）

多排卵は、過排卵あるいは過剰刺激の結果起こる。過剰刺激とはドナーの排卵数（その排卵由来の

胚数）をその種固有の排卵数以上に増加させるために使用される処置である。これは、ウシにおいては3個以上の排卵数を意味し、3つの段階によって達成される。第一段階は、黄体期の中間期にあるドナーが、FSHもしくはFSH様の活性を持つ薬剤 drug with FSH or FSH-like activity を1回もしくは数日間投与される。第二段階は、プロスタグランジン$F_{2\alpha}$もしくはその類似体をFSHの処置を開始した3日後に投与して黄体退行させることによって発情を誘起させる oestrus is induced。第三段階は、誘起された発情中に、ドナーに対して人工授精 artificial insemination を行う。通常、人工授精は1回もしくは2回行い、これにより雌は複数の胚を供給する。胚の回収 embryo recovery は通常の発情開始後6～7日 6-7days 後に行われる。

過排卵の誘起法：ウシにおいて過排卵を誘起するために最初に用いられるホルモンの1つは、胎盤性の性腺刺激ホルモンである妊馬血清性性腺刺激ホルモン、正確にはウマ絨毛性性腺刺激ホルモン equine chorionic gonadotrophin（eCG）である。これは妊娠50～80日前後の雌ウマの子宮内膜杯で産生される糖タンパク質で、血清から精製される。このeCGはウシへ投与した後に長い半減期（約5日間）を有することから、投与は一度だけにすべきである。しかし、eCGが血中に残留する量は、排卵および初期発生の時期まで維持されることから、卵、受精卵および初期胚が発生する環境（卵胞、卵管および子宮）へ悪影響を及ぼす可能性がある。卵胞刺激ホルモン follicle stimulating hormone（FSH）は、下垂体由来の性腺刺激ホルモンの1つで、現在ウシの過剰排卵処置に最も広く用いられている。FSHはeCGと比較して半減期が短いため（約5時間）、反復投与しなければならない。通常、血中の卵胞刺激レベルを維持するためには1日に2回の注射を3～4日間継続する必要がある。FSHは主にブタやヒツジの下垂体由来のさまざまな製品として入手可能である。

発情周期における過剰排卵処置のタイミング：過剰排卵処置の開始は、卵胞周期と同調させなければならない superovulation treatment must be coordinated with the ovarian follicular waves。処置に反応する多くの卵胞は、卵胞発育の成長期、最盛期または初期退行期であるにちがいない。最初の性腺刺激ホルモン投与は発情周期8～12日目で最もよく実施される。数日間の複数回のFSH投与は、多くの労力を要するばかりでなく、ドナー動物、特に日頃からハンドリングしていない動物に対してストレスを与える。特に普段、管理していない雌に対してはストレスを与える。その結果、このFSH投与回数を3～4日間もしくは2日のあいだに1日1回へ減らすことが試みられてきた。FSHの半減期が短いにもかかわらず、この結果は良好であったが、投与回数を減らすことは過排卵反応での多様性を増加させるようである。

ドナーウシの人工授精：発情誘起のためのプロスタグランジンもしくはその類似体は、1回もしくは12時間間隔で2回投与され、eCGもしくはFSH投与後ほぼ3日で発情が開始する。プロスタグランジン投与後、ドナーの外見的な発情兆候を観察しなければならない。過剰排卵処置された雌ウシはしばしば通常の無処置雌のような明瞭な発情行動を示さない。また、不規則な間隔で発情行動が起きることもある。初回の人工授精は、通常、発情開始後およそ12時間後に行い、2回目もさらに12時間後に行う。発情が延長した場合、3回さらには4回の人工授精が必要なこともある。

潜在能力を有するドナーウシの選択：過剰排卵処置はドナーの内分泌系に対してストレスを与えることになるから、見込みのあるドナーを選択することは、その他のストレス要因を軽減することになる。ドナーは規則正しい発情周期を示し、良好な栄養状態 nutritional state であるべきである。また、分娩

生殖補助技術　第21章

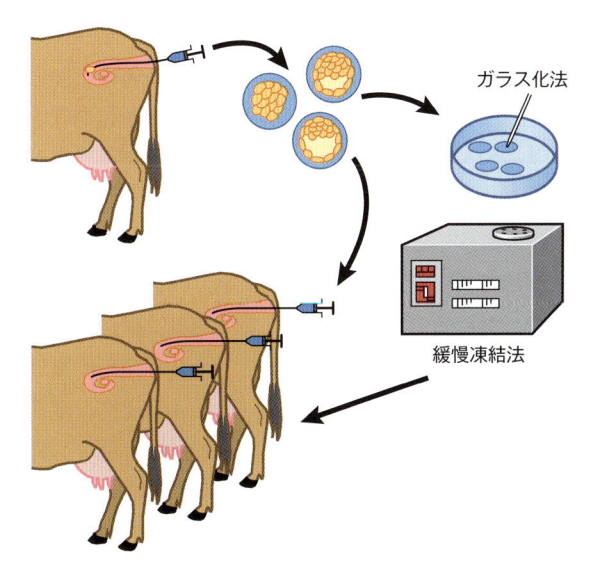

図 21-3：ウシの胚移植。桑実胚期から胚盤胞期の初期胚がドナーウシから採取され、緩慢凍結法もしくはガラス化法で超低温保存されたあと、発情同期化されたレシピエントへ移植される。

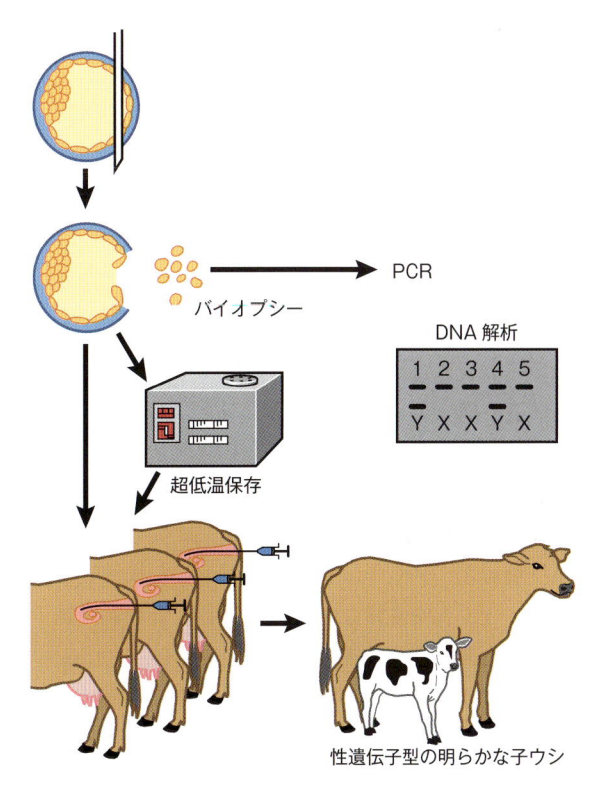

図 21-4：PCRによるウシ胚盤胞のY染色体同定（雌雄鑑別）のためにバイオプシーによって栄養外胚葉のサンプルを分離。その胚は、雌雄鑑別解析のあいだに直接移植されるかもしくは超低温保存される。

直後ではなく、**疾病** disease の回復期でもなく、臨床検査を通じて**正常な外生殖器** normal genital organs を持つものがよい。

胚の回収 Embryo recovery

胚は発情開始後6～8日目に回収される（**図21-3**）。この時期にほとんどの胚は卵管を下降し、子宮角に進入するが、まだ透明帯に囲まれている。したがって、このような胚は**非外科的な子宮腔洗浄** non-surgical flushing of the uterine cavity によって回収できる。この時期は胚回収だけでなく、**超低温保存** cryopreservation（後述参照）、性判別のために細胞を遊離する**バイオプシー** biopsy（**図21-4**）といった付加的な処置も適用される。

胚回収の手順：胚は、子宮角の腔を閉塞するために膨張式カフス（バルーン）を備えた特別のカテーテルを使って子宮角を洗浄することによって回収される。この子宮洗浄は、両側の子宮角を一度に、あるいは片側ずつ別々に行う。最も一般に用いられている**子宮洗浄液** flushing medium は、グルコースとピルビン酸塩を含む一部改変したリン酸緩衝液（PBS）である。グルコースとピルビン酸は、コンパクション後のウシ胚の発育には有益である。このリン酸緩衝液は、実際の胚回収条件下で安定的に培養液のpHを維持する。他の添加物は、通常血清もしくはウシ血清アルブミン（BSA）であり、栄養素を提供するばかりでなく、胚を洗浄・回収するために用いるプラスチック器具の表面に胚が付着するのを防ぐ。また、胚が子宮内で感染するリスクを最

Assisted reproduction technologies

小限にするためにいくつかの抗生剤も添加する。**硬膜外麻酔** epidural analgesia は、非外科的な胚回収を実施する際には慣例的に用いられる。この処置は、直腸壁を介した生殖器官および回収カテーテルの操作を容易にする。また、ドナーの不快感の軽減と後肢の拘束の軽減によってドナーを静かに起立させることができる。洗浄液は直腸触診によって子宮角内腔が十分に膨張するのを確認するまで注入され、十分に子宮角が膨張した後にその洗浄液は回収容器へ回収される。子宮角内腔が十分に洗浄されるように、洗浄液の充満と回収を数回繰り返す。回収された洗浄液は、胚は通過させないが、血液細胞などの残渣は通過させるメッシュによって濾過される。濾過後、メッシュ上の容量が減った洗浄液(およびメッシュを洗浄した液)は、必ず実体顕微鏡下で胚の有無などを検査される。

胚回収の結果：過剰排卵処置後の胚回収率は、非常に大きな幅があり、すでに述べたいくつかの要因に影響される。しかし、総合的な結果は以下の通りである。

- 処置したドナーの約5％は、過剰排卵処置にほとんど反応しないため、卵が流し出されない。
- 過剰排卵処置されたドナーの20〜30％からは移植可能胚が回収されない。これはまったく卵や胚が回収されない、もしくは移植可能胚が全く回収されないためである。
- 卵や胚の平均回収数は、子宮洗浄したドナーあたり8〜10個である。
- 移植可能な卵や胚の平均総数は、子宮洗浄したドナーあたり5〜6個である。

胚の操作 Embryo handling

ほとんどの胚は、**桑実胚後期から胚盤胞期** late morula or blastocyst stage に移植される。これらの胚は、人工授精後およそ6〜7日後のドナーから子宮洗浄によって回収される。回収後の胚は、胚の検査および移植、さらにはバイオプシーや長期保存のための超低温保存などのために、体外で操作される必要がある。

胚の操作は、胚が恒温器の外の体外環境下に維持されることが要求され、この状態は操作時間と用いる培養液に留意することが重要である。操作時間の長さは、できるだけ短くするべきである。胚の耐性は胚の起源(生体内由来あるいは生体外由来、後述参照)および胚の質(質が低いほど耐性も低い)に依存する。

操作中、胚は温度、浸透圧およびpHが制御され滅菌された培養液で維持されなければならない。また、特定の発達段階で胚の代謝的な要求を満たす限り、いろいろなタイプの培養液が使用できる。コンパクションおよびコンパクション後のウシ胚には、BSAまたは血清のような高分子を添加したPBSの使用が適切である。胚が接触しうる全ての素材(ガラス器具、使い捨てのプラスチックフィルター、ディッシュ、ピペットなど)は、それらの質、清浄性および滅菌の厳格な基準を満たさなければならない。このことは、これらの器具の製造および研究室内での扱いを厳密に制御することが要求される。

胚は、国際胚移植学会(IETS)によって提案された**評価システム** grading system を用いて、日常的に評価される。各々の胚は、少なくとも50倍以上の顕微鏡で観察され、その評価システムに記述された2つの基準、すなわち1つは胚の発育段階、もう1つは胚の質について評価される。その記述された基準での胚の主な発育段階は、受精していない卵母細胞から拡張しているハッチング(孵化)した胚盤胞までの段階がある。胚の質の評価は4つの段階を用いる。すなわち、胚の発達段階に関連して細胞の数と形態を基に、「優秀」〜「死」までの4つの段階に評価する。

第21章 生殖補助技術

胚移植 Embryo transfer

胚移植の準備ができている場合、少量の操作用培養液（通常 0.25 mL）が入った小さなプラスチックストロー plastic straw へ封入する。

レシピエントの選択 selection of recipient は、ドナーとほぼ同じ時期に外陰部の発情兆候を示しているかどうか、さらに直腸検査による子宮の硬さ、触診可能な黄体がどちら側の卵巣（左または右の卵巣）に形成されているかといった検査を基準とする。

胚とレシピエントの同期化 synchrony between the embryo and the recipient では、排卵後の段階を正確に一致させる。すなわち、胚がドナーとちょうど同じ排卵後の段階のレシピエントへ移植されることが最も適している。しかし、質の高い胚では、胚とレシピエントの排卵後の時間的な非同調性が36時間であっても、妊娠率は影響を受けない。一方、質の低い胚は、この時間的な不一致に対してあまり寛容ではない。

実際の胚移植は、子宮腔に胚を注入するために、**非外科的に子宮頸管を通じて** non-surgically through the cervix（直腸壁を介して触診）カテーテルを用いて行う。通常、1つの胚が黄体の存在する卵巣側の子宮角に移植される。

条件の良い環境での非外科的な移植では、平均妊娠率が50〜70％となることが可能である。しかし、この結果は変動しやすく、多くの要因に依存する。妊娠率が変動する1つの重要な要因は、洗浄したドナーのうちの相当な割合のドナーが、子ウシを1頭も提供できないためである。

妊娠が確認された後（たとえば移植後約40〜50日後に）、分娩率は人工授精後の分娩率に類似し、およそ5％の流産率を伴う。妊娠後期あるいは出生時において先天異常は、正常範囲内、つまり0.2〜2％である。

多排卵と胚移植の応用
Practical uses of multiple ovulation and embryo transfer

胚移植は、**遺伝的価値の高いドナーからの子ウシの生産数を増加する** increase the number of calves originating from donor cattle of high genetic value ことができる特別な育種プログラムにおいて、その最良の利点を発揮するように使用される。同様に、遺伝学的価値のある雄ウシの利用が人工授精を通じて、この50年間で可能となった。

胚移植は、単純な器具のみを要する比較的単純な技術ではあるが、それは効率的なインフラ（基盤施設）および管理、特にドナーおよびレシピエントの両者の繁殖管理を必要とする。これらの経費と投資のため、生産された胚や子ウシの価格が必然的に高くなり、このことが高い遺伝的価値と金銭的価値を持つドナーを胚移植に応用しにくくしている。しかしながら、胚移植は酪農や養牛の産業において人工授精よりはるかに利用されていないとはいえ、多くの精液提供牛として人工授精に使用されたほとんどの雄ウシが、胚移植によって生産されるので、その影響力は非常に強いといえる。

さらに、胚移植には他の用途もある。**衛生** sanitary の視点から、胚移植は生きている動物を輸送するよりも安全で、安く、単純で、効率的に遺伝資源を輸送できる方法である。すなわち、胚レベルでの疾病制御は生体に比べてはるかに容易であり、また、胚移植後、そのレシピエントはその産子に対して風土病の受動免疫を提供することもできる。したがって、**家畜遺伝資源保全** conservation of farm animal genetic resource の観点から、胚移植は遺伝資源を交換し、遺伝的多様性を維持する良い手段である。一方、凍結精液は雄側で長いあいだこれを容易にしてきたが、胚移植は完全なゲノムとしての遺伝資源を保全する可能性を提示している。しかしな

Assisted reproduction technologies

がら、このような胚の保全が、遺伝資源保全の全ての目的に合致しないことを覚えておかなければならない。つまり、保全した遺伝資源が必ずしもプログラムの改良に寄与することがないためである。

胚移植の系統的な応用は、いわゆる **MOET 育種プログラム** MOET breeding programmes 内にある。このプログラムでは、若い雌が遺伝学的に選抜され、多排卵（MO）および胚移植（ET）を適用して増殖させるプログラムである。従来の後代検定とは対照的に、MOET 計画では、胚移植を多数の全姉妹と半姉妹の家族をつくるために適用し、種雄ウシを淘汰するべきか残すべきかを決定する前にその家族の娘からではなく、種ウシの姉妹から情報を集める。このため、MOET による種雄ウシの決定は、後代検定における種雄ウシの決定よりもおよそ 2 年早く下すことができる。いくつかの MOET プログラムは、1980 年代中頃、国家、地域もしくは会社レベルでいろいろな国々において計画され、調査された。この計画の遺伝的な利点は、この方法で得られた多くの頂点の種雄ウシによって実証され、証拠づけられた。しかし前述したように、この計画は胚移植の限界、特に過排卵処置に対する反応の変動およびレシピエント群を取り扱う費用もまた明らかにした。

ブタにおける多排卵と胚移植
Multiple ovulation and embryo transfer in pigs

ブタは本来、排卵数が多いことから、排卵の数を増加させる**ホルモンによる刺激** hormonal stimulation **はほとんど使用されない** not often used。しかしながら、ホルモン誘発は、胚採取を行う時期を同期化するために用いられる。特に、若いブタ（未経産ブタ）が用いられるときには使用される。また、経産豚では、離乳後の自然な発情の同期化が多くの場合に適用される。

胚は、十分な麻酔下で正中線もしくは脇腹から子宮へアプローチし、**外科的** surgically に採取される。その子宮角は、切開口あるいは無作為に開けられた孔から挿入された裾広がりのチューブまたはバルーンカテーテルを用いて洗浄され、そしてウシの場合と同様の方法で胚は回収され、操作される。

ブタ胚は、ウシ胚よりも一般に胚操作に対して敏感であると考えられている。これは、胚操作可能な処理胚数を制限する。しかし、最近の 10 年間は、特に超低温保存することによって、この状況に大きな進歩をもたらした（後述参照）。

胚移植も、十分な麻酔下で外科的に行われるが、非外科的な移植用の器具はいまだに開発中である。もともと生殖能力の高いブタにおいて、胚移植技術を開発することに対する関心はウシと比較して低かった。それにもかかわらず、この胚移植技術は、ウシの胚移植で説明した理由と類似した理由で、産業上や研究のために有用である。これらは強化された動物福祉に配慮した遺伝資源の移動を可能にする。また、疾病伝播リスクを減少させ、および生きている動物の輸送と比べて輸送費を減少させる。しかしながら、この技術の適用は、最近の 10 年間のいくつかの技術進歩により拡大しはじめたばかりである。特定のヒトの疾病モデル動物として医学研究領域において、ブタの使用数が増加したことによっても促進された。

ウマにおける多排卵と胚移植
Multiple ovulation and embryo transfer in horses

生理学的および解剖学的な両者の理由によって、ウマは**過排卵することが非常に難しい** very difficult to superovulate。短い発情期間によることよりも、卵巣の解剖学的構造が、短い期間に多くの卵胞の排

生殖補助技術 第21章

卵を妨げるかもしれない。したがって、多くの胚の採取は、通常の発情周期を示す雌ウマから行う。

胚の採取、操作および移植は、体の大きさや生殖器の解剖学的類似性によってウシの項で述べた内容と基本的に同じである。

最も顕著な活動をしている馬生産社会のいくつかの団体において、現代の全ての繁殖技術を拒絶することが、ウマの胚移植の受容や実行を制限してきた。しかしながら、その状況は最近変わりつつある。ウシに比べればはるかに低いままではあるが、移植された胚の数は増加している。このような技術の拡大が継続し、他の生殖技術におけるさまざまな躍進により促進されることが期待されている。

小型反芻類における多排卵と胚移植
Multiple ovulation and embryo transfer in small ruminants

小型反芻類における多排卵はウシと同様な方法、すなわちプロジェステロンを放出する膣内スポンジあるいはプラスチック器具を用いて発情同期化する。

胚の採取および移植は、動物が小型であることから、現在は**外科的** surgically に行われる。しかしながら、非外科的な胚移植法を開発する試みが進んでいる。

ヒツジとヤギでは、多排卵と胚移植は長年にわたって確立した技術である。また、この技術は遺伝資源の国際貿易における本質的な要素であり、絶滅危惧種または品種保存を容易にする。さらにこの技術は、乳用品種のブリーダーや人工授精の使用によって到達できる遺伝獲得量が限界に近いブリーダーの飼育群に、付加的な遺伝的手段を提供している。

肉食獣における多排卵と胚移植
Multiple ovulation and embryo transfer in carnivores

これらの動物種では、胚移植はほとんど適用されていないが、特別な環境において商業的な関心から、実験的な目的および絶滅危惧種（たとえばトラ）の保存のために胚移植が適用され、成功している。これらの成功例にもかかわらず、その方法の全ての局面はさらなる実用化のために、多くの改良を必要としている。

胚の体外生産
In vitro production of embryos

全ての動物種の中で、最も胚の体外生産が成功しているのは**ウシ** cattle that in vitro production of embryos has been most successful である。ブタの胚子も体外での生産は可能であるが、その活力は生体由来の胚と比較しても極めて低い。自然に（生体内で）生産された胚の活力に匹敵する活力を有する体外生産ウシ胚を生産することは可能ではあるが、この技術は広範には応用されていない。その１つの理由は、以下の問題かもしれない。少なくとも、これらの技術の最適化の開発中に、体外生産胚の移植、特に体細胞核移植によるクローン胚（後述参照）を移植すると、分娩時にしばしば胎子の体重が増加しすぎ、レシピエントの誕生時の分娩活力が減少し、結果として分娩に問題が生じた。このようなことから、この状況は**過大子症候群** large offspring syndrome（**LOS**）として知られるようになった。しかし、この新生子体重の増加が、この症候群の唯一の特徴であるわけではなく、しばしばまったく起きないこともある。ごく最近、LOSは胎子の成長、特に胎盤の発育に非常に重要なインプリンティ

Assisted reproduction technologies

ング遺伝子（IGF2 レセプターのような）の異常な発現と関連していることが発見された。ここ数年のあいだに非常に改善された胚培養技術によって、現在ではLOSに関するほとんどの問題が解決した。畜産における胚の体外生産の応用は実現されているが、この技術は受精および胚盤胞までの初期発生を直接観察し、研究できることから、今でも発生学の研究では価値のあるツールである。

家畜における胚の生体外生産は、通常、卵母細胞の成熟 oocyte maturation、受精 fertilization、胚培養 embryo culture の3段階で実施される（図21-5）。これらの段階についてはウシを例として、簡潔に後述する。

ウシにおける胚の体外生産
In vitro production of embryos in cattle

卵の採取と体外成熟
Oocyte collection and in vitro maturation

卵の体外成熟の目的は、排卵前の卵胞内の卵母細胞が自然の状態、すなわち体内で排卵前のLHサージによって刺激されるように、成熟するのを模倣することにある。これは、受精のために卵母細胞がその核（減数分裂）および細胞質の成熟の準備を完了することである。1930年代に、卵母細胞が卵胞の抑制環境（減数分裂を第一減数分裂前期のディプロテン期で停止したままにする）から解放されると、卵母細胞は自ら減数分裂を開始し、第二減数分裂中期へ向けて核を成熟させることが発見された。その後、核が成熟するばかりでなく、細胞質も成熟し、さらに生体外でも模倣できることが発見された。

体外での胚生産に用いられる卵母細胞は、食肉衛生検査場で採取された卵巣 ovary collected at the slaughterhouse に由来することも、あるいは遺伝的価値の高いウシから超音波画像診断器を用いて卵を

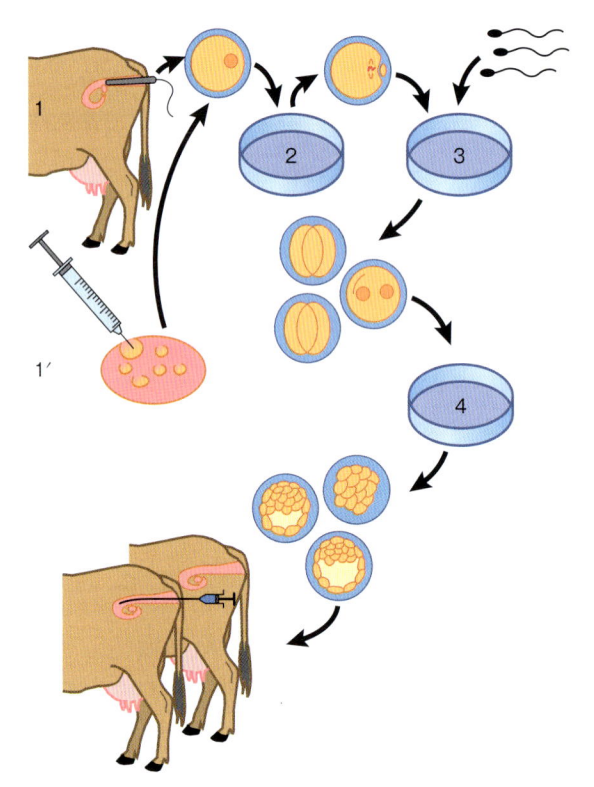

図 21-5： ウシ胚の体外生産。未成熟な卵母細胞は、超音波画像診断器を用いて生きている動物（1）、もしくは食肉衛生検査場で入手した卵巣（1'）から採取され、体外成熟させる。第一減数分裂前期の未成熟な卵母細胞は体外成熟させ（2）、第二減数分裂中期まで発生させ、体外受精に用い（3）、前核が形成される。その後、レシピエントへ移植可能な段階の桑実胚期あるいは胚盤胞期まで体外培養する（4）。

ピックアップ ultrasound-guided ovum pickup して採取されることもある。ウシ胚を体外で生産している研究室の多くは、日常的に、食肉衛生検査場で1週間に数回卵巣を採取する。そして、研究室で2～3mmより大きい卵胞の内容物を、針を付けた注射用ポンプを用いて吸引し、卵母細胞は実体顕微鏡下で卵胞液から回収・分離される。この方法では、いろいろな卵母細胞が混合した集団 mixed population of oocytes しか採取できない。つまり、卵母細胞には健全な胞状卵胞に由来するものや、閉鎖卵胞に由来

するものが含まれることになる。したがって、卵丘細胞のない（一般に閉鎖卵胞に由来する）卵母細胞は、その後の発生能力を持たないので廃棄される。遺伝学的に価値のある動物の卵巣である場合、カミソリ刃が付いた道具を用いて卵巣を約1mm間隔で平行に細切すると、卵母細胞がより効率的に収穫される。この細切方法はさまざまな発育段階のより多くの卵胞から、さらに多くの卵母細胞を遊離できる。その中には、二次卵胞や小型の胞状卵胞からの卵母細胞も含まれる。卵母細胞の成長期が終了すると、卵母細胞の転写活動は停止し、直径（透明帯内側の）は110 μm 程度となる。その卵母細胞は完全に第二減数分裂まで成熟し、これは初期発生能を維持できる段階に到達した時期に相当する。

　適切な培養液中で洗浄した後、卵母細胞はFSHおよびLH活性を含む培養液中で24時間**体外成熟** mature in vitro させる。この成熟の終了時に、卵母細胞の80〜90%は最初の第一極体を放出し、第二減数分裂中期に達する。さらに、卵丘細胞の層は拡張して互いの接着が緩くなり、細胞はヒアルロン酸のマトリックス内に埋め込まれる。

体外受精 In vitro fertilization

　体外受精 in vitro fertilization では、卵母細胞は動物種によって異なるが、新鮮な精子あるいは市販の凍結精子と共培養される。精子の質および正常な胚発生を引き起こす能力を評価する新しい方法は未だ確立されていない。ほとんどの研究室で融解後の精子の運動性の検査だけが、日常的に用いられている唯一の検査法である。特定のバッチの精液の質は、一般にその精液でできた胚子の生産率から判定される。

　種々の技術が**精子** spermatozoa を準備するために使用されており、そのなかで最も一般的な方法は、パーコール密度勾配遠心後に行うスイムアップ法と呼ばれるものである。激しい運動性を有する精子は液体の表層へ移動できるので、運動性の劣るその他の精子を分離できる。子宮および卵管内で起こる精子の受精能獲得は、体外では起こりにくい。したがって、**体外での精子の受精能獲得を誘起する** promote capacitation in vitro ため、いくつかの研究室はカルシウム イオノホフォア処置を行う。最も用いられているのはヘパリン処置で、精子と卵の共培養の前後、もしくは前後のどちらかに処置される。精子の運動性を刺激するため、通常、ペニシラミン、ヒポタウリン、エピネフリンの混合物が受精培地へ添加されるが、このような処置の効果については疑問が残る。

　体外受精と卵管内の受精のあいだには、著しく異なる2つの特徴がある。1つ目は、体外受精での精子／卵母細胞の比が生体での受精よりも約10^3〜10^4倍も高いことである。2つ目は、体外受精では卵母細胞は、通常、卵丘細胞に囲まれ続けるが、大型家畜動物の生体内では卵丘細胞は排卵中あるいは排卵直後に剥離することである。多くの精子が卵丘細胞の障壁を克服するのに必要であるというもっともらしい説明は裏付けのあるものではない。なぜなら、同じように高い精子／卵母細胞比が卵丘細胞を除去した卵母細胞を受精させるためにも要求されるからである。実際に透明帯から卵丘細胞を除去することは、多精子侵入率を増加させずに卵母細胞への精子侵入率を減少させるようだ。体外で生体内の状態を模倣すること、つまりずっと低い精子／卵母細胞の比や卵丘細胞の剥離を少なくすると、一般的な結果として、受精率および胚盤胞形成率が低下する。この現象の理由は明らかではないが、この2つの受精の状況（体内と体外）は非常に大きく違っており、しかも、その過程での異常は体外でかなり頻繁に起こるにちがいない。

　これまでに配偶子の共培養について示されている時間は、5〜30時間と大きな幅がある。多くの研

究室は、応用の観点から、約20時間を選択する。つまり、実用的な観点から、培養を開始してから翌日まで培養するということになる。

胚の体外培養 In vitro embryo culture

実用的な理由から、体外で生産されたウシ胚は、通常約7日間培養される cultured for about 7 days。これは胚が子宮に存在し、胚盤胞となる期間である。この時期が胚を簡単に非外科的に子宮へ移植するのに最も適しており、前述した胚移植の概要でも示している。より早い段階の胚が短期間の体外培養後に移植される必要がある場合、胚は生存させるために卵管に移されなくてはいけない。胚の卵管への移植には複雑な手法、すなわち外科的もしくは腹腔鏡介在による手法が要求される。

最近、ウシ胚の体外培養システムを改善する improve the in vitro culture systems ために大変な労力が費やされた。卵管と子宮内の環境に関する広範囲な研究は、オートクライン、パラクライン（卵管に特有のタンパク質を含む）および他の環境要因の複雑な組み合わせが胚の成長を調節していることを示した。これらのうちのほとんどは、胚自身もしくは卵管上皮によって生産される。体外で類似した環境を構築するために、胚と卵管上皮細胞との共培養が試みられ、これが胚発生を支援することが明らかになった。しかしながら、その後、生殖管の他の部位からの細胞（卵丘細胞、顆粒膜細胞および子宮線維芽細胞）、他の器官（肝臓、腎臓）あるいは他の動物種の細胞でさえ、この共培養において等しく有益であることがわかった。これは、この効果が添加する体細胞の非特異的な作用であることを示唆している。この有効な作用は、主として遊離活性酸素濃度の減少によるもので、この効果は気相の酸素濃度を減少させると共培養しなくても達成される。

胚培養用のための単純で、組成の明らかな培養液の開発は、おそらくウシ胚の体外生産の実用化のために最も大きな1つの進歩である。豊富な成分と添加物からなる複雑な培養液は、胚にとって必要とされる多くの成分を提供するであろうが、これらの培養液は胚の発育に有害な成分も含んでいる。ウシの初期胚発生を支えるその有効性が試されいくつかの培養液のなかで、アミノ酸を含む合成卵管液 synthetic oviduct fluid（SOF）が最も有効な培養液の1つである。アルブミンまたは血清によるタンパク質の添加は、胚発育を促進し、安定させるという理由で、現場で頻繁に使用される。しかし、添加物は、胚の細胞内に異常を引き起こすかもしれない不確定な成分でもある。血清自身は、ウシ胚の発達に二相性の効果を持つ。すなわち、第一卵割を抑制する一方で、それは胚のコンパクション前後の発達、桑実胚から胚盤胞への形質形成、胚盤胞の発達、透明帯からのハッチング（脱出）を刺激する。

発育するに従い、ハッチング前の胚が発生するあいだ、胚は自身の周囲に微小環境をつくり、オートクラインによって自身の発育を促進させる。特に1つの胚を体外培養するシステム、"井戸の中の井戸 well of the well（WOW）"と呼ばれる胚培養システムは、この現象を反映させた各々の胚を培養皿の底に針でつくった小孔（ウェル）に入れることによってこの現象を活用する。これらの微小孔では、胚はオートクラインによる要因が高濃度となる環境を構築することができ、通常の胚培養システムよりも胚の生存性が高い。

培養液の改良は、LOSの問題を最小化した。最良の研究室では、ウシの体外成熟卵母細胞が胚盤胞に達成する割合が50％となることが可能である。

ブタにおける胚の体外生産
In vitro production of embryos in the pig

ブタでの胚の体外生産は、ウシのレベルに達して

生殖補助技術　第21章

いない。それはわずかな研究室で使用されるだけで、現在も開発中である。基本的に、胚の体外生産技術はウシの項で述べたものに相当する。しかし、培養液は特にブタのために設計されており、ブタの卵母細胞の自然な排卵前の成熟はより長くかかるので、体外成熟の培養時間はより長く（30〜40時間）なる。さらに**多精子受精** polyspermic fertilization 率が高いことが、この技術の利用を阻んでいる。ブタの胚培養は依然として問題が多いので、結果的に生体由来の胚盤胞の細胞数よりも体外生産された胚盤胞の細胞数のほうが少ない。これまでに世界的な規模で、体外生産された胚からは数頭の子ブタが産まれているにすぎない。

卵母細胞および胚の超低温保存
Cryopreservation of oocytes and embryos

Kuwayama（2007）によって報告されたように、20世紀には私たち人類は、4次元のうちの3次元を扱うことに成功している。たとえば、地球表面の10 km上を飛ぶことによって36時間以内に地球上のどんな地点にも実際に行くことができる。しかし、4次元である時間は、私たちは制御することができない。つまり、私たちは時間を早くしたり遅くしたりできないし、時間内を行ったり来たりできない。この分野でのただ1つの実際の成功例は、非常に低温、−80℃（ドライアイスの温度）あるいは−196℃（液体窒素の沸点）に冷却することによって特定の生物の生物的時間を停止することであった。

一般に、**小さな物体であればあるほど、超低温保存はより容易である** smaller the objects, the easier is its cryopreservation。もちろん、この原則には多くの例外があるが、哺乳類へは広く適用可能である。哺乳類の単一細胞の浮遊液は、比較的単純に超低温保存することができるが、小さな組織片（たとえば卵巣組織）は損傷を受けやすい。また、超低温保存の成功に制限のあるものは、大きく複雑な身体の各部（たとえば器官の全体のような）あるいは動物全体の保存である。この原則によれば、生殖生物学で扱う配偶子や着床前の胚は、超低温保存に適した候補である。これまでの研究は、その仮説を正当であるとしており、大きさに関連した感受性を追加的に実証してきた。最初の成功例は精子である。次いで単層培養の細胞とそれと大きさが類似している胚盤胞でも成功した。初期卵割期の胚の大きい細胞、さらに相対的に非常に大きい卵母細胞は、冷却中および加温中に重度な損傷を受ける傾向がある。

超低温保存中の細胞障害
Cellular injuries during cryopreservation

低温環境は哺乳類にとっては正常とかけ離れているので、それが哺乳類細胞を損傷するのは驚くことではない。しかしながら、卵母細胞と胚は、それら細胞体積の半分くらいを損失しても再生する格別な能力を持っている。全ての超低温保存法の目的は、**損傷を最小限にし、再生を促進することである** minimize the injury and to promote the regeneration。これを達成するには、2つの一般的な方法がある。1つは**凍害保護物質** cryoprotective（凍害保護剤 cryoprotectant）の添加と、もう1つは、**冷却と加温の速度** the rate of cooling and warming の制御である。

凍害保護剤は、超低温後の生存性を促進する共通の効果を備えた合成物で、異種起源の集団である。一部の合成物は細胞膜を通過して浸透し（たとえばエチレングリコール、DMSOおよびグリセリン）、それらの主な効果は細胞内の氷晶形成を最小化することである。それ以外の物質（ショ糖とトレハロースを含む）は細胞間隙にとどまり、細胞から水分を除去するといった浸透圧作用によって細胞内の氷晶

形成を減少させる。さらに凍害保護剤は、細胞膜の安定化や支持、あるいは細胞内機能を維持するなどの効果もあると考えられている。

冷却中および加温中に、異なる種類の損傷が生じているのかもしれない。

- 通常、最初の細胞損傷は生理的な温度周辺でも起き、保存後の損傷を防ぐ仕組みとなる。凍害保護剤の添加は、細胞にひどい**毒性および浸透圧の衝撃** toxic and osmotic shock を与える。このため、凍害保護剤溶液（各々の毒性を減少させるように4つくらいまでの凍害保護剤を組み合わせる）の慎重な選択、あるいは凍害保護剤を段階的に添加することが超低温保存による細胞損傷を減少させるであろう。
- 冷却開始に関連し、+15〜-5℃で二次的な損傷である**冷却障害** chilling injury が起こる。冷却障害は脂肪滴、脂質の多い細胞膜および微細管を損傷する。これまでのところ、その問題を解決する方法はほとんどない。その1つの方法は、特に低温感受性が高い脂肪滴を細胞質から高速遠心分離によって取り除くことである。その後、通常は、顕微操作により分離された脂肪滴を機械的に取り除く。もう1つの方法は、この温度域を卵母細胞や胚を非常に速く通過させて危険な温度域への曝露を最小限にすることである。しかし、これはあるタイプの低温保存法にしか適用できない（後述参照）。
- -5℃と-30〜-40℃のあいだで起こる三次的な細胞障害がおそらく最も重い障害の1つである。これは**細胞内氷晶形成** intracellular ice crystal formation であり、細胞小器官を機械的に破壊する。これを防止するために使用されている2つの方法は、緩慢凍結法とガラス化法である（後述参照）。
- -50〜-150℃のあいだでは**破砕損傷** fracture damage が起こる。これは、凝固した溶液がひび割れ、その破砕断面のはさみのような動きが卵母細胞または胚を破壊してしまう。特に加温する際に注意深く操作することが、このタイプの障害を防ぐ。
- 意外にも、**-196℃での保存** storage at -196℃ は、おそらく超低温保存の過程で最も危険でない段階である。損傷が起きる要因はほとんど外部的なものであり、保存過程と厳密には関係しない。論理上、保存サンプル間で液体窒素を介して疾病伝播に結びつく汚染の可能性がある。しかしながら、実際にはそのような不測の事例はまったく証明されていない。危険なことは、液体窒素の偶発的な損失によって引き起こされる温度上昇である。最後に、通常の放射線（宇宙）照射の変異原性の影響は、おそらく以前に考えられたほど有害ではない。

超低温保存法
Methods for cryopreservation

過去30年間にわたる哺乳類の卵母細胞と胚の超低温保存への多くのアプローチから、2つの主要なカテゴリーが出現した。それは**緩慢凍結法** slow-rate freezing および**ガラス化法** vitrification である。

緩慢凍結法 slow-rate freezing は、比較的低濃度の凍害保護剤の使用によるさまざまな潜在的な細胞損傷のあいだのバランス、および氷晶形成が起こる温度域を厳しく制御する冷却速度を確立することを意図している。まず0℃以下の温度域へ注意深く冷却していく。保存する胚や卵母細胞から離れた部分で氷晶形成を誘起（植氷と呼ばれる）する。緩慢な冷却は、標本周辺における段階的な氷晶形成、凍害保護剤濃度の緩やかな上昇をもたらし、その領域の氷晶の大きさと量を減少させる。そして最終的に保存する卵母細胞と胚の内部、およびそれらの微小環境の中で、氷晶形成せずに固形化する。この固形化

の現象はガラス化（vitreusはガラスを意味し、その溶液が氷晶形成せずに固形化するということ。これは氷点下の温度域で極端に粘性が高まることと定義される）として知られている。

しかし低温生物学では、"ガラス化" vitrificationという用語は、異なる超低温保存のアプローチを意味する。その目的は、氷晶の最少化ではなく、生物学的な標本を含む全ての溶液で氷晶を形成させないことである。さらに、このアプローチの大きな利点は、細胞損傷（氷晶形成による損傷）の主な要因も除去されるということである。しかしながら、価格が高い、つまりガラス化法は高濃度な凍害保護剤（全て潜在的な毒性および浸透圧上昇させる効果を備えている）、急速な冷却および加温に依存している。ある制限のなかで、冷却速度が速くなればなるほど、必要とする凍害保護剤の濃度は低くなる。ガラス化法のもう一つの利点は、低温感作障害の起こる＋15〜−5℃の温度域を短時間で経過させることにより、損傷を減少させることができることである。

緩慢凍結法が最初にこの超低温保存法として導入された際、商業的な価値から、ウシ、ヒツジおよびヒトにおける胚の超低温保存法として多くの臨床現場で受け入れられた。冷却温度を制御するための高価な凍結器が必要であり、その工程に2時間を要するにもかかわらず、ほとんどの開業医がこのアプローチを採用した。ガラス化法は20年以上も前にマウス胚で最初に成功したが、その実地応用は非常に限定的である。最近、特殊目的のための有用性が認められたのみである。それは脂肪滴を多く含み低温感受性の高いブタ胚、卵母細胞（ウシおよびヒト）および数種類の動物種のより脆弱な体外生産胚の超低温保存である。ガラス化法の利点は、その速度、設備（発砲スチロールの箱に液体窒素で満たす）の低コスト、および比較的簡便に適用できる点である。その一方で、急速な冷却および加温速度を達成させるために、ほとんどのガラス化法は、胚や卵母細胞を含む溶液と液体窒素の直接的な接触を必要とする。この接触によって疾病伝播の潜在的な可能性が過度に強調されているが、それを軽視することはできない。最近のガラス化法は、この潜在的な危険を最小化するか、従来の緩慢凍結法の疾病伝播レベルよりもその汚染の機会を減少させる除去法を提供している。一般に、ほとんどの生物学的なサンプルにとって、ガラス化法は従来の緩慢凍結法より効率的で、また、最近5年の学術論文では、卵母細胞または胚の超低温保存法として利用されている。

標本の大きさと発育段階は超低温保存の効率に影響を及ぼす2つの要因である。また、相当な**動物種間の違い** differences between species がある。これらのうちのいくつかは、構造（たとえば脂質の多いブタ卵母細胞および胚の低温感受性）によるかもしれないが、ほかの点は未だに明確ではない。

要約すると、緩慢凍結法およびガラス化法の両者は、生物学上、受け入れられるような保存後の胚の生存率を持ち、ウシ・ヒツジ・齧歯類・ヒト胚の超低温保存法に商業的・臨床的な応用法を提供している。ブタ胚の超低温保存はガラス化保存法のみで可能ではあるが、まだ実験段階である。また、最近まで卵母細胞の超低温保存は全ての種において困難であり、マウスにおいてのみ可能である。新しいガラス化法は、この分野での突破口をもたらすかもしれないし、超低温保存の将来の鍵となるであろう。今後の進展程度は、主に専門家がこの可能性を受け入れる割合に依存するであろう。

体細胞核移植による胚のクローニングと遺伝子改変
Cloning and genetic modifications of embryos by somatic cell nuclear transfer

最初のクローン哺乳動物の誕生への過程の一部

は、すでに第1章で述べた。"クローニング"という用語が人為的な無性生殖を示していることは強調されるべきであり、その作出工程は、初期の文明時代から植物で用いられたものである。哺乳類では、その作出工程はより複雑である。商業的に実行できるかどうかは境界線上にあるものの、胚を2つに分離する人為的双生子作出法は数十年間もウシで適用されている。

最近では、哺乳類におけるクローニングは、**核移植技術** nuclear transfer technology の使用を意味するが、当初は優れた動物の迅速な繁殖のために開発された。Steen M. Willadsen の最初の実験では、初期の桑実胚の細胞を除核された卵母細胞と融合した。不運にも、この見事な方法は、実用的な使用に十分な再現可能な結果を10年以上も残せなかった。このため、この方法は、興味深いけれども基本的には行き止まりであると見なされた。過去を振り返ってみると、なぜクローニングに関わっていた全ての研究者がドナー細胞は、いわゆる"不可逆的"分化以前の、着床前の哺乳類の胚由来でなくてはいけないと考えていたのか理解しがたい。実際に、子ヒツジのドリーは、ドナーとして成体からの分化した体細胞（体細胞核移植）を使用した最初の重大な試みによる初めての成果である。成功の鍵であったと考えられていたわずかな技術的な違いとは、非常に低い血清濃度の培養液中でそれらを培養することによって体細胞を"飢えさせる"ことであるが、これはのちに意味がないことが証明された。最も重要な要因は、心理的障壁である科学的ドグマを打ち破る研究グループの勇気であった。

その成功以来、体細胞核移植はゆっくりではあるが堅実に前進し、クローン動物（**表21-2**）の数および動物種、ドナー体細胞の起源となる組織、その技術の有効性が報告された。

体細胞核移植の方法
The method of somatic cell nuclear transfer

図21-6に要約したように、体細胞核移植の原理は単純である。この方法の成功への主な要因は次のとおりである。

- **レシピエント細胞の発育段階**：これまでのところ、**成熟卵母細胞** mature oocytes だけが、体細胞の核を受け入れてゲノムを初期化する細胞質をつくり出すことに適していることがわかっている。未成熟卵や受精卵からの除核によって産生した細胞質に由来するクローンは、これまでに誕生していない。さらに、卵母細胞だけがより短時間でのリプログラミング能力を有するようである。

- **体細胞の起源および細胞周期**：これまでのところ、未知の理由で、およそ230種類の哺乳類の体細胞のうち、わずか約12種類が核移植のドナー細胞として適していることが証明されている。ドナー細胞の細胞周期もまた重要である。ドナー細胞の細胞周期は、染色体の倍数性から生じる問題を回避するために、**G1期あるいは静止期であるG0期** G1 or the quiescent G0 phase でレシピエントである卵母細胞の細胞周期と同期化されるべきである。

- **卵母細胞の除核および体細胞核移植の技術**：迅速で、比較的障害が少なく、効率的で、反復可能な除核および核移植の手法は重要である。

- **再構築胚活性化の技術**：体細胞と細胞質体との融合後、再構築胚は、その発生を開始するために活性化されなければならない。受精時には、精子が活性化を誘導する。核移植のあいだ、ほとんどの場合、電気融合は再構築胚を活性化するのには不十分であるので、補足的な活性化が必要となる。活性化法の選択は、動物種や研究室によって異な

第21章 生殖補助技術

表21-2：体細胞核移植によって作出されたクローン哺乳動物種

ヒツジ	Wilmut et al 1997
マウス	Wakayama et al 1998
ウシ	Cibelli et al 1998
ヤギ	Baguisi et al 1999
ブタ	Poleajeva et al 2000
ガウア（インドヤギュウ）	Lanza et al 2000
ムフロン	Loi et al 2001
ウサギ	Chesné et al 2002
ネコ	Shin et al 2002
ロバ	Woods et al 2003
ウマ	Galli et al 2003
ラット	Zhou et al 2003
シカ	Westhusin 2003（報道機関向けの発表による）
アフリカの野生ネコ	Gomez et al 2004
イヌ	Lee et al 2005
フェレット	Li et al 2006
水牛	Shi et al 2007
オオカミ	Kim et al 2007

ない。研究文献は広範囲に及び、論争の的となり、要約することも困難である。しかし、興味を持っている誰でも、通常に公表されている総説で最新の知見を見ることができる。

ドリーの誕生は、社会のさまざまな分野で、非常に不快な反響を引き起こした。反響は、政治、立法、倫理、宗教、さらには娯楽の分野でさえも起きた。ここでは議論しないが、この分野で働いているひと握りの科学者を取り巻く敵対的な雰囲気が、そしてその結果としての法的・財政的制約がこの研究の進展を妨げていることを述べなければならない。さらに、洗練された機器と熟練した労働力の必要性が、クローン研究を高価なものにしたことも進展を妨げる1つの要因である。つまり、社会は家畜のクローンが潜在的に有用であるという証拠を要求したが、その証拠を得るために必要である研究には反対するという悪循環が生じている。このように、発生異常、低い成功率、ドリーの早い死は大きな注目を集めたが、ほとんどのクローン動物は健康かつ正常であり、通常の寿命を持つ（第二のクローン哺乳動物であるマウスのCumulinaは一般のマウスよりはるかに長生きした）という事実は無視される。このようなクローン研究の遅れは、当初の問題の排除およびクローニングの実用化に賛成か反対かといった証拠収集の両方によって生じた。したがって、**クローンの全面的な成功率は依然として低いままであり** overall success rate has remained low（再構築胚の0.5〜5％が生きた個体になるが、その割合は動物種に依存する）、この悪循環を止めることができれば、この問題は進展するであろう。

り、化学活性化、電気的活性化、あるいはこれらの組み合わせもある。
- **周辺の補助技術**：品質のよい卵母細胞、最適な体外培養条件および効率的な胚移植を提供できる優れた生殖技術に関する基盤設備が重要である。

この低い成功率の理由は完全には把握されていないが、これまで列挙した**方法論的な要因** methodological factors に加えて、体細胞ゲノムの再プログラムに関連した**エピジェネティックな要因** epigenetic factor も含まれるであろう。

体細胞ゲノムをエピジェネティックに初期化する

体細胞核移植に関連した問題
Problems associated with somatic cell nuclear transfer

クローニングにおける細胞生物学および分子生物学は非常に複雑になり、不運にもよく理解されてい

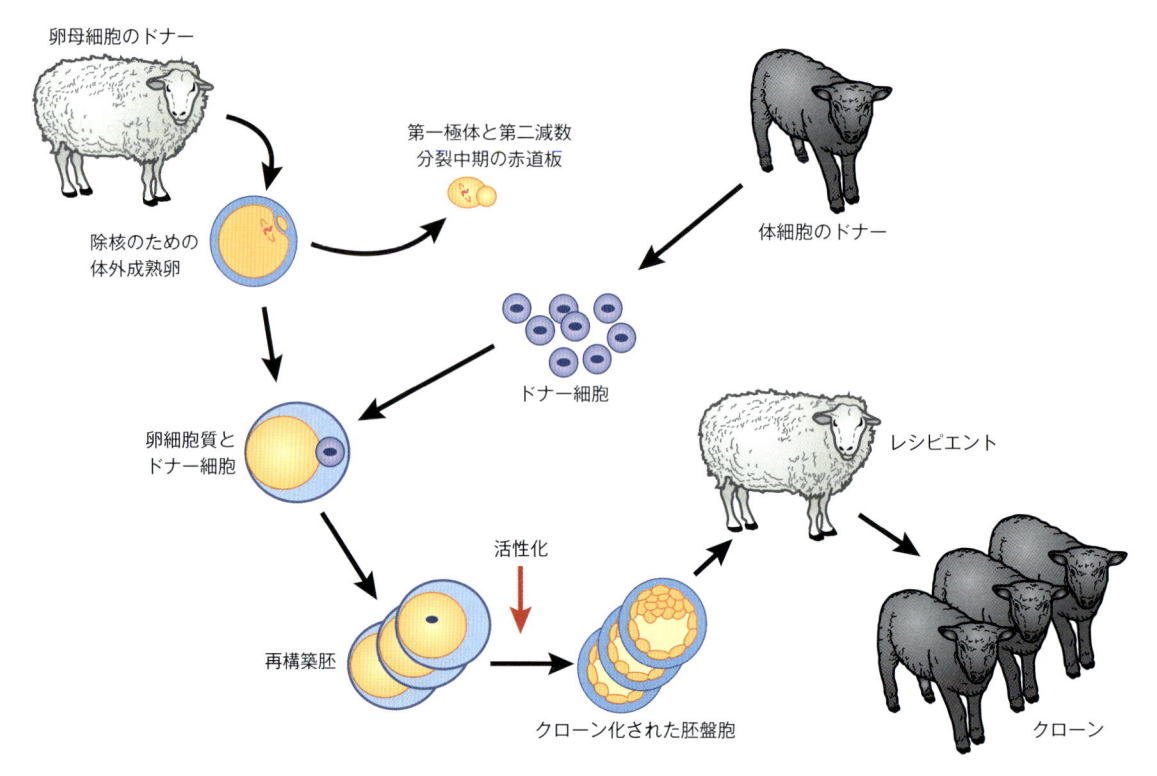

Assisted reproduction technologies

図 21-6：体細胞核移植によるクローン。卵母細胞はドナー動物から採取され、体外で第二減数分裂中期まで成熟させ、第一極体と中期の赤道板を除去する（通常、顕微操作による）。得られた卵細胞質は、クローン化された動物を起源とするドナー細胞（たとえば培養された線維芽細胞）と融合させる。卵細胞質とドナー細胞は電気的に融合させ、その結果として、卵細胞質とドナー細胞の細胞質が混合され、ドナー細胞の核を持つ再構築胚が産生される。再構築胚が胚発生をはじめるために活性化され、その後の1週間の培養によって胚盤胞へと発生させる。胚盤胞はクローン化された子を発生させるためにレシピエントへ移植される。Hamish Hamilton による未公表の原図を改変。

こと epigenetic reprogramming は、クローニングの生物学において非常に重要のようだ。有性生殖では、ゲノムは配偶子形成過程（卵母細胞および精子の形成）において、既存のエピジェネティックなマークを消し、その後に新たにそのマークを確立することによって全能性状態と同じ状態へ"リセット"される。これらのマークは、DNA へのさまざまな分子変化によって定義されるが、胚発生に関連する最も重要なものの1つは、**シトシンのメチル化** methylation of cytosine（第2章参照）である。高度にメチル化されたゲノム領域は発現されない。こ

の現象は動物種によって異なるが、受精すると、胚ゲノムの父方の構成成分は、積極的に脱メチル化されるのに対し、母方の構成成分はゆっくりと受動的に脱メチル化される。1組の遺伝子はこの時期の脱メチル化の対象ではない。すなわち、インプリンティング遺伝子は、母系対立遺伝子または父系対立遺伝子のいずれかから性特異的に発現するようにマークされている。その後の胚発生において、その胚ゲノムは、細胞分化が起きるのに伴い再びメチル化され、特定部分のサイレンシングを要求する。体細胞核移植胚では、脱メチル化は正常の受精卵に比

べて少ない。したがって、その体細胞ゲノムの全能性状態への"リセット"は、明らかに有性生殖の場合より有効ではない。簡単に言えば、体細胞核のエピジェネティックなプログラムを閉じることと、胚発生を調整するエピジェネティックなプログラムを開くこととの間に矛盾があるかもしれない。この矛盾が発育中における胚や胎子発生の期間に損失や異常を引き起こすのかもしれない。

体細胞核移植のクローニングに関する問題は初期に始まり、生後も続く。最も多く発生する異常は以下のようなものを含む。

- 体外での卵割および胚発育速度の低下
- 低妊娠率、初期および後期の胎子損失
- 胎盤異常
- 胎子の成長過多と妊娠期間の延長
- 死産、低酸素症、呼吸不全、循環器系の問題、産後の活力欠如
- 出生時の体温上昇
- 尿生殖器系の奇形（たとえば水腎症と精巣形成不全）
- 肝臓と脳の奇形
- 免疫機能障害、リンパ系の発育不全、貧血および胸腺萎縮
- バクテリアおよびウイルス感染

しかし、過去数年間で、体細胞核移植の結果は改善した。これは、未公表の世界的規模の研究活動の蓄積の賜物である。このように、**体細胞核移植胚の発育障害の部分的あるいはほぼ全面的な排除** partial or almost total elimination of the developmental problems が達成された。別の肯定的な側面は、**クローン動物の子孫は、体細胞核移植に固有のエピジェネティックな問題が増加しない** offspring of clonen animals do not show any increase in developmental problems ということである。そしてこの問題は、クローン動物の第一世代だけに出現し、次の世代には出現しない一過性の問題であることも証明された。さらにほかの進歩は、**体細胞核移植に関する新しく単純な技術** new, simple techniques for somatic cell nuclear transfer の導入である、たとえば、いわゆる"手づくりクローニング"の導入は、核の受容細胞質体を産生するためと体細胞との融合のための顕微操作装置が不要である。この技術革新は、根本的に機器のコストと熟練した人手の必要性を減少させ、結果として、健康な生存クローン個体の生産コストを最小限にすることにつながる。最後にウシやブタにおいて、この技術によるクローニングの全体的な効率は、生存産子という観点で評価すると、大幅に増加した。また、経済的に重要な動物種において直接的に科学および商業的応用を現実的なものとした。

体細胞核移植の応用
Application of somatic cell nuclear transfer

将来性のある体細胞核移植の応用のいくつかは、単にクローン動物を生産する技術に基づいている。しかし、主要な応用は、**遺伝的に改変されたドナー細胞からの核移植** nuclear transfer from genetically modified に基づいているので、そのクローン胚およびその子孫は同じ改変された遺伝子を運ぶ（**図21-7**）。この方法は、核のドナー細胞の培養中に標的遺伝子の改変（ゲノムが特定部位で改変されている）を可能にし、体細胞核移植における遺伝的改変大型家畜動物の作出に最も強力な手法となる。その応用分野は、以下のように要約される。

- **基礎研究**：体細胞核移植は、細胞分化、インプリンティング、遺伝とそのプロセスにおける遺伝的要因に対する環境要因の役割を含むエピジェネ

Assisted reproduction technologies

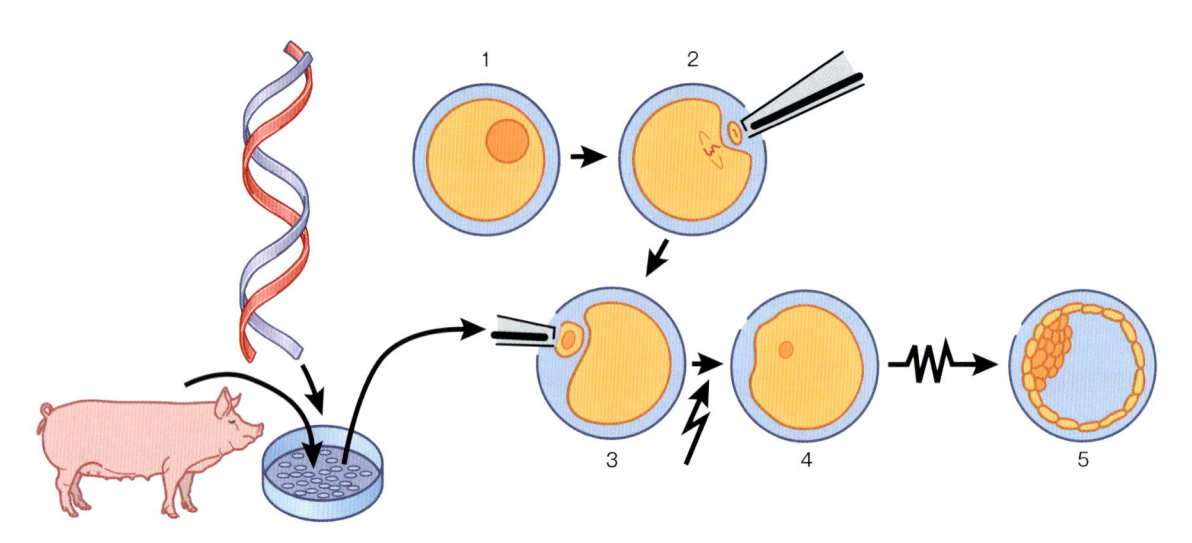

図 21-7：体細胞核移植によって遺伝的に改変された胚盤胞の作出。培養した線維芽細胞は遺伝的に改変され、核移植のドナー細胞として用いられる。第一減数分裂前期の卵母細胞（1）は、体外で第二減数分裂中期まで成熟させ（2）、遺伝的に改変されたドナー細胞を受け入れるために除核する（3）。電気的細胞融合は再構築胚を生じ（4）、再構築胚は培養によって胚盤胞へ発生する（5）。この胚盤胞は遺伝的改変動物を作出するために、レシピエントへ移植される。

ティックな初期化に関する研究に利用できる。さらに、クローン動物は、均一な動物（ミトコンドリア遺伝子に限定された変動を持つ）をどの様な分野での実験グループへも提供する。これによって、必要な動物数を減らすことができる。

- **疾患モデル**：特定のヒトの疾患は、遺伝的に特性を明らかにされており、ゲノムの単純な変化によって引き起こされる。選択されたヒト遺伝子を核のドナーとなるブタ細胞へ挿入することは、ヒトの疾患を発症する遺伝的可能性を有するブタ pigs carrying the genetic potential of developing human diseases を誕生させることができる。このような動物モデルは、これらの疾患の病因と因果関係の解明、ならびにその治療または予防のための療法を試す機会を提供する。

- **生きているバイオリアクター**：目的に見合った遺伝子改変は、牛乳、血液、精漿あるいは尿などの液体で薬学的または商業的に重要なタンパク質を産生する家畜動物 domestic animals producing pharmaceutically or commercially important proteins を生産することができるようになる。このような少数の動物は、ヒトの医療で必要とされるいくつかのタンパク質のコストを根本的に減少させ（10〜100倍）、その結果、貧しい国ではそれらを利用しやすくなるかもしれない。そのようなタンパク質の例は、血友病治療のための血液凝固因子および嚢胞性線維症の治療のためのα-1アンチトリプシンがある。しかし、これらのタンパク質のいずれも未だ市場には出回っていない。

- **異種移植**：ヨーロッパだけでも、約25万人が臓器移植の結果生存しており、そして4万5,000人以上の患者が臓器提供を待っている。臓器移植の需要は、年に15％増加し続け、肝臓や心臓移植のための候補者のうちの推定15〜30％の患者が適切な臓器を移植される前に亡くなっている。ア

第21章 生殖補助技術

メリカでは約2,000例の心臓移植が毎年行われているが、心臓を提供される前に500人の患者が亡くなっている。一方、脳死ドナーの数は世界全体で一定のままである。これらのデータは、問題の根本的な解決が必要であることを示している。その1つの可能性は、ヒトへの**異種移植のために動物の臓器** animal organs for xenotransplantation を使用することである。臓器の大きさと代謝がヒトに類似していることから、ブタは優れた潜在的ドナーである。しかし、免疫拒絶反応、感染症の潜在的な危険性（人獣共通感染症）、倫理的な問題、一般大衆の嫌悪感がこの進展を阻んでいる。最初の科学的な成功例が示されれば、後者の2つの要因はすぐになくなるかもしれない。しかし、人獣共通感染症の問題は、たとえ最近のデータが実際のリスクは以前に推定されたリスクよりもはるかに低いことを示しているとしても慎重に調査する必要がある。現時点での最大の障壁は、抗原を排除することおよび人体の免疫攻撃に対して移植臓器が防衛できるように遺伝子改変することである。これらの改変を達成するためには、遺伝物質の注意深いオーダーメードが必要である。改変された遺伝子を運ぶ子ブタを産出するために適すると考えられる唯一のシステムは、体細胞核移植である。前述したように、ブタでのクローニングの効率（最近まで妨げであった）は劇的に増加し、主として異種移植の成功は遺伝工学の効率性と創造性に依存するようになった。

- **農業への応用**：ドナー細胞の遺伝子改変の有無に関係なく、体細胞核移植はおそらく、**生産性** productively（たとえば病気に対する抵抗性の増大）、**動物福祉** animal welfare（たとえば疾病への抵抗性の増強）、および**食品生産物の品質** quality of food products を高めるために使用され得る。しかし、人間の消費のために遺伝子改変動物を使用するという考えは、ヨーロッパ、おそらくはアメリカ、カナダ、オーストラリア、日本の**当局および公衆から容認されるにはほど遠い** far from acceptable by the authorities and public。しかし、遺伝子改変でなくても、クローン動物の製品は、アメリカで最初に、そしてすぐに保守的なヨーロッパ以外のほとんどの先進国において、近い将来にスーパーマーケットの棚に並ぶかもしれない。クローニングは、大変高価な技術であるので、育種目的のために大変優れた品質の動物をわずかにクローニングすることがあっても、クローン動物を大量生産することは商業的に可能性が低いと思われる。一方、技術を改善し、コストを削減することによって、低品質の家畜を保有する国は、急速にその全体的な品質を改善するためにクローニングを使用するであろう。残念ながら、これらの国のほとんどは、安価な技術の経費にさえ対応することができない。おそらくこれらの例外は、ブラジルと中国である。中国では、新たな胚技術に関する規則や公共の関心が低く、クローニングと遺伝子改変が、特に大型の家畜動物での最初の育種戦略の一部になるかもしれない。

- **ペット、絶滅危惧種などの特別な目的**：多くの場合、ペットのネコ、イヌ、競走馬やレースに使われるラクダのクローニングは深刻な**倫理的問題** ethical questions を有している。それにもかかわらず、この領域の開発は、商業的な配慮、あるいはレースへの利用であれば運営団体の規則などによって決定されるであろう。絶滅危惧種の個体数や個体群を増殖するようなクローニングは行われないであろう。これらの種や品種を保存する簡単な方法でさえも財政難であるので、クローニングのコストは高すぎるためである。

以上のことから、体細胞核移植技術によってどの

ような利益がもたらされるかは、将来になればわかるであろう。動物のクローニングは、確かに偉大な理論的可能性を持っているが、現在の効率レベルでは、近い将来における役割は、価値が非常に高い動物の基礎研究と生物医学での適用にとどまるであろう。この技術が農業的な応用に拡大していくかどうかは今後も注視されるべきであり、科学者の意見は分かれている。

幹細胞 Stem cell

アルツハイマー病、パーキンソン病、糖尿病、肝炎、関節炎および脳卒中を含むいくつかのヒト疾患は、体内の特定な細胞集団の機能喪失によって引き起こされる。疾病または機能喪失細胞集団を新しく健康な細胞集団で置換する方法は**細胞置換療法** cell replacement therapyと呼ばれ、この可能性はバイオテクノロジーのために新しく迅速なプラットフォーム（構築基盤）をつくった。幹細胞は、細胞置換療法のための優れたツールになると考えられており、莫大な研究活動が行われている。

幹細胞の原則 The stem cell principle

幹細胞は**無制限な自己複製** indefinite self-renewal能を有している。幹細胞の分裂には、胚性幹細胞に見られるように2つの娘幹細胞となる場合（対称性分裂）と、造血幹細胞および精子形成幹細胞に見られるように1つの幹細胞と1つの分化が決まっている細胞に分裂する場合（非対称分裂）がある（**図21-8**）。幹細胞は、体外で特定の指示を与えられると、**ほかのタイプの細胞に分化する** differentiate into other cell types（程度の差がある）ことができるという特徴をもつ。

幹細胞は、その起源に応じて分類される。初期胚（胚盤胞の内細胞塊）由来の**胚性幹細胞（ES細胞）** embryonic stem（ES）cell、初期胎子由来の**胎子幹細胞** fetal stem cell（たとえば臍帯血の幹細胞）、種々の成体組織由来の**成体幹細胞** adult stem cell（たとえば骨髄由来の造血幹細胞および間葉系幹細胞）がある。"成体幹細胞"の定義は不十分で、胎子幹細胞および成体幹細胞は、体性幹細胞 somatic stem cellと考えることができる。ES細胞はほかのタイプの細胞に分化する最も高い能力を有し、**多能性細胞** pluripotent cell（後述参照）と呼ばれる。胎子起源の体性幹細胞は、これはあまり理解されていないが、ほかのタイプの細胞への分化のための仲介能力を有すると考えられている。体性幹細胞は、限定された数種類のタイプの細胞（通常、それらが由来する組織の種類と一致している）にだけ分化するので、これを**多分化能** multipotentと呼ぶ。興味深いことに、一部の研究者によって間葉系幹細胞は多能性であると考えられているが、この研究は多く

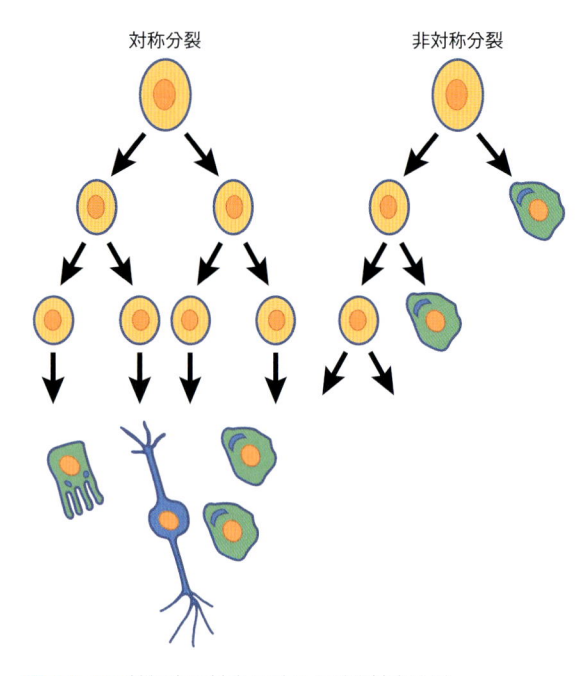

図21-8：幹細胞の対称分裂および非対称分裂。

生殖補助技術　第21章

の研究所による再現が困難であり、議論の余地がある。

現在の状況では、それらの起源と生物学が胚発生と胎子の発達に強く関連しているので、重点はES細胞に置かれている。ES細胞は内細胞塊または上胚盤葉に由来するが、それらはもはや内細胞塊または上胚盤葉の細胞と見なすことはできない。内細胞塊および上胚盤葉における多分化能の状態は短く、体内では数日だけであるのに対し、体外で培養したES細胞の多分化能は人工的に保存され、数カ月または数年にわたって維持される。どのようにこの形質変換が起きるかについては十分にわかっていないが、多分化能を制御するメカニズムのさらなる検討を要する。

少なくともマウスにおいて、多分化能幹細胞となる2つの追加がある。これは、**胚性生殖細胞（EG細胞）** embryonic germ（EG）cell と **胚性腫瘍細胞（EC細胞）** embryonic carcinoma（EC）cell である（後述参照）。

胚性幹（ES）細胞 Embryonic stem（ES）cell

ES細胞は、最初に**マウス** mouse で報告された。その後、類似の特性を持つ細胞が**ヒト** man でも報告され、最近では**ラット** rat においてもES細胞が確立されている。これまでに、成功は証明されていないものの、他の動物種でES細胞株を確立するために多くの試みが行われた。ES細胞株の非常に厳格な特徴付けは証明を必要とする。つまり、多くの論文は"ES様"の特徴を持った細胞の培養について報告しているが、これらは十分な特徴づけには至っていない。

マウスは最も一般的に使用され、最もよく理解されている哺乳類の動物種であるので、ES細胞がマウスにおいて最初に報告されたことは驚くべきことではない。さらに、マウスの胚盤胞は、子宮内で発育を休止する期間である発生休止（第20章参照）に入ることができる。この発生休止は、マウス胚がその受容体を持っている重要なシグナル伝達分子である白血病阻害因子（LIF）の存在に依存する。そして、発生休止のあいだ、内細胞塊は未分化で多分化能を有している状態（ES細胞のような状態）で停止している。この事実により、マウスES細胞が多分化能を維持して未分化な状態を保つためには、培養液にLIFを添加する必要があることを説明している。

ES細胞の特性 Characteristics of ES cells

ES細胞の明確な特性は活力である。マウスおよびヒトのES細胞の両者は、**無制限な自己複製** indefinite self-renewal をすることができる。この能力はある程度酵素テロメラーゼの保有に依存する。この酵素は細胞周期のS期中に短くなる染色体のテロメアを再構築するために必要である。

また、ES細胞は多くの**分子マーカー** molecular markers（表21-3）の存在によって特徴づけられている。転写因子であるOct3/4、Sox2およびノギンを含む、これらのマーカーのいくつかは細胞生物学的役割を明確にしている。これらのきわめて重要な転写因子は、細胞の多分化能性（第6章参照）の維持に関与している。他の因子の役割はあまり理解されていない。これらのマーカーは、マウスおよびヒトのES細胞の両者で発現されるが、興味深いことに、これらの両種間で完全に保存されていない特徴化マーカーが数多くある。たとえば、細胞表面マーカーSSEA1はマウスES細胞では検出されるが、ヒトES細胞にはない。これに対して、ヒトES細胞は細胞表面マーカーSSEA3、SSEA4、TRA-1-60およびTRA-1-81を発現するが、マウスES細胞では観察されない（表21-3）。さらに、多分化能

表 21-3：異なった動物種由来の ES 細胞株もしくは ES 様細胞株（ウシ）の幹細胞マーカーの発現

マーカー	ヒト	サル	マウス	ウシ
Oct3/4	+	+	+	+
Nanog	+	+	+	+
Sox2	+	+	+	?
SSEA1	−	−	+	−
SSEA3	+	+	+	?
SSEA4	+	+	−	+
TRA-1-60	+	+	−	+
TRA-1-81	+	+	−	+

の状態を支配する細胞シグナル伝達経路は、これらの2つの種のあいだで異なる。特に白血病阻害因子（LIF）が体外でマウス ES 細胞の自己複製を維持するために必要である。LIF は STAT3 の LIF 依存性活性化を維持するために栄養補助物質として培養液へ添加される。このように、これらの2つの動物種に由来する ES 細胞には多様性があり、それらの特性を標準化して特徴づけるためには、さらに多くの研究が必要とされる。最近、国際幹細胞イニシャティブ（International Stem Cell Initiative）は、世界中の多くの研究室のヒト ES 細胞株を比較し、ヒト ES 細胞マーカーの標準化に関する包括的な研究を発表した。

ES 細胞の最も魅力的な特徴の1つは、さまざまなタイプの細胞へ**分化する能力** ability to differentiate を持つことである。線維芽細胞とニューロンの形態を持つ細胞への自発的な分化がしばしば観察される。これは、特に新しい培養皿で継代せずに長い期間培養したときに見られた。さらに、成長因子のさまざまな組み合わせによる刺激によって、興味ある特定のタイプの細胞（たとえばドーパミン作動性神経細胞）を体外で分化を誘導することもできる。

これは、**定方向性分化** directed differentiation として報告されている。さらに ES 細胞は、**自発的に分化する** differentiate spontaneously ことができる。この性質は、培養液およびフィーダー細胞（ES 細胞はこの細胞の上で成育する）から重要な要素（たとえば、マウスおよびヒト ES 細胞に対する LIF または bFGF のような）を除去することによって誘導されることができる。もし、ES 細胞をこれらの条件を与えずに培養し、浮遊培養（たとえば懸滴培養）を維持すると、それらは独特の**胚様体** embryoid body を形成する。胚様体は3種類の胚葉、つまり外胚葉、内胚葉および中胚葉から由来する典型的な細胞塊である。これらは、多分化能の細胞だけが産生できるであろう独特な混合物である。また、ES 細胞の多分化能の試験には、ES 細胞を免疫不全マウスのよく理解された場所に注入する方法がある。この場所では、それらはさまざまな分化した組織、つまり3種類の胚葉からなる腫瘍である**奇形腫** teratoma へと発達する。

マウス ES 細胞の多分化能の性質の最終的な検証は、それらが**キメラ子孫** chimaeric offspring の形成に関与することを証明することである。キメラは、標識した ES 細胞（通常、それらは遺伝子改変して緑色蛍光タンパク質 GFP を恒常的に発現させる）を胚盤胞へ注入し、里親にこのモザイクの胚盤胞を移植することによって作出される。典型的なキメリズムでは、注入した ES 細胞は内細胞塊を着色し、さらにさまざまな器官や組織に分化してキメラ個体（GFP を発現する ES 細胞の場合では紫外線下で検出される）となる。完全な多分化能は、ES 細胞がキメラ胚子の原始生殖細胞の一部となり、さらに成体キメラ動物において卵母細胞もしくは精子を形成することによって実証される。倫理的な制約から、哺乳類において ES 細胞が生殖系列へ用いることは、これまでマウスだけで実証されている。

ES 細胞の誘導と培養
Derivation and culture of ES cells

　ES 細胞は、内細胞塊または胚盤胞の上胚盤葉に由来し、2 つのいずれかの方法で作出される。1 つは胚盤胞をそのまま培養し、胚盤胞を壊して接着させ、内細胞塊もしくは上胚盤葉を露出させる方法である。もう 1 つは胚盤胞全体を顕微手術もしくは免疫手術によって内細胞塊または上胚盤葉を分離させる方法である。**免疫手術による分離** immunosurgical isolation では、胚盤胞はまずドナー細胞種の抗血清で処置し、次いで補体で処置すると、栄養外胚葉のみ溶解するので（抗血清および補体が届いた細胞のみ）、内細胞塊または上胚盤葉を分離し、培養への準備ができる（**図 21-9**）。

　内細胞塊または上胚盤葉の細胞を **ES 細胞へ形質転換** transformation into ES cells させる最適な状態にするため、胚盤胞、遊離した内細胞塊または上胚盤葉をフィーダー細胞（通常、マウス胚線維芽細胞株）上で培養させると、そこに小型のコロニーを形成する。1～2 週間後には、これらのコロニーは未分化で多分化能を有する状態で細胞の生育を維持するために新たなフィーダー細胞へ継代される。その後、ES 細胞は通常週ごとに継代され、サンプルは後の使用のために超低温保存することができる。

　ほとんどの齧歯類の ES 細胞株は、トリプシン処理によって継代できるので、単一細胞からクローン ES 細胞株を確立することが可能である。特定のヒト ES 細胞株は、トリプシン処理に耐えられないので、コロニーの未分化な部分を小さな細胞塊として切り出し（非常に鋭利な刃または針を使用）、その細胞塊はフィーダー細胞を含む新しい培養皿に移されるといった手作業によって継代される。

　さらに明確な条件下での ES 細胞を培養する試みも行われている。多くの研究者は、フィーダー細胞株の存在なしで、かつ完全に化学組成が明らかな培養液で ES 細胞を増殖するためのプロトコルを開発した。もしヒト ES 細胞や ES 細胞から派生した細胞をヒトの患者に移植にすることを考えるのであれば、これは特に重要である。これらの培養物からマウスのフィーダー細胞および非ヒト由来の試薬の両方を除去することは、すでにいくつかのヒト ES 細胞株で達成されている。

ES 細胞の体外での分化
In vitro differentiation of ES cells

　いくつかの培養液と培養プロトコルは、ES 細胞を刺激して体外での分化を制御する目的で開発されてきたが、実際に何をどのようにするかということは明確に定義されていない。胚において、分子のシグナル伝達経路は、細胞が多分化能を有する状態か

プロナーゼ　　抗血清　　補体　　内細胞塊

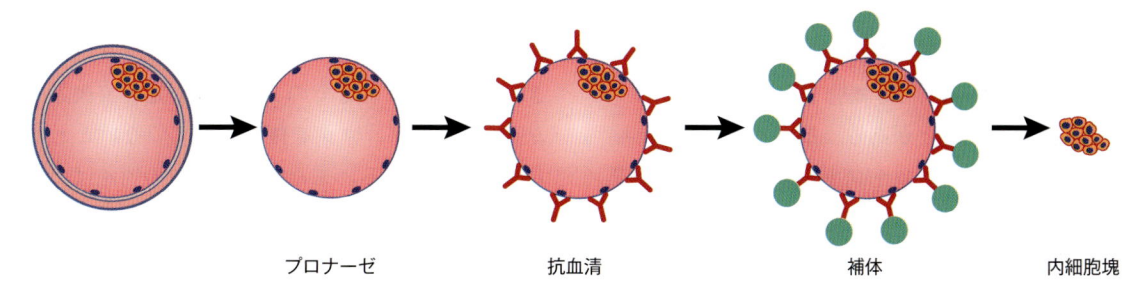

図 21-9：胚盤胞の内細胞塊の免疫手術による分離。プロナーゼ処理によって透明帯を除去したあと、胚盤胞は内細胞塊（ICM）を分離するため、抗血清および補体で処置される。

ら複数種へと分化できる状態、さらに**単能性** unipotent 状態へと連続的な分化を制御する。体外では、外因性あるいはパラクライン・シグナル伝達経路は存在しないので、必要な信号や因子による分化経路の制御は失われている。すなわち、発生中の胚では、制御された連続的な分化は、体を形成する約230種のタイプの細胞を生じる。一方、体外では適切なシグナリング分子の非存在下で、無制限な数の中間タイプの細胞が生じる可能性がある。これらの事実は、体外でのES細胞の分化は、胚と同じ時系列パターンに従っているかどうか、または単純な分化プロトコルも同様に有効であるかどうかについての議論を促している。進行中の研究は、体外での分化制御するための唯一の成功した過程は、体内での発生イベントの連続的な繰り返しであることを示している。一般的には、ES細胞を**外胚葉** ectodermal fate へ分化させることは最も簡単なようである。また、ES細胞を**内胚葉へ分化** endodermal differentiation させることは最も困難で、**中胚葉** mesodermal fate へ分化させることはその中間的な難しさであるようだ。したがって、異なるタイプのニューロンは、比較的容易にES細胞から産生される。一方、たとえばインスリン産生細胞であるβ細胞への分化は効率的に行うことはできない。完了するために数日から数週間かかる複雑なプロトコルが開発されている。プロトコル中の特定日に、特異的なタンパク質や因子を培養液へ添加あるいは除去することにより、望むタイプの細胞を得ることが可能である。しかし、その最終的な細胞集団はしばしば不均一で、分化していないES細胞または他の特定のタイプの細胞を含むことがある。単一のタイプの細胞が得られるように、プロトコルおよび細胞集団の選別の特異性を向上させる研究が続けられている。不幸にも、体外での分化プロトコルにおける再現性は低く、この問題はおそらくES細胞を用いた治療の可能性を実現する前に、克服すべき最重要課題である。

ヒトES細胞療法のためのモデル動物
Animal models for human ES cell therapy

現在、ヒトES細胞療法のための唯一の有効的な動物モデルはマウスである。しかし、マウスの解剖学的・生理学的特徴および寿命がヒトとはかなり異なっていることは明らかである。また、代替的な非ヒトモデルが必要であることは明らかである。生体内へES細胞由来の細胞集団を移植することは、おそらくマウスモデルを用いて適切に解析されないであろう特定のリスクを持っている。もし治療に用いる細胞集団に未分化なES細胞が混入していると、治療細胞を移植された患者に奇形腫が生じるリスクがあるのかもしれない。分化させたマウスES細胞またはヒトES細胞をマウスへ移植すると、奇形腫または他の良性または悪性の腫瘍の成長がすでに実証されており、克服すべき大きな問題となっている。ES細胞治療の**可能性** potential を評価するのと同様に、このような**安全性への懸念** safety concerns を試験するために、ブタのような大型**家畜動物種** domestic species のES細胞モデルはとても価値がある。ブタはヒトに類似した大きさの臓器を持つ大型哺乳類である。さらに、ブタの生理学的特徴は、マウスよりもヒトとより類似している。現在、このようなモデルを確立することを目指している（**図21-10**）。しかし、世界的な取り組みは、マウスのES細胞を確立し、培養する技術が、直接ブタに移行できていない。これまでのところ、安定して検証されたES細胞株が、ブタで確立されていないことが明らかになっている。未だに残る1つの問題は、長期的な免疫抑制である。非ヒト細胞または適合性のないヒト細胞を移植した場合、患者は生涯にわたって免疫抑制薬を服用しなければならない。その代わりとなる解決法は、患者に認識されない移植細胞を開

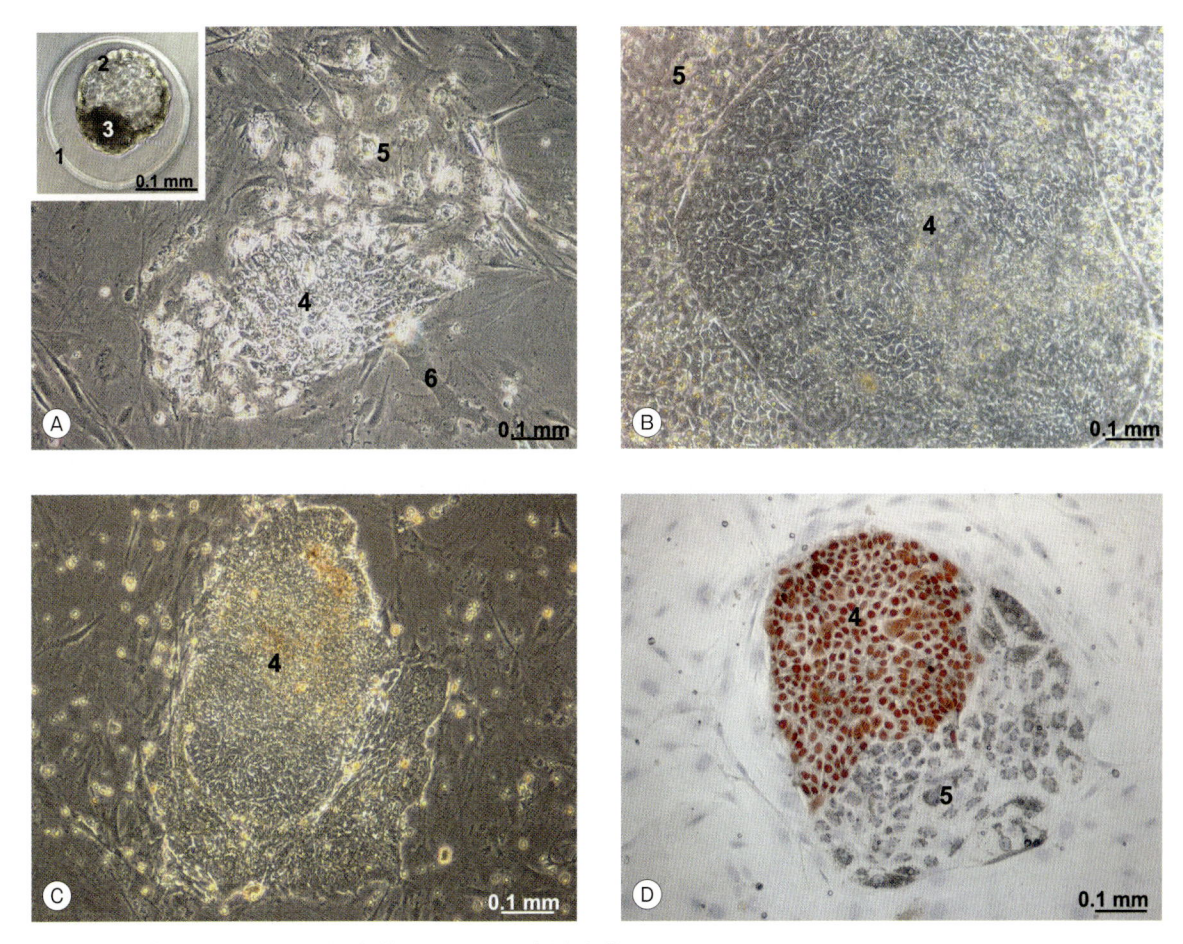

図 21-10： ブタ ES 様細胞の分離と培養におけるさまざまな段階。
A: 免疫手術によって内細胞塊の分離4日後に外側へ成長するコロニー。ES 様細胞（4）とマウス線維芽細胞（6）とともに存在する栄養外胚葉細胞（5）に注目。挿入図：透明帯（1）、栄養外胚葉（2）、内細胞塊（3）が見られるハッチングしていないブタ胚盤胞。**B:** 6日後に外側へ成長するコロニー。ES 様細胞（4）と栄養外胚葉細胞（5）に注目。
C: 最初の手による継代（passage 1）して4日後の ES 様細胞（4）、内細胞塊の分離10日後。**D:** 内細胞塊の分離7日後に外側へ成長するコロニーを Oct4 を用いて免疫組織化学染色した。ES 様細胞領域で赤く染まった核（4）と染色されていない核を持つ将来の栄養外胚葉細胞（5）に注目。

発することであるが、これは達成するには至っていない。ES 細胞を臨床現場へ応用するためには、多くのハードルがある。それらのハードルが解決され、さらに ES 細胞が将来の疾患治療の大きな部分を占めるということが大いに期待されている。

多能性幹細胞の代替法
Alternative avenues to pluripotent stem cells

ES 細胞のほかに、マウスには少なくとも2つのタイプの多能性幹細胞、すなわち**胚性生殖細胞（EG 細胞）**embryonic germ（EG）cell および**胚性腫瘍**

Assisted reproduction technologies

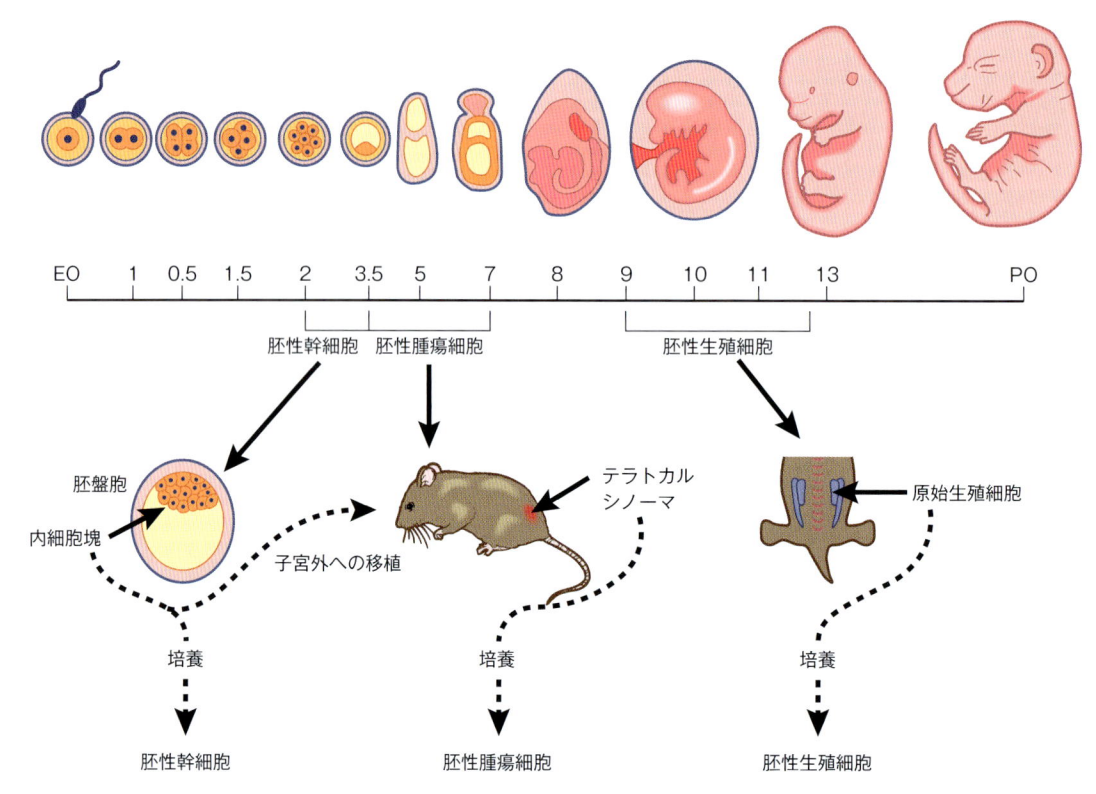

図21-11：マウスにおける ES 細胞、EC 細胞および EG 細胞の作出。時間軸は、胎齢０日（E0）から生後０日（P0）を示す。ES 細胞は胚盤胞の内細胞塊に由来する。内細胞塊が異所性に他のマウスへ移植されると、テラトカルシノーマが発生し、その中から EC 細胞が得られる。EG 細胞は生殖腺堤の原始生殖細胞に由来する。

細胞（EC 細胞）embryonic carcinoma（EC）cell がある（**図21-11**）。

　EC 細胞 EC cells も内細胞塊由来である。したがって、内細胞塊がマウスへ移植されると、それらは**テラトカルシノーマ** teratocarcinoma と呼ばれる特定の腫瘍に分化する。これらの腫瘍は、多分化能を有する内細胞塊由来の分化した細胞から構成されるが、わずかな割合で未分化な細胞も含んでいる。後者の細胞は単離することができ、多分化能の特性を示す EC 細胞として体外で培養することができる。明らかに承認されている EC 細胞の類似体はどの家畜動物でも開発されていない。しかし、EC 様細胞はブタにおいて報告されている。

　EG 細胞は、胚子の**原始生殖細胞** primordial germ cell から派生する。すなわち、原腸胚形成後、卵黄嚢から生殖腺堤への移動中の原始生殖細胞に由来する。原始生殖細胞は、多分化能である EG 細胞として体外で培養されることができる。再度述べるが、EC 様細胞はブタで報告されているものの、証明された EC 細胞は、家畜動物では開発されていない。

　ごく最近、胚性幹細胞に類似した新しいタイプの細胞、**人工多能性幹細胞（iPS 細胞）**induced pluripotent stem（iPS）cell と呼ばれる細胞が開発された。この細胞は、異なる多能性の遺伝子をウイルスによる形質導入によって成体の体細胞を初期化し

たものである。マウス iPS 細胞は、*Oct4*、*Sox2*、*c-Myc* および *klf4* の形質導入により最初に作出された。そして、ヒト iPS 細胞はその後、*Oct4*、*Sox2*、*klf4*、*c-Myc* または *Oct4*、*Sox2*、*Nanog*、*Lin28* のいずれかの組み合わせをウイルスによって形質導入することにより作出された。これらの細胞は、**患者特異的幹細胞株** patient-specific stem cell line の作製を可能にし、将来の細胞療用に使用できる幹細胞ツールとなるかもしれない。

ヒトにおける生殖補助技術
Assisted reptoduction technologies in man

ヒトの医学において生殖補助技術を使用する主な目的は、**不妊問題** infertility problem を回避することや、**着床前遺伝子診断** preimplantation genetic diagnosis を実行することである。

胚の体外生産は、ヒトでは通常**体外受精** in vitro fertilization（IVF）と呼ばれている。これは、体外での期間（卵母細胞の成熟と胚培養）が家畜動物の場合よりも一般に短いためである。規定外の排卵前卵胞の成長を誘導する**卵巣刺激** ovarian stimulation の後、卵母細胞は排卵直前に**超音波誘導採卵** ultrasound-guided ovum pick up される。その卵母細胞は**体外受精** fertilized in vitro をされる。次いで、2細胞期から4細胞期まで培養され、**非外科的** non-surgically に同じ女性の子宮内腔へ**移植** transferred （または再挿入）される。一般的には1〜2個の胚が移植されるが、1個の胚の移植が標準となりつつある。体外において卵母細胞の成熟と胚盤胞期まで胚を培養することは、いくつかの場面で行われているが、一般的には、この体外での期間は動物で行われている期間よりも短い。ヒト IVF を成功させる鍵は、このような霊長類の初期卵割期胚によって子宮環境が同調化されない（体外に持ち出したために）ことを改善することであり、ヒト IVF が可能になる前には、このことはサルで最初に実証された。

不妊の問題が女性ではなく男性に由来し、少数の精子が利用可能な場合は、**卵細胞質内精子注入法** intracytoplasmic sperm injection（ICSI）が適用される。1個の精子が射精精液から取り出され、微細ガラス管を使って機械的に卵母細胞内へ注入される。同じ手順が精巣上体や精巣から採取した精子にも適用される。精巣から採取した円形精子細胞を用いた ICSI によって新生児が誕生したという報告もある。

ヒトの生殖補助技術では、他の科学者と一般市民を混乱させる可能性がある**多数の略語** numerous abbreviations が使われている。一般的に使用される略語のいくつかを以下にアルファベット順で並べる。

- AHA：assisted hatching　透明帯から胚盤胞のハッチング（脱出）が、顕微操作によって透明帯を破裂して促進される"補助孵化"である。
- GIFT：gamete intra-fallopian transfer　"配偶子の卵管内移植"を意味する。配偶子である卵と精子を洗浄し、カテーテルを使って女性の卵管（ファロピアン管）に移植すると、そこで受精し、初期胚の発生が体内で起きる。
- MESA：microsurgical epididymal sperm aspiration　"顕微精巣上体精子吸引"の略で、精子が外科的手法によって精巣上体から吸引される。
- PESA：percutaneous epididymal aspiration　"経皮的精巣上体吸引"の略で、精子が経皮的に精巣上体管から吸引される。
- PGD：preimplantation genetic diagnosis　"着床前遺伝子診断"の略で、顕微操作により、8細胞期胚から1個または2個の割球を採取することで実施する。胚はこの処置によって通常障害を受けない。生検によって外された割球は、遺伝子解析

Assisted reproduction technologies

に使用できる。ヒトゲノムにおける2万5000ほどの遺伝子のほとんどが、今では同定され、そのDNA塩基配列は解読されている。遺伝子の分子解析は、単純化して効率的になりつつある。その結果、PGDを行う体外受精では、現在、ダウン症候群、嚢胞性線維症、筋ジストロフィー、鎌状赤血球貧血、テイ・サックス病、ゴーシェ病または精神遅滞などの遺伝的欠陥を持つほぼ全ての子を両親が出産することを防げる。疾患予防のためにPGDを使用することと生の選択とのあいだの微妙な境界線は、現在の倫理的な問題である。

- PROST：pronuclear stage tubal transfer "前核期胚移植"の略で、体外で受精させた受精卵を卵割前に女性の卵管に移植することであり、生体内で胚発生させる。
- SUZI：subzonal sperm injection "透明帯内精子注入"の略で、精子が顕微操作によって卵母細胞の囲卵腔に注入される。
- TESE：testicular sperm extraction "精巣内精子採取"の略で、体外受精のために精子が精巣から採取される。
- TET：tubal embryo transfer "卵管胚移植"の略で、初期IVF胚が女性の卵管に移植される。
- ZIFT：zygote intrafallopian transfer "受精卵卵管内移植"の略で、卵母細胞を体外受精させ、受精卵の段階で女性の卵管に戻す。

要約 Summary

　生殖補助技術 assisted reproduction technologies（**ART**）は生殖の制御および改善のために、配偶子および胚を操作する多くの事象を意味する。最古のARTの1つは、優れた雄から集めた精液を多くの雌へ用いる**人工授精** artifical insemination である。人工授精は、しばしば**希釈精液の凍結保存** cryopreservation of the diluted semen、および最近ではフローサイトメトリーによるウシの**精子の雌雄鑑別** sex sorting of spermatozoa と組み合わされる。人工授精は未だに家畜の育種に最も大きな影響を与えているARTである。特にウシで実用化されている他のARTは、過剰排卵処置による**多排卵と胚移植** multiple ovulation and embryo transfer（**MOET**）である。これは優れた雌ウシが多く排卵するように過剰排卵処置され、選ばれた精液を用いて人工授精させる。そしてレシピエント牛へ移植するために、胚盤胞期胚のドナーとして使用される。ごく最近では、**胚の体外産生** in vitro production of embryos が実用化されている。この手法は、卵母細胞の成熟、受精、受精卵を胚盤胞期まで培養する過程を含んでいる。つまり、移植前の全ては体外で行われる。胚移植と胚の体外生産は、卵母細胞および初期胚の**超低温保存** cryopreservation を必要としてきた。結果として、**緩慢凍結法** slow-rate freezing と**ガラス化法** vitrification の両者が開発された。**体細胞核移植によるクローニング** cloning by somatic cell nuclear transfer は、分化した細胞のゲノムが卵母細胞によって初期化される特に優れた技術である。自身のDNAを含む卵母細胞の核がまず除去され、いわゆる細胞質体と呼ばれる状態となる。次に、細胞質体はドナー細胞である体細胞と融合される。そしてドナー細胞の核にある分化したゲノムは、卵母細胞細胞質体によって全能性の状態に初期化され、初期発生が再構築された胚の活性化によって開始される。核のドナーとして遺伝的改変細胞の使用と組み合わせると、体細胞核移植は、**遺伝子改変動物** genetically modified animals の作出のために使用されることが可能となる。この技術は、ヒト疾患モデル家畜動物として、またブタの場合では異種移植の臓器提供動物としてこのような改変モデル動物の使用を目指す研究を促進してきた。ヒトの医学において、幹細胞はいわゆる細胞ベースの治

療にとって将来的に有用であると考えられている。つまり、この治療では幹細胞が治療に適する細胞集団へ分化させられる。多分化能を有している**胚性幹細胞** embryonic stem cell は、哺乳類の体の全てのタイプの細胞に分化することが可能である。このため、胚性幹細胞は安全性といった重要な事項が研究されるモデル家畜動物の改良への使用に特に関心が持たれている。

参考文献 Further reading

Allen, W.R. (2005): The development and application of the modern reproductive technologies to horse breeding. Reprod. Dom. Anim. 40:310–329.

Anderson, G.B., Choi, S.J. and Bondurant, R.H. (1994): Survival of porcine inner cell masses in culture and after injection into blastocysts. Theriogenology, 42:204–212.

Baguisi, A., Behboodi, E., Melican, D.T., Pollock, J.S., Destrempes, M.M., Cammuso, C., Williams, J.L., Nims, S.D., Porter, C.A., Midura, P., Palacios, M.J., Ayres, S.L., Denniston, R.S., Hayes, M.L., Ziomek, C.A., Meade, H.M., Godke, R.A., Gavin, W.G., Overstrom, E.W. and Echelard, Y. (1999): Production of goats by somatic cell nuclear transfer. Nature Biotech. 17:456–461.

Bavister, B.D. (2002): Early history of in vitro fertilization. Reproduction 124:181–196.

Bo, G.A., Baruselli, P.S., Chesta, P.M. and Martins, C.M. (2006): The timing of ovulation and insemination schedules in superstimulated cattle. Theriogenology 65:89–101.

Brevini, T.A., Tosetti, V., Crestan, M., Antonini, S. and Gandolfi F. (2007): Derivation and characterization of pluripotent cell lines from pig embryos of different origins. Theriogenology, 67:54–63.

Callesen, H. and Greve, T. (2002): Management of reproduction in cattle and buffaloes – embryo transfer and associated techniques. In: Animal Health and Production Compendium. Wallingford, UK: CAB International. 41 pp.

Campbell, K.H., McWhir, J., Ritchie, W.A. and Wilmut, I. (1996): Sheep cloned by nuclear transfer from a cultured cell line. Nature, 380:64–66.

Chambers, I., Colby, D., Robertson, M., Nichols, J., Lee, S., Tweedie, S., and Smith, A. (2003): Functional expression cloning of Nanog, a pluripotency sustaining factor in embryonic stem cells. Cell, 113:643–655.

Chen, L.R., Shiue, Y.L., Bertolini, L., Medrano, J.F., Bondurant, R.H. and Anderson, G.B. (1999): Establishment of pluripotent cell lines from porcine preimplantation embryos. Theriogenology, 52:195–212.

Chesné, P., Adenot, P.G., Viglietta, C., Baratte, M., Boulanger, L. and Renard, J.P. (2002): Cloned rabbits produced by nuclear transfer from adult somatic cells. Nature Biotech. 20:366–369.

Chew, J.L., Loh, Y.H., Zhang, W., Chen, X., Tam, W.L., Yeap, L.S., Li, P., Ang, Y.S., Lim, B., Robson, P. and Ng, H.H. (2005): Reciprocal transcriptional regulation of Pou5f1 and Sox2 via the Oct4/Sox2 complex in embryonic stem cells. Mol. Cell. Biol., 25:6031–6046.

Cibelli, J.B., Stice, S.L., Golueke, P.J., Kane, J.J., Jerry, J., Blackwell, C., Ponce de Leon, F.A. and Robl, J.M. (1998a): Cloned transgenic calves produced from nonquiescent fetal fibroblasts. Science 280:1256–1258.

Cibelli, J.B., Stice, S.L., Golueke, P.J., Kane, J.J., Jerry, J., Blackwellm, C., Ponce de Leon, F.A. and Robl, J.M. (1998b): Transgenic bovine chimeric offspring produced from somatic cell-derived stem-like cells. Nat. Biotechnol., 16:642–646.

Di Berardino, M.A. (2001): Animal cloning – the route to new genomics in agriculture and medicine. Differentiation 68:67–83.

Durocher, J., Morin, N. and Blondin, P. (2006): Effect of hormonal stimulation on bovine follicular response and oocyte developmental competence in a commercial operation. Theriogenology 65:102–115.

Evans, M.J. and Kaufman, M.H. (1981):. Establishment in culture of pluripotential cells from mouse embryos. Nature, 292:154–156.

Evans, M.J., Notarianni, E., Laurie, S. and Moor, R.M. (1990): Derivation and preliminary characterization of pluripotent cell lines from porcine and bovine blastocysts. Theriogenology, 33:125–128.

Evenson, D.P. and Wixon, R. (2006): Clinical aspects of sperm DNA fragmentation detection and male infertility. Theriogenology 65:979–991.

Galli, C., Lagutina, I., Crotti, G., Colleoni, S., Turini, P., Ponderato, N., Duchi, R. and Lazzari, G. (2003): Pregnancy: a cloned horse born to its dam twin. Nature 425:680

Gerfen, R.W. and Wheeler, D.A. (1995): Isolation of embryonic cell-lines from porcine blastocysts. Anim. Biotechnol., 6:1–14.

Ginis, I., Luo, Y., Miura, T., Thies, S., Brandenberger, R., Gerecht-Nir, S., Amit, M., Hoke, A., Carpenter, M.K., Itskovitz-Eldor, J. and Rao, M.S. (2004): Differences between human and mouse embryonic stem cells. Dev. Biol., 269:360–380.

Gjorret, J.O. and Maddox-Hyttel, P. (2005): Attempts towards derivation and establishment of bovine embryonic stem cell-like cultures. Reprod. Fertil. Dev., 17:113–124.

Golos, T.G., Pollastrini, L.M. and Gerami-Naini, B. (2006): Human embryonic stem cells as a model for trophoblast differentiation. Semin. Reprod. Med., 24:314–321.

Gomez, M.C., Pope, C.E., Giraldo, A., Lyons, L.A., Harris, R.F., King, A.L., Cole, A., Godke, R.A. and Dresser, B.L. (2004):Birth of African Wildcat cloned kittens born from domestic cats. Cloning Stem Cells 6:247–258.

González-Bulnes A, Baird DT, Campbell BK, Cocero MJ, Garcia-Garcia RM, Inskeep EK, López-Sebastián A, McNeilly AS, Santiago-Moreno J, Souza CJH, Veiga-López A (2004) Multiple factors affecting the efficiency of multiple ovulation and embryo transfer in sheep and goats. Reprod Fert and Develop 16:421–435.

Greve, T. and Callesen, H. (2005): Embryo technology: implications for fertility in cattle. Revue Scientifique et Technique-Office International des Epizooties 24:405–412.

Hall, V.J., Stojkovic, P. and Stojkovic, M. (2006): Using therapeutic cloning to fight human disease: a conundrum or reality? Stem Cells 24:1628–1637.

He, S., Pant, D., Schiffmacher, A., Bischoff, S., Melican, D., Gavin, W. and Keefer, C. (2006): Developmental expression of pluripotency determining factors in caprine embryos: novel pattern of NANOG protein localization in the nucleolus. Mol. Reprod. Dev., 73:1512–1522.

Hochereau-de Reviers, M.T. and Perreau, C. (1993): In vitro culture of embryonic disc cells from porcine blastocysts. Reprod. Nutr. Dev., 33:475–483.

Hoffman, J.A. and Merrill, B.J. (2007): New and renewed perspectives on embryonic stem cell pluripotency. Front. Biosci. 12:3321–3332.

Iwasaki, S., Campbell, K.H., Galli, C. and Akiyama, K. (2000): Production of live calves derived from embryonic stem-like cells aggregated with tetraploid embryos. Biol. Reprod., 62:470–475.

Johnson, L.A. (2000): Sexing mammalian sperm for production of offspring: the state-of-the-art.Anim. Reprod. Sci. 60–61:93–107.

Johnson, L.A, Weitze, K.F., Fiser, P. and Maxwell, W.M. (2000): Storage of boar semen. Anim. Reprod. Sci. 62:143–172.

Keefer, C.L., Pant, D., Blomberg, L. and Talbot, N.C. (2007): Challenges and prospects for the establishment of embryonic stem cell lines of domesticated ungulates. Anim. Reprod. Sci., 98:147–168.

Kim, H.S., Son, H.Y., Kim, S., Lee, G.S., Park, C.H., Kang, S.K., Lee, B.C., Hwang, W.S. and Lee, C.K. (2007a): Isolation and initial culture of porcine inner cell masses derived from in vitro-produced blastocysts. Zygote, 15:55–63.

Kim, M.K., Jang, G., Oh, H.J., Yuda, F., Kim, H.J., Hwang, W.S., Hossein, M.S., Kim, J.J., Shin, N.S., Kang, S.K. and Lee, B.C. (2007b): Endangered wolves cloned from adult somatic cells. Cloning Stem Cells 9:130–137.

Kirchhof, N., Carnwath, J.W., Lemme, E., Anastassiadis, K., Scholer, H. and Niemann, H. (2000): Expression pattern of Oct-4 in preimplantation embryos of different species. Biol. Reprod., 63:1698–1705.

Kutzler, M.A. (2005): Semen collection in the dog. Theriogenology 64:747–754.

Lanza, R.P., Cibelli, J.B., Diaz, F., Moraes, C.T., Farin, P.W., Farin, C.E., Hammer, C.J., West, M.D. and Damiani, P. (2000): Cloning of an endangered species (Bos gaurus) using interspecies nuclear transfer. Cloning 2:79–90.

Lee, B.C., Kim, M.K., Jang, G., Oh, H.J., Yuda, F., Kim, H.J., Hossein, M.S., Kim, J.J., Kang, S.K., Schatten, G. and Hwang, W.S.. (2005): Dogs cloned from adult somatic cells. Nature 436:641.

Levick, S.E. (2007): From Xenopus to Oedipus: 'Dolly', human cloning and psychological and social clone-ness. Cloning Stem Cells 9:33–39.

Li, M., Zhang, D., Hou, Y., Jiao, L., Zheng, X. and Wang, W.H. (2003): Isolation and culture of embryonic stem cells from porcine blastocysts. Mol. Reprod. Dev., 65:429–434.

Li, M., Li, Y.H., Hou, Y., Sun, X.F., Sun, Q. and Wang, W.H. (2004a): Isolation and culture of pluripotent cells from in vitro produced porcine embryos. Zygote, 12:43–48.

Li, M., Ma, W., Hou, Y., Sun, X.F., Sun, Q.Y. and Wang, W.H. (2004b): Improved isolation and culture of embryonic stem cells from Chinese miniature pig. J. Reprod. Dev. 50:237–244.

Li, Z., Sun, X., Chen, J., Liu, X., Wisely, S.M., Zhou, Q., Renard, J.P., Leno, G.H. and Engelhardt, J.F. (2006): Cloned ferrets produced by somatic cell nuclear transfer. Dev. Biol. 293:439–448.

Li, P., Tong, C., Mehrian-Shai, R., Jia, L., Wu, N., Yan, Y., Maxson, R.E., Schulze, E.N., Song, H., Hsieh, C., Pera, M.F. and Ying, Q. (2008): Germline competent embryonic stem cells derived from rat blastocysts. Cell 135:1299–1310.

Loi, P., Ptak, G., Barboni, B., Fulka, J. Jr., Cappai, P. and Clinton, M.. (2001): Genetic rescue of an endangered mammal by cross-species nuclear transfer using postmortem somatic cells. Nature Biotech. 19:962–964.

Long CR, Walker SC, Tang RT, Westhusin ME (2003) New commercial opportunities for advanced reproductive technologies in horses, wildlife, and companion animals. Theriogenology 59:139–149.

Luvoni GC, Chigioni S, Beccaglia M (2006) Embryo production in dogs: from in vitro fertilization to cloning. Reprod. Dom. Anim. 41:286–290.

Mapletoft, R.J. and Hasler, J.F. (2005): Assisted reproductive technologies in cattle: a review. Revue Scientifique et Technique-Office International des Epizooties 24:393–403.

Martinez EA, Vazquez JM, Roca J, Cuello C, Gil MA, Parrilla I, Vazquez JL (2005) An update on reproductive technologies with potential short-term application in pig production. Reprod. Dom. Anim. 40:300–309.

Mitalipova, M., Beyhan, Z. and First, N.L. (2001): Pluripotency of bovine embryonic cell line derived from precompacting embryos. Cloning, 3:59–67.

Mitsui, K., Tokuzawa, Y., Itoh, H., Segawa, K., Murakami, M., Takahashi, K., Maruyama, M., Maeda, M. and Yamanaka, S. (2003): The homeoprotein Nanog is required for maintenance of pluripotency in mouse epiblast and ES cells. Cell, 113:631–642.

Miyoshi, K., Taguchi, Y., Sendai, Y., Hoshi, H. and Sato, E. (2000): Establishment of a porcine cell line from in vitro-produced blastocysts and transfer of the cells into enucleated oocytes. Biol. Reprod., 62:1640–1646.

Mueller, S., Prelle, K., Rieger, N., Petznek, H., Lassnig, C., Luksch, U., Aigner, B., Baetscher, M., Wolf, E., Mueller, M. and Brem, G. (1999): Chimeric pigs following blastocyst injection of transgenic porcine primordial germ cells. Mol. Reprod. Dev., 54:244–254.

Munoz-Sanjuan, I. and Brivanlou, A.H. (2002): Neural induction, the default model and embryonic stem cells. Nat. Rev. Neurosci., 3:271–280.

Nichols, J., Zevnik, B., Anastassiadis, K., Niwa, H., Klewe-Nebenius, D., Chambers, I., Scholer, H. and Smith, A. (1998): Formation of pluripotent stem cells in the mammalian embryo depends on the POU transcription factor Oct4. Cell, 95:379–391.

Pelican KM, Wildt DE, Pukazhenthi B, Howard J (2006) Ovarian control for assisted reproduction in the domestic cat and wild felids. Theriogenology 66:37–48.

Piedrahita, J.A., Anderson, G.B. and Bondurant, R.H. (1990a): Influence of feeder layer type on the efficiency of isolation of porcine embryo-derived cell lines. Theriogenology, 34:865–877.

Piedrahita, J.A., Anderson, G.B. and Bondurant, R.H. (1990b): On the isolation of embryonic stem cells: Comparative behavior of murine, porcine and ovine embryos. Theriogenology, 34:879–901.

Piedrahita, J.A., Moore, K., Oetama, B., Lee, C.K., Scales, N., Ramsoondar, J., Bazer, F.W. and Ott, T. (1998): Generation of transgenic porcine chimeras using primordial germ cell-derived colonies. Biol. Reprod., 58:1321–1329.

Polejaeva, I.A., Chen, S.H., Vaught, T.D., Page, R.L., Mullins, J., Ball, S., Dai, Y., Boone, J., Walker, S., Ayares, D.L., Coman, A. and Campbell, K.H. (2000): Cloned pigs produced by nuclear transfer from adult somatic cells. Nature 407:86–90.

Rodda, D.J., Chew, J.L., Lim, L.H., Loh, Y.H., Wang, B., Ng, H.H. and Robson, P. (2005): Transcriptional regulation of nanog by OCT4 and SOX2. J. Biol. Chem., 280:24731–24737.

Saito, S., Sawai, K., Ugai, H., Moriyasu, S., Minamihashi, A., Yamamoto, Y., Hirayama, H., Kageyama, S., Pan, J., Murata, T., Kobayashi, Y., Obata, Y., Kazunari, K. and Yokoyama, K. (2003): Generation of cloned calves and transgenic chimeric embryos from bovine embryonic stem-like cells. Biochem. Biophys. Res. Commun., 309:104–113.

Schenke-Layland, K., Angelis, E., Rhodes, K.E., Heydarkhan-Hagvall, S., Mikkola, H.K. and MacLellan, W.R. (2007): Collagen IV induces trophoectoderm differentiation of mouse embryonic stem cells. Stem Cells, 25:1529–1538.

Shi, D., Lu, F., Wei, Y., Cui, K., Yang, S., Wei, J. and Liu Q. (2007): Buffalos (Bubalus bubalis) cloned by nuclear transfer of somatic cells. Biol. Reprod. 77:285–291.

Shim, H., Gutierrez-Adan, A., Chen, L.R., Bondurant, R.H., Behboodi, E. and Anderson, G.B. (1997): Isolation of pluripotent stem cells from cultured porcine primordial germ cells. Biol. Reprod., 57:1089–1095.

Shin, T., Kraemer, D., Pryor, J., Liu, L., Rugila, J., Howe, L., Buck, S., Murphy, K., Lyons, L. and Westhusin, M. (2002): A cat cloned by nuclear transplantation. Nature 415:859.

Silva, P.F and Gadella, B.M. (2006): Detection of damage in mammalian sperm cells. Teriogenology 65:958–978.

Simpson, J.L. (2007): Could cloning become permissible? Reprod Biomed Online; 14 S1:125–129.

Smukler, S.R., Runciman, S.B., Xu, S. and van der Koy, D. (2006): Embryonic stem cells assume a primitive neural stem cell fate in the absence of extrinsic influences. J. Cell Biol., 172:79–90.

Squires, E.L., Carnevale EM, McCue PM, Bruemmer JE (2003) Embryo technologies in the horse. Theriogenology 59:151–170.

Stice, S.L., Strelchenko, N.S., Keefer, C.L. and Matthews, L. (1996): Pluripotent bovine embryonic cell lines direct embryonic development following nuclear transfer. Biol. Reprod., 54:100–110.

Strelchenko, N.S. (1996): Bovine pluripotent stem cells. Theriogenology, 45:131–140.

Strojek, R.M., Reed, M.A., Hoover, J.L. and Wagner, T.E. (1990): A method for cultivating morphologically undifferentiated embryonic stem cells from porcine blastocysts. Theriogenology, 33:901–913.

Strong, C.(2005): The ethics of human reproductive cloning. Reprod. Biomed. Online 10 S1: 45–49.

Takahashi, K., Tanabe, K., Ohnuki, M., Narita, M., Ichisaka, T., Tomoda, K. and Yamanaka, S. (2007): Induction of pluripotent stem cells from adult human fibroblasts by defined factors. Cell 131:861–872.

Takahashi, K. and Yamanaka, S. (2006): Induction of pluripotent stem cells from mouse embryonic and adult fibroblast cultures by defined factors. Cell 126:663–676.

Talbot, N.C., Rexroad, C.E. Jr., Pursel, V.G., Powell, A.M. and Nel, N.D. (1993): Culturing the epiblast cells of the pig blastocyst. In Vitro Cell Dev. Biol. Anim., 29A:543–554.

Talbot, N.C., Powell, A.M. and Garrett, W.M. (2002): Spontaneous differentiation of porcine and bovine embryonic stem cells (epiblast) into astrocytes or neurons. In Vitro Cell Dev. Biol. Anim., 38:191–197.

The International Stem Cell Initiative (2007): Characterization of human embryonic stem cell lines by the International Stem Cell Initiative. Nature Biotech., 25:803–816.

Thomson, J.A., Itskovitz-Eldor, J., Shapiro, S.S., Waknitz, M.A., Swiergiel, J.J., Marshall, V.S. and Jones, J.M. (1998): Embryonic stem cell lines derived from human blastocysts. Science, 282:1145–1147.

Vajta, G. and Nagy, Z.P. (2006): Are programmable freezers still needed in the embryo laboratory? Review on vitrification. Reprod. Biomed. Online 12:779–796.

Vajta, G., Zhang, Y. and Machaty, Z. (2007): Somatic cell nuclear transfer in pigs: Recent achievements and future possibilities. Reprod. Fert. Dev. 19:403–423.

Vejlsted, M., Avery, B., Gjorret, J.O. and Maddox-Hyttel, P. (2006a): Effect of leukemia inhibitory factor (LIF) on in vitro produced bovine embryos and their outgrowth colonies. Mol. Reprod. Dev., 270:445–454.

Vejlsted, M., Avery, B., Schmidt, M., Greve, T., Alexopoulos, N. and Maddox-Hyttel, P. (2006b): Ultrastructural and immunohistochemical characterization of the bovine epiblast. Biol. Reprod., 72:678–686.

Vejlsted, M., Du, Y., Vajta, G. and Maddox-Hyttel, P. (2006c): Post-hatching development of the porcine and bovine embryo–defining criteria for expected development in vivo and in vitro. Theriogenology, 65:153–165.

Vejlsted, M., Offenberg, H., Thorup, F. and Maddox-Hyttel, P. (2006d): Confinement and clearance of OCT4 in the porcine embryo at stereomicroscopically defined stages around gastrulation. Mol. Reprod. Dev., 73:709–718.

Wakayama, T., Perry, A.C.F., Zuccoti, M., Johnson, K.R. and Yamagimachi, R. (1998): Full term development of mice from enucleated oocytes injected with cumulus cell nuclei. Nature 394:369–374.

Wang, L., Duan, E., Sung, L.Y., Jeong, B.S., Yang, X. and Tian, X.C. (2005): Generation and characterization of pluripotent stem cells from cloned bovine embryos. Biol. Reprod., 73:149–155.

Wheeler, M.B. (1994): Development and validation of swine embryonic stem cells: a review. Reprod. Fertil. Dev. 6:563–568.

Wheeler, M.B. (2003): Production of transgenic livestock: promise fulfilled. J. Anim. Sci. 81 Suppl. 3:32–37.

Willadsen, S.M. (1976): Deep freezing of sheep embryos. J. Reprod. Fertil. 46:151–154.

Williams, R.L., Hilton, D.J., Pease, S., Willson, T.A., Stewart, C.L., Gearing, D.P., Wagner, E.F., Metcalf, D., Nicola, N.A. and Gough, N.M. (1988): Myeloid leukaemia inhibitory factor maintains the developmental potential of embryonic stem cells. Nature, 336:684–687.

Wilmut, I. and Rowson, L.E. (1973): The successful low-temperature preservation of mouse és cow embryos. J. Reprod. Fertil. 33:352–353.

Wilmut, I., Schnieke, A.E., McWhir, J., Kind, A.J. and Campbell, K.H. (1997): Viable offspring derived from fetal and adult mammalian cells. Nature 385:810–813.

Woods, G.L., White, K.L., Vanderwall, D.K., Li, G.P., Aston, K.I., Bunch, T.D., Meerdo, L.N. and Pate, B.J. (2003): A mule cloned from fetal cells by nuclear transfer. Science 301:1063.

Wu, D.C., Boyd, A.S. and Wood, K.J. (2007): Embryonic stem cell transplantation: potential applicability in cell replacement therapy and regenerative medicine. Front. Biosci. 12:4525–4535

Yuan, H., Corbi, N., Basilico, C. and Dailey, L. (1995): Developmental-specific activity of the FGF-4 enhancer requires the synergistic action of Sox2 and Oct-3. Genes Dev., 9:2635–2645.

Yu, J., Vodyanik, M.A., Smuga-Otto, K., Antosiewicz-Bourget, J., Frane, J.L., Tian, S., Nie, J., Jonsdottir, G.A., Ruotti, V., Stewart, R., Slukvin, II. and Thomson, J.A. (2007): Induced pluripotent stem cell lines derived from human somatic cells. Science 318:1917–1920.

Zhou, Q., Renard, J.P., Le Friec, G., Brochard, V., Beaujean, N., Cherifi, Y., Fraichard, A. and Cozzi, J. (2003): Generation of fertile cloned rats by regulating oocyte activation. Science 302:1179

索　引

翻訳は原著に記載されている表記（英語・ラテン語）を用い、それを基に索引を作成した。

【あ】

アウェルバッハ神経叢
　（Auerbach plexus / 筋層間神経叢）
　　……………………………… 110, 173
アクチビン（activin）………… 21, 269
アクチン（actin）………………… 330
アクチン細糸（アクチン・フィラメン
　ト；actin filament）…………… 106
アクロシン（acrosin）…………… 68
アセチルコリン（acetylcholine）
　　……………………………… 170, 172
アブミ骨（stapes）…… 193, 249, 327
アブミ骨筋（stapedius muscle）… 193
アポクリン汗腺
　（apocrine sweat gland）……… 349
アポトーシス（apoptosis）
　　………………………… 18, 107, 321
アマクリン細胞（amacrine cell）
　　………………………………… 183
アリストテレス（Aristotle）………… 1
アレオラ（areolae）……………… 121
アンジオポイエチン（angiopoietin）
　　………………………………… 225

【い】

胃（stomach）…………………… 247
異型配偶子融合（syngamy）……… 68
移植（transfer）………………… 443
異所性（ectopic）………………… 129
1型星状膠細胞（type-1 astrocyte）
　　………………………………… 138
一次下胚盤葉（primary hypoblast）
　　………………………………… 418
一次口（ostium primum）……… 207
一次口蓋（primary palate）… 239, 328
一次口腔（primary oral cavity）… 239
一次後鼻孔（primary choanae）
　　………………………………… 239, 328
一次骨化中心
　（primary ossification center）… 311
一次支質（primary stroma）……… 188
一次水晶体線維（primary lens fiber）
　　……………………………… 186, 187
一次精母細胞
　（primary spermatocyte）…… 43, 54
一次中隔（septum primum）…… 207
一次乳腺芽
　（primary mammary bud）…… 353
一次鼻腔（primary nasal cavity）
　　………………………………… 239
一次毛包（primary hair follicle）
　　………………………………… 348
一次卵胞（primary follicle）……… 48
一次卵母細胞（primary oocyte）
　　………………………… 43, 46, 290
一次リンパ器官
　（primary lymphoid organ）…… 231
一次リンパ組織
　（primary lymphoid tissue）…… 228
一般体性遠心性神経線維
　（general somatic efferent fiber）
　　……………………… 164, 165, 170
一般体性遠心性ニューロン
　（general somatic efferent neuron）
　　………………………………… 164
一般体性求心性神経核（general
　somatic afferent nucleus）…… 150
一般体性求心性神経線維
　（general somatic afferent fiber）
　　…………………………… 164, 165
一般内臓遠心性神経線維
　（general visceral efferent fiber）
　　…………………………… 164, 169, 170
一般内臓求心性神経核（general
　visceral afferent nucleus）…… 150
一般内臓求心性神経線維
　（general visceral afferent fiber）
　　………………………………… 164
遺伝的組換え
　（genetic recombination）……… 43
異皮質（allocortex）……………… 160
陰核（clitoris）…………………… 300
陰茎（phallus）…………………… 300
陰茎亀頭（glans penis）………… 300
陰茎骨（os penis）……………… 302
陰茎縫線（genital raphe）……… 300
インターフェロン・タウ（IFN-t）
　　……………………………… 118, 121
インディアン・ヘッジホッグ
　（Ihh）…………………………… 21, 340
インテグリン（integrin）………… 108
咽頭（pharynx）………………… 247
咽頭弓（pharyngeal arch）
　　………………… 109, 150, 168, 247, 326
咽頭周囲神経堤
　（circumpharyngeal neural crest）
　　………………………………… 110
咽頭内胚葉（pharyngeal endoderm）
　　………………………………… 420
咽頭嚢（pharyngeal pouch）…… 247
陰嚢（scrotum）………………… 302
インヒビン（inhibin）……………… 21
陰門（vulva）……………………… 29

【う】

ヴァイスマン（August Weismann）
　　…………………………………… 8
ウィラードセン
　（Steen Malte Willadsen）……… 11
ウィルソン
　（Edmund Beecher Wilson）…… 9
ウィルマット（Ian Wilmut）……… 11

475

索引

ウィングドヘリックス転写因子 FOXD1（wingedhelix transcription factor FoxD1）················ 305
ウイングレス（Wnt）··············· 21
ウォルフ（Caspar Friedrich Wolf）················ 7
ウォルフ管（Wolffian duct）········ 273
右心耳（right auricle）················ 206
右心室（right ventricle）············· 206
右房室管（right atrioventricular channel）················ 207
ウマ絨毛性性腺刺激ホルモン（eCG）················ 125, 444

【え】
永久歯（permanent tooth）········· 247
衛星細胞（神経節膠細胞；satellite cell）·············· 165, 330
栄養外胚葉（trophectoderm）················ 15, 79, 85, 115, 128, 430
栄養細胞層（cytotrophoblast）····· 129
栄養膜（trophoblast）··················· 79
栄養膜合胞体層（synctiotrophoblast）··········· 129
栄養膜合胞体層細胞（syncytiotrophoblast cell）········ 127
栄養膜細胞層細胞（cytotrophoblast cell）············ 127
会陰体（perineal body）·············· 266
エウスタキウス（Bartolomeo Eustachius）············ 3
腋窩動脈（axillary artery）·········· 213
エクリン汗腺（eccrine sweat gland）················ 349
エストロジェン（estrogen）···· 31, 117
X染色体の不活化（X-chromosome inactivation）···· 25
エナメル芽細胞（ameloblast）······ 246
エナメル器（enamel organ）········ 246
エナメル質（enamel）··········· 245, 246
エピジェネティックな要因（epigenetic factor）················ 457
エフェクター細胞（effector cell）················ 231
エフリン分子群（ephrins）·········· 197

沿軸中胚葉（paraxial mesoderm）················ 98, 103
延髄（medulla oblongata）··········· 147

【お】
横隔膜（diaphragm）················· 334
横行結腸（transverse colon）················ 262, 266
黄体（corpus luteum）················· 32
黄体退行（黄体融解；luteolysis）················ 32, 118
横中隔（transverse septum）········ 260
横突起（transverse process）······· 314
オーガナイザー（形成体；organizer）················ 96, 424
オキシトシン（oxytocin）············ 118
帯状（zonary）························· 119
帯状胎盤（zonary placenta）········ 128
オプソニン作用（opsonization）···· 228
オリーブ核（olivary nucleus）······ 150

【か】
外エナメル上皮（outer enamel epithelium）····· 246
外顆粒細胞（external granule cell）················ 153
外顆粒層（external granular layer）················ 152
外顆粒層（outer nuclear layer）··· 183
外頸静脈（external jugular vein）················ 218
外頸動脈（external carotid artery）················ 212
外根鞘（external root sheath）····· 347
外耳（outer ear）····················· 189
外耳道（external auditory meatus）················ 194, 248, 327
外耳道栓（meatal plug）·············· 194
外上皮小体（external parathyroid gland）···· 251
外髄膜（ectomeninx）················ 163
外側眼形成領域（lateral eye forming region）··· 179
外側口（lateral aperture）············ 163
外側節間動脈（lateral segmental artery）······· 214

外側舌隆起（lateral lingual swelling）········ 243
外側中胚葉（側板中胚葉；lateral plate mesoderm）··· 98, 224, 346, 420
外側半規管（lateral semicircular duct）········ 190
外側鼻隆起（lateral nasal prominence）················ 239, 328
回腸（ileum）························· 262
外腸骨静脈（external iliac vein）················ 218
外腸骨動脈（external iliac artery）················ 211
回腸パイエル板（Peyer's patch）················ 230, 231, 233
外転神経（abducent nerve）················ 167, 170
外套層（mantle layer）··············· 140
外胚葉（ectoderm）··········· 16, 89, 421
外胚葉性頂堤（AER）················ 317, 318, 321, 339
海馬回（hippocampal gyrus）······ 161
海馬交連（hippocampal commissure）················ 162
海馬体（hippocampal formation）················ 161
海馬傍回（parahippocampal gyrus）················ 161
蓋板（roof plate）··············· 142, 176
外網状層（outer plexiform layer）················ 183
外卵胞膜（theca externa）············ 50
外リンパ（perilymph）··············· 191
下顎骨（mandible）··················· 326
下顎神経（mandibular nerve）······ 168
下顎腺（mandibular gland）········ 243
下顎突起（mandibular process）··· 248
下顎隆起（mandibular prominence）················ 238
鉤爪（claw）··························· 351
蝸牛管（cochlear duct）········ 190, 191
蝸牛憩室（cochlear diverticulum）················ 191
蝸牛神経（cochlear nerve）········· 168

索引

核移植技術
　（nuclear transfer technology）
　……………………………… 456
角芽（horn bud）……………… 352
角外膜（epiceras）……………… 352
核合体（karyogamy）…………… 70
角質化細胞（ケラチノサイト；
　keratinocyte）……………… 343
角質細胞増殖因子（KGF）…… 355
角質層（cornfield layer）… 343, 344
角舌骨（ceratohyoid）………… 327
顎動脈（maxillary artery）…… 213
核分裂（karyokinesis）………… 41
角膜前上皮（anterior epithelium of
　cornea）……………………… 188
角膜内皮（corneal endothelium）
　……………………………… 188
下行結腸（descending colon）
　……………………… 262, 266
籠細胞（basket cell）………… 152
下垂体軟骨（hypophyseal cartilage）
　……………………………… 325
過大子症候群（LOS）………… 449
家畜遺伝資源保全（conservation of
　farm animal genetic resources）
　……………………………… 447
割球（blastomere）………… 15, 77
滑車神経（trochlear nerve）
　……………………… 167, 170
下胚盤葉（hypoblast）
　…… 16, 82, 90, 103, 115, 418, 431
下分節（hypomere）…………… 334
鎌状間膜（falciform ligament /
　ligamentum falciforme）
　……………………… 216, 256, 261
顆粒球（白血球；granulocyte）
　……………………… 227, 228
顆粒細胞（granule cell）……… 152
顆粒層（granular layer）
　……………………… 153, 343, 344
顆粒層細胞（granulosa cell）…… 48
肝円索（ligamentum teres hepatis）
　……………………… 216, 222
間期（interphase）……………… 42
管腔形成（cavitation）………… 105
肝細胞（hepatocyte）………… 260

肝細胞核転写因子（hepatocyte
　nuclear transcription factor）… 269
間質（interstitial compartment）
　……………………………… 290
患者特異的幹細胞株（patient-
　specific stem cell line）…… 469
冠状靱帯（coronary ligament）… 256
管状筋細胞（myotube）… 330, 341
冠状静脈洞（coronary sinus）… 206
冠状動脈（coronary artery）…… 110
冠状縫合（coronal suture）…… 326
眼神経（ophthalmic nerve）…… 168
関節軟骨（articular cartilage）… 311
肝臓（liver）…………… 228, 247
環椎（atlas）…………… 314, 338
間脳（diencephalon）…… 146, 156
眼杯（optic cup）………… 156, 179
肝脾造血期（hepato-lienal period）
　……………………………… 200
眼プラコード（optic placode）… 167
眼胞（optic vesicle）…… 146, 179
眼胞茎（optic stalk）…………… 185
眼房水（aqueous humour）…… 188
緩慢凍結（slow-rate freezing）… 454
顔面神経（facial nerve）
　…………………… 167, 168, 172, 243
眼野（optic field）……………… 179
間葉（mesenchyme）………… 92, 97
間葉細胞（mesenchymal cell）
　……………………… 108, 143, 278

【き】

キアズマ（交差；chiasmata）…… 43
機械乳頭（mechanical papilla）… 243
気管（trachea）………………… 247
気管支（bronchus）……… 247, 253
奇形腫（teratoma）…………… 464
基質メタロプロテナーゼ（MMP）
　……………………………… 307
奇静脈（azygos vein）………… 218
季節性多周期性
　（seasonally polycyclic）……… 32
偽単極神経細胞
　（pseudo-unipolar neuron）…… 143
基底層（basal layer）………… 343

希突起膠細胞（oligodendrocyte）
　……………………… 135, 138, 140
キヌタ骨（incus）…… 193, 249, 327
キネトコア（kinetochore）……… 42
基板（basal plate）……… 142, 176
キメラ（chimaera）……… 427, 434
キメラ子孫（chimaeric offspring）
　……………………………… 464
キャンベル（Keith H. Campbell）… 11
嗅球（olfactory bulb）… 156, 161, 168
球形嚢（saccule ventrally）…… 190
球形嚢斑（macula sacculi）…… 190
嗅結節（olfactory tubercle）…… 161
嗅索（olfactory tract）………… 161
休止帯（resting zone）………… 311
吸収帯（resorption zone）…… 311
嗅神経（olfactory nerve）… 166, 168
頬咽頭膜（buccopharyngeal
　membrane）……………… 96, 101
橋核（pontine nucleus）……… 152
胸管（thoracic duct）………… 233
橋屈曲（pontine flexure）…… 147
胸骨片（sternebra）…………… 315
胸腺（thymus）………… 228, 231, 251
胸大動脈（thoracic aorta）…… 211
胸膜（pleura）………… 93, 100, 253
強膜（sclera）………………… 187
極性化活性帯（ZPA）………… 319
曲精細管（convoluted seminiferous
　tubule）……………………… 290
棘突起（spinous process）…… 314
ギルバート（Scott F. Gilbert）…… 12
近位遠位軸（proximodistal axis）
　……………………………… 318
キング（Thomas King）……… 10
筋形成因子5（Myf5）………… 341
筋形成決定因子（MyoD）…… 341
筋形成制御因子（MRP）……… 340
筋原細胞（myogenic cell）…… 329
筋原細胞前駆体
　（myogenic precursor）……… 334
筋細線維（myofibril）………… 330
筋節（sarcomere）…………… 330
筋層間神経叢（myenteric plexus /
　アウエルバッハ神経叢）… 110, 173
筋板（myotome）……………… 99

索引

筋様細胞（myoid cell）……………286

【く】

区域気管支（segmental bronchus）
　………………………………253
空腸（jejunum）……………………262
屈曲（flexure）………………………100
クモ膜（arachnoid）………………163
クリスタリン（crystalline）………187

【け】

頸胸神経節
　（cervico-thoracic ganglion）……172
形質芽細胞（plasmablast）………231
形質細胞（plasma cell）……228, 231
形質転換成長因子-α（形質転換増殖
　因子-α；TGF-α）…………………355
形質転換成長因子βスーパーファミ
　リー（形質転換増殖因子βスーパー
　ファミリー；TGF-β superfamily）
　………………………………………21
頸神経叢（cervical plexus）………165
形態形成（morphogenesis）…18, 25
形態正常率
　（morphological normality）……439
頸洞（cervical sinus）………………248
系統発生（phylogeny）………………1
経皮的精巣上体吸引（PESA）……469
頸リンパ嚢
　（paired jugular lymph sac）……233
血液（blood）………………………199
血液栄養素（haemotrophe）………115
血液－胸腺関門
　（blood-thymus barrier）…………232
血液血管芽細胞（haemangioblast）
　……………………199, 200, 224, 225
血液精巣関門（blood-testis barrier）
　………………………………………289
血液前駆細胞（blood precursor cell）
　………………………………………225
血管芽細胞（angioblast）……200, 233
血管新生（angiogenesis）…………200
血管内皮細胞
　（vascular endoethelial cell）……225
血管内皮細胞成長因子（血管内皮細胞
　増殖因子；VEGF）……225, 305, 340

結合管（ductus reuniens）…………191
血絨毛膜性（haemochorial）………129
楔状束核（cuneate nucleus）………150
血小板由来成長因子（血小板由来増殖
　因子；PDGF）………………225, 305
血島（blood island）…………200, 261
結膜（conjunctiva）………………189
結膜囊（conjunctival sac）…………189
ゲノムインプリンティング（ゲノム刷
　り込み；genomic imprinting）……25
腱索（chordae tendineae）…………210
原始筋芽細胞（primordial myoblast）
　………………………………………340
原始血液細胞（primitive blood cell）
　………………………………………200
原始結節（primitive node ／
　ヘンゼン結節）…………94, 419, 432
原始溝（primitive groove）………419
原始支持細胞
　（primitive sustentacular cell）……51
原始生殖細胞（primordial germ cell）
　………………16, 37, 89, 102, 285, 468
原始線条（primitive streak）
　………………………90, 418, 420, 432
原始卵黄囊（primitive yolk sac）
　…………………………………82, 93, 115
原始卵胞（primordial follicle）
　………………………………………47, 290
原始リンパ嚢
　（primary lymphatic sac）…………233
減数分裂（meiosis）……………41, 51
減数分裂紡錘体（meiotic spindle）
　…………………………………………45
減胎手術（embryo reduction）……126
原腸（primitive gut）……100, 117, 237
原腸胚形成（gastrulation）……16, 89
瞼板腺（tarsal gland）……………189
原皮質（archicortex）………………161
顕微精巣上体精子吸引（MESA）
　………………………………………469

【こ】

口咽頭膜
　（oropharyngeal membrane）……328
後縁域（PMZ）………………………423
口窩（stomodeum）…………238, 328

口蓋咽頭弓
　（arcus palatopharyngeus）………241
口蓋舌弓（palatoglossal arch）……243
口蓋突起（palate process ／
　palatine process）……………241, 329
口蓋扁桃（palatine tonsil）……234, 251
交感神経幹（sympathetic trunk）
　………………………………………172
交感神経系（sympathetic nervous
　system）……………………………170
交感神経節（sympathetic ganglion）
　………………………………………172
交感神経副腎系列
　（sympathoadrenal lineage）……110
後眼房（posterior chamber）………188
後期（anaphase）……………………43
後丘（caudal colliculus）……………155
後境界板（lamina limitans posterior）
　………………………………………188
口腔前庭（vestibulum oris）………243
後頸神経節（caudal cervical
　ganglion）…………………………172
硬口蓋（hard palate）…………241, 329
後交連（posterior commissure）…162
虹彩（iris）……………………………183
後主静脈（caudal cardinal vein）…218
甲状舌管（thyroglossal duct）……251
甲状腺（thyroid gland）……………251
甲状軟骨（thyroid cartilage）………252
口唇（lip）………………………243, 327
後腎（metanephros）…………273, 275
後腎芽体（metanephric blastema）
　………………………………………275, 304
後成説（epigenesis）…………………2
合成卵管液（SOF）…………………452
後大静脈（caudal vena cava）
　………………………206, 216, 218, 220
後腸（hindgut）…………………101, 237
後腸間膜動脈
　（caudal mesenteric artery）……215
喉頭（larynx）………………………247
喉頭蓋軟骨（epiglottic cartilage）
　………………………………………252
喉頭蓋隆起（epiglottal swelling）
　………………………………………252

478

喉頭気管溝（laryngo-tracheal groove）・・・252
後頭筋板（occipital myotome）・・・243
後頭骨（occipital bone）・・・326
後脳（metencephalon／hindbrain）・・・176
喉嚢（guttural pouch）・・・192
後半規管（posterior semicircular duct）・・・190
交尾（copulation）・・・63
口鼻膜（oronasal membrane）・・・239, 328
合胞体（syncytium）・・・123
合胞体性上皮絨毛膜（synepitheliochorion）・・・119, 121
硬膜（dura mater）・・・163
硬膜外麻酔（epidural analgesia）・・・446
硬膜下腔（subdural space）・・・163
硬膜上腔（epidural space）・・・163
肛門（anus）・・・102
肛門窩（proctodeum）・・・237
肛門管（anal canal）・・・266
肛門ヒダ（anal fold）・・・299
肛門膜（anal membrane）・・・266
交連ニューロン（commissural neuron）・・・160
呼吸細気管支（respiratory bronchiole）・・・253
黒質（substantia nigra）・・・155
鼓室（tympanic cavity／middle ear cavity）・・・192, 193, 251
鼓室階（scala tympani）・・・191
個体発生（ontogeny）・・・1
骨芽細胞（osteoblast）・・・310, 311, 340
骨化帯（ossification zone）・・・313
骨形成タンパク質（BMP）・・・21, 224, 269
骨形成タンパク質4（BMP4）・・・133
骨形成タンパク質7（BMP7）・・・176
骨形成タンパク質群（BMP）・・・340
骨細胞（osteocyte）・・・310
骨髄（bone marrow）・・・228, 231, 311
骨髄造血期（medullary period）・・・200
骨端（epiphyses）・・・311

骨端軟骨（epiphyseal cartilage）・・・311
コッフォ（Kopho）・・・2
骨膜（periosteum）・・・310
古皮質（原皮質；palaeocortex）・・・161
コプラ（copula）・・・243
鼓膜（tympanic membrane）・・・193, 251
鼓膜張筋（tensor tympani muscle）・・・193
固有胃腺（proper gastric gland）・・・256
コルディン（chordin）・・・103, 133, 225
コンドロイチン硫酸（chondroitin sulfate）・・・108
コンパクション（compaction）・・・78, 430

【さ】
鰓下隆起（eminentia hypobrachialis）・・・243
鰓原器（branchiogenic organ）・・・250
鰓後体（ultimobranchial body）・・・251
最終卵黄嚢（definitive yolk sac）・・・93, 101, 117
臍静脈（umbilical vein）・・・206, 216, 220
臍帯（umbilical cord）・・・101
臍動脈（umbilical artery）・・・215, 222
再分節化（resegmentation）・・・313
細胞外マトリックス（extracellular matrix）・・・108
細胞決定（cell determination）・・・18
細胞質分裂（細胞体分裂；cytokinesis）・・・41
細胞置換療法（cell replacement therapy）・・・462
細胞特定（cell specification）・・・18
細胞内氷晶形成（intracellular ice crystal formation）・・・454
細胞分化（cell differentiation／cytodifferentiation）・・・18, 45
索前軟骨（prechordal cartilage）・・・325
索傍軟骨（parachordal cartilage）・・・325

鎖骨下動脈（subclavian artery）・・・213
差次的遺伝子発現（differential gene expression）・・・18
左心室（left ventricle）・・・206
左房室管（left atrioventricular channel）・・・207
三角間膜（triangular ligament）・・・256, 261
三叉神経（trigeminal nerve）・・・167, 168
三次卵胞（tertiary follicle）・・・51
三尖弁（tricuspid valve）・・・210
三層性胚盤（trilaminar embryonic disc）・・・16

【し】
肢芽（limb bud）・・・316
耳窩（otic pit）・・・189
耳介（auricle）・・・195
視殻（optic capsule）・・・325
耳殻（otic capsule）・・・325
耳下腺（parotid gland）・・・243
耳管（エウスタキオ管；auditory tube）・・・192, 251
耳管鼓室陥凹（tubotympanic recess）・・・250
色素細胞（melanocyte）・・・143
色素上皮層（pigment layer）・・・179
子宮（uterus）・・・29, 77, 295, 296, 304
子宮円索（round ligament of the uterus）・・・292
子宮角（uterine horn）・・・29
子宮頸（uterine cervix）・・・29, 295, 296, 307
子宮頸管（cervical canal）・・・29
子宮頸（cervix uteri）・・・65
子宮広間膜（broad ligament of the uterus）・・・296
子宮小丘（caruncle）・・・119, 121
子宮腺（uterine gland）・・・117, 121, 296
子宮体（uterine body）・・・29
四丘体（corpora quadrigemina）・・・155
糸球体（glomerulus）・・・274, 278

索引

子宮内膜（endometrium）………… 117
子宮内膜上皮
　（endometrial epithelium）……… 119
子宮内膜杯（endometrial cup）…… 125
軸索（axon）……………………… 139
軸性（脊柱）骨格（axial〈vertebral〉
　skeleton）………………………… 309
軸椎（axis）……………… 314, 338
自己受容型神経線維
　（proprioreceptive fiber）……… 165
篩骨（ethmoid bone）……………… 326
篩骨甲介（ethmoid turbinate）…… 326
歯根（root）………………………… 247
歯根鞘（root sheath）……………… 246
視細胞（photoreceptor cell）…… 183
四肢骨格（limb skeleton）………… 309
耳珠（tragus）……………………… 327
歯周靭帯（periodontal ligament）
　………………………………………… 247
視床（thalamus）…………………… 157
歯状回（dentate gyrus）…………… 161
視床下部（hypothalamus）………… 157
視床間橋（interthalamic adhesion）
　………………………………………… 157
視床後部（metathalamus）………… 157
視床上部（epithalamus）……… 156, 157
茸状乳頭（fungiform papilla）…… 243
歯小囊（dental sac）……………… 247
視神経（optic nerve）…… 166, 168, 185
視神経細胞（ganglion cell）……… 183
視神経細胞層（ganglion cell layer）
　………………………………………… 183
雌性前核（female pronucleus /
　maternal pronucleus）……… 15, 70
膝回（genicular gyrus）…………… 161
室間孔（interventricular foramen）
　………………………………… 159, 163, 208
歯堤（dental lamina）……………… 245
シナプトネマ構造
　（synaptonemal complex）……… 43
歯肉（gum）………………………… 243
歯乳頭（dental papilla）…………… 245
篩板（cribriform plate）…………… 326
耳プラコード（耳板；otic placode）
　……………………………… 97, 167, 189
四分染色体（tetrad）……………… 43

耳胞（otic vesicle）………………… 97
射精管（ejaculatory duct）………… 294
周縁血腫（marginal haematoma）
　………………………………………… 128
終糸（filum terminale）…………… 146
収束伸長（convergent-extension）
　………………………………………… 419
十二指腸（duodenum）……………… 262
終脳（telencephalon）………… 146, 156
終脳胞（telencephalic vesicle）… 159
周皮（periderm）…………………… 343
絨毛性（villous）…………………… 121
絨毛叢（cotyledon）………………… 121
絨毛膜（chorion）………… 89, 93, 117
絨毛膜ガードル（chorionic girdle）
　………………………………………… 125
絨毛膜絨毛（chorionic villi）…… 119
絨毛膜上皮（chorionic epithelium）
　………………………………………… 119
絨毛膜胎盤（haemochorial placenta）
　………………………………………… 120
絨毛膜尿膜（chorioallantoic）…… 117
絨毛膜尿膜胎盤（chorioallantoic
　placenta）………… 117, 119, 125, 127
絨毛膜無毛部（chorion laeve）…… 119
絨毛膜有毛部（chorion frondosum）
　………………………………………… 119
絨毛膜羊膜ヒダ（chorioamniotic fold）
　………………………………………… 89
絨毛膜卵黄囊胎盤（choriovitelline
　placenta）……………… 117, 119, 125
主下静脈（subcardinal vein）…… 218
主上静脈（supracardinal vein）… 218
樹状突起（dendrite）……………… 139
受精（fertilization）
　………………… 15, 63, 417, 430, 450
受精能獲得（capacitation）…… 51, 65
受精卵卵管内移植（ZIFT）………… 470
シュニーケ（Angelika Schnieke）
　………………………………………… 12
シュペーマン（Hans Spemann）
　………………………………………… 9, 18
主要組織適合抗原複合体（MHC）
　………………………………………… 229
シュワン（Theodor Schwann）…… 7

シュワン細胞（鞘細胞；Schwann
　cell）……………………… 110, 143
循環系（circulatory system）…… 199
上衣（ependyma）…………………… 140
上衣層（ependymal epithelium）… 162
上顎骨（maxilla）………… 327, 328
上顎神経（maxillary nerve）…… 168
上顎突起（maxillary process）…… 248
上顎隆起（maxillary prominence）
　………………………………………… 238
松果体（pineal gland）……… 156, 157
松果体細胞（pinealocyte）………… 158
上行結腸（ascending colon）……… 265
小膠細胞（microglial cell）……… 140
上鰓プラコード
　（epibranchial placode）……… 167
硝子体動脈（hyoid artery）……… 187
上唇溝（philtrum）………………… 239
小腎杯（minor calyx）……………… 279
小帯線維（zonular fiber）………… 186
小脳（cerebellum）
　…………………… 147, 150, 152, 177
小脳回（folia cerebelli）………… 152
小脳核（cerebellar nucleus）…… 152
上胚盤葉（epiblast）
　………… 16, 82, 86, 103, 115, 418, 431
上皮－間葉転換（上皮－間葉移行；
　epithelio-mesenchymal transition）
　………………………… 92, 97, 107, 419
上皮細胞（epithelial cell）……… 278
上皮絨毛膜性（epitheliochorial）
　………………………………… 120, 126
上皮絨毛膜胎盤
　（epitheliochorial placenta）… 119
上皮性毛包（epithelial hair follicle）
　………………………………………… 347
上皮層（epithelial layer）………… 188
上分節（epimere）…………………… 334
静脈（veins）………………………… 199
静脈管（ductus venosus）…… 216, 220
静脈洞（sinus venosus）…………… 204
小網（lesser omentum）……… 256, 259
小リンパ球（small lymphocyte）
　………………………………………… 228
食道（oesophagus）………………… 247
食肉類（carnivore）………………… 118

触毛（tactile hair）……………… 348
鋤鼻器（vomeronasal organ）……… 242
自律神経節（autonomic ganglion）
　……………………………………… 163
心外膜（epicardium）……………… 199
心管（cardiac tube）………………… 199
心球（bulbus cordis）………… 204, 206
心筋層（myocardium）……………… 199
神経外胚葉（neuroectoderm）
　………………………… 97, 105, 133
神経核（nucleus）…………………… 149
神経芽細胞（neuroblast）……… 135, 139
神経管（neural tube）
　………………… 97, 105, 107, 133, 173, 432
神経幹細胞（neural stem cell）…… 135
神経溝（neural groove）………… 97, 105
神経孔（neuropore）………………… 97
神経膠細胞（glial cell）……………… 158
神経膠細胞線維性酸性タンパク質
　（glial fibrillary acidic protein）
　…………………………………… 136, 140
神経膠細胞前駆細胞
　（glial progenitor cell）……… 136, 139
神経膠細胞由来神経栄養因子
　（GDNF）……………………… 21, 111
神経細胞前駆細胞
　（neuronal progenitor cell）……… 136
神経上皮（neuroepithelium）……… 133
神経上皮細胞（neuroepithelial cell）
　…………………………………… 133, 139
神経性下垂体（neurohypophysis）
　…………………………………… 156, 158
神経成長因子（NGF）……………… 111
神経性網膜（neural retina）… 179, 183
神経節膠細胞
　（衛星細胞；satelite cell）… 165, 330
神経線維層（nerve fiber layer）…… 183
神経堤（neural crest）………… 107, 113
神経堤外胚葉
　（neural crest ectoderm）………… 346
神経堤細胞（neural crest cell）
　………………………… 97, 143, 326, 339
神経頭蓋（neurocranium）………… 322
神経胚形成（neurulation）………… 105
神経板（neural plate）
　………………… 97, 105, 113, 133, 176

神経ヒダ（neural fold）………… 97, 105
神経プラコード
　（neurogenic placode）…………… 165
神経分節（neuromere）……………… 99
人工授精（inseminated）…………… 444
人工多能性幹細胞
　（iPS 細胞；iPS cell）…………… 468
人工膣（artificial vagina）………… 438
心室（ventricle）……………… 204, 206
心室中隔筋性部（muscular part of
　the interventricular septum）…… 208
心室中隔膜性部（membranous part
　of the inerventricular septum）
　……………………………………… 208
腎小体（renal corpuscle）………… 274
心臓（heart）………………………… 199
心臓円錐（conus cordis）…………… 208
心臓神経堤細胞
　（cardiac neural crest cell）……… 110
靭帯分節（syndetome）…………… 336
心筒（heart tube）…………………… 199
腎動脈（renal artery）……………… 214
心内膜管（endocardial tube）……… 199
心内膜隆起（endocardial cushion）
　……………………………………… 207
腎杯（calyx）………………………… 279
腎発生（nephrogenesis）…………… 273
腎板（nephrotome）………………… 100
腎盤（renal pelvis）………………… 279
真皮（dermis）……………………… 346
新皮質（neocortex）…………… 160, 161
真皮性毛包（dermal hair follicle）
　……………………………………… 347
真皮乳頭（dermal papilla）………… 347
心房（atrium）……………………… 204
心膜腔（pericardial cavity）……… 199
腎濾過障壁（腎濾過関門；renal filtra-
　tion barrier）……………………… 278

【す】
髄索（medullary cord）…………… 285
膵十二指腸ホメオボックス 1（Pdx1）
　……………………………………… 269
水晶体（lens）………………………… 97
水晶体被膜（lens capsule）………… 186

水晶体プラコード（水晶体板；lens
　placode）…………… 97, 179, 186, 239
水晶体胞（lens vesicle）……… 179, 186
膵臓（pancreas）…………………… 247
髄脳（myelencephalon）……… 146, 147
水平細胞（horizontal cell）………… 183
スティーブンス
　（Nettie Maria Stevens）…………… 9
Sry 遺伝子
　（精巣決定因子；Sry gene）… 59, 284

【せ】
精液検査（semen evaluation）…… 439
精液分画（semen fraction）……… 438
精液量（semen volume）…………… 438
精管（ductus deferens）……… 286, 294
精管膨大部（ampulla of deferent）
　……………………………………… 294
精細管（seminiferous tubule）
　……………………………………… 51, 286
精子（spermatozoon）… 6, 37, 57, 451
精子形成（spermiogenesis）………… 51
精子細胞（spermatid）…………… 45, 55
精子染色体構造解析（SCSA）…… 439
精子濃度（semen concentration）
　……………………………………… 438
精子発生（spermatogenesis）……… 51
成熟相（maturation phase）………… 56
成熟卵母細胞（mature oocyte）…… 456
星状膠細胞（astrocyte）…………… 135
星状膠細胞特異的グルタミン酸トラン
　スポーター（GLAST）…………… 140
星状細胞（stellate cell）…………… 152
星状神経節（stellate ganglion）…… 172
生殖管（tubular genital tract）…… 29
生殖器系（genital system）……… 273
生殖結節（genital tubercle）……… 299
生殖細胞（germ cell）……………… 290
生殖子発生（gametogenesis）……… 37
生殖腺堤（生殖隆起；gonadal ridge）
　……………………………………… 284, 305
生殖補助技術（ART）……………… 437
精巣（testis）………………………… 290
精巣索（testicular cord）…………… 285
精巣上体（epididymis）…………… 294

索引

精巣上体管（epididymal duct）
　　　　　　　　　　　286, 294
精巣導帯（gubernaculum testis）
　　　　　　　　　　　　　287
精巣動脈（testicular artery）…… 214
精巣内精子採取（TESE）……… 470
精巣網（rete testis）………… 286
精巣輸出管（efferent ductule）
　　　　　　　　　　　286, 293
精祖細胞（spermatogonia）…… 39, 53
成体幹細胞（adult stem cell）…… 462
声帯ヒダ（vocal fold）………… 252
正中臍索
　（median umbilical ligament）… 281
正中仙骨動脈（median sacral artery）
　　　　　　　　　　　　　211
正中蝶番点（MHP）…………… 106
精嚢腺（seminal vesicle）………… 294
精母細胞形成（spermatocytogenesis）
　　　　　　　　　　　　　　51
赤核（red nucleus）…………… 155
脊索（notochord）…… 94, 314, 420, 421
脊索前板（prechordal plate）……… 96
脊索中胚葉（chordamesoderm）… 421
脊髄（spinal cord）……… 105, 107, 147
脊髄神経（spinal nerve）
　　　　　　　　　144, 163, 165
脊髄神経節（spinal ganglion）
　　　　　　　　110, 143, 163, 165
脊髄の上昇
　（ascensus medullar spinalis）… 146
赤脾髄（red pulp）……………… 234
舌咽神経（glossopharyngeal nerve）
　　　　　　　167, 168, 169, 172, 243
舌下神経（hypoglossal nerve）
　　　　　　　　　167, 170, 243
節間動脈（segmental artery）…… 211
赤血球生成（erythropoiesis）…… 200
接合子（zygote）……………… 15, 37
接合帯（junctional zone）……… 127
節後ニューロン
　（postganglionic neuron）……… 170
切歯管（incisive duct）………… 241
切歯骨（incisive）………… 327, 328
節前ニューロン
　（preganglionic neuron）……… 170

接着分子（adhesion molecule）
　　　　　　　　　　　197, 340
セメント芽細胞（cementoblast）
　　　　　　　　　　　　　247
セメント質（cementum）……… 245
セルトリ細胞（Sertoli cell）
　　　　　　　　51, 285, 289, 290
線維芽細胞成長因子（線維芽細胞増殖
　因子；FGF）……… 21, 111, 224
前核期胚移植（PROST）……… 470
前眼房（anterior chamber）……… 188
前期（prophase）………………… 42
前丘（rostral colliculus）………… 155
前境界板（lamina limitans anterior）
　　　　　　　　　　　　　188
前駆細胞（bipotent progenitor cell）
　　　　　　　　　　　135, 136
前頸神経節
　（cranial cervical ganglion）…… 172
前交連（anterior commissure）… 162
潜在精巣（cryptorchidism）……… 289
前主静脈（cranial cardinal vein）
　　　　　　　　　　　　　218
前障（claustrum）……………… 162
線条体（corpus striatum）……… 162
染色分体（chromatid）………… 42
前腎（pronephros）…………… 273
前腎管（pronephric duct）……… 273
前進率（progressive motility）…… 439
腺性下垂体（adenohypophysis）… 158
前成説（preformation）………… 3
先体（acrosome）……………… 56
前大静脈（cranial vena cava）
　　　　　　　　　　　206, 218
先体相（acrosomal phase）……… 55
先体反応（acrosome reaction）… 68
前腸（foregut）…………… 101, 237
前腸間膜動脈
　（cranial mesenteric artery）…… 214
前蝶形骨（presphenoid）……… 326
前庭階（scala vestibuli）………… 191
前庭神経（vestibular nerve）…… 168
前庭神経節（vestibular ganglion）
　　　　　　　　　　　　　191
先天性（自然）免疫（innate〈pre-
　existing〉immunity）………… 227

前頭骨（frontal bone）………… 326
前頭鼻隆起（frontonasal promi-
　nence）………… 238, 327, 339
前頭隆起（frontal prominence）… 328
前脳（prosencephalon／forebrain）
　　　　　　　　　　　　　146
前脳分節（prosomere）………… 156
前半規管
　（anterior semicircular duct）… 190
腺房（acinus）………………… 243
前膀胱動脈（cranial vesical artery）
　　　　　　　　　　　　　216
前羊膜腔（preamniotic cavity）… 431
前立腺（prostate）……………… 294

【そ】

双角子宮（bicornuate uterus）…… 296
双極細胞（bipolar neuron）……… 183
双極神経芽細胞（bipolar neuroblast）
　　　　　　　　　　　　　136
総頸動脈（common carotid artery）
　　　　　　　　　　　　　212
ゾウゲ芽細胞（odontoblast）
　　　　　　　　　　　143, 246
ゾウゲ質（dentin）………… 245, 246
造血（haematopoiesis）………… 200
造血幹細胞（hematopoietic stem cell）
　　　　　　　　　　　　　224
桑実胚（morula）……………… 15, 78
総主静脈（common cardinal vein）
　　　　　　　　　　　206, 218
増殖帯（proliferating zone）…… 311
増殖分化因子11（GDF11）…… 304
造腎索（nephrogenic cord）
　　　　　　　　　　　100, 273
双生子（twins）………………… 126
臓側中胚葉（visceral mesoderm／
　splanchnic mesoderm）
　　　　　　　93, 98, 117, 224
臓側板（splanchnopleura）…… 99, 117
総腸骨静脈（common iliac vein）
　　　　　　　　　　　　　218
相同組み換え
　（homologous recombination）… 434
叢毛性（cotyledonary）…… 119, 121
足細胞（podocyte）……………… 278

側頭骨岩様部（錐体部）（petrous part of the temporal bone）……… 325
側脳室（lateral ventricle）
　……………………… 157, 159, 162
組織栄養素（histotrophe）……… 115
疎線維性間葉（loose mesenchyme）
　……………………………………… 187
ソニック・ヘッジホック（Shh）
　……… 21, 96, 133, 138, 176, 197, 268, 306, 338, 355

【た】
第一胃（rumen）………………… 257
第一極体（first polar body）……… 45
体外受精（in vitro fertilization）
　…………………………… 451, 469
体外成熟（mature in vitro）……… 451
大顆粒リンパ球
　（large granular lymphocyte）… 228
体幹部神経堤（trunk neural crest）
　……………………………………… 110
体腔（coelom）…………………… 93
台形体（corpus trapezoideum）
　……………………………………… 146
第三胃（omasum）……………… 257
第三胃溝（sulcus omasi）……… 259
第三眼瞼（third eyelid）………… 189
第三脳室（third ventricle）…… 157, 163
胎子幹細胞（fetal stem cell）…… 462
胎子期（fetal period）…………… 15
体性遠心性運動神経線維（somatic efferent motor nerve fiber）…… 332
体性幹細胞（somatic stem cell）…… 22
体性求心性ニューロン
　（somatic afferent neuron）……… 164
体節（somite）… 99, 329, 334, 420, 432
体節分節（somitomere）………… 98
大動脈（aorta）………………… 220
大動脈弓（aortic arch）… 199, 211, 213
大動脈－生殖腺－中腎領域
　（AGM region）……… 200, 224, 227
大動脈前神経節（preaortic ganglion）
　……………………………………… 172
大動脈肺動脈中隔
　（aorticopulmonary septum）…… 210
第二胃（reticulum）…………… 257

第二胃溝（sulcus reticuli）……… 259
第二極体（second polar body）…… 45
大脳鎌（falx cerebri）…………… 163
大脳基底核（basal nucleus）…… 162
大脳脚（crus cerebri）…………… 155
大脳半球（cerebral hemisphere）
　………………………… 146, 156, 159
大脳皮質（cerebral cortex）…… 161
胎盤（placenta）…………… 115, 218
胎盤形成（placentation）……… 115
胎盤成長因子（胎盤増殖因子；PIGF）
　……………………………………… 225
胎盤節（placentome）……… 119, 121
胎餅（hippomane）……………… 126
大網（greater omentum）…… 256, 259
第四胃（abomasum）…………… 257
第四脳室（fourth ventricle）
　………………………………… 148, 163
ダーウィン（Charles Robert Darwin）
　………………………………………… 1
多極神経芽細胞
　（multipolar neuroblast）…… 138, 139
多極神経細胞（multipolar neuron）
　……………………………………… 139
多孔舌下腺（polystomatic sublingual salivary gland）……………… 243
多錐体腎（multipyramidal kidney）
　……………………………………… 279
多精子受精
　（polyspermic fertilization）……… 453
多精子受精の阻止（block to polyspermic fertilization）……………… 70
手綱（habenula）………………… 157
手綱交連（habenular commissure）
　……………………………………… 162
脱落歯（deciduous tooth）……… 247
脱落膜（decidua）………………… 120
多能性（pluripotency）…………… 21
多能性細胞（pluripotent cell）…… 462
多能性造血幹細胞………………… 224
多分化能（multipotent）………… 462
ダルトン（Eduard Joseph d'Alton）
　………………………………………… 7
単一子宮（uterus simplex）……… 296
胆管（bile duct）………………… 260

単極神経芽細胞
　（unipolar neuroblast）…………… 138
単孔舌下腺（monostomatic sublingual salivary gland）……………… 243
単周期性（monocyclic）…………… 33
淡蒼球（globus pallidus）………… 162
胆嚢（gall bladder）………… 260, 261
胆嚢管（cystic duct）…………… 261
単能性（unipotent）………… 22, 466

【ち】
遅延着床
　（delayed implantation）………… 429
膣（vagina）……………………… 295
膣板（vaginal plate）…………… 298
膣栓（vaginal plug）……………… 429
膣前庭（vestibule）…………… 29, 298
膣の前部（cranial portion of the vagina）……………………… 295
膣弁（処女膜；hymen）………… 298
着床（implantation）…………… 115
着床前遺伝子診断（preimplantation genetic diagnosis）……………… 469
中間層（intermediate）………… 140
中間中胚葉
　（intermediate mesoderm）… 99, 273
中期（metaphase）……………… 42
中頸神経節
　（middle cervical ganglion）…… 172
中耳（middle ear）……………… 189
中腎（mesonephros）…………… 273
中腎横隔靭帯（diaphragmatic ligament of the mesonephros）
　……………………………………… 287
中心管（central canal）……… 140, 142
中腎管（mesonephric duct；ウォルフ管 Wolffian duct）
　………………… 273, 292, 294, 304, 306
中腎細管（mesonephric tubule）
　……………………………………… 273
中心静脈（central vein）………… 260
中腎鼠径靭帯（inguial ligament of the mesonephros）………… 287, 292
中腎傍管（paramesonephric duct；ミューラー管 Müllerian duct）
　………………………… 292, 295, 306

483

索引

中枢神経系（CNS）......... 97, 105, 133
中腸（midgut）............... 101, 237
中脳（mesencephalon / midbrain）
　................................ 146, 176
中脳蓋（tectum）...................... 155
中脳屈曲（mesencephalic flexure）
　... 147
中脳水道（mesencephalic aqueduct）
　... 163
中脳被蓋（tegmentum）............. 155
中胚葉（mesoderm）...... 16, 89, 421
中胚葉造血期（mesoblastic period）
　... 200
中胚葉－内胚葉前駆細胞
　（mes-endodermal precursor）.... 92
虫部（vermis）....................... 152
腸（intestine）....................... 247
超音波誘導採卵（ultrasound-guided
　ovum pick up）................... 469
腸管関連リンパ組織（GALT）...... 234
腸管神経系（腸神経系；enteric
　nervous system）............ 111, 237
腸管神経膠細胞（enteric glia）
　... 111
腸骨リンパ嚢（iliac lymph sac）... 233
腸祖動物（gastraea）.................... 1
超低温保存（cryopreservation）
　................................ 440, 445
重複子宮（uterus duplex）......... 296
直腸（rectum）........ 262, 266, 280

【つ】

ツァイツシュマン（Zeitzschmann）
　... 12
椎間円板（intervertebral disc）.... 313
椎弓（vertebral arch）............... 314
椎孔（vertebral foramen）......... 314
椎骨動脈（vertebral artery）....... 213
椎体（vertebral body）............. 314
椎板（sclerotome）...... 313, 315, 340
ツチ骨（malleus）........ 193, 249, 327
角突起（cornual process）......... 352

【て】

T細胞受容体（TCR）................ 229
Tリンパ球（T lymphocyte）....... 228

蹄縁皮下組織（perioplic cushion）
　... 350
蹄冠皮下組織（coronary cushion）
　... 350
蹄球（bulb）........................... 350
蹄叉（frog）........................... 350
蹄支（bars）........................... 350
ディジョージ症候群
　（DiGeorge syndrome）......... 110
堤靭帯（suspensory ligament）... 287
底舌骨（basihyoid）................. 327
底蝶形骨（basisphenoid）.......... 325
蹄底（sole）........................... 350
底板（floor plate）............ 142, 176
ディプロテン（双糸）期
　（diplotene stage）................. 43
蹄壁（wall）........................... 350
定方向性分化
　（directed differentiation）..... 464
デ・グラーフ（Regnier de Graaf）... 5
デザート・ヘッジホッグ（Dhh）.... 21
テラトカルシノーマ
　（teratocarcinoma）.............. 468

【と】

頭蓋（cranium）..................... 324
頭蓋顔面症候群
　（craniofacial symdrome）..... 339
頭蓋底（basicranium）............. 325
頭蓋縫合（cranial suture）......... 326
凍害保護剤（cryoprotectant）...... 453
凍害保護物質（cryoprotective）... 453
動眼神経（oculomotor nerve）
　........................... 166, 170, 172
頭屈曲（cephalic flexure / cranial
　flexure）........................ 147, 339
動原体（centromere）................ 42
瞳孔括約筋（sphincter pupillae）... 186
瞳孔散大筋（dilator pupillae）..... 186
瞳孔膜（pupillary membrane）... 187
投射ニューロン（projection neuron）
　... 160
頭側神経孔（anterior neuropore）
　... 107
頭側臓側内胚葉（AVE）............. 103
頭頂骨（parietal bone）............. 326

頭尾軸（anteroposteiror axis /
　craniocaudal axis）
　................... 103, 113, 318, 423
頭部間葉（head mesenchyme）.... 420
頭部骨格（head skeleton）.......... 309
頭部神経堤（anterior neural crest）
　... 109
動物の世代
　（The Generation of Animals）...... 1
動物福祉（animal welfare）... 448, 461
洞房結節（sinoatrial node）........ 211
頭帽相（cap phase）.................. 55
動脈（artery）........................ 199
動脈幹（truncus arteriosus）....... 204
動脈管（ductus arteriosus）... 213, 222
動脈管索（ligamentum arteriosum）
　................................ 213, 222
動脈幹ヒダ（truncoconal fold）... 110
透明帯（zona pellucida）
　..................... 48, 63, 66, 77, 430
透明帯からの脱出
　（孵化；hatching）....... 81, 115, 431
透明帯内精子注入（SUZI）......... 470
特異（後天性／獲得）免疫
　（specific〈induced / acquired〉
　immunity）....................... 227
特殊体性求心性神経核（special
　somatic afferent nucleus）..... 150
特殊体性求心性神経線維（special
　somatic afferent fiber）... 164, 165
特殊内臓遠心性神経核（special
　visceral efferent nucleus）
　... 168
特殊内臓遠心性神経線維
　（special visceral efferent fiber）
　........................... 164, 169, 170
特殊内臓求心性神経核（special
　visceral afferent nucleus）..... 150
特殊内臓求心性神経線維（special
　visceral afferent fiber）... 164, 169
ドナー（donor）..................... 443
ドリーシュ
　（Hans Adolf Eduard Driesch）..... 8
トロポニン（troponin）............. 330
トロポミオシン（tropomyosin）... 330

索引

【な】

内エナメル上皮
　（inner enamel epithelium）…… 246
内顆粒層（inner nuclear layer）… 183
内頸動脈（internal carotid artery）
　………………………………… 212
内根鞘（internal root sheath）…… 347
内細胞塊（ICM）
　………… 15, 81, 85, 103, 115, 430
内耳（inner ear）………………… 189
内耳神経（vestibulocochlear nerve）
　………………………… 168, 189, 191
内髄膜（endomeninx）…………… 163
内臓遠心性ニューロン
　（visceral efferent neuron）……… 164
内臓求心性ニューロン
　（visceral afferent neuron）……… 164
内臓神経（visceral verve）……… 163
内側鼻隆起（medial nasal prominence）
　………………………… 239, 327, 328
内側隆起（medial eminence）…… 162
内腸骨静脈（internal iliac vein）… 218
内腸骨動脈（internal iliac artery）
　………………………………… 211, 216
内胚芽層（inner germinal layer）
　………………………………… 152
内胚葉（endoblast / endoderm）
　………………… 16, 89, 115, 418, 421
内皮（endothelium）……………… 119
内皮細胞（endothelial cell）… 200, 278
内皮絨毛膜性（endotheliochorial）
　………………………………… 127
内皮絨毛膜胎盤（endotheliochorial placenta）……………………… 119
内網状層（internal plexiform layer）
　………………………………… 183
内卵胞膜（theca interna）………… 50
内リンパ（endolymph）…………… 189
内リンパ管（endolymphatic duct）
　………………………………… 190
ナチュラルキラー細胞（NK cell）
　………………………………… 228
軟口蓋（soft palate）……………… 241
軟骨吸収細胞（chondroclast）
　………………………………… 311, 340
軟骨細胞（chondrocyte）………… 338

軟骨性鼻殻
　（nasal cartilaginous capsule）…. 325
軟骨内骨化（endochondral ossification）……………… 309, 340
軟膜（pia mater）………………… 163

【に】

2型星状膠細胞（type-2 astrocyte）
　………………………… 138, 140
2層性胚盤葉
　（two-layered blastoderm）…… 418
二核細胞（巨細胞；
　giant binucleate cell）………… 121
二次下胚盤葉（secondary hypoblast）
　………………………………… 418
二次口（ostium secundum）……… 207
二次口蓋（secondary palate）…… 328
二次後鼻孔（secondary choanae）
　………………………… 241, 329
二次骨化中心
　（second ossification center）…… 311
二次支質（secondary stroma）…… 188
二次心房中隔（septum secundum）
　………………………… 206, 207
二次水晶体線維
　（secondary lens fiber）…… 186, 187
二次精母細胞
　（secondary spermatocyte）… 45, 55
二次乳腺芽
　（secondary mammary bud）…… 353
二次毛包（secondary hair follicle）
　………………………………… 348
二次卵母細胞（secondary oocyte）
　………………………………… 45
二次リンパ組織（secondary lymphoid tissue）………… 228, 231, 233
二尖弁（bicuspid valve）………… 210
二層性胚盤
　（bilaminar embryonic disc）…… 16
乳腺堤（mammary ridge）……… 352
乳頭（teat）……………………… 353
乳頭筋（papillary muscle）……… 210
乳頭体（mammillary body）…… 157
乳ビ槽（cisterna chyli）………… 233
ニューロフィラメント・タンパク質
　（neurofilament protein）……… 136

ニューロン（neuron）…………… 139
ニューロン前駆細胞
　（precursor of neuron）………… 139
尿管芽（ureteric bud）……… 275, 304
尿生殖口（urogenital orifice）…… 280
尿生殖洞（urogenital sinus）
　………………………… 102, 280, 294
尿生殖板（urogenital plate）…… 273
尿生殖ヒダ（urogenital fold）
　………………………… 299, 300
尿生殖膜（urogenital membrane）
　………………………………… 266
尿直腸中隔（urorectal septum）
　………………………… 266, 299
尿道（urethra）………………… 282, 300
尿道海綿体部（penile urethra）
　………………………… 282, 300
尿道球腺（bulbourethral gland）
　………………………………… 294
尿道溝（urethral groove）……… 300
尿道突起（urethral process）…… 302
尿道ヒダ（urethral fold）………… 299
尿膜（allantois）
　………… 89, 102, 117, 237, 262, 266
尿膜管（urachus）…………… 102, 280
尿膜結石（allantoic calculus）…… 123
尿膜絨毛膜胎盤
　（allantochorionic placenta）…… 102
尿膜水腫（hydrallantois）……… 124
尿膜囊管（allantoic duct）……… 102

【ね】

ネスチン（nestin）………… 136, 140
ネトリン1（netrin1）……………… 176
ネフロネクチン（nephronectin）
　………………………………… 305
粘膜下神経節（submucosal ganglion）
　………………………………… 173
粘膜下神経叢（submucosal plexus /
　マイスナー神経叢）………… 110, 173
粘膜関連リンパ組織（MALT）…… 234
粘膜上皮（lamina epithelialis of tunica mucosa）……………… 100

【の】

脳（brain / encephalon）…… 105, 107

485

索引

脳回（gyrus）・・・・・・・・・・・・・・・ 159
脳弓交連（fornix commissure）・・・・ 162
脳溝（sulcus）・・・・・・・・・・・・・・・ 159
脳室層（ventricular layer）・・・・・・・ 140
脳神経（cranial nerve）
　・・・・・・・・・・・・・・・・ 163, 166, 167
脳神経節（cranial ganglion）・・ 163, 165
脳脊髄液（cerebrospinal fluid）
　・・・・・・・・・・・・・・・・・・・・・ 148, 163
脳底動脈（basilary artery）・・・・・・・ 213
脳梁（corpus callosum）・・・・・・・・・ 162
ノギン（noggin）・・・・・・・ 103, 133, 225
ノダル（Nodal）・・・・・・・・・・・・・・・ 21
ノッチ遺伝子（Notch gene）・・・・・・・ 197
ノッチシグナル伝達経路
　（Notch signalling pathway）・・・・・ 305
乗換え（crossover）・・・・・・・・・・・・ 43

【は】

肺（lung）・・・・・・・・・・・・・・・・・・・ 247
胚栄養素（embryotrophe）・・・・・・・ 115
バイオプシー（biopsy）・・・・・・・・・・ 445
背外側蝶番点（DLHP）・・・・・・・・・・ 106
胚外体腔（extraembryonic coelom）
　・・・・・・・・・・・・・・・・・・・・・・ 93, 117
胚外中胚葉（extraembryonic
　mesoderm）・・・・・・・・・ 93, 115, 420
胚下腔（subgerminal cavity）・・・・・ 417
配偶子の卵管内移植（GIFT）・・・・・ 469
背根（dorsal root）・・・・・・・・ 143, 165
背枝（dorsal ramus）・・・・・・・・・・・ 165
胚子期（embryonic period）・・・・・・ 15
肺静脈（pulmonary vein）・・・・・・・・ 206
胚性幹細胞（ES 細胞；ES cell）
　・・・・・・・・・・・・・・・・・・・・・ 434, 462
胚性ゲノム（embryonic genome）
　・・・・・・・・・・・・・・・・・・・・・・・・・・ 77
胚性腫瘍細胞（EC 細胞；EC cell）
　・・・・・・・・・・・・・・・・・・・・・ 463, 468
胚性生殖細胞（EG 細胞；EG cell）
　・・・・・・・・・・・・・・・・・・・・・ 463, 468
胚性中胚葉
　（intraembryonic mesoderm）・・・・・ 93
排泄腔（cloaca）・・・・・・・・・・・ 101, 266
排泄腔膜（cloacal membrane）
　・・・・・・・・・・・・・・・・・・・ 96, 101, 266

背側胃間膜（dorsal mesogastrium）
　・・・・・・・・・・・・・・・・・・・・・・・・・ 259
背側口（dorsal aperture）・・・・・・・・ 163
背側膵芽（dorsal pancreatic bud）
　・・・・・・・・・・・・・・・・・・・・・・・・・ 262
背側節間動脈
　（dorsal segmental artery）・・・・・・ 213
背側大動脈（dorsal aorta）・・・・・・・ 211
背側中胚葉（dorsal mesoderm）・・・ 425
背側腸間膜（dorsal mesentery）
　・・・・・・・・・・・・・・・・・・・・・ 237, 262
背側内胚葉芽
　（dorsal endodermal bud）・・・・・・・ 262
肺動脈幹（pulmonary trunk）
　・・・・・・・・・・・・・・・・・・ 213, 220, 222
胚内体腔（intraembryonic coelom）
　・・・・・・・・・・・・・・・・・・・・・・・・・・ 93
胚の回収（embryo recovery）・・・・・ 444
胚培養（embryo culture）・・・・・・・・ 450
灰白質（grey matter）・・・・・・・・・・ 141
胚盤胞（blastocyst）・・・ 15, 81, 103, 430
胚盤胞腔（blastocyst cavity）
　・・・・・・・・・・・・・・・・・ 15, 81, 115, 430
胚盤葉（blastoderm）・・・・・・・・・・・ 417
背鼻甲介（dorsal nasal concha）・・・ 241
背腹軸（dorsal-ventral axis / dorso-
　ventral axis）・・・・・・ 103, 318, 423, 431
肺胞（alveolus）・・・・・・・・・・・・・・・ 253
胚様体（embryoid body）・・・・・・・・ 464
排卵（ovulation）・・・・・・・・・・・・・・ 47
排卵窩（ovulation fossa）・・・・・・・・ 291
ハーヴェイ（William Harvey）・・・・・・・ 5
白質（white matter）・・・・・・・・・・・ 141
薄束核（gracile nucleus）・・・・・・・・ 150
白脾髄（white pulp）・・・・・・・・・・・ 234
白膜（tunica albuginea）・・・・・ 286, 290
破砕損傷（fracture damage）・・・・・・ 454
橋（pons）・・・・・・・・・・・・・・・ 146, 150
パターン形成（パターンニング；
　patterning）・・・・・・・・・・ 18, 22, 113
発情（oestrus / estrus）・・・・・・・・・・ 31
発情周期（oestrous cycle /
　estrous cycle）・・・・・・・・・・・・・・・ 31
発生休止（dispause）・・・・・・・・・・・ 429
パッテン（Bradley M. Patten）・・・・・・ 12
馬尾（cauda equina）・・・・・・・・・・・ 146

半規管（semicircular duct）・・・・・・・ 190
半奇静脈（hemiazygos vein）・・・・・・ 218
半球（hemisphere）・・・・・・・・・・・・ 152
半月弁（semilunar valve）・・・・ 110, 210
盤状（discoid）・・・・・・・・・・・・・・・ 129
盤状血絨毛膜胎盤（discoid
　haemochorial placenta）・・・・・・・・ 431
パンダー（Christian Pander）・・・・・・・ 7
反転（turning）・・・・・・・・・・・・・・・ 432
汎毛性（散在性；diffuse）
　・・・・・・・・・・・・・・・・・・ 119, 120, 126

【ひ】

ヒアルロニダーゼ（hyaluronidase）
　・・・・・・・・・・・・・・・・・・・・・・・・・・ 68
B リンパ球（B lymphocyte）・・・・・・・ 228
鼻窩（nasal pit）・・・・・・・・・・・・・・・ 239
被殻（putamen）・・・・・・・・・・・・・・ 162
鼻甲介（conchae）・・・・・・・・・・・・・ 241
肥厚帯（hypertrophic zone）・・・・・・ 311
皮脂腺（sebaceous gland）・・・・・・・ 348
皮質顆粒（ortical granule）・・・・・・・・ 48
尾状核（caudate nucleus）・・・・・・・・ 162
微小絨毛叢（microcotyledon）
　・・・・・・・・・・・・・・・・・・・・・ 119, 126
微小胎盤節（microplacentome）・・・ 126
ヒストン修飾（histone modification）
　・・・・・・・・・・・・・・・・・・・・・・・・・・ 22
ヒストン脱アセチル化酵素 4
　（HDAC4）・・・・・・・・・・・・・・・・・・ 340
鼻腺（nasal gland）・・・・・・・・・・・・ 242
脾臓（spleen）・・・・・・・・・・・・ 228, 234
尾側神経孔（posterior neuropore）
　・・・・・・・・・・・・・・・・・・・・・・・・・ 107
鼻中隔（nasal septum）・・・・・・・・・ 241
鼻中隔の骨部および軟骨部（osseous
　and cartilaginous parts of the nasal
　septum）・・・・・・・・・・・・・・・・・・・ 326
泌尿器系（urinary system）・・・・・・・ 273
皮板（dermatome）・・・・・・・・・・・・・ 99
皮膚関連リンパ組織（SALT）・・・・・・ 234
皮膚の付属腺
　（associated gland of the skin）・・・・ 97
鼻プラコード（nasal placode）
　・・・・・・・・・・・・・・・・・ 167, 239, 328
被包（epiboly）・・・・・・・・・・・・・・・ 421

索引

被膜（capsule）……………… 124
表層顆粒（cortical granule）………… 70
表層反応（cortical reaction）………… 70
表皮（epidermis）……………… 97, 100
表皮内大食細胞（ランゲルハンス細胞；Langerhans cell）…………… 346
表皮非角質細胞
　（epidermal non-keratinocyte）… 344
表面外胚葉（表層外胚葉；
　surface ectoderm）…………… 133
鼻涙管（nasolacrimal duct）… 240, 327
鼻涙溝（nasolacrimal groove）
　…………………………… 240, 327
披裂軟骨（arytenoid cartilage）… 252
披裂隆起（arytenoid swelling）… 252

【ふ】
ファイブロネクチン（fibronectin）
　……………………………… 108
ファブリキウス（Hieronymus
　Fabricius Aquapendente）………… 3
ファブリキウス嚢
　（bursa of Fabricius）………… 231
ファン・レーウェンフック
　（Anton van Leeuwenhoek）……… 6
フィーダー細胞（feeder cell）…… 465
フォリスタチン（follistatin）……… 103
フォン・ケリカー
　（Rudolph Albert von Kölliker）…… 8
フォン・ビショフ（Theodor Ludwig
　Wilhelm von Bischoff）………… 5, 8
フォン・ベア（Karl Ernst von Baer）
　……………………………………… 6
孵化（透明帯からの脱出；
　hatching）……………… 81, 115, 431
腹角（ventral horn）……………… 165
腹腔（abdomen）………………… 129
副交感神経系（parasympathetic
　nervous system）……………… 170
腹腔動脈（coeliac artery）………… 214
腹根（ventral root）…………… 139, 165
腹枝（ventral ramus）…………… 165
副腎クロム親性細胞
　（adrenal chromaffin cell）…… 111
副神経（accessory nerve）… 167, 170
副腎髄質（adrenal medulla）…… 110

副腎動脈（adrenal artery）……… 214
腹側胃間膜（ventral mesogastrium）
　……………………………… 255, 259
腹側膵芽（ventral bud）………… 262
腹側節間動脈
　（ventral segmental artery）…… 214
腹側大動脈（ventral aorta）
　……………………………… 211, 212
腹側腸間膜（ventral mesentery）
　……………………………… 237
腹側内胚葉芽
　（ventral endodermal bud）…… 261
腹大動脈（abdominal aorta）…… 211
副鼻腔（paranasal sinus）……… 242
腹鼻甲介（ventral nasal concha）
　……………………………… 241
腹膜（peritoneum）……………… 93, 100
腹膜後リンパ嚢
　（retroperitoneal lymph sac）… 233
付属骨格（appendicular skeleton）
　……………………………… 309
不妊問題（infertility problem）… 469
ブリッグス（Robert Briggs）……… 10
プルキンエ細胞（Purkinje cell）… 153
プルキンエ細胞層
　（Purkinje cell layer）………… 153
プルキンエ線維（Purkinje fiber）
　……………………………… 210
フローサイトメーター
　（flow cytometry）……………… 439
プロジェステロン（progesterone）
　……………………………… 34, 117
プロスタグランジン $F_{2\alpha}$
　（prostaglandin-$F_{2\alpha}$）……… 32, 34
プロミニン-1（CD133）……… 140, 133
分化（differentiation）……… 8, 18
分界稜（terminal crest）………… 206
分化全能性（totipotent）………… 9
分子層（molecular layer）……… 153
分子マーカー（molecular marker）
　……………………………… 463
噴門腺（cardiac gland）………… 256
分裂終期（telophase）……………… 43

【へ】
閉鎖（atresia）……………………… 47

壁側中胚葉（parietal mesoderm /
　somatic mesoderm）…… 93, 103, 316
壁側板（somatopleura）…………… 99
ヘッケル（Ernst Haeckel）………… 1
辺縁層（marginal layer）………… 141
辺縁帯（marginal zone）……… 139, 141
ヘンゼン結節（Hensen's node / 原始
　結節）………………… 94, 419, 424
扁桃体（amygdaloid body）……… 162
ベントロピン（ventropin）……… 197
片葉小節葉（flocculonodular lobe）
　……………………………… 152
ヘンレのワナ（loop of Henle）…… 278

【ほ】
ボヴェリ（Theodor Heinrich Boveri）
　………………………………… 9
膀胱（urinary bladder）………… 280
膀胱円索（ligamentum teres vesicae）
　……………………………… 216, 222
房室結節（atrioventricular node）
　……………………………… 210
房室束（atrioventricular fasciculus）
　……………………………… 210
房室弁（atrioventricular valves）
　……………………………… 210
放射状グリア細胞（放射状神経膠細
　胞；radial glial cell）……… 139, 140
放射状前駆細胞
　（radial progenitor cell）……… 138
膨大部稜（cristae ampullare）…… 190
胞胚形成（blastulation）……… 15, 430
胞胚腔（blastocoel）…………… 418
包皮（prepuce）………………… 302
ボウマン嚢（糸球体包；Bowman's
　capsule）……………………… 274
補助孵化（AHA）……………… 469
ボネ（Charles Bonnet）…………… 7
頬（cheek）……………………… 243
ホメオボックス（*Hox*）遺伝子
　（Homeobox〈*Hox*〉gene）…… 23

【ま】
マイスナー神経叢（Meissner's plexus
　／粘膜下神経叢）……………… 173

索引

膜内骨化（intramembranous ossification）......... 309, 324, 326
マスター遺伝子（master gene）... 197
末梢神経系（PNS）............... 133
マルピーギ（Marcello Marpighi）.... 3

【み】

ミオシン（myosin）............... 330
ミオスタチン（myostatin）......... 341
三日月状肥厚 （crescent-shaped thickening）... 90
密着結合（tight junctions）......... 289
脈管形成（vasculogenesis）........ 200
脈絡叢（choroid plexus）
 .... 148, 157, 163
脈絡裂（choroid fissure）.......... 185
ミューラー管抑制物質因子（MIS）
 .... 21, 293, 306
ミューラー細胞（Müller glial cell）
 185

【む-め】

無制限な自己複製 （indefinite self-renewal）....... 462
無対舌結節（tuberculum impar）
 243
迷走神経（vagus nerve）
 .... 167, 168, 169, 172
迷走神経堤細胞 （vagal neural crest cell）....... 110
迷路（labyrinth）................. 127
雌ウマ（mare）................... 118
メチル化（methylation）........... 458
メッケル軟骨（Meckel's cartilage）
 .... 249, 326
メモリーB（T）リンパ球（memory B〈T〉lymphocyte）............ 231
メラニン芽細胞（melanoblast）.... 346
メラニン細胞（melanocyte）....... 110
メラニン細胞幹細胞 （melanocyte stem cell）........ 355
メルケル細胞（Merkel cell）....... 346
免疫寛容（immunological tolerance）
 230

【も】

毛芽（hair bud）................... 347
盲腸（caecum）................ 262, 265
モーガン（Thomas Hunt Morgan）
 9
網嚢（bursa omentalis）............ 255
網嚢孔（foramen omentale）....... 256
毛包（hair follicle）................ 348
網膜地図（retinal map）........... 185
網膜中心動脈 （central artery of the retina）... 185
網膜内隙（intraretinal space）..... 179
網様体（formation reticularis）.... 155
毛様体（ciliary body）......... 183, 186
毛様体筋（ciliary muscle）......... 186
モルフォゲン（morphogen）..... 19, 23
門脈（portal vein）............ 216, 220

【や-よ】

矢状縫合（sagittal suture）......... 326
有郭乳頭（vallate papilla）........ 243
有棘層（spinous layer）....... 343, 344
有糸分裂（mitosis）............ 41, 290
有糸分裂紡錘体（mitotic spindle）
 42
有髄の軸索（有髄線維） （myelinated axon）.............. 143
雄性前核（male pronucleus / paternal pronucleus）......... 15, 70
誘導（induction）.............. 18, 113
幽門腺（pyloric gland）............ 256
葉気管支（lobar bronchus）....... 253
溶質キャリアー遺伝子（SLC genes）
 305
葉状乳頭（foliate papilla）......... 243
腰仙骨神経叢（lumbosacral plexus）
 .... 144, 165
羊膜（amnion）................ 89, 432
羊膜芽細胞（amnioblast）......... 432
羊膜腔（amniotic cavity）....... 16, 89
羊膜水腫（hydramnion）.......... 124
羊膜斑（amniotic plaque）... 123, 126
羊膜縫線（mesamnion）... 89, 121, 123
抑制性細胞外基質（inhibitory extracellular matrix）........... 197
翼板（alar plate）......... 139, 142, 176

IV 型コラーゲン（IV type collagen）
 108

【ら】

ライディッヒ細胞 （間質細胞；Leydig cell）... 286, 290
ライヘルト軟骨 （Reichert's cartilage）........ 249, 327
ラジカルフリンジ（r-Fng）....... 339
ラセン器（spiral organ）........... 191
ラセン神経節（spiral ganglion）... 191
ラセン靱帯（spiral ligament）..... 191
ラトケ（Martin Heinrich Rathke）... 7
ラトケ囊（Rathke's pouch）....... 158
ラミニン（laminin）............... 108
卵円窩（fossa ovalis）.............. 222
卵円孔（foramen ovale）.......... 207
卵黄管（vitelline duct）........ 101, 262
卵黄嚢（yolk sac）................. 432
卵黄嚢静脈（vitelline vein）
 .... 206, 216
卵黄嚢動脈（vitelline artery）..... 214
卵割（cleavage）................ 15, 77
卵活性化（oocyte activation）...... 69
卵管（oviduct）
 .... 29, 77, 129, 295, 296
卵管峡部（isthmus）............... 29
卵管胚移植（TET）............... 470
卵管膨大部（ampulla）........ 29, 190
卵管漏斗（infundibulum）......... 29
卵丘（cumulus oophorus）......... 51
卵丘細胞（cumulus cell）
 .... 51, 63, 451
卵丘細胞卵複合体 （cumulus-oocyte complexe）.... 63
卵形嚢（utricle）................... 190
卵形嚢斑（macula utriculi）....... 190
ランゲルハンス島 （膵島；islet of Langerhans）.... 262
卵細胞質内精子注入法（ICSI）... 469
卵子発生（oogenesis）.............. 45
卵巣（ovary）...................... 29
卵巣固有間膜（proper ligament of the ovary）........................ 292
卵巣刺激（ovarian stimulation）... 469
卵巣髄質（ovarian medulla）...... 291

卵巣堤索（suspensory ligament of the ovary）…… 292
卵巣導帯（gubernaculum）…… 292
卵巣動脈（ovarian artery）…… 214
卵祖細胞（oogonium）…… 39, 290
卵筒（egg cylinder）…… 432
卵胞腔（antrum）…… 51
卵胞刺激ホルモン（FSH）…… 444
卵胞上皮細胞（follicular cell）…… 46
卵母細胞（oocyte）
…… 15, 29, 37, 63, 450

【り】
立毛筋（arrector pili muscle）…… 348
リモデリング（remodeling）…… 107
梁上回（supracallosal gyrus）…… 161
梁柱軟骨（trabecular cartilage）…… 325
菱脳（rhombencephalon）…… 146, 177
菱脳唇（rhombic lip）…… 152
菱脳分節（rhombomere）
…… 109, 152, 167, 177
梨状細胞（piriform cell）…… 153
梨状葉（piriform lobe）…… 161
輪状軟骨（cricoid cartilage）…… 252
リンパ球（lymphocyte）…… 227
リンパ球系細胞系譜
（lymphoid cell lineage）…… 228
リンパ節（lymph node）…… 228, 233
リンパ中心（lymph center）…… 233

【る】
ルー（Wilhelm Roux）…… 8
類骨（osteoid）…… 310
涙腺（lacrimal gland）…… 189
類洞（sinusoid）…… 216, 260
ループ形成（loop formation）…… 203

【れ】
冷却障害（chilling injury）…… 454
レシピエント（recipient）…… 443
レシピエントの選択
（selection of recipient）…… 447
レチノイン酸（retinoic acid）
…… 177, 225, 269, 338
連合ニューロン（association neuron）
…… 139

レンズ核（lentiform nucleus）…… 162

【ろ】
漏斗（infundibulum）…… 158
漏斗部（infundibulum）…… 296
肋骨（rib）…… 315

【わ】
ワディントン
（Conrad Hal Waddington）…… 10
腕神経叢（brachial plexus）…… 144, 165

【A】
abdomen（腹腔）…… 129
abdominal aorta（腹大動脈）…… 211
abducens nerve（外転神経）
…… 167, 170
abomasum（第四胃）…… 257
accessory nerve（副神経）…… 167, 170
acetylcholine（アセチルコリン）
…… 170, 172
acinus（腺房）…… 243
acrosin（アクロシン）…… 68
acrosomal phase（先体相）…… 55
acrosome（先体）…… 56
acrosome reaction（先体反応）…… 68
actin（アクチン）…… 330
activin（アクチビン）…… 21, 269
adenohypophysis（腺性下垂体）…… 158
adhesion molecule（接着分子）
…… 197
adrenal artery（副腎動脈）…… 214
adrenal chromaffin cell
（副腎クロム親性細胞）…… 111
adrenal medulla（副腎髄質）…… 110
adult stem cell（成体幹細胞）…… 462
AER（外胚葉性頂堤）…… 317, 318, 321
AGM region（Aorta-Gonad-Mesonephros；大動脈－生殖巣－中腎の形成領域）…… 200, 224, 227
AHA（assisted hatching；補助孵化）
…… 469
alar plate（翼板）…… 142
allantochorionic placenta
（尿膜絨毛膜胎盤）…… 102
allantoic calculus（尿膜結石）…… 123

allantoic duct（尿膜嚢管）…… 102
allantois（尿膜）
…… 89, 102, 117, 237, 262, 266
allocortex（異皮質）…… 160
alveolus（肺胞）…… 253
ameloblast（エナメル芽細胞）…… 246
amnioblast（羊膜芽細胞）…… 432
amnion（羊膜）…… 89, 432
amniotic cavity（羊膜腔）…… 16, 89
amniotic plaque（羊膜斑）…… 123, 126
ampulla（卵管膨大部／膨大部）
…… 29, 190
ampulla of deferent（精管膨大部）
…… 294
amygdaloid body（扁桃体）…… 162
anal canal（肛門管）…… 266
anal fold（肛門ヒダ）…… 299
anal membrane（肛門膜）…… 266
anaphase（後期）…… 43
angioblast（血管芽細胞）…… 200, 233
angiogenesis（血管新生）…… 200
angiopoietin（アンジオポイエチン）
…… 225
animal welfare（動物福祉）…… 448, 461
anterior commissure（前交連）…… 162
anterior neural crest（頭部神経堤）
…… 109
anterior neuropore（頭側神経孔）
…… 107
anteroposteior axis（頭尾軸）…… 423
antrum（卵胞腔）…… 51
anus（肛門）…… 102
aorta（大動脈）…… 220
aortic arch（大動脈弓）
…… 199, 211, 213
aorticopulmonary septum
（大動脈肺動脈中隔）…… 210
apical ectodermal ridge
（外胚葉性頂堤）…… 317
apocrine sweat gland
（アポクリン汗腺）…… 349
apoptosis（アポトーシス）
…… 18, 107, 321
appendicular skeleton（付属骨格）
…… 309
arachnoid（クモ膜）…… 163

索引

archicortex（原皮質／古皮質）·····161
arcus palatopharyngeus
　（口蓋咽頭弓）·····················241
areolae（アレオラ）·····················121
arrector pili muscle（立毛筋）·····348
ART（assisted reproduction
　technology；生殖補助技術）·····437
artery（動脈）·························199
articular cartilage（関節軟骨）·····311
artificial insemination（人工授精）
　···444
artificial vagina（人工膣）···········438
Arx·······································269
arytenoid cartilage（披裂軟骨）·····252
arytenoid swelling（披裂隆起）·····252
ascending colon（上行結腸）········265
ascensus medullar spinalis
　（脊髄の上昇）·······················146
associated gland of the skin
　（皮膚の付属腺）······················97
association neuron（連合ニューロン）
　···139
astrocyte（星状膠細胞）···············135
atlas（環椎）···························314
atresia（閉鎖）····························47
atrioventricular fasciculus（房室束）
　···210
atrioventricular node（房室結節）
　···210
atrioventricular valve（房室弁）
　···210
atrium（心房）·························204
auditory tube（耳管）·················251
Auerbach plexus（アウェルバッハ
　神経叢／筋層間神経層）············173
autonomic ganglion（自律神経節）
　···163
AVE（anterior visceral endoderm；
　頭側臓側内胚葉）·····················103
axial（vertebral）skeleton
　（軸性〈脊柱〉骨格）···············309
axillary artery（腋窩動脈）··········213
axis（軸椎）····························314
axon（軸索）····························139
azygos vein（奇静脈）·················218

【B】

B lymphocyte（Bリンパ球）········228
bars（蹄支）····························350
basal layer（基底層）··················343
basal plate（基板）····················142
basicranium（頭蓋底）················325
basihyoid（底舌骨）···················327
basilary artery（脳底動脈）··········213
basisphenoid（底蝶形骨）············325
basket cell（籠細胞）··················152
$BF1$（brain factor1）················177
bicornuate uterus（双角子宮）······296
bicuspid valve（二尖弁）··············210
bilaminar embryonic disc
　（二層性胚盤）························16
bile duct（胆管）······················260
biopsy（バイオプシー）···············445
bipolar neuroblast（双極神経芽細胞）
　···136
bipotent progenitor cell（前駆細胞）
　···136
blastocoel（胞胚腔）··················418
blastocyst（胚胞）·············15, 81, 430
blastocyst cavity（胚盤胞腔）
　·································15, 81, 430
blastoderm（胚盤葉）·················417
blastomere（割球）················15, 77
blastulation（胞胚形成）········15, 430
block to polyspermic fertilization
　（多精子受精の阻止）··················70
blood（血液）··························199
blood island（血島）···········200, 261
blood precursor cell（血液前駆細胞）
　···225
blood-thymus barrier
　（血液－胸腺関門）···················232
BMP（bone morphogenetic
　protein；骨形成タンパク質）
　························21, 113, 176, 224, 340
BMP2·····························111, 355
BMP4············107, 111, 133, 197, 355
$BMP7$··························107, 268
bone marrow（骨髄）··········231, 311
Bowman's capsule
　（ボウマン嚢／糸球体包）··········274

brachial plexus（腕神経叢）
　···································144, 165
brain（脳）······························105
brain factor1（$BF1$）·················177
branchiogenic organ（鰓原器）·····250
BRN1····································305
broad ligament of the uterus
　（子宮広間膜）·······················296
bronchus（気管支）············247, 253
buccopharyngeal membrane
　（頬咽頭膜）······················96, 101
bulbourethral gland（尿道球腺）
　···294
bulb（蹄球）····························350
bulbus cordis（心球）·········204, 206
bursa of Fabricius
　（ファブリキウス嚢）···············231
bursa omentalis（網嚢）··············255

【C】

$c-Kit$·····································224
$c-Myb$···································224
Ca^{2+}結合タンパク質 S100β·······140
caecum（盲腸）·················262, 265
calyx（腎杯）···························279
cap phase（頭帽相）····················55
capacitation（受精能獲得）······51, 65
capsule（被膜）························124
cardiac gland（噴門腺）··············256
cardiac neural crest cell
　（心臓神経堤細胞）···················110
cardiac tube（心管）··················199
carnivore（食肉類）···················118
caruncle（子宮小丘）··········119, 121
cauda equina（馬尾）·················146
caudal cardinal vein（後主静脈）
　···218
caudal cervical ganglion
　（後頸神経節）·······················172
caudal colliculus（後丘）·············155
caudal vena cava（後大静脈）
　·····························206, 216, 218, 220
caudal mesenteric artery
　（後腸間膜動脈）·····················215
caudate nucleus（尾状核）···········162
cavitation（管腔形成）················105

490

Cbfa1 ……………………………… 340
CD34 ……………………………… 224
CD4 発現 Th 細胞
　（CD4-expressing Th cell）…… 229
CD8 発現 Tc 細胞
　（CD8-expressing Tc cell）…… 229
Cdx2 ……………………………… 80, 268
cell determination（細胞決定）…… 18
cell differentiation（細胞分化）…… 18
cell replacement therapy
　（細胞置換療法）………………… 462
cell specification（細胞特定）……… 18
cementoblast（セメント芽細胞）
　……………………………………… 247
cementum（セメント質）………… 245
central artery of the retina
　（網膜中心動脈）………………… 185
central canal（中心管）……… 140, 142
central vein（中心静脈）………… 260
centromere（動原体）……………… 42
cephalic flexure（頭屈曲）……… 147
Cer-l ……………………………… 103
ceratohyoid（角舌骨）…………… 327
cerebellar nucleus（小脳核）…… 152
cerebellum（小脳）
　………………………… 147, 150, 152, 177
cerebral cortex（大脳皮質）……… 161
cerebral hemisphere（大脳半球）
　………………………………… 146, 156, 159
cerebrospinal fluid（脳脊髄液）
　…………………………………… 148, 163
cervical canal（子宮頸管）………… 29
cervical plexus（頸神経叢）……… 165
cervical sinus（頸洞）…………… 248
cervico-thoracic ganglion
　（頸胸神経節）…………………… 172
cervix uterus（子宮頸）…………… 65
cheek（頬）………………………… 243
chiasmata（キアズマ / 交差）…… 43
chilling injury（冷却障害）……… 454
chimaera（キメラ）……………… 434
chimaeric offspring（キメラ子孫）
　……………………………………… 464
chondroclast（軟骨吸収細胞）…… 311
chondrocyte（軟骨細胞）………… 338
chordae tendineae（腱索）……… 210

chordamesoderm（脊索中胚葉）… 421
chordin（コルディン）…………… 133
chorioallantoic placenta（絨毛膜尿膜
　胎盤）………………… 117, 119, 125, 127
chorioallantoic（絨毛膜尿膜）…… 117
chorioamniotic fold（絨毛膜羊膜ヒダ）
　………………………………………… 89
chorion（絨毛膜）………… 89, 93, 117
chorion frondosum（絨毛膜有毛部）
　……………………………………… 119
chorion laeve（絨毛膜無毛部）… 119
chorionic epithelium（絨毛膜上皮）
　……………………………………… 119
chorionic girdle（絨毛膜ガードル）
　……………………………………… 125
chorionic villi（絨毛膜絨毛）…… 119
choriovitelline placenta
　（絨毛膜卵黄嚢胎盤）… 117, 119, 125
choroid fissure（脈絡裂）………… 185
choroid plexus（脈絡叢）
　……………………………… 148, 157, 163
chromatid（染色分体）…………… 42
ciliary body（毛様体）……… 183, 186
ciliary muscle（毛様体筋）……… 186
circulatory system（循環系）…… 199
circumpharyngeal neural crest
　（咽頭周囲神経堤）……………… 110
cisterna chyli（乳ビ槽）………… 233
claustrum（前障）………………… 162
claw（鉤爪）……………………… 351
cleavage（卵割）……………… 15, 77
clitoris（陰核）…………………… 300
cloaca（排泄腔）……………… 101, 266
cloacal membrane（排泄腔膜）
　………………………………… 96, 101, 266
CNS（central nervous system；中枢
　神経系）………………… 97, 105, 133
cochlear nerve（蝸牛神経）……… 168
coeliac artery（腹腔動脈）……… 214
coelom（体腔）…………………… 93
commissural neuron
　（交連ニューロン）……………… 160
common cardinal vein（総主静脈）
　………………………………… 206, 218
common carotid artery（総頸動脈）
　……………………………………… 212

common iliac vein（総腸骨静脈）
　……………………………………… 218
compaction（コンパクション）
　………………………………………… 78, 430
conchae（鼻甲介）………………… 241
conservation of farm animal genetic
　resource（家畜遺伝資源保全）
　……………………………………… 447
conus cordis（心臓円錐）………… 208
convergent-extension（収束伸長）
　……………………………………… 419
convoluted seminiferous tubule
　（曲精細管）……………………… 290
copula（コプラ）………………… 243
copulation（交尾）………………… 63
cornfield layer（角質層）……… 343, 344
cornual process（角突起）……… 352
coronal suture（冠状縫合）……… 326
coronary artery（冠状動脈）…… 110
coronary cushion（蹄冠皮下組織）
　……………………………………… 350
coronary ligament（冠状間膜）… 256
coronary sinus（冠状静脈洞）…… 206
corpora quadrigemina（四丘体）
　……………………………………… 155
corpus callosum（脳梁）………… 162
corpus luteum（黄体）…………… 32
corpus striatum（線条体）……… 162
corpus trapezoideum（台形体）
　……………………………………… 147
cortical granule（表層顆粒）……… 70
cortical reaction（表層反応）……… 70
cotyledonary（叢毛性）……… 119, 121
cotyledon（絨毛叢）……………… 121
cranial cardinal vein（前主静脈）
　……………………………………… 218
cranial cervical ganglion
　（前頸神経節）…………………… 172
cranial flexure（頭屈曲）………… 339
cranial ganglion（脳神経節）
　………………………………… 163, 165
cranial mesenteric artery
　（前腸間膜動脈）………………… 214
cranial nerve（脳神経）
　……………………………… 163, 166, 167

索引

cranial portion of the vagina
　（膣の前部）･････････････････ 295
cranial suture（頭蓋縫合）･･････ 326
cranial vena cava（前大静脈）
　････････････････････････ 206, 218
cranial vesical artery（前膀胱動脈）
　･････････････････････････････ 216
cranium（頭蓋）････････････････ 324
craniocaudal axis（頭尾軸）･････ 318
crescent-shaped thickening
　（三日月状肥厚）･･････････････ 90
cribriform plate（篩板）･････････ 326
cricoid cartilage（輪状軟骨）････ 252
cristae ampullare（膨大部稜）･･･ 190
crossover（乗換え）･･････････････ 43
crus cerebri（大脳脚）･･････････ 155
cryopreservation（超低温保存）
　････････････････････････ 445, 440
cryoprotectant（凍害保護剤）････ 453
cryoprotective（凍害保護物質）･･ 453
cryptorchidism（潜在精巣）･････ 289
cumulus cell（卵丘細胞）
　･･････････････････････ 51, 63, 451
cumulus-oocyte complexe
　（卵丘細胞卵複合体）･････････ 63
cumulus oophorus（卵丘）･･･････ 51
cuneate nucleus（楔状束核）････ 150
cystic duct（胆嚢管）･･･････････ 261
cytodifferentiation（細胞分化）･･ 45
cytokinesis
　（細胞質分裂 / 細胞体分裂）･･･ 41
cytotrophoblast（栄養細胞層）･･ 129
cytotrophoblast cell
　（栄養膜細胞層細胞）････････ 127

【D】

Dax-1････････････････････････ 306
decidua（脱落膜）･･･････････････ 120
deciduous tooth（脱落歯）･･････ 247
definitive yolk sac（最終卵黄嚢）
　････････････････････ 93, 100, 117
delayed implantation（遅延着床）
　･････････････････････････････ 429
dendrite（樹状突起）･･･････････ 139
dental lamina（歯堤）･･･････････ 245
dental papilla（歯乳頭）･････････ 245

dental sac（歯小嚢）････････････ 247
dentate gyrus（歯状回）･････････ 161
dentin（ゾウゲ質）･･････････ 245, 246
dermal hair follicle（真皮性毛包）
　･････････････････････････････ 347
dermal papilla（真皮乳頭）･･････ 347
dermatome（皮板）･･････････････ 99
dermis（真皮）･････････････････ 346
descending colon（下行結腸）
　････････････････････････ 262, 266
Dex5･･････････････････････････ 198
Dhh（Desert hedgehog；デザート・
　ヘッジホック）････････････････ 21
diaphragm（横隔膜）･･･････････ 334
diaphragmatic ligament of the
　mesonephros（中腎横隔靭帯）
　･････････････････････････････ 287
diencephalon（間脳）･･･････ 146, 156
differential gene expression
　（差次的遺伝子発現）･････････ 18
differentiation（分化）････････ 8, 18
diffuse（汎毛性 / 散在性）
　･････････････････････ 119, 120, 126
dilator pupillae（瞳孔散大筋）･･ 186
diplotene stage
　（ディプロテン〈双糸〉期）･･････ 43
directed differentiation
　（定方向性分化）････････････ 464
discoid（盤状）････････････････ 129
discoid haemo-chorial placenta
　（盤状血絨毛膜胎盤）･･･････ 431
dispause（発生休止）････････････ 429
Dkk1････････････････････････････ 103
DLHP（dorsolateral hinge points；背
　外側蝶番点）･･････････････････ 106
donor（ドナー）･･･････････････ 443
dorsal aorta（背側大動脈）･･････ 211
dorsal aperture（背側口）････････ 163
dorsal endodermal bud
　（背側内胚葉芽）････････････ 261
dorsal mesentery（背側腸間膜）
　････････････････････････ 237, 262
dorsal mesoderm（背側中胚葉）･･ 425
dorsal mesogastrium（背側胃間膜）
　････････････････････････ 255, 259
dorsal nasal concha（背鼻甲介）･･ 241

dorsal ramus（背枝）････････････ 165
dorsal root（背根）･･････････ 143, 165
dorsal segmental artery
　（背側節間動脈）････････････ 213
dorsal-ventral axis（背腹軸）
　････････････････････ 318, 423, 431
ductus arteriosus（動脈管）･･ 213, 222
ductus deferens（精管）･････ 286, 294
ductus venosus（静脈管）････ 216, 220
duodenum（十二指腸）･････････ 262
dura mater（硬膜）･････････････ 163

【E】

E-cadherin（E-カドヘリン）･･････ 85
EC cell（embryonic carcinoma；胚性
　腫瘍細胞 / EC 細胞）････････ 463, 468
eccrine sweat gland（エクリン汗腺）
　･････････････････････････････ 349
eCG（equine Chorionic Gonadotropin；
　ウマ絨毛性性腺刺激ホルモン）
　････････････････････････ 125, 444
ectoderm（外胚葉）･････････ 16, 89, 421
ectomeninx（外髄膜）･･･････････ 163
ectopic（異所性）･･･････････････ 129
effector cell（エフェクター細胞）
　･････････････････････････････ 231
efferent ductule（精巣輸出管）
　････････････････････････ 286, 293
EG cell（embryonic germ；胚性生殖
　細胞 / EG 細胞）････････････ 463, 468
egg cylinder（卵筒）･･･････････ 432
ejaculatory duct（射精管）･･････ 294
embryo culture（胚培養）･･････ 450
embryo recovery（胚の回収）････ 444
embryo reduction（減胎手術）･･･ 126
embryoid body（胚様体）･･･････ 464
embryonic genome（胚性ゲノム）
　･･････････････････････････････ 77
embryonic period（胚子期）･････ 15
embryotrophe（胚栄養素）････････ 115
eminentia hypobrachialis（鰓下隆起）
　･････････････････････････････ 243
EMx2･････････････････････････ 306
En-1（Engrailed-1）････････ 176, 339
En-2（Engrailed-2）･･･････････ 176
enamel（エナメル質）･･･････ 245, 246

enamel organ（エナメル器）……… 246
encephalon（脳）……………… 107
endoblast（内胚葉）…………… 418
endocardial cushion（心内膜隆起）
　…………………………… 207
endocardial tube（心内膜管）…… 199
endochondral ossification
　（軟骨内骨化）…………… 309, 340
endoderm（内胚葉）… 16, 89, 115, 421
endomeninx（内髄膜）………… 163
endometrial cup（子宮内膜杯）… 125
endometrial epithelium
　（子宮内膜上皮）……………… 119
endometrium（子宮内膜）……… 117
endothelial cell（内皮細胞）… 200, 278
endotheliochorial（内皮絨毛膜性）
　…………………………… 127
endotheliochorial placenta
　（内皮絨毛膜胎盤）……… 119, 127
endothelium（内皮）…………… 119
enteric nervous system
　（腸管神経系 / 腸神経系）… 111, 237
Eomesodermin…………………… 80
ependyma（上衣）……………… 140
ependymal epithelium（上衣層）
　…………………………… 162
EphB2…………………………… 198
EphB4…………………………… 225
ephrin-B2……………………… 225
epiblast（上胚盤葉）
　………………… 16, 82, 115, 418, 431
epiboly（被包）………………… 421
epibranchial placode
　（上鰓プラコード）…………… 167
epicardium（心外膜）…………… 199
epiceras（角外膜）……………… 352
epidermal non-keratinocyte
　（表皮非角質細胞）…………… 344
epidermis（表皮）…………… 97, 100
epididymal duct（精巣上体管）
　…………………………… 286, 294
epididymis（精巣上体）………… 294
epidural analgesia（硬膜外麻酔）
　…………………………… 446
epidural space（硬膜上腔）…… 163

epigenetic factor
　（エピジェネティックな要因）… 457
epigenesis（後成説）…………… 2
epiglottal swelling（喉頭蓋隆起）
　…………………………… 252
epiglottic cartilage（喉頭蓋軟骨）
　…………………………… 252
epimere（上分節）……………… 334
epiphyseal cartilage（骨端軟骨）
　…………………………… 311
epiphyses（骨端）……………… 311
epithalamus（視床上部）…… 156, 157
epithelial cell（上皮細胞）……… 278
epithelial hair follicle（上皮性毛包）
　…………………………… 347
epithelio-mesenchymal transition
　（上皮－間葉移行 / 上皮－間葉転換）
　……………………… 92, 97, 107, 419
epitheliochorial（上皮絨毛膜性）
　……………………………… 120, 126
epitheliochorial placenta
　（上皮絨毛膜胎盤）…………… 119
erythropoiesis（赤血球生成）…… 200
ES cell（embryonic stem；胚性幹細
　胞 / ES 細胞）………… 434, 462
estrogen（エストロジェン）… 31, 117
ethmoid bone（篩骨）………… 326
ethmoid turbinate（篩骨甲介）… 326
external auditory meatus（外耳道）
　…………………………… 248, 327
external carotid artery（外頸動脈）
　…………………………… 212
external granular layer（外顆粒層）
　…………………………… 152
external granule cell（外顆粒細胞）
　…………………………… 153
external iliac artery（外腸骨動脈）
　…………………………… 211
external iliac vein（外腸骨静脈）
　…………………………… 218
external jugular vein（外頸静脈）
　…………………………… 218
external parathyroid gland
　（外上皮小体）………………… 251
external root sheath（外根鞘）… 347

extracellular matrix
　（細胞外マトリックス）………… 63
extraembryonic coelom / exocoelom
　（胚外体腔）……………… 93, 117
extraembryonic mesoderm
　（胚外中胚葉）………… 93, 115, 420
Eya1……………………… 197, 304

【F】
facial nerve（顔面神経）
　………………… 167, 168, 172, 243
falciform ligament（鎌状間膜）
　…………………………… 256, 261
falx cerebri（大脳鎌）………… 163
female pronucleus（雌性前核）…… 70
fertilization（受精）
　………………… 15, 63, 417, 430, 450
fetal period（胎子期）…………… 15
fetal stem cell（胎子幹細胞）…… 462
FGF（Fibroblast Growth Factor；線
　維芽細胞成長因子 / 線維芽細胞増
　殖因子）………………… 111, 224
FGF2…………………………… 269
Fgf3 / 10……………………… 197
FgF3 / 8………………………… 197
FGF5…………………………… 355
FGF8……………… 103, 176, 268, 305
FGF10………………………… 269, 306
Fgfr2b………………………… 197
filum terminale（終糸）………… 146
first polar body（第一極体）…… 45
flocculonodular lobe（片葉小節葉）
　…………………………… 152
floor plate（底板）…………… 142
flow cytometry
　（フローサイトメーター）……… 439
folia cerebelli（小脳回）……… 152
foliate papilla（葉状乳頭）…… 243
follicle-stimulating hormone（FSH）
　………………………………… 30
follicular cell（卵胞上皮細胞）…… 46
follistatin（フォリスタチン）…… 103
foramen omentale（網嚢孔）…… 256
foramen ovale（卵円孔）……… 207
foregut（前腸）………………… 101, 237
formation reticularis（網様体）… 155

索引

fornix commissure（脳弓交連）…… 162
fossa ovalis（卵円窩）……………… 222
fourth ventricle（第四脳室）
　………………………………… 148, 163
Foxa1 ……………………………… 268
Foxa2 ……………………………… 268
fracture damage（破砕損傷）…… 454
frog（蹄叉）……………………… 350
frontal bone（前頭骨）…………… 326
frontal prominence（前頭隆起）… 328
frontonasal prominence
　（前頭鼻隆起）……………… 238, 327
FSH（follicle stimulating hormone；
　卵胞刺激ホルモン）………… 30, 444
fungiform papilla（茸状乳頭）…… 243

【G】

gall bladder（胆嚢）………… 260, 261
GALT（gut-associated lymphoid
　tissue；腸管関連リンパ組織）… 234
gametogenesis（生殖子発生）…… 37
ganglion cell（視神経細胞）……… 183
ganglion cell layer（視神経細胞層）
　…………………………………… 183
gastraea（腸祖動物）………………… 1
gastrulation（原腸胚形成）…… 16, 89
GATA ……………………………… 83
Gata3 ……………………………… 197
Gata4 ……………………………… 268
Gata6 ……………………………… 268
Gbx2 ……………………………… 197
GDF11（growth and differentiation
　factor 11；増殖分化因子 11）… 304
GDNF（Glial Derived Neurotrophic
　Factor；神経膠細胞由来神経栄養因
　子）…………………………… 21, 304
general somatic afferent fiber（一般
　体性求心性神経線維）……… 164, 165
general somatic afferent nucleus
　（一般体性求心性神経核）……… 150
general somatic efferent fiber
　（一般体性遠心性神経線維）
　………………………… 164, 165, 170
general somatic efferent neuron
　（一般体性遠心性ニューロン）… 164

general visceral afferent fiber
　（一般内臓求心性神経線維）…… 164
general visceral afferent
　（一般内臓求心性）……………… 170
general visceral afferent nucleus
　（一般内臓求心性神経核）……… 150
general visceral efferent fiber
　（一般内臓遠心性神経線維）
　………………………… 164, 169, 170
genetic recombination
　（遺伝的組換え）………………… 43
genicular gyrus（膝回）…………… 161
genital raphe（陰茎縫線）………… 300
genital system（生殖器系）……… 273
genital tubercle（生殖結節）……… 299
genomic imprinting（ゲノムインプリ
　ンティング／ゲノム刷り込み）… 25
germ cell（生殖細胞）…………… 290
giant binucleate cell
　（二核細胞／巨細胞）…………… 121
GIFT（gamete intra-fallopian
　transfer；配偶子の卵管内移植）… 469
glans penis（陰茎亀頭）…………… 300
Gli3 ………………………………… 197
glial cell（神経膠細胞）…………… 158
glial fibrillary acidic protein
　（神経膠細胞線維性酸性タンパク質）
　………………………………… 136, 140
glial progenitor cell
　（神経膠細胞前駆細胞）……… 136, 139
globus pallidus（淡蒼球）………… 162
glomerulus（糸球体）………… 274, 278
glossopharyngeal nerve（舌咽神経）
　………………… 167, 168, 169, 172, 243
GnRH（gonadotropin-
　releasing hormone；性腺刺激ホル
　モン放出ホルモン）……………… 30
gracile nucleus（薄束核）………… 150
granular layer（顆粒層）
　………………………… 153, 343, 344
granule cell（顆粒細胞）………… 152
granulocyte（顆粒球〈白血球〉）
　………………………………… 227, 228
granulosa cell（顆粒層細胞）…… 48
greater omentum（大網）…… 256, 259
grey matter（灰白質）…………… 141

gubernaculum（卵巣導帯）……… 292
gubernaculum testis（精巣導帯）
　…………………………………… 287
gum（歯肉）……………………… 243
gyrus（脳回）……………………… 159

【H】

habenula（手綱）………………… 157
habenular commissure（手綱交連）
　…………………………………… 162
haemangioblast（血液血管芽細胞）
　………………………… 199, 200, 225
haematopoiesis（造血）…………… 200
haemochorial（血絨毛膜性）…… 129
haemochorial placenta（絨毛膜胎盤）
　…………………………………… 120
haemotrophe（血液栄養素）…… 115
hair bud（毛芽）………………… 347
hair follicle（毛包）……………… 348
Hand1 ……………………………… 225
Hand2 ……………………………… 225
hard palate（硬口蓋）……… 241, 329
hatching（孵化／透明帯からの脱出）
　………………………… 81, 115, 431
HDAC4（histone-deacetylase-4；ヒス
　トン脱アセチル化酵素 4）……… 340
head mesenchyme（頭部間葉）… 420
head skeleton（頭部骨格）……… 309
heart（心臓）……………………… 199
hemiazygos vein（半奇静脈）…… 218
hemisphere（半球）……………… 152
Hensen's node（ヘンゼン結節／原始
　結節）…………………… 419, 434
hepatocyte（肝細胞）……………… 260
hepato-lienal period（肝脾造血期）
　…………………………………… 200
Hesx1 ……………………………… 103
HGF ……………………………… 305
HIF3α ……………………………… 269
HIFβ ……………………………… 269
hindgut（後腸）……………… 101, 237
hippocampal commissure（海馬交連）
　…………………………………… 162
hippocampal formation（海馬体）
　…………………………………… 161
hippocampal gyrus（海馬回）…… 161

索引

hippomane（胎餅）······ 126
histone modification（ヒストン修飾）
······ 22
histotrophe（組織栄養素）······ 115
HLHld 遺伝子······ 341
Homeobox（*Hox*）gene（ホメオボックス〈*Hox*〉遺伝子）······ 23
homologous recombination
（相同組み換え）······ 434
horn bud（角芽）······ 352
Hox······ 268
Hoxa······ 197, 339
Hoxa-10······ 306
Hoxb······ 109, 197
Hoxd-9······ 339
Hoxd-13······ 339
Hox 遺伝子······ 339
Hox code（Hox コード）······ 268
hyaluronidase（ヒアルロニダーセ）
······ 68
hyoid artery（硝子体動脈）······ 187
hymen（膣弁／処女膜）······ 298
hypertrophic zone（肥厚帯）······ 311
hypoblast（下胚盤葉）
······ 16, 82, 115, 418, 431
hypoglossal nerve（舌下神経）
······ 167, 170, 243
hypomere（下分節）······ 334
hypophyseal cartilage（下垂体軟骨）
······ 325
hypothalamus（視床下部）······ 157

【I】

ICM（inner cell mass；内細胞塊）
······ 15, 81, 85, 103, 115, 430
ICSI（intracytoplasmic sperm injection；卵細胞質内精子注入法）
······ 469
IFN-t（interferon-tau；インターフェロン・タウ）······ 118, 121
Ihh（Indian hedgehog；インディアン・ヘッジホッグ）······ 21, 340
ileum（回腸）······ 262
iliac lymph sac（腸骨リンパ囊）······ 233
immunological tolerance（免疫寛容）
······ 230

implantation（着床）······ 115
in vitro fertilization（体外受精）
······ 451, 469
incisive（切歯骨）······ 327, 328
incisive duct（切歯管）······ 241
incus（キヌタ骨）······ 193, 249, 327
indefinite self-renewal
（無制限な自己複製）······ 462
induction（誘導）······ 18
infertility problem（不妊問題）······ 469
infundibulum（卵管漏斗）······ 29
infundibulum（漏斗）······ 158
infundibulum（漏斗部）······ 296
inhibin（インヒビン）······ 21
inhibitory extracellular matrix
（抑制性細胞外基質）······ 197
innate immunity system
（先天性免疫系）······ 227
innate（pre-existing）immunity
（先天性〈自然〉免疫）······ 227
inner enamel epithelium
（内エナメル上皮）······ 246
inner germinal layer（内胚芽層）
······ 152
inner nuclear layer（内顆粒層）······ 183
intermediate（中間層）······ 140
intermediate mesoderm
（中間中胚葉）······ 99, 273
internal carotid artery（内頸動脈）
······ 212
internal iliac artery（内腸骨動脈）
······ 211, 216
internal iliac vein（内腸骨静脈）······ 218
internal plexiform layer（内網状層）
······ 183
internal root sheath（内根鞘）······ 347
interphase（間期）······ 42
interstitial compartment（間質）
······ 290
interthalamic adhesion（視床間橋）
······ 157
interventricular foramen（室間孔）
······ 159, 163, 208
intervertebral disc（椎間円板）······ 313
intestine（腸）······ 247

intraembryonic coelom（胚内体腔）
······ 93
intraembryonic mesoderm
（胚性中胚葉）······ 93
intracellular ice crystal formation
（細胞内氷晶形成）······ 454
intramembranous ossification
（膜内骨化）······ 309, 324, 326
intraretinal space（網膜内隙）······ 179
iPS cell（induced pluripotent stem；人工多能性幹細胞／iPS 細胞）······ 468
islet-1······ 176
islet of Langerhans
（膵島／ランゲルハンス島）······ 262
isthmus（卵管峡部）······ 29

【J】

jejunum（空腸）······ 262
junctional zone（接合帯）······ 127

【K】

karyogamy（核合体）······ 70
karyokinesis（核分裂）······ 41
keratinocyte（角質化細胞／ケラチノサイト）······ 343
KGF（keratinocyte growth factor；角質細胞増殖因子）······ 355
kinetochore（キネトコア）······ 42
Kreisler······ 197

【L】

labyrinth（迷路）······ 127
lacrimal gland（涙腺）······ 189
lamina epithelialis of tunica mucosa
（粘膜上皮）······ 100
Langerhans cell（表皮内大食細胞／ランゲルハンス細胞）······ 346
large granular lymphocyte
（大顆粒リンパ球）······ 228
laryngo-tracheal groove
（喉頭気管溝）······ 252
larynx（喉頭）······ 247
lateral aperture（外側口）······ 163
lateral lingual swelling
（外側舌隆起）······ 243

495

索引

lateral nasal prominence（外側鼻隆起）………… 239, 328
lateral plate mesoderm（外側中胚葉／側板中胚葉）……… 98, 346, 420
lateral segmental artery（外側節間動脈）……………… 214
lateral semicircular duct（外側半規管）………………… 190
lateral ventricle（側脳室）………………… 157, 159, 162
Lef1 ……………………………………… 355
left atrioventricular channel（左房室管）……………… 207
left ventricle（左心室）……… 206
Lefty-1 ……………………………… 269
Lefty-2 ……………………… 225, 269
lens（水晶体）…………………… 97
lens capsule（水晶体被膜）……… 186
lens placode（水晶体プラコード／水晶体板）……………… 97, 239
lentiform nucleus（レンズ核）…… 162
lesser omentum（小網）…… 256, 259
Leydig cell（ライディッヒ細胞／間質細胞）…………………… 286, 290
LH（luteinizing hormone；黄体形成ホルモン）……………… 30
ligamentum arteriosum（動脈管索）……………………… 213, 223
ligamentum teres hepatis（肝円索）……………………… 216, 222
ligamentum teres vesicae（膀胱円索）……………………… 216, 223
LIM homeobox transcription factor 1b（LMX1B）……………… 305
LIM1 ……………………………… 177
limb bud（肢芽）………………… 316
limb skeleton（四肢骨格）……… 309
LIN1 ……………………………… 306
lip（口唇）………………… 243, 327
Lissencephaly1（LIS1）遺伝子…… 135
liver（肝臓）……………… 228, 247
LMO-2 …………………………… 224
LMX1B（LIM homeobox transcription factor 1b）…… 305, 339
lobar bronchus（葉気管支）……… 253
loop formation（ループ形成）…… 203

loop of Henle（ヘンレのワナ）…… 278
LOS（large offspring syndrome；過大子症候群）…………………… 449
lrx 遺伝子…………………………… 305
lumbosacral plexus（腰仙骨神経叢）……………………… 144, 165
lung（肺）………………………… 247
luteinizing hormone（LH；黄体形成ホルモン）………… 30
luteolysis（黄体退行／黄体融解）……………………… 32, 118
lymph center（リンパ中心）…… 233
lymph node（リンパ節）…… 228, 233
lymphocyte（リンパ球）………… 227
lymphoid cell lineage（リンパ球系細胞系譜）………… 228

【M】

macula utriculi（卵形囊斑）……… 190
male pronucleus（雄性前核）……… 70
malleus（ツチ骨）……… 193, 249, 327
MALT（mucosa-associated lymphoid tissue；粘膜関連リンパ組織）…… 234
mammary ridge（乳腺堤）……… 352
mammillary body（乳頭体）…… 157
mandible（下顎骨）……………… 326
mandibular gland（下顎腺）…… 243
mandibular nerve（下顎神経）…… 168
mandibular process（下顎突起）… 248
mandibular prominence（下顎隆起）……………………… 238
mantle layer（外套層）…………… 140
mare（雌ウマ）…………………… 118
marginal haematoma（周縁血腫）……………………… 128
marginal layer（辺縁層）………… 141
marginal zone（辺縁帯）………… 141
Mash 1 …………………………… 111
maternal pronucleus（雌性前核）… 15
maturation phase（成熟相）……… 56
mature in vitro（体外成熟）…… 451
mature oocyte（成熟卵母細胞）… 456
maxilla（上顎骨）…………… 327, 328
maxillary artery（顎動脈）……… 213
maxillary nerve（上顎神経）…… 168
maxillary process（上顎突起）… 248

maxillary prominence（上顎隆起）……………………… 238
mechanical papilla（機械乳頭）… 243
Meckel's cartilage（メッケル軟骨）……………………… 249, 326
medial eminence（内側隆起）…… 162
medial nasal prominence（内側鼻隆起）……………… 239, 327, 328
median umbilical ligament（正中臍索）…………………… 281
median sacral artery（正中仙骨動脈）……………………… 211
medulla oblongata（延髄）……… 147
medullary cord（髄索）…………… 285
medullary period（骨髄造血期）… 200
meiosis（減数分裂）………… 41, 51
meiotic spindle（減数分裂紡錘体）……………………… 45
Meissner's plexus（マイスナー神経叢／粘膜下神経叢）……… 173
melanoblast（メラニン芽細胞）… 346
melanocyte（色素細胞／メラニン細胞）……………… 110, 143
melanocyte stem cell（メラニン細胞幹細胞）………… 355
membranous part of the interventricular septum（心室中隔膜性部）……………………… 208
memory B（T）lymphocyte（メモリーB〈T〉リンパ球）… 231
Merkel cell（メルケル細胞）…… 346
MESA（microsurgical epididymal sperm aspiration；顕微精巣上体精子吸引）……………………… 469
mesamnion（羊膜縫線）… 89, 121, 123
mesencephalic aqueduct（中脳水道）……………………… 163
mesencephalon / midbrain（中脳）……………………… 146, 176
mesenchymal cell（間葉細胞）……………………… 108, 143, 278
mesenchyme（間葉）………… 92, 97
mes-endodermal precursor（中胚葉－内胚葉前駆細胞）……… 92
mesoblastic period（中胚葉造血期）……………………… 200

496

索引

mesoderm（中胚葉）……… 16, 89, 421
mesonephric duct（中腎管）
　……………………… 273, 294
mesonephric duct / Wolffian duct
　（中腎管／ウォルフ管）……… 292
mesonephric tubule（中腎細管）
　……………………………… 273
mesonephros（中腎）………… 273
metanephric blastema（後腎芽体）
　……………………… 275, 304
metanephros（後腎）…… 273, 275
metaphase（中期）……………… 42
metathalamus（視床後部）…… 157
metencephalon / hindbrain（後脳）
　………………… 146, 147, 176
methylation（メチル化）……… 458
MHC（major histocompatibility
　complex；主要組織適合抗原複合
　体）………………………… 229
MHP（median hinge point；正中蝶番
　点）………………………… 106
microcotyledon（微小絨毛叢）
　……………………… 119, 126
microglial cell（小膠細胞）…… 140
microplacentome（微小胎盤節）… 126
middle cervical ganglion
　（中頸神経節）……………… 172
middle ear（中耳）…………… 189
middle ear cavity（鼓室）……… 251
midgut（中腸）………… 101, 237
minor calyx（小腎杯）………… 279
MIS（Müllerian inhibiting
　substance；ミューラー管抑制物質）
　………………… 21, 293, 306
Mitf…………………………… 355
mitoses（有糸分裂）………41, 290
mitotic spindle（有糸分裂紡錘体）
　……………………………… 42
MMP（Matrix metalloproteinase；基
　質メタロプロテナーゼ）……… 307
MOET 育種プログラム（MOET
　breeding programmes）……… 448
molecular layer（分子層）…… 153
molecular marker（分子マーカー）
　……………………………… 463
monocyclic（単周期性）………… 33

monostomatic sublingual salivary
　gland（単孔舌下腺）………… 243
morphogenesis（形態形成）… 18, 25
morphogen（モルフォゲン）… 19, 23
morphological normality
　（形態正常率）……………… 439
morula（桑実胚）…………… 15, 78
MRP（myogenic regulatory factor；
　筋形成制御因子）…………… 341
Msx…………………………… 355
Msx-1………………… 176, 338
Msx-2………………………… 338
Müller glial cell（ミュラー細胞）
　……………………………… 185
multipolar neuroblast
　（多極神経芽細胞）…… 138, 139
multipolar neuron（多極神経細胞）
　……………………………… 139
multipotent（多分化能）……… 463
multipyramidal kidney（多錐体腎）
　……………………………… 279
muscular part of the interventricular
　septum（心室中隔筋性部）… 208
myelencephalon（髄脳）… 146, 147
myelinated axon
　（有髄の軸索／有髄線維）…… 143
myenteric plexus（筋層間神経叢／
　アウエルバッハ神経叢）… 110, 173
Myf5（myogenic factor 5；筋形成因
　子 5）………………………… 341
myocardium（心筋層）………… 199
MyoD（myogenic determination
　factor；筋形成決定因子）…… 341
myofibril（筋細線維）………… 330
myogenic cell（筋原細胞）…… 330
myogenic precursor
　（筋原細胞前駆体）…………… 334
myoid cell（筋様細胞）………… 286
myosin（ミオシン）…………… 330
myostatin（ミオスタチン）…… 341
myotome（筋板）……………… 99
myotube（管状筋細胞）… 330, 341

【N】

nasal cartilaginous capsule
　（軟骨性鼻殻）……………… 325

nasal gland（鼻腺）…………… 242
nasal pit（鼻窩）……………… 239
nasal placode（鼻プラコード）
　………………… 167, 239, 328
nasal septum（鼻中隔）……… 241
nasolacrimal duct（鼻涙管）
　……………………… 240, 327
nasolacrimal groove（鼻涙溝）
　……………………… 240, 327
neocortex（新皮質）…………… 160
nephrogenesis（腎発生）……… 273
nephrogenic cord（造腎索）
　……………………… 100, 273
nephronectin（ネフロネクチン）
　……………………………… 305
nephrotome（腎板）…………… 100
Netrin………………………… 198
netrin1………………………… 197
neural crest（神経堤）………… 107
neural crest cell（神経堤細胞）
　………………… 97, 143, 326, 339
neural crest ectoderm
　（神経堤外胚葉）……………… 346
neural fold（神経ヒダ）…… 97, 105
neural groove（神経溝）…… 97, 105
neural plate（神経板）
　………………… 97, 105, 113, 133, 176
neural stem cell（神経幹細胞）… 135
neural tube（神経管）
　………………… 97, 105, 107, 133, 432
neuroblast（神経芽細胞）… 135, 139
neurocranium（神経頭蓋）…… 322
neuroectoderm（神経外胚葉）
　………………… 97, 105, 133
neuroepithelial cell（神経上皮細胞）
　……………………… 133, 139
neuroepithelium（神経上皮）… 133
neurogenic placode
　（神経プラコード）…………… 165
neurohypophysis（神経性下垂体）
　……………………… 156, 158
neuromere（神経分節）………… 99
neuron（ニューロン）………… 139
neuronal progenitor cell
　（神経細胞前駆細胞）………… 136
neuropore（神経孔）…………… 97

497

索引

neurulation（神経胚形成）·········· 105
NK cell（ナチュラルキラー細胞）
　·································· 228
Nkx································ 268
Nkx2.1···························· 177
Nkx2.5···························· 225
Nkx5-1···························· 198
Nkx6.1······························ 269
Nodal（ノダル）····················· 21
noggin（ノギン）··················· 133
Nor1······························ 198
Notch································ 113
notochord（脊索）···· 94, 314, 420, 421
nuclear transfer technology
　（核移植技術）··················· 456
nucleus（神経核）·················· 149

【O】

O-2A 前駆細胞
　（O-2A progenitor cell）···· 138, 139
occipital bone（後頭骨）··········· 326
occipital myotome（後頭筋板）····· 243
oculomotor nerve（動眼神経）
　························ 166, 170, 172
ODD1····························· 304
odontoblast（ゾウゲ芽細胞）
　·····························143, 246
oesophagus（食道）················ 247
oestrous cycle（発情周期）·········· 31
oestrus（発情）····················· 31
olfactory bulb（嗅球）······ 156, 161, 168
olfactory nerve（嗅神経）······· 166, 168
olfactory placode（嗅プラコード）
　·································· 239
olfactory tract（嗅索）············· 161
olfactory tubercle（嗅結節）······· 161
oligodendrocyte（希突起膠細胞）
　························ 135, 138, 140
olivary nucleus（オリーブ核）······ 150
omasum（第三胃）················· 257
ontogeny（個体発生）················ 1
oocyte（卵母細胞）······· 15, 37, 63, 450
oocyte activation（卵活性化）······· 69
oocytes（卵母細胞）················ 29
oogenesis（卵子発生）·············· 45
oogonium（卵祖細胞）·········· 39, 290

ophthalmic nerve（眼神経）········ 168
opsonization（オプソニン作用）···· 228
optic capsule（視殻）·············· 325
optic cup（眼杯）············· 156, 179
optic nerve（視神経）····· 166, 168, 185
optic placode（眼プラコード）····· 167
optic vesicle（眼胞）·········· 146, 179
organaizer
　（形成体／オーガナイザー）······ 424
oronasal membrane（口鼻膜）
　······························ 239, 328
oropharyngeal membrane
　（口咽頭膜）···················· 328
ortical granule（皮質顆粒）········· 48
os penis（陰茎骨）················· 302
osseous and cartilaginous parts of the
　nasal septum（鼻中隔の骨部および
　軟骨部）························ 326
ossification zone（骨化帯）········ 313
osteoblast（骨芽細胞）········ 310, 311
osteocyte（骨細胞）··············· 310
osteoid（類骨）··················· 310
ostium primum（一次口）········· 207
ostium secundum（二次口）········ 207
otic capsule（耳殻）··············· 325
otic pit（耳窩）··················· 189
otic placode（耳プラコード／耳板）
　························ 97, 167, 189
otic vesicle（耳胞）················ 97
Otx2················· 103, 177, 197
outer enamel epithelium
　（外エナメル上皮）·············· 246
ovarian artery（卵巣動脈）········· 214
ovarian medulla（卵巣髄質）······· 291
ovarian stimulation（卵巣刺激）··· 469
ovary（卵巣）······················ 29
oviduct（卵管）
　··················· 29, 77, 129, 295, 296
ovulation（排卵）··················· 47
ovulation fossa（排卵窩）·········· 291

【P】

paired jugular lymph sac
　（頸リンパ嚢）·················· 233
palaeocortex（原皮質／古皮質）··· 161
palate process（口蓋突起）···· 241, 329

palatine tonsil（口蓋扁桃）···· 234, 251
palatoglossal arch（口蓋舌弓）····· 243
pancreas（膵臓）·················· 247
papillary muscle（乳頭筋）········· 210
parachordal cartilage（索傍軟骨）
　·································· 325
parahippocampal gyrus（海馬傍回）
　·································· 161
paramesonephric duct／Müllerian
　duct（中腎傍管／ミューラー管）
　······························ 292, 295
paranasal sinus（副鼻腔）·········· 242
parasympathetic nervous system
　（副交感神経系）················ 170
paraxial mesoderm（沿軸中胚葉）
　······························· 98, 103
parietal bone（頭頂骨）············ 326
parietal mesoderm（壁側中胚葉）
　························ 93, 113, 316
parotid gland（耳下腺）··········· 243
paternal pronucleus（雄性前核）···· 15
patient-specific stem cell line
　（患者特異的幹細胞株）·········· 469
patterning（パターン形成／パターニング）
　·······························18, 22
Pax·························· 268, 304
Pax1························· 268, 339
Pax2···················· 176, 197, 306
Pax3···················· 176, 225, 355
Pax4························· 176, 269
Pax5····························· 176
Pax6···················· 177, 197, 269
Pax7····························· 176
Pax9····························· 338
PDGF（platelet derived growth
　factor；血小板由来成長因子／血小
　板由来増殖因子）············ 225, 305
Pdx1（pancreatic and duodenal
　homeobox 1；膵十二指腸ホメオ
　ボックス1）·················· 268, 269
penile urethra（尿道海綿体部）
　······························ 282, 300
pericardial cavity（心膜腔）········ 199
periderm（周皮）·················· 343
perineal body（会陰体）··········· 266

索引

periodontal ligament（歯周靱帯）
　……………………………………… 247
perioplic cushion（蹄縁皮下組織）
　……………………………………… 350
periosteum（骨膜）………………… 310
peritoneum（腹膜）………… 93, 100
permanent tooth（永久歯）……… 247
PESA（percutaneous epididymal sperm aspiration；経皮的精巣上体吸引）…………………………… 469
petrous part of the temporal bone
　（側頭骨岩様部／錐体部）……… 325
Peyer's patch（回腸パイエル板）
　………………………… 230, 231, 233
PGF$_{2\alpha}$ ……………………………………… 118
phallus（陰茎）…………………… 300
pharyngeal arch（咽頭弓）
　………………………… 109, 247, 326
pharyngeal endoderm（咽頭内胚葉）
　……………………………………… 420
pharyngeal pouch（咽頭嚢）…… 247
pharynx（咽頭）…………………… 247
philtrum（上唇溝）………………… 239
photoreceptor cell（視細胞）…… 183
phylogeny（系統発生）……………… 1
pia mater（軟膜）………………… 163
PIGF（Placental Growth Factor；胎盤成長因子／胎盤増殖因子）… 225
pigment layer（色素上皮層）…… 179
pineal gland（松果体）……… 156, 157
pinealocyte（松果体細胞）……… 158
piriform lobe（梨状葉）………… 161
Pitx-2 ……………………………… 269
placenta（胎盤）…………… 115, 218
placentation（胎盤形成）………… 115
placentome（胎盤節）……… 119, 121
plasma cell（形質細胞）…… 228, 231
plasmablast（形質芽細胞）……… 231
pleura（胸膜）………… 93, 100, 253
pluripotency（多能性）…………… 21
pluripotent cell（多能性細胞）…… 462
PMZ（posterior marginal zone；後縁域）……………………………… 423
PNS（peripheral nervous system；末梢神経系）……………………… 133
podocyte（足細胞）……………… 278

polyspermic fertilization
　（多精子受精）…………………… 453
polystomatic sublingual salivary gland（多孔舌下腺）…………… 243
pons（橋）…………………… 146, 150
pontine flexure（橋屈曲）……… 147
pontine nucleus（橋核）………… 152
portal vein（門脈）………… 216, 220
posterior commissure（後交連）… 162
posterior neuropore（尾側神経孔）
　……………………………………… 107
postganglionic neuron
　（節後ニューロン）……………… 170
preamniotic cavity（前羊膜腔）… 431
preaortic ganglion（大動脈前神経節）
　……………………………………… 172
prechordal cartilage（索前軟骨）
　……………………………………… 325
prechordal plate（脊索前板）…… 96
preformation（前成説）…………… 3
preganglionic neuron
　（節前ニューロン）……………… 170
preimplantation genetic diagnosis
　（着床前遺伝子診断）…………… 469
prepuce（包皮）…………………… 302
preshenoid（前蝶形骨）………… 326
primary choanae（一次後鼻孔）
　………………………………… 239, 328
primary follicle（一次卵胞）……… 48
primary hair follicle（一次毛包）… 348
primary hypoblast（一次下胚盤葉）
　……………………………………… 418
primary lymphatic sac
　（原始リンパ嚢）………………… 233
primary lymphoid organ
　（一次リンパ器官）……………… 231
primary lymphoid tissue
　（一次リンパ組織）……………… 228
primary mammary bud
　（一次乳腺芽）…………………… 353
primary nasal cavity（一次鼻腔）
　……………………………………… 239
primary oocyte（一次卵母細胞）
　………………………………… 43, 46, 290
primary oral cavity（一次口腔）… 239

primary ossification center
　（一次骨化中心）………………… 311
primary palate（一次口蓋）… 239, 328
primary spermatocyte
　（一次精母細胞）………………… 43, 54
primitive blood cell（原始血液細胞）
　……………………………………… 200
primitive groove（原始溝）……… 419
primitive gut（原腸）…… 100, 117, 237
primitive node
　（原始結節／ヘンゼン結節）……… 94
primitive streak（原始線条）
　………………………… 90, 418, 420, 432
primitive sustentacular cell
　（原始支持細胞）………………… 51
primitive yolk sac（原始卵黄嚢）
　………………………………… 82, 93, 115
primordial follicle（原始卵胞）
　…………………………………… 47, 290
primordial germ cell（原始生殖細胞）
　……………… 16, 37, 89, 102, 285, 468
primordial myoblast（原始筋芽細胞）
　……………………………………… 340
proctodeum（肛門窩）…………… 238
progesterone（プロジェステロン）
　……………………………………… 117
progressive motility（前進率）…… 439
projection neuron（投射ニューロン）
　……………………………………… 160
proliferating zone（増殖帯）……… 311
pronephric duct（前腎管）……… 273
pronephros（前腎）……………… 273
proper gastric gland（固有胃腺）
　……………………………………… 256
proper ligament of the ovary
　（卵巣固有間膜）………………… 292
prophase（前期）………………… 42
proprioreceptive fiber
　（自己受容型神経線維）………… 165
prosencephalon（前脳）………… 146
prosomere（前脳分節）………… 156
PROST（pronuclear stage tubal transfer；前核期胚移植）……… 470
prostate（前立腺）………………… 294
proximodistal axis（近位遠位軸）
　……………………………………… 318

索引

pseudo-unipolar neuron
　（偽単極神経細胞）……… 143
pulmonary trunk（肺動脈幹）
　……………………… 213, 220
pulmonary vein（肺静脈）……… 206
pupillary membrane（瞳孔膜）… 187
Purkinje cell layer
　（プルキンエ細胞層）………… 153
Purkinje cell（プルキンエ細胞）… 153
Purkinje fiber（プルキンエ線維）
　…………………………… 210
putamen（被殻）………………… 162
pyloric gland（幽門腺）………… 256

【R】

r-Fng（radical fringe；ラジカルフリンジ）………………………… 339
radial glial cell（放射状グリア細胞／放射状神経膠細胞）……… 139, 140
radial progenitor cell
　（放射状前駆細胞）…………… 138
Rathke's pouch（ラトケ嚢）…… 158
recipient（レシピエント）……… 443
rectum（直腸）……… 262, 266, 280
red nucleus（赤核）……………… 155
red pulp（赤脾髄）……………… 234
Reichert's cartilage
　（ライヘルト軟骨）……… 249, 327
renal artery（腎動脈）…………… 214
renal corpuscle（腎小体）……… 274
renal filtration barrier
　（腎濾過障壁／腎濾過関門）… 278
renal pelvis（腎盤）……………… 279
resegmentation（再分節）……… 313
resorption zone（吸収帯）……… 313
respiratory bronchiole
　（呼吸細気管支）……………… 253
resting zone（休止帯）…………… 311
rete testis（精巣網）……………… 286
reticulum（第二胃）……………… 257
retinal map（網膜地図）………… 185
retinoic acid（レチノイン酸）
　…………………… 177, 269, 338
retroperitoneal lymph sac
　（腹膜後リンパ嚢）…………… 233
rhombencephalon（菱脳）… 146, 177

rhombic lip（菱脳唇）…………… 152
rhombomere（菱脳分節）… 109, 167
rib（肋骨）………………………… 315
right atrioventricular channel
　（右房室管）…………………… 207
right auricle（右心耳）………… 206
right ventricle（右心室）………… 206
roof plate（蓋板）………………… 142
root（歯根）……………………… 247
root sheath（歯根鞘）…………… 246
rostral colliculus（前丘）………… 155
round ligament of the uterus
　（子宮円索）…………………… 292
rumen（第一胃）………………… 260
Runx-1…………………………… 224

【S】

sagittal suture（矢状縫合）……… 326
SALT（skin-associated lymphoid tissue；皮膚関連リンパ組織）…… 234
sarcomere（筋節）………………… 330
satellite cell
　（衛星細胞／神経膠細胞）… 165, 330
scala vestibuli（前庭階）………… 191
Schwann cell
　（シュワン細胞／鞘細胞）… 110, 143
SCL………………………………… 224
sclerotome（椎板）………… 313, 315
scrotum（陰嚢）………………… 302
SCSA（sperm chromatin structure assay；精子染色体構造解析）… 439
seasonally polycyclic
　（季節性多周期性）……………… 32
sebaceous gland（皮脂腺）……… 348
second ossification center
　（二次骨化中心）……………… 311
second polar body（第二極体）…… 45
secondary choanae（二次後鼻孔）
　…………………………… 241, 329
secondary hair follicle（二次毛包）
　…………………………… 348
secondary hypoblast（二次下胚盤葉）
　…………………………… 418
secondary lens fiber
　（二次水晶体線維）……… 186, 187

secondary lymphoid tissue
　（二次リンパ組織）…… 228, 231, 233
secondary mammary bud
　（二次乳腺芽）………………… 353
secondary oocyte（二次卵母細胞）
　…………………………… 45
secondary palate（二次口蓋）…… 328
secondary spermatocyte
　（二次精母細胞）…………… 45, 55
segmental artery（節間動脈）…… 211
segmental bronchus（区域気管支）
　…………………………… 253
selection of recipient
　（レシピエントの選択）……… 447
semen concentration（精子濃度）
　…………………………… 438
semen evaluation（精液検査）… 439
semen fraction（精液分画）…… 438
semen volume（精液量）……… 438
semicircular duct（半規管）…… 190
semilunar valve（半月弁）… 110, 210
seminal vesicle（精嚢腺）……… 294
seminiferous tubule（精細管）
　…………………………… 51, 286
septum primum（一次中隔）…… 207
septum secundum（二次心房中隔）
　…………………………… 206, 207
Sertoli cell（セルトリ細胞）
　…………………… 51, 285, 289, 290
SF1（steroidogenesis factor 1）
　…………………………… 306
Shh（Sonic hedgehog；ソニック・ヘッジホック）
　………… 21, 133, 197, 268, 338, 355
sinoatrial node（洞房結節）……… 211
sinus venosus（静脈洞）………… 204
sinusoid（類洞）…………… 216, 260
Six1………………………………… 197
Six3………………………………… 197
SLC gene（solute carrier；溶質キャリアー遺伝子）………………… 305
slow-rate freezing（緩慢凍結）… 454
Slug………………………………… 107
small lymphocyte（小リンパ球）
　…………………………… 228

SOF（synthetic oviduct fluid；合成卵管液）·················· 452
soft palate（軟口蓋）··············· 241
sole（蹄底）··························· 350
somatic afferent neuron（体性求心性ニューロン）·········· 164
somatic efferent motor nerve fiber（体性遠心性運動神経線維）······· 332
somatic lateral mesoderm（壁側中胚葉）············ 93, 115, 316
somatic stem cell（体性幹細胞）···· 22
somatopleura（壁側板）················ 99
somite（体節）···· 99, 329, 334, 420, 432
somitomere（体節分節）············ 98
Sox2 ··························· 197, 269
Sox9 ································· 306
Sox10 ······························· 355
special somatic afferent fiber（特殊体性求心性神経線維）·········· 164, 165
special somatic afferent nucleus（特殊体性求心性神経核）·········· 150
special visceral afferent fiber（特殊内臓求心性神経線維）·········· 164, 169
special visceral afferent nucleus（特殊内臓求心性神経核）·········· 150
special visceral efferent fiber（特殊内臓遠心性神経線維）···· 164, 169, 170
special visceral efferent nucleus（特殊内臓遠心性神経核）·········· 168
specific（induced / acquired）immunity（特異的〈後天性／獲得〉免疫）································· 227
spermatid（精子細胞）············ 45, 55
spermatocytogenesis（精母細胞形成）······························· 51
spermatogenesis（精子発生）········ 51
spermatogonia（精祖細胞）······ 39, 53
spermatozoon（精子）···· 6, 37, 57, 451
spermiogenesis（精子形成）·········· 51
sphincter pupillae（瞳孔括約筋）··························· 186
spinal cord（脊髄）········ 105, 107, 147
spinal ganglion（脊髄神経節）··················· 110, 143, 163, 165
spinal nerve（脊髄神経）··························· 144, 163, 165

spinous layer（有棘層）········ 343, 344
spinous process（棘突起）········ 314
spiral ganglion（ラセン神経節）··· 191
spiral ligament（ラセン靭帯）······ 191
spiral organ（ラセン器）············ 191
splanchnopleura（臓側板）····· 99, 117
spleen（脾臓）················ 228, 234
Sry ································· 305
Sry gene（*Sry* 遺伝子；精巣決定因子）··························· 59, 284
stapes（アブミ骨）············ 249, 327
stellate cell（星状細胞）············ 152
stellate ganglion（星状神経節）···· 172
sternebra（胸骨片）················ 315
steroid factor 1 ····················· 305
steroidogenesis factor 1（SF1）···· 306
stomach（胃）······················· 247
stomodeum（口窩）············ 238, 328
subcardinal vein（主下静脈）······ 218
subclavian artery（鎖骨下動脈）··························· 213
subdural space（硬膜下腔）······ 163
subgerminal cavity（胚下腔）······ 417
submucosal ganglion（粘膜下神経節）··························· 173
submucosal plexus（粘膜下神経叢）··························· 173
substantia nigra（黒質）············ 155
sulcus（脳溝）······················· 159
sulcus omasi（第三胃溝）·········· 259
sulcus reticuli（第二胃溝）·········· 259
supracallosal gyrus（梁上回）····· 161
supracardinal vein（主上静脈）···· 218
surface ectoderm（表面外胚葉／表層外胚葉）······ 133
suspensory ligament（堤靭帯）···· 287
suspensory ligament of the ovary（卵巣堤索）····················· 292
SUZI（subzonal sperm injection；透明帯内精子注入）················ 470
sympathetic ganglion（交感神経節）··························· 172
sympathetic nervous system（交感神経系）···················· 170
sympathetic trunk（交感神経幹）··························· 172

sympathoadrenal lineage（交感神経副腎系列）············· 110
synaptonemal complex（シナプトネマ構造）················ 43
synctiotrophoblast（栄養膜合胞体層）··························· 129
syncytiotrophoblast cell（栄養膜合胞体層細胞）·········· 127
syncytium（合胞体）··············· 123
syndetome（靭帯分節）············ 336
synepitheliochorion（合胞体性上皮絨毛膜）····· 119, 121
syngamy（異型配偶子融合）········ 68

【T】
T lymphocyte（T リンパ球）······· 228
T-box ファミリー··················· 339
tactile hair（触毛）················ 348
Tbx5 ··························· 197, 225
TCR（T cell receptor；T 細胞受容体）······························· 229
teat（乳頭）························· 353
tectum（中脳蓋）··················· 155
tegmentum（中脳被蓋）············ 155
telencephalic vesicle（終脳胞）····· 159
telencephalon（終脳）········ 146, 156
telophase（分裂終期）··············· 43
teratocarcinoma（テラトカルシノーマ）·········· 468
teratoma（奇形腫）················ 464
terminal crest（分界稜）············ 206
tertiary follicle（三次卵胞）········ 51
TESE（testicular sperm extraction；精巣内精子採取）················ 470
testicular artery（精巣動脈）······· 214
testicular cord（精巣索）·········· 285
testis（精巣）······················· 290
TET（tubal embryo transfer；卵管胚移植）····················· 470
tetrad（四分染色体）··············· 43
TGF-α（transforming growth factor-α；形質転換成長因子-α／形質転換増殖因子-α）················ 355

索引

TGF-β superfamily（Transforming Growth Factor-β；形質転換成長因子βスーパーファミリー／形質転換増殖因子βスーパーファミリー） ……………………………… 21
TGFβ-1 …………………………… 306
thalamus（視床）………………… 157
The Generation of Animals（動物の世代）……………………… 1
theca externa（外卵胞膜）……… 50
theca interna（内卵胞膜）……… 50
third eyelid（第三眼瞼）………… 189
third ventricle（第三脳室）… 157, 163
thoracic aorta（胸大動脈）……… 211
thoracic duct（胸管）…………… 233
thymus（胸腺）………… 228, 231, 251
thyroglossal duct（甲状舌管）… 251
thyroid gland（甲状腺）………… 251
thyroid cartilage（甲状軟骨）… 252
tight junction（密着結合）……… 289
totipotent（分化全能性）………… 9
trabecular cartilage（梁柱軟骨）… 325
trachea（気管）…………………… 247
tragus（耳珠）…………………… 327
transfer（移植）………………… 443
transverse colon（横行結腸）………………… 262, 266
transverse process（横突起）…… 314
triangular ligament（三角間膜）………………… 256, 261
tricuspid valve（三尖弁）……… 210
trigeminal nerve（三叉神経）………………… 167, 168
trilaminar embryonic disc（三層性胚盤）…………………… 16
trochlear nerve（滑車神経）………………… 167, 170
trophectoderm（栄養外胚葉）………… 15, 79, 115, 128, 430
trophoblast（栄養膜）…………… 79
tropomyosin（トロポミオシン）… 330
troponin（トロポニン）………… 330
truncoconal fold（動脈幹ヒダ）… 110
truncus arteriosus（動脈幹）…… 204
truncus pulmonalis（肺動脈幹）… 222

trunk neural crest（体幹部神経堤）………………………… 110
tuberculum impar（無対舌結節）………………………… 243
tubotympanic recess（耳管鼓室陥凹）……………………… 250
tubular genital tract（生殖管）… 29
tunica albuginea（白膜）… 286, 290
turning（反転）………………… 432
twins（双生子）………………… 126
two-layered blastoderm（2層性胚盤葉）………………… 418
tympanic membrane（鼓膜）… 251
type-1 astrocyte（1型星状膠細胞）………………………… 138
type-2 astrocyte（2型星状膠細胞）………………………… 138, 140

【U】

ultimobranchial body（鰓後体）… 251
ultrasound-guided ovum pick up（超音波誘導採卵）…………… 469
umbilical artery（臍動脈）… 215, 222
umbilical cord（臍帯）………… 101
umbilical vein（臍静脈）………………… 206, 216, 220
unipolar neuroblast（単極神経芽細胞）………………… 138
unipotent（単能性）………… 22, 466
urachus（尿膜管）…………… 102, 280
ureteric bud（尿管芽）………… 275
urethra（尿道）……………… 282, 300
urethral fold（尿道ヒダ）……… 299
urethral groove（尿道溝）……… 300
urethral process（尿道突起）… 302
urinary bladder（膀胱）………… 280
urinary system（泌尿器系）…… 273
urogenital fold（尿生殖ヒダ）………………………… 299, 300
urogenital membrane（尿生殖膜）………………………… 266
urogenital orifice（尿生殖口）… 280
urogenital plate（尿生殖板）… 273
urogenital sinus（尿生殖洞）………………… 102, 280, 294
urorectal septum（尿直腸中隔）… 266

uterine body（子宮体）………… 29
uterine cervix（子宮頸）………………… 29, 295, 296, 307
uterine gland（子宮腺）………… 296
uterine horn（子宮角）………… 29
uterus（子宮）………… 29, 77, 295, 296
uterus duplex（重複子宮）…… 296
uterus simplex（単一子宮）…… 296
utricle（卵形嚢）………………… 190

【V】

vagal neural crest cell（迷走神経堤細胞）……………… 110
vagina（膣）……………………… 295
vaginal plate（膣板）…………… 296
vaginal plug（膣栓）…………… 429
vagus nerve（迷走神経）………………… 167, 168, 169, 172
vallate papilla（有郭乳頭）…… 243
vasculogenesis（脈管形成）…… 200
Vax2 ……………………………… 197
VEGF（vascular endothelial growth factor；血管内皮成長因子／血管内皮増殖因子）……… 225, 305, 340
vein（静脈）……………………… 199
ventral aorta（腹側大動脈）………………………… 211, 212
ventral bud（腹側膵芽）………… 262
ventral endodermal bud（腹側内胚葉芽）………………… 261
ventral horn（腹角）…………… 165
ventral mesentery（腹側腸間膜）………………………… 237
ventral mesogastrium（腹側胃間膜）……………… 255, 259
ventral nasal concha（腹鼻甲介）………………………… 241
ventral ramus（腹枝）………… 165
ventral root（腹根）………… 139, 165
ventral segmental artery（腹側節間動脈）………………… 214
ventricle（心室）…………… 204, 206
ventricular layer（脳室層）…… 140
vermis（虫部）………………… 152
vertebral arch（椎弓）………… 314
vertebral artery（椎骨動脈）…… 213

vertebral body（椎体）……………… 314
vertebral foramen（椎孔）………… 314
vestibular nerve（前庭神経）……… 168
vestibule（腟前庭）……………… 29, 298
vestibulocochlear nerve（内耳神経）
　………………………… 168, 189, 191
vestibulum oris（口腔前庭）……… 243
villous（絨毛性）……………………… 121
visceral afferent neuron
　（内臓求心性ニューロン）……… 164
visceral efferent neuron
　（内臓遠心性ニューロン）……… 164
visceral mesoderm / splanchnic
　mesoderm（臓側中胚葉）…… 93, 98
visceral verve（内臓神経）………… 163
vitelline artery（卵黄嚢動脈）…… 214
vitelline duct（卵黄管）……… 101, 262
vitelline vein（卵黄嚢静脈）
　…………………………………… 206, 216

vocal fold（声帯ヒダ）……………… 252
vomeronasal organ（鋤鼻器）…… 242
vulva（陰門）…………………………… 29

【W】
wall（蹄壁）…………………………… 350
white matter（白質）………………… 141
white pulp（白脾髄）………………… 234
wingedhelix transcription factor
　FoxD1（ウィングドヘリックス転
　写因子 FOXD1）………………… 305
Wingless（ウイングレス / Wnt）… 21
Wnt………………… 107, 113, 225, 355
Wnt1………………………………… 176, 340
Wnt1 / 3a………………………………… 197
Wnt3………………………………………… 340
Wnt4……………………………… 305, 306
Wnt5a……………………………………… 307
Wnt-7………………………………………… 306

Wnt7a………………………………………… 307
Wnt 8c………………………………………… 189
Wolffian duct（ウォルフ管）…… 273
WT1…………………………………………… 304

【X-Z】
X-chromosome inactivation
　（X 染色体の不活化）…………… 25
yolk sac（卵黄嚢）………………… 432
ZIFT（zygote intra-fallopian
　transfer；受精卵卵管内移植）… 470
zona pellucida（透明帯）
　…………………… 48, 63, 66, 77, 430
zonary（帯状）……………………… 119
zonular fiber（小帯線維）………… 186
ZPA（zone of polarizing activity；極
　性化活性帯）……………… 319, 339
zygote（接合子）………………… 15, 37

監訳者プロフィール

山本 雅子（やまもと まさこ）

新潟大学理学部生物学科卒業、お茶の水女子大学理学研究科修士課程生物学専攻修了、農学博士。東京慈恵会医科大学を経て、麻布大学（当時は麻布獣医科大学）にて獣医解剖学・組織学・発生学の教育と研究に従事。専門は胎子内分泌学。現在、麻布大学獣医学部解剖学第二研究室教授。

谷口 和美（たにぐち かずみ）

東京大学農学部畜産獣医学科卒業、同大学大学院修了、獣医師、農学博士。日本ロシュ研究所、岩手医科大学を経て、現在は北里大学獣医学部に勤務。著書に、『パーフェクト獣医学英語』『家畜解剖学実習』（ともに緑書房／チクサン出版社）、『動物のお医者さんのための英会話1〜3』『味と匂いをめぐる生物学』（ともにアドスリー）など多数。

	カラーアトラス　動物発生学 2014年4月20日　第1刷発行©	
編著者	Poul Hyttel, Fred Sinowatz, Morten Vejlsted ／ Keith Betteridge（編集協力）	
監訳者	山本　雅子、谷口　和美	
発行者	森田　猛	
発行所	株式会社　緑書房 〒 103-0004 東京都中央区東日本橋2丁目8番3号 TEL　03-6833-0560 http://www.pet-honpo.com	
印刷所	株式会社　アイワード	

ISBN 978-4-89531-077-2　Printed in Japan
落丁、乱丁本は弊社送料負担にてお取り替えいたします。

本書の複写にかかる複製、上映、譲渡、公衆送信（送信可能化を含む）の各権利は株式会社緑書房が管理の委託を受けています。

JCOPY〈(一社)出版者著作権管理機構　委託出版物〉
本書を無断で複写複製（電子化を含む）することは、著作権法上での例外を除き、禁じられています。
本書を複写される場合は、そのつど事前に、(一社)出版者著作権管理機構（電話 03-3513-6969、FAX03-3513-6979、e-mail : info @ jcopy.or.jp）の許諾を得てください。
また本書を代行業者等の第三者に依頼してスキャンやデジタル化することは、たとえ個人や家庭内の利用であっても一切認められておりません。